ELEMENTOS DA NATUREZA E PROPRIEDADES DOS SOLOS

B812e Brady, Nyle C.

Elementos da natureza e propriedades dos solos / Nyle C. Brady, Ray R. Weil ; tradução técnica: Igo Fernando Lepsch. – 3. ed. – Porto Alegre : Bookman, 2013.

xiv, 686 p. : il. color. ; 28 cm + 1 encarte ([18] p. : il. color. ; 28 cm)

ISBN 978-85-65837-74-3

1. Ciência do solo. 2. Pedologia. I. Weil, Ray R. II. Título.

CDU 613.4

Catalogação na publicação: Natascha Helena Franz Hoppen CRB10/2150

NYLE C. BRADY
RAY R. WEIL

ELEMENTOS DA NATUREZA E PROPRIEDADES DOS SOLOS

3ª edição

Tradução técnica:
Igo Fernando Lepsch
Engenheiro Agrônomo pela Universidade Federal Rural do Rio de Janeiro
PhD em Ciência do Solo, pela North Carolina State University, EUA
Pós-doutorado junto ao Commonwealth Scientific Industrial Research Organization, Austrália
Pesquisador Científico aposentado do Instituto Agronômico de Campinas, SP
Pesquisador Visitante do Departamento de Ciência do Solo da USP/ESALQ, Piracicaba, SP

2013

Obra originalmente publicada sob o título
Elements of the Nature and Properties of Soils, 3rd Edition
ISBN 9780135014332

Gerente editorial – CESA: *Arysinha Jacques Affonso*

Colaboraram nesta edição:

Coordenadora editoral: *Denise Weber Nowaczyk*

Capa: *Márcio Monticelli* (arte sobre capa original)

Preparação de originais: *Ivana Quintão de Andrade*

Leitura final: *Isabela Beraldi Esperandio*

Projeto gráfico e editoração: *Techbooks*

Reservados todos os direitos de publicação, em língua portuguesa, à
BOOKMAN EDITORA LTDA., uma empresa do GRUPO A EDUCAÇÃO S.A.
Av. Jerônimo de Ornelas, 670 – Santana
90040-340 – Porto Alegre – RS
Fone: (51) 3027-7000 Fax: (51) 3027-7070

Unidade São Paulo
Av. Embaixador Macedo Soares, 10.735 – Pavilhão 5 – Cond. Espace Center
Vila Anastácio – 05095-035 – São Paulo – SP
Fone: (11) 3665-1100 Fax: (11) 3667-1333

SAC 0800 703-3444 – www.grupoa.com.br

IMPRESSO NO BRASIL
PRINTED IN BRAZIL

Os Autores

Nyle C. Brady, nascido em Manassa, Colorado (EUA), graduou-se na Brigham Young University, em 1941, com o grau de Bacharel em Química. Em 1947, tornou-se PhD em Ciência do Solo pela University of North Carolina. Foi professor da Cornell University no período de 1947-1973 e, em 1952, tornou-se coautor do livro-texto universitário sobre a Ciência do Solo mais usado no mundo. Brady foi chefe do Departamento de Agronomia, de julho de 1955 a dezembro de 1963, e atuou como Diretor da Cornell University Agricultural Experiment Station, de setembro de 1965 a julho de 1973. Também foi Reitor adjunto da New York State College of Agriculture and Life Sciences, de outubro de 1970 a julho de 1973.

O Dr. Brady foi diretor de ciência e educação no U.S. Department of Agriculture em Washington, D.C., de dezembro de 1963 a setembro de 1965. De julho de 1973 a julho de 1981, foi diretor-geral do International Rice Research Institute nas Filipinas. De 1981 a 1989, atuou como Assistant Administrator for Science and Technology da United States Agency for International Development, em Washington, D.C. De 1990 a 1994, foi consultor sênior, em tempo integral, para a pesquisa colaborativa e programas de desenvolvimento do Banco Mundial em Washington, D.C., e do Programa de Desenvolvimento das Nações Unidas em Nova York. Ele recebeu quatro títulos honorários de Doutorado: da Brigham Young University (1979), da Ohio State University (1991), da University of the Philippines (1991) e da N. C. State University (1992).

Ray R. Weil é professor de Ciência do Solo. Ele obteve sua formação na Michigan State University, Purdue University e Virginia Tech. Antes de ir para Maryland, serviu no Corpo da Paz na Etiópia, adquiriu uma fazenda de 500 hectares para cultivos orgânicos no Estado da Carolina do Norte, Estados Unidos, e foi professor na University of Malawi (África). Tornou-se um líder internacional em sistemas agrícolas sustentáveis tanto em países desenvolvidos como em desenvolvimento. Publicou mais de 60 artigos em periódicos científicos, além de seis livros. Sua pesquisa concentra-se em culturas de cobertura e manejo da matéria orgânica para melhorar a qualidade do solo e a ciclagem de nutrientes, visando à qualidade e à sustentabilidade da água. Seu laboratório de pesquisa desenvolveu métodos analíticos com o objetivo de estudar a biomassa microbiana do solo e o ativo do solo, os quais têm sido adotados pelo USDA/NRCS e usados em estudos de ecossistemas do mundo inteiro. Suas contribuições para a melhoria dos sistemas de cultivo e manejo do solo têm sido colocados em prática tanto em grandes como em pequenas propriedades rurais.

Como professor da University of Maryland, o Dr. Weil lecionou para mais de 5 mil estudantes de graduação e pós-graduação e apresentou-se a mais de 3 mil agricultores e consultores agrícolas com palestras e visitas de campo, ajudando também a treinar centenas de gestores e pesquisadores de várias empresas e instituições. Ele foi o orientador principal de 38 alunos de cursos de mestrado e doutorado. Weil é membro tanto da Soil Science Society of America como da American Society of Agronomy. Foi duas vezes premiado com uma bolsa, a qual financiou seus trabalhos em países em desenvolvimento. O sinergismo entre o ensino do Dr. Weil e sua pesquisa e sua abordagem ecológica da ciência do solo vêm sendo representados, desde 1995, nas várias edições deste livro.

Apresentação à Edição Brasileira

É grande a minha satisfação em traduzir e apresentar a 3ª. Edição do *Elements of the Nature and Properties of Soils* – o livro universitário sobre Ciência do Solo mais usado no mundo. Em 1959 tive ocasião de estudar na versão inglesa de uma das primeiras edições do livro que deu origem a este – *The Nature and Properties of Soils* – por indicação de meu excelente professor de pedologia, o saudoso Petzval da Cruz Lemos, da então Escola Nacional de Agronomia da Universidade Rural (hoje, UFRRJ).

Pode-se dizer que a história desta obra teve início em 1922, com o lançamento do livro *The Nature and Properties of Soils*, por Lyon e Buckman. Anos mais tarde (1960), Nyle Brady uniu-se aos autores em uma nova edição. A sexta edição (Lyon, Buckman e Brady, 1960) e a nona edição (Brady, 1974) foram traduzidas para a língua portuguesa de Portugal, pela Editora Freitas Bastos. Tais livros foram adotados em Portugal, no Brasil e nos demais países de língua portuguesa nos muitos cursos relacionados à Ciência do Solo, muito recomendado pelos professores principalmente de Agronomia, e recebeu o apelido, dado pelos alunos, de NPS (de acordo com as iniciais do seu título *Natureza e Propriedade dos Solos*). Seguiram-se outras edições em inglês até que a 14ª deu origem a um livro mais compacto, mais enxuto, mas ainda rico em conteúdo e forma. Nascia o *Elements of the Nature and Properties of Soils*, cuja 3ª edição chega agora ao mercado brasileiro.

Muitas inovações foram incorporadas nesta obra: um estilo de escrita bastante agradável; quadros (*boxes*) e *sites* da internet com informações complementares; pranchas com fotos coloridas; questões para estudo ao final de cada capítulo, entre outras. Considerando o solo tanto um ecossistema quanto um recurso natural, o livro apresenta os princípios que podem ser adotados para que o solo se confirme como um provedor, em potencial, de alimentos, fibras, biocombustíveis, áreas de lazer e materiais de construção – ou seja, como o maior suporte para o incessante crescimento da população da Terra. Tudo isso sob o respaldo das mais novas e adequadas tecnologias que podem proteger o ambiente e minimizar a degradação, ou a destruição, deste que é um dos mais preciosos recursos naturais de nosso planeta: o solo.

Com mais de cem figuras, apresenta exemplos relacionados a muitos campos do conhecimento, incluindo agricultura, florestas e recursos naturais. Abordando os solos sob o ponto de vista ecológico, apresenta o sistema solo interconectado com as suas várias funções: meio para o crescimento das plantas, sistema de reciclagem de nutrientes e restos orgânicos, modificador da atmosfera, *habitat* para micro-organismos, sistema para suprir e purificar água e também um meio para obras de engenharia civil. Além disso, traz as mais recentes informações sobre coloides do solo; degradação e resiliência dos solos; fertilidade e adubação; ciclagem de nutrientes; manejo de terras úmidas; práticas de irrigação e drenagem; poluição química dos solos, etnopedologia, paisagismo e os preceitos da prática da agricultura orgânica – ou biológica.

Agradeço a ajuda de alguns professores e alunos de pós-graduação da USP/ESALQ, UNESP/Jaboticabal e UFSCar/Araras durante a produção desta edição brasileira, aos quais pude consultar sobre a melhor tradução de termos e expressões relacionadas às suas especialidades. Em particular, sou imensamente grato à minha companheira Ivana Q. de Andrade pela primorosa revisão de todos os capítulos.

Acredito que este livro será de grande utilidade para a comunidade acadêmica brasileira, em especial para pesquisadores e professores de agronomia, florestas, geografia, biologia, ecologia, geologia, engenharia civil, arquitetura e áreas afins, auxiliando-os não só no preparo de suas aulas, mas também como referência para seus estudantes, tenham estes apenas o desejo de se familiarizarem com os princípios básicos da ciência do solo ou de se especializarem nessa fascinante área do conhecimento científico.

Igo Fernando Lepsch

Prefácio

O solo é o coração pulsante dos ecossistemas da Terra. Portanto, o bom entendimento do sistema solo é a chave para o sucesso individual e a harmonia ambiental de qualquer atividade humana que lida com a terra. A importância dos solos e dos sistemas pedológicos vem sendo cada vez mais reconhecida por líderes empresariais e políticos, pela comunidade científica e por todos aqueles que trabalham com a terra. Poucos são os cientistas e gestores que estão realmente familiarizados com a ciência do solo; no entanto, eles estão sendo cada vez mais requisitados.

Este livro foi projetado para ajudá-lo a fazer com que seu estudo sobre solos seja tão fascinante quanto intelectualmente gratificante. Muito do que você aprender nestas páginas será de enorme valor prático, pois irá prepará-lo para enfrentar os inúmeros desafios do século XXI, no que se refere à preservação dos recursos naturais. Você logo vai notar que o estudo dos solos lhe oferece muitas oportunidades de compreender e aplicar os princípios de diversas ciências, como física, química, biologia e geologia.

Assim como a 14ª. edição do livro *The Nature and Properties of Soils,* que antecede esta obra, esta mais nova edição do *Elementos da Natureza e Propriedades dos Solos* empenha-se em explicar os princípios fundamentais da ciência do solo de uma forma tal que fará você compreender a relevância desse estudo para sua formação acadêmica e profissional. Em todo o livro, enfatizamos o solo como um recurso natural e os solos como ecossistemas. Além disso, realçamos as muitas interações entre os solos e as grandes florestas, os campos de pastagens, as terras agrícolas, as terras úmidas e também os ecossistemas artificiais. Este livro foi projetado para atender às suas expectativas, estejam elas voltadas simplesmente para um contato formal com a ciência do solo até um aprendizado mais específico. Ele destina-se a proporcionar uma introdução acessível e estimulante ao mundo dos solos, bem como a se constituir em uma referência confiável que você certamente vai conservar em sua biblioteca particular.

Cada capítulo foi atualizado com os mais recentes avanços, conceitos e aplicações da ciência do solo. Esta edição inclui novas discussões acerca do conceito de pedosfera, etnopedologia, geofagia, solos e saúde humana, agricultura orgânica, mecânica dos solos, coloides não silicatados, complexos de esfera interna e esfera externa, CTC efetiva, abordagem do equilíbrio de prótons na acidez do solo, saturação por cátions, solos ácido sulfatados, chuva ácida, solos de regiões áridas, técnicas de irrigação, ligações biomoleculares, ecologia da cadeia alimentar do solo, solos supressores de doenças, arqueias dos solos, manejo de nutrientes das florestas e lavouras, contaminação por chumbo, indicadores de qualidade dos solos, ação dos ecossistemas dos solos, produção vegetal para biocombustíveis, mudanças climáticas globais e muitos outros tópicos de interesse geral da ciência do solo. Ao mesmo tempo, esta condensação da obra original omite ou simplifica alguns dos detalhes mais técnicos, apresentando um menor número de cálculos e equações químicas, e direciona o texto para um melhor esclarecimento dos fundamentos da ciência do solo, de tal maneira que os assuntos são tratados em apenas 15 capítulos, em lugar dos 20 originais, e em cerca de 700 páginas, e não em quase mil delas. Entre as mudanças mais significativas, o "ciclo de nutrientes" está condensado em apenas um capítulo, possibilitando espaço para a adição de um novo capítulo, referente à poluição e à contaminação dos solos.

Em resposta à popularidade das edições mais recentes, incluímos novos quadros, que apresentam fascinantes exemplos e aplicações ou cálculos e detalhes técnicos. Tais quadros *destacam* matérias de especial interesse, ao mesmo tempo em que conduzem o texto de modo fluente, evitando digressões e interrupções. Como exemplos, citamos os estudos sobre a poluição de selênio nos pântanos, as barreiras capilares para o lixo nuclear, a invasão de minhocas nas florestas norte-americanas, a agricultura com irrigação superficial em antigos desertos e o debate sobre a toxicidade dos nitratos. Mostramos também como a falta de conhecimento dos solos interferiu na construção da base de sustentação do dique que se rompeu durante o furacão Katrina. Além disso, há quadros que possibilitam cálculos detalhados sobre o volume de água no solo, a capacidade de retenção de água dos perfis, a capacidade de troca de cátions e muitas outras questões numéricas.

Duas características muito apreciadas nas edições mais recentes são a alta qualidade das ilustrações, que parecem dar vida aos solos, e também as páginas da Internet indicadas na margem das seções mais relevantes. São *links* das páginas desenvolvidas por nossos colegas e das várias instituições de pesquisa espalhadas pelo mundo. Além disso, essas páginas virtuais expandem e esquadrinham certos tópicos de uma maneira que não seria possível em um livro impresso. A maioria das ilustrações do livro, podem ser vistas a cores no site da Bookman Editora (www.bookman.com.br).

Aposentado há alguns anos, o Dr. Nyle Brady decidiu manter-se à parte da redação da 14ª edição do livro e da 3ª edição do *Elements*, tornando estas as primeiras edições, desde 1952, nas quais não se contou com sua participação direta. No entanto, ele permanece como primeiro autor, em reconhecimento ao fato de que sua visão, sabedoria e inspiração continuam a permear tais obras. Embora a responsabilidade de redigir esta edição fosse somente minha, eu certamente não teria alcançado todos os progressos mencionados sem as valiosas sugestões e correções enviadas por estudiosos dos solos, professores e estudantes do mundo inteiro. Gostaria de agradecer especialmente aos professores que revisaram grande parte do livro: Steve Thien, Kansas State University; Jan-Marie Traynor, County College of Morris; Iin Handayani, Murray State University; William C. Lindemann, New Mexico State University; e Eric Brevik, Dickinson State University. Esta nova edição, da mesma forma que as precedentes, muito se beneficiou com tais contribuições. O alto nível de devoção profissional e a camaradagem trocada com tantos estudantes, professores e praticantes da ciência do solo nunca deixaram de me surpreender e me inspirar.

Por último, e não menos importante, quero expressar meu profundo agradecimento a Trish, minha esposa e parceira espiritual, por sua compreensão, paciência, encorajamento e senso de humor (exemplificado por sua piada referindo-se a este livro como *Dirts I Have Known*). Seu apoio durante o processo possibilitou-me completar este trabalho de amor.

Sumário

1

2

3

4

9

Acidez, alcalinidade, aridez e salinidade do solo 298

10

Organismos e ecologia do solo 356

11

Matéria orgânica do solo 398

12

Ciclagem de nutrientes e fertilidade do solo 437

13

14

15

Prancha 1 *Alfisols* – um *Glossic Hapludalf* do Estado de Nova York, Estados Unidos. Escala em centímetros.

Prancha 2 *Andisols* – um *Typic Melanudand* do oeste da Tanzânia. Escala com intervalos de 10 cm.

Prancha 3 *Aridisols* – um *Ustollic Calcicambid skeletal* do Estado de Nevada, Estados Unidos. O cabo da pá tem 60 cm de comprimento. (N. de T.: No Brasil, o horizonte Bw equivale ao Bi.)

Prancha 4 *Entisols* – um *Typic Udipsamment* da planície de inundação de um rio no Estado da Carolina do Norte, Estados Unidos.

Prancha 5 *Gelisols* – um *Typic Aquaturbel* do Estado do Alaska, Estados Unidos. Permafrost abaixo dos 32 cm, na escala. (N. de T.: No Brasil, o horizonte Bw equivale ao Bi.)

Prancha 6 *Histosols* – um *Limnic Haplosaprist* do sul do Estado de Michigan, Estados Unidos. Solo mineral enterrado na extremidade inferior da régua. Escala em pés.

Prancha 7 *Inceptisols* – um *Typic Eutrudept* do Estado de Vermont, Estados Unidos. (N. de T.: No Brasil, os horizontes Bw1 e Bw2 equivalem a Bi1 e Bi2, respectivamente.)

Prancha 8 *Mollisols* – um *Typic Hapludoll* do centro do Estado de Iowa, Estados Unidos. Epipedon mólico a 1,8 pés. Escala em pés.

Prancha 9 *Oxisols* – um *Udeptic Hapludox* do centro de Porto Rico. Escala em pés e polegadas. (N. de T.: No Brasil, o horizonte Bo equivale ao Bw.)

Prancha 10 *Spodosols* – um *Typic Haplorthod* do Estado de Nova Jersey, Estados Unidos. Escala com intervalos de 10 cm.

Prancha 11 *Ultisols* – um *Typic Hapludult* da parte central do Estado da Virgínia, Estados Unidos, mostrando a estrutura da rocha metamórfica no saprolito abaixo da pá, de 60 cm de comprimento.

Prancha 12 *Vertisols* – um *Typic Haplustert* da província de Queensland, Austrália, durante a estação úmida. Escala em metros. (N. de T.: No Brasil, o horizonte Bss equivale ao Bv.)

Prancha 13 *Typic Argiustolls* no leste do Estado de Montana, Estados Unidos, com um horizonte cálcico esbranquiçado (Bk e Ck), sob um epipedon mólico (Ap, A2 e Bt).

Prancha 14 Cunha de gelo e permafrost sob *Gelisols* na península de Seward, no Alaska (EUA). A pá tem 1 m de comprimento.

Prancha 15 Um *Typic Plinthudult* do centro de Sri Lanka. A zona mosqueada é plintita, na qual as concentrações de ferro férrico endurecerão irreversivelmente se forem secadas.

Prancha 16 Uma catena, ou topossequência, de solos no centro do Zimbábue. As cores mais avermelhadas indicam melhor drenagem interna. *Na inserção:* torrões do horizonte B de cada solo da catena.

Prancha 17 Concentração (cor vermelha) e depleção (cor cinza) redoximórficas em horizonte Btg de um *Aquic Paleudalf.*

Prancha 18 Filmes de argila (argilãs) aparecem como revestimentos escuros e brilhantes no horizonte Bt deste *Ultisol*. (Altura do retângulo = 1 cm.)

Prancha 19 Limite entre os horizontes O e E de um *Ultisol* sob floresta.

Prancha 20 Efeito da umidade na cor do solo. O lado direito deste perfil de *Mollisol* foi pulverizado com água.

Prancha 21 Efeito da má drenagem na cor do solo. Cores cinzentas na matiz do solo e vermelhas nas concentrações redoximórficas no horizonte B de um *Plinthaquic Paleudalf.*

Prancha 22 Página do matiz 10YR da tabela de cores Munsell, com anotações padronizadas para cor de matiz 10YR, valor 5 e croma 6.

Prancha 23 Corte de estrada no sul do Brasil, mostrando o perfil exposto de um *Udalf* com horizonte sômbrico. Esse horizonte subsuperficial escuro, rico em húmus, geralmente se forma sob condições de clima tropical ou subtropical úmido de montanhas com elevadas altitudes.

Prancha 24 Filmes de argila espessos (argilãs) em um horizonte argílico (Bt). Fotos de uma lâmina delgada, ampliada sob microscópio petrográfico, usando-se luz polarizada plena (*à esquerda*) e luz polarizada cruzada (*à direita*). Note as camadas finas de argila iluvial.

Prancha 25 Perfil de um *Oxisol* do Brasil Central. Escala com intervalos de 10 cm.

Prancha 26 *Histosols* – um *Fibrist* do centro da Escócia. O punho da faca tem 11,5 cm.

Prancha 27 Um *Entisol* com superfície bastante inclinada, formado de um colúvio de folhelho depositado sobre um solo enterrado, no Estado da Pensilvânia, Estados Unidos.

Prancha 28 Uma superfície de fricção (ou *slickenside*) esverdeada em solo da série *Marlton*, família *glauconitic*.

Prancha 29 Concreções de plintita endurecida em um horizonte Bv de um *Alfisol*.

Prancha 30 Fragmentos amarelos de jarosita formada por sulfidização.

Prancha 31 Um *Spodosol* formado em um depósito glacial (*outwash*) no Estado de Michigan, Estados Unidos.

Prancha 32 Revestimentos de matéria orgânica escura (*setas*) sobre os agregados do tipo blocos em um *Mollisol* do Estado de Kansas, Estados Unidos.

Prancha 33 Camada de laterita (plintita endurecida) superficial (*ponta da faca*) de um *Alfisol* tropical. Escala marcada em intervalos de 10 cm.

Prancha 34 Derrubada e queimada em sistema tradicional de agricultura itinerante no Sri Lanka. Os agricultores derrubam parte da floresta e queimam a vegetação morta para que muitos nutrientes retornem ao solo junto com as cinzas.

Prancha 35 Cores indicando gleização ao longo de um canal de raiz em um agregado de um horizonte C.

Prancha 36 A erosão nas partes convexas desta encosta, provocada pelo preparo do solo (aração) e pela água da chuva, expôs o material vermelho do horizonte B. *Ultisols* do Estado da Virginia, Estados Unidos.

Prancha 37 Concentrações e depleções de ferro no horizonte C de um *Ultisol* do Estado do Alabama, Estados Unidos.

Prancha 38 Zonas oxidadas (cores vermelhas) pelas raízes nos horizontes A e E, indicando solo hidromórfico. Elas resultam da difusão do oxigênio a partir das raízes de plantas de uma terra úmida com tecidos do tipo aerenquimatoso (que permitem a passagem do ar).

Prancha 39 Locais com cores escuras (pretas) devido ao acúmulo de húmus, associado a outros com cores cinzentas por causa da depleção de húmus, são indicadores de solo hidromórfico. O lençol freático situa-se 30 cm abaixo da superfície do solo.

Prancha 40 Solos urbanos (às vezes referidos como *Urbents*) frequentemente apresentam surpresas nos seus perfis. Duas covas abertas para plantio de árvores revelaram um horizonte A enterrado (*acima*) e asfalto também enterrado (*abaixo*).

Prancha 41 O solo saturado além do limite líquido, devido às chuvas torrenciais, fez com que ocorresse este deslizamento de terra e fluxo de lama, os quais empurraram grandes árvores de uma floresta tropical morro abaixo, demolindo uma aldeia situada no sopé desta montanha, em Honduras.

Prancha 42 Em uma encosta íngreme, movimentos de massa de solos argilosos, quando saturados com água, podem ocorrer como aconteceu neste bloco de deslizamento rotacional no leste da África. Para se ter uma ideia da escala, observe o homem no centro.

Prancha 43 O solo vermelho e caulinítico (no primeiro plano) serviu de aterro para a construção do leito da estrada que atravessa a paisagem desta baixada. Os solos escuros são ricos em argilas expansivas, que poderiam quebrar a pavimentação se usados como sub-base da estrada. Centro-Sul da Tanzânia.

Prancha 44 Duas grandes pilhas de materiais de solos de um canteiro de obra civil. O material do horizonte A, de cor marrom, foi estocado em separado para ser usado posteriormente para paisagismo, enquanto o horizonte B vermelho (no fundo) foi estocado para ser usado como aterro de leito de estrada.

Prancha 45 Uma camada irregular de uma cobertura de silte branco sobre um depósito glacial de areia grossa e cascalho em um *Inceptisol* do Estado de Rhode Island, Estados Unidos. A capacidade de armazenamento da água do perfil varia de acordo com a espessura da camada de silte, fazendo com que apareça um padrão irregular do gramado afetado pela seca (na foto inserida).

Prancha 46 Árvores retorcidas indicam rastejo (*creep*) do solo.

Prancha 47 Interior reduzido de inclusões de argila em um sedimento arenoso.

Prancha 49 Talhões de pesquisa sobre métodos de preparo do solo com trilhos para os implementos, a fim de evitar o efeito da compressão das rodas. Auburn, Estado do Alabama, Estados Unidos.

Prancha 48 Tijolos feitos com plintita endurecida.

Prancha 50 Cigarra adulta de 17 anos e orifícios de emergência.

Prancha 51 Gramado de trevo verde-escuro com deficiência de N.

Prancha 52 Os antigos talhões experimentais de Morrow (*Morrow Plots*), da Universidade de Illinois, Urbana (EUA).

Prancha 53 Videiras crescendo em solos da série *Jory* (*Ultisol* com baixa disponibilidade de P) têm seu crescimento bastante estimulado (*à direita*), mas são pouco afetadas em solos da série *Chehalis* (*Mollisol* com elevada disponibilidade de P).

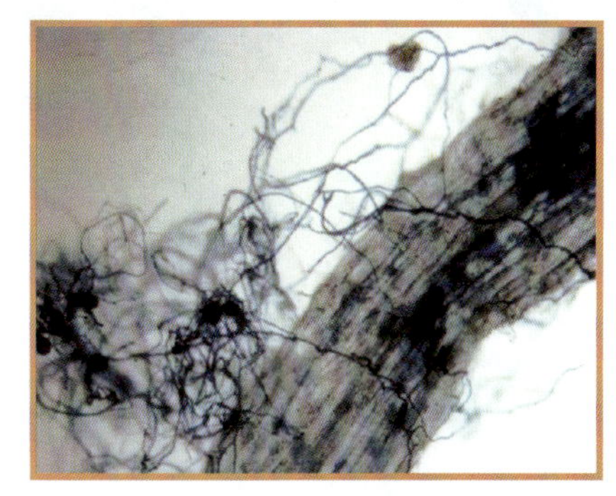

Prancha 54 Raízes de sorgo colonizado por fungo MA (micorriza arbuscular), mostrando as hifas crescendo a partir das raízes (rede hifal extrarradicular).

Prancha 55 Pavimento desértico com um dos seixos removidos para mostrar poros vesiculares no solo.

Prancha 56 Tanques de evaporação para obtenção de sal da água do mar. A pigmentação vermelha é causada pela proliferação nociva de *arqueias* do gênero *Halobacterium*, que possuem pigmentação fotossintética.

Prancha 57 Antigos entalhes feitos em uma rocha, hoje cobertos pelo verniz do deserto – um revestimento de óxido de manganês depositado por uma bactéria. Estado de Nevada, Estados Unidos.

Prancha 58 Alúvio com 1 m de espessura, depositado 8 anos depois que um enrocamento foi colocado nas margens de um curso d'água em uma área urbana.

Prancha 59 Concentrações de Fe (lepidocrocita de cor laranja) nas faces de agregados do horizonte Btg de um *Alfisol* no Chade.

Prancha 60 Um vale do rio Connecticut, no oeste do Estado de Massachusetts, Estados Unidos. Observe vários solos aluviais e a presença de mata ciliar protetora ao longo das margens do rio.

Prancha 61 Perfil de gramado urbano com uma espessa camada superficial da palhas e raízes.

Prancha 62 Uma reboleira de soja com estresse hídrico, mostrando a dimensão da competição de raízes da árvore de carvalho pela água.

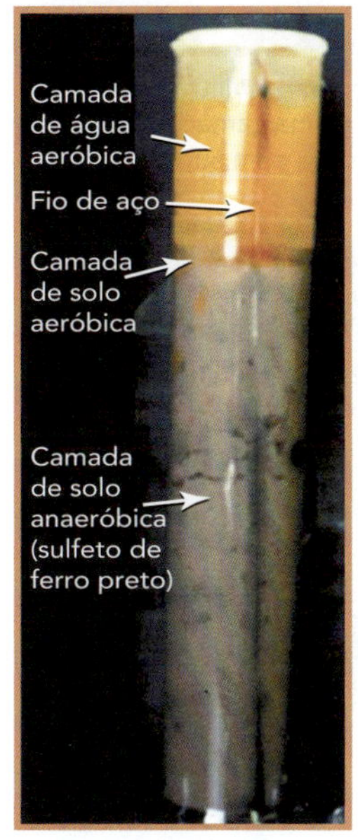

Prancha 63 Zonas oxidadas (óxido de ferro de cor laranja) e reduzidas (sulfeto de ferro preto) ao longo de um arame de aço inserido em uma coluna de Winogradsky.

Prancha 64 Perfil da porção superior de um aterro sanitário de 6 anos com camadas de material de solo superficial, areia e argila (sulfídica). (N. de T.: No Brasil, o horizonte Bw equivale ao Bi, e o Cgd ao Cgm.)

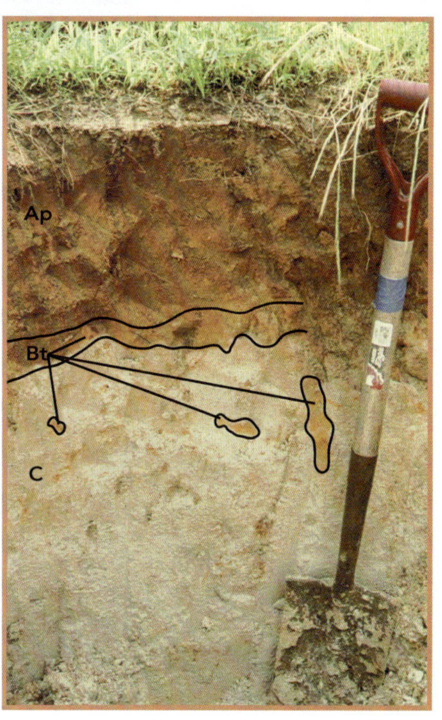

Prancha 65 Perfil de um *Ultisol* no Estado de Maryland, Estados Unidos, truncado devido ao cultivo e à erosão durante 300 anos.

Prancha 66 Grama esverdeada devido ao afloramento de água, um sinal do mau funcionamento do campo de drenos do tanque séptico.

Prancha 67 Grama verde-escura crescendo sobre as linhas dos drenos do tanque séptico. Estado do Texas, Estados Unidos.

Prancha 68 *Kit* para testar a qualidade do solo, quanto à sua respiração, densidade e infiltração.

Prancha 69 Fluxos preferenciais (*fingers*) – infiltração e movimento irregular de água devido a uma camada de cobertura de partículas de areia revestida com substâncias orgânicas hidrofóbicas.

Prancha 70 Chão da floresta (serrapilheira) ou horizonte O no Estado de Vermont, Estados Unidos.

Prancha 71 A camada superficial mais escurecida do solo foi raspada e isolada para expor a camada hidrofóbica causada pela queima da vegetação do tipo chaparral. Em vez de se infiltrar, a água permanece sobre a camada.

Prancha 72 Faixas em contorno e canal escoadouro gramado (*seta*) em um campo do Estado de Nova York, Estados Unidos.

Prancha 73 As leivas incluem 1 cm de solo removido para a fazenda que cultivou a grama.

Prancha 74 Eficiente irrigação por gotejamento em um pomar de macieiras jovens, no México.

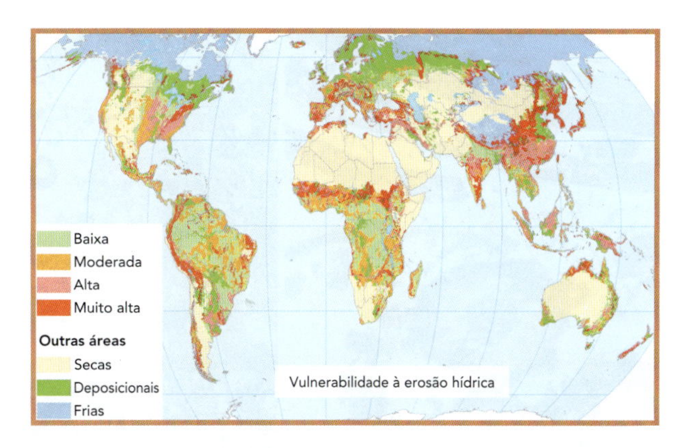

Prancha 75 Mapa-múndi mostrando a vulnerabilidade do solo à erosão hídrica.

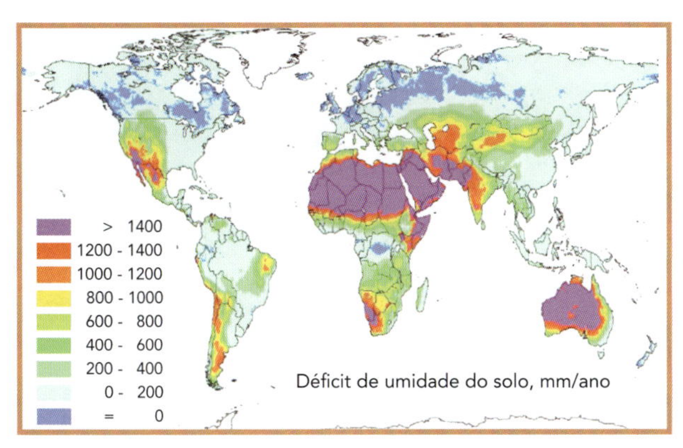

Prancha 76 Mapa-múndi mostrando o déficit anual de umidade do solo (em mm).

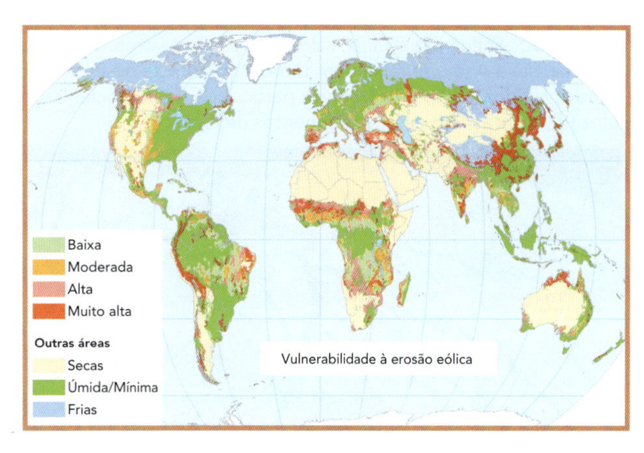

Prancha 77 Mapa-múndi mostrando a vulnerabilidade do solo à erosão eólica.

Prancha 78 *Entisols* (*Technosols*, segundo o *World Reference Group*) construídos em uma área urbana, incluindo mantas de geotecidos e areias.

Prancha 79 Casa na África feita com diversos tipos de solo.

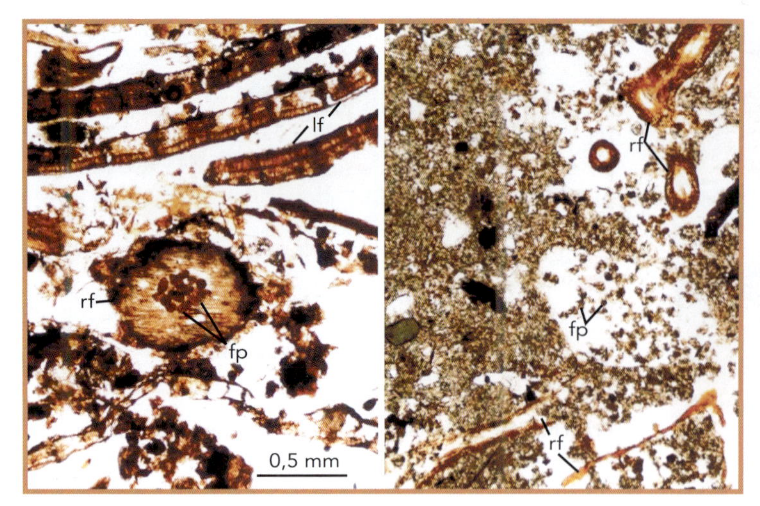

Prancha 80 Influência da fauna do solo na microestrutura dos horizontes O (*à esquerda*) e A (*à direita*) em um *Ultisol* sob floresta no Estado do Tennessee, Estados Unidos. A matéria orgânica particulada (POM) inclui fragmentos de folha (lf), pelotas fecais (fp) e fragmentos de raízes (rf).

Prancha 81 Raízes de plantas de pimentão crescendo na direção de orifícios preenchidos com matéria orgânica, escavados por minhocas no horizonte subsuperficial e compactado em um *Inceptisol* do Estado da Pensilvânia, Estados Unidos. A atividade de minhocas foi incentivada por 15 anos de plantio direto e culturas de cobertura.

Prancha 82 Crescimento de raízes de plantas ao longo das faces gleizadas de um agregado prismático de um fragipã, cujo interior avermelhado é muito denso para permitir que as raízes aí cresçam. As raízes são pressionadas e se tornam achatadas.

Prancha 83 Ninho de ninfa de cigarra a 60 cm de profundidade em um horizonte B de um *Ultisol* sob floresta. Antes de se tornarem adultos, esses insetos se alimentam durante vários anos, sugando a seiva das raízes de uma árvore de carvalho. A água livre nos macroporos banha as cigarras, cujas tocas melhoram a drenagem do solo e facilitam o crescimento de raízes.

Pranchas 84 A extensão das raízes de árvores muito além da linha de projeção de suas copas pode ser vista na área em que há competição entre as árvores e a grama pela água da camada mais superficial do solo. Compare esse padrão de estresse hídrico ao mostrado na Prancha 85.

Prancha 85 A grama seca, devido ao estresse hídrico, mostra a importância da profundidade do solo. A área retangular onde a grama não está verde está sobre uma delgada camada de solo (25 cm) colocada sobre o teto de uma biblioteca subterrânea. As árvores e gramas verdes, à direita, crescem em solo profundo.

Prancha 86 À direita destas hortências, o solo foi neutralizado (com calcário) e, à esquerda, foi acidificado (com $FeSO_4$). Depois de um ano, flores azuis se formaram no local com pH baixo, e flores cor-de-rosa nos locais com pH elevado.

Prancha 87 Folhas de milho mais próximas ao solo com sintomas de deficiência de N (extremidade e nervura central amareladas), deficiência de K (necrose nas bordas das folhas) e sem sintomas (normal). Todas as folhas são de um mesmo campo de cultivo.

Prancha 88 Estas azaleias, apresentando sintomas de deficiência de ferro, foram pulverizadas com $FeSO_4$ em um dos lados, três dias antes de serem fotografadas. O solo com pH maior que 5,5 pode induzir essa deficiência de Fe.

Prancha 89 A deficiência de magnésio provocou clorose entre as nervuras das folhas mais velhas desta planta bico-de-papagaio (*Poinsettia*).

Prancha 90 A deficiência de fósforo causa atrofia e roxeamento das folhas mais velhas. Neste caso, um tomateiro.

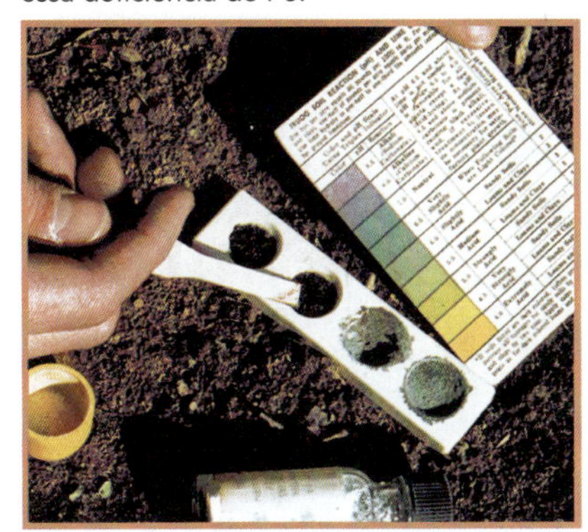

Prancha 91 Depois de algumas amostras de solo terem sido embebidas em uma solução indicadora (cuja pigmentação é sensível a mudanças de pH), a carta é usada para comparação da cor (amarelo para pH 4,0 a roxo para pH 8,5) para estimar pH do solo no campo. Este solo tem valores de pH em torno de 7.

Prancha 92 As plantas de sorgo, à esquerda, apresentam sintomas típicos de deficiência de enxofre.

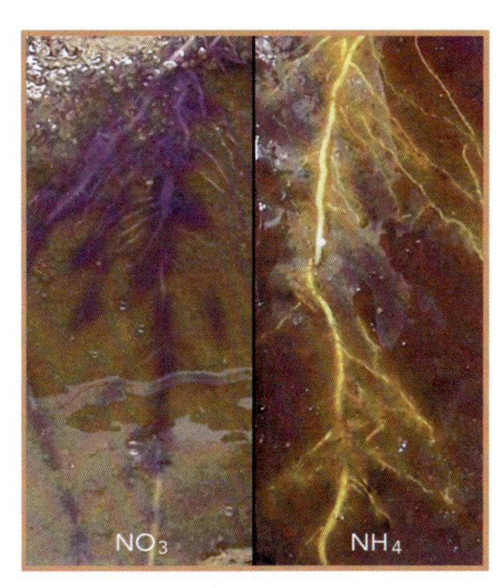

Prancha 93 A parte tingida de roxo na rizosfera de uma gramínea indica como o seu pH foi afetado pela forma de adubo nitrogenado usado (NO_3 ou NH_4). Compare com a carta de cores da Prancha 91.

Prancha 94 Deficiência de nitrogênio de milho cultivado em *Udolls* no centro do Estado de Illinois, Estados Unidos. Depois de fortes chuvas, a água empoçada resultou em perda de nitrogênio tanto por denitrificação como por lixiviação.

Prancha 95 Este lento curso d'água de uma planície costeira está abarrotado de algas, cuja proliferação desenfreada foi causada por adubos nitrogenados e fosfatados advindos de fazendas situadas a montante.

Prancha 96 Plantas de milho normais (à esquerda) e com deficiência de fósforo (à direita). Observe a atrofia e a cor arroxeada.

Prancha 97 Deficiência de zinco em árvores de pêssego. Observe as folhas deformadas, enrugadas e pequenas.

Prancha 98 Deficiência de zinco em milho-doce. Observe as largas faixas esbranquiçadas.

Prancha 99 Solo calcítico erodido (*Ustolls*) com sorgo apresentando sintomas de deficiência de ferro.

Prancha 100 Sintomas de deficiência de boro em alfafa. Observe a folhagem avermelhada.

Prancha 101 As floradas rosadas pertencem às árvores pioneiras de botão-vermelho oriental (*Cercis canadensis L.*), uma leguminosa fixadora de nitrogênio que enriquece o solo para outras espécies durante o processo de sucessão vegetal.

Prancha 102 Folhas de videira apresentando sintomas de deficiência de fósforo.

Prancha 103 Um grande nódulo de uma raiz de soja foi cortado e aberto para mostrar seu interior avermelhado, indicando a atividade de fixação de nitrogênio. O composto vermelho de ferro é muito semelhante à hemoglobina, que faz o sangue humano ter a cor vermelha.

Prancha 104 A crosta de sal, que se parece com a neve, que cobre este solo, formou-se quando a água subterrânea salobra deste pântano subiu por capilaridade e se evaporou, deixando o sal dissolvido precipitado sobre o solo. Área próxima ao Grande Lago Salgado, no Estado de Utah, Estados Unidos.

Prancha 105 O sal da maresia afetou a folhagem (folhas marrons), apesar da alta tolerância ao sal da grama-bermuda (no campo de golfe de Pebble Beach, no Estado da Califórnia, Estados Unidos).

Prancha 106 Teria sido bom se o dono desta casa tivesse regulado seu espalhador de adubo mineral antes de ter terminado a adubação de seu gramado. Os locais onde o adubo foi aplicado em excesso mostram "queima pelo sal", devido ao excesso de adubo nitrogenado.

Prancha 107 A deficiência de ferro causa um amarelecimento que contrasta claramente com as nervuras verdes das folhas mais jovens. Roseiras crescendo em solo com pH 6,8.

Prancha 108 Riacho poluído por uma drenagem ácida, devido à sulforização ocorrida em solos que estão se formando em rejeitos de uma mina de carvão abandonada. A cor laranja no riacho advém da oxidação do $FeSO_4$ no curso d'água.

Prancha 109 Fase inicial da formação de solo em material dragado da baía de Baltimore, Estados Unidos. São evidentes: material sulfídico (escuro), drenagem ácida (líquido alaranjado), acúmulo de sal (crosta branca) e início de formação de estrutura com agregados prismáticos (rachaduras).

Prancha 110 Imagem do Landsat Thematic Mapper de Washington (distrito de Colômbia, Estados Unidos) (à esquerda, acima) e do rio Potomac carregado de sedimentos (no centro). Imagem composta com cores naturais.

Prancha 111 Imagem do Landsat Thematic Mapper de esquemas de irrigação do vale Palo Verde (Estado da Califórnia, Estados Unidos). Imagem composta usando-se bandas 2, 3 e 4. Vegetação exuberante aparece com tom vermelho luminoso.

Pranchas 1-4, 7, 10, 11,13, 15-23, 25-36, 38-53, 55-63, 65-68, 70-74, 78-79, 81-92, 94-101 e 103-109: cortesia de R. Weil; pranchas 8 e 12: cortesia de R. W. Simonson; pranchas 5 e 14: cortesia de Chien-Lu Ping, Agriculture and Forestry Experiment Station, University of Alaska, Fairbanks (EUA); pranchas 6 e 9: cortesia da Soil Science Society of America (EUA); prancha 24: cortesia de Carlos F. Dorronsoro Fernandez, Univ. de Granada, Espanha; pranchas 53, 54 e 102: cortesia de P. R. Schreiner, Oregon State Univ., Estados Unidos; prancha 64: cortesia de Chris Smith, USDA-NRCS; prancha 69: cortesia de Stefen Doerr, Univ. of Swansea, Wales (RU); pranchas 75 e 77: cortesia de USDA-NRCS; prancha 76: de Tao et al. (2003), cortesia da Swedish Academy of Science, Suécia; prancha 80: cortesia de Debra Phillips, Oak Ridge National Laboratory, Tennessee. (EUA); prancha 93: cortesia de Joseph Heckman, Rutgers Univ.; prancha 110: cortesia de Space Imaging, Inc.; prancha 111: cortesia de Earth Satellite Corp, Rockville, Maryland (EUA).

Terra: o único planeta conhecido a possuir solo e água (NASA)

1 Os Solos ao Nosso Redor

No fim, conservaremos apenas
o que amamos.
Amaremos apenas o que compreendemos.
E compreenderemos apenas
o que nos ensinaram.
— BABA DIOUM, *CONSERVACIONISTA AFRICANO*

Os **solos** são cruciais para a vida na Terra. Desde a destruição da camada de ozônio e o aquecimento global até o desmatamento das florestas tropicais e a poluição da água, os ecossistemas terrestres são impactados de maneira diversificada por processos que acontecem no solo. A qualidade do solo determina, de forma significativa, a natureza dos ecossistemas das plantas e a capacidade da terra em sustentar a vida animal e a dos seres humanos. À medida que nos tornamos mais urbanizados, menos contato direto temos com o solo, e perdemos de vista o quanto dependemos dele para nossa prosperidade e sobrevivência. A verdade é que, no futuro, nosso grau de dependência do solo tende a aumentar, e não a diminuir.

Os solos continuarão a nos suprir com quase todo o nosso alimento (com exceção daquele que pode ser retirado dos oceanos). Quantos, ao comermos uma fatia de pizza, se lembram de que a massa teve origem em um campo de trigo; e de que o queijo surgiu com o capim, o trevo e o milho enraizados no solo de uma fazenda de gado leiteiro? A maioria das fibras que usamos para a fabricação de papel, compensados de madeira e roupas originaram-se de plantas que fincaram suas raízes em solos de terras agrícolas e florestas naturais. Embora possamos usar, como substitutos, plásticos e fibras sintéticas derivados de combustíveis fósseis, ainda assim continuaremos a depender dos ecossistemas terrestres para que as nossas necessidades sejam supridas.

Além disso, a biomassa que cresce sobre os solos, provavelmente, se tornará um importante estoque para combustíveis e manufaturados, à medida que as fontes finitas de petróleo se esgotem durante este século. Os primeiros sinais do mercado nessa direção podem ser vistos nos biocombustíveis fabricados a partir de produtos vegetais, nas tintas feitas do óleo de soja e nos plásticos biodegradáveis sintetizados a partir do amido de milho (Figura 1.1).

Uma dura realidade do século XXI é a de que o aumento da população humana fará a demanda por bens materiais crescer em questão de bilhões, ao mesmo tempo em que os recursos naturais disponíveis para prover esse abastecimento encontram-se ameaçados, devido, em grande

Figura 1.1* *À esquerda*: Os biocombustíveis produzidos a partir de produtos agrícolas são muito menos poluentes e têm menos impacto no aquecimento global do que os combustíveis à base de petróleo. A soja e outros cultivos podem servir como substitutos do petróleo na produção de tintas não tóxicas (*abaixo*), plásticos e outros artigos. O amido de milho pode ser transformado em plásticos biodegradáveis utilizados na confecção de sacos e amendoins de isopor para embalagem (*canto superior direito*). (Fotos: cortesia de R. Weil)

parte, à degradação do solo e à sua urbanização. É evidente que devemos aprofundar nosso conhecimento e manejo do solo como fornecedor de recursos vitais, se desejarmos sobreviver enquanto espécie, sem comprometer o *habitat* das gerações presentes e futuras de todos os seres vivos.

A Terra, nosso único lar na vastidão do universo, está coberta pelos elementos que sustentam a vida: ar, água e solo. No entanto, estamos vivendo em uma época em que as atividades humanas vêm alterando a própria natureza desses elementos. Além disso, a destruição da camada de ozônio na estratosfera representa uma ameaça de maior incidência de radiação ultravioleta sobre nós. As concentrações crescentes de gases, como o dióxido de carbono e metano, estão aquecendo o planeta e desestabilizando o clima global. As florestas tropicais úmidas – e a extraordinária variedade de espécies vegetais e animais que elas contêm – estão desaparecendo em um ritmo sem precedentes. Fontes de água subterrânea têm sido contaminadas em muitas áreas e exauridas em outras. Em várias partes do planeta, a capacidade de os solos produzirem alimentos vem diminuindo, e o número de pessoas que precisam ser alimentadas, aumentando. Por todos esses motivos, promover um desenvolvimento global balanceado é o nosso grande desafio.

Para isso, serão necessários novos conhecimentos e tecnologias para proteger o ambiente e, paralelamente, garantir a produção de alimentos e biomassa a fim de atender às demandas da sociedade. Assim, o estudo da ciência do solo nunca foi tão importante para os agricultores, silvicultores, engenheiros civis, ecólogos e gestores de recursos naturais.

* N. de T.: As palavras e expressões que aparecem na Figura 1.1 podem ser traduzidas da seguinte forma: *Biodiesel*: biodiesel; *no smoking*: proibido fumar; *powered by soy biodiesel*: funcionando à base de biodiesel de soja; *printed with soy ink*: impresso com tinta de soja.

1.1 O SOLO COMO MEIO PARA O CRESCIMENTO DAS PLANTAS

Vídeo sobre a germinação das plantas: http://plantsinmotion.bio.indiana.edu/plantmotion/earlygrowth/germination/germ.html

Em qualquer ecossistema, quer ele seja o quintal de sua casa, uma fazenda, uma floresta ou uma bacia hidrográfica local, os solos desempenham papéis fundamentais (Figura 1.2). Em primeiro lugar, ele atua como meio de suporte para o crescimento das plantas. O solo proporciona o ambiente onde as raízes podem crescer, fornecendo-lhes os nutrientes essenciais para a planta como um todo. As propriedades do solo geralmente determinam a natureza da vegetação presente e, indiretamente, a quantidade e a diversidade de animais (incluindo os humanos) que essa flora pode sustentar.

Quando pensamos nas florestas, pradarias, gramados e campos de cultivo que nos rodeiam, geralmente imaginamos as **partes aéreas das plantas** (caules, ramos, folhas e flores), mas nos esquecemos das **raízes**, em razão de estarem abaixo da superfície do solo – apesar de constituírem metade do mundo vegetal. E, como as raízes das plantas estão comumente fora do nosso campo de visão, e talvez por isso sejam de difícil estudo, sabemos muito menos sobre as interações solo-ambiente que acontecem abaixo da superfície do solo do que as que ocorrem acima dela – apesar de ambas serem de grande importância para entendê-las separadamente. Para começar, vamos listar em resumo o que uma planta pode obter do solo no qual suas raízes se proliferam:

- Sustentação física
- Ar
- Água
- Regulagem da temperatura
- Proteção contra toxinas
- Elementos nutrientes

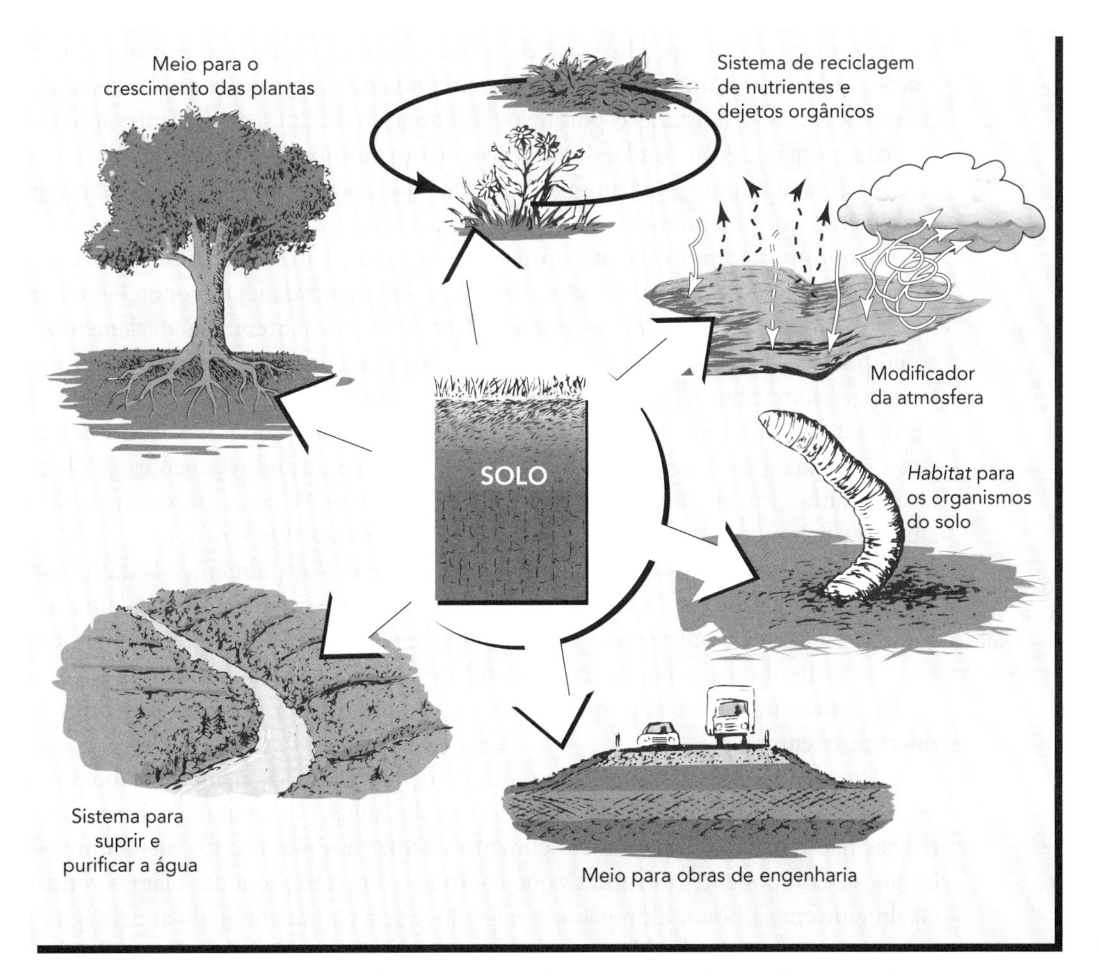

Figura 1.2 As muitas funções do solo podem ser agrupadas em seis papéis ecológicos vitais.

A massa do solo fornece sustentação física, ancorando o sistema radicular para que a planta não tombe. Às vezes, o vento forte ou a neve pesada derruba uma planta cujo sistema radicular teve seu crescimento restringido em razão de o solo ser raso ou devido a outras condições adversas (Figura 1.3).

Para obter energia, as raízes das plantas dependem do processo de respiração. E, já que a respiração da raiz, assim como a nossa, consome oxigênio (O_2) e exala dióxido de carbono (CO_2), uma importante função do solo é a *aeração* – a qual permite que o CO_2 saia e o O_2 do ar fresco entre na rizosfera. Essa aeração é feita por meio da rede de poros do solo.

Os poros do solo têm outra função igualmente importante: a de absorver a água da chuva e retê-la, de modo que ela possa ser aproveitada pelas raízes das plantas. Quando as folhas das plantas estão expostas à luz solar, necessitam de um fluxo contínuo de água que será usado na sua refrigeração, no transporte de nutrientes, na manutenção do turgor e na fotossíntese. Mas, como as plantas usam a água de forma contínua, e na maioria dos lugares chove apenas ocasionalmente, a capacidade de retenção de água do solo é essencial para a sobrevivência da planta. Um solo profundo pode armazenar água em quantidade suficiente para permitir que as plantas sobrevivam por muito tempo, mesmo em períodos de chuvas escassas (Figura 1.4).

O solo também controla as variações de temperatura. Talvez você se lembre de quando escavava a terra do seu jardim, em uma tarde de verão, e percebia o quanto a superfície do solo estava quente e, apenas alguns centímetros abaixo, estava bem mais fria. A explicação para isso é que as propriedades isolantes do solo protegem a parte mais profunda do sistema radicular das grandes oscilações de temperatura que muitas vezes ocorrem na sua superfície.

As **substâncias fitotóxicas** podem estar presentes nos solos como resultado da atividade humana, ou podem ser produzidas pelas raízes das plantas, micro-organismos ou, ainda, por reações químicas naturais. Um solo em boas condições irá proteger as plantas das concentrações tóxicas de tais substâncias por meio da ventilação de gases, da decomposição ou adsorção de toxinas orgânicas ou, ainda, da supressão de organismos produtores de substâncias tóxicas. Por outro lado, alguns micro-organismos do solo produzem substâncias estimuladoras do crescimento que podem melhorar o vigor das plantas.

Os solos fornecem **nutrientes minerais** às plantas. Um solo fértil irá fornecer, continuamente, nutrientes de origem mineral dissolvidos em quantidades e proporções relativas e adequadas para um saudável crescimento das plantas. Os nutrientes incluem elementos metálicos como potássio, cálcio, ferro e cobre, assim como elementos não metálicos como nitrogênio, fósforo, enxofre e boro. A planta extrai todos esses elementos da solução do solo e incorpora a maioria deles em milhares de diferentes compostos orgânicos que constituem os tecidos vegetais. Os animais, normalmente, obtêm nutrientes minerais indiretamente do solo pela ingestão de plantas. Em algumas circunstâncias, comer solo significa satisfazer a necessidade que os animais (incluindo o homem) têm de ingerir sais minerais (Quadro 1.1).

Observe os elementos essenciais na tabela periódica interativa: www.webelements.com

Dos 92 elementos químicos que ocorrem naturalmente, 17 já foram comprovados como sendo **elementos essenciais**, o que significa que as plantas não podem crescer e completar seus ciclos de vida sem eles (Tabela 1.1). Os elementos essenciais utilizados pelas plantas em quantidades relativamente significativas são chamados de **macronutrientes**; e aqueles usados em quantidades menores são conhecidos como **micronutrientes**.

Além dos nutrientes minerais essenciais mencionados, as plantas também podem usar pequenas quantidades de compostos orgânicos dos solos. No entanto, a absorção dessas substâncias não é necessária para o crescimento normal das plantas. Os metabólitos orgânicos, enzimas e componentes estruturais que compõem a matéria seca das plantas consistem principalmente em carbono, hidrogênio e oxigênio, que a planta obtém do ar e da água (por meio da fotossíntese), e não do solo.

Figura 1.3 Este solo raso e encharcado não permitiu que as raízes das árvores crescessem de forma suficientemente profunda para evitar que elas tombassem com o peso da neve e a força do vento do inverno. (Foto: cortesia de R. Weil)

Figura 1.4 Nesta savana do leste da África, uma família de elefantes africanos encontra sombra sob a copa de uma enorme árvore de acácia. A foto foi tirada em meados de uma longa estação seca, quando nenhuma chuva havia caído durante quase cinco meses. As raízes das árvores estão ainda utilizando a água da estação chuvosa anterior que foi armazenada a muitos metros dentro do solo. O capim seco tem sistema radicular raso e já lançou sementes e morreu – ou permanece em um estado dormente. (Foto: cortesia de R. Weil)

As plantas *podem* ser cultivadas sem qualquer tipo de solo em soluções nutritivas (um método denominado **hidroponia**); mas, nestas condições, mecanismos que cumpram as funções de sustentação física para as plantas, exercidas pelo solo, devem ser incluídos nas casas de vegetação onde se fazem os cultivos hidropônicos – mantidos a um alto custo de tempo, de energia e de práticas de manejo. Embora a produção hidropônica em pequena escala para algumas plantas de alto valor comercial seja viável, a produção mundial de alimentos e fibras, bem como a manutenção dos ecossistemas naturais, sempre dependerá de milhões de quilômetros quadrados de solos produtivos.

QUADRO 1.1

Barro para o jantar?[a]

Você provavelmente está pensando: "Barro (ou melhor, *solo*) para o jantar? Eca!" Sabemos que existem vários pássaros, répteis e mamíferos conhecidos por irem a lugares específicos para "lamber" a terra. Mas há também a involuntária e acidental ingestão de solo por seres humanos (especialmente crianças), o que as expõe às toxinas presentes no ambiente (Capítulo 15). Contudo, os mais sofisticados moradores dos países industrializados, inclusive antropólogos e nutricionistas, acham difícil acreditar que alguém possa, propositadamente, ingerir solo. No entanto, muitos registros de documentações científicas sobre o assunto mostram que várias pessoas, rotineiramente, comem terra – em quantidades de 20 a 100 g por dia. O hábito da geofagia ("comer terra" deliberadamente) é comum em sociedades tão díspares como as da Tailândia, Turquia, as áreas rurais do Estado do Alabama (EUA) e a área urbana de Uganda (Figura 1.5). Imigrantes do sul da Ásia, no Reino Unido, trouxeram a prática de comer terra para cidades como Londres e Birmingham. Na verdade, os cientistas que estudam esse hábito sugerem que a geofagia seja um comportamento humano generalizado e normal. Crianças e mulheres (especialmente quando grávidas) parecem mais propensas à geofagia do que homens adultos. Além disso, pessoas pobres comem solo mais comumente do que as da classe média.

Figura 1.5 Barras de solo argiloso vendidos para consumo humano em um mercado em Kampala, Uganda. (Foto: cortesia de Peter W. Abrahams, *University of Wales, UK*).

As pessoas com tendência à geofagia não comem um solo qualquer, mas um solo em particular, seja ele uma argila endurecida de um ninho de cupins, um solo esbranquiçado do barranco de um rio ou, ainda, a argila escura de certas camadas profundas do solo. Essas pessoas, em diferentes lugares e circunstâncias, buscam também solos ricos em cálcio; outras procuram solos com altos teores de argila ou solos vermelhos ricos em ferro. Curiosamente, ao contrário de muitos outros animais, os seres humanos raramente comem solo para obter sal. Entre os vários benefícios gerados pela ingestão de terra, podemos citar: o fornecimento de nutrientes minerais (principalmente ferro), a desintoxicação de substâncias venenosas ingeridas (consultar o Capítulo 8, sobre a adsorção pelas argilas), o alívio contra dores de estômago, a sobrevivência em tempos de fome e também por prazer. Os geofagistas são conhecidos por se deslocarem a grandes distâncias para satisfazerem seus desejos de comer determinado solo. Mas, antes que você saia por aí atrás de um cardápio à base de solo, considere os perigos da geofagia. Em primeiro lugar, será difícil desenvolver o gosto por esse "alimento". Além disso, há vários inconvenientes em se ingerir solo (em particular, o solo superficial): infecção por vermes parasíticos; envenenamento por chumbo; desbalanceamento de sais minerais (por causa da adsorção de alguns desses sais e liberação de outros) e desgaste prematuro dos dentes.

[a] Este quadro é baseado em um capítulo do fascinante livro de Abrahams (2005) e em um artigo de revisão de literatura de Stokes (2006).

1.2 O SOLO COMO REGULADOR DO ABASTECIMENTO DE ÁGUA

Para que possamos obter melhores resultados no que diz respeito à qualidade dos nossos recursos hídricos, devemos reconhecer que a maior parte da água dos nossos rios, lagos, estuários e aquíferos é transportada através do solo ou sobre sua superfície. Imagine, por exemplo, uma forte chuva caindo sobre as colinas ao longo de um rio. Se a chuva consegue se infiltrar no solo, parte da água pode nele ser armazenada e usada pelas árvores e outras plantas; a outra

Tabela 1.1 Elementos essenciais para o crescimento das plantas e suas fontes[a]

As formas químicas que as plantas mais comumente absorvem são mostradas entre parênteses, com o símbolo químico do elemento em negrito.

Macronutrientes: usados em quantidades relativamente grandes (>0,1% do peso seco da planta)		Micronutrientes: usados em quantidades relativamente pequenas (<0,1% do peso seco da planta)
Principalmente do ar e da água	**Principalmente dos sólidos do solo**	**Dos sólidos do solo**
Carbono ($\mathbf{C}O_2$)	Cátions:	Cátions:
Hidrogênio ($\mathbf{H}_2O$)	Cálcio ($\mathbf{Ca}^{2+}$)	Cobre ($\mathbf{Cu}^{2+}$)
Oxigênio ($\mathbf{O}_2$, $H_2\mathbf{O}$)	Magnésio ($\mathbf{Mg}^{2+}$)	Ferro ($\mathbf{Fe}^{2+}$)
	Nitrogênio ($\mathbf{N}H_4^+$)	Manganês ($\mathbf{Mn}^{2+}$)
	Potássio ($\mathbf{K}^+$)	Níquel ($\mathbf{Ni}^{2+}$)
		Zinco ($\mathbf{Zn}^{2+}$)
	Ânions:	Ânions:
	Nitrogênio ($\mathbf{N}O_3^-$)	Boro ($H_3\mathbf{B}O_3$, $H_4\mathbf{B}O_4^-$)
	Fósforo ($H_2\mathbf{P}O_4^-$, $H\mathbf{P}O_4^{2-}$)	Cloro ($\mathbf{Cl}^-$)
	Enxofre ($\mathbf{S}O_4^{2-}$)	Molibdênio ($\mathbf{Mo}O_4^{2-}$)

[a] Muitos outros elementos são absorvidos dos solos pelas plantas, mas não são *essenciais* para o crescimento delas (consulte Epstein e Bloom, 2005).

parte pode infiltrar-se lentamente através das camadas do solo até chegar aos lençóis freáticos ou, finalmente, emergir nos mananciais (nascentes) que abastecem os rios durante meses ou anos na forma de fluxos de base. Mesmo se a água estiver contaminada, à medida que for penetrando nas camadas superiores do solo, ela vai sendo purificada por processos nele atuantes, os quais removem muitas impurezas e eliminam possíveis organismos causadores de doenças.

Agora, compare o cenário anterior com outro em que o solo é pouco profundo ou impermeável, de maneira que a maior parte da água da chuva não possa penetrá-lo e, por isso, escorre sobre sua superfície morro abaixo, erodindo o solo e arrastando-o junto com os detritos existentes sobre sua superfície, na forma de enxurrada lamacenta que, ganhando cada vez mais velocidade, deságua de uma vez só em um rio. Nota-se, então, que o tipo de solo e o sistema de manejo têm uma grande influência sobre a *pureza*, bem como a quantidade de água que segue em direção aos sistemas aquáticos. Para aqueles que vivem em uma casa na zona rural perto de um terreno com drenos de um tanque séptico, o solo – que atua como um filtro purificador – é a principal barreira que se interpõe entre as descargas do vaso sanitário e água corrente da pia da cozinha!

1.3 O SOLO COMO RECICLADOR DE MATÉRIAS-PRIMAS

O que seria do nosso planeta se o solo não funcionasse como um reciclador? Sem o reaproveitamento dos nutrientes, as plantas e os animais teriam ficado sem alimentos há muito tempo. O mundo provavelmente estaria coberto por uma camada de centenas de metros de altura formada por resíduos de plantas e cadáveres de animais. Sem dúvida, a reciclagem é um processo vital nos ecossistemas, seja nas florestas, fazendas ou cidades. O sistema solo desempenha um papel fundamental nos importantes ciclos geoquímicos. Isso porque o solo tem a capacidade de assimilar grandes quantidades de resíduos orgânicos, transformando-os no benéfico **húmus**, que converte os nutrientes minerais (existentes nos resíduos) em formas que podem ser utilizadas pelas plantas e animais e devolve o carbono para a atmosfera como dióxido de carbono, o qual, novamente, irá se tornar parte dos organismos vivos por meio da fotossíntese das plantas. Alguns solos podem acumular grandes quantidades de carbono na forma de matéria orgânica, tendo assim um grande impacto sobre as mudanças globais, como o tão discutido *efeito estufa* (Seções 11.1 e 11.9).

1.4 O SOLO COMO AGENTE MODIFICADOR DA ATMOSFERA

Histórico da ciência da mudança climática: www.aip.org/history/climate/timeline.htm

O solo interage de várias maneiras com a camada de ar da Terra. Em locais onde o solo está seco, mal-estruturado e desnudo, suas partículas podem ser arrastadas pelos ventos, fazendo com que grandes quantidades de poeira sejam adicionadas à atmosfera. Isso reduz a visibilidade, aumenta os riscos para a saúde humana devido à inalação do ar poeirento e também altera a temperatura do ar e de todo o planeta. O solo úmido, bem-estruturado e coberto com vegetação pode impedir que o ar fique empoeirado. A evaporação da umidade do solo é uma importante fonte de vapor d'água para a atmosfera, pois altera a temperatura e a composição do ar e influi nos padrões climáticos. Os solos também respiram, ou seja, absorvem oxigênio e outros gases, como o metano, enquanto liberam gases, como o dióxido de carbono e o óxido nitroso. Essas trocas gasosas entre o solo e a atmosfera têm uma significativa influência na composição atmosférica e no aquecimento global.

1.5 O SOLO COMO *HABITAT* PARA SEUS ORGANISMOS

Comunidades de plantas e animais em solos de pastagens: www.blm.gov/nstc/soil/index.html

Quando falamos em proteger os ecossistemas, a maioria das pessoas imagina uma velha floresta com a sua abundante vida selvagem, ou talvez um estuário com bancos de ostras e cardumes de peixes. No entanto, os ecossistemas mais complexos e diversificados da Terra são, na realidade, os subterrâneos! O solo não é um mero conjunto de fragmentos de rochas e resíduos orgânicos. Um punhado de solo pode ser o lar de *bilhões* de organismos, pertencentes a milhares de espécies. Mesmo em uma pequena quantidade de solo, é provável que existam predadores, presas, produtores, consumidores e parasitas (Figura 1.6).

Como é possível que tanta diversidade de organismos viva e interaja em um espaço tão pequeno? Uma explicação é a enorme variedade de nichos e *habitats* mesmo em um solo de aparência uniforme. Alguns poros do solo estão preenchidos com água na qual nadam organismos como nematoides, diatomáceas e rotíferos. Em outros poros maiores, cheios de ar úmido, minúsculos insetos e ácaros podem estar rastejando. Algumas microzonas bem-aeradas podem estar afastadas apenas poucos milímetros de locais com condições **anóxicas**. Diferentes pontos do solo podem estar enriquecidos com matéria orgânica em decomposição, enquanto alguns podem ser mais ácidos, e outros ainda, mais básicos. A temperatura, inclusive, pode variar bastante de um local para outro do solo.

Os solos abrigam uma boa parte da complexa diversidade genética da Terra. Assim como o ar e a água, eles são importantes componentes de um ecossistema muito mais vasto. No entanto, somente em épocas mais recentes a qualidade do solo vem se tornando tema importante nas discussões sobre a proteção ambiental, da mesma forma que a qualidade do ar e da água.

1.6 O SOLO COMO MEIO PARA OBRAS DE ENGENHARIA

Edifícios modernos e históricos feitos de solo: www.eartharchitecture.org

Provavelmente, o solo é o mais antigo e, certamente, um dos materiais de construção mais usados em edificações. Afinal, quase metade das pessoas no mundo vive em casas cuja matéria-prima usada para construção é a terra. As edificações feitas de materiais do solo variam das tradicionais casas de barro da África (Prancha 79) às modernas casas (para atender a propósitos ambientalistas) construídas com paredes de "terra batida"a partir de terra misturada com cimento e hidraulicamente compactadas (consulte o *link*, na nota da margem lateral).

Figura 1.6 O solo é o lar de uma grande variedade de organismos, tanto os grandes como os muito pequenos. Na foto, uma centopeia (mostrada em tamanho real), um predador relativamente grande, está caçando sua próxima refeição que, provavelmente, é um dos muitos animais menores que se alimentam de restos de plantas mortas. (Foto: cortesia de R. Weil)

"*Terra firma*" (terra firme!). Isto é o que costumamos pensar: o solo como sendo a base firme e sólida sobre a qual é possível caminhar, construir estradas e todos os tipos de edificações. De fato, a maioria das construções se apoia no solo e necessita que ele seja escavado. Infelizmente, como pode ser visto na Figura 1.7, alguns solos são menos estáveis do que outros. Assim, para que edificações seguras sejam construídas sobre os solos (e com o material do solo) é necessário conhecer muito bem a sua diversidade – o que será discutido, mais adiante, neste capítulo. Os projetos elaborados para leitos de estradas ou fundações de edifícios podem ser adequados para certo local, com um determinado tipo de solo, mas podem não ser apropriados para outros, cujos solos têm outras características.

Trabalhar com solos naturais ou materiais escavados do solo não é como trabalhar com concreto ou aço. Propriedades como a capacidade de carga, a compressão, a resistência ao cisalhamento e a estabilidade são muito mais variáveis e difíceis de serem previstas para os solos do que para os materiais de construção industrializados. O Capítulo 4 apresenta uma introdução a algumas propriedades relacionadas ao solo como matéria-prima para obras de engenharia. Muitas outras propriedades físicas discutidas terão aplicação direta para esses usos. Por exemplo, o Capítulo 8 aborda a propriedade de expansão de certos tipos de argilas em solos. Assim, o engenheiro civil deve estar ciente de que, quando os solos com argilas expansíveis são

Figura 1.7 Um conhecimento mais detalhado acerca dos solos em que esta estrada foi construída poderia permitir aos engenheiros a elaboração de um projeto que redundasse em uma obra mais estável, evitando, assim, essa situação não apenas dispendiosa, mas principalmente perigosa. (Foto: cortesia de R. Weil)

umedecidos, elas se expandem com força suficiente para quebrar fundações e pavimentações. Grande parte da informação sobre as propriedades e a classificação dos solos, que serão tratadas em capítulos posteriores, será de grande valia para os profissionais que precisam planejar o uso do solo como meio de construção ou escavação.

1.7 A PEDOSFERA COMO UMA INTERFACE AMBIENTAL

A importância do solo como um corpo natural deriva em grande parte de seu papel de **interface** entre as rochas (**litosfera**), o ar (**atmosfera**), a água (**hidrosfera**) e os seres vivos (**biosfera**). Os ambientes nos quais todos esses quatro elementos interagem são muitas vezes os mais complexos e produtivos da Terra. Um estuário, onde as águas pouco profundas estão lado a lado com a terra e o ar, é um exemplo desse tipo de ambiente. Sua produtividade e complexidade ecológica superam em muito, por exemplo, os de uma fossa profunda do oceano (onde a hidrosfera é bastante isolada), ou a da alta atmosfera (onde as rochas e a água têm pouca influência sobre ela). O solo, ou a **pedosfera**, pode ser visto como outro exemplo desse ambiente (Figura 1.8).

O conceito de solo como interface tem significados diferentes conforme a escala. Para a escala de quilômetros, o solo canaliza a água da chuva para os rios e transfere os elementos, antes contidos nos minerais das rochas, para os oceanos. Ele também remove e adiciona grandes quantidades de gases atmosféricos, que influenciam significativamente o balanço global do dióxido de carbono e do metano. Em uma escala de poucos metros (Figura 1.8*b*), o solo forma a zona de transição entre a rocha dura e o ar, armazenando a água em estado líquido e o gás oxigênio para serem usados pelas raízes das plantas. Ele transfere os elementos minerais das rochas da crosta terrestre para a sua vegetação, além de também processar ou armazenar os restos orgânicos de plantas e animais terrestres. Em uma escala de poucos milímetros (Figura 1.8*c*), o solo favorece a produção de diversos micro-*habitats* para micro-organismos que respiram no ar ou na água, conduzem água e outros nutrientes para as raízes das plantas e fornecem superfícies e condutos para soluções onde milhares de reações bioquímicas são processadas. Finalmente, na escala de alguns micrômetros, e até menor (menos de um milionésimo de metro), o solo fornece superfícies ordenadas e complexas, tanto minerais como orgânicas, que atuam como moldes para as reações químicas de interação da água com os seus solutos. Suas partículas minerais menores formam microzonas de cargas eletromagnéticas que atraem tudo, desde as paredes celulares de bactérias às proteínas e aos grupos de moléculas de água. À medida que for lendo este livro, você verá que as frequentes referências cruzadas, entre um capítulo e outro, irão lembrá-lo da importância das escalas e das interfaces com a história do solo.

1.8 O SOLO COMO UM CORPO NATURAL

Você pode notar que este livro, por vezes, refere-se ao "solo" como "o solo"; às vezes, como "um solo" e outras, como "solos". Essas variações da palavra "solo" referem-se a dois conceitos distintos: *solo* como um material ou *solos* como corpos naturais. O *solo* pode ser entendido como um material composto de minerais, gases, água, substâncias orgânicas e micro-organismos. Algumas pessoas (normalmente *não* estudiosos do solo!) também se referem a esse material como terra, inclusive dando a ele a conotação de *sujeira*, especialmente quando é encontrado onde não é bem-vindo (por exemplo, em suas roupas ou debaixo das suas unhas).

My friend, the soil; entrevista com Hans Jenny: http://findarticles.com/p/articles/mi_m0GER/is_1999_Spring/ai_54321347

Um solo é um corpo tridimensional natural – assim como uma montanha, um lago ou um vale. *O solo* é uma coleção de corpos de solos, individualmente diferentes, que cobrem a terra como a casca de uma laranja. No entanto, enquanto a casca é relativamente uniforme ao redor da laranja, o solo é altamente variável de um lugar para outro da Terra. Um desses corpos individuais (*um solo*) está para *o solo* assim como uma árvore isolada está para toda a vegetação da Terra. Desse modo, é possível

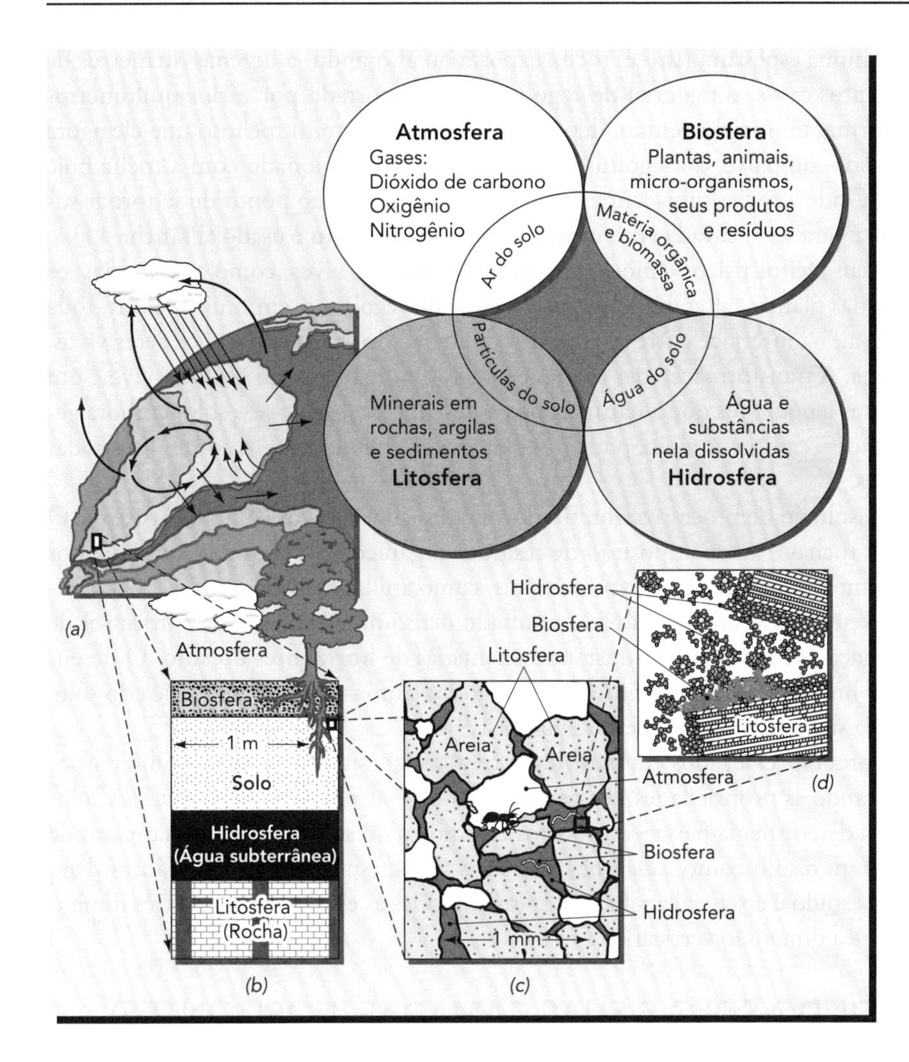

Figura 1.8 A pedosfera – interface dos mundos da rocha (litosfera), do ar (atmosfera), da água (hidrosfera) e da vida (biosfera) – pode ser interpretada com base em muitas escalas diferentes. Na escala de quilômetros (a), o solo faz parte dos ciclos globais e da vida dos ecossistemas terrestres. Na escala de metros (b), o solo forma uma zona de transição entre a rocha dura, abaixo, e a atmosfera, acima, através da qual uma zona de fluxos de águas superficiais e subterrâneas favorece o crescimento de plantas e de outros organismos vivos. Na escala de milímetros (c), as partículas minerais formam o esqueleto do solo que define seus espaços porosos – alguns preenchidos com ar e outros, com água – nos quais vivem pequenas criaturas. Finalmente, nas escalas micro e nanométrica (d), os minerais do solo (litosfera) apresentam cargas elétricas, superfícies reativas que adsorvem água e cátions dissolvidos em água (hidrosfera), gases (atmosfera), complexas macromoléculas de húmus e bactérias (biosfera). (Diagrama: cortesia de R. Weil)

encontrar carvalhos, abetos e muitas outras espécies de árvores em uma floresta em particular, assim como também se podem encontrar solos denominados "*Christiana* franco-argilosa", "*Sunnyside* areia-franca", "*Elkton* franco-siltosa"* e outros tipos de solos em uma determinada paisagem**.

Os *solos* são corpos naturais compostos de solo*** (o material que acabamos de descrever), *mais* raízes, animais, rochas, artefatos e muitos outros materiais. Se você mergulhar um balde em um lago, poderá amostrar um pouco de sua água. Da mesma maneira, escavando ou "tradando" um buraco em um solo, você poderá retirar um pouco do *material do solo*. Dessa forma, você pode levar uma amostra de solo ou de água a um laboratório e analisar seu conteúdo, mas terá que ir ao campo para estudar um solo ou um lago.

Na maioria dos lugares, a rocha exposta na superfície da Terra se desintegrou e se alterou para produzir uma camada de detritos inconsolidados que cobrem a rocha dura, não meteorizada. Essa camada não consolidada é chamada de **regolito** e, em alguns lugares, varia de

* N. de T.: *Cristhiana*, *Sunnyside* e *Elkton* referem-se a nomes de séries de solos identificadas nos Estados Unidos. As séries, na taxonomia pedológica, são consideradas como equivalentes à categoria de espécies, na taxonomia biológica; *franco-argilosa*, *areia-franca* e *franco-sitosa* referem-se ao nome da classe textural do horizonte mais superficial do solo (Figura 4.4).

** N. de T.: Paisagem (*landscape*), neste livro, significa a extensão de território que se alcança em um lance de vista.

*** N. de T.: Aquilo a que os autores deste livro referem-se como solo (*a soil*), algumas vezes traduzimos como "material do solo" nesta obra.

praticamente nenhuma espessura (isto é, rocha exposta ou aflorando) a dezenas de metros de espessura. Em muitos casos, o material do regolito foi transportado por vários quilômetros do local da sua formação inicial e, então, depositado sobre o substrato rochoso que ele agora cobre. Assim, o todo, ou parte, do regolito pode ou não estar relacionado com a rocha hoje existente sob ele. Onde a rocha subjacente se intemperizou *in loco*, ao ponto de se tornar suficientemente solta para ser escavada com uma pá, o termo **saprolito** é usado (Prancha 11).

Por meio de seus efeitos físicos e bioquímicos, os organismos vivos, como as bactérias, os fungos e as raízes das plantas, alteraram a parte superior do regolito e, em muitos casos, toda a sua espessura. É aí, na interface entre os mundos da rocha, do ar, da água e dos seres vivos, que o solo se forma. A transformação das rochas e detritos inorgânicos em um solo vivo é um dos mais fascinantes fenômenos que a natureza nos apresenta. O regolito e o solo, embora geralmente fora do nosso campo de visão, podem ser vistos com frequência em cortes de estradas e outras escavações.

Um solo é o resultado de processos sintetizadores tanto construtivos como destrutivos. O intemperismo das rochas e a decomposição de resíduos orgânicos são exemplos de processos destrutivos, enquanto a formação de novos minerais, como argilas e novos compostos orgânicos estáveis, são exemplos de síntese. Talvez o resultado mais impressionante dos processos de síntese seja a formação de camadas contrastantes chamadas de **horizontes do solo**. O desenvolvimento desses horizontes na parte superior do regolito é uma característica única do solo, que o diferencia da sua porção mais inferior (Figura 1.9).

Os pesquisadores especializados em **pedologia** (*pedólogos*) estudam os solos como corpos naturais, considerando as propriedades dos seus horizontes e as relações entre os vários solos existentes em uma determinada paisagem. Outros estudiosos do solo, por vezes chamados de **edafólogos**, encaram o solo como o *habitat* para seres vivos, especialmente as plantas. Para ambos os tipos de estudo é essencial analisar os solos em todas as escalas e em suas três dimensões (especialmente a dimensão vertical).

1.9 O PERFIL DO SOLO E SUAS CAMADAS (HORIZONTES)

Coloque no *Google* "perfil do solo" e depois clique em "Resultados de Imagem".

Os pedólogos costumam cavar um grande buraco, chamado de *trincheira*, geralmente até vários metros de profundidade e de cerca de um metro de largura, a fim de expor os horizontes do solo para estudo. A seção vertical, que expõe um conjunto de horizontes no talude de tal trincheira, é chamada de **perfil do solo**. Cortes de estradas e outras escavações já efetuadas podem expor os perfis de solo e servem como "janelas" para vermos a dimensão vertical do solo. Em uma escavação deixada aberta por algum tempo, os horizontes são muitas vezes obscurecidos pelo material do solo de horizontes superiores que foi transportado para baixo, cobrindo os horizontes inferiores do perfil que estava exposto. Por essa razão, os horizontes podem ser visualizados mais nitidamente se alguns centímetros desses cortes de estrada forem raspados, para melhor exposição dos horizontes do solo. A observação de como os solos variam de um lugar para o outro, quando expostos em cortes de estrada, pode adicionar novos e fascinantes aspectos a uma viagem. Depois de ter aprendido a interpretar os diferentes horizontes (Capítulo 2), os perfis de solo podem orientá-lo sobre possíveis problemas quanto ao uso da terra, bem como lhe mostrar muita coisa sobre o ambiente e o histórico pedológico de uma região. Por exemplo, os solos desenvolvidos em uma região de clima árido terão horizontes muito diferentes daqueles desenvolvidos em uma região úmida.

Os horizontes que constituem um solo podem variar em espessura e ter limites um tanto irregulares, mas geralmente são paralelos à superfície do terreno. Esse alinhamento é esperado porque a diferenciação do regolito em horizontes bem definidos é em grande parte o resultado

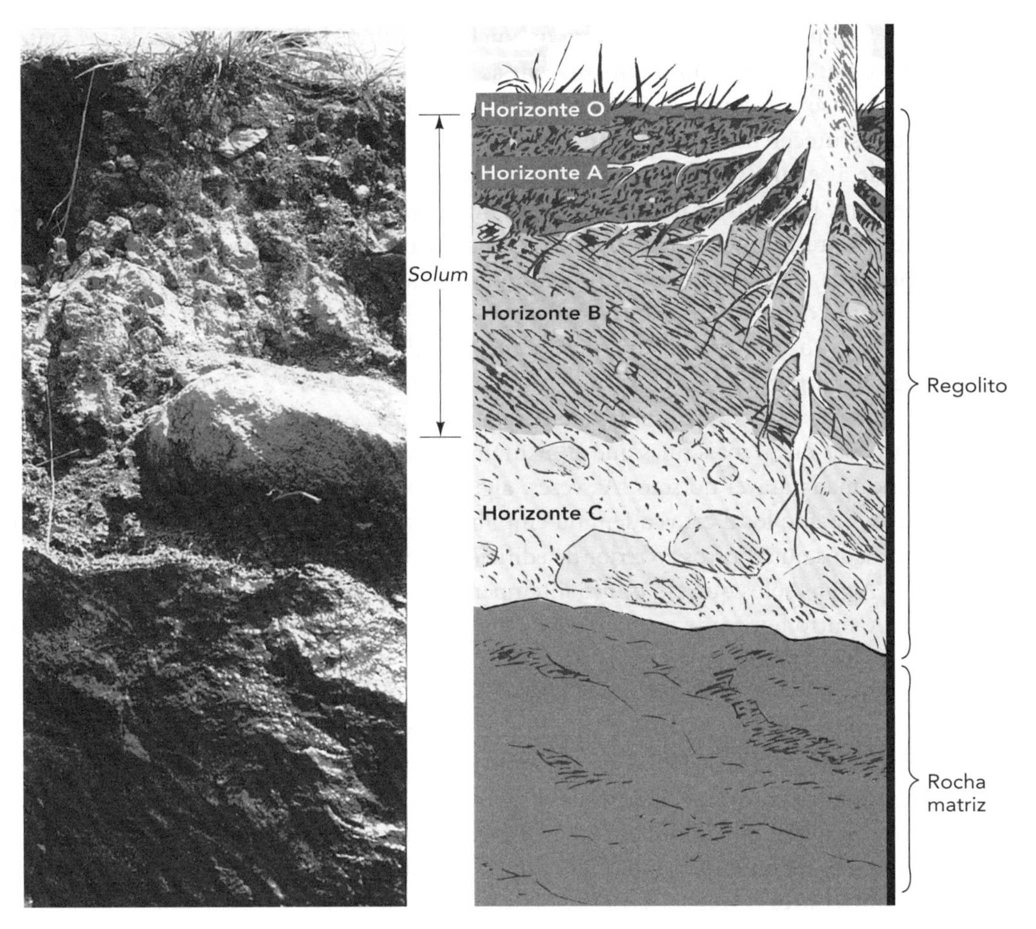

Figura 1.9 Posições relativas do regolito, seu solo e sua rocha matriz subjacente. Note que o solo é uma parte do regolito e que os horizontes A e B fazem parte do ***solum*** (do latim, "solo" ou "terra"). O horizonte C é a parte do regolito subjacente ao *solum*, mas sua parte superior pode estar sendo lentamente transformada em solo. Às vezes, o regolito é tão delgado que todo ele pode ter sido transformado em solo; neste caso, o solo permanece diretamente assentado sobre a rocha. (Foto: cortesia de R. Weil)

de interferências da interface solo-atmosfera, como a da água, do ar, da radiação solar e do material vegetal. Uma vez que o intemperismo do regolito ocorre primeiro na superfície e opera de cima para baixo, suas camadas superiores são mais diferentes, enquanto as mais profundas são mais semelhantes ao regolito original, também chamado de **material de origem do solo**. Em lugares onde o regolito foi originalmente bastante uniforme em composição, o material abaixo do solo pode ter uma composição semelhante ao material do qual o solo se originou. Em outros casos, o material de origem foi um regolito transportado a longas distâncias pelo vento, pela água ou pelas geleiras e depositado sobre um material diferente. Nesse caso, o material do regolito que se encontra abaixo de um solo pode ser bem diferente daquele em que a camada superior do solo se formou.

Em ecossistemas intactos, especialmente florestas, os materiais orgânicos formados a partir de folhas caídas e outros restos de plantas e animais tendem a se acumular na superfície. Nessas condições, eles estão em diferentes estágios de decomposição e transformações físicas e bioquímicas, de modo que as camadas mais antigas de materiais parcialmente decompostos se situam sob os restos recém-adicionados. O conjunto dessas camadas orgânicas encontradas na superfície do solo é designado como **horizontes O**.

Os animais do solo e a água que nele se infiltra deslocam alguns desses materiais orgânicos para baixo para se misturarem às partículas minerais do regolito. Estes, por sua vez, juntam-se à decomposição de restos de raízes de plantas para formarem materiais orgânicos que escurecerem a camada mineral mais superior. Além disso, uma vez que o intemperismo tende a ser mais intenso perto da superfície, em muitos solos as camadas mais superiores perdem, por lixiviação, para os horizontes situados mais abaixo, parte de sua argila ou de outros produtos de intemperismo. Dessa forma, os **horizontes A** são as camadas mais próximas da superfície onde dominam partículas minerais que foram escurecidas devido ao acúmulo de matéria orgânica.

Um horizonte mais superficial e enriquecido com matéria orgânica é, por vezes, chamado de **solo superficial**. Os horizontes mais superficiais, de 12 a 25 cm de espessura, quando são arados e cultivados, se modificam para formar uma **camada arável**. Em muitos solos, a maior parte das raízes mais finas que alimentam as plantas é encontrada na camada mais superficial ou camada arável do solo. Às vezes, alguns comerciantes removem a camada arável de um determinado local e a vendem ou empilham esse solo para posterior utilização no plantio de gramados ou arbustos ao redor de edifícios recém-construídos (Prancha 44).

Alguns solos que são muito intemperizados e lixiviados possuem, geralmente logo abaixo do A, outro horizonte que não tem acúmulo de matéria orgânica – designado como **horizonte E** (Figura 1.10).

As camadas subjacentes aos horizontes A e O contêm relativamente menos materiais orgânicos do que os horizontes mais próximos da superfície. Quantidades variáveis de argilas silicatadas, óxidos de ferro e de alumínio e gesso (ou carbonato de cálcio), podem se acumular nesses horizontes subsuperficiais. Esses materiais que se acumulam podem ter sido levados para baixo dos horizontes que os sobrepõem, ou podem ter sido formados *in situ* por meio dos processos de intemperismo. Essas camadas subjacentes (por vezes referidas como *subsolo*) são os **horizontes B** (Figura 1.10).

Muitas vezes, as raízes das plantas e os micro-organismos se estendem até abaixo do horizonte B, especialmente em regiões úmidas, causando mudanças químicas na água do solo, algum intemperismo bioquímico do regolito e a formação do **horizonte C**, que é a parte do perfil do solo menos intemperizada.

Em alguns perfis de solo, os horizontes que os compõem são muito diferentes em relação à cor e têm transições nítidas que podem ser vistas facilmente até mesmo por observadores inexperientes. Em outros solos, as mudanças de cor entre os horizontes podem ser muito graduais, e os seus limites, mais difíceis de serem identificados. A delimitação dos horizontes presentes em um perfil do solo, muitas vezes, requer um exame cuidadoso, utilizando-se todos os nossos sentidos. O pedólogo, além de ver as cores de um perfil, pode tatear, cheirar e ouvir o solo (como exemplificado no Quadro 4.1), bem como realizar testes químicos para distinguir os horizontes aí presentes. No Quadro 1.2 há um relato salientando a importância dos vários horizontes do solo.

1.10 O SOLO: UMA INTERFACE DE AR, MINERAIS, ÁGUA E VIDA

Já mencionamos que o regolito encontra a atmosfera e os mundos do ar, da rocha, da água e dos seres vivos com os quais está interligado. É por isso que os quatro principais componentes do solo são: o ar, a água, os minerais e a matéria orgânica. As proporções relativas desses quatro componentes influenciam muito o comportamento e a produtividade dos solos. Em um solo, esses quatro componentes estão misturados em complexos padrões; no entanto, a proporção de volume de solo ocupado com cada componente pode ser representada em um gráfico de pizza simples. A Figura 1.12 mostra as proporções aproximadas (em volume) dos

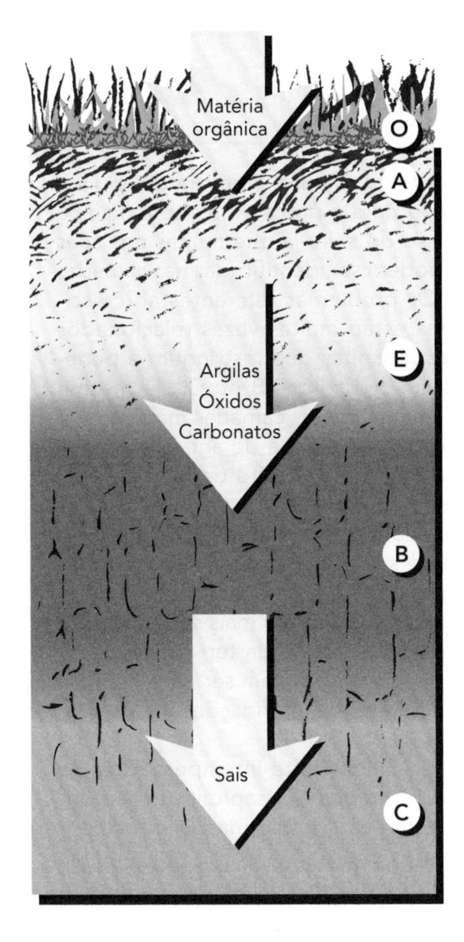

Figura 1.10 Os horizontes começam a se diferenciar à medida que os materiais são adicionados à parte superior do perfil e outros materiais são translocados para zonas mais profundas. Sob certas condições, normalmente associadas com vegetação de floresta e alta pluviosidade, há a formação de um horizonte E lixiviado, entre o A rico em matéria orgânica e o B. Se ocorrer chuva suficiente, sais solúveis serão carregados para a porção inferior do perfil do solo, por vezes até as águas subterrâneas. Em muitos solos faltam um ou mais dos cinco horizontes aqui ilustrados.

componentes encontrados em um horizonte superficial de um solo de textura franca, em boas condições para o crescimento da planta. À primeira vista, apesar de um punhado de terra poder parecer algo sólido, é necessário considerar que apenas cerca de metade do seu volume é composta de resíduos sólidos (minerais e orgânicos); a outra metade é constituída por poros preenchidos com ar ou água. Geralmente, a maior parte do material sólido é constituída de matéria mineral derivada das rochas da crosta terrestre. Apenas cerca de 5% do *volume* desse solo ideal consiste de matéria orgânica. No entanto, a influência desse componente orgânico nas propriedades do solo é geralmente muito maior do que sua pequena proporção poderia sugerir. Uma vez que a matéria orgânica é muito menos densa do que a mineral, a primeira contribui apenas com 2% do *peso* do solo.

Os espaços entre as partículas de material sólido são tão importantes para um solo quanto os próprios sólidos. É nesses poros que o ar e a água circulam, as raízes crescem e os seres microscópicos vivem. Afinal, as raízes das plantas precisam de ar e água. Para uma condição de ótimo crescimento para a maioria das plantas, o espaço poroso será igualmente dividido entre os dois, com 25% do volume de solo constituído de água e os restantes 25%, de ar. Se houver muito mais água do que isso, o solo ficará encharcado. Se muito menos água estiver presente, as plantas vão sofrer com a seca. As proporções relativas de água e ar de um solo, caracteristicamente, variam muito à medida que a água é adicionada ou retirada. Solos com muito mais do que 50% do seu volume constituído de sólidos são propensos a serem muito compactados, afetando o bom desenvolvimento das plantas. Em comparação com as camadas mais superficiais do solo, as mais profundas tendem a conter menos espaço poroso total e matéria orgânica e também uma maior proporção de poros pequenos (*microporos*), que podem ser preenchidos com água, em vez de ar.

QUADRO 1.2

Usando informações do perfil do solo como um todo

Os solos são corpos tridimensionais, e todas as partes de seus perfis participam de importantes processos dos ecossistemas. Dependendo do tipo de estudo aplicado a finalidades práticas, a informação necessária para tomar decisões sobre o manejo adequado da terra deve se basear nas camadas (horizontes) do solo: tanto a mais superficial (por vezes tão delgada quanto o primeiro ou o segundo centímetro mais superficial), como a mais profunda (por vezes tão espessa como todo o saprolito) (Figura 1.11).

Por exemplo, os primeiros centímetros da parte mais superior do solo muitas vezes detêm as chaves para o entendimento sobre o crescimento das plantas e a diversidade biológica, bem como certos processos hidrológicos. Na interface solo-atmosfera, os seres vivos são mais numerosos e diversificados. Grande parte das árvores de florestas dependem desta delgada zona para a absorção de nutrientes pelo denso manto de raízes finas que aí crescem. As condições físicas dessa fina camada superficial pode também determinar se a chuva vai se infiltrar ou escoar sobre a superfície de uma encosta. Determinados poluentes, como o chumbo dos gases dos escapamentos de veículos de uma estrada, também estão concentrados nessa zona. Para muitos tipos de investigações sobre o solo, será necessário amostrar estes poucos centímetros da porção superior à parte, de forma que importantes condições não sejam negligenciadas.

Por outro lado, é igualmente importante não limitar a nossa atenção para a porção mais superficial e de mais fácil acesso do solo, já que muitas das suas propriedades só podem ser identificadas nas camadas mais profundas. Os problemas referentes ao crescimento das plantas estão muitas vezes relacionados com as condições inóspitas que restringem a penetração de raízes nos horizontes B ou C. Da mesma forma, o grande volume dessas camadas mais profundas pode controlar a quantidade de água disponível no solo para as plantas. Para efeito da identificação ou mapeamento de diferentes tipos de solos, as propriedades dos horizontes B são muitas vezes fundamentais. Esta não é somente a zona de importantes acúmulos de argilas, mas as camadas mais próximas da superfície do solo também são mais suscetíveis de rápidas alterações pelo manejo da terra e pela erosão do solo; por isso não costumam ser consideradas como uma fonte confiável de informações para a classificação dos solos.

Nos regolitos profundamente intemperizados, os horizontes C mais inferiores e o saprolito desempenham papéis importantes. Essas camadas, geralmente em profundidades abaixo de 1 ou 2 m (e muitas vezes atingindo profundidades de 5 a 10 m), afetam grandemente a aptidão dos solos para a maioria dos usos urbanos nos quais são necessárias construções ou escavações. O bom funcionamento de sistemas de tratamento de esgoto no local (tanques sépticos) e a estabilidade das fundações de edificações são muitas vezes determinados pelas propriedades do regolito presente nessas profundidades. Da mesma forma, os processos que controlam o movimento de poluentes para as águas subterrâneas ou o desgaste de materiais geológicos podem ocorrer em profundidades de muitos metros. Essas camadas profundas também têm grandes influências ecológicas porque, embora a intensidade da atividade biológica de plantas e raízes possa ser bastante baixa, o impacto total pode ser grande, como resultado do enorme volume de solo que pode estar envolvido. Isso é especialmente verdadeiro para sistemas florestais em climas quentes.

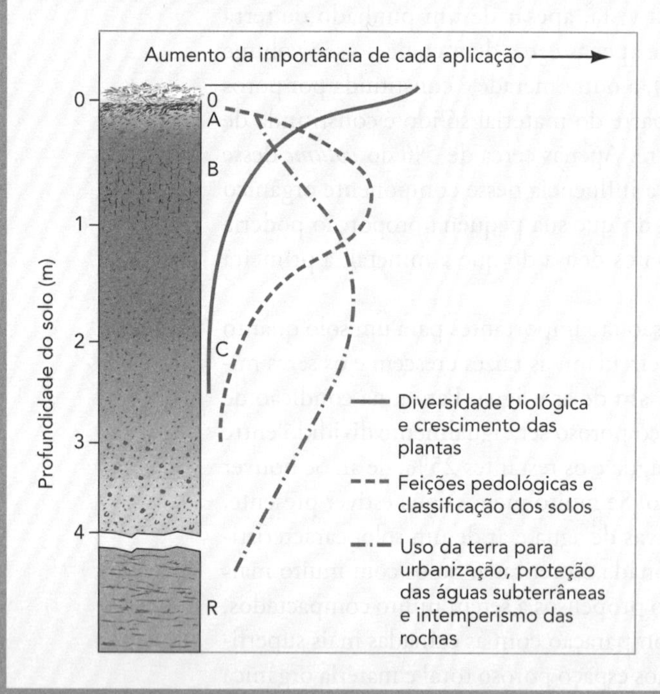

Figura 1.11 Informações importantes em relação às diferentes funções e aplicações de solos podem ser obtidas ao estudarmos as diferentes camadas do perfil do solo. (Diagrama: cortesia de R. Weil)

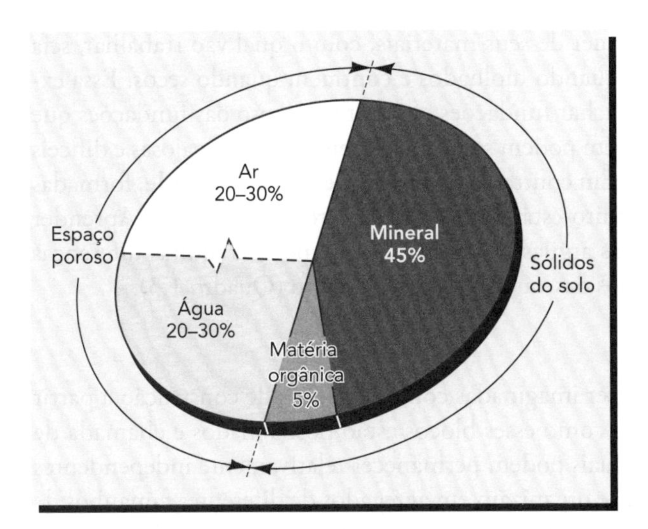

Figura 1.12 Composição, em volume, do horizonte mais superficial de textura franca, quando apresenta boas condições para o crescimento das plantas. A linha tracejada entre a água e o ar indica que as proporções desses dois componentes variam à medida que o solo se torna mais úmido ou seco. No entanto, uma proporção quase igual de ar e água é geralmente ideal para o crescimento das plantas.

1.11 OS COMPONENTES MINERAIS (INORGÂNICOS) DO SOLO

Microfotografias eletrônicas e outras imagens de partículas de argila: www.minersoc.org/pages/gallery/claypix/index.html

Com exceção dos solos orgânicos, a maior parte do arcabouço sólido do solo é composta de partículas **minerais**. As maiores partículas do solo – pedras (ou calhaus), cascalhos e areias grossas – são, geralmente, fragmentos de rocha formados por vários minerais diferentes. Partículas menores costumam ser constituídas de um único mineral.

Excluindo, por enquanto, os maiores fragmentos de rocha, como pedras e cascalhos, as partículas do solo variam em tamanho ao longo de quatro ordens de grandeza: de 2,0 mm até menos do que 0,0002 mm de diâmetro. As partículas de **areia** são suficientemente grandes (2,0 a 0,05 mm) para serem vistas a olho nu e sentidas ao tato quando friccionadas entre os dedos; elas não aderem umas às outras e, portanto, não produzem a sensação de pegajosidade. As partículas de **silte** (0,05 a 0,002 mm) são muito pequenas para serem vistas sem um microscópio ou sentidas individualmente, de modo que o silte é macio, mas não é pegajoso, mesmo quando molhado. As **argilas** são as menores partículas minerais (<0,002 mm) e aderem umas às outras, formando uma massa pegajosa quando molhada e torrões duros quando secas. As menores partículas de argila (<0,001 mm) (e partículas orgânicas de tamanho similar) têm propriedades **coloidais** e podem ser vistas apenas com o auxílio de um microscópio eletrônico. Por causa de seu tamanho extremamente pequeno, as partículas coloidais possuem uma grande quantidade de área superficial por unidade de massa. Uma vez que a superfície dos coloides do solo (tanto os minerais como os orgânicos) apresenta cargas eletromagnéticas que atraem íons positivos e negativos, bem como água, esta fração do solo é a sede da maior parte das suas atividades físico-químicas (Capítulo 8).

Textura do solo

A proporção de partículas, de acordo com esses limites de diferentes tamanhos, é descrita como **textura do solo**. Termos como *arenosa*, *argila-siltosa*, *argilosa* e *franca* são usados para identificar a textura do solo – a qual tem uma profunda influência sobre diversas propriedades do solo e afeta a aptidão de um solo em relação à maioria de seus usos. Para entender o quanto a textura interfere nas propriedades do solo, imagine primeiro tomar um banho de sol em uma praia arenosa (com areia solta) e, em seguida, em uma praia argilosa (com lama pegajosa).

Para prever o efeito da argila no comportamento de um solo, é necessário conhecer os *tipos* de argilas, bem como a *quantidade* presente. Como os responsáveis pela construção de casas e pelo traçado das rodovias sabem muito bem, os solos contendo determinadas **argilas**

de alta atividade fazem com que qualquer de seus materiais, com o qual vão trabalhar, seja instável – uma vez que eles expandem quando molhados e contraem quando secos. Essa expansão e contração podem facilmente rachar fundações e causar o colapso das fundações que sustentam as paredes. Essas argilas também podem se tornar extremamente pegajosas e difíceis de se trabalhar quando estão molhadas. Em contraste, as **argilas de baixa atividade**, formadas em diferentes condições, podem ser muito estáveis e fáceis de serem trabalhadas. Aprender sobre os diferentes tipos de minerais das argilas nos ajudará a entender as muitas diferenças físicas e químicas existentes entre os solos das várias partes do mundo (Quadro 1.3).

Estrutura do solo

Partículas de areia, silte e argila podem ser imaginadas como os blocos de construção a partir dos quais o solo é montado. A maneira como esses blocos estão posicionados é chamada de **estrutura do solo**. As partículas individuais podem permanecer relativamente independentes umas das outras, mas mais comumente se organizam em agregados de diferentes tamanhos de partículas, os quais podem assumir a forma de grânulos arredondados, blocos, placas planas ou outras formas. A estrutura do solo (ou a forma como as partículas são organizadas em conjunto) é tão importante quanto a sua textura (quantidades relativas de diferentes tamanhos de partículas) em relação ao movimento da água e do ar nos solos. Tanto a estrutura como a textura influenciam, significativamente, muitos processos que ocorrem no solo, incluindo o crescimento das raízes das plantas.

1.12 A MATÉRIA ORGÂNICA DO SOLO

A matéria orgânica do solo consiste em uma grande variedade de substâncias orgânicas (ou carbonáceas), incluindo os organismos vivos (ou **biomassa** do solo), restos de organismos que em algum momento ocuparam o solo e compostos orgânicos produzidos pelo metabolismo atual e passado ocorrido no solo. Os restos de plantas, animais e micro-organismos são continuamente decompostos no solo e novas substâncias são sintetizadas por outros micro-organismos. Ao longo do tempo, a matéria orgânica é removida do solo na forma de CO_2 produzido pela respiração dos micro-organismos. Por causa de tal perda, repetidas adições de resíduos de novas plantas e/ou de origem animal são necessárias para manter a matéria orgânica do solo.

Sob condições que favorecem mais a produção das plantas do que a sua decomposição microbiana, grandes quantidades de dióxido de carbono atmosférico utilizado pelas plantas na fotossíntese são sequestrados nos abundantes tecidos das plantas que, com o tempo, tornam-se parte da matéria orgânica do solo. Uma vez que o dióxido de carbono é uma das principais causas do efeito estufa, que está aquecendo o clima da Terra, o equilíbrio entre o acúmulo de matéria orgânica do solo e sua perda por meio da respiração microbiana tem implicações globais. Na verdade, mais carbono é armazenado nos solos do mundo do que o combinado em toda a biomassa de plantas e a atmosfera.

Mesmo assim, a matéria orgânica é constituída por apenas uma pequena parte da massa de um solo característico. Em peso, a camada superficial dos solos bem drenados comumente contém de 1 a 6% de matéria orgânica. O conteúdo de matéria orgânica dos horizontes subsuperficiais é ainda menor. No entanto, a influência da matéria orgânica nas propriedades do solo e, consequentemente, no crescimento das plantas, é muito maior do que esse baixo percentual indicaria (ver também o Capítulo 11).

A matéria orgânica une as partículas minerais em uma estrutura com agregados granulares que é a grande responsável pela consistência solta e de fácil manejo em solos produtivos. Parte da matéria orgânica do solo, que é especialmente eficaz na estabilização desses agregados, consiste em certas substâncias aglutinantes, produzidas por vários organismos do solo, incluindo as raízes das plantas (Figura 1.15).

QUADRO 1.3

Observando os solos na vida diária

Os seus estudos sobre o solo podem ser aperfeiçoados se você prestar atenção aos vários contatos diários com muitos solos, cujas influências passam despercebidas pela maioria das pessoas. Quando você cavar um buraco para plantar uma árvore ou construir uma cerca, observe as diferentes camadas de solo encontradas e o aspecto de cada uma delas. Se você passar por um canteiro de obras, terá a chance de observar os horizontes expostos pelas escavações. Uma viagem de avião é uma ótima oportunidade para observar como a paisagem dos solos varia entre as zonas climáticas. Se você estiver voando durante o dia, escolha um assento à janela. Procure identificar a forma externa de cada solo nos campos arados, considerando se você está viajando na primavera ou no outono (Figura 1.13).

Solos podem lhe dar pistas para compreender como funcionam os fenômenos naturais que ocorrem ao seu redor. Se estiver passeando ao longo de um riacho, preste atenção no seu fundo ou nos bancos arenosos e use uma lupa de bolso para examinar a areia neles depositada. Ela pode conter minerais não encontrados em rochas e solos locais, mas que se originaram de muitos quilômetros rio acima. Quando lavar o seu carro, veja se a lama dos pneus e do para-lama tem cor e consistência diferentes das dos solos existentes perto de sua casa. Será que a "sujeira" do seu carro pode lhe dizer por onde você andou dirigindo? Investigadores forenses têm sido orientados pelos pedólogos em seu trabalho de localizar vítimas de crimes ou na identificação de um criminoso por meio de análises do solo encontrado em sapatos, pneus ou ferramentas usadas no local do delito.

Outras pistas da presença de certos tipos de solos podem ser encontradas ainda mais perto de sua residência. A próxima vez que você trouxer para casa aipo ou alface do supermercado, olhe com cuidado para os restos de solo grudados nas raízes do caule ou nas folhas (Figura 1.14). Esfregue este solo entre o polegar e o indicador. Uma terra lisa e muito escura pode indicar que a alface foi cultivada em solo orgânico, como os existentes no Estado de Nova York ou no sul da Flórida (EUA). Um solo marrom, que produz uma sensação suave e apenas ligeiramente áspera, é mais característico da região produtora da Califórnia, enquanto uma cor clara e de sensação de areia grossa é comum em produtos originários das regiões produtoras de hortaliças do sul da Geórgia ou do norte da Flórida. Em um saco de feijão, você pode se deparar com alguns pedaços de terra que, por serem do mesmo tamanho do feijão, permaneceram após o processo de limpeza. Muitas vezes, esse solo é de cor escura e textura muito pegajosa, proveniente da área central do Estado de Michigan, onde uma grande parte do feijão dos Estados Unidos é cultivada.

Considere que você tem boas oportunidades para observar o solo tanto sob escalas maiores, com sensores remotos, até as menores e microscópicas. À medida que aprender mais sobre o solo, você irá, sem dúvida, ser capaz de perceber mais exemplos de como ele está presente em várias situações de sua vida.

Figura 1.13 Os corpos de solo com cores claras e escuras podem ser vistos a partir de um avião, sobrevoando a região central do Texas (EUA), e refletem as diferenças na drenagem e no relevo da paisagem. (Foto: cortesia de R. Weil)

Figura 1.14 O solo escuro e lamacento, grudado na base deste talo de aipo indica que ele foi cultivado em solos orgânicos, provavelmente do Estado de Nova York (EUA). (Foto: cortesia de R. Weil)

A matéria orgânica também aumenta a quantidade de água que um solo pode reter, bem como a proporção de água disponível para o crescimento das plantas (Figura 1.16). Além disso, a matéria orgânica é uma importante fonte dos nutrientes fósforo e enxofre, além de ser a principal fonte de nitrogênio para a maioria dos vegetais. À medida que a matéria orgânica do solo se decompõe, esses elementos nutrientes, que estão presentes em compostos orgânicos, são liberados como íons solúveis que podem ser absorvidos pelas raízes das plantas. Finalmente, a matéria orgânica, incluindo os resíduos de plantas e animais, é o principal alimento para abastecer de carbono e energia os organismos do solo. Sem ela a atividade bioquímica, tão essencial para o funcionamento do ecossistema, quase se estagnaria.

O **húmus**, geralmente de cor preta ou marrom, é um conjunto de compostos orgânicos complexos que se acumulam no solo porque são relativamente resistentes à decomposição. Da mesma forma que a argila, ele é uma fração coloidal da matéria mineral do solo. Por causa de suas superfícies com cargas elétricas, tanto o húmus como a argila atuam como ligantes entre as partículas maiores do solo e, por isso, ambos têm um papel importante na formação da sua estrutura. As cargas na superfície do húmus, como as da argila, atraem e mantêm tanto os íons de nutrientes como as moléculas de água. No entanto, grama por grama, a capacidade do húmus em reter nutrientes e água é muito maior do que a da argila. Além disso, uma pequena quantidade de húmus pode aumentar extremamente a capacidade do solo de promover o crescimento das plantas.

1.13 A ÁGUA DO SOLO: UMA SOLUÇÃO DINÂMICA

A água é de vital importância para o funcionamento ecológico dos solos. A presença de água é essencial para a sobrevivência e o crescimento de plantas e de outros organismos do solo. Por ser, muitas vezes, um reflexo de fatores climáticos, o regime de umidade do solo é um dos principais condicionantes da produtividade dos ecossistemas terrestres, incluindo os sistemas agrícolas. O movimento da água e das substâncias nela dissolvidas através do perfil do solo é de grande importância para a qualidade e a quantidade dos recursos hídricos locais e regionais. A água que se move através do regolito é também uma importante força motriz para a formação do solo.

Figura 1.15 *À esquerda:* a matéria orgânica abundante, incluindo a das raízes das plantas, ajuda a criar condições físicas favoráveis para o crescimento das plantas superiores, bem como o dos micróbios. *À direita:* em contraste, solos pobres em matéria orgânica, especialmente se ricos em silte e argila, são muitas vezes compactos e não adequados para um ótimo crescimento das plantas. (Fotos: cortesia de N. C. Brady)

Figura 1.16 Solos com conteúdo mais elevado de matéria orgânica têm maior capacidade de retenção de água do que os com pouca matéria orgânica. Em ambos os recipientes, o solo tem a mesma textura, mas o da direita tem menos matéria orgânica. A mesma quantidade de água foi adicionada em cada recipiente. A profundidade de penetração da água foi menor no solo com maior concentração de material orgânico (*à esquerda*), devido à sua maior capacidade de retenção de água. Foi necessária uma maior quantidade de material de solo com pouca matéria orgânica para que a mesma quantidade de água pudesse ser mantida. (Foto: cortesia de N. C. Brady)

A água é retida dentro dos poros do solo com diferentes graus de tenacidade, dependendo da sua quantidade presente e do tamanho dos poros. A atração entre a água e a superfície das partículas do solo limita fortemente a capacidade de a água fluir.

Quando o teor de umidade do solo é ideal para o crescimento da planta (Figura 1.12), a água pode se mover no solo por intermédio dos poros de grande e médio porte e assim ser facilmente utilizada pelas plantas. No entanto, quando uma planta cresce, suas raízes removem primeiro a água dos poros maiores. Quando isso acontece, esses poros detêm apenas ar, e a água remanescente permanece apenas nos poros de tamanho intermediário ou menor. Nesses poros menores, ela permanece tão fortemente retida nas superfícies de partículas que as raízes das plantas não podem retirá-la. Consequentemente, nem toda a água do solo ficará *disponível* às plantas.

Solução do solo

Uma vez que a água do solo não se encontra em estado puro, porque contém centenas de substâncias inorgânicas e orgânicas nela dissolvidas, ela deve ser mais precisamente chamada de **solução do solo**. Os sólidos do solo, principalmente as diminutas partículas coloidais orgânicas e inorgânicas (argila e húmus), liberam elementos nutrientes para a solução do solo, a partir da qual eles são absorvidos pelas raízes das plantas. Essa solução tende a resistir a alterações na sua composição, mesmo quando alguns compostos são adicionados ou removidos do solo. Essa capacidade de resistir à mudança é denominada **capacidade tampão** do solo e depende quimicamente de muitas reações biológicas, incluindo a atração e a liberação de substâncias por partículas coloidais (Capítulo 8).

Muitas reações químicas e biológicas dependem dos níveis relativos de íons de hidrogênio (H^+) e hidroxila (OH^-) na solução do solo, que são comumente determinados medindo-se o **pH** do solo. O pH é uma escala logarítmica usada para expressar o grau de acidez ou alcalinidade do solo (Figuras 1.17 e 1.18). Ele é considerado uma variável-chave em química do solo e é de grande importância para quase todos os aspectos da ciência do solo.

1.14 O AR DO SOLO: UMA MISTURA VARIÁVEL DE GASES

Aproximadamente metade do volume do solo é composto por poros de tamanhos variados (Figura 1.12), que são preenchidos com água ou ar. Quando a água penetra no solo, ela desloca o ar de alguns dos poros; portanto, o teor de ar de um solo é inversamente proporcional ao seu conteúdo de água. Se pensarmos na rede de poros do solo como sendo o seu sistema de ventilação, conectando seus espaços vazios com a atmosfera, podemos entender que, quando os poros são preenchidos com a água em excesso, esse sistema de ventilação fica obstruído. Pense em como o ar se tornaria abafado se os dutos de ventilação de uma sala de aula ficassem entupidos. Já que o oxigênio não poderia entrar na sala, nem o dióxido de carbono sair, o ar dentro dessa sala logo se tornaria pobre em oxigênio e enriquecido em dióxido de carbono e vapor d'água, devido à respiração (inalação e exalação) das pessoas aí presentes. Um efeito similar acontece em um poro do solo preenchido com ar, rodeado

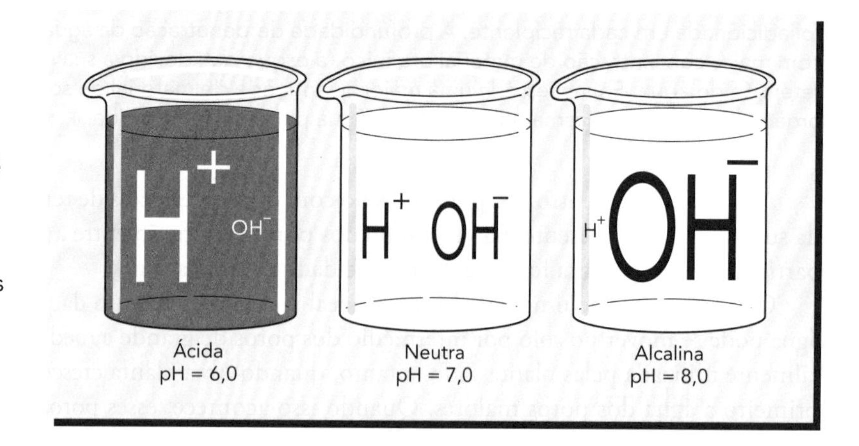

Figura 1.17 Diagrama representativo da acidez, neutralidade e alcalinidade. Na neutralidade (pH 7), uma solução tem seus íons H^+ e OH^- equilibrados, e seus respectivos números são os mesmos. A pH 6, a quantidade de íons H^+ é 10 vezes maior, enquanto os íons OH^- correspondem a apenas um décimo do inicial; portanto, a solução é ácida, havendo 100 vezes mais íons H^+ presentes do que íons OH^-. Em condições de pH 8, o inverso é verdadeiro: os íons OH^- são 100 vezes mais numerosos do que os íons H^+. Por isso, uma solução com pH 8 é alcalina.

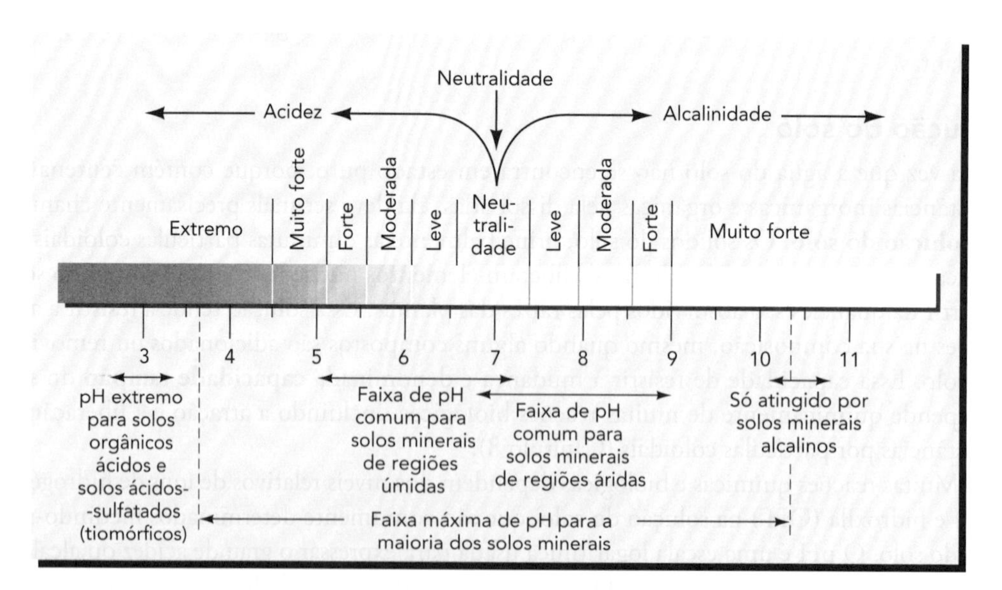

Figura 1.18 Faixa extrema de pH para a maioria dos solos minerais e faixas comumente encontradas em solos de regiões úmidas e áridas. São também indicados a alcalinidade máxima para solos alcalinos e o pH mínimo para solos orgânicos muito ácidos.

de poros menores cheios de água, onde são intensas as atividades metabólicas das raízes, plantas e micro-organismos.

A composição do ar do solo varia muito de um local para outro. Em compartimentos pequenos e isolados, alguns gases são consumidos pelas raízes das plantas ou pelas reações microbianas, enquanto outros são liberados, modificando de forma significativa a composição do ar do solo. Geralmente, esse ar tem um maior teor de umidade do que o da atmosfera; a umidade relativa do ar do solo se mantém perto de 100%, a menos que ele esteja muito seco. O conteúdo de dióxido de carbono (CO_2) é geralmente muito mais elevado do que o de oxigênio (O_2) e um pouco menor do que o teor desses gases quando estão na atmosfera.

O teor e a composição do ar do solo são determinados, em grande parte, pelo seu teor de água, uma vez que o ar é encontrado naqueles poros não ocupados pelo líquido. À medida que o solo vai sendo drenado, depois de ter sido molhado com uma forte chuva (ou um trabalho de irrigação), e que a água vai sendo removida pela evaporação ou transpiração das plantas, os poros primeiro abandonados pela água são os grandes, seguidos daqueles de tamanho médio e, finalmente, pelos menores. Isso explica a tendência de os solos com uma elevada proporção de poros muito pequenos possuírem aeração deficiente. Em casos extremos, a falta de oxigênio, tanto no ar do solo como no ar dissolvido na sua água, pode alterar fundamentalmente as reações químicas que ocorrem na solução do solo. Isto é de particular importância para a compreensão das funções dos solos das terras úmidas (Capítulo 7).

1.15 A INTERAÇÃO DOS QUATRO COMPONENTES NO FORNECIMENTO DE NUTRIENTES PARA AS PLANTAS

Enquanto você lê nossa discussão sobre cada um dos quatro principais componentes do solo, deve ter notado que o impacto de um componente nas propriedades do solo raramente acontece independentemente dos outros. Em vez disso, eles interagem entre si para determinar a natureza de um solo. Por exemplo, a matéria orgânica, por causa do seu poder físico de aglutinação, influencia o arranjo das partículas minerais em agregados e, ao fazê-lo, aumenta o número dos poros maiores do solo, influenciando as inter-relações entre o ar e água.

Disponibilidade dos elementos essenciais

Talvez o mais importante processo interativo envolvendo os quatro componentes do solo seja o fornecimento de nutrientes essenciais para as plantas. As plantas absorvem esses nutrientes, junto com a água, diretamente de um desses componentes: a solução do solo. No entanto, a quantidade de nutrientes essenciais nesta solução do solo em um dado momento é suficiente para suprir as necessidades de crescimento da vegetação por apenas algumas horas ou dias. Como consequência, o nível de nutrientes da solução tem que ser constantemente reabastecido.

Troca de cátions em ação, University of New England, (EUA): www.une.edu.au/agss/ozsoils/images/SSCATXCH.dcr

Felizmente, quantidades relativamente grandes desses nutrientes estão associadas tanto com os sólidos inorgânicos como com os orgânicos do solo. Por uma série de processos químicos e bioquímicos, os nutrientes são liberados dessas fases sólidas para reabastecer aquelas da solução do solo. Por exemplo, as minúsculas partículas coloidais – tanto argila como húmus – têm cargas elétricas positivas e negativas. Essas cargas tendem a atrair ou **adsorver**[1] íons de carga oposta dissolvidos na solução do solo e mantê-los como **íons trocáveis**. Por meio da troca iônica, elementos como Ca^{2+} e K^{+} são liberados a partir desse estado de adsor-

[1] *Adsorção* se refere à atração de íons em direção à superfície das partículas; *absorção* é o processo pelo qual os íons são captados para o *interior* das raízes. Os íons adsorvidos podem ser trocados pelos da solução do solo.

ção eletrostática sobre superfícies coloidais e passam para a solução do solo. No exemplo abaixo, um íon H^+ na solução do solo é mostrado trocando de lugar com um íon K adsorvido na superfície coloidal:

$$\underset{\text{Adsorvido}}{\boxed{\text{Coloide}}\ K^+} + \underset{\text{Solução do solo}}{\text{íon } H^+} \longrightarrow \underset{\text{Adsorvido}}{\boxed{\text{Coloide}}\ H^+} + \underset{\text{Solução do solo}}{\text{íon } K^+} \quad (1.1)$$

Manejo de nutrientes das plantas cultivadas na África: http://www.fao.org/ag/magazine/spot3.htm

O íon K^+ assim liberado pode ser facilmente repassado (absorvido) pelas plantas. Alguns cientistas consideram que esse processo de troca iônica é uma das mais importantes reações químicas da natureza.

Os íons nutrientes também vão sendo liberados para a solução do solo à medida que seus micro-organismos decompõem os tecidos orgânicos. As raízes das plantas podem facilmente absorver todos esses nutrientes da solução do solo sempre que o O_2 do seu ar seja suficiente para sustentar seu metabolismo.

A maioria dos solos contém grandes quantidades de nutrientes relativas às necessidades anuais para o crescimento das plantas. No entanto, a maior parte dos elementos nutrientes está retida no interior da estrutura dos minerais primários e secundários e da matéria orgânica. Apenas uma pequena fração do teor total de nutrientes de um solo está presente em formas prontamente disponíveis para as plantas. A Tabela 1.2 vai lhe dar uma ideia das quantidades de vários elementos essenciais presentes em diferentes formas em solos característicos de regiões úmidas e áridas.

A Figura 1.19 ilustra como os dois componentes sólidos do solo interagem com a fase líquida (a solução do solo) para fornecer elementos essenciais para as plantas. As raízes das plantas não ingerem partículas do solo, por menores que elas sejam, porque são somente capazes de absorver os nutrientes dissolvidos na solução do solo. Como os elementos contidos na estrutura dos minerais da fração do solo podem ser apenas muito lentamente liberados para a solução do solo, a maior parte dos nutrientes não está prontamente disponível para ser usada pela planta. Elementos nutrientes contidos no interior das partículas coloidais podem ser um pouco mais rapidamente liberados para as plantas, porque essas minúsculas partículas se alteram com mais rapidez devido à sua maior área de superfície. Dessa forma, os nutrientes contidos na estrutura dos minerais primários são o principal depósito e, em alguns solos, uma fonte significativa de elementos essenciais.

Tabela 1.2 Quantidades dos seis elementos essenciais encontrados nos primeiros 15 cm de solos representativos de regiões temperadas

	Solo de região úmida			Solo de região árida		
Elemento essencial	Dentro dos sólidos, kg/ha	Trocáveis, kg/ha	Na solução do solo, kg/ha	Dentro dos sólidos, kg/ha	Trocáveis, kg/ha	Na solução do solo, kg/ha
Ca	8.000	2.250	60-120	20.000	5.625	140-280
Mg	6.000	450	10-20	14.000	900	25-40
K	38.000	190	10-30	45.000	250	15-40
P	900	–	0,05-0,15	1.600	–	0,1-0,2
S	700	–	2-10	1.800	–	6-30
N	3.500	–	7-25	2.500	–	5-20

1.16 A ABSORÇÃO DE NUTRIENTES PELAS RAÍZES DAS PLANTAS

Para que um elemento nutriente possa ser absorvido, ele deve estar em uma forma solúvel e situado *na superfície da raiz*. Muitas vezes, partes de uma raiz estão em contato tão íntimo com as partículas do solo (Figura 1.20) que uma troca direta pode ocorrer entre os íons de nutrientes adsorvidos na superfície dos coloides do solo e os íons H^+ da superfície das membranas das células da raiz. Em todo caso, os nutrientes que estão sendo fornecidos em contato direto com a raiz serão logo esgotados. Esse fato levanta a questão de como uma raiz pode obter suprimentos adicionais quando os íons nutrientes situados na superfície radicular foram todos absorvidos pela raiz. Para isso existem três mecanismos básicos que podem fazer com que a concentração de íons nutrientes na superfície da raiz seja mantida (Figura 1.21).

Quem primeiro entra em cena é a **intercepção radicular** que acontece à medida que as raízes crescem continuamente em novas porções do solo, as quais ainda não estão esgotadas. Contudo, a maior parte dos íons de nutrientes devem se movimentar por certa distância na solução do solo para atingir a superfície da raiz. Esse movimento pode se dar por **fluxo de**

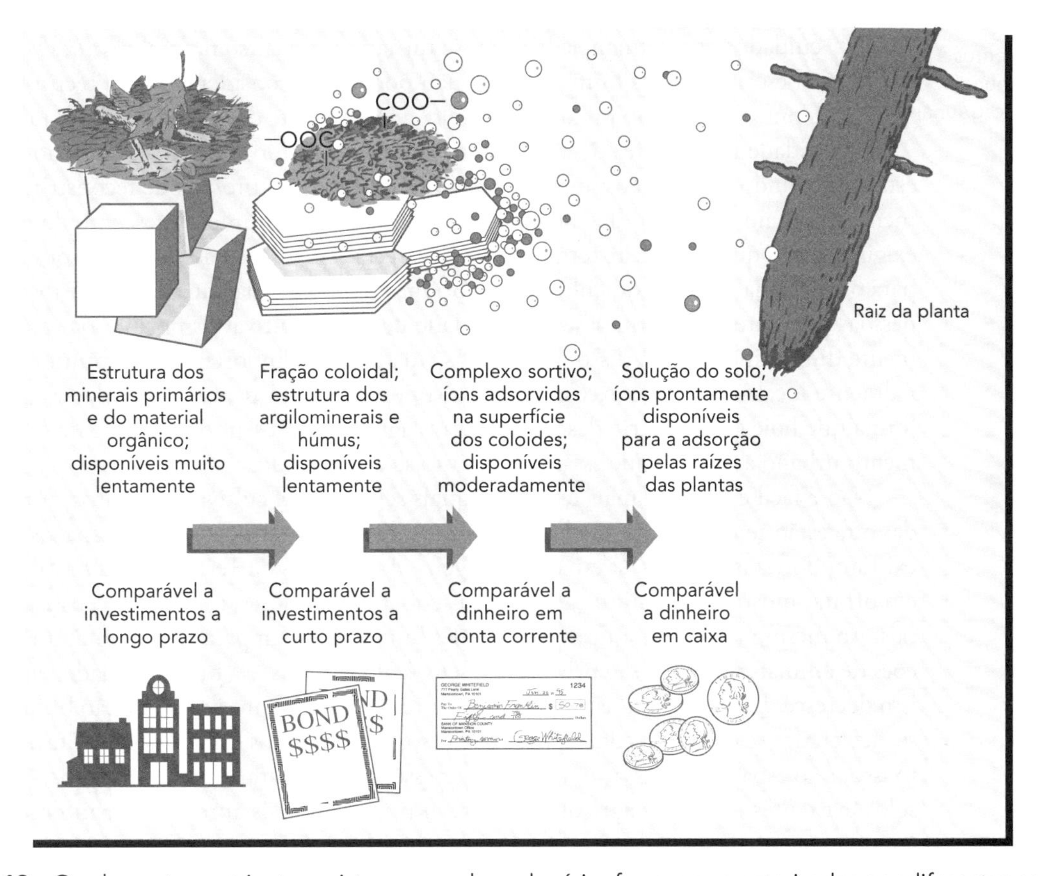

Figura 1.19 Os elementos nutrientes existem nos solos sob várias formas e caracterizados por diferentes padrões de acessibilidade às raízes (mostrados aqui em analogia às aplicações financeiras, de acordo com os seus graus de liquidez). A parte maior dos nutrientes está retida na estrutura dos minerais primários, das argilas, da matéria orgânica bruta e do húmus. Uma proporção menor de cada nutriente está adsorvida em um aglomerado de íons próximo à superfície dos coloides (argilas e húmus). Desse aglomerado de íons adsorvidos, uma quantidade ainda menor é disponibilizada para a solução do solo, onde as raízes das plantas podem absorvê-los. (Diagrama: cortesia de R. Weil)

massa, que acontece quando os nutrientes dissolvidos são transportados junto com a água do solo que flui em direção a uma raiz e por esta é sugada. Esse tipo de movimento dos íons de nutrientes pode ser comparado às folhas flutuando na corrente de um rio. No entanto, as plantas podem continuar a absorver os nutrientes, mesmo à noite, quando a água é absorvida muito lentamente para as raízes. Para isso, os íons nutrientes se movimentam continuamente por **difusão**, partindo de áreas com maior concentração de nutrientes para as de menos concentração, estas situadas em torno da superfície da raiz.

Uma vez que a absorção de nutrientes é um processo metabólico ativo, as condições que inibem o metabolismo da raiz também podem inibir a sua absorção. Exemplos de tais condições inibidoras incluem o conteúdo excessivo de água ou a compactação do solo, resultando em aeração deficiente, temperaturas muito quentes ou frias e condições acima da superfície que resultam em baixa translocação de açúcares para as raízes das plantas. Dessa forma, podemos notar que a nutrição das plantas envolve processos biológicos, físicos e químicos, bem como interações entre os diversos componentes dos solos e do ambiente.

1.17 QUALIDADE DO SOLO, DEGRADAÇÃO E RESILIÊNCIA

Dados referentes à população mundial: www.ibiblio.org/lunarbin/worldpop

O solo é um recurso básico que suporta todos os ecossistemas terrestres. Quando os solos são cuidadosamente manejados, eles se tornam um recurso natural *reutilizável*; contudo, na escala de vidas humanas, eles não podem ser considerados um recurso *renovável*. Como veremos no próximo capítulo, a maior parte dos perfis de solo estão na humanidade há milhares de anos. Em todas as regiões do mundo, as atividades humanas estão destruindo alguns solos muito mais rápido do que a natureza pode reconstruí-los. Como mencionado no parágrafo de abertura deste capítulo, um número crescente de pessoas está exigindo mais quantidade de terras do planeta Terra. Por isso, quase todos os solos mais aptos para o cultivo já estão sendo cultivados. Portanto, como a cada ano surgem vários milhões de pessoas para serem alimentadas, a quantidade de terras cultiváveis por pessoa está continuamente diminuindo. Além disso, muitas das cidades mais importantes do mundo estão originalmente localizadas onde excelentes solos suportavam prósperas comunidades agrícolas, de forma que hoje grande parte das muitas terras agrícolas está sendo perdida para o desenvolvimento urbano à medida que essas cidades vão se expandindo.

Não é fácil encontrar mais terras nas quais seja possível cultivar alimentos. A maior parte das que estão sendo transformadas em campos de cultivo estão ocupando espaços onde antes existiam florestas naturais, savanas e pastagens. As imagens da Terra, feitas a partir de satélites em órbita, mostram a diminuição de terras cobertas por florestas e outros ecossistemas naturais. Ao mesmo tempo em que as populações humanas lutam para se alimentarem, as populações de animais selvagens são privadas de seus *habitats* vitais, e a biodiversidade, em geral, por isso decresce. Esforços para reduzir, e até reverter, o crescimento da população humana devem ser acelerados se quisermos deixar para os nossos filhos e netos um mundo habitável. Enquanto isso, se o espaço é necessário, tanto para pessoas como para animais selvagens, os melhores solos existentes nas terras agrícolas exigirão um manejo mais apropriado e intenso. Os solos completamente degradados pela erosão, ou escavados e asfaltados pela expansão urbana, estão permanentemente perdidos, para todos os efeitos práticos. Apesar disso, há que se considerar que, na maioria das vezes, essa degradação é da qualidade do solo, não significando que estejam completamente destruídos.

Visão geral dos conceitos sobre qualidade do solo: http://soils.usda.gov/sqi/concepts/concepts.html

A **qualidade do solo** é uma medida da sua capacidade para realizar determinadas funções ecológicas, como as descritas nas Seções 1.1 a 1.6. Ela reflete uma combinação das propriedades *físicas*, *químicas* e *biológicas*. Algumas delas são inerentes e relativamente imutáveis e ajudam a definir um determinado tipo de solo. Exemplos

Figura 1.20 Microfotografia tomada por um microscópio eletrônico de varredura (MEV) de uma lâmina delgada do solo, mostrando uma seção transversal de uma raiz de cevada crescendo em um solo cultivado. Note o contato íntimo entre a raiz e o solo, que acontece principalmente com as longas radicelas que penetram na porção mais próxima do solo para vinculá-lo ao corpo da raiz. A raiz em si tem cerca de 0,3 mm de diâmetro. (Foto: cortesia de Margaret McCully, CSIRO, Plant Industry, Canberra, Austrália)

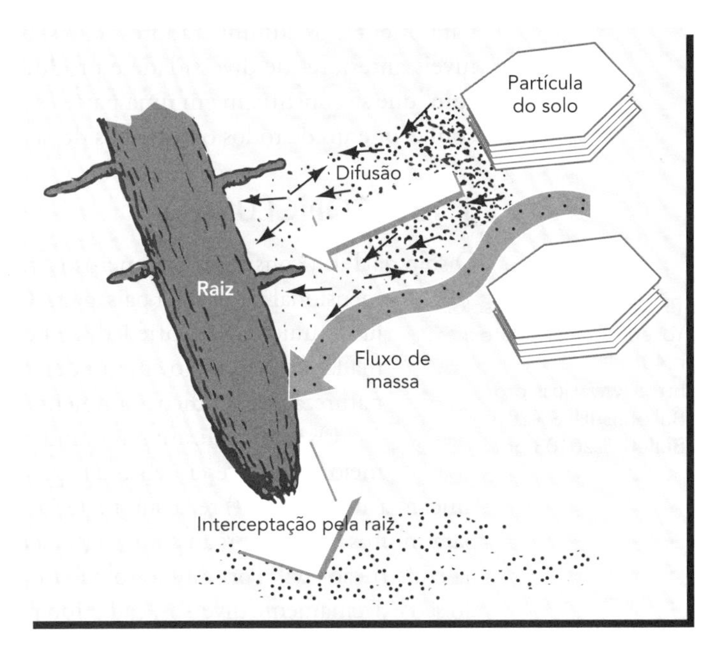

Figura 1.21 Três mecanismos principais pelos quais os íons de nutrientes dissolvidos na solução do solo entram em contato com as raízes das plantas. Todos os três mecanismos operam simultaneamente, mas um ou outro pode ser mais importante para um determinado nutriente. Por exemplo, no caso do cálcio, geralmente abundante na solução do solo, o fluxo de massa, por si só, pode frequentemente trazer quantidades suficientes para a superfície da raiz. No entanto, no caso do fósforo, a difusão é necessária para complementar o fluxo de massa porque a solução do solo tem concentrações muito baixas neste elemento, em comparação com os demais necessários às plantas. (Diagrama: cortesia de R. Weil)

delas são a textura e a composição mineral. Outras propriedades do solo, como a estrutura e o teor de matéria orgânica, podem ser significativamente alteradas pelo manejo. Essas propriedades mais mutáveis do solo podem indicar o grau de sua qualidade em relação ao seu potencial, à semelhança com que a turbidez ou o teor de oxigênio indica o grau da qualidade da água de um rio.

O manejo inadequado de lavouras, pastagens e florestas provoca a degradação generalizada da qualidade do solo pela erosão que, pouco a pouco, remove a camada superior do solo (Capítulo 14). Outra causa comum da degradação dos solos é o acúmulo de sais naqueles solos indevidamente irrigados nas regiões áridas (Capítulo 9). Quando se cultivam os solos e se faz a colheita das culturas sem retornar os resíduos orgânicos e nutrientes minerais, eles se tornam empobrecidos em matéria orgânica e nutrientes (Capítulo 11). Tal exaustão prevalece particularmente na África subsaariana, onde a qualidade do solo degradado está refletida na sua diminuição da capacidade de produzir alimentos. A contaminação de um solo com substâncias tóxicas oriundas de processos industriais ou derrames de produtos químicos pode prejudicar a sua capacidade de fornecer *habitat* para os seus organismos, possibilitar o crescimento de plantas adequadas para consumo ou abastecer com segurança as águas superficiais e subterrâneas (Capítulo 15). A degradação da qualidade do solo por poluição é geralmente localizada, mas os impactos ambientais e os custos envolvidos são muito grandes. O manejo **sustentável** do solo significa usá-lo de forma que ele continue proporcionando os benefícios presentes sem comprometer sua capacidade de satisfazer as necessidades das gerações futuras.

Embora o uso sustentável que proteja a qualidade do solo deva ser prioridade, muitas vezes é necessário, em primeiro lugar, tentar restaurar a qualidade daqueles que já foram degradados. Alguns solos têm **resiliência** suficiente para se recuperar de degradações menores quando deixados para revegetarem por conta própria. Em outros casos, mais esforço é necessário para restaurar os solos degradados (Capítulo 14). Para isso, adubos orgânicos e inorgânicos devem ser aplicados, a vegetação deve ser plantada, alterações físicas por meio de aração e gradagem podem ter que ser feitas ou contaminantes podem ter que ser removidos. E porque as sociedades ao redor do mundo vêm avaliando os danos feitos aos seus ecossistemas naturais e agrícolas, a ciência da **restauração ecológica** vem evoluindo rapidamente para orientar os administradores na restauração de comunidades vegetais e animais aos seus níveis anteriores de diversidade e produtividade. Portanto, os trabalhos de **restauração do solo**, que se constituem em uma parte essencial de todos esses esforços, exigem um profundo conhecimento de todos os aspectos do sistema solo.

1.18 CONCLUSÃO

O solo da Terra consiste em numerosos indivíduos solo, cada um dos quais é um corpo tridimensional natural na paisagem. Cada solo em particular é caracterizado por um conjunto único de propriedades e horizontes, expressos no seu perfil. A natureza das camadas de solo, visto em um determinado perfil, está estreitamente relacionada com a natureza das condições ambientais em um determinado local.

Provérbios sobre o solo. Yoseph Araya. Vá até a p.40: http://www.iuss.org/Bulletins/IUSS%20Bulletin%20103.pdf

Os solos realizam seis grandes funções ecológicas. Eles (1) agem como o principal meio para o crescimento das plantas; (2) regulam o abastecimento de água; (3) modificam a atmosfera; (4) reciclam matérias-primas e produtos residuais; (5) fornecem o *habitat* para muitos tipos de organismos; e (6) servem como um meio importante para a engenharia na construção civil. Portanto, o solo é um ecossistema importante por si só. Os solos do mundo são extremamente diversos, cada tipo podendo ser caracterizado por um conjunto único de horizontes. Um solo superficial característico em boas condições para o crescimento da planta é composto por cerca de metade de material sólido (principalmente minerais, mas também com um importante componente orgânico) e metade dos poros preenchidos com diferentes proporções de água e ar. Esses componentes interagem para influenciar uma miríade de funções complexas do solo; portanto, conhecer bem os solos é essencial para o bom manejo dos nossos recursos terrestres.

Se reservarmos algum tempo para aprender a linguagem da terra, o solo falará conosco.

QUESTÕES PARA ESTUDO

1. Considerando que somos uma civilização, responda: nossa dependência dos solos deverá aumentar ou diminuir nas próximas décadas? Explique sua resposta.
2. Discuta como *um solo*, como corpo natural, difere de *solo*, um material que é usado para a construção de um leito de estrada.
3. Quais são as seis principais funções do solo em um ecossistema? Para cada uma dessas funções ecológicas, sugira uma na qual as interações ocorram com algumas das outras seis funções.
4. Reflita sobre algumas atividades das quais você participou na semana passada. Faça uma lista de todas as situações em que você esteve em contato direto com o solo.
5. A Figura 1.12 mostra a composição volumétrica ideal para um solo superficial de textura média nas condições ideais para o crescimento das plantas. Para ajudar você a entender as relações entre os quatro componentes, desenhe novamente o gráfico de pizza, a fim de representar como esses quatro componentes poderiam ficar depois do solo ter sido compactado por um tráfego pesado. Em seguida, desenhe outro gráfico semelhante, mostrando como os quatro componentes estariam relacionados com base em sua massa (peso), em vez de volume. Dica: qual é o peso do ar?
6. Explique, com suas próprias palavras, como o suprimento de nutrientes do solo fica retido sob diferentes formas, do mesmo modo como os recursos econômicos de uma pessoa podem estar guardados.
7. Faça uma listagem dos nutrientes essenciais que as plantas obtêm, sobretudo, dos solos.
8. Todos os elementos contidos nas plantas são essenciais? Explique sua resposta.
9. Defina os seguintes termos: *textura do solo*, *estrutura do solo*, *pH do solo*, *húmus*, *perfil do solo*, *horizonte B*, *qualidade do solo*, *solum* e *saprolito*.
10. Descreva quatro processos que normalmente levam à degradação da qualidade do solo.
11. Compare as abordagens pedológica e edafológica para o estudo dos solos. Qual delas está mais diretamente relacionada com a geologia e a ecologia?

REFERÊNCIAS

Abrahams, P. W. 2005. "Geophagy and the involuntary ingestion of soil," pp. 435–457, in O. Selinus (ed.), *Essentials of medical geology*. Elsevier, The Hague.

Epstein, E., and A. J. Bloom. 2005. *Mineral nutrition of plants: Principles and perspectives*, 2nd ed. Sinauer Associates, Sunderland, MA.

Food and Agriculture Organization of the United Nations. 2005. *Global forest resources assessment 2005*. www.fao.org/forestry/site/fra2005/en (verified 17 November 2008).

Stokes, T. 2006. The earth-eaters. *Nature* 444:543–554.

2 A Formação dos Solos

Retirando amostras do "solo" da Lua (NASA Apollo 14)

Este é um poema sobre a existência...não um lírico, mas um épico lento cujas rimas foram definidas pelas longas eras geológicas que o mundo já experimentou...
— James Michener, *CENTENNIAL*

Os primeiros astronautas que exploraram a Lua trabalharam em suas roupas pressurizadas pouco confortáveis para coletar amostras de rochas e poeira da superfície lunar, as quais foram trazidas para a Terra a fim de serem analisadas. Descobriu-se, então, que as rochas da Lua têm composição similar àquelas encontradas nas profundezas da crosta da Terra – uma composição tão parecida que os cientistas concluíram que a Lua surgiu quando uma incrível colisão entre algum material (do tamanho de Marte) com a Terra – esta, então muito mais jovem – expeliu muitos fragmentos de material derretido em direção à sua órbita. Depois, a força da gravidade atraiu e juntou todo esse material para formar a Lua, onde essas rochas permaneceram inalteradas ou foram reduzidas a poeira, devido ao impacto dos meteoros. Essas mesmas rochas que existem na Lua, quando entraram em contato com o ar, a água e os organismos vivos da superfície da Terra, transformaram-se em algo novo: muitos tipos diferentes de solos com vida. Este capítulo conta a história de como as rochas e sua poeira se tornaram "a pele exuberante da Terra".[1]

Iremos estudar os processos de formação dos solos que transformam o regolito sem vida nas multicoloridas camadas do perfil do solo; os fatores ambientais que fazem com que esses processos produzam, na Bélgica, solos tão diferentes dos do Brasil; e iremos aprender também sobre os solos formados sobre rochas calcárias, muito diferentes daqueles desenvolvidos sobre arenitos, e solos do sopé das encostas, tão diferentes dos situados em suas partes mais elevadas.

[1] A expressão "a pele exuberante da Terra" (*the ecstatic skin of the Earth*) vem de um livro sobre solos, de leitura muito agradável, escrito por Logan (1995). Mas a Terra pode não ser o único planeta com uma pele formada de solo. Dados do planeta Marte (consultar Kerr, 2005, para mais informações) sugerem a ocorrência de erosão e formação de minerais secundários, como o gesso, a partir do movimento e da evaporação da água superficial, mas quase nenhum intemperismo e nenhuma formação de argila. A nave Mars Reconnaissance Orbiter descobriu solo coberto por geleiras em Marte e, em 2008, o robô Phoenix Mars Lander raspou um pouco de solo de um dos seus polos, revelando, assim, uma branca placa de gelo. Os cientistas concluíram que, há bilhões de anos, a superfície de Marte foi inundada por água por certo período, mas esteve gelada demais para ficar na forma de água corrente desde então.

Cada paisagem é composta por um conjunto de diferentes solos, cada um com sua própria maneira de influenciar os processos ecológicos. Se tivermos a intenção de modificar, explorar, preservar ou, simplesmente, entender uma paisagem, só poderemos ser bem-sucedidos se conhecermos como as características do solo se relacionam com o ambiente – tanto em um local em particular como na paisagem como um todo.

2.1 INTEMPERISMO DE ROCHAS E MINERAIS

A influência do intemperismo, ou seja, da alteração física e química causada pelas intempéries sobre as partículas, em geral, é flagrante em qualquer lugar de nosso planeta. Nada escapa a ele. A intemperização fragmenta rochas e minerais, altera ou destrói suas características físicas e químicas e transporta, de um local para outro, seus fragmentos menores e produtos solúveis. Além disso, o intemperismo sintetiza novos minerais de grande importância para os solos. A natureza das rochas e dos minerais que estão sendo intemperizados determina as taxas e a natureza dos produtos resultantes de processos de decomposição e de síntese (Figura 2.1).

Características das rochas e dos minerais

Os geólogos classificam as rochas da Terra como ígneas, sedimentares e metamórficas. As ígneas são aquelas formadas a partir de magma fundido e incluem rochas comuns, como o granito e o basalto (Figura 2.2).

Figura 2.1 Duas lápides de pedra, fotografadas no mesmo dia e no mesmo cemitério, ilustram como o tipo de rocha interfere nas taxas de intemperismo. A data e as iniciais esculpidas na lápide de ardósia, em 1798, ainda estão claramente delineadas, enquanto a data e a imagem de um cordeiro, esculpidos em mármore, em 1875, sofreram intemperismo, tornando-se quase irreconhecíveis. A ardósia é em grande parte constituída de argilominerais silicatados resistentes, enquanto o mármore é composto, basicamente, de calcita, que é mais facilmente atacada por ácidos existentes na água da chuva. (Fotos: cortesia de R. Weil)

Textura da rocha	Quartzo / Minerais de cor clara (p. ex., feldspatos, muscovita)		Minerais de cor escura (p. ex., hornblenda, augita, biotita)	
Grosseira	Granito	Diorito	Gabro	Peridotita / Hornblendita
Intermediária	Riolito	Andesito	Basalto	
Fina	Felsita / Obsidiana		Basalto vítreo	

Figura 2.2 Classificação de algumas rochas ígneas em relação à composição mineralógica e ao tamanho dos grãos dos minerais (textura da rocha). Os minerais de cores claras e o quartzo são, em geral, mais comuns do que os minerais de cores escuras.

Uma **rocha ígnea** é composta por minerais primários[2] de cores claras, como o quartzo, a muscovita e os feldspatos, e por aqueles de coloração escura, como a biotita, a augita e a hornblenda. Os grãos de minerais intercalados nas rochas ígneas estão dispersos aleatoriamente, algumas vezes parecendo pequenos grãos brancos e escuros, como uma mistura de "sal e pimenta-do-reino". Em geral, os minerais de cores escuras contêm ferro e magnésio e são intemperizáveis com mais facilidade que os de cor clara.

As **rochas sedimentares** se formam quando os produtos do intemperismo são liberados de outras rochas mais antigas ou quando elas são desgastadas e depositadas pela água como sedimentos que, então, podem se reconsolidar em uma nova rocha. Por exemplo, as areias de quartzo, oriundas do intemperismo do granito, e depositadas próximo à margem de um mar da pré-história, podem vir a ser cimentadas (tanto pelo cálcio como pelo ferro, antes dissolvidos na água), para se transformarem em uma massa sólida denominada arenito. Da mesma forma, as argilas podem se compactar transformando-se em um folhelho. A resistência de uma rocha sedimentar ao intemperismo é determinada tanto pelo tipo dos seus minerais dominantes como pelo agente cimentante. As rochas sedimentares são o tipo mais comum, abrangendo cerca de 75% da superfície Terra.

Animações ilustrando a formação das rochas (clique em "Chapter 6"): www.classzone.com/books/earth_science/terc/navigation/visualization.cfm

As **rochas metamórficas** são formadas a partir de outras rochas, por um processo de modificação denominado *metamorfismo*. Com o deslocamento das placas continentais da Terra, que às vezes colidem entre si, surge uma força capaz de elevar grandes cadeias de montanhas ou empurrar imensas camadas de rochas para as profundezas da crosta terrestre. Esse movimento submete as rochas ígneas e sedimentares a elevados níveis de calor e pressão. Essa força pode comprimir as rochas de forma lenta e parcial, além de causar a fusão e a distorção delas, e também alterar as ligações químicas dos seus materiais originais. As rochas ígneas, como o granito, podem ser modificadas para formar o gnaisse – uma rocha metamórfica cujos minerais claros e escuros foram reposicionados em bandas. As rochas sedimentares, como as do tipo calcário e folhelho, podem ser metamorfisadas em mármores e ardósias, respectivamente. A ardósia pode ser ainda mais metamorfisada, transformando-se em filito ou xisto, os quais normalmente apresentam mica que foi cristalizada durante o metamorfismo.

Como se formam as rochas metamórficas, California State University, Estados Unidos: http://seis.natsci.csulb.edu/bperry/ROCKS.htm

As rochas metamórficas são normalmente mais duras e mais bem cristalizadas do que as rochas sedimentares das quais se formaram. Certos tipos de minerais que predominam em uma determinada rocha metamórfica influenciam seu grau de resistência ao intemperismo químico (Tabela 2.1 e Figura 2.1).

[2] Os minerais primários não foram alterados quimicamente desde que se formaram de uma lava derretida e depois solidificada. Os *minerais secundários* são produtos recristalizados da decomposição química e/ou alteração de minerais primários.

Tabela 2.1 Seleção de minerais encontrados nos solos, listados em ordem de aumento da resistência ao intemperismo, sob condições prevalecentes em regiões temperadas úmidas

Minerais primários		Minerais secundários		
		Gipsita	$CaSO_4 \cdot 2H_2O$	Menos resistente
		Calcita[a]	$CaCO_3$	↑
		Dolomita[a]	$CaCO_3 \cdot MgCO_3$	
Olivina	$Mg,FeSiO_4$			
Anortita	$CaAl_2Si_2O_8$			
Augita[b]	$Ca_2(Al,Fe)_4\,(Mg,Fe)_4Si_6O_{24}$			
Hornblenda[b]	$Ca_2Al_2Mg_2Fe_3Si_6O_{22}(OH)_2$			
Albita	$NaAlSi_3O_8$			
Biotita	$KAl(Mg,Fe)_3Si3O_{10}(OH)_2$			
Ortoclásio	$KAlSi_3O_8$			
Microclina	$KAlSi_3O_8$			
Muscovita	$KAl_3Si_3O_{10}(OH)_2$			
		Argilominerais	Aluminossilicatos	
Quartzo	SiO_2			
		Gibbsita	$Al_2O_3 \cdot 3H_2O$	↓
		Hematita	Fe_2O_3	
		Goetita	FeOOH	Mais resistente

[a] Em pradarias semiáridas, a dolomita e a calcita são mais resistentes ao intemperismo do que o mostrado na tabela, por causa das baixas taxas de intemperismo ácido.
[b] A fórmula apresentada é aproximada, porque o mineral é muito variável em sua composição.

Intemperismo: um caso geral

O intemperismo é um processo bioquímico que implica tanto na destruição como na síntese de minerais. No diagrama do intemperismo (Figura 2.3) – olhando da esquerda para a direita –, as rochas e os minerais de originais são alterados tanto por *desintegração física* como por *decomposição química*. A desintegração física pode fragmentar as rochas tanto em pedaços menores (sem afetar significativamente sua composição) como em partículas de areia e silte, cada uma delas normalmente formada por um só mineral. Ao mesmo tempo em que os minerais se decompõem quimicamente, eles liberam materiais solúveis que servem para sintetizar novos minerais, alguns dos quais são produtos finais muito resistentes. Esses novos minerais se formam por neossíntese, tanto a partir de alterações químicas menores, como por decomposição química completa do mineral original. Durante as mudanças químicas, o tamanho das partículas continua a diminuir, e os componentes continuam a se dissolver na solução aquosa que contém os produtos do intemperismo. As substâncias dissolvidas podem se recombinar em novos minerais (secundários), deixar o perfil junto com a água de drenagem ou, ainda, ser absorvidas pelas raízes das plantas.

Animação sobre os aspectos gerais do intemperismo: www.uky.edu/AS/Geology/howell/goodies/elearning/module07swf.swf

Os minerais que mais permanecem nos solos bem-intemperizados estão incluídos em três dos grupos mostrados no lado direito da Figura 2.3: (1) argilas silicatadas, (2) produtos finais muito resistentes, óxidos de ferro e alumínio, incluindo as argilas oxídicas e (3) minerais primários muito resistentes, como o quartzo. Em solos muito intemperizados, de regiões úmidas tropicais e subtropicais, os óxidos de ferro e de alumínio e certos argilominerais com baixa relação Si/Al predominam, porque a maioria dos outros constituintes foram alterados e removidos.

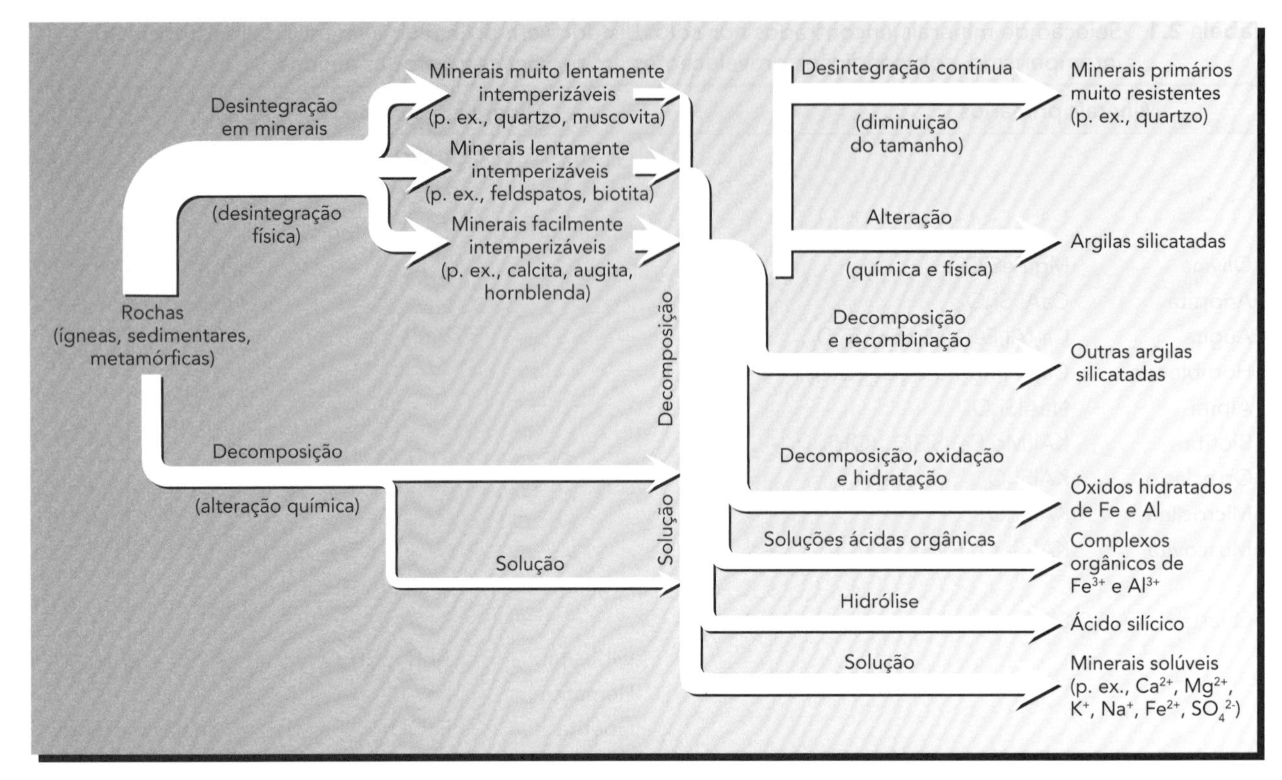

Figura 2.3 Sequências mostrando as vias de intemperismo que ocorrem sob condições moderadamente ácidas, comuns em regiões de clima temperado úmido. A desintegração de rochas em pequenos grãos minerais individuais é um processo físico, enquanto a decomposição, a recombinação e a dissolução são processos químicos. A alteração dos minerais inclui processos físicos e químicos. Note que os minerais primários resistentes, os minerais secundários recém-sintetizados e os materiais solúveis são produtos do intemperismo. Em regiões áridas predominam os processos físicos, mas em áreas tropicais úmidas a decomposição e a recombinação são os processos mais importantes. (Diagrama: cortesia de N. C. Brady)

Intemperismo físico (desintegração)

Temperatura O aquecimento das rochas, provocado pela luz solar ou por incêndios, leva à expansão dos minerais que as constituem. Como alguns minerais expandem mais do que outros, várias mudanças de temperatura criam diferentes tensões que, por fim, podem causar a fragmentação das rochas.

Já que a superfície externa das rochas frequentemente permanece mais quente ou mais fria do que as porções mais protegidas dos seus interiores, algumas rochas podem se intemperizar por **esfoliação**, que é a desintegração em camadas das suas partes externas (Figura 2.4). Esse processo pode ser acelerado com a formação de gelo dentro das rachaduras externas. Quando a água se congela, expande-se com uma força de cerca de 1.465 Mg/m^2, desintegrando enormes massas de rocha e desalojando alguns grãos de minerais dos fragmentos menores.

Abrasão por água, gelo e vento A água, quando transporta sedimentos, tem um enorme poder de erosão, como é amplamente comprovado pelos vales, desfiladeiros e ravinas existentes no mundo. O arredondamento das rochas do leito dos rios e os grãos de areia das praias são mais uma prova da abrasão provocada pela água em movimento.

As poeiras e areias transportadas pelo vento também podem desgastar as rochas por abrasão, como pode ser visto nas pitorescas formações rochosas arredondadas de certas regiões áridas. Enormes massas de gelo, que se moveram em áreas que foram objeto de glaciação, trituraram e incorporaram fragmentos de rocha e solo, transportando grandes quantidades desses materiais.

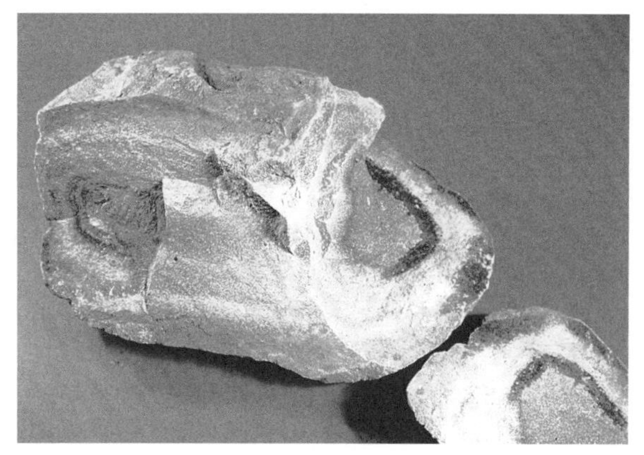

Figura 2.4 *À esquerda*: intemperismo esferoidal, formando camadas concêntricas em razão do processo denominado esfoliação. Uma combinação de fenômenos físicos e químicos promovem a fragmentação mecânica que, por sua vez, produz camadas de folhas sobrepostas que se assemelham às de um repolho. *À direita*: bandas concêntricas de cores claras e escuras indicam que o intemperismo químico (oxidação e hidratação) ocorre de fora para dentro, produzindo compostos de ferro com diferentes cores. (Fotos: cortesia de N. C Brady, à esquerda; e R. Weil, à direita)

Plantas e animais Em alguns casos, as raízes das plantas penetram nas fendas das rochas, forçando-as a se abrirem – o que resulta em sua parcial desintegração. As escavações feitas por animais também podem ajudar as rochas a se desintegrarem. No entanto, essas influências são de pouca importância na produção do material de origem, quando comparadas aos marcantes efeitos físicos da água, do gelo, do vento e das mudanças de temperatura.

Intemperismo biogeoquímico

Enquanto o intemperismo físico é mais acentuado em ambientes muito frios ou muito secos, as reações químicas são mais intensas onde o clima é úmido e quente. No entanto, ambos os tipos de intemperismo ocorrem juntos, e um tende a acelerar o outro. Por exemplo, a abrasão física (pelo atrito) diminui o tamanho das partículas e, portanto, aumenta a sua superfície, tornando-as mais suscetíveis às rápidas reações químicas.

O intemperismo químico é reforçado pela presença de *agentes geológicos,* como a água e o oxigênio, assim como por *agentes biológicos*, como os ácidos produzidos pelo metabolismo dos micro-organismos e das raízes das plantas. Por isso, o termo **intemperismo biogeoquímico** é frequentemente usado para descrever esses processos. Em conjunto, esses agentes transformam os minerais primários (p. ex., feldspatos e micas) em minerais secundários (p. ex., argilas e carbonatos), bem como liberam os nutrientes das plantas em formas solúveis (Figura 2.3). A água e o oxigênio desempenham papéis muito importantes nas reações químicas do intemperismo.

A atividade de micro-organismos também tem um papel fundamental. Se não houvesse organismos vivos na Terra, os processos de intemperismo químico, provavelmente, teriam acontecido 1.000 vezes mais lentamente, resultando no desenvolvimento de poucos (ou nenhum) solos em nosso planeta.

2.2 FATORES QUE INFLUENCIAM A FORMAÇÃO DO SOLO[3]

No Capítulo 1, aprendemos que *o solo* pode ser entendido como uma coleção de *indivíduos solo*, cada qual tendo um perfil com suas próprias características. Esse conceito de solos, como corpos naturais organizados, foi inicialmente proposto a partir de estudos de campo durante

[3] Muitos dos nossos modernos conceitos sobre os fatores de formação do solo advêm das obras de Hans Jenny (1941 e 1980) e de E.W. Hilgard (1921), estudiosos norte-americanos do solo cujos livros são considerados clássicos neste ramo de estudo.

o século XIX, por uma equipe de cientistas russos, brilhantemente liderada por V. V. Dukochaev. Eles observaram a existência de camadas semelhantes em perfis de solos separados por centenas de quilômetros, onde o clima e a vegetação eram também semelhantes. Tais observações e muitas pesquisas subsequentes, tanto no campo como no laboratório, levaram à identificação de cinco fatores principais que controlam a formação dos solos:

1. *Material de origem*: precursores geológicos ou orgânicos do solo
2. *Clima*: com destaque para a precipitação pluvial e a temperatura
3. *Biota* (incluindo os seres humanos): a vegetação nativa, os organismos vivos (especialmente os micróbios), os animais do solo e, cada vez mais, os seres humanos
4. *Relevo (ou topografia):* inclinação, aspecto e posição do terreno
5. *Tempo:* o período desde que os materiais de origem começaram a se tranformar em solo

De acordo com esses fatores, os solos vêm sendo definidos como uma coleção de corpos naturais condicionados, durante longos períodos de tempo, pela ação integrada do clima, do relevo e dos organismos que atuam sobre o material de origem; por isso, possuem propriedades pedogenéticas específicas que lhes permitem, principalmente, sustentar a vegetação.

Os cinco fatores de formação do solo: www.soils.umn.edu/academics/classes/soil2125/doc/slab2sff.htm

Examinaremos agora como cada um desses cinco fatores interferem na formação do solo. No entanto, à medida que o fizermos, deveremos ter em mente que eles não exercem suas influências de forma independente; na verdade, a interdependência é a regra. Por exemplo, os regimes climáticos contrastantes condicionam, e estão associados, aos tipos também contrastantes de vegetação, como também às mudanças no relevo e possivelmente ao material de origem. No entanto, em certas situações, um dos fatores atua de forma predominante, condicionando as diferenças existentes em um conjunto de solos. Os estudiosos do solo referem-se a tais conjuntos como **litossequência**, **climossequência**, **biossequência**, **topossequência** ou **cronossequência**.

2.3 MATERIAIS DE ORIGEM

Os processos geológicos trouxeram para a superfície da Terra numerosos materiais de origem a partir dos quais os solos se formaram (Figura 2.5). A natureza desses materiais de origem influenciou profundamente as características do solo. Por exemplo, um solo pode herdar uma textura arenosa (Seção 4.2) a partir de um material constituído de partículas grosseiras e rico em quartzo, como o arenito ou o granito. A textura do solo, por sua vez, ajuda a controlar a percolação da água através do seu perfil, afetando assim a translocação de suas partículas finas e dos nutrientes das plantas.

A composição química e mineralógica do material de origem influencia o intemperismo químico e a vegetação natural. Por exemplo, a presença de calcário em um material de origem vai retardar o desenvolvimento da acidez que normalmente ocorre em climas úmidos.

Deposição de materiais de origem: http://sis.agr.gc.ca/cansis/taxa/genesis/pmdep/ontario.html

A natureza do material de origem influencia os tipos de argilas que se formam quando o solo se desenvolve (Seção 8.5). O material de origem também pode conter argilominerais, provavelmente formados em um ciclo anterior de intemperismo. Por sua vez, a natureza dos minerais de argila presentes afeta muito o tipo de solo que se desenvolve.

Classificação dos materiais de origem

Os materiais de origem mineral podem ser formados no local (*in situ*), como se fossem um manto residual intemperizado da rocha, ou podem ser transportados do local onde se formaram para serem depositados em outro lugar (Figura 2.6). Em ambientes úmidos (como

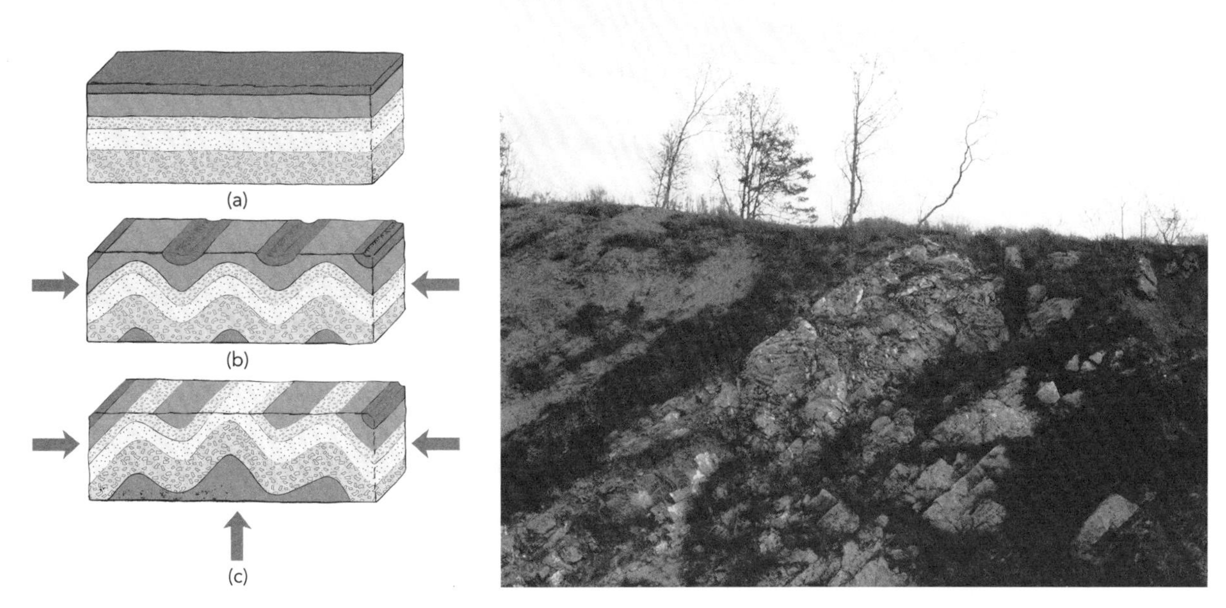

Figura 2.5 Diagramas mostrando como os processos geológicos trouxeram diferentes camadas de rocha para a superfície da Terra em uma determinada região. (a) Camadas inalteradas de rochas sedimentares, com apenas uma delas, a mais elevada, exposta. (b) Pressões geológicas laterais deformam as camadas de rocha por intermédio de um processo chamado de *deformação crustal*; ao mesmo tempo, a erosão remove grande parte da camada superior, expondo assim parte da primeira camada subjacente. (c) Pressões localizadas ascendentes causam modificações em todas as camadas, expondo mais duas camadas subjacentes. Depois que essas quatro camadas de rocha são intemperizadas, elas dão origem aos materiais de origem a partir dos quais diferentes tipos de solos podem se formar. *À direita*: deformação crustal, a qual soergueu as Montanhas Apalachianas do leste norte-americano, inclinando suas formações rochosas sedimentares – que tinham sido originalmente depositadas em camadas horizontais. Este corte de estrada no Estado da Virgínia (EUA) ilustra algumas mudanças abruptas nos materiais de origem do solo (litossequência), que podem ser percebidas quando se caminha na superfície situada na parte mais elevada do local onde esta foto foi tirada. (Foto: cortesia de R. Weil)

pântanos e charcos), a decomposição incompleta pode fazer com que certos materiais de origem orgânica se acumulem a partir de resíduos de muitas gerações de vegetação. Embora os materiais de origem sejam classificados por suas propriedades químicas e físicas, eles também podem ser classificados de acordo com o modo como foram depositados – o que pode ser observado no lado direito da Figura 2.6.

Apesar de esses termos se relacionarem apenas à forma de deposição do material de origem, as pessoas, em geral, se referem aos solos que se formam a partir desses depósitos como *solos orgânicos*, *solos glaciais*, *solos aluviais* e assim por diante. Esses termos são pouco específicos, não só porque as propriedades do material de origem variam amplamente dentro de cada grupo, como também por o efeito do material de origem ser modificado pela influência do clima, dos organismos, do relevo e do tempo.

Materiais de origem residuais

Os **materiais de origem residuais** desenvolvem-se pelo intemperismo da rocha subjacente. Em superfícies mais estáveis, eles podem ter sofrido longo e, possivelmente, intenso intemperismo. Onde o clima é quente e muito úmido, os materiais de origem residuais mais representativos estão completamente lixiviados e oxidados; por isso, apresentam vários compostos de ferro oxidado e têm cores vermelhas e amarelas (Pranchas 9, 11 e 15). Em climas mais frios, principalmente quando também mais secos, a composição química e a cor do material de origem residual tendem a ser mais semelhantes às da rocha da qual ele se formou.

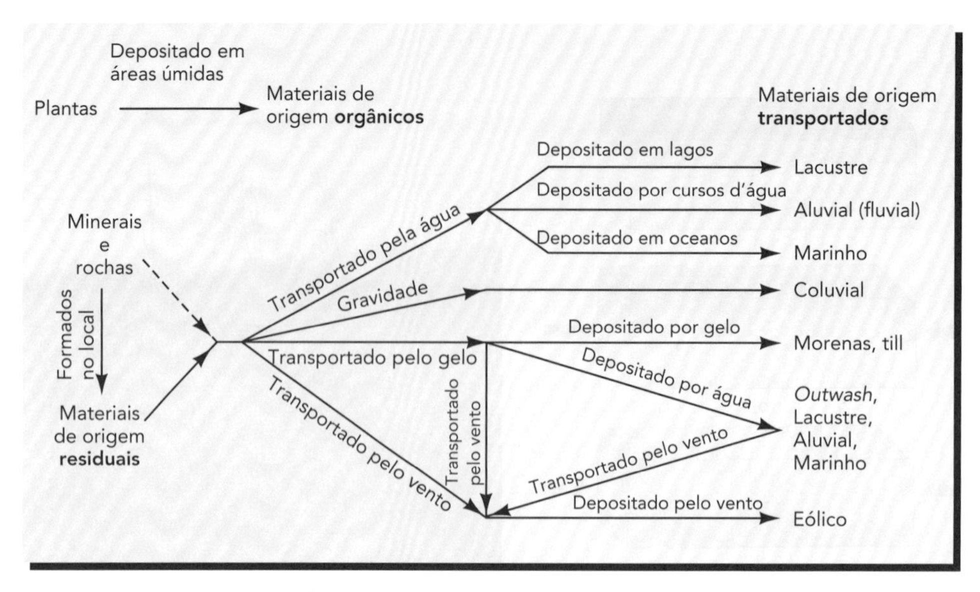

Figura 2.6 Como vários tipos de materiais de origem são formados, transportados e depositados.

Os materiais residuais são amplamente distribuídos em todos os continentes. O mapa fisiográfico dos Estados Unidos (Figura 2.7) mostra nove grandes províncias onde os materiais residuais são mais comuns (veja, no mapa, as áreas indicadas pelos números 3, 4, 5, 9, 10, 14, 18, 19 e 20).

Uma grande variedade de solos ocupa as regiões marcadas pelos materiais detríticos residuais por causa da acentuada diversidade na natureza das rochas, a partir das quais esses materiais evoluíram. A variação nos solos é também um reflexo de outras grandes diferenças em outros fatores de formação dos solos, como o clima e a vegetação (Seções 2.4 e 2.5).

Detritos coluviais

Os detritos coluviais, ou **colúvios**, são compostos de fragmentos de rocha heterogêneos (mal-selecionados) que foram destacados das partes mais elevadas do relevo e carregados por gravidade pelas encostas abaixo; em alguns casos, a ação do congelamento influencia esses depósitos. São bons exemplos os taludes de fragmentos de rocha depositados nos sopés das encostas (tálus), os detritos de penhascos e outros materiais heterogêneos. As avalanches são, em grande parte, compostas por sedimentos desse tipo.

Os materiais originários constituídos de detritos coluviais costumam ser grosseiros e pedregosos, porque neles predominou o intemperismo físico sobre o químico. Esses fragmentos mais grosseiros – pedras e cascalhos – são bastante arestados e estão intercalados com materiais mais finos (mas não em camadas). Quando os fragmentos de rochas caem e depositam-se uns sobre os outros (às vezes, com as faces maiores inclinadas), formam espaços vazios que ajudam a explicar a boa drenagem de muitos depósitos coluviais e também sua tendência à instabilidade e propensão a quedas e deslizamentos, especialmente se afetados por escavações.

Depósitos aluviais

Planícies de inundação Os cursos d'água podem depositar três classes gerais de materiais de origem: *planícies de inundação*, *leques aluviais* e *deltas*. A planície de inundação é a porção de um vale do rio que é inundada durante as cheias (também chamada de leito maior). Os sedimentos transportados pela corrente são depositados durante as inundações; seus materiais mais grosseiros depositam-se perto do canal (ou leito menor) do rio, onde a água é mais profunda e

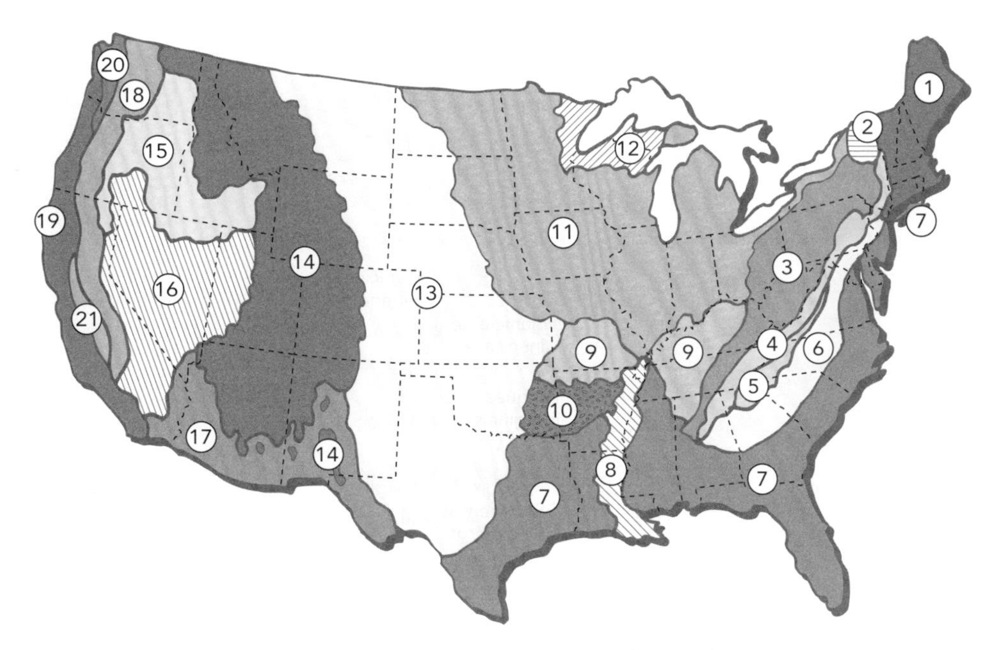

Figura 2.7 Mapa generalizado da fisiografia e dos regolitos dos Estados Unidos. As regiões são as seguintes:

1. Nova Inglaterra: predomínio de rochas glaciais e metamórficas.
2. Adirondacks: rochas sedimentares e glaciais metamorfizadas.
3. Montanhas e Planaltos Apalachianos: folhelhos e arenitos.
4. Vales e cordilheiras de calcários: predomínio de rochas calcárias.
5. Montanhas Blue Ridge: arenitos e folhelhos.
6. Planalto de Piedmont: rochas metamórficas.
7. Planícies costeiras do Atlântico e do Golfo: sedimentos inconsolidados; areias, argilas e siltes.
8. Planície fluvial e delta do Mississippi: alúvios.
9. Terras altas de calcários: predomínio de folhelhos e calcários.
10. Terras altas de arenitos: predomínio de arenitos e folhelhos.
11. Planícies centrais: predomínio de rochas glaciais sedimentares com till e loess.
12. Terras altas do Lago Superior: rochas metamórficas e glaciais sedimentares.
13. Região das Grandes Planícies: rochas sedimentares.
14. Região das Montanhas Rochosas: rochas sedimentares, metamórficas e ígneas.
15. Região entremontana do noroeste: predomínio de rochas ígneas; loess na bacia dos rios.
16. Grande Depressão: cascalhos, areias, leques aluviais; rochas ígneas e sedimentares.
17. Região árida do sudoeste: cascalhos, areia e outros detritos do deserto e de montanha.
18. Serra Nevada e Montanhas Cascades: rochas ígneas e vulcânicas.
19. Província da Costa do Pacífico: predomínio de rochas sedimentares.
20. Terras baixas do Puget Sound: rochas glaciais sedimentares.
21. Vale central da Califórnia: alúvios e depósitos glaciais de planície (*outwash*).

flui com mais turbulência e energia. Os materiais mais finos se decantam nas águas mais calmas e mais distantes do canal. Cada episódio de grandes inundações estabelece uma camada característica de sedimentos, criando uma estratificação característica dos solos aluviais (Figura 2.8).

Se, depois de certo tempo, houver uma mudança gradiente (ou rebaixamanto do nível de base) do canal, o seu leito poderá escavar os seus depósitos aluviais já bem formados. Essa ação forma **terraços** acima da planície de inundação, em um ou em ambos os lados. Com frequência, dois ou mais terraços de alturas diversas poderão ser vistos ao longo de certos vales, revelando as épocas em que o curso d'água se encontrava naqueles níveis.

Os solos desenvolvidos de sedimentos aluviais geralmente têm características consideradas como desejáveis para a agricultura e a urbanização. Essas características incluem relevo quase plano, proximidade com a água, alta fertilidade e elevada produtividade. Entretanto, o uso de solos de planícies de inundação para moradias e desenvolvimento urbano deve ser evitado. Nos últimos anos, muitas inundações catastróficas têm mostrado que as construções efetuadas em uma várzea, não importando quão vultoso seja o investimento em medidas de controle de

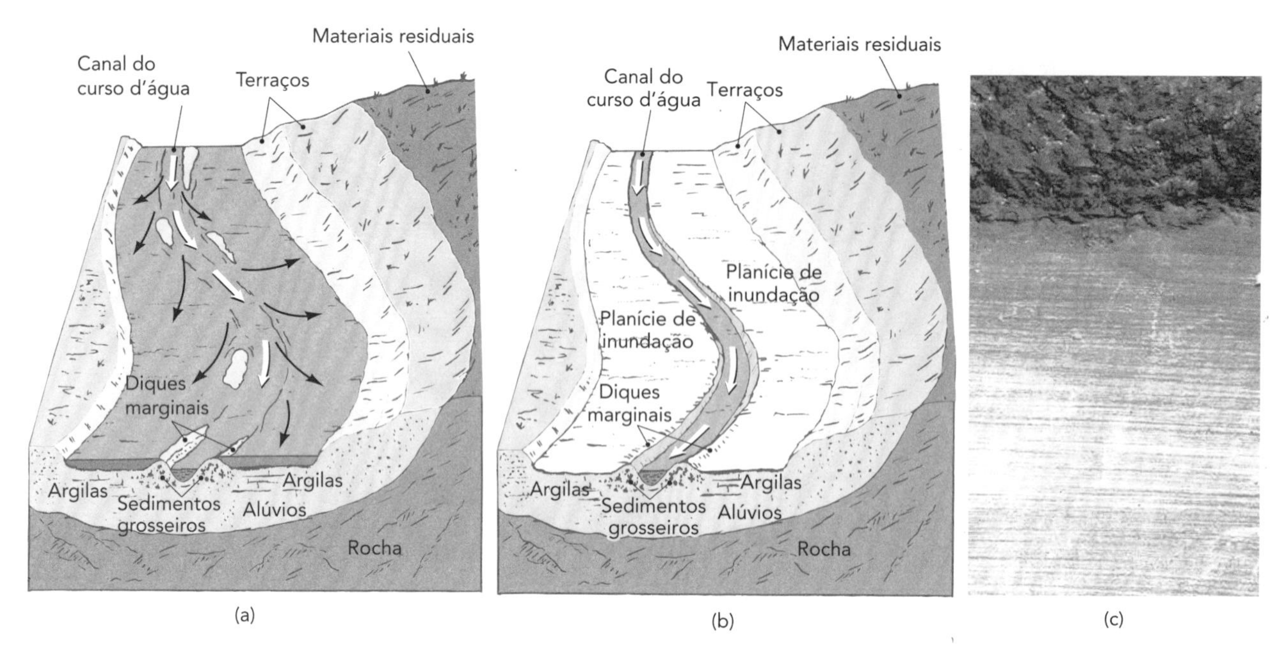

Figura 2.8 Diagrama mostrando a formação de uma planície de inundação. (a) Durante uma fase de inundação, o rio transborda, depositando sedimentos na várzea. As partículas grosseiras são depositadas bem próximo do fluxo do canal onde a água está fluindo com maior velocidade, enquanto as partículas finas se decantam onde a água está se movendo mais lentamente. (b) Depois da inundação, os sedimentos permanecem depositados no local, e a vegetação cresce sobre eles. (c) Perfil de um solo desenvolvendo-se em uma planície de inundação do rio Mississippi (EUA), mostrando camadas delgadas contrastantes de sedimentos de areia e silte no horizonte C – cada camada resultou de um único episódio de inundação. (Diagramas e foto: cortesia de R. Weil)

enchentes, muitas vezes levam à trágica perda de vidas e bens materiais durante essas inundações. Em muitas áreas, a instalação de sistemas de drenagem e de proteção contra inundações foi muito dispendiosa, mas ineficaz. Portanto, algumas providências devem ser tomadas para restabelecer as condições originais de muitas dessas planícies de inundação, originalmente terras úmidas que foram transformadas em áreas agrícolas. Esses e outros solos aluviais podem fornecer *habitats* naturais, como as florestas hidrófilas, que podem produzir muita madeira e suportar uma grande diversidade de pássaros e outros animais selvagens.

Leques aluviais São formados por cursos d'água temporários que descem de terras altas por meio de um estreito vale e, repentinamente, encontram uma brusca mudança de gradiente ao atigirem níveis mais baixos (Figura 2.9). Eles formam, assim, um depósito de sedimentos, denominado leque aluvial. A água corrente tende a selecionar as partículas dos sedimentos por tamanho, depositando, em forma de leque e em direção à borda, primeiramente cascalhos e areia grossa e, em seguida, materiais mais finos. Os solos derivados desses detritos aluviais muitas vezes são bastante produtivos, embora possam ser de textura bastante grosseira.

Depósitos de deltas Em alguns sistemas fluviais, grandes quantidades de material em suspensão se depositam perto da foz do rio, formando um delta. Comumente, o delta é uma continuação da planície de inundação (a parte frontal, por assim dizer) e, devido à sua natureza argilosa, costuma ser maldrenado.

Os marismas dos deltas estão entre os mais extensos e biologicamente importantes *habitats* de terras úmidas. Muitos desses *habitats* estão sendo, hoje, protegidos ou restaurados; mas as civilizações antigas, e também as modernas, neles desenvolveram importantes áreas agrícolas (muitas vezes, reservadas para a produção de arroz) por meio da implantação de drenos e do controle das enchentes – como aconteceu nos deltas de rios como o Eufrates, Ganges, Amarelo, Mississippi, Nilo, Pó e Tigre.

Figura 2.9 Um leque aluvial caracteristicamente moldado em um vale no centro do Estado de Nevada (EUA). Embora as áreas de leques aluviais sejam geralmente pequenas e inclinadas, ainda assim podem conter solos bem-drenados e produtivos – podendo ser aproveitados para a agricultura. As setas indicam as direções dos fluxos d'água. (Foto: cortesia de R. Weil)

Sedimentos marinhos

Grande parte dos sedimentos transportados pela ação dos cursos d'água acaba sendo depositada nos estuários e golfos: os fragmentos maiores, próximos das praias; as partículas mais finas, mais distantes (Figura 2.10). Durante longos períodos de tempo, esses sedimentos se acumularam debaixo d'água e, em alguns casos, têm centenas de metros de espessura. Mudanças relativas nas elevações dos níveis do mar e da terra podem depois soerguer esses depósitos marinhos acima do nível do mar, criando uma planície de sedimentos costeiros. Tais depósitos ficam, então, sujeitos a um novo ciclo de intemperismo e formação do solo.

Normalmente, uma planície costeira só tem declives moderados, sendo mais plana nas partes baixas perto da costa e mais declivosa no interior, onde rios e córregos, que fluem para níveis inferiores, formam uma paisagem mais dissecada. A superfície das terras, situadas na parte

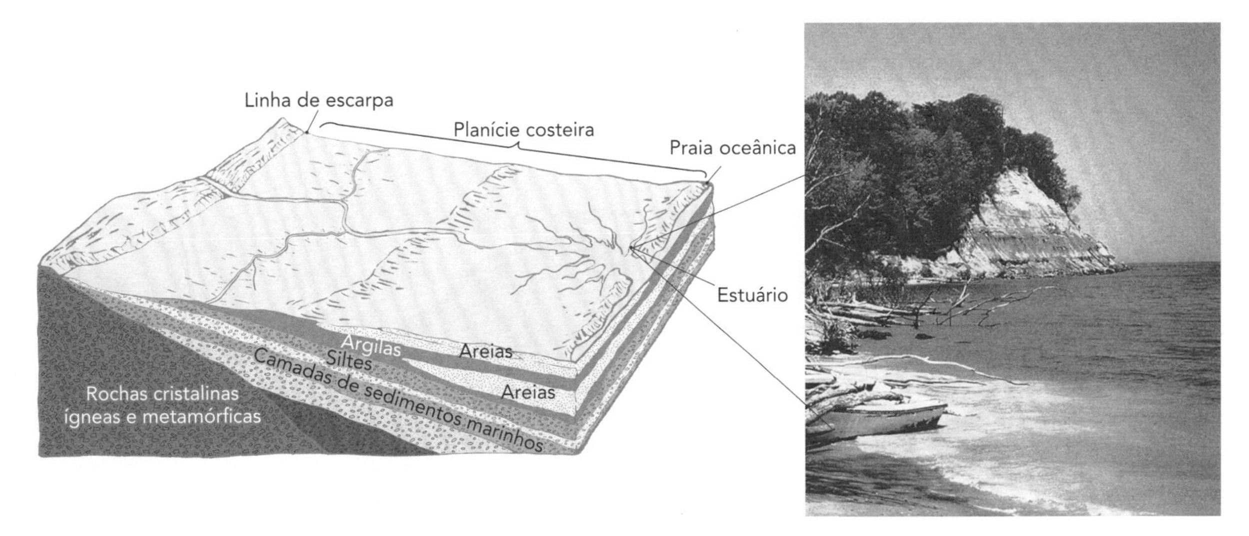

Figura 2.10 Diagrama mostrando sedimentos que foram trazidos das colinas do continente para as regiões costeiras e depositados em águas marinhas. O diagrama representa a planície costeira emersa, situada no sudeste dos Estados Unidos, onde tais sedimentos cobrem rochas ígneas e metamórficas mais antigas. Ao longo do tempo, mudanças na posição da linha de costa, bem como nas correntes, originaram camadas (estratos) de sedimentos alternadamente compostos de argila, silte, areia grossa e cascalho. A foto mostra essas camadas de sedimentos marinhos no litoral, ao longo da Baía de Chesapeake, em Maryland, EUA. (Diagrama e foto: cortesia de R. Weil)

inferior da planície costeira, pode estar apenas um pouco acima do lençol freático durante parte do ano, formando, assim, terras úmidas com vegetação arbustiva ou florestal características.

Depósitos marinhos e outros depósitos costeiros têm texturas bastante variáveis. Alguns são arenosos, como é o caso, em grande parte, da planície costeira próxima do litoral Atlântico dos Estados Unidos. Outros depósitos são ricos em argila, como os encontrados nas várzeas do Golfo do México e nas baixas florestas de pinheiros dos Estados do Alabama e Mississippi (EUA). Nos locais em que a água dos rios cortaram as camadas de sedimentos marinhos (como no bloco-diagrama ilustrado na Figura 2.10), argilas, siltes e areias podem ser encontrados lado a lado. Uma vez que a água do mar é rica em enxofre, muitos sedimentos marinhos são também ricos nesse elemento e passam por um período de formação de ácidos, decorrente da oxidação do enxofre, em algum estágio da formação do solo (Seção 9.6 e Prancha 109).

Materiais de origem transportados por gelo glacial e águas de degelos

Durante o Pleistoceno (cerca de 10^4 a 10^7 anos atrás), estima-se que 20% das terras do mundo – compreendendo a parte norte da América do Norte, norte e centro da Europa e partes do norte da Ásia – foram invadidas por uma sucessão de grandes coberturas de gelo, algumas com mais de 1 km de espessura. As atuais geleiras das regiões polares e das altas montanhas cobrem hoje cerca de um terço dessa área, mas não são tão espessas como eram as do grande período glacial do Pleistoceno. Mesmo assim, se a atual tendência paulatina de aquecimento global continuar, essas geleiras, em grande parte, irão derreter, causando um significativo aumento do nível do mar e a inundação das áreas costeiras do mundo inteiro.

Transporte de detritos glaciais por uma geleira alpina: www.uwsp.edu/geO/faculty/lemke/glacial_processes/MoraineMovie.html

À medida que o gelo glacial foi se movendo, grande parte do manto de solo do regolito existente à sua frente foi removido; morros foram arredondados, vales preenchidos e, em alguns casos, rochas subjacentes foram severamente arrancadas e/ou trituradas. Dessa forma, as geleiras encheram-se de fragmentos de rochas, muitos dos quais foram carregados dentro da massa de gelo, e outros, empurrados à sua frente (Figura 2.11). Finalmente, por ocasião do degelo e do consequente recuo das gelerias, um manto de material residual glacial (*drift*) permaneceu no local ou foi deslocado pelo vento. Isso fez com que surgissem novos materiais de origem e novos regolitos para a formação de novos solos.

Till e depósitos associados O nome *depósitos glaciais* (drift) é aplicado a todos os sedimentos de origem glacial que tenham sido depositados pelo gelo ou pelas águas de seu degelo. Os materiais depositados diretamente pelo gelo, chamados de **till**, são heterogêneos (não estrati-

Figura 2.11 *À esquerda*: extremidades de uma geleira atual, no Canadá. Note a evidência de transporte de materiais pelo gelo e a aparência "reluzente" do principal lóbulo de gelo. *À direita*: este vale em forma de U, nas Montanhas Rochosas (EUA), demonstra o trabalho das geleiras ao esculpir as formas do terreno. A geleira deixou o vale coberto com sedimentos glaciais do tipo till. Alguns dos materiais arrancados pela geleira foram depositados muitas milhas a jusante do vale. (À esquerda, foto: A-16817-102, cortesia do National Air Photo Library, Surveys and Mapping Branch, Canadian Department of Energy, Mines, and Resources; à direita, foto: cortesia de R. Weil)

ficados) e constam de uma mistura de resíduos que variam, em tamanho, de pedras a argila. Tais materiais, portanto, podem ter aparência semelhante a dos materiais coluviais, exceto pelo fato de que os fragmentos grossos são mais arredondados por causa de seu transporte e trituração pelo gelo, e os depósitos apresentam-se muito mais densamente compactados, devido ao grande peso das camadas de gelo que lhes estavam sobrepostas. A Figura 2.12 mostra como várias camadas de depósitos glaciais depositaram diversos tipos de materiais de origem do solo, incluindo faixas de amontoados de sedimentos não selecionados (tills), chamados de **morenas**.

Sedimentos fluvioglaciais e lacustres As torrentes de água que brotam do derretimento de geleiras transportam cargas enormes de sedimentos. Nos vales e nas planícies, onde as águas glaciais são capazes de fluir livremente, os sedimentos formam **planícies de sedimentos fluvioglaciais** (***outwash plains***) (Figura 2.12).

Quando o lóbulo frontal da geleira estaciona e começa a se derreter, não havendo lugar para a água escoar, um represamento se inicia, podendo até formar lagos muito grandes (Figura 2.12). Os **depósitos lacustres** formados nesses lagos glaciais variam de depósitos grosseiros, do tipo deltas e praias perto das margens, até áreas maiores de siltes e argilas, depositados em águas mais profundas, mais para o centro do lago. Áreas de solos naturalmente muito férteis (embora nem sempre bem drenados) se desenvolveram a partir desses materiais quando os lagos secaram.

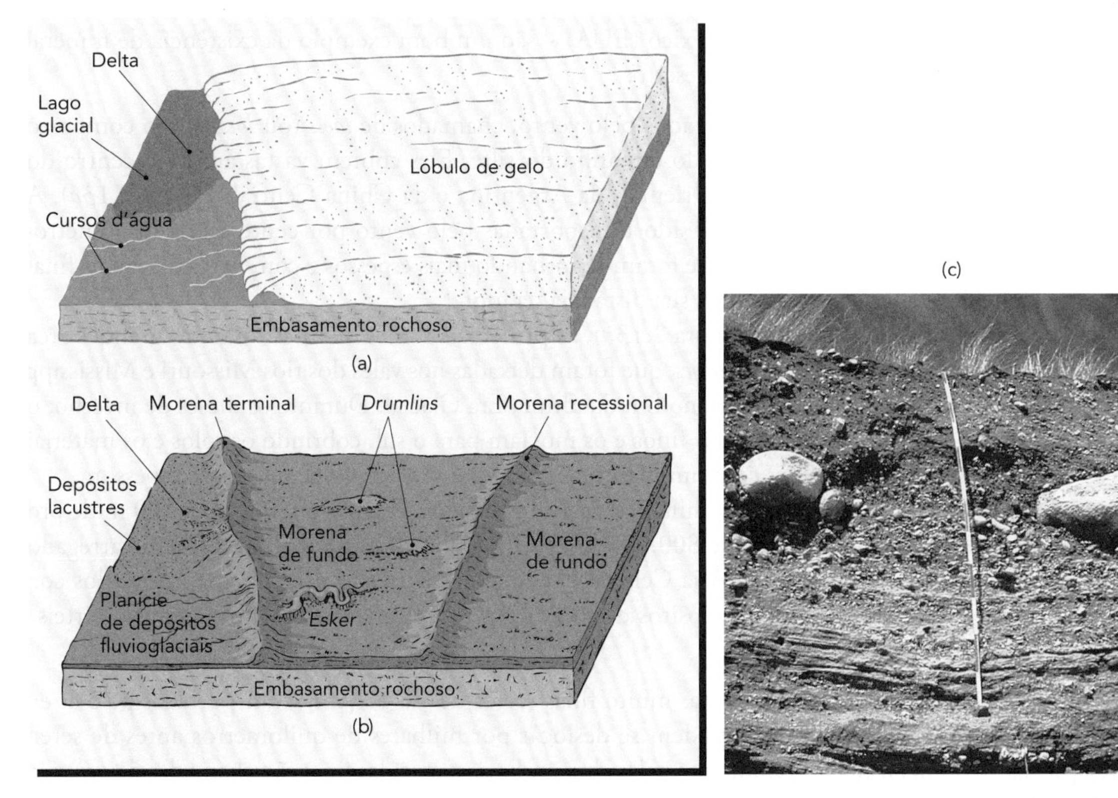

Figura 2.12 Ilustração de como vários materiais glaciais foram depositados. (a) O lóbulo de uma geleira glacial movendo-se para a esquerda e alimentando com água e sedimentos um lago glacial e alguns cursos d'água que estão se formando próximo à sua extremidade. (b) Depois que o gelo recua, as morenas laterais, basais e de fundo ficam descobertas junto com pequenas colinas de formato oval (*drumlins*), leitos dos cursos d'água que fluíam sob a geleira (*eskers*) e depósitos lacustres, deltas, e *outwash*. (c) Os depósitos glaciais estratificados (*outwash*), na parte inferior deste perfil do solo em Dakota do Norte (EUA), estão recobertos por uma camada de till, contendo um amontoado de partículas não selecionadas, que variam em tamanho – desde matacões até argilas. Note as bordas arredondadas das rochas: uma prova da ação desgastante dentro da geleira. A escala está marcada a cada 10 cm. (Foto: cortesia de R. Weil)

Materiais de origem transportados pelo vento

O vento é o agente erosivo que pode carregar, de forma mais eficaz, o material do solo ou de regolito que está solto, seco e desprotegido pela vegetação. As paisagens áridas e desnudas serviram, e continuam servindo, como fontes de material de origem para solos formados em locais muito distantes da fonte, mesmo em hemisférios opostos do globo terrestre. Quanto menores as partículas, mais longe o vento consegue carregá-las. Materiais transportados pelo vento (**eólicos**) são importantes como material de origem para a formação do solo e incluem, do maior para o menor tamanho de partículas: **dunas de areia**, **loess** e **aerossóis**. Dignas também de menção, como um caso especial, são as **cinzas vulcânicas** carregadas e depositadas pelo vento.

Dunas de areia Ao longo das praias dos oceanos, dos grandes lagos e dos mais vastos e áridos desertos do mundo, os fortes ventos recolhem grãos de areias médias e finas para depois reuni-los em grandes montes de areia chamados de *dunas*. As areias das praias consistem, principalmente, em quartzo, porque a maioria dos outros minerais foi intemperizada e levada pelas ondas; por isso, o quartzo, além de ser desprovido de nutrientes para as plantas, é altamente resistente às ações intempéricas. No entanto, como ao longo do tempo gramíneas e outras vegetações podem criar raízes nas dunas, elas podem fazer com que nessas areias um novo solo inicie sua formação. Nas areias do deserto também há o predomínio de quartzo, embora seja possível que existam quantidades substanciais de outros minerais que podem contribuir para o estabelecimento da vegetação e para a formação de novos solos, se houver chuva suficiente. As dunas brancas, constituídas de grãos de gesso do tamanho de areias – as chamadas White Sands, no Estado do Novo México (EUA) – são um bom exemplo da existência de minerais intemperizáveis nas areias do deserto.

Loess Os materiais transportados pelo vento, chamados de *loess* (ou *loesse*), são compostos principalmente de partículas do tamanho do silte. Eles cobrem vastas áreas do centro dos Estados Unidos, da Europa Oriental, da Argentina e da China Central (Figura 2.13*a*). As partículas do loess podem ter sido transportadas pelo vento por centenas de quilômetros, formando depósitos eólicos que foram se tornando mais espessos e com partículas mais finas, à medida que ia aumentando a sua distância da fonte.

Nos Estados Unidos (Figura 2.13*b*), as principais fontes de loess foram as grandes áreas sem vegetação de tills e *outwashes*, que foram deixadas nos vales dos rios Missouri e Mississippi logo após o recuo das geleiras, no fim da última Era Glacial. Durante os meses de inverno, os ventos deslocavam os materiais finos e os moviam para o sul, cobrindo os solos e os materiais de origem pré-existentes com um manto de loess que se acumulou até 8 m de espessura.

No centro e no oeste da China, os depósitos de loess chegam a ter de 30 a 100 m de profundidade e cobrem cerca de 800.000 km^2 (Figura 2.14). Esses materiais foram carregados pelo vento dos desertos da Ásia Central e, em geral, não estão diretamente associados com as geleiras. Esses e outros depósitos de loess tendem a formar solos siltosos, muito férteis e potencialmente produtivos.

Poeiras aerossólicas Partículas muito finas (cerca de 1 a 10 μm), transportadas pelo ar em elevadas altitudes, podem se deslocar por milhares de quilômetros antes de serem depositadas, geralmente pelas chuvas. Essas partículas finas são chamadas de *aerossóis*, porque podem permanecer suspensas no ar devido ao seu tamanho muito pequeno. Embora essas poeiras não formem camadas tão espessas cobrindo as superfícies das paisagens que as recebem, como é típico do loess, elas se acumulam em taxas consideradas como significativas para a formação do solo. Grande parte do carbonato de cálcio, em solos do oeste dos Estados Unidos, provavelmente, se originou de poeiras transportadas pelo vento. Estudos recentes têm mostrado que as poeiras originárias do deserto do Saara, no norte da África, e transportadas sobre o Oceano Atlântico na faixa da alta atmosfera

Poeiras cruzando os oceanos, NASA (clique em "China during April of 1998"): http://toms.gsfc.nasa.gov/aerosols/dust01.html

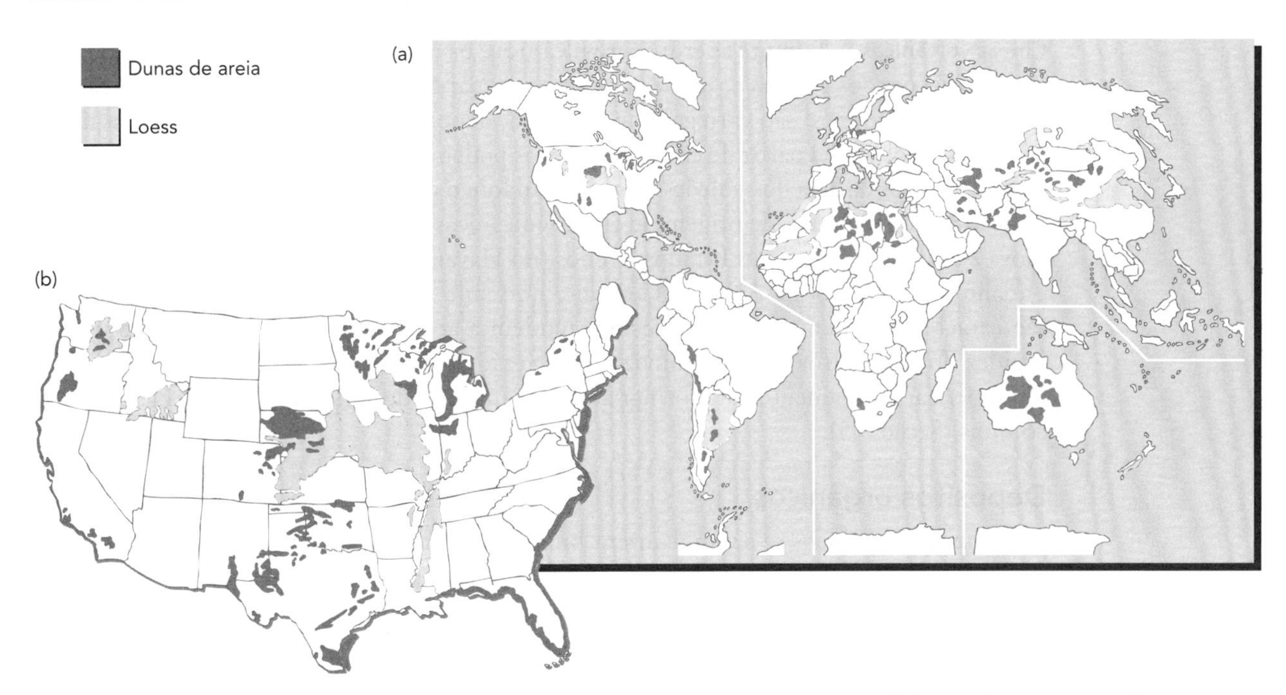

Figura 2.13 (a) Os principais depósitos eólicos do mundo incluem os depósitos de loess da Argentina, da Europa Oriental, do norte da China e das grandes áreas de dunas de areia no norte da África e Austrália. (b) Distribuição aproximada de areias e loess nos Estados Unidos; nessas áreas, os solos que se desenvolveram a partir de loess são geralmente de textura franco-siltosa e muitas vezes com quantidades elevadas de areias finas.

Figura 2.14 Aldeões esculpem casas em espessos depósitos de loess semiconsolidados (loessitos), em Xian, na China. Os depósitos de loess são compostos principalmente de partículas do tamanho de silte, unidas por pequenas quantidades de argila. As argilas, que funcionam como aglutinantes, ajudam a estabilizar o loess quando escavado, mas somente se o material estiver protegido da chuva (esculpido na forma de paredes verticais). As escavações inclinadas desse material podem rapidamente desmoronar e serem lavadas quando saturadas com a água da chuva. Taludes de estrada verticais são, portanto, uma característica comum de paisagens dos loesses em todo o mundo. (Fotos: cortesia de Raymond Miller, University of Maryland, EUA).

(troposfera), são a fonte de grande parte do cálcio e de outros nutrientes encontrados nos solos altamente lixiviados da Bacia Amazônica, na América do Sul. Da mesma forma, na primavera, as ventanias que ocorrem na região do loess da China transportam as poeiras por sobre o Oceano Pacífico e vão se incorporar aos materiais de origem do solo (contribuindo para a poluição do ar) na parte ocidental da América do Norte.

Cinzas vulcânicas Durante as erupções vulcânicas, os materiais piroclásticos são despejados nas imediações dos vulcões e, ao mesmo tempo, as partículas mais finas de cinzas vulcânicas (muitas vezes, vítreas) são carregadas pelo vento, depositando-se depois em extensas áreas. Solos desenvolvidos a partir de cinzas vulcânicas podem ser encontrados a algumas centenas de quilômetros da área dos vulcões existentes ao longo da costa do Oceano Pacífico. Importantes áreas de materiais de origem de cinzas vulcânicas ocorrem no Japão, na Indonésia, na Nova Zelândia, no oeste dos Estados Unidos (no Havaí, em Montana, Oregon, Washington e Idaho), no México, na América Central e no Chile. Os solos formados desses materiais são caracteristicamente leves e porosos e tendem a acumular matéria orgânica com mais rapidez do que outros solos circunvizinhos (Seção 3.7). As cinzas vulcânicas tendem a se intemperizar rapidamente para formar alofanas, um tipo de argila com propriedades pouco comuns (Seção 8.5).

Depósitos orgânicos

Os materiais orgânicos se acumulam em brejos, pântanos, marismas e outros locais muito úmidos, onde a taxa de crescimento das plantas excede a taxa de decomposição dos seus resíduos. Em tais áreas, esses resíduos vêm se acumulando ao longo dos séculos a partir de plantas hidrófilas, como musgos, juncos, aguapés, assim como alguns arbustos e árvores. Esses resíduos afundam nos corpos d'água, onde a sua decomposição é dificultada devido à carência de oxigênio livre. Como resultado, os depósitos orgânicos muitas vezes se acumulam até vários metros de profundidade (Figura 2.15). Esses depósitos orgânicos, em conjunto, são chamados de **turfas**.

Tipos de materiais turfosos Podemos identificar quatro tipos de turfa, com base na natureza dos materiais de origem:

Pântanos em processo de extinção: Cornelia Dean, *New York Times* (clique também no vídeo: "A Marsh Mess"): www.nytimes.com/2005/11/15/science/earth/15marsh.html?ex=1289710800&en=debebd7482392dcc&ei=5088&partner=rssnyt&emc=rss

1. Turfa de musgos: proveniente de restos de musgos, como o *Sphagnum.*
2. Turfa de herbáceas: proveniente de resíduos de plantas herbáceas, como taboas, juncos e aguapés.
3. Turfa de lenhosas: formadas a partir de restos de plantas lenhosas, incluindo árvores e arbustos.
4. Turfa sedimentar: proveniente de restos de plantas aquáticas (p. ex., algas) e de material fecal de animais aquáticos.

Em alguns casos, depois de uma terra úmida ter sido drenada, as turfeiras de lenhosas se transformam em solos agrícolas bastante produtivos, muito apreciados para a produção de hortaliças. Já as turfeiras de musgos, se por um lado têm alta capacidade de retenção de água, por outro tendem a ser bastante ácidas. Geralmente, as turfas sedimentares não são apropriadas para serem usadas como solos agrícolas, pois são compostas de materiais altamente coloidais, compactos e plásticos quando molhados. As turfeiras herbáceas são típicas de pântanos costeiros.

O material orgânico será chamado de **fíbrico**, se os resíduos estiverem suficientemente intactos para permitirem que as suas fibras sejam identificadas. Mas, se a maior parte do material se decompôs, restando pouca fibra, o termo **sáprico** será utilizado. Em materiais intermediários, entre os fíbricos e os sápricos (**hêmicos**), apenas algumas das fibras vegetais podem ser reconhecidas.

Depois de termos constatado que os efeitos dos **materiais de origem** nas propriedades do solo são modificados pelas influências combinadas do **clima**, das **atividades biológicas**, do **relevo** e do **tempo**, voltaremos agora a esses outros quatro fatores de formação do solo, começando pelo clima.

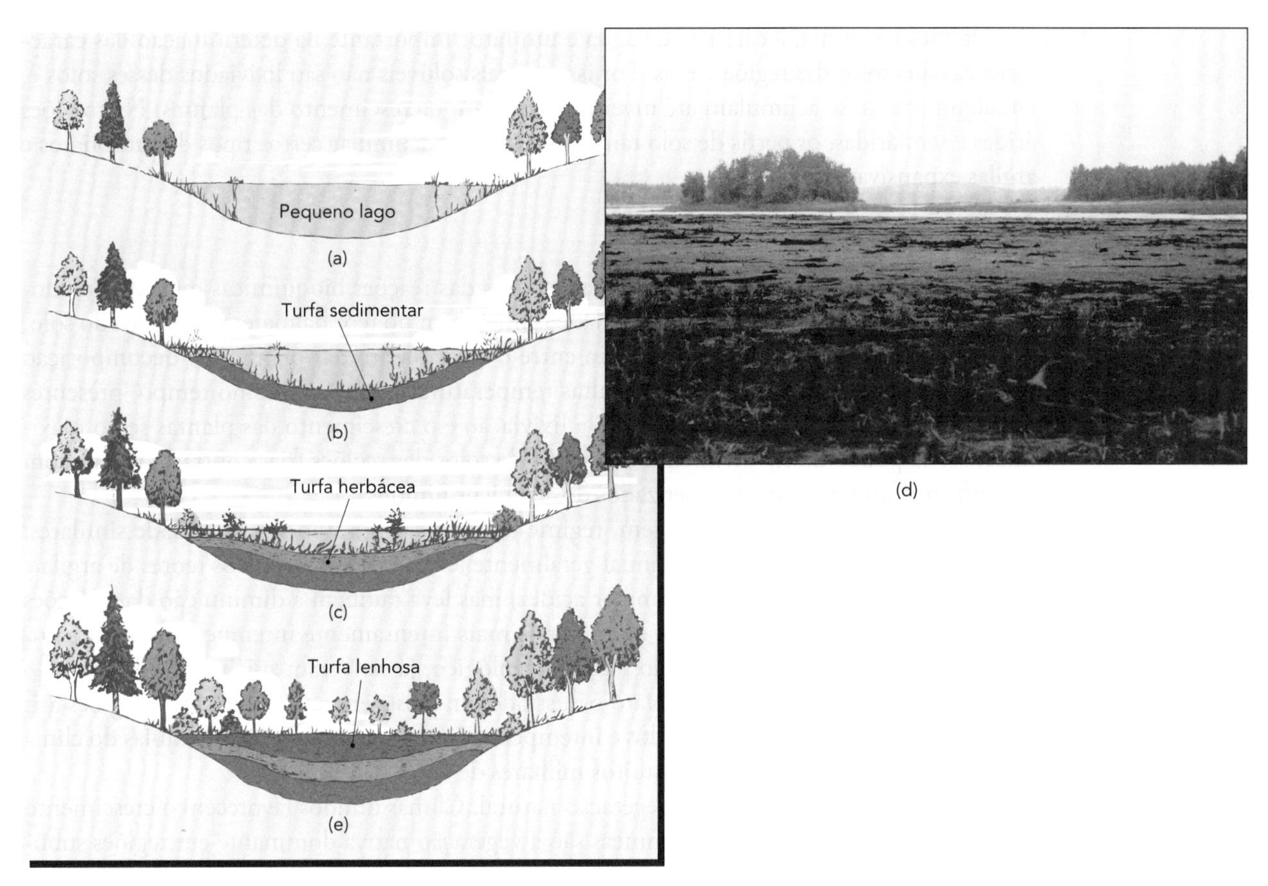

Figura 2.15 Quatro estágios no desenvolvimento de uma típica várzea de turfa lenhosa. (a) Um lago, formado durante a Era Glacial, recebe nutrientes arrastados das terras altas adjacentes; esses nutrientes propiciam o desenvolvimento de plantas aquáticas, principalmente em volta do lago. (b – d) Resíduos orgânicos se depositam no fundo do lago, conforme vegetação emergente e mais enraizada invade. (e) Finalmente, arbustos e árvores cobrem toda a área. Muitos desses brejos turfosos foram desmatados e drenados por meio de valas para remover parte da água e expor o solo orgânico, o qual muitas vezes é bastante produtivo para o plantio de hortaliças. A área de turfa lenhosa da foto situa-se na parte central do Estado de Michigan (EUA). (Foto: cortesia de R. Weil)

2.4 CLIMA

O clima é o mais influente dos quatro fatores que agem sobre o material de origem, pois determina a natureza e a intensidade do intemperismo que ocorre em grandes áreas geográficas. As principais variáveis climáticas que influenciam a formação do solo são a **precipitação efetiva** e a *temperatura*, as quais afetam as taxas dos processos físicos, químicos e biológicos.

Precipitação efetiva

A água é essencial a todas as principais reações químicas de intemperismo, mas deve penetrar no regolito para ser eficaz na formação do solo. A distribuição sazonal das chuvas, a demanda evaporativa, o relevo local e a permeabilidade do solo interagem entre si para determinar como a precipitação efetiva influencia na formação do solo. Quanto maior a profundidade de penetração da água, mais intemperizado e espesso será o solo. O excesso de água que percola através do seu perfil não somente transporta os materiais solúveis e suspensos das camadas superiores para as inferiores, como também pode carregar os materiais solúveis para as águas de drenagem. Assim, a água de percolação facilita as reações do intemperismo e ajuda a diferenciação dos horizontes do solo.

Da mesma forma, a carência de água é um fator importante na determinação das características dos solos das regiões secas. Por isso, os sais solúveis não são lixiviados desses solos e, em alguns casos, se acumulam até níveis que limitam o crescimento das plantas. Nas regiões áridas e semiáridas, os perfis de solo também tendem a acumular certos tipos de carbonatos e argilas expansivas.

Temperatura

A cada 10°C de aumento na temperatura, as taxas das reações bioquímicas mais do que dobram. Tanto a temperatura como a umidade influenciam no teor da matéria orgânica do solo, devido aos seus efeitos sobre o equilíbrio entre o crescimento das plantas e a decomposição microbiana. Se água em abundância e altas temperaturas estão, ao mesmo tempo, presentes no perfil, os processos de intemperismo, a lixiviação e o crescimento das plantas serão maximizados. O pouco desenvolvimento dos perfis de solos das regiões frias contrasta muito com os perfis profundamante intemperizados dos trópicos úmidos.

Em solos com material de origem, regime de temperatura, topografia e idade similares, o aumento da precipitação efetiva anual geralmente leva a um aumento dos teores de argila e de matéria orgânica, além de uma maior acidez, mas leva também à diminuição das relações Si/Al (uma indicação da existência de minerais mais intensamente intemperizados). No entanto, muitos lugares, em épocas do passado geológico, já estiveram sujeitos a climas muito diferentes dos hoje existentes. Esse fato é ilustrado em paisagens antigas de certas regiões áridas, onde os solos altamente lixiviados e intemperizados permanecem como relíquias do clima tropical úmido que prevaleceu há muitos milhares de anos.

O clima também influencia a vegetação natural. Climas úmidos favorecem o crescimento das árvores. Por outro lado, as gramíneas são a vegetação nativa dominante em regiões subúmidas e semiáridas, enquanto os vários tipos de arbustos dominam as zonas áridas. Dessa forma, o clima exerce a sua influência, em parte, por meio de um fator secundário da formação do solo: os organismos vivos.

2.5 BIOTA: ORGANISMOS VIVOS (INCLUINDO OS SERES HUMANOS)

Os organismos do solo influenciam muito o intemperismo bioquímico, a síntese do húmus, a homogeneização dos perfis, a ciclagem dos nutrientes e a formação de agregados estáveis. Todos eles – micróbios, plantas e animais, incluindo pessoas – desempenham importantes papéis, embora, muitas vezes, a maior influência seja a da vegetação natural.

Papel da vegetação natural

Acúmulo de matéria orgânica O efeito da vegetação na formação do solo pode ser percebido comparando-se as propriedades dos solos que estão próximos dos limites entre os ecossistemas de vegetação de pradarias e os de florestas (Figura 2.16). Nas pradarias, grande parte da matéria orgânica que é adicionada ao solo advém dos profundos e fibrosos sistemas radiculares das gramíneas. Nas florestas, ao contrário, a principal fonte de matéria orgânica dos solos são as folhas das árvores que caem no chão. Outra diferença é a frequente ocorrência, nas pradarias, de incêndios que destroem grandes quantidades de material da superfície, mas estimulam uma maior formação de raízes. Além disso, a acidez, presente de forma mais significativa em muitas florestas, inibe a ação de certos organismos do solo que deveriam misturar a maior parte da serrapilheira com a parte mineral do solo. Como resultado, os solos das pradarias, se comparados com os solos sob florestas, geralmente desenvolvem um espesso horizonte A, com uma distribuição de matéria orgânica até profundidades bem maiores do que os solos sob floresta;

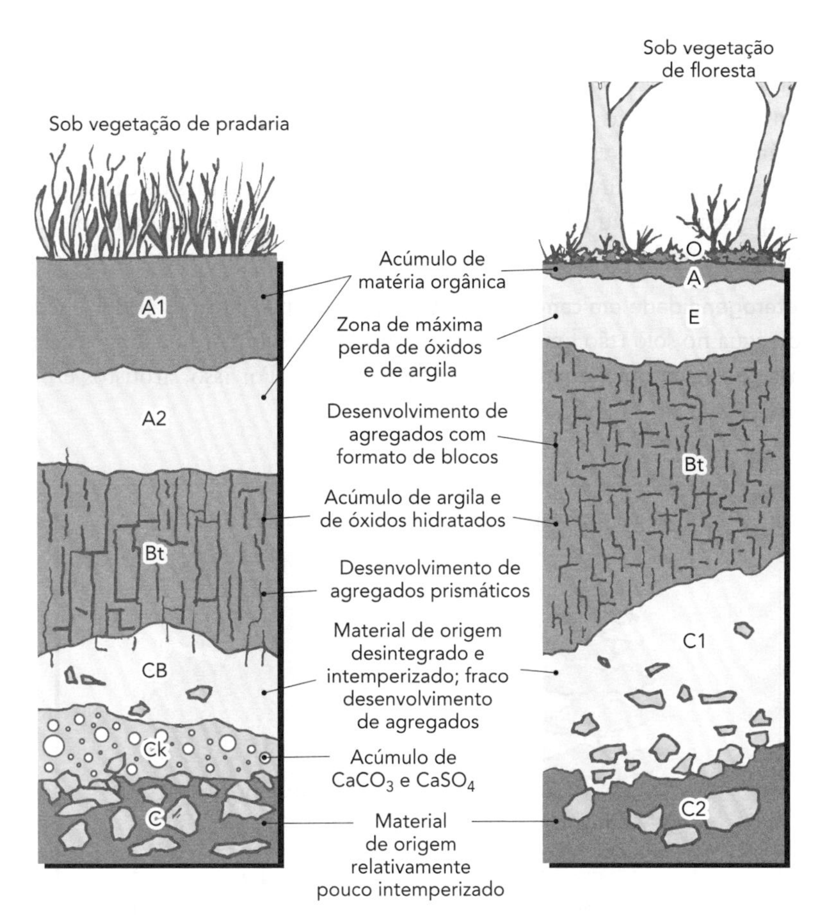

Figura 2.16 A vegetação natural influencia o tipo de solo, formado a partir de um dado material de origem (till carbonático, neste exemplo). O solo sob floresta exibe uma serrapilheira, ou camadas superficiais de folhas e galhos (horizonte O), em vários estágios de decomposição, sobre um delgado horizonte A mineral, no qual a serrapilheira foi parcialmente misturada. Por outro lado, no solo sob vegetação de pradaria, a maior parte da matéria orgânica é adicionada na forma de raízes finas distribuídas no primeiro metro superior, formando um espesso horizonte A mineral. Observe também que, neste solo, o carbonato de cálcio foi solubilizado e moveu-se para os horizontes inferiores (Ck); enquanto no solo sob floresta, que é mais ácido e lixiviado, os carbonatos foram completamente removidos. Em ambos os tipos de vegetação, as argilas e os óxidos de ferro se moveram para baixo do horizonte A e se acumularam no horizonte B, proporcionando a formação de agregados característicos. No solo florestal, a zona logo acima do horizonte B é, geralmente, um horizonte E nitidamente clareado, basicamente porque a maior parte da matéria orgânica se restringiu às camadas mais próximas da superfície e também porque a decomposição da serrapilheira da floresta gerou ácidos orgânicos que dissolveram e removeram os revestimentos marrons de óxidos de ferro. Compare esses perfis bem desenvolvidos com as mudanças ao longo do tempo, discutidas nas Seções 2.7 e 2.8. (Diagramas: cortesia de R. Weil)

estes têm a maior parte dos restos orgânicos na serrapilheira (horizonte O) e no horizonte A delgado. A comunidade microbiana existente no solo de uma pradaria típica é dominada por bactérias, enquanto no solo sob floresta predominam os fungos (consulte o Capítulo 10, para mais detalhes). As diferenças na ação microbiana afetam a taxa de ciclagem de nutrientes e o modo de agregação das partículas minerais, na forma de grânulos estáveis. O horizonte E, de cor clara e com alta taxa de lixiviação, caracteristicamente encontrado abaixo do horizonte O ou A de um solo sob floresta, resulta da ação de ácidos orgânicos gerados principalmente por fungos da serrapilheira ácida da floresta. No entanto, esse horizonte E geralmente não é encontrado em solos de pradarias.

Ciclagem de cátions por árvores A capacidade da vegetação natural em acelerar a liberação de nutrientes dos minerais por meio do intemperismo biogeoquímico e de extrair esses elementos do solo influencia fortemente as características dos solos que sob ela se desenvolvem. Portanto, a reciclagem de cátions tem grande influência na acidez do solo. As diferenças ocorrem não só entre as pradarias e a vegetação de florestas, mas também entre as várias espécies de árvores das florestas. A serrapilheira proveniente das árvores coníferas (p.ex., pinheiros, abetos e ciprestes) irá reciclar apenas pequenas quantidades de cálcio, magnésio e potássio, em comparação com aquelas recicladas por algumas árvores decíduas (p.ex., carvalhos, choupos e bordos), que absorvem e armazenam quantidades muito maiores desses cátions (Figura 2.17).

Heterogeneidade em campos naturais Em campos naturais áridos e semiáridos, a competição pela água no solo (tão limitada) não permite o crescimento de uma vegetação densa o suficiente para cobrir completamente a superfície do solo. Por isso, arbustos e/ou gramíneas dispersos

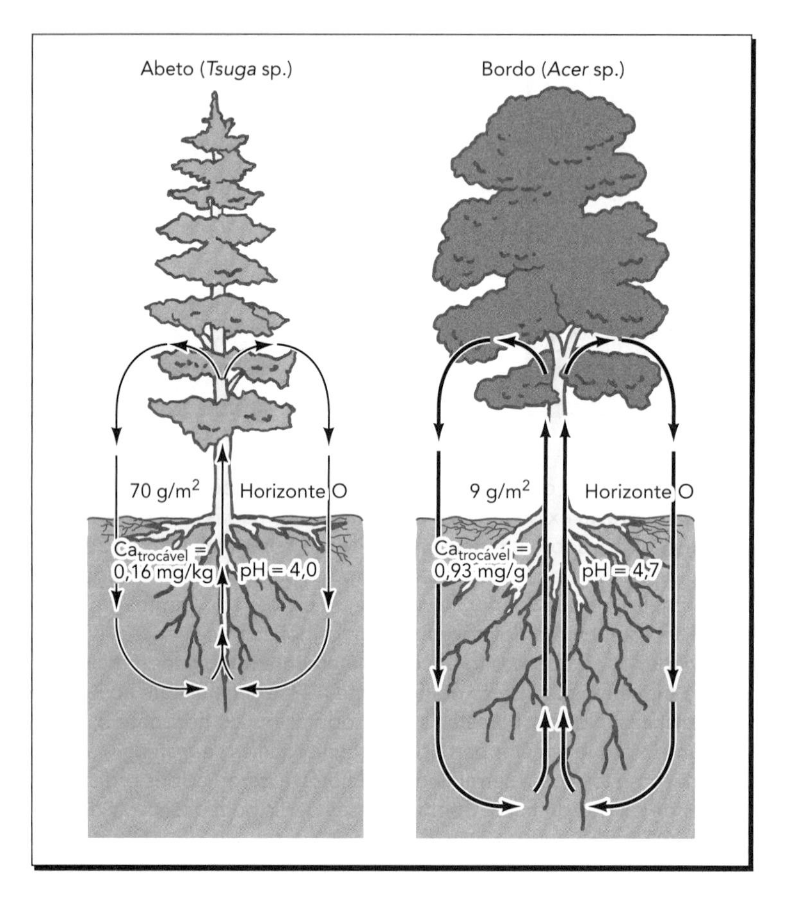

Figura 2.17 A reciclagem de nutrientes é um processo importante pelo qual as plantas modificam o solo em que crescem, bem como o curso do seu desenvolvimento, adequando-o a um ambiente próprio para as gerações futuras da mesma vegetação. Por exemplo, o abeto (uma conífera do gênero *Tsuga*) e o bordo (uma árvore decídua do gênero *Acer*) diferem muito em sua capacidade de acelerar o intemperismo mineral, mobilizar cátions nutrientes e reciclá-los para os horizontes superiores do solo. As raízes do bordo conseguem retirar, de forma eficaz, o cálcio dos minerais do solo; por isso, as folhas que a árvore produz contêm altas concentrações de Ca. Quando essas folhas caem no solo, rapidamente se decompõem, liberando grandes quantidades de íons Ca^{2+}, que podem ser adsorvidos pelo húmus e pela argila como Ca^{2+} trocável dos horizontes O e A. Esse afluxo de íons Ca^{2+} pode retardar um pouco a acidificação das camadas mais superficiais. No entanto, essa eficiente extração dos minerais do material de origem pelas raízes do bordo pode acelerar a acidificação e o intemperismo dos horizontes mais profundos do solo. Em contrapartida, as acículas do abioto são pobres em Ca e se decompõem muito mais lentamente, resultando, portanto, em um horizonte O mais espesso e mais ácido, tanto na serrapilheira como no horizonte A; nesse caso, o intemperismo dos minerais no material de origem subjacente será, possivelmente, mais lento. (Fonte: dados de uma floresta de Connecticut [EUA] relatados por van Breemen e Finzi [1998])

crescem na forma de reboleiras intercaladas com espaços onde o solo está desnudo ou coberto apenas com algumas folhas caídas. Essa esparsa vegetação altera as propriedades do solo de várias formas. Suas copas interceptam as poeiras trazidas pelo vento – as quais, muitas vezes, são relativamente ricas em silte e argila –, e suas raízes retiram nutrientes (como nitrogênio, fósforo, potássio e enxofre) das áreas não vegetadas. Esses nutrientes (e poeiras) são depois depositados na serrapilheira, sob a copa da planta, sendo que a sua decomposição libera ácidos orgânicos que reduzem o pH do solo e estimulam o intemperismo dos minerais. Com o tempo, as áreas de solo desnudo entre as reboleiras vão aumentando em tamanho à medida que se tornam mais empobrecidas em nutrientes e ainda menos convidativas para a fixação de plantas. Ao mesmo tempo, as reboleiras de vegetação criam "ilhas" de fertilidade maior com um solo de horizonte A mais espesso e com o carbonato de cálcio, muitas vezes lixiviado mais profundamante (Figura 2.18).

Papel dos animais, incluindo pessoas

O papel dos animais nos processos de formação do solo não deve ser ignorado. Os de grande porte, como os roedores, as toupeiras e os cães-de-pradaria, perfuram os horizontes subsuperficiais do solo, trazendo seus materiais para cima. Dessa forma, como seus túneis são geralmente abertos em direção à superfície, acabam facilitando o movimento da água e do ar em direção às camadas inferiores do solo. Em determinadas áreas, esses animais misturam os horizontes superiores com os inferiores, cavando túneis e depois preenchendo-os. Por exemplo, grandes bandos de toupeiras podem revirar completamente o metro superior do solo durante vários milhares de anos. Antigas galerias de animais, escavadas nos horizontes inferiores, muitas vezes podem ficar preenchidas com material de solo do horizonte A sobrejacente, criando feições especiais do perfil conhecidas como *crotovinas* (Figura 2.19). Em certas situações, a atividade animal pode impedir o desenvolvimento do solo, acentuando sua perda por erosão.

Minhocas, formigas e cupins As minhocas, as formigas e os cupins misturam o solo à medida que o cavam, afetando significativamente sua formação. As minhocas ingerem resíduos orgânicos e partículas de solo, aumentando assim a disponibilidade de nutrientes para as plantas no material que passa através de seus corpos. Esses anelídeos arejam e remexem o solo, au-

Figura 2.18 As reboleiras dispersas de gramíneas nos campos naturais desta região semiárida da Patagônia (Argentina) formaram "ilhas" de solos com maior fertilidade e horizontes A mais espessos. A tampa da lente da máquina fotográfica, colocada na extremidade de uma dessas ilhas, dá uma ideia da dimensão (e indica a maior espessura) do solo sob o dossel das plantas. A heterogeneidade do solo em pequena escala associada à vegetação é comum onde as limitações da água do solo impedem a completa cobertura da sua superfície pelas plantas. (Fotos: cortesia de Ingrid C. Burke, Short Grass-Steppe Long Term Ecological Research, Colorado State University, EUA)

Figura 2.19 As galerias que foram abandonadas por animais e são preenchidas com material de solo de outro horizonte diferente são chamadas de *crotovinas*. Nesse solo, sob pradaria, do Estado de Illinois (EUA), o material escuro, rico em matéria orgânica do horizonte A, preencheu antigas cavidades que se estendiam até o horizonte B. As manchas arredondadas e escuras do horizonte B indicam onde a parede da trincheira seccionou essas cavidades. Marcas na escala a cada 10 cm. (Foto: cortesia de R. Weil)

mentando a estabilidade dos seus agregados estruturais, garantindo assim a pronta infiltração de água. Já as formigas e os cupins, quando constroem seus ninhos, também transportam materiais do solo de um horizonte para outro. Em geral, a atividade de revolvimento por animais, às vezes chamada de **pedoturbação**, tende a desfazer ou neutralizar a tendência de outros processos de formação do solo que acentuam as diferenças entre os seus horizontes. No entanto, cupins e formigas também podem retardar o desenvolvimento do perfil do solo, fazendo com que surjam grandes áreas desprovidas de vegetação em torno de seus ninhos – o que leva ao aumento da perda de solo por erosão.

Influências humanas e solos urbanos As atividades humanas também influenciam bastante a formação do solo. Por exemplo, acredita-se que os nativos americanos regularmente ateavam fogo para garantir grandes áreas das pastagens naturais das pradarias nos Estados de Indiana e Michigan (EUA). Atualmente, as ações humanas que destroem a vegetação (árvores e capins) e os cultivos subsequentes do solo para produção agrícola têm modificado, e muito, a formação dos solos. Da mesma forma, irrigar um solo árido afeta, de forma drástica, os atributos do solo, assim como a adição de adubos e calcário em solos de baixa fertilidade. Hoje, nas áreas com mineração de superfície e sob urbanização, as máquinas escavadoras têm um efeito sobre os solos quase semelhante ao das geleiras antigas, nivelando e misturando os horizontes do solo – e, com isso, levando a formação de um novo solo ao seu tempo zero.

A lama do rio Illinois se transforma em solo superficial no novo parque de Chicago (NPR, David Schaper): www.npr.org/templates/story/story.php?storyId=1919840.

Em outras situações, são as próprias pessoas as responsáveis pela "construção" de novos solos (Prancha 78), como aqueles da maioria dos *greens* dos campos de golfe e alguns gramados de campos de atletismo e os que servem como material de revestimento para vegetar e selar aterros (Prancha 64), bem como os jardins planejados na cobertura dos edifícios. Os seres humanos podem até mesmo reverter os processos de erosão e sedimentação (que normalmente destroem os solos) e, assim, ajudar o solo a se formar (Seção 2.6 e Capítulo 14). Por exemplo, em um projeto recente chamado de *Mud to Parks* (ver nota da margem lateral), sedimentos calcários, dragados do fundo do rio Illinois (EUA), foram colocados sobre um terreno altamente degradado e estéril, formando uma espessa camada de material barrento. Depois de um ano, esse novo material de origem secou e, além de sustentar uma vegetação exuberante, começou a desenvolver as características próprias de um solo, com agregados granulares e prismáticos.

2.6 RELEVO

O relevo, por vezes referido como *topografia*, diz respeito às feições da superfície terrestre e é descrito em termos de diferenças de altitude, inclinação e posição na paisagem, ou seja, quanto à configuração do terreno, a qual tanto pode apressar como retardar o trabalho das forças climáticas. Por exemplo, nas regiões semiáridas, as encostas íngremes geralmente fazem com que menos água das chuvas penetre no solo e mais enxurrada ocorra. Nas encostas mais íngremes dessas regiões, a pouca precipitação efetiva também resulta em uma rarefeita cobertura vegetal do solo, reduzindo, assim, a contribuição das plantas na sua formação. Por todas essas razões, essas encostas íngremes acabam inibindo a formação de solo, pois sua taxa de remoção é maior do que a de formação. Portanto, os solos em terrenos íngremes tendem a ser relativamente delgados, com perfis pouco desenvolvidos, em comparação aos solos a eles próximos, situados em locais menos inclinados ou planos (Figura 2.20).

Em canais e depressões onde a água das enxurradas tende a se concentrar, o regolito é, em geral, mais intemperizado, e o perfil do solo, mais desenvolvido. Contudo, nessas posições mais baixas da paisagem, a água pode saturar o regolito, a tal ponto que a drenagem e a aeração são restringidas. Nesses locais, o intemperismo de alguns minerais e a decomposição da matéria orgânica são retardados, enquanto a perda de ferro e manganês é acelerada. Dessa forma, é nas posições mais baixas do relevo que os perfis dos solos típicos das terras úmidas podem se desenvolver (consulte a Seção 7.7, sobre os solos das terras úmidas).

Na paisagem, solos comumente ocorrem em conjunto, formando uma sequência chamada de **catena** (palavra do latim que significa "cadeia" ou "corrente", como se essa sequência estivesse pendurada entre duas colinas adjacentes, com cada um de seus elos representando um solo). Cada membro da catena ocupa uma posição topográfica característica. Os solos existentes em uma catena geralmente apresentam propriedades que refletem a interferência da topografia sobre o movimento da água e sua drenagem. A **topossequência** é um

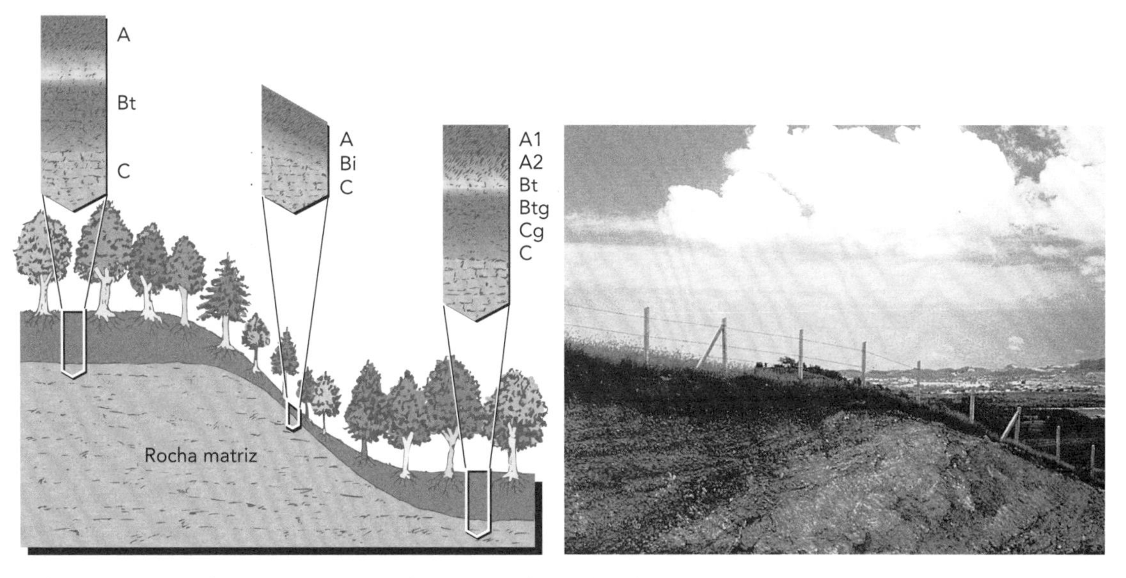

Figura 2.20 O relevo influencia as propriedades do solo, incluindo a sua espessura. O diagrama à esquerda mostra o efeito da inclinação de uma encosta sobre as características do perfil e a espessura dos solos nos quais a vegetação natural é de uma floresta. A foto da direita ilustra o mesmo princípio sob vegetação de pradaria. Muitas vezes, uma mudança relativamente pequena na inclinação do terreno pode ter um grande efeito sobre o desenvolvimento do solo. Consulte a Seção 2.9 para obter uma explicação sobre os símbolos dos horizontes.* (Foto: cortesia de R. Weil)

* N. de T.: O símbolo Bi (B incipiente), usado no Brasil para descrever os solos, equivale ao Bw.

tipo de catena em que as diferenças entre os solos resultam quase inteiramente da influência do relevo, pois os solos ao longo de toda a sequência compartilham do mesmo material de origem e têm condições semelhantes no que diz respeito ao clima, à vegetação e ao tempo (Figura 2.20 e Prancha 16).

Interação com a vegetação A topografia muitas vezes interage com a vegetação para influenciar a formação do solo. Nas zonas de transição de floresta-pradaria, as árvores aparecem com mais frequência somente nas depressões onde o solo é geralmente mais úmido do que nas áreas mais elevadas. Como é de se esperar, a natureza do solo nas depressões é bastante diferente do que nas áreas que se situam em terras altas. Por exemplo, se a água estiver parada durante alguns meses, ou o ano inteiro, as áreas baixas podem dar origem a turfeiras e, por sua vez, a solos orgânicos.

O aspecto (orientação) das encostas O relevo afeta a absorção da energia solar em uma determinada paisagem. No hemisfério norte, as encostas voltadas para o sul são mais perpendiculares aos raios do sol e, por isso, mais quentes e mais secas do que suas homólogas voltadas para o norte (Figura 7.20). Consequentemente, os solos nas encostas voltadas para o sul tendem a possuir quantidades menores de matéria orgânica e não são tão intensamente intemperizados.

Acúmulo de sais Em regiões áridas e semiáridas, o relevo influencia o acúmulo de sais solúveis. Os sais dissolvidos das partes mais elevadas do relevo deslocam-se tanto sobre a sua superfície como por meio do lençol freático para as áreas mais baixas (Seção 9.12). Nesses locais, à medida que a água evapora, os sais sobem para a superfície, muitas vezes se acumulando em níveis tóxicos para as plantas.

Interações com o material de origem O relevo também pode interagir com o material de origem. Por exemplo, em áreas com camadas de rochas sedimentares inclinadas, os divisores de água muitas vezes consistem arenitos resistentes, enquanto em os vales se encaixam nas rochas calcárias mais facilmente intemperizáveis. Em muitas paisagens, o relevo condiciona a distribuição dos materiais de origem residual, coluvial e aluvial: os residuais situam-se na parte mais elevada; os coluviais, nas mais baixas; e os aluviais preenchem o fundo dos vales (Figura 2.21).

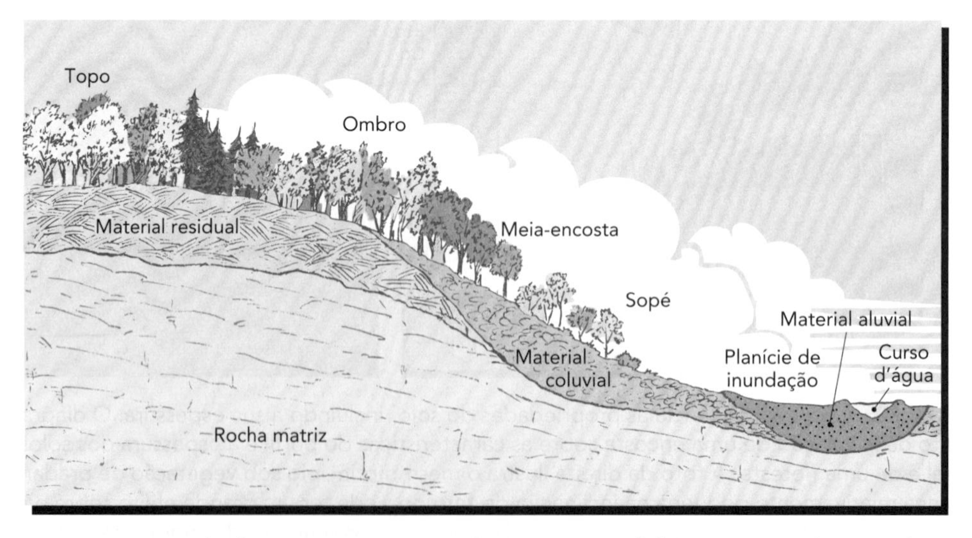

Figura 2.21 Exemplo de interações entre o relevo e o material de origem agindo como fatores de formação do solo. Neste esquema de uma paisagem, os solos no topo, no sopé e na planície de inundação vêm se formando a partir de materiais residuais, coluviais e aluviais, respectivamente.

2.7 TEMPO

Os processos de formação do solo demoram a mostrar seus efeitos. O tempo de formação do solo começa a contar quando um deslizamento de terra expõe uma nova rocha ao ambiente intempérico da superfície, a inundação de um rio deposita uma nova camada de sedimentos em sua várzea, uma geleira derrete e despeja sua carga de detritos minerais, ou quando uma escavadeira corta e aterra uma encosta para nivelar o terreno, preparando-o para uma edificação ou para a recuperação de uma área onde foram colocados resíduos de mineração.

Taxas de intemperismo Muitas vezes, quando falamos de um solo "jovem" ou de um solo "maduro", não estamos nos referindo à idade do solo em anos, mas sim ao seu grau de intemperismo e desenvolvimento do seu perfil. Isso porque o tempo interage com os outros fatores de formação do solo. Por exemplo, em um local quase plano, com clima quente e muita chuva caindo sobre um material de origem permeável e rico em minerais reativos, a ação do intemperismo e a diferenciação do perfil do solo podem se revelar muito mais rapidamente do que em um local com declive acentuado e material de origem resistente ao clima frio e seco.

Em alguns casos, os solos se formam tão rapidamente que o efeito do tempo sobre o processo de formação pode ser medido com base no tempo de vida do ser humano. Por exemplo, mudanças marcantes na mineralogia, na estrutura e na cor ocorrem dentro de poucos meses ou alguns anos, quando certos materiais, contendo sulfeto, são primeiramente expostos ao ar, devido à escavação, drenagem de terras úmidas ou à dragagem de sedimentos (Prancha 109 e Seção 9.6). Em condições favoráveis, a matéria orgânica pode se acumular e acabar formando um horizonte A escuro e fértil em aluviões recém-depositados ao longo de somente uma ou duas décadas. Em alguns casos, apenas 40 anos são o suficiente para o horizonte B incipiente se tornar perceptível em resíduos de mineração em regiões úmidas. A modificação da estrutura e da coloração por compostos de ferro acumulados pode formar um único horizonte B dentro de alguns séculos; contudo, se o material de origem for arenoso e o clima for úmido, o mesmo grau de horizonte B levará muito mais tempo para se formar nessas condições menos favoráveis de intemperismo e lixiviação. O acúmulo de argilas silicatadas e a formação de agregados em forma de blocos no horizonte B, geralmente, se tornam perceptíveis somente após milhares de anos. O desenvolvimento de um solo maduro e profundamente intemperizado a partir de rochas muito resistentes ao intemperismo pode levar muitos outros milhares de anos (Figura 2.22).

Exemplo da gênese do solo ao longo do tempo Vale a pena estudar a Figura 2.22 com atenção, pois ela ilustra as mudanças que normalmente ocorrem sobre uma rocha exposta em um clima quente e úmido durante o desenvolvimento do solo. Durante os primeiros 100 anos, líquens e musgos estabeleceram-se sobre a rocha nua exposta e começaram a acumular matéria orgânica cuja decomposição começou a acelerar o intemperismo. Depois de algumas centenas de anos, capins, arbustos e árvores menores já lançavam suas raízes em uma profunda camada de rocha desintegrada de solo, contribuindo muito para o acúmulo de materiais orgânicos e para a formação dos horizontes A e C. Durante os 10 mil anos seguintes, outras sucessões de árvores da floresta se estabeleceram, e as atividades de uma multidão de pequenos organismos do solo transformaram a serrapilheira em um característico horizonte O. Já o horizonte A foi, então, aos poucos, se espessando e escurecendo, desenvolvendo também uma estrutura com agregados granulares e estáveis. Pouco tempo depois, uma zona clareada surgiu logo abaixo do horizonte A, quando os produtos do intemperismo, como argilas e óxidos de ferro, foram translocados com a água e ácidos orgânicos percolantes para baixo da camada de serrapilheira. Esses materiais transportados começaram a se acumular em uma camada mais profunda, formando um horizonte B. O processo continuou com mais argilas silicatadas se acumulando e formando uma estrutura com agregados em blocos, à medida que o horizonte B se distinguia

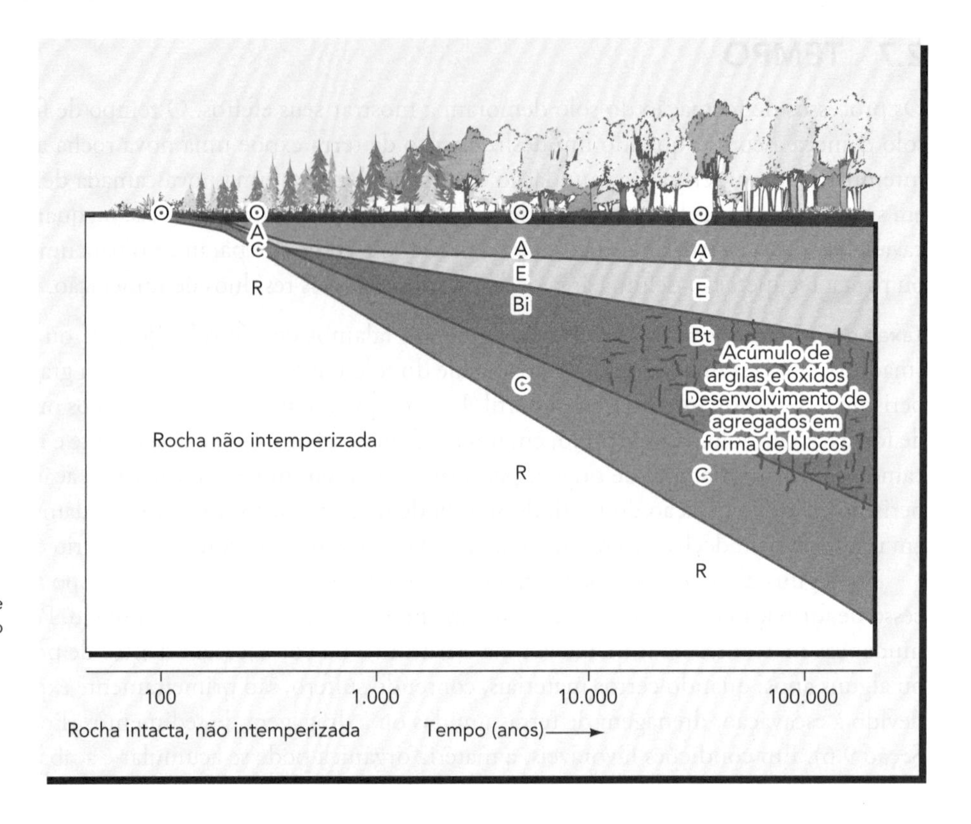

Figura 2.22 Estágios progressivos de desenvolvimento do perfil do solo originado, ao longo do tempo, dos resíduos de uma rocha ígnea em clima quente e úmido e propício à vegetação de floresta. A escala de tempo aumenta logaritmicamente da esquerda para a direita, perfazendo mais de 100.000 anos. Note que o perfil maduro (lado direito desta figura) expressa a influência completa da vegetação da floresta, como ilustrado na Figura 2.16.* (Diagrama: cortesia de R. Weil)

* N. de T.: Nesta figura, o horizonte com símbolo Bi (B incipiente), usado no Brasil, equivale ao Bw.

e se espessava. Finalmente, as argilas silicatadas também se alteraram e alguma sílica foi lixiviada. Dessa forma, novas argilas contendo menos sílica se formaram no horizonte B. Com o passar do tempo, à medida que o perfil, como um todo, continua a se aprofundar, a zona intemperizada da rocha não consolidada pode atingir muitos metros de espessura.

Como vimos, os cinco fatores de formação do solo atuam simultaneamente e de forma interdependente, influenciando a natureza dos solos que se desenvolvem em um determinado local. A Figura 2.23 ilustra algumas das complexas interações que podem nos ajudar a prever quais propriedades do solo podem ser encontradas em um determinado ambiente. Vamos agora voltar nossa atenção para os *processos* que fazem com que os materiais de origem se transformem em solos, quando sob a ação integrada desses fatores de formação dos solos.

2.8 OS QUATRO PROCESSOS BÁSICOS DE FORMAÇÃO DO SOLO[4]

Animação sobre os processos de formação do solo: www.environment.ualberta.ca/soa/process2.cfm

O acúmulo do regolito a partir da fragmentação e decomposição da rocha ou da deposição (pelo vento, água, gelo, etc.) de materiais geológicos não consolidados pode preceder ou, mais comumente, ocorrer ao mesmo tempo que o desenvolvimento dos característicos horizontes de um perfil do solo. Durante a formação (**gênese**) de um solo, a partir de um material de origem, o regolito passa por muitas mudanças profundas causadas por quatro grandes processos de formação do solo (Figura 2.24), que serão tratados a seguir. Esses quatro processos básicos de formação, ou **processos**

[4] Para ler sobre a clássica apresentação dos processos de formação do solo, consultar Simonson (1959). Além disso, a discussão detalhada desses processos básicos e suas manifestações específicas podem ser encontradas em Birkeland (1999), Fanning e Fanning (1989), Buol et al. (2005) e Schaetzl e Anderson (2005).

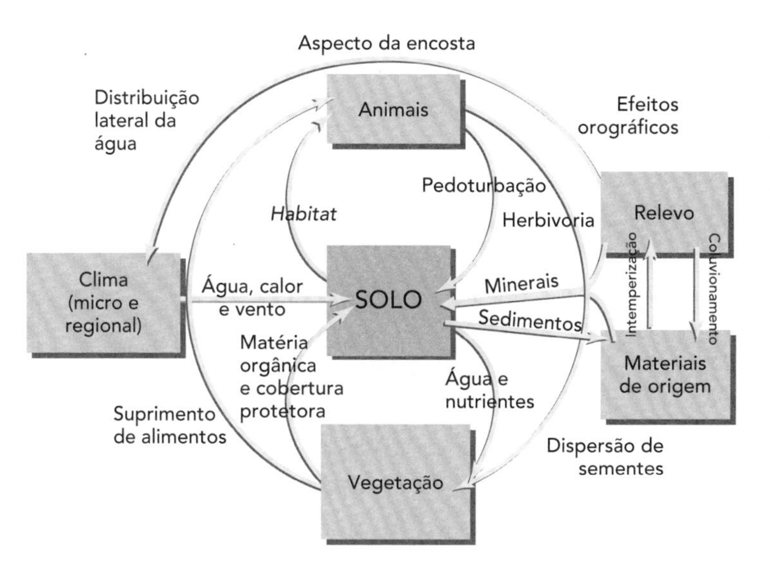

Figura 2.23 O material de origem, a topografia, o clima e os organismos (vegetação e animais) não agem de forma independente. Ao contrário, eles estão interrelacionados de muitas maneiras, de forma que influenciam a formação dos solos em conjunto. A influência de cada fator apresentado é modificada pelo seu tempo de atuação durante essa formação, embora o tempo – como um fator de formação do solo – não seja aqui mostrado. (Adaptado de Monger et al. [2005])

pedogenéticos, ajudam a distinguir os solos das camadas de sedimentos depositadas por processos geológicos.

As **transformações** ocorrem quando os constituintes do solo são modificados (química ou fisicamente) ou destruídos, enquanto outros são sintetizados a partir dos materiais precursores. As **translocações** implicam no movimento de materiais orgânicos e inorgânicos (tanto no sentido vertical como lateral) de um horizonte superior para um inferior. A água é o agente translocante mais comum, tanto descendo (devido à força da gravidade), como subindo (por ação capilar). As entradas de materiais de fontes externas para os perfis de solos já desenvolvidos são consideradas como **adições**. Um exemplo muito comum é o da adição da matéria orgânica das folhas e raízes das plantas, que caem quando mortas (sendo que o carbono se origina na atmosfera). As **remoções** a partir do perfil do solo ocorrem por lixiviação (para as águas subterrâneas), por erosão de materiais superficiais ou outras formas de remoção. A erosão, agindo como fator principal das perdas, muitas vezes remove as partículas mais finas (húmus, argila e silte), deixando o horizonte superficial relativamente mais arenoso e menos rico em matéria orgânica.

Esses processos da gênese dos solos, operando sob a influência dos fatores ambientais discutidos anteriormente, dá-nos uma estrutura lógica para compreender a relação entre os solos, as paisagens e o ecossistema em que eles funcionam. Assim, quando for analisar essas relações em função de um determinado local, pergunte-se: Quais materiais que estão sendo adicionados a este solo? Que transformações e translocações estão ocorrendo neste perfil? Que materiais estão sendo removidos? E, como o clima, os organismos, a topografia e o material de origem neste local afetam esses processos ao longo do tempo?

2.9 O PERFIL DO SOLO

Em cada local de um terreno, a superfície do nosso planeta passou por uma determinada combinação de influências dos cinco fatores de formação dos solos, fazendo com que um conjunto diferente de camadas (horizontes) fosse formado em cada segmento da paisagem, dando origem, lentamente, aos corpos naturais aos quais chamamos de **solos**. Cada solo é caracterizado por uma determinada sequência desses horizontes. Quando essa sequência é exposta em um corte vertical, a chamamos de **perfil do solo**.Vamos agora considerar os horizontes principais que compõem os perfis de solo e a terminologia utilizada para descrevê-los.

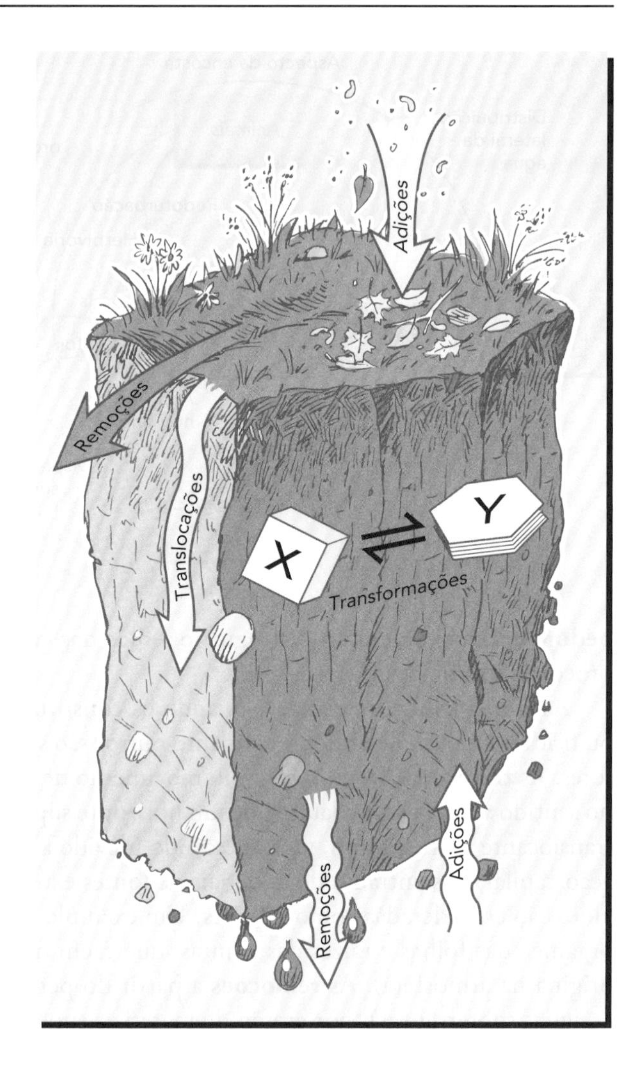

Figura 2.24 Ilustração esquemática das adições, remoções, translocações e transformações atuando como os processos fundamentais que conduzem ao desenvolvimento do perfil do solo. (Diagrama: cortesia de R. Weil).

Os principais horizontes e camadas[5]

Os seis **horizontes principais** do solo mais comumente reconhecidos são designados usando-se as letras maiúsculas O, A, E, B, C e R (Figura 2.25). Dentro de um horizonte principal podem ocorrer horizontes subordinados (ou sub-horizontes), os quais são designados por letras minúsculas (sufixos) – logo após a letra maiúscula do horizonte principal (p.ex.: Bt, Ap ou Oi).

Horizontes O Geralmente são formados acima do solo mineral ou ocorrem em um perfil de solo orgânico. Eles derivam de plantas mortas e resíduos de origem animal; em geral, não são encontrados nas regiões de pradarias, mas ocorrem em áreas de florestas. São normalmente referidos como **serrapilheira** (Pranchas 7, 19 e 70). Muitas vezes, três sub-horizontes podem ser identificados no horizonte O: O*i*, O*e* e O*a* (Figura 2.25).

Horizontes A Os horizontes minerais mais superficiais, designados com a letra A, geralmente contêm matéria orgânica suficiente, parcialmente decomposta (humificada), para imprimir uma cor mais escura do que a dos horizontes inferiores (Pranchas 4, 7 e 20). Esses horizontes

[5] Além dos seis horizontes principais descritos nesta seção, existem dois outros que são representados pelas letras L (do grego *limne*, "pântano ou brejo") e W (do inglês *water*, "água"). O horizonte L ocorre em alguns solos orgânicos e inclui uma camada de partículas minerais e orgânicas depositadas na água por organismos aquáticos (p. ex.: terras diatomáceas, turfa sedimentar e margas). Camadas de água (congelada ou líquida) encontradas dentro dos perfis do solo (não sobre eles) são designadas como horizonte principal W.

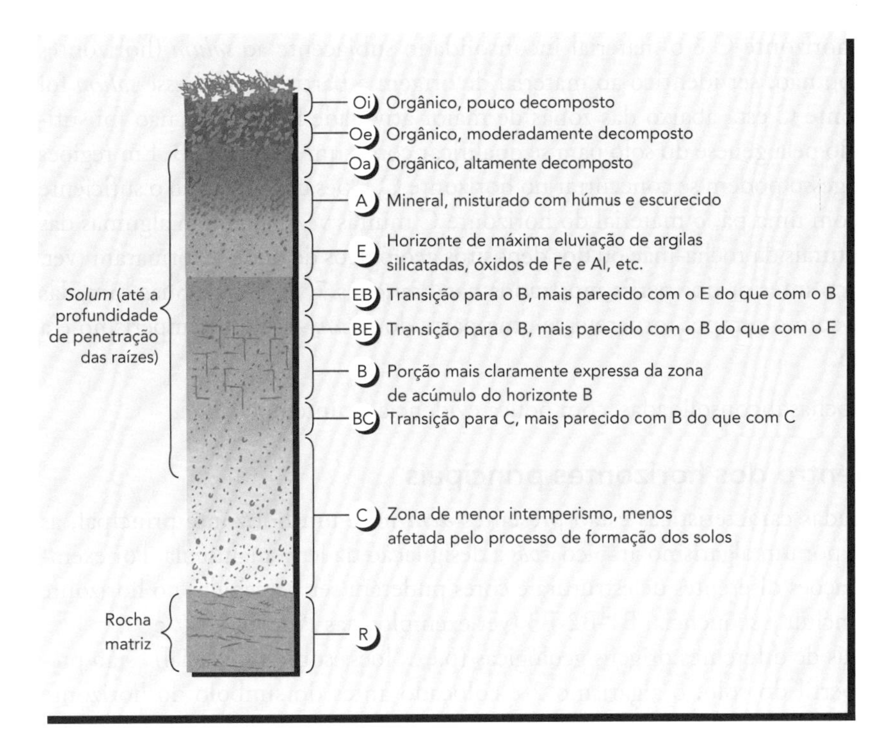

Figura 2.25 Perfil de solo hipotético, mostrando os principais horizontes que podem estar presentes em um solo bem-drenado de uma região de clima temperado e úmido. Qualquer perfil em particular pode apresentar apenas alguns desses horizontes cujas espessuras são variáveis. Um perfil de solo pode também apresentar sub-horizontes mais detalhados do que os aqui indicados. O *solum* normalmente inclui os horizontes A, E, B e mais algumas camadas do horizonte C, quando cimentadas.*

A muitas vezes têm uma textura mais grosseira, por terem perdido alguns dos seus materiais mais finos para os horizontes mais profundos por processos de translocação e/ou erosão.

Horizontes E São zonas de máxima lixiviação, ou de **eluviação** (do latim *e* ou *ex,* "fora", e *lavere*, "lavar"), de argila ou óxidos de ferro e de alumínio, as quais fazem surgir uma concentração de minerais resistentes (como o quartzo) na forma de partículas do tamanho da areia e do silte. O horizonte E, geralmente encontrado logo abaixo do horizonte A, tem cor mais clara do que qualquer horizonte situado imediatamente acima ou abaixo. Tais horizontes são bastante comuns em solos desenvolvidos sob florestas, mas raramente ocorrem em solos sob pradarias. Alguns horizontes E bem-diferenciados podem ser vistos nas Pranchas 10, 19 e 31.

Horizontes B Os horizontes B, que se formam abaixo de um horizonte O, A ou E durante a gênese do solo, sofreram mudanças suficientes para que a estrutura do material de origem não mais permanecesse discernível. Em muitos horizontes B, vários materiais – geralmente removidos dos horizontes a ele sobrepostos – se acumularam em um processo chamado de **iluviação** (do latim *il,* "dentro", e *lavere,* "lavar"). Em regiões úmidas, os horizontes B são as camadas de máximo acúmulo de materiais, como os óxidos de ferro e os de alumínio (horizontes Bo** ou Bs*** – ver Pranchas 9, 10 e 31), e também de argilas minerais silicatadas (horizontes Bt), sendo que algumas destas podem ter sido eluviadas de horizontes superiores, e outros, ainda, podem ter sido formados no local. Tais horizontes Bt podem ser vistos claramente no interior dos perfis mostrados nas Pranchas 1 e 11. Em regiões áridas e semiáridas, o carbonato ou o sulfato de cálcio podem se acumular no horizonte B (dando origem aos horizontes Bk e By, respectivamente; ver as fotos desses horizontes nas Pranchas 3, 8 e 13).

* N. de T.: Neste livro, os horizontes mencionados como Oi e Oe, são designados, no Brasil, unicamente como Oo; e os mencionados como Oa equivalem aos Od.

** N. de T.: No Brasil, esses horizontes iluviais de acúmulo de óxidos de Fe e Al (anotados neste livro como Bo) são designados como Bs.

*** N. de T.: No Brasil, para designar os horizontes com acúmulo iluvial de óxidos de Fe, Al e também matéria orgânica (que neste livro é indicado como Bs), usa-se a designação Bsh.

Horizontes C O horizonte C é o material inconsolidado subjacente ao *solum* (horizontes A e B), podendo, ou não, ser idêntico ao material de origem a partir do qual esse *solum* foi formado. O horizonte C está abaixo das zonas de maior atividade biológica e não foi suficientemente alterado pela gênese do solo para se qualificar como um horizonte B. Em regiões secas, carbonatos e gesso podem se concentrar no horizonte C. Apesar de ser solto o suficiente para ser escavado com uma pá, o material do horizonte C muitas vezes mantém algumas das características estruturais da rocha-mãe ou dos depósitos geológicos de onde se formaram (ver, por exemplo, o terço inferior dos perfis mostrados nas Pranchas 7, 11 e 31). Suas camadas superiores podem, com o tempo, tornarem-se uma parte do *solum* – se o intemperismo e a erosão continuarem.

Camadas R São rochas inconsolidadas, com pouca evidência de intemperismo.

Subdivisões dentro dos horizontes principais

Muitas vezes, camadas características estão presentes *dentro* de um horizonte principal, as quais são indicadas por um algarismo arábico *após* a designação da letra maiúscula. Por exemplo, se três combinações diferentes de estrutura e cores puderem ser percebidas no horizonte B, o perfil poderá incluir a sequência: B1-B2-B3 (ver exemplos nas Pranchas 4, 7 e 9).

Se dois materiais de diferentes origens geológicas (p.ex., loess sobre till glacial) estão presentes dentro do perfil do solo, o algarismo 2 é colocado antes do símbolo do horizonte principal, a partir dos horizontes desenvolvidos na segunda camada de material de origem. Por exemplo, um solo teria uma sequência de horizontes designada como O-A-B-2C, se o horizonte C tivesse se desenvolvido de till glacial, e os horizontes superiores, de loess.

Onde existe uma camada de material de solo mineral transportada por seres humanos (em geral, utilizando-se máquinas) e originada fora do pedon, o símbolo de acento circunflexo (^) é colocado antes da designação do horizonte principal. Por exemplo, suponha que o empreiteiro de uma obra de paisagismo espalhe uma camada de material arenoso sobre um determinado solo, a fim de nivelar a área em que vai trabalhar. Portanto, o solo resultante (depois que matéria orgânica suficiente tiver sido incorporada para formar um horizonte A) poderia ter a seguinte sequência de horizontes: ^A-^C-2Ab-2Btb, em que os dois primeiros horizontes foram formados no aterro transportado (daí o prefixo ^) pelo empreiteiro, e os dois últimos horizontes fizeram parte do solo subjacente, que agora está enterrado (daí o sufixo com a letra b minúscula).

Horizontes de transição

Entre os horizontes principais (O, A, E, B, C e R) podem existir outros com feições intermediárias, isto é, com determinadas características de um horizonte, mas também com algumas características de outro. Nesse caso, duas letras maiúsculas são usadas para designar esses horizontes de transição (p.ex.: AE, EB, BE e BC), em que o símbolo do horizonte dominante é colocado antes do subordinado (p.ex., como está na Prancha 1). Combinações de letras com uma barra, como E/B, são usadas para designar horizontes mesclados; isto é, partes características do horizonte têm propriedades de E, enquanto outras têm propriedades de B.

Distinções específicas

Como as letras maiúsculas designam a natureza dos horizontes apenas de uma forma muito geral, letras minúsculas podem ser colocadas após a sua designação (como um sufixo) para

Tabela 2.2 Letras minúsculas usadas para distinguir as características específicas dos horizontes principais*

Letra (sufixo)	Definição	Letra (sufixo)	Definição
a	Material orgânico acentuamente decomposto	n	Acúmulo de sódio
b	Horizonte enterrado	o	Acúmulo de óxidos de Fe e Al
c	Concreções ou nódulos	p	Aração ou outras pedopertubações
d	Materiais inconsolidados adensados	q	Acúmulo de sílica
e	Material orgânico em estado intermediário de decomposição	r	Rocha branda ou saprolito
		s	Matéria orgânica e óxidos de Fe e Al iluviais
f	Solo congelado	ss	Superfícies de fricção (*slickensides*)
ff	Camada de permafrost	t	Acúmulo iluvial de argilominerais
g	Forte gleização (mosqueados)	u	Modificações antropogênicas
h	Acúmulo iluvial de matéria orgânica	v	Plintita (material vermelho rico em ferro)
i	Material orgânico pouco decomposto	w	Cor e/ou estrutura bem-diferenciadas sem acúmulo de argila
j	Jarosita (ácidos sulfatos amarelados)		
jj	Crioturbação (mesclagem por congelamento)	x	Fragipã (elevada densidade do solo, quebradiço)
k	Acúmulo de carbonatos	y	Acúmulo de gesso
m	Cimentação (ou endurecimento)	z	Acúmulo de sais solúveis

qualificar peculiaridades específicas. Essas distinções mais específicas incluem as propriedades físicas especiais e o acúmulo de certos materiais, como argilas e sais (Tabela 2.2). A título de ilustração, um horizonte Bt é um horizonte B caracterizado por acúmulo de argila (t, do alemão *ton*, significa argila). O significado de várias outras designações dos horizontes subordinados será discutido no próximo capítulo.

Horizontes em um determinado perfil

É pouco provável que o perfil de algum solo vá apresentar todos os horizontes que estão indicados no perfil hipotetizado da Figura 2.25. Os mais comumente encontrados em solos bem-drenados são Oi e Oe (ou Oa)**, se o solo estiver sob uma floresta; A ou E (ou ambos, dependendo das circunstâncias); Bt ou Bw ou Bi; e C. A condição da gênese dos solos irá determinar quais outros estarão presentes e sua clara definição.

Quando um solo virgem (nunca cultivado) é arado pela primeira vez, os primeiros 15 a 20 cm superiores se transformam em uma camada arável, ou horizonte Ap (Figura 2.26 e Prancha 4). O cultivo, é claro, modifica as condições originais das camadas da porção superior do perfil, tornando assim o horizonte Ap mais ou menos homogêneo. Em algumas terras cultivadas, a erosão severa faz com que um **perfil truncado** apareça (Prancha 65). Outra feição, por

* N. de T.: As definições dos prefixos **a**, **d**, **e**, **f**, **i**, **o**, **v** e **w** diferem das usadas no Brasil, tendo os seguintes significados: **a** (propriedades ândicas); **d** (acentuada decomposição da matéria orgânica); **e** (escurecimento da parte externa dos agregados); **f** (material laterítico, ou seja, plintita); **i** (desenvolvimento incipiente); **o** (material orgânico mal ou não decomposto); **od**, **do** (estágios intermediários de decomposição da matéria orgânica); **v** (características verticas); **w** (intensa alteração com inexpressivo acúmulo de argila).

** N. de T.: No Brasil, usam-se somente dois sufixos para designar o Horizonte O: Od (acentuada decomposição da matéria orgânica) e o (material orgânico mal ou não decomposto); Ood e Odo (equivalentes à conotação Oe deste livro) são os usados para designar os estágios intermediários de decomposição da matéria orgânica.

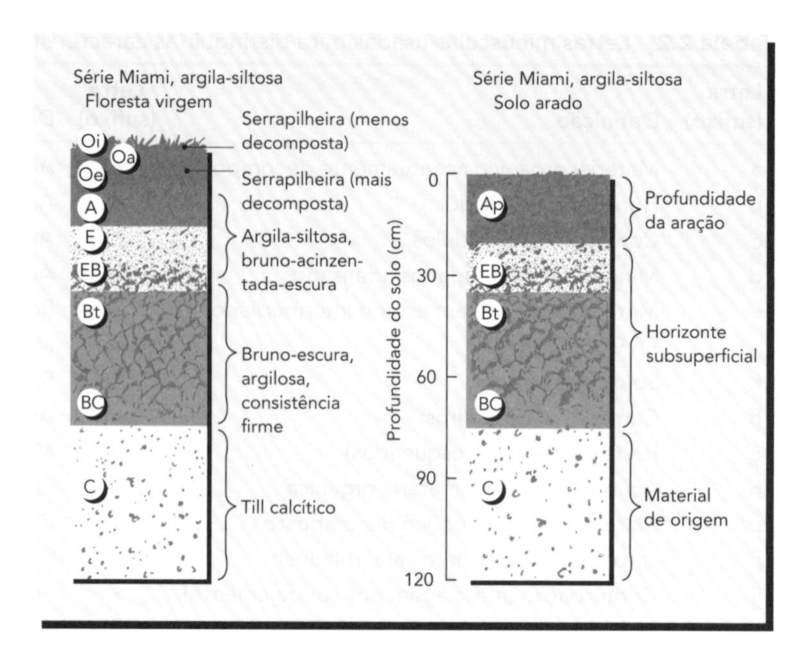

Figura 2.26 Esquema do perfil de solo da "Série Miami, argila-siltosa", um dos Alfisols do leste dos Estados Unidos, antes e depois da aração e do cultivo. As camadas mais superficiais (O, A e E) são misturadas pelo cultivo e denominadas como horizonte Ap (do inglês, *plow* = arado). Se a erosão ocorrer, eles poderão desaparecer, e uma parte do horizonte B será incluída na porção do solo sulcada pelo arado.

vezes desconcertante, do perfil é a presença de um solo enterrado que resultou de algum fenômeno natural ou da ação humana. Tal situação exige um exame cuidadoso para sua descrição.

A gênese do solo na natureza

Nem toda camada contrastante de materiais encontrados nos perfis do solo é um **horizonte genético** que se desenvolveu como resultado dos processos de gênese dos solos – como aqueles que acabamos de descrever. Os materiais de origem, a partir dos quais muitos solos se desenvolvem, contêm camadas de solo contrastantes desde *antes* de a pedogênese ter se iniciado. Por exemplo, materiais de origem, como os depósitos fluvioglaciais, sedimentos marinhos ou aluviões recentes, podem se constituir de várias camadas alternadas de partículas finas e grossas, depositadas em episódios específicos de sedimentação. Consequentemente, na caracterização dos solos, devemos identificar não apenas os horizontes genéticos e as feições que aparecem durante a gênese do solo, mas também essas feições e camadas que podem ter sido herdadas do material de origem.

2.10 CONCLUSÃO

Os materiais de origem, a partir dos quais os solos se desenvolvem, variam muito de um local para outro, tanto a grandes como a pequenas distâncias. Portanto, para uma boa compreensão da gênese do solo, é necessário conhecer esses materiais, as suas fontes (ou sua origem), as reações do seu intemperismo, bem como seus agentes de transporte e deposição.

A formação do solo é condicionada pelo *clima* e pelos *organismos vivos* que agem sobre os *materiais de origem* durante longos períodos de *tempo* e sob a ação modificadora do *relevo*. Por isso, os cinco principais fatores de formação do solo determinam o tipo de solo que irá se desenvolver em um determinado local. Com o rápido crescimento das populações e o aprimoramento das tecnologias, os seres humanos vêm desempenhando, cada vez mais, o seu papel como um dos organismos que mais influenciam a formação do solo. Quando todos esses fatores são os mesmos em dois lugares, supõe-se que o tipo de solo também deva ser o mesmo nesses locais.

A gênese do solo começa quando os horizontes, antes ausentes no material de origem, começam a aparecer no perfil do solo. O acúmulo de matéria orgânica nos horizontes superiores, o movimento descendente dos íons solúveis, a síntese e o movimento descendente das argilas, e o desenvolvimento dos agregados das partículas do solo (estrutura) – tanto nos horizontes superiores como nos inferiores – são sinais de que os processos de formação do solo estão em atuação. Como vimos, os corpos do solo são dinâmicos por natureza. Seus horizontes genéticos continuam a se desenvolverem e a se transformarem. Consequentemente, em alguns solos, o processo de diferenciação dos horizontes está só começando, enquanto em outros, está bem avançada.

O conhecimento dos quatro processos gerais de formação do solo (adições, remoções, transformações e translocações) e dos cinco principais fatores que influenciam esses processos nos fornece um quadro lógico de valor inestimável para predizer a natureza dos corpos do solo que provavelmente podem ser encontrados em um local específico, bem como para escolher uma área na qual será executada uma determinada tarefa. Por outro lado, nesse mesmo lugar, a análise das propriedades dos horizontes de um perfil do solo pode nos dizer muito sobre a natureza das suas condições climáticas, biológicas e geológicas (tanto do presente como do seu passado). A caracterização dos horizontes do perfil nos permite identificar um indivíduo solo, o qual pode então ser objeto de uma classificação – tópico do próximo capítulo.

QUESTÕES PARA ESTUDO

1. O que significa a afirmação *o intemperismo abrange os processos de destruição e de síntese*? Dê um exemplo desses dois processos no intemperismo de um mineral primário.
2. De que forma a água está envolvida nos principais tipos de reações do intemperismo químico?
3. Explique o significado do intemperismo, considerando o silício em relação ao alumínio (Si/Al) nos minerais do solo.
4. Dê um exemplo de como os materiais de origem podem variar, de um lado, entre as grandes regiões geográficas e, por outro lado, também dentro de uma pequena gleba de terra.
5. Dê o nome dos cinco fatores que afetam a formação do solo. Em relação a cada um deles, compare uma encosta das Montanhas Rochosas, sob floresta, com as planícies semiáridas das pradarias das grandes planícies do meio-oeste dos Estados Unidos.
6. Como os materiais coluviais, till e alúvios diferem na aparência e nos agentes de transporte?
7. O que é loess? Quais são as suas principais propriedades quando ele é um material do qual o solo se originou?
8. Mencione dois exemplos específicos para cada um dos quatro amplos processos de formação do solo.
9. Imaginando, em ambos os casos, uma área quase plana com um granito como material de origem, descreva em termos gerais o que se poderia esperar de dois perfis diferentes de solo, o primeiro em um ambiente de pradarias em clima quente e semiárido e o segundo em um local de clima temperado e úmido com floresta de pinheiros.
10. Considere os dois solos descritos na Questão 5 e faça um esboço dos seus perfis, usando os símbolos principais de cada horizonte e os sufixos específicos, para mostrar a espessura aproximada, a sequência e a natureza dos horizontes que você esperaria encontrar em cada solo úmido.
11. Visualize uma encosta na paisagem, perto de onde você mora. Relate como as propriedades específicas do solo, como cor, espessura e tipos dos horizontes presentes, etc., poderiam provavelmente mudar ao longo da topossequência dos solos dessa encosta.

REFERÊNCIAS

Binkley, D., and O. Menyailo (eds.). 2005. *Tree species effects on soils: Implications for global change*. Kluwer Academic Publishers, Dordrecht.

Birkeland, P. W. 1999. *Soils and geomorphology*, 3rd ed. Oxford University Press, New York.

Buol, S. W., R. J. Southard, R. C. Graham, and P. A. McDaniel. 2005. *Soil genesis and classification*, 5th ed. Iowa State University Press, Ames, IA.

Fanning, D. S., and C. B. Fanning. 1989. *Soil: Morphology, genesis, and classification*. John Wiley & Sons, New York.

Hilgard, E. W. 1921. *Soils: Their formation, properties, composition, and plant growth in the humid and arid regions*. Macmillan, London.

Jenny, H. 1941. *Factors of soil formation: A system of quantitative pedology*. Originally published by McGraw-Hill; Dover, Mineola, NY.

Jenny, H. 1980. *The soil resource—Origins and behavior*. Ecological Studies, Vol. 37. Springer-Verlag, New York.

Kerr, R. A. 2005. "And now, the younger, dry side of Mars is coming out." *Science* **307**:1025–1026.

Likens, G. E., and F. H. Bormann. 1995. *Biogeochemistry of a forested ecosystem*, 2nd ed. Springer-Verlag, New York.

Logan, W. B. 1995. *Dirt: The ecstatic skin of the Earth*. Riverhead Books, New York.

Marlin, J. C., and R. G. Darmody. 2005. "Returning the soil to the land: The mud to parks projects." *The Illinois Steward*, Spring. Disponível em: http://www.istc.illinois.edu/special_projects/il_river/IL-steward pdf. (acesso em 22 novembro 2008).

Monger, H. C., J. J. Martinez-Rios, and S. A. Khresat. 2005. "Arid and semiarid soils." In D. Hillel (ed.), *Encyclopedia of soils in the environment*, pp. 182–187. Elsevier, Oxford.

Richter, D. D., and D. Markewitz. 2001. *Understanding soil change*. Cambridge University Press, Cambridge, UK.

Schaetzl, R., and S. Anderson. 2005. *Soils—Genesis and geomorphology*. Cambridge University Press, Cambridge, UK.

Simonson, R. W. 1959. "Outline of a generalized theory of soil genesis," *Soil Sci. Soc. Amer. Proc.* **23**:152–156.

Soil Survey Division Staff. 1993. *Soil survey manual*. U.S. Department of Agriculture Handbook 18. Soil Conservation Service. Disponível em http://soils.usda.gov/technical/manual/ (acesso em 18 fevereiro 2007).

van Breemen, N., and A. C. Finzi. 1998. "Plant–soil interactions: Ecological aspects and evolutionary implications," *Biogeochemistry* **42**:1–19.

Roy Simonson estudando um solo (R. Weil)

3 Classificação do Solo

É constrangedor não sabermos como definir o solo. Nisso, os pedólogos não estão sozinhos. Os biólogos não chegam a um consenso sobre como definir a vida, assim como os filósofos, a filosofia.

— Hans Jenny, *THE SOIL RESOURCE: ORIGIN AND BEHAVIOR*

Temos necessidade de classificar as coisas para que o nosso mundo faça sentido. Fazemos isso sempre que lhes damos nomes e as agrupamos, com base nas suas propriedades principais. Agora, imagine um mundo sem classificações. Imagine sobreviver em uma mata, sabendo apenas que cada planta é uma planta, e não conseguir distinguir quais delas são comestíveis para o ser humano, quais atraem animais selvagens ou, ainda, quais são venenosas. Do mesmo modo, nossa compreensão e nossa capacidade de manejar os solos e os demais ecossistemas terrestres estariam prejudicadas se soubéssemos apenas que um solo é um solo. Se assim fosse, como poderíamos organizar as informações sobre as diferentes características dos solos, aprender sobre eles a partir da experiência dos outros ou transmitir o conhecimento adquirido para nossos clientes, colegas e alunos?

Neste capítulo vamos conhecer a classificação desses corpos naturais chamados de solos, com base nas características de seus perfis. A classificação dos solos nos permite tirar proveito das experiências adquiridas e das pesquisas feitas em uma determinada área, de modo que possamos prever o comportamento dos solos que, apesar de pertencerem a lugares diferentes, são classificados de forma semelhante. Os nomes dos solos, como *Histosols* ou *Vertisols*, evocam conceitos semelhantes nas mentes dos estudiosos do solo do mundo inteiro, quer vivam nos Estados Unidos, na Europa, no Japão, nos países em desenvolvimento ou em qualquer outro lugar. Isso porque um dos objetivos de um sistema de classificação é o de estabelecer uma linguagem universal que permita uma comunicação eficaz entre os que lidam com os solos no mundo inteiro.

Para utilizar as informações sobre o solo de uma forma prática, os gestores de terras devem saber não apenas o "quê" (o solo é) e "por quê" (ele é do jeito que é), mas também "onde" (ele está). Por exemplo, se os construtores da pista de um aeroporto têm que evitar os perigos de certos solos argilosos que se contraem e se expandem, eles devem saber *onde* esses solos problemáticos estão localizados. Já um especialista em irrigação provavelmente terá que saber *onde* podem ser encontrados solos com propriedades adequadas para a implantação de um sistema de irrigação.

Praticamente qualquer projeto que envolva o uso de solos, seja para adubar um campo de cultivo ou até para instalar um campo de esportes, será beneficiado com um prévio mapeamento geográfico e a classificação dos solos. Este capítulo apresenta uma introdução a algumas das ferramentas necessárias para sabermos identificar onde o *solo está* e o que *ele é*.

3.1 CONCEITOS DOS INDIVÍDUOS SOLO

A ciência que estuda os solos de forma sistemática é bastante recente, se comparada com a maioria das outras ciências. Ela surgiu na década de 1870, quando o cientista russo V. V. Dokuchaev e seus discípulos conceberam pela primeira vez a ideia de que os solos existem como corpos da natureza. Esses cientistas russos então desenvolveram um sistema para classificar esses corpos naturais, mas as dificuldades das comunicações internacionais daquela época e a relutância de alguns cientistas em reconhecer essas ideias, que para eles eram tão radicais, atrasaram a aceitação universal do conceito de solos como corpos naturais. Nos Estados Unidos, foi somente no final da década de 1920 que C. F. Marbut (do United States Department of Agriculture [USDA]), um dos raros cientistas que compreenderam o conceito de solos como corpos da natureza, desenvolveu um esquema de classificação de solos com base nesses princípios.

Hoje reconhecemos a existência dessas entidades individuais, cada qual chamada de *um solo*. Da mesma forma que os seres humanos diferem uns dos outros, os indivíduos solo diferem entre si. As gradações encontradas nas suas propriedades, quando passamos de um indivíduo solo para outro, que lhe é adjacente, podem ser comparadas à gradação em comprimentos de ondas de luz quando a vista capta uma cor do arco-íris e, em seguida, se move para outra. A mudança é gradual e, ainda assim, identificamos um limite diferenciado: daquilo a que chamamos de verde e do que chamamos de azul.

Pedon, Polipedon[1] e Séries

No campo, os solos são heterogêneos, ou seja, as características do perfil não são exatamente as mesmas em quaisquer dois pontos dentro do indivíduo solo que você escolheu para examinar. Por isso, será necessário caracterizar um indivíduo solo em termos de uma unidade tridimensional imaginária chamada de **pedon** (do grego *pedon*, chão; consulte a Figura 3.1). Ele é a menor unidade de amostragem, aquela que apresenta toda a gama de propriedades de um determinado solo.

Os pedons ocupam cerca de 1 a 10 m^2 de área de terra. Por ser o material que realmente é examinado durante a descrição de um solo no campo, ele serve como a unidade básica de classificação desse solo. No entanto, uma unidade de solo em uma determinada paisagem geralmente consiste em um grupo de pedons muito semelhantes e intimamente associados. O conjunto de pedons similares (ou um **polipedon**), com tamanho suficiente para ser reconhecido como um componente da paisagem, é denominado **indivíduo solo**.

Todos os indivíduos solo do mundo, que têm em comum um conjunto de propriedades do perfil e horizontes que se enquadram dentro de um limite específico, pertencem a uma mesma **série de solo**. Portanto, uma série de solo é uma classe de solos, e não um indivíduo do solo; da mesma forma que *Pinus sylvestrus* é uma espécie de árvore, e não uma árvore em particular. Nos Estados Unidos, existem mais de 20.000 séries de solos. Elas são as unidades básicas utilizadas para classificar os solos. As unidades delineadas nos mapas pedológicos, embora não correspondam unicamente a um solo, geralmente, recebem o nome de uma série de solo – que corresponde àquele solo no qual a *maior parte* dos pedons existentes dentro da unidade de mapeamento se enquadra.

[1] O conceito de polipedon não é mais usado pelo USDA, por razões descritas por Ditzler (2005).

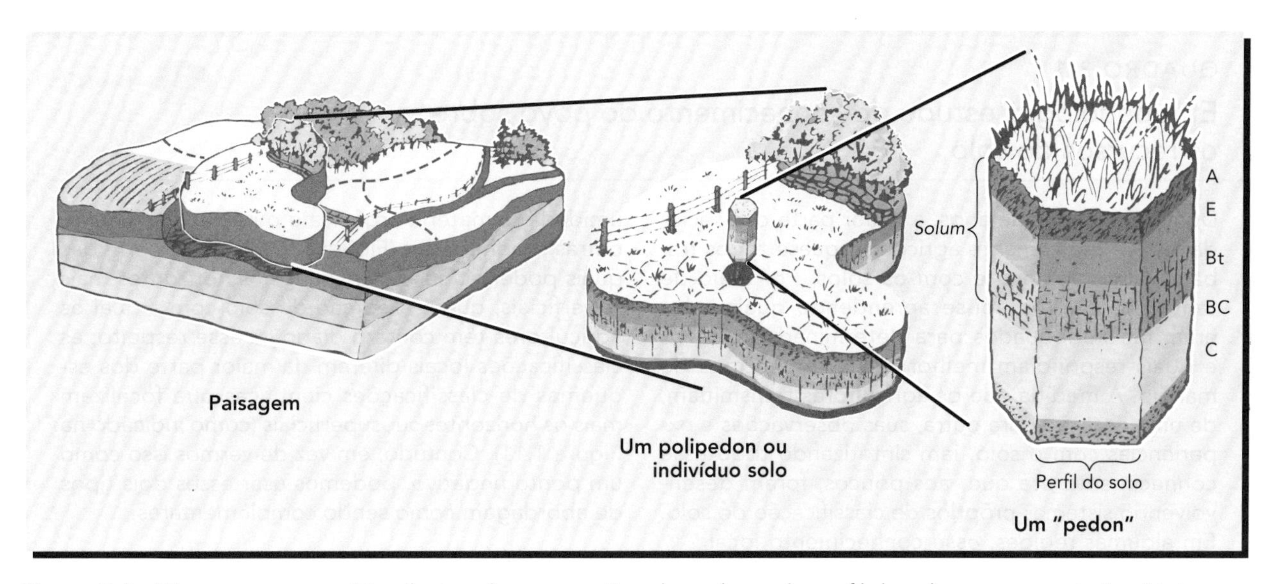

Figura 3.1 Diagrama esquemático ilustrando os conceitos de pedon e do perfil do solo que o caracteriza. Note que muitos pedons adjacentes com características similares são agrupados em uma grande área delimitada por linhas tracejadas chamadas de *indivíduo solo* ou *polipedon*. Existem vários indivíduos solo na paisagem esquematizada à esquerda. (Diagrama: cortesia de R. Weil)

Grupos de indivíduos solo

O conceito mais específico para solos é o de *um solo,* ou seja, um corpo natural caracterizado por uma unidade de amostragem tridimensional (o pedon), que está relacionada a um agrupamento deles (polipedons) que, por sua vez, estão incluídos em um indivíduo solo. Já no conceito mais geral, *o solo* é uma coleção de todos esses corpos naturais diferentes da água, da rocha sólida e de outras partes naturais da crosta terrestre. Os esquemas de classificação hierárquica geralmente agrupam os solos em classes, aumentando os níveis de generalidade entre esses dois conceitos – *um* solo e *o* solo.

Muitas civilizações têm nomes tradicionais para diversas classes de solos, os quais ajudam a transmitir o conhecimento coletivo das pessoas sobre os recursos dos solos (Quadro 3.1). A classificação científica dos solos começou no final do século XVIII, decorrente do trabalho de Dokuchaev na Rússia (Seção 2.2). No entanto, muitos países desenvolveram, e continuam desenvolvendo, os seus próprios sistemas nacionais de classificação do solo.[2] A fim de fornecer um vocabulário que permitisse a comunicação mundial sobre os solos e uma referência através da qual vários sistemas nacionais de classificação pudessem ser comparados e correlacionados, os cientistas que trabalham na FAO (Organização para a Alimentação e Agricultura das Nações Unidas) desenvolveram um sistema denominado "Base de Referência Mundial para Recursos do Solo" (*World Reference Base for Soils* – WRB) (consulte a Tabela A.1 no Apêndice A).

Páginas da internet que informam sobre os sistemas de classificação de solos usados em todo o mundo: www.itc.nl/~rossiter/research/rsrch_ss_class.html#National

O Soil Survey Staff, órgão do Department of Agriculture dos Estados Unidos, começou, em 1951, a colaborar com os pedólogos de vários países na elaboração de um sistema de classificação suficientemente abrangente para lidar com todos os solos do mundo inteiro, e não apenas aqueles dos Estados Unidos. Esses estudos, publicados em 1975, e

[2] Veja, no Apêndice A, um resumo do sistema de classificação WRB (Base de Referência Mundial) e dos sistemas canadense e australiano de classificação de solos. Para mais informações sobre outros sistemas e suas inter-relações, consulte Eswaran et al. (2003).

QUADRO 3.1

Etnopedologia: estudo do conhecimento do povo sobre os recursos do solo

Durante milhares de anos, a maior parte das sociedades era basicamente agrícola, e quase todos trabalhavam diariamente com os solos. Por meio de tentativas e erros, foi-se aprendendo quais solos eram mais adequados para determinados cultivos e quais respondiam melhor a diferentes tipos de manejo. À medida que os agricultores transmitiam, de uma geração para outra, suas observações e experiências com o solo, iam sintetizando todo esse conhecimento até que, aos poucos, foram desenvolvendo sistemas próprios de classificação do solo. Em algumas regiões, esse conhecimento local sobre os solos ajudou a aprimorar os sistemas agrícolas que acabaram sendo sustentáveis por vários séculos. Por exemplo, a antiga classificação de solos chinesa remonta a dois milênios. Em Pequim, ainda se pode visitar uma série de grandes altares (o mais recente construído em 1421) de sacrifícios cobertos com cinco tipos de solos de cores diferentes, representando as cinco regiões da China (listadas aqui com seus modernos nomes entre parênteses): (1) solos salinos esbranquiçados (*Salids*) dos desertos ocidentais; (2) solos orgânicos ricos e escuros (*Mollisols*) do norte; (3) solos alagados cinzento-azulados (p. ex., *Aquepts*) do leste; (4) solos avermelhados ricos em ferro (*Argissolos*) do sul e (5) solos amarelos (*Inceptisols*) dos depósitos de loess do planalto central.

Os idiomas locais frequentemente refletem um conhecimento sofisticado e detalhado de como os solos diferem uns dos outros. Os estudos *etnopedológicos* feitos por antropólogos que se interessam por solos (ou pedólogos que se interessam por antropologia) têm documentado muitos sistemas locais de classificação de solos até agora pouco conhecidos. Mais comumente, esses sistemas classificam os solos considerando a cor, a textura, a dureza, a umidade, a matéria orgânica e o relevo, bem como outras propriedades (Figura 3.2) – a maior parte das quais podendo ser observadas nos horizontes mais superficiais, que é a porção do solo com a qual os agricultores têm contato diário. A esse respeito, as classificações locais diferem da maior parte dos esquemas de classificações científicas que focalizam mais os horizontes subsuperficiais (como indicado na Figura 1.11). Contudo, em vez de vermos isso como um ponto negativo, podemos usar esses dois tipos de abordagem como sendo complementares.

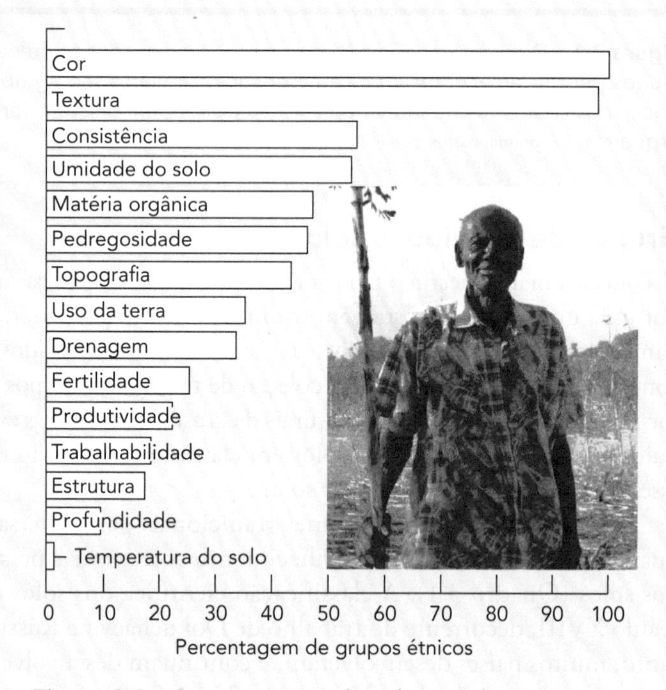

Figura 3.2 Características do solo que determinam sua classificação, de acordo com 62 grupos étnicos em todo o mundo. (Dados de Barrera-Bassols et al. [2006]; foto: cortesia de R. Weil)

revistos em 1999, resultaram no sistema de classificação denominado *Soil Taxonomy*, que tem sido usado nos Estados Unidos e em cerca de outros 50 países. Esse sistema será utilizado ao longo deste livro.*

* N. de T.: No Brasil, o *Soil Taxonomy* é usado apenas como um sistema de referência internacional. Nos mapas de solos publicados no Brasil, usa-se o Sistema Brasileiro de Classificação dos Solos desenvolvido pela EMBRAPA (2006). Uma correspondência aproximada entre as ordens da classificação brasileira e as do *Soil Taxonomy* (Soil Survey Staff, 1999) está no Apêndice C.

3.2 UM SISTEMA ABRANGENTE DE CLASSIFICAÇÃO DE SOLOS: *SOIL TAXONOMY*[3]

O *Soil Taxonomy*[4] possibilita um agrupamento hierárquico dos corpos naturais de solos. O sistema é baseado nas *propriedades do solo* (as quais podem ser objetivamente observadas ou mensuradas), e não na pressuposição de processos relacionados aos fatores de formação do solo. Sua exclusiva nomenclatura internacional tem conotações bem-definidas sobre as principais características dos solos que são objeto da classificação nesse sistema.

Horizontes superficiais diagnósticos dos solos minerais

Para definir os **horizontes diagnósticos**, são usadas mensurações precisas; a presença ou ausência desses horizontes ajuda a enquadrar um solo no sistema de classificação. Os horizontes diagnósticos que ocorrem na parte mais superficial do solo são chamados de **epipedons** (do grego *epi*, "em cima", e *pedon*, "solo"). O epipedon inclui a parte superior do solo escurecida por matéria orgânica, os horizontes eluviais superiores, ou ambos. Também pode incluir parte do horizonte B, se este for significativamente escurecido por matéria orgânica. Oito desses horizontes diagnósticos superficiais são reconhecidos, mas apenas cinco, em condições naturais, ocorrem em áreas mais extensas.

O **epipedon mólico** (do latim *mollis*, "mole", "macio") é um horizonte superficial mineral caracterizado pela sua cor escura (Pranchas 8 e 20), associada à sua matéria orgânica acumulada (>0,6% C orgânico em todas as suas partes), por sua espessura (geralmente >25 cm) e por seus agregados macios, mesmo quando secos. Tem uma saturação por bases[5] superior a 50%.

O **epipedon úmbrico** (do latim *umbra*, "sombra", portanto, escuro) tem as mesmas características gerais do epipedon mólico, exceto o percentual de saturação por bases, que é menor. Este horizonte mineral se desenvolve, comumente, em áreas com um pouco mais de chuva e onde o material de origem tem menor teor de cálcio e magnésio.

O **epipedon ócrico** (do grego *ochros*, "pálido") é um horizonte mineral de cor muito clara, ou com muito baixo conteúdo de matéria orgânica, ou delgado demais para ser um horizonte mólico ou úmbrico. Geralmente não é tão espesso como os epipedons mólicos ou úmbricos (Pranchas 1, 4, 7 e 11).

O **epipedon melânico** (do grego *melas*, "negro") é um horizonte mineral com cor muito escura devido ao seu elevado teor de matéria orgânica (carbono orgânico >6%). É característico de solos desenvolvidos a partir de cinzas vulcânicas, ricas em minerais do tipo alofana. É extremamente macio para um solo mineral (Prancha 2).

O **epipedon hístico** (do grego *histos*, "tecido") é uma camada com 20 a 60 cm de espessura de **materiais orgânicos** sobrejacentes a um solo mineral. Esses epipedons, formados sob condições de excesso de água, são como uma camada de turfa com uma cor preta a bruna-escura e com densidade muito baixa.

Horizontes diagnósticos subsuperficiais

Muitos horizontes diagnósticos subsuperficiais são usados para caracterizar diferentes classes de solos no *Soil Taxonomy* (Figura 3.3). Cada horizonte diagnóstico funciona como uma ca-

[3] Para uma descrição completa da Taxonomia de Solos dos Estados Unidos (*Soil Taxonomy*), consulte o *Soil Survey Staff* (1999). A primeira edição do *Soil Taxonomy* foi publicada como Soil Survey Staff (1975). Para uma explicação sobre os antigos sistemas de classificação usados nos Estados Unidos, consulte USDA (1938).

[4] A Taxonomia é a ciência que trata da identificação, nomenclatura e classificação de objetos e seres vivos. Para conhecer o histórico (conquistas e desafios) do *Soil Taxonomy*, consulte SSSA (1984).

[5] A percentagem de saturação por bases expressa o percentual dos pontos do solo com carga negativa (capacidade de troca catiônica) que estão neutralizados com cátions básicos (ou não ácidos), como Ca^{2+}, Mg^{2+} e K^+ (Seção 9.3).

racterística que ajuda a enquadrar um solo em sua adequada classe do sistema de classificação. A seguir, vamos apresentar resumidamente alguns dos horizontes subsuperficiais diagnósticos encontrados com mais frequência.

O **horizonte argílico** é aquele que tem um acúmulo, em profundidade, de argilas silicatadas que se translocaram para baixo, partindo dos horizontes superiores, ou se formaram no local. Exemplos são mostrados na Figura 3.4 e na Prancha 1, entre 50 e 90 cm. As argilas são frequentemente encontradas na forma de revestimentos brilhantes denominados *filmes de argila** ou *argilãs* (Pranchas 18 e 24).

Breve apresentação (com fotos) dos epipedons e horizontes subsuperficias diagnósticos: http://soils.umn.edu/academics/classes/soil2125/doc/s5chp1.htm

O **horizonte nátrico** também possui acúmulo de argilas silicatadas (na forma de filmes de argila), mas as argilas estão acompanhadas por mais de 15% de sódio trocável no complexo coloidal e por unidades estruturais (agregados) colunares ou prismáticas. O horizonte nátrico é encontrado principalmente em zonas áridas e semiáridas.

O **horizonte kândico** tem um acúmulo de óxidos de Fe e Al, bem como de argilas silicatadas de baixa atividade (p.ex., caulinita), mas os filmes de argila não precisam estar presentes. As argilas são de baixa atividade, como indicado pela sua baixa capacidade de retenção de cátions (<16 $cmol_c$/kg argila) (Figura 3.5).

O **horizonte óxico** é um horizonte subsuperfícial muito intemperizado com altos teores de óxidos de Fe e Al e argilas silicatadas de baixa atividade (p.ex., caulinita). Em geral é fisicamente estável, friável e não muito pegajoso, apesar de seu alto teor de argila. É bastante comum principalmente nas regiões tropicais e subtropicais úmidas (consulte a Prancha 9, aproximadamente entre 1 e 3 pés na escala, e Prancha 25, entre 70 e 170 cm).

O **horizonte espódico** é um horizonte iluvial que se caracteriza pelo acúmulo de matéria orgânica coloidal e óxidos de alumínio (com ou sem óxido de ferro). É encontrado com frequência em solos altamente lixiviados sob florestas de climas úmidos, normalmente em

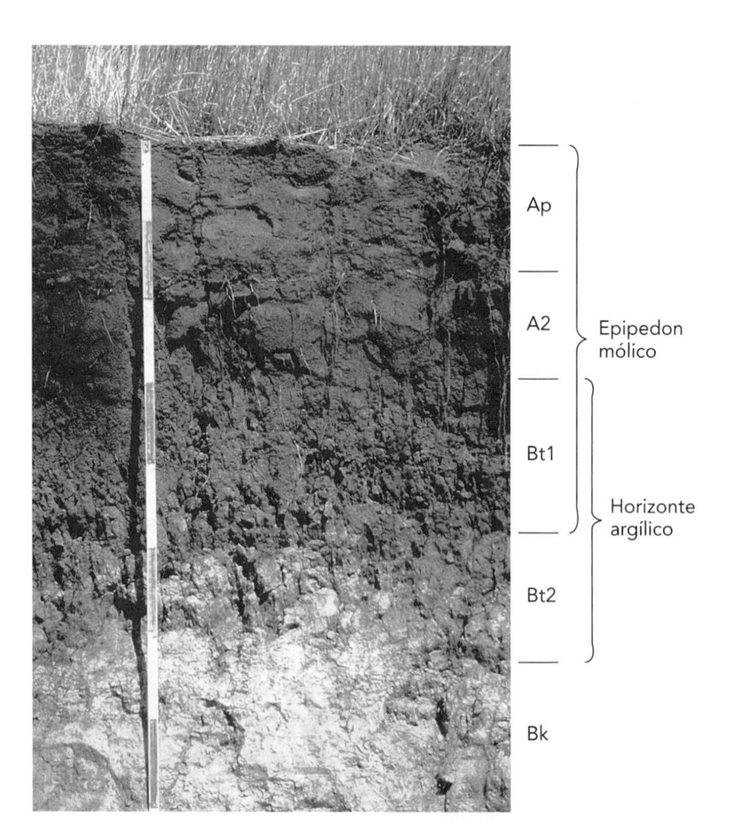

Figura 3.3 O epipedon mólico (um horizonte diagnóstico) deste solo inclui horizontes geneticamente designados como Ap, A2 e Bt1, todos escurecidos devido ao acúmulo de matéria orgânica. Sob o epipedon mólico situa-se um horizonte diagnóstico de subsuperfície argílico; esse horizonte argílico é a zona de acúmulo de argila iluvial (horizontes Bt1 e Bt2 neste perfil). Marcas na escala a cada 10 cm. (Foto: cortesia de R. Weil)

* N. de T.: Nos trabalhos de campo no Brasil, os filmes de argila são descritos como exemplos de "cerosidades".

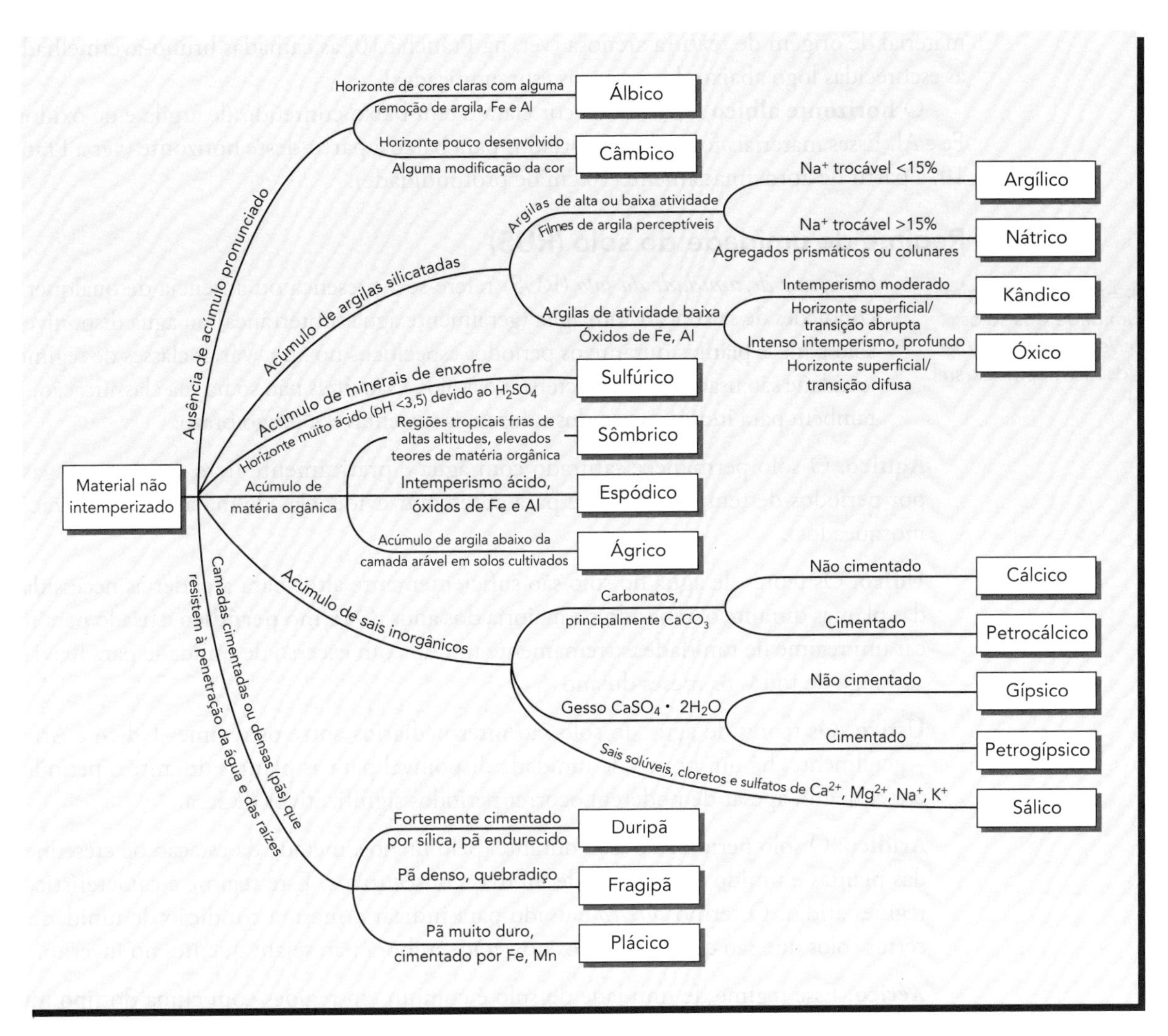

Figura 3.4 Nomes dos horizontes diagnósticos subsuperficiais e as suas principais características distintivas. Entre as características destacadas está o acúmulo de argilas silicatadas, matéria orgânica, óxidos de Fe e Al, compostos de cálcio e sais solúveis, bem como de materiais que se tornam cimentados ou altamente acidificados, limitando assim o crescimento das raízes. A presença ou ausência desses horizontes desempenha um papel importante na determinação da classe em que um solo se enquadra no *Soil Taxonomy*. Consulte o Capítulo 8 para ler sobre argilas de baixa e alta atividade.

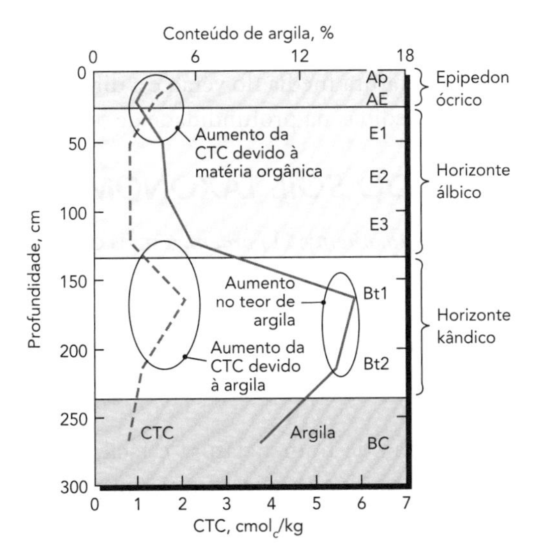

Figura 3.5 Variação vertical dos teores de argila e da capacidade de troca de cátions (CTC) em um solo com horizonte álbico (E1-E2-E3) e kândico (Bt1-Bt2) bem espessos. Observe o aumento no teor de argila, bem pronunciado, que identifica o horizonte kândico. Um aumento semelhante de argila (mais cerosidade e outras evidências visuais de argila iluviada) é típico de um horizonte argílico. Este horizonte é kândico, em vez de argílico, porque não há evidência visível de iluviação de argila, e também porque a argila acumulada é do tipo de baixa atividade, ou seja, a CTC da argila é inferior a 16 $cmol_c/kg$. Este é um solo muito velho e maduro que se formou sob condições subtropicais úmidas, em sedimentos arenosos nas planícies costeiras do norte da Geórgia (EUA). É classificado no grande grupo dos *Kandiudults* do *Soil Taxonomy*. (Dados de Shaw et al., 2000)

material de origem de textura arenosa (ver, na Prancha 10, as camadas bruno-avermelhadas e as escurecidas logo abaixo das camadas esbranquiçadas).

O **horizonte álbico** é eluvial de cor clara e tem baixo conteúdo de argila e de óxidos de Fe e Al. Esses materiais foram transportados para baixo a partir deste horizonte (ver a Prancha 10, a partir de aproximadamente 10 cm de profundidade).

Regime de umidade do solo (RUS)

Mapa-múndi dos regimes de umidade dos solos: http://soils.usda.gov/use/worldsoils/mapindex/smr.html

O *regime de umidade do solo* (RUS) refere-se à presença ou ausência de qualquer das condições de saturação com água (geralmente água subterrânea) ou água disponível do solo para as plantas durante os períodos específicos no ano. Várias classes de regime de umidade são usadas para caracterizar os solos e são úteis não só na sua classificação, mas também para indicar o uso dos solos mais sustentável a longo prazo:

Áquico. O solo permanece saturado com água e praticamente livre de oxigênio gasoso por períodos de tempo suficiente para apresentar evidências de má aeração (gleização e mosqueados).

Údico. Os teores de água do solo são suficientemente altos para atender às necessidades das plantas durante o ano todo na maioria dos anos. O termo **perúdico** é usado para indicar um regime de umidade extremamente úmido com excesso de umidade para lixiviação ao longo de todos os meses do ano.

Ústico. Os teores de água do solo são intermediários entre os regimes Údico e Arídico – geralmente, há um pouco de umidade disponível para as plantas durante o período de crescimento, apesar de poderem ocorrer períodos significativos de seca.

Arídico. O solo permanece seco durante, pelo menos, metade da estação de crescimento das plantas e úmido por menos de 90 dias consecutivos. Este regime é característico de regiões áridas. O termo *tórrico* é usado para indicar a mesma condição de umidade em certos solos que são quentes e secos no verão, embora não sejam quentes no inverno.

Xérico. Esse regime de umidade do solo é comum em regiões com clima do tipo mediterrânico, com invernos frios e úmidos e verões quentes e secos. Da mesma forma que o regime Ústico, é caracterizado por ter longos períodos de seca no verão.

Regimes de temperatura do solo

Regimes de temperatura do solo, como frígido, mésico e térmico, são utilizados para classificar os solos em alguns dos níveis mais baixos do *Soil Taxonomy*. O regime de temperatura críico (grego *kryos*, "muito frio") distingue alguns grupos de níveis superiores. Esses regimes baseiam-se na temperatura média anual do solo, na temperatura média do verão e a diferença entre temperaturas médias do verão e do inverno, todas medidas na profundidade de 50 cm.

3.3 CATEGORIAS E NOMENCLATURA DO *SOIL TAXONOMY*

Existem seis categorias hierárquicas de classificação no *Soil Taxonomy*: (1) *ordem*, a mais elevada (e ampla) categoria; (2) *subordem*; (3) *grande grupo*; (4) *subgrupo*; (5) *família* e (6) *série* (a categoria mais específica). As categorias inferiores se enquadram nas superiores; dessa forma, cada ordem tem várias subordens, cada subordem tem vários grandes grupos, e assim por diante.

Nomenclatura do *Soil Taxonomy*

Embora possa parecer estranho à primeira vista, o sistema de nomenclatura é fácil de ser aprendido depois de algum estudo. Ele tem uma construção lógica e transmite um grande número de informações sobre a natureza do nome dos solos classificados. Essa nomenclatura é usada ao longo deste livro, especialmente para identificar os vários tipos de solos apresentados nas ilustrações. Se você conseguir identificar, no texto e legendas das figuras, o significado das sílabas que formam cada nome das classes de solo e reconhecer a que categoria pertencem, o sistema vai se tornar um recurso adicional para reconhecer o solo.

Os nomes das unidades taxonômicas são combinações de elementos formativos, a maioria dos quais são derivados do latim ou do grego, e são raízes que formam várias palavras em muitas línguas modernas. Uma vez que cada sílaba do nome do solo transmite o conceito de uma característica ou de sua gênese, o nome automaticamente descreve os atributos gerais do solo que está sendo classificado. Por exemplo, os solos da ordem ***Aridisols*** (do Latim *aridus*, seca e *solum*, solo) são caracteristicamente secos e ocorrem em regiões áridas. Assim, os nomes das ordens são combinações de elementos formativos (prefixos, sufixos, etc.) que: (1) geralmente definem as características dos solos e (2) terminam com sufixo *sol*.

Os nomes das **subordens** identificam automaticamente as ordens das quais os solos fazem parte. Por exemplo, os solos da subordem ***Aquolls*** são os mais úmidos (do latim *aqua*, "água") da ordem *Mollisols*. Da mesma forma, o nome do **grande grupo** identifica a subordem e a ordem. Por exemplo, os ***Argiaquolls*** são *Aquolls* com horizontes argilosos ou argílicos (latim *argilla*, "barro branco"). Na ilustração a seguir, note que as três letras *oll* identificam cada uma das categorias mais inferiores como sendo da ordem *M**oll**isols**:

*M**oll**isols*	Ordem
*Aqu**oll**s*	Subordem
*Argiaqu**oll**s*	Grande grupo
*Typic Argiaqu**oll**s*	Subgrupo

Se tivermos apenas o nome do subgrupo, o grande grupo, a subordem e a ordem aos quais o solo pertence poderão ser automaticamente conhecidos.

Os nomes das **famílias**, em geral, identificam subconjuntos do subgrupo que são semelhantes em textura, composição mineralógica e temperatura média do solo a uma profundidade de 50 cm. Assim, o nome ***fine, mixed, mesic, active Typic Argiaquolls*** identifica uma família no subgrupo *Typic Argiaquolls* com uma textura argilosa, contendo argilominerais misturados, temperatura do solo mésica (8 a 15°C) e argilas de alta atividade (com elevada capacidade de troca de cátions).

As **séries do solo** correspondem a tipos específicos de solos que receberam o nome de uma característica geográfica (cidade, rio, etc.), perto de onde eles foram reconhecidos pela primeira vez. Em levantamentos detalhados de solos no campo, essas séries são por vezes ainda mais diferenciadas com base na textura da camada mais supercicial, grau de erosão, declive ou outras características. Essas subdivisões, efetuadas para efeito prático, são denominadas fases de solos; no entanto, as **fases** do solo *não* são uma categoria do sistema americano de classificação de solos, o *Soil Taxonomy*.

Nos Estados Unidos, os "*official state soils*" (solos símbolos oficiais dos Estados norte-americanos) compartilham o mesmo nível de importância das flores e dos pássaros representativos desses Estados: http://soils.usda.gov/gallery/state_soils/

3.4 AS ORDENS DOS SOLOS

Cada um dos solos do mundo pode ser enquadrado em uma das 12 **ordens**, em grande parte com base em propriedades do solo que refletem um processo importante de seu desenvolvimento, com considerável ênfase na presença ou ausência dos principais horizontes diagnósticos (Tabela 3.1). Como exemplo, podemos listar muitos solos desenvolvidos sob vegetação de pradaria, com a mesma sequência geral de horizontes e caracterizados pela presença de um epipedon mólico – um horizonte superficial, escuro, que é rico em cátions básicos. Todos eles

* N. de T.: A grafia original dos nomes das classes de solo do *Soil Taxonomy* (Soil Survey Staff, 1999) foi mantida neste livro em virtude de não existir uma tradução brasileira oficial para eles.

Tabela 3.1 Nomes das ordens de solo segundo o *Soil Taxonomy*, com suas derivações e principais características

As letras destacadas em negrito nos nomes das ordens indicam o elemento formativo usado no final do nome da subordem e do táxon mais baixo dentro daquela ordem

Nome	Elemento formativo	Derivação	Pronúncia	Característica principal
***Alf**isols*	alf	Símbolo sem significado, alumínio (Al), ferro (Fe)	Pedalfer	Horizonte argílico, nátrico, ou kândico; média a alta saturação por bases
***And**isols*	and	Do japonês *ando*, "solo escuro"	Andesito	Ejetado do vulcão; dominado por alofanas ou complexos Al-húmicos
*Ar**id**isols*	id	Do latim *aridus*, "seco"	Árido	Solo seco, epipedon ócrico; algumas vezes argílicos ou horizonte nátrico
***Ent**isols*	ent	Símbolo sem significado	Recente	Perfil pouco desenvolvido; epipedon ócrico comum
*G**el**isols*	el	Do grego *gelid*, "muito frio"	Gélido	Permafrost; frequentemente com crioturbação (gelo revolvido)
*H**ist**osols*	ist	Do grego *histos*, "tecido"	Histologia	Turfa; >20% matéria orgânica
*Inc**ept**isols*	ept	Do latim *inceptum*, "começo"	Réptil	Solo embriônico com poucas características diagnósticas; epipedon ócrico ou úmbrico, horizonte câmbico
*M**oll**isols*	oll	Do latim *mollis*, "macio"	Mole	Epipedon mólico; alta saturação por bases, solos escuros, alguns com horizonte argílico ou nátrico
***Ox**isols*	ox	Do francês *oxide*, "óxido"	Óxido	Horizonte óxico; horizonte não argílico; altamente intemperizado
*Sp**od**osols*	od	Do grego *spodos*, "cinzas de madeira"	Podzol	Horizonte espódico; comumente com óxidos de Fe, Al e acúmulo de húmus
***Ult**isols*	ult	Do latim *ultimus*, "último"	Último	Horizonte argílico ou kândico; baixa saturação por bases
*V**ert**isols*	ert	Do latim *verto*,"virar"	Inverter	Argilas expansivas: fendas profundas quando o solo está seco

estão incluídos na mesma ordem: *Mollisols*. Note que todos os nomes de todas as ordens tem um final comum, *sols* (do latim *solum*, "solo").

Mapas e fotos de cada uma das ordens de solos: http://soils.ag.uidaho.edu/soilorders/index.htm

As condições gerais que influenciam a formação dos solos, enquadrados nas diferentes ordens, são mostradas na Figura 3.6. A partir de características do perfil do solo, os pedólogos podem determinar o grau relativo de desenvolvimento pedogenético dos solos classificados nas 12 ordens, como esquematizado nessa figura. Note que os solos essencialmente sem diferenciação de horizontes no perfil (*Entisols*) têm menor desenvolvimento, enquanto os solos intensamente intemperizados dos trópicos úmidos (*Oxisols* e *Ultisols*) têm um maior desenvolvimento do *solum*. Os efeitos do clima (temperatura e umidade) e da vegetação (florestas ou pradarias) sobre o desenvolvimento dos diversos tipos de solos também é indicado na Figura 3.6. Estude também a Tabela 3.1 e a Figura 3.6 para melhor compreensão da relação entre as propriedades do solo e a nomenclatura utilizada no *Soil Taxonomy*.

Até certo ponto, a maioria das ordens dos solos ocorre em determinadas regiões climáticas que podem ser identificadas pelos regimes de umidade e de temperatura. A Figura 3.7 ilustra algumas das relações entre as classes de solos e esses fatores climáticos. A Figura 3.7 indica que as ordens que englobam os solos mais intemperizados tendem a estar associadas com os climas mais quentes e úmidos apesar de apenas as ordens dos *Gelisols* e *Aridisols* estarem diretamente definidas em relação ao clima.

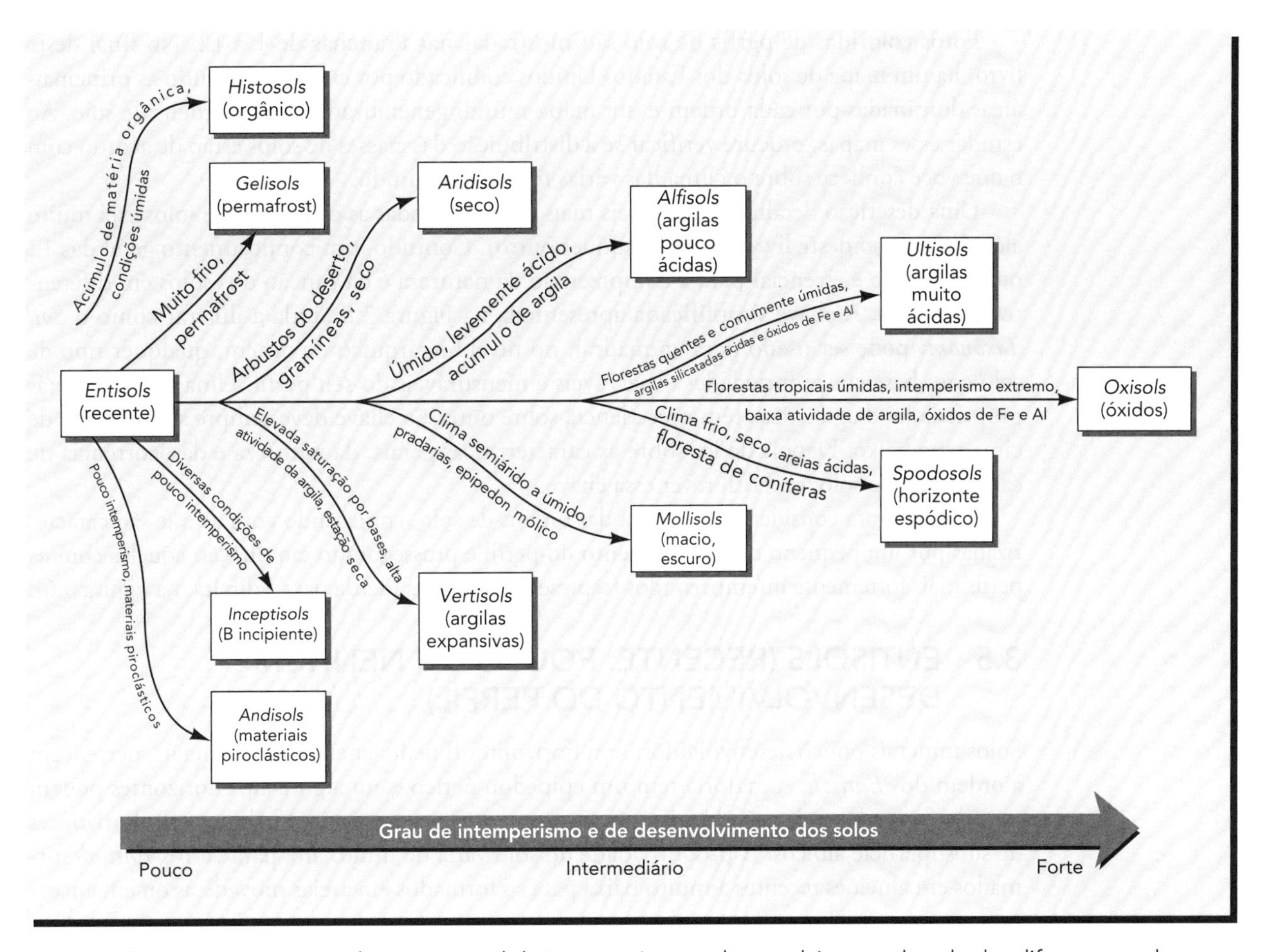

Figura 3.6 Diagrama mostrando o grau geral de intemperismo e desenvolvimento do solo das diferentes ordens do *Soil Taxonomy*. Também são mostradas as condições climáticas gerais e de vegetação nas quais os solos de cada ordem são formados.

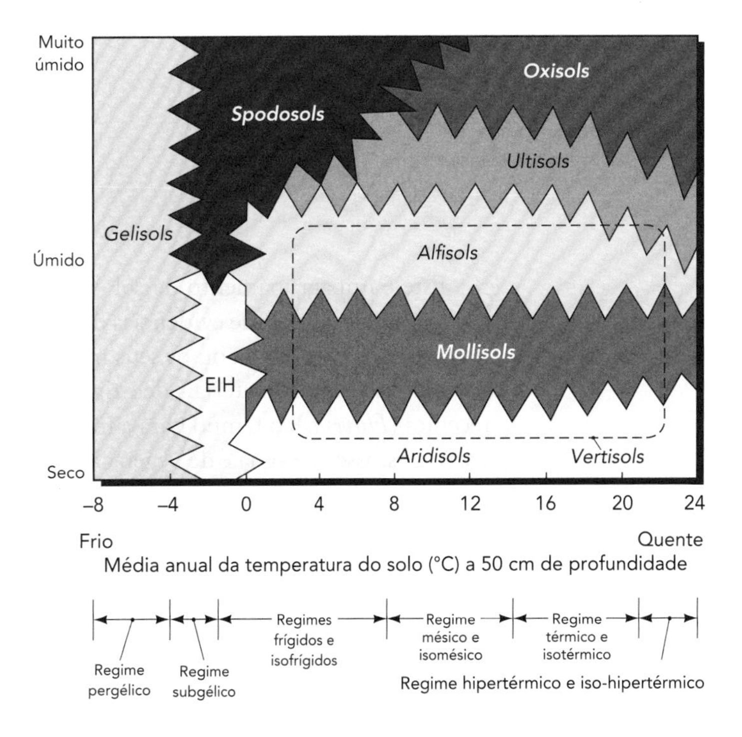

Figura 3.7 Diagrama mostrando genericamente os regimes de umidade e de temperatura que caracterizam as oito ordens dos solos mais representativas. Solos das outras quatro ordens (*Andisols, Entisols, Inceptisols* e *Histosols*) podem ser encontrados em qualquer uma das condições de umidade e temperatura do solo (incluindo a área marcada como EIH: *Entisol, Inceptisol, Histosol*). As principais áreas de *Vertisols* são encontradas apenas em locais onde predominam materiais de origem argilosos, e a umidade do solo e as condições de temperatura são aproximadamente aquelas mostradas dentro do retângulo com linhas tracejadas. Note que essas relações são apenas aproximadas e que as áreas menos extensas de solos dessas ordens podem ser encontradas fora da faixa indicada. Por exemplo, alguns *Ultisols* (*Ustults*) e *Oxisols* (*Ustox*) permanecem com níveis de umidade do solo muito mais baixos do que este gráfico indica – pelo menos durante parte do ano. Os termos usados na parte inferior para descrever os regimes de temperatura do solo são aqueles empregados para identificar parte do nome das famílias dos solos.

Fotos coloridas de perfis de solo são mostradas nas Pranchas de 1 a 12. No final deste livro, há um mapa de solos dos Estados Unidos codificado por cores, mostrando as principais áreas dominadas por cada ordem e um mapa-múndi generalizado das 12 ordens de solo. Ao estudar esses mapas, procure verificar se a distribuição das classes de solos estão de acordo com o que você conhece sobre o clima das várias regiões do mundo.

Uma descrição detalhada dos níveis mais baixos de todas as categorias de solos está muito além do escopo deste livro (ou de qualquer outro). Contudo, um conhecimento geral das 12 ordens de solo é essencial para a compreensão da natureza e da função dos solos em diferentes ambientes. A chave simplificada apresentada na Figura 3.8 ajuda a ilustrar como o *Soil Taxonomy* pode ser usado para enquadrar, no nível hierárquico de ordem, qualquer tipo de solo com base em propriedades observáveis e mensuráveis do seu perfil. Uma vez que certas propriedades diagnósticas têm precedência sobre outras, a chave deve sempre ser utilizada de cima para baixo. Depois de ler sobre as características gerais, da natureza e da ocorrência de cada ordem de solo, será útil rever essa chave.

Iremos agora considerar cada uma das ordens de solo, começando com as que são caracterizadas por um pequeno desenvolvimento do perfil e prosseguindo em direção àquelas com os perfis mais fortemente intemperizados (representados, da esquerda para a direita, na Figura 3.6).

3.5 ENTISOLS (RECENTE: POUCO OU NENHUM DESENVOLVIMENTO DO PERFIL)

Solos minerais pouco desenvolvidos, sem horizontes B pedogenéticos (Prancha 4), pertencem à ordem dos *Entisols*. A maioria tem um epipedon ócrico e em alguns dos horizontes podem ter sido formados pela ação humana (epipedon antrópico ou ágrico). Alguns têm horizontes de subsuperfície álbicos. A produtividade do solo varia de muito alta para certos *Entisols* formados em aluviões recentes a muito baixa para os formados em areias movediças ou em encostas íngremes e rochosas.

16,3% das terras do globo e 12,2% das terras dos Estados Unidos não cobertas por gelo

As subordens* são:

Aquents (saturados com água)
Arents (horizontes misturados)
Fluvents (depósitos aluviais)
Orthents (típicos)
Psamments (areias)

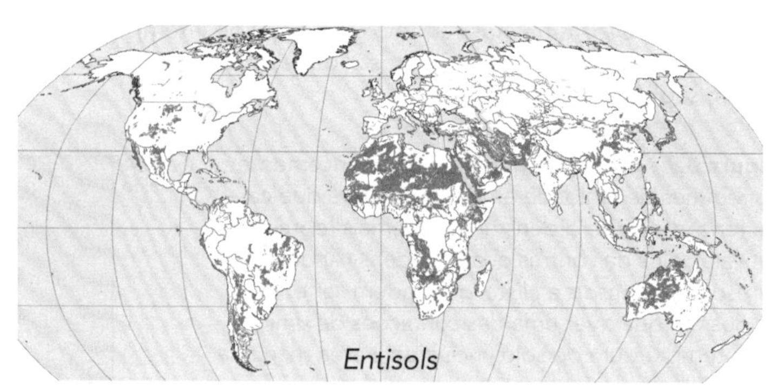

Este é um agrupamento de solos extremamente diversificados com poucos atributos em comum, além da falta de evidências de estágios mais avançados da formação do solo. Os *Inceptisols* são de idade jovem ou os seus materiais de origem não reagiram aos fatores de formação do solo. Em alguns materiais de origem, como fluxos de lava recém-depositados ou aluviões recentes (*Fluvents*), o tempo para a formação do solo foi muito curto. Em áreas extremamente secas, a escassez de água e de vegetação podem ter inibido a formação do solo. Da mesma forma, a frequente saturação com água (*Aquents*) pode atrasar a formação do solo. Alguns *Inceptisols* ocorrem em encostas íngremes, onde as taxas de erosão podem exceder as de formação do

* N. de T.: As subordens *Arents, Fluvents, Orthents* e *Psamments* do *Soil Taxonomy* (Soil Survey Staff, 1999) correspondem, aproximadamente, a várias subordens da ordem dos Neossolos do Sistema Brasileiro de Classificação de Solos (EMBRAPA, 2006). A subordem dos *Aquents* (Soil Survey Staff, 1999) corresponde, aproximadamente, à ordem dos Gleissolos (EMBRAPA, 2006).

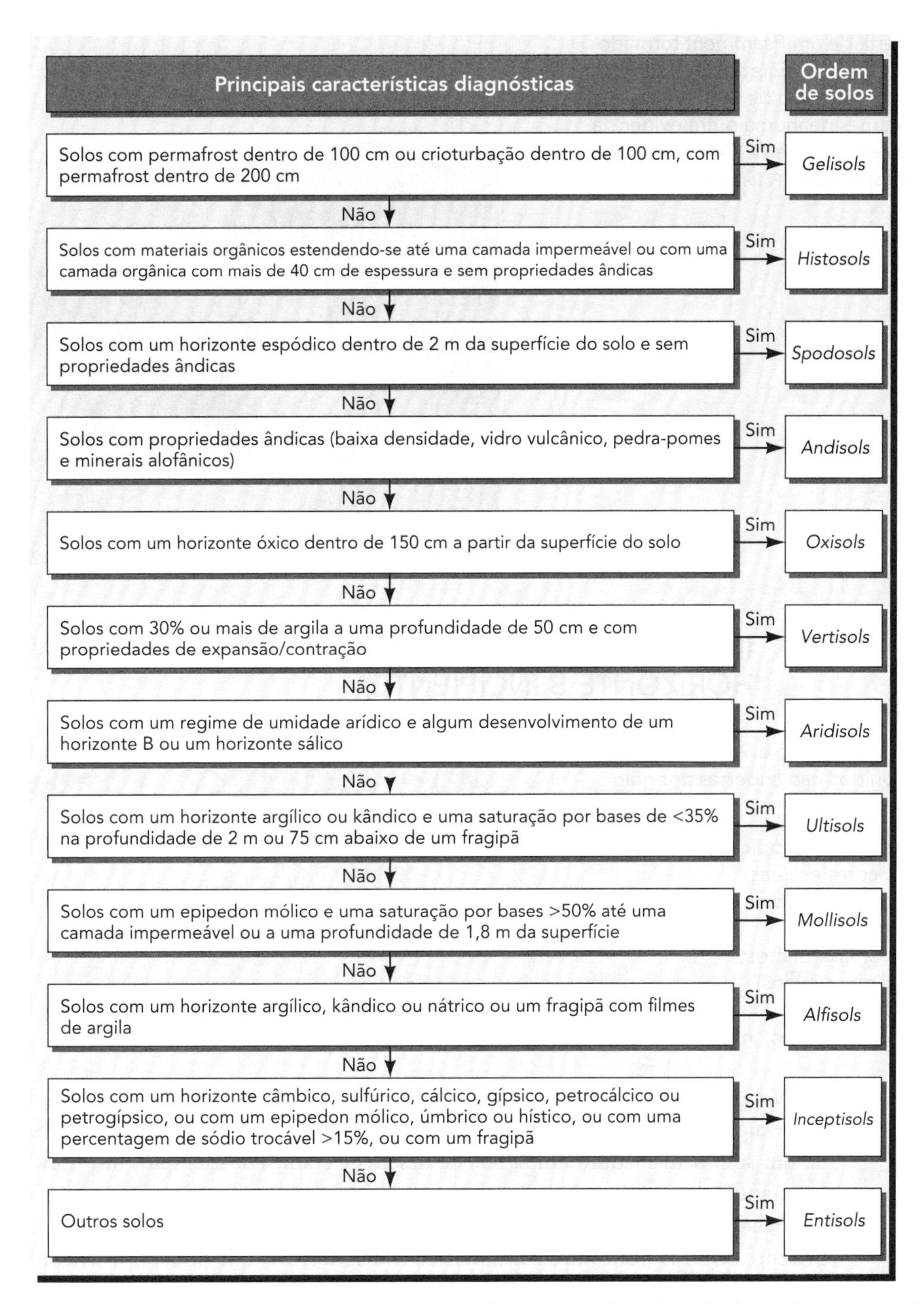

Figura 3.8 Exemplo simplificado de uma chave para enquadrar as 12 ordens de solo do *Soil Taxonomy*. Quando usar esta chave, comece sempre pela sua parte superior. Note como os horizontes diagnósticos e outras características do perfil são usados para distinguir cada uma das ordens restantes. Os *Inceptisols*, não tendo tais atributos diagnósticos especiais, estão alocados no final da chave. Além disso, note que a sequência com que as ordens de solo foram colocadas não corresponde ao grau de desenvolvimento do perfil uma vez que as ordens adjacentes podem não ser tão similares quanto as não adjacentes (ver Seção 3.2 para explicações sobre os horizontes diagnósticos).

solo, impedindo o desenvolvimento dos horizontes. Outros ocorrem em locais de construções urbanas onde tratores raspam ou misturam os horizontes do solo, fazendo com que os solos existentes se transformem em *Entisols* (alguns autores sugerem que estes sejam chamados de *Urbents* ou *Entisols* urbanos).

Figura 3.9 Perfil de um *Psamment* formado em aluviões arenosos no Estado da Virgínia (EUA). Observe o acúmulo de matéria orgânica no horizonte A, mas nenhuma outra evidência de desenvolvimento do perfil. O horizonte A tem 30 cm de espessura. (Foto: cortesia de R. Weil)

3.6 INCEPTISOLS (POUCAS CARACTERÍSTICAS DIAGNÓSTICAS: HORIZONTE B INCIPIENTE)

9,9% das terras do globo e 9,1% das terras dos Estados Unidos não cobertas por gelo

As subordens* são:

- *Anthrepts* (ação antrópica, alto teor de fósforo, cores escuras)
- *Aquepts* (saturados com água)
- *Cryepts* (muito frios)
- *Gelepts* (com permafrost)
- *Udepts* (climas úmidos)
- *Ustepts* (semiáridos)
- *Xerepts* (verões secos, invernos úmidos)

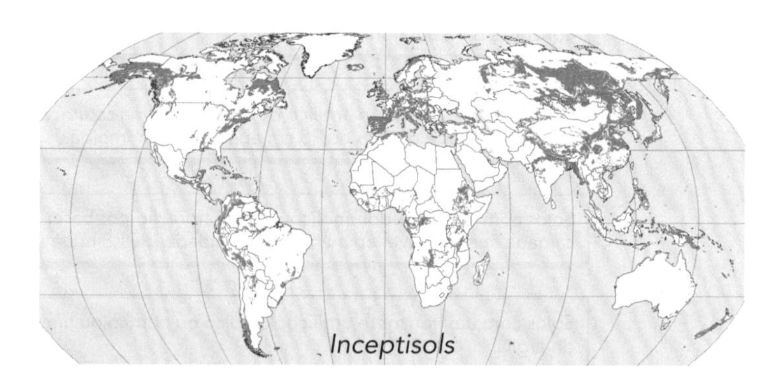

Nos *Inceptisols*, há evidências de um desenvolvimento incipiente (inicial) de um horizonte B ou de algumas feições diagnósticas. No entanto, as características bem-definidas de um perfil de um solo bem-maduro ainda não se desenvolveram. Por exemplo, um horizonte câmbico mostrando alguma diferenciação de cor ou de mudança na estrutura é comum nos *Inceptisols* (Prancha 7), mas um horizonte B mais desenvolvido e iluvial como um argílico não pode estar presente. Outros horizontes subsuperficiais diagnósticos que podem ser encontrados nos *Inceptisols* incluem duripãs, fragipãs e horizontes cálcicos, gípsicos e sulfúricos. Na maioria dos *Inceptisols* os epipedons são ócricos, embora um epipedon plagen, mólico ou úmbrico pouco desenvolvidos possam estar presentes. Os *Inceptisols* mostram um desenvolvimento do perfil mais significativo do que os *Entisols*, mas são definidos de forma a excluir solos com horizontes diagnósticos subsuperficiais ou atributos que caracterizam algumas outras ordens de solos. Assim,

* N. de T.: As subordens *Udepts, Ustepts* e *Xerepts* do *Soil Taxonomy* (Soil Survey Staff, 1999) correspondem, aproximadamente, a várias subordens da ordem dos Cambissolos do Sistema Brasileiro de Classificação de Solos (EMBRAPA, 2006). A subordem dos *Aquepts* (Soil Survey Staff, 1999) corresponde, aproximadamente, à ordem dos Gleissolos (EMBRAPA, 2006).

solos com apenas um incipiente desenvolvimento do perfil, que ocorrem em regiões áridas ou contendo permafrost ou propriedades ândicas, são excluídos dos *Inceptisols*. Em vez disso, eles se enquadram nas ordens dos *Aridisols*, *Gelisols* ou *Andisols*, como será discutido nas seções a seguir. Os *Inceptisols* estão amplamente distribuídos em todo o mundo. Assim como acontece com os *Entisols*, os *Inceptisols* são encontrados sob a maioria das condições climáticas e fisiográficas.

3.7 *ANDISOLS* (SOLOS DE CINZAS VULCÂNICAS)*

0,7% das terras do globo e 1,7% das terras dos Estados Unidos não cobertas por gelo

As subordens são:

Aquands (saturados com água)
Cryands (frios)
Gelands (muito frios)
Torrands (quentes, secos)
Udands (úmidos)
Ustands (úmidos/secos)
Vitrands (vidros vulcânicos)
Xerands (verões secos, invernos úmidos)

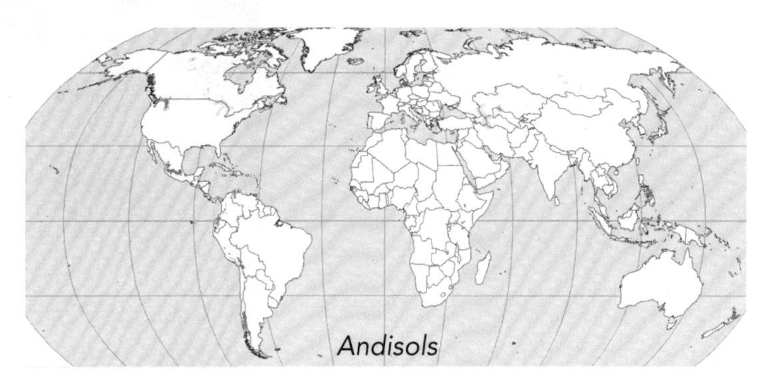

Os *Andisols* são normalmente formados a partir de cinzas vulcânicas e sedimentos piroclásticos depositados em tempos geológicos recentes (Figura 3.10). Eles são comumente encontrados próximo do vulcão-fonte ou em áreas onde ventos que passaram pelo vulcão depositaram uma camada suficientemente espessa de cinzas expelidas durante as erupções. O principal processo de formação do solo foi uma rápida transformação dessas cinzas vulcânicas, produzindo minerais silicatados amorfos ou malcristalizados, como **alofana**, **imogolita** e o oxi-hidróxido de ferro **ferrihidrita**. Alguns *Andisols* têm um epipedon melânico, que é um horizonte diagnóstico superficial de cor escura e com elevado teor de matéria orgânica (Prancha 2). O acúmulo de matéria orgânica é bastante rápido devido em grande parte à sua proteção pelos complexos de húmus de alumínio. Uma pequena translocação descendente de coloides ou qualquer outro início de desenvolvimento do perfil pode ter ocorrido. Da mesma forma que os *Entisols* e os *Inceptisols*, os *Andisols* são solos jovens, geralmente tendo se desenvolvido em apenas de 5 a 10 mil anos.

Os *Andisols* têm um conjunto único de **propriedades ândicas** caracterizadas por elevado conteúdo de vidro vulcânico e/ou alto teor de minerais amorfos ou malcristalizados de ferro e de alumínio. A combinação desses minerais com o elevado teor de matéria orgânica resulta em solos friáveis e macios, que são facilmente cultivados, e também têm uma alta capacidade de retenção de água e resistência à erosão hídrica. Eles são encontrados principalmente em regiões onde o clima chuvoso impede que sejam suscetíveis à erosão eólica. Os *Andisols* têm muitas vezes alta fertilidade natural, exceto no que diz respeito à disponibilidade de fósforo que é severamente limitada pela capacidade muito alta de retenção desse elemento pelos materiais ândicos (Seção 12.3). Felizmente, o uso de adubos e o manejo adequado de resíduos vegetais podem superar esta dificuldade na maioria das vezes.

Nos Estados Unidos, a área de *Andisols* não é extensa, já que a ação vulcânica recente não é comum. No entanto, *Andisols* ocorrem em alguns campos de trigo e de florestas cultivadas em áreas dos Estados de Washington, Idaho, Montana e Oregon. Da mesma forma, essa ordem de solo representa algumas das melhores terras agrícolas encontradas no Chile, Equador, Colômbia e grande parte da América Central.

* N. de T.: Solos enquadrados na ordem dos *Andisols* do *Soil Taxonomy* (Soil Survey Staff, 1999) não foram encontrados no Brasil e, por isso, não têm correspondentes no Sistema Brasileiro de Classificação de Solos (EMBRAPA, 2006).

Figura 3.10 Um *Andisol* desenvolvido em camadas de cinzas vulcânicas e outros fragmentos piroclásticos na África Central. (Foto: cortesia de R. Weil)

3.8 GELISOLS (PERMAFROST E REVOLVIMENTO PELO GELO)

8,6% das terras do globo e 7,5% das terras dos Estados Unidos não cobertas pelo gelo

As subordens são:

Histels (orgânico)
Orthels (sem feições especiais)
Turbels (crioturbação)

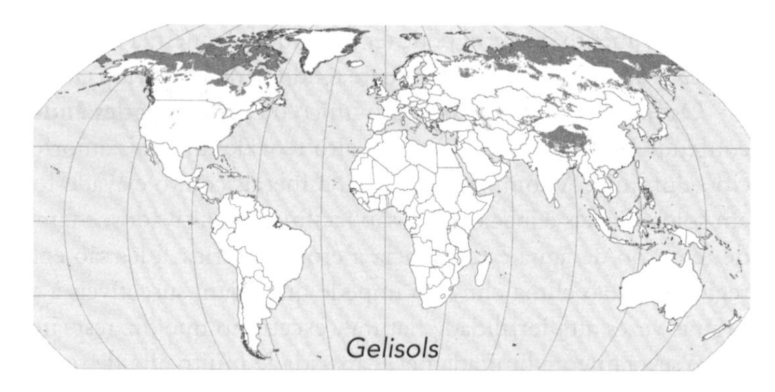

Os *Gelisols** são solos jovens com pouco desenvolvimento do perfil. Baixas temperaturas e condições relacionadas ao congelamento por boa parte do ano retardam os processos de formação do solo. A principal característica que define esta ordem de solos é a presença de uma camada de **permafrost** (ou pergelisolo) (Pranchas 5 e 14). O permafrost é uma camada de material que permanece a temperaturas inferiores a 0°C por mais de dois anos consecutivos. Pode ser um material de solo duro, cimentado e congelado (por exemplo, designado como Cfm nas descrições de perfis), ou, se descongelado, pode estar não cimentado (por exemplo, designado como Cff). Nos *Gelisols*, a camada de permafrost está dentro dos primeiros 100 cm

* N. de T.: Solos enquadrados na ordem dos *Gelisols* do *Soil Taxonomy* (Soil Survey Staff, 1999) não foram encontrados no Brasil e, por isso, não têm correspondentes no Sistema Brasileiro de Classificação de Solos (EMBRAPA, 2006).

a partir da superfície do solo, a menos que a **crioturbação** seja evidente dentro da parte superior de 100 cm, caso em que o permafrost pode estar presente a profundidades de 200 cm abaixo da superfície do solo.

Em alguns *Gelisols*, a crioturbação, ou *movimentação pelo congelamento*, move o material do solo para formar horizontes descontínuos e revolvidos (por exemplo, os designados como Cjj) acima do permafrost. O gelo produzido também pode formar feições características na superfície do solo, como montículos em forma de polígonos cheios de gelo que podem ter até vários metros de diâmetro. Em alguns casos as rochas são forçadas em direção à superfície formando anéis ou padrões reticulares.

Os permafrosts da parte mais ao sul da região dos *Gelisols* permanecem apenas 1 ou 2°C abaixo de zero; por isso, mesmo pequenas mudanças podem causar seus derretimentos e fazer com que os solos percam completamente a sua capacidade de suporte (Figura 3.11, *à direita*).

Os pesquisadores observaram o derretimento de permafrost regionais em grande parte do Ártico. Essa reação dos *Gelisols* é vista como um sintoma precoce da mudança climática global causada pelas emissões de gases de efeito estufa (Seções 11.1 e 11.9). Infelizmente, o derretimento dos permafrosts e o aprofundamento da camada ativa dos *Gelisols* podem acelerar essa tendência, conforme as enormes reservas de carbono orgânico que antes faziam parte das camadas congeladas ficam expostas à deterioração, liberando, assim, ainda mais gases do efeito estufa para a atmosfera.

Figura 3.11 *Gelisols* no Alasca (EUA). *À esquerda*: o solo, classificado na subordem dos *Histels*, tem um epipedon hístico e um permafrost. Este solo foi fotografado no Estado do Alasca (EUA) no verão (julho). A escala é em cm. *À direita*: o derretimento do permafrost nesta parte de uma auto estrada do Alasca causou a diminuição do poder de suporte do solo e seu colapso. (Foto da esquerda: cortesia de James G. Bockheim, University of Wisconsin [EUA]; foto da direita, cortesia de John Moore, USDA/NRCS)

3.9 HISTOSOLS (SOLO ORGÂNICO SEM PERMAFROST)

1,2% das terras do globo e 1,3% das terras dos Estados Unidos não cobertas por gelo

As subordens são:

Fibrists (fibras de plantas discerníveis)
Folists (acúmulo de camadas de folhas)
Hemists (fibras parcialmente decompostas)
Saprists (fibras não discerníveis)

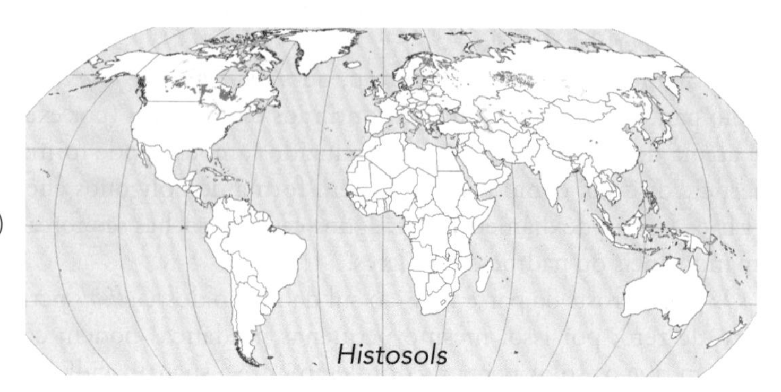

Os *Histosols** consistem em uma ou mais espessas camadas de *material de solo orgânico*. Tal material faz com que o perfil do solo se apresente pouco evoluído por causa do ambiente anaeróbico no qual se formou.

Na prática, os materiais orgânicos dos *Histosols* costumam ser chamados de turfa e "terra turfosa" (*muck*). A *turfa* é composta de materiais fibrosos marrons, apenas parcialmente decompostos, com restos discerníveis dos tecidos vegetais (consulte a Figura 3.12 e a Prancha 26). Por outro lado, a *terra turfosa* é um material escuro no qual a decomposição da matéria orgânica é muito mais completa, estando altamente humificada (Figura 3.12). A terra turfosa se assemelha a uma lama negra quando molhada e a um material pulverulento quando seca.

Embora nem todas as terras úmidas contenham *Histosols*, todos eles (exceto os *Folists*) ocorrem em ambientes pantanosos (ou palustres). Eles podem se formar desde as regiões equatoriais até as árticas, mas são mais comuns nas de climas frios, até o ponto de ocorrência dos permafrosts. Os horizontes são diferenciados pelo tipo de vegetação que contribui com os resíduos, em vez de pelas translocações e acumulações dentro do perfil.

Figura 3.12 Um *Histosol* de um marisma (terras banhadas pelas marés). A foto no topo, mostra o material orgânico fíbrico (turfoso) que contém raízes e rizomas reconhecíveis de gramíneas do pântano onde morreram, talvez, séculos atrás; as condições anaeróbicas evitaram a decomposição completa dos tecidos. A amostra de material retirado do solo (suspensa na horizontal, para a fotografia) dá uma ideia do perfil do solo: a camada mais superficial está à direita, e a camada mais profunda, à esquerda. O lençol freático situa-se frequentemente acima da superfície do solo. (Fotos: cortesia de R. Weil)

* N. de T.: Solos enquadrados na ordem dos *Histosols* do *Soil Taxonomy* (Soil Survey Staff, 1999) correspondem aos classificados na ordem dos Organossolos no Sistema Brasileiro de Classificação de Solos (EMBRAPA, 2006).

Quando os *Histosols* são artificialmente drenados para o cultivo – o oposto da saturação com água, que é seu estado natural –, passam a ter propriedades únicas decorrentes dos altos teores de matéria orgânica. Os *Histosols* são geralmente de cor preta a marrom-escuro. Eles são extremamente leves (0,15 a 0,4 Mg/m^3) quando secos, tendo densidades equivalentes a apenas cerca de 10 a 20% daquelas dos solos minerais. Os *Histosols* também têm alta capacidade de retenção de água; enquanto um solo mineral pode absorver e armazenar cerca de 20 a 40% do seu peso com água, um *Histosol* cultivado pode reter uma massa de água igual a 200 a 400% do seu peso seco. Esses solos também possuem capacidade muito elevada de troca catiônica (tipicamente 150 a 300 $cmol_c/kg$) que aumenta com a elevação do pH do solo.

Em alguns *Histosols* é possível a implantação de sistemas agrícolas muito produtivos, mas a natureza orgânica dos materiais requer práticas de calagem, adubação, preparo do solo e drenagem muito diferentes daquelas aplicadas aos solos das outras 11 ordens. Se outras plantas, que não as hidrófilas, são cultivadas, o lençol freático normalmente tem que ser rebaixado para fornecer uma zona aerada para o crescimento das raízes. Obviamente, essa prática altera o ambiente do solo e faz com que o material orgânico se oxide, o que resulta no desaparecimento de até 5 cm de solo por ano em climas quentes (Figura 3.13).

3.10 ARIDISOLS (SOLOS SECOS)

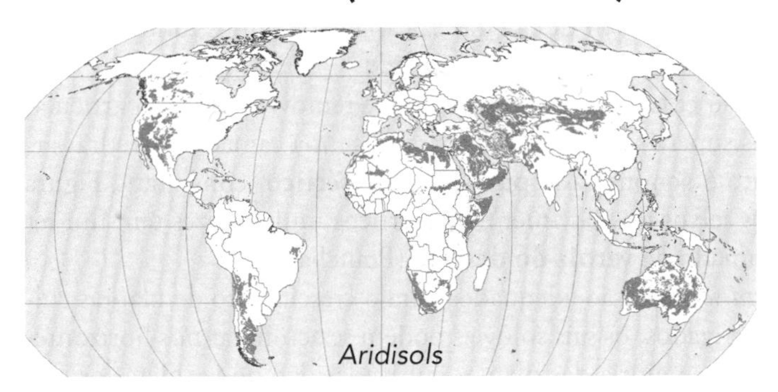

12,7% das terras do globo e 8,8% das terras dos Estados Unidos não cobertas por gelo

As subordens são:
- *Argids* (argila)
- *Calcids* (carbonatos)
- *Cambids* (típicos)
- *Cryids* (frios)
- *Durids* (duripã)
- *Gypsids* (gesso)
- *Salids* (salgado)

Os *Aridisols** ocupam a segunda maior área do globo terrestre (em 1º lugar, estão os *Entisols*). Embora a deficiência de água seja uma das principais características desses solos, o nível de umidade do solo é suficiente para suportar o crescimento das plantas, mas somente durante um período de 90 dias consecutivos do ano. Como a vegetação natural é constituída, principalmente, de arbustos e capins dispersos, algumas propriedades do solo, especialmente nos horizontes mais superficiais, podem diferir substancialmente entre áreas desnudas, intercaladas com as vegetadas (Seção 2.5).

Os *Aridisols* são caracterizados por terem um epipedon ócrico geralmente de cor clara e com baixo teor de matéria orgânica (Prancha 3). Os processos de formação do solo provocaram uma redistribuição de materiais solúveis, mas geralmente não há água o bastante para lixiviar completamente esses materiais para fora do perfil. Portanto, esses materiais muitas vezes se acumulam na parte inferior do perfil. Esses solos podem ter um horizonte de acúmulo de carbonato de cálcio (cálcico), de gesso (gípsico), de sais solúveis (sálico) ou de sódio trocável (nátrico). Sob certas circunstâncias, os carbonatos podem cimentar as partículas menores do solo e os fragmentos grosseiros na faixa de acúmulo, produzindo camadas duras conhecidas como horizontes **petrocálcicos** (Figura 3.14). Essas camadas endurecidas agem como impedimentos para o crescimento das raízes das plantas e também aumentam muito o custo das escavações para edificações.

* N. de T.: Os solos enquadrados na ordem dos *Aridisols* do *Soil Taxonomy* (Soil Survey Staff, 1999) provavelmente equivalem a alguns solos, de várias ordens do Sistema Brasileiro de Classificação de Solos (EMBRAPA, 2006), encontrados nas partes mais secas da região nordeste do Brasil.

Figura 3.13 Subsidência do solo devido à rápida decomposição da matéria orgânica após a drenagem artificial de *Histosols* nos Everglades, na Flórida (EUA). A casa foi construída no nível do solo, com seu tanque séptico enterrado a cerca de 1 m abaixo da superfície. Durante um período de cerca de 60 anos, mais de 1,2 m do solo orgânico "desapareceu". A perda foi especialmente rápida por causa do clima quente da Flórida, mas a drenagem artificial que rebaixa o lençol freático e está paulatinamente ressecando os horizontes superiores é uma prática não sustentável para qualquer *Histosol*. (Foto: cortesia de George H. Snyder, Everglades Research and Education Center, Belle Glade, Flórida, EUA)

Alguns *Aridisols* (os *Argids*) têm um horizonte argílico, provavelmente formado sob um clima mais úmido que há muito tempo prevaleceu em muitas áreas que hoje são desertos. Com o tempo e a adição de carbonatos a partir de poeiras calcárias e de outras fontes, muitos horizontes argílicos tornam-se saturados por carbonatos (*Calcids*).

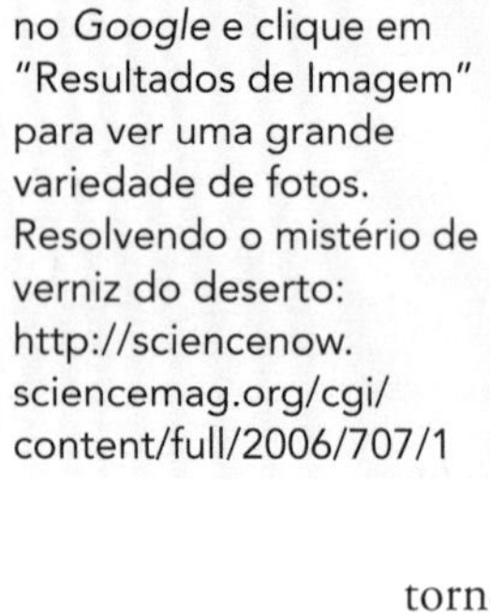

Digite "*desert pavement*" no *Google* e clique em "Resultados de Imagem" para ver uma grande variedade de fotos. Resolvendo o mistério de verniz do deserto: http://sciencenow.sciencemag.org/cgi/content/full/2006/707/1

Em solos pedregosos ou cascalhentos, a erosão pode remover todas as partículas finas dos horizontes mais superficiais, deixando para trás uma camada de pedras arredondadas cujo conjunto é denominado **pavimento desértico** (consultar a Figura 3.14 e a Prancha 55). Os seixos dos pavimentos desérticos muitas vezes têm um revestimento brilhante chamado de **verniz do deserto** (Prancha 57).

Sem irrigação, os *Aridisols* não são adequados para o crescimento de plantas cultivadas. Mesmo quando irrigados, os sais solúveis podem se acumular nos horizontes superiores a tais níveis que a maioria das plantas cultivadas não pode tolerá-los. Algumas áreas são usadas para pastagens com baixa capacidade de suporte. O pastoreio excessivo de *Aridisols* faz com que áreas antes vegetadas com capins e arbustos se tornem cada vez mais desnudas, e os solos entre reboleiras de vegetação dispersas são desgastados pela erosão causada pelos ventos ou pelas intensas chuvas ocasionais. A luz e o calor solar

Figura 3.14 Duas feições características de alguns *Aridisols*. *À esquerda*: pedras arredondadas pela ação do vento, formando um pavimento desértico. *À direita*: um horizonte A petrocálcico cimentado por carbonato de cálcio. (Fotos: cortesia de R. Weil)

intensos fazem com que certas áreas de *Aridisols* sejam procuradas para a produção de energia, por meio da instalação de grandes conjuntos de coletores solares fotovoltaicos, ou para o plantio de culturas voltadas para a produção de biocombustíveis, como a *Jatropha*, uma planta arbustiva produtora de sementes oleaginosas, capaz de crescer sob condições muito áridas.

3.11 VERTISOLS (ARGILAS ESCURAS EXPANSÍVEIS)[6]

2,4% das terras do globo e 1,7% das terras dos Estados Unidos não cobertas por gelo

As subordens são:

- *Aquerts* (saturados com água)
- *Cryerts* (frios)
- *Torrerts* (verões quentes, muito secos)
- *Uderts* (úmidos)
- *Usterts* (úmidos/secos)
- *Xererts* (verões secos, invernos úmidos)

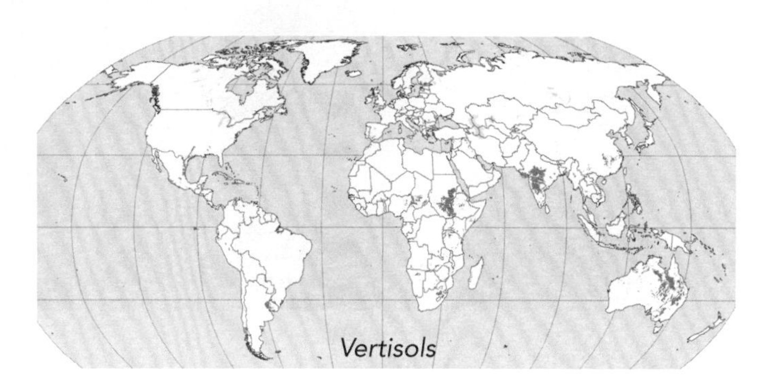

Os mais importantes processos de formação do solo que afetam os *Vertisols** são a contração e a expansão das argilas à medida que esses solos passam por períodos de secagem e umedecimento. Os *Vertisols* têm um alto teor (>30%) de argilas expansivas. A maioria dos *Vertisols* tem uma cor escura, até uma profundidade de 1 m ou mais (Prancha 12). No entanto, ao contrário da maioria dos outros solos, suas cores escuras não são necessariamente indicativas de um alto teor de matéria orgânica. O teor de matéria orgânica dos *Vertisols* geralmente varia de 5 a 6% até menos de 1%.

Os *Vertisols* geralmente se desenvolvem a partir de calcário, basalto ou outros materiais de origem ricos em cálcio e magnésio, que induzem a formação de argilas de alta atividade.

Eles são mais encontrados em ambientes semiáridos a subúmidos, onde a vegetação nativa geralmente é de pradarias. O clima apresenta estação seca de vários meses, durante os quais a argila se contrai, fazendo com que o solo desenvolva profundas e largas fendas, que são um atributo diagnóstico para esta ordem (Figura 3.15*a*). Os agregados granulares da superfície do solo podem se desprender, preenchendo as fendas, dando origem a uma parcial inversão do material do solo (Figura 3.16*a*). Isso explica a associação com o termo *inverter*, a partir do qual esta ordem deriva seu nome.

Quando as chuvas caem, a água penetra nas rachaduras e umedece as argilas da parte inferior do solo, fazendo com que elas se expandam. A repetição dos ciclos de expansão e contração das argilas faz com que grandes massas de solo sejam lentamente revolvidas. À medida que as argilas da porção inferior do solo se expandem, os blocos de solo se esfregam uns sobre os outros, sob pressão, dando origem a superfícies de fricção brilhantes, inclinadas e com ranhuras, chamadas de **superfícies de fricção**, ou ***slickensides***, (Figura 3.16*c*). Ao final, esse movimento de vai e vem forma depressões côncavas com perfis relativamente profundos cercados por áreas um pouco mais elevadas, nas quais ocorre pouco desenvolvimento do solo e o material de origem permanece perto da superfície (Figura 3.16*b*). O padrão resultante de um microrrelevo, com pequenas áreas altas e baixas na superfície, chamado de ***gilgai***, geralmente é perceptível apenas quando o solo não é arado (Figura 3.15*b*).

---

[6] Para uma revisão de literatura detalhada sobre as propriedades e modo de formação dos *Vertisols*, consultar Coulombe et. al. (1996).

* N. de T.: Solos enquadrados na ordem dos *Vertisols* do *Soil Taxonomy* (Soil Survey Staff, 1999), no Sistema Brasileiro de Classificação de Solos (EMBRAPA, 2006) correspondem, aproximadamente, aos que se enquadram na ordem dos Vertissolos.

Figura 3.15 (*a*) Fendas largas formadas durante a estação seca nas camadas superficiais deste *Vertisol* da Índia. Os agregados sobre a superfície podem se desprender e cair nessas fendas para serem incorporados nas camadas inferiores. Quando as chuvas vêm, a água pode rapidamente se mover para os horizontes inferiores, mas as fendas são logo fechadas, tornando os solos relativamente impermeáveis à água. (*b*) Depois das rachaduras terem sido fechadas, a água pode acumular-se nas microdepressões, formando o microrrelevo do tipo *gilgai*, facilmente visível como neste *Vertisol* do Texas (EUA). (Fotos: [a] cortesia de N. C. Brady e [b] cortesia de K. N. Potter, USDA/ARS, Temple, Texas, EUA)

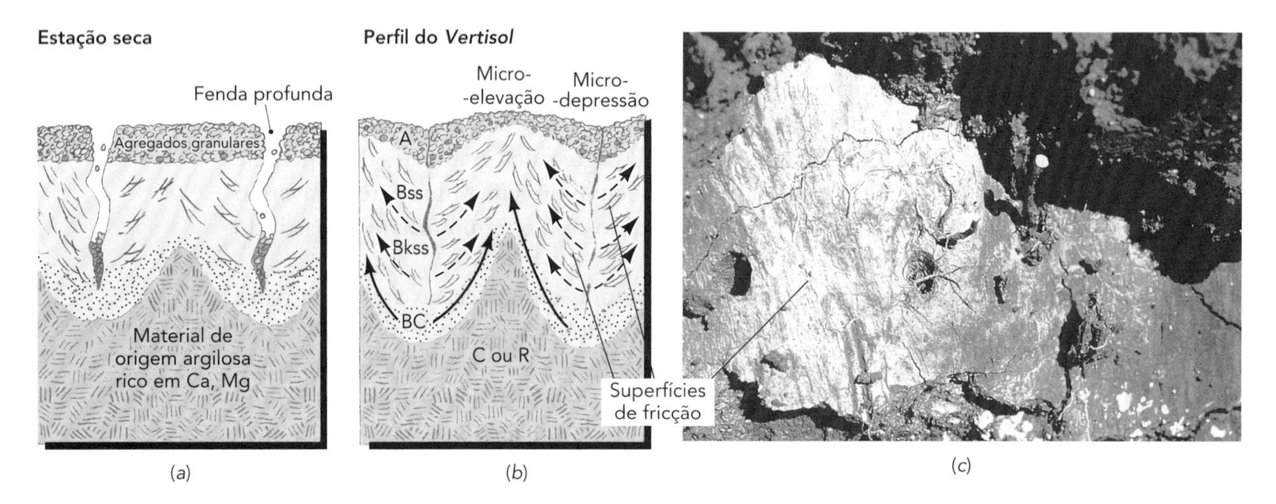

Figura 3.16 Os *Vertisols* têm elevados teores de argilas expansíveis e também uma estrutura com agregados com formato de cunhas na parte inferior do perfil. (*a*) Durante a estação seca, rachaduras aparecem quando a argila se contrai ao secar. Alguns dos grânulos da superfície do solo se desfazem em agregados menores, sob a influência do vento e dos animais. Esta ação faz com que aconteça uma mistura parcial, ou inversão, dos horizontes. (*b*) Durante a estação chuvosa, a água da chuva penetra até a parte mais profunda das fendas, molhando primeiro a parte inferior do solo, antes do perfil inteiro. À medida que as argilas absorvem a água, elas se expandem fechando as fendas e, com isso, aprisionam os agregados granulares que aí caíram. O aumento do volume da parte inferior do perfil causa um movimento do material do solo para os lados e para cima. O solo é então empurrado para cima no espaço entre as fendas. Com esta expansão, à medida que a massa do solo da parte mais baixa desliza, superfícies de fricção brilhantes – ou *slikensides* – se formam em ângulos oblíquos. (*c*) Exemplo de uma superfície de fricção em um *Vertisol*; note a superfície polida e arranhada. Os pontos brancos, abaixo e à direita, são concreções de carbonato de cálcio que costumam se acumular nos horizontes Bkss. (Diagramas e fotos: cortesia de R. Weil)

O alto potencial de expansão e contração dos *Vertisols* faz com que sejam extremamente problemáticos para qualquer tipo de estrada ou construção civil (Prancha 43). Essa propriedade também faz com que o manejo agrícola seja muito difícil.

3.12 MOLLISOLS (SOLOS ESCUROS E MACIOS DAS PRADARIAS)

6,9% das terras do globo e 22,4% das terras dos Estados Unidos não cobertas por gelo

As subordens* são:

Albolls (horizonte álbico)
Aquolls (saturados com água)
Cryolls (frios)
Gelolls (muito frios)
Rendolls (calcário)
Udolls (úmidos)
Ustolls (úmidos/secos)
Xerolls (verões quentes, invernos úmidos)

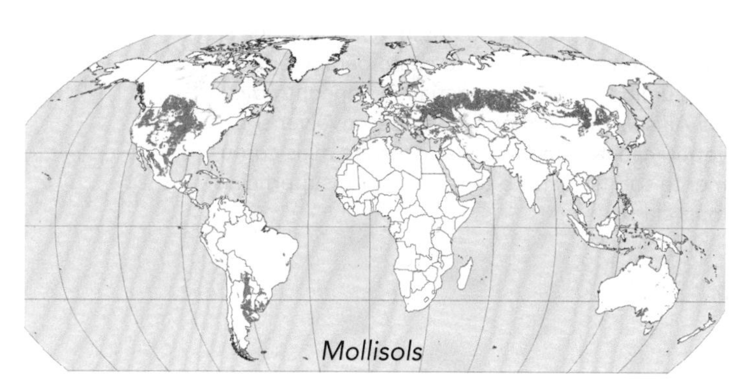

O principal processo na formação dos *Mollisols* está relacionado ao acúmulo de matéria orgânica rica em cálcio, em grande parte derivada do denso sistema radicular de gramíneas, que forma um epipedon mólico espesso e macio que caracteriza os solos desta ordem (Pranchas 8, 13 e 20). Esse horizonte superficial, rico em húmus, pode se estender até 60 a 80 cm de profundidade. Sua capacidade de troca catiônica está mais de 50% saturada com cátions básicos (Ca^{2+}, Mg^{2+}, etc.). Os *Mollisols* das regiões úmidas geralmente têm epipedons mólicos mais espessos e mais escuros e com mais matéria orgânica do que os situados em áreas com regimes hídricos mais secos (Seção 11.8).

O horizonte mais superficial tem geralmente estruturas com agregados granulares ou grumosos, em grande parte resultante de uma abundância de matéria orgânica e argilas do tipo expansivo. Em muitos casos, o material do solo fortemente agregado não é duro quando seco, daí o nome *Mollisol*, que significa macio, ou mole (Tabela 3.1). Além do epipedon mólico, os *Mollisols* podem ter um horizonte de subsuperfície argílico nátrico, álbico ou câmbico, mas não um horizonte óxico ou espódico.

Os *Mollisols* predominam nas Grandes Planícies da América do Norte, nos Pampas da América do Sul e nas Estepes da Eurásia (ver mapas no final do livro). Onde a umidade do solo não é limitante, os *Udolls* são encontrados (Figura 3.17). Eles estão associados a *Aquolls* que lhes são adjacentes na porção inferior das encostas e que são *Mollisols* periodicamente saturados com água. A região caracterizada pela presença de *Ustolls* (Figura 3.18) (seca intermitente durante o verão) se estende de Manitoba e Saskatchewan, no Canadá até o sul do Texas nos Estados Unidos. Mais a oeste, estão situadas áreas consideráveis de *Xerolls* (com um regime de umidade *Xeric*, que é muito seco no verão, mas úmido no inverno). Fotos de dois perfis *Mollisols* estão incluídas na Figura 3.19.

---

* N. de T.: As subordens dos *Rendolls, Udolls, Ustolls* e *Xerolls* do *Soil Taxonomy* (Soil Survey Staff, 1999) correspondem, aproximadamente, a várias subordens da ordem dos Chernossolos do Sistema Brasileiro de Classificação de Solos (EMBRAPA, 2006). A subordem dos *Aquolls* (Soil Survey Staff, 1999) corresponde, aproximadamente, às várias subordens da ordem dos Gleissolos (EMBRAPA, 2006); as subordens dos *Cryolls* e *Gelolls* não têm correspondentes no Brasil.

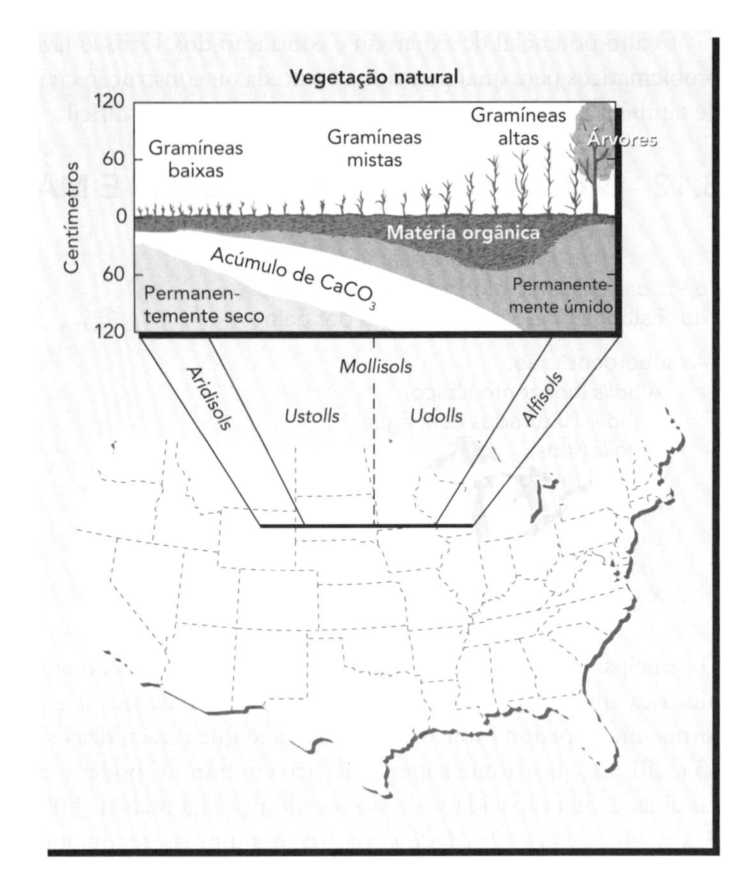

Figura 3.17 Gráfico mostrando a correlação entre a vegetação de pradarias naturais e algumas ordens de solo em uma transeção englobando todo o centro-norte dos Estados Unidos, indicando que o fator que mais controla a formação do solo é o clima. Note a espessa zona de acúmulo de matéria orgânica e a profundidade da camada de acúmulo de carbonato de cálcio, algumas vezes sobreposta a uma de gesso, à medida que se vai das áreas mais secas do oeste para a região mais úmida, onde as pradarias são encontradas. Os *Alfisols* também podem se desenvolver sob vegetação de pradaria, mas ocorrem mais comumente sob florestas e têm horizontes superficiais mais claros.

3.13 ALFISOLS (HORIZONTE ARGÍLICO OU NÁTRICO, MODERADAMENTE LIXIVIADO)

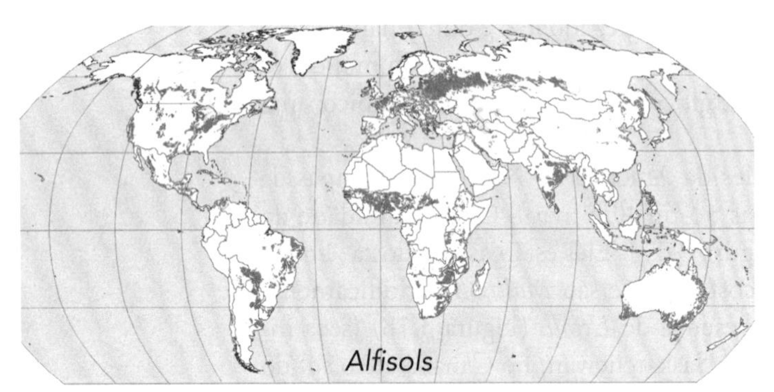

9,6% das terras do globo e 14,5% das terras dos Estados Unidos não cobertas por gelo

As subordens* são:

Aqualfs (saturado com água)
Cryalfs (frios)
Udalfs (úmido)
Ustalfs (úmidos/secos)
Xeralfs (verões secos, invernos úmidos)

Os *Alfisols* são mais intensamente intemperizados que os solos das ordens antes discutidas, mas menos do que os *Spodosols* e *Ultisols* (que serão apresentados a seguir). Eles são encontrados em regiões de climas úmidos, na transição de temperado para quente (Figura 3.7), bem como nos trópicos semiáridos e em áreas com climas mediterrânicos. Na maioria das vezes, os *Alfisols* se desenvolvem sob florestas naturais decíduas, embora, em alguns casos, como na Califórnia (Estados Unidos) e partes da África, a savana (árvores misturadas com gramíneas) seja a vegetação original.

* N. de T.: As subordens dos *Udalfs*, *Ustalfs* e *Xeralfs* do *Soil Taxonomy* (Soil Survey Staff, 1999) correspondem, aproximadamente, a várias subordens da ordem dos Luvissolos e Argissolos do Sistema Brasileiro de Classificação de Solos (EMBRAPA, 2006). A subordem dos *Aqualfs* (Soil Survey Staff, 1999) correspondem a algumas subordens das ordens dos Planossolos e Gleissolos (EMBRAPA, 2006); as subordens dos *Cryalfs* não têm correspondentes no Brasil.

Figura 3.18 Paisagem típica dominada por *Ustolls* (Montana, EUA). Esses solos produtivos produzem grande parte da alimentação humana e animal dos Estados Unidos. (Foto: cortesia de R. Weil)

Os *Alfisols* são caracterizados por um horizonte subsuperficial diagnóstico no qual as argilas silicatadas se acumularam por iluviação (Prancha 1). Filmes de argila ou outros sinais de iluviação estão presentes nesses horizontes B (Pranchas 18 e 24). Nos *Alfisols*, esse horizonte é rico em argila e apenas moderadamente lixiviado, estando sua capacidade de troca catiônica saturada com cátions não ácidos (Ca^{2+}, Mg^{2+}, etc.) superior a 35%*. Na maioria dos *Alfisols*, esse horizonte é denominado *argílico* por causa do seu acúmulo com argilas silicatadas. O horizonte é denominado *nátrico* se, além de ter um acúmulo de argilas silicatadas, está com

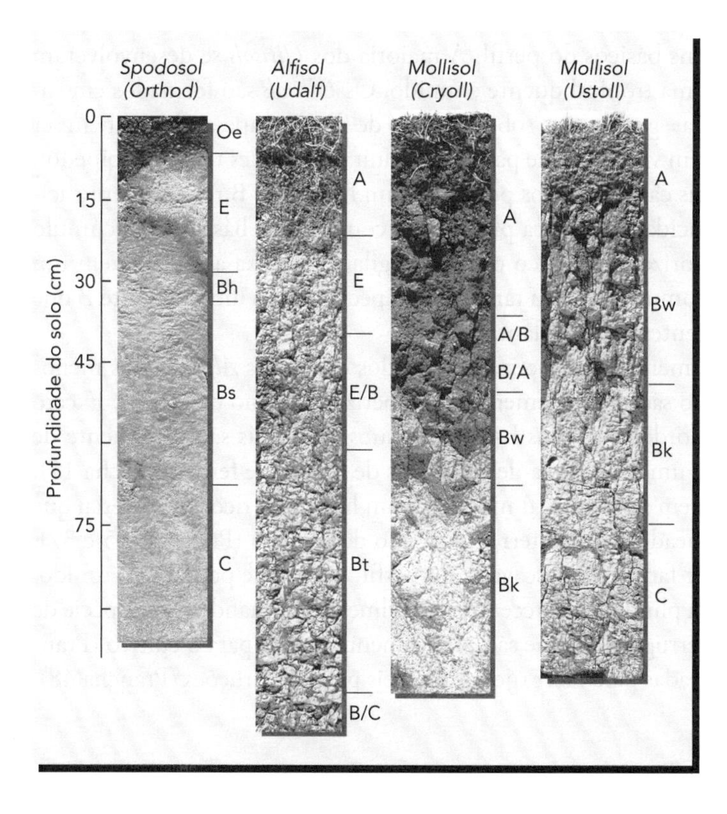

Figura 3.19 Perfis de solos montados na forma de monolitos que representam três ordens de solos. Os nomes de subordens estão entre parênteses. As designações dos horizontes genéticos (e não dos diagnósticos) também são indicadas. Observe o horizonte espódico no *Spodosol* caracterizado por um acúmulo de húmus (Bh) e de ferro (Bs). No *Alfisol* encontra-se o horizonte de acúmulo de argila iluvial (Bt), e o horizonte B com desenvolvimento de estrutura mas sem acúmulo de argila iluvial (Bw) faz parte de um dos *Mollisols*. O horizonte superficial espesso e escuro (epipedon mólico) está presente nos dois *Mollisols*. Note que a zona de acumulação de carbonato de cálcio (Bk) situa-se mais perto da superfície no *Ustoll*, que se desenvolveu em um clima mais seco. O horizonte E/B no *Alfisol* tem características intermediárias entre o horizonte E e o B.

* N. de T.: Esses valores de 35% de saturação por bases refere-se à capacidade de troca de cátions (CTC) determinada a pH 8,2 e é equivalente, aproximadamente, a 50% quando essa CTC é determinada a pH 7,0 (como usado no Brasil).

mais de 5% saturado por sódio e tem estrutura colunar ou prismática (Figuras 4.8 e 9.26). Em alguns *Alfisols* de regiões tropicais subúmidas, esse horizonte de acúmulo de argilas é denominado *kândico* (o nome deriva do argilomineral kandita), porque as argilas têm uma baixa capacidade de troca de cátions.

Os *Alfisols* muito raramente têm um epipedon mólico, senão seriam classificados na subordem *Argiudolls* ou em outra subordem dos *Mollisols* com um horizonte argílico. Em vez disso, *Alfisols* normalmente têm um epipedon ócrico, relativamente delgado, bruno-acinzentado (a Prancha 1 mostra um exemplo), ou um epipedon úmbrico. Aqueles formados sob florestas temperadas caducifólias geralmente têm um horizonte E com cor mais clara e lixiviado imediatamente abaixo do horizonte A álbico (Prancha 21).

3.14 ULTISOLS (HORIZONTE ARGÍLICO, MUITO LIXIVIADO)

8,5% das terras do globo e 9,6% das terras dos Estados Unidos não cobertas por gelo

As subordens* são:
- *Aquults* (saturado com água)
- *Humults* (muito húmus)
- *Udults* (úmidos)
- *Ustults* (úmidos/secos)
- *Xerults* (verões secos, invernos úmidos)

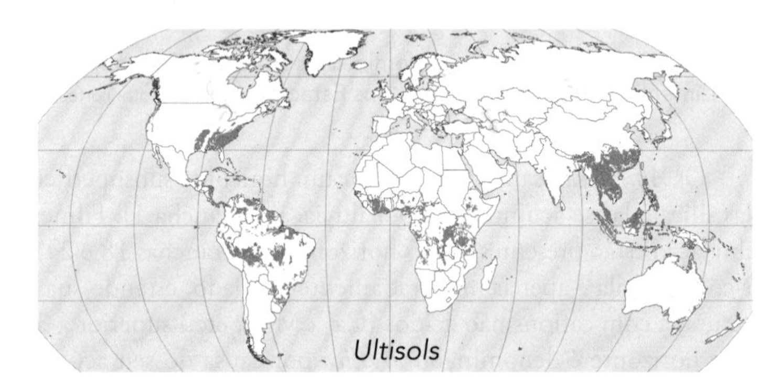

Os principais processos envolvidos na formação dos *Ultisols* são o intemperismo dos minerais das argilas, a translocação das argilas e o seu acúmulo em um horizonte argílico ou kândico, bem como a lixiviação de cátions básicos do perfil. A maioria dos *Ultisols* se desenvolveram sob condições ambientais de clima tropical quente e úmido. Os *Ultisols* são formados em superfícies geomórficas mais antigas, geralmente sob vegetação de floresta, apesar de também ser comum em savanas ou mesmo em vegetação de pântanos. Muitas vezes eles têm um epipedon ócrico ou úmbrico, mas são mais caracterizados por terem um horizonte B relativamente ácido com menos de 35% da capacidade de troca preenchida com cátions básicos. O acúmulo de argila pode se dar em um horizonte argílico ou, se a argila é de baixa atividade, em um horizonte kândico. Os *Ultisols* comumente têm tanto um epipedon como um horizonte B que é muito ácido e pobre em nutrientes para as plantas.

Os *Ultisols* são mais intensamente intemperizados e ácidos do que os *Alfisols*, mas menos ácidos do que os *Spodosols*, e não são tão fortemente intemperizados como os *Oxisols*. Exceto para as classes mais úmidas da ordem, os seus horizontes subsuperficiais são geralmente de coloração vermelha ou amarela, uma evidência de acúmulos de óxidos de ferro (Prancha 11). Certos *Ultisols* que se formaram em ambientes úmidos têm um horizonte rico em material que se agrupa, formando um mosqueado rico em ferro, chamado de **plintita** (Pranchas 15 e 37). Esse material é macio e pode ser facilmente escavado do perfil, desde que permaneça úmido. No entanto, quando seco ao ar, a plintita endurece irreversivelmente, formando uma espécie de nódulos, concreções ou placas ferruginosas, que são praticamente inúteis para o cultivo (Pranchas 29 e 33), mas podem ser usadas para fazer tijolos duráveis para construções (Prancha 48).

---

* N. de T.: As subordens dos *Udults, Ustults* e *Xerults* do *Soil Taxonomy* (Soil Survey Staff, 1999) correspondem, aproximadamente, a várias subordens da ordem dos Argissolos do Sistema Brasileiro de Classificação de Solos (EMBRAPA, 2006). A subordem dos *Aquults* (Soil Survey Staff, 1999) corresponde às subordens da ordem dos Planossolos e Gleissolos (EMBRAPA, 2006).

Embora os *Ultisols* em condições naturais não sejam tão férteis quanto os *Alfisols* ou *Mollisols*, respondem bem a um bom manejo. Eles estão localizados principalmente em regiões com longas estações de crescimento das plantas e com umidade suficiente para a produção de boas colheitas. As argilas silicatadas dos *Ultisols* são geralmente do tipo de baixa atividade, não expansivo, que, juntamente com a presença de óxidos de ferro e alumínio, fazem com que sejam fáceis de serem trabalhadas na agricultura.

3.15 SPODOSOLS (SOLOS DE FLORESTAS, ÁCIDOS, MUITO LIXIVIADOS E ARENOSOS)

2,6% das terras do globo e 3,3% das terras dos Estados Unidos não cobertas por gelo

As subordens são:

Aquods (saturado com água)
Cryods (frios)
Gelods (muito frios)
Humods (húmus)
Orthods (típicos)

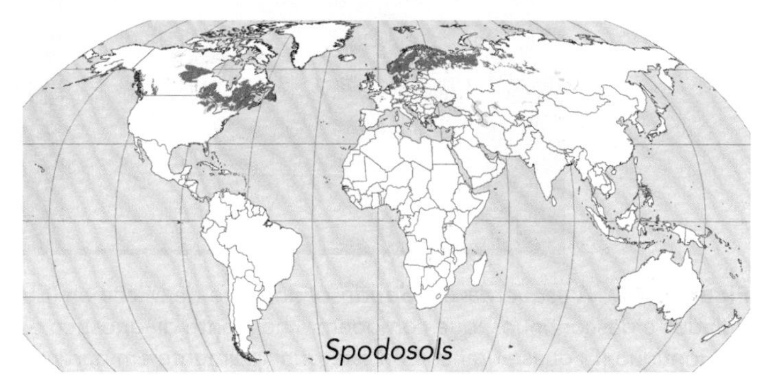

Os *Spodosols** se desenvolvem principalmente em materiais de origem de textura grosseira, ácidos e sujeitos a intensa lixiviação. Eles ocorrem apenas em áreas úmidas, normalmente onde o clima é frio ou temperado, e também em algumas áreas tropicais e subtropicais (Figura 3.7). O principal processo de formação do solo é uma intensa lixiviação ácida. São solos minerais, com um horizonte subsuperficial *espódico* caracterizado por um acúmulo de matéria orgânica iluviada e/ou de óxidos de alumínio, com ou sem óxidos de ferro (Pranchas 10 e 31). Esse horizonte é geralmente delgado, escuro e tipicamente iluvial, sob uma camada clara acinzentada, que é denominada horizonte *álbico* eluvial.

Os *Spodosols* se formam sob vegetação de floresta, especialmente aquelas nas quais dominam as espécies de coníferas cujas acículas são pobres em cátions básicos, como o cálcio, e ricas em resinas ácidas. À medida que a serrapilheira dessas acículas se decompõe, compostos orgânicos fortemente ácidos são liberados e transportados para dentro do perfil, bastante permeável, pelas águas de percolação. Alguns dos compostos orgânicos lixiviados podem se precipitar e formar um horizonte Bh de cor preta. A lixiviação de ácidos orgânicos ligados ao ferro e ao alumínio remove esses metais dos horizontes A e E, translocando-os para baixo. Esse ferro e alumínio pode precipitar em um horizonte Bs com cores bruna-avermelhadas, situado quase sempre logo abaixo de um horizonte Bh, de cor preta. O conjunto dos horizontes Bh e Bs constitui o horizonte diagnóstico espódico que define os *Spodosols*. A profundidade em que o horizonte espódico se forma pode variar de menos de 20 cm até vários metros. À medida que os óxidos de ferro (e mais outros minerais, exceto o quartzo) são retirados do horizonte E pelo processo orgânico de lixiviação, esse horizonte pode se tornar um horizonte diagnóstico álbico quase branco que consiste principalmente em areia de quartzo lavado. A lixiviação e a precipitação frequentemente ocorrem ao longo de frentes de molhamento onduladas, resultando em perfis de *Spodosols* com aspectos impressionantes (Figura 3.20).

Os *Spodosols*, em condições naturais, não são férteis. Por serem muito ácidos e pouco tamponados, muitos deles, bem como os lagos adjacentes situados em bacias hidrográficas dominadas por solos dessa ordem, são suscetíveis a danos causados pelas chuvas ácidas (Seção 9.6).

* N. de T.: A ordem dos *Spodosols* do *Soil Taxonomy* (Soil Survey Staff, 1999) corresponde, aproximadamente, à ordem dos Espodossolos do Sistema Brasileiro de Classificação de Solos (EMBRAPA, 2006).

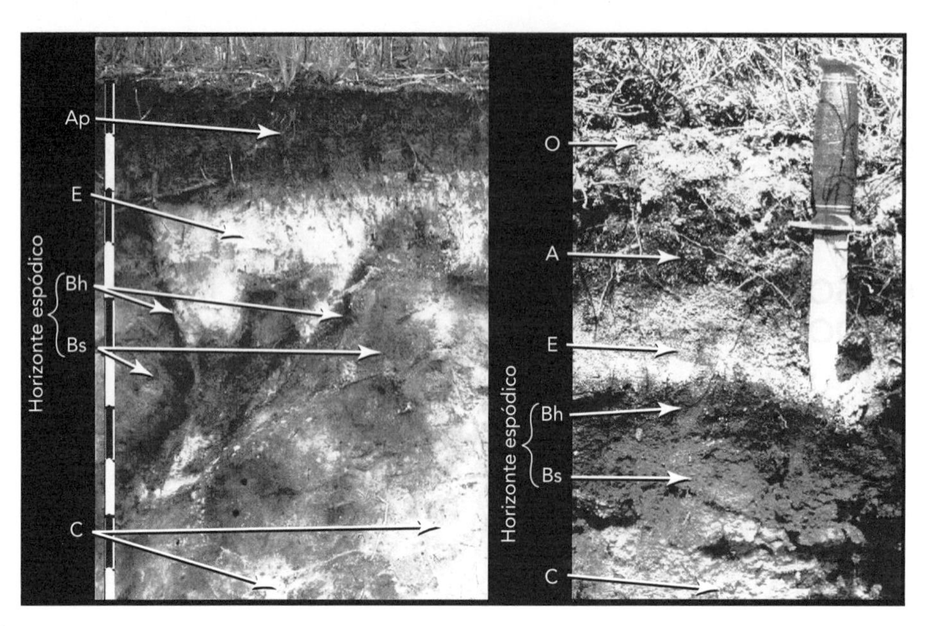

Figura 3.20 *À esquerda*: um *Spodosol* do norte de Michigan (EUA) apresentando horizontes genéticos Bh e Bs ondulados e descontínuos, que compõem o horizonte diagnóstico espódico relativamente profundo. O horizonte eluvial descontínuo (E) quase branco consiste principalmente em partículas de areias de quartzo não revestidas e é um horizonte diagnóstico álbico. O horizonte mais superficial e escuro enriquecido com matéria orgânica (um horizonte de diagnóstico ócrico) mostra um limite inferior plano e espessura caracteristicamente uniforme de um horizonte Ap, formado por arações e cultivos após a floresta original de coníferas ter sido derrubada. *À direita*: um *Spodosol* muito mais delgado, na Escócia, também apresenta um horizonte diagnóstico espódico composto pelos horizontes genéticos Bh e Bs. A escala à esquerda tem marcas a cada 10 cm, e a faca à direita tem um cabo de 12 cm. (Fotos: cortesia de R. Weil)

3.16 OXISOLS (HORIZONTE ÓXICO, ALTAMENTE INTEMPERIZADO)

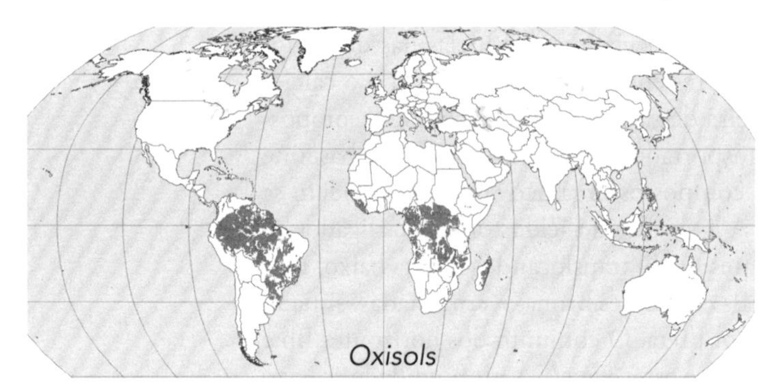

7,6% das terras do globo e 0,01% das terras dos Estados Unidos não cobertas por gelo

As subordens* são:

- *Aquox* (saturados com água)
- *Perox* (permanentemente úmidos)
- *Torrox* (quentes, secos)
- *Udox* (úmidos)
- *Ustox* (úmidos/secos)

Os *Oxisols* são os solos mais intemperizados do sistema de classificação (Figura 3.6). Eles se formam em climas quentes, com condições úmidas quase o ano inteiro; desta forma, a vegetação nativa é geralmente imaginada como sendo a floresta tropical chuvosa. No entanto, alguns *Oxisols* (*Ustox*) são encontrados em áreas que são hoje muito mais secas do que quando os solos formaram suas características óxicas. O atributo diagnóstico mais importante é um espesso horizonte subsuperficial óxico. O intemperismo e a intensa lixiviação removeram grande parte da sílica dos minerais silicatados deste horizonte. Quartzo e algumas argilas silicatadas do tipo

* N. de T.: As subordens dos *Perox, Torrox, Udox* e *Ustox* do *Soil Taxonomy* (Soil Survey Staff, 1999) correspondem, aproximadamente, a várias subordens da ordem dos Latossolos do Sistema Brasileiro de Classificação de Solos (EMBRAPA, 2006). A subordem dos *Aquox* (Soil Survey Staff, 1999) corresponde, aproximadamente, às várias subordens da ordem dos Plintossolos e Gleissolos (EMBRAPA, 2006).

1:1 permanecem, mas os hidróxidos de ferro e de alumínio são frequentemente os minerais dominantes (ver Capítulo 8 para obter informações sobre os vários minerais das argilas). Na maioria dos *Oxisols,* os epipedons sao ócricos ou úmbricos. Normalmente, as transições entre horizontes subsuperficiais são difusas, fazendo com que aparentem ser relativamente uniformes com a profundidade (Pranchas 9 e 25).

O teor de argila dos *Oxisols* é geralmente elevado, mas as argilas são de baixa atividade, do tipo não expansível. Consequentemente, quando a argila seca, a consistência não é dura, e o solo pode ser facilmente trabalhado. Além disso, os *Oxisols* são resistentes à compactação natural, de forma que a água se move livremente através do perfil. A profundidade de intemperismo nos *Oxisols* é caracteristicamente muito maior do que para a maioria dos outros solos, tendo sido observado como sendo de 20 m ou mais. As argilas de baixa atividade têm uma capacidade muito limitada para armazenar cátions nutrientes, como Ca^{2+}, Mg^{2+} e K^{+}; por isso, são normalmente de baixa fertilidade natural e moderadamente ácidas. A alta concentração de óxidos de ferro e alumínio também dá a estes solos uma capacidade de fixação de ânions tão forte que o fósforo passa a ser pouco disponível e deficiente, o que limita o crescimento das plantas depois que a vegetação natural é retirada.

Estradas e edifícios são construídos com relativa facilidade na maioria dos *Oxisols*, porque esses solos são facilmente escavados, não expandem ou contraem e são fisicamente muito estáveis nas encostas. A agregação muito estável das argilas é em grande parte condicionada pelos compostos de ferro, tornando-os muito resistentes à erosão.

3.17 CATEGORIAS DOS NÍVEIS HIERÁRQUICOS INFERIORES DO SOIL TAXONOMY

Subordens

Como indicado ao lado dos mapas de distribuição global das seções anteriores, os solos dentro de cada ordem são agrupados em subordens, com base em propriedades do solo que refletem as principais condições ambientais que agem sobre os atuais processos de formação do solo. Muitas subordens são indicativas do regime de umidade ou, menos frequentemente, do regime de temperatura em que os solos são encontrados. Assim, solos formados sob condições de longos períodos de saturação com água são geralmente identificados em subordens distintas (por exemplo, *Aquents*, *Aquerts*, *Aquepts*), características dos solos hidromórficos.

Grandes grupos

Os grandes grupos são subdivisões das subordens. Mais de 400 deles já foram reconhecidos. Eles são definidos em grande parte pela presença ou ausência de horizontes diagnósticos (como úmbricos, argílicos e nátricos), que fornecem elementos formativos para os nomes dos grandes grupos.

Lembre-se que os nomes dos grandes grupos são compostos por esses elementos formativos que são colocados como prefixos aos nomes das subordens nas quais os grandes grupos ocorrem. Assim, os *Ustolls* com um horizonte nátrico (ricos em sódio) se enquadram no grande grupo dos *Natrustolls*. Como pode ser visto no exemplo apresentado no Quadro 3.2, as descrições do solo em nível de grande grupo podem fornecer informações importantes não fornecidas nos níveis hierárquicos mais elevados e mais gerais da classificação.

Uma seleção de nomes de grandes grupos pertencentes a duas ordens é mostrada na Tabela 3.2. Essa listagem ilustra novamente a utilidade do *Soil Taxonomy* e especialmente a nomenclatura utilizada por essa classificação. Note, na Tabela 3.2, que nem todas as combinações possíveis de prefixos do grande grupo e subordens são usados. Em alguns casos, certas combinações específicas não existem. Por exemplo, os *Aquolls* ocorrem em áreas de várzea, mas não em

Tabela 3.2 Exemplos de nomes de grandes grupos de subordens selecionadas das ordens dos *Mollisols* e *Ultisols*

	Feição dominante do grande grupo			
	Horizonte argílico	**Conceito central sem feições de distinção**	**Superfícies geomórficas antigas**	**Fragipã**
Mollisols				
1. *Aquolls* (saturados com água)	Argi*aquolls*	Hapl*aquolls*	–	–
2. *Udolls* (úmidos)	Argi*udolls*	Hapl*udolls*	Pale*udolls*	–
3. *Ustolls* (secos)	Argi*ustolls*	Hapl*ustolls*	Pale*ustolls*	–
4. *Xerolls* (Med.[a])	Argi*xerolls*	Haplo*xerolls*	Pale*xerolls*	–
Ultisols				
1. *Aquults* (saturados com água)	–	–	Pale*aquults*	Fragi*aquults*
2. *Udults* (úmidos)	–	Hapl*udults*	Pale*udults*	Fragi*udults*
3. *Ustults* (secos)	–	Hapl*ustults*	Pale*ustults*	–
4. *Xerults* (Med.[a])	–	Haplo*xerults*	Pale*xerults*	–

[a] Med. = Clima mediterrâneo; período seco bem definido no verão.

superfícies elevadas e muito antigas. Assim, não existem "*Paleaquolls*". Além disso, como *todos* os *Ultisols* contêm um horizonte argílico, o uso de termos como "*Argiudults*" seria redundante.

Subgrupos

Os subgrupos são subdivisões dos grandes grupos e mais de 2500 deles são reconhecidos. O conceito central de um grande grupo é a base para a definição de um subgrupo, denominado *Typic* (Típico). Assim, o subgrupo *Typic Hapludolls* é o mais típico do grande grupo dos *Hapludolls*. Outros subgrupos podem ter características que são intermediárias para aquelas do conceito central e para os solos de outras ordens, subordens ou outros grandes grupos. Um *Hapludoll* com drenagem restringida seria classificado como um *Aquic Hapludoll*; um outro com a evidência de intensas atividades de minhocas seria enquadrado no subgrupo *Vermic Hapludolls*. Alguns subgrupos intermediários podem ter propriedades em comum com outras ordens ou com outros grandes grupos. Assim, os solos do subgrupo dos *Entic Hapludolls* são *Mollisols* pouco desenvolvidos, perto de serem classificados na ordem dos *Entisols*. O conceito de subgrupo ilustra muito bem a flexibilidade do *Soil Taxonomy*.

Famílias

Dentro de um subgrupo, os solos se enquadram dentro de uma determinada família, quando, a uma profundidade especifica, eles têm propriedades químicas e físicas similares que afetam o crescimento das raízes das plantas. Cerca de 8000 famílias já foram identificadas. O critério usado inclui classes gerais de distribuição de partículas de acordo com o seu tamanho (textura), mineralogia, capacidade de troca de cátions da argila, temperatura e espessura do solo possível de ser penetrada pelas raízes. Termos como *siltosa*, *arenosa* e *argilosa* são usados para identificar as classes gerais de textura. Nomes usados para descrever as classes mineralógicas incluem *smectitic, kaolinitic, siliceous, carbonatic* e *mixed*. As argilas são descritas como *superactive*, *active*, *semiactive* ou *subactive*, considerando a sua capacidade de trocas de cátions. Para classes de temperatura, termos como *cryic, mesic* e *thermic* são usados. Os termos *shalow* (rasa ou delgada) e *micro* são algumas vezes usados ao nível de família para espessuras atípicas do solo.

Assim, um *Typic Argiudoll* do Estado de Iowa (EUA), com textura franca, quando tem uma mistura de minerais de argila com atividade moderada e com temperaturas anuais do solo (a 50 cm de profundidade) entre 8 e 15°C, é classificado na família: *loamy, mixed, active,*

QUADRO 3.2

Escavações arqueológicas, grandes grupos e fragipãs

O *Soil Taxonomy* é uma ferramenta de comunicação que ajuda os pesquisadores em ciência do solo e gestores de terras a compartilharem informações. Neste quadro, vamos ver como um erro de classificação, mesmo em um nível inferior (como o grande grupo) no *Soil Taxonomy*, pode ter graves consequências.

A fim de preservar os patrimônios históricos e pré-históricos, as leis dos Estados Unidos exigem que um relatório de impactos arqueológicos seja efetuado antes do início do trabalho de construções importantes que requeiram movimentação do solo. Os impactos arqueológicos são geralmente avaliados em três fases. Os locais selecionados são dessa forma estudados por arqueólogos, que têm a esperança de que pelo menos alguns dos artefatos possam ser preservados e interpretados antes que as atividades das construções os eliminem para sempre. Contudo, apenas alguns locais relativamente pequenos podem ser submetidos às meticulosas escavações arqueológicas, por causa da mão de obra qualificada e dispendiosa exigida (Figura 3.21).

Para a construção de uma nova rodovia em um Estado da costa Atlântica dos Estados Unidos, foi exigido um relatório de impacto arqueológico como condição prévia. Na primeira fase, uma empresa de consultoria reuniu as informações sobre os solos do local e outras – de mapas, fotografias aéreas e investigações de campo – para determinar onde as populações humanas do Neolítico poderiam ter ocupado as terras. Em seguida, os consultores identificaram a presença de artefatos de cerca de 12 ha, o que provou a existência de atividades humanas significativas no período Neolítico. Os solos dessa área foram mapeados como sendo, dominantemente, *Typic Dystrudepts*, os quais foram formados de antigos materiais coluviais e aluviais que, muitos milhares de anos atrás, tinham sido depositados ao longo da margem de um rio. Vários perfis representativos de solos foram examinados pela abertura de trincheiras com uma retroescavadeira. Os diferentes horizontes foram descritos; em seguida, identificou-se em quais deles os artefatos poderiam ser encontrados. Contudo, o que não se notou foi a presença, nesses solos, de um fragipã (uma camada muito densa e quebradiça que é extremamente difícil de ser escavada com ferramentas manuais).

O fragipã é um horizonte de diagnóstico subsuperficial utilizado para classificar os solos, geralmente em nível de grande grupo ou de subgrupo. Sua presença distinguiria os *Fragiudepts* dos *Dystrudepts*.

Quando chegou a hora da escavação manual e detalhada dos locais onde os artefatos deveriam ser recuperados, uma segunda firma de consultoria foi contratada. Infelizmente, a proposta orçamentária de seu contrato foi baseada nas descrições dos perfis de solo que não classificaram especificamente o solo como *Fragiudepts* – solos com uma camada muito densa, dura e quebradiça de um fragipã que só poderia ser escavado manualmente. Essa camada era tão difícil de ser escavada e removida com as mãos que os custos da escavação quase dobraram – um gasto adicional de US$ 1 milhão. Não é necessário dizer que esse fato levantou uma controvérsia: o custo adicional deveria ser pago pela firma de consultoria contratada por último ou pela primeira, que falhou porque não descreveu adequadamente a presença do fragipã para a empresa construtora – a qual pagou pelo levantamento de solos?

Este é apenas um dos exemplos práticos da importância da classificação do solo. O elemento formativo (prefixo *Fragi*) do nome de um grande grupo indica a ocorrência de uma camada muito densa e impermeável que é muito difícil de ser escavada e que pode restringir o crescimento de raízes (frequentemente fazendo com que árvores tombem ou se inclinem), pode reter um lençol freático suspenso (condições epiáquicas) e pode também interferir no funcionamento adequado de campos de drenos de tanque séptico.

Figura 3.21 Aspectos de uma escavação arqueológica. (Foto: cortesia de Antonio Segovia, University of Maryland, Estados Unidos)

mesic Typic Argiudolls. Em contraste, um *Typic Haplorthod*, com textura argilosa, elevado teor de quartzo e localizado em uma área de clima frio no leste do Canadá, é classificado na família: *sandy, siliceous, frigid Typic Haplorthods*. (Observe que as classes de atividade da argila não são usadas para as classes texturais arenosas do solo.)

Séries

A categoria de série é a unidade mais específica do sistema de classificação. É uma subdivisão da família, e cada série é definida por uma faixa específica de propriedades do solo, abrangendo principalmente o tipo, a espessura e o arranjo dos horizontes. Características como um pã endurecido dentro de uma certa distância abaixo da superfície, uma zona distinta de acumulação de carbonato de cálcio em uma determinada profundidade ou características marcantes de cor podem ajudar na identificação de uma série.

Nos Estados Unidos e em muitos outros países, a cada série é dado um nome, geralmente de alguma cidade, rio ou lago, como *Fargo*, *Muscatine*, *Cecil*, *Mohave* ou *Ontario*. Há cerca de 23.000 séries de solo nos Estados Unidos. Por razões práticas, as séries de solo são, por vezes, subdivididas em **fases** – com base em certas propriedades de importância no uso e manejo da terra (p.ex.,com base na textura do horizonte superficial, pedregosidade, declividade, grau de erosão ou teor de sais solúveis). Assim, "*Pinole* franca, 2-9% de declive" e "*Hagerstown* franco-siltosa, fase pedregosa" são exemplos de fases de séries de solos. Embora não seja tecnicamente uma categoria no *Soil Taxonomy*, as fases do solo são comumente representadas em mapas de solo e utilizadas como unidades de manejo.

Nomes e descrições oficiais das séries de solos dos Estados Unidos. Clique em "Soil Series Name Search": http://soils.usda.gov/technical/classification/scfile/index.html

A classificação completa de um *Mollisol* – a série *Kokomo* – é mostrada na Figura 3.22. Essa figura ilustra como o *Soil Taxonomy* pode ser usado para mostrar a relação entre *o solo*, um termo abrangente significando todos os solos, e a série de um solo específico. A figura deve ser estudada com cuidado, pois revela muito sobre a estrutura e o uso do *Soil Taxonomy*. Se o nome de uma série do solo for conhecido, a classificação taxonômica completa do solo poderá ser encontrada na *Internet*, consultando o *site* indicado na margem lateral deste parágrafo. O Quadro 3.3 ilustra como a informação taxonômica do solo pode auxiliar na compreensão da natureza de uma paisagem.

3.18 TÉCNICAS PARA MAPEAMENTO DE SOLOS[7]

As informações geográficas sobre solos são frequentemente melhor comunicadas aos gestores de terras (principalmente agricultores) por meio de um mapa de solos. Os mapas de solos têm sido muito usados como ferramentas para o planejamento e o manejo das terras. Portanto, muitos estudiosos de solo – os pedólogos – especializam-se em mapeamento de solos. Um pedólogo, antes de iniciar o mapeamento, deve estudar o máximo possível sobre os solos, o relevo e a vegetação da área a ser examinada. Assim, o primeiro passo para o mapeamento de solos – ou pedológico – é coletar e estudar os mapas de solos mais antigos ou, em menor escala, os mapas geológicos e topográficos, as descrições do solo antigas e quaisquer outras informações referentes à área em questão. Quando um levantamento pedológico se inicia, o pedólogo tem três tarefas principais: (1) definir as unidades de solo a serem mapeadas, (2) reunir informações sobre a natureza e a classificação de cada solo e (3) delinear os limites onde cada unidade de solo ocorre na paisagem. Vamos agora discutir alguns dos procedimentos e ferramentas que os pedólogos utilizam para delinear os solos no campo.

[7] Para um guia de orientação internacional para todos os aspectos do processo de elaboração de mapas de solo, consultar Legros (2006). Para procedimentos oficiais para a realização de levantamentos de solos nos Estados Unidos, consultar o USDA-NRCS (2006).

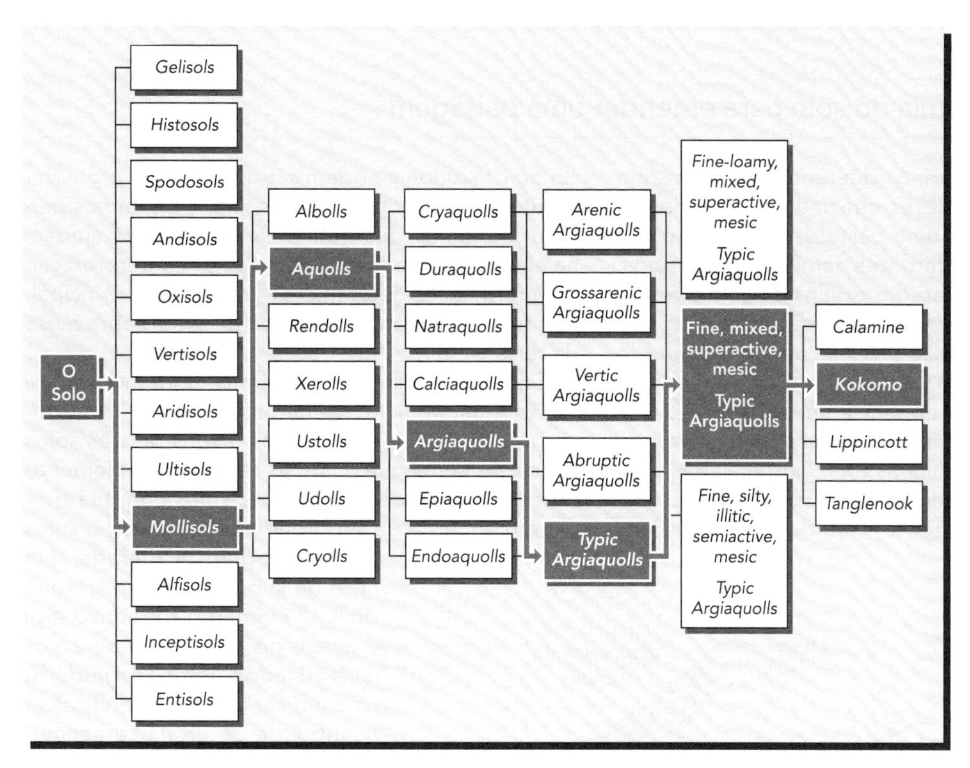

Figura 3.22 Diagrama ilustrando como uma série de solo (*Kokomo*) se encaixa no esquema geral de classificação. Os retângulos sombreados indicam que esse solo é da ordem *Mollisols*, subordem *Aquolls*, grande grupo *Argiaquolls* e assim por diante. Em cada categoria, as outras unidades taxonômicas são mostradas na ordem em que se enquadram no *Soil Taxonomy*. Existem muito mais famílias do que as apresentadas.

Descrição dos solos

Computadores e satélites são algumas ferramentas de trabalho dos pedólogos, mas eles também usam pás e trados. Apesar de todos os avanços tecnológicos dos últimos anos, a peça fundamental do mapeamento de solos ainda é a trincheira, uma escavação retangular grande e com profundidade suficiente para permitir que uma ou mais pessoas entrem e estudem um pedon representativo (Seção 3.1) exposto nas faces da trincheira. As Pranchas de 1 a 12 mostram fotografias tiradas das paredes das trincheiras. Após a limpeza da trincheira, o pedólogo examinará as cores, textura, consistência, estrutura, padrões de enraizamento de plantas e outras características do solo para determinar quais horizontes estão presentes e em quais profundidades ocorrem seus limites (Figura 3.24). Frequentemente, os limites dos horizontes são marcados com uma faca ou uma pá de jardineiro, como pode ser visto no lado direito da Prancha 9.

Manual para descrição e coleta do solo no campo do USDA Soil Survey Division: http://soils.usda gov/technical/fieldbook/

O solo é então descrito de uma forma padronizada (ver exemplo na Tabela 3.3) que facilita a comunicação com outros pedólogos e a comparação com outros solos. Algumas vezes, o pedólogo terá de usar *kits* de campo para fazer exames químicos rápidos do pH e dos carbonatos livres (efervescência de dióxido de carbono quando o ácido clorídrico diluído é colocado no solo) (ver Prancha 91).

Nesta fase, se possível, os horizontes do solo são identificados com as letras maiúsculas principais (A, E, B, etc.) e os seus símbolos subordinados (2Bt, Ap, etc.) (Tabela 2.2). Finalmente, as amostras de materiais do solo serão coletadas de cada horizonte, as quais serão utilizadas para análises laboratoriais detalhadas e arquivamento. As análises de laboratório proporcionarão informações importantes para a caracterização química, física e mineralógica de cada solo.

QUADRO 3.3

Usando a taxonomia do solo para entender uma paisagem

Nas paisagens naturais, os diferentes solos existem lado a lado, muitas vezes em padrões complexos. Solos adjacentes em uma parte de um terreno podem pertencer a diferentes famílias, subgrupos, grandes grupos, ou mesmo ordens de solo diferentes. A Figura 3.23 ilustra uma paisagem que sofreu glaciação em uma região de clima úmido temperado (estado de Iowa, EUA), onde 2-7 m de sedimentos do tipo loess se sobrepõem a um substrato de *till* lixiviado, e a vegetação natural era principalmente de pradarias de gramíneas altas, intercaladas com pequenas reboleiras de árvores. Essa paisagem demonstra como os horizontes e atributos diagnósticos do *Soil Taxonomy* podem ser usados para organizar as informações sobre os solos. Ela também nos permite identificar diferentes feições que nos ajudam na elaboração de mapas de solos e na interpretação de informações geográficas – muito úteis, principalmente, para o planejamento de projetos sobre o uso da terra.

Essas relações estão refletidas na nomenclatura do *Soil Taxonomy.* O elemento formativo, ou prefixo, *aqu* aparece no nome dos táxons de três solos saturados com água por mais tempo. Esse elemento formativo é usado para indicar solos com má drenagem em nível de subordem (*Endoaqualls*) e solos com drenagem moderada, em nível de subgrupo (*Aquic Hapludoll*). O elemento formativo *argi* é usado no nome de dois solos (classificados como *Argiudolls*) para indicar que uma significativa quantidade de argila se acumulou no horizonte B destes *Mollisols* a ponto de desenvolver um horizonte diagnóstico argílico. O prefixo *Argi* não aparece no nome dos dois *Alfisols* porque um acúmulo iluvial de argila (horizonte argílico ou similar) é um requisito para todos os *Alfisols.* Os elementos modificadores dos subgrupos também fornecem importantes informações acerca das interrelações desses solos na paisagem. Por exemplo, o termo *Cumulic* indica que o solo da série *Wabash* tem um epipedon mólico muito espesso porque os materiais do solo das partes mais elevadas foram carregados pelos fluxos de água e depositados nas várzeas onde este solo é encontrado. O modificador *Mollic,* usado para a série de solos *Downs,* indica que esse solo tem características intermediárias entre os *Alfisols* e *Mollisols,* uma vez que o horizonte A do solo da série *Downs* é um pouco menos espesso para ser enquadrado como um epipedon mólico.

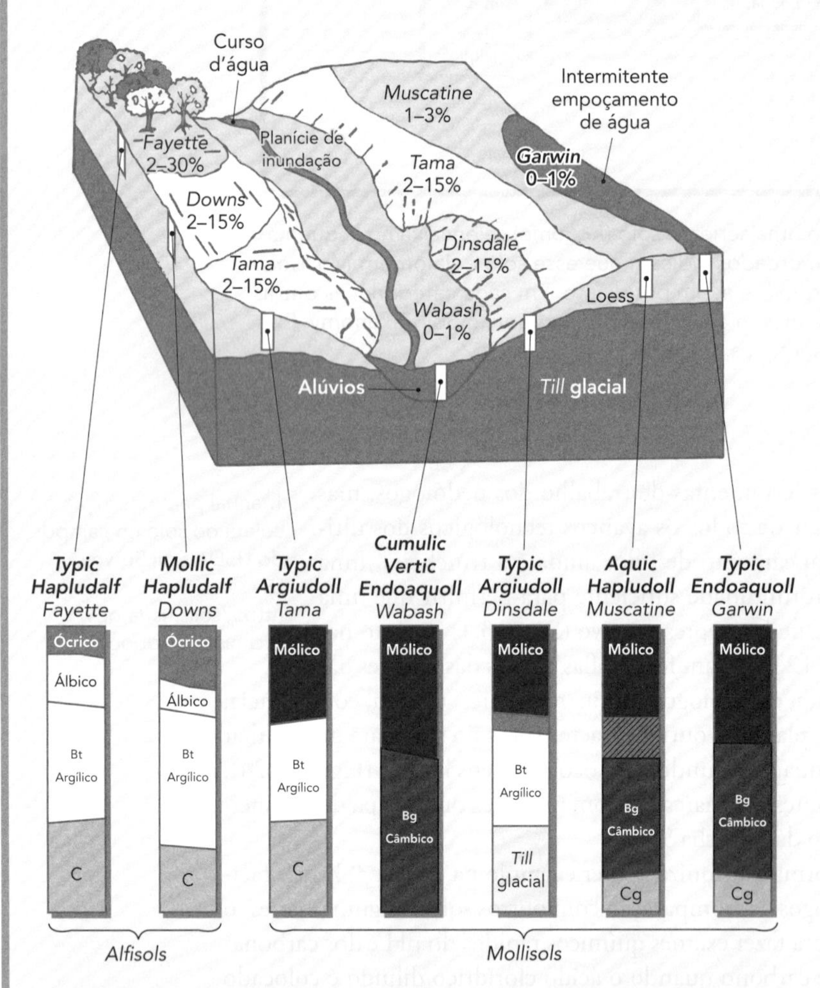

Figura 3.23 As classes do *Soil Taxonomy* refletem as relações solo-paisagem. (Diagrama: cortesia de Ray Weil, baseado em Riecken e Smith (1949))

Figura 3.24 Uma trincheira possibilita fazer observações detalhadas do solo em um determinado local. Nesta foto, vários pedólogos do USDA Natural Resources Conservation Service (EUA) descrevem um pedon considerado como típico de uma unidade de mapeamento (série *Thorndale*), conforme identificado pelo exame da parede da trincheira. Um pedólogo dentro da trincheira está comparando as cores e as texturas das amostras de solo retiradas dos diversos horizontes, enquanto outro (canto superior direito) registra as observações em um caderno, fazendo uma descrição do perfil do solo (como na Tabela 3.3). Mais tarde, quando esses pedólogos estiverem fazendo prospecções com tradagens para elaborar o mapa de solos em uma área (Figuras 3.25 e 3.26), eles poderão identificar os solos que encontraram ao comparar as feições das amostras retiradas com os trados às propriedades listadas nas descrições detalhadas do perfil do solo exposto na trincheira. (Foto: cortesia de R. Weil)

Usando essas técnicas, os pedólogos responsáveis pela tarefa de mapear uma área se familiarizarão com os solos que esperam encontrar, aprendendo certas características específicas para que possam identificar rapidamente cada solo e distingui-lo de outros solos existentes na área em questão.

Delineando os limites dos solos

Por razões óbvias, um pedólogo não pode abrir trincheiras em muitos locais na paisagem para determinar quais solos estão presentes e quais são os seus limites. Em vez disso, ele irá retirar materiais do solo por meio de numerosas pequenas perfurações efetuadas com um trado manual ou acoplado a uma sonda hidráulica (Figura 3.25). A textura, a cor e outras propriedades do material retirado do solo de algumas profundidades podem assim ser mentalmente comparadas com outras características conhecidas dos solos da região em que o pedólogo está mapeando.

Com centenas de diferentes solos de muitas regiões, esta pode parecer uma tarefa sem fim. No entanto, o trabalho não é tão assustador como poderia parecer à primeira vista, porque o pedólogo não faz suas perfurações "às cegas" ou aleatoriamente. Em vez disso, ele está trabalhando a partir de um conhecimento de como o solo está relacionado com os seus cinco fatores de formação; esse entendimento lhe permitirá inferir quais solos podem ser encontrados em determinadas posições da paisagem. Normalmente, existem apenas uns poucos tipos de solos que, mais provavelmente, ocupam uma determinada área; portanto, apenas algumas de suas características devem ser verificadas. O trado é usado principalmente para confirmar se o tipo de solo previsto para ocorrer em uma determinada posição da paisagem é realmente o que nela está presente.

3.19 LEVANTAMENTOS DE SOLOS

Um **levantamento de solos** é mais do que simplesmente um mapa de solos. O glossário (no final deste livro) descreve um levantamento de solos como "exame, descrição, classificação e mapeamento sistemático dos solos de determinada área". Depois que os corpos naturais forem delineados e suas propriedades estiverem descritas, o levantamento de solos poderá auxiliar a fazer interpretações para todos os tipos de usos do solo.

Página do NRCS National Cooperative Soil Survey: http://soils.usda.gov/partnerships/ncss/

Tabela 3.3 Descrição do perfil do solo (com indicação dos horizontes diagnósticos do *Soil Taxonomy*) para um solo da série *Thorndale*[a]

A Figura 3.24 mostra pedólogos descrevendo um solo *Thorndale*, na Pensilvânia

Designação do horizonte	Horizonte diagnóstico	Limites dos horizontes	Descrição do horizonte em um pedon típico
Ap	Epipedon ócrico	0-20 cm	bruno acinzentado-escuro (2,5Y 4/2); franco-siltosa; estrutura fraca com agregados granulares médios; solta, ligeiramente pegajosa, ligeiramente plástica; muitas raízes finas; pH neutro; transição clara e ondulada.
Btg1	Horizonte argílico	20-43 cm	cinzento-oliváceo-claro (5Y 6/2); franco-argilo-siltosa; estrutura com agregados em blocos subangulares e moderados grandes; ligeiramente firme, pegajoso, plástico; poucas raízes finas e médias, filmes de argila comuns, bruno-acinzentado-escuros (10YR 4/2) nas faces dos agregados proeminentes; frequentes acúmulos de massa de ferro marrom-avermelhado (5YR 4/3) médios e proeminentes; ligeiramente ácido; transição clara e ondulada.
Btg2	Horizonte argílico	43-65 cm	cinzento-oliváceo-claro (5Y 6/2); estrutura com agregados prismáticos grandes, fracos, rompendo em blocos subangulares, médios moderados; firme, pegajoso, plástico; poucas raízes finas, filmes de argila bruno-acinzentado-escuros (10YR 4/2) nas faces dos prismas e dos blocos; frequentes acúmulos bruno-avermelhados (5YR 4/4) de massas de ferro na matriz; raízes médias finas; ligeiramente ácido; transição gradual e ondulada.
Btxg	Horizonte argílico; Fragipã	65-103 cm	bruno-acinzentado (10YR 5/2); estrutura com agregados prismáticos muito grandes, fracos, desfazendo-se em blocos subangulares médios, fracos; firme, quebradiço, moderadamente pegajoso, moderadamente plástico; poucas raízes finas, muitos filmes de argila bruno-acinzentado-escuros (10YR 4/2) nas faces dos prismas e poucos filmes de argila bruno-acinzentado-escuros (10YR 4/2) nas faces dos agregados; frequentes acúmulos de massas de ferro bruno-avermelhadas (5YR 4/4) na matriz e brunas (7,5YR 5/4) proeminente e finas para médias; ligeiramente ácido; transição abrupta e ondulada.
C		103-163 cm	bruno-forte (7,5 YR 5/6) e amarelo-avermelhado (7,5 YR 7/6); franco-siltosa, maciça; friável, ligeiramente plástica e pegajosa; sinais de remoção de ferro na matriz; ligeiramente ácido.

[a]Os solos da série *Thorndale* são muito profundos, maldrenados e formados em colúvios de textura média, derivados de calcário, folhelho calcítico e siltitos. Os declives são de 0 a 8%. A permeabilidade é lenta. A temperatura e a precipitação média pluvial anual são de aproximadamente 12°C e 100 cm. A classe taxonômica é *Fine-silty, mixed, active, mesic Typic Fragiaqualfs*. Adaptado de USDA-NRCS (2002).

Unidades de mapeamento

Uma vez que as feições das terras que estão sendo mapeadas são as que estão mais refletidas nas características dos mapas, as *unidades de mapeamento* diferem das *unidades taxonômicas* do *Soil Taxonomy*. Deste modo, as feições (ou fisiografia) do terreno que está sendo mapeado interferem no tipo de unidade de mapeamento que vai ser delineado; assim, essas unidades nem sempre coincidem com as unidades taxonômicas do *Soil Taxonomy*. Portanto, as unidades de mapeamento podem apresentar algumas diferenças que não correspondem ao nível de séries, mas sim a um nível abaixo delas que é o das *fases* das séries do solo. Em outras situações, o pedólogo pode decidir por agrupar solos similares ou associados em unidades de mapeamento compostas. A seguir, alguns exemplos dos vários tipos de unidades de mapeamento.

(a) (b)

Figura 3.25 Mapas de solos são preparados por pedólogos que examinam os solos no campo com o uso de ferramentas como um trado de mão (*a*) ou uma sonda hidráulica adaptada a uma caminhonete (*b*). (Fotos: cortesia de USDA/NRCS)

Consorciações A menor unidade que, em prática, pode ser mapeada para a maioria dos levantamentos de solos detalhados consiste em uma área que contém basicamente uma série de solo e, geralmente, apenas uma fase dessa série. Por exemplo, uma unidade de mapeamento pode ser reconhecida como a consorciação "*Saybrook* franco-siltosa, 2-5% de declividade, moderadamente erodida". Neste caso, os padrões de controle de qualidade preconizam que a unidade de mapeamento consorciação deve ser 50% "pura" e que as "impurezas" devem ser tão similares à *denominação* da fase da série identificada que as diferenças não afetam o manejo da terra. Inclusões de solos *contrastantes* devem ocupar menos de 15% de uma consorciação.

Complexos e associações de solos Algumas vezes, solos *contrastantes* ocorrem adjacentes uns aos outros, em um padrão tão intrincado que a delimitação de cada tipo de solo em um mapa torna-se difícil, senão impossível. Em tais casos, um *complexo* de solos é indicado no mapa pedológico, e uma explicação sobre os solos presentes no complexo é colocada no relatório de levantamento de solos. Um complexo frequentemente contém duas ou três séries distintas de solos. Os mapas de solos de pequena escala podem exibir apenas *associações* de solos, que são agrupamentos de solos que ocorrem em conjunto em uma determinada paisagem e podem ser mapeados separadamente, se uma escala maior for utilizada.

Utilizando os levantamentos de solos

Nos Estados Unidos, os pedólogos vêm trabalhando há mais de 100 anos para completar o levantamento detalhado de solos de todo o país. Esse esforço, conhecido como *National Cooperative Soil Survey*, é uma colaboração contínua dos governos federal, estadual e local. O principal órgão federal envolvido é o Natural Resources Conservation Service do U.S. Department of Agriculture (USDA/NRCS).

Em 2006, o National Cooperative Soil Survey dos Estados Unidos foi reorganizado para se concentrar em 273 *Major Land Resource Areas* (MLRAs), que são regiões definidas por suas características ecológicas (o que permite a organização das atividades de levantamento

Página do U.S. National Soil Information System (NASIS): http://nasis.usda.gov/intro

de solos), em vez dos mais de 3.000 municípios politicamente divididos, como era anteriormente considerado. Na mesma época, um banco de dados digital chamado de National Soil Information System (NASIS) foi criado para ajudar na substituição dos relatórios estáticos (feitos em papel) dos levantamentos de solos por um recurso dinâmico de obtenção de informações dos solos, adaptado aos muitos tipos de usuários.

Informações interpretativas

Relatórios de levantamentos de solos dos Estados Unidos na internet: http://soils.usda.gov/survey/

O uso de levantamentos de solos para auxiliar o manejo da terra ou o planejamento local requer que a informação geográfica apresentada nos mapas esteja integrada com as informações descritivas, com as descrições detalhadas do perfil do solo e com as classificações interpretativas das unidades de mapeamento. Os levantamentos de solos oferecem interpretações sobre os potenciais de produção de várias culturas, a adequação do solo para diferentes métodos de irrigação, a necessidade de drenagem, a classificação da capacidade de uso da terra de cada unidade de mapeamento e outras informações interpretativas sobre os muitos usos não agrícolas da terra, bem como sobre os *habitats* dos animais selvagens, silvicultura, paisagismo, saneamento básico, construção civil e as fontes dos materiais para leito de estradas.

Levantamento de solos na internet

Página da Web Soil Survey: http://websoilsurvey.nrcs.usda.gov/app/

Os tradicionais mapas e relatórios de levantamento de solos impressos e encadernados (Figura 3.26) estão sendo substituídos pelo interativo e eletrônico "*web soil survey*" ("levantamento de solo na internet"), disponível na Internet (ver nota na margem lateral). O usuário *define* primeiramente a *área de interesse* usando um

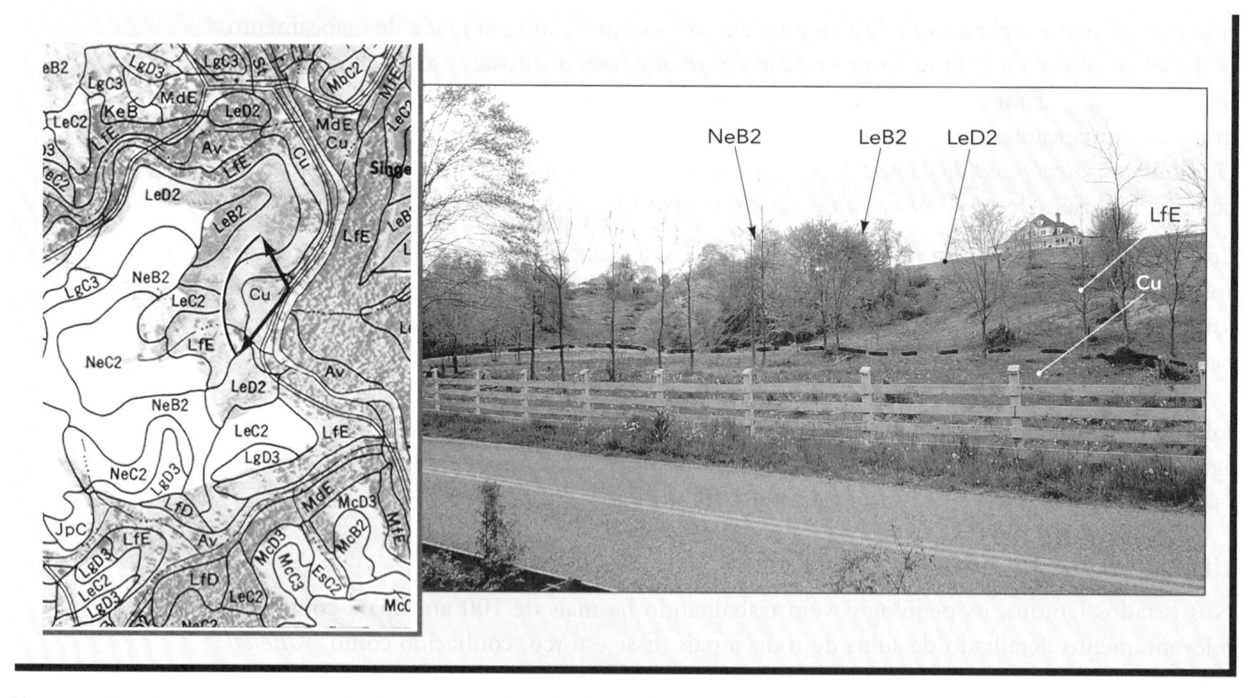

Figura 3.26 Uma pequena seção de um mapa detalhado de levantamento de solo da Região de Harford, Maryland (*à esquerda*), e uma visão ao nível do terreno de parte da paisagem representada no mapa pelas setas (*à direita*). O mapa é aqui reproduzido na escala original (1:15.840) e representa uma área de cerca de 1,1 km^2. Os símbolos do mapa representam consorciações de solo, como LeD2, que é denominado como fase do solo "*Legore* franco-siltosa, 12% a 15% moderadamente erodida", um solo da ordem dos *Alfisols*. O terreno do primeiro plano é um solo aluvial da ordem dos *Inceptisols*, série *Codorus* franco-siltosa. (Mapa de Smith e Matthews [1975]; foto: cortesia de R. Weil)

endereço, ou pelo delineamento de uma área geográfica em um mapa de grande escala. O segundo passo é *observar* a área de interesse escolhida em grande escala em um *display* que inclua os limites do solo e os nomes das unidades de mapeamento, tendo como fundo uma foto aérea. A Figura 3.27 ilustra tal mapa como exibido nas páginas da Internet. Finalmente, essas páginas apresentam muitas opções para *explorar* as informações, solicitando mapas de um grupo de séries de solo reunidos em classes adequadas, como classes de declive ou outros agrupamentos interpretativos. O usuário pode então optar por salvar (ou imprimir) o mapa e as informações relacionadas, ou fazer *download* dos dados para uso em um Sistema de Informação Geográfica (ou SIG).

3.20 CONCLUSÃO

O solo que cobre a Terra é realmente composto de muitos indivíduos solos, cada um com propriedades distintas. Entre as mais importantes dessas propriedades estão aquelas associadas com as camadas (ou *horizontes*), encontradas em um perfil do solo. Esses horizontes refletem os processos físicos, químicos e biológicos aos quais os solos

Fundamentação teórica do *Soil Taxonomy*: http://soils.usda.gov/technical/classification/taxonomy/rationale/index.html

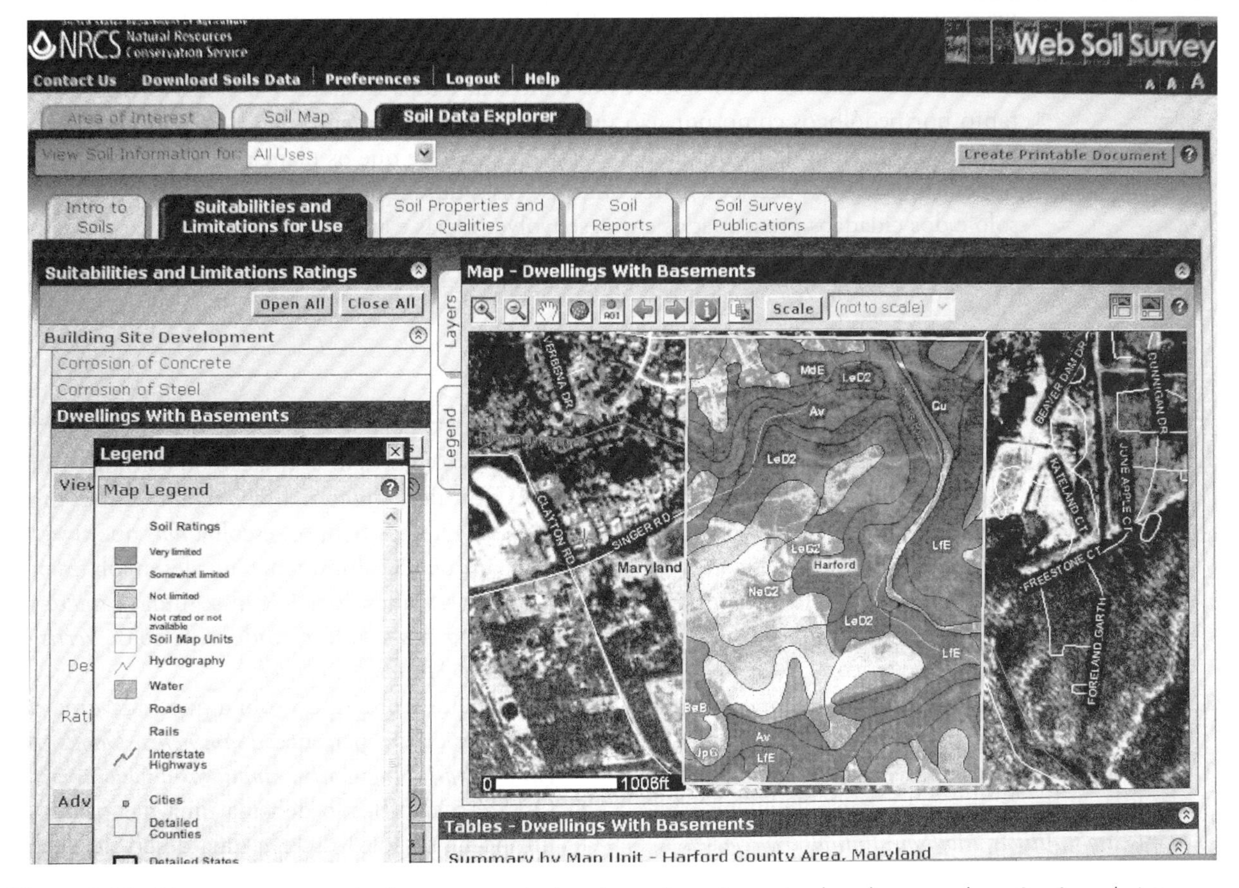

Figura 3.27 Uma captura, na tela de um computador, de um levantamento de solo no qual se vê a área de interesse definida (retângulo delineado no meio do mapa) e no qual as informações dos solos estão sobrepostas, tendo como fundo uma foto aérea. A escala do mapa pode ser suficientemente grande para mostrar casas e ruas. Na captura da tela, a opção "os dados do solo" (*"soil data explorer"*) pode ser usada para obter as convenções das cores das legendas dos solos e sua relação com os vários graus de interpretações que podem ser usadas para a construção de, por exemplo, habitações com porões. Uma legenda das unidades de solos, de interpretação para usos práticos e características geográficas é apresentada no painel à esquerda. Dados tabulados (não mostrados) também são fornecidos no centro da área de interesse ocupada por cada solo. A área de interesse selecionada na figura é a mesma da Figura 3.26 (note o curso d'água com uma curva acentuada em ambas as figuras). (Foto: cortesia de R. Weil)

foram submetidos durante o seu desenvolvimento. As propriedades dos horizontes influenciam muito a maneira como os solos podem e devem ser utilizados.

Conhecer os tipos e as propriedades dos solos existentes em todo o mundo é de extrema importância para a sobrevivência e o bem-estar da humanidade. Um sistema de classificação de solos baseado nessas propriedades é igualmente necessário, principalmente se pretendemos utilizar os conhecimentos adquiridos em um local para resolver problemas de outros locais, onde existem solos classificados de forma similar. O *Soil Taxonomy*, um sistema de classificação baseado em propriedades mensuráveis do solo, ajuda a preencher essa necessidade em mais de 50 países. Os pedólogos vêm atualizando constantemente o sistema à medida que adquirem mais conhecimentos sobre a natureza e as propriedades dos solos do mundo, como também sobre as relações entre eles. Nos capítulos restantes deste livro, sempre que necessário, usaremos nomes taxonômicos para indicar os tipos de solos para o qual um conceito ou ilustração pode ser aplicado.

Elaborar um levantamento de solos é, ao mesmo tempo, uma ciência e uma arte. Com ele, muitos pedólogos transferem seu conhecimento sobre os solos e as paisagens para o mundo real. Mapear os solos não é apenas uma profissão; muitos diriam que é um estilo de vida. Trabalhando sozinho, ao ar livre, em todos os tipos de terreno, e carregando todo o equipamento necessário, o pedólogo identifica as "verdades do campo" para serem integradas com os dados de satélites e de laboratórios. Os mapas de solos e as informações descritivas finais nos relatórios dos levantamentos pedológicos e nos bancos de dados são usados de várias formas práticas tanto por pedólogos como por não pedólogos. O levantamento de solos, combinado com poderosos Sistemas de Informação Geográfica, permite que os planejadores do uso da terra tomem importantes decisões sobre "onde as coisas devem ficar". O desafio dos estudiosos do solo e dos cidadãos preocupados em desenvolver ideias e atitudes que possibilitem o melhor uso dos nossos valiosos solos é preservá-los – sem permitir que sejam destruídos com a construção de *shopping centers* e aterros.

QUESTÕES PARA ESTUDO

1. Horizontes diagnósticos são utilizados para classificar os solos no *Soil Taxonomy*. Explique a diferença entre um horizonte diagnóstico (como um horizonte argílico) e um horizonte genético (como um horizonte Bt1). Dê um exemplo de campo de um horizonte diagnóstico que contém várias designações de horizontes genéticos.
2. Explique as relações entre um *indivíduo solo*, um *polipedon*, um *pedon* e uma *paisagem*.
3. Reorganize as seguintes ordens de solos, representando desde o *menos* até o *mais* altamente intemperizado: *Oxisols*, *Alfisols*, *Mollisols*, *Entisols* e *Inceptisols*.
4. Qual é a principal propriedade do solo que diferencia os *Ultisols* dos *Alfisols*? E os *Inceptisols* dos *Entisols*?
5. Use a chave apresentada na Figura 3.8 para determinar a ordem de um solo com as seguintes características: um horizonte espódico, a 30 cm de profundidade, e um permafrost, a 80 cm de profundidade. Explique sua escolha pela ordem do solo.
6. Dos cinco fatores de formação do solo discutidos no Capítulo 2 (material de origem, clima, organismos, relevo e tempo), escolha *dois* que tiveram uma influência dominante no desenvolvimento das propriedades do solo.Em seguida, caracterize cada uma das seguintes ordens de solo: *Vertisols*, *Mollisols*, *Spodosols* e *Oxisols*.
7. Identifique a ordem do solo a que cada uma das seguintes classes pertence: *Psamments*, *Udolls*, *Argids*, *Udepts*, *Fragiudalfs*, *Haplustox* e *Calciusterts*.
8. Qual é o significado de cada uma das partes de um nome de solo? Escreva uma descrição de um perfil de solo hipotético e uma interpretação do uso adequado da terra para um solo, também hipotético, que é classificado no subgrupo dos *Aquic Argixerolls*.
9. Explique por que o *Soil Taxonomy* é considerado um sistema de classificação hierárquico.
10. Relacione as categorias taxonômicas dos solos e discuta sobre suas implicações para obras de engenha-

ria destas classes do *Soil Taxonomy*: *Aquic Paleudults*, *Fragiudults*, *Haplusterts*, *Saprists* e *Turbels*.

11. Que informações um pedólogo deve usar em seu estudo no campo de modo que possa decidir onde perfurar o solo com o trado em seu trabalho de coleta de amostras dos horizontes subsuperficiais?

12. Um pedólogo delineou um limite em torno de uma área em que fez seis perfurações com trado localizadas aleatoriamente: duas no solo *A*, com um horizonte argílico com mais de 60 cm de espessura e cor bruno-escura, e as outras quatro no solo *B*, com horizonte argílico entre 50 e 70 cm de espessura e com cor bruno mais clara. Outras propriedades do solo, bem como considerações de manejo, foram semelhantes para os dois tipos de solos. A unidade de mapeamento deveria ser delineada como uma *associação do solo*, uma *consorciação de solo* ou como um *complexo de solos*? Explique.

13. Suponha que você esteja planejando comprar, nos Estados Unidos, um sítio de 4 ha para iniciar um pequeno pomar. Explique, passo a passo, como o Levantamento de Solos na *Internet* (*Web Soil Survey*) poderia ajudá-lo a determinar o local mais adequado do sítio para o uso pretendido.

14. Tente produzir o mapa apresentado na Figura 3.27 e encontrado em http://websoilsurvey.nrcs.usda.gov/app/. Dicas: O local fica cerca de 4 milhas, ao sul, da cidade de Bel Air, Maryland, EUA (digite-os como cidade e Estado na opção "Navigate by address"). Estude as instruções disponíveis no *site*.

REFERÊNCIAS

Barrera-Bassols, N., J. Alfred Zinck, and E. Van Ranst. 2006. "Symbolism, knowledge and management of soil and land resources in indigenous communities: Ethnopedology at global, regional and local scales," *Catena* **65**:118–137.

Coulombe, C. E., L. P. Wilding, and J. B. Dixon. 1996. "Overview of Vertisols: Characteristics and impacts on society," *Advances in Agronomy* **17**:289–375.

Ditzler, C. A. 2005. "Has the polypedon's time come and gone?" *HPSSS Newsletter*, February 2005, pp. 8–11. Commission on History, Philosophy and Sociology of Soil Science, International Union of Soil Sciences. Disponível em: www.iuss.org/Newsletter12C4-5.pdf (acesso em 23 fevereiro 2009).

EMBRAPA. Centro Nacional de Pesquisa de Solos. *Sistema brasileiro de classificação de solos*. 2ª. Ed. Rio de Janeiro: Embrapa Solos, 2006.

Eswaran, H. 1993. "Assessment of global resources: Current status and future needs," *Pedologie* **43**(1):19–39.

Eswaran, H., T. Rice, R. Ahrens, and B. A. Stewart (eds.). 2003. *Soil classification: A global desk reference*. CRC Press, Boca Raton, FL.

Gong, Z., X. Zhang, J. Chen, and G. Zhang. 2003. "Origin and development of soil science in ancient China." *Geoderma* **115**:3–13.

Legros, J.-P. 2006. *Mapping of the Soil*. Science Publishers, Enfield, N. H.

PPI. 1996. "Site-specific nutrient management systems for the 1990's." Pamphlet. Potash and Phosphate Institute and Foundation for Agronomic Research, Norcross, Ga.

Riecken, F. F., and G. D. Smith. 1949. "Principal upland soils of Iowa, their occurrence and important properties," *Agron* **49** (revised). Iowa Agr. Exp. Sta.

Shaw, J. N., L. T. West, D. E. Radcliffe, and D. D. Bosch. 2000. "Preferential flow and pedotransfer functions for transport properties in sandy Kandiustults." *Soil Sci. Soc. Amer. J.* **64**:670–678.

Smith, H., and E. Matthews. 1975. *Soil Survey of Harford County Area, Maryland*. U.S. Soil Conservation Service, Washington, DC.

Soil Science Society of America. 1984. *Soil taxonomy, achievements and challenges*. SSSA Special Publication 14. Soil Sci. Soc. Amer., Madison, WI.

Soil Survey Staff. 1975. *Soil taxonomy: A basic system of soil classification for making and interpreting soil surveys*. Natural Resources Conservation Service, Washington, DC.

Soil Survey Staff. 1999. *Soil taxonomy: A basic system of soil classification for making and interpreting soil surveys*, 2nd ed. Natural Resources Conservation Service, Washington, DC.

Soil Survey Staff. 2006. *Keys to soil taxonomy*. U.S. Department of Agriculture, Natural Resources Conservation Service. Disponível em: http://soils.usda.gov/technical/classification/tax_keys/keysweb.pdf.

Talawar, S., and R. E. Rhoades. 1998. "Scientific and local classification and management of soils." *Agriculture and Human Values* **15**:3–14.

U.S. Department of Agriculture. 1938. *Soils and men*. USDA Yearbook. U.S. Government Printing Office, Washington, DC.

USDA-NRCS. 2002. *Official series description—Thorndale series*. National Cooperative Soil Survey. Disponível em: www2.ftw.nrcs.usda.gov/osd/dat/T/THORNDALE.html (publicado em dezembro 2002; acesso em 04 outubro 2006).

USDA-NRCS. 2006. *National soil survey handbook*, title 430-vi. U.S. Department of Agriculture, Natural Resources Conservation Service. Disponível em: http://soils.usda.gov/technical/handbook/(publicado em 22 março 2006; acesso em 20 outubro 2006).

4 Arquitetura e Propriedades Físicas do Solo

E quando aquela plantação cresceu e foi colhida, nenhum homem tinha ainda esboroado um torrão quente em suas mãos e deixado a terra passar por entre a ponta de seus dedos.

— John Steinbeck,
THE GRAPES OF WRATH

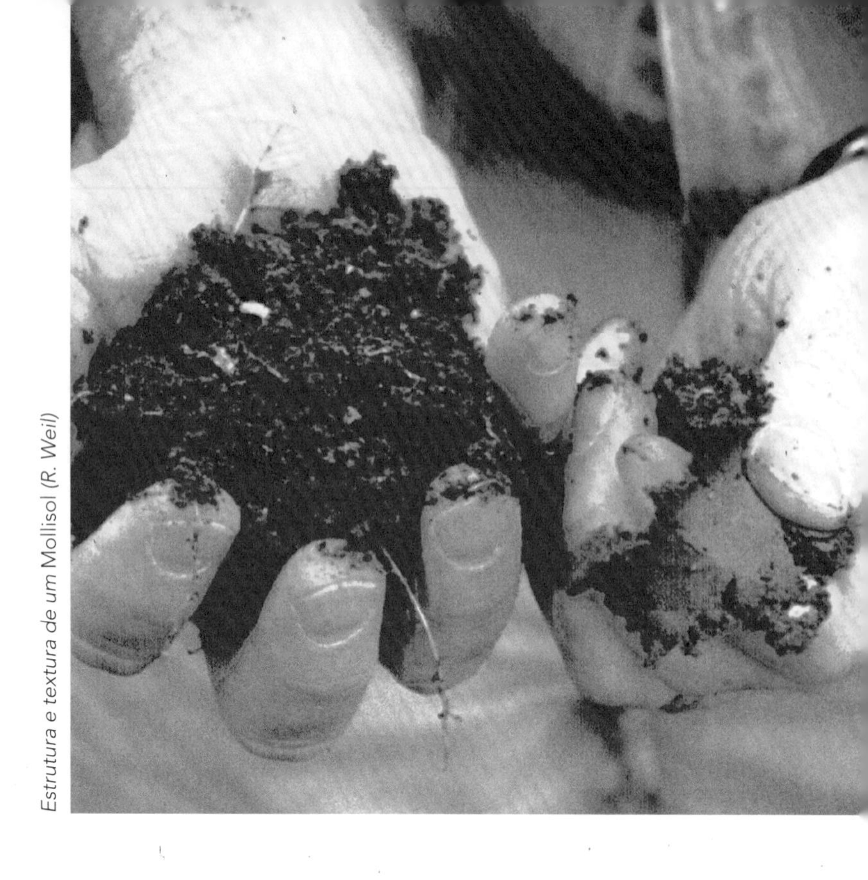

Estrutura e textura de um Mollisol (R. Weil)

As propriedades físicas do solo influenciam profundamente não apenas o modo como ele funciona em um ecossistema, como também a melhor forma de manejá-lo. O sucesso ou o fracasso de projetos, tanto agrícolas como de engenharia civil dependem, com frequência, das propriedades físicas do solo a ser utilizado. A ocorrência e o crescimento de muitas espécies de plantas estão intimamente relacionados às propriedades físicas do solo, da mesma forma que a dinâmica da água e também dos solutos – sejam eles nutrientes ou poluentes químicos – que ela transporta no seu interior ou na sua superfície.

Os estudiosos do solo usam a cor, a textura e outras propriedades físicas dos horizontes do solo para classificar seus perfis e avaliar sua aptidão para usos agrícolas e ambientais. O conhecimento básico das propriedades físicas do solo não apenas têm um grande valor prático, como também pode ajudar no entendimento de muitos aspectos dos solos que serão abordados nos próximos capítulos.

As propriedades físicas discutidas neste capítulo estão relacionadas às partículas sólidas do solo e à maneira como elas estão agregadas. Se pensarmos no solo como uma casa, suas partículas primárias serão os blocos com os quais ela é construída. A **textura do solo** descreve os tamanhos das partículas do solo. As partículas minerais maiores geralmente estão no meio de argilas, ou recobertas por elas e por outros materiais de tamanho coloidal. Quando as partículas minerais de tamanho maior predominam no solo, ele é denominado cascalhento ou arenoso; quando os minúsculos coloides minerais predominam, o solo é argiloso. E, na natureza, encontramos todas as gradações entre esses extremos.

Na construção de uma casa, o modo como os seus blocos são dispostos determina a posição, o tamanho e o formato das paredes, quartos e corredores. A matéria orgânica e outras substâncias atuam como cimentantes entre as partículas individuais, favorecendo a formação de torrões e agregados do solo. Portanto, a **estrutura do solo** descreve a maneira como as partículas estão agregadas e também é uma propriedade que define a natureza do sistema de poros e dos canais em um solo.

Juntas, a textura e a estrutura do solo ajudam a determinar a capacidade do solo de reter e conduzir a água e o ar necessários para sustentar a vida. Esses fatores também determinam como o solo se comporta quando mobilizado pelo cultivo ou quando usado na construção de estradas ou edificações. Mais ainda, as propriedades físicas, devido à influência que exercem na movimentação da água que entra ou sai dos solos, também condicionam consideravelmente a destruição do solo pela erosão.

4.1 AS CORES DO SOLO

Começaremos com a cor do solo, por ser uma de suas características mais evidentes. Ela fornece pistas a respeito de outras propriedades e condições, apesar de, por si só, ter pouco efeito sobre o comportamento e o uso dos solos. A descrição precisa e reproduzível das cores é necessária para a classificação e a interpretação dos solos; para isso, os pedólogos comparam a cor de um torrão de solo com a de pequenos retângulos (com colorações padronizadas), representados na tabela de cores de Munsell. Nessa tabela, usam-se padrões de cor organizados de acordo com os três componentes relacionados à forma como as pessoas veem a cor: o **matiz** (em solos, geralmente vermelho ou amarelo), o **valor** (claros ou escuros; sendo valor zero equivalente ao preto) e o **croma** (intensidade ou brilho, sendo croma zero correspondente a um cinza neutro). Em uma tabela de cores Munsell, os pequenos retângulos, com as cores padronizadas, estão dispostos sobre as suas páginas (estudar cuidadosamente as anotações nos retângulos coloridos da Prancha 22), com o índice valor aumentando de baixo para cima, e o croma aumentando da esquerda para a direita, enquanto o matiz muda de uma página para outra.

Determinação aleatória *versus* determinação sistemática da cor: www.urbanext.uiuc.edu/soil/less_pln/color/color.htm

Os solos exibem uma ampla variedade de vermelhos, marrons (ou brunos), amarelos e até mesmo verdes (Pranchas 16 e 35). Alguns solos são quase pretos; outros, quase brancos. Algumas cores do solo podem ser tanto cinzentas-claras como escuras. As cores do solo podem variar de um lugar para outro na paisagem (Pranchas 16 e 36), assim como variar em profundidade entre as várias camadas (ou horizontes) do seu perfil, ou mesmo dentro de um único horizonte ou agregado do solo (Pranchas 10, 17 e 37).

As origens, os efeitos e as interpretações das cores do solo

Os três principais fatores que influenciam a cor do solo são: (1) o conteúdo de matéria orgânica, (2) o teor de água e (3) a presença e o estado de oxidação dos óxidos de ferro e de manganês. A matéria orgânica tende a recobrir as partículas minerais, escurecendo e mascarando as intensas cores peculiares dos minerais (Pranchas 8 e 32). Os solos são geralmente mais escuros (cores com valores baixos) quando úmidos do que quando secos (Prancha 20). Ao longo do tempo, a água tem um grande efeito indireto sobre a cor do solo; ela influencia o nível de oxigênio no solo e, portanto, a taxa de acúmulo de matéria orgânica, que o escurece (Prancha 39). A água também afeta o estado de oxidação tanto do ferro como do manganês (Pranchas 16, 17 e 21). Nas terras mais elevadas e bem-drenadas, especialmente em climas quentes, os compostos de ferro bem-oxidados disseminam no solo tonalidades vermelhas e marrons muito intensas (ou com croma alto; Pranchas 9 e 11). Os compostos de ferro, quando reduzidos, propiciam o aparecimento de baixas tonalidades (croma baixo) cinzentas e azuladas em solos pobremente drenados (Pranchas 35 e 38). Sob condições anaeróbicas prolongadas, o ferro reduzido (mais solúvel do que o ferro oxidado) é removido dos recobrimentos das partículas, frequentemente expondo as cores cinza-claro – características dos minerais silicatados. O solo que exibe cores cinzas, devido à redução e remoção do ferro, é chamado de **gleizado** (Pranchas 21 e 38).

4.2 A TEXTURA DO SOLO (DISTRIBUIÇÃO DAS PARTÍCULAS, DE ACORDO COM O SEU TAMANHO)

Conhecer as proporções dos diferentes tamanhos das partículas existentes no solo (i. e., a **textura do solo**) é fundamental para entendermos o seu comportamento e melhor manejá-lo. Quando se investigam os solos de determinado local, a textura dos seus vários horizontes é frequentemente a primeira e mais importante propriedade a ser determinada, pois a partir dela pode-se chegar a muitas conclusões. Além disso, no campo, a textura do solo não está facilmente sujeita a mudanças, de forma que ela é considerada uma propriedade permanente do solo.

A natureza dos separados do solo

Solo como revestimento de bolas de beisebol, por Lesley Bannatyne: www.csmonitor.com/2005/1018/p18s02-hfks.html?s5widep

Os diâmetros das partículas individuais do solo variam em uma escala de seis ordens de magnitude, desde matacões (>1 m, ou boulderes) até as argilas submicroscópicas (<10^{-6} m). Os pesquisadores agrupam essas partículas nas **frações** do solo de acordo com vários sistemas de classificação, como ilustrado na Figura 4.1. O sistema de classificação estabelecido pelo Departamento de Agricultura dos Estados Unidos é usado neste texto. As faixas de tamanho para essas frações não são puramente arbitrárias, pois refletem as principais mudanças no modo como as partículas se comportam e nas propriedades físicas que elas imprimem ao solo.

Cascalhos, seixos, matacões e outros **fragmentos grosseiros** maiores do que 2 mm de diâmetro podem afetar o comportamento de um solo, mas não são considerados como parte da **terra fina seca ao ar** (TFSA), à qual o termo *textura do solo* melhor se aplica.

Areia As partículas menores que 2 mm, contudo maiores que 0,05 mm, são denominadas *areia*. Elas dão uma sensação áspera entre os dedos (sensação de textura grosseira, arenosa). As partículas são, em parte, visíveis a olho nu e podem ser arredondadas ou angulares, dependendo do grau de intemperismo e abrasão a que foram submetidas. As partículas de areia grossa podem ser fragmentos de rocha contendo vários minerais, mas a maioria dos grãos de areia consiste em um único mineral, geralmente o quartzo (SiO_2), ou outros minerais primários silicatados (Figura 4.2). A dominância do quartzo significa que a fração areia geralmente contém poucos nutrientes para as plantas.

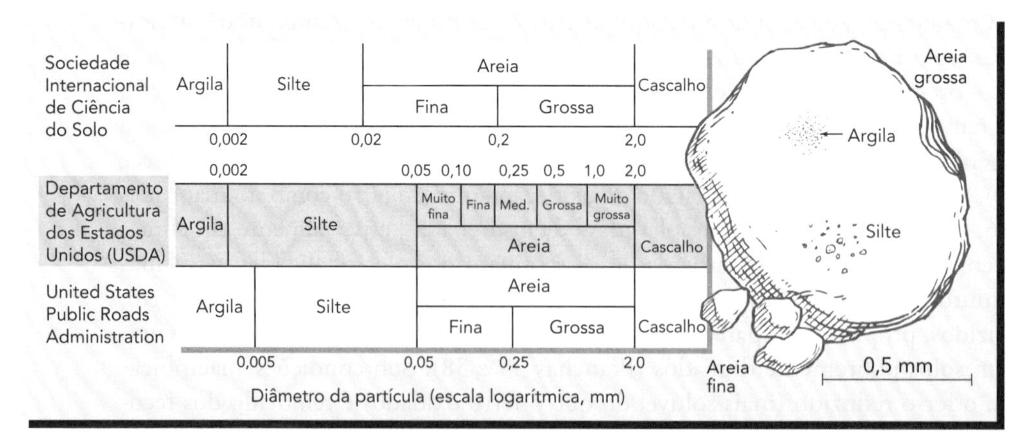

Figura 4.1 Classificação das partículas de solo, de acordo com os tamanhos. A escala sombreada, no centro, e os nomes sobre os desenhos das partículas seguem o sistema do Departamento de Agricultura dos Estados Unidos (USDA), amplamente utilizado no mundo e adotado neste livro. Os outros dois sistemas mostrados são também amplamente utilizados por estudiosos do solo e engenheiros civis. O desenho (note a escala) ilustra o tamanho das frações do solo. (Diagrama: cortesia de R. Weil)

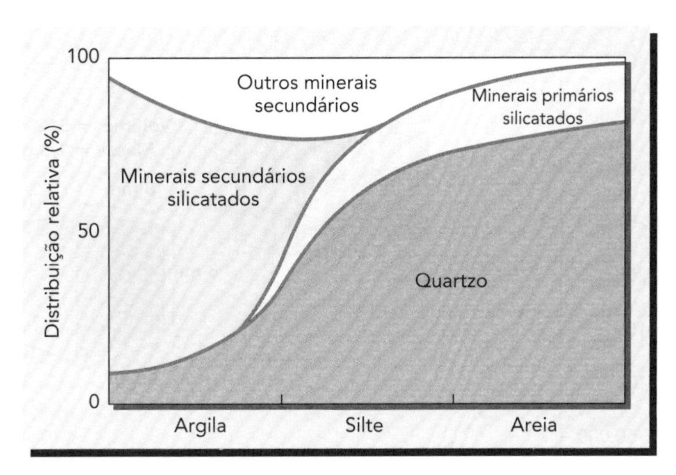

Figura 4.2 Relação geral entre o tamanho das partículas e os tipos de minerais presentes. O quartzo predomina na areia e nas porções mais grosseiras do silte. Os minerais primários silicatados, como feldspato, hornblenda e micas, estão presentes nas areias e, em quantidades menores, na fração silte. Os minerais secundários silicatados predominam na fração argila. Outros minerais secundários, como os óxidos de ferro e de alumínio, são importantes constituintes das frações silte fino e argila grossa. (Diagrama: cortesia de N. C. Brady)

Como as partículas de areia são relativamente grandes, os poros deixados entre elas também o são. Esses poros grandes não podem reter água contra a ação da força da gravidade (Seção 5.2) e, portanto, drenam rapidamente e facilitam a entrada de ar no solo. A relação entre o tamanho da partícula e a **área superficial específica** ou, simplesmente, **superfície específica** (a área superficial para uma dada massa de partículas) é ilustrada na Figura 4.3. As partículas de areia, pelo seu tamanho relativamente grande, têm baixa superfície específica, possuindo pouca capacidade de reter água ou nutrientes, e não aderem uma às outras em uma massa coerente (Seção 4.9). Devido às propriedades que acabamos de descrever, os solos arenosos são bem-arejados e soltos, mas também inférteis e propensos à seca.

Silte As partículas menores que 0,05 mm, porém maiores que 0,002 mm de diâmetro, são classificadas como *silte*. Apesar de essas partículas serem semelhantes às areias, tanto na forma como na composição mineral, são tão pequenas que são invisíveis a olho nu (Figura 4.2). Em vez da sensação áspera e arenosa quando esfregada entre os dedos, a sensação do silte é de maciez ou sedosidade, como a produzida pela farinha de trigo. Quando o silte é composto de minerais intemperizáveis, o tamanho relativamente pequeno das partículas (e de maior superfície específica) permite um intemperismo rápido o suficiente para liberar quantidades significativas de nutrientes para as plantas.

Em um material de solo siltoso, os poros entre as partículas são muito menores (e muito mais numerosos) do que em um material arenoso, portanto o silte retém mais água e tem uma menor capacidade de drenagem. No entanto, mesmo quando úmido, por si só, não exibe muita **pegajosidade** ou **plasticidade** (maleabilidade). A maior parte da pequena plasticidade, da pouca coesão e da baixa capacidade de adsorção que a fração silte exibe é decorrente de uma película de argila que a ele se adere (Figura 2.14). Devido à sua baixa pegajosidade e plasticidade, os solos com alto conteúdo de silte e areia fina podem ser altamente suscetíveis à erosão, tanto pelo vento como pela água.

Argila As partículas de argila são menores do que 0,002 mm. Portanto, elas têm área superficial específica muito grande, o que lhes dá uma enorme capacidade de adsorver água e outras substâncias. Uma colher de argila pode ter uma área superficial do tamanho de um campo de futebol (Seção 8.1). Essa grande superfície adsortiva faz com que as partículas de argila formem uma massa coesa quando seca. Quando úmida, a argila é pegajosa e pode ser facilmente moldada (i. e., apresenta alta plasticidade).

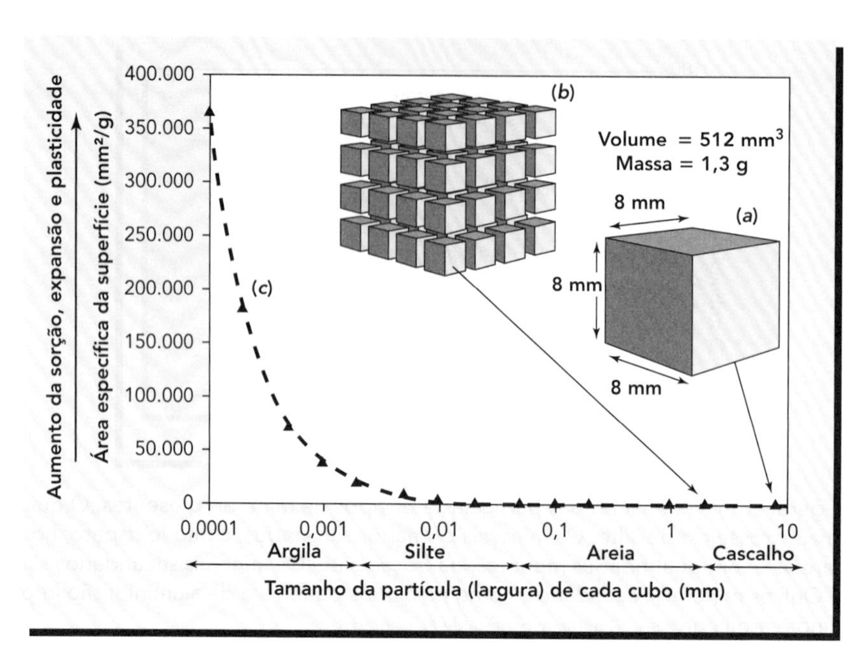

Figura 4.3 Relação entre a área superficial e o tamanho da partícula. Considere um cubo de 8 mm de aresta e 1,3 g de massa. (*a*) Cada lado possui 64 mm^2 de área superficial. O cubo tem seis lados, com área superficial total de 384 mm^2 (6 lados x 64 mm^2 de cada face) ou uma área específica de 295 cm^2/g (384/1,3). Se o mesmo cubo for dividido em cubos menores, de modo que cada um tenha 2 mm de lado (*b*), o mesmo material será agora representado por 64 ($4 \times 4 \times 4$) cubos menores do tamanho de areias. Cada lado do cubo pequeno terá 4 mm^2 (2 mm $\times$ 2 mm) de área superficial, resultando em 24 mm^2 de área superficial (6 lados $\times$ 4 mm^2 de cada face). A área superficial total será de 1.536 mm^2 (24 mm^2 x 64 cubos) ou uma superfície específica de 1.182 mm^2/g (1.536/1,3). Deste modo, a área superficial deste cubo será quatro vezes maior do que a área superficial do cubo maior. (*c*) A curva da área superficial específica (ou superfície específica) explica por que quase toda a capacidade de adsorção, expansão, plasticidade, aquecimento e outras propriedades relacionadas à área superficial, nos solos minerais, estão associadas à fração argila. (Diagrama: cortesia de R. Weil)

As partículas de argila de tamanho menor – ou argila fina* – são tão pequenas que se comportam como **coloides** – se suspensas na água, não sedimentam rapidamente. Ao contrário das partículas de areia e de silte, as de argila têm um formato de lâminas (ou placas) finas e achatadas. Entre as partículas de argila, os poros são muito pequenos e tortuosos, o que faz com que, entre elas, o movimento da água e do ar seja muito lento. Nos solos argilosos, os poros entre as partículas têm tamanho muito pequeno, mas são numerosos, permitindo que o solo retenha bastante água; porém, a maior parte dessa água pode não estar disponível para as plantas (Seção 5.8). Cada tipo de mineral de argila (Capítulo 8) imprime diferentes propriedades aos solos. Desta forma, muitas propriedades do solo, como a expansão e a contração, a plasticidade, a capacidade de retenção de água, a densidade e a adsorção química dependem tanto do *tipo* como da *quantidade* de argila nele presentes.

Influência da superfície específica do solo sobre suas outras propriedades

Quando o tamanho das partículas diminui, a superfície específica (e as propriedades a ela relacionadas) aumenta, como ilustrado no gráfico da Figura 4.3. As argilas finas, de tamanho coloidal, têm uma superfície específica cerca de 10.000 vezes maior do que a mesma quantidade de areias de tamanho médio. A textura do solo influencia de várias formas muitas de suas outras propriedades (Tabela 4.1), em razão dos fenômenos que acontecem na superfície das

* N. de T.: As partículas do solo menores que 0,002 mm de diâmetro podem ser subdivididas em argila grossa (tamanho entre 0,002 e 0,0002 mm) e argila fina (<0,0002 mm). As últimas são, normalmente, consideradas como as que realmente apresentam propriedades coloidais.

Tabela 4.1 Influência das frações do solo sobre algumas das suas propriedades e comportamentos dos solos[a]

	Classificação das propriedades associadas às frações do solo		
Propriedade/comportamento	**Areia**	**Silte**	**Argila**
Capacidade de retenção de água	Baixa	Média a alta	Alta
Aeração	Boa	Média	Pouca
Taxa de drenagem	Alta	Lenta a média	Muito lenta
Teor de matéria orgânica no solo	Baixo	Médio a alto	Alto a médio
Decomposição da matéria orgânica	Rápida	Média	Lenta
Aquecimento na primavera	Rápido	Moderado	Lento
Suscetibilidade à compactação	Baixa	Média	Alta
Suscetibilidade à erosão eólica	Moderada (alta, se a areia for fina)	Alta	Baixa
Suscetibilidade à erosão hídrica	Baixa (a menos que a areia seja fina)	Alta	Baixa, se agregado; alta, quando não
Potencial de expansão e contração	Muito baixo	Baixo	Moderado a muito alto
Impermeabilização de barragens, represas e aterros	Restrita	Restrita	Boa
Aptidão para cultivo logo após chuva	Boa	Moderada	Restrita
Potencial de lixiviação de poluentes	Alto	Médio	Baixo (a menos que seja fendilhada)
Capacidade de armazenamento de nutrientes	Pouca	Média a alta	Alta
Resistência à mudança de pH	Baixa	Média	Alta

[a] Exceções a essas generalizações ocorrem devido à estrutura do solo e à mineralogia das argilas.

partículas, como: (1) adsorção de películas d'água com nutrientes e substâncias químicas; (2) intemperismo dos minerais e (3) desenvolvimento de micro-organismos.

4.3 CLASSES TEXTURAIS

Além das três grandes classes texturais de solos – *arenosos, argilosos* e *francos* (ou textura média) –, as 12 **classes texturais** ilustradas na Figura 4.4 dão uma ideia mais clara acerca da distribuição das partículas, de acordo com seus tamanhos, e de suas características gerais relacionadas às propriedades físicas do solo. A maior parte do nome das classes texturais é precedida pelo termo **franco**.

Triângulo textural interativo: http://courses.soil.ncsu.edu/resources/physics/texture/soiltexture.swf

Franco O conceito central de solo **franco** (ou de textura **franca**) é o de uma mistura de partículas de areia, silte e argila que apresenta a *propriedades* de cada fração em proporções semelhantes. Essa definição não significa que as três frações estão presentes em *quantidades* iguais (por esta razão, a classe franca, na Figura 4.4, não está exatamente no centro do triângulo). Essa irregularidade acontece em razão de uma percentagem relativamente pequena de argila ser suficiente para induzir as propriedades argilosas em um solo, enquanto as pequenas quantidades de areia e silte têm pouca influência sobre o seu comportamento. Um solo franco no qual predomina a fração areia se enquadra na classe textural *areia-franca*. Do mesmo modo, outros solos se enquadrariam nas classes texturais *franco-arenosa, franco-siltosa, franco-argilo-siltosa, franco-argiloarenosa* e *franco-argilosa*. Examine bem a Figura 4.4 e perceba que um material de solo com textura *franco-argilosa* pode ter apenas 26% de argila; contudo, para ser qualificado como tendo uma textura *areia-franca* ou *franco-siltosa*, o solo deve ter, pelo menos, 45% de areia ou 50% de silte, respectivamente.

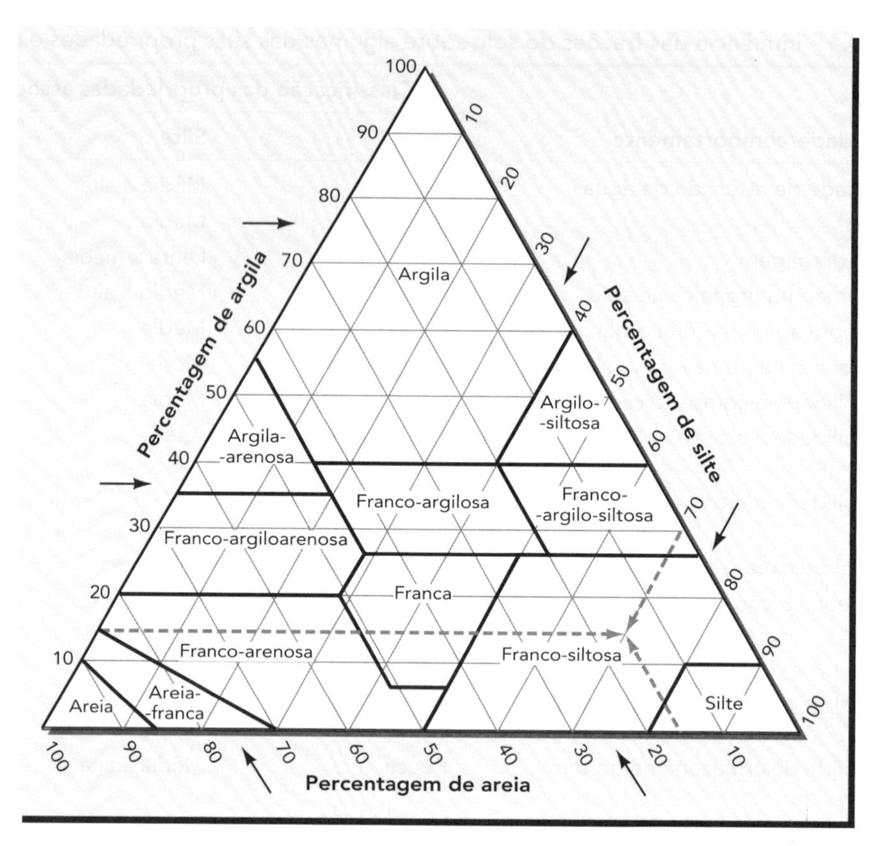

Figura 4.4 As classes texturais são definidas pelas percentagens de areia, silte e argila, de acordo com as linhas destacadas desse triângulo textural. Para usar o gráfico, primeiro identifique a percentagem apropriada de argila no lado esquerdo do triângulo; depois, trace uma linha horizontal a partir desse ponto. A seguir, identifique a percentagem de areia no lado inferior, ou na base do triângulo; em seguida, trace uma linha no interior do triângulo, paralela ao seu lado, intitulado "percentagem de silte". As setas pequenas indicam a direção apropriada em que essas linhas devem ser traçadas. O nome do compartimento no qual essas duas linhas se intersectam indica a classe textural da amostra de solo. Assim, será necessário considerar somente duas das três frações do solo, visto que a soma das percentagens de areia, silte e argila é sempre igual a 100%. Como exemplo, a classe textural de uma amostra de solo que contém 15% de areia, 15% de argila e 70% de silte é indicada pelas linhas claras tracejadas, que se intersectam no compartimento denominado "Franco-siltoso".*

Fragmentos grosseiros Se um solo contém uma proporção significativa de partículas maiores que as da areia (denominadas **fragmentos grosseiros**), um adjetivo qualitativo pode ser usado como parte do nome da classe textural. Os fragmentos grosseiros, que variam de 2 a 75 mm (medido ao longo do seu maior diâmetro), são denominados *cascalhos* (ou *seixos*, se arredondados), e aqueles que variam de 75 a 250 mm são chamados de *calhaus*; os maiores que 250 mm são chamados de *pedras* ou *matacões***. Um exemplo de uma classe textural modificada seria "solo de textura franco-arenosa cascalhenta".

* N. de T.: As nomenclatura das classes texturais apresentadas são as preconizadas no *Manual de Descrição e Coleta do Solo no Campo*, por Santos et al. (2005). Nesse manual, a classe argila foi subdividida em *argilosa* e *muito argilosa* (esta última quando o teor de argila for superior a 60%).

** N. de T.: No *Manual para Descrição do Solo no Campo* (Santos et al., 2005), os limites de tamanho para essas frações grosseiras são: 2 mm a 20 cm (cascalho), 2 a 20 cm (calhaus) e >20 cm (matacões).

Modificações das classes texturais do solo

Processos pedológicos (Capítulo 2), como iluviação, erosão e intemperismo dos minerais, que atuam durante muito tempo podem modificar a textura de certos horizontes de um solo. No entanto, normalmente, as práticas de manejo não alteram a textura do solo; nesse caso, as alterações em um determinado material de solo poderiam acontecer pela adição (ou mistura) de um material de solo com outro de textura diferente. Por exemplo, a incorporação de grandes quantidades de areia para alterar as propriedades físicas de um material de solo argiloso para seu uso em vasos dentro de uma casa de vegetação ou em gramados de campos esportivos poderia ser considerada mudança de textura do solo. No entanto, a adição somente de turfa, ou somente de composto, para obter uma boa mistura que sirva como substrato para cultivos em vasos, não irá fazer com que a textura se modifique, já que essa propriedade refere-se apenas às partículas minerais. Na verdade, o termo *textura do solo* não é relevante para um meio artificial que contenha principalmente perlita, turfa e esferas de isopor ou outros materiais que não provenham de solos.

Muitos cuidados devem ser observados nas tentativas de melhorar as propriedades físicas de solos de textura argilosa por meio da adição de areia. Onde as especificações (p. ex., para um projeto paisagístico) pedem um solo de uma determinada classe textural, é aconselhável procurar um solo de ocorrência natural que atenda às especificações, em vez de tentar alterar a classe textural, misturando areia ou argila a ele. Uma mistura, em quantidades moderadas, de areia fina ou de areia que varie muito em tamanho pode terminar em um produto mais parecido com um concreto do que com um solo arenoso. Para algumas aplicações (como campos de esportes; consulte a Figura 4.5), a necessidade de o solo ter uma drenagem rápida ou resitir à compactação, mesmo quando está saturado com água, pode justificar a construção de um substrato artificial com areias uniformes, cuidadosamente selecionadas.

Avaliação da classe textural pelo "método do tato"

A determinação da classe textural é uma das primeiras habilidades de campo que pode desenvolver estudando a ciência do solo. A avaliação da classe textural pelo tato é de grande valor prático para as atividades de campo quando se tem que fazer levantamentos de solos, classi-

Figura 4.5 A modificação da textura do solo pode dar muito trabalho. Estas fotos mostram grandes montes de areia (material mais escuro) e cascalho (material esbranquiçado) que foram trazidos de outro lugar e estão sendo distribuídos para melhorar a drenagem de um campo esportivo a fim de permitir a prática do atletismo em dias mais chuvosos. A seta mostra um trator do tipo buldôzer, guiado a *laser*, espalhando uniformemente os montes de areia e os de cascalho. (Fotos: cortesia de R. Weil)

ficação de terras e qualquer outro tipo de investigação na qual a textura poderá ter um papel importante.

O triângulo textural (Figura 4.4) sempre deverá ser levado em conta na avaliação da classe textural pelo método do tato, como explicado no Quadro 4.1 e na Figura 4.6.

Análise granulométrica de laboratório

O primeiro passo e às vezes o mais difícil da análise granulométrica feita no laboratório é a dispersão completa de uma amostra de solo, de modo que até os menores agregados sejam desfeitos em partículas primárias ou individuais. A separação em classes, de acordo com o tamanho das partículas, pode ser feita pela lavagem das partículas retidas em diferentes peneiras, com aberturas de malhas padronizadas, para separar os fragmentos grosseiros e as frações das areias, permitindo a passagem somente das frações de silte e argila. Depois, o método da sedimentação é normalmente utilizado para determinar as quantidades de silte e argila. O princípio envolvido é simples: como as partículas do solo são mais densas que a água, elas tendem a se sedimentar, mergulhando verticalmente a uma velocidade proporcional ao seu *tamanho*. Em outras palavras, "quanto maiores as partículas, mais rápido elas se depositam no fundo". A equação que descreve essa relação é chamada de *Lei de Stokes*:

$$V = kd^2$$

onde k é uma constante relacionada à força da gravidade, à densidade e à viscosidade da água e d é o diâmetro da partícula.

4.4 A ESTRUTURA DOS SOLOS MINERAIS

O termo **estrutura do solo** refere-se ao padrão de *arranjo* das partículas de areia, silte, argila e de matéria orgânica nos solos. Devido a várias forças com diferentes intensidades, essas partículas se unem para formar unidades estruturais discretas chamadas de **agregados** (ou **peds**). Quando uma determinada porção do solo é escavada e retirada com cuidado (para não deformar suas condições naturais), ela tende a se desfazer em agregados que antes estavam separados entre si

QUADRO 4.1

Método para determinação da textura pelo tato

O primeiro e mais crítico passo para a avaliação da textura pelo tato é amassar (ou "trabalhar") bem uma amostra úmida, do tamanho de um limão, até formar uma massa com consistência uniforme, adicionando água aos poucos, quando necessário. Saiba que essa etapa pode levar alguns minutos, porque uma avaliação precipitada provavelmente levará a erros, em razão de alguns agregados de argila e de silte poderem se comportar como se fossem grãos de areia. O solo deve estar bem úmido, mas não muito lamacento. Tente amassar a amostra com apenas uma das mãos, guarde a outra limpa para escrever no caderno de anotações de campo (e apertar a mão do seu cliente).

Depois, enquanto comprime e amassa a amostra, observe todas as propriedades associadas com o conteúdo de argila, como a maleabilidade, a pegajosidade e a plasticidade. Um alto teor de silte se traduz em uma sensação de maciez e sedosidade, com pouca pegajosidade ou resistência à deformação. Um material de solo com um significativo teor de areia provoca uma sensação áspera e um som de pequenos rangidos quando esfregado próximo ao seu ouvido.

Estime a quantidade de argila, comprimindo a amostra de solo devidamente úmida entre o polegar e o indicador, tentando fazer uma tira com ela. Procure fazer essa tira tão longa quanto possível, até que ela se rompa com o próprio peso (Figura 4.6).

Interprete suas observações (tendo em mente o triângulo da Figura 4.4) segundo os seguintes itens:

(continua)

QUADRO 4.1 (*CONTINUAÇÃO*)

Método para determinação da textura pelo tato

1. A amostra de solo não se torna coesa, como uma bola, desfazendo-se facilmente: **areia.**
2. A amostra forma uma pequena bola, mas não uma tira: **areia-franca**
3. A tira é friável e se quebra quando está com menos de 2,5 cm de comprimento e:
   a. o rangido é audível e a sensação é áspera: **franco-arenosa**
   b. a sensação é de maciez e sedosidade e o rangido não é audível: **franco-siltosa**
   c. a sensação é ligeiramente áspera e macia, e o rangido não é claramente audível: **franca**
4. O solo exibe moderada pegajosidade e plasticidade, forma tiras alongadas de 2,5 a 5 cm de comprimento e:
   a. o rangido é audível e a sensação é de aspereza: **franco-argiloarenosa**
   b. a sensação é macia e sedosa e o rangido não é audível: **franco-argilo-siltosa**
   c. a sensação é de pouca aspereza e alguma maciez e o rangido não é claramente audível: **franco-argilosa**
5. O solo exibe dominante pegajosidade e plasticidade, formando fios mais longos do que 5 cm e:
   a. o rangido é audível e a sensação de aspereza predomina: **argiloarenosa**
   b. a sensação é de maciez e sedosidade; o rangido não é audível: **argilo-siltosa**
   c. a sensação é de apenas pequena aspereza e sedosidade e o rangido não é claramente audível: **argila**

Uma melhor estimativa do conteúdo de areia (e, portanto, um posicionamento mais exato sobre a dimensão horizontal do triângulo das classes texturais) pode ser obtida molhando-se na palma da mão um torrão de solo, do tamanho de uma ervilha, e depois esfregando-o com o dedo até que fique coberto com uma lama rala proveniente do material do solo. Dessa forma, os grãos de areia poderão ser vistos, e sua quantidade poderá ser estimada por comparação com o volume inicial do torrão e com os seus tamanhos relativos (areia fina, média, grossa, etc.).

O aprendizado deste método pode ser mais eficaz se forem utilizadas amostras com várias classes texturais já conhecidas. Depois de praticar bastante com essas amostras, boas estimativas de classes texturais poderão ser obtidas no campo.

Figura 4.6 *Acima*: aspecto não coeso e áspero de uma amostra de textura areia-franca, com cerca de 15% de argila, que forma apenas uma tira curta. *No centro*: aspecto fosco, liso e quebradiço, característico de uma amostra franco-siltosa. *Abaixo*: aspecto liso e brilhante de uma tira longa e flexível de solo com textura argilosa. (Fotos: cortesia de R. Weil)

por superfícies de fraqueza. Apesar de *agregados* e *peds* serem usados como sinônimos, o termo *ped*, nos países de língua inglesa, é mais comumente utilizado para descrever uma estrutura que se apresenta em grande escala quando se observa o perfil do solo no campo – tais descrições referem-se a unidades estruturais que variam em tamanho de cerca um 1 m até poucos mm. Nessa escala, a atração entre uma e outra partícula para formar os padrões que definem as unidades estruturais é influenciada, principalmente, pelos processos físicos, como: (1) umedecimento e secagem; (2) contração e expansão; (3) penetração e expansão das raízes; (4) congelamento e derretimento; (5) escavações pela feitas pela fauna do solo e (6) atividades do homem e suas máquinas. As unidades estruturais não devem ser confundidas com **torrões** – que são blocos comprimidos e coesos de material do solo –, os quais podem ser formados artificialmente quando um solo muito úmido é arado ou escavado. A maioria dos grandes agregados (ou *peds*) é composta e pode ser desmanchada em agregados menores (Figura 4.7). A rede de **poros** que existe dentro e entre os agregados influencia bastante o movimento do ar e da água, o crescimento das raízes e as atividades biológicas, incluindo o acúmulo e a decomposição da matéria orgânica.

Tipos de estrutura

Diferentes tipos ou formatos de unidades estruturais podem ocorrer nos solos, e diferentes feições muitas vezes podem ser observadas entre os horizontes de um mesmo perfil de solo. Alguns solos podem exibir uma estrutura em **grãos simples**, na qual as partículas não estão agregadas. No extremo oposto, outros solos (como certos sedimentos argilosos) ocorrem como grandes massas coesivas de materiais que podem ser descritos como exibindo uma estrutura **maciça**. No entanto, a maioria dos solos apresenta algum tipo de agregação composta de agregados que podem ser caracterizados pela sua forma (ou *tipo*), tamanho e distinção (ou *grau* de desenvolvimento). Os quatro principais tipos de unidades estruturais do solo são *granular*, *laminar*, *prismática* e em *blocos* (Figura 4.8).

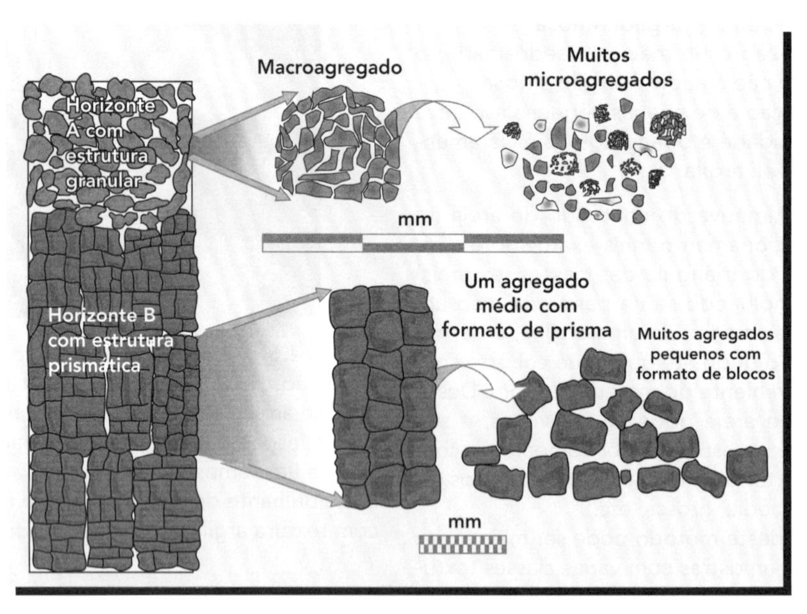

Figura 4.7 Esquema da organização hierárquica da estrutura do solo. As unidades estruturais maiores que podem ser observadas em um perfil do solo são formadas por unidades menores. O exemplo da parte inferior mostra como um agregado prismático grande típico de um horizonte B se desfaz em unidades menores (e assim por diante). O exemplo da parte superior ilustra como os microagregados menores que 0,25 mm de diâmetro estão organizados dentro de um macroagregado granular, com cerca de 1 mm de diâmetro, característico de um horizonte A. Esses microagregados muitas vezes formam-se ao redor de minúsculas partículas de matéria orgânica, prendendo-as em seu interior. Note que a escala do agregado prismático é diferente da do granular. (Diagrama: cortesia de R. Weil)

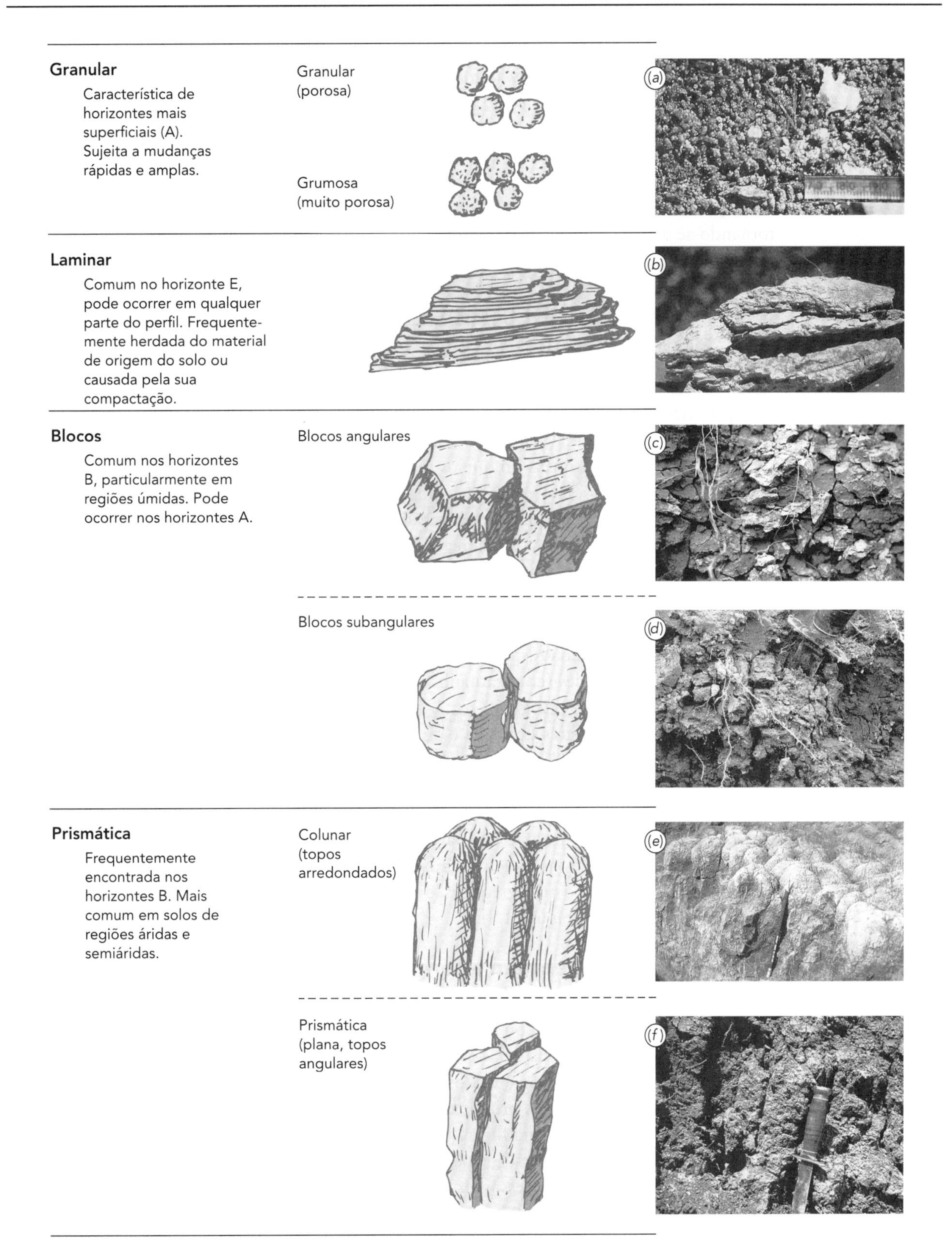

Figura 4.8 Diferentes tipos (formas) de estrutura de solos minerais e a indicação das condições mais típicas em que se formam. Os desenhos ilustram suas feições essenciais, e as fotos indicam como aparecem no campo. Para comparação, observe o lápis (15 cm de comprimento) em (*e*) e a faca com lâmina de 3 cm de largura em (*d*) e (*f*). (Fotos: [*e*] cortesia de J. L. Arndt, North Dakota State University [EUA]; restantes, cortesia de R. Weil)

Quando os pedólogos estão descrevendo a estrutura de um perfil de solo (p. ex., Tabela 3.3), anotam não somente o *tipo* (a forma) das unidades estruturais presentes, mas também o *tamanho* relativo (pequeno, médio, grande) e o grau de desenvolvimento das unidades (*graus* como forte, moderado ou fraco). Por exemplo, o solo mostrado na foto da Figura 4.8*d* poderia ser descrito como tendo uma "estrutura de blocos subangulares, pequenos e fracos". Geralmente, a estrutura de um solo é mais fácil de ser observada quando o solo está relativamente seco; quando úmido, seus agregados podem se expandir e se pressionar uns contra os outros, tornando-se menos identificáveis. Nossa atenção estará voltada agora para a formação e a estabilidade dos agregados granulares característicos dos horizontes mais superficiais.

4.5 FORMAÇÃO E ESTABILIZAÇÃO DOS AGREGADOS DO SOLO

O fenômeno da formação de agregados do tipo granular nos horizontes mais superficiais é uma propriedade do solo muito dinâmica. Alguns agregados se desintegram e outros se formam novamente à medida que as novas condições do solo aparecem. Geralmente, os agregados menores são mais estáveis do que os maiores; dessa forma, a manutenção dos agregados maiores, mais desejados, requer grande cuidado. Discutiremos os meios práticos para manejar a estrutura do solo e evitar a sua **compactação** depois de considerarmos os fatores responsáveis pela formação e a estabilização dos agregados.

Organização hierárquica dos agregados do solo[1]

Os horizontes mais superficiais são normalmente caracterizados por uma estrutura com agregados granulares arredondados, que apresentam níveis hierárquicos nos quais **macroagregados** relativamente grandes (com tamanhos de 0,25 a 5 mm de diâmetro) são compostos de **microagregados** menores (2 a 250 μm). Essas subunidades, por sua vez, são compostas de minúsculas placas laminares de argila e de partículas de matéria orgânica com tamanhos de somente poucos μm. Pode-se verificar facilmente a existência dessa *hierarquia de agregação* selecionando nas mãos os agregados maiores de um solo e, cuidadosamente, desmanchando-os em muitos pedaços de tamanho menor. Fazendo isso, descobre-se que mesmo os menores pedaços do solo geralmente não são partículas individuais, mas podem ser fracionados em partículas ainda menores, até que finalmente são individualizados em silte, argila e húmus. Em cada nível hierárquico dos agregados, diferentes fatores podem ser responsáveis pelas agregações das subunidades (Figura 4.9).

Processos que influenciam a formação e a estabilidade dos agregados do solo

Os processos físico-químicos (ou abióticos) e biológicos influem na formação dos agregados do solo. Os primeiros são considerados como mais importantes para a formação dos agregados menores; e os processos biológicos, dos maiores. Os processos físico-químicos de formação dos agregados estão associados principalmente com as argilas e, portanto, tendem a ser mais importantes em solos de textura fina. Em solos arenosos, que têm pouca argila, a agregação é quase inteiramente dependente de processos biológicos.

Os mais importantes processos físico-químicos são: (1) floculação, ou a atração mútua entre a argila e as moléculas orgânicas, e (2) a expansão e a contração das massas de argila.

[1] A organização hierárquica dos agregados do solo e o papel da matéria orgânica na sua formação foram propostos primeiro por Tisdall e Oades (1982). Para uma revisão dos avanços nesta área, durante as duas décadas seguintes, consulte Six et al. (2004).

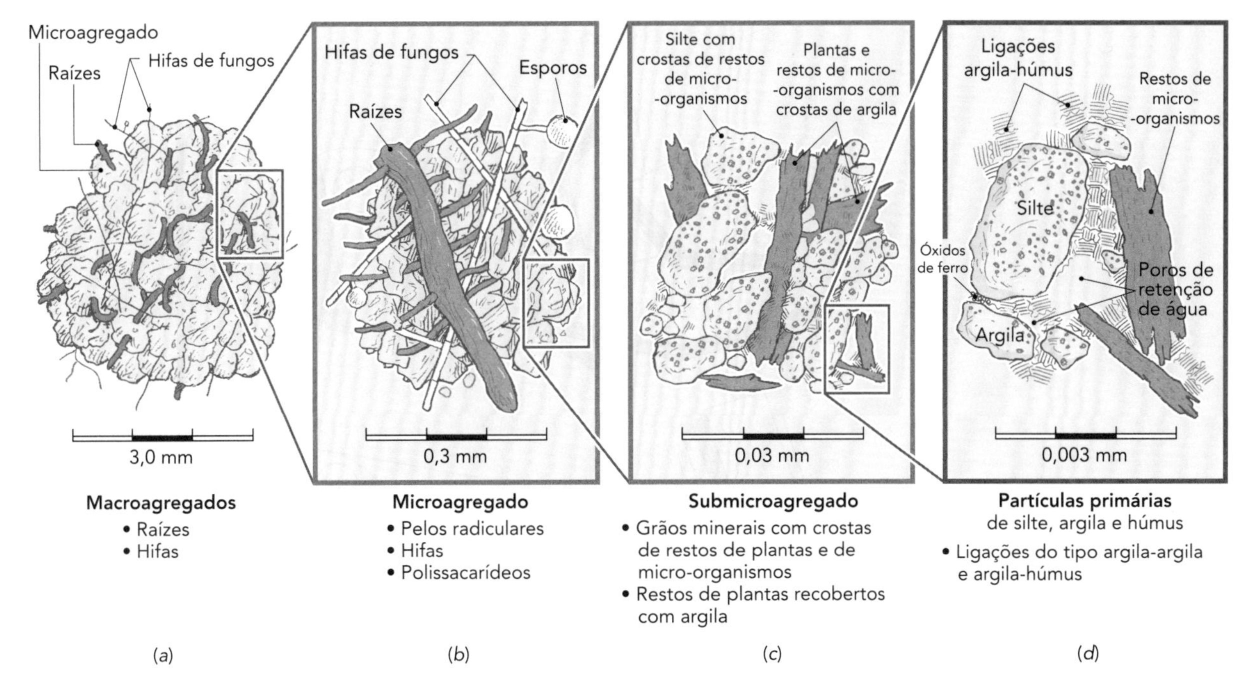

Figura 4.9 Agregados de maior tamanho são normalmente compostos de aglomerados de agregados menores. A ilustração mostra quatro níveis hierárquicos de agregação no solo. Diferentes fatores responsáveis pela agregação em cada nível estão assim indicados: (*a*) um macroagregado composto por muitos microagregados unidos, principalmente, por uma rede de hifas de fungos e raízes finas; (*b*) um microagregado, consistindo principalmente em partículas de areia fina, pequenos aglomerados minerais (de silte e argila) e substâncias orgânicas unidas por radicelas, hifas de fungos e gomas produzidas por micro-organismos; (*c*) um submicroagregado muito pequeno, consistindo em partículas de silte fino, cobertas com matéria orgânica e pequenos fragmentos de restos de plantas e de micro-organismos (denominados matéria orgânica particulada); e (*d*) aglomerados de partículas de argila, orientadas ou não, interagindo com óxidos de Fe ou Al e polímeros orgânicos na escala menor. Esses aglomerados, ou *domínios* organo-argílicos, se ligam às superfícies das partículas de húmus e de minerais de tamanhos menores. (Diagrama: cortesia de R. Weil)

A floculação das argilas e o efeito dos cátions adsorvidos Exceto em solos muito arenosos que são praticamente isentos de argila, o processo de agregação se inicia com a **floculação** das partículas de argila em agregados microscópicos, ou *flocos* (Figura 4.10). Se duas partículas de argila se aproximam o suficiente, íons positivamente carregados situados em uma camada ao redor delas atrairão as cargas negativas das duas partículas, servindo assim como uma ponte que une esse par de partículas. Esses processos levam à formação de uma pequena "pilha" de partículas laminares de argila, denominadas *ligações argila-argila.* Os cátions polivalentes (p. ex., Ca^{2+}, Fe^{2+}, Al^{3+}) também podem se unir às moléculas hidrofóbicas de húmus, permitindo que elas se liguem às superfícies das argilas para formar complexos que têm uma orientação mais aleatória. Os complexos argila/húmus formam pontes que se ligam umas às outras e às partículas de silte fino (principalmente as de quartzo), criando os agrupamentos de menor tamanho na hierarquia dos agregados do solo (Figura 4.9*d*). Esses complexos, ajudados pela influência da floculação dos cátions polivalentes e do húmus, promovem, a longo prazo, a estabilidade dos microagregados menores (<0,25 mm). Em certos solos argilosos altamente intemperizados (*Ultisols* e *Oxisols*), a ação cimentante dos óxidos de ferro e de outros compostos inorgânicos produz pequenos agregados muito estáveis chamados de **pseudoareias**.

Quando cátions monovalentes, especialmente o Na^{+} (em vez de outros cátions polivalentes, como Ca^{2+} ou Al^{3+}), são dominantes – como acontece em alguns solos de regiões áridas e semiáridas –, as forças de atração não são capazes de superar as forças de repulsão que ocorrem naturalmente entre as partículas negativamente carregadas (Figura 4.10). As partículas laminares de argila não se aproximam o suficiente para que ocorra a floculação, permanecendo

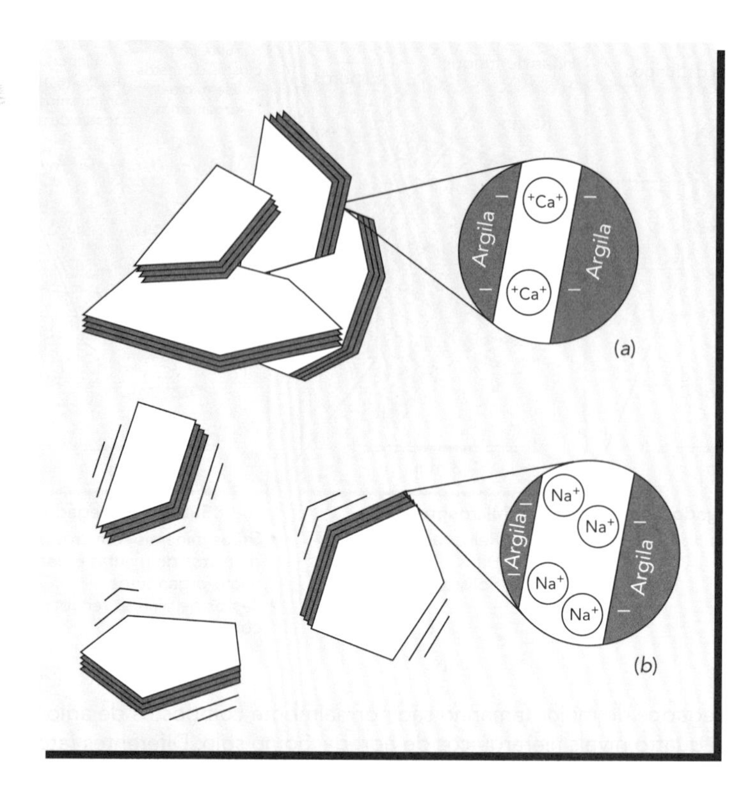

Figura 4.10 Esquema mostrando o papel dos cátions na floculação das argilas do solo. (*a*) Os cátions di e trivalentes, como Ca^{2+} e Al^{3+}, estão firmemente adsorvidos e podem, de modo eficaz, neutralizar as cargas negativas na superfície das partículas de argila. Esses cátions também podem formar pontes que unem as partículas de argila. (*b*) Íons monovalentes, especialmente o Na^{+}, com um raio hidratado relativamente grande, podem provocar repulsão entre as partículas de argila, criando uma condição de dispersão. Três fatores contribuem para a dispersão: (1) o íon hidratado de Na^{+}, com tamanho relativamente grande, não se aproxima o suficiente da partícula da argila para neutralizar, de forma eficaz, as cargas negativas; (2) a única carga do Na^{+} não é eficiente para formar pontes entre as partículas de argila e (3) comparado aos íons di- ou trivalentes, duas a três vezes mais íons monovalentes devem estar presentes entre as partículas de argila para neutralizar as cargas das suas superfícies. (Diagrama: cortesia de R. Weil)

dispersas, em uma condição semelhante a um gel, fazendo com que o solo se torne quase sem estrutura, impermeável à água e ao ar, em uma condição pouco adequada ao crescimento de plantas (Seção 9.15).

Mudanças de volume em materiais argilosos À medida que o solo seca, as partículas de argila se aproximam, fazendo com que a massa de solo contraia o seu volume. Quando a massa de solo se contrai, várias fissuras são abertas ao longo de planos de fraqueza. Depois de muitos desses ciclos (como ocorre entre os períodos de chuva ou de irrigação), a rede de fissuras se torna melhor definida. As raízes das plantas também possuem muita influência na secagem do solo, pela absorção de água nas suas proximidades. A absorção de água, especialmente por gramíneas, acentua os processos físicos de agregação associados aos ciclos de umedecimento e secagem. Esse efeito é mais um dos exemplos da interação entre os processos físicos e biológicos do solo.

Os ciclos de congelamento e descongelamento têm efeito similar, visto que a formação de cristais de gelo é um processo de secagem que também retira água dos complexos de argila. A expansão e a contração que acompanham os ciclos de congelamento-descongelamento e umedecimento-secagem dos solos criam fissuras e pressões que, alternadamente, separam grandes massas de solos e comprimem as suas partículas em unidades estruturais definidas.

Atividades dos organismos do solo Dentre os processos biológicos de agregação, os mais importantes são: (1) atividades de escavação e moldagem dos animais do solo; (2) emaranhado de partículas causado pelo crescimento de raízes e hifas de fungos e (3) produção de gomas orgânicas por micro-organismos, especialmente bactérias e fungos. Minhocas (e cupins) deslocam as partículas do solo, muitas vezes ingerindo-as e transformando-as em *pellets* e coprólitos (Capítulo 11). As raízes das plantas (principalmente, seus pelos radiculares) e hifas de fungos exsudam polissacarídeos (semelhantes a açúcares) e outros compostos orgânicos, formando redes pegajosas que unem as partículas individuais do solo e os pequenos microagregados em aglomerados maiores denominados macroagregados (Figura 4.9*a*). Os fungos associados às raízes de plantas (denominados *micorrizas*; consulte a Seção 10.9) são particularmente eficientes em proporcionar, a curto prazo, esse tipo de estabilidade aos agregados maiores, pois secretam proteínas denominadas **glomalinas**, que são bons agentes cimentantes. As bactérias também produzem polissacarídeos e outras gomas orgânicas, à medida que decompõem os resíduos das plantas.

Glomalina: Onde está o carbono?
www.ars.usda.gov/is/AR/archive/sep02/soil0902.htm

Influência da matéria orgânica Na maioria dos solos de zonas temperadas, a matéria orgânica é o principal agente responsável pela formação e estabilidade dos agregados (Figura 4.11). Além disso, ela fornece substrato energético que torna possível as atividades biológicas previamente mencionadas neste capítulo. Durante o processo de agregação, as partículas minerais do solo (silte e areia fina) são revestidas com resíduos decompostos de plantas e outros materiais orgânicos. Polímeros orgânicos complexos, resultantes da decomposição, interagem quimicamente com partículas de argilas silicatadas e óxidos de ferro e de alumínio para formar pontes entre as partículas individuais do solo, unindo-as assim na forma de agregados estáveis em água (Figura 4.9*d*).

Aventuras na rizosfera, por Alex Blumberg:
http://chicagowildernessmag.org/issues/spring1999/underground.html

Influência do preparo do solo A movimentação do solo para plantio pode tanto promover como destruir a agregação do solo. Se o solo não está muito úmido ou muito seco, o cultivo pode quebrar os torrões maiores em agregados naturais, criando, temporariamente, uma condição de solo mais solto e poroso, o que permite o fácil crescimento das novas raízes e a emergência das plântulas. O preparo do solo também pode incorporar os corretivos orgânicos ao solo e eliminar as ervas daninhas.

Compactação do solo e seu controle:
www.extension.umn.edu/distribution/cropsystems/DC3115.html

No entanto, a longo prazo, as operações de preparo do solo aceleram a perda por oxidação da matéria orgânica dos horizontes mais superficiais, enfraquecendo os seus agregados. As operações desse cultivo, especialmente se conduzidas em solo muito úmido, tendem a destruir seus agregados, reduzindo assim a macroporosidade e fazendo aparecer uma condição **lamacenta** (Figura 4.12).

Figura 4.11 Os agregados dos solos com elevado teor de matéria orgânica (M.O.) são muito mais estáveis do que aqueles provenientes de solos com baixo teor deste constituinte. Os agregados com baixo teor de M.O. se esboroam quando saturados com água; já aqueles com alto teor em matéria orgânica se mantêm estáveis. (Foto: cortesia de N. C. Brady)

Figura 4.12 Exemplos de solo que foi molhado e desagregado (*à esquerda*) e outro, bem-agregado, com estrutura do tipo granular (*à direita*). As raízes das plantas e o húmus, em especial, são os principais fatores que promovem a formação de agregados granulares no solo. Por esta razão, o raizame das gramíneas tende a estimular o desenvolvimento de uma estrutura granular no horizonte mais superficial de uma terra cultivada. (Cortesia do USDA/NRCS)

4.6 PREPARO DO SOLO E MANEJO DA SUA ESTRUTURA

Implementos de preparo do solo e seus efeitos: www.WTAMU.EDU/~crobinson/TILLAGE/tillage.htm

Quando não preparados pelo cultivo e protegidos sob densa vegetação, a maioria dos solos (exceto alguns com vegetação esparsa, em regiões áridas) possui, nos horizontes mais superficiais, agregados suficientemente estáveis que permitem uma rápida infiltração da água e evitam o encrostamento do solo. Porém, nos solos cultivados, o desafio mais importante é o do desenvolvimento e manutenção de uma estrutura com agregados estáveis, associados à sua rede de poros. Muitos estudos têm mostrado que a agregação e as propriedades a ela associadas são desejáveis, como a taxa de infiltração, que diminui quando o solo é submetido a longos períodos de cultivos anuais, devido à sua intensa movimentação com arações e gradeações.

O cultivo e a facilidade de preparo do solo

Para o estabelecimento de uma lavoura, a camada mais superficial do solo precisa estar em boas **condições físicas**. As condições do solo desejáveis para um bom crescimento das plantas dependem não somente da formação e da estabilidade dos agregados, mas também de outros fatores, como a sua densidade (Seção 4.7), o teor de água, a aeração, a taxa de infiltração, a drenagem e a capacidade de retenção de água. Como é de se esperar, as condições do solo adequadas para o plantio podem mudar rápida e consideravelmente. Por exemplo, as condições para que um solo de textura argilosa possa ser arado com facilidade podem ser drasticamente alteradas por uma pequena mudança no teor de sua água.

O principal aspecto relacionado à facilidade de preparo do solo para o plantio ou sua "grumosidade" é a **friabilidade** (consulte também a Seção 4.9). Solos são ditos **friáveis** quando seus torrões não estão muito pegajosos ou duros e puderem ser facilmente desfeitos dos agregados que os constituem. Geralmente, a **friabilidade do solo** é atingida quando a **tensão de resistência** (ou limite de resistência) dos seus agregados individuais (i. e., a força requerida para parti-los) é relativamente alta quando comparada à tensão de resistência dos torrões. Essa condição permite que as forças de movimentação para a aração ou escavação destorroem facilmente os torrões maiores, deixando estáveis os seus agregados menores. Como se poderia esperar, a friabilidade pode ser bastante afetada pelas mudanças no conteúdo da água do solo, especialmente para os de textura argilosa. Cada solo tem caracteristicamente um conteúdo de água ótimo no qual um grau de friabilidade máximo é atingido.

Solos argilosos são particularmente propensos a condições de encharcamento e compactação devido à sua alta plasticidade e coesão. Quando esses solos secam, normalmente tornam-

-se densos e duros. O planejamento da melhor época para as máquinas trafegarem, de acordo com os teores de água do solo mais adequados, é mais complexo em solos argilosos do que em solos arenosos, porque os solos argilosos levam mais tempo para secar e reduzir seus teores de umidade de água em condições adequadas para o trabalho de máquinas. Por outro lado, podem também tornarem-se secos demais para serem trabalhados com facilidade. O aumento do conteúdo de matéria orgânica geralmente melhora a friabilidade do solo e pode minorar a propensão de um solo argiloso causar alguns danos estruturais durante as operações de cultivo e tráfego de máquinas (Figura 4.13).

Alguns solos argilosos de regiões tropicais úmidas são mais facilmente manejados do que os anteriormente mencionados. A fração argila de muitos solos dos trópicos é dominada por óxidos e hidróxidos de ferro e de alumínio, os quais não são tão plásticos, pegajosos e difíceis de serem trabalhados como os da região temperada. Esses solos apresentam propriedades físicas favoráveis e, apesar de reterem grandes quantidades de água, respondem bem ao preparo para cultivo, mesmo logo após as chuvas, como se fossem solos arenosos, porque possuem agregados suficientemente estáveis.

Os agricultores das regiões temperadas frequentemente encontram seus solos muito úmidos para o preparo pouco antes da época de plantio (no início da primavera), enquanto os de algumas regiões tropicais podem encontrar o problema oposto: o de solos muito secos para o fácil preparo antes do plantio (final da estação seca). Nessas regiões tropicais e subtropicais, com uma estação seca muito longa, os solos devem ser preparados ainda em condições muito secas para que o plantio coincida com o início das primeiras chuvas.

Preparo convencional e produção das culturas

Desde a Idade Média, a aiveca do arado tem sido o principal implemento usado no preparo inicial do solo para o cultivo – sendo, também, o mais utilizado no mundo ocidental.[2] O seu propósito é levantar e inverter o solo, enquanto incorpora o esterco e/ou resíduos de culturas na camada arável (Figura 4.14). A aração é normalmente complementada com a gradagem, utilizada para cortar os resíduos e incorporá-los parcialmente ao solo. Nas práticas convencionais, esse preparo inicial é, com frequência, seguido por numerosas operações secundárias, como as gradagens, as quais quebram os torrões maiores, eliminam plantas daninhas e prepararam uma cama de semeadura adequada.

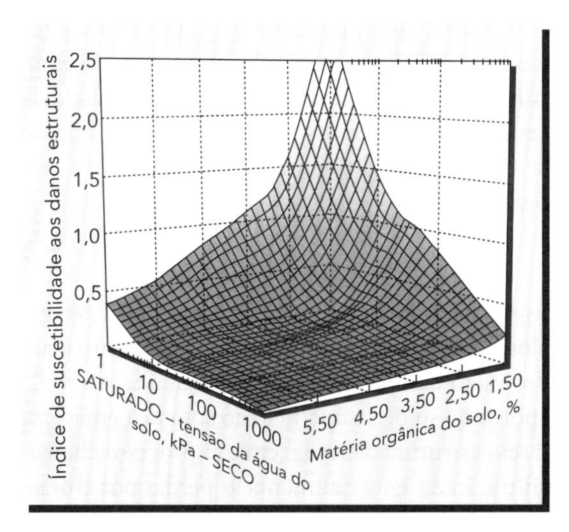

Figura 4.13 A suscetibilidade da estrutura dos solos de textura argilosa de ser afetada pelo preparo mecânico aumenta com a umidade e diminui com a presença de matéria orgânica. O índice de suscetibilidade (eixo vertical do gráfico) é baseado principalmente na tendência das argilas à dispersão e está associado à formação de lamas e à destruição dos agregados. O solo é especialmente suscetível à destruição dos agregados quando excessivamente úmido (mais úmido do que a condição denominada *capacidade de campo*, como definido na Seção 5.8). O gráfico também evidencia que os altos teores de matéria orgânica ajudam a proteger os agregados durante o preparo do solo. As relações ilustradas se aplicariam mais a solos argilosos e seriam menos aplicáveis a solos arenosos. (Gráfico: baseado nos dados de Watts e Dexter [1997])

[2] Para uma antiga – mas ainda valiosa – análise sobre o arado de aiveca, consulte Faulkner (1943).

Figura 4.14 Enquanto a força da aiveca do arado levanta, inverte e afofa o solo, uma outra força, para baixo e oposta a estas ações, compacta a porção do solo situada logo abaixo da camada (arável) superior do solo, de 15 a 20 cm de espessura. Essa zona compactada pode se transformar em um *piso de arado* ou *pã* (um "pã induzido"). Pode-se compreender isso melhor se imaginar que está levantando um grande peso – à medida que o levanta, seus pés pressionam o chão para baixo. (Foto: cortesia de R. Weil)

Após o plantio de uma lavoura, o solo pode receber outras operações secundárias de cultivo, com o objetivo de controlar o crescimento de ervas daninhas e eliminar o encrostamento superficial. Utilizando tração humana, animal ou mecânica (tratores), todas essas passagens sobre o campo podem causar uma considerável compactação.

Cultivo conservacionista e o preparo do solo

Lavoura conservacionista na produção de produtos hortícolas, por Mary Peet: www.cals.ncsu.edu/sustainable/peet/tillage/c03tilla.html

Nos últimos anos, sistemas de manejo que minimizam a necessidade de movimentar o solo por ocasião do seu cultivo têm sido desenvolvidos. Esses sistemas deixam consideráveis quantidades de resíduos vegetais sobre a superfície do solo, protegendo-o contra a erosão (ver Seção 14.6 para uma discussão detalhada). Por essa razão, as práticas adotadas nesses sistemas são chamadas de *conservacionistas*. O Departamento de Agricultura dos Estados Unidos define *cultivo conservacionista* como aquele que deixa pelo menos 30% da superfície do solo coberta por resíduos. Sob um sistema de **plantio direto**, uma cultura é plantada sob os resíduos de outra, com praticamente pouquíssima movimentação do solo. Outros sistemas de cultivo mínimo, como o uso do arado escarificador, permitem alguma mobilização do solo, mas ainda assim deixam uma grande quantidade de resíduos de culturas sobre sua superfície. Esses resíduos orgânicos protegem a superfície do solo do impacto direto das gotas de chuva e da ação abrasiva do vento, reduzindo assim a erosão hídrica e eólica e mantendo a estrutura do solo.

Encrostamento do solo

Durante as chuvas pesadas ou a irrigação por aspersão, as gotas d'água desmancham os agregados expostos à superfície do solo. Em alguns solos, os sais diluídos na água de irrigação auxiliam a dispersão das argilas. Depois que os agregados estão desfeitos, pequenas partículas de argila dispersas tendem a ser levadas para dentro dos poros do solo. A superfície do solo fica então coberta com uma delgada camada de um material sem estrutura definida, em um processo chamado de **selamento superficial**, o qual reduz a infiltração da água e aumenta as perdas por erosão.

À medida que essa superfície seca, forma-se uma **crosta** endurecida (Figura 4.15). Em regiões áridas e semiáridas, o selamento e o encrostamento do solo podem ter consequências desastrosas devido ao aumento das perdas por escorrimento superficial, reduzindo assim

Figura 4.15 Micrografia eletrônica de varredura da camada mais superficial do solo de 1 mm de espessura com agregados estáveis (*a*) comparada com uma camada com agregados não estáveis (*b*). Note que os agregados na porção superior dessa camada foram destruídos, formando uma crosta superficial. A plântula de feijão (*c*) tem que quebrar essa crosta superficial à medida que emerge do local da semeadura. (Fotos [*a*] e [*b*]: de O'Nofiok e Singer (1984), usadas com a permissão da Soil Science Society of America [EUA]; foto [c]: cortesia de R. Weil)

a água disponível para o crescimento das plantas. O encrostamento pode ser minimizado mantendo-se o solo vegetado ou com cobertura morta protetora para reduzir o impacto direto das gotas de chuva.

Condicionadores de solo

O gesso (sulfato de cálcio) pode melhorar as condições físicas de muitos tipos de solo. Os produtos que contêm gesso na forma solúvel fornecem eletrólitos (cátions e ânions) suficientes para provocar a floculação e inibir a dispersão dos agregados, evitando assim o encrostamento superficial. A substituição do sódio pelo cálcio do gesso, na superfície das argilas, pode também promover a floculação. Experimentos de campo têm mostrado que os solos tratados com gesso permitem uma maior infiltração de água e, portanto, são menos afetados pela erosão do que os solos onde o gesso não foi aplicado. Da mesma forma, o gesso pode reduzir a resistência das camadas subsuperficiais endurecidas, permitindo uma maior penetração das raízes e subsequente absorção da água pelas plantas dos horizontes inferiores do solo.

Alguns polímeros orgânicos sintéticos podem estabilizar a estrutura do solo de forma semelhante aos orgânicos naturais, como os polissacarídeos produzidos por bactérias. Por exemplo, a poliacrilamida (PAM) é eficaz na estabilização de agregados superficiais quando aplicada em quantidades tão baixas como 1 a 15 mg/L na água de irrigação ou espalhadas na dose de 1 a 4 kg/ha (Figura 4.16). O uso combinado de PAM com o gesso pode eliminar quase toda a erosão causada pela irrigação.

Várias espécies de algas que vivem próximo à superfície são conhecidas por produzirem compostos muito eficazes para a estabilização dos agregados. A aplicação de pequenas quantidades de extratos comerciais contendo tais algas pode fazer com que aconteça uma significa-

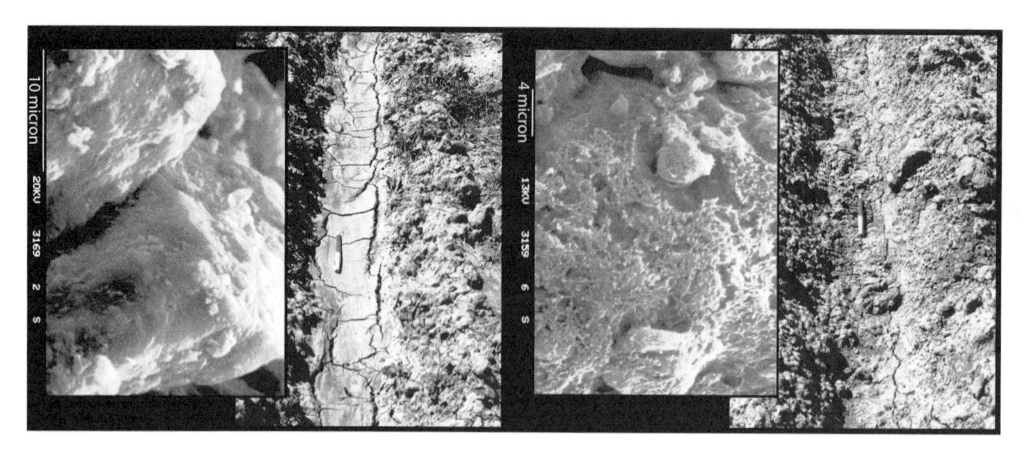

Figura 4.16 O drástico efeito estabilizante da poliacrilamida sintética (PAM), que foi usada na dosagem de 1 a 2 kg/ha, em cada turno de irrigação aplicada ao sulco mostrado à direita, mas não ao da esquerda (note as canetas, indicando a escala). As micrografias eletrônicas de varredura (escala sobre a margem esquerda) mostram a estrutura dos respectivos solos. Note que as partículas de solo tratadas com a PAM estão cobertas por uma rede de malhas. (Fotos: cortesia de C. Ross de Ross et al. [2003])

tiva melhora na estrutura da superfície do solo. A quantidade de corretivo necessária é muito pequena, porque as algas, depois de estabelecidas no solo, podem se multiplicar.

Vários materiais húmicos são comercializados por causa de seus efeitos condicionadores quando incorporados em baixas quantidades (<500 kg/ha). No entanto, cuidadosas pesquisas feitas em muitas universidades não demonstraram que esses materiais tenham realmente afetado a estabilidade dos agregados ou a produção das culturas, como alegado.

Orientações gerais para o manejo do preparo do solo

Os seguintes objetivos devem ser observados para um adequado preparo do solo para o plantio:

1. Reduzir a perda da matéria orgânica que estabiliza os agregados, minimizando a movimentação do solo, evitando o uso da aração, gradeação e da enxada rotativa.
2. Trafegar quando o solo estiver seco e ará-lo ou gradeá-lo somente quando o teor de água do solo encontrar-se no ponto ótimo, para minimizar a destruição da estrutura do solo.
3. Cobrir o solo com restos de plantas que adicionam matéria orgânica, estimulam a atividade de minhocas e protegem os agregados do solo do impacto direto das gotas de chuva e da radiação solar.
4. Adicionar materiais orgânicos que possam estimular o suprimento microbiano para decomposição de resíduos e formação de produtos que estabilizem os agregados do solo.
5. Cultivar, em sistema de rotação, plantas com intenso raizame (gramíneas) que favorecem a estabilização dos agregados, ajudando a manter a matéria orgânica por meio do fornecimento de raízes finas e também assegurando um longo período de pousio.
6. Usar culturas de cobertura e adubos verdes que possam favorecer a ação das raízes e da matéria orgânica para melhorar a estrutura do solo.
7. Aplicar gesso (ou calcário, se o solo for ácido) combinado ou não com polímeros sintéticos que podem estabilizar os agregados superficiais.

Um dos principais objetivos do manejo do solo é a manutenção do seu alto grau de agregação. Isso é muito importante, porque a capacidade do solo de realizar as funções necessárias em um ecossistema é muito influenciada pela sua densidade e porosidade. Estas propriedades serão tratadas a seguir.

4.7 DENSIDADE DO SOLO E COMPACTAÇÃO

Densidade de partículas

A **densidade de partículas** (D_p) é definida como a massa por unidade de volume de *sólidos* do solo (ao contrário do volume do *solo*, que inclui os espaços entre as partículas). Assim, se um metro cúbico (m^3) de sólidos do solo pesa 2,6 megagramas (Mg), a densidade de partículas será de 2,6 Mg/m^3 (que também pode ser expressa como 2,6 g/cm^3).

A densidade de partículas é basicamente o mesmo que **massa específica** de uma substância sólida. A composição química e a estrutura cristalina de um mineral determinam a densidade de suas partículas, a qual *não* é afetada pelo espaço poroso e, consequentemente, não está relacionada com o tamanho ou o arranjo das partículas (estrutura do solo).

Para a maioria dos solos minerais, a densidade de partículas varia de 2,60 a 2,75 g/cm^3, o que se deve à predominância de minerais como quartzo, feldspato, mica e coloides silicatados, que normalmente possuem densidades dentro dessa faixa. Para cálculos em geral relativos à camada arável (1 a 5% de matéria orgânica), se a verdadeira densidade de partículas não for conhecida, uma densidade de aproximadamente 2,65g/cm^3 pode ser pressuposta. Contudo, quando grandes quantidades de minerais com alta densidade (como a magnetita, granada, epidoto, zircônio, turmalina ou hornblenda) estão presentes, este número poderá ser ajustado para valores acima de 3,0 g/cm^3, ou mais. Do mesmo modo, tais valores supostos devem ser reduzidos para solos com um alto conteúdo de matéria orgânica, os quais têm uma densidade de partículas de apenas 0,9 a 1,4 g/cm^3.

Densidade do solo

Uma segunda medida de massa dos solos importante é a **densidade do solo** (D_s), que é definida como a massa por unidade de volume de solo seco. Esse volume inclui tanto as partículas sólidas como o seu espaço poroso. Um estudo cuidadoso da Figura 4.17 o fará compreender melhor a diferença entre a *densidade de partículas* e a *densidade do solo*. As duas expressões consideram somente a massa dos sólidos do solo; sendo assim, qualquer água existente está fora de consideração.

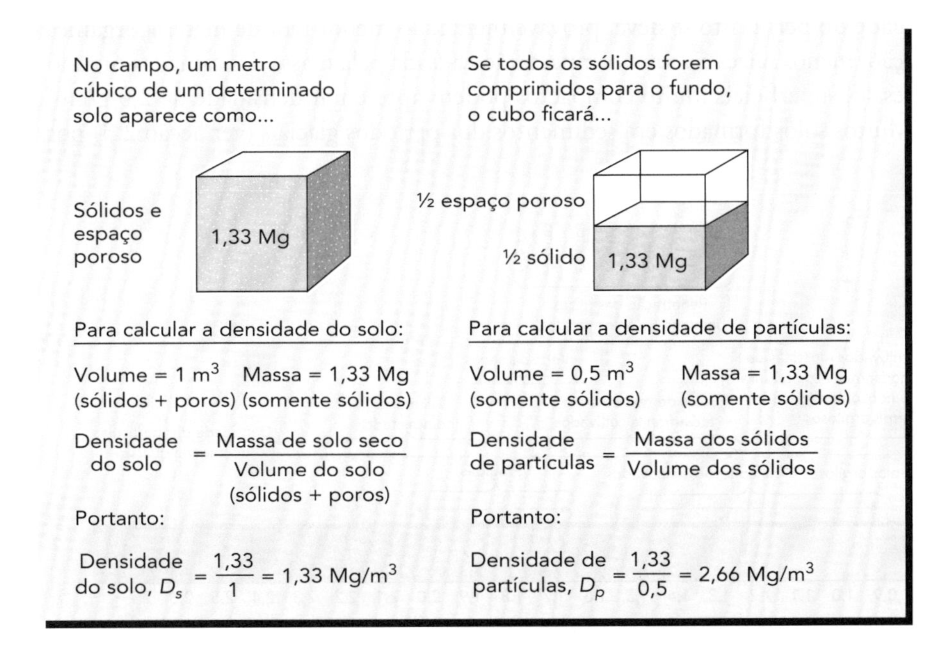

Figura 4.17 Densidade do solo (D_s) e densidade de partículas (D_p). A densidade do solo é a massa das partículas sólidas em um volume conhecido de um solo no campo (sólidos mais espaços porosos ocupados com ar e água). Densidade de partículas é a massa das partículas sólidas em um volume conhecido dessas partículas. Com uma cuidadosa análise dos cálculos apresentados, a terminologia deverá ser esclarecida. Neste exemplo, o valor da densidade do solo é igual à metade do da densidade de partículas, e o percentual do espaço poroso é de 50%.

Animação sobre densidade de partículas *versus* densidade do solo: www.landfood.ubc.ca/soil200/components/mineral.htm#114

Existem diversos métodos para determinar a densidade do solo baseados na obtenção de uma amostra com volume conhecido secando-a depois para remoção da água a fim de obter sua massa seca. Uma amostra indeformada e de volume conhecido de solo pode ser obtida por meio de um equipamento especial de amostragem. Talvez o método mais simples, usado mais para camadas superficiais, seja cavar um pequeno buraco, coletar todo o solo escavado e impermeabilizar esse buraco com um filme plástico, para depois preenchê-lo completamente com um volume conhecido de água. Este método é bem apropriado quando se torna difícil usar um anel de amostragem, como no caso de solos pedregosos.

Fatores que afetam a densidade do solo

Solos com maior proporção de espaços porosos em relação ao volume de sólidos possuem menor densidade com menos espaços porosos e, portanto, são mais compactados. Consequentemente, qualquer fator que influencie o espaço poroso afetará a densidade do solo. A amplitude mais comum de variação da densidade para diversas condições e tipos de solos é ilustrada na Figura 4.18. Vale a pena estudar essa figura até ter uma boa percepção de todas as variações de densidade que ela ilustra.

Efeito da textura do solo Como ilustrado na Figura 4.18, os solos de textura fina, como os argilosos franco-argilosos e os franco-siltosos, geralmente possuem menor densidade em relação aos arenosos. Isso acontece porque as partículas dos solos com textura fina tendem a organizar-se em unidades estruturais porosas, sobretudo se possuem um teor de matéria orgânica adequado. Nesses solos bem-agregados, existem poros entre *e* dentro dos agregados. Essa condição garante um grande espaço poroso total, fazendo com que a densidade do solo seja baixa. Entretanto, em solos arenosos, o conteúdo de matéria orgânica é geralmente baixo, as partículas sólidas estão menos predispostas a formarem agregados, e a sua densidade é normalmente mais alta do que nos de textura mais fina. Quantidades similares de poros grandes estão presentes tanto em solos arenosos como nos de textura fina e bem-agregados, mas os arenosos possuem menos poros no interior de seus agregados e, por isso, apresentam menor porosidade total (Figura 4.19).

Profundidade no perfil do solo A densidade do solo tende a aumentar à medida que aumenta a profundidade do perfil; isto se deve, provavelmente, ao menor teor de matéria orgânica, menor agregação, menos raízes e a uma compactação causada pela massa das camadas superiores. Horizontes subsuperficiais muito compactos podem apresentar densidade de 2,0 g/cm^3, ou superior. Muitos solos formados em sedimentos dos períodos glaciais (ver Seção 2.3) pos-

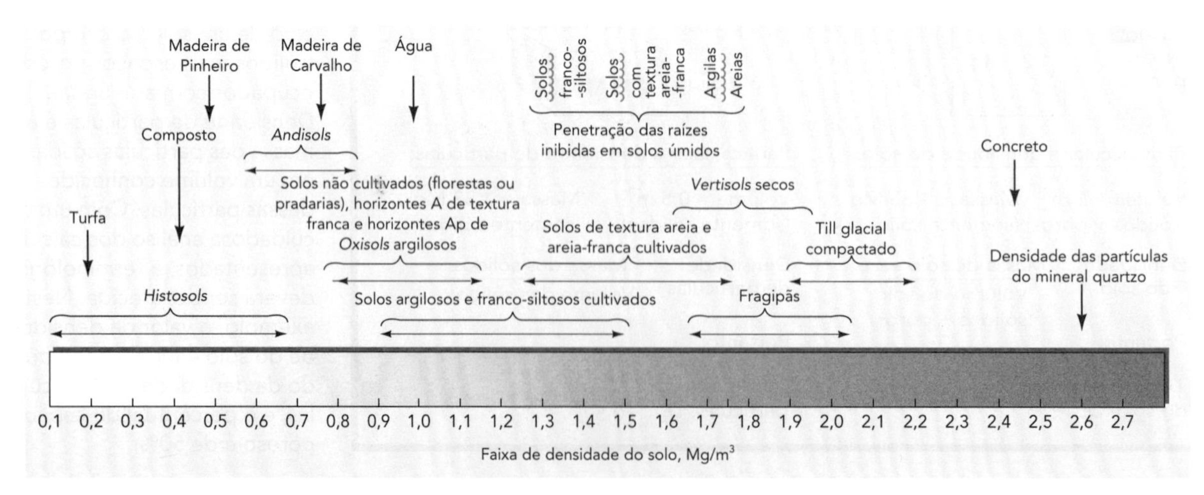

Figura 4.18 Densidades características de vários tipos de solos e de outros materiais.

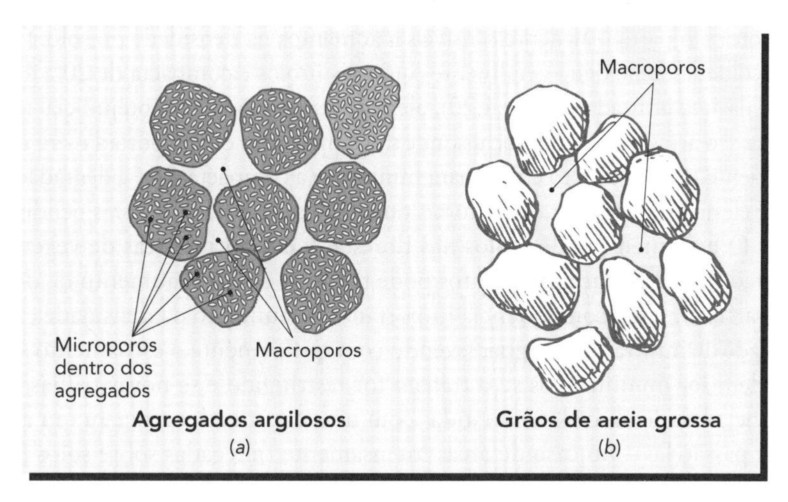

Figura 4.19 Esquema comparando um solo arenoso com um argiloso, no qual são mostradas as quantidades relativas dos poros maiores, ou macroporos, e menores, ou microporos, presentes em cada um deles. Nos solos arenosos, o espaço ocupado pelos poros é menor do que nos argilosos, porque os solos argilosos possuem um grande número de microporos dentro de seus agregados (a), mas as partículas de areia (b), embora similares em tamanho aos agregados argilosos, não contêm poros em seu interior. Por esta razão, as camadas mais superficiais dos solos, com textura grosseira são normalmente mais densas que as dos de textura argilosa. (Diagrama: cortesia de R. Weil)

suem horizontes subsuperficiais extremamente densos, devido à compactação que sofreram em virtude da enorme massa de gelo que existiu em tais períodos.

Alguns valores úteis de densidades

Para os engenheiros civis que lidam com a movimentação do solo durante as construções e para os paisagistas que precisam calcular o peso das cargas de caminhões, o conhecimento da densidade de diferentes tipos de solos é de grande utilidade, uma vez que precisam calcular a massa de solo a ser movimentada. Um solo mineral típico de textura média pode ter uma densidade em torno de 1,25 g/cm^3 ou 1.250 quilogramas em um metro cúbico.[3] A capacidade de carga normalmente encontrada nas "caminhonetes de meia tonelada" (1.000 lb ou 454 kg) poderia suportar apenas 0,4 m^3 de solo, embora o volume da carroceria seja aproximadamente cinco vezes maior.

Tabela de densidades globais para vários materiais (verifique "Earth" ["Solo"] e "Sand" ["Areia"]): www.asiinstr.com/technical/Material_Bulk_Density_Chart_A.htm

A massa da camada arável (15 cm) de 1 ha de solo pode ser calculada conhecendo-se sua densidade. Se tomarmos a densidade de 1,3 g/cm^3 de uma camada arada superficial de 15 cm de profundidade, a mesma camada, em todo esse hectare, pesará cerca de 2 milhões de kg.[4]

Práticas de manejo afetando a densidade do solo

Aumentos na densidade do solo geralmente indicam um ambiente mais pobre para o crescimento radicular, a redução da aeração e as mudanças indesejáveis no comportamento da água no solo, como a redução da infiltração.

Árvores em canteiros de obras: www.treesaregood.com/treecare/avoiding_construction.aspx

Terras florestadas Os horizontes superficiais da maioria dos solos florestais possuem densidades muito baixas (Figura 4.18). O ecossistema florestal e o crescimento de suas

[3] A maioria dos arquitetos e engenheiros civis dos Estados Unidos ainda utiliza as unidades inglesas. Para converter os valores de densidade do solo dados em Mg/m^3 [e g/cm^3] para lb/yd^3, multiplica-se por 1.686. Então, 1 yd^3 de um típico solo mineral de textura média, com a densidade de 1,25 Mg/m^3, pesaria mais de 1 tonelada (1.686 × 1,25 = 2.108 lb/yd^3).

[4] 10.000 m^2/ ha × 1,3 Mg/m^3 × 0,15 m = 1.950 Mg/ha, ou cerca de 2 milhões de kg por ha, a 15 cm de profundidade. Um valor similar no sistema inglês seria o de 2 milhões de libras por acre a 6 – 7 polegadas de profundidade.

árvores são particularmente sensíveis a aumentos na densidade do solo. O sistema convencional de colheita da madeira geralmente causa distúrbios e compacta de 20 a 40% da camada superficial da área utilizada (Figura 4.20), além de ser especialmente prejudicial nos carreadores (onde as toras são arrastadas) e nos locais onde são empilhadas e transportadas em caminhões. Um sistema eficiente, porém de alto custo, para minimizar a compactação e a degradação dos solos sob floresta é elevar e transportar, entre torres ou em grandes balões, as toras penduradas em cabos aéreos.

O uso intensivo dos solos nas florestas e em outras áreas de vegetação natural para suas estradas, trilhas e acampamentos pode também causar o aumento da densidade dos solos (Figura 4.21). Uma consequência importante do aumento da densidade é a diminuição da capacidade de infiltração de água, fazendo com que aumente o escoamento superficial. Esses danos podem ser minimizados se o tráfego for restringido e se novas trilhas forem criadas, melhor planejadas, demarcadas, revestidas com uma camada de serragem, ou até mesmo substituídas por passarelas – no caso de áreas intensamente trafegadas sobre solos frágeis, como acontece nas terras úmidas.

O amor está matando as cerejeiras, por Adrian Higgins (*Washington Post*): www.washingtonpost.com/wp-dyn/articles/A30233-2005Apr6.html

Solos urbanos Embora não seja comum realizar práticas que alterem a zona radicular de uma árvore plantada em solo urbano compactado, várias delas podem ajudar o seu desenvolvimento (veja também a Seção 7.6), como: (1) fazer uma cova de plantio tão grande quanto possível; (2) colocar uma espessa camada de matéria orgânica espalhada na faixa de projeção da copa (mas não muito próximo do tronco) para aumentar o crescimento radicular, pelo menos próximo à superfície; (3) cavar uma série de trincheiras radiais estreitas saindo da cova e preenchê-las com solo solto e adubado.

Em algumas áreas urbanas, pode ser que se queira montar um "solo artificial" que inclui um esqueleto de cascalho grosso angular (para proporcionar força e estabilidade), misturado a um material de solo de textura franca e à matéria orgânica (para fornecer nutrientes e melhorar a capacidade de retenção de água). Além disso, algumas vezes, grandes quantidades de areia e de materiais orgânicos são misturadas nos primeiros centímetros mais superficiais de um solo de textura fina sobre o qual leivas de gramas são colocadas.

Figura 4.20 Aspecto da colheita convencional de árvores, usando trator de arraste com pneus, em uma floresta boreal no oeste de Alberta, no Canadá. Tais práticas causam a compactação do solo, o que pode prejudicar as funções do seu ecossistema por muitos anos. Esses danos causados às florestas podem ser reduzidos usando-se outros métodos para cortar e retirar as árvores (como o corte seletivo, uso de veículos flexíveis de tração e cabos aéreos para transporte das toras, além de evitar colher as árvores durante os períodos muito úmidos). (Foto: cortesia de Andrei Startsev, Albert Environmental Center)

Figura 4.21 Impacto sobre a densidade de um solo sob floresta, provocado por pessoas em acampamento, e os consequentes efeitos na taxa de infiltração da água da chuva e no escoamento superficial (setas brancas). Em acampamentos, a área de impacto estende-se até aproximadamente 10 m além da barraca ou fogueira. O manejo de áreas para recreação deve procurar meios para proteger os solos suscetíveis à compactação. A compactação dessas áreas pode levar à morte da vegetação e ao aumento do processo erosivo. (Dados de Vimmerstadt et al. [1982])

Telhados verdes Nos projetos de jardins para cobrir telhados, o material de solo tem que ser colocado em quantidades mínimas possíveis. Sendo assim, pode-se escolher somente plantas de raízes pouco profundas, como gramas ou *sedums*, para que uma camada relativamente pouco espessa de solo (digamos, 15 cm), e não um grande volume, seja colocada. É possível também reduzir o custo da construção, selecionando um solo natural com uma densidade relativamente baixa, como alguns solos bem-agregados de textura franca ou turfas. Muitas vezes, um meio artificial de crescimento é criado a partir de alguns materiais leves, como a perlita e a turfa. No entanto, os materiais de densidade muito baixa não seriam adequados para fixar árvores e outras plantas, uma vez que a capacidade de suporte é uma importante função do solo em uma instalação desse tipo. Quando materiais de densidade muito baixa são usados, eles podem exigir uma rede com sistemas de compensação instalada na superfície, para evitar que o vento arremesse as plantas para fora do telhado.

Terras agrícolas Apesar dos efeitos benéficos em curto prazo, a movimentação do solo para cultivos, a longo prazo, provoca aumento da sua densidade devido à diminuição do teor de matéria orgânica e à degradação da estrutura (Tabela 4.2). O efeito do cultivo pode ser minimizado pela adição de resíduos de culturas ou adubos orgânicos em grandes quantidades e, também, pela rotação de culturas com pastagens.

O uso do arado de aiveca, a grade de disco ou o tráfego intenso de máquinas pesadas sobre os campos de cultivo podem formar uma camada compactada abaixo da camada arável, chamada de **pé de arado** ou **pé de tráfego** (Figura 4.22). A aração, o pastoreio e o tráfego de máquinas, por vezes, compactam os solos até suas camadas mais profundas. A restauração dessas camadas, para retorná-las ao seu estado natural de porosidade e friabilidade, pode necessitar muitos anos de um manejo reparador.

Tabela 4.2 Densidade e porosidade da camada superficial de solos de áreas com e sem cultivos

			Densidade do solo, g/cm³ (ou Mg/m³)		Porosidade, %	
Solo	**Textura**	**Anos de cultivo**	**Solo cultivado**	**Solo não cultivado**	**Solo cultivado**	**Solo não cultivado**
Média de 2 *Udults* (Maryland, EUA)	Areia-franca	50+	1,59	0,84	40,0	66,4
Média de 2 *Udults* (Maryland, EUA)	Franco-siltosa	50+	1,18	0,78	55,5	68,8
Média de 3 *Ustalfs* (Zimbábue)	Argilosa	20 – 50	1,44	1,20	54,1	62,6
Média de 3 *Ustalfs* (Zimbábue)	Areia-franca	20 – 50	1,54	1,43	42,9	47,2

Dados dos solos de Maryland fornecidos por Lucas e Weil (não publicados) e do Zimbábue por Weil (não publicados).

Implementos com hastes subsoladoras (Figura 4.23) podem ser utilizados na **subsolagem**, para quebrar camadas subsuperficiais compactadas do solo, permitindo a penetração das raízes (Figura 4.22). No entanto, em alguns solos, os efeitos da subsolagem são apenas temporários. Qualquer preparo tende a reduzir a resistência do solo, tornando-o mais suscetível a uma subsequente compactação. Para evitar a compactação, que pode resultar na redução da produtividade e perda da rentabilidade, o número de operações de preparo e o tráfego de máquinas pesadas no campo deve ser minimizado e bem programado, evitando-se qualquer tipo de tráfego durante os períodos nos quais o solo se encontra muito úmido.

Outra medida útil para minimizar a compactação é restringir o tráfego a carreadores, evitando a compactação do restante da área (normalmente 90% ou mais). Esse sistema de **tráfego controlado** é amplamente utilizado na Europa, principalmente em solos argilosos; ele pode ser adaptado para canteiros de hortaliças ou de flores, estabelecendo-se linhas de tráfego entre as plantas e pavimentando-as com cobertura morta, leivas de grama ou pedras.

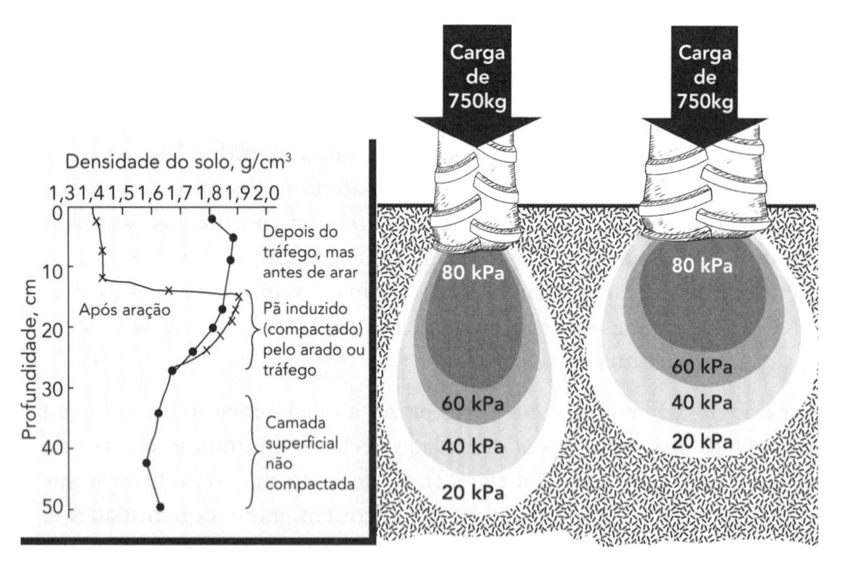

Figura 4.22 Pneus de veículos compactam o solo a profundidades consideráveis. *À esquerda*: densidade representativa associada à compactação pelo tráfego sobre um solo de textura areia-franca. A aração pode descompactar temporariamente o solo mais superficial (camada arável), mas normalmente aumenta a compactação logo abaixo dessa camada. *À direita*: pneus de veículos (750 kg por pneu) compactam o solo até cerca de 50 cm. Quanto mais estreito o pneu, mais ele se aprofunda e, assim, mais profundo será também o seu efeito de compactação. O diagrama dos pneus mostra a pressão de compactação em kPa. Para ler como pneus podem ser planejados para reduzir a compactação, consulte Tijink e van der Linden (2000). (Diagramas: cortesia de R. Weil)

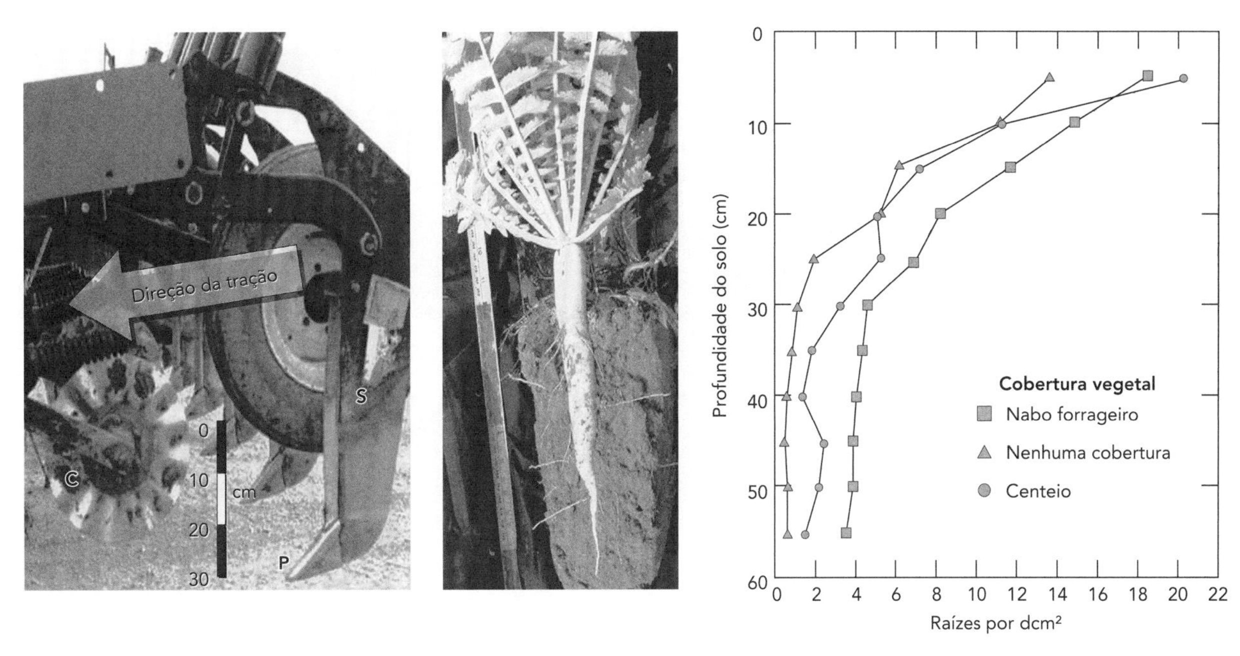

Figura 4.23 Redução da compactação das camadas subsuperficiais do solo. *À esquerda*: uma haste sulcadora, também conhecida como subsolador, é tracionada dentro do solo – para a esquerda – com a sapata da haste subsoladora (P), inserida a cerca de 40 cm de profundidade. Se o solo estiver relativamente seco, o subsolador causará uma rede de fissuras que melhorará o movimento da água, do ar e das raízes. No entanto, a subsolagem é uma operação lenta, requer muita energia, e seus benefícios geralmente duram apenas um ou dois anos; além disso, a operação geralmente remexe bastante a superfície do solo, deixando-o mais suscetível à erosão. Uma alternativa a essa prática seria o cultivo de plantas com raízes pivotantes (como o nabo forrageiro, *foto do centro*), no outono e na primavera, quando os horizontes subsuperficiais estão relativamente úmidos e mais fáceis de serem penetrados pelas raízes. Depois, essas raízes pivotantes morrem, deixando os canais semipermanentes nos quais as raízes das culturas subsequentes poderão crescer, mesmo quando o solo estiver relativamente seco e duro. *À direita*: o milho plantado após nabo forrageiro teve o dobro de raízes atingindo a camada abaixo de 30 cm do que o plantado após o centeio (com raízes fasciculadas) e quase 10 vezes mais do que o plantado em solo que não estava coberto por vegetação durante o inverno. (Fotos: cortesia de R. Weil. Dados: Chen e Weil, não publicados)

Outra estratégia é o uso de pneus bem largos, de acordo com o peso do equipamento, de forma a distribuir a sua carga sobre uma maior superfície de solo, reduzindo assim a força aplicada por unidade de área (Figura 4.24*a*). Pneus largos diminuem o efeito da compactação, mas aumentam o percentual da superfície do solo que é pressionado. Como uma prática análoga, horticultores podem colocar tábuas de madeira sobre o solo úmido quando preparam canteiros (Figura 4.24*b*).

Influência da densidade do solo na resistência à penetração e ao crescimento radicular

Altos valores de densidades podem ocorrer naturalmente no perfil do solo (p. ex., em um fragipã) ou podem ser decorrentes da compactação proveniente da ação humana. De qualquer modo, o crescimento radicular é inibido em solos excessivamente densos por diferentes razões, incluindo a resistência do solo à penetração, má aeração, redução dos fluxos de água e de nutrientes e acúmulo de gases tóxicos ou exsudados de raízes.

As raízes penetram no solo, pressionando seu caminho por entre os poros. Se um poro é muito pequeno para acomodar o ápice da raiz, esta tem que empurrar as partículas de solo, aumentando assim o diâmetro do poro. Até certo ponto, a *própria* densidade restringe o crescimento radicular, à medida que a raiz encontra poros menores e em menor número. Porém, a penetração das raízes também é limitada pela **resistência à penetração**, uma propriedade

(a) (b)

Figura 4.24 Um meio de reduzir a compactação do solo é distribuir o peso aplicado em uma área maior da sua superfície. Como exemplo, temos o uso de máquinas com pneus largos para aplicação de corretivos no solo (*à esquerda*) e a utilização de uma tábua de madeira sob os pés para preparação de canteiros (*à direita*). (Fotos: cortesia de R. Weil)

do solo que faz com que resista à deformação. Essa resistência aumenta com a densidade e diminui com o conteúdo de água. Portanto, o crescimento radicular passa a ser mais restrito quando solos compactados estão relativamente secos.

Quanto mais argila estiver presente no solo a um dado valor de densidade, menor será o tamanho médio dos poros, bem como a resistência à penetração. Dessa forma, em igualdade de condições de densidade e de alto teor de água, as raízes penetram mais facilmente em um solo arenoso do que em um argiloso.

4.8 ESPAÇO POROSO DOS SOLOS MINERAIS

Uma das principais razões para a medição da densidade é o fato de que os valores medidos podem ser utilizados no cálculo da porosidade do solo (Quadro 4.2). Para os solos com a mesma densidade de partículas, quanto menor a densidade, maior será o percentual do seu espaço poroso (ou **porosidade total**).

A porosidade, assim como a densidade do solo, varia muito entre os solos. Os seus valores oscilam entre menos de 25% nas camadas subsuperficiais compactadas a até mais de 60% nas camadas mais superficiais bem-agregadas e com alto teor de matéria orgânica. Da mesma forma que a densidade do solo, o manejo pode exercer uma influência decisiva sobre a sua porosidade (Tabela 4.2). Em relação aos solos não arados, o cultivo tende a reduzir o espaço poroso total devido ao decréscimo no conteúdo de matéria orgânica e à menor agregação.

Tamanho dos poros

Os valores de densidade do solo podem ser usados apenas para calcular a porosidade *total*. No entanto, há de se considerar que os poros do solo ocorrem em uma ampla variedade de tamanhos e formas, as quais condicionam grande parte de suas funções (Tabela 4.3). Apesar dessa ampla distribuição de tamanhos, daqui por diante, iremos simplificar nosso estudo, fazendo referências apenas aos **macroporos** (maiores do que 0,08 mm) e aos **microporos** (menores

QUADRO 4.2

Cálculo da porcentagem do espaço poroso nos solos

Normalmente, a porosidade é calculada tomando-se como base os dados de densidade do solo (D_s) e de densidade de partículas (D_p):

$$\text{Porosidade total (\%)} = 100\% - \left(\frac{D_s}{D_p} \times 100\right)$$

Suponha um solo argiloso e cultivado, com uma densidade de 1,28 g/cm³. Se não tivermos informação alguma sobre a densidade de suas partículas, presumiremos que ela seja aproximadamente igual a dos minerais silicatados mais comuns (i. e., 2,65 g/cm³). Sendo assim, podemos calcular a percentagem do espaço poroso usando a fórmula acima:

$$\text{Porosidade total (\%)} = 100\% - \left(\frac{1{,}28 \text{ g/cm}^3}{2{,}65 \text{ g/cm}^3} \times 100\right)$$

$$= 100\% - 48{,}3 = 51{,}7$$

O valor de 51,7% de porosidade é muito próximo da percentagem do espaço de ar e água mais comum, descrito na Figura 1.12 para um solo bem-agregado de textura argilosa a média, em boas condições para o crescimento das plantas. Contudo, como esse simples cálculo nada nos diz sobre a quantidade relativa de poros maiores ou menores, ele deve ser interpretado com cautela.

do que 0,08 mm). O gráfico da Figura 4.25 mostra que a diminuição da matéria orgânica e o aumento da argila em profundidade, que ocorrem em muitos perfis de solo, estão associados com uma mudança de macro para microporos.

Macroporos Os macroporos do solo permitem a movimentação livre do ar e da água de drenagem. Eles também são suficientemente grandes para acomodar as raízes das plantas e de uma grande variedade de pequenos animais que habitam o solo (Capítulo 11). Em solos de textura mais grosseira, os macroporos podem ocorrer como espaços entre os grãos individuais de areia. Por essa razão, em um solo arenoso, apesar de a sua porosidade total ser relativamente baixa, o movimento do ar e da água é surpreendentemente rápido, devido ao fato de que nele prevalecem os macroporos.

Tabela 4.3 Classificação do tamanho dos poros e algumas de suas funções, de acordo com as classes de tamanho

Na verdade, os poros são um continuum e os limites entre as classes apresentados aqui são inexatos e até mesmo arbitrários. O termo microporo é muitas vezes usado com um sentido maior, referindo-se a todos os poros menores que os macroporos.

Classe simplificada	Classe[a]	Variação no diâmetro efetivo (mm)	Características e funções
Macroporos	Macroporos	0,08–5+	Geralmente encontrados entre as unidades estruturais; drenagem da água gravitacional; transmitem ar de maneira eficaz; grandes o suficiente para acomodar raízes; *habitat* de certos animais do solo.
Microporos	Mesoporos	0,03–0,08	Retêm água após a drenagem; movimentam a água por capilaridade; *habitat* de fungos e pelos radiculares.
↓	Microporos	0,005–0,03	Geralmente encontrados dentro das unidades estruturais; retenção de água disponível às plantas; *habitat* da maioria das bactérias.
	Ultramicroporos	0,0001–0,005	Presentes em agrupamentos de argilas; retenção de água não disponível às plantas; seu tamanho exclui a maioria dos micro-organismos.
	Criptoporos	<0,0001	Seu tamanho exclui todos os micro-organismos e as moléculas de maior tamanho.

[a] As classes de tamanho e limite de diâmetros são aqueles citados no Soil Science Society of America (2001).

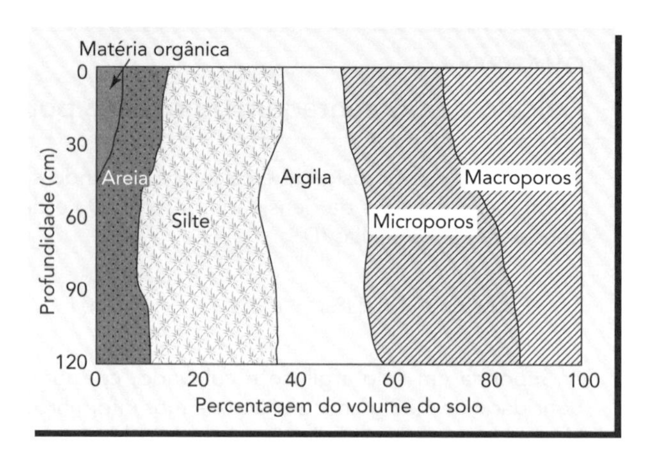

Figura 4.25 Distribuição, com base em volume, da matéria orgânica, areia, silte, argila e poros (macros e micros) em um solo de textura média com boa estrutura. Note que os macroporos são particularmente abundantes no horizonte mais superficial (primeiros 30 cm). (Diagrama: cortesia de R. Weil)

Em solos bem-estruturados, os macroporos são geralmente encontrados entre as unidades estruturais. Esses **poros entre agregados** podem ocorrer como espaços entre os grânulos ligeiramente comprimidos, ou como fissuras planas entre blocos e/ou prismas (Prancha 82).

Os macroporos formados por raízes, minhocas e outros organismos constituem um tipo muito importante de poros chamados de **bioporos**. Normalmente, eles têm um formato tubular e podem ser contínuos, atingindo um metro de comprimento ou mais (Prancha 81). Em alguns solos argilosos, os bioporos são a forma predominante de macroporos, facilitando o crescimento radicular (Tabela 4.4 e Pranchas 81 e 83). Plantas perenes, como as árvores de florestas e certas culturas forrageiras, são particularmente eficientes na criação de canais que servem como passagem para novas raízes após a morte e decomposição do sistema radicular que originalmente estabeleceram. Dois desses antigos canais radiculares, cada um com cerca de 8 mm de diâmetro, podem ser vistos perfurando uma superfície argilosa de deslizamento (*slickenside*) mostrada na Figura 3.16*c*.

Microporos Ao contrário dos macroporos, os microporos estão geralmente ocupados com água. Mesmo quando não preenchidos com água, seu tamanho reduzido não permite uma adequada movimentação do ar. O movimento da água nos microporos é lento, e a maior parte dela, retida nestes poros, não está disponível para as plantas (Capítulo 5). Solos de textura fina, especialmente aqueles sem estrutura estável, podem ter predominância de microporos, permitindo assim um movimento relativamente lento da água e do ar, apesar do volume relativamente grande do espaço poroso total. Enquanto os microporos de maior tamanho acomodam pelos radiculares e micro-organismos, os de menor tamanho (também chamados de *ultramicroporos* e *criptoporos*) são muito pequenos para permitir até mesmo a entrada das menores bactérias ou

Tabela 4.4 Distribuição das raízes de Pinheiro Lobloby na matriz do solo e em canais de antigas raízes da camada mais superficial de um metro, de um *Ultisol* na Carolina do Sul, EUA.

Os canais radiculares possuíam aproximadamente de 1 a 5 cm de diâmetro e eram preenchidos com solo superficial solto e matéria orgânica em decomposição.

	Números de raízes por m² na camada de 1m do solo		
Tamanho das raízes, diâmetro	**Matriz do solo**	**Canais radiculares antigos**	**Aumento relativo da densidade de raízes nos canais antigos, %**
Raízes finas, <4 mm	211	3617	94
Raízes médias, 4–20 mm	20	361	95
Raízes grossas, >20 mm	3	155	98

Fonte: Parker e Van Lear (1996).

de alguma enzima de degradação produzida por elas. Esses poros podem atuar como abrigos para alguns compostos orgânicos adsorvidos (tanto de ocorrência natural como oriundos de poluentes), protegendo-os da decomposição por muito tempo, talvez por séculos.

4.9 PROPRIEDADES DO SOLO RELEVANTES PARA A CONSTRUÇÃO CIVIL

Consistência do solo é um termo usado pelos pedólogos para descrever a facilidade com que um solo pode ser deformado ou rompido. Quando um torrão de solo é apertado entre o dedo indicador e o polegar (ou comprimido sob os pés, se for preciso), várias observações são feitas sobre a força necessária para quebrar esse torrão e a forma como ele responde à força.

Como o conteúdo da água influencia significativamente na forma como um solo responde a uma determinada força, os graus de consistência devem ser estimados em separado para solos úmidos e secos (Tabela 4.5). Como descrito na Seção 4.6, um agregado úmido que se rompe com apenas uma leve pressão é dito como sendo friável. Solos friáveis são facilmente escavados ou arados.

Tabela 4.5 Alguns testes de campo e termos usados para descrever a consistência dos solos por pedólogos e engenheiros civis

O termo consistência de materiais coesivos, usado pelos engenheiros civis, está estreitamente, mas não diretamente, relacionado à forma como os pedólogos entendem a consistência. As condições de menor coerência do material estão na parte superior das colunas da tabela, e as de maior coerência, na parte inferior.

Consistência do solo (para pedólogos)[a]				Consistência do solo (para engenheiros civis)[b]	
Solo seco	Solo entre úmido e molhado	Solo seco e depois submerso na água	Teste de ruptura (cisalhamento) no campo	Solo na umidade de campo	Teste de penetração no campo
Solto	Solto	Não aplicável	Amostra não destacável	Mole	A extremidade (não pontuda) do lápis penetra profunda e facilmente
Macio	Muito friável	Não cimentado	Esboroa sob pressão muito fraca entre os dedos	Média	A extremidade (não pontuda) do lápis penetra cerca de 1,25 cm com esforço moderado
Ligeiramente duro	Friável	Muito fracamente cimentado	Esboroa sob pressão leve entre os dedos	Rija	A extremidade (não pontuda) do lápis pode penetrar cerca de 0,5 cm
Duro	Firme	Fracamente cimentado	Esboroa com dificuldade sob pressão entre os dedos	Muito rija	A extremidade (não pontuda) do lápis faz uma leve marca, e a unha do polegar penetra facilmente
Muito duro	Extremamente firme	Moderadamente cimentado	Não pode ser esboroado sob pressão dos dedos da mão, mas sob pressão leve dos pés	Dura	A extremidade (não pontuda) do lápis não faz marca alguma, e a unha do polegar penetra com dificuldade
Extremamente firme	Firme	Fortemente cimentado	Não pode ser esboroado sob o pé pressionando com o peso do corpo		

[a] Simplificado de USDA-NRCS (2005).
[b] Modificado de McCarthy (1993).

Os engenheiros civis também usam o termo **consistência**, mas para descrever como um solo resiste à *penetração* de um objeto, enquanto a consistência, para um pedólogo, descreve a resistência à *ruptura*. Em vez de esmagar um torrão, o engenheiro tenta penetrar o solo com a extremidade (oposta à ponta) de um lápis ou a unha do polegar. Por exemplo, se a extremidade oposta à ponta faz apenas uma leve reentrância, mas a unha do polegar penetra facilmente, o solo é classificado como tendo uma consistência *rija* (Tabela 4.5). Portanto, para o engenheiro, a consistência é uma espécie de simples estimativa de campo da sua força *in situ* ou da sua resistência à penetração (Seção 4.7)

Observações de campo sobre a consistência, tanto sob o ponto de vista do pedólogo como do engenheiro civil, fornecem informações valiosas para a tomada de decisões relacionadas ao pressionamento e à manipulação dos solos. No entanto, para fins de construções civis, algumas medidas mais adequadas que considerem as propriedades do solo são necessárias para ajudar a predizer como um solo responderá a uma dada tensão.

Capacidade de carga e de ruptura brusca do solo

Animação sobre escavações em solos instáveis: http://physics.uwstout.edu/geo/exca_s.avi

Os engenheiros civis definem **capacidade de carga** do solo como a capacidade de uma determinada massa de solo para suportar tensões, sem se romper ou se deformar. A falha de um solo em suportar uma tensão pode resultar na queda de um edifício quando o seu peso excede a sua capacidade de carga. Da mesma forma, uma barragem ou um dique feitos de terra podem ceder sob a pressão de águas represadas; ou pavimentos e outras estruturas podem deslizar ou desabar das encostas instáveis (Figura 1.7).

Solos coesivos Dois componentes de resistência se aplicam a **solos coesivos** (principalmente aqueles com teores de argila maiores do que 15%): (1) forças inerentes de atração eletrostática (consulte o item *floculação das argilas,* na Seção 4.5) e (2) resistência ao atrito. Um teste de laboratório usado para estimar a resistência do solo é o **ensaio de compressão simples**, ilustrado na Figura 4.26*a*. Uma amostra cilíndrica de solo coesivo é colocada verticalmente entre duas placas porosas de pedra (o que permite que a água saia dos poros quando são comprimidos) e uma força descendente é lentamente aplicada. A coluna de solo primeiro irá se deformar um pouco e então se partir – isto é, ceder de repente e colapsar – quando a força aplicada exceder a de resistência do solo.

Solos aprisionados e saturados com água, por Adam Pitluk: www.riverfronttimes.com/content/printVersion/108522

A resistência dos solos coesivos decresce drasticamente se o material estiver muito úmido e os poros preenchidos com água. Então as partículas são forçadas a se separarem, pois nem o componente de coesão nem o de atrito são muito fortes, tornando o solo suscetível a rupturas, muitas vezes com resultados catastróficos (como deslizamentos de terra lamacenta – Figura 4.27– ou rupturas de diques – Quadro 4.3). Por outro lado, quando os solos coesivos tornam-se mais compactados ou secos, sua resistência aumenta à medida que as partículas são forçadas a um contato mais próximo umas com as outras – um resultado que tem implicações tanto para o crescimento das raízes como para as obras de engenharia (Seção 4.7).

Solos não coesivos A resistência de materiais não coesivos e secos, como as areias soltas, depende totalmente das forças de atrito, incluindo a rugosidade da superfície das partículas. Um reflexo desse atrito interpartículas é o **talude natural**, que vem a ser o maior ângulo de inclinação no qual um material pode ser empilhado sem desabar. Sendo assim, é possível fazer um monte de areia muito mais alto com areia arestada do que com areia arredondada. Se uma pequena quantidade de água revestir os espaços entre as partículas, a atração eletrostática da água às superfícies dos minerais aumentará a resistência do solo (como ilustrado na Figura 4.28).

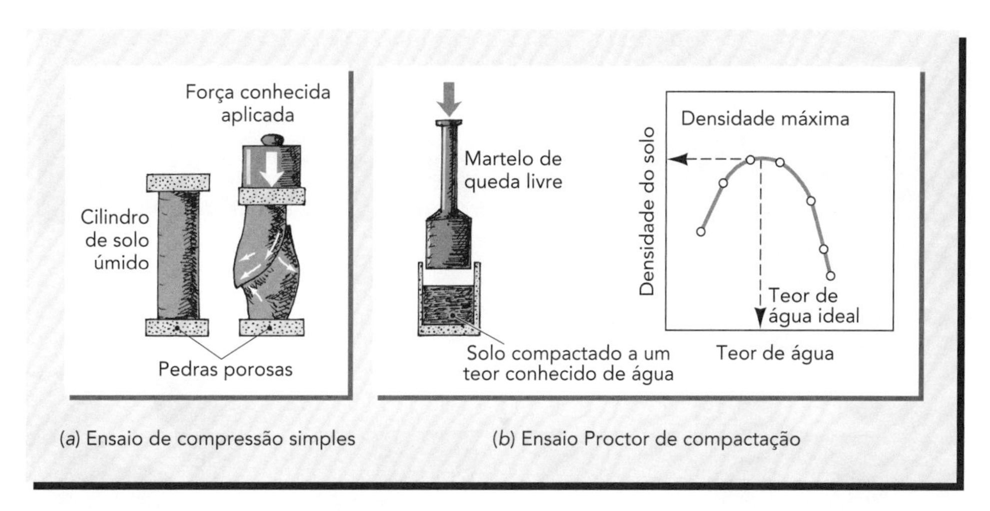

Figura 4.26 Dois ensaios importantes na determinação de propriedades mecânicas de materiais do solo para fins de obras de engenharia. (*a*) Ensaio de compressão simples, para avaliar a resistência do solo. (*b*) Ensaio Proctor de compactação, para avaliação da densidade máxima do solo em função da umidade (teor de umidade ótimo para compactação).

Figura 4.27 Casas destruídas pelo deslizamento de lama que ocorreu quando os solos de uma montanha escarpada em Oregon, Estados Unidos, se tornaram saturados com água depois de um longo período de chuvas. O peso do solo molhado excedeu sua resistência ao cisalhamento, causando o deslizamento da encosta. As escavações feitas para a construção de estradas e as casas erguidas próximas ao sopé da encosta podem contribuir para a falta de estabilidade das encostas, da mesma forma que os desmatamentos, que provocam a remoção das raízes das árvores. (Foto: cortesia de John Griffith, Coos Bay, Oregon, EUA)

Solos colapsíveis Certos solos, quando com baixos conteúdos de água (*não saturados*), apresentam uma considerável e rápida compressão se submetidos a um aumento de umidade, sem que varie a tensão total a que estejam submetidos. Fundações ou estradas assentadas em solos desse tipo podem desmoronar repentinamente. Um caso especial de solo colapsível é a **tixotropia**, a liquefação súbita de uma massa de solo úmido quando sujeito a vibrações, como as de um terremoto ou explosão.

Liquefação do solo: www.ce.washington.edu/~liquefaction/html/content.html

Figura 4.28 Uma praia em Oregon ilustra o conceito da resistência de um solo com materiais arenosos. Quando a areia seca (*foto inferior, à direita*), ela fica com pouca resistência, e seus pés afundam à medida que caminha nela. Isso ocorre porque não existe nada que permita alguma ligação entre as partículas de areia. Mais próximo ao oceano, onde a areia foi completamente umedecida pelas ondas, mas onde não existe água estagnada, a resistência é maior (*foto inferior, ao centro*), pois os filmes de água atuam como pontes entre as partículas de areia, mantendo-as unidas e fazendo com que resistam à penetração pelos pés. Se você pisar em um local com água rasa estagnada ao longo da margem do mar (*foto inferior, à esquerda*), mais uma vez seus pés irão penetrar na superfície da areia, porque todas as partículas de areia estão completamente rodeadas com água que, dessa forma, vai atuar mais como um lubrificante do que como uma força de ligação. (Fotos: cortesia de R. Weil)

Assentamento – compressão gradual

A maioria dos problemas de fundação resulta de uma subsidência vertical lenta e muitas vezes desigual, ou seja, de um **assentamento** do solo. Solos que vão ser utilizados para fundação ou leito de estrada devem ser compactados com compactadores do tipo rolo pesado (Figura 4.29) ou vibrador. Se a compactação do solo ocorrer após a construção, haverá uma acomodação irregular do terreno, com rachaduras nos alicerces ou nos pavimentos.

O **ensaio de Proctor** é usado para orientar trabalhos de compactação do solo, antes de as construções serem iniciadas. Uma amostra de solo é misturada a um determinado conteúdo de água e colocada em um cilindro de volume conhecido, onde é compactada por um martelo de queda livre. A densidade do solo (geralmente referida, pelos engenheiros civis, como a *densidade seca* máxima) é então medida. O processo é repetido com aumento no conteúdo de água até que se obtenham dados suficientes para a construção da *curva de Proctor* (Figura 4.26*b*), que indica o teor de água no qual ocorre uma compactação máxima. Nos locais onde as construções estão sendo iniciadas, caminhões-tanque podem pulverizar água, levando o solo à umidade ótima antes que um equipamento pesado (como aquele mostrado na Figura 4.29) compacte o solo até a densidade desejada.

Figura 4.29 A compactação dos solos usados como fundações e leitos de estradas é realizada por equipamentos pesados como rolos compressores com ressaltos. Os ressaltos ("pés de cabra") concentram a massa do rolo sobre uma pequena área de impacto, perfurando e amassando o solo gradeado solto e aplainado até que atinja uma densidade adequada. (Foto: cortesia de R. Weil)

Compressibilidade O **ensaio de adensamento** pode ser efetuado em uma amostra de solo para determinar sua **compressibilidade** – ou seja, para determinar quanto do seu volume será reduzido quando uma determinada força é aplicada. Devido à relativamente baixa porosidade e ao formato equidimensional dos grãos minerais, os solos muito arenosos resistem depois que as partículas se depositam na forma de material adensado. Dessa forma, tais solos são considerados excelentes para fundações. As argilas, com seus formatos de placas e agregação em flóculos de alta porosidade, fazem com que os solos argilosos tenham uma maior compressibilidade. Por outro lado, os solos que contêm muita matéria orgânica (turfas) têm uma alta compressibilidade, mas geralmente não são adequados para fundações. Talvez o exemplo mais famoso de assentamento desigual devido à compressibilidade seja o processo de inclinação da *Torre de Pisa*, na Itália – infelizmente, na maioria dos casos, esse problema se transforma em dores de cabeça, em vez de atrações turísticas.

Solos expansíveis

Os danos causados pelos solos expansíveis, nos Estados Unidos, raramente aparecem nos programas de notícias de rádio e televisão, embora o custo total anual exceda aquele causado por tornados, inundações e terremotos. As argilas expansíveis ocorrem em cerca de 20% das terras dos Estados Unidos e, todos os anos, causam danos de mais de 6 bilhões de dólares em estradas, fundações e vias de comunicação. Os danos podem ser muito críticos em várias partes do país, mas são mais intensos nas regiões com longos períodos de seca, alternados com períodos de chuva (consulte, no final do livro, os mapas de distribuição dos *Vertisols*).

Algumas argilas, particularmente as esmectitas, se expandem quando úmidas e se contraem quando secas (ver Seção 8.14); os solos expansíveis são ricos nesse tipo de argila. As cargas eletrostáticas das superfícies das argilas fazem com que as moléculas da água dos poros maiores se encaminhem para os microporos existentes entre as lâminas das argilas. A expansão e a contração resultantes causam movimentos do solo suficientes para rachar as fundações das construções, estourar encanamentos e deformar pavimentos.

Limites de Atterberg

Determinação de limites de Atterberg, University of Texas, em Arlington: http://geotech.uta.edu/lab/Main/atrbrg_lmts/

Os solos argilosos, quando secos, absorvem quantidades de água cada vez maiores, ocorrendo mudanças surpreendentes e singulares no seu comportamento e consistência; de duro e sólido, quando seco, ele passa a comportar-se como semisólido (friável) quando certo teor de água é alcançado (denominado **limite de contração**). O solo, caso contenha argila expansiva, também expandirá em volume, à medida que o teor de água (do limite de contração) aumenta. Quando o solo se encontrar em um estado de umidade acima do **limite de plasticidade**, ele se tornará maleável e plástico e permanecerá neste estado até que seu **limite de liquidez** seja alcançado, quando apresentará propriedades de um líquido viscoso. Esses conteúdos críticos de umidade (medidos em percentagem) são denominados **limites de Atterberg** (ou **limites de consistência**).

As argilas esmectíticas (Seção 8.3) geralmente têm altos limites de liquidez, especialmente se saturadas por sódio. A caulinita e outras argilas não expansivas têm baixos valores de limite de liquidez. A tendência de os solos argilosos expansivos, literalmente, deslizarem em encostas íngremes quando o limite de liquidez é excedido, produzindo movimentos de massa e avalanches, é ilustrada nas Pranchas 41 e 42.

A expansibilidade de um solo (e, portanto, o risco de ele destruir fundações e pavimentos) pode ser quantificada pelo *coeficiente de extensibilidade linear* (COLE, sigla em inglês). Suponha que uma amostra de solo seja umedecida até seu limite de plasticidade e moldada na forma de uma barra com comprimento C_1. Se a barra de solo for secada ao ar, ela se contrairá até o comprimento C_2. O COLE é a percentagem de redução de comprimento da barra de solo após a contração.

Sistema unificado de classificação para materiais de solo

A U.S. Army Corps of Engineers e a U.S. Bureau of Reclamation estabeleceram um sistema amplamente utilizado de classificação de materiais de solo, a fim de prever o comportamento de diferentes solos em obras de engenharia. Esse sistema primeiramente agrupa os solos nas texturas finas e grosseiras. Para cada tipo de solo é dada uma designação de duas letras, baseadas principalmente na sua distribuição de tamanho de partículas (textura), limites de Atterberg e teores de matéria orgânica (p. ex., GW, para cascalho bem-selecionado; SP, para areias mal-selecionadas; CL, para a argilas de baixa plasticidade; e OH, para argilas ricas em materiais orgânicos e de alta plasticidade). Essa classificação de materiais do solo ajuda os engenheiros a preverem a resistência do solo, expansividade, compressibilidade e outras propriedades para que projetos mais adequados de engenharia possam ser feitos com o solo existente no local onde as obras estão sendo executadas (Quadro 4.3).

4.10 CONCLUSÃO

Os solos apresentam uma estrutura física muito complexa, que inclui superfícies sólidas, poros e interfaces que promovem o aparecimento de diversos processos químicos, físicos e biológicos. Estes, por sua vez, influenciam o crescimento das plantas, a hidrologia, o manejo ambiental e as obras de construção civil. A natureza e as propriedades das partículas individuais, seu tamanho e distribuição, bem como seu arranjo nos solos, determinam o volume do espaço poroso assim como o tamanho dos poros, influenciando, portanto, as suas relações com a água e o ar.

As propriedades individuais das partículas e suas distribuições proporcionais (textura do solo) no campo estão pouco sujeitas ao controle por parte do homem. Porém, é possível exercer algum controle sobre o arranjo dessas partículas dentro dos agregados (estrutura do solo) e sobre a estabilidade deles. O cultivo e o tráfego devem ser adequadamente controlados para se evitarem danos ao solo que está sendo usado com lavouras, especialmente quando ele está mais úmido. Geralmente, a natureza garante ao solo uma boa estrutura física e, com isso, o homem pode apreender muito sobre o manejo do solo, ou seja, estudando os sistemas naturais. O crescimento vigoroso e diversificado das plantas pode gerar resíduos orgânicos que, ao retornarem ao solo, minimizam os danos causados pela sua movimentação, simulando o que acontece nos sistemas naturais. A seleção apropriada de espécies de plantas, a rotação de culturas e o manejo de fatores físicos, químicos e biológicos podem ajudar a garantir a manutenção da qualidade física do solo. Em anos recentes, esses objetivos de manejo têm sido aplicados com base em sistemas de cultivo conservacionistas que minimizam a movimentação do solo, diminuindo a enxurrada superficial e a erosão.

O tamanho das partículas, a umidade e a plasticidade da fração coloidal ajudam a determinar a estabilidade do solo, em resposta a forças externas como o tráfego, o revolvimento pelo cultivo ou as construções. As propriedades físicas apresentadas neste capítulo têm grande importância em outras propriedades e usos, tratados ao longo de todo este livro.

QUADRO 4.3

Tragédia em Nova Orleans, Estados Unidos – falha na contenção do dique[a]

Em 2005, o furacão Katrina foi o responsável por um dos piores desastres naturais da história americana, com cerca de 100.000 casas inundadas e mais de 1.000 pessoas mortas. Uma das piores inundações, provocada por esse furacão, ocorreu quando o dique da Rua 17 se rompeu (Figura 4.30). Investigações posteriores revelaram que o dique fora mal projetado, uma vez que não foi considerada a existência de camadas subjacentes de solos orgânicos e areias. Um projeto falho, combinado com a falta de manutenção do dique, permitiu que a água penetrasse o solo sob o dique, enfraquecendo a sua base.

O dique foi formado, principalmente, por um amontoado de terra argilosa compactada, com declive suave e, no lado voltado para o continente, coberto com uma delgada camada de material de solo superficial para suportar um gramado de proteção. Para conter as inundações e as tempestades, os engenheiros tinham construído um paredão de concreto ao longo do topo do dique. A esse paredão, foram anexadas longas estacas de aço cravadas no aterro do dique. As estacas foram projetadas para ancorar o paredão e impedir que a água se infiltrasse através do dique ou escoasse sob ele. Contudo, sob as camadas de materiais mais argilosos com as quais o dique foi montado, várias camadas de turfa (solos orgânicos enterrados

Figura 4.30 Um grande helicóptero tenta fazer reparos de emergência na brecha rompida do dique da Rua 17, vários dias após o furacão Katrina ter atingido a cidade de Nova Orleans (EUA) e tombado este pedaço do dique junto com seu paredão. Enormes pedaços do dique foram parar a 14 m do local em que foram construídos. (Foto: cortesia de U.S Army Corps of Engineers)

(continua)

[a] Baseado no resultado das investigações da engenharia forense em Seed *et al.* (2005) e em relatórios de Marshall (2005) e Vartabedian & Braun (2006).

QUADRO 4.3 (*CONTINUAÇÃO*)

Tragédia em Nova Orleans, Estados Unidos – falha na contenção do dique

– *Histosols*) e de areia funcionaram como o "elo fraco" do projeto.

Os solos orgânicos são altamente compressíveis e têm resistência ao cisalhamento, embora sua capacidade de sustentação seja muito baixa. Turfas e areias também são altamente permeáveis e conduzem água com facilidade. A fim de executar as funções para as quais o dique foi construído, as estacas de aço ligadas ao paredão tinham que ser longas o suficiente para penetrarem as camadas de turfa e areia e atingirem o solo mais coesivo, e de maior resistência, abaixo delas. Infelizmente, no dique da Rua 17, as estacas eram muito curtas e não conseguiram atravessar toda a camada de turfa (Figura 4.31). Assim, sempre que uma tempestade elevava o nível da água no canal, a infiltração sob o dique fazia com que a água subisse, até saturar o solo na base da barragem. Quando saturado, esse solo perdia a maior parte de sua resistência ao cisalhamento e resistência à compressão. Aparentemente, os engenheiros que projetaram o dique tinham dados suficientes sobre as camadas de turfa, mas elaboraram seu projeto com base nas propriedades *médias* dos solos e não nas propriedades dos solos mais fracos daquele local específico.

Em 21 de agosto de 2005, a saturação do solo (provocada pela infiltração de água) que serviu de sustentação para o dique, fez com que a camada de turfa se transformasse em algo como uma "sopa". Por isso, a onda provocada pelo furacão Katrina conseguiu "romper o elo mais fraco da corrente", derrubando uma longa seção de 140 m que foi empurrada, junto com o paredão, cerca de 14 m em direção ao continente. A água da tempestade transbordou através dessa brecha, inundando a cidade de Nova Orleans.

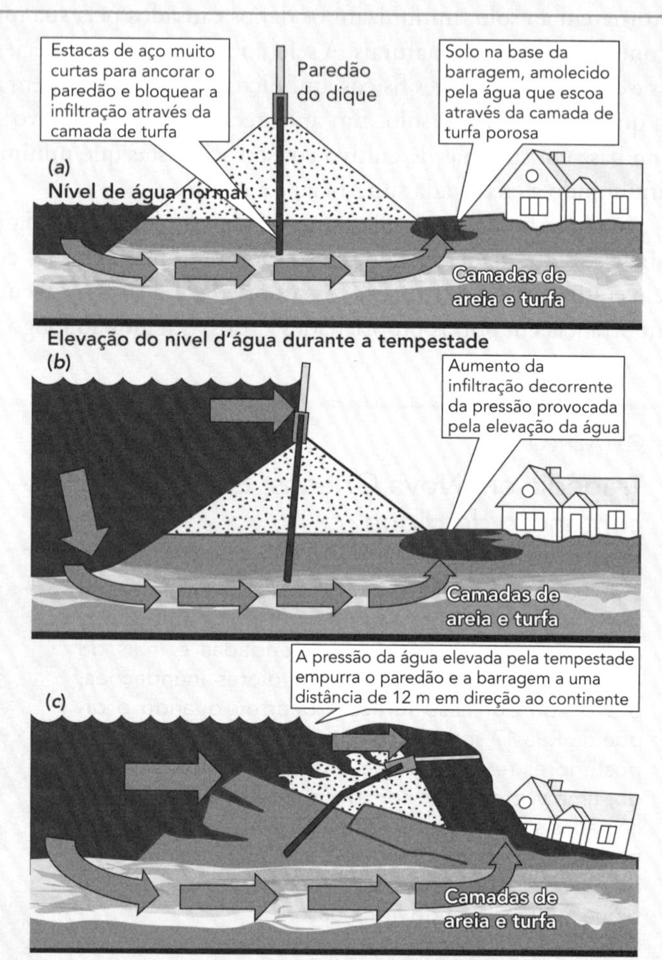

Figura 4.31 Ilustração (sem escala) de como as camadas enterradas de solo orgânico de baixa resistência (*a*) permitiram a infiltração da água das ondas do mar trazidas pela tempestade, (*b*) fazendo com que o dique e seu paredão desmoronassem (*c*). (Diagrama: cortesia de R. Weil)

QUESTÕES PARA ESTUDO

1. Se você fosse investigar um local com o propósito de edificar um conjunto habitacional, como as cores do solo poderiam ajudá-lo a prever onde os problemas podem ser encontrados?
2. Você está considerando a compra de algumas terras agrícolas em uma região com solos de texturas variáveis. Os solos em uma fazenda são, na sua maioria, de textura franco-arenosos e areia franca, enquanto aqueles em uma outra fazenda são, na sua maioria, franco-argilosos e argilosos. Liste as principais vantagens e desvantagens de cada fazenda, com base na textura desses solos.
3. Reveja sua resposta à questão 2. Explique como a estrutura do solo nos horizontes superficiais e subsuperficiais pode modificar a sua opinião sobre o valor de cada fazenda.
4. Dois diferentes métodos de colheita de troncos de árvores estão sendo testados em parcelas florestais adjacentes, com solos superficiais franco-argilosos. Inicialmente, a

densidade próxima à superfície do solo, nas duas parcelas, foi de 1,1 g/cm^3. Um ano após as operações de colheita, o solo da parcela *A* tinha uma densidade de 1,48 g/cm^3, enquanto na *B*, 1,29 g/cm^3. Interprete esses valores em relação às vantagens dos sistemas *A* e *B* e os prováveis efeitos sobre a função do solo no ecossistema florestal.

5. Quais são as classes texturais de dois solos: o primeiro, com 15% de argila e 45% de silte, e o segundo, com 80% de areia e 10% de argila? (Dica: use a Figura 4.4.)

6. Para a parcela *B* da floresta da Questão 4, qual foi a mudança na percentagem do espaço poroso da superfície do solo causada pela colheita da madeira? Você espera que a maior parte dessa mudança tenha acontecido nos microporos ou nos macroporos? Explique.

7. Discuta os impactos positivos e negativos do preparo do solo (aração e gradeação) sobre a sua estrutura. Qual é outra consideração física que você teria que levar em conta para decidir se deve ou não mudar de um sistema de preparo convencional para um sistema conservacionista?

8. O que você, como um horticultor de fundo de quintal, consideraria como sendo as três melhores e as três piores coisas que se poderia fazer em relação ao manejo da estrutura do solo da sua horta?

9. O que o teste de Proctor diz a um engenheiro civil sobre um solo e por que essa informação é importante para a execução do seu trabalho?

10. Em uma região úmida, caracterizada por ter solos expansivos, o proprietário de uma casa constatou que as tubulações de água estavam estouradas, as portas não se fechavam de forma adequada e havia grandes fendas verticais nas paredes. A casa não tinha problemas há mais de 20 anos, e o parecer de um pedólogo culpou uma grande árvore que foi plantada perto da casa cerca de 10 anos antes dos problemas começarem a ocorrer. Explique os argumentos desse parecer.

REFERÊNCIAS

Santos, R. D. dos; Lemos, R. C. de; Santos, H. G. dos; Kit, J. C.; Anjos, L. H. C. dos. *Manual de Descrição e Coleta de Solo no Campo*. 5a. ed.: Viçosa, Sociedade Brasileira de Ciência do Solo, 2005. 100 p.

Bigham, J. M., and E. J. Ciolkosz (eds.). 1993. *Soil Color.* SSSA Special Publication no. 31. Soil Science Society of America, Madison, WI.

Faulkner, E. H. 1943. *Plowman's Folly*. University of Oklahoma Press, Norman, Okla.

Marshall, B. 2005. "17th Street Canal levee was doomed – report blames Corps: Soil could never hold." *The Times-Picayune*, Wednesday, November 30, New Orleans.

McCarthy, D. F. 1993. *Essentials of Soil Mechanics and Foundations,* 4th ed. Prentice Hall, Englewood Cliffs, NJ.

Oades, J. M. 1993. "The role of biology in the formation, stabilization, and degradation of soil structure." *Geoderma* **56**:377–400.

O'Nofiok, O., and M. J. Singer. 1984. "Scanning electron microscope studies of surface crusts formed by simulated rainfall." *Soil Sci. Soc. Amer. J.* **48**:1137–1143.

Parker, M. M., and D. H. Van Lear. 1996. "Soil heterogeneity and root distribution of mature loblolly pine stands in Piedmont soils." *Soil Sci. Soc. Amer. J.* **60**:1920–1925.

Ross, C., R. E. Sojka, and J. A. Foerster. 2003. "Scanning electron micrographs of polyacrylamide-treated soil in irrigation furrows." *J. Soil Water Conserv.* **58**:327–331.

Seed, R. B., P. G. Nicholson, R. A. Dalrymple, J. Battjes, R. G. Bea, G. Boutwell, J. D. Bray, B. D. Collins, L. F. Harder, J. R. Headland, M. Inamine, R. E. Kayen, R. Kuhr, J. M. Pestana, R. Sanders, F. Silva-Tulla, R. Storesund, S. Tanaka, J. Wartman, T. F. Wolff, L. Wooten, and T. Zimmie. 2005. "Preliminary report on the performance of the New Orleans levee systems in hurricane Katrina on August 29, 2005 – Preliminary findings from field investigations and associated studies shortly after the hurricane." Report UCB/CITRIS – 05/01. University of California at Berkeley and the American Society of Civil Engineers, Berkeley, CA.

Six, J., H. Bossuyt, S. Degryze, and K. Denef. 2004. "A history of research on the link between (micro)aggregates, soil biota, and soil organic matter dynamics." *Soil Tillage Res.* **79**:7–31.

Soil Science Society of America. 2001. *Glossary of Soil Science Terms 1996.* Soil Science Society of America, Madison, WI.

Tijink, F. G. J., and J. P. van der Linden. 2000. "Engineering approaches to prevent compaction in cropping systems with sugar beet. In R. Horn et al., eds., *Subsoil compaction: Distribution, processes, and consequences.* pp. 442–452. Catena Verlag, Reiskirchen, Germany.

Tisdall, J. M., and J. M. Oades. 1982. "Organic matter and water-stable aggregates in soils." *Soil Sci. Soc. Am. J.* **33**:141–163.

USDA-NRCS. 2005. *National soil survey handbook,* title 430-vi. U.S. Department of Agriculture, Natural Resources Conservation Service. Disponível em: http://soils.usda.gov/technical/handbook/ (publicado em setembro 2005; acesso em 12 dezembro 2008).

Vartabedian, R., and S. Braun. 2006. "Fatal flaws: Why the walls tumbled in New Orleans." *Los Angeles Times,* Los Angeles, CA.

Vimmerstadt, J., F. Scoles, J. Brown, and M. Schmittgen. 1982. "Effects of use pattern, cover, soil drainage class, and overwinter changes on rain infiltration on campsites." *J. Environ. Qual.,* **11**:25–28.

Watts, C. W., and A. R. Dexter. 1997. "The influence of organic matter in reducing the destabilization of soil by simulated tillage." *Soil Tillage Res.* **42**:253–275.

5 A Água do Solo: Características e Comportamento

Levando água para os solos de vales áridos (R. Weil)

Quando a terra conseguirá...
absorver a água da chuva com
a mesma rapidez com que ela cai?
— H. D. Thoreau, *The Journal*

A água, um dos mais simples compostos químicos da natureza, é um componente vital de todas as células vivas. Suas propriedades exclusivas propiciam uma grande variedade de processos físicos, químicos e biológicos. Esses processos têm grande influência sobre quase todos os aspectos da formação e do comportamento do solo, da intemperização de minerais à decomposição da matéria orgânica, do crescimento das plantas à poluição das águas subterrâneas.

Todos nós estamos acostumados com a água. Dela bebemos, com ela nos lavamos e nela nadamos. Mas a água no solo é muito diferente daquela contida em um copo. No solo, a associação íntima entre a água e as suas partículas altera o comportamento de ambos. A água faz com que as partículas do solo se expandam e se contraiam para unirem-se umas às outras e formarem os agregados estruturais. Além disso, ela participa de inúmeras reações químicas que liberam ou imobilizam nutrientes, geram acidez e desgastam os minerais, de modo que os elementos que os constituem possam, enfim, contribuir para a salinidade dos oceanos.

Certos fenômenos que ocorrem com a água do solo parecem contradizer o nosso entendimento sobre como a água deve se comportar. Parte da circulação livre das moléculas de água é restringida pelas superfícies sólidas que as atraem, fazendo com que se comportem de uma forma menos líquida e mais sólida. No solo, a água pode fluir tanto para cima como para baixo. As plantas podem murchar e morrer em um solo cujo perfil contém um milhão de quilos de água por hectare. Uma camada de areia ou cascalho em um perfil de solo pode, de fato, inibir a drenagem, ao invés de melhorá-la.

As interações solo-água determinam suas taxas de perda por lixiviação, escoamento superficial e evapotranspiração, bem como o equilíbrio entre o ar e a água nos poros do solo, a taxa de mudança na temperatura do solo, a taxa (e tipo de metabolismo) dos organismos do solo, além de capacitar os solos a armazenarem (e fornecerem) água para o crescimento das plantas.

As características e o comportamento da água no solo abrangem um assunto que inter-relaciona quase todos os capítulos deste livro. Os princípios desenvolvidos neste capítulo irão nos ajudar a entender por que os deslizamentos de terra ocorrem em solos saturados com água (Capítulo 4); por que as minhocas podem melhorar a qualidade do solo (Capítulo 10), por que as terras úmidas contribuem para a destruição da camada global de ozônio (Capítulo 12) e por que a fome persegue a humanidade em certas regiões do mundo. Compreender os princípios apresentados neste capítulo é fundamental para se trabalhar com o sistema solo.

5.1 ESTRUTURA E PROPRIEDADES ASSOCIADAS À ÁGUA[1]

Propriedades da água: www.biologylessons.sdsu.edu/classes/lab1/semnet/water.htm

A capacidade da água de influenciar tantos processos do sistema solo é determinada de forma fundamental pelo tipo de estrutura da molécula de água. Essa estrutura também é responsável pelo fato de a água estar presente na Terra mais na forma líquida, não na de um gás. Com exceção do mercúrio, a água é o *único* líquido inorgânico (sem ser à base de carbono) encontrado na Terra em condições normais de temperatura e pressão. A água é um composto simples: suas moléculas individuais contêm um átomo de oxigênio e dois átomos, muito menores, de hidrogênio. Esses dois elementos estão ligados por covalência, ou seja, cada átomo de hidrogênio compartilha seu único elétron com o de oxigênio.

Polaridade

Os átomos de hidrogênio, em vez de se alinharem simetricamente em cada lado do átomo de oxigênio (H-O-H), estão ligados ao oxigênio em um arranjo em forma de V, com um ângulo de apenas 105°. Por isso, a água é uma molécula assimétrica, com seus elétrons orbitando mais tempo quando estão mais próximos do oxigênio do que do hidrogênio. Consequentemente, as moléculas de água apresentam *polaridade*, isto é, suas cargas não estão distribuídas uniformemente; pelo contrário, o lado em que os átomos de hidrogênio se situam tende a ser eletropositivo, e o lado oposto, eletronegativo.

A polaridade explica por que as moléculas de água são atraídas tanto por íons eletrostaticamente carregados como por superfícies coloidais. Cátions, como H^+, Na^+, K^+ e Ca^{2+}, se hidratam por meio de sua atração pelo lado (negativo) onde se situa o oxigênio das moléculas de água. Da mesma forma, as superfícies de argila carregadas negativamente atraem água, desta vez através do lado (positivo) do hidrogênio da molécula. A polaridade das moléculas de água também provoca a dissolução dos sais na água, já que os seus componentes iônicos têm uma maior atração pelas moléculas de água do que uns pelos outros.

Ligações de hidrogênio

Por meio de um fenômeno chamado de **ligação de hidrogênio** (ou "ponte de hidrogênio"), um dos átomos de hidrogênio de uma molécula de água é atraído pelo oxigênio de uma molécula de água vizinha, formando assim uma ligação de baixa energia entre essas duas moléculas. Esse tipo de ligação é responsável pela polimerização da água.

Coesão, adesão e tensão superficial

O fenômeno da ligação de hidrogênio explica as duas forças básicas responsáveis pela retenção e movimento da água nos solos: a atração das moléculas de água umas pelas outras (**coesão**) e a atração das moléculas de água por superfícies sólidas (**adesão**). Algumas moléculas de água são retidas rigidamente nas superfícies dos sólidos do solo por adesão (também chamada de *adsorção*). Por sua vez, essas moléculas de água fortemente ligadas se unem, por coesão, a outras moléculas de água mais distantes das superfícies sólidas (Figura 5.1). As forças de adesão e de coesão tornam possível para os sólidos do solo reter água e controlar o seu uso e movimen-

[1] Para informações mais detalhadas sobre as interações água-solo, consulte Hillel (1998) e Warrick (2001).

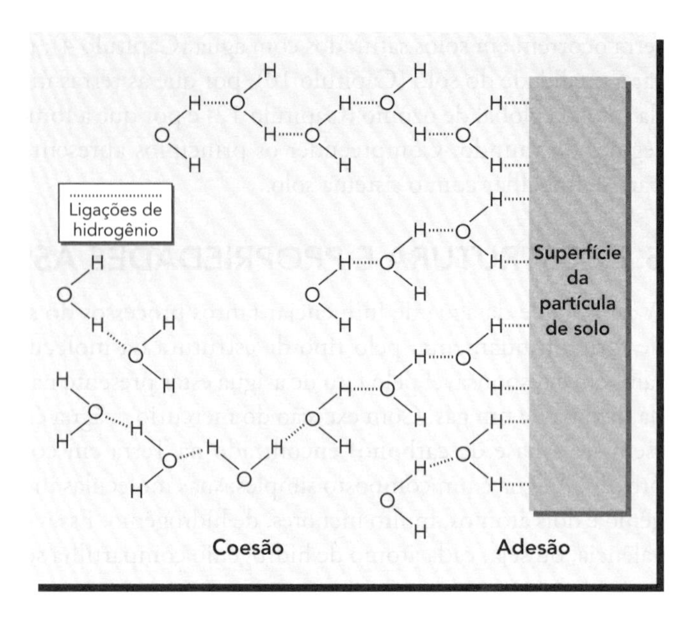

Figura 5.1 Ilustração das forças de coesão (entre as moléculas de água) e adesão (entre a água e uma superfície sólida) em um sistema solo-água. Essas forças são em grande parte resultado das ligações de hidrogênio, mostradas na forma de linhas tracejadas. A força de adesão, ou adsorção, decresce rapidamente com a diminuição da distância em relação à superfície sólida. A coesão de uma molécula de água com outra forma aglomerados temporários que estão em constante mudança no tamanho e na forma, à medida que as moléculas individuais se libertam ou se juntam com outras. A coesão entre as moléculas de água também faz com que os sólidos limitem a liberdade dessas moléculas até a interface sólido-líquido.

to. A adesão e a coesão também tornam possível a plasticidade, que é uma das características das argilas (Seção 4.9).

A **tensão superficial** é outra propriedade importante da água que influencia significativamente seu comportamento no solo. Nas interfaces líquido-ar, a tensão superficial decorre do fato de as moléculas de água terem uma maior atração entre si (coesão) do que pelo ar. O efeito disso é uma força dirigida da superfície da água para o seu interior, o que faz com que ela se comporte como se a superfície fosse coberta com uma membrana elástica esticada (Figura 5.2). Devido à elevada atração relativa das moléculas de água umas pelas outras, a água passa a ter uma elevada tensão superficial (72,8 N/mm a 20°C), se comparada à maioria dos outros líquidos (por exemplo, 22,4 N/mm para o etanol, que é outro composto de baixo peso molecular). Como veremos, a tensão superficial é um fator importante para o fenômeno da capilaridade, que determina como a água é retida no solo.

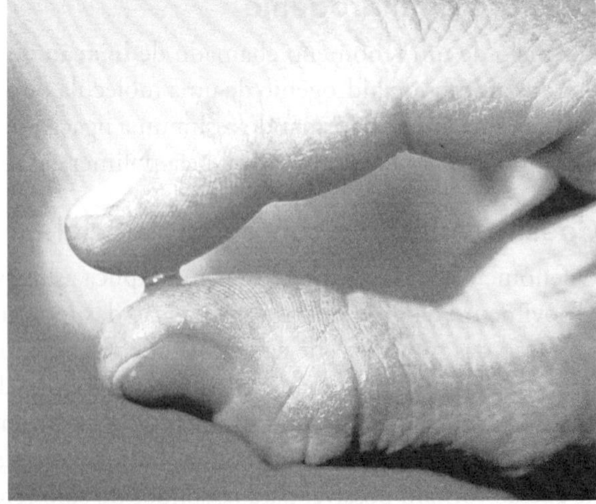

Figura 5.2 Evidências da tensão superficial da água em nosso dia a dia. *À esquerda*: insetos pousando na água sem se afundarem. *À direita*: exemplo de forças de coesão e adesão fazendo com que uma gota d'água seja mantida entre os dedos que se separam. (Fotos: cortesia de R. Weil)

5.2 PRINCÍPIOS FUNDAMENTAIS DE CAPILARIDADE E ÁGUA DO SOLO

O movimento da água subindo em um pavio é um bom exemplo do fenômeno da capilaridade. Duas são as forças responsáveis pela capilaridade: (1) a atração da água em direção a um sólido (adesão ou adsorção) e (2) a tensão superficial da água, que em grande parte se deve à atração das moléculas de água entre si (coesão).

Mude o raio capilar (*Kappilarradius*) para ver a subida da água. Universität Heidelberg: http://www.ito.ethz.ch:16080/filep/inhalt/seiten/exp1200/animation_1200.htm

Mecanismos da capilaridade

A capilaridade pode ser demonstrada colocando-se a extremidade de um tubo fino de vidro dentro d'água. A água se eleva no interior do tubo e, quanto menor o seu raio interno, mais a água subirá. As moléculas de água são atraídas para os lados do tubo (adesão) e começam a se espalhar ao longo do vidro, em resposta a essa atração. Ao mesmo tempo, as forças coesivas unem as moléculas de água entre si, criando tensão superficial e provocando a formação de uma superfície curva (chamada de *menisco*) na interface entre a água e o ar do tubo. A pressão menor sob o menisco no tubo de vidro permite que a maior pressão sobre o líquido, que não está em contato direto com as paredes laterais, empurre a água para cima. O processo continua até que a água tenha atingido altura suficiente no tubo para que seu peso equilibre a pressão diferencial na largura do menisco.

A altura de elevação em um tubo capilar é inversamente proporcional ao raio interno do tubo r. A ascensão capilar é também inversamente proporcional à densidade do líquido e diretamente proporcional à sua tensão superficial, bem como ao grau de sua atração adesiva ao tubo (ou superfície do solo). Se limitarmos nossa consideração para a água a uma dada temperatura (por exemplo, 20°C), então esses fatores podem ser combinados em uma única constante, e podemos usar uma equação simples da capilaridade para calcular a altura da ascensão h:

$$h = \frac{0,15}{r} \qquad (5.1)$$

onde h e r são expressos em centímetros. Esta equação nos diz que, quanto mais fino for o tubo, maior será a força capilar e maior a ascensão da água no tubo (Figura 5.3*a*).

Altura da ascensão nos solos

As forças capilares atuam em todos os solos úmidos. No entanto, a altura da ascensão e a taxa do movimento capilar são menores do que o previsível, se com base apenas no tamanho dos poros do solo. Uma das razões é que esses poros não são aberturas retilíneas e uniformes como os tubos de vidro. Além do mais, alguns poros do solo estão cheios de ar, o que pode estar dificultando, ou mesmo impedindo, o movimento da água por capilaridade (Figura 5.3*b*).

Sendo o movimento capilar condicionado pelo tamanho dos poros, é a distribuição desses poros, conforme abordado no Capítulo 4, que determina em grande parte a magnitude e a velocidade do movimento da água capilar no solo. Em solos arenosos, a abundância de poros capilares de tamanho médio a grande permite um rápido aumento inicial da ascensão capilar, mas limita a sua altura final[2] (Figura 5.3*c*). As argilas têm uma elevada proporção de poros capilares muito finos; contudo, as forças de atrito diminuem a taxa com que a água se move através deles. Consequentemente, nos solos argilosos a ascensão capilar é lenta, mas, com o tempo, geralmente excede a de solos arenosos. Os solos de textura franca apresentam propriedades capilares intermediárias entre os arenosos e os argilosos.

[2] Note que, se a água sobe por capilaridade a uma altura de 37 cm acima da superfície livre da água, em um solo de textura arenosa (como mostrado no exemplo da Figura 5.3*c*), então será possível estimar (reorganizando a equação capilar para $r = 0,15/h$) que os menores poros contínuos devem ter um raio de cerca de 0,004 cm (0,15/37 = 0,004). Esse cálculo dá uma ideia aproximada do raio efetivo mínimo dos poros capilares em um solo.

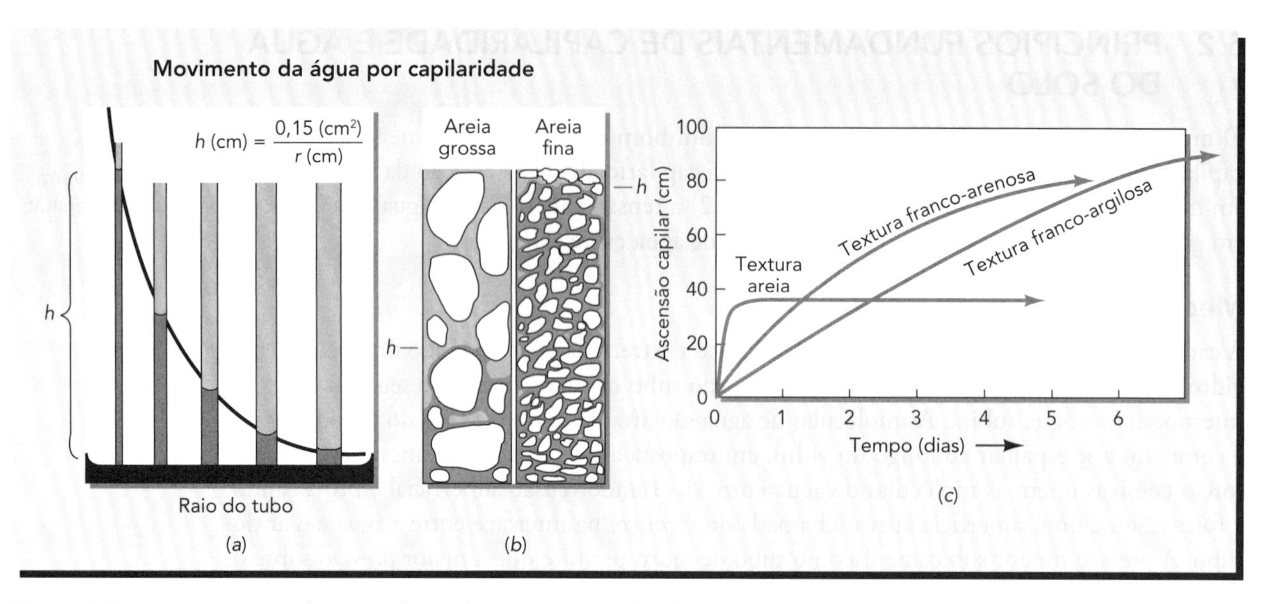

Figura 5.3 Movimento capilar ascendente da água através de tubos com raios internos diferentes e em solos com diferentes tamanhos de poros. (*a*) A equação capilar pode ser representada graficamente para mostrar que a altura de ascensão *h* dobra quando o raio interno do tubo é reduzido pela metade. Essa relação pode ser demonstrada usando-se tubos de vidro de diferentes raios. (*b*) O mesmo princípio também correlaciona tamanhos de poros em um solo com a altura da ascensão capilar, mas a elevação da água no solo é bastante desordenada e irregular por causa da forma tortuosa e variável do tamanho dos poros do solo (bem como a ocorrência de bolsões de ar aprisionado). (*c*) Quanto mais fina for a textura do solo, maior será a proporção de poros de pequeno porte e, portanto, maior será também a elevação total da água acima de um lençol freático livre. No entanto, por causa das forças de atrito muito maiores nos poros menores, a ascensão capilar é muito mais lenta nos solos de textura mais fina do que nos de textura arenosa. (Diagramas: cortesia de R. Weil)

A capilaridade é tradicionalmente ilustrada como uma acomodação para cima. Mas o movimento ocorre em todas as direções, já que as atrações entre os poros do solo e a água são igualmente eficazes na formação de um menisco de água, tanto nos poros horizontais como nos verticais (Figura 5.4). A importância da capilaridade no controle do movimento da água em poros pequenos ficará mais evidente quando abordarmos os conceitos de energia da água do solo.

Figura 5.4 Neste campo irrigado no Estado do Arizona (EUA), a água subiu por capilaridade, distanciando-se do sulco de irrigação em direção ao topo do camalhão (*foto à esquerda*), bem como horizontalmente para ambos os lados (*foto à direita*). (Fotos: cortesia de N. C. Brady)

5.3 CONCEITOS DE ENERGIA DA ÁGUA DO SOLO

Energia da água do solo e sua dinâmica: http://faculty.washington.edu/slb/esc210/soils15.pdf

Todos os dias podemos perceber que as coisas tendem para um estado de energia mais baixo (e que é preciso fornecer energia e trabalho para impedir que isso aconteça). Ao usar um telefone celular, a bateria irá descarregar, passando de um estado de carga total e de energia potencial elevada para um estado descarregado, de baixa energia. Se você largar esse telefone, ele cairá de seu estado de energia potencial, relativamente alta, em sua mão, para um estado de menor energia potencial, no chão (onde estará mais perto da fonte de força gravitacional). A diferença nos níveis de energia (a altura acima do chão na qual você está segurando o telefone) determina quão fortemente a transição irá ocorrer. A água do solo não é diferente – ela tende a passar de um estado de alta energia para um de baixa energia. Assim como no caso do celular, a *diferença* nos níveis de energia da água nos pontos afastados no perfil do solo é o que faz com que ela se movimente.

Forças que afetam a energia potencial

Na seção anterior, a discussão sobre a estrutura e as propriedades da água mostrou a existência de três forças importantes que afetam o nível de energia da água do solo. A primeira, a adesão, ou atração da água para os sólidos do solo (matriz), fornece uma força **matricial** (responsável pela adsortividade e capilaridade) que produz uma acentuada redução no estado de energia da água perto da superfície das partículas. A segunda, a atração de íons e outros solutos pela água, resulta em forças **osmóticas**, as quais exercem a tendência para reduzir o estado energético da água na solução do solo. A movimentação osmótica da água pura, através de uma membrana semipermeável para o interior de uma solução, é uma prova do estado de energia livre mais reduzido da solução. A terceira grande força em ação na água do solo é a **gravidade**, que sempre tende a puxar o líquido para baixo. O nível de energia da água no solo em uma determinada altura no perfil é, portanto, maior que o da água a uma altura mais baixa. É essa diferença no nível de energia que faz com que o fluxo de água se direcione para baixo.

Potencial da água do solo

A *diferença* no nível de energia da água de uma posição ou de uma condição para outra (p. ex., entre um solo saturado com água e um solo seco) determina a direção e a velocidade do movimento da água nos solos e nas plantas. Em um solo saturado com água, a maior parte dela é retida em poros grandes na forma de espessas películas em torno de partículas; portanto, a maioria das moléculas de água em um solo nessas condições não está muito próxima de uma superfície de partícula e, por isso, não são retidas com muita força pelos sólidos (ou matriz) do solo. Dessa forma, as moléculas de água têm uma considerável liberdade de movimento, sendo que seu nível de energia permanece próximo ao das moléculas de água pura, como em uma poça d'água sobre o solo. No entanto, em um solo mais seco, a água residual está localizada em pequenos poros dentro dos quais ela está na forma de delgadas películas – permanecendo, assim, firmemente retida pelos sólidos do solo. Por isso, as moléculas de água em um solo não saturado têm pouca liberdade de movimento, e seu nível de energia é muito menor do que o das moléculas de água no solo saturado. Se as amostras de solo saturado e seco são postas em contato umas com as outras, a água vai passar do solo saturado (estado de alta energia) para o solo seco (baixa energia).

Para avaliar o estado da energia da água do solo em uma determinada posição do seu perfil, seu nível de energia é comparado com o da água pura em temperatura e pressão normais, não afetada pelo solo e localizada a certa altura de referência. A *diferença* de níveis de energia entre esta água livre, no estado de referência, e o da água do solo é denominado **potencial da água** do solo (Figura 5.5). Os termos *potencial* e *pressão* implicam em uma diferença no estado de energia. A água irá passar de uma zona do solo com alto potencial para outra com

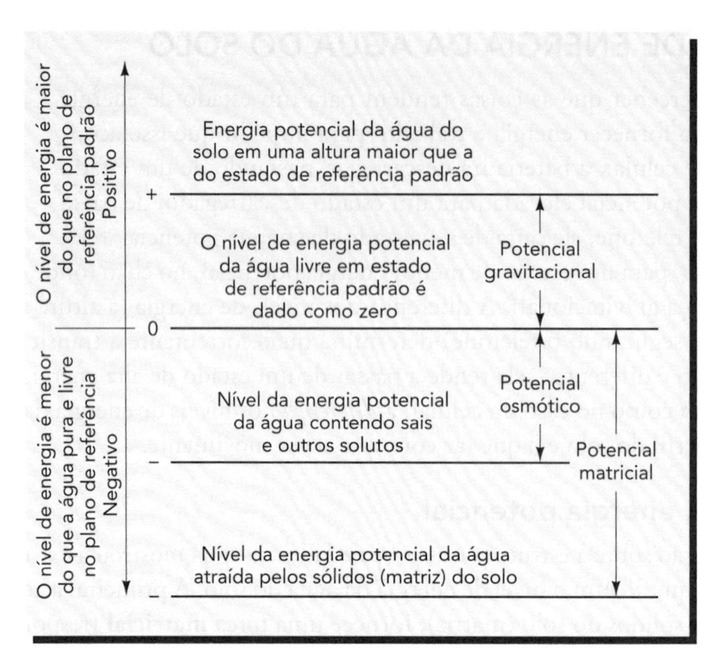

Figura 5.5 Relação entre a energia potencial da água livre em um estado de referência padrão (pressão, temperatura e altura) e a da água do solo. Se a água do solo contém sais e outros solutos, a atração mútua entre as moléculas de água e estes compostos químicos reduz a energia potencial da água, sendo o grau de redução denominado *potencial osmótico*. Da mesma forma, a atração mútua entre os sólidos (ou matriz) do solo e as moléculas da água do solo também reduzem a energia potencial da água. Neste caso, a redução é chamada de *potencial matricial*. Uma vez que ambas as interações reduzem o nível da energia potencial da água quando comparado com o da água livre, as mudanças no nível de energia (potencial osmótico e matricial) são todas consideradas negativas. Em contraste, as diferenças de energia devidas à gravidade (*potencial gravitacional*) são sempre positivas, porque a altura de referência da água livre é propositadamente indicada em um ponto no perfil do solo, inferior ao da água do solo. A raiz de uma planta, quando tenta remover água de um solo úmido, tem que superar todas essas três forças simultaneamente.

um menor potencial de água do solo. Esse fato deve ser sempre considerado quando estamos cogitando sobre o comportamento da água nos solos.

Diversas forças estão envolvidas no potencial da água do solo, sendo cada uma delas um componente do **potencial total da água do solo**, ψ_t. Esses componentes decorrem de diferenças nos níveis de energia, os quais são o resultado das forças gravitacional, matricial, hidrostática submersa e osmótica – chamados, respectivamente, de **potencial gravitacional**, ψ_g, **potencial matricial**, ψ_m, **potencial hidrostático**, ψ_h, e **potencial osmótico**, ψ_o. Todos esses componentes atuam simultaneamente, influenciando o comportamento da água nos solos. A relação geral do potencial da água do solo com os níveis de energia potencial é ilustrada na Figura 5.5 e pode ser expressa como:

$$\psi_t = \psi_g + \psi_m + \psi_o + \psi_h + \ldots \quad (5.2)$$

onde as reticências (...) indicam a possível contribuição de potenciais adicionais ainda não mencionados.

Potencial gravitacional: http://zonalandeducation.com/mstm/physics/mechanics/energy/gravitationalPotentialEnergy/gravitationalPotentialEnergy.html

Potencial gravitacional A força da gravidade atrai a água do solo em direção ao centro da Terra. O potencial gravitacional, ψ_g, da água do solo é o produto da aceleração decorrente da gravidade e da altura da água no solo acima de um plano de referência. A altura do plano de referência é geralmente escolhida dentro do perfil do solo, ou no seu limite inferior, para garantir que o potencial gravitacional da água do solo acima do plano de referência seja sempre positivo.

Após fortes chuvas, derretimento de neve ou irrigação, a força da gravidade desempenha um importante papel na remoção do excesso de água dos horizontes superiores, bem como na recarga das águas subterrâneas situadas abaixo do perfil do solo (Seção 5.5).

Potencial de pressão O componente de pressão potencial é responsável por todos os outros efeitos do potencial da água do solo, além da gravidade e dos níveis de solutos. O potencial de pressão, na maioria das vezes, inclui (1) a pressão hidrostática positiva decorrente do peso da água em solos saturados e aquíferos e (2) a pressão negativa decorrente das forças de atração entre a água e os sólidos ou a matriz do solo.

O **potencial hidrostático**, ψ_h, é um componente que é operacional apenas para água em zonas saturadas abaixo do lençol freático. Qualquer pessoa que tenha mergulhado para o fundo de uma piscina já sentiu a pressão hidrostática nos seus tímpanos.

A atração da água para as superfícies sólidas dá origem ao **potencial matricial**, ψ_m, que é sempre negativo porque a água atraída pela matriz do solo tem um estado de energia menor do que o da água livre. (Essas pressões negativas são muitas vezes referidas como *sucção* ou *tensão*, significando que os seus valores são positivos.) O potencial matricial opera em um solo não saturado situado acima de um lençol freático (Figura 5.6).

O potencial matricial, ψ_m, que resulta de forças adesivas e capilares, influencia tanto a retenção como o movimento da água do solo. Diferenças entre os dois ψ_m de duas zonas adjacentes do solo promovem o movimento da água de áreas mais úmidas (estado de alta energia) para áreas mais secas (estado de baixa energia) ou de poros grandes para poros pequenos. Embora esse movimento possa ser lento, ele é extremamente importante para o fornecimento de água às raízes das plantas e para aplicações em obras de engenharia.

Potencial osmótico O potencial osmótico, ψ_o, é atribuído tanto à presença de solutos inorgânicos como orgânicos na solução do solo. Como as moléculas de água se aglomeram em torno dos íons ou de moléculas de solutos, a facilidade de circulação (e, portanto, a energia potencial) da água é reduzida. Quanto maior a

Animação sobre osmose: http://www.stolaf.edu/people/giannini/flashanimat/transport/osmosis.swf

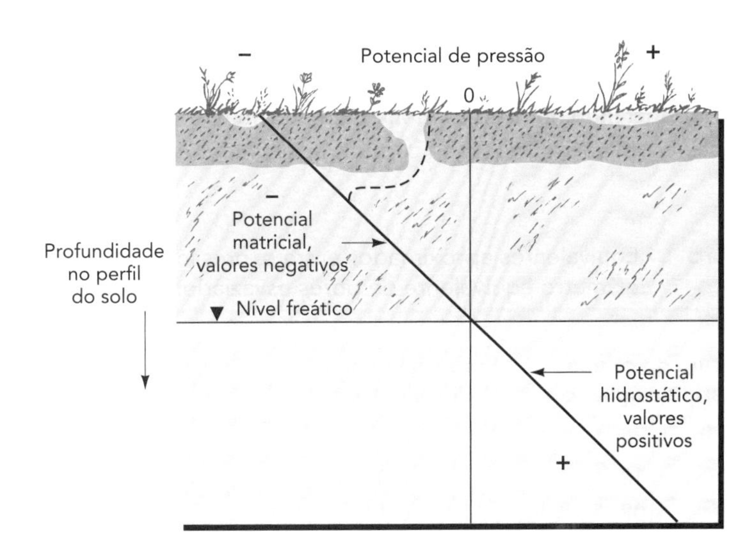

Figura 5.6 Tanto o potencial matricial como o hidrostático são potenciais de pressão que podem contribuir para o potencial total da água. O potencial matricial é sempre negativo, e o hidrostático é positivo. Quando a água está em um solo não saturado acima do lençol freático (acima da zona saturada), ela está sujeita à influência de potenciais matriciais. Por outro lado, a água situada em um solo saturado abaixo do nível freático está sujeita a potenciais hidrostáticos. No exemplo mostrado aqui, o potencial matricial diminui linearmente à medida que a altura acima do lençol freático aumenta, o que significa que a água que se eleva acima do lençol freático, por atração capilar, é a única fonte de água neste perfil. A chuva ou a irrigação (ver linha pontilhada) iria alterar (ou curvar) a linha reta, mas não alteraria as relações fundamentais aqui ilustradas.

concentração de solutos, mais reduzido será o potencial osmótico. Como sempre, a água tenderá a se mover em direção a um ponto onde seu nível de energia é menor; neste caso, para a zona de maior concentração de soluto. No entanto, a água em estado líquido somente se moverá em resposta a diferenças de potencial osmótico (o processo denominado **osmose**) se existir uma *membrana semipermeável* entre as zonas de alto e baixo potencial osmótico, permitindo que somente a água passe e *impedindo o movimento do soluto*. Se nenhuma membrana estiver presente, o movimento do soluto, em vez do da água, iguala em grande parte as concentrações.

Por as diferentes zonas do solo normalmente *não* estarem separadas por membranas, o potencial osmótico, ψ_o, tem pouco efeito sobre o movimento da massa de água dos solos. Seu efeito principal é constatado pela absorção de água pelas células das raízes das plantas que *estão* isoladas da solução do solo pelas suas membranas celulares semipermeáveis. Em solos ricos em sais solúveis, ψ_o pode ser menor (ter um valor negativo maior) na solução do solo do que nas células da raiz da planta; isso leva a restrições na absorção de água pelas raízes das plantas. Em um solo muito salino, o potencial osmótico da água do solo pode ser suficientemente baixo para fazer com que plântulas novas entrem em colapso (ou se plasmolisem) à medida que a água caminha das células para a zona de menor potencial osmótico do solo.

Métodos de expressão dos níveis de energia

Várias unidades podem ser usadas para expressar as diferenças nos níveis de energia da água do solo. Um deles é a *altura de uma coluna de água* (geralmente em centímetros), cujo peso se iguala ao potencial considerado. Já vimos esse meio de expressão quando definimos o significado do *h* na equação da capilaridade (Seção 5.2), a qual nos fornece o potencial matricial da água em um poro capilar. Uma segunda unidade é a pressão *atmosférica* padrão ao nível do mar, que é de 760 mm Hg ou 1020 cm de água. Outra unidade denominada *bar* tem valores aproximadamente iguais aos da pressão de uma atmosfera padrão. A energia pode ser expressa por unidade de massa (**joules/kg**) ou por unidade de volume (**newtons/m^2**). No Sistema Internacional de Unidades (SI), 1 pascal (Pa) é igual a 1 newton (N) atuando sobre uma área de 1 m^2. Neste livro, usamos Pa ou quilopascal (kPa) para expressar o potencial de água no solo. Considerando que outras publicações podem usar outras unidades, a Tabela 5.1 mostra a equivalência entre os meios mais comuns de expressar os potenciais da água do solo.

Tabela 5.1 Equivalentes aproximados entre expressões de potencial da água do solo e o diâmetro equivalente de poros esvaziados de água

Altura da coluna unitária de água, cm	Potencial da água do solo, bars	Potencial da água do solo, kPa[a]	Diâmetro equivalente de poros esvaziados, μm[b]
0	0	0	–
10,2	–0,01	–1	300
102	–0,1	–10	30
306	–0,3	–30	10
1.020	–1,0	–100	3
15.300	–15	–1.500	0,2
31.700	–31	–3.100	0,97
102.000	–100	–10.000	0,03

[a] A unidade SI quilopascal (kPa) é equivalente a 0,01 bars.

[b] Menor poro passível de ser esvaziado pela tensão equivalente, como calculada usando-se a Eq. 5.1.

5.4 TEOR DE UMIDADE DO SOLO E POTENCIAL DA ÁGUA DO SOLO

Tudo o que foi discutido até agora neste capítulo indica a existência de uma relação inversa entre o teor de umidade dos solos e a tensão com que a água é retida. Muitos fatores afetam a relação entre o potencial da água do solo, ψ, e o teor de umidade, θ. Alguns exemplos ilustrarão este assunto.

Tipos de sensores de umidade dos solos: http://www.sowacs.com/sensors/index.html

Curvas de retenção de água do solo

As relações entre o teor de água do solo, θ, e o seu potencial, ψ, em três solos de texturas diferentes, são mostradas na Figura 5.7. Essas curvas são denominadas *curvas características de retenção de água,* ou simplesmente *curvas características de água.* O solo argiloso retém muito mais água a um determinado potencial do que os de textura franca ou areia. Da mesma forma, a um dado teor de água, a umidade é retida muito mais fortemente (ψ_m é menor) no solo argiloso do que nos outros dois (note que o potencial hídrico do solo é plotado em uma escala logarítmica).

A estrutura do solo também influencia as relações do seu teor de água com a energia. Um solo bem agregado tem um maior volume de poros total e maior capacidade geral de retenção de água do que um com agregação pobre ou que tenha sido compactado. A agregação do solo aumenta, sobretudo, os poros entre os agregados relativamente grandes (Seção 4.5), nos quais a água é retida com pouca tensão (ψ_m está mais próximo de zero). Em contraste, um solo compactado reterá menos água total, a maior parte da qual será firmemente retida nos poros de pequeno e médio porte.

Medição do estado da água do solo

As curvas características de água do solo que acabamos de apresentar destacam a importância de se fazer dois tipos gerais de medições da água do solo: a *quantidade* de água presente (umi-

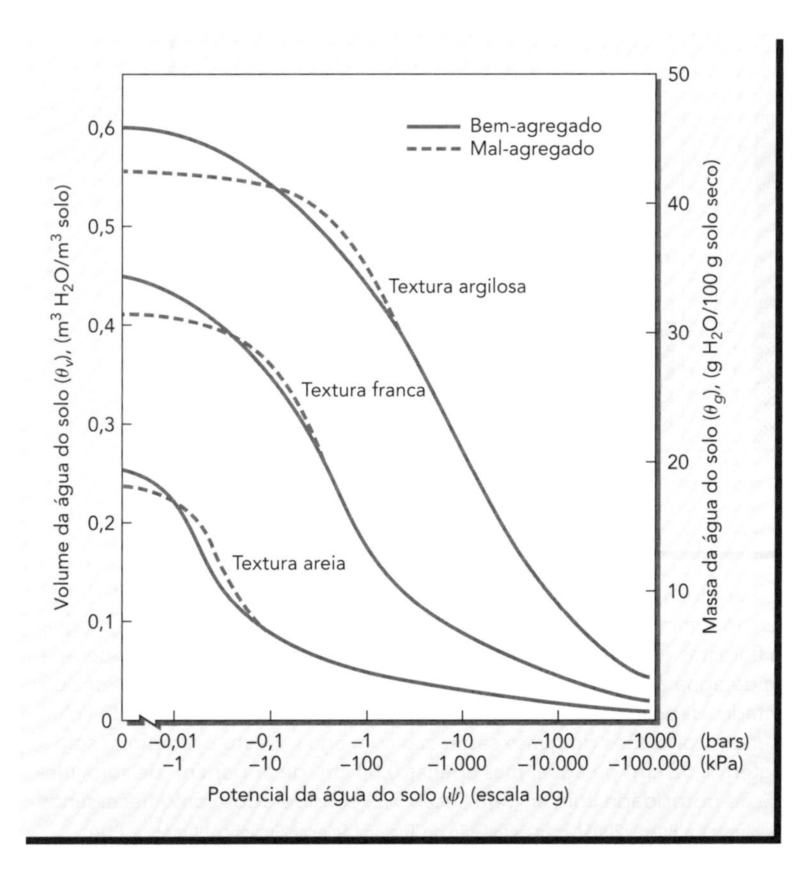

Figura 5.7 Curvas de retenção da água no solo para três solos minerais representativos. As curvas mostram as correlações obtidas pela lenta secagem de solos completamente saturados. As linhas tracejadas mostram o efeito da compactação ou da pouca agregação. O potencial de água do solo (que é negativo) é expresso em unidades de bar (escala superior) e quilopascal (kPa) (escala inferior). Note que o potencial da água do solo está plotado em escala logarítmica.

dade atual) e o *estado da energia* da água (potencial da água do solo). Para compreender ou manejar o abastecimento e o movimento da água nos solos, é essencial dispor de informações (medidas diretamente ou inferidas) relativas a *ambos* os tipos de medições. Por exemplo, uma medição do potencial de água do solo pode nos dizer se a água se moverá em direção ao lençol freático; mas sem uma medição correspondente do teor de umidade do solo, não saberíamos a possível importância da sua contribuição para as águas subterrâneas.

Geralmente, o comportamento da água do solo está mais estreitamente relacionado com o estado de energia da água, e não com a sua quantidade. Assim, tanto um solo franco-argiloso como outro franco-arenoso estarão úmidos e fornecerão água às plantas com facilidade quando o ψ_m for, digamos, -10 kPa. No entanto, a quantidade de água retida pelo franco-argiloso e a duração do tempo em que poderia fornecer água às plantas seriam muito maiores a este mesmo potencial do que seria para o franco-arenoso.

Teor de água

O **teor de água volumétrico**, θ_v, é definido como o volume de água associado com um determinado volume (geralmente 1 m^3) de solo seco (Figura 5.7). Uma expressão semelhante é o **teor de água em massa**, θ_m, ou a massa da água associada a uma dada massa (geralmente 1 kg) de solo seco. Ambas as expressões têm vantagens para usos diferentes. Neste livro, na maioria das vezes, vamos utilizar o teor de água volumétrico, θ_v.

À medida que a compactação reduz a porosidade total, ela também aumenta θ_v (supondo um determinado θ_m), deixando, assim, pouquíssimo espaço poroso preenchido com ar para que uma ótima atividade das raízes seja possível. No entanto, se um solo for inicialmente

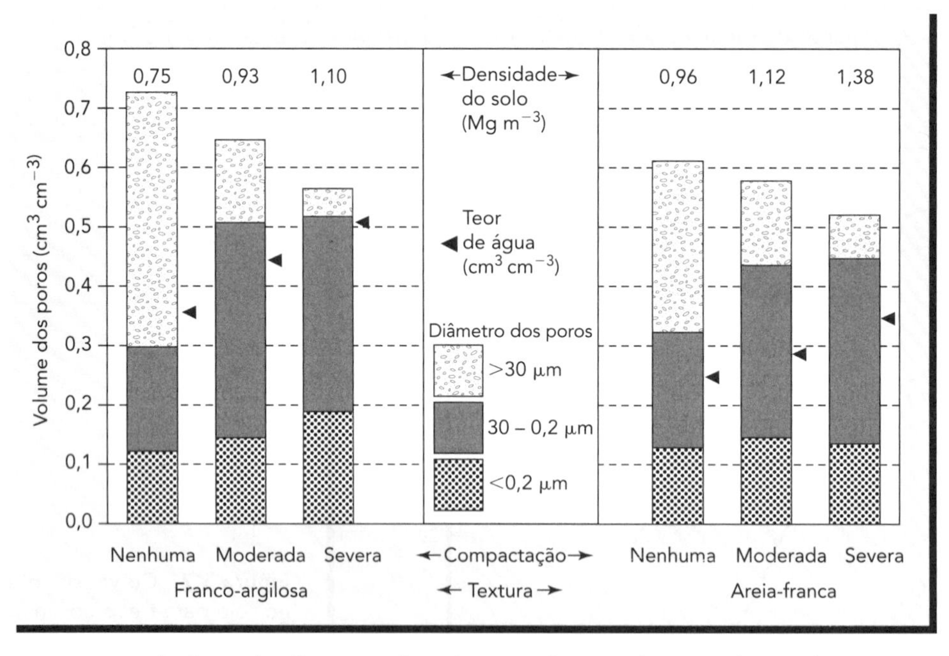

Figura 5.8 A compactação de dois solos (franco-argiloso, à esquerda; areia-franca, à direita) diminuiu a porosidade total, sobretudo pela conversão dos poros maiores (normalmente cheios de ar) em poros menores – que armazenam água com mais força. Estes horizontes A de solos sob florestas estavam inicialmente tão soltos que a compactação moderada beneficiou as plantas com o aumento do volume de água armazenada nos poros com diâmetro de 0,2 a 30 μm. Por outro lado, a água antes presente no solo não compactado, depois da compactação, ocupa uma maior percentagem do volume dos poros (◀), possivelmente fazendo com que surjam condições de quase saturação com água. Neste exemplo, o solo franco-argiloso, e severamente compactado, contém 0,52 cm^3 de água, mas apenas 0,04 cm^3 de ar por cm^3 de solo, menos que os 0,10 cm^3 de ar por cm^3 de solo (≈10% de porosidade com ar; veja Seção 7.2) considerados como necessários para o bom crescimento das plantas. (Adaptado de Shestak e Busse [2005], com permissão do The Soil Science Society of America, EUA)

muito solto e altamente agregado (como os horizontes A sob florestas, descritas na Figura 5.8), a compactação moderada pode realmente beneficiar o crescimento da planta, devido ao aumento do volume de poros que retêm água entre 10 e 1.500 kPa de tensão.

Sempre imaginamos que as raízes das plantas penetram uma certa profundidade do solo, da mesma forma que vemos a precipitação pluvial (e às vezes a irrigação) como uma profundidade (ou altura) da água (por exemplo, mm de chuva). Por isso, muitas vezes, é conveniente expressarmos o teor de água volumétrico como uma *razão de profundidades* (profundidade de água por unidade de profundidade do solo). Os valores numéricos para essas duas expressões são os mesmos, daí a conveniência desses cálculos. Por exemplo, para um solo contendo 0,1 m^3 de água por m^3 de solo (10% em volume), a razão de profundidade da água é de 0,1 m de água por m de profundidade do solo (Seção 5.9).[3]

Método gravimétrico O processo gravimétrico é uma medição direta do teor de água do solo e, portanto, é a metodologia padrão pela qual todos os métodos indiretos são calibrados. Nele, a água associada a uma dada massa (ou a um dado volume, se a densidade aparente do solo for conhecida) de sólidos secos do solo é determinada. Para isso, uma amostra de solo úmido é pesada e, em seguida, seca em estufa a uma temperatura de 105 °C por cerca de 24 horas e, finalmente, pesada de novo. A perda de peso representa a água do solo. O Quadro 5.1 fornece exemplos de como θ_v e θ_m podem ser calculados. O método gravimétrico é um método *destrutivo* (ou seja, uma amostra de solo tem que ser retirada para cada medição) e não pode ser facilmente automatizado, o que o torna pouco adequado para acompanhar as alterações na umidade do solo.

Métodos eletromagnéticos Os vários métodos não destrutivos existentes para medição do teor de água do solo baseiam-se no fato de que, no solo, a constante dielétrica da água é muito diferente daquela de suas partículas sólidas ou do ar. O teor de água do solo à base de volume é calculado por um chip de computador, a partir de sinais enviados a ele por uma sonda que detecta propriedades elétricas do solo. Os dois tipos de sonda mais comumente utilizados são as de *capacitância* e a *TDR* (reflectometria no domínio do tempo); ambas podem ser facilmente adaptadas a registradores de dados e a sistemas automatizados de irrigação no campo (Tabela 5.2 e Figura 5.9).

Potenciais hídricos

Tensiômetros Os fenômenos que fazem com que a água seja atraída pelas partículas solo é uma manifestação do seu potencial matricial, ψ_m; os **tensiômetros** de campo (Figura 5.10) medem esta atração, ou *tensão*. Um tensiômetro é basicamente constituído de um tubo cheio de água, fechado na sua extremidade inferior com uma cápsula porosa de cerâmica e hermeticamente selado na extremidade superior. Quando instalado no campo, a água se desloca através da cápsula porosa para o solo adjacente até que o potencial da água no tensiômetro seja igual ao da água no solo. À medida que a água é sugada para fora do instrumento, um vácuo se desenvolve sob a tampa superior, o qual pode ser medido por um vacuômetro ou um transdutor (conversor) eletrônico. Se chuva ou irrigação reumedecer o solo, a água vai entrar no tensiômetro através da cápsula de cerâmica, reduzindo o vácuo ou a tensão registrada pelo vacuomêtro. Tensiômetros são úteis entre potenciais de zero e -85 kPa, um intervalo que inclui metade, ou mais, da água armazenada na maioria dos solos. Se o solo seca acima de 85 kPa, os tensiômetros falham porque, nessas condições, o ar passa a ser aspirado para dentro dele, através dos poros da cápsula de cerâmica, reduzindo o vácuo. No campo, um interruptor

[3] Quando se mede uma quantidade de água aplicada ao solo por irrigação, costumam-se usar unidades de volume, como m^3 e hectare-metro (volume de água que cubra um hectare de terra a uma profundidade de 1 m). Geralmente, os agricultores e pecuaristas das regiões irrigadas dos Estados Unidos usam as unidades inglesas ft^3 e acre-pé (volume de água necessário para cobrir um acre de terra a uma profundidade de um pé).

QUADRO 5.1

Determinação gravimétrica do teor de água do solo

Os procedimentos gravimétricos para determinar o teor de água do solo à base de massa, θ_m, são relativamente simples. Suponha que você queira determinar o teor de água de uma amostra de solo úmido pesando 100 g. Para isso, você seca a amostra em um forno mantido a 105 °C e pesa o solo novamente. Suponha que o solo seco agora pese 70 g, indicando que 30 g de água foram retirados do solo úmido. Expresso em quilogramas, são 30 kg de água associados a 70 kg de solo seco.

Uma vez que o teor de água de solo à base de massa, θ_m, é comumente expresso em termos de quilos de água associados a 1 kg de solo seco (não 1kg de solo úmido), ele pode ser calculado da seguinte forma:

$$\frac{30 \text{ kg água}}{70 \text{ kg solo seco}} = \frac{X \text{ kg água}}{1 \text{ kg solo seco}}$$

$$X = \frac{30}{70} = 0{,}428 \text{ kg água / kg solo seco} = \theta_m$$

Para calcular o conteúdo de água à base de volume, θ_v, precisamos conhecer a densidade do solo seco que, neste caso, poderíamos presumir como sendo 1,3 g/cm^3. Em outras palavras, um metro cúbico deste solo (quando seco) tem uma massa de 1.300 kg. Considerando os cálculos acima, sabemos que a massa de água, associada com esses 1.300 kg de solo seco é de 0,428 × 1.300 ou 556 kg.

Uma vez que 1 m^3 de água tem uma massa de 1.000 kg, esses 556 kg de água vão ocupar 556/1.000 ou 0,556 m^3. Portanto, o teor de água em volume é igual a 0,556 m^3/m^3 de solo seco.

$$\frac{1.300 \text{ kg solo}}{\text{m}^3 \text{ solo}} \times \frac{\text{m}^3 \text{ água}}{1.000 \text{ kg água}} \times \frac{0{,}428 \text{ kg água}}{\text{kg solo}} = \frac{0{,}556 \text{ m}^3 \text{ água}}{\text{m}^3 \text{ solo}}$$

Considerando um solo que não se expande quando úmido, a relação entre o teor de umidade em massa e em volume pode ser resumida como sendo:

$$\theta_v = D_s \times \theta_m \qquad (5.3)$$

magnético pode ser montado em um tensiômetro para automaticamente ligar e desligar um sistema de irrigação.

Blocos de resistência elétrica Os aparelhos que utilizam resistência elétrica são feitos com eletrodos envolvidos em um bloco poroso de gesso, náilon ou fibra de vidro. Quando um desses aparelhos é inserido em um solo úmido, o bloco poroso absorve água em uma quantidade proporcional à do potencial da água do solo, e a resistência ao fluxo de eletricidade entre os eletrodos também diminui proporcionalmente. Na prática, é possível conectar esses blocos a registradores de dados ou a interruptores eletrônicos, para fazer com que os sistemas de irrigação possam ser automaticamente ligados e desligados em determinados níveis de umidade do solo.

5.5 O FLUXO DE ÁGUA LÍQUIDA NO SOLO

Três tipos de movimento da água no solo podem ser reconhecidos: (1) fluxo saturado, (2) fluxo não saturado e (3) movimento de vapor. Em todos os casos, a água flui em resposta a gradientes de energia, deslocando-se de uma zona de maior para outra de menor potencial hídrico. O *fluxo saturado* ocorre quando os poros do solo estão completamente preenchidos (ou saturados) com água. O *fluxo não saturado* acontece quando os poros maiores do solo estão cheios de ar, deixando apenas os poros menores para reter e conduzir água. O *movimento de vapor* ocorre quando diferenças de pressão de vapor se desenvolvem em solos relativamente secos.

Tudo sobre os fluxos de águas subterrâneas: http://environment.uwe.ac.uk/geocal/SoilMech/water/index.htm

Tabela 5.2 Alguns métodos de medição da água do solo

Mais de um método pode ser necessário para abranger toda a gama de condições de umidade do solo.

	Medidas da água do solo			Usado, sobretudo, no		
Método	**Teor**	**Potencial**	**Alcance útil de ação, kPa**	**Campo**	**Laboratório**	**Observações**
1. Gravimétrico	×		0 a <−10.000		×	Amostragem destrutiva; lento (1 a 2 dias), a menos que se utilizem micro-ondas. É o padrão para calibração.
2. Moderação de nêutrons	×		0 a <−1.500	×		Precisa de autorização para a utilização de material radioativo; equipamento caro; não é indicado para solos com alto teor de matéria orgânica; exige tubo de acesso.
3. Reflectometria no domínio do tempo (TDR)	×		0 a <−10.000	×	×	Pode ser automatizado; precisão de ±1 a 2% do teor volumétrico de água; solos muito arenosos ou salinos precisam de calibração; requer guias de onda; instrumento caro.
4. Sensores de capacitância	×		0 a <−1.500	×	×	Pode ser automatizado; precisão de ±2 to 4% do teor volumétrico de água; areias ou solos salinos precisam de calibração; sensores e instrumentos de registro simples e baratos.
5. Blocos de resistência		×	−90 a <−1.500	×	×	Pode ser automatizado; não sensível perto do nível ótimo de água para as plantas; pode precisar de calibração.
6. Tensiômetro		×	0 a −85	×	×	Pode ser automatizado; precisão de ±0,1 a 1 kPa; alcance limitado; barato; precisa de manutenção periódica para adicionar água.
7. Psicrômetro de termopar		×	50 a <−10.000	×	×	Moderadamente caro; amplo alcance; precisão a apenas ±50 kPa.
8. Câmara de membrana de pressão		×	50 a <−10.000		×	Usado com o método gravimétrico para plotagem da parte mais seca da curva característica de água.
9. Mesa de tensão		×	0 a −50		×	Usado com o método gravimétrico para plotar a parte mais úmida da curva característica de água.

Fluxo saturado através dos solos

Em certas condições, pelo menos parte de um perfil de solo pode permanecer completamente saturada; isto é, todos os seus poros, grandes e pequenos, estão preenchidos com água. Os horizontes inferiores de solos maldrenados estão quase sempre saturados; isso acontece também com algumas porções de solos bem-drenados que estão imediatamente acima das camadas estratificadas de argila. Durante e após uma chuva ou forte irrigação, os poros das camadas superiores do solo estão muitas vezes totalmente preenchidos com água.

A quantidade de água por unidade de tempo, Q/t, que flui através de uma coluna de solo saturado (Figura 5.11), pode ser expressa pela lei de Darcy, como segue:

Figura 5.9 Medição instrumental do teor de umidade do solo usando reflectometria no domínio do tempo (TDR). O instrumento emite um pulso de energia eletromagnética que desce pelas duas hastes paralelas de metal de um guia de ondas que a pesquisadora está introduzindo no solo (*foto em destaque*). O instrumento de TDR faz medições precisas da velocidade com a qual o pulso desce pelas hastes, a intervalos de picosegundo, velocidade essa influenciada pela natureza do solo que o circunda. Microprocessadores no instrumento analisam os padrões de onda gerados e calculam a constante dielétrica aparente do solo. Uma vez que a constante dielétrica de um solo é influenciada principalmente por seu conteúdo de água, o instrumento pode, com precisão, converter suas medidas em conteúdo volumétrico de água do solo. (Fotos: cortesia de R. Weil)

$$\frac{Q}{t} = AK_{sat}\frac{\Delta\psi}{L} \tag{5.4}$$

onde A é a área da seção transversal da coluna através da qual a água flui, K_{sat} é a **condutividade hidráulica saturada**, $\Delta\psi$ é a mudança no potencial de água entre as extremidades da coluna (por exemplo, $\psi_1 - \psi_2$), e L é o comprimento da coluna. Para uma determinada coluna, a taxa de fluxo é determinada pela facilidade com que o solo conduz a água (K_{sat}) e pela quantidade de força que impulsiona essa água, ou seja, o **gradiente do potencial da água** $\Delta\psi/L$. Para um fluxo saturado, essa força pode também ser chamada de **gradiente hidráulico**. Por analogia, imagine que você está esguichando água através de uma mangueira de jardim, com K_{sat} representando a largura da mangueira (a água flui mais facilmente através de uma mangueira mais larga) e $\Delta\psi/L$ representando o tamanho da bomba que impulsiona a água através da mangueira.

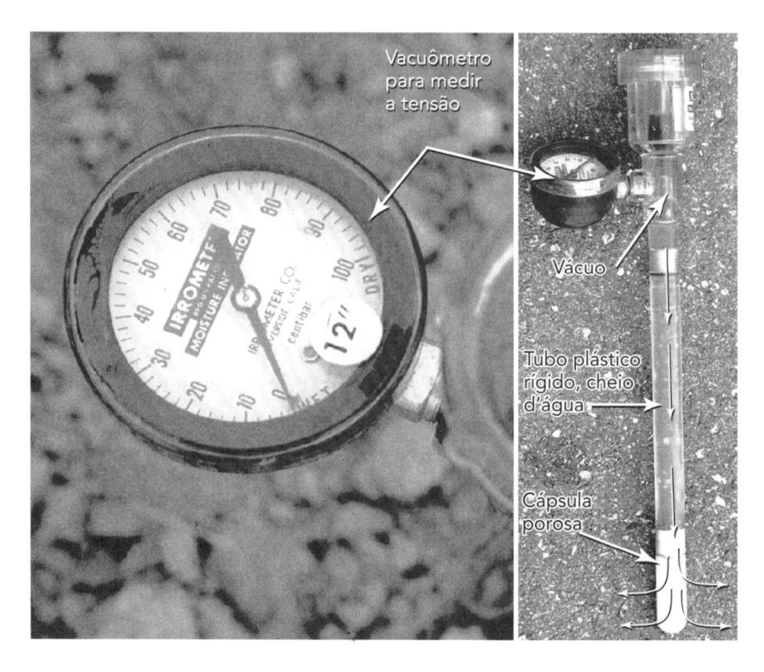

Figura 5.10 Tensiômetro utilizado para determinar o potencial da água no campo. A foto à direita mostra o instrumento por inteiro. O tubo é preenchido com água através da tampa rosqueável; depois que o instrumento é hermeticamente fechado, a cápsula porosa branca e a parte inferior do tubo de plástico são inseridas em um orifício bem justo feito no solo. O vacuômetro (*foto ampliada, à esquerda*) vai indicar diretamente a tensão ou o potencial negativo gerado à medida que o solo absorve a água para fora (setas curvas), através da cápsula porosa. Note que a escala só vai até 100 centibars (= 100 kPa) de tensão, nas condições dos menores teores de água. (Fotos: cortesia de R. Weil)

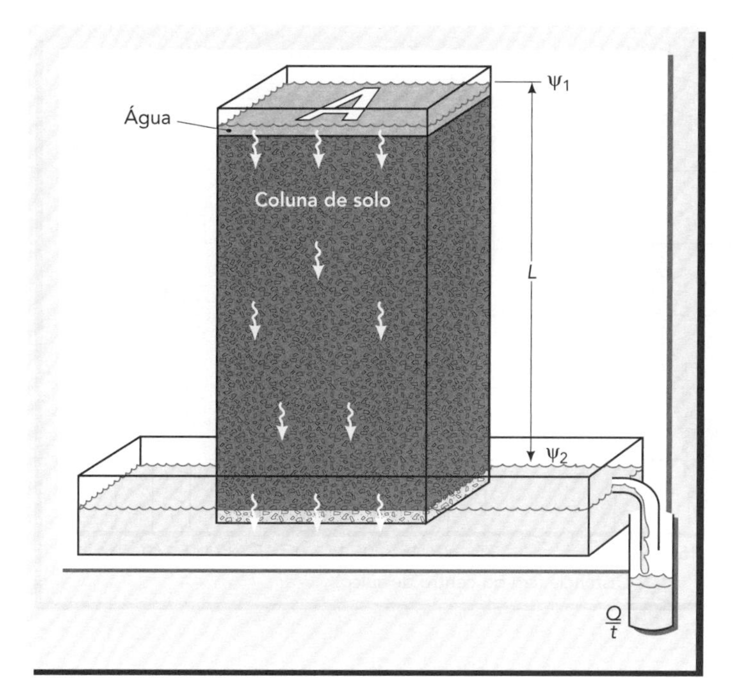

Figura 5.11 Fluxo saturado (percolação) em uma coluna de solo com área transversal A, cm^2. Todos os poros do solo estão preenchidos com água. No canto inferior direito a água é mostrada escorrendo para um recipiente, indicando que ela realmente está descendo na coluna. A força que move a água através do solo é o gradiente do potencial de água $(\psi_1 - \psi_2)/L$, no qual tanto os potenciais hídricos como os comprimentos são expressos em cm (Tabela 5.1). Se medirmos a quantidade de água que flui para fora (Q/t) em cm^3/s, podemos reorganizar a lei de Darcy (Eq. 5.4) para calcular a condutividade hidráulica saturada do solo, K_{sat}, em cm/s, da seguinte forma:

$$K_{sat} = \frac{Q}{A \cdot t}\frac{L}{\psi_1 - \psi_2} \quad (5.5)$$

Lembre-se de que os mesmos princípios se aplicam quando o gradiente de potencial movimenta a água em uma direção horizontal.

As unidades em que a K_{sat} é medida são comprimento/tempo, normalmente cm/s ou cm/h. A K_{sat} é uma propriedade importante que ajuda a determinar o grau de adequação de um solo ou um material de solo para usos tais como terras agrícolas irrigadas, cobertura de aterros sanitários, revestimento de lagoas para armazenamento de águas residuais e infiltração de efluentes nos campos de drenos de tanques sépticos (Tabela 5.3).

Com base na Figura 5.11, não se deve inferir que o fluxo saturado ocorre no perfil apenas quando direcionado para baixo. A força hidráulica também pode causar um fluxo horizontal e até mesmo ascendente, como ocorre quando a água subterrânea brota em uma corrente (Seção 6.6). O fluxo descendente e horizontal é ilustrado na Figura 5.12, que registra o fluxo de água a partir de um sulco de irrigação em dois solos de textura areia-franca e outro franco-argilosa. A água desceu muito mais rapidamente no areia-franca do que no franco-argiloso. Por outro

Tabela 5.3 Alguns valores aproximados de condutividade hidráulica saturada (em várias unidades) e interpretações para vários usos do solo

K_{sat}, cm/s	K_{sat}, cm/h	K_{sat}, pol./h	Observações
1×10^{-2}	36	17	Areias típicas de praias.
5×10^{-3}	18	7	Típica de solos muito arenosos, muito rápida para poder filtrar, de forma eficaz, os poluentes presentes nas águas residuárias.
5×10^{-4}	1,8	0,7	Típica de solos moderadamente permeáveis, K_{sat} entre 1,0 e 15 cm/h, considerada adequada para a maioria dos usos agrícolas, recreativos e urbanos que exigem uma boa drenagem.
5×10^{-5}	0,18	0,07	Típica de solos de textura argilosa, compactados ou mal-agregados. Demasiado lenta para o correto funcionamento de campos de drenos de efluentes de tanques sépticos, para a maioria dos tipos de irrigação e para muitos usos recreativos, como parques infantis.
$<1 \times 10^{-8}$	$<3,6 \times 10^{-5}$	$<1,4 \times 10^{-5}$	Extremamente lenta, típica de argilas compactadas. K_{sat} de 10^{-5} a 10^{-8} cm/h pode ser necessária onde é indispensável a existência de um material quase impermeável, como no revestimento de lagoas para armazenamento de águas residuais ou material de cobertura de aterros.

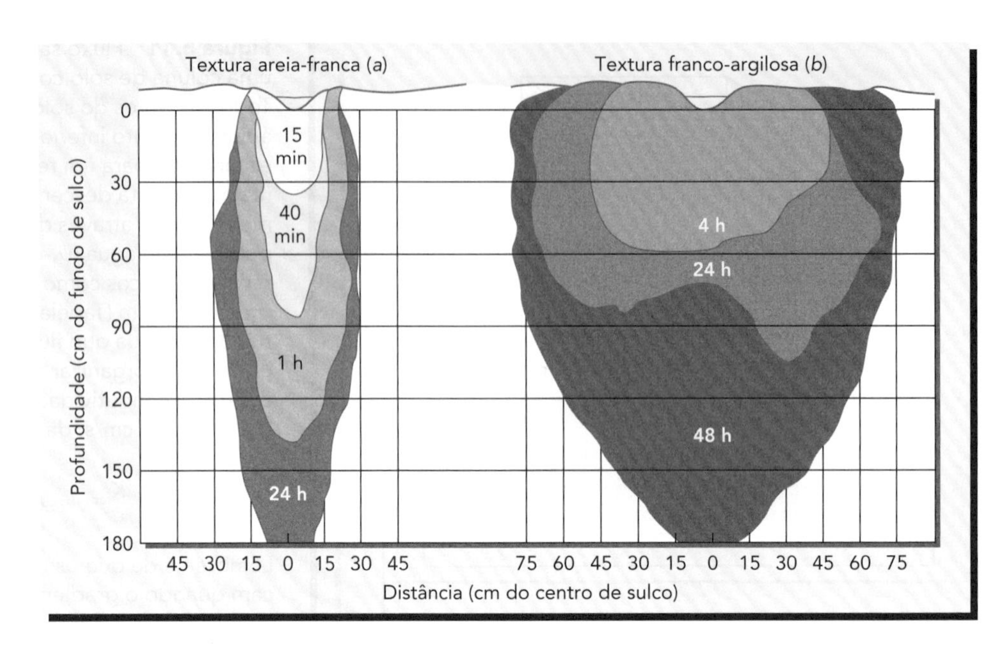

Figura 5.12 Taxas comparativas de movimento da água de irrigação em dois solos: um de textura areia-franca e outro franco-argilosa. Note a taxa de movimento muito mais rápida na areia-franca, especialmente em sentido descendente. (Adaptado de Cooney e Peterson [1955])

lado, o movimento horizontal (em sua maior parte por fluxo não saturado) foi muito mais pronunciado no franco-argiloso.

Fatores que influenciam a condutividade hidráulica de solos saturados

Macroporos Qualquer ocorrência que afete o tamanho e a configuração dos poros do solo vai influenciar a sua condutividade hidráulica. A taxa de vazão total nos poros do solo é proporcional à quarta potência dos seus raios; sendo assim, o fluxo através de um poro de 1 mm de raio é equivalente ao de 10.000 poros com um raio de 0,1 mm. Como resultado, os macroporos (raio > 0,08 mm) respondem por quase todo o movimento da água em solos saturados. No entanto, o ar aprisionado em solos rapidamente molhados pode bloquear os poros e assim reduzir as suas condutividades hidráulicas. Da mesma forma, a *interconectividade* dos poros é importante, uma vez que os poros não interconectados são como "becos sem saída" para a água corrente. Poros vesiculares em certos solos desérticos são exemplos disso (Prancha 55).

A presença de bioporos, como canais de raízes e galerias cavadas por minhocas (geralmente com >1 mm de raio), tem uma influência marcante na condutividade hidráulica saturada dos diferentes horizontes do solo (Prancha 81). Os solos arenosos, por terem normalmente mais espaço de macroporos, têm condutividades hidráulicas saturadas maiores do que os argilosos. Da mesma forma, os solos com agregados granulares estáveis conduzem água muita mais rapidamente do que aqueles com unidades estruturais instáveis, que se desfazem ao serem molhadas. A condutividade saturada de solos cobertos por vegetação perene é normalmente maior do que aqueles anualmente cultivados (Figura 5.13).

Fluxo preferencial Pesquisadores têm se surpreendido ao encontrarem poluição por pesticidas e outros tóxicos nas águas subterrâneas em quantidades maiores do que era previsto em medições tradicionais de condutividade hidráulica, as quais pressupõem que o solo tenha uma porosidade uniforme. Aparentemente, com frequência antes que a maior parte do solo esteja completamente saturada com a água, os solutos (substâncias dissolvidas) são rapidamente transportados para baixo pela água que se move através de grandes macroporos, como rachaduras e bioporos. Evidências crescentes sugerem que esse tipo de movimento não uniforme da água, conhecido como **fluxo preferencial**, aumenta muito o risco de poluição das águas subterrâneas (Figura 5.14).

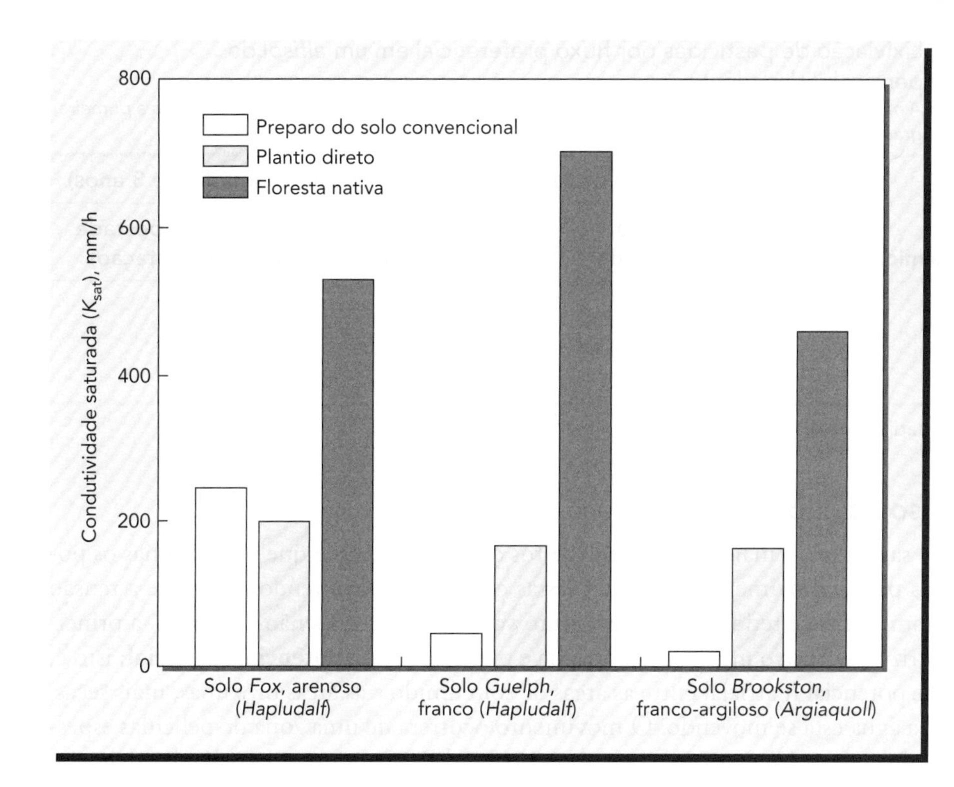

Figura 5.13 O efeito da textura do solo e do manejo da terra na condutividade saturada (K_{sat}) de três solos do Canadá. Solos de florestas nativas apresentaram valores mais elevados de K_{sat}, aparentemente devido a teores mais elevados de matéria orgânica e de canais de fluxo preferencial deixados por raízes decompostas e animais escavadores. Práticas de preparo do solo tiveram pouco efeito sobre a condutividade em solo de textura arenosa, mas nos de textura franca e franco-argilosa a condutividade foi maior onde sistemas de plantio direto foram usados, demonstrando que o plantio direto aumentou a proporção de poros maiores, condutores de água.
(Extraído a partir das médias dos três métodos de medição de K_{sat}, em Reynolds et al. [2000])

Os macroporos, quando contínuos desde a superfície do solo até a parte inferior do seu perfil, impulsionam um fluxo preferencial. Tais poros podem resultar de escavações de animais, canais de raízes ou rachaduras decorrentes da contração de argilas. Em solos muito arenosos, grãos de areia com revestimentos orgânicos hidrofóbicos fazem surgir faixas de rápido umedecimento (Prancha 69). Esse tipo de fluxo, provavelmente, é o responsável pelas transições irregulares dos horizontes espódicos em alguns perfis de *Spodosols* (Prancha 10).

Em alguns solos argilosos, a água da primeira chuva torrencial, após um período de estiagem, move-se rapidamente para baixo através das suas fendas de contração, levando consigo pesticidas solúveis ou nutrientes que por acaso estiverem na superfície do solo (Tabela 5.4). Produtos químicos e bactérias fecais, lixiviados por fluxo preferencial, podem ameaçar a saúde humana, bem como a qualidade ambiental.

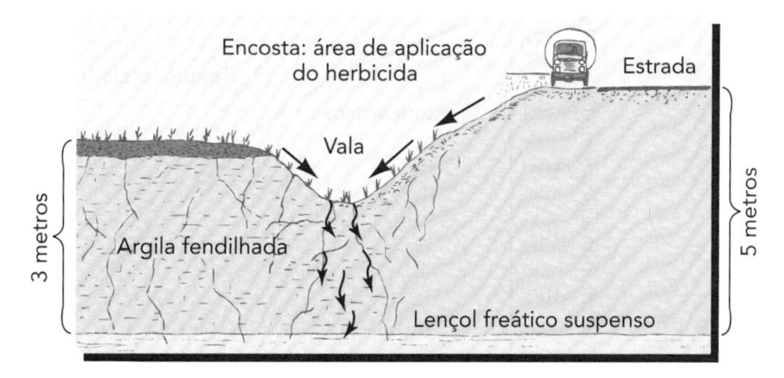

Figura 5.14 Ilustração de um fluxo preferencial de água e pesticidas em direção ao lençol freático. Um herbicida (produto químico para controle de ervas daninhas) foi aplicado ao longo de uma estrada (*à direita*) com a expectativa de que o movimento descendente para o lençol freático não fosse um problema sério, já que os solos circundantes têm textura argilosa e, por isso, não permitiriam a imediata infiltração da substância química. Contudo, à medida que a vegetação de raiz profunda ia secando o solo, fendas largas se formavam na argila quando ela se contraía. Por causa dessas fendas, a primeira chuva pesada, após um período de seca, carregou os produtos químicos para as águas subterrâneas, antes que o solo pudesse se expandir e fechar suas fendas. Desta forma, o herbicida foi capaz de se deslocar para os córregos vizinhos através das águas subterrâneas. (Fonte: DeMartinis e Cooper [1994], com a permissão de Lewis Publishers, EUA)

Tabela 5.4 Lixiviação de pesticidas por fluxo preferencial em um *alfisol* de permeabilidade lenta

A maior parte da lixiviação de três pesticidas muito utilizados ocorreu na primavera após a primeira grande tempestade do ano.

	Lixiviação de pesticida, % da aplicação anual (média de 3 anos)		
Produto químico	Primeira tempestade	Estação da primavera	Primeira tempestade (em % da estação)
Carbofuran	0,22	0,25	88
Atrazina	0,037	0,053	68
Cianazina	0,02	0,02	100

Adaptado de Kladivko et al. (1999).

Fluxo em solos não saturados

Em solos não saturados, a maioria dos macroporos está cheia de ar, o que deixa apenas os poros mais finos para o movimento da água. Nessas condições, o conteúdo de água e a tensão (potencial) com que ela é retida podem ser muito variáveis. Em solos não saturados, a principal força motriz que causa o movimento da água é o **gradiente de potencial matricial**; isto é, a diferença de potencial matricial entre as áreas de solo úmido e as áreas próximas, mais secas, para as quais a água está se movendo. O movimento ocorrerá de uma zona de películas espessas de água (alto potencial matricial, por exemplo, -1 kPa) para uma de películas delgadas (menor potencial matricial; por exemplo, -100 kPa).

Como a textura do solo afeta as suas propriedades hidráulicas: http://www.pedosphere.com/resources/texture/triangle_us.cfm

Influência da textura A Figura 5.15 ilustra a relação geral entre o potencial matricial, ψ_m (e, portanto, o teor de água), e a condutividade hidráulica de dois solos, um com textura areia-franca e outro, argiloso. Note que, perto do ou no potencial zero (que caracteriza a região de fluxo saturado), a condutividade hidráulica é milhares de vezes maior do que em potenciais que caracterizam o fluxo típico não saturado (-10 kPa e abaixo deste valor).

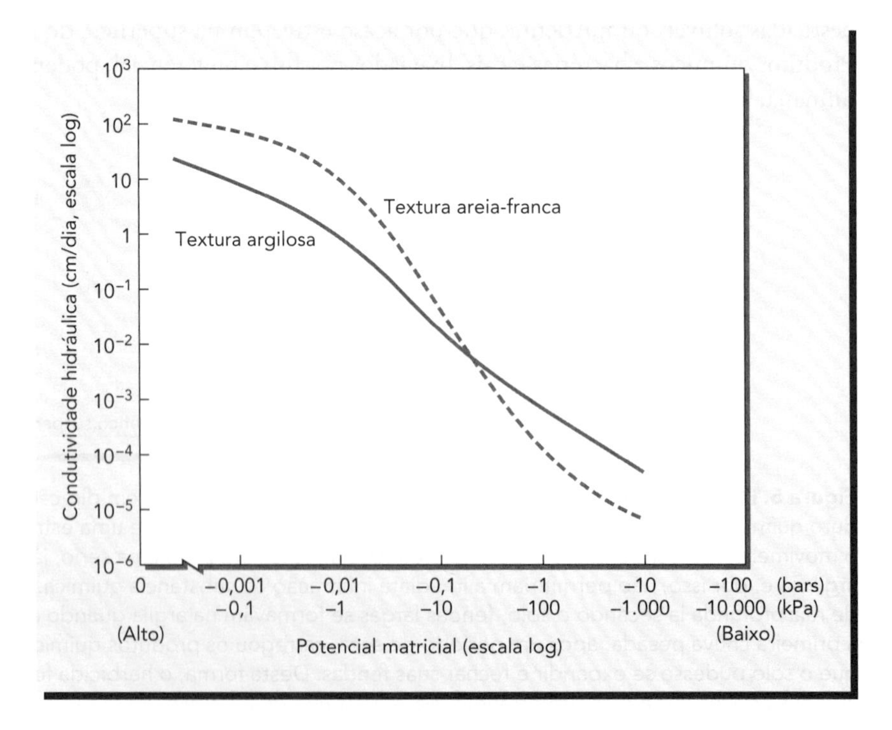

Figura 5.15 Relação geral entre o potencial matricial e a condutividade hidráulica em dois solos, com texturas areia-franca e argilosa (note as escalas logarítmicas). O fluxo saturado ocorre quando o potencial é (ou está próximo de) zero, e a maior parte do fluxo não saturado ocorre quando o potencial é de −0,1 bar (−10 KPa), ou menor.

Em altos valores de potencial (teores de água elevados), a condutividade hidráulica é maior em um solo arenoso do que em um argiloso. O oposto é verdadeiro em baixos valores de potencial (baixos teores de umidade), porque o solo argiloso tem muito mais microporos que ainda estão cheios de água, os quais, dessa forma, podem participar do fluxo não saturado.

5.6 INFILTRAÇÃO E PERCOLAÇÃO

Um caso especial de movimento da água é a entrada de água livre (da chuva, neve derretida ou irrigação) no solo, na interface solo-atmosfera. Como iremos explicar no Capítulo 6, esse é um processo fundamental em hidrologia da paisagem, pois influencia fortemente o regime de umidade para as plantas, bem como o potencial de degradação do solo, o escoamento superficial de produtos químicos e as inundações no fundo dos vales.

Infiltração

O processo pelo qual a água entra nos espaços porosos do solo (e se transforma em água do solo) é denominado *infiltração*, e a taxa na qual a água nele penetra é denominada *infiltrabilidade* (i):

$$i = \frac{Q}{A * t} \tag{5.6}$$

onde Q é a quantidade, em volume, da água (m^3) que se infiltra; A é a área (m^2) da superfície do solo exposta à infiltração, e t é o tempo (s). Como m^3 aparece no numerador, e m^2, no denominador, as unidades de infiltração podem ser simplificadas para m/s ou, mais comumente, cm/h. A taxa de infiltração não é constante ao longo do tempo, mas geralmente diminui durante um episódio de irrigação ou de chuva. Se, quando a infiltração começar, o solo estiver completamente seco, todos os macroporos abertos para a superfície estarão disponíveis para conduzir a água para dentro dele. Em solos com argilas do tipo expansível, a taxa de infiltração inicial pode ser particularmente elevada quando a água flui para a rede de fendas de contração;

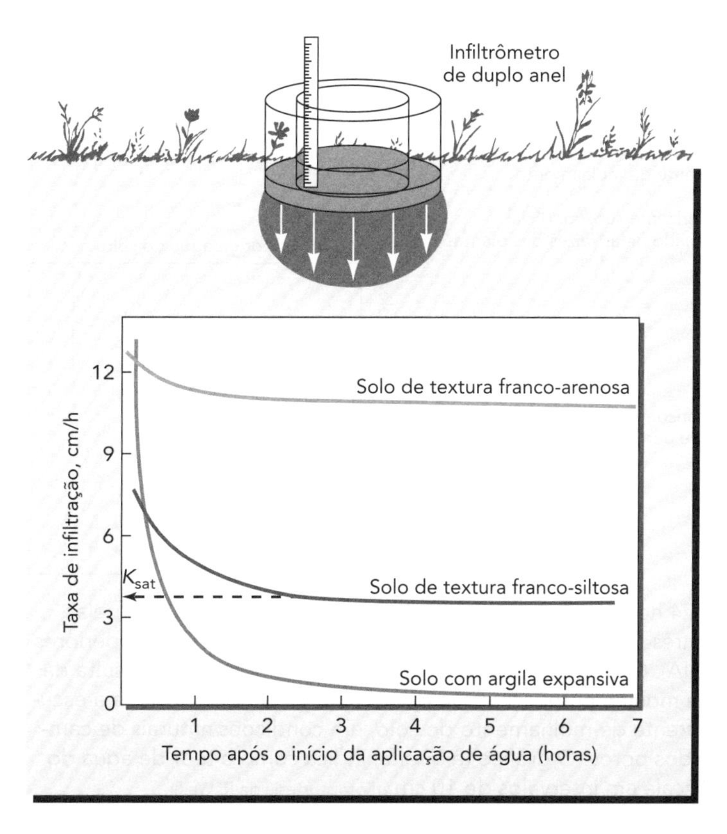

Figura 5.16 A taxa potencial de entrada de água no solo, ou a capacidade de infiltração, pode ser medida registrando-se a queda do nível de água em um infiltrômetro de duplo anel (*acima*). Mudanças na taxa de infiltração de diversos solos durante um período de aplicação de água de irrigação ou de chuva são mostradas (*abaixo*). No início da infiltração, a água entra rapidamente em um solo seco, mas sua taxa de infiltração diminui à medida que o solo vai se tornando saturado. Essa diminuição é menor em solos muito arenosos, cujos macroporos não dependem da estrutura estável ou da contração da argila. Em contraste, um solo com alto teor de argilas expansivas, quando com fendas grandes abertas, têm uma taxa inicial de infiltração muito alta, mas passa a ter uma taxa muito baixa quando as argilas se expandem com a água e fecham as fendas. A maioria dos solos se situa entre esses extremos, exibindo um padrão semelhante ao mostrado para o solo franco-siltoso. A seta tracejada indica o nível de K_{sat} para o solo franco-siltoso ilustrado. (Diagrama: cortesia de R. Weil)

no entanto, à medida que a infiltração prossegue, muitos macroporos se enchem com água, fazendo com que estas fendas se fechem. Quando isso acontece, no início, a taxa de infiltração diminui subitamente, mas, depois, tende a se estabilizar, permanecendo relativamente constante daí em diante (Figura 5.16).

Percolação

Após se infiltrar no solo, a água se move para baixo no perfil, por um processo denominado **percolação**. Tanto o fluxo saturado como o não saturado são responsáveis pela percolação da água ao longo do perfil, e a taxa desse movimento está diretamente relacionada com a condutividade hidráulica do solo. No caso da água que se infiltrou em um solo relativamente seco, o percurso da água pode ser observado pelo escurecimento do solo, à medida que ele se umedece (Figura 5.17). Normalmente, um contorno nítido parece se formar entre o solo seco subjacente e o acima já molhado, chamado de **frente de molhamento**. Durante uma chuva intensa ou irrigação pesada, o movimento da água nas proximidades da superfície do solo ocorre principalmente por fluxo saturado, em resposta à gravidade. No entanto, na frente de molhamento, a água está se movendo para o solo subjacente mais seco, tanto em resposta a gradientes de potencial matricial como à gravidade. Mas, durante uma chuva fina, a infiltração e a percolação ocorrem principalmente por fluxo não saturado, à medida que a água é atraída por forças matriciais para os poros menores, sem se acumular nos macroporos ou na superfície do solo.

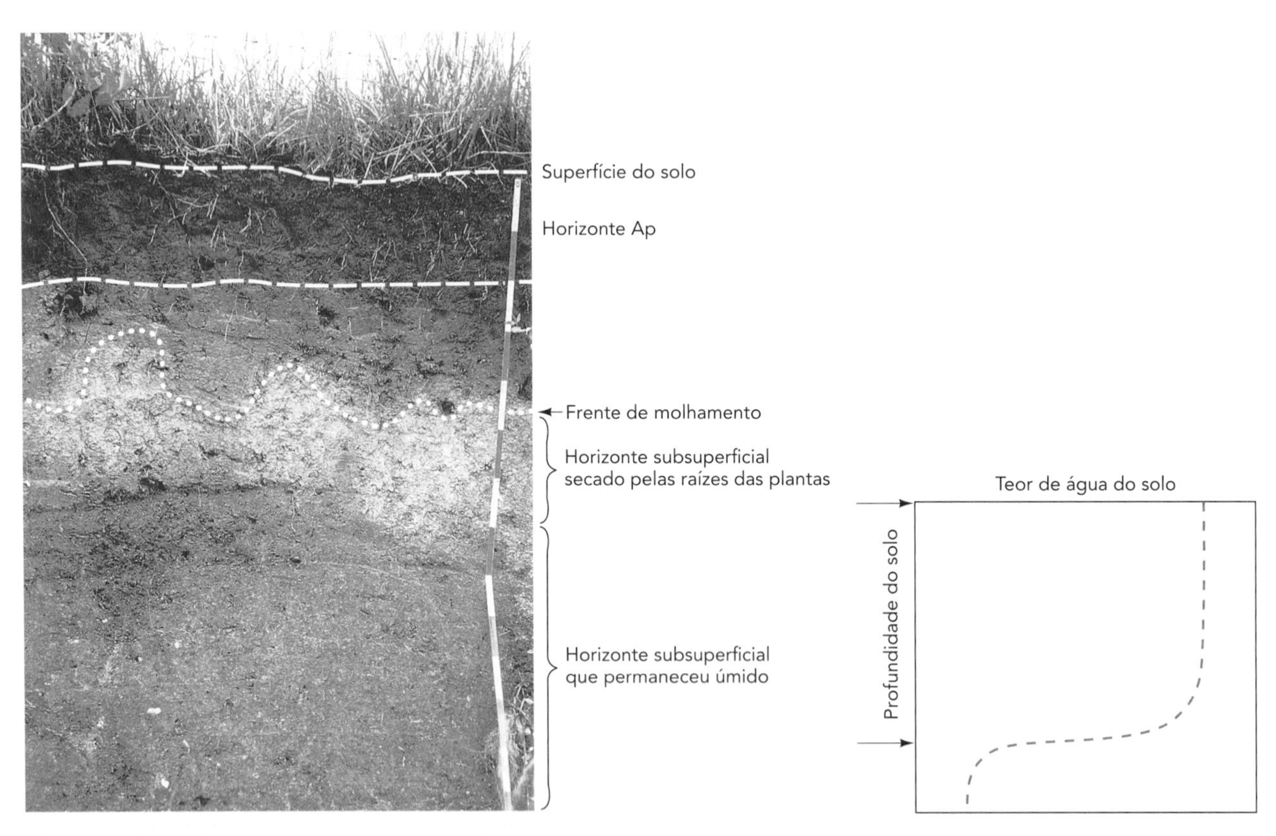

Figura 5.17 Aspecto de uma frente de molhamento 24 horas após uma chuva de 5 cm. A extração de água pelas raízes das plantas, durante o período de estiagem das três semanas anteriores, havia secado os 70 a 80 cm superiores deste perfil de solo de uma região úmida (Alabama, EUA). O contorno claramente visível (linha pontilhada) resulta da mudança abrupta do teor de água do solo na frente de molhamento, entre sua parte seca, de cor mais clara, e a escurecida pela água de percolação. A forma ondulada da frente de molhamento do solo, em condições naturais de campo, é uma evidência da heterogeneidade do tamanho dos poros. O gráfico (*à direita*) indica como o teor de água do solo diminui bruscamente na frente de molhamento. Escala em intervalos de 10 cm. (Foto: cortesia de R. Weil)

Movimento da água em solos estratificados

O fato de a água se mover na frente de molhamento por fluxo não saturado tem importantes consequências na forma como a água de percolação se comporta quando encontra uma abrupta mudança no tamanho dos poros, devido a camadas como fragipãs ou argipãs, ou lentes de areia e cascalho. Em alguns casos, essa estratificação, que afeta o tamanho dos poros, pode ser criada pelos agricultores quando, por exemplo, resíduos vegetais grosseiros são enterrados pelo arado abaixo da leiva de terra tombada, ou uma camada de cascalho é colocada sob uma terra com partículas mais finas para um plantio em vasos. Nesses casos, o efeito sobre a percolação da água é semelhante – ou seja, o movimento descendente é impedido – ainda que o mecanismo causal possa variar. A camada com textura contrastante age como uma barreira ao fluxo de água, o que resulta em níveis muito maiores de umidade acima dela do que seria normalmente encontrado em solos livremente drenados. Não é de surpreender que a percolação da água se desacelere significativamente ao atingir uma camada com poros mais finos, que, portanto, têm uma condutividade hidráulica menor; no entanto, o fato de uma camada com poros *mais grosseiros* poder temporariamente impedir o movimento da água pode não ser tão óbvio assim (Figura 5.18 e Quadro 5.2).

Os macroporos da areia exercem menor atração pela água do que os poros mais finos do material sobrejacente. Uma vez que a água sempre se move de um potencial maior para outro menor (ou para onde ela será retida com mais força), a frente de molhamento não pode avançar de imediato na areia. Sendo assim, a água que se move para baixo se acumulará sobre a camada de areia (se não puder se mover lateralmente) e quase saturará os poros na interface solo-areia. O potencial matricial da água na frente de molhamento cairá então para quase zero ou até mesmo poderá se tornar positivo. Quando isso ocorre, a água será retida tão fracamente pelo solo de textura mais fina que a gravidade ou a pressão hidrostática irão fazer com que ela avance para a camada de textura mais grosseira.

Curiosamente, uma camada de areia grossa intercalada com uma de textura fina iria também inibir a *ascensão* da água das camadas úmidas dos horizontes subsuperficiais até a sua superfície, uma situação que poderia ser ilustrada virando-se a Figura 5.18*b* de cabeça para baixo. Nesse caso, os poros grandes na camada mais grosseira não serão capazes de manter o movimento da ascensão capilar dos poros menores existentes em uma camada de textura mais fina. Consequentemente, a água subirá por capilaridade até a camada de textura mais grosseira, mas não poderá atravessá-la para fornecer umidade às camadas sobrejacentes. Sendo assim, as plantas que crescem em alguns solos com lentes subterrâneas de cascalho estão sujeitas à

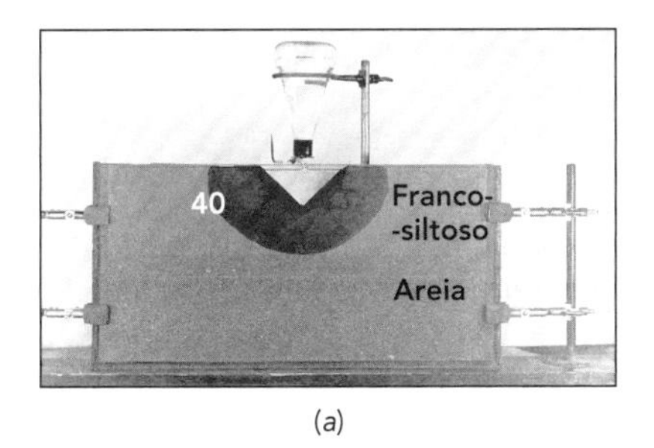

(*a*)

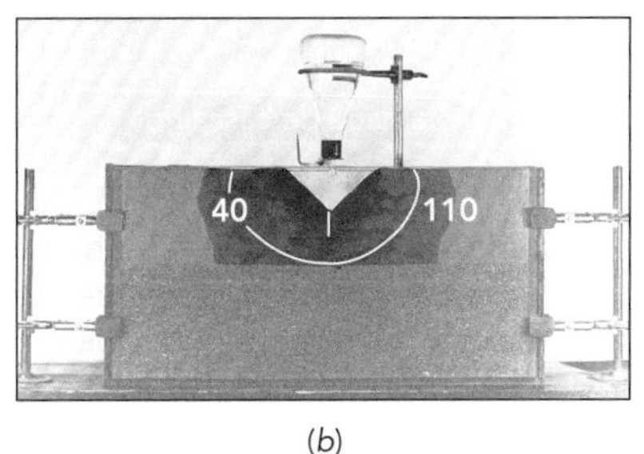

(*b*)

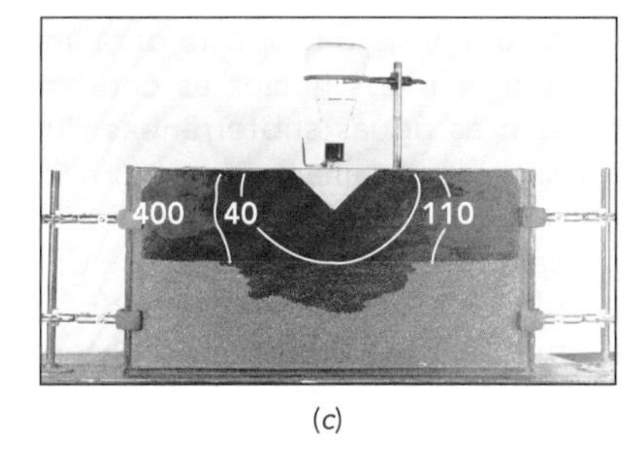

(*c*)

Figura 5.18 Simulação do movimento descendente da água em solos com uma camada estratificada de material grosseiro. (*a*) A água é aplicada à superfície do horizonte superior de um solo de textura média (franco-siltosa). Note que, após 40 minutos, o avanço da frente de molhamento para baixo não é maior do que para os lados, indicando que, neste caso, a força gravitacional é insignificante, se comparada ao gradiente de potencial matricial entre o solo seco e o saturado com água. (*b*) O movimento descendente é interrompido quando uma camada de textura mais grosseira (areia) é encontrada; após 110 minutos, nenhum avanço ocorreu para a camada de areia, porque seus macroporos exercem menor atração sobre a água do que os do material de solo de textura mais fina colocado acima. (*c*) Depois de 400 minutos, o teor de água da camada sobrejacente se torna suficientemente elevado para ter um potencial de água de cerca de −1 kPa, ou maior, fazendo com que ocorra o movimento descendente no material grosseiro. (Fotos: cortesia de W. H. Gardner, Washington State University)

QUADRO 5.2

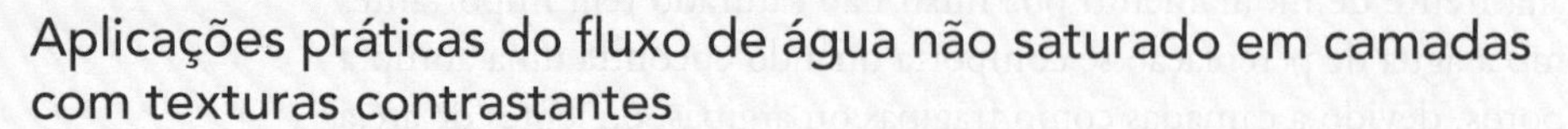

Aplicações práticas do fluxo de água não saturado em camadas com texturas contrastantes

Os fluxos não saturados de água sempre ocorrem a partir de poros maiores para menores. Esse fluxo se interrompe quando a textura de uma camada do solo muda abruptamente, de relativamente fina para outra mais grosseira, porque um poro maior não pode "puxar" água de um poro menor. Se a água está entrando no sistema mais rapidamente do que a capilaridade lateral pode removê-la, um lençol freático suspenso pode se desenvolver acima da interface entre essas duas camadas.

Esse fenômeno é aplicado no projeto dos *greens* dos campos de golfe (áreas gramadas para jogadas de curta distância). O solo adequado para a zona de enraizamento dessas áreas é composto quase inteiramente de areia, a fim de promover uma rápida infiltração de água e ter boa resistência à compactação por pisoteamento. No entanto, a água normalmente drena tão rápido através da areia que pouco dela é retido para atender às necessidades de crescimento da grama. Até certo ponto, esta situação pode ser remediada se o *green* for construído colocando uma camada de cascalho debaixo da zona de enraizamento arenosa. No cascalho, os poros grandes interrompem temporariamente o movimento descendente da água. O lençol freático suspenso resultante (Figura 5.19) faz com que a camada de areia retenha mais água do que normalmente aconteceria, mas ainda permite a drenagem rápida do excesso de água.

O mesmo princípio está no âmago de um projeto proposto para impedir que resíduos nucleares contaminassem as águas subterrâneas durante os muitos milhares de anos necessários para que os radionuclídeos decaiam a níveis inofensivos. Um dos planos é armazenar os resíduos altamente radioativos em contentores hermeticamente vedados mantidos em cavernas profundas da montanha Yucca, Nevada (EUA). Apesar de estar localizada no deserto, as rochas da montanha Yucca contêm grandes quantidades de água em poros e fraturas, resultando em gotejos vindo do teto das cavernas de armazenamento. Embora os tambores contentores idealizados para resíduos que geram calor sejam resistentes à corrosão, eles certamente irão se corroer se expostos à umidade e ao ar durante milhares de anos. Para evitar o gotejamento da água, um dossel enorme fabricado com ligas metálicas especiais foi planejado para cobrir os resíduos altamente radioativos. Esta é uma abordagem extremamente difícil e cara, sem garantia de que a estrutura não vá se deteriorar com o passar dos milênios. Portanto, uma alternativa muito mais fácil, menos cara e mais confiável foi proposta: enterrar os contentores de resíduos sob montes de cascalho e, depois, de areia

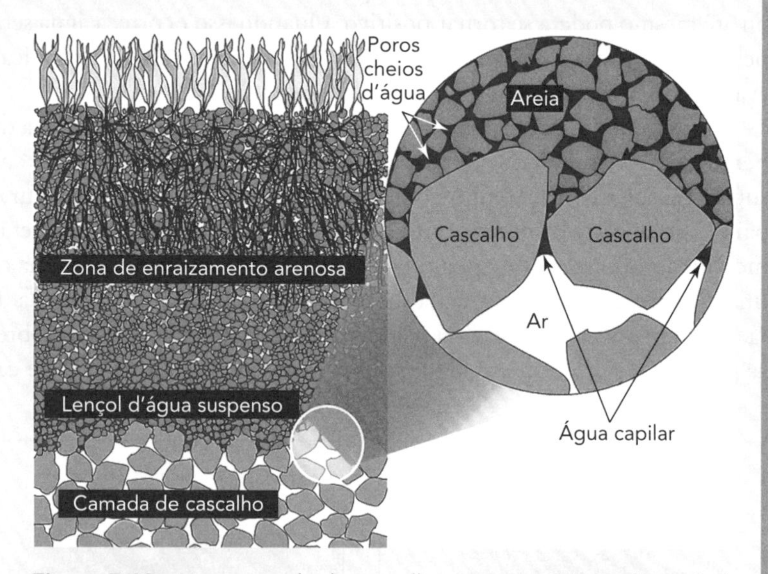

Figura 5.19 Uma camada de cascalho aumenta a água disponível para as raízes da grama na zona de enraizamento arenosa, enquanto permite drenagem rápida, se ocorrer saturação. (Diagrama: cortesia de R. Weil)

(continua)

QUADRO 5.2 (*CONTINUAÇÃO*)

Aplicações práticas do fluxo de água não saturado em camadas com texturas contrastantes

(Figura 5.20) em um sistema com camadas de texturas constantes que operaria como uma barreira capilar para proteger os contêineres. A água, ao pingar na areia, seria aí retida por forças capilares nos poros relativamente pequenos entre os grãos de areia e, à medida que for entrando na areia, ela se moveria por fluxo capilar ao longo de gradientes de potencial matricial. Desta forma, seu movimento descendente seria interrompido quando atingisse os poros, muito maiores, da camada de cascalho. Os recipientes permaneceriam secos, porque os gradientes de potencial matricial e de gravidade fariam com que, na camada de areia, a água se movesse ao longo da interface curva ao invés de na camada de cascalho (setas na Figura 5.20).

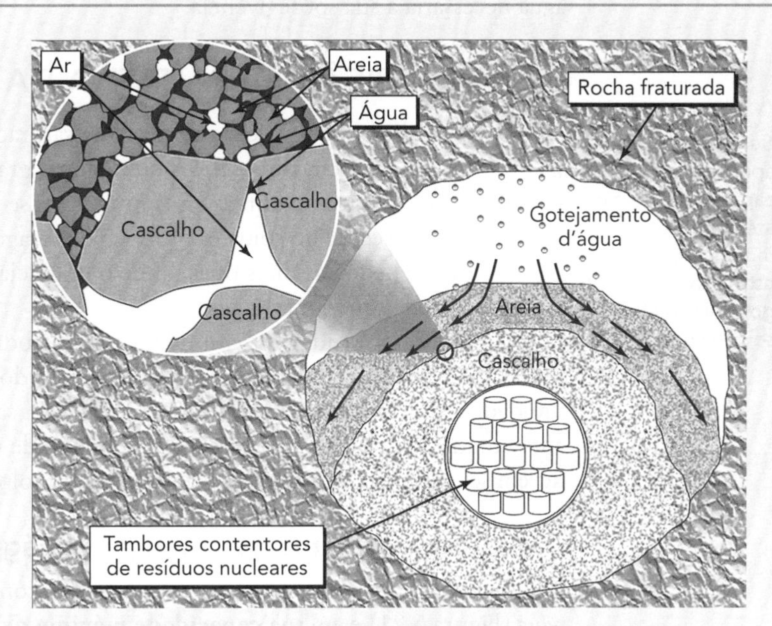

Figura 5.20 Proposta de uso dos princípios capilares para evitar que o gotejamento de água corroa contêineres com lixo tóxico nuclear dentro da montanha Yucca, em Nevada, EUA. (Diagrama: cortesia de R. Weil, com base em conceitos de Carter e Pigford [2005])

seca, uma vez que, sob essas circunstâncias, elas não são capazes de explorar a água das camadas inferiores do solo. Esse princípio também permite que uma camada de cascalho funcione como uma barreira capilar quando colocada sob a laje dos alicerces de construções com o intuito de evitar a infiltração de água do solo através dos pisos de concreto dos porões das casas.

5.7 MOVIMENTO DO VAPOR DE ÁGUA EM SOLOS

Dentro do solo, o vapor d'água move-se de um ponto a outro em resposta às diferenças de pressão do vapor. Assim, esse gás irá passar de um solo úmido, onde o seu ar está quase 100% saturado com vapor d'água (alta pressão do vapor), para um solo mais seco onde a pressão do vapor é um pouco menor. Além disso, o vapor d'água vai passar de uma zona de baixo teor de sal para uma com um teor de sal maior (p. ex., em torno de um grânulo de fertilizante); o sal reduz a pressão do vapor d'água e estimula o movimento da água do solo circundante.

Se a temperatura de uma parte do solo uniformemente úmido for reduzida, a pressão do vapor vai diminuir e o vapor d'água tenderá a se deslocar para esta parte mais fria. O aquecimento terá um efeito oposto, isto é, irá aumentar a pressão do vapor, e o vapor de água tenderá a se afastar da área aquecida.

Embora a quantidade de vapor d'água seja pequena, as sementes de algumas plantas podem absorvê-lo do solo em quantidades suficientes para estimular a germinação. Da mesma forma, o movimento do vapor d'água pode ter uma importância considerável para as plantas do deserto resistentes à seca (*xerófitas*), muitas das quais podem viver com teores de água do solo extremamente baixos. Por exemplo, à noite o horizonte superficial de um solo do deserto pode esfriar o suficiente para causar o movimento ascendente de vapor emanado das camadas mais profundas. Se esse vapor for suficientemente resfriado, ele poderá então se condensar na forma de gotas de orvalho nos poros do solo, suprindo certas xerófitas de raízes rasas com a água necessária à sua sobrevivência.

5.8 DESCRIÇÃO QUALITATIVA DA UMIDADE DO SOLO

Sensação ao tato e a aparência dos solos da capacidade de campo até próximo do ponto de murcha permanente: http://www.wy.nrcs.usda.gov/technical/soilmoisture/soilmoisture.html

À medida que um solo inicialmente saturado com água vai secando, ele e o seu total de água sofrem uma série de mudanças graduais no comportamento físico e na sua relação com as plantas. Essas mudanças se devem, sobretudo, ao fato de que a água remanescente no solo em processo de secagem encontra-se em poros menores na forma de películas mais finas, onde o potencial da água é reduzido principalmente pela ação de forças matriciais.

Para estudar essas mudanças e introduzir os termos comumente usados para descrever os diversos graus de umidade do solo, devemos acompanhar o estado da umidade e da energia do solo durante e após sua saturação com água. Os termos que serão apresentados descrevem vários estágios ao longo de um *continuum* de umidade do solo e não devem ser interpretados supondo que a água do solo existe sob diferentes "formas".

Capacidade máxima de retenção de água

Quando todos os poros do solo são preenchidos com água, o solo é considerado *saturado com água* (Figura 5.21) e em sua **capacidade máxima de retenção**. O potencial matricial está perto de zero, quase o mesmo que o de água livre. O teor volumétrico de água é essencialmente o mesmo que a porosidade total. O solo permanecerá em capacidade máxima de retenção apenas enquanto o líquido continuar a infiltrar-se, uma vez que a água nos poros maiores (às vezes chamada de **água gravitacional**) percolará para baixo, sob a influência principal de forças gravitacionais. Dados sobre capacidades máximas de retenção e profundidade média de solos em uma bacia hidrográfica são úteis para prever a quantidade de água da chuva que pode ser armazenada no solo temporariamente, evitando assim as inundações a jusante.

Capacidade de campo

Depois que a chuva ou a irrigação cessam, a água nos poros maiores do solo irá drenar para baixo, muito rápido, em resposta ao gradiente hidráulico (principalmente a força da gravidade). De um a três dias depois, esse movimento rápido descendente diminuirá para valores insignificantes, à medida que as forças matriciais passem a desempenhar um papel maior no movimento da água remanescente (Figura 5.22). Diz-se então que o solo está em sua **capacidade de campo**. Nesta condição, a água saiu dos macroporos e o ar entrou tomando o seu lugar. Os microporos ou poros capilares ainda estão cheios de água e podem suprir as plantas com a água necessária. O potencial matricial irá variar um pouco de solo para solo, mas geralmente fica na faixa de -10 a -30 kPa, pressupondo drenagem para uma zona menos úmida de porosidade similar.[4] O movimento de água continuará a ocorrer por fluxo não saturado, mas a sua taxa é muito lenta, uma vez que, nessas condições, esse fluxo se deve principalmente às forças capilares, as quais são eficazes apenas em microporos (Figura 5.21). A água que se encontra em poros suficientemente pequenos para retê-la contra a rápida drenagem gravitacional, mas grandes o suficiente para permitir o fluxo capilar em resposta a gradientes de potencial matricial, é por vezes denominada **água capilar**.

[4] Note que, por causa das relações pertinentes ao movimento da água em solos estratificados (Seção 5.6), o solo em um vaso de flores irá parar de drenar, mesmo com um teor de água muito acima da capacidade de campo.

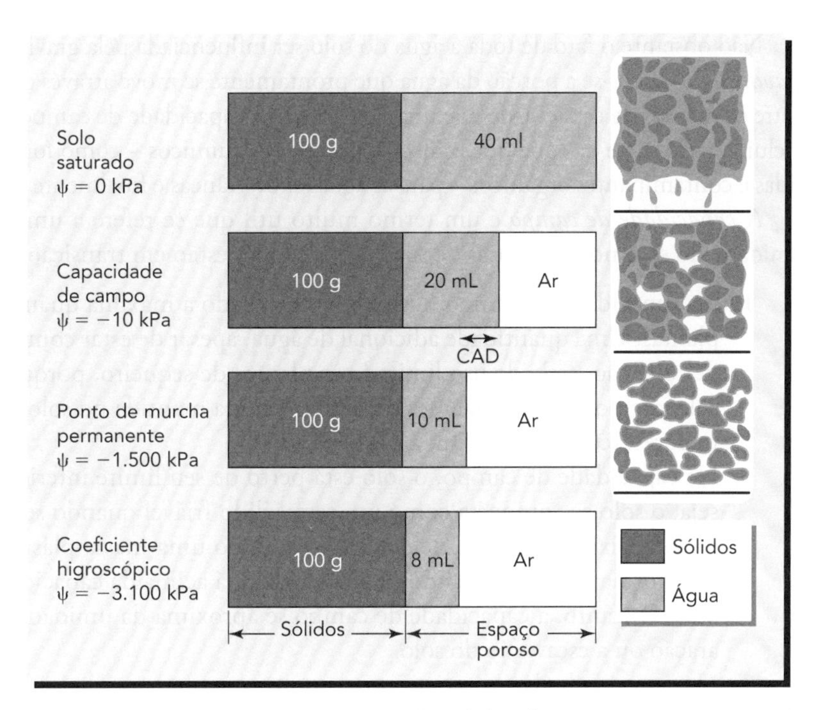

Figura 5.21 Volumes de água e ar associados com 100 g de sólidos de materiais representando um solo de textura franco-siltosa com agregados granulares fortemente desenvolvidos. A barra superior ilustra a situação quando o solo está completamente saturado com água, o que ocorre, via de regra, por curtos intervalos de tempo quando a água está sendo adicionada. A água logo irá drenar, deixando os poros maiores (macroporos). Diz-se então que o solo está na capacidade de campo. As plantas irão remover a água do solo muito rapidamente, até que começam a murchar. Quando ocorre o murchamento permanente das plantas, o teor de água do solo está no ponto de murcha permanente. Ainda há bastante água no solo, mas ela está retida a tal ponto que impede sua absorção pelas raízes das plantas; a água perdida entre a capacidade de campo e o ponto de murcha permanente é chamada de capacidade de água disponível (CAD). Uma redução mais pronunciada do conteúdo de água até atingir o coeficiente higroscópico é ilustrada na barra inferior; neste ponto a água é retida com grande intensidade, principalmente pelos coloides do solo.

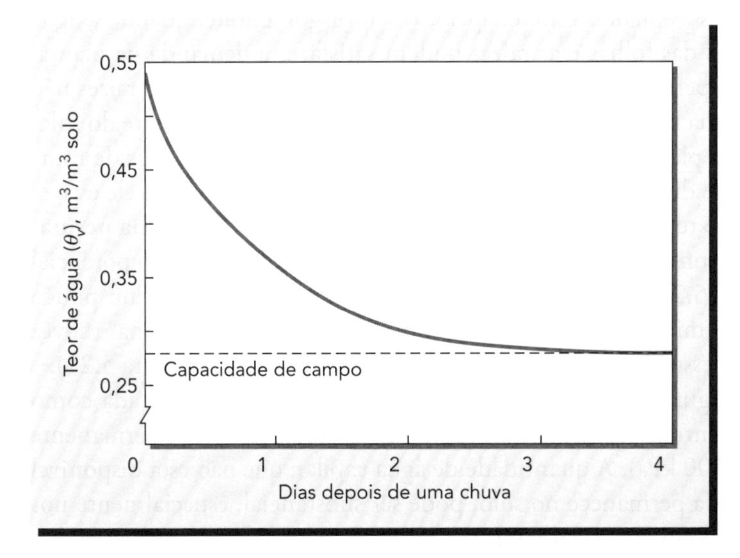

Figura 5.22 O conteúdo de água de um solo diminui muito rapidamente por drenagem após um período de saturação por chuva ou irrigação. Depois de dois ou três dias, a taxa de drenagem de água do solo é muito lenta; diz-se então que o solo está na capacidade de campo. (Diagrama: cortesia de R. Weil)

Não obstante o fato de toda a água do solo ser influenciada pela gravidade, a expressão *água gravitacional* refere-se à porção da água que prontamente se move através do solo quando ele está entre os estados de capacidade máxima de retenção e capacidade de campo. A água gravitacional inclui grande parte da água que transporta produtos químicos – como íons de nutrientes, pesticidas e contaminantes orgânicos – para as águas subterrâneas e finalmente para os córregos e rios.

A *capacidade de campo* é um termo muito útil que se refere a um grau aproximado de umidade do solo no qual várias de suas propriedades estão em transição:

1. Na capacidade de campo, um solo está retendo a máxima quantidade de água útil às plantas. Uma quantidade adicional de água, apesar de estar contida com baixa energia de retenção, seria de uso limitado às plantas de sequeiro, porque iria permanecer no solo por pouco tempo; antes de drenar, estaria mantida no solo ocupando seus poros maiores, reduzindo, assim, a sua aeração.
2. Na capacidade de campo, o solo está perto de seu limite inferior de plasticidade, ou seja, o solo se comporta como um semisólido friável quando seus teores de umidade estão abaixo da capacidade de campo e como uma massa plástica que facilmente se transforma em lama quando sua umidade está acima da capacidade de campo (Seção 4.9). Portanto, a capacidade de campo se aproxima da umidade ideal para facilitar a aração ou a escavação do solo.
3. Na capacidade de campo, o espaço poroso permanece cheio de ar, em quantidades suficientes para permitir uma boa aeração tanto para a maior parte da atividade microbiana aeróbica como para o crescimento da maioria das plantas (Seção 7.6).

Ponto de murcha permanente ou coeficiente de murcha

Depois de um solo não vegetado ter drenado até a sua capacidade de campo, a remoção adicional de água passa a ser bastante lenta, especialmente se a sua superfície for coberta para reduzir a evaporação. No entanto, se plantas estão crescendo no solo, elas vão retirar água da sua zona de enraizamento, e o solo continuará a perdê-la. Essa água é primeiramente retirada dos poros maiores, onde o potencial da água é relativamente elevado. À medida que esses poros são esvaziados, as raízes passam a extrair a água de poros cada vez menores e de películas de água mais finas, onde o potencial hídrico matricial é menor e as forças de atração da água para as superfícies sólidas são maiores. Por isso, torna-se cada vez mais difícil para as plantas removerem a água do solo a uma taxa suficiente para satisfazer as suas necessidades.

À medida que o solo seca, a taxa de retirada de água pela planta diminui. Por exemplo, uma planta herbácea, durante o dia, irá começar a murchar para poder conservar a sua umidade. No início desse processo, essas plantas irão recuperar o seu turgor à noite, quando a água não está sendo perdida através das folhas e as raízes podem satisfazer a demanda da planta. Depois disso, contudo, ela irá permanecer murcha, noite e dia, quando então suas raízes não poderão gerar potenciais de água baixos o suficiente para extrair a água remanescente do solo. A maioria das árvores e outras plantas lenhosas, apesar de não mostrarem sintomas de murchamento, também têm grande dificuldade para obter alguma água do solo quando ele estiver nessa condição. Neste estado, o teor de água do solo é chamado de **ponto de murcha permanente** e por convenção é tido como a quantidade de água retida pelo solo quando o potencial de água é <1.500 kPa (Figura 5.23). O solo parecerá seco e poeirento, apesar de um pouco de água ainda permanecer nos microporos menores na forma de películas muito finas (talvez de apenas 10 moléculas de espessura) em torno de suas partículas individuais (Figura 5.21).

Conforme ilustrado na Figura 5.22, a **água disponível** às plantas é considerada como sendo aquela retida nos solos entre a capacidade de campo e o ponto de murcha permanente (ou entre <10 a <30 kPa e <1500 kPa). A quantidade de água capilar, que não está disponível às plantas superiores, mas ainda permanece no solo, pode ser substancial, especialmente nos solos de textura mais fina e rico em matéria orgânica.

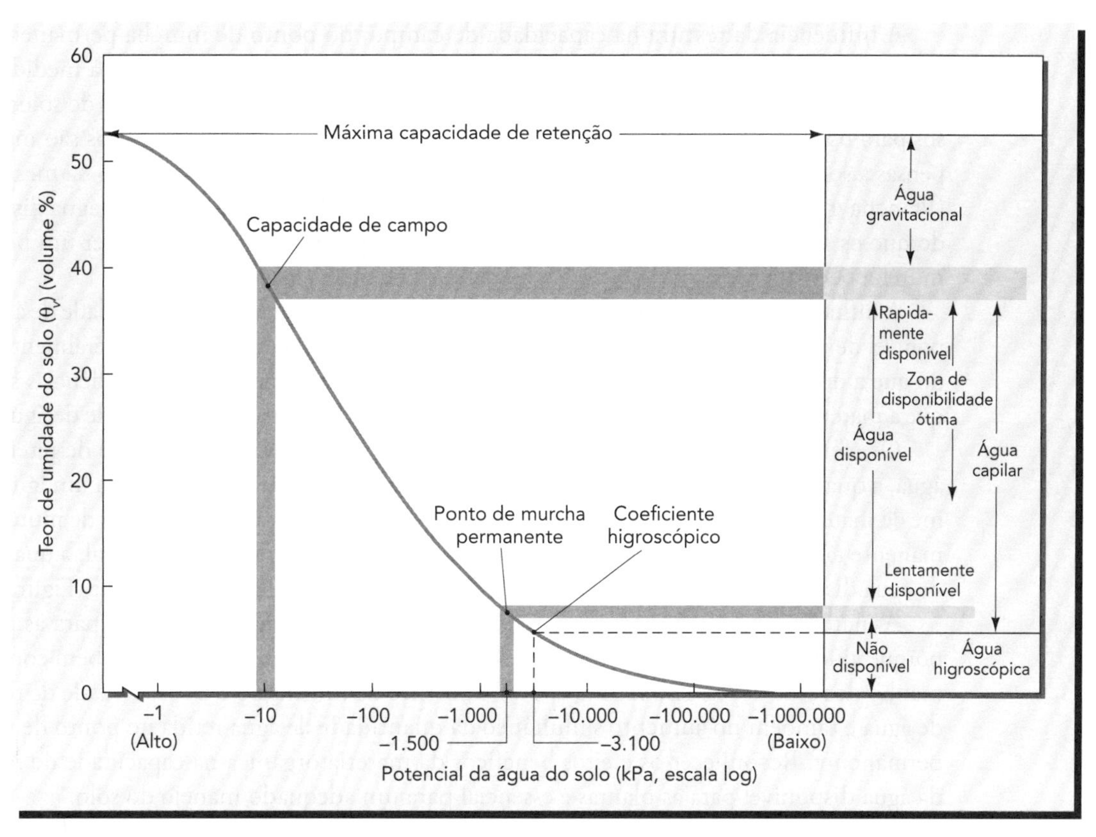

Figura 5.23 Curva do potencial matricial de retenção de água de um solo de textura franca e suas relações com diferentes termos usados para descrever a água dos solos. No diagrama à direita, as barras cinzas indicam que medidas como a capacidade de campo são apenas aproximadas. As mudanças graduais dos potenciais acontecem à medida que os estados de umidade do solo mudam e vão contra os diferentes conceitos das "formas" de água dos solos. Contudo, termos como "gravitacional" e "disponível" ajudam na descrição qualitativa das condições de umidade dos solos.

Coeficiente higroscópico

Embora as raízes das plantas geralmente não sequem o solo muito além do ponto de murcha permanente, se o solo for exposto ao ar, a água continuará sendo perdida por evaporação. Quando a umidade do solo é reduzida abaixo do ponto de murchamento, as moléculas de água remanescentes estão muito firmemente retidas, sendo que a maioria continua adsorvida nas superfícies das partículas coloidais do solo. Esse estado se dá aproximadamente quando a atmosfera logo acima de uma amostra de solo está bastante saturada com vapor de água (98% de umidade relativa) e o equilíbrio é estabelecido a um potencial hídrico < 3.100 kPa. Teoricamente, essa água encontra-se na forma de películas de apenas 4 ou 5 moléculas de espessura e está tão firmemente retida que a maior parte dela é considerada como não estando na fase líquida, porque pode mover-se apenas como vapor. Nesse momento, o teor de umidade do solo é denominado **coeficiente higroscópico**.

5.9 FATORES QUE AFETAM A QUANTIDADE DE ÁGUA DO SOLO DISPONÍVEL ÀS PLANTAS

Conforme ilustrado na Figura 5.23, existem relações entre os potenciais d'água do solo e as duas condições que determinam os limites da capacidade de retenção de água disponível: a quantidade de água retida na capacidade de campo e no ponto de murcha permanente. Esse conceito de controle de energia deve ser levado em conta quando consideramos as diversas propriedades do solo que afetam a quantidade de água que um solo pode armazenar para uso da planta.

O que é capacidade de água disponível?
http://soils.usda.gov/sqi/publications/files/avwater.pdf

A influência da textura na capacidade de campo, no ponto de murcha permanente e na **capacidade de água disponível** está ilustrada na Figura 5.24. Observe que, à medida que a textura fica mais fina, há um aumento geral na capacidade de água disponível de solos arenosos para os francos e franco-siltosos. As plantas que crescem em solos arenosos são mais propensas a sofrerem com a seca do que as que crescem em um solo franco-siltoso na mesma área (Prancha 45). No entanto, os solos argilosos frequentemente fornecem menos água disponível do que os solos franco-siltosos bem estruturados, já que as argilas tendem a ter um ponto de murcha permanente elevado.

A influência da matéria orgânica merece uma atenção especial, pois a capacidade de água disponível de um solo mineral bem drenado contendo 5% de matéria orgânica é geralmente maior do que a de um solo idêntico com somente 3% de matéria orgânica. Várias evidências sugerem que a matéria orgânica do solo afeta, direta e indiretamente, a sua disponibilidade de água.

Os efeitos diretos da matéria orgânica se devem à sua elevada capacidade de retenção de água, a qual é muito maior no estado da capacidade de campo do que seria para um igual volume de matéria mineral. Ainda que a água retida pela matéria orgânica no ponto de murcha permanente também seja um pouco maior do que a retida por um material mineral, a quantidade de água disponível para absorção pelas plantas da fração orgânica é ainda maior (Figura 5.25).

A matéria orgânica afeta indiretamente a quantidade de água disponível para as plantas, porque ajuda a estabilizar a estrutura do solo e a aumentar o seu volume total, bem como o tamanho dos seus poros. Isso resulta em um aumento da infiltração e da capacidade de retenção de água e também no aumento simultâneo da quantidade de água retida no ponto de murcha permanente. Reconhecer os efeitos benéficos da matéria orgânica na capacidade de retenção da água disponível para as plantas é essencial para um adequado manejo do solo.

Efeitos da compactação no potencial matricial, aeração e crescimento das raízes

A compactação do solo frequentemente reduz a quantidade de água que as plantas podem absorver. Primeiramente, é preciso considerar que, à medida que as partículas de argila são forçadas a se aproximarem umas das outras, a resistência do solo pode aumentar para valo-

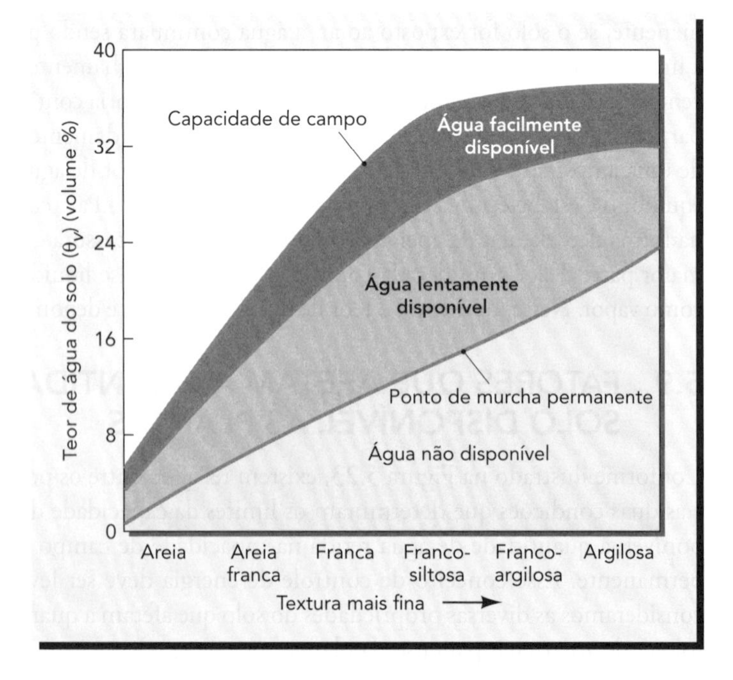

Figura 5.24 Relação geral entre as características da água do solo e de sua textura. Note que o ponto de murcha permanente aumenta à medida que a textura se torna mais fina. A capacidade de campo vai aumentando até atingir os solos franco-siltosos, quando então se estabiliza. Lembre-se de que estas são curvas representativas; solos isolados teriam valores provavelmente diferentes dos apresentados.

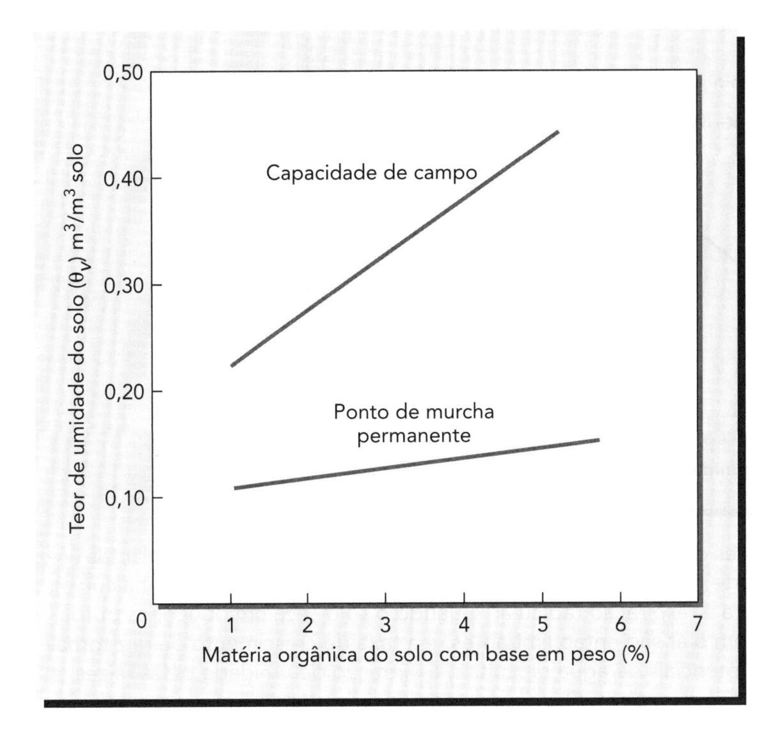

Figura 5.25 Efeitos do teor de matéria orgânica sobre a capacidade de campo e o ponto de murcha permanente de diversos solos franco-siltosos. A diferença entre as duas linhas mostradas é a capacidade de água disponível no solo, que é obviamente mais expressiva nos solos com maiores teores de matéria orgânica. (Reformulado de Hudson [1994]; usado com permissão da Soil & Water Conservation Society)

res maiores que 2.000 kPa, um nível considerado limitante à penetração das raízes (Seção 4.7). Em segundo lugar, a compactação diminui a porosidade total, o que pode significar que menos água vai ser retida na capacidade de campo. Terceiro, a redução no tamanho e número de macroporos, geralmente, significa menor porosidade de aeração quando o solo estiver próximo da capacidade de campo. Quarto, o aumento da quantidade de microporos muito pequenos aumentará o valor do ponto de murcha permanente e também diminuirá o teor de água disponível.

Intervalo hídrico ótimo Já definimos a **água disponível** às plantas como aquela retida com potenciais matriciais entre a capacidade de campo (<10 a <30 kPa) e o ponto de murcha permanente (<1.500 kPa). Desta forma, a água disponível às plantas é aquela que não é retida tão fortemente pelo solo de modo que não possa ser absorvida pelas raízes, mas que também não está tão fracamente retida para que possa ser livremente drenada pela força da gravidade. Portanto, o **intervalo hídrico ótimo** é a faixa de conteúdo de água na qual as condições do solo não restringem severamente o crescimento radicular. De acordo com o conceito do intervalo hídrico ótimo, os solos estão demasiadamente *úmidos* para um crescimento radicular normal quando uma grande parte do seu espaço poroso está ocupado com água, restando menos de 10% preenchido com ar. Nesse conteúdo de água, a falta de oxigênio para respiração limita o crescimento radicular. Em solos soltos e bem agregados, esse conteúdo de água corresponde aproximadamente à capacidade de campo. Entretanto, em um solo compactado, com pouquíssimos macroporos, o suprimento de oxigênio pode se tornar limitante em baixos teores de água (e potenciais) porque alguns poros menores carecem de ar.

O conceito de intervalo hídrico ótimo nos diz que os solos estão demasiadamente *secos* para o crescimento radicular normal quando a resistência (medida como pressão necessária para penetrar uma haste pontiaguda no solo) excede 2.000 kPa. Esse nível de resistência do solo ocorre em teores de umidade próximos ao ponto de murcha permanente em solos soltos e bem agregados, mas pode ocorrer em teores de umidade consideravelmente maiores se o solo estiver compactado (Figura 5.26). Em resumo, o conceito de intervalo hídrico ótimo sugere que o crescimento radicular é limitado devido à falta de oxigênio na faixa muito úmida e à

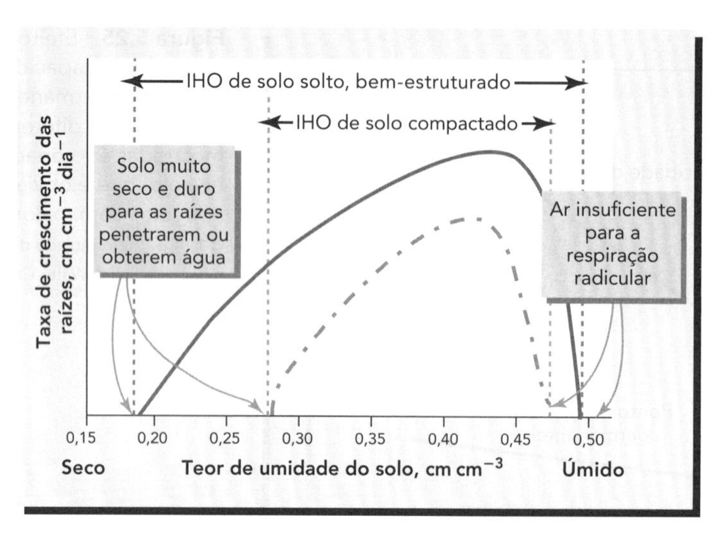

Figura 5.26 A compactação reduz a faixa de teores de água do solo adequados para o crescimento das plantas (intervalo hídrico ótimo, [IHO]). *À direita*: perto da parte mais úmida da escala do teor de umidade do solo (linha curva), o crescimento da raiz é limitado pela falta de ar para a respiração radicular. Quando o solo seca um pouco, os poros maiores drenam e se enchem de ar. Nem a água nem o ar são então limitantes, e a taxa de crescimento da raiz torna-se máxima. Com a secagem adicional, os baixos potenciais de água dificultam a extração de umidade pelas raízes, e o solo aumenta sua resistência mecânica à penetração das raízes. O crescimento das raízes diminui até que o solo fica tão seco que as raízes não podem crescer de modo algum. *À esquerda*: a curva inferior (tracejada) representa a taxa reduzida de crescimento da raiz que prevaleceria se o solo fosse compactado. Por a compactação comprimir os poros maiores, é necessário um pouco menos de água do que na situação anterior para criar uma condição de limitação de oxigênio, que reduziria o crescimento das raízes. Próximo da parte mais seca da escala, a maior resistência do solo levaria à inibição do crescimento da raiz, mesmo sob um teor de umidade que ainda poderia permitir um considerável crescimento em um solo não compactado. (Diagrama: cortesia de R. Weil, conceitos de Da Silva e Kay, 1997)

incapacidade física de as raízes penetrarem no solo na faixa muito seca. Por isso, os efeitos da compactação sobre o crescimento da raiz são mais pronunciados em solos secos (Figura 5.27).

Potencial osmótico

A presença de sais solúveis, seja aplicado na forma de adubos minerais ou de compostos orgânicos, pode influenciar a absorção de água do solo pelas plantas. Para solos ricos nesses sais, o potencial osmótico tende a reduzir o teor de água disponível, pois mais água é retida pelo solo no ponto de murcha permanente do que ocorreria devido apenas ao potencial matricial. Na maioria dos solos de regiões úmidas, esses efeitos de potencial osmótico são insignificantes, mas tornam-se consideravelmente importantes para certos solos de regiões secas que podem acumular sais solúveis por meio da irrigação ou de processos naturais.

Profundidade do solo e estratificação

O volume total de água disponível dependerá do volume total de solo explorado pelas raízes das plantas (Prancha 85). Esse volume pode ser definido pela profundidade total do solo acima de camadas que possam restringir o crescimento radicular (Figura 5.28), tanto pela profundidade máxima requerida pelo sistema radicular de uma determinada espécie de planta ou, até, pelo tamanho de um vaso escolhido para conter a planta.

A capacidade dos solos para armazenar água disponível determina em grande parte a sua utilidade para o cultivo das plantas. Para estimar a capacidade de retenção de água de um solo, cada horizonte do solo ao qual as raízes têm acesso pode ser considerado separadamente e então somado aos demais para fornecer a capacidade total de retenção de água para o perfil (Quadro 5.3).

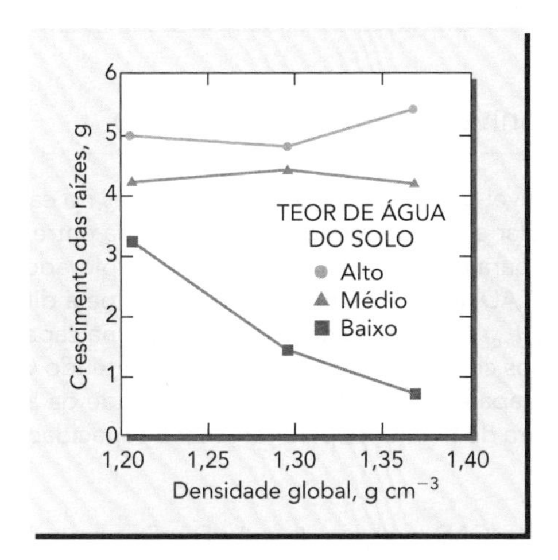

Figura 5.27 Crescimento das raízes de mudas de *Pinus contorta*, em resposta ao aumento da compactação efetuada em três níveis de umidade do solo. A compactação afetou o crescimento das raízes somente quando o teor de umidade do solo estava baixo, provavelmente porque o crescimento das raízes foi limitado pela elevada resistência do solo. As mudas de árvores foram cultivadas durante 12 semanas em vasos preenchidos com material de solo mineral, coletado durante a colheita de árvores na Columbia Britânica, Canadá. O solo foi compactado em três níveis de densidade global. A água foi adicionada na medida do necessário para manter os teores de umidade à base do volume de 0,10-0,15 (baixo), 0,20-0,30 (médio) e 0,30-0,35 (alto) cm^3/cm^3. (Fonte: Blouin et al. [2004])

Distribuição radicular

A distribuição das raízes no perfil do solo determina boa parte da habilidade da planta em absorver água do solo. A maioria das plantas, tanto as anuais como as perenes, possuem a maior parte de suas raízes nos 25 a 30 cm superiores do perfil. Nas regiões de chuvas escassas, para a maioria das plantas, as raízes exploram camadas do solo relativamente profundas, mas, mais comumente, 95% de todo o sistema radicular está contido nos 2 m superiores dos solos. Como a Figura 5.29 mostra, em regiões mais úmidas o enraizamento tende a ser um pouco mais raso. As plantas perenes, tanto as lenhosas como as herbáceas, produzem algumas raízes que crescem muito profundamente (>3 m) e são capazes de absorver uma parte considerável de sua umidade a partir de camadas mais profundas dos solos. No entanto, mesmo nesses casos, é provável que grande parte da absorção pelas raízes se dê nas camadas mais superiores do solo, desde que elas estejam bem abastecidas com água. Por outro lado, se as camadas superiores do solo são deficientes em umidade, mesmo as culturas anuais como o girassol, o milho e a

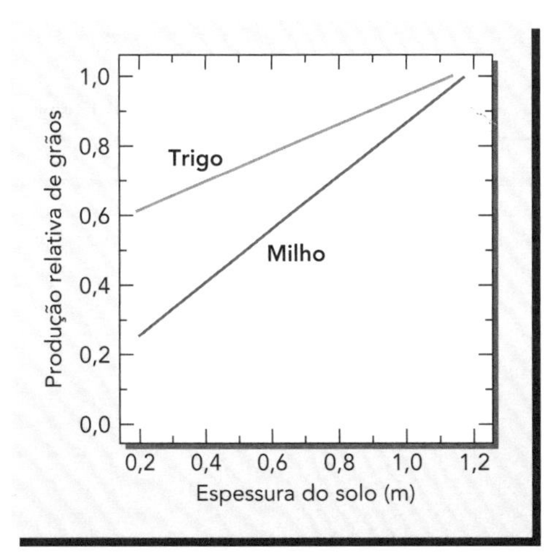

Figura 5.28 Produção relativa de grãos de milho e trigo em função da espessura de solo disponível para o enraizamento. Todas as culturas foram plantadas em sistema de plantio direto nos solos *Argiudol* e *Paleudol* nos pampas do sudeste da Argentina. Esses solos retêm cerca de 1,5 mm de água disponível por cm de profundidade. O milho, que foi cultivado durante a estação quente e seca da primavera ao outono, respondeu muito mais ao aumento de espessura do solo do que o trigo de inverno, que cresceu durante o período mais frio do outono à primavera, quando o consumo de água é baixo. Neste caso, a espessura do solo foi limitada por um horizonte petrocálcico (cimentado) que impediu o crescimento das raízes. (Adaptado de Sadras e Calvino [2001])

QUADRO 5.3

Capacidade de água disponível de um perfil de solo

A quantidade total de água disponível para o crescimento das plantas no campo pode ser estimada em função da profundidade do sistema radicular e da quantidade de água retida entre a capacidade de campo e o ponto de murcha permanente calculados para um dos horizontes do solo explorados pelas raízes. Para cada horizonte, a capacidade de água disponível (CAD) à base de massa é estimada pela diferença entre a massa do conteúdo de água na capacidade de campo, θ_{mCC} (g de água por 100 g de solo na capacidade de campo) e a do ponto de murcha permanente, θ_{mPMP}. Podemos converter este valor em um conteúdo volumétrico de água θ_v, multiplicando-o pela razão entre a densidade aparente, D_s, do solo e a densidade da água, D_a. Finalmente, esta razão de volume é multiplicada pela espessura do horizonte para fornecer a capacidade total de água disponível CAD em centímetros, nesse horizonte:

$$CAD = (\theta_{mCC} - \theta_{mPMP}) * D_s * D_a * h \quad (5.7)$$

Para o primeiro horizonte descrito na Tabela 5.5, podemos substituir os valores (com unidades) na Equação 5.7:

$$CAD = \left(\frac{22\text{ g}}{100\text{ g}} - \frac{8\text{ g}}{100\text{ g}}\right) * \frac{1{,}2\text{ g}}{\text{cm}^3} * \frac{1\text{ cm}^3}{1\text{ g}} * 20\text{ cm} = 3{,}36\text{ cm}$$

Note que todas as unidades se cancelam, com exceção do cm, resultando na altura de água disponível (cm) retida pelo horizonte. Na Tabela 5.5, a CAD de todos os horizontes, onde a zona radicular se situa, é somada para fornecer uma CAD total para o sistema solo-planta. Como nenhuma raiz penetrou no último horizonte (1,0 a 1,25 m), este não foi incluído no cálculo. Podemos concluir que, para o sistema solo-planta ilustrado, 14,13 cm de água poderiam ser armazenados para ser utilizado pelas plantas. Sob uma típica taxa de consumo de água no verão de 0,5 cm de água por dia, este solo poderia armazenar um suprimento para cerca de quatro semanas.

Tabela 5.5 Cálculo da capacidade de água disponível estimada para um perfil de solo

Profundidade do solo	Comprimento radicular relativo	Incremento da profundidade do solo, cm	Densidade aparente do solo, g/cm³	Capacidade de campo (CC), g/100 g	Ponto de murcha permanente (PMP), g/100 g	Capacidade de água disponível (CAD)
0-20	xxxxxxxxx	20	1,2	22	8	$20 * 1{,}2\left(\frac{22}{100} - \frac{8}{100}\right) = 3{,}36$ cm
20-40	xxxx	20	1,4	16	7	$20 * 1{,}4\left(\frac{16}{100} - \frac{7}{100}\right) = 2{,}52$ cm
40-75	xx	35	1,5	20	10	$35 * 1{,}5\left(\frac{20}{100} - \frac{10}{100}\right) = 5{,}25$ cm
75-100	xx	25	1,5	18	10	$25 * 1{,}5\left(\frac{18}{100} - \frac{10}{100}\right) = 3{,}00$ cm
100-125	–	25	1,6	15	11	Não há raízes
Total						3,36 + 2,52 + 5,25 + 3,00 = 14,13 cm

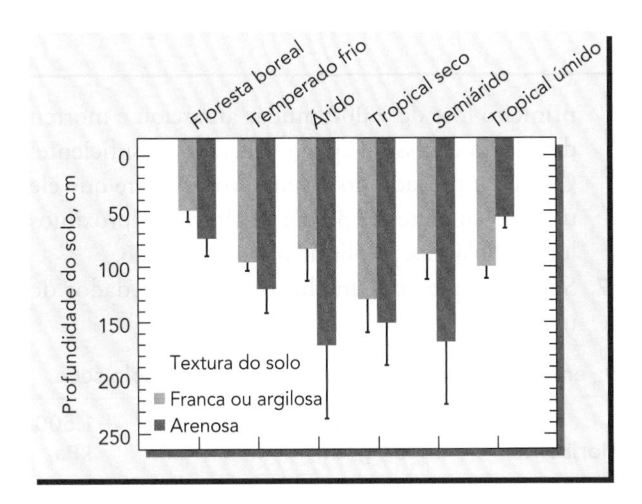

Figura 5.29 Profundidade acima da qual 95% de todas as raízes estão situadas, de acordo com o tipo de solo e vegetação. Este estudo utilizou 475 perfis de sistema radicular registrados em 209 localizações geográficas. As maiores profundidades de sistemas radiculares foram encontradas principalmente em ecossistemas com limitações de água. Dentre todos, menos no ecossistema mais úmido, o enraizamento foi mais profundo nos solos mais arenosos. No todo, nove em cada dez perfis tinham pelo menos 50% de todas as raízes nos 30 cm superiores do perfil do solo e 95% de todas as raízes nos 2 m superiores (incluindo quaisquer horizontes O presentes). (Adaptado de Schenk e Jackson [2002])

soja irão absorver a maior parte da sua água dos horizontes inferiores, desde que as condições físicas ou químicas adversas não inibam a exploração desses horizontes pelas raízes.

5.10 CONCLUSÃO

A água causa impactos em todas as formas de vida. As interações e movimentos desse simples composto através dos solos ajudam a determinar se esses impactos são positivos ou negativos. A compreensão dos princípios que governam a atração da água para os sólidos do solo e íons dissolvidos pode ajudar a maximizar os impactos positivos e, ao mesmo tempo, minimizar os menos desejáveis.

A molécula de água tem uma estrutura polar que resulta na atração eletrostática da água para os cátions solúveis e para os sólidos do solo. Essas forças atrativas tendem a reduzir o nível de energia potencial da água do solo abaixo do da água pura e livre. A extensão dessa redução, chamada de potencial da água do solo, ψ, tem uma influência profunda sobre diversas propriedades do solo, mas especialmente sobre o movimento da água do solo e sua absorção pelas plantas.

Devido à atração entre os sólidos do solo e a água (o potencial matricial, ψ_m), o potencial hídrico combina-se com o gravitacional, ψ_g, controlando, assim, grande parte do movimento da água. Esse movimento é relativamente rápido em solos com elevado teor de umidade e com abundância de macroporos; no entanto, em solos mais secos, a adsorção de água nos sólidos do solo é tão forte que o seu movimento e sua absorção pelas plantas são grandemente reduzidos. Como consequência – embora ainda exista uma quantidade significativa de água no solo –, as plantas podem morrer por falta de água, porque ela não está disponível para elas.

A água é fornecida às plantas pelo movimento capilar em direção às superfícies radiculares e pelo crescimento das raízes, que se dirigem para locais de solo úmido. Além disso, o movimento de vapor pode ser importante no fornecimento de água às plantas do deserto resistentes à seca (xerófitas). O potencial osmótico, ψ_o, torna-se importante em solos com altos níveis de sais solúveis que podem impedir a absorção de água do solo pelas plantas. Essas condições ocorrem mais frequentemente em solos com drenagem restrita, em áreas de baixa pluviosidade e em plantas cultivadas em vasos dentro de casas de vegetação.

As características e o comportamento da água do solo são muito complexos. Porém, à medida que adquirimos mais conhecimento, torna-se evidente que a água do solo é regida por princípios físicos básicos, relativamente simples. Além disso, os pesquisadores estão descobrindo a semelhança entre esses princípios e os que regem o movimento de águas subterrâneas e a absorção e utilização da umidade do solo pelas plantas – assunto do próximo capítulo.

QUESTÕES PARA ESTUDO

1. Qual é o papel do *estado de referência da água* na definição do potencial da água do solo? Descreva as propriedades desse estado de referência da água.
2. Imagine a raiz de uma planta de algodão crescendo no horizonte mais superficial de um solo irrigado no Vale Imperial da Califórnia (EUA). Quais são as forças (ou potenciais) que essa raiz terá de superar quando estiver se esforçando para extrair moléculas de água desse solo? Se esse solo fosse compactado por um veículo pesado, qual dessas forças seria mais afetada? Explique sua resposta.
3. Usando os termos *adesão, coesão, menisco, tensão superficial, pressão atmosférica* e *superfície hidrofílica*, escreva um breve relato para explicar por que a água sobe a partir do lençol freático em um solo mineral.
4. Suponha que você foi contratado para projetar um sistema de irrigação automatizada para o jardim de um rico proprietário. Você decide que os canteiros de flores devem ser mantidos a um potencial de água acima de -60 kPa, mas não mais úmido que -10 kPa, já que, neste caso, as flores anuais são sensíveis tanto à seca quanto à falta de boa aeração. No entanto, as áreas de gramado rústico podem se manter em bom estado, mesmo se o solo secar até -300 kPa. O seu orçamento permite instalar tensiômetros ou blocos de resistência elétrica acoplados a válvulas e controladores eletrônicos. Que instrumentos você usaria e onde? Explique sua resposta.
5. Suponha que o proprietário citado na Questão 4 aumentou o seu orçamento e pediu para usar o método de TDR (Reflectometria no Domínio do Tempo) para medir os teores de umidade do solo. Que informações adicionais sobre os solos, não necessárias para o uso do tensiômetro, você teria que obter para utilizar o equipamento de TDR? Explique sua resposta.
6. Um viveirista estava cultivando mudas de plantas ornamentais lenhosas em vasos plásticos de 15 cm de altura, preenchidos com um material de solo com textura franco-arenosa. Ele molhava os recipientes diariamente com um sistema de aspersão, deixando drenar todo o excesso de água. Seu primeiro lote de 1.000 mudas amarelou e morreu devido ao excesso d'água e à aeração insuficiente. Como empregado do viveiro, você sugere que ele utilize recipientes de 30 cm de altura nos próximos lotes de plantas. Explique o seu raciocínio.
7. Suponha que você mediu os seguintes dados de um solo:

		θ_m em várias tensões de água, kg água/kg solo seco		
Horizonte	**Densidade do solo, g/cm^3**	**−10 kPa**	**−100 kPa**	**−1.500 kPa**
A (0-30 cm)	1,28	0,28	0,20	0,08
B_t (30-70 cm)	1,40	0,30	0,25	0,15
B_x (70-120 cm)	1,95	0,20	0,15	0,05

   Estime a capacidade de água disponível (CAD) em centímetros de água desse solo.
8. Uma silvicultora coletou uma amostra cilíndrica (L = 15 cm, r = 3,25 cm) de solo no campo. Ela colocou todo o solo coletado em um recipiente metálico com tampa hermética. O recipiente metálico vazio pesou 300 g e, após enchimento com solo úmido de campo, pesou 972 g. De volta ao laboratório, ela colocou o recipiente metálico com solo, com a tampa removida, em estufa durante vários dias até que ele deixou de perder peso. O peso do recipiente com o solo seco (incluindo a tampa) foi de 870 g. Calcular θ_m e θ_v.
9. Dê quatro razões pelas quais a compactação de um solo provavelmente reduzirá a quantidade de água disponível para o crescimento de plantas.
10. Visto que, mesmo crescendo rapidamente, os sistemas radiculares muito ramificados raramente contactam mais de 1 ou 2% da superfície das partículas do solo, como as raízes podem utilizar muito mais do que 1 ou 2% da água retida nessas superfícies?
11. Para dois solos submetidos a graus de compactação "nenhuma", "moderada" ou "severa", a Figura 5.8 mostra a fração volumétrica (cm^3 cm^{-3}) de poros em três classes de diâmetro. O símbolo ◀ indica a fração volumétrica de água, θ_v (cm^3 cm^{-3}), em cada solo. A figura indica $\theta_v \approx 0,35$ para a argila siltosa não compactada (densidade aparente = 0,75 g

cm^{-3}). Mostre um cálculo completo (com todas as unidades) demonstrando que ◀ na figura indica corretamente $\theta_v \approx 0,36$ para o solo franco-arenoso severamente compactado (densidade aparente = 1,10 g/cm^3).

12. Preencha as células cinza desta tabela para mostrar os cm da capacidade de água disponível nos 90 cm de perfil. Mostre cálculos completos para a primeira (superior esquerda) e a última (inferior direita) célula cinza:

Profundidade do solo, cm	Densidade do solo, D_s (g cm^{-3})	Capacidade de campo		Ponto de murcha permanente		Água disponível	
		θ_m, %[a]	θ_d, cm[b]	θ_m, %	θ_d, cm	θ_m, %	θ_d, cm
0-30	1,48	27,1		17,9		9,2	
30-60	1,51	27,5		18,1		9,4	
60-90	1,55	27,1		20,0		7,1	
0-90	–	–		–		–	

[a] θ_m é o teor de umidade em massa aqui indicado como porcentagem (%), equivalente à g de água/100 g solo seco.
[b] θ_d é o teor de umidade em profundidade e é indicado como cm de água retida na camada de solo referida.

REFERÊNCIAS

Blouin, V., M. Schmidt, C. Bulmer, and M. Krzic. 2004. "Soil compaction and water content effects on lodgepole pine seedling growth in British Columbia," in B. Singh (ed.), *Supersoil 2004.* Program and abstracts for the 3rd Australian–New Zealand soils conference. University of Sydney, Sydney, Australia. Disponível em: www.regional.org.au/au/asssi/supersoil2004/s14/oral/2036_blouinv. htm.

Carter, L. J., and T. H. Pigford. 2005. "Proof of safety at Yucca Mountain," *Science* **310:**447–448.

Cooney, J. J., and J. E. Peterson. 1955. *Avocado Irrigation.* Leaflet 50. California Agricultural Extension Service.

Da Silva, A. P., and B. D. Kay. 1997. "Estimating the least limiting water range of soil from properties and management," *Soil Sci. Soc. Amer. J.* **61:**877–883.

DeMartinis, J. M., and S. C. Cooper. 1994. "Natural and man-made modes of entry in agronomic areas," in R. Honeycutt and D. Schabacker (eds.), *Mechanisms of Pesticide Movement in Ground Water.* Boca Raton, FL: Lewis Publishers 165–175.

Hillel, D. 1998. *Environmental Soil Physics.* Orlando, FL: Academic Press.

Hudson, B. D. 1994. "Soil organic matter and available water capacity," *J. Soil and Water Cons.* **49:**189–194.

Kladivko, E. J., et al. 1999. "Pesticide and nitrate transport into subsurface tile drains of different spacing," *J. Environ. Qual.* **28:**997–1004.

Reynolds, W. D., et al. 2000. "Comparison of tension infiltrometer, pressure infiltrometer and soil core estimates of saturated conductivity," *Soil Sci. Soc. Amer. J.* **64:**478–484.

Sadras, V. O., and O. A. Calvino. 2001. "Quantification of grain yield response to soil depth in soybean, maize, sunflower and wheat," *Agron J.* **93:**577–583.

Schenk, H., and R. Jackson. 2002. "The global biogeography of roots," *Ecological Monographs* **72:**311–328.

Shestak, C. J., and M. D. Busse. 2005. "Compaction alters physical but not biological indices of soil health," *Soil Sci. Soc. Amer. J.* **69:**236–246.

Warrick, A. W. 2001. *Soil Physics Companion.* Boca Raton, FL: CRC Press.

6 O Solo e o Ciclo Hidrológico

Ciclos da água nas montanhas Teton, Estados Unidos. (R. Weil)

Tanto o solo quanto a água pertencem à biosfera, à ordem da natureza, e – como uma espécie entre muitas, como uma geração entre muitas que ainda estão por vir – não temos o direito de destruí-los.

— Daniel Hillel, *OUT OF EARTH*

Os recursos hídricos do mundo *não* estão uniformemente distribuídos no espaço e no tempo. As florestas tropicais das bacias dos rios Amazonas e Congo recebem mais de 2.000 mm de chuva por ano, enquanto os desertos do norte da África e da Ásia central convivem com menos de 100 mm. Além disso, a água não é distribuída de forma uniforme ao longo do ano; ao contrário, períodos de elevada pluviosidade, com inundações, se alternam com outros de seca.

Mesmo assim, podemos afirmar que nas comunidades ainda silvestres existentes na Terra, a água é suficiente para satisfazer às necessidades das plantas e animais que nasceram e vivem nessas comunidades. Isso se deve somente à adaptação dessas plantas e animais à quantidade de água existente nos locais onde vivem. Da mesma forma, as primeiras populações humanas tiveram que se adaptar aos suprimentos de água das áreas onde habitavam, fixando-se onde ela era mais abundante (quer fosse devido à chuva ou pela presença de rios) e onde também podiam desenvolver técnicas (como cisternas subterrâneas) para armazenar água para agricultura. Já outros grupos humanos assumiram um estilo de vida nômade, que permitiu sua movimentação, junto com seus rebanhos, para os locais onde as chuvas regavam as pastagens.

No entanto, os seres humanos não têm tido boa vontade para adequar seus hábitos culturais a seus ambientes naturais; em vez disso, eles vêm tentando adaptar o ambiente às suas necessidades. Veja o exemplo dos povos antigos. Eles chegaram a alterar, por exemplo, o curso dos rios Tigre e Eufrates. Nós mesmos, membros de civilizações mais modernas, já cavamos poços no Sahel, represamos as águas do poderoso Nilo em Assuã, extraímos a água dos aquíferos para abastecer fazendas e áreas residenciais e construímos grandes cidades (com piscinas e gramados verdes!) nos desertos do sudoeste dos Estados Unidos ou nas areias da Arábia. De fato, as grandes cidades do deserto, como Las Vegas, estão literalmente apostando seus recursos naturais em troca da comodidade de sua população.

Existem muitas opções para melhorar a gestão dos recursos hídricos, e muitas delas dependem apenas de um melhor manejo dos solos. Afinal, o solo desempenha papel fundamental no uso e na reciclagem da água. Por exemplo, ele ajuda a moderar os efeitos adversos dos excessos e das deficiências de água, porque atua como um enorme reservatório desse líquido. Ele também pode nos ajudar no tratamento e na reutilização de efluentes domésticos, industriais e provenientes da criação de animais. Nessas, e em outras circunstâncias, os fluxos de água que passam pelo solo acabam se interligando à sua poluição química e a uma eventual contaminação das águas subterrâneas.

No Capítulo 5, abordamos a natureza e a movimentação da água nos solos. Neste capítulo, veremos como essas características se aplicam às práticas de manejo de água quando ela circula entre o solo, a atmosfera e a vegetação.

6.1 O CICLO HIDROLÓGICO GLOBAL

Estoques globais de água

Se toda a água da Terra fosse espalhada sobre sua superfície com uma profundidade uniforme, ela seria suficiente para cobrir todo o planeta até cerca de 3 km de espessura. No entanto, a maior parte dessas águas é de difícil acesso e não participa da ciclagem anual da água que abastece os rios, lagos e seres vivos.

A água que é mais frequentemente reciclada está na camada superficial dos oceanos, nas águas subterrâneas mais superficiais, nos lagos e rios, na atmosfera e no solo (Figura 6.1). Embora o volume somado de toda a água dessas fontes seja uma pequena fração da água da Terra, esses reservatórios são os que estão mais acessíveis para a circulação da água, ou seja, para que ela entre e saia da atmosfera e flua de um lugar para outro da superfície terrestre.

O ciclo hidrológico

A energia solar impulsiona a ciclagem da água da superfície terrestre para a atmosfera e o seu retorno para a superfície, de acordo com um conjunto de processos denominado **ciclo hidrológico** (Figura 6.2). Cerca de um terço da energia solar que atinge a Terra é absorvido pela água, provocando a *evaporação* – a conversão do seu estado líquido para o de vapor. O vapor d'água sobe para a atmosfera, formando, assim, as nuvens que se movem de uma região do globo para outra. Dentro de cerca de

Cartilha sobre o ciclo hidrológico, do Environment Canada: www.ec.gc.ca/water/en/nature/e_nature.htm

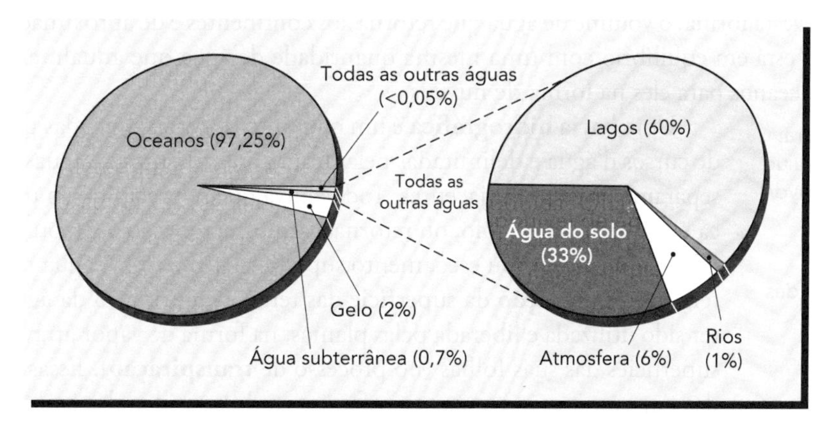

Figura 6.1 As fontes de água da Terra. *À esquerda*: a maior parte da água é encontrada nos oceanos, geleiras, calotas polares e águas subterrâneas profundas, mas boa parte está inacessível para trocas rápidas da atmosfera com as terras emersas; o tempo médio de residência de uma molécula de água nesses reservatórios é medido em uma escala de milhares de anos. *À direita*: esquema das fontes que mais ativamente participam do ciclo hidrológico; elas movimentam menores quantidades de água, mas com tempo médio de permanência, medido em uma escala de dias. (Dados de várias fontes)

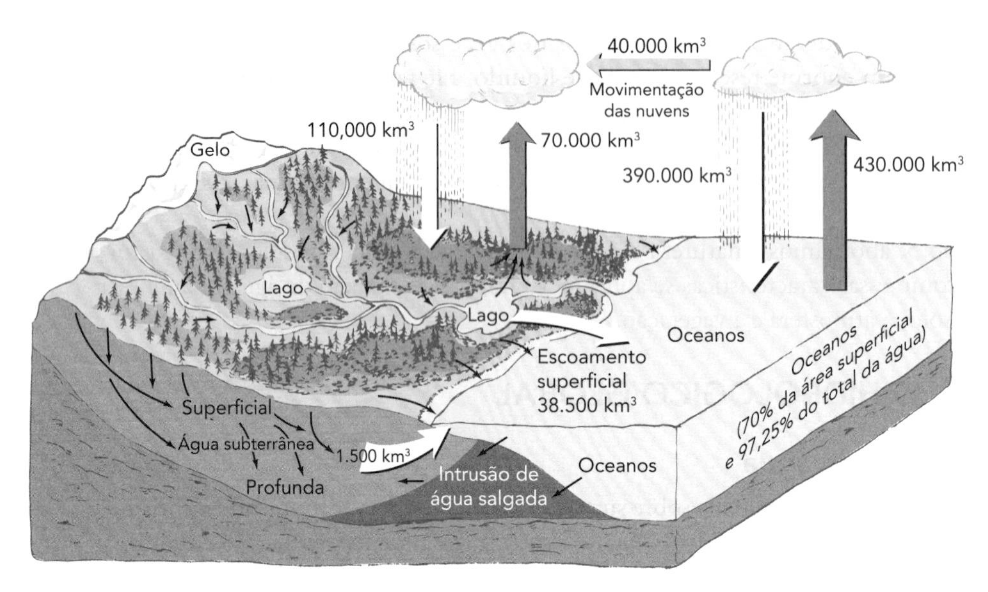

Figura 6.2 O ciclo hidrológico, do qual toda a vida depende, em princípio, é muito simples. A água evapora da superfície da Terra, dos oceanos e dos continentes e retorna na forma de chuva ou neve. O movimento líquido de nuvens traz perto de 40.000 km^3 de água para os continentes e uma quantidade igual de água retorna por escoamento superficial ou infiltração das águas subterrâneas, que depois é canalizada através dos rios para o oceano. Cerca de 86% da evaporação e 78% da precipitação ocorrem na superfície dos oceanos. No entanto, os processos que se dão nas terras emersas, onde sofrem maior influência dos solos, provocam impactos não só para os seres humanos, mas também para todas as outras formas de vida, incluindo as que habitam o mar.

10 dias, em média, as diferenças de pressão e temperatura na atmosfera condensam o vapor d'água em gotículas ou partículas sólidas que retornam à superfície da Terra como chuva ou outro tipo de precipitação.

O ciclo da água: http://micrometeorology.unl.edu/et/flash/watercycle_f.html

A cada ano, cerca de 500.000 km^3 de água se evapora diretamente da superfície e da vegetação terrestres, sendo que 110.000 km^3 retornam aos continentes na forma de chuva ou neve. Parte da água que cai sobre as terras emersas permanece na superfície do solo, e outra porção se infiltra, drenando para as águas subterrâneas, mas a maior parte se evapora e retorna à atmosfera. Tanto a água que se escoa sobre a superfície como a que se infiltra alimenta os córregos e rios que, por sua vez, escoam para os oceanos. Desta forma, o volume de água que retorna aos continentes é de aproximadamente 40.000 km^3 e está em equilíbrio com uma mesma quantidade de água que anualmente é transferida dos oceanos para eles na forma de nuvens.

Balanço hídrico da Terra: http://ww2010.atmos.uiuc.edu/(Gh)/guides/mtr/hyd/bdgt.rxml

Métodos de proteção das bacias hidrográficas: http://www.cwp.org/Resource_Library/Why_Watersheds/index.htm

Uma **bacia hidrográfica** é um conjunto de terras drenadas por um único sistema de cursos d'água e delimitadas pelas linhas dos divisores de águas (ou espigões) que as separam das bacias adjacentes. Toda chuva que se precipita em uma bacia hidrográfica é armazenada no solo, ou retorna à atmosfera (Seção 6.2), ou é descarregada como fluxo subterrâneo (ou escoamento superficial – *runoff*). A água retorna para a atmosfera por **evaporação** da superfície das terras (vaporização da água do solo), ou após ter sido utilizada e liberada pelas plantas, na forma de vapor através dos estômatos das superfícies das suas folhas (no processo de **transpiração**). Essas duas formas de perdas por evaporação para a atmosfera, quando consideradas em conjunto, são chamadas de **evapotranspiração.**

A distribuição da água em um divisor de águas é muitas vezes expressa pela equação do balanço hídrico, que em sua forma mais simples é:

$$P = ET + AS + Q \tag{6.1}$$

onde P = precipitação, ET = evapotranspiração, AS = armazenamento no solo e Q = vazão da descarga.

Reorganizando a Equação 6.1 (para $Q = P - ET - AS$), podemos verificar que a vazão da descarga pode ser aumentada apenas se ET e/ou AS forem diminuídos, alterações estas que podem, ou não, ser desejáveis. Para uma bacia hidrográfica (às vezes chamada de *área de captação*) florestada, o manejo pode visar maximizar a Q, a fim de fornecer mais água a jusante para os que a usam. A derrubada das árvores muito provavelmente diminuirá a ET e, portanto, aumentará a vazão da descarga (Figura 6.3). No caso de um campo de cultivos, a água aplicada na irrigação seria incluída no lado esquerdo da Equação 6.1. Os organizadores das práticas de irrigação podem querer, durante certas épocas do ano, economizar a água que está sendo aplicada, diminuindo as perdas desnecessárias em Q e permitindo valores negativos para AS (retiradas da água armazenada no solo).

6.2 DESTINO DA ÁGUA DA CHUVA E DA IRRIGAÇÃO

Parte da precipitação é interceptada pela folhagem das plantas e retorna à atmosfera por evaporação, nunca atingindo o solo. A **intercepção** da neve e sua subsequente sublimação (vaporização diretamente do estado sólido) são especialmente importantes em florestas de coníferas, onde 30 a 50% da precipitação nunca consegue atingir o solo. A água que atinge o solo pode penetrá-lo por meio do processo de **infiltração**, especialmente se a estrutura de suas camadas mais superficiais for bastante porosa. Se a taxa de precipitação ou de neve derretida exceder a capacidade de infiltração do solo, intensos processos de erosão e escoamento podem acontecer. Em casos extremos, mais de 50% da precipitação pode ser perdida por **escoamento superficial**. Esse escoamento normalmente carrega partículas desagregadas do solo (**sedimentos**; consulte o Capítulo 14), bem como produtos químicos retidos nessas partículas ou dissolvidos na água.

Depois que a água penetra o solo, parte dela estará sujeita à percolação descendente e saída eventual da zona de enraizamento por **drenagem.** Nas terras úmidas e nas áreas irrigadas, até 50% da água que penetra abaixo da zona das raízes pode ser perdida por drenagem. No entanto, durante os períodos de baixa pluviosidade, algumas dessas águas podem retornar à zona das raízes dos vegetais pela ascensão da **água capilar**. Esse movimento é importante para as plantas, especialmente em climas secos, nos locais onde os solos são mais espessos.

A água retida pelo solo denomina-se água de **armazenamento no solo**, parte da qual pode se mover para cima por capilaridade e se perder por evaporação da superfície do solo. Grande parte da água restante é absorvida pelas plantas e se move através das raízes e caules para as

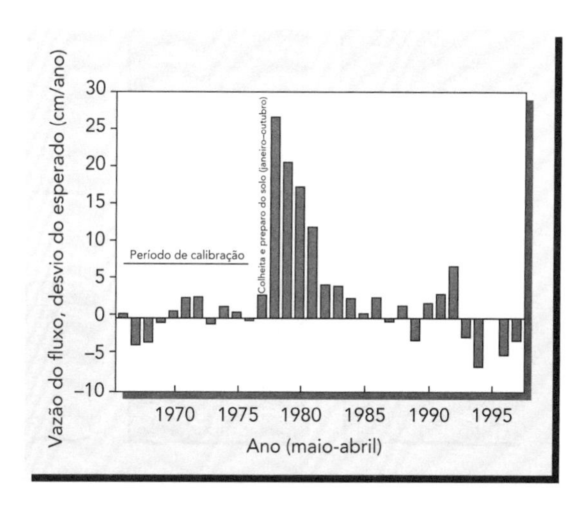

Figura 6.3 Vazões de descarga (fluxo do curso d'água) de uma bacia hidrográfica do sul da região das Montanhas Apalachianas (EUA), antes e depois da derrubada, para fins de comercialização da madeira, de uma floresta mista (árvores decíduas e pinheiros). A vazão do fluxo está expressa em centímetros de água acima ou abaixo da vazão determinada a médio e longo prazo (medida antes da colheita das árvores). Observe os valores muito elevados para os vários anos após as árvores terem sido derrubadas e o lugar ter sido preparado para novo plantio. As altas vazões resultaram principalmente na redução da água usada para transpiração, que aconteceu quando não mais existiam árvores de grande porte. Os solos existentes nos 59 ha desta bacia hidrográfica, que faz parte do Coweeta Hydrologic Laboratory, Carolina do Norte, EUA, são classificados como *Typic Hapludults* e *Typic Dystrochrepts*. (Fonte: Swank et al. [2001])

folhas, onde ela é perdida por transpiração. A água que assim retorna, por evapotranspiração para a atmosfera pode depois voltar ao solo na forma de chuva ou água de irrigação, recomeçando o seu ciclo.

Fatores que afetam a infiltração

Tempo de ocorrência da precipitação Fortes chuvas, mesmo de curta duração, podem fornecer água mais rapidamente do que a maioria dos solos consegue absorvê-las. Isso explica o fato de que, em algumas regiões áridas, uma tempestade incomum, que derrama de 20 a 50 mm de água em poucos minutos, pode resultar em sulcos de erosão e inundações. Uma maior quantidade de água de chuva menos intensa e distribuída em vários dias poderia se movimentar mais lentamente no solo, aumentando assim a sua água armazenada e disponível para absorção pelas plantas, bem como poderia abastecer os lençóis subterrâneos subjacentes. Conforme ilustrado na Figura 6.4, a distribuição das precipitações de neve no tempo pode afetar a forma com que ela derrete na primavera e fazer com que haja mais ou menos escoamento superficial e infiltração.

Tipo de vegetação Os vegetais e os seus resíduos, que sempre permanecem à superfície do solo nas pradarias e densas florestas, protegem os agregados porosos do solo contra a ação desagregadora das gotas de chuva, favorecendo a infiltração de água e reduzindo a probabilidade de o solo ser carreado por qualquer água que possa escoar. Em geral, bem pouco escoamento superficial ocorre em terras com florestas nativas ou gramados bem manejados.

Manejo do solo Na maior parte dos casos, o principal propósito do manejo do solo e da água é favorecer a infiltração, em vez do escoamento. Nesse sentido, um dos métodos é fazer com que haja mais tempo para que a água se infiltre e, desta forma, aumente o seu armazenamento nas camadas mais superficiais do solo (Figura 6.5, *à esquerda*). Outra metodologia é manter uma vegetação densa durante os períodos de elevada pluviosidade. Por exemplo, uma prática que pode melhorar muito a infiltração da água é o plantio de **culturas de cobertura** entre as principais estações de plantio; tal prática pode fazer com que as raízes abram canais, incentivando a atividade das minhocas e protegendo assim a estrutura mais superficial do solo (Figura 6.5, *à direita*). No entanto, lembre-se de que as culturas de cobertura também transpiram água, e, se a safra seguinte depender da água armazenada no solo, pode ser necessário cortar e incorporar essa cultura antes que ela seque o perfil de solo.

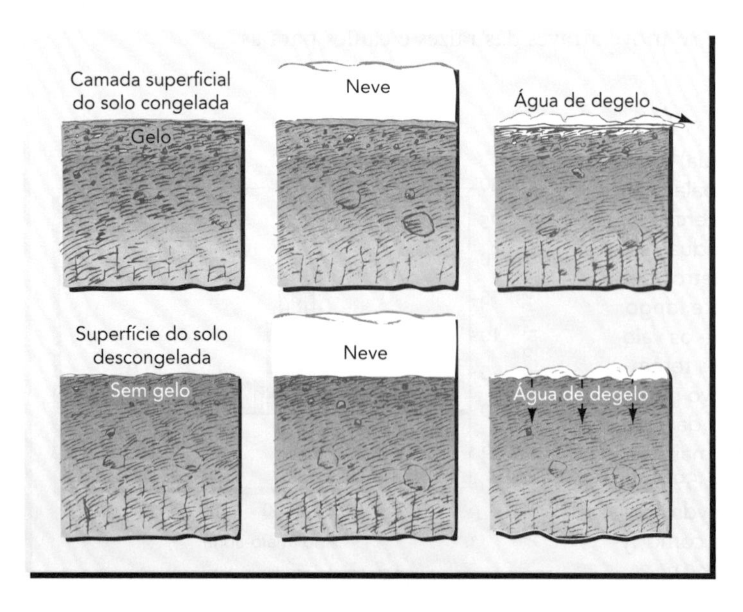

Figura 6.4 Em algumas regiões temperadas, o tempo de ocorrência de temperaturas que causam o congelamento e a queda de neve no outono influencia o escoamento e a infiltração da água no solo na primavera. Os três diagramas superiores ilustram o que acontece quando a camada mais superficial do solo congela antes de uma primeira grande queda de neve; a neve isola o solo, fazendo com que permaneça congelado e impermeável até que a neve volte a derreter na primavera. A sequência dos demais diagramas (*abaixo*) ilustra a situação quando o solo ainda não está congelado no outono e recebe uma espessa camada de neve.

Figura 6.5 *À esquerda*: manejo dos solos para aumentar a infiltração da água da chuva. Os pequenos amontoados entre sulcos, no lado direito deste campo, no Texas (EUA), retêm água da chuva tempo suficiente para que ela se infiltre em vez de escoar pela superfície. *À direita*: este solo, saturado com água e revestido por uma cultura de cobertura de inverno (ervilhaca peluda), está cheio de canais de minhocas que aumentaram consideravelmente a infiltração da água de uma chuva forte e recente. Escala em centímetros. (Fotos: cortesia de O. R. Jones, USDA Agricultural Research Service, Bushland, Texas [*à esquerda*], e de R. Weil [*à direita*])

Uma terceira metodologia é manter a estrutura do solo, minimizando a compactação ocasionada pelo pisoteio ou o tráfego de equipamentos pesados. Por exemplo, em áreas florestais, a compactação pela utilização de equipamentos de colheita de troncos ou destoca em solos que vão ser utilizados para agricultura pode afetar seriamente a capacidade de infiltração do solo e a hidrologia de bacias hidrográficas. Quando os efeitos nocivos da compactação puderem ser parcialmente superados pela aração profunda (Seção 4.7), será necessário levar em consideração que o manejo ambientalmente correto de qualquer terra exige muitos cuidados, principalmente quando equipamentos pesados forem usados, devido à perturbação que causam no solo e na vegetação natural – danos que devem ser sempre evitados.

Bacias hidrográficas urbanas A utilização de equipamentos pesados a fim de preparar o terreno para o desenvolvimento urbano pode restringir severamente a capacidade de infiltração do solo e a condutividade hidráulica saturada (Figura 6.6). Portanto, a compactação do solo devido às atividades de construção resulta em um drástico aumento do escoamento superficial durante as tempestades. O aumento do escoamento superficial em bacias hidrográficas urbanizadas é ainda maior, porque grande parte do terreno é coberto por superfícies completamente impermeáveis (telhados, ruas pavimentadas e estacionamentos). A erosão nas margens dos cursos d'água, o tombamento de árvores e a exposição de tubulações enterradas (Figura 6.7) são sinais típicos da degradação ambiental que fazem com que os rios se tornem, por vezes, extremamente caudalosos. Os danos sofridos por esses cursos d'água de bacias hidrográficas urbanas são acentuados pelas tempestades, já que o excesso de água escorre pelos esgotos, ruas e sarjetas, transportando, em um curto espaço de tempo, um enorme volume de enxurrada. Em reconhecimento aos graves problemas ambientais causados por esses escoamentos excessivos e concentrados, os engenheiros e os profissionais responsáveis pelo planejamento urbano estão agora trabalhando com pedólogos para reduzir as alterações provocadas pelo desenvolvimento urbano no ciclo hidrológico. Estratégias como o uso de pavimentações

Como a expansão das áreas urbanas agrava a seca: www.smartgrowthamerica.org/waterandsprawl.html

Reportagem audiovisual sobre pavimentações permeáveis *versus* poluição do escoamento superficial. www.npr.org/templates/story/story.php?storyId=6165654

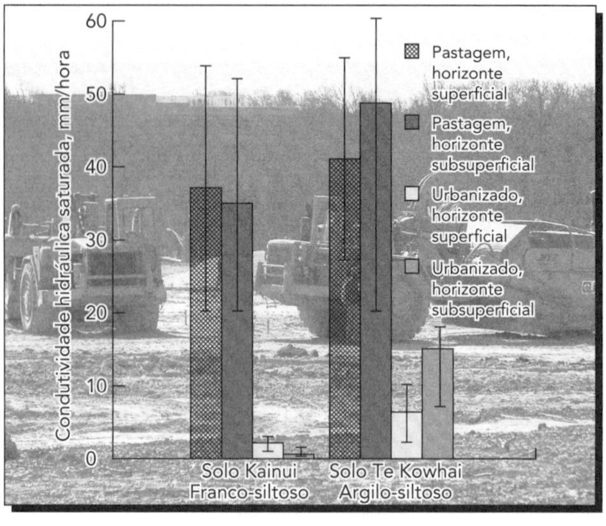

Figura 6.6 A escavação e o nivelamento de terrenos para o preparo de uma nova área urbana podem reduzir bastante a permeabilidade e a condutividade hidráulica do solo. O dano resulta da compactação, dos danos à estrutura do solo e do truncamento do perfil (remoção do horizonte A). Os horizontes superficiais e subsuperficiais desses dois solos da Nova Zelândia tiveram a sua condutividade hidráulica saturada reduzida em 10 vezes, comparada às condições anteriores, quando a terra era usada como pastagem antes de ser incorporada a um zoneamento urbano. As linhas verticais indicam a variação entre as medições, repetidas no mesmo solo. Essa variação é particularmente grande nos solos de pastagens por causa da presença aleatória de canais de minhocas. (Dados de Zanders [2001], usados com a permissão da Landcare Research, New Zealand, Ltd.; foto cedida por R. Weil)

Figura 6.7 Um bueiro de captação de águas pluviais que antes estava enterrado foi exposto ao longo de um canal altamente degradado que coleta as águas escoadas de parte da cidade de Baltimore, no Estado de Maryland (EUA). O volume de escoamento aumentou consideravelmente depois que uma tempestade atingiu uma bacia hidrográfica urbana impermeável, fazendo com que muita água escorresse pelo canal e o curso d'água erodisse suas margens. A tampa redonda do bueiro permanece, marcando, assim, o nível da superfície do solo que existia antes. (Foto: cortesia de R. Weil)

permeáveis que permitem alguma infiltração da água de chuva mesmo em estacionamentos (Figura 6.8, *à esquerda*) e a construção de "jardins de chuva" que captam a água e a escoam para um local em que haja uma lenta infiltração (Figura 6.8, *à direita*) fazem parte do chamado *urbanismo de baixo impacto*.

Propriedades do solo As consequências das chuvas variam bastante conforme os atributos inerentes ao solo. Se ele é solto e poroso (p. ex., arenoso e com agregados granulares), uma elevada proporção de água pode se infiltrar, e relativamente pouca vai escoar sobre sua superfície. Em contraste, solos argilosos com agregados instáveis dificultam a infiltração e facilitam o escoamento. Outros fatores que influenciam o equilíbrio entre a infiltração e o escoamento incluem a inclinação do terreno (declives acentuados favorecem o escoamento, em detrimento da infiltração) e as camadas impermeáveis dentro do perfil de solo. Essas camadas impermeáveis, como fragipãs e pãs argilosos (Figura 3.5), podem restringir a infiltração e aumentar o escoamento superficial depois que os horizontes superiores se tornam saturados, mesmo que a camada arável tenha estrutura intacta e alta porosidade (Figura 6.9). Todos os fatores do solo e da planta aqui discutidos podem fazer com que algumas partes da paisagem contribuam mais

Figura 6.8 Dois métodos usados para aumentar a infiltração e diminuir o escoamento em bacias hidrográficas urbanizadas. *À esquerda*: a pavimentação permeável em um estacionamento deixa áreas gramadas, nas quais a água se infiltra (e os carros ainda podem estacionar sem compactar o solo ou formar lama). *À direita*: uma canaleta que capta e direciona a enxurrada de um estacionamento suburbano para um jardim de coleta de chuvas. A água é direcionada para uma pequena depressão. A lagoa que ela forma é efêmera, mantendo a água de escoamento apenas temporariamente. O solo permeável, subjacente à depressão, foi projetado para permitir que a água se infiltre durante o período de algumas horas. A depressão é cultivada com uma variedade de plantas nativas que fornecem um belo *habitat* para a vida selvagem. (Fotos: cortesia de R. Weil)

significativamente para o escoamento superficial do que outras; tal variabilidade espacial da infiltração e do escoamento é de particular importância para o funcionamento dos ecossistemas de regiões áridas e semiáridas (Seção 9.11).

6.3 RELAÇÃO SOLO-PLANTA-ATMOSFERA[1]

O fluxo de água através do *continuum* solo-planta-atmosfera (CSPA) relaciona-se diretamente com os processos que acabamos de discutir: *interceptação, escoamento superficial, percolação, drenagem, evaporação, absorção da água pela planta, elevação da água até as folhas das plantas* e *transpiração* da água através das folhas, que, por sua vez, retorna para a atmosfera (Figura 6.10).

Potenciais de água

Se uma planta absorve a água do solo, o potencial de água na raiz da planta deve ser menor (maior valor negativo) do que no solo adjacente à raiz. Da mesma forma, o movimento ascendente – do tronco para as células das folhas – é definido pela diferença do potencial de água, semelhante ao movimento da superfície da folha para a atmosfera. Para ilustrar o movimento da água em direção aos locais de menor potencial, a Figura 6.10 mostra que o potencial de água diminui de -50 kPa no solo, para -70 na raiz, para -500 kPa nas superfícies das folhas e, finalmente, para -20.000 kPa na atmosfera.

Dois fatores principais determinam se as plantas são bem abastecidas por água: (1) a taxa em que a água é fornecida do solo para as raízes absorventes e (2) a taxa em que a água é transpirada das folhas das plantas.

[1] A física do movimento da água em plantas tem sido bastante controversa. Para evidências recentes que confirmam que a água se move para cima, até o alto das árvores, pelas mesmas forças capilares que controlam seu movimento no solo, consulte Tyree (2003).

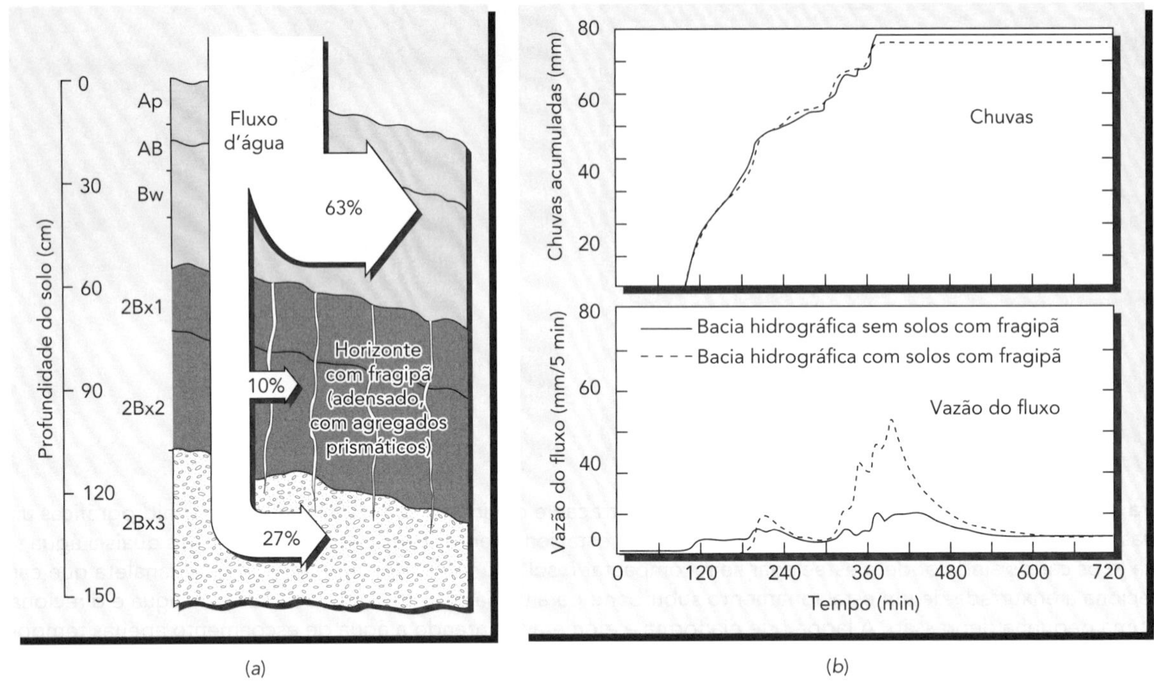

Figura 6.9 As características do perfil do solo determinam grande parte do movimento vertical e lateral da água, incluindo o escoamento superficial das bacias hidrográficas durante uma forte chuva. *À esquerda*: neste exemplo, um fragipã (ver também Quadro 3.2) forma uma barreira ao crescimento das raízes e à percolação vertical da água. A zona acima do fragipã pode tornar-se saturada durante o período chuvoso, originando um lençol freático suspenso. Pouca água vai poder se infiltrar nos horizontes mais superficiais, que vão se saturando à medida que a chuva aumenta. Desta forma, a maior parte da água irá fluir lateralmente, tanto por escoamento superficial como através do solo, logo acima do fragipã. *À direita*: o gráfico superior mostra a precipitação acumulada, e o inferior, o volume do fluxo superficial durante e após uma tempestade em que quase 80 mm de chuva caíram em um período de 300 minutos. Uma das duas pequenas (13 e 20 hectares) bacias hidrográficas representadas tem uma grande área de solos que contém um fragipã (*Fragiochrepts*) formado em colúvio, situado próximo ao curso d'água; os solos da outra bacia hidrográfica não têm fragipã. Embora a chuva tenha sido quase idêntica para as duas bacias, nas proximidades da que tem fragipãs o fluxo (tanto o máximo como o volume total) foi muito maior do que naquela sem essas camadas impermeáveis. (Perfil de solo desenhado com base nos dados de Day et al. [1998]; gráficos de Gburek et al. [2006], com a permissão da Elsevier Science, Oxford, Reino Unido)

Evapotranspiração

Animação sobre o uso da água pelas plantas: http://micrometeorology.unl.edu/et/flash/slide2.html

Do ponto de vista da produtividade da planta, a evaporação (**E**) – que se dá por ocasião da **evapotranspiração (ET)** – pode ser considerada uma "perda" de água. No entanto, grande parte da **transpiração (T)** é essencial para o crescimento das plantas, porque fornece a água que elas precisam para a sua refrigeração, para o transporte de seus nutrientes, a fotossíntese e a manutenção do turgor.

A taxa de **evapotranspiração potencial** (ETP) nos indica o quão rápido o vapor d'água *seria* perdido de um sistema solo-planta densamente vegetado *se* o teor de água do solo fosse mantido continuamente em um ótimo nível.

Planilha para cálculo da evapotranspiração: http://biomet.ucdavis.edu/irrigation_scheduling/LIMP/LIMP.htm

Na prática, a ETP pode ser mais facilmente estimada a partir da quantidade de água evaporada de um tanque aberto com medidas padronizadas (Figura 6.11), aplicando-se um fator de correção aos dados assim obtidos. As perdas de água pela transpiração de uma vegetação densa e bem aerada, normalmente, são apenas cerca de 65% menor do que as perdas por evaporação de um tanque aberto; desta forma, o fator de correção para uma vegetação densa, como um gramado, é de normalmente 0,65 (sendo menor para uma vegetação menos densa):

$$\text{ETP} = 0{,}65 \times (\text{evaporação do tanque}) \tag{6.2}$$

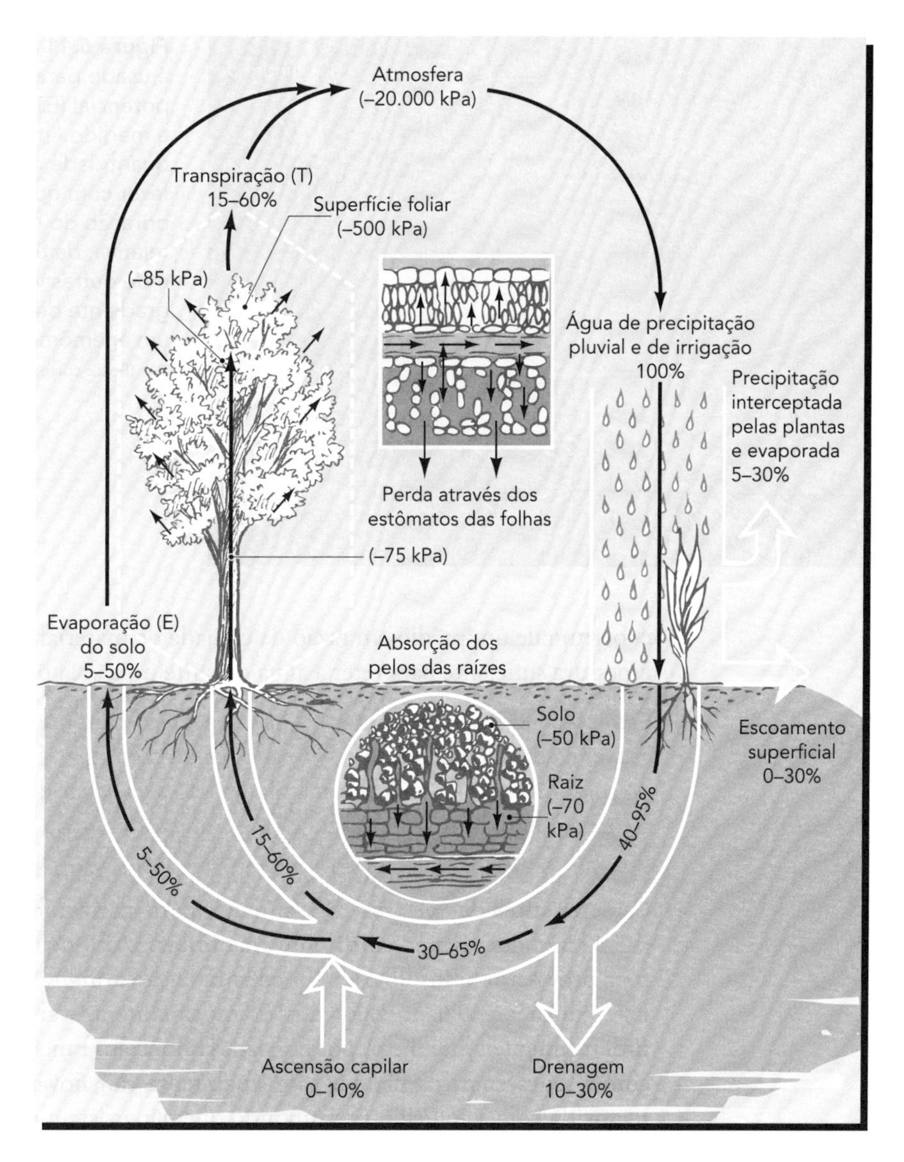

Figura 6.10 Esquema do *continuum* solo-planta-atmosfera (SPAC), mostrando o movimento da água, do solo e das plantas para a atmosfera e seu retorno para o solo em uma região úmida transicionando para subúmida. O comportamento da água através desse *continuum* está sujeito às mesmas relações de energia relacionadas à água do solo – as quais foram discutidas no Capítulo 5. Observe que, inicialmente, o potencial da água do solo é de −50 kPa, decrescendo depois para −70 kPa na raiz e diminuindo ainda mais à medida que ela se move para cima, através do caule em direção à folha, sendo muito baixo (−500 kPa) na interface folha-atmosfera, daí passando para a atmosfera, onde o potencial de umidade é de −20.000 kPa. A umidade se move sempre de um potencial maior para um potencial menor. Observe os intervalos sugeridos para partição da água da chuva e da irrigação que se movem através do *continuum*. Mais de 98% da água absorvida pelas raízes das plantas é transformada em vapor d'água durante o seu período de crescimento.

Os valores de ETP variam desde mais de 12 mm por dia, em climas quentes e secos, até 1 mm por dia, em climas frios e úmidos.

Efeito da umidade do solo A evaporação da superfície do solo, a uma determinada temperatura, é em grande parte determinada pelo teor de água da sua camada mais superficial e pela sua capacidade para reabastecer esta água depois de ter sido evaporada. Quando ela tem valores mais altos (de 15 a 25 cm), a maior parte da água é fornecida por evaporação superficial, na maioria dos casos. Exceto no caso da existência de um lençol freático próximo à superfície, a ascensão capilar da água é muito limitada, e a camada arável rapidamente seca, reduzindo significativamente as novas perdas por evaporação.

Quando as raízes da planta penetram profundamente no perfil, uma parcela significativa da água do solo perdida por evapotranspiração pode vir das suas camadas subsuperficiais. Como mostra a Figura 5.29, a água armazenada em profundidade no perfil é especialmente importante para a vegetação das regiões cujas estações úmidas e secas se alternam (p. ex., regimes de umidade ústico ou xérico; consulte a Seção 3.2). Nesses casos, a água armazenada nos horizontes subsuperficiais durante os períodos de chuvas estará disponível para evapotranspiração durante os períodos posteriores de seca. A Prancha 85 ilustra a morte do gramado da

Figura 6.11 Um tanque evaporimétrico classe A é usado para ajudar a estimar a evapotranspiração potencial (ETP). Uma vez ao dia, o nível da água é medido em repouso (cilindro pequeno), e uma quantidade calculada de água é adicionada para fazer com que volte para a marca original. A evaporação do tanque integra os efeitos da umidade relativa, da temperatura, da velocidade do vento e de outras variáveis climáticas relacionadas ao gradiente de pressão de vapor. Mostra-se também um anemômetro que mede a velocidade do vento. (Foto: cortesia de R. Weil)

cobertura de um prédio em razão da camada de material de solo aí colocada não ter tido uma espessura suficiente para reter a água durante uma seca prolongada do verão.

Estresses hídricos das plantas Uma vegetação densa terá uma ET quase igual à sua ETP se estiver crescendo em um solo bem abastecido com água. Por outro lado, quando o teor de água do solo for inferior ao ideal, uma planta não será capaz de retirar a água do solo rápido o suficiente a ponto de satisfazer a sua ETP. A diferença entre a ETP e a ET real é denominada *déficit* (ou *deficiência*) *de água*; uma elevada deficiência indica que existe um grande estresse hídrico.

Características das plantas Com o aumento da área foliar por unidade de área do terreno (uma razão denominada **índice de área foliar**, **IAF**), mais radiação será absorvida pelas folhas para provocar a transpiração, e menos radiação atingirá o solo para promover a evaporação. Para culturas anuais, o valor do IAF normalmente varia de zero, no plantio, até um pico provavelmente entre 3 e 5, por ocasião da floração. Em seguida, seus valores vão decrescendo com a senescência da planta, para finalmente cair novamente para zero, quando a planta é removida com a colheita (pressupondo que não existem ervas daninhas crescendo). Por outro lado, no caso de uma vegetação perene, como pastagens e florestas, os índices da área foliar são muito elevados, desde o começo até o fim da fase de crescimento. Nos locais onde as folhas se acumulam no chão da floresta, com pouca luz solar atingindo o solo, a evaporação é muito baixa durante todo o ano (Figura 6.12). Outras características das plantas (incluindo a profundidade do sistema radicular, o comprimento do ciclo de vida e a morfologia das folhas) podem influenciar a quantidade de água perdida por evapotranspiração ao longo de um período vegetativo. As Pranchas de 62 e 84 ilustram a competitividade de árvores adultas com o solo pela água nele armazenada.

Eficiência do uso da água

Palestra sobre solos resistentes à seca: www.fao.org/landandwater/agll/soilmoisture

A **eficiência do uso da água** pode ser expressa em termos de matéria seca produzida por unidade de água transpirada (ou *eficiência da T*), ou o rendimento de matéria seca por unidade de água perdida por evapotranspiração (ou *eficiência da ET*). Na Figura 6.13, a eficiência do uso da água é expressa em kg de grãos produzidos por m^3 de água utilizada na evapotranspiração. Para a análise de sistemas de irrigação, a eficiência do uso da água deve considerar também vários outros aspectos, como as perdas de água nos reservatórios de armazenagem ou o vazamento dos canais (Seção 6.9).

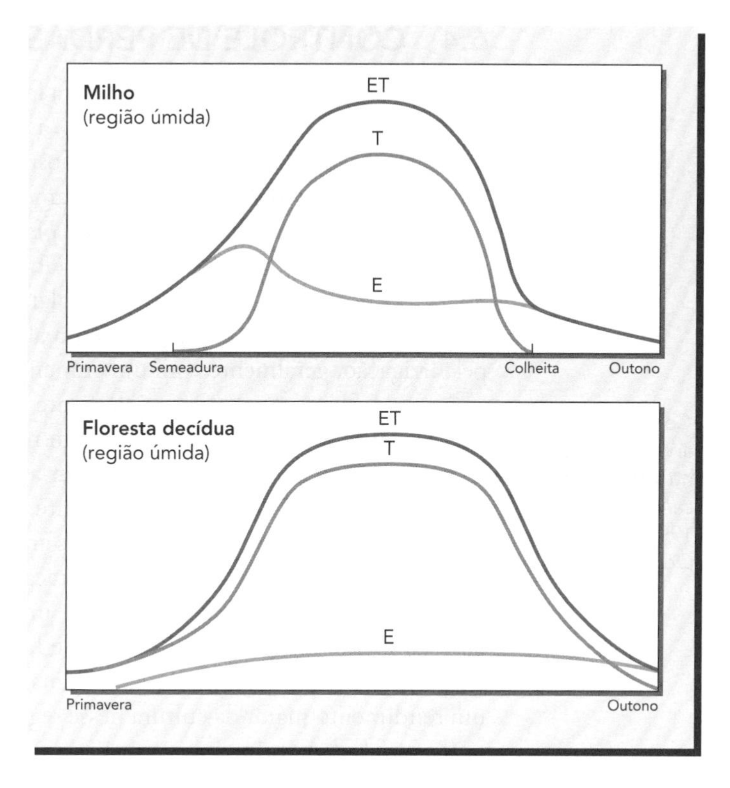

Figura 6.12 Taxas relativas de evaporação na superfície do solo E, de transpiração das folhas da planta T e as perdas combinadas de vapor ET para duas situações de campos. *Acima*: Um campo de milho em uma região úmida. A maior parte da perda de vapor provém da superfície do solo E, até o momento em que as plantas estejam bem estabelecidas; mas, à medida que elas crescem, a transpiração T começa a prevalecer. Como a superfície do solo está sombreada, a evaporação E realmente diminui um pouco, uma vez que a maior parte da água está se movimentando somente através das plantas. À medida que as plantas atingem a maturidade, T decresce, de forma idêntica à ET. *Abaixo*: Em uma área próxima, mas sob uma floresta caducifólia, a mesma tendência geral é apresentada, exceto pelo fato de haver uma evaporação da superfície do solo relativamente menor, e a maior perda relativa de vapor se dá através da transpiração. Na área florestada, o solo está sombreado pelo dossel de folhas durante a maior parte da estação de crescimento. Note que estes valores referem-se a um caso em que as perdas reais a campo seriam influenciadas pela distribuição das chuvas, as oscilações de temperatura e as propriedades do solo. (Diagrama: cortesia de R. Weil e N. C. Brady)

Uma grande quantidade de água é necessária na produção de alimentos para os seres humanos; no entanto, a eficiência do uso dessa água é, em grande parte, determinada pelas condições climáticas. Em regiões áridas, as culturas podem usar desde 1.000 a mais de 5.000 kg de água para produzir um único kg de grãos. Ironicamente, em regiões mais úmidas, onde a água e a chuva são abundantes, muito menos água é necessário para cada kg de grãos produzidos, porque a demanda por evaporação é muito mais baixa. Quando levamos em consideração toda a água necessária para produzir grãos, frutas, legumes e, ainda, alimentar o gado, nos damos conta de que quase 70.000 l são utilizados para fazer produzir o suprimento de alimentos para um *único dia* de vida de um indivíduo adulto dos Estados Unidos!

Evaporação e evapotranspiração das terras úmidas do Estado da Flórida, Estados Unidos: http://aquat1.ifas.ufl.edu/guide/evaptran.html

Eficiência da ET Uma vez que a evapotranspiração (ET) engloba tanto a transpiração das plantas como a evaporação da superfície do solo, sua eficiência está condicionada mais ao manejo do que à eficácia da transpiração. A maior eficiência da ET é alcançada onde a densidade das plantas e outros fatores de crescimento minimizam a fração da ET decorrente da evaporação do solo. Quando o abastecimento de água não é muito limitado e as condições ideais para o crescimento das plantas são mantidas (pelo seu espaçamento menor, adubação ou seleção de variedades mais vigorosas), a eficiência do uso da água pelas plantas aumenta (Figura 6.13). No entanto, se a água de irrigação não está disponível e o período de chuvas é muito curto, o aumento da evapotranspiração de plantas com crescimento mais vigoroso pode esgotar a água armazenada no solo, resultando em um grave estresse hídrico, ou até mesmo na morte da planta antes do período da colheita.

Em resumo, as perdas de água da superfície do solo e através da transpiração são determinadas pelas seguintes variáveis: (1) condições climáticas, (2) cobertura vegetal em relação à superfície do solo (IAF), (3) eficiência tanto do uso da água pelas plantas como dos diferentes tipos de manejo e (4) duração da estação do ano e do período de crescimento da planta.

6.4 CONTROLE DE PERDAS DE VAPOR

As medidas que podem ser tomadas para fazer com que a ET permaneça mais balanceada com a água disponível no solo – diminuindo, assim, o estresse das plantas – incluem as práticas que limitam a quantidade de área foliar exposta à radiação solar e, portanto, reduzem a transpiração. Tais medidas incluem maior espaçamento entre as plantas, adubação limitada em regiões secas e eliminação da área de folhas de plantas indesejáveis (ou seja, ervas daninhas). Outras abordagens, como cobertura morta e estabelecimento de coberturas de vegetação densa, diminuem a exposição do solo à radiação solar, reduzindo assim o componente de evaporação da ET. Finalmente, sempre que possível, o abastecimento de água no solo pode ser aumentado pela irrigação, geralmente com um aumento garantido da produtividade das plantas.

Controle integrado de ervas daninhas: http://ssca.usask.ca/conference/1997proceedings/Odonovan.html

Uma estratégia amplamente praticada e que antigamente era tida como eficaz para a produção de culturas em regiões semiáridas é o *pousio de verão*. Nesse sistema de agricultura, que alterna um ano de solo desnudo em **pousio** (um período sem vegetação) com um ano seguinte de cultivo tradicional, tem sido utilizado para conservar a água do solo em alguns ambientes de clima temperado de baixa pluviosidade. As perdas de água pela transpiração durante o ano do pousio são minimizadas com o controle de ervas daninhas por meio de uma leve movimentação do solo e/ou uso de herbicidas. Com isso, espera-se que a água que foi armazenada durante o ano de pousio permaneça no perfil até o ano seguinte, quando uma cultura é, então, plantada. Esta prática resulta em um rendimento maior da cultura nesse segundo ano do que se o solo estivesse sendo cultivado todos os anos. As primeiras pesquisas em solos cultivados de forma convencional revelaram que o rendimento, em anos alternativos, muitas vezes era alto o suficiente para compensar a perda da colheita durante o ano de pousio. Essa prática de cultivo é responsável pelas faixas alternadas de solos escuros com as cores amarelo-douradas do trigo, que podem ser vistas sobrevoando-se determinadas regiões semiáridas do norte dos Estados Unidos e sul do Canadá.

Hoje, as pesquisas têm demonstrado que esse tipo de pousio de verão, provavelmente, não é a melhor solução tanto para o trabalho dos agricultores como para a conservação dos recursos naturais. A principal desvantagem desse sistema é a degradação do solo, que ocorre porque altera, de forma negativa, o equilíbrio da matéria orgânica do solo (Seção 11.7) e também devido à ocorrência de erosão eólica (Seção 14.11) durante os anos de pousio. As práticas de lavoura conservacionista (incluindo o plantio direto) deixam a maioria dos resíduos vegetais na superfície do solo, reduzindo a evaporação da água e protegendo o solo. Baseado em expe-

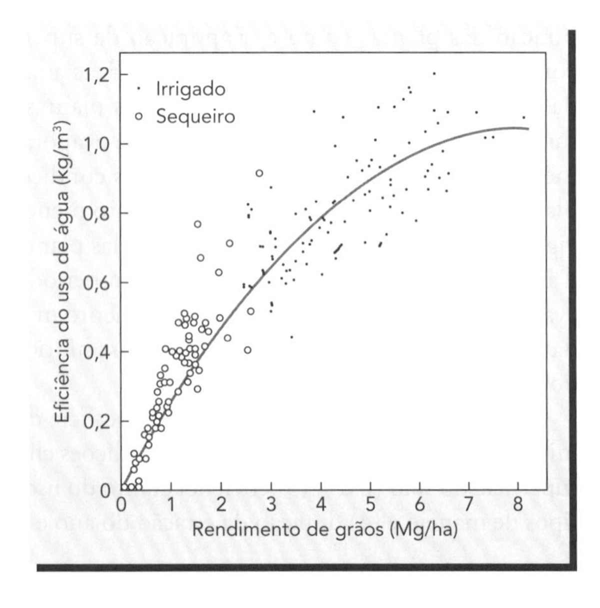

Figura 6.13 A eficiência do uso da água da evapotranspiração, isto é, a quantidade de matéria seca produzida para cada unidade de água utilizada na cultura, geralmente aumenta quando o rendimento das culturas também se eleva. Isto é verdade principalmente porque as práticas de melhoria do rendimento, como aplicação de adubos, uso de cultivares melhorados, maior densidade de plantio e melhor controle de pragas, geralmente aumentam o rendimento das culturas em uma proporção maior do que o uso da água. Essa relação geralmente se aplica onde a água está sempre disponível para atender à necessidade de maior rendimento das culturas. Mesmo assim, a curva tende para a horizontal quando a eficiência do consumo de água tem valores um pouco acima de 1 kg de grãos por 1.000 kg de água (1 m^3 de água = 1.000 kg). Os dados mostrados são de campos de trigo irrigados e não irrigados (de sequeiro) na região sul das altas planícies dos Estados Unidos. (Fonte: Howell [2001], com a permissão da American Society of Agronomy, EUA)

rimentos efetuados em muitos locais, podemos concluir que a produtividade em longo prazo, a rentabilidade e a qualidade do solo podem ser aprimorados com os sistemas de plantio direto ou com a manutenção do solo continuamente vegetado com diversas culturas (Tabela 6.1).

Controle da evaporação (E) da superfície do solo

Mais da metade da precipitação pluvial das regiões semiáridas e subúmidas geralmente volta para a atmosfera por evaporação (E) direta da superfície do solo. Em sistemas de pastagens naturais, a E abrange uma grande parte da ET, porque as comunidades de plantas tendem a se autorregularem para conseguirem minimizar o déficit existente entre a PET e a ET – geralmente com muitas áreas não vegetadas e com baixa densidade de plantas entre arbustos ou touceiras de capins (consulte a Figura 2.18). Além disso, os resíduos vegetais na superfície do solo são escassos. As perdas por evaporação também são muito intensas em terras irrigadas de regiões áridas, especialmente se as práticas de irrigação forem ineficientes (Seção 6.9). Mesmo em áreas chuvosas de regiões úmidas, as perdas por E são significativas durante os períodos quentes e sem chuvas. Tais perdas de água retiram das comunidades vegetais grande parte do seu potencial de crescimento e reduzem a água disponível para a vazão dos cursos d'água. Um estudo cuidadoso da Figura 6.14 irá esclarecer essas relações e os princípios que acabamos de discutir. Note que o vão entre a ETP e a ET representa o **déficit de água do solo**, que é um valor indicativo da quantidade de água que está limitando a produtividade da planta (consulte também a Prancha 76).

Em solos aráveis, as práticas mais eficazes destinadas a controlar a E são aquelas que deixam o solo coberto. Essa proteção pode ser feita com cobertura morta e com algumas práticas de lavoura conservacionista que deixam os resíduos das plantas na superfície do solo, imitando as coberturas protetoras existentes nos ecossistemas naturais.

Cobertura morta vegetativa Uma *cobertura morta* é um material usado para cobrir a superfície do solo, principalmente com a finalidade de controlar a evaporação, a erosão, a temperatura e/ou as ervas daninhas. Exemplos de coberturas mortas *orgânicas* incluem palha, folhas e resíduos de colheitas. As coberturas mortas podem ser altamente eficazes para controlar a

Tabela 6.1 Produção de grãos a médio e longo prazo nas regiões semiáridas norte-americanas, em sistemas com e sem pousio de verão

Observe que, em todos os casos, o sistema com pousio foi o menos produtivo. Resultados como estes estão incentivando os agricultores a abandonarem o pousio de verão em favor das rotações de cultura com sistemas de plantio direto, que produzem mais e melhor e também conservam a qualidade do solo

Local	Duração do experimento, anos	Precipitação média anual, cm	Rotação (e cultivo)[a]	Rendimento médio a longo prazo, $Mg\ ha^{-1} ano^{-1}$
Akron, CO	10	41,8	TI-pousio (CT)	1,1
			TI-M-P (PD)	1,5
Mandan, ND	12	42,7	TP-pousio (CT)	1,1
			TP-TI-G (PD)	1,7
Sidney, MT	13	34,5	TP-pousio (CT)	1,2
			TP contínuo (PD)	1,9
Swift Current, SK	23	36,1	TP-pousio (RC)	1,3
			Lentilha-TP (RC)	1,6

[a]Abreviações: M= milho; CT = cultivo tradicional; P = painço; PD = plantio direto; RC= redução do cultivo com herbicidas; G = girassol; TP = trigo de primavera; TI = trigo de inverno; CO = Colorado (EUA); ND = Dakota do Norte (EUA); MT = Montana (EUA) e SK = Saskatchevan (Canadá).

Fonte: Varvel et al. (2006).

evaporação, mas elas podem ser onerosas e requerer muita mão de obra. A prática do uso da cobertura morta, portanto, é mais indicada para pequenas áreas (jardins e canteiros de paisagismo) e para plantas hortícolas de alto valor econômico. A prática menos trabalhosa é a que produz uma cobertura morta *in loco*, utilizando uma cobertura vegetal ou um cultivo comercial, deixando os resíduos permanecerem na superfície do solo (consulte *Resíduos de Colheita e Agricultura Conservacionista*, a seguir).

Coberturas protetoras (mulches) de resíduos orgânicos *versus* de lonas de plástico: http://jeq.scijournals.org/cgi/content/full/30/5/1808

As coberturas orgânicas, além de reduzirem a evaporação, podem oferecer os seguintes benefícios: (1) reduzir doenças de plantas, ocasionadas por patógenos disseminados pelos salpicos de água; (2) fornecer um caminho limpo para caminhadas a pé; (3) reduzir o crescimento de ervas daninhas (se densamente aplicadas); (4) aumentar a infiltração de água; (5) fornecer matéria orgânica e, possivelmente, nutrientes vegetais para o solo; (6) estimular o crescimento das populações de minhocas; (7) reduzir a erosão do solo; e (8) tornar moderada a temperatura do solo, especialmente porque evita o superaquecimento nos meses de verão (Seção 7.11). Este último efeito pode ser prejudicial ao solo se retardar um aquecimento necessário na primavera.

Coberturas de plásticos Para o controle das perdas de água por evaporação, podem ser usadas lonas plásticas (ou de papel especialmente preparado). Os tipos de lonas plásticas escuros e opacos também controlam, de forma eficaz, as ervas daninhas e são geralmente aplicados por máquinas. Neste caso, as plantas acabam crescendo em meio aos buracos feitos no plástico (Figura 6.15). Os canteiros de paisagismo são muitas vezes cobertos com uma camada de cascas de árvore ou cascalho, para que tenham uma duração mais longa e uma aparência mais agradável.

As lonas plásticas para cobertura do solo, ao contrário de suas contrapartidas orgânicas, podem aquecer os solos frios e estão disponíveis em cores, como o vermelho, que refletem a luz de comprimentos de onda que particularmente beneficiam o crescimento das plantas. No entanto, a maioria dos benefícios secundários (anteriormente listados) da cobertura orgânica morta não é obtida com a utilização do plástico, em razão de suas lonas interferirem na infiltração da água. Por isso, as coberturas com tecidos permeáveis são mais recomendadas, especialmente para canteiros de paisagismo. Outro problema grave dos plásticos para cobertura do solo (e também para os muitos tipos de tecidos permeáveis) é a dificuldade de se remover completamente o plástico no final do período vegetativo; depois de vários anos, pedaços de

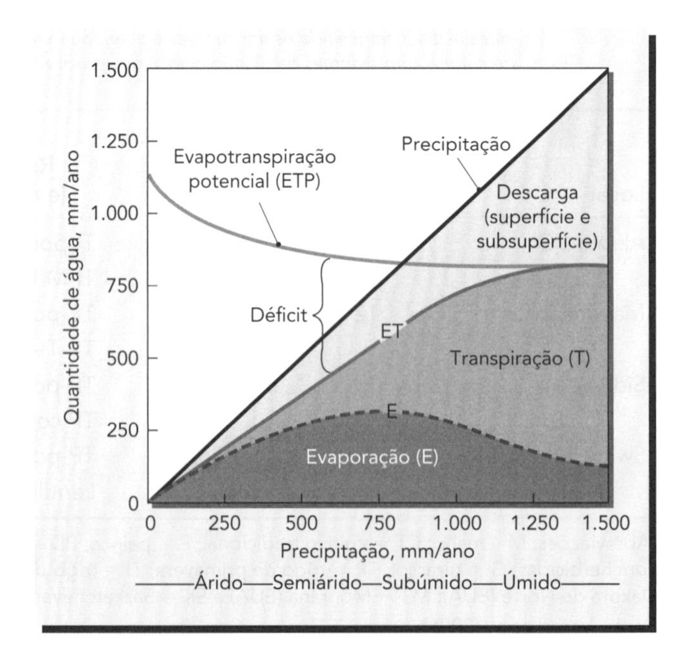

Figura 6.14 Partição das perdas de água na forma líquida (descarga ou vazão) e de vapor (evaporação e transpiração) nas regiões com níveis de precipitação pluvial anual variando de baixos (áridos) a altos (úmidos). O exemplo ilustrado pressupõe que as temperaturas são constantes em todas as regiões com regimes diferentes de chuva. A evapotranspiração potencial (ETP) é um pouco mais elevada nas regiões de baixa pluviosidade, porque a baixa umidade relativa do ar dessa região aumenta o gradiente de pressão de vapor a uma dada temperatura. A evaporação (E) representa uma proporção muito maior de perdas de vapor total (ET) nas regiões mais secas, devido à cobertura vegetal esparsa ocasionada pela concorrência das plantas pela água. Quanto maior a diferença entre a ETP e a ET, maior será o déficit e mais grave o estresse hídrico aos quais as plantas estarão sujeitas. (Diagrama: cortesia de R. Weil)

Figura 6.15 As coberturas protetoras plásticas são comumente usadas para as culturas com alto valor comercial. O plástico é instalado à máquina (*à esquerda*), ao mesmo tempo em que as mudas são transplantadas (*à direita*). Os plásticos utilizados para cobertura do solo ajudam a controlar as ervas daninhas, a conservar a umidade, a incentivar o crescimento inicial rápido e a eliminar a necessidade de cultivos. O elevado custo do plástico torna-o viável apenas para as culturas de alto valor comercial. (Fotos: cortesia de K. Q. Stephenson, Pennsylvania State University, EUA)

plástico se acumulam dentro do solo, produzindo um mau aspecto e interferindo no cultivo, bem como no movimento da água. Alguns fabricantes agora oferecem certas lonas plásticas biodegradáveis (fabricadas com produtos vegetais) para serem usadas como cobertura protetora do solo, a qual permanece intacta por um mês, ou pouco mais, e, em seguida, se decompõe quase completamente (Figura 7.29).

Resíduos de colheita e agricultura conservacionista Os resíduos das plantas, quando deixados na superfície do solo, conservam a sua água, reduzindo a evaporação e aumentando a infiltração. As práticas de **lavoura conservacionista** deixam uma grande percentagem de resíduos da colheita anterior na superfície, ou próximo dela (Figura 6.16, *à esquerda*). Uma prática de lavoura conservacionista amplamente utilizada em regiões semiáridas e subúmidas é a **cobertura morta**, plantio no meio dos resíduos vegetais, que permite que toda a palha do trigo proveniente da colheita anterior, ou parte dela, permaneça na superfície. Os agricultores que usam esse sistema de plantio são capazes de semear através da palha, o que permite que ela permaneça à superfície durante o plantio da safra seguinte (ver Figura 6.16). Infelizmente, o crescimento das plantas nas regiões secas é geralmente insuficiente para produzir uma quantidade de palha em quantidades necessárias para uma cobertura morta que possa minimizar a evaporação e maximizar a conservação da água.

Outros sistemas de lavoura conservacionista que deixam resíduos na superfície do solo incluem o plantio direto na palha, sem aração, (consulte a Figura 6.16, *à direita*), onde a nova safra é plantada diretamente na palha ou nos resíduos da colheita anterior, com quase nenhuma movimentação do solo. Os efeitos a longo prazo da conservação da água e do solo de tais sistemas de plantio direto são mostrados no Quadro 6.1. Os sistemas de agricultura conservacionista receberão mais atenção na Seção 14.6.

6.5 PERDAS LÍQUIDAS DE ÁGUA DO SOLO

Em nossa discussão sobre o ciclo hidrológico, relatamos dois tipos de perdas líquidas de água dos solos: (1) percolação, ou drenagem subsuperficial da água, e (2) água de escoamento superficial (Figura 6.2). A *água de percolação* recarrega os lençóis subterrâneos e remove os produtos químicos do solo. O *escoamento superficial* contribui para escoá-los, por ocasião de

Figura 6.16 A lavoura conservacionista deixa resíduos vegetais na superfície do solo, reduzindo as perdas pela evaporação e pela erosão. *À esquerda*: em uma região semiárida (Dakota do Sul, EUA), a palha da safra de trigo do ano anterior foi apenas parcialmente enterrada para ancorá-la contra o vento, permitindo que cobrisse ainda grande parte da superfície do solo. No ano seguinte, a metade esquerda do campo, agora cultivada com trigo, permanecerá com a cobertura morta da palha, e a outra metade, a da direita, será semeada com trigo. *À direita*: milho plantado sem o solo estar arado, em uma região mais úmida, cresce através da palha de uma cultura de trigo anterior deixada na superfície. Nota-se que, com esse tipo de plantio, quase nenhum solo permanece diretamente exposto à radiação solar, chuva ou vento. (Fotos: cortesia de R. Weil [*à esquerda*] e USDA Natural Resources Conservation Service [à direita])

chuvas muito intensas, para os cursos d'água e transporta tanto as partículas do solo como as substâncias químicas. As perdas por percolação irão ocorrer quando a quantidade de chuva que penetra em um solo excede a sua capacidade de retenção de água. Vários fatores influenciam essas perdas: (1) a quantidade de chuvas e sua distribuição, (2) o escoamento na superfície do solo, (3) a evaporação, (4) as características do solo e (5) o tipo de vegetação.

Equilíbrio percolação-evaporação

Em regiões de clima temperado úmido, a taxa de infiltração da água no solo (precipitação menos o escoamento) é maior do que a de evapotranspiração, pelo menos durante determinadas estações do ano. Assim que a capacidade de campo do solo é atingida, a percolação ocorre nos substratos. No exemplo mostrado na Figura 6.18*a*, a percolação máxima ocorre tanto durante o inverno como no início da primavera, quando a evaporação é menor. Neste caso, durante o verão, pouca percolação ocorre, e a evapotranspiração é maior do que a precipitação, resultando em uma diminuição da água armazenada no solo.

Em uma região semiárida, da mesma forma que em uma úmida, a água pode ser armazenada no solo durante os meses de inverno, para depois ser usada no verão a fim de satisfazer o déficit de umidade. Mas, por causa da baixa pluviosidade, pouco escoamento e essencialmente nenhuma percolação ocorrem no perfil. A água pode se mover para os horizontes mais inferiores, mas, antes que isso aconteça, é absorvida pelas raízes das plantas para, finalmente, se perder por transpiração.

Na Figura 6.19, são mostradas as perdas comparativas de água por evapotranspiração e percolação, por intermédio de solos encontrados em diferentes regiões climáticas. Essas diferenças devem ser relembradas na leitura da seção a seguir, que abordará a percolação e as águas subterrâneas.

QUADRO 6.1

A conservação da água compensa financeiramente

Resultados muito interessantes, obtidos em pesquisas a longo prazo, mostram que o aumento da área com a agricultura conservacionista pode realmente contribuir para um maior rendimento das safras em regiões semiáridas. Em 1938, o rendimento médio do sorgo em parcelas de um experimento científico do Departamento de Agricultura dos Estados Unidos (USDA), em Lubbock, no Estado do Texas, foi de aproximadamente 900 kg/ha. Em 1997, essa média havia aumentado para 3.830 kg/ha, um crescimento relativo de cerca de 325%. Novas pesquisas sugerem que cerca de um terço desse acréscimo no rendimento pode ser atribuído a variedades de sorgo melhoradas, e os dois terços restantes, a outros fatores. Uma maior disponibilidade de nutrientes foi descartada como sendo um fator de aumento do rendimento, porque nenhum adubo foi aplicado a essas parcelas.

Estes dados mostraram que o principal fator que poderia contribuir para um rendimento mais elevado foi a maior disponibilidade de água do solo. As análises dos dados de chuva e neve não mostraram aumento algum na precipitação que pudesse ter contribuído para um maior rendimento. No entanto, as medições da água do solo, feitas na época do plantio (Figura 6.17, *abaixo*) revelaram teores muito maiores de água disponível durante o período de 1972 a 1997 do que nos anos anteriores (1956 a 1972).

Os dados obtidos mostraram que o manejo do cultivo mínimo e dos resíduos foram os principais fatores que ocasionaram essa diferença nos teores de água do solo. Durante o primeiro período (1956 a 1972) do experimento, o solo das parcelas foi revolvido anualmente para controlar as ervas daninhas, e pouco resíduo permaneceu sobre o solo. Durante o último período (1972 a 1997), houve uma grande mudança em relação ao plantio direto (sem aração), que manteve os resíduos das colheitas na superfície do solo. O sistema de cultivo sem aração com o controle das ervas daninhas usando herbicidas reduziu as perdas por evaporação, deixando quantidades extras de umidade no solo, as quais contribuíram para um maior rendimento do sorgo.

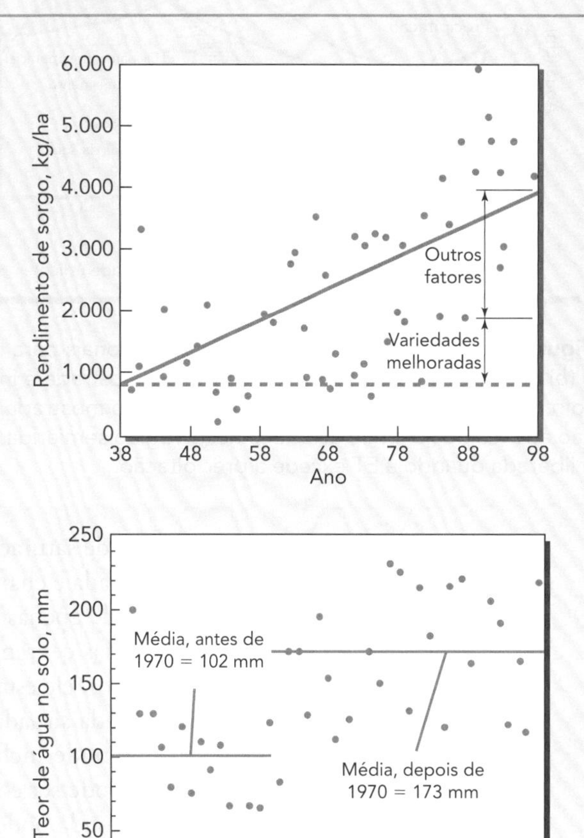

Figura 6.17 *Acima*: O rendimento de sorgo aumentou de 1938 a 1998; *abaixo*: variações no armazenamento de água no solo de 1954 a 1997. (Fonte: Unger e Baumhardt [1999])

6.6 PERCOLAÇÃO E ÁGUAS SUBTERRÂNEAS

Quando a água de drenagem se move para baixo através do solo e do regolito, ela eventualmente encontra uma zona em que todos os seus poros estão saturados com água. Muitas vezes, essa zona saturada situa-se acima de um horizonte impermeável do solo (Figura 6.20) ou de uma camada impermeável de rocha ou argilas. A super-

Conceitos básicos sobre águas subterrâneas: www.groundwater.org/gi/whatisgw.html

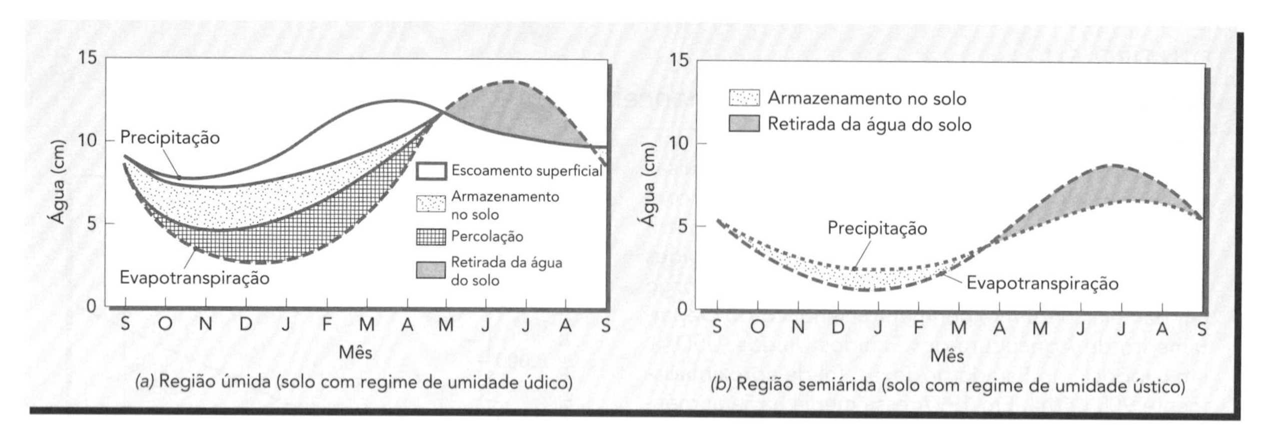

Figura 6.18 Curvas de balanços hídricos sazonais para duas regiões de uma zona temperada: (*a*) uma região úmida e (*b*) uma semiárida. Observe que a ET real mostrada é influenciada pela água disponível que esteve armazenada no solo. A evapotranspiração potencial (ETP), não mostrada, seria muito mais elevada, especialmente em (*b*). A percolação através do solo não acontece nesta região semiárida. Nos dois exemplos, a água, depois de armazenada no solo, é liberada quando a ET excede a precipitação.

fície superior desta zona de saturação é conhecida como o **nível freático** (ou **lençol freático**), e o líquido na zona saturada é chamado de **água subterrânea**. O lençol freático (Figura 6.21) está geralmente a cerca de apenas 1 a 10 m abaixo da superfície do solo em regiões úmidas, mas pode se situar a várias centenas ou mesmo milhares de metros de profundidade em regiões áridas. Nos pântanos, ele está essencialmente na superfície do terreno.

A camada não saturada situada acima do lençol freático é denominada **zona vadosa** (Figuras 6.20 e 6.21). Ela pode incluir materiais não saturados com água situados abaixo do perfil do solo, por isso pode ser consideravelmente mais espessa do que ele. No entanto, em alguns locais, a zona saturada pode estar perto o suficiente da superfície para abranger os horizontes inferiores do solo. Neste caso, a zona vadosa compreende somente os horizontes mais superficiais do solo.

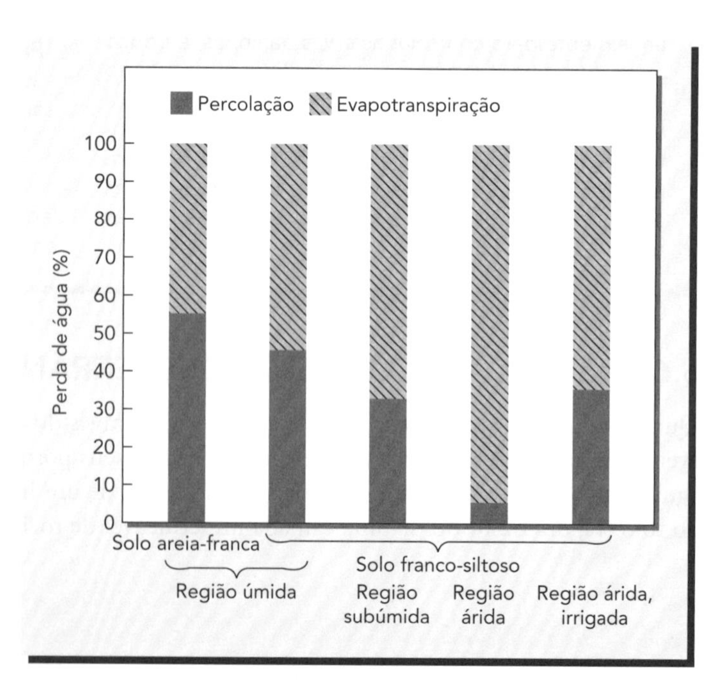

Figura 6.19 Percentual da água que entra no solo e que é perdido por percolação vertical e por evapotranspiração. Figuras representativas são mostradas para diferentes regiões climáticas.

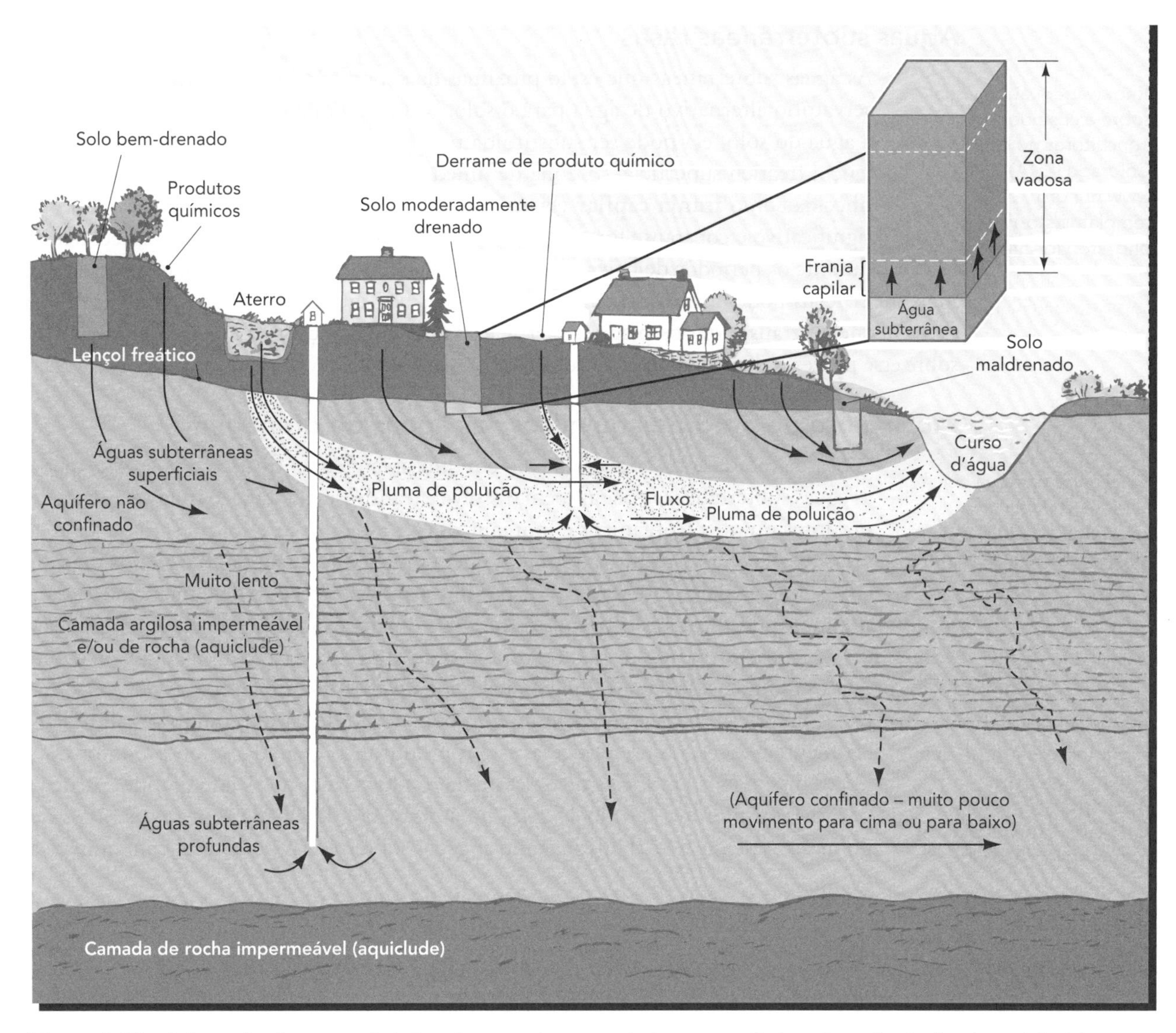

Figura 6.20 A água da chuva e a da irrigação percolam para baixo no perfil do solo, até atingir o lençol freático superficial subjacente e as suas águas subterrâneas. A zona não saturada acima da coluna de água é conhecida como *zona vadosa* (*canto superior direito*). As águas subterrâneas se movem para cima do lençol freático na franja capilar por capilaridade. As águas subterrâneas também se movem lateralmente para baixo, em terrenos inclinados, em direção a um fluxo, carregando consigo produtos químicos que foram lixiviados através do solo, incluindo nutrientes de plantas (N, P, Ca, etc.), bem como pesticidas e outros poluentes. Um poço pouco profundo retira as águas subterrâneas de um aquífero não confinado situado perto da superfície. Um poço mais profundo aproveita as águas subterrâneas de um aquífero profundo e confinado. Duas plumas de avanço da poluição são mostradas: uma proveniente de lixiviados de um aterro; outra, de um derramamento de compostos químicos. A primeira delas parece estar contaminando o poço mais raso. (Diagrama: cortesia de R. Weil)

As águas subterrâneas menos profundas recebem água de drenagem através da percolação descendente. Por sua vez, a maior parte das águas subterrâneas se infiltram lateralmente em meio a materiais geológicos porosos (denominados **aquíferos**) até que elas sejam descarregadas nas nascentes e cursos d'água. As águas subterrâneas também podem ser removidas por bombeamento para uso doméstico e irrigação. O lençol freático sobe ou desce em resposta a um equilíbrio entre a quantidade de água de drenagem que chega através do solo e do montante retirado através de bombeamento em poços e do escoamento natural para as nascentes e cursos d'água.

Águas subterrâneas rasas

Reportagem audiovisual sobre a crise dos agricultores no estado do Colorado (EUA): www.npr.org/templates/story/story.php?storyId=5400947

As águas subterrâneas que estão próximas da superfície podem servir como um reservatório alternativo de água para o solo. À medida que as plantas vão removendo a água do solo, ela pode ser substituída pelo movimento capilar ascendente de um lençol freático superficial. A zona de umedecimento pelo movimento capilar é conhecida como **franja capilar** (Figura 6.21). Esse movimento pode resultar em um significativo e constante fornecimento de água, que permite um bom abastecimento durante os períodos de baixa pluviosidade. A ascensão capilar das águas subterrâneas mais superficiais pode também fazer com que os sais das águas subterrâneas salobras sejam continuamente transportados para a superfície. (Consulte a Seção 9.12 para obter detalhes sobre esse processo de degradação do solo.)

Movimento de produtos químicos nas águas de drenagem[2]

Qualidade da água nos Estados Unidos: www.epa.gov/305b/2000report/factsheet.pdf

A percolação da água através do solo em direção ao lençol freático não apenas repõe as águas subterrâneas, mas também dissolve e transporta para baixo uma variedade de produtos químicos orgânicos e inorgânicos que estão no interior do solo ou sobre a sua superfície. Os produtos químicos que, por esse processo, são **lixiviados** do solo em direção às águas subterrâneas (e, por fim, para os córregos e rios) incluem elementos intemperizados dos minerais, compostos naturais orgânicos resultantes da decomposição dos resíduos vegetais, nutrientes de plantas oriundos de fontes naturais e humanas, bem como vários produtos químicos sintéticos, intencional ou inadvertidamente aplicados nos solos.

Reportagem audiovisual sobre telhados verde que evitam a poluição: www.npr.org/templates/story/story.php?storyId=5454152

A lixiviação de patógenos humanos, bem como de vários compostos sintéticos altamente tóxicos, como pesticidas e seus produtos de degradação ou produtos químicos dissolvidos em locais de descarte de resíduos, tem motivado grandes preocupações (consulte o Capítulo 15 para uma discussão detalhada sobre estes riscos de poluição). A Figura 6.20 ilustra como as águas subterrâneas podem ser contaminadas

Figura 6.21 Nesta fotografia, estão ilustrados o lençol freático, a franja capilar, a zona de material não saturado acima do lençol freático (zona vadosa) e as águas subterrâneas. Estas podem conter quantidades significativas de água passíveis de serem captadas para utilização das plantas. (Foto: cortesia de R. Weil)

[2] Para uma revisão sobre transporte químico através dos solos no campo, consulte Jury e Fluhler (1992).

com esses agentes patogênicos ou com produtos químicos e como as plumas de contaminação se espalham a jusante dos corpos e dos poços d'água.

Movimento químico através dos macroporos

Como mostrado na Figura 6.22, substâncias químicas ou agentes patogênicos podem ser transportados da superfície do solo através de grandes poros, dentro dos quais podem mover-se rapidamente para baixo pelos **fluxos preferenciais** (Seção 5.5). A maior parte da água que flui através dos grandes macroporos não entra em contato com a matriz dos solos. Tal fluxo preferencial por vezes é denominado **fluxo desviado**, o qual tende a mover-se rapidamente ao redor, em vez de através, da matriz do solo. Por essa razão, se os produtos químicos forem incorporados aos primeiros centímetros do solo superficial, sua circulação através dos poros maiores poderá ser reduzida, limitando a lixiviação descendente. Sendo assim, quando esses produtos forem aplicados, sua lixiviação poderá ser maior apenas na superfície do solo.

Intensidade da chuva ou da irrigação Durante uma chuva de alta intensidade, principalmente depois de alguns dias sem chuvas, a água e os produtos químicos a ela associados rapidamente se movem para a parte inferior do solo através de macroporos, não comprometendo a maior parte da matriz do solo. Por outro lado, uma chuva pouco intensa pode fazer com que

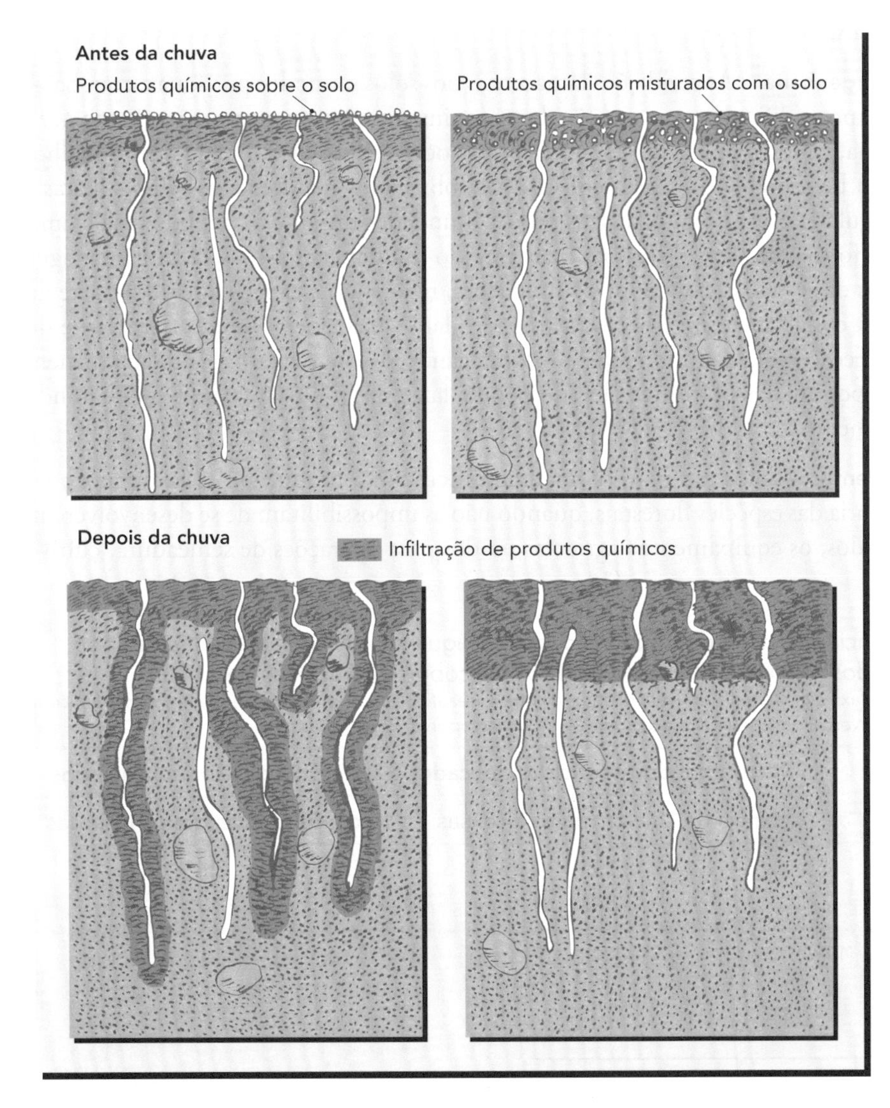

Figura 6.22 O fluxo de desvio preferencial em macroporos pode transportar para baixo, através de um perfil de solo, produtos químicos solubilizados. *À esquerda*: quando o produto químico é colocado na superfície do solo, ele pode se dissolver na água empoçada à superfície; depois, quando chover, ele será transportado rapidamente para baixo, através das fendas, canalículos de minhocas e outros macroporos. *À direita*: quando o produto químico estiver disperso dentro da matriz no solo do horizonte mais superficial, a maior parte da água ainda se moverá para baixo através do macroporo, mas não mais incorporando o produto químico. Desta forma, pouco dele será transportado para baixo. Observe que, quando os canalículos não permanecem abertos até a superfície, eles não transportam a água ou contaminantes através do fluxo preferencial.

a água penetre na camada mais superficial, saturando completamente os seus agregados e minimizando, assim, a rápida percolação descendente da água que transporta produtos químicos e agentes patogênicos. A Tabela 6.2 ilustra os efeitos da intensidade de precipitação sobre a lixiviação de pesticidas aplicados a um gramado.

6.7 MELHORANDO A DRENAGEM DO SOLO[3]

A saturação prolongada dos solos pode ser devida à sua posição na parte mais baixa da paisagem, onde o solo se encontra em uma altitude que faz com que o lençol freático regional permaneça próximo à sua superfície por longos períodos (**endoáquico**). Em outros solos, a água pode se acumular acima de uma camada impermeável do perfil do solo (**epiáquico**), criando um **lençol freático suspenso** (Figura 6.23). Os solos com qualquer um desses tipos de saturação com água podem ser encontrados nas terras úmidas, ecossistemas transitórios entre as terras e as águas caracterizados pelas condições anaeróbicas (sem oxigênio) (Seção 7.5).

Razões para melhorar a drenagem do solo

As condições de má aeração de um solo saturado com água são essenciais para o funcionamento normal dos ecossistemas de terras úmidas e a sobrevivência de muitas espécies de plantas hidrófitas. No entanto, para a maioria dos outros usos da terra, essas condições são evidentemente prejudiciais.

Problemas de engenharia As condições lamacentas dos solos saturados por água e com baixa capacidade de suporte dificultam a operação das máquinas durante as construções (Seção 4.9). Da mesma forma, os solos utilizados para recreação podem suportar o tráfego muito melhor se eles estiverem bem drenados. Casas construídas sobre solos maldrenados estão sujeitas a infiltrações irregulares e a ficarem com seus porões inundados durante os períodos mais úmidos. Da mesma forma, um lençol freático mais elevado resultará em ascensão capilar de água abaixo dos leitos das estradas e ao redor de fundações, reduzindo a capacidade de suporte do solo e, se a água congelar no inverno, ocasionando danos pelo soerguimento resultante do congelamento (Seção 7.8). Caminhões pesados trafegando ao longo de uma estrada pavimentada sustentada por um lençol freático elevado podem fazer surgir buracos e acabar destruindo todo o seu pavimento.

Produção de plantas Solos saturados com água dificultam a produção das lavouras de sequeiro e da maioria das espécies florestais, quando não as impossibilitam de se desenvolverem. Em solos saturados, os equipamentos agrícolas usados para operações de semeadura, cultivo

Tabela 6.2 Influência da intensidade de aplicação de água na lixiviação de pesticidas por meio dos primeiros 50 cm de um *Mollisol* coberto com leivas de grama

O Metalaxil é muito mais solúvel em água do que o Isazofos, mas nos dois casos, as chuvas fizeram com que houvesse muito mais lixiviação, através dos macroporos, desses dois pesticidas

	Percentual dos pesticidas aplicados à superfície que foram lixiviados	
Pesticida	**10 cm de chuvas muito intensas**	**10 cm de chuvas pouco intensas**
Isazofos	8,8	3,4
Metalaxil	23,8	13,9

Dados de Starrett et al. (1996)

[3] Para uma revisão sobre todos os aspectos da drenagem artificial, consulte Skaggs e van Schilfgaarde (1999).

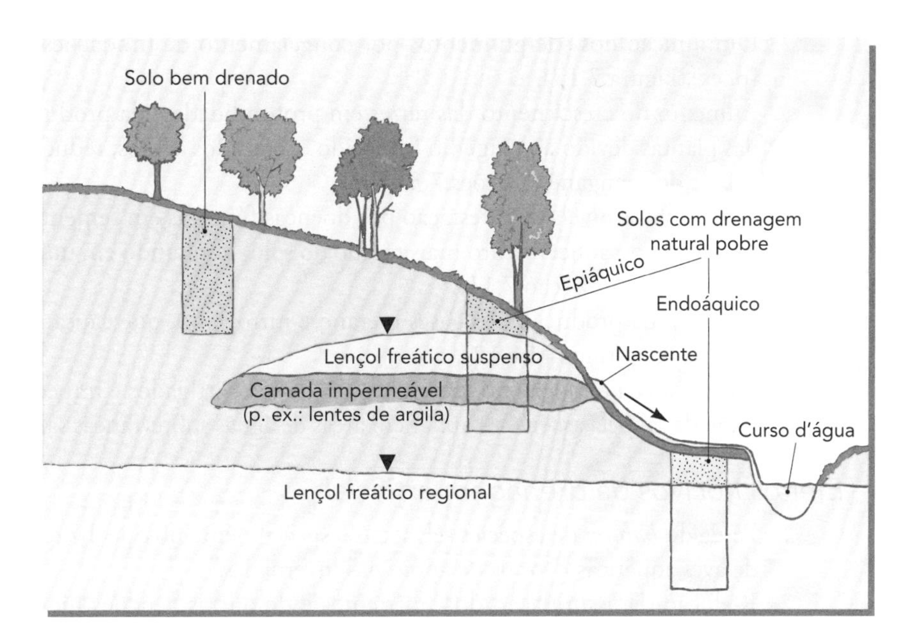

Figura 6.23 Seção transversal de uma paisagem, mostrando os lençóis freáticos regionais suspensos em relação a três solos: um bem drenado e dois com má drenagem interna. Por convenção, um triângulo invertido (▼) identifica o nível freático. O solo que contém um lençol freático suspenso está saturado com água na sua parte superior, mas permanece não saturado abaixo da camada impermeável e, por esta razão, é dito *epiáquico* (do grego, *epi* = "acima"), enquanto a porção do solo saturada pelo lençol freático regional é dita *endoáquica* (do grego, *endo* = "dentro"). A drenagem artificial pode ajudar a rebaixar esses dois tipos de lençol freático. (Diagrama: cortesia de R. Weil)

ou colheita podem atolar. Exceto para algumas espécies de plantas especialmente adaptadas a essas condições (ciprestes, arroz, taboa, etc.), a maior parte das lavouras e espécies florestais crescem melhor em solos bem-drenados, uma vez que suas raízes necessitam de oxigênio suficiente para a respiração (Seção 7.1). Além disso, um lençol freático elevado limita o crescimento das raízes das plantas à camada mais superficial do solo, parcialmente não saturada e, portanto, com boa aeração. Isso pode resultar em um futuro estresse de água, se o tempo ficar mais seco e o lençol freático baixar rapidamente.

Por estas e outras razões, os sistemas de drenagem artificial têm sido amplamente utilizados para remover o excesso de água (gravitacional) e rebaixar o lençol freático dos solos mal-drenados. A drenagem artificial é praticada em certas áreas em quase todas as regiões climáticas, mas é mais utilizada para melhorar a produtividade agrícola dos solos argilosos aluviais e lacustres. Embora às vezes negligenciados, os sistemas de drenagem são de vital importância para as regiões áridas, onde são necessários para a remoção do excesso de sais e a prevenção contra encharcamentos (ver Seção 9.18).

A drenagem artificial implica em uma importante alteração do sistema do solo, e seus efeitos potenciais, tanto benéficos como prejudiciais, devem ser cuidadosamente considerados. Em muitos casos, a legislação dos Estados Unidos, destinada a proteger as terras úmidas exige a obtenção de uma autorização especial para a instalação de um novo sistema de drenagem artificial.

Benefícios da drenagem artificial

1. Melhora a capacidade de carga e a trabalhabilidade do solo, permitindo que as operações de campo sejam mais exequíveis, com melhoria também ao acesso de veículos ou ao tráfego de pedestres.

2. Diminuição dos soerguimentos por congelamento de fundações, calçadas e plantas (p. ex., Figura 7.17).
3. Aumento do crescimento das raízes em profundidade e da produtividade da maioria das plantas devido ao oxigênio fornecido e, em solos ácidos, redução da toxicidade do ferro e do manganês (Seções 7.3 e 7.5).
4. Redução dos níveis de infestação por doenças fúngicas em sementes e plantas jovens.
5. Promoção do aquecimento mais rápido do solo, resultando em uma maturação precoce das culturas (Seção 7.11).
6. Redução da produção dos gases metano e nitrogênio, que causam danos ambientais globais (Capítulos 11 e 12).
7. Promoção da remoção do excesso de sais de solos irrigados e impedimento da acumulação de sal pela ascensão capilar em áreas de águas subterrâneas salgadas (Seção 10.3).

Efeitos nocivos da drenagem artificial

1. Perda do *habitat* de espécies selvagens, especialmente no que diz respeito à reprodução de aves aquáticas e locais de apoio nas invernadas.
2. Redução da assimilação dos nutrientes e de outras funções bioquímicas das terras úmidas (Seção 7.7).
3. Aumento da lixiviação de nitratos e de outros contaminantes das águas subterrâneas.
4. Perda acelerada de matéria orgânica do solo, levando à subsidência de certos solos (Seções 3.9 e 11.8).
5. Aumento da frequência e da gravidade das inundações, devido à perda da capacidade de retenção da água de escoamentos superficiais.
6. Maior custo de danos quando as inundações ocorrem em terras aluviais urbanizadas após a drenagem.
7. Aumento do aquecimento global em razão de a matéria orgânica do solo ser forçada a converter-se em CO_2.

Sistemas de drenagem superficiais

Os sistemas de drenagem artificial destinam-se a estabelecer dois tipos gerais de drenagem: (1) *drenagem superficial* e (2) *drenagem interna* ou *subsuperficial.* A finalidade da drenagem superficial é remover a água antes de ela penetrar no solo.

Valas de drenagem superficial A maioria dos sistemas de drenagem superficial é projetada para aumentar a velocidade do escoamento superficial da água, com a construção de valas pouco profundas e com arestas suavizadas que não interferem no tráfego de equipamentos. Se houver alguma inclinação do terreno, as valas superficiais são geralmente construídas a favor da direção do maior declive e contra a das linhas de plantio, permitindo, assim, a interceptação da água morro abaixo. Essas valas podem ser feitas a baixo custo com equipamentos simples. Para remover a água da superfície de gramados paisagísticos, esse sistema de drenagem pode ser modificado: no lugar de valas, é possível construir canais com taludes suavemente inclinados e vegetados.

Nivelamento do terreno Muitas vezes, as valas de drenagem superficial são combinadas com o **nivelamento do terreno** para facilitar a remoção da água e evitar o seu empoçamento no terreno. Para isso, as pequenas elevações e depressões podem ser cortadas e preenchidas usando-se equipamentos de precisão guiados a *laser*. O terreno nivelado permite que o excesso de água flua, em um ritmo controlado, sobre a superfície do solo para a vala de saída da água e, em seguida, para um curso d'água natural. O nivelamento do solo também é muito usado para preparar os campos de cultivos que serão irrigados por inundação (Seção 6.9).

Drenagem subsuperficial (interna)

O objetivo dos sistemas de drenagem subsuperficiais é o de remover as águas subterrâneas do solo a fim de rebaixar o lençol freático. Tais sistemas necessitam de canais para escoar o excesso de água. A drenagem interna ocorre somente quando o nível do terreno que está sendo drenado permanece abaixo do lençol freático (Figura 6.24). Em um solo saturado, o

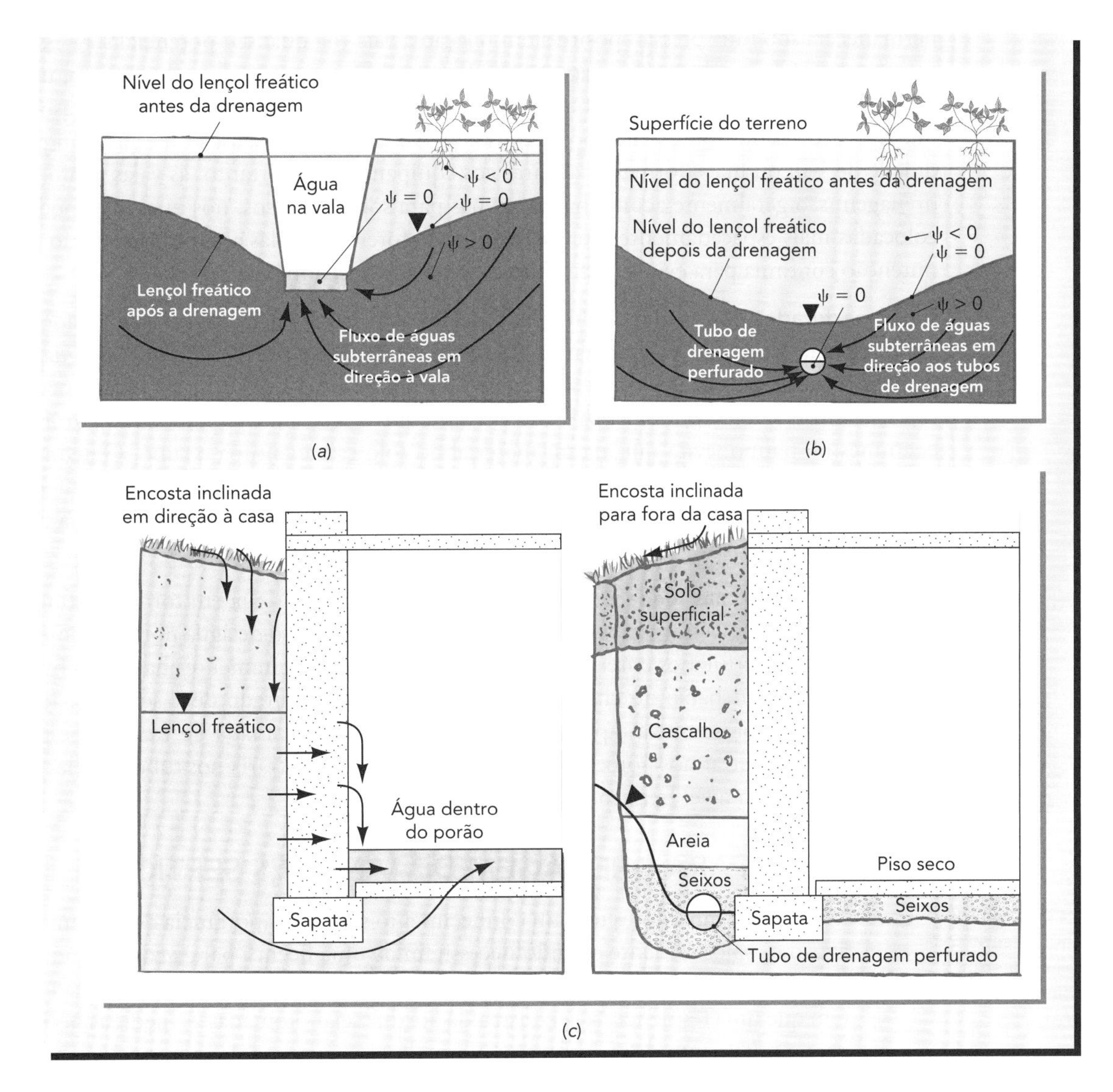

Figura 6.24 Esquemas de três tipos de sistemas de drenagem de subsuperfície. (*a*) Valas abertas usadas para rebaixar o nível freático em um solo maldrenado. A posição desses níveis é indicada antes e depois da instalação da vala, durante a estação chuvosa. O efeito de drenagem diminui com a distância da vala, fazendo com que o lençol freático se situe em um nível mais profundo, quando próximo dela. (*b*) Tubos de plástico perfurados enterrados têm um efeito semelhante ao das valas mostradas em (*a*), mas têm duas vantagens: não são visíveis após a instalação e não apresentam qualquer obstáculo para os equipamentos trafegarem na superfície. Observe as linhas de fluxo indicando os caminhos tomados pela água em direção às valas (ou tubos de drenagem), em resposta aos gradientes de potenciais de pressão entre a água submersa ($\psi > 0$) e a água livre, canalizada na vala de drenagem ($\psi = 0$). (*c*) Esquema do lençol freático em torno do alicerce de uma construção antes (*à esquerda*) e após (*à direita*) a instalação de um dreno de pé e correção da direção do fluxo oriundo da superfície. Os princípios do movimento da água nos solos são aplicados para manter o porão seco. (Diagramas: cortesia de R. Weil)

fluxo de descarga da água drenada é uma resposta gravitacional positiva a um potencial de submergência (Seção 5.3). O Quadro 6.2 apresenta um exemplo de como o conhecimento das propriedades básicas do solo e dos princípios do movimento da sua água podem ser aplicados no planejamento de um sistema destinado a minorar os problemas de drenagem de uma área ajardinada.

Valas de drenagem abertas e profundas Se uma vala é escavada até uma profundidade abaixo do lençol freático (Figura 6.24 e 6.26), a água vai se infiltrar no solo saturado, onde ela permanecerá sob uma pressão positiva em relação à vala (na qual seu potencial será essencialmente zero). Chegando à vala, a água pode fluir rapidamente para fora do terreno, uma vez que aí ela não necessita ultrapassar as forças de atrito que atrasariam seu percurso (caso tivesse que fluir através dos minúsculos poros do solo). No entanto, as valas, se abertas com profundidade de 1 m ou mais, formam barreiras aos equipamentos. Portanto, as valas profundas de drenagem são geralmente aconselhadas apenas para solos arenosos, nos quais elas podem ser colocadas mais espaçadamente. Por outro lado, se forem deixadas abertas, precisarão de manutenção contínua para evitar o acúmulo de vegetação e sedimentos.

Tubos perfurados enterrados Uma rede de tubos plásticos perfurados e enterrados pode ser instalada, usando-se equipamentos especializados (Figura 6.26, *à direita*). A água move-se para a tubulação através das perfurações. O tubo deve ser deitado com o lado perfurado (ou fendilhado) voltado para *baixo*. Isso permite que a água infiltre para cima na tubulação e, ao mesmo tempo, evita que algum material do solo caia e entupa o tubo. O acúmulo de sedimentos também poderá ser evitado se o tubo tiver uma boa inclinação (geralmente um declive de 0,5 a 1%) para que a água flua rapidamente para o canal ou curso d'água natural, que dá vazão aos fluxos.

Construindo drenos nas fundações de edifícios O excesso de água em torno das fundações de construções pode causar sérios danos. A remoção desse excesso de água normalmente é feita usando-se tubos perfurados enterrados, colocados ao lado (e ligeiramente abaixo) da fundação (Figura 6.24*c*) ou debaixo do chão da fundação. O tubo perfurado deve ser inclinado para permitir que a água se mova rapidamente para uma vala de tomada de vazão ou esgoto. A água não vai se infiltrar nos porões da mesma forma que não entraria nos tubos, se eles fossem colocados acima do nível freático.

6.8 ÁREAS PARA DRENAGEM DE TANQUES SÉPTICOS

Campos de drenagem para tanques sépticos: www.soil.ncsu.edu/publications/Soilfacts/AG-439-13/

Milhares de moradores tomam conhecimento sobre a importância do movimento da água nos solos somente quando necessitam de uma licença para a construção da casa de seus sonhos. As autoridades locais dos Estados Unidos normalmente não permitem que uma residência seja construída até que sejam tomadas as medidas necessárias para o tratamento de seus esgotos. Normalmente, um pedólogo inspeciona o solo do terreno onde será construída a casa, a fim de avaliar a sua aptidão para ser usado como um campo de drenagem de seu tanque séptico. Se os solos encontrados são considerados inadequados, a autorização para a construção poderá ser indeferida.

Funcionamento de um sistema séptico

Sistemas sépticos e sua manutenção: http://extension.umd.edu/environment/Water/files/septic.html

Nos Estados Unidos, o tipo mais comum de tratamento de águas residuais no próprio terreno para casas não conectadas a sistemas de esgoto municipais é o *tanque séptico,* com um *campo de drenos* a ele associado (às vezes chamado de *campo de filtragem* ou *de absorção*). Em resumo, um campo de drenos sépticos opera no sentido

QUADRO 6.2

Sucesso e falha de um projeto de drenagem de uma paisagem

As árvores de uma alameda de abetos, cuidadosamente podadas em formatos ornamentais e que foram projetadas para fazer parte de um intrincado projeto paisagístico, estavam morrendo por causa da má drenagem. Uma prática muito dispendiosa implantada para melhorar o sistema de drenagem sob as árvores fracassou, e os abetos replantados novamente passaram a mostrar um efeito antiestético em um jardim que fora planejado para apresentar um cenário harmonioso.

Finalmente, o arquiteto paisagista deste parque ornamental mundialmente famoso chamou um pedólogo para ajudá-lo a encontrar uma solução para o problema dos abetos doentes. Os relatórios mostraram que, na fracassada tentativa anterior para corrigir o problema de drenagem, os empreiteiros removeram todas as árvores da fileira de abetos, escavando uma trincheira com cerca de 3 m de profundidade *(a)*. Em seguida, eles preencheram a trincheira com cascalho até 1 m da superfície do solo, completando o preenchimento com um material de solo franco-siltoso, rico em matéria orgânica. Nesse material franco-siltoso, foram plantadas as novas árvores de abetos. Finalmente, uma cobertura morta de cascas de árvores picadas foi aplicada à superfície.

O paisagista que tinha projetado e instalado o sistema de drenagem, aparentemente, tinha pouca compreensão dos diversos horizontes de solo e sua relação com a hidrologia local. Quando o pedólogo examinou o solo local, encontrou um pã argiloso e impermeável que fazia com que a água das áreas mais elevadas se movesse lateralmente para a zona de enraizamento dos abetos. Os princípios básicos de circulação de água do solo também mostraram que a água não poderia drenar a partir de poros finos no material franco-siltoso para os poros grandes do cascalho e, portanto, o material cascalhento que preenchia a trincheira não traria nenhuma vantagem na drenagem do solo colocado acima do material cascalhento (comparar com a situação mostrada nas Figuras 5.18 e 5.19). Na verdade, a água, ao movimentar-se lateralmente sobre a camada impermeável, criava um lençol freático suspenso que direcionava a água para dentro da parte da trincheira preenchida com cascalho, saturando, rapidamente, seus espaços porosos e também os do material franco-siltoso rico em matéria orgânica.

Para resolver o problema, a "solução" anterior teve que ser desfeita *(b)*. Os abetos mortos foram removidos, as valas foram reescavadas e o cascalho foi retirado da trincheira. Depois, exceto nos 0,5 m superiores, as valas foram preenchidas com um material de solo subsuperficial franco-arenoso para proporcionar um meio de enraizamento adequado para as árvores substituídas. A porção da trincheira acima de 0,5 m foi preenchida com um material de solo superficial franco-arenoso e ácido, mas que continha um teor mais elevado de matéria orgânica. A interface entre esses dois materiais foi homogeneizada para evitar a mudança brusca na configuração dos poros. Isso permitiria o movimento de uma frente de umedecimento não saturada que removeria qualquer excesso de água da camada superior para a inferior.

A cerca de 1 m acima da superfície da trincheira, foi instalado um dreno interceptor, utilizando uma pequena trincheira que atravessava a camada impermeável de argila, tendo por finalidade desviar a água que se dirigia para a área. Um tubo perfurado de drenagem, rodeado por uma camada de cascalho, foi colocado na parte inferior dessa trincheira menor, com uma inclinação de 1%, para permitir que a água fluísse para longe da área em direção a uma saída adequada. O dreno interceptor impediu que a água se movimentasse lateralmente sobre a camada de solo impermeável e alcançasse a zona de enraizamento da alameda sempre verde.

Embora o ano seguinte ao replantio das árvores da alameda tivesse sido excepcionalmente chuvoso, o novo sistema de drenagem conseguiu manter o solo bem arejado e favoreceu o desenvolvimento das árvores. Os princípios do movimento da água, explicados nas Seções 5.6 e 6.7 deste livro, foram aplicados no campo com sucesso.

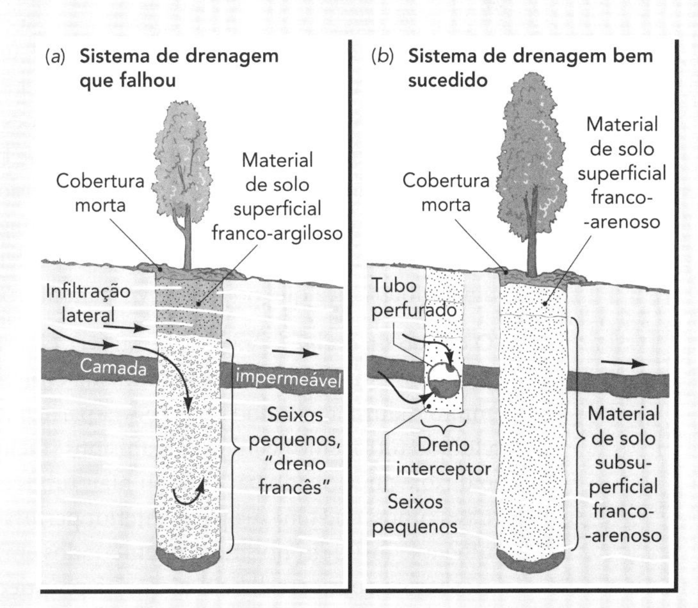

Figura 6.25 O projeto de drenagem que fracassou e o que foi bem-sucedido.

(a) (b)

Figura 6.26 *À esquerda*: um sistema de drenagem em forma de vala aberta planejado para rebaixar o lençol freático durante a estação chuvosa. A água que está escorrendo na vala merejou do solo saturado. A banda mais escura que aparece na parede escavada no solo, acima do nível de água, mostra a franja capilar. As faixas tampões de leivas de grama ou de árvores devem ser fixadas em ambos os lados das valas para evitar que a água seja poluída por produtos químicos e sedimentos que podem chegar às valas através do escoamento superficial. Note, em segundo plano, as pilhas de material do solo escavado das valas. Esses materiais são, geralmente, espalhados em uma delgada camada e, depois, misturados ao horizonte mais superficial durante o cultivo; no entanto, ele deve primeiro ser testado para se verificar se há propriedades prejudiciais. *À direita*: equipamentos especializados, guiados a *laser*, instalam uma linha de tubos de drenagem feitos de plástico ondulado. Esses tubos têm perfurações na parte inferior para que a água de um solo saturado possa se infiltrar neles. A linha de valas de drenagem será aterrada com o material de solo que está sendo empilhado do lado esquerdo. Para que alguma água possa ser removida, toda a linha de drenos tem que ser instalada de forma mais profunda do que o nível sazonal mais elevado do lençol freático. (Fotos: cortesia de R. Weil, *à esquerda*, e USDA/NRCS, *à direita*)

inverso da drenagem artificial do solo. Nele, uma rede de tubulações subterrâneas perfuradas é disposta nas valas, mas estas – em vez receber e conduzir a água que drena do solo – *levam* para ele as águas residuais: é através das perfurações dos tubos que essa água penetra no solo (Figura 6.27). Em um campo de drenos sépticos que funciona adequadamente, as águas residuais irão entrar no solo e percolar para baixo, passando por diversos processos de purificação antes de atingir as águas subterrâneas. Uma das vantagens desse método de tratamento de águas residuais é o seu potencial para reabastecer os lençóis freáticos locais, aumentando a reserva de água subterrânea que poderá servir para outros usos.

O campo de dreno A água que sai (ver Figura 6.27) através de um tubo inserido na parte superior do tanque séptico é denominada **efluente**. Apesar de sua carga de sólidos suspensos ser muito reduzida, ele ainda transporta partículas orgânicas, produtos químicos dissolvidos (incluindo nitrogênio) e micro-organismos (incluindo agentes patogênicos). Ao deixar o tanque, o fluxo é direcionado para um ou mais tubos enterrados, que constituem o **campo de drenos**. Esses tubos, que têm sua parte inferior perfurada para permitir que as águas residuais saiam do tubo e se infiltrem no solo, são enterrados em valas, a cerca de 0,6 a 2 metros sob a superfície e cobertos com cascalho. É aí que as propriedades do solo desempenham um papel crucial: os sistemas sépticos, no campo de drenos, dependem do solo para: (1) manter o efluente fora da visão e do contato com pessoas, (2) tratar ou purificar o efluente e (3) conduzir o efluente purificado para as águas subterrâneas.

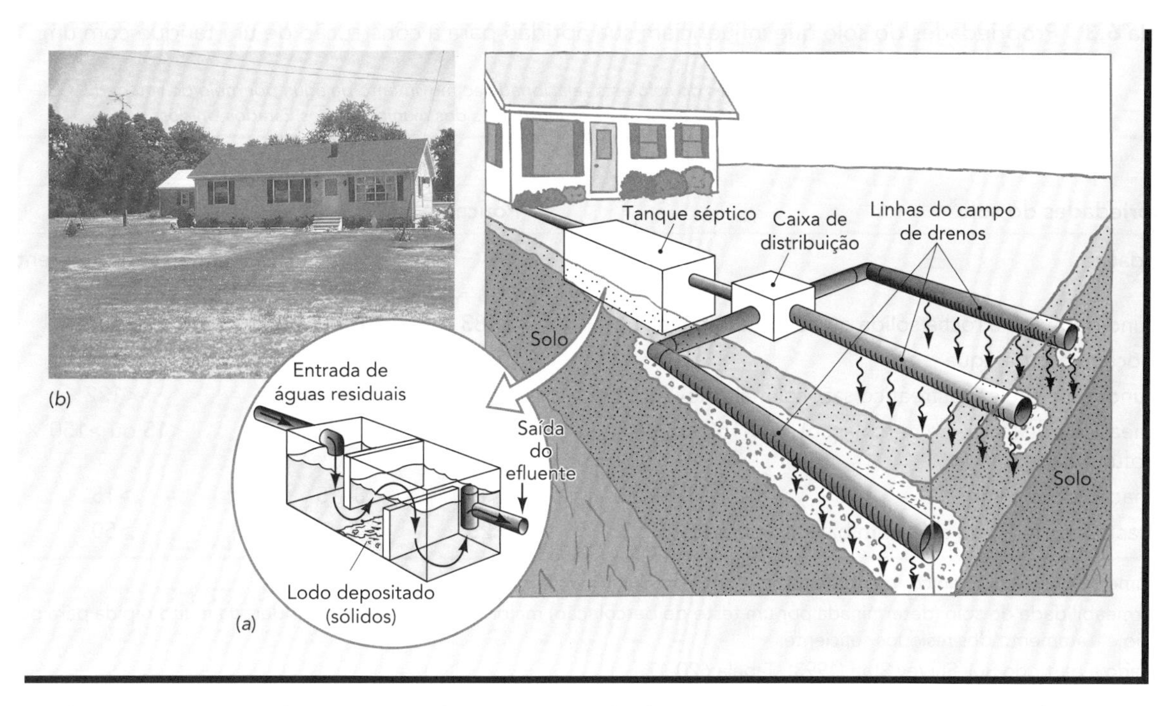

Figura 6.27 (*a*) Um tanque séptico conectado a um campo de drenos que constituem um sistema padrão para tratamento de águas residuais no local. A maioria dos sólidos em suspensão dos efluentes domésticos se deposita no fundo do tanque séptico de concreto. Do tanque, esse efluente escoa para o campo de drenos, onde se infiltra dos tubos perfurados para o solo adjacente. No solo, à medida que o efluente se infiltra em direção às águas subterrâneas, ele é purificado por processos microbianos, físicos e químicos. (*b*) A foto mostra uma linha de drenos com sinais de um mau funcionamento, indicado pelas áreas onde o gramado aparece mais escuro, porque a grama cresceu mais, devido ao estímulo que teve das águas residuais e do nitrogênio contido nas águas residuais. (Foto: cortesia de R. Weil)

Propriedades do solo que influenciam sua aptidão para um campo de drenos sépticos

Dicas de drenagem para proprietários de casas em encostas declivosas: www.wy.nrcs.usda.gov/technical/ewpfactsheets/homedrain.html

O solo deve ter uma *condutividade hidráulica saturada* (Seção 5.5) que permita que as águas residuais penetrem e percolem no perfil de solo, rápido o suficiente para evitar os inconvenientes da saturação da sua superfície com os efluentes, mas também lento o suficiente para permitir que o solo purifique o efluente antes de ele atingir as águas subterrâneas. Além disso, o solo deve ser suficientemente *bem arejado* para favorecer a *decomposição microbiana* dos resíduos e a *destruição dos agentes patogênicos*. Ele deve ter ainda alguns poros finos e argila ou matéria orgânica para adsorver e filtrar os contaminantes das águas residuais.

Entre os solos cujas propriedades podem desqualificar um local para ser usado como um campo de drenos sépticos, estão aqueles que possuem camadas impermeáveis (como um fragipã ou um argipã), gleização nos horizontes superiores, inclinação muito forte ou areias e cascalhos excessivamente drenados. Campos de drenos sépticos, instalados onde as propriedades do solo não são apropriadas, podem resultar em extensa poluição das águas subterrâneas e riscos à saúde causados pela infiltração superficial de águas residuais não tratadas (Figura 6.27*b* e Prancha 67).

Avaliação da aptidão dos solos A adequação de um lugar para a instalação de um campo de drenos sépticos depende, em grande parte, das propriedades do solo que afetam o movimento da água e da facilidade de instalação (Tabela 6.3). Por exemplo, um campo de drenos sépticos dispostos em um terreno com inclinação superior a 15% pode permitir um considerável movimento lateral da água de percolação, de modo que, em algum ponto a jusante, as águas residuais venham a se infiltrar em direção à superfície, representando um risco sanitário em potencial (Prancha 66).

Tabela 6.3 Propriedades do solo que influenciam sua aptidão para a construção de um tanque com um campo de drenos sépticos

Note que a maioria dessas propriedades do solo está relacionada ao movimento da água por meio do seu perfil. Os requisitos para a oficialização do projeto variam entre as jurisdições dos municípios dos Estados Unidos

	Limitações		
Propriedades do solo[a]	**Pouca**	**Moderada**	**Severa**
Inundação	–	–	Inundações frequentes a ocasionais
Profundidade até a rocha sólida ou pã impermeável, cm	>183	102–183	<102
Empoçamento de água	Não	Não	Sim
Profundidade do lençol freático sazonal mais elevado, cm	>183	122–183	<122
Permeabilidade (teste de percolação) a 60-152 cm de profundidade, mm/h	50–150	15–50	<15 ou >150[b]
Inclinação do terreno, %	<8	8–15	>15
Pedras >7,6 cm, % no solo com base no peso seco	<25	25–50	>50

[a] Presume-se que o solo não contém permafrost e não está sujeito a mais de 60 cm de subsidência.

[b] A permeabilidade do solo (determinada por um teste de percolação) maior que 150 mn/h é considerada muito rápida para permitir filtração e tratamento dos resíduos suficientes.

Adaptado a partir do Soil Survey Staff (1993), Tabela 620-17.

As propriedades de um solo ideal para um campo de drenos sépticos são opostas àquelas associadas com a necessidade de drenagem com tubos. Por exemplo, em vez de uma alta coluna de água, que requer a redução de drenagem, o campo do dreno séptico deve ter um lençol freático baixo para que exista bastante solo arejado para purificar as águas residuais, antes de elas atingirem as águas subterrâneas. A aplicação de grandes quantidades de águas residuais através de campos de dreno séptico irá realmente elevar o lençol freático situado um pouco abaixo do campo de dreno.

Teste de percolação ("perc") O teste "perc" determina a *taxa de percolação* (que está relacionada com a condutividade hidráulica saturada descrita na Seção 5.5), expressa em milímetros (ou outra unidade de comprimento) de água entrando no solo por hora. Algumas jurisdições dos Estados Unidos usam a taxa de percolação para indicar se o solo pode aceitar águas residuais rápido o suficiente para proporcionar um meio de disposição aceitável (Tabela 6.3). O teste é de simples aplicação (Figura 6.28) e deve ser efetuado durante a temporada mais chuvosa do ano.

Uma baixa taxa de percolação pode ser compensada, até certo ponto, aumentando-se o comprimento total de tubos de campo de drenagem, fazendo, assim, com que mais área de terra tenha que ser usada pelo campo de dreno. O tamanho do campo de drenos de um sistema séptico também é influenciado pela quantidade de águas residuais que devem ser geradas (o que pode ser estimado pelo número de quartos da casa na qual o campo vai ser instalado).

6.9 PRÁTICAS E PRINCÍPIOS DA IRRIGAÇÃO[4]

Mapa global da FAO mostrando áreas irrigadas: www.fao.org/nr/water/aquastat/irrigationmap/index.stm

Na maioria das regiões do mundo, a insuficiência de água é a principal limitação para a produtividade agrícola. Em regiões áridas e semiáridas, a agricultura intensiva é praticamente impossível sem que as escassas chuvas fornecidas pela natureza sejam suplementadas. No entanto, se a água é complementada através da irrigação, o céu ensolarado e os solos férteis de algumas regiões áridas fazem com que as colheitas

[4] Para ler um fascinante relatório sobre os recursos hídricos e o manejo da irrigação no Oriente Médio, consulte Hillel (1995). Para ler um manual prático de irrigação em pequena escala, com uma microtecnologia simples, mas eficiente, consulte Hillel (1997). Para obter informações completas sobre a irrigação de culturas, consulte Lascano e Sojka (2007).

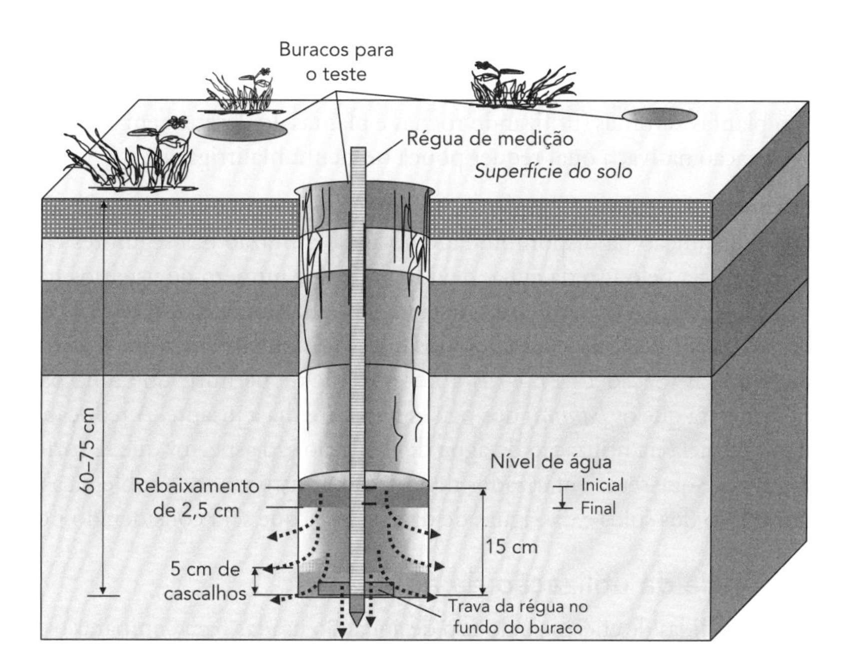

Figura 6.28 O teste "perc" é usado em alguns lugares dos Estados Unidos para ajudar a determinar a aptidão do solo para a instalação de um tanque séptico com campo de drenos. No local proposto para o campo de drenos, certo número de buracos é escavado (ou perfurado) com um trado, até profundidade onde os tubos perfurados irão ser colocados. A parte inferior de cada buraco é forrada com cascalho e depois preenchido com água, para um tratamento prévio que garantirá que o solo esteja saturado quando o teste for realizado. Depois dessa água ter sido drenada, o buraco é recarregado com água, e uma régua de medição é usada para determinar quanto tempo demorará para o nível de água descer 2,5 cm. Este dado está relacionado com a condutividade hidráulica saturada. (Baseado em: New York State Department of Health [2004]; diagrama: cortesia de R. Weil)

sejam fartas e de alta qualidade. A história da irrigação é quase tão antiga quanto a da própria agricultura. Os produtores de arroz, na Ásia; os de trigo e cevada, no Oriente Médio; e os de milho, na América Central e do Sul, irrigam os seus cultivos há mais de 2.000 anos.

A irrigação hoje

Produção de alimentos Durante os últimos 50 anos, a área de cultivos irrigados expandiu significativamente em muitas partes do mundo, incluindo o oeste semiárido dos Estados Unidos (Prancha 111). A alta produtividade proporcionada pela irrigação é evidente, considerando-se que as terras irrigadas são responsáveis por cerca de 40% da produção global dos cultivos em apenas 15% da área cultivada do mundo.

A irrigação praticada de forma melhorada e ampliada, especialmente na Ásia, tem sido um fator importante para ajudar o suprimento de alimentos do mundo a acompanhar (e até mesmo superar) o crescimento da população mundial. Consequentemente, a agricultura irrigada continua a ser uma prática que *consome* a maior parte dos recursos hídricos, representando cerca de 80% de toda água consumida em todo o mundo, tanto em países desenvolvidos, como em desenvolvimento (Figura 6.29).

Paisagismo A irrigação é parte integrante de vários pontos da paisagem, como os campos de golfe, os gramados domésticos e os canteiros de flores. Em regiões áridas, o uso da irrigação com fins de paisagismo baseia-se frequentemente no desejo de manter a vegetação de acordo com o conceito ideal de um verde exuberante e perpétuo. Por outro lado, em muitas partes do mundo, os gramados, parques e campos de golfe passaram a utilizar somente certos tipos de vegetação adaptados para sobreviver, sem

Instruções para paisagismo de área de deserto: www.vvwater.org/guide/index.htm

irrigação, nos períodos de tempo seco e em outras condições adversas do clima local. A conscientização ambiental tem gerado uma tendência crescente do paisagismo: a de se trabalhar com plantas xerófitas (utilizando rochas e plantas do deserto) em regiões áridas e também com a vegetação nativa, a qual requer pouca ou nenhuma irrigação.

Perspectivas futuras Um dos problemas que a agricultura irrigada enfrentará no futuro é o da diminuição da disponibilidade de água em razão das seguintes causas: (1) aumento da concorrência pelo uso da água, devido ao maior número de usuários nas áreas urbanas; (2) a extração excessiva dos aquíferos, levando ao rebaixamento dos lençóis freáticos; (3) a redução da capacidade de armazenamento dos reservatórios existentes por assoreamento com sedimentos erodidos (Seção 14.2); e (4) a necessidade de permitir que uma parte dos rios continue fluindo para que os *habitats* dos peixes se mantenha a jusante. A redução do desperdício e uma maior eficácia na utilização da água de irrigação são aspectos que se tornam cada vez mais importantes e que serão enfatizados nesta seção. Outro grande problema associado à irrigação é a salinização dos solos e das águas de drenagem – que será considerado no Capítulo 9.

Eficiência da utilização da água

Várias medidas de eficiência do uso de água são usadas para comparar os benefícios de diferentes sistemas e práticas de irrigação. A medida geral e mais significativa dessa eficiência compara as saídas de um sistema (a biomassa vegetal colhida ou o valor de mercado do produto) com a quantidade de água alocada na sua entrada. Para isso, muitos fatores devem ser considerados (os tipos de plantas cultivadas, a reutilização da água, o "desperdício" praticado por outras pessoas a jusante, etc.), uma vez que tais comparações devem ser feitas com muita cautela.

Eficiência da aplicação Uma simples medição de eficiência do uso da água, por vezes chamada de **eficiência de aplicação de água**, compara a quantidade de água disponível ou atribuída a um campo irrigado com a quantidade de água que é efetivamente utilizada na transpiração pelas plantas irrigadas. A esse respeito, a maioria dos sistemas de irrigação é bastante ineficien-

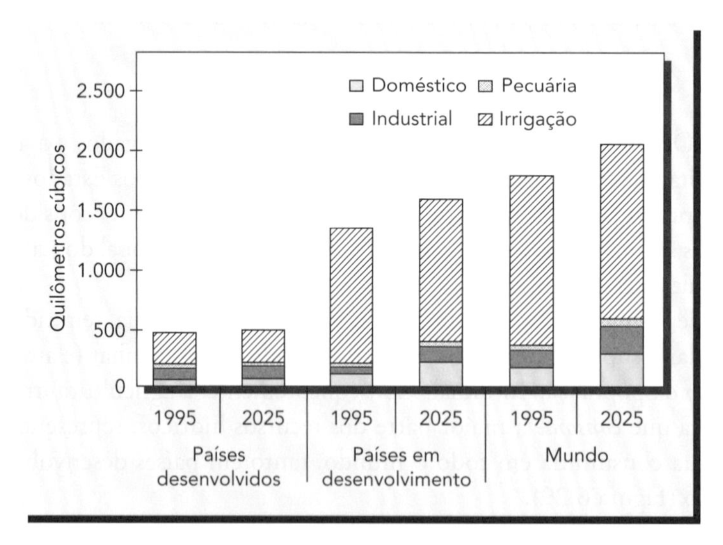

Figura 6.29 Gráfico do consumo de água para fins domésticos, industriais, de pecuária e de irrigação nos países desenvolvidos e em desenvolvimento. O mau uso corresponde à água que é retirada, por bombeamento, dos rios ou aquíferos, mas não retorna à fonte após sua utilização; assim, a maior parte dela acaba se evaporando. Os valores para o ano de 2025 são previsões. Observe que, em todos os casos, a irrigação é a responsável pelo maior índice de consumo. (Fonte: Rosegrant et al. [2002]. Reproduzido e adaptado com permissão do International Food Policy Research Institute e do International Water Management Institute)

te, uma vez que apenas cerca de 10 a 30% da água retirada da fonte é aproveitada pelas plantas. A Tabela 6.4 apresenta as estimativas das várias perdas de água que normalmente ocorrem entre a alocação e a transpiração. A tabela compara as perdas médias nas regiões semiáridas, tanto para a agricultura com água suprida pela chuva, como para a agricultura irrigada. Grande parte da perda de água ocorre por evaporação e vazamentos nos reservatórios, canais e valas preparadas para fornecer água para os campos irrigados (Figura 6.30).

Eficiência da irrigação *No campo,* a eficiência da irrigação pode ser expressa como:

$$\text{Eficiência da água de irrigação (\%)} = \frac{\text{Água transpirada pelas culturas}}{\text{Água aplicada ao campo}} \times 100 \qquad (6.3)$$

A eficiência do uso da água no campo em relação aos sistemas de irrigação tradicionais usados em regiões áridas costuma ser baixa, entre 20 e 25%. Por exemplo, se a transpiração utiliza 18% do total aplicado de água e 70% dela atinge o campo, a eficiência da água no campo = 100(18/70) = 25,7%. A água colocada no campo que não é transpirada pelas culturas é perdida pelo escoamento superficial, percolação profunda abaixo da zona de raiz e/ou evaporação da superfície do solo. Para atingir um elevado nível de eficiência de água no campo (ou um baixo nível de desperdício de água) é necessária muita habilidade no manejo e nos métodos de irrigação utilizados (Tabela 6.5).

Irrigação de superfície

Nos sistemas de irrigação de superfície, a água é aplicada na extremidade superior de um campo para depois ser distribuída pelo fluxo gravitacional. Geralmente, as terras têm que ser niveladas, para que a água se espalhe uniformemente através de todo o campo. A água aplicada na extremidade superior do campo pode ser distribuída em **sulcos** aplainados, com uma ligeira inclinação, para que ela escoe para baixo com uma vazão controlada (Figura 6.30, *à direita*). Nos sistemas de **irrigação em faixas**, o terreno é nivelado dentro de áreas retangulares, de 10 a 30 m de largura, com diques baixos. A água normalmente é trazida à superfície e irrigada nos campos por canais ou tubos de abastecimento. A quantidade de água que entra no solo é determinada pela sua permeabilidade e também pelo tempo que um determinado local no campo permanece inundado com água. É muito difícil atingir uma infiltração uniforme com a quantidade exata de água necessária e isso depende do controle da inclinação do terreno e da extensão que a faixa irrigada tem que cobrir no campo.

Tabela 6.4 Estimativas das perdas de água na agricultura tradicionalmente irrigada e na agricultura de sequeiro, em regiões semiáridas do mundo

	Percentual disponível de água (%)[a]	
	Agricultura irrigada	Agricultura de sequeiro
Perdas no armazenamento e transporte	30	0
Perdas por escoamento superficial[b]	44	40–50
Evaporação (do solo ou da água)	8–13	30–35
Transpiração pelas culturas	13–18	15–30

[a]Disponibilidade de água para a agricultura irrigada = água armazenada em reservatórios ou bombeada de águas subterrâneas; água disponível para a agricultura de sequeiro = chuva.
[b]Parte da água perdida pela drenagem e escoamento pode ser reutilizada por irrigantes situados a jusante.
Fonte: Wallace (2000).

Tabela 6.5 Algumas características dos três principais métodos de irrigação

Métodos e exemplos específicos	Custos diretos de instalação em 2006, dólares/ha[a]	Exigências de trabalho	Eficiência da água do campo, %[b]	Solos adequados
Superficial: inundação, sulco, bacias	600–900	Alta a baixa, dependendo do sistema	20–50	Quase plano; não muito arenoso ou rochoso
Aspersor: pivô central, tubos móveis, conjunto sólido	900–1800	Média a baixa	60–70	Plano a moderadamente inclinado, não muito argiloso
Microirrigação: gotejamento, tubo poroso, microaspersores	1000–2000	Baixa	80–90	Encostas íngremes a planas; qualquer textura, incluindo solos rochosos ou com cascalho

[a] Média de valores de várias fontes. Custos dos sistemas de drenagem exigidos não incluídos.
[b] Eficiência hídrica de campo = 100 × (água transpirada pela cultura/água aplicada ao campo).

A técnica de irrigação de superfície em **bacias niveladas** (ou **tabuleiros**), que é usada para o cultivo de arroz inundado e alguns cultivos perenes, minimiza esses problemas, porque os tabuleiros não têm inclinações e são completamente cercados por diques que permitem que a água permaneça sobre a superfície até que a infiltração se complete.

Esse método não é aconselhável para solos muito permeáveis. Uma modificação do método de tabuleiros, usada em encostas muito inclinadas, é a construção de terraços, formando patamares escalonados. Nesse caso, o controle das perdas por lixiviação e por escoamento é dificultado, porque toda a superfície do solo é molhada, o que favorece a perda de água tanto por evaporação como pela transpiração das ervas invasoras.

Sistemas de aspersão

Na irrigação por aspersão, a água é espalhada no campo através do ar, simulando uma chuva. Assim, toda a superfície do solo, bem como a folhagem das plantas (se houver), ficam molhadas. Isso conduz a perdas por evaporação semelhantes às descritas para os sistemas de superfície. Além disso, um adicional de 5 a 20% da água aplicada pode ser perdida também

Figura 6.30 *No centro*: canais de irrigação revestidos de concreto. *À direita*: os tubos do tipo sifão, de tamanho padrão, podem aumentar a eficiência do fornecimento de água para o campo. *À esquerda*: os canais não revestidos perdem muita água para áreas de solo adjacentes ou para as águas subterrâneas. Observe as evidências da ascensão capilar, acima do nível de água no canal sem revestimento. (Fotos da esquerda e direita: cortesia de N. C. Brady; foto do centro: cortesia de R. Weil)

por evaporação ou levada pelo vento na forma de névoa quando as gotas estão suspensas no ar. As plantas muitas vezes respondem positivamente à água mais fria e arejada da aspersão; contudo, as folhas molhadas podem aumentar a incidência de doenças fúngicas em algumas plantas, como as videiras, as árvores frutíferas e as roseiras.

Um sistema de aspersão deve ser planejado de forma a fornecer água a uma taxa menor do que a capacidade de infiltração do solo, para que o escoamento superficial ou a percolação excessiva não ocorram – na prática, o escoamento e a erosão que este sistema provoca podem acarretar problemas. A superposição dos círculos de aspersão pode ajudar a alcançar uma distribuição mais uniforme da água. A irrigação por aspersão é geralmente mais eficiente do que os sistemas de superfície, por causa do melhor controle sobre as taxas de aplicação.

A irrigação por aspersão é indicada para uma ampla gama de condições do solo, o que não acontece com os sistemas de superfície. Vários tipos de sistemas de aspersão são adaptados tanto para terrenos planos como para os declivosos. Ela pode ser usada em solos com uma grande variação de texturas, inclusive nos muito arenosos, que não se adaptam aos sistemas de irrigação superficiais.

Os custos de equipamento para os sistemas de aspersão são superiores aos dos sistemas de irrigação de superfície. Alguns tipos de sistemas de aspersão são fixos no local; outros são movidos à mão, e outros ainda são automotrizes, movendo-se lentamente em grandes círculos ou em torno de um pivô central (Figura 6.31), ou até mesmo ao longo de um campo retangular. A maioria dos sistemas pode ser automatizada e adaptada para aplicar certas doses de pesticidas ou fertilizantes solúveis às plantas que estão sendo cultivadas.

Microirrigação

Os sistemas de irrigação mais eficientes em uso hoje são aqueles que utilizam a microirrigação, em que apenas uma pequena parte do solo é molhada (Figura 6.32, *à esquerda*), contrastando com o completo umedecimento realizado pela maioria dos sistemas de irrigação de superfície e de aspersão.

O melhor sistema de microirrigação talvez seja o que se realiza por *gotejamento*, no qual pequenos emissores, anexados a tubos plásticos, derramam água sobre a superfície do solo, ao lado do caule das plantas (Prancha 74). A água é aplicada a baixas taxas (por vezes, gota a gota), mas com uma alta frequência, pois o objetivo é manter a disponibilidade ideal de água do solo somente nas imediações da rizosfera, deixando seca a maior parte do seu volume (Figura 6.32).

Normalmente, antes de a água ser transportada para o campo em tubos, ela passa através de filtros especiais, a fim de remover qualquer partícula ou produtos químicos que possam entupir os pequenos orifícios dos emissores. Em seguida, é distribuída por todo o campo por meio de uma rede de tubos plásticos e, se necessário, adubos solúveis são adicionados à água.

Se a microirrigação for empregada com os devidos cuidados de manutenção e manejo, ela permitirá um maior controle das taxas de aplicação de água e de sua distribuição espacial do que os sistemas de superfície ou de aspersão. As perdas por infiltrações em canais de abastecimento, as evaporações em sistemas de aspersão, o escoamento superficial, a drenagem do solo (que é necessária para remover os sais), a evaporação e a transpiração pelas plantas invasoras podem ser bastante reduzidas ou mesmo eliminadas. No campo, quando um desses sistemas já tiver sido estabelecido, o trabalho necessário para o seu funcionamento será simples. Os sistemas de microirrigação podem ser facilmente automatizados pelo uso de temporizadores ou, e com mais eficácia, por sensores informatizados que medem os teores de água do solo e/ou as precipitações pluviais.

Figura 6.31 Aspecto de dois sistemas de irrigação com pivô central. O da direita está girando lentamente para a esquerda, enquanto aplica água a uma cultura de soja com precisão e com um baixo consumo de energia; a foto mostra também um grande tanque de fertilizante líquido, controlado por computador, que faz com que os nutrientes sejam injetados na água, em taxas precisas, durante os turnos de irrigação. A foto à esquerda mostra outro sistema de pivô central com motor mais potente, utilizado para recalcar águas subterrâneas. (Fotos: cortesia de R. Weil)

A microirrigação frequentemente estimula o crescimento de plantas mais saudáveis e produtivas porque permite que elas nunca fiquem expostas a condições de baixo potencial hídrico ou pouca aeração. Estes são problemas associados com os métodos usados em todos os sistemas de irrigação de superfície e na maioria dos sistemas de aspersão que usam maior rapidez e menor frequência das aplicações de água. Uma desvantagem ou risco é que, durante todo o tempo, bem pouca água é armazenada no solo; por isso, um colapso do sistema, mesmo breve, poderá ser desastroso nos climas quentes e secos. A microirrigação, por causa de sua alta eficiência de uso de água, tem um maior rendimento nos locais em que o abastecimento de água é escasso e dispendioso e também onde estão sendo cultivadas plantas com alto valor comercial, como as árvores frutíferas.

Figura 6.32 Aspectos de dois tipos de microirrigação. *À esquerda*: irrigação por gotejamento, com um emissor individual para cada muda em uma plantação de repolhos. *À direita*: um microaspersor irrigando a única árvore do jardim de uma casa. Em ambos os casos, a irrigação molha apenas a pequena porção do solo em torno das raízes. As pequenas quantidades de água, aplicadas com frequência (p. ex., uma ou duas vezes por dia) faz com que a rizosfera permaneça, quase continuamente, com um teor ideal de água. (Fotos: cortesia de R. Weil, *à esquerda*, e de N. C. Brady, *à direita*)

6.10 CONCLUSÃO

O ciclo hidrológico engloba todos os movimentos de água que acontecem na superfície da Terra ou próximo a ela. Ele é impulsionado pela energia solar, que evapora a água dos oceanos, dos solos e da vegetação. A água da atmosfera retorna ao solo e aos oceanos por meio das chuvas e da neve.

O solo é um componente essencial do ciclo hidrológico. Ele recebe precipitação da atmosfera, mas rejeita parte dela na forma de escoamento superficial, direcionando-a para os córregos e rios; o restante é absorvido e, em seguida, se move para baixo, em direção às águas subterrâneas, é retomado e depois transpirado pelas plantas, ou, ainda, é diretamente evaporado através da superfície do solo para voltar à atmosfera.

O comportamento e a circulação da água, tanto no solo como nas plantas, são regidos pelo mesmo conjunto de princípios: a água se desloca em resposta aos diferentes níveis de energia, movendo-se do maior para o menor potencial hídrico. Esses princípios podem ser usados para uma maior eficácia do manejo de água e uma utilização mais eficiente.

As práticas de manejo devem facilitar o movimento da água em solos bem drenados e minimizar as perdas por evaporação (E) da superfície do solo. Se essas duas metas forem alcançadas, a água será fornecida em abundância, tanto para ser absorvida pelas plantas como para recarregar as águas subterrâneas. A água do solo tem que satisfazer às necessidades da transpiração (T) das superfícies das folhas saudáveis; caso contrário, o crescimento das plantas será limitado pelos estresses hídricos. As práticas que deixam os resíduos das plantas sobre a superfície do solo e maximizam o sombreamento dessa superfície pelas plantas ajudarão a alcançar uma utilização bastante eficiente da água.

O solo excessivamente encharcado, caracterizado pela saturação com água ou água sobre a superfície, é uma condição natural e necessária para os ecossistemas das terras úmidas. No entanto, para a maioria dos outros usos da terra, o excesso de umidade é prejudicial. Por esta razão, os sistemas de drenagem foram desenvolvidos para apressar a remoção do excesso de água do solo e rebaixar o lençol freático, para que as plantas de sequeiro possam crescer sem os estresses causados pela aeração deficiente e também para que o solo possa melhor suportar o peso de veículos e o tráfego dos pedestres.

O campo de dreno de um tanque séptico opera de forma inversa à de um sistema de drenagem. As águas servidas podem ser descarregadas e tratadas nos solos se tiverem uma drenagem livre. Os solos com baixa permeabilidade ou com um lençol freático elevado podem ter boas condições para a conservação de terras úmidas ou podem ser locais apropriados para a instalação de drenagem artificial para serem usados como terras agrícolas; contudo, eles normalmente não são adequados para os campos de dreno de tanques sépticos.

As águas para irrigação retiradas de cursos d'água ou de poços aumentam bastante o crescimento das plantas, especialmente nas regiões com precipitação pluvial escassa. Considerando a crescente competição pelos limitados recursos hídricos, é essencial que os agricultores que usam o sistema de irrigação manejem a água com máxima eficiência, para que uma maior produção possa ser alcançada com o menor desperdício de recursos hídricos. Essa eficiência é aumentada com o uso de práticas que favoreçam a transpiração em desfavor da evaporação, como a cobertura morta e o uso da microirrigação.

Como os fenômenos que operam no ciclo hidrológico provocam constantes mudanças no teor da água do solo, outras propriedades também são afetadas, principalmente a aeração e a temperatura, temas que serão abordados no próximo capítulo.

QUESTÕES PARA ESTUDO

1. Você sabe que a vegetação de uma floresta que cobre uma bacia hidrográfica de 120 km^2 usa em média 4 mm de água por dia durante o verão. Você também sabe que o solo tem, em média, 150 cm de profundidade e que a sua capacidade de campo pode armazenar 0,2 mm de água a cada mm de espessura. No entanto, no início da estação de maior crescimento das árvores, este solo está bastante seco, mantendo uma média de apenas 0,1 mm/mm. Como gestor de bacias hidrográficas, você é convidado a calcular quanta água será carregada para fora da bacia pelos seus fluxos de drenagem durante um período de 90 dias durante o verão, quando 450 mm de precipitação pluvial caem sobre o local. Use a equação de equilíbrio da água para prever, aproximadamente, a vazão de descarga da bacia hidrográfica, tanto em metros cúbicos de água como em um percentual da precipitação.
2. Desenhe um diagrama simples do ciclo hidrológico, usando uma seta em separado para representar os seguintes processos: *evaporação*, *transpiração*, *infiltração*, *interceptação*, *percolação*, *escoamento superficial* e *armazenamento no solo*.
3. Descreva e dê um exemplo dos efeitos *indiretos* das plantas no equilíbrio hidrológico por meio dos seus efeitos no solo.
4. Descreva o princípio básico que governa a forma com que a água se move através do CSPA (*continuum* solo-planta-atmosfera). Dê dois exemplos: um, na interface solo-raiz, e outro, na interface folha-atmosfera.
5. Defina *evapotranspiração potencial* e explique o seu significado para o manejo da água.
6. Qual é o papel da evaporação do solo (E) na determinação da eficiência de utilização da água, e como isso afeta a evapotranspiração potencial (ET)? Cite três práticas que podem ser usadas para controlar as perdas por E.
7. Por qual processo o controle das ervas daninhas pode reduzir as perdas de água?
8. Comente sobre as vantagens e desvantagens de coberturas mortas orgânicas *versus* plásticas.
9. O que um cultivo conservacionista conserva? Como ele faz isso?
10. Você é o responsável por um pequeno projeto de irrigação que coleta, em um reservatório, 2.000.000 m^3 de água por ano. Destes, 20% se evaporam na superfície do reservatório durante o ano, e 25% da água restantes são perdidos por evaporação e percolação no solo durante a distribuição via canais não revestidos antes que a água atinja os campos de cultivo. A água é então aplicada por irrigação nos sulcos, os quais provocam uma percolação média de 20% da água aplicada para baixo da zona das raízes da cultura, escoamento de 20% nos canais coletores das extremidades inferiores dos sulcos e evaporação de 30% na superfície do solo. Na época da colheita da safra, a ET retirou do solo o mesmo conteúdo de água que nele existia antes do início de irrigação. A ET, em média, é de 7 mm/dia para um período de irrigação de 180 dias, com uma eficiência média do uso da água em torno de 1,1 kg de matéria seca/m^3 de água transpirada da cultura. Mostre seus cálculos (ou organize uma planilha) para estimar:
    (a) a eficiência total da utilização da água no projeto (kg de água na saída/m^3 de água alocada),
    (b) a eficiência da aplicação da água para o projeto,
    (c) a eficiência de campo da água para o projeto e
    (d) o número de hectares que podem ser irrigados neste projeto.
11. Explique sob quais circunstâncias os canais de minhoca podem aumentar o fluxo saturado de água percolante, sem que provoquem muitos efeitos sobre a lixiviação de produtos químicos solúveis aplicados ao solo.
12. O que pode acontecer se um tubo de drenagem perfurado for colocado na zona da franja capilar, logo acima do lençol freático, em um solo saturado por água? Explique em termos de potenciais de água.
13. Quais são os atributos do solo que podem ser limitantes para o uso, no local, de um campo de dreno de um tanque séptico?
14. Descreva quais sistemas de irrigação podem ser utilizados onde: (a) a água é cara e o valor de mercado das culturas produzidas por hectare é alto e (b) o custo da água de irrigação é subsidiado e o valor dos produtos vegetais que podem ser produzidos por hectare é baixo. Explique suas respostas.

REFERÊNCIAS

Day, R. L., et al. 1998. "Water balance and flow patterns in a fragipan using in situ soil block," *Soil Sci.* **163:**517–528.

Gburek, W. J., B. A. Needelman, and M. S. Srinivasan. 2006. "Fragipan controls on runoff generation: Hydropedological implications at landscape and watershed scales," *Geoderma* **131:**330–344.

Hillel, D. 1995. *The Rivers of Eden.* New York: Oxford University Press.

Hillel, D. 1997. *Small-Scale Irrigation for Arid Zones.* FAO Development Series 2. (Rome: U.N. Food and Agriculture Organization).

Howell, T. A. 2001. "Enhancing water use efficiency in irrigated agriculture," *Agron.* J. 93:281–289.

Jury, W. A., and H. Fluhler. 1992. "Transport of chemicals through soil: Mechanisms, models, and field applications," *Advances in Agronomy* **47:**141–201.

Lascano, R., and R. Sojka. 2007. *Irrigation of Agricultural Crops.* Agron. Monograph No. 30. 2nd ed. (Madison WI: Amer. Soc. Agronomy).

New York State Department of Health. 2004. *Individual residential wastewater treatment systems design handbook.* 10 New York Codes, Rules and Regulations Appendix 75-A. Oneida County Health Department, Albany, NY, www.oneidacounty.org/oneidacty/gov/dept/health/Sewage/75A/75ABooklet.pdf.

Rosegrant, M. W., X. Cai, and S. A. Cline. 2002. *Global water outlook to 2025: Averting an impending crisis.* International Food Policy Research Institute and the International Water Management Institute, Washington, DC, www.ifpri.org/pubs/fpr/fprwater2025.pdf.

Skaggs, R. W., and J. van Schilfgaarde (eds.). 1999. *Agricultural Drainage.* Agronomy Series no. 38. (Madison, WI: Amer. Soc. Agron., Crop Sci. Soc. Amer., Soil Sci. Soc. Amer.).

Soil Survey Staff. 1993. *National Soil Survey Handbook.* Title 430-VI. (Washington, DC: USDA Natural Resources Conservation Service).

Starrett, S. K., N. E. Christians, and T. A. Austin. 1996. "Movement of pesticides under two irrigation regimes applied to turfgrass," *J. Environ. Qual.* **25:**566–571.

Swank, W. T., J. M. Vose, and K. J. Elliot. 2001. "Longterm hydrologic and water quality responses following commercial clear cutting of mixed hardwoods on a southern Appalachian catchment," *Forest Ecology & Management* **143:**163–178.

Tyree, M. T. 2003. "The ascent of water," *Nature* **423:**923.

Unger, P. W., and R. L. Baumhardt. 1999. "Factors related to dryland grain sorghum yield increases: 1939 through 1997," *Agron J.* **91:**870–875.

Varvel, G., W. Riedell, E. Deibert, B. McConkey, D. Tanaka, M. Vigil, and R. Schwartz. 2006. "Great Plains cropping system studies for soil quality assessment," *Renewable Agriculture and Food Systems* **21:**3–14.

Wallace, J. S. 2000. "Increasing agricultural water use efficiency to meet future food production," *Agric. Ecosyst. Environ.* **82:**105–119.

Zanders, J. 2001. "Urban development and soils," *Soil Horizons—A Newsletter of Landcare Research* New Zealand, Ltd. 6(Nov.):6.

7 Aeração e Temperatura do Solo

A terra desnuda
se aquece com
a primavera...

— Julian Grenfell, *INTO BATTLE*

Comunidades de animais e vegetais em solos pouco aerados de terras úmidas (R. Weil)

O lema da ecologia é: "na natureza tudo está interligado". Essa interligação é uma das razões pelas quais os solos se configuram em um objeto de estudo tão fascinante (e desafiador). Neste capítulo, abordaremos dois aspectos do ambiente do solo: a aeração e a temperatura. Eles não só estão intrinsicamente relacionados entre si, mas também são profundamente influenciados por muitas propriedades do solo que são abordadas em outros capítulos.

Como o ar e a água compartilham do mesmo espaço poroso do solo, não é de se admirar que a textura, a estrutura e a porosidade (Capítulo 4), assim como a retenção e o movimento da água nos solos (Capítulos 5 e 6), tenham influência direta na sua aeração. Embora estes sejam alguns dos atributos que interferem nas condições de aeração, há outros processos químicos e biológicos que também influenciam a aeração do solo, e por ela também são influenciados.

Para o crescimento das plantas e a atividade dos micro-organismos, o estado de aeração do solo pode ser tão importante quanto seu estado de umidade, embora, por vezes, seja ainda mais difícil de ser manejado. Em muitas aplicações relacionadas ao manejo de florestas, pastagens, lavouras ou obras de paisagismo, o objetivo maior das práticas de manejo do solo é manter um elevado nível de oxigênio para a respiração das raízes. Tais condições de aeração são também de grande importância para entendermos as mudanças químicas e biológicas que acontecem quando o suprimento do oxigênio no solo é reduzido.

A temperatura do solo afeta não só o crescimento das plantas e dos seus micro-organismos, como também influencia a perda de água do solo por evaporação. O movimento e a retenção da energia térmica nos solos muitas vezes são ignorados, mas, na verdade, são a chave para o entendimento de muitos dos fenômenos importantes que acontecem no solo – desde os danos causados por geadas em tubulações e pavimentações, até o pico de atividade biológica que acontece no início da primavera. As temperaturas muito elevadas do solo anormais, resultantes de incêndios em florestas, pastagens ou campos de cultivo, podem contribuir significativamente para importantes alterações nas propriedades químicas e físicas do solo.

Veremos que o aumento da temperatura do solo influencia sua aeração, em grande parte por meios de outros efeitos que alteram o desenvolvimento das plantas e dos organismos do solo, além de modificar as taxas das reações bioquímicas. Em nenhum outro lugar tais inter-relações são tão críticas como nos solos das terras úmidas, saturados com a água. Por isso, esses ecossistemas receberão atenção especial neste capítulo.

7.1 O PROCESSO DE AERAÇÃO DO SOLO

Para que as raízes das plantas e outros organismos do solo possam respirar com facilidade ele precisa estar bem aerado. Uma boa aeração permite a troca de gases entre o solo e a atmosfera, fornecendo, assim, oxigênio (O_2) suficiente, enquanto evita o acúmulo de gases potencialmente tóxicos como o dióxido de carbono (CO_2), metano (CH_4) e etileno (C_2H_6). O estado de aeração do solo está relacionado com a sua taxa de ventilação, com a proporção de seus poros que estão preenchidos pelo ar, com a composição desse ar e com a oxidação química ou o potencial de redução do ambiente do solo.

Aeração do solo no campo

No campo, a disponibilidade de oxigênio dos solos é regulada por três principais fatores: (1) a *macroporosidade do solo* (afetada pela sua textura e estrutura), (2) seu *conteúdo de água* (afetado pela proporção da porosidade que está preenchida por ar), e (3) o seu *consumo de O_2*, devido à respiração dos organismos (incluindo tanto as raízes das plantas como os micro-organismos). O termo *pouca aeração do solo* refere-se à condição em que a disponibilidade de O_2 ao redor das raízes é insuficiente para sustentar o ótimo crescimento das plantas de sequeiro e dos micro-organismos aeróbicos. Consequentemente, um solo pouco aerado torna-se um sério impedimento para o crescimento das plantas, principalmente quando a concentração de O_2 decresce para valores abaixo de 0,1 L/L. Isso geralmente ocorre quando mais de 80 a 90% do espaço poroso estiver preenchido com água (deixando menos de 10 a 20% dos poros preenchidos por ar). Um elevado teor de água no solo não apenas deixa pouco espaço nos poros para armazenar ar, como – e o que é mais importante – esta água também bloqueia as vias com as quais ele trocaria gases com a atmosfera. A compactação pode também interromper as trocas gasosas, mesmo que o solo não esteja muito úmido e ainda contiver uma grande percentagem de poros preenchidos por ar.

Aeração do solo e o crescimento da planta: www.uoguelph.ca/~mgoss/five/410_N06.html

Excesso de umidade

Um caso extremo de excesso de umidade ocorre quando todos ou quase todos os poros do solo estão preenchidos com água – diz-se então que o solo está **saturado com água** ou **encharcado**. Os solos saturados com água são típicos das terras úmidas ou maldrenadas e também podem ocorrer, por um curto período de tempo, em solos bem drenados quando água é aplicada ou se o solo foi compactado quando estava muito úmido.

Plantas adaptadas a viverem em solos encharcados são chamadas de **hidrófitas**. Por exemplo, certas espécies de gramíneas (incluindo o arroz, o capim guatemala [*Tripsatum dactyloides* L.] e o "capim da praia" [*Spartina sp.*]) transportam o oxigênio até as extremidades de suas raízes para satisfazer suas necessidades de respiração, por meio das estruturas ocas existentes no interior de suas raízes e caules, que são tecidos conhecidos como **aerênquima**. A vegetação dos manguezais e outras árvores hidrófitas fazem brotar raízes aéreas e outras estruturas que permitem que seu sistema radicular obtenha o O_2 mesmo se estiverem crescendo em solos alagados.

No entanto, a maioria das plantas depende do suprimento de oxigênio do solo e sofre consideravelmente se uma boa aeração não for mantida por drenagem ou outros meios (Figura 7.1). Algumas plantas podem até morrer algumas horas após o solo ter sido saturado, devido à deficiência de O_2 ou à toxicidade de outros gases.

Figura 7.1 A maior parte das plantas depende do solo para receber o oxigênio necessário à respiração das suas raízes e, por isso, é completamante afetada pela saturação com água, mesmo por períodos relativamente curtos durante os quais o oxigênio se esgota. *À esquerda*: a beterraba-açucareira em um solo franco-argiloso saturado com água, em uma área compactada. *À direita*: pinheiros morrendo em uma área de solo arenoso que ficou encharcada devido às inundações causadas pelo represamento, por castores, de um curso d'água próximo. Uma nova comunidade de plantas mais adaptadas às condições de pouca aeração do solo está invadindo o local. (Fotos: cortesia de R. Weil)

Troca de gases

Quanto mais rapidamente as raízes e os micróbios consumirem o oxigênio e liberarem dióxido de carbono, maior será a necessidade de trocas de gases entre o solo e a atmosfera. Essa troca é facilitada por dois mecanismos, o **fluxo de massa** e a **difusão**. O fluxo de massa do ar é menos importante do que a sua difusão para determinar o total de trocas que ocorrem. No entanto, ele é aumentado por variações no conteúdo de água que forçam o ar tanto para dentro como para fora do solo, ou devido ao vento e a mudanças da pressão barométrica.

A maior parte das trocas gasosas dos solos ocorre por *difusão*, processo por intermédio do qual cada gás se move em uma determinada direção por sua própria *pressão parcial*. A pressão parcial de um gás em uma mistura é o resultado da pressão que ele exerceria se estivesse presente em um volume ocupado pela própria mistura. Assim, se a pressão do ar é de 1 atmosfera (~ 100 kPa), a pressão parcial do oxigênio, que compõe cerca de 21% (0,21 L/L) do volume desse ar, será de aproximadamente 21 kPa.

Por causa da difusão ao longo dos *gradientes de pressão parcial*, uma maior concentração de oxigênio na atmosfera resultará em um movimento líquido específico desse mesmo gás dentro do solo. O dióxido de carbono e o vapor da água movem-se normalmente em direções opostas, uma vez que a pressão parcial desses dois gases é geralmente mais elevada no ar do solo do que no da atmosfera. Os princípios envolvidos na difusão estão ilustrados na Figura 7.2.

7.2 MÉTODOS PARA CARACTERIZAR A AERAÇÃO DO SOLO

A condição de aeração do solo pode ser caracterizada de várias formas, incluindo: (1) pelo conteúdo de oxigênio e de outros gases na atmosfera do solo, (2) pela quantidade dos poros preenchida pelo ar e (3) pelo potencial químico de oxidação-redução (redox).

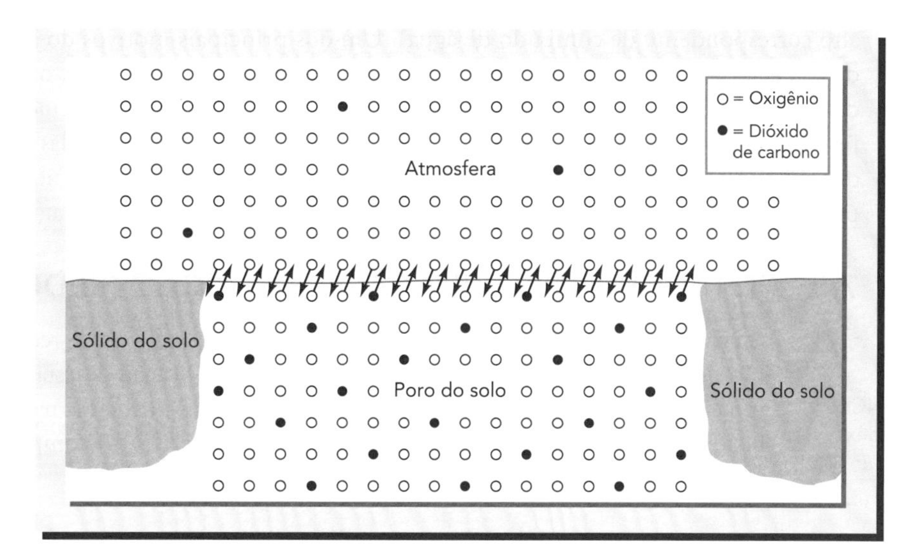

Figura 7.2 Esquema ilustrando como acontecem os processos de difusão entre os gases dos poros do solo e os da atmosfera. A pressão total de gases no solo é a mesma em ambos os lados da linha limítrofe entre os poros do solo e a atmosfera. Porém, apenas na atmosfera a pressão parcial de oxigênio é maior; portanto, o oxigênio tende a se difundir para dentro dos poros do solo, onde menos moléculas de oxigênio, por unidade de volume, são encontradas. Por outro lado, as moléculas de dióxido de carbono movem-se na direção oposta, por causa da pressão parcial mais elevada desse gás nos poros do solo. Essa difusão de O_2 para dentro dos poros do solo e de CO_2 em direção à atmosfera continuará enquanto a respiração dos micro-organismos e raízes do solo consumir O_2 e liberar CO_2.

Composição dos gases do ar do solo

Oxigênio A atmosfera acima do solo contém perto de 21% de O_2, 0,035% de CO_2 e pouco mais de 78% de N_2. Em relação à atmosfera, o ar do solo tem mais ou menos o mesmo teor de N_2, mas sempre apresenta teores maiores de O_2 e menores de CO_2. O conteúdo de O_2 pode situar-se um pouco abaixo de 20% na camada superior de um solo com abundantes macroporos e pode se reduzir a menos de 5%, ou até mesmo chegar a zero, nos horizontes inferiores de um solo maldrenado e com poucos macroporos. Quando o suprimento de O_2 está praticamente esgotado, o ambiente do solo é chamado de **anaeróbico**.

Dióxido de carbono e outros gases Como o conteúdo de N_2 no ar do solo é relativamente constante, em geral, existe uma relação inversa entre ele e os teores dos outros dois gases muito importantes no ar do solo – o O_2 e o CO_2; à medida que o primeiro diminui, o segundo aumenta. Em locais onde o teor de CO_2 atinge níveis mais altos do que 10%, esse gás pode se tornar tóxico para o desenvolvimento de algumas plantas. Geralmente, o ar do solo contém muito mais vapor d'água do que o da atmosfera, sendo essencialmente saturado por esse gás, exceto em locais muito próximos à superfície do solo (Seção 5.7). Além disso, sob condições de encharcamento, a concentração de gases como o metano (CH_4) e o sulfeto de hidrogênio (H_2S), que são formados pela decomposição da matéria orgânica, são notoriamente maiores no ar do solo. Outro gás produzido sob condições anaeróbicas, tanto pelas raízes como pelos micróbios, é o etileno (C_2H_4) – extremamente tóxico para as plantas quando em concentrações menores que 1 μL/L (0,0001%).

Porosidade de aeração

Muitos pesquisadores acreditam que a atividade microbiana e o crescimento das plantas são severamente afetados em muitos solos que têm os seus poros preenchidos com ar em proporções menores que 20% do espaço poroso ou 10% do total do volume do solo (com um alto correspondente de conteúdo de água). Um dos principais motivos do elevado conteúdo de água causar deficiência de oxigênio às raízes é que, nessas condições, os poros preenchidos com água bloqueiam a difusão das moléculas de oxigênio que estão indo em direção ao interior do solo, para assim poderem substituir aquelas que seriam usadas para a respiração de suas raízes. De fato, a difusão de oxigênio é 10.000 vezes mais rápida através de um poro preenchido por ar do que a de um poro similar, mas preenchido com água.

7.3 POTENCIAL DE OXIDAÇÃO E REDUÇÃO (REDOX)[1]

Reações de oxidação-redução: www.shodor.org/UNChem/advanced/redox/index.html

A aeração do solo influencia consideravelmente as condições de redução e de oxidação dos elementos químicos. Quando há uma modificação do estado de redução de um elemento alterando-o para o estado de oxidação, ocorre uma reação que pode ser ilustrada pela oxidação de ferro divalente (Fe^{2+} ou Fe[II]) no composto FeO, para a forma trivalente (Fe^{3+} ou Fe[III]) no FeOOH:

$$\underset{Fe(II)}{\overset{(2+)}{2FeO}} + 2H_2O \rightleftharpoons \underset{Fe(III)}{\overset{(3+)}{2FeOOH}} + 2H^+ + 2e^- \quad (7.1)$$

Quando a Reação 7.1 se dirige para a *direita*, cada um dos átomos de Fe(II) perde um elétron (e^-), transformando-se em Fe(III) e formando o íon H^+ por hidrólise da H_2O. Esses íons H^+ abaixam o pH. Quando a reação se dirige para a *esquerda*, o FeOOH atua como um **receptor de elétrons**, e o pH aumenta devido ao consumo de íons H^+. A tendência ou o potencial dos elétrons para serem transferidos de uma substância para outra, em cada uma dessas reações, pode ser medida usando-se um eletrodo de platina e é denominada **potencial redox** (E_h).

O potencial redox é geralmente medido em volts ou milivolts como estado de referência. O potencial redox de um par de hidrogênios associado $\frac{1}{2} H_2 \rightleftharpoons H^+ + e^-$ é arbitrariamente tomado como zero. Se uma substância aceita elétrons facilmente, ela é conhecida como um *agente oxidante*; mas se uma substância fornece elétrons facilmente, ela é um *agente redutor*.

O papel do gás oxigênio

O gás oxigênio (O_2) é um importante exemplo de um forte agente oxidante, porque aceita rapidamente elétrons de muitos outros elementos. Toda respiração aeróbica requer O_2 para servir como um receptor de elétrons à medida que organismos vivos oxidam o carbono orgânico a fim de obterem energia para a sua sobrevivência.

O oxigênio pode oxidar tanto as substâncias orgânicas como as inorgânicas. Em um solo bem-aerado com muito gás O_2, o E_h se situa em um intervalo de 0,4 a 0,7 volts (V). À medida que a aeração vai reduzindo e o gás O_2 vai se esgotando, o E_h diminui para 0,32 a 0,38 V. Se um solo rico em matéria orgânica é inundado sob condições de elevadas temperaturas, valores de E_h menores que $-0,3$V podem ser encontrados.

As relações entre as mudanças do conteúdo de O_2 e do E_h, em um solo saturado com água, são mostradas na Figura 7.3. No espaço de um ou dois dias, após o solo ter se aquecido por causa da saturação com água, micro-organismos aeróbicos e facultativos oxidam o carbono orgânico do solo (Seção 10.2) e respiram boa parte do O_2 inicialmente presente, reduzindo assim o E_h da solução do solo.

Outros receptores de elétrons

Quando os teores de O_2 e os valores de E_h do solo diminuem, as condições de redução se estabelecem. Com a falta de O_2, somente os micro-organismos **anaeróbicos** podem sobreviver, os

[1] Para uma revisão sobre os potenciais de oxirredução, consulte Bartlett e James (1993) e Bartlett e Ross (2005).

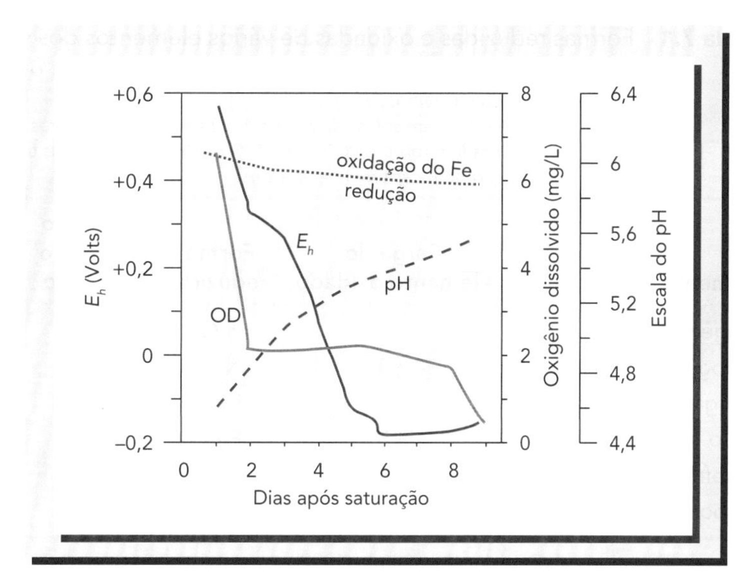

Figura 7.3 Mudanças químicas (logo após a saturação com água) que ocorreram no horizonte A franco-siltoso de um solo. Nos primeiros dois dias, os micro-organismos aeróbicos e os facultativos respiram a maior parte do O_2 dissolvido (OD), reduzindo, assim, o E_h da solução do solo. À medida que o OD e o E_h diminuem, as condições se tornam apropriadas para o desenvolvimento dos micro-organismos anaeróbicos. Elementos contidos nos minerais do solo, como o ferro (Fe) são reduzidos por micróbios anaeróbicos, que os usam como receptores finais de elétrons para o seu metabolismo. Esse processo diminui ainda mais o E_h. A linha pontilhada indica que o E_h, no qual o Fe^{3+} tende a ser reduzido para Fe^{2+}, declina um pouco com o aumento do pH. A elevação do pH, representada no gráfico pela linha tracejada, é parcialmente causada pelo consumo de íons H^+, devido à reação que reduz o Fe^{3+} (consulte a Reação 7.1). Tais reações químicas alteram também a cor do solo, pela dissolução de certos minerais. (Adaptado de Jenkinson e Franzmeier (2006) com permissão da Soil Science Society of America, EUA)

quais passam a usar outras substâncias, que não o O_2, como receptores finais de elétrons para seu metabolismo. Por exemplo, em solos minerais, vários desses micro-organismos podem usar o ferro e, à medida que vão reduzindo esse metal, o E_h diminui ainda mais, porque fazem com que os elétrons sejam consumidos. Ao mesmo tempo, o pH aumenta porque a reação consome os íons H^+ (Reação 7.1, da direita para a esquerda). Conforme essas reações acontecem, as cores do solo vão mudando de avermelhadas – decorrentes do ferro oxidado – para as acinzentadas – decorrentes do ferro reduzido (consulte a Prancha 63 e as Seções 4.1 e 7.7). Reações similares envolvem a redução ou a oxidação de C, N, Mn, S e de outros elementos da solução do solo, além da redução da matéria orgânica e minerais existentes no solo.

Características redoximórficas em solos: http://nesoil.com/images/redox.htm

Quando o solo se torna essencialmente desprovido de O_2, o seu potencial redox cai a níveis em torno de 0,38 a 0,32 V (em condições de pH 6,5). Depois do O_2 ter sido consumido completamente, a próxima substância presente que pode ser mais facilmente reduzida é, em geral, o N^{5+} na forma de nitrato (NO_3^-). Se o solo contiver muito NO_3^-, o E_h poderá permanecer em torno de 0,28 a 0,22 V enquanto ele estiver sendo reduzido:

$$\underset{N(V)}{\overset{(5+)}{NO_3^-}} + 2e^- + 2H^+ \longleftrightarrow \underset{N(III)}{\overset{(3+)}{NO_2^-}} + H_2O \qquad (7.2)$$

Depois que todo o N^{5+} dos nitratos foi transformado em NO_2^-, em N_2 e em outras formas de N, o E_h se reduzirá ainda mais, a ponto de os organismos capazes de reduzirem o Mn se tornarem ativos. Então, como o valor de E_h se reduz, os elementos N, Mn, Fe, S (na forma de SO_4^{2-}), e C (na forma de CO_2) passam também a aceitar elétrons e, assim, se transformam nas formas reduzidas, na maior parte das vezes seguindo uma ordem, como a indicada na Tabela 7.1.

Tabela 7.1 Formas reduzidas e oxidadas de vários elementos dos solos e os potenciais redox (E_h) em que cada uma das reações redox pode ocorrer no solo quando em condições de pH 6,5

Valores de E_h medidos em solos estão geralmente abaixo dos valores teóricos das reações. Nos níveis de E_h baixos (em torno de 0,38 a 0,32V), os micro-organismos utilizam outros elementos, que não o oxigênio, como receptores de elétrons.

Elemento	Forma oxidada	Carga do elemento oxidado	Forma reduzida	Carga do elemento reduzido	E_h no qual a mudança de carga ocorre, V
Oxigênio	O_2	0	H_2O	−2	0,38 a 0,32
Nitrogênio	NO_3^-	+5	N_2	0	0,28 a 0,22
Manganês	Mn^{4+}	+4	Mn^{2+}	+2	0,22 a 0,18
Ferro	Fe^{3+}	+3	Fe^{2+}	+2	0,11 a 0,08
Enxofre	SO_4^{2-}	+6	H_2S	−2	−0,14 a −0,17
Carbono	CO_2	+4	CH_4	−4	−0,20 a −0,28

Valores de E_h obtidos de Patrick e Jugsujinda (1992)

Em outras palavras, a transformação de diferentes elementos requer diferentes graus de condições de redução. O E_h do solo deve ser reduzido a −0,2 V antes que o metano seja produzido, mas a redução de NO_3^- para o gás N_2 ocorre quando o E_h atinge níveis acima de +0,28V. Desse modo, podemos concluir que a aeração condiciona a formação dos compostos químicos específicos que estão presentes no solo e, em decorrência disso, a disponibilidade, a mobilidade e a possível toxicidade de muitos elementos químicos.

7.4 FATORES QUE AFETAM A AERAÇÃO E O E_h DO SOLO

Drenagem e excesso de água

Nos macroporos, tanto a drenagem da água gravitacional – para fora do perfil do solo – como a concomitante difusão do ar – para dentro do solo – acontecem mais rapidamente. Portanto, os mais importantes fatores que influenciam a aeração de solos bem drenados são aqueles que condicionam o volume dos macroporos do solo. Desse modo, a textura, a densidade mais elevada, a estabilidade dos agregados, o conteúdo de matéria orgânica e a formação de bioporos estão entre aquelas propriedades do solo que ajudam a determinar a quantidade de macroporos e, por sua vez, a aeração do solo (Seção 4.8).

Taxas de respiração do solo

Tanto a concentração de O_2 como de CO_2, em grande parte, depende da atividade microbiana que, por sua vez, depende da disponibilidade dos compostos orgânicos de carbono como alimento. A incorporação de grandes quantidades de esterco, resíduos de culturas ou lodo de esgoto podem alterar consideravelmente a composição do ar do solo. Da mesma forma, nos ecossistemas naturais, a ciclagem dos resíduos das plantas, com a queda das folhas, a decomposição do sistema radicular e a exudação das raízes, fornecem o substrato para a atividade microbiana. A respiração pelas raízes das plantas e o aumento da respiração de organismos do solo perto das raízes são processos significativos para os fenômenos da respiração que acontecem no solo, e todos eles são intensificados com o aumento da temperatura (Seção 7.8).

Heterogeneidade do solo

Os horizontes subsuperficiais são geralmente mais deficientes em oxigênio que os superficiais. Isso acontece não somente porque o teor de água dessas camadas é frequentemente mais elevado (em climas úmidos), mas também porque o volume do espaço poroso (e o volume de todos os macroporos) é geralmente menor. No entanto, quando substratos orgânicos estão próximos da superfície, eles permanecem em um estado de baixo suprimento de O_2, apesar de os horizontes subsuperficiais ainda poderem permanecer aeróbicos, porque o O_2 pode se difundir suficientemente rápido para substituir aquele usado na respiração. Por essas razões, certos solos recentemente alagados permanecem anaeróbicos acima de 50 a 100 cm, mas em um estado aeróbico abaixo dessas profundidades.

Aração Uma das causas da heterogeneidade dos solos é o seu cultivo feito com arações e gradagens, os quais têm efeitos na aeração do solo, tanto a curto como a longo prazo. A curto prazo, o revolvimento frequente do solo permite secagens mais rápidas e também misturas de grandes quantidades de ar. Esses efeitos são especialmente evidentes em solos de textura argilosa com alguma compactação, nos quais o crescimento das plantas responde, quase sempre, de forma positiva e imediata, após um cultivo para controle de ervas daninhas ou aplicação de um adubo. No entanto, a longo prazo, esse cultivo pode reduzir a macroporosidade (Seção 4.6).

Tamanho dos poros O gás oxigênio irá se difundir muito mais lentamente, dentro de um agregado do solo, através de seus pequenos poros, quando preenchidos com água, do que através dos poros grandes, quando preenchidos por ar. No entanto, condições anaeróbicas podem ocorrer no centro de um agregado, a apenas poucos milímetros de um local com boas condições de aeração, próximo da sua superfície (Figura 7.4).

Em alguns solos de terras mais elevadas, os grandes poros dos horizontes subsuperficiais, como os decorrentes de canais de antigas raízes ou fendas entre agregados, podem estar periodicamente preenchidos com água, causando zonas localizadas com pouca aeração. Essa condição é indicada por superfícies cinzentas (indicando processos de redução) na superfície dos agregados que têm, no seu interior, cores avermelhadas (Prancha 82). Normalmente, nos solos saturados com água, os poros grandes podem provocar um efeito contrário (i. e., agregados com faces oxidadas, mas com seus interiores reduzidos), porque, durante os períodos mais secos, as paredes dos poros propiciam a difusão de O_2 para dentro do solo.

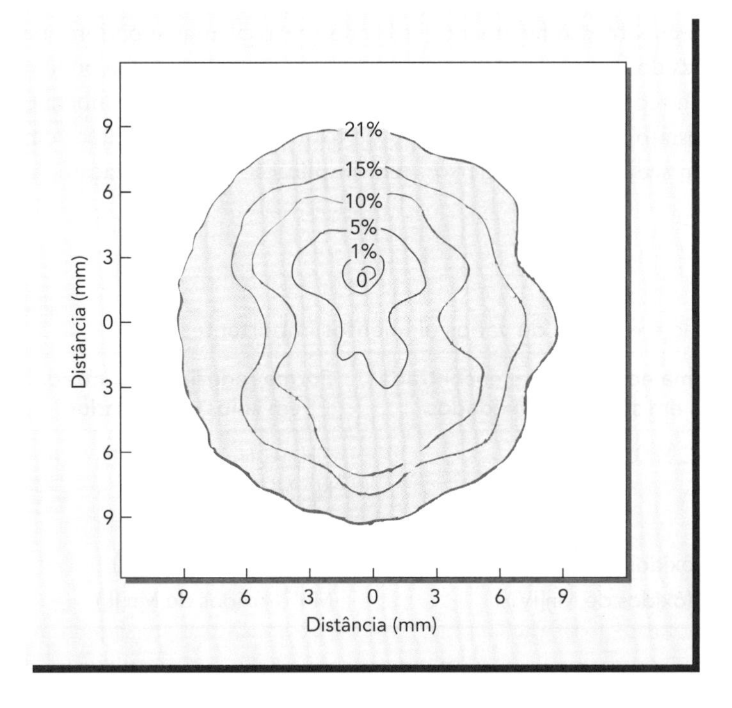

Figura 7.4 O conteúdo de oxigênio no ar do solo em um agregado saturado com água de um *Aquic Hapludoll* (série *Muscatine*, franco-argilo-siltosa) em Iowa (EUA). As medidas foram tomadas com um único microeletrodo. Note que, próximo do centro do agregado, o conteúdo de oxigênio foi zero, enquanto perto da sua borda foi de 21%. Esses pequenos volumes deficientes em oxigênio podem ser encontrados em alguns solos cujo conteúdo total de oxigênio pode não ser baixo. (Fonte: Sextone et al. [1985])

Raízes das plantas A respiração de raízes das plantas de sequeiro frequentemente reduzem o O_2 no solo exatamente ao redor das raízes. O oposto pode ocorrer com plantas hidrofíticas crescendo em solos saturados com água. Tecidos do aerênquima dessas plantas podem transportar um excesso de O_2 para o interior das raízes, permitindo que parte dele se difunda para o interior do solo, produzindo uma zona oxidada em um solo que de outra maneira seria completamente anaeróbico (consulte, por exemplo, Prancha 38).

Desse modo, processos aeróbicos e anaeróbicos podem acontecer simultaneamente em um mesmo solo e bastante próximos um dos outros. Essa heterogeneidade da aeração do solo deve ser lembrada quando consideramos o seu importante papel na ciclagem de elementos e funcionamento dos ecossistemas.

7.5 EFEITOS ECOLÓGICOS DA AERAÇÃO DO SOLO

Efeitos na decomposição dos resíduos orgânicos

Uma aeração deficiente diminui a taxa de decomposição, como evidenciado por níveis relativamente altos de matéria orgânica que se acumula em solos maldrenados. Tanto a natureza como a taxa da atividade microbiológica é determinada pelo conteúdo de CO_2 no solo. Quando o O_2 está presente, os organismos aeróbicos estão ativos (Seção 11.2). Na ausência do gás oxigênio, organismos anaeróbicos predominam no lugar, fazendo com que a decomposição seja muito lenta. Portanto, solos pouco aerados tendem a conter uma ampla variedade de produtos parcialmente oxidados, como o gás etileno (C_2H_4), álcoois e ácidos orgânicos, muitos dos quais podem ser tóxicos, tanto para as plantas superiores como para muitos organismos decompositores. Tais efeitos, que retardam as taxas de decomposição, ajudam na formação dos *Histosols* nas terras úmidas, onde a decomposição é dificultada, permitindo assim um intenso acúmulo de matéria orgânica. Em resumo, a presença ou ausência do gás oxigênio modifica completamente a natureza e o processo de decomposição e seu efeito no crescimento das plantas.

Oxidação-redução dos elementos

Nutrientes O potencial redox, devido aos seus efeitos, faz com que, em grande parte, o nível de oxigênio do solo condicione as formas de vários compostos inorgânicos, como mostrado na Tabela 7.2. O nitrogênio e o enxofre são facilmente utilizados pelas plantas superiores na forma oxidada. Formas reduzidas do ferro e do manganês podem ser tão solúveis que podem causar toxicidade. No entanto, a redução da quantidade de ferro é benéfica, porque libera o fósforo insolúvel contido no fosfato de ferro; tal liberação de fósforo, quando acontece em solos saturados com água ou em sedimentos submersos, tem implicação na eutrofização das águas (Seção 12.3).

Tabela 7.2 Formas de oxidação e redução de vários elementos importantes

Elemento	Forma normalmente encontrada em solos bem oxidados	Forma reduzida encontrada em solos encharcados
Carbono	CO_2, $C_6H_{12}O_6$	CH_4, C_2H_4, CH_3CH_2OH
Nitrogênio	NO_3^-	N_2, NH^{4+}
Enxofre	SO_4^{2-}	H_2S, S^{2-}
Ferro	Fe^{3+} (óxidos de Fe[III])	Fe^{2+} (óxidos de Fe[II])
Manganês	Mn^{4+} (óxidos de Mn[IV])	Mn^{2+} (óxidos de Mn[II])

Nos solos neutros a alcalinos das regiões mais secas, as formas oxidadas de ferro e de manganês estão retidas em componentes altamente insolúveis, o que pode resultar na deficiência desses elementos. Tais diferenças ilustram a interação da aeração e do pH do solo no suprimento de nutrientes disponíveis para as plantas (Capítulo 12).

Elementos tóxicos O potencial redox determina a forma na qual elementos como cromo, arsênio e selênio podem estar em estados potencialmente tóxicos, afetando significativamente seu impacto no ambiente e na cadeia alimentar (Seção 15.6). Formas reduzidas de arsênico são muito móveis e tóxicas, determinando um aumento dos níveis tóxicos desse elemento na água potável. Em contrapartida, é a forma oxidada do cromo (Cr^{6+}) que é muito móvel no solo e tóxica para os seres humanos. Em solos neutros a ácidos, os materiais orgânicos facilmente decomponíveis podem ser usados para reduzir o cromo hexavalente para sua forma trivalente menos tóxica (Cr^{3+}) e que não é passível de ser rapidamente reoxidada (Figura 7.5).

Gases do efeito estufa A produção de óxido nitroso (N_2O) e metano (CH_4) em solos saturados com água tem um significado universal. Esses dois gases, junto com o dióxido de carbono (CO_2), são responsáveis por cerca de 80% do aquecimento global antropogênico (Seção 11.9). A concentração desses gases na atmosfera tem aumentado de forma alarmante a cada ano pelos últimos 50 anos ou mais.

O gás metano é produzido pela redução do CO_2 quando o E_h é de $-0{,}2$ V, uma condição comum em solos de terras úmidas e em áreas de arroz irrigado por inundação. O óxido nitroso também é produzido em grande quantidade em terras baixas úmidas, bem como esporadicamente em solos de terras elevadas. Por causa da diversidade e produtividade biológica das terras úmidas (Seção 7.7), os pesquisadores do solo procuram meios de manejar os gases de efeito estufa dos solos dessas terras, sem drená-las (isto é, destruí-las). Felizmente, isso pode ser possível minimizando-se a produção dos três maiores gases do efeito estufa pela manutenção do E_h do solo em níveis moderadamente baixos, viáveis para muitos campos de arroz irrigado por inundação e em terras úmidas mantidas em seu estado natural (Figura 7.6).

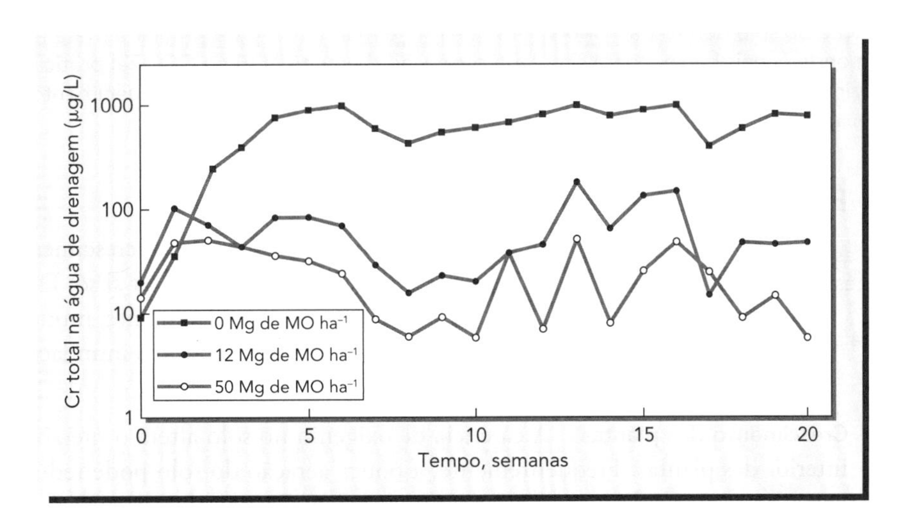

Figura 7.5 Efeito da adição de matéria orgânica decomponível (MO) sobre a concentração de cromo na água de drenagem de um solo contaminado com esse elemento. Neste experimento, esterco bovino seco foi adicionado como fonte de MO decomponível. À medida que o esterco era oxidado, ele provocava a redução do Cr^{6+} (tóxico e móvel) para a sua forma Cr^{3+} (não tóxico). Observe a escala logarítmica para o Cr na água, indicando que os 50 Mg ha^{-1} de esterco ainda fizeram o nível de Cr diminuir cerca de 100 vezes. O solo de textura grossa era um *Typic Torripsamment* da Califórnia. (Dados: Losi et al. [1994])

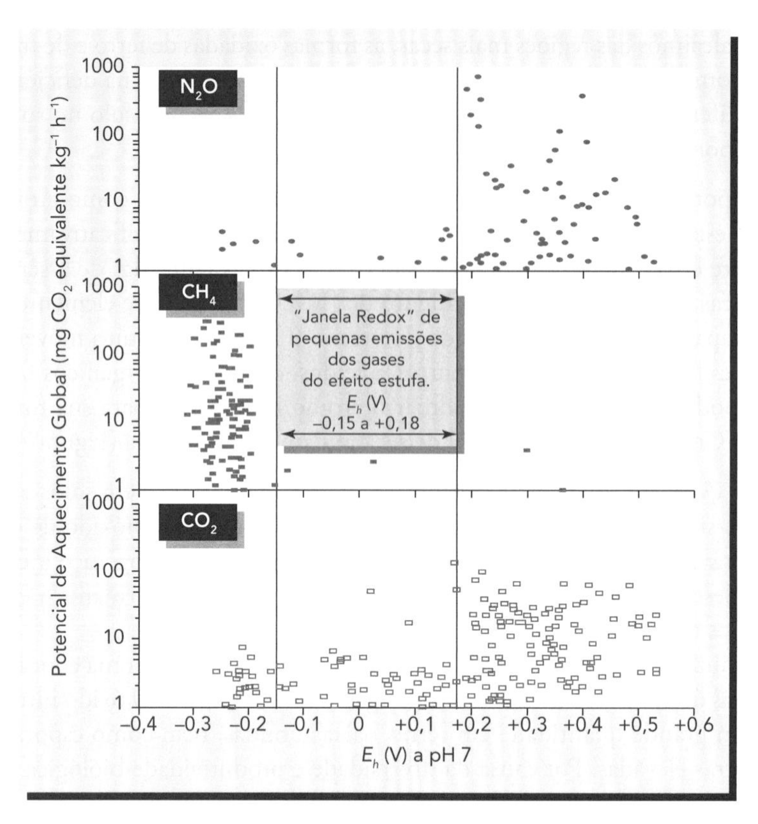

Figura 7.6 A relação entre o potencial redox do solo (E_h) e a emissão de três gases do "efeito estufa" pelo solo. Em razão de esses três gases diferirem muito em seu potencial (por mol de gás) de aquecimento global, suas emissões são expressas em equivalentes de CO_2. Note o baixo potencial de aquecimento global para os três gases quando o E_h se situa entre −0,15 e +0,18 V. Apesar de esse estudo ter usado pequenos frascos contendo materiais de solos inundados, dentro de um laboratório, ele demonstra que pode ser conveniente manejar o padrão de aeração nos solos em arrozais inundados e em terras úmidas, considerando esses resultados. A manipulação da adição de matéria orgânica, dos níveis de lençol freático, dos índices de fluxos d'água e da duração do risco de inundação permitem o manejo e a manutenção do solo dentro da "janela" em que o E_h é mais alto – para simular a metanogênese (produção de CH_4) – e também onde é mais baixo – para simular a produção de muito N_2O ou CO_2. Tal prática de manejo, se viável, poderia reduzir potencialmente a contribuição de solos saturados com água ao aquecimento global. (Fonte: Yu e Patrick [2004], com permissão da *Soil Science Society of America*)

Efeitos nas atividades das plantas superiores

Hemoglobina ajuda as plantas a sobreviver às enchentes: www.umanitoba.ca/afs/fiw/040729.html

É a falta de oxigênio ao redor das raízes que prejudica o crescimento das plantas em solos excessivamente úmidos e não o excesso de água por si só. Este fato explica por que os solos inundados com água estagnada são, geralmente, muito mais prejudiciais às plantas (até mesmo para algumas hidrófitas) do que as inundações com água contendo oxigênio dissolvido.

Crescimento das plantas A carência de oxigênio no solo altera o metabolismo em todo o interior das plantas. Frequentemente, a pouca aeração do solo pode reduzir a brotação das partes aéreas mais do que o crescimento de raízes. Fenômenos como o fechamento do estômato das folhas, seguido por redução na fotossíntese e por translocação de açúcar dentro da planta, estão entre as primeiras respostas das plantas aos baixos teores de oxigênio no solo. Com a falta de oxigênio, a habilidade das raízes em absorver e transportar água e nutrientes é prejudicada e, como resultado de um metabolismo das raízes alterado, os hormônios das plantas se tornam desbalanceados.

As espécies de plantas variam suas capacidades para tolerar condições de pouca aeração (Tabela 7.3). Entre as plantas cultivadas, a beterraba-açucareira é exemplo de uma espécie muito sensível a uma aeração deficiente do solo (Figura 7.1, *à esquerda*). No extremo oposto está o arroz cultivado sob sistemas de inundação, como um bom exemplo de uma espécie que pode crescer com as raízes completamente submersas na água. Além disso, para dada espécie de planta, as mudas jovens podem ser mais tolerantes a pouca aeração do solo do que as plantas adultas. Um exemplo é a tolerância do pinheiro vermelho (*Pinus resinosa*) à drenagem restrita durante o início do seu desenvolvimento e o seu fraco crescimento – ou até mesmo morte – no mesmo local, em uma fase mais adiantada de desenvolvimento vegetativo (Figura 7.1, *à direita*).

Conhecer quais plantas são tolerantes às condições de pouca aeração é útil para ajudar na escolha de espécies próprias para revegetar locais maldrenados. A ocorrência de plantas especialmente adaptadas às condições anaeróbicas é também de grande utilidade para ajudar a identificar onde existem locais com terras úmidas (Seção 7.7).

Nutrientes e captação de água Baixos níveis de CO_2 restringem a respiração das raízes e afetam as suas funções. A membrana celular das raízes pode se tornar menos permeável à água, de forma que as plantas podem ter dificuldade em absorvê-la, fazendo com que algumas espécies murchem ou sequem em solos saturados com água. De forma idêntica, algumas plantas podem mostrar sintomas de deficiência de nutrientes em solos maldrenados, mesmo que esses nutrientes estejam presentes em quantidades adequadas. Além disso, substâncias tóxicas (p.ex., gás etileno) produzidas por micro-organismos anaeróbicos podem restringir o crescimento e causar danos às raízes das plantas.

Tabela 7.3 Tolerância de algumas plantas a um lençol freático elevado e a pouca aeração

As plantas nas colunas da esquerda crescem bem em terras úmidas. As plantas da direita são sensíveis às condições de aeração deficiente.

Plantas adaptadas ao bom crescimento com um lençol freático na profundidade indicada				
<10 cm	15 a 30 cm	40 a 60 cm	75 a 90 cm	>100 cm
Abeto-preto	Álamo	Acácia-negra	Bétula	Aveia
Alpiste dos prados	Capim guatemala	Amoreira	Carvalho-vermelho	Beterraba-açucareira
Antúrios	Capim panasco	Bordo vermelho	Ervilhaca peluda	Cereja
Arroz	Festuca-alta	Capim-mimoso-chorão	Ervilhas	Cevada
Caniço	Grama-bermuda	Capim do prado	Faia	Cicuta
Capim da praia	Grama de pomar	Carvalho de folha de salgueiro	Milho	*Eragrostis* sp.
Carvalho-branco-do-pântano	*Panicum* sp.	Linden	Painço	Feijões
Cipreste	Pinheiro *loblolly*	Mostarda	Repolho	Nogueira
Manguezais	Salgueiro-preto	Sicômoro		Pêssego
Mirtilo	Trevo-híbrido	Sorgo		Pinheiro-branco
Serracênia	Trevo-ladino	Trevo cornichão		Trigo
Taboa				Tuia

7.6 RELAÇÃO ENTRE A AERAÇÃO DO SOLO E O MANEJO DAS PLANTAS

Em geral, em condições de campo, a aeração pode ser aumentada por meio da adoção dos princípios enunciados nas Seções 4.5 a 4.7, considerando-se a manutenção da agregação do solo e o seu tipo de preparo, bem como a sua inclinação. Também são de grande importância os sistemas que aumentam a drenagem superficial e subsuperficial (Seção 6.7) e estimulam a produção de bioporos verticais (p. ex., canais de raízes e de minhocas) que são abertos na superfície (Seção 4.5 e 6.7). Nesta seção, iremos resumidamente considerar as principais etapas necessárias para se evitar problemas de aeração em plantas cultivadas em vasos, árvores usadas para paisagismo e gramados.

Plantas cultivadas em vasos

As plantas cultivadas em vasos frequentemente sofrem com o encharcamento e a pouca aeração, apesar de os substratos para esses recipientes serem misturas elaboradas segundo técnicas que visam minimizar esse encharcamento. Materiais oriundos de solos minerais geralmente constituem não mais do que um terço do volume da maioria dos substratos para vasos; o restante é composto de materiais inertes, leves e de grãos grosseiros, como a vermiculita (mica expandida – não a vermiculita do solo), perlita (vidro vulcânico expandido) ou pedra-pomes (rochas porosas vulcânicas). Para atingir uma máxima aeração e diminuir o peso, alguns substratos para vasos não contêm materiais provenientes de solo mineral. Muitos substratos são misturados também com turfa, cascas de árvores picadas, lascas de madeira, compostos ou outros materiais orgânicos estáveis que retêm água e contribuem para aumentar a macroporosidade.

Não obstante o fato de que a maioria dos vasos usados para plantas têm orifícios para permitir a drenagem do excesso de água, o fundo destes recipientes ainda pode conter um pequeno lençol freático suspenso. Tal como acontece nos solos estratificados no campo (Seção 5.6), a água drena para fora dos orifícios da parte inferior do vaso *somente* quando o substrato situado na parte mais inferior do vaso está saturado com água e o potencial hídrico é positivo. Sendo assim, os poros menores e os médios permanecem preenchidos com água, não deixando espaço para o ar – o que faz com que logo predominem as condições anaeróbicas. A situação é agravada se o substrato contém muito material de solo mineral. Contudo, em qualquer das situações, o uso de vasos maiores permitirá uma melhor aeração na parte superior do substrato. A irrigação não deve ser feita até que o substrato *próximo da parte inferior do recipiente* tenha começado a secar.

Manejo de árvores e de gramados

Maneira correta de plantar as árvores em cidades: http://www.forestry.iastate.edu/publications/b1047.pdf

O transporte de espécies arbóreas deve ser feito com especial cuidado para evitar condições de pouca aeração ou o encharcamento em torno das raízes mais jovens. A Figura 7.7 ilustra as formas certa e errada de transplantar árvores em um solo compactado.

Práticas de manejo que facilitam uma boa aeração também protegem as árvores adultas. Se os operadores de máquinas, durante o nivelamento de um terreno, empurrarem para o redor da base de uma árvore o material excedente de um solo que está sendo escavado (Figura 7.8), as raízes que a alimentam, situadas próximo da superfície original do solo, podem ficar com deficiência de oxigênio, mesmo se a camada de terra tiver somente 5 a 10 cm de espessura. Neste caso, ao redor da base de uma árvore valiosa, um muro de proteção (*poço seco*) deve ser construído ou uma cerca deve ser colocada antes de começar a operação de nivelamento, a fim de preservar intacta a superfície do solo, em um raio original de vários metros ao redor do tronco. Esta medida permitirá que as raízes das árvores continuem a acessar o O_2 de que precisam; a não observação dessa medida poderá facilmente matar uma árvore grande e valiosa, embora isso possa demorar um ano ou dois para acontecer.

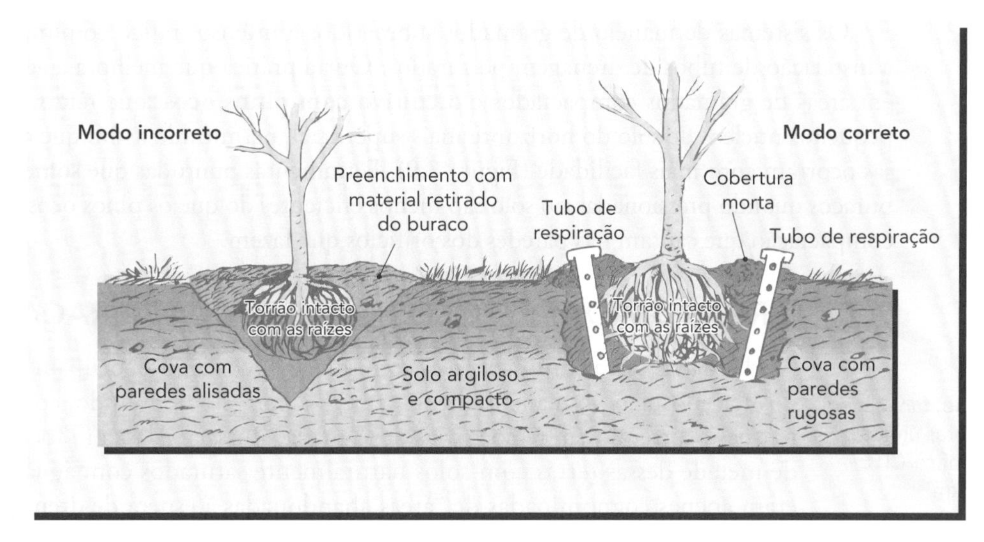

Figura 7.7 Pode não ser fácil fazer com que haja um bom suprimento de ar para as raízes de árvores transplantadas, especialmente quando elas são colocadas em solos compactados, de textura argilosa, em áreas urbanas. Se uma cova for escavada por máquina e deixada com suas paredes alisadas, funcionará como uma "xícara de chá" preenchida com água, podendo assim sufocar as raízes das árvores. Uma cova maior, com paredes rugosas, com tubos de respiração nela inseridos e a colocação de uma camada de cobertura morta (*mulch*) na superfície (na qual algumas raízes finas das árvores podem crescer melhor), são práticas que podem melhorar o estado de aeração em torno das raízes. (Diagrama: cortesia de R. Weil)

Figura 7.8 Árvores valiosas devem ser protegidas durante as operações de nivelamento de terreno nas obras de paisagismo. A esparramação, mesmo de uma fina camada de solo, sobre o sistema radicular de uma árvore grande poderá sufocar as suas raízes e matá-la. *Foto inserida à esquerda*: para preservar a superfície do solo original, de modo que as raízes que alimentam a árvore possam obter oxigênio suficiente, um poço seco pode ser construído com tijolos ou qualquer outro material decorativo. Esse poço seco pode ser incorporado ao projeto de paisagismo e preenchido por terra a uma taxa de alguns centímetros por ano. (Fotos: cortesia de R. Weil)

Os sistemas de manejo de gramados submetidos a intenso tráfico comumente incluem a instalação de tubos de drenagem perfurados. Outra prática que melhora a aeração do solo em áreas de gramados compactados é o **cultivo com pinos ocos**, que remove milhares de pequenos núcleos de solo do horizonte mais superficial, permitindo assim que as trocas gasosas ocorram com mais facilidade (Figura 7.9). Ferramentas pontudas que somente perfuram buracos quando pressionadas no solo são menos eficientes do que os pinos ocos, por causa da compactação que causam nas paredes dos orifícios que fazem.

7.7 TERRAS ÚMIDAS E SOLOS COM POUCA AERAÇÃO[2]

Definição, regulamentação, funções e manejo das terras úmidas: www.stemnet.nf.ca/CITE/ecowetlands.htm

As chamadas **terras úmidas**, áreas com solos pouco aerados, ocupam cerca de 14% dos terrenos não permanentemente cobertos por gelo do mundo, com grandes extensões ocorrendo em regiões frias do Canadá, Rússia e Alaska (Tabela 7.4). Cerca de metade dessas terras com solos naturalmente saturados com água (e que antes eram apenas cognominadas de "áreas abandonadas à espera de drenagem") foram destruídas pela atividade humana. O mesmo pode ser considerado como verdadeiro para a porção continental dos Estados Unidos, onde os atuais 400.000 km^2 de terras úmidas hoje constituem menos da metade da área que existia quando a colonização europeia se iniciou. Hoje, essas terras úmidas são altamente valorizadas por fornecerem ecossistemas que servem para *habitat* para a vida selvagem, purificação da água, redução de inundações, proteção da linha costeira, oportunidades de recreação, produção de bens naturais e – talvez mais significativamente – potencial de atenuação do aquecimento global (Capítulo 11). A maior parte da destruição das terras úmidas ocorre quando os agricultores as convertem em terras agrícolas, utilizando meios artificiais de drenagem (Seção 6.7). Nas décadas recentes, o aterramento e a drenagem dessas terras úmidas, para fins de urbanização, também têm pago o seu preço (ver Quadro 7.1).

Figura 7.9 Uma maneira de aumentar a quantidade de ar de um solo compactado é pela aeração por meio de furos feitos com pinos ocos. A máquina retira pequenos núcleos de solo, deixando furos de cerca de 2 cm de diâmetro e 5 a 8 cm de profundidade. Este método é comumente usado em áreas de gramados expostas a um tráfego intenso. Note que a máquina remove os núcleos e não simplesmente perfura o solo, um processo que poderia aumentar a compactação em torno dos furos e impedir a difusão do ar para o solo. (Fotos: cortesia de R. Weil)

[2] Duas publicações sobre terras úmidas (não técnicas, mas ainda informativas e bem-ilustradas) são Welsh et al. (1995) e CAST (1994). Para uma compilação de trabalhos técnicos sobre solos hidromórficos e terras úmidas, consulte Richardson e Vepraskas (2001).

Tabela 7.4 Principais tipos de terras úmidas e suas áreas globais

Tipo de terra úmida	Área global (10^3 km²)	Área não coberta por gelo (%)	Todas as terras úmidas (%)
Do interior (pântanos, turfeiras, etc.)	5415	3,9	28,8
Ripárias ou efêmeras	3102	2,3	16,5
Orgânicas (*Histosols*)	1366	1,0	7,3
Afetadas pelo sal, incluindo áreas costeiras	2230	1,6	11,9
Afetadas por permafrost (*Histels*)	6697	4,9	35,6

Dados: Eswaren et al. (1996).

Definindo as terras úmidas

Apesar de existirem diferentes tipos de terras úmidas, todas elas apresentam características próprias, ou seja, *solos que, próximo às suas superfícies, permanecem saturados com água por períodos prolongados quando a temperatura do solo e outras condições são tais que tanto as plantas*

QUADRO 7.1

Esta é a lei

Drenar ou aterrar as terras úmidas não é somente uma ideia ecologicamente incorreta, mas também é uma operação que contraria as leis! Nos Estados Unidos, e em muitos outros países, destruir propositadamente as áreas de terras úmidas pode trazer graves sanções. O caso aqui relatado (Figura 7.10) reflete mudanças ocorridas em relação a uma geração atrás, quando a maior parte da destruição das terras úmidas era feita mais por agricultores quando instalavam drenos, para os dias de hoje, quando, em países industrializados, a maior ameaça às terras úmidas está no desenvolvimento urbano. O recorte de jornal relata que os agentes imobiliários de uma empresa construtora tinham sido informados (e até advertidos) sobre as proibições de uma área de terras úmidas de 1.000 hectares planejada para um loteamento visando a construção de residências. No entanto, a empresa construtora aterrou essas terras úmidas a fim de construir centenas de casas neste local. Para piorar ainda mais a degradação ambiental, ela aí instalou campos de drenos de tanques sépticos (Seção 6.8) nesses solos sazonalmente saturados com água. O juiz condenou um dos agentes imobiliários a nove anos de prisão, seguidos de três anos de liberdade supervisionada. Seus sócios neste negócio também foram presos e multados. A gravidade dessa punição "serviu de alerta" para outros que viessem a cometer este mesmo tipo de infração.

Developers Sentenced in Wetlands Case

A federal judge sentenced three Mississippi real estate developers to prison yesterday for filling in wetlands and selling the property to low- and fixed-income families, marking the end of the nation's larg-

Figura 7.10 Recorte do jornal *Washington Post* com reportagem de Eilperin (2005)*. (Foto: cortesia de R. Weil)

* N. de T.: Tradução da manchete e de parte do texto da reportagem que aparece na foto do recorte de jornal: "Construtores Condenados no Caso das Terras Úmidas – Um juiz federal condenou ontem três agentes imobiliários do Estado do Mississippi por aterrarem uma várzea com terras úmidas e venderem lotes para famílias de baixa renda, marcando o fim do maior processo judicial relacionado a terras úmidas dos Estados Unidos."

como os micróbios podem crescer e remover o oxigênio do solo e, deste modo, fazer com que prevaleçam as condições anaeróbicas. Em grande parte, é a prevalência das condições anaeróbicas que determina o tipo de plantas, animais e solos encontrados nessas áreas. Existe um consenso generalizado de que os limites do local onde as condições de saturação com água de uma área úmida terminam ocorrem quando o lençol freático estiver tão profundo a ponto das raízes da vegetação emergente não poderem alcançá-lo. Por outro lado, existem dificuldades em definir precisamente o limite dos locais onde termina uma terra úmida e começa um corpo d'água.

Como o uso e o manejo das terras úmidas nos Estados Unidos e em muitos outros países são regulamentados pelo governo, bilhões de dólares podem estar em jogo para determinar o que deve – e o que não deve – ser protegido como terra úmida.

Milhares de profissionais da área ambiental são contratados para trabalhar nos processos de **delineamento de terras úmidas** – definindo, no campo, os exatos limites das terras úmidas com a parte mais seca do terreno. Esses delineamentos *não são* realizados em frente à tela de um computador, mas sim com um trabalho suado, lamacento e cheio de mosquitos, feito por pedólogos muito bem treinados para este tipo de atividade.

O que esses pedólogos têm que examinar, no campo, para comprovar a existência de um sistema de terras úmidas? A maior parte das autoridades concorda que são três as características que podem ser encontradas em qualquer terra úmida: (1) regime hídrico – ou hidrologia – típico de terras úmidas, (2) presença de solos hidromórficos e (3) presença de plantas hidrófitas.

Hidrologia de terras úmidas

Regulamentação, função e manejo de terras úmidas: http://www.epa.gov/owow/wetlands/

O balanço entre os fluxos das entradas e saídas de água, bem como sua capacidade de armazenamento dentro de uma determinada área com terras úmidas, decide como – e por quanto tempo – tal área permanecerá encharcada ou saturada com água. A cronologia das oscilações do nível freático é denominada **hidroperíodo**. Para um pântano costeiro (ou marisma), o hidroperíodo pode ser diário, acompanhando as marés altas e baixas. Para pântanos, turfeiras, várzeas e banhados do interior, o hidroperíodo é propenso a ser sazonal. Muitas terras úmidas podem nunca ser inundadas, embora os horizontes superiores mais superficiais de seus solos permaneçam sempre saturados com água.

Se o período de saturação ocorre quando o solo permanece muito frio para que possa haver atividade microbiana ou crescimento de raízes das plantas, o oxigênio pode se dissolver na água ou ser retido dentro dos agregados do solo. Consequentemente, as verdadeiras condições anaeróbicas podem não se desenvolver, mesmo em solos inundados. Lembre-se de que são as condições anaeróbicas, e não exatamente as de saturação com água, que fazem uma terra úmida ser uma terra úmida.

Quanto mais lentamente a água se move através de uma terra úmida, mais longo será seu *tempo de residência* e mais provavelmente ocorrerão as peculiares reações e funções dessa terra úmida. Por esta razão, os empreendimentos que aceleram os fluxos de água, como a abertura de canais ou a retificação de meandros dos cursos d'água, são geralmente considerados obras que degradam as terras úmidas e, por isso, devem ser evitados.

Todas as terras úmidas estão saturadas com água por algum tempo, mas muitas permanecem saturadas o tempo todo. Para documentar a frequência e duração das inundações e das condições de saturação, pode ser necessário efetuar observações sistemáticas de campo, monitoradas por instrumentos que medem as oscilações do nível freático.

No campo, mesmo durante os períodos secos, existem muitos sinais que podem indicar onde as condições de saturação ocorrem mais frequentemente. Períodos anteriores de inundação podem deixar marcas nas árvores e nas rochas, bem como uma camada de sedimentos cobrindo as folhas das serrapilheiras do solo. Sinais indicados por marcas de águas correntes, de folhas, ramos e outros destroços que estavam flutuando também podem indicar onde as inundações já ocorreram. Árvores com grande parte de suas raízes acima do solo indicam que se adaptaram às condições de saturação de água. Contudo, provavelmente o melhor indicador de condições de saturação seja a presença de **solos hidromórficos**.

Solos hidromórficos[3]

Os pedólogos desenvolveram o conceito de solos hidromórficos com a finalidade de auxiliar no delineamento das terras úmidas. No *Soil Taxonomy* (ver Capítulo 3), esses solos são, em sua maioria mas não exclusivamente, classificados na ordem dos *Histosols*, nas subordens, com elemento formativo *Aquic* como os *Aquents* e *Aqualfs* ou nos subgrupos *Aquic*. Esses solos geralmente têm um regime de umidade áquico ou peráquico (Seção 3.2).

Três atributos ajudam a definir os solos hidromórficos. Primeiro, eles estão sujeitos a *períodos de saturação* com água, o que dificulta a difusão de O_2 para o interior do solo. Segundo, eles ficam submetidos por longos períodos de tempo a *condições de redução* (ver Seção 7.3); isto é, neles os receptores de elétrons – exceto o O_2 – estão sendo reduzidos. Terceiro, eles exibem certos atributos qualificados como *indicadores de solos hidromórficos*, discutidos no Quadro 7.2.

Vegetação hidrófita

A **vegetação hidrófita** é constituída de plantas que evoluíram para possuírem mecanismos próprios que as adaptaram a viver em solos saturados e anaeróbicos; por isso servem para distinguir terras úmidas de outros ecossistemas. Entre esses mecanismos adaptativos estão os tecidos ocos do aerênquima, que transportam O_2 em direção à extremidade das raízes. Certas árvores (como o pinheiro-do-brejo) produzem raízes adventícias e aéreas (conhecidas como tabulares). Outras espécies espalham seu raizame na camada mais superficial, ou mesmo sobre a superfície do solo, onde parte do O_2 pode se difundir mesmo quando estão submersas. Na Tabela 7.3 há uma relação de algumas plantas hidrófitas mais comuns nos Estados Unidos. Nem todas as plantas que crescem em terras úmidas são hidrófitas, mas a maioria delas o é.

Fotos de vegetação hidrófita: www.bixby.org/parkside/multimedia/vegetation

Química das terras úmidas

Os fenômenos químicos que ocorrem nas terras úmidas são caracterizados por baixos potenciais redox (ver Seção 7.3). Muitas das funções das terras úmidas dependem das *variações* no potencial redox; isto é, em certos locais – ou durante certos períodos de tempo – as condições de oxidação se alternam com as de redução. Por exemplo, mesmo em uma terra úmida inundada, o O_2 pode ser capaz de se difundir da atmosfera ou de águas contendo oxigênio livre para o interior do solo, criando uma delgada *zona oxidada* (Figura 7.12 e Prancha 63). A difusão do O_2 dentro de um solo saturado com água é extremamente limitada, de forma que, a uns poucos centímetros de profundidade no perfil, o O_2 pode ser eliminado, fazendo com que o potencial redox se situe abaixo do limite suficiente para que aconteçam certas reações, como a redução de nitrato. Se as zonas oxidadas estiverem muito próximas das anaeróbicas, isso pode fazer com que as águas que passam através das terras úmidas provoquem a remoção

[3] O U.S. Department of Agriculture Natural Resources Conservation Service (Estados Unidos) define um solo hidromórfico (*hydric soil*) como "aquele formado sob condições de saturação, inundação ou alagamento por tempo suficiente durante o período de crescimento para desenvolver condições anaeróbicas na parte superior". Para ilustrações em um manual de campo com definição das características que indicam solos hidromórficos, consulte Hurt et al. (1996). Para uma lista atual de séries de solos considerados como hidromórficos, consulte: http://soils.usda.gov/use/hydric/.

QUADRO 7.2

Indicadores de solos hidromórficos

Os indicadores de hidromorfismo são características dos solos (por vezes somente de regiões geográficas específicas) associadas à ocorrência tanto de saturação com água como de redução. A maioria desses indicadores podem ser observados no campo com a abertura de uma pequena trincheira com profundidade de cerca de 50 cm. Eles estão relacionados principalmente à perda ou ao acúmulo localizado de várias formas de Fe, Mn, S ou C. Camadas superficiais espessas e escuras, nas quais a decomposição da matéria orgânica tem sido dificultada também podem ser consideradas como indicadores de condições hidromórficas (Pranchas 6 e 39).

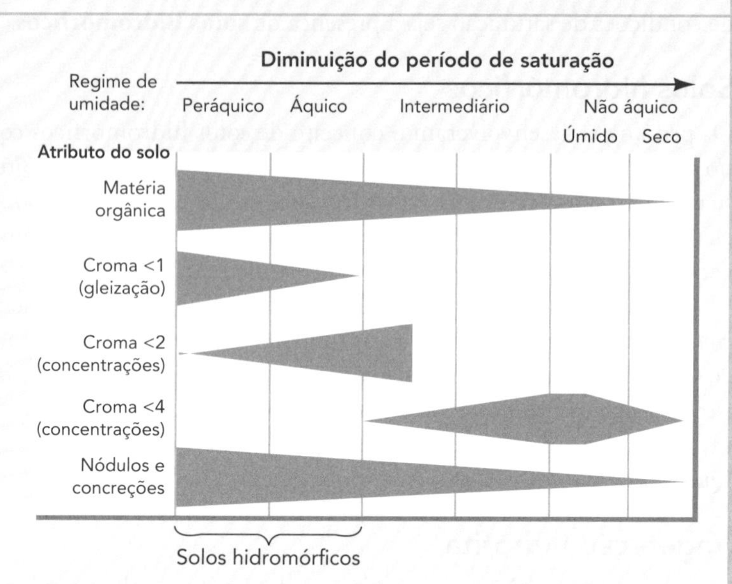

Figura 7.11 Relação entre a ocorrência de algumas características do solo e a duração anual das condições de saturação com água. A ausência de concentrações de ferro (mosqueados) com as cores de croma >4 e a presença de outras características bem expressas são indicações de que um dos solos pode ser hidromórfico. O termo peráquico se refere a um regime de umidade em que os solos estão saturados com água durante o ano inteiro. Para ver definições de outros regimes de umidade, consulte a Seção 3.2. (Adaptado de Veneman et al. [1999])

O ferro, quando reduzido a Fe(II), torna-se suficientemente solúvel para migrar para fora das zonas de redução, podendo se precipitar como compostos de Fe(III) em zonas que são mais aeróbicas. Os locais onde a redução removeu ou deprimiu os revestimentos de ferro dos grãos de minerais são denominados **depleções redox**. Esses locais geralmente exibem cores cinza, de croma baixo, característica dos minerais sem revestimentos (ver a Seção 4.1 para uma explicação sobre croma). Além disso, o próprio ferro se transforma de cinzento para azul-esverdeado, quando reduzido. As cores contrastantes entre as partes que sofreram depleções redox (ou de ferro reduzido) e as partes avermelhadas originam os típicos mosqueados dos horizontes do solo que têm **características redoximórficas** (ver exemplos nas Pranchas 15 e 17). Outras características redoximórficas estão envolvidas com a redução do Mn, o que pode ser notado pela presença de *nódulos* duros e escuros que às vezes se assemelham a chumbos de espingarda. Em condições de reduções intensas, todo a matriz do solo pode apresentar uma cor – com cromas baixos – denominada gleizada. Cores com croma 1 (ou menor) podem indicar, com bastante confiabilidade, as condições de redução (Figura 7.11).

Tenha sempre em mente que as características redoximórficas são indicativas de solos hidromórficos somente quando ocorrem nos horizontes da parte mais superior do perfil. Muitos solos de áreas bem drenadas apresentam caracteristerísticas redoximórficas somente em seus horizontes mais profundos, devido à presença de um lençol freático flutuante em profundidade. Solos de terras altas que estão saturados, ou mesmo inundados, durante curtos períodos de tempo e somente durante a estação fria, não são solos de terras úmidas (ou hidromórficos).

Uma característica redoximórfica única, associada a certas plantas de terras úmidas é a presença, em uma matriz do solo cinzenta, de algumas partes avermelhadas que ocorrem ao redor dos canais das raizes onde o O_2 difundiu a partir do aerênquima das raízes que alimentavam uma planta hidrófita (Prancha 38). Essas *zonas oxidadas pela raiz* exemplificam o bom relacionamento entre os solos hidromórficos e a vegetação hidrófita.

do N, devido a uma sequência de reações: primeiro, a oxidação da amônia para o nitrato e, depois, a redução do nitrato para vários gases nitrogenados, que escapam para a atmosfera (Seção 12.1).

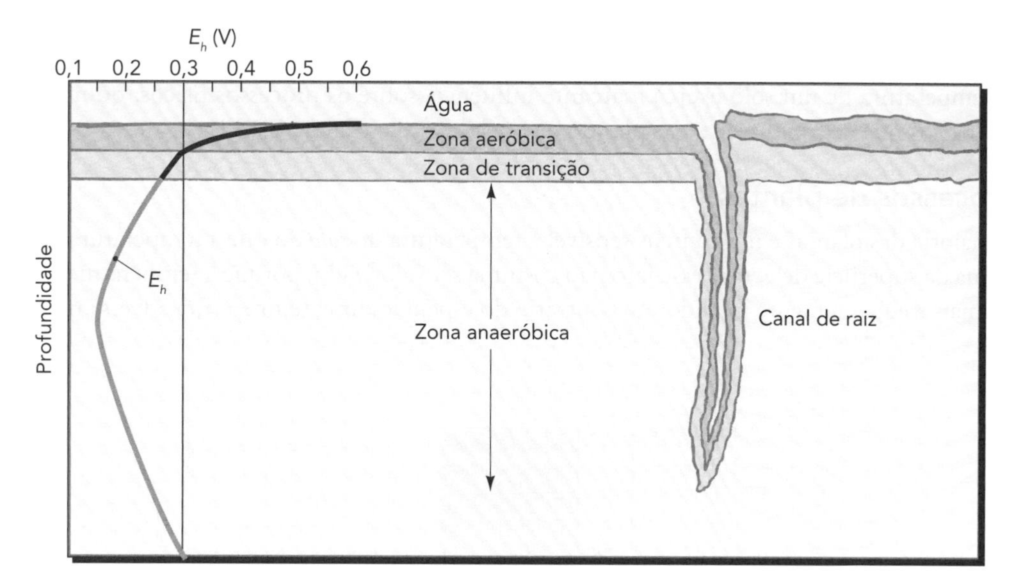

Figura 7.12 Representação dos potenciais redox representativos de um perfil de solo hidromórfico inundado. Muitas das funções biológicas e químicas das terras úmidas dependem da existência de zonas reduzidas e oxidadas, situadas umas próximas às outras. As mudanças no potencial redox, nas profundidades mais inferiores, em grande parte dependem da distribuição vertical de matéria orgânica. Em alguns casos, a existência de quantidades elevadas de matéria orgânica nas camadas mais inferiores dá lugar a uma segunda zona oxidada, sob a zona reduzida. (Diagrama: cortesia de R. Weil)

Reações redox Para que uma determinada área seja considerada uma terra úmida, o potencial de redução (ou simplesmente "redox") deve atingir valores suficientemente baixos para provocar a redução do ferro e fazer com que as feições redoximórficas apareçam. Valores de E_h, ainda mais baixos que estes, permitirão a redução do carbono, para produzir gás metano, ou de sulfatos, para produzir sulfetos de hidrogênio (H_2S), que tem cheiro de ovo podre. Elementos tóxicos, como o cromo e o selênio, sofrem reações redox que podem ajudar a removê-los da água antes que ela escoe para fora das terras úmidas. Os ácidos oriundos de dejetos industriais ou da drenagem de áreas de minerações podem também ser neutralizados por reações que ocorrem em solos hidromórficos. Esse conjunto único de reações químicas contribui muito para os benefícios que as terras úmidas proporcionam à sociedade e ao ambiente.

Terras úmidas construídas

Pesquisadores e engenheiros não somente preservam as terras úmidas naturais, como também constroem algumas terras artificiais com objetivos específicos, como o tratamento de águas de esgotos (consulte um exemplo no Quadro 12.2).

Certas normas regulamentares permitem a destruição de algumas áreas de terras úmidas naturais, desde que outras novas sejam construídas ou que terras úmidas anteriormente degradadas sejam restauradas. Esse processo, chamado de **mitigação de terras úmidas**, tem tido alguns sucessos, mas apenas parciais, porque os pesquisadores ainda têm muito a aprender sobre o funcionamento das terras úmidas; além disso, a construção de terras úmidas artificiais raramente é monitorada para funcionamento adequado.

Vimos como a aeração do solo é intensamente influenciada pelo seu teor de água. Agora, voltaremos nossa atenção para a temperatura do solo, outra propriedade física diretamente relacionada com a água e a aeração do solo.

7.8 PROCESSOS AFETADOS PELA TEMPERATURA DO SOLO

A temperatura de um solo exerce marcante influência sobre os processos físicos, químicos e biológicos que ocorrem nele e nas plantas que nele crescem (Figura 7.13).

Processos de plantas

A maioria das plantas é muito mais sensível à temperatura do *solo* do que à temperatura do *ar* acima da superfície dele, mas esse fato não costuma ser valorizado, porque a temperatura do ar é a mais frequentemente medida. Ao contrário do esperado, uma temperatura adversa no solo

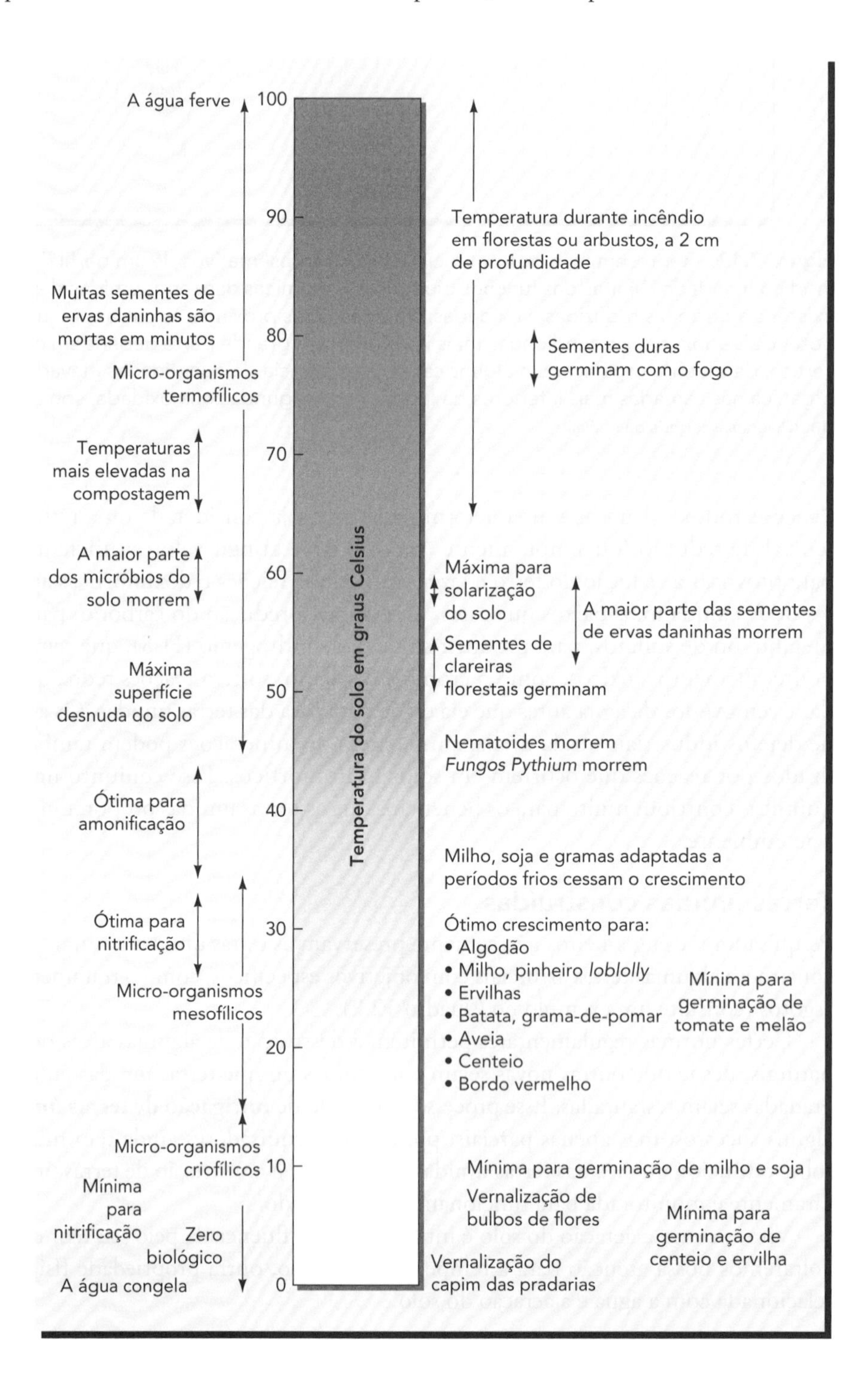

Figura 7.13 Faixas de temperatura e vários processos do solo a elas associados.

geralmente influencia mais a brotação e a fotossíntese do que o crescimento das raízes (como observado em um estudo descrito na Figura 7.14). O crescimento ótimo de muitas plantas só se dá em um intervalo muito pequeno de temperaturas do solo. Por exemplo, duas espécies de plantas que evoluíram em regiões quentes, o milho e o pinheiro *loblolly*, crescem melhor quando a temperatura do solo se situa entre 25 e 30°C. Por outro lado, a temperatura ótima do solo para o cereal centeio e a árvore do bordo vermelho (*red maple*), que são duas espécies que evoluíram em regiões frias, situa-se entre 12 e 18°C.

Em regiões temperadas, as temperaturas frias do solo frequentemente limitam a produtividade das lavouras e da vegetação natural. O ciclo de vida das plantas é também muito influenciado pela temperatura do solo. Por exemplo, bulbos de tulipa necessitam de um resfriamento para desenvolver os botões florais no começo do inverno, embora o desenvolvimento das flores não aconteça até o que o solo se aqueça na primavera seguinte.

Nas regiões quentes, e também no verão das regiões de clima temperado, a temperatura do solo pode permanecer muito elevada para um ótimo crescimento das plantas, especialmente nos primeiros centímetros logo abaixo da sua superfície. Por exemplo, uma gramínea do gênero *Agrostis* (*bent grass*) cresce bem nas estações frias, sendo por isso muito procurada para compor os *greens** dos campos de golfe; no entanto, seu crescimento não costuma ser adequado quando se desenvolvem em regiões quentes (Figura 7.14). Mesmo as plantas de regiões tropicais, como milho e tomate, são adversamente afetadas por temperaturas do solo acima de 35°C. A germinação de sementes pode também ser reduzida com temperaturas do solo muito elevadas.

Vídeo mostrando como é medida a temperatura do solo:
http://videogoogle.com/videoplay?docid=8773072375890666921&pr=goog-sl

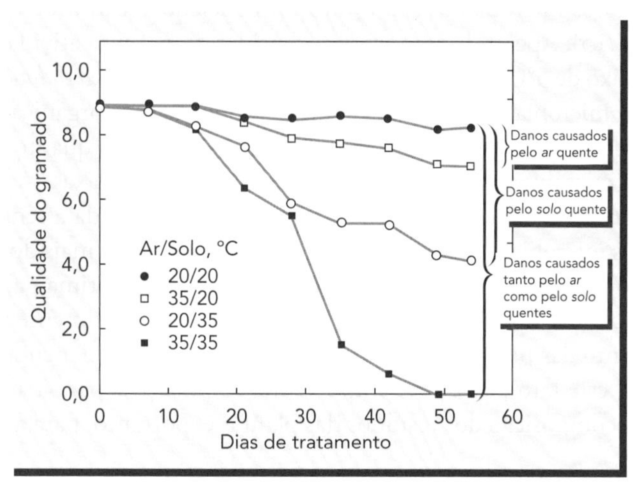

Figura 7.14 Efeitos da temperatura do solo e do ar sobre a qualidade do gramado de campos esportivos. Sérios problemas acontecem para a grama *bent grass* (*Agrostis* sp.) cultivada nos *greens* dos campos de golfe em climas quentes, por ser suscetível a estresses de calor. Neste estudo, pesquisadores cultivaram a grama *bent grass*, durante 60 dias, controlando a temperatura do solo e do ar. A qualidade do gramado (vigor, cor, etc.) foi classificada de zero (quando a grama morria) a 10 (melhor qualidade do gramado). Compare a pequena redução na qualidade da grama causada pelo aumento da temperatura do ar de 20 para 35°C, com maior redução no crescimento com o aumento da temperatura do solo. Os piores efeitos foram verificados com a elevação das temperaturas tanto no ar como no solo. Entre os vários parâmetros medidos na planta, a taxa de fotossíntese foi mais afetada pelo aumento da temperatura do solo do que a do crescimento da raiz. Outra pesquisa mostrou que uma pulverização com gotículas de água, combinada com um grande ventilador, pode diminuir tanto a temperatura do ar como a do solo em um *green* de campo de golfe. (Dados: Xu e Huang [2000])

* N. de T.: Local ao redor dos buracos, nos campos de golfe, cultivado com uma grama especial e frequentemente aparada.

Germinação de sementes Algumas plantas exigem temperaturas específicas no solo para que suas sementes iniciem a germinação, o que vem a fazer muita diferença nas inúmeras espécies de ervas daninhas que podem germinar mais cedo, ou mais tarde, nos campos de cultivo. Do mesmo modo, sementes de certas plantas, adaptadas para crescerem em clareiras abertas em uma floresta cultivada, são estimuladas a germinarem somente após as grandes flutuações e temperaturas máximas de solo que ocorrem onde o dossel da floresta é alterado pelo corte ou abatimento, pelo vento, das árvores. As sementes de certas gramíneas das pradarias e grãos cultivados necessitam de um período de temperaturas frias do solo (2 a 4°C) para que possam germinar na primavera seguinte, um processo denominado *vernalização*.

Funções das raízes Algumas funções das raízes, como a absorção de nutrientes e água, são retardadas em solos com temperaturas abaixo da ótima para determinadas espécies. Uma das consequências dessas baixas temperaturas é o aparecimento de certas deficiências de nutrientes, especialmente o fósforo, que ocorrem com frequência no início da primavera nas plantas jovens e somente desaparecem quando o solo se aquece no fim dessa estação. Nas regiões de clima temperado, quando o solo ainda está frio (desde os dias ensolarados do fim do inverno até o início da primavera), as plantas perenifólias (sempre verdes) podem tornar-se ressecadas, ou até morrer. Isso ocorre porque, nessas condições de solo frio, a lenta absorção de água pelas raízes não consegue compensar a alta demanda de evaporação pelas folhas, em razão da elevada insolação. Esta *queima de inverno* pode ser evitada cobrindo-se os arbustos com um tecido de proteção à luz solar*.

Processos microbianos

Os processos microbianos são muito influenciados pelas mudanças da temperatura do solo (Figura 7.15). Apesar de comumente considerarmos que a atividade microbiana praticamente cessa abaixo de 5°C (um ponto de referência chamado de *zero biológico*), baixos níveis tanto de atividade microbiana como de decomposição da matéria orgânica têm sido medidos em camadas de permafrosts de *Gelisols* com temperaturas tão frias quanto -20°C; portanto, é provável que haja micróbios adaptados a essas temperaturas tão baixas.

Todavia, a atividade microbiana é muito mais elevada a temperaturas altas; as taxas dos processos microbianos, como a respiração, normalmente mais do que dobram a cada 10°C de aumento da temperatura (Figura 7.16). A temperatura ótima para os processos de decomposição microbiana pode estar entre 35 e 40°C, consideravelmente mais alta que o ótimo para o crescimento das plantas. Como a respiração microbiana depende de solos com temperaturas elevadas, este fato passa a ter importantes implicações para a aeração do solo (Seção 7.7) e para a decomposição dos resíduos das plantas e, portanto, para a ciclagem de nutrientes neles contidos.

Em ambientes com verões quentes e ensolarados (temperatura máxima diária do ar >35°C), um processo controlado de aquecimento, chamado de **solarização do solo,** pode ser usado para eliminar pragas e doenças em algumas culturas de alto valor econômico. Nesse processo, o solo é coberto com um filme plástico transparente, que mantém o calor necessário para fazer com que nos centímetros mais superiores do solo a temperatura se eleve até perto de 50 a 60°C.

Como veremos no Capítulo 15, as elevadas temperaturas do solo também são essenciais para as tecnologias relacionadas à remediação da poluição, que utilizam micro-organismos especializados em degradar produtos petrolíferos, pesticidas e outros contaminantes orgânicos em solos.

* N. de T.: No Brasil, estes tecidos de proteção contra a luz solar são comercializados com o nome de “sombrite”.

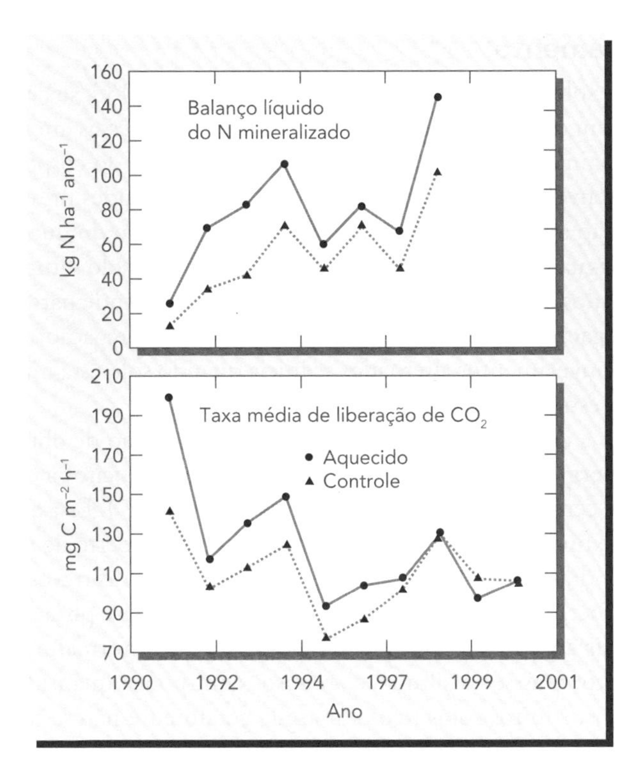

Figura 7.15 As elevadas temperaturas do solo aceleram os processos biológicos, como (*no gráfico superior*) a liberação de nitrogênio da matéria orgânica (mineralização) e (*gráfico inferior*) a liberação de dióxido de carbono por meio da respiração do solo (cerca de 80% devido aos micro-organismos e 20% devido às raízes das plantas). Nesta floresta de árvores decíduas das médias latitudes, vários cabos de aquecimento elétrico foram enterrados em certas parcelas, para manter a temperatura do solo, ao longo do ano, a 5°C (mais elevada que a normal). Vários cabos também foram instalados nas parcelas controle (*foto*)* para assegurar uma perturbação física similar no solo, mas sem aplicação de eletricidade. Os processos biológicos, representados à esquerda, são discutidos em detalhe nos Capítulos 11e 12. (Gráficos obtidos de Melillo et al. [2002]; foto: cortesia de R. Weil)

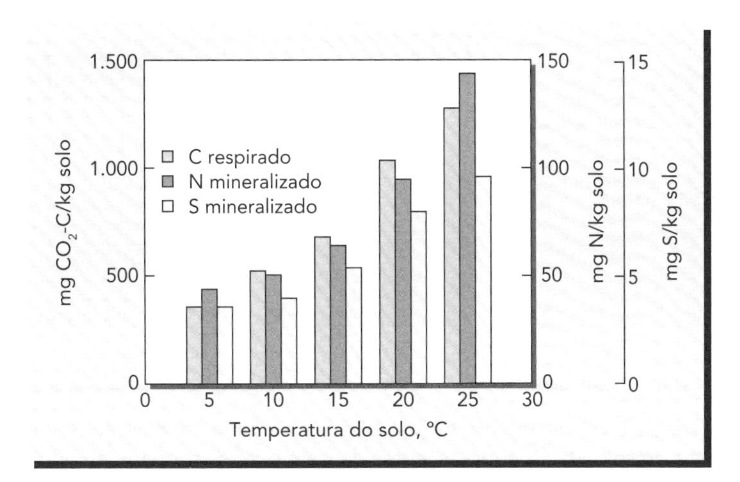

Figura 7.16 Efeito da temperatura do solo na respiração microbiana (liberação de CO_2) cumulativa e na taxa líquida de liberação de nitrogênio e de enxofre, nas camadas mais superficiais de solos de uma floresta decídua em Michigan, Estados Unidos. O conteúdo de água no solo foi adequado para o crescimento microbiano durante todo o período estudado – 32 semanas. Observe a quase duplicação da atividade microbiana com 10 graus de mudança na temperatura do solo (compare dados de 15°C *versus* 25°C). São apresentados dados médios de quatro locais. (Fonte: MacDonald et al. [1995])

* N. de T.: Na placa da foto, lê-se: "EXPERIMENTO DE AQUECIMENTO DO SOLO – PARCELA CONTROLE – Estas parcelas não estão manipuladas".

Congelamento e descongelamento

Formação de lentes de gelo:
www.aip.org/png/html/frost.htm

Quando as temperaturas do solo oscilam um pouco acima e abaixo de 0°C, sua água sofre ciclos alternados de congelamento e descongelamento. Durante essas alternações, zonas de gelo puro, chamadas de *lentes de gelo*, se formam dentro do corpo do solo e cristais de gelo se desenvolvem e se expandem. Desta forma, grandes pressões se desenvolvem, devido muito mais ao aumento do volume dessas lentes de gelo do que aos 9% de aumento que um volume de água sempre sofre quando congela. Em um solo saturado com água com agregados desmanchados, a ação do congelamento fragmenta grande parte de sua massa e melhora bastante a agregação. Em contraste, nos solos com boa agregação, se o fenômeno dos congelamentos e descongelamentos alternados se inicia quando solo está muito úmido, ele pode fazer com que a sua estrutura se deteriore.

As alternâncias do congelamento e descongelamento podem forçar a ascensão de objetos no solo, um processo chamado de **soerguimento por congelamento**. Objetos sujeitos a essas elevações incluem pedras, mourões de cercas e raízes de plantas perenes (Figura 7.17). Essa ação, que é mais intensa onde o solo tem textura siltosa, está saturado com água e descoberto de neve (ou de vegetação densa), pode reduzir drasticamente os estandes de alfafa e de alguns trevos.

O congelamento pode também soerguer fundações mais superficiais, estradas e pistas que têm como base materiais de solo mais argilosos. Areias puras ou cascalhos são normalmente resistentes a danos pelo congelamento, mas solos siltosos e arenosos com pouca quantidade de argila são especialmente suscetíveis. Muitos solos ricos em argila geralmente não se mostram afetados pelo congelamento, mas a segregação de lentes de gelo pode ainda ocorrer, o que pode ocasionar severas perdas de resistência por ocasião do descongelamento. Para evitar danos causados pelo congelamento do solo, as bases de fundações (bem como as canalizações de água) devem ser assentadas a uma profundidade maior do que aquela em que o solo conge-

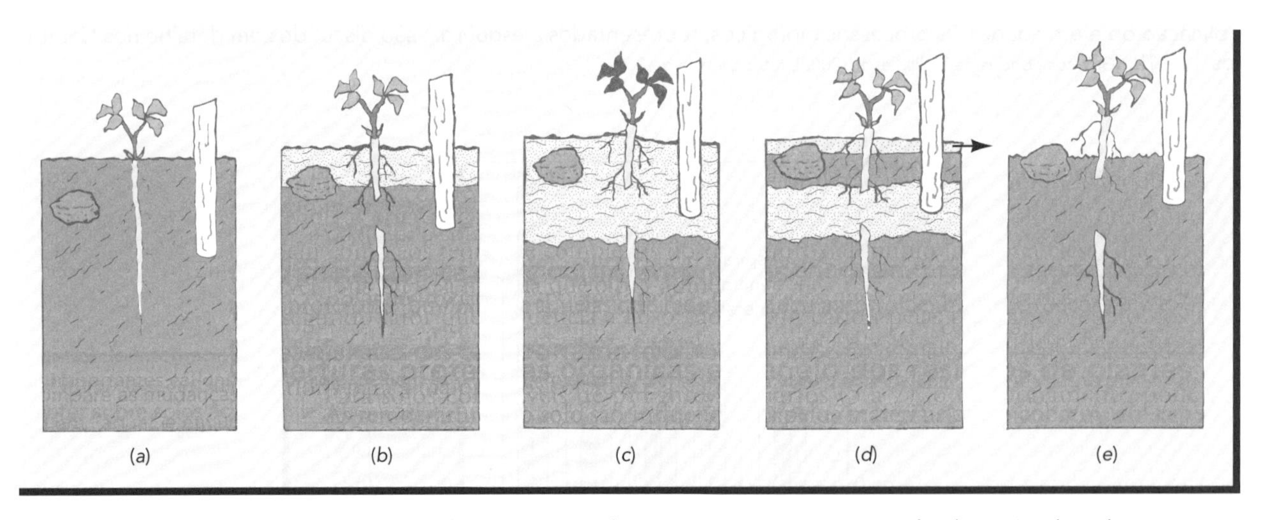

Figura 7.17 Como a elevação pelo congelamento move objetos para cima. (*a*) Posição do objeto (pedra, planta ou poste) antes do congelamento do solo. (*b*) Quando as lentes de gelo puro se formam, atraindo a água da porção do solo não congelada situada logo abaixo, o solo congelado pressiona em torno da parte superior do objeto, levantando-o um pouco, mas o suficiente, no caso da planta, para quebrar a raiz. (*c*) Os objetos são soerguidos com a continuação da formação da lente de gelo à medida que a lente e o gelo vão se aprofundando. (*d*) Assim como no congelamento, o descongelamento começa na superfície, com trajetória descendente. A água descongelada das lentes de gelo escapa para a superfície, porque não pode percolar para baixo através do solo congelado; então a superfície do solo desce, mas os objetos são mantidos soltos na posição a que foram "levantados" pelo solo que ainda permanece congelado em torno de suas partes inferiores. (*e*) Após o completo descongelamento, a pedra está mais perto da superfície do que antes (embora raramente sobre a superfície, a menos que haja erosão da porção do solo onde ocorreu o descongelamento), e a parte superior da raiz quebrada é exposta, o que faz com que a planta provavelmente morra. (Diagrama: cortesia de R. Weil)

la – a qual varia de 10 cm, em zonas subtropicais, como o sul do Texas e a Flórida (EUA), até mais de 200 cm em climas muito frios.

Permafrost

Talvez o mais significante fenômeno global envolvendo temperaturas do solo seja o descongelamento em anos recentes de alguns permafrosts (pergelissolos ou terrenos permanentemente congelados) nas regiões árticas. Quase 25% da superfície das terras do planeta Terra estão sob permafrosts. Os aumentos de temperaturas, que vêm acontecendo desde o final da década de 1980, têm causado o descongelamento de algumas das camadas mais superficiais dos permafrosts. Por exemplo, em algumas partes do Estado do Alaska, Estados Unidos, as temperaturas no topo das camadas com permafrost têm aumentado em cerca de 4°C desde o final da década de 1980, resultando em índices de derretimento de aproximadamente um metro em uma década. Esse derretimento afeta de modo drástico a fundação física de prédios e estradas, assim como a estabilidade de zonas radiculares de florestas e outras vegetações deste tipo na região. Por isso, árvores caem e edificações desmoronam com o derretimento dessas camadas. Pior ainda, o degelo dos permafrosts da região ártica vem contribuindo para o aquecimento global, devido à decomposição de materiais inorgânicos, antes retidos ao longo das camadas congeladas dos *Histels,* e à consequente liberação de grandes quantidades de dióxido de carbono para a atmosfera (Figura 3.11).

Imagens de permafrosts e outros detalhes sobre suas feições: www.earthscienceworld.org/images/search/results.html?Keyword=permafrost

Aquecimento do solo pelo fogo

O fogo é um dos distúrbios mais frequentes nos ecossistemas naturais. Além dos efeitos óbvios dos incêndios sobre a superfície dos solos sob florestas, pastagens e resíduos de culturas, uma momentânea, mas às vezes dramática, mudança na temperatura do solo pode também ter impactos duradouros abaixo da sua superfície. A elevação da temperatura, por si só, é geralmente muito breve e está limitada a alguns centímetros mais superiores do solo, exceto se o fogo for artificialmente alimentado pela adição de algum combustível. Mas as temperaturas elevadas (geralmente a mais de 125°C) podem, principalmente, evaporar e condensar várias frações da matéria orgânica (Figura 7.18). À medida que os compostos volatilizados de hidrocarbonetos alcançam partículas mais frias das camadas mais profundas do solo, eles condensam (solidi-

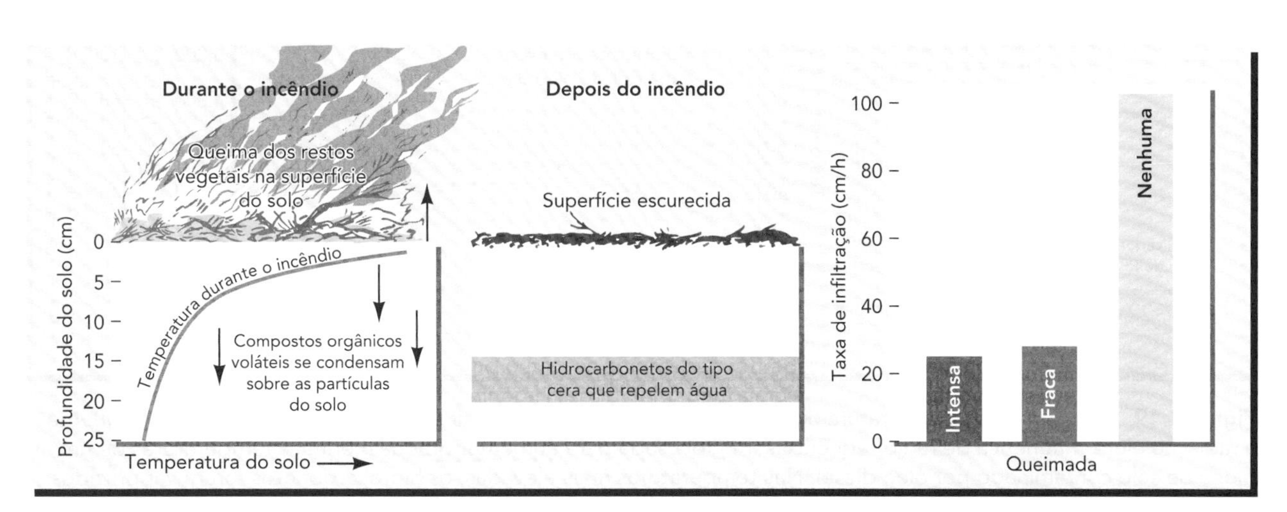

Figura 7.18 *À esquerda*: incêndios em uma floresta de pinheiros (*Pinus contorta*) aqueceram as camadas mais superficiais de um solo arenoso (um *Inceptisol*), em Oregon, Estados Unidos. *No centro*: note que a temperatura, próximo à superfície do solo, aumenta o suficiente para volatilizar os compostos orgânicos, alguns dos quais, em seguida, se movem para o interior do solo, onde se condensam (solidificam) em torno das suas partículas mais frias. Esses compostos são hidrocarbonetos, do tipo ceras, que repelem água. *À direita*: em consequência, a infiltração da água no solo é muito reduzida, permanecendo assim por um período de pelo menos seis anos. Consulte também a Prancha 71. (Fonte: Dryness [1976])

ficam) sobre a superfície delas, preenchendo alguns dos espaços porosos circundantes com hidrocarbonetos que repelem água (hidrofóbicos). Consequentemente, quando a chuva vem, a infiltração da água no solo, até mesmo nos arenosos, torna-se bastante reduzida, quando comparada às áreas não queimadas. Esse efeito da temperatura no solo é bastante comum em terras de chaparrais de regiões semiáridas e pode ser responsável pelos deslizamentos que ocorrem quando a camada de solo acima da zona hidrofóbica torna-se saturada com a água das chuvas (Prancha 71).

Os incêndios também afetam a germinação de certas sementes que têm revestimentos duros que as impedem de germinar até que sejam aquecidas acima de 70 a 80°C. Por outro lado, a queima da palha, em campos de trigo, gera temperaturas similares no solo, mas acaba matando a maioria das sementes de ervas daninhas perto da superfície e, portanto, reduz a infestação subsequente dessas plantas invasoras. O calor e as cinzas também podem acelerar a ciclagem de nutrientes das plantas. Os incêndios, provocados para a limpeza das terras onde as árvores foram cortadas, podem durar muito tempo, o suficiente para esgotar a matéria orgânica do solo e eliminar muitos dos seus organismos, de modo a dificultar a recuperação de várias florestas.

Remoção de contaminantes

A remoção de determinados poluentes orgânicos do solo contaminado pode ser realizada pela elevação da sua temperatura, no local, usando radiação eletromagnética. As temperaturas resultantes são suficientemente elevadas para vaporizar alguns contaminantes que podem ser então ser liberados do solo pelo ar (Figura 7.19).

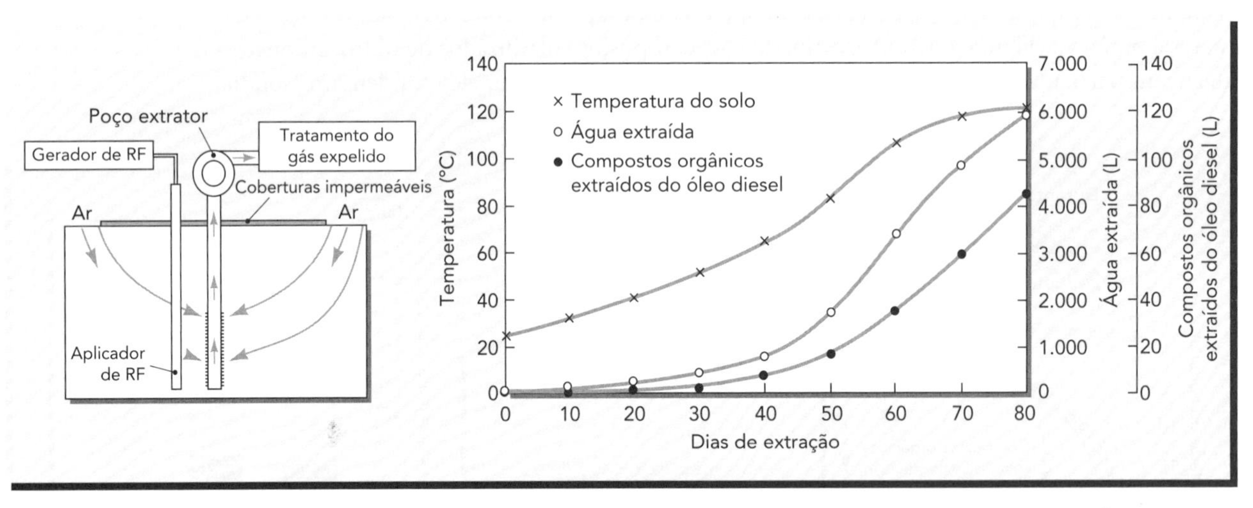

Figura 7.19 O aumento da temperatura do solo pode ser usado para extrair seus poluentes orgânicos. *À esquerda*: a radiação eletromagnética de radiofrequências (RF) foi usada para aumentar gradualmente as temperaturas de um bloco de solo contaminado por óleo diesel. Nas temperaturas mais elevadas, os hidrocarbonetos foram vaporizados (junto com a água) e removidos do solo, na forma de vapor, por meio de um poço de extração. *À direita*: a temperatura do solo aumenta com o tempo nas proximidades do aplicador de RF, ao mesmo tempo em que os compostos orgânicos, junto com uma certa quantidade de água, são extraídos do solo. Embora esse procedimento seja bastante dispendioso, ele consegue remediar o solo sem ter que removê-lo do seu ambiente natural ou submetê-lo a temperaturas extremamente elevadas. (Modificado de Lowe et al. [2000])

7.9 ABSORÇÃO E PERDA DE ENERGIA SOLAR[4]

No campo, a temperatura do solo, direta ou indiretamente, depende de, pelo menos, três fatores: (1) a quantidade líquida de calor absorvida pelo solo, (2) a energia térmica necessária para provocar uma dada mudança na temperatura do solo e (3) a energia utilizada em processos, como a evaporação, que ocorrem constantemente na – ou perto da – superfície do solo.

A *radiação solar* é a fonte de energia primária que aquece os solos, mas as nuvens e as partículas de poeira interceptam os raios solares e absorvem, dispersam ou refletem grande parte dessa energia (Figura 7.20). Nas regiões úmidas e nubladas, apenas cerca de 35 a 40% da radiação solar atinge a Terra, ao passo que esse percentual sobe para 75% nas zonas áridas, sem nuvens. A média global é de cerca de 50%.

Telhados verdes *versus* ilhas urbanas de calor: www.artic.edu/webspaces/greeninitiatives/greenroofs/

Bem pouco da energia solar que atinge a Terra resulta em um aquecimento real do solo. Essa energia é principalmente usada para evaporar a água do solo e da superfície das folhas ou é irradiada e refletida, retornando para o céu. Apenas cerca de 10% dela é absorvida pelo solo, podendo, portanto, ser usada para aquecê-lo. Mesmo assim, essa energia é de fundamental importância para os fenômenos que acontecem no solo e nas plantas que nele crescem.

Albedo A fração da radiação incidente que é refletida pela superfície terrestre é denominada **albedo** e varia de quantidades muito baixas, como de 0,1 a 0,2 para um solo de cor escura e superfície rugosa, a muito altas, como 0,5 ou mais para superfícies lisas de cor clara. A vegeta-

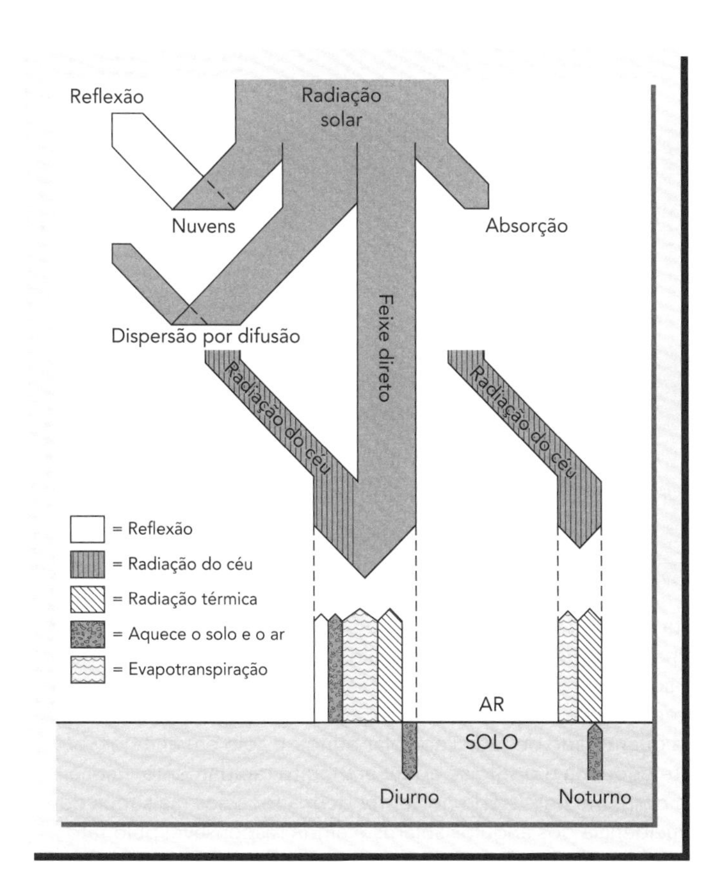

Figura 7.20 Representação esquemática do balanço de radiação durante o dia e à noite na primavera e no início do verão, em uma região de clima temperado. Cerca de metade da radiação solar, tanto direta como indiretamente, atinge a Terra através da radiação celeste. A maior parte da radiação que atinge a Terra durante o dia é usada para evapotranspiração ou é irradiada de volta para a atmosfera. Na verdade, apenas uma pequena porção, talvez 10%, é usada para aquecer o solo. À noite, o solo perde calor e ocorrem certa evaporação e radiação térmica. (Diagrama: cortesia de N. C. Brady e R. Weil)

[4] Para ler sobre uma aplicação destes princípios em relação ao papel da água do solo em exercícios de modelagem do aquecimento global, consulte Lin et al. (2003).

ção pode afetar o albedo da superfície, tanto aumentando-o como diminuindo-o, dependendo se é verde-escura, na fase de crescimento, ou amarelada, na fase de dormência.

O fato de os solos de cor escura absorverem mais energia do que os de cor clara não quer dizer, necessariamente, que os escuros sejam sempre mais quentes. Na verdade, os solos mais escuros são muitas vezes os que contêm uma maior quantidade de água e, por isso, têm um aquecimento mais lento.

Aspecto O ângulo em que os raios do sol incidem sobre o solo influencia a sua temperatura. Se o terreno é inclinado em direção ao sol, a incidência dos raios é perpendicular à superfície do solo, fazendo com que a absorção de energia (bem como o aumento da temperatura do solo) seja maior (Figura 7.21). É por isso que encostas voltadas para o sul (no hemisfério norte) são geralmente mais quentes e secas do que as que se situam na face norte. O plantio das culturas em solos das encostas voltadas para o sul no alto das montanhas é uma forma de controlar o aspecto do solo em uma microescala.

Chuvas É necessário destacarmos o efeito da água da chuva ou da irrigação na temperatura do solo. Por exemplo, em zonas temperadas, as chuvas da primavera realmente aquecem a superfície do solo enquanto sua água está se movimentando dentro dele. Por outro lado, no verão, a chuva resfria o solo, uma vez que muitas vezes sua água está mais fria do que o solo

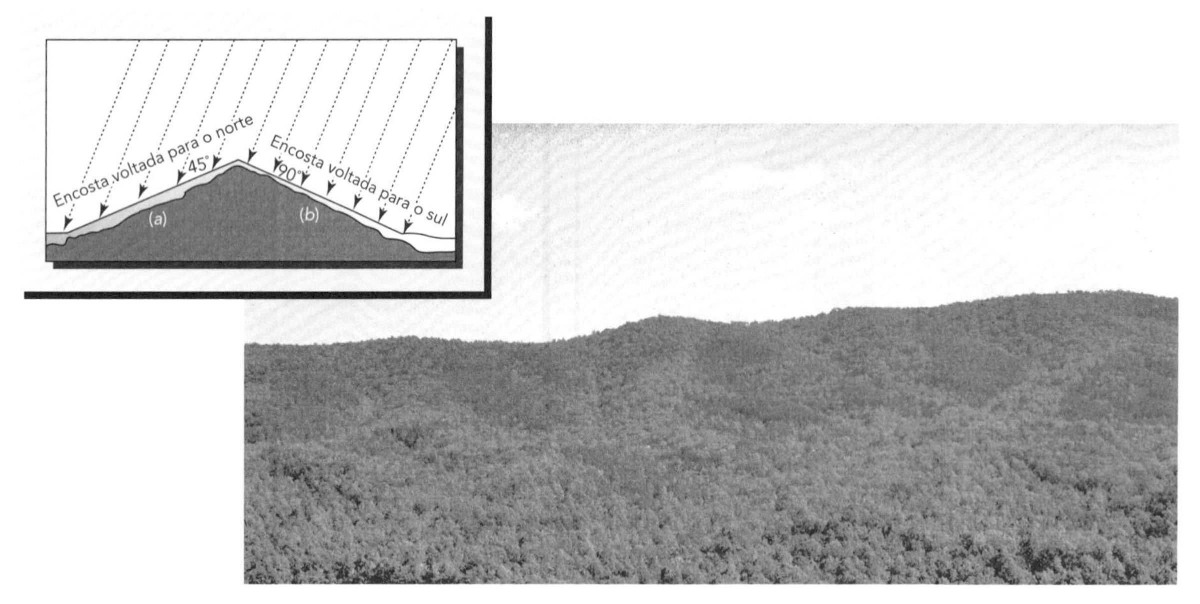

Figura 7.21 *Na inserção*: efeito do aspecto da encosta sobre a radiação solar recebida por unidade de área do terreno. A encosta (*a*) é inclinada para o norte e recebe uma radiação solar em um ângulo de 45° com a superfície do solo, de modo que apenas cinco unidades de radiação solar (representadas pelas setas) atinge a unidade de área. A mesma área de terra na encosta voltada para o sul (*b*) recebe sete unidades de radiação em um ângulo de 90° com a sua superfície. Em outras palavras, se uma determinada quantidade de radiação solar atingir o solo em ângulos retos, essa radiação se concentrará em uma área relativamente pequena e o solo se aquecerá muito rapidamente. Esta é uma das razões pelas quais as encostas voltadas para o norte (no hemisfério norte) tendem a ter solos mais frios do que as encostas voltadas para o sul. Essa diferença na incidência dos ângulos solares é ainda responsável pelo fato de esses solos serem relativamante mais frios no inverno do que no verão. *Na foto*: olhando na direção leste de uma montanha florestada da Virgínia, Estados Unidos, uma paisagem mostra o efeito da temperatura. O espigão principal (da esquerda para a direita) situa-se em uma direção norte-sul, e os espigões laterais e menores (de cima para baixo), na direção oeste. As manchas mais escuras da foto representam pinheiros em uma floresta predominantemente de árvores decíduas. Esses pinheiros predominam nas encostas voltadas para o sul nos espigões alinhados na direção leste-oeste. Esses solos das encostas voltadas para o sul são mais quentes e, portanto, mais secos, menos profundamente intemperizados e mais pobres em matéria orgânica. (Foto e diagrama: cortesia de R. Weil)

no qual penetra. No entanto, as chuvas da primavera, aumentando a demanda por energia solar que tem que ser utilizada para evaporar a água do solo, podem fazer com que as baixas temperaturas se acentuem.

Cobertura do solo Os solos desnudos se aquecem e se esfriam mais rapidamente do que aqueles cobertos por vegetação, neve ou palha. A penetração da frente de congelamento durante o inverno é consideravelmente maior em uma terra desnuda e sem insolação. Práticas de corte de árvores para madeira de florestas, que deixam menos de cerca de 50% de sombra, provavelmente permitem o aquecimento do solo, o que pode acelerar a perda da sua matéria orgânica ou o aparecimento de condições anaeróbicas em solos saturados com água.

Mesmo uma vegetação de crescimento baixo, como um gramado, tem uma influência muito perceptível tanto na temperatura do solo como na do seu ambiente (Tabela 7.5). O calor dissipado pela transpiração da água é em grande parte responsável por um efeito de resfriamento. Para experimentar esse efeito, em um dia bem quente, experimente fazer um piquenique no estacionamento asfaltado de um parque, em vez de no seu gramado verde em fase de crescimento!

7.10 PROPRIEDADES TÉRMICAS DO SOLO

Calor específico do solo

Um solo seco é mais facilmente aquecido do que um úmido, porque a quantidade de energia necessária para elevar a temperatura da água em 1°C é muito maior do que a necessária para aquecer os sólidos do solo neste mesmo 1°C. Quando essa relação é expressa por unidade de massa – por exemplo, em calorias por grama (cal/g) –, é denominada **calor específico**, ou capacidade de calor, *c*. O calor específico da água pura é cerca de 1,00 cal/g (ou 4,18 joules por grama, J/g); o do solo seco é de cerca de 0,2 cal/g (0,8 J/g).

Conceituações de energia e calor: http://hyperphysics.phy-astr.gsu.edu/hbase/thermo/heat.html

O calor específico controla em grande parte o grau no qual os solos se aquecem na primavera, considerando que os solos mais úmidos aquecem mais lentamente do que os mais secos. Além disso, se a água não escoa livremente do solo saturado, ela deve ser evaporada, um processo que consome muita energia, como será mostrado na próxima seção.

Sistemas geotérmicos de controle da temperatura que trabalham com a eficiência de energia podem tanto esquentar como resfriar edificações por meio da troca de calor entre o solo e uma rede de tubos colocados sob ele. No inverno, a porção inferior dos solos é geralmente mais quente do que a atmosfera e, no verão, mais fria. Portanto, a água que circula através da rede de tubos absorve o calor do solo durante o inverno e o libera para o solo no verão. O alto calor específico dos solos permite um intercâmbio grande de energia que pode ocorrer sem modificar muito a temperatura do solo.

A capacidade do solo em absorver calor economiza energia em edifícios: www.geoexchange.org/geothermal/videos.html?task=videodirectlink&id=3

Tabela 7.5 Temperaturas máximas de superfície para quatro tipos de superfícies, em um dia ensolarado de agosto, no College Station, Texas (EUA)

	Temperatura máxima, °C	
Tipo de superfície	**Dia**	**Noite**
Gramado verde em crescimento	31	24
Solo desnudo e seco	39	26
Gramado seco, dormente no verão	52	27
Gramado sintético para prática de esportes	70	29

Dados: Beard e Green (1994).

Calor de vaporização

A evaporação da água a partir da superfície do solo requer uma grande quantidade de energia: 540 quilocalorias (kcal) ou 2,257 megajoules (mJ) para cada quilograma de água vaporizada. Essa energia pode vir da radiação solar ou de um solo circundante. Em ambos os casos, a evaporação pode resfriar o solo, da mesma forma que, em um dia com vento forte, ela esfria uma pessoa que acaba de sair da água depois de nadar.

As baixas temperaturas de um solo saturado com água são devidas, em parte, à evaporação e, em parte, ao seu elevado calor específico. A temperatura dos poucos centímetros superiores do solo saturado é comumente 3 a 6°C mais baixa que a de um solo seco ou apenas ligeiramente úmido. Na primavera, em uma região temperada, esse passa a ser um fator significativo, porque, nessa ocasião, alguns graus de aumento na temperatura fazerão a diferença para iniciar a germinação das sementes ou a liberação de nutrientes da matéria orgânica, devido à carência de atividade microbiana.

Condutividade térmica dos solos

Como exposto na Seção 7.9, parte da radiação solar que chega à Terra penetra vagarosamente no perfil do solo, em grande medida por condução – o mesmo processo pelo qual o calor se move para o cabo de uma frigideira de ferro fundido. O movimento do calor no solo é semelhante ao movimento da água (Seção 5.5) sendo a sua taxa de fluxo determinada tanto pela força como pela facilidade com que este mesmo fluxo se move através do solo. Isso pode ser demonstrado pela Lei de Fourier:

$$Qh = K * \frac{\Delta T}{x} \tag{7.3}$$

onde Qh é o *fluxo de calor*, a quantidade de calor transferida através de uma unidade de uma seção transversal com uma determinada área em uma unidade de tempo; K é a **condutividade térmica** do solo; e $\Delta T/x$ é o gradiente de temperatura em uma distância x, que age como uma força direcional para conduzir o calor.

A condutividade térmica do solo, K, é influenciada por uma série de fatores, sendo os mais importantes o teor de água do solo e o seu grau de compactação (Figura 7.22). O calor passa muito mais rapidamente através da água do que do ar. Solos muito úmidos e compactados seriam tanto os piores isolantes como os melhores condutores de calor. Um solo relativamente seco e solto pode se comportar como um bom material isolante. Os edifícios que têm a maior parte de sua estrutura construída sob a superfície do solo necessitam de pouca refrigeração ou aquecimento, porque fazem uso tanto da baixa condutividade térmica como da relativamente elevada capacidade térmica de grandes volumes de solo.

A condução de calor atua como um meio de ajuste da temperatura, mas, quando lenta, as mudanças na temperatura na porção mais profunda do solo são mais demoradas do que na parte mais superficial. Além disso, mudanças sazonais e diárias de temperatura são sempre menores nos horizontes subsuperficiais do solo. Em regiões temperadas, os horizontes mais superficiais, em geral, deverão permanecer mais quentes no verão e mais frios no inverno do que os subsuperficiais. A condutividade térmica do solo também pode afetar a temperatura do ar acima do solo, como ilustrado na Figura 7.23.

Variação no tempo e em profundidade

A Figura 7.24 ilustra as consideráveis oscilações sazonais da temperatura do solo que ocorrem em solos de regiões de clima temperado. As variações das temperaturas podem ser maiores ou menores na camada mais superficial de acordo com a temperatura do ar, embora essas camadas geralmente permaneçam mais quentes do que o ar ao longo do ano. Nos horizontes

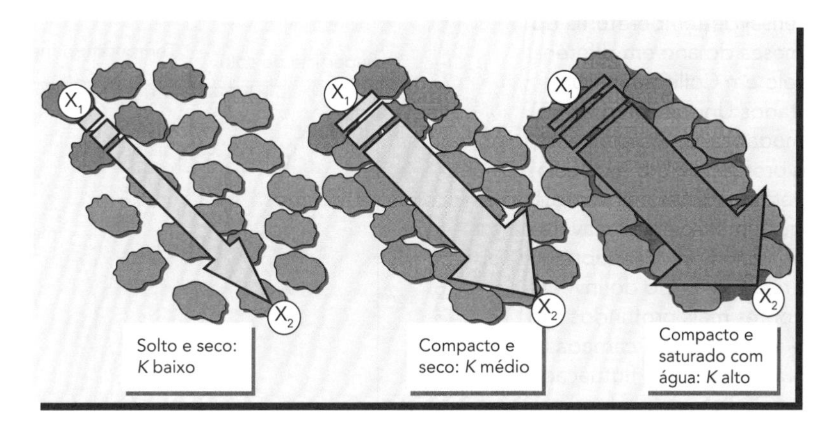

Figura 7.22 A densidade do solo e o seu teor de água afetam a transferência de calor através de porções do solo de uma zona quente (X_1) para uma zona fria (X_2). A taxa de transferência de calor é proporcional à espessura da seta. A compactação do solo aumenta o contato entre as partículas individuais, que por sua vez acelera a transferência de calor, porque a condutividade térmica das partículas minerais é muito maior do que a do ar. Se os espaços entre as partículas ficarem preenchidos com água em vez de ar, a condutividade térmica aumentará ainda mais, porque a água também conduz o calor melhor do que o ar. Portanto, os solos compactados e saturados transferem calor mais rapidamente. (Diagrama: cortesia de R. Weil)

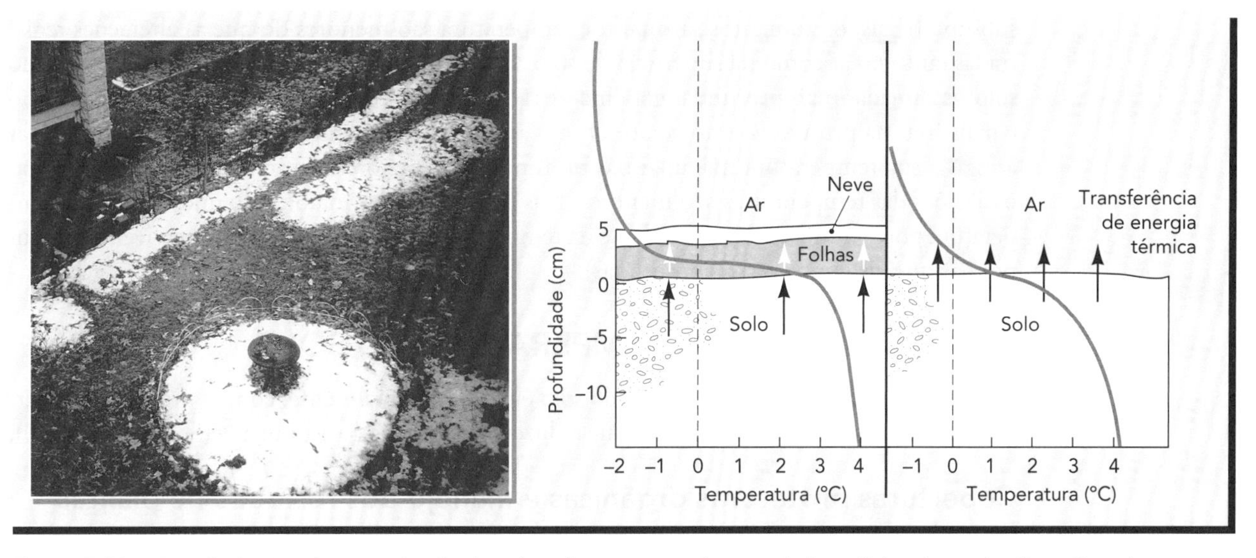

Figura 7.23 Transferências de energia térmica do solo para o ar. A cena da foto (feita de um jardim, olhando para baixo, depois de uma tempestade de neve ocorrida no início do outono) mostra que a neve permanece sobre a camada de folhas caídas sobre os canteiros de flores, mas não em áreas onde o solo está desnudo ou coberto com grama baixa. A razão para esse acúmulo irregular de neve pode ser observada nas curvas que representam os perfis de temperatura do solo. Depois do calor do solo ter sido armazenado nas camadas do solo, à medida que as temperaturas do ar diminuem no inverno, elas permanecem muito mais quentes (isso também acontece à noite, durante as outras estações do ano). No solo desnudo, a energia térmica é rapidamente transferida das camadas mais profundas para a superfície, e a taxa de transferência é reforçada pelo alto teor de umidade ou compactação, o que aumenta a condutividade térmica do solo. Como resultado, a superfície do solo e do ar logo acima dele estão aquecidos a uma temperatura acima de zero, fazendo com que a neve derreta e não se acumule. A cobertura de folhas, que tem uma baixa condutividade térmica, age como um cobertor isolante, que diminui a transferência, do solo para o ar, da energia térmica armazenada. Portanto, a superfície superior dessa cobertura dificilmente é aquecida pelo solo, fazendo com que a neve aí permaneça congelada e se acumule. A camada de neve, quando muito espessa, pode agir também como um cobertor isolante. (Foto e diagrama: cortesia de R. Weil)

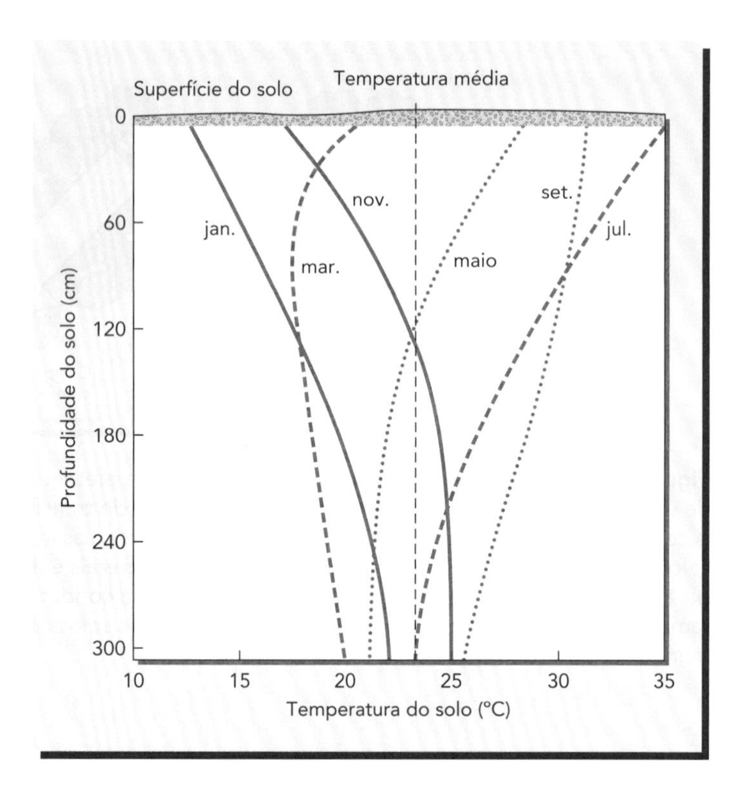

Figura 7.24 Média mensal de temperaturas do solo durante 6 dos 12 meses do ano em diferentes profundidades do solo em College Station, no Estado do Texas, Estados Unidos (1951-1955). Observe a demora na mudança de temperatura do solo nas partes mais profundas. Por exemplo, as temperaturas da superfície do solo, em março, são uma resposta ao aquecimento da primavera, quando as temperaturas dos horizontes subsuperficiais do solo ainda refletem o frio do inverno. Temperaturas dos horizontes mais profundos são menos variáveis do que as do ar e das camadas mais superficiais, embora haja alguma flutuação de temperatura mesmo a 300 cm de profundidade. (Fonte: Fluker [1958])

subsuperficiais, os aumentos sazonais de temperatura são menores do que as alterações registradas tanto no ar como na superfície do solo. Em comparação com o ar e com a superfície do solo, as camadas mais profundas geralmente são mais quentes no final do outono e do inverno e mais frias na primavera e no verão. O solo atinge sua temperatura máxima diária após o ar atingir a sua temperatura máxima; nas profundidades maiores, o intervalo é mais longo e as oscilações das temperaturas são menores. Nas profundidades maiores do que 4 a 5 m, a temperatura pouco muda, aproximando-se da temperatura média anual do ar (fato vivenciado por pessoas que visitam cavernas profundas).

7.11 CONTROLE DA TEMPERATURA DO SOLO

Na prática, o manejo da temperatura do solo é feito, principalmente, com as práticas de coberturas protetoras (ou *mulch*) e aquelas que reduzem o seu excesso de umidade (Seções 6.7 e 7.10).

Coberturas protetoras orgânicas e manejo dos resíduos de plantas

Efeitos das coberturas protetoras do solo (*mulches*): www.ianrpubs.unl.edu/epublic/pages/publicationD.jsp?publicationId=187

As temperaturas do solo são influenciadas pelos materiais que o cobrem, em especial pelos resíduos orgânicos e outros tipos de coberturas protetoras (ou *mulch*) colocadas na sua superfície. A Figura 7.25 demonstra que uma cobertura com palha nitidamente modifica a temperatura dos solos, tamponando seus extremos. Em períodos de calor, as coberturas mortas mantêm a superfície do solo mais fresca do que quando descoberto; por outro lado, durante os períodos frios, elas mantêm o solo mais quente do que se estivesse desnudo.

O chão de uma floresta é um excelente exemplo de cobertura protetora natural e modificadora da temperatura. Portanto, não é de se estranhar que as práticas de colheita de árvores possam afetar significativamente os regimes de temperatura dos solos florestais (Figura 7.26). A perturbação da cobertura de folhas, as mudanças no conteúdo de água devido à evapotranspiração reduzida e a compactação por máquinas são fatores que influenciam a temperatura do solo

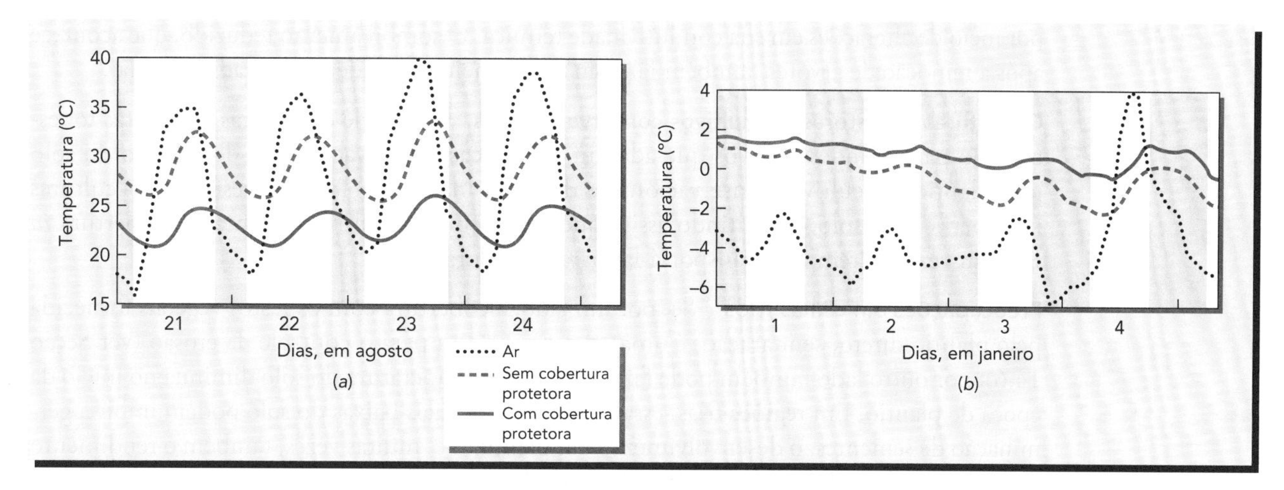

Figura 7.25 (*a*) Influência da cobertura protetora de palha (8 toneladas/ha) sobre a temperatura do ar, a uma profundidade de 10 cm, durante um período quente do mês de agosto em Bushland, Texas (EUA). Note que as temperaturas do solo na área com cobertura são consistentemente mais baixas do que no local onde não foi aplicada a cobertura protetora. (*b*) Em janeiro, durante um período de frio, a temperatura do solo permanceu mais elevada na área com cobertura do que na área descoberta. As barras sombreadas representam as noites. (Adaptado de Unger [1978]; dados usados com permissão da American Society of Agronomy, EUA)

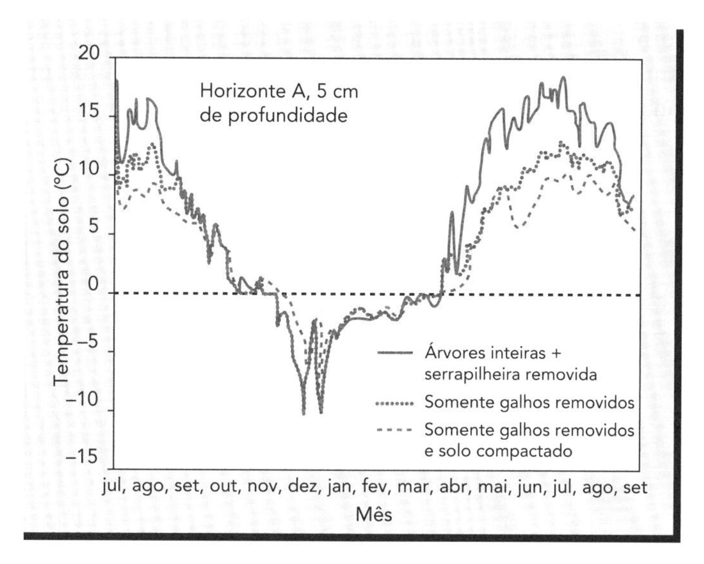

Figura 7.26 A temperatura do solo em uma floresta boreal de abetos-vermelhos após dois diferentes procedimentos de colheita e compactação do solo. Um dos procedimentos remove apenas caules (troncos de árvores), deixando no solo os ramos e a folhagem, enquanto, no outro, as árvores são retiradas inteiras, bem como todos os seus ramos, folhagem e serrapilheira, expondo o solo mineral (isso foi feito para simular o tipo de dano muitas vezes causado pelo mal uso de equipamentos colhedores). Uma parte dos solos foi deixada em repouso durante a colheita e, na outra, eles foram severamente compactados. O tratamento com compactação é mostrado apenas para o procedimento de remoção de todas as árvores, uma vez que a compactação não afetou a temperatura do solo onde apenas os troncos das árvores foram removidos. A exposição do horizonte A mineral do solo resultou em temperaturas mais quentes no verão e um pouco mais frias no inverno. A compactação desse solo demonstra, principalmente, que houve um aquecimento no verão, em parte por causa de um maior teor de água (e, portanto, uma maior capacidade de aquecimento). Os *Aquepts* (*Luvic Gleysols* na classificação canadense de solos) deste local da província da Colômbia Britânica, Canadá, tinham cerca de 20 a 30cm de material franco-siltoso sobre outra camada franco-argilosa. (Fonte: Tan et al. [2005])

por meio de alterações em sua condutividade térmica. O sombreamento reduzido, que acontece após a remoção de árvores, também faz com que aumente a incidência da radiação solar.

Coberturas protetoras em cultivos conservacionistas O uso de coberturas protetoras foi estendido para grandes cultivos que adotam as práticas conservacionistas de preparo do solo para plantio. Os cultivos conservacionistas deixam a maioria ou todos os resíduos das culturas na superfície do solo, permitindo assim que os agricultores cultivem plantas de cobertura *in situ*, em vez de terem que transportá-las para as lavouras.

Preocupações em climas frios Se, por um lado, a cobertura com os restos vegetais fornecida pelo plantio direto, sem aração, é uma eficiente prática para o controle da erosão (ver Seção 14.6), por outro lado também pode fazer com que a temperatura do solo diminua no início da época de plantio. Em regiões frias, essas temperaturas mais baixas do solo podem inibir a germinação de sementes, o desenvolvimento das plântulas e, muitas vezes, também o rendimento das culturas. Esse efeito é bem ilustrado pelos dados na Figura 7.27, que também demonstra uma forma inovadora para minorar esse problema, afastando os resíduos em apenas uma estreita faixa ao longo da linha de semeadura em um sistema de plantio direto na palha. Outra solução é o amontoamento do solo, que permite que a água drene dos montículos, e, assim, se plante na porção mais seca e quente do solo amontoado (ou nas encostas voltadas para o sul – Seção 7.9).

Vantagens em climas quentes Em regiões quentes, o atraso no plantio não é um problema. Na verdade, as temperaturas mais baixas perto da superfície do solo sob uma cobertura protetora podem reduzir o estresse térmico das raízes durante o verão. As coberturas feitas com resíduos de plantas também conservam a umidade do solo pela diminuição da evaporação. Dessa forma, a camada superficial do solo mais úmida e mais fresca passa a ser uma importante vantagem dos sistemas de plantio direto na palha, pois permite que as raízes proliferem nesta zona, onde as condições de disponibilidade de nutrientes e a aeração são ótimas.

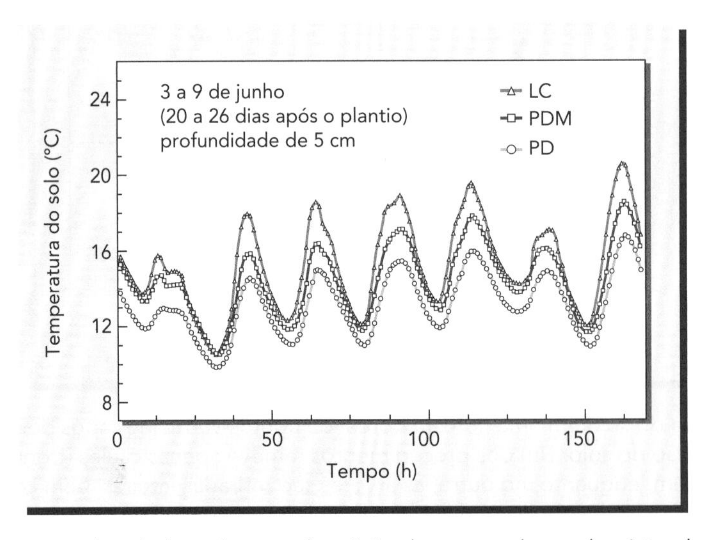

Figura 7.27 Efeitos do preparo do solo (aração e gradeação) sobre as mudanças horárias de temperatura perto da superfície de um *Alfisol* do norte da província da Colômbia Britânica, Canadá. O solo havia sido manejado para o cultivo de cevada em que se usou tanto o plantio direto (PD) como o sistema de lavoura convencional (LC) (superfície limpa sem resíduos) nos últimos 14 anos. No solo desnudo, recém-arado e gradeado, as temperaturas ao meio-dia atingiram um máximo de 4°C, mais elevadas do que aquelas no solo coberto com resíduos do plantio direto na palha. Uma modificação desse sistema de plantio direto (PDM), enleirando os resíduos para formar uma estreita faixa (7,5 cm de largura) somente sobre as linhas de semeadura, eliminou grande parte da diminuição da temperatura, mas manteve a proteção à maior parte da superfície do solo com a cobertura de palha, que conserva a água. Observe as mudanças das temperatura diárias e as tendências de aquecimento geral durante os sete dias apresentados. (Fonte: Arshad e Azooz [1996])

Coberturas plásticas protetoras

Uma das razões para a popularidade das coberturas plásticas para hortas e lavouras especiais de alto valor é o seu efeito sobre a temperatura do solo (ver a Seção 6.4, para ler sobre seu efeito sobre a umidade do solo). As coberturas de plástico, contrastando com as coberturas orgânicas, geralmente aumentam a temperatura do solo, sendo que as lonas plásticas transparentes e de cor clara têm um efeito maior de aquecimento do que as escuras. Em regiões temperadas, essa propriedade pode ser usada para estender os períodos mais apropriados para plantio e assim garantir colheitas mais precoces para aproveitar os preços mais altos oferecidos pelos mercados no início das temporadas (Figura 7.28).

As principais desvantagens das coberturas de plástico transparentes, pretas e coloridas são os combustíveis fósseis não renováveis utilizados na sua fabricação, a dificuldade de remoção do material do campo no final da safra, bem como o problema da disposição adequada de todos os resíduos de plásticos depois de usados e esfacelados. Uma solução pode ser o uso dos modernos filmes plásticos biodegradáveis, fabricados a partir de matérias-primas naturais e renováveis, como o amido de milho (Figura 7.29).

Em climas mais quentes e durante os meses de verão, o efeito das coberturas de plástico no aquecimento do solo pode ser bastante prejudicial, inibindo o crescimento das raízes nas camadas mais superficiais do solo e, por vezes, seriamente reduzindo o rendimento das culturas (Tabela 7.6).

7.12 CONCLUSÃO

A aeração e a temperatura do solo têm um efeito significativo sobre a qualidade dos solos – os *habitats* para as plantas e outros organismos. A maioria das plantas têm exigências definidas em relação à oxigênação e às limitações pela tolerância ao dióxido de carbono, metano e outros gases também encontrados em solos mal-aerados. Alguns micro-organismos, como os nitrificadores e os decompositores em geral, também têm limitações de crescimento quando sujeitos a condições de baixos níveis de oxigênio no solo. O estado de aeração, por meio do seu efeito sobre o potencial redox (E_h) e a acidez (pH) dos solos, ajuda a determinar as formas

Figura 7.28 Estes morangos que crescem no inverno do sul da Califórnia chegarão ao mercado quando os preços ainda estiverem altos, devido ao efeito da cobertura plástica transparente na temperatura do solo. (Foto: cortesia de R. Weil)

Figura 7.29 Instalação de um plástico especial, biodegradável, transparente e de cor clara, para acelerar o aquecimento do solo para um plantio direto de milho-doce em uma lavoura das montanhas do Estado da Pensilvânia (EUA). O sistema de plantio direto empregado pelo agricultor mantém o solo coberto com resíduos vegetais que impedem a erosão do solo, mas também retarda o aquecimento na primavera. Cada faixa de lona plástica cobre duas fileiras de sementes de milho, que já foram semeadas com uma plantadeira apropriada para o plantio direto. A lona plástica funciona como uma estufa para reter a energia solar, aquecer o solo e acelerar a germinação das sementes de milho e o seu crescimento inicial. Quando as plântulas de milho estão com cerca de 20 cm de altura, o agricultor cortará o filme plástico, permitindo que as plantas cresçam sem problemas. Até o momento do fechamento do dossel do milho, o plástico terá praticamente desaparecido, depois de ter cumprido sua função de estimular as sementes a germinarem e as plantas a crescerem mais rápido. (Foto: cortesia de R. Weil)

presentes, a disponibilidade, a mobilidade e a possível toxicidade de elementos como o nitrogênio, o enxofre, o carbono, o ferro, o manganês, o cromo e muitos outros.

Solos com regime de extrema saturação com água são exclusivos em relação à sua morfologia e química e às comunidades de plantas que neles se estabelecem. Tais solos hidromórficos são característicos das terras úmidas e fazem com que esses ecossistemas exerçam inúmeras e valiosas funções.

Tabela 7.6 Temperatura do solo e produtividade do tomateiro plantado sob cobertura de palha ou de plástico preto[a]

Os dados são médias de dois anos de produção de tomate em um Ultisol *franco-arenoso perto de Griffin, no Estado da Georgia, Estados Unidos. A palha evitou que a parte mais superficial do solo aumentasse a temperatura, prejudicando o cultivo, ao mesmo tempo que aumentava a infiltração de água da chuva e reduzia a compactação do solo. A irrigação por gotejamento forneceu diariamente bastante água, mas não conseguiu superar os efeitos do aumento da temperatura provocados pela cobertura do plástico preto.*

	Sem irrigação		Irrigado diariamente	
	Cobertura com palha	Cobertura plástica	Cobertura com palha	Cobertura plástica
Média da temperatura do solo, °C	24	37	24	35
Rendimento do tomate, Mg/ha	68	30	70	24

[a]Temperatura do solo medida a 5 cm abaixo da sua superfície, média de 2 a 10 semanas na estação de crescimento.

Dados calculados de Tindall et al. (1991)

As plantas, bem como os micróbios, também são bastante sensíveis às diferenças de temperatura do solo, em particular em climas temperados, onde as baixas temperaturas podem restringir processos biológicos essenciais. A temperatura do solo também afeta o uso dos solos para fins de engenharia, principalmente nos climas mais frios. A ação do congelamento, que pode mover para cima do solo as plantas perenes como a alfafa, pode também causar danos aos alicerces de edifícios, postes, calçadas e estradas.

A água do solo exerce uma grande influência tanto na aeração como na temperatura do solo. Ela compete com o ar do solo na ocupação dos seus poros e interfere com a difusão de gases para dentro e fora do solo. A água no solo também resiste a mudanças da sua temperatura, em virtude do seu elevado calor específico e da sua exigência de altos valores de energia para poder evaporar.

QUESTÕES PARA ESTUDO

1. Quais são os dois principais gases relacionados com a aeração do solo, e como sua quantidade relativa muda quando retiramos amostras mais profundas no perfil do solo?
2. O que é o tecido aerênquima, e como ele afeta as relações solo-planta?
3. Se o potencial redox de um solo com pH 6 situa-se perto de zero, escreva as duas reações que se espera que aconteçam. Como a presença de uma grande quantidade de compostos de nitrato poderia alterar a ocorrência dessas reações?
4. Por vezes, é costume afirmar que os organismos, em ambientes anaeróbicos, utilizarão o oxigênio combinado no nitrato ou no sulfato, em vez do oxigênio livre na forma de O_2. Por que essa afirmação é incorreta? O que realmente acontece quando os organismos reduzem o sulfato ou o nitrato?
5. Se um solo florestal aluvial for inundado durante 10 dias e você amostrasse os gases emanados quando ele estiver saturado com água, que gases esperaria encontrar (além de oxigênio e dióxido de carbono)? E em que ordem de aparição? Explique sua resposta.
6. Explique por que é necessário um período de tempo quente, durante as épocas de saturação com água, para formar um solo hidromórfico.
7. Se você estivesse no campo, tentando delinear o chamado "limite da parte mais seca" de uma terra úmida, quais são as três propriedades do solo – e os três outros indicadores – que você poderia observar?
8. Para cada um dos gases a seguir, escreva uma frase para explicar a sua relação com as condições das terras úmidas: *etileno*, *metano*, *óxido nitroso*, *oxigênio* e *sulfeto de hidrogênio*.
9. Quais são os três principais componentes que definem uma terra úmida?
10. Discuta quatro processos fisiológicos das plantas que são influenciados pela temperatura do solo.
11. Explique como um incêndio pode levar a posteriores deslizamentos de terra, como muitas vezes ocorre no Estado da Califórnia, Estados Unidos.
12. Se você fosse construir uma casa abaixo da superfície do solo com a finalidade de economizar custos de aquecimento e refrigeração, você compactaria firmemente o solo ao redor da casa? Explique sua resposta.
13. Se você medisse a temperatura máxima diária do ar a 28 °C às 13h, o que esperaria a respeito da temperatura máxima diária em um solo a 15 cm de profundidade? Aproximadamente a que hora do dia a temperatura máxima ocorreria a essa profundidade? Explique sua resposta.
14. Em relação à temperatura do solo, explique por que a lavoura do tipo conservacionista, que usa sistemas de plantio direto na palha (sem aração), tem sido mais popular nos Estados do sul dos Estados Unidos (p. ex., Missouri) do que nos do norte (p. ex., Minnesota).

REFERÊNCIAS

Arshad, A., and R. H. Azooz. 1996. "Tillage effects on soil thermal properties in a semiarid cold region," *Soil Sci. Soc. Amer. J.* **60:**561–567.

Bartlett, R. J., and B. R. James. 1993. "Redox chemistry of soils," *Advances in Agronomy* **50:**151–208.

Bartlett, R. J., and D. S. Ross. 2005. "Chemistry of redox process in soils," pp. 461–487, in A. Tabatabai and D. Sparks (eds.), *Chemical Processes in Soils.* SSSA Book Series N 8. (Madison, WI: Soil Science Society of America).

Beard, J. B., and R. L. Green. 1994. "The role of turfgrasses in environmental protection and their benefits to humans," *J. Environ. Qual.* **23:**452–460.

CAST. 1994. *Wetland Policy Issues.* Publication No. CC1994–1. (Ames, IA: Council for Agricultural Science and Technology).

Dryness, C. T. 1976. "Effects of wildfire on soil wetability in the high cascades of Oregon," USDA Forest Service Research Paper PNW-202. (Washington, DC: USDA).

Eilperin, J. 2005. "Developers sentenced in wetlands case," p. A-14, *The Washington Post,* December 07, 2005.

Eswaren, H., P. Reich, P. Zdruli, and T. Levermann. 1996. "Global distribution of wetlands," *Amer. Soc. Agron. Abstracts* 328.

Fluker, B. J. 1958. "Soil temperature," *Soil Sci.* **86:**35–46.

Hurt, G. W., P. M. Whited, and R. F. Pringle (eds.). 1996. *Field Indicators of Hydric Soils in the United States.* (Fort Worth, TX: USDA Natural Resources Conservation Service).

Jenkinson, B. J., and D. P. Franzmeier. 2006. "Development and evaluation of iron-coated tubes that
indicate reduction in soils," *Soil Sci. Soc. Amer. J.* **70:**183–191.

Lin, X., J. E. Smerdon, A. W. England, and H. N. Pollack. 2003. "A model study of the effects of climatic precipitation changes on ground temperatures," *J. Geophys. Res.* **108**(D7):4230, doi:10. 1029/2002JD002878.

Losi, M. E., C. Amrheim, and W. T. Frankenberger, Jr. 1994. "Bioremediation of chromatic contaminated groundwater by reduction and precipitation in surface soils," *J. Environ. Qual.* **23:**1141–1150.

Lowe, D. F., C. L. Oubre, and C. H. Ward (eds.). 2000. *Soil Vapor Extraction Using Radio Frequency Heating: Resource Manual and Technology Demonstration.* (New York: Lewis).

MacDonald, N. W., D. R. Zac, and K. S. Pregitzer. 1995. "Temperature effects on kinetics of microbial respiration and net nitrogen and sulfur mineralization," *Soil Sci. Soc. Amer. J.* **59:**233–240.

Melillo, J. M., P. A. Steudler, J. D. Aber, K. Newkirk, H. Lux, F. P. Bowles, C. Catricala, A. Magill, T. Ahrens, and S. Morrisseau. 2002. "Soil warming and carbon-cycle feedbacks to the climate system," *Science* **298:**2173–2176.

Patrick, W. H., Jr., and A. Jugsujinda. 1992. "Sequential reduction and oxidation of inorganic nitrogen, manganese, and iron in flooded soil," *Soil Sci. Soc. Amer. J.* **56:**1071–1073.

Richardson, J. L., and M. J. Vepraskas. 2001. *Wetland Soils—Genesis, Hydrology, Landscapes, and Classification.* (Boca Raton, FL: Lewis).

Sexstone, A. J., N. P. Revsbech, T. B. Parkin, and J. M. Tiedje. 1985. "Direct measurement of oxygen profiles and denitrification rates in soil aggregates," *Soil Sci. Soc. Amer. J.* **49:**645–651.

Tan, X., S. X. Chang, and R. Kabzems. 2005. "Effects of soil compaction and forest floor removal on soil microbial properties and N transformations in a boreal forest long-term soil productivity study," *Forest Ecology and Management* **217:**158–170.

Tindall, J. A., R. B. Beverly, and D. E. Radcliff. 1991. "Mulch effect on soil properties and tomato growth using micro-irrigation," *Agron. J.* **83:**1028–1034.

Unger, P. W. 1978. "Straw mulch effects on soil temperatures and sorghum germination and growth," *Agron. J.* **70:**858–864.

Veneman, P. L. M., D. L. Lindbo, and L. A. Spokas. 1999. "Soil moisture and redoximorphic features: A historical perspective," in M. J. Rabenhorst, J. C. Bell, and P. A. McDaniel (eds.), *Quantifying Soil Hydromorphology.* Special Publication No. 54. (Madison, WI: Soil Science Society of America).

Welsh, D., D. Smart, J. Boyer, P. Minkin, H. Smith, and T. McCandless (eds.). 1995. *Forested Wetlands: Functions, Benefits, and Use of Best Management Practices.* (Radnor, PA: USDA Forest Service).

Xu, Q., and B. Huang. 2000. "Growth and physiological responses of creeping bentgrass to changes in air and soil temperatures," *Crop Sci* **40:**1363–1368.

Yu, K., and W. H. Patrick, Jr. 2004. "Redox window with minimum global warming potential contribution from rice soils," *Soil Sci. Soc. Amer. J.* **68:**2086–2091.

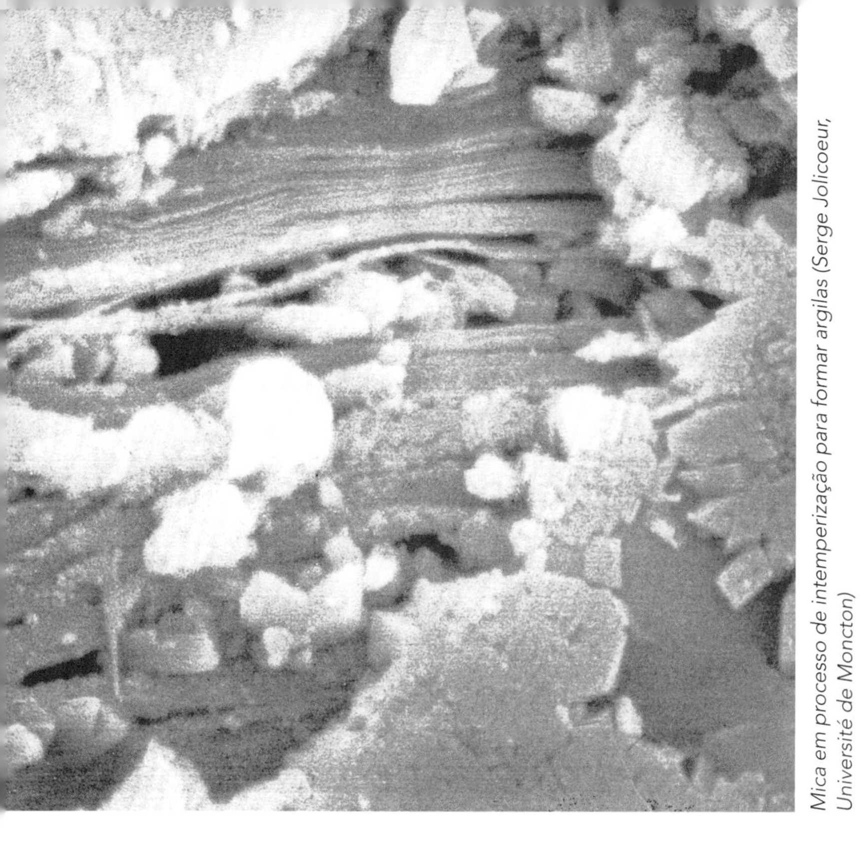

Mica em processo de intemperização para formar argilas (Serge Jolicoeur, Université de Moncton)

8 A Fração Coloidal: Local de Atividade Química e Física do Solo

A visão que se tem das argilas é a de intrincadas dobras do útero – cujas funções são receber, conter, envolver e dar a vida.

— William Bryant Logan

Por que a água de efluentes poluídos com esgotos, depois de irrigada nos solos, retorna aos aquíferos subterrâneos completamente despoluída? Por que é mais difícil recuperar a produtividade do solo depois de desmatar uma floresta tropical sobre *Oxisols* do que em uma floresta temperada sobre *Alfisols*? Por que, após um acidente em uma usina nuclear, os alimentos produzidos em alguns solos, mas não todos, que recebem os ventos atingidos pelas partículas radioativas irão conter elevados níveis de radioatividade? A resposta para estes e muitos outros mistérios ambientais reside na natureza das menores partículas do solo, os **coloides** das argilas e do húmus. Essas partículas não são apenas fragmentos muitíssimo pequenos de rocha e de matéria orgânica; trata-se de materiais altamente reativos com superfícies eletricamente carregadas. Por causa do seu tamanho e formato, elas fazem com que o solo possua uma enorme quantidade de **área superficial** reativa. São os coloides que permitem que os solos atuem como um grande reator químico e eletrostático da natureza.

Cada minúscula partícula coloidal carrega uma multidão de íons com cargas positivas e negativas (cátions e ânions) que são atraídos por forças eletrostáticas situadas na sua superfície. Os íons são atraídos com força à superfície dos **coloides do solo** para que suas perdas nas águas de drenagem sejam reduzidas, mas estão suficientemente livres para permitir que as raízes das plantas tenham acesso aos que, entre eles, são nutrientes. Outras formas de adsorção retêm os íons com maior força, fazendo com que os nutrientes não fiquem imediatamente disponíveis para serem absorvidos pelas plantas, como também não reajam com a solução do solo ou se percam por lixiviação. Além dos íons nutrientes para as plantas, os coloides também retêm moléculas de água, biomoléculas (p. ex., DNA, antibióticos), vírus, metais tóxicos, pesticidas, além de uma série de outros minerais e substâncias orgânicas. Consequentemente, os coloides do solo têm um grande impacto em quase todas as funções dos ecossistemas.

Veremos que diferentes solos são dotados de diferentes tipos de argilas, as quais, juntamente com o húmus, apresentam comportamentos físicos e químicos muito diferentes. Certos tipos de minerais de argilas são muito mais reativos do que outros; alguns tipos são muito mais

intensamente influenciados pela acidez do solo e por outros fatores ambientais. O estudo detalhado dos coloides do solo irá aprofundar sua compreensão acerca da arquitetura (Capítulo 4) e da água do solo (Capítulos 5 e 6). O conhecimento da estrutura, origem e comportamento dos diferentes tipos de coloides do solo também vai ajudá-lo a compreender os processos químicos e biológicos para que você possa tomar melhores decisões a respeito do uso dos recursos do solo.

8.1 PROPRIEDADES GERAIS E TIPOS DE COLOIDES DE SOLO

Tamanho

O conjunto das partículas de argila e de húmus do solo é denominado **fração coloidal**, porque ambas apresentam tamanhos extremamente pequenos e comportamento coloidal semelhantes. Essas partículas são tão pequenas que não podem ser vistas com um microscópio óptico comum, mas somente com um microscópio eletrônico. As partículas se comportam como coloides quando têm tamanho inferior a 1 μm (0,000001 m) de diâmetro, embora alguns cientistas considerem um valor de 2 μm de diâmetro como limite superior da fração coloidal, valor esse que coincide com a definição de argila.

Área superficial

Como foi visto na Seção 4.2, pode-se dizer que, quanto menor for o tamanho das partículas em uma dada massa de solo, maior será a área da superficial exposta para adsorção, catálise, precipitação, colonização microbiana, entre outros fenômenos de superfície. Por causa do tamanho pequeno, todos os coloides do solo expõem uma grande **superfície externa** por unidade de massa (ou simplesmente superfície específica), que é cerca de 1.000 vezes maior que a área superficial da mesma massa de partículas de areia. Algumas argilas silicatadas também possuem uma grande **superfície interna** entre as lâminas das camadas de suas unidades cristalográficas. Para compreender a magnitude relativa da área das superfícies internas, lembre-se de que a estrutura dessas argilas é muito parecida à deste livro. Ou seja, se você fosse pintar as superfícies externas do livro (as capas e as bordas), uma pincelada completa de tinta seria suficiente. Porém, para cobrir as superfícies internas (os dois lados de cada página existentes dentro do livro), você precisaria de uma grande lata de tinta.

A superfície específica total dos coloides do solo varia de 10 m^2/g (para argilas que apresentam somente superfície externa) a mais de 800 m^2/g (para argilas com extensas superfícies internas). Colocando esses resultados em perspectiva, pode-se calcular que a área exposta em 1 ha (área aproximada de um campo de futebol) de um solo com 1,5 m de espessura e textura argilosa (45% de argila) deve ser de aproximadamente 8.700.000 km^2 (equivalente à área total dos Estados Unidos).

Cargas de superfície

As superfícies interna e externa dos coloides do solo apresentam cargas eletrostáticas negativas e/ou positivas. Para a maioria dos coloides de solo, as cargas eletronegativas são predominantes, embora alguns coloides minerais de solos muito intemperizados e ácidos apresentem um balanço positivo de cargas. Como será visto nas Seções 8.3 a 8.7, a quantidade e a origem das cargas de superfície variam significativamente com os diferentes tipos de coloides e, em alguns casos, com as mudanças das condições químicas, como, por exemplo, o pH do solo. As cargas na superfície dos coloides atraem ou repelem as substâncias que estão presentes na solução do solo, bem como as partículas coloidais mais próximas. Essas reações, por sua vez, influenciam significativamente o comportamento físico-químico do solo.

Adsorção de cátions e de ânions

A atração de íons com cargas positivas (**cátions**) para as superfícies dos coloides de solo negativamente carregadas é de particular importância. Cada partícula coloidal atrai milhares de íons como Al^{3+}, Ca^{2+}, Mg^{2+}, K^{+}, H^{+} e Na^{+}, além de, em menor quantidade, outros cátions. Nos solos úmidos, os cátions estão presentes no estado hidratado (circundados por uma camada de moléculas de água), mas visando simplificar este texto, serão mostrados apenas os cátions (p.ex., Ca^{2+} ou H^{+}), em vez das suas formas hidratadas (p.ex., $Ca(H_2O)_6^{2+}$ ou o íon hidrônio H_3O^{+}. Esses cátions hidratados vibram constante e concomitantemente como uma multidão quando estão próximos da superfície coloidal, sendo por ela adsorvidos por atração eletrostática nas suas cargas negativas. Frequentemente, alguns cátions rompem a ligação e se desprendem da multidão que estava ao redor do coloide, movendo-se em direção à solução do solo. Quando isso acontece, outro cátion com mesma carga irá simultaneamente se mover a partir da solução do solo e se ligar à carga liberada pelo cátion que dali havia se desprendido. Esse processo de **troca catiônica** será discutido detalhadamente (Seção 8.8), devido a sua fundamental importância na ciclagem dos nutrientes e em outros processos ambientais. A multidão de cátions próximos às superfícies dos coloides estão **adsorvidos** (fracamente retidos) na superfície coloidal. Pelo fato de esses cátions poderem *trocar o lugar* de adsorção com os cátions que estão se movendo livremente na solução de solo, o termo **íons trocáveis** é também usado para se referir aos íons que estão nesse estado de adsorção.

Os coloides, junto com os cátions adsorvidos, são algumas vezes descritos como uma **dupla camada iônica**, em que os coloides com cargas elétricas negativas atuam como um enorme ânion que forma a camada iônica interior; já a multidão dos cátions adsorvidos constituem a camada iônica externa (Figura 8.1). Como os cátions presentes na solução do solo estão constantemente

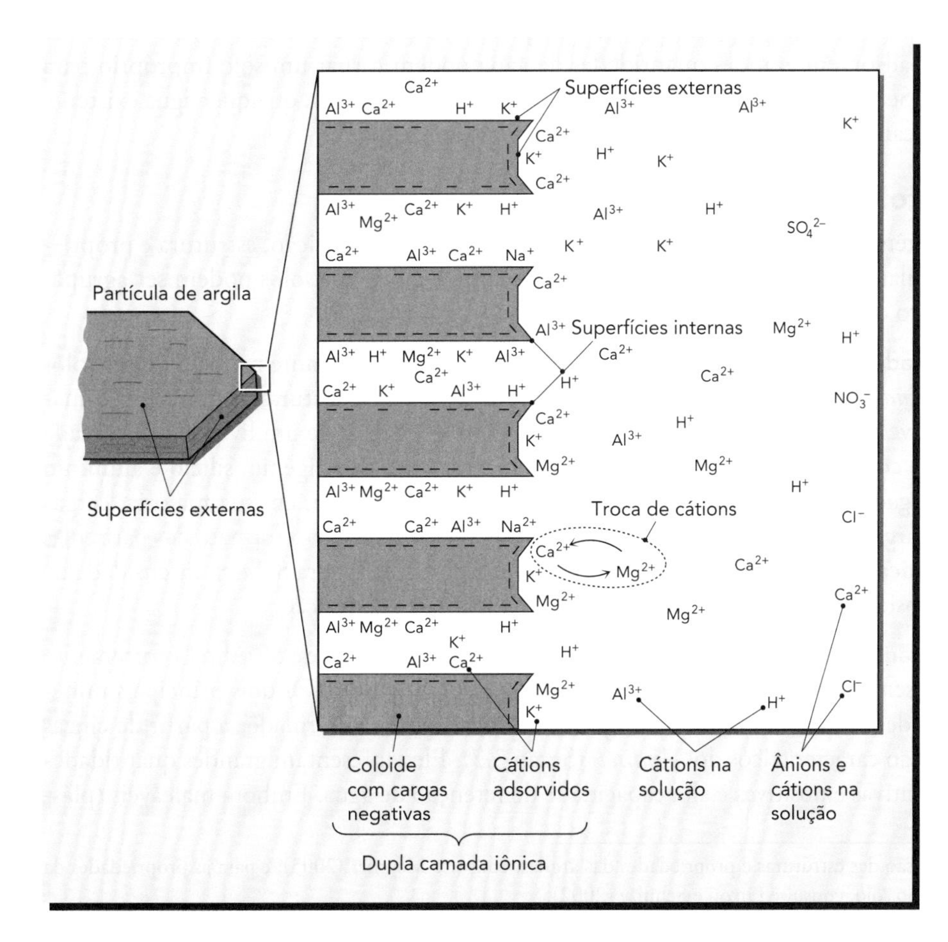

Figura 8.1 Representação simplificada de um cristal de argila silicatada, dos cátions adsorvidos e dos íons presentes na solução do solo no entorno dos coloides. O detalhe (*à direita*) mostra que a argila é formada por camadas compostas de lâminas, nas quais existem cargas negativas tanto nas superfícies externas como internas. A partícula negativamente carregada atua como um grande ânion em torno do qual existe uma multidão de íons positivamente carregados, que estão adsorvidos ao coloide por causa da atração entre cargas de sinal oposto. A concentração dos cátions diminui com a distância em relação ao coloide. Ânions (como Cl^{-}, NO_3^{-} e SO_4^{2-}), que são repelidos pelas cargas negativas, podem ser encontrados na solução do solo o mais afastado possível dos coloides. Alguns minerais de argila (não mostrados) apresentam também cargas positivas que podem atrair ânions.

trocando seus lugares com os que estavam adsorvidos nos coloides, a composição iônica da solução do solo reflete aquela dos que estão adsorvidos. Por exemplo, se Ca^{2+} e Mg^{2+} predominam como íons trocáveis, eles também predominarão na solução do solo. Sob condições naturais, a proporção de cátions presentes é fortemente influenciada pelo material de origem do solo e também pelo grau no qual o clima tem promovido perdas de cátions por lixiviação (ver Seção 8.9).

Ânions como Cl^-, NO_3^- e SO_4^{2-} (também envoltos por moléculas de água, não mostradas) podem também ser atraídos por certos coloides do solo que apresentam cargas *positivas* em sua superfície. Apesar de a **troca de ânions** não ocorrer tão intensamente como a observada para os cátions trocáveis, veremos (Seção 8.11) que se trata de um importante mecanismo para adsorver ou reter constituintes negativamente carregados, especialmente nos horizontes subsuperficiais de solos ácidos. Quando se pensa em coloides do solo, deve-se sempre ter em mente que eles carregam consigo cátions ou ânions trocáveis, além de outras moléculas e/ou íons complementares a eles mais fortemente ligados.

Adsorção de água

Além de adsorver cátions e ânions, os coloides do solo atraem e retêm um grande número de moléculas de água. Geralmente, quanto maior a área superficial externa do coloide de solo, maior será a quantidade de água retida quando um solo está seco ao ar. Mesmo quando essa água não está disponível para as plantas (ver Seção 5.8), ela é de grande importância para a sobrevivência de micro-organismos do solo, especialmente as bactérias. As cargas nas superfícies internas e externas dos coloides atraem a extremidade da molécula de água com carga oposta à do coloide. Algumas moléculas de água são atraídas por cátions trocáveis, cada um dos quais permanece hidratado com uma camada de moléculas de água. As moléculas de água que são adsorvidas entre as unidades cristalográficas podem causar o afastamento entre as suas camadas, fazendo com que a argila se torne mais plástica, aumentando assim o seu volume. Os coloides que adsorvem grandes quantidades de água podem tornar um solo impróprio para construções (Seções 4.9 e 8.14). À medida que o coloide do solo seca, qualquer água existente entre as suas camadas é removida, fazendo com que se aproximem.

Tipos de coloides no solo[1]

Os solos contêm vários tipos de coloides, cada um com sua composição, estrutura e propriedades particulares (Tabela 8.1). Os coloides mais importantes nos solos podem ser agrupados em quatro classes.

Argilas silicatadas bem cristalizadas Essas argilas são o tipo dominante na maioria dos solos (exceto em *Andisols*, *Oxisols* e *Histosols* – ver Capítulo 3). Sua estrutura cristalina em camadas (bem visível na Figura 8.2*a*) é muito parecida com as páginas de um livro. Cada camada (ou "página") consiste em duas a quatro lâminas com átomos de oxigênio, silício e alumínio fortemente ligados e estreitamente arranjados. Embora apresentem, em sua maioria, cargas negativas, as argilas silicatadas diferem significativamente com relação a formato das partículas (**caulinita**, **mica de granulação fina** e **esmectita**, mostradas na Figura 8.2*a-c*), intensidade de cargas, pegajosidade, plasticidade e capacidade de expansão e contração.

Argilas silicatadas não cristalinas Também consistem em átomos de Si, Al e O fortemente ligados, mas sem apresentarem um arranjo cristalino bem definido. Os dois principais minerais de argila deste tipo, a **alofana** e **imogolita**, normalmente são formados a partir de cinzas vulcânicas e são característicos dos *Andisols* (Seção 3.7). Eles apresentam grandes quantidades de cargas negativas e positivas e alta capacidade de retenção de água. Embora maleáveis (plás-

[1] Para uma revisão das estruturas e propriedades das argilas, consulte Meunier (2005); e para as propriedades da argila e húmus no solo, consulte Dixon e Schulze (2002).

Tabela 8.1 Principais propriedades de alguns coloides do solo

Coloide	Tipo	Tamanho, μm	Formato	Área superficial, m²/g: Externa	Área superficial, m²/g: Interna	Espaço entre lâminas,[a] nm	Carga líquida,[b] cmol$_c$/kg
Esmectita	Silicatado 2:1	0,01–1,0	Flocos	80–150	550–650	1,0–2,0	−80 a −150
Vermiculita	Silicatado 2:1	0,1–0,5	Placas/flocos	70–120	600–700	1,0–1,5	−100 a −200
Mica de granulação fina	Silicatado 2:1	0,2–2,0	Flocos	70–175	-	1,0	−10 a −40
Clorita	Silicatado 2:1	0,1–2,0	Variável	70–100	-	1,41	−10 a −40
Caulinita	Silicatado 1:1	0,1–5,0	Cristais hexagonais	5–30	-	0,72	−1 a −15
Gibbsita	Óxido de Al	<0,1	Cristais hexagonais	80–200	-	0,48	+10 a −5
Goetita	Óxido de Fe	<0,1	Variável	100–300	-	0,42	+20 a −5
Alofana e Imogolita	Silicatos não cristalinos	<0,1	Tubos ou esferas ocos	100–1000	-	-	+20 a −150
Húmus	Orgânico	0,1–1,0	Amorfa	Variável[c]	-	-	−100 a −500

[a] Distância medida a partir do topo de uma camada até a base da camada similar seguinte, 1 nm = 10^{-9} m = 10 Å.
[b] Centimol de carga líquida por quilograma de coloide (cmol$_c$/kg), uma medida de capacidade de troca iônica (Seção 8.9).
[c] É muito difícil determinar a área superficial da matéria orgânica. Diferentes técnicas resultam em valores que variam de 20 a 800 m²/g.

ticas) quando úmidas, essas argilas apresentam grau de pegajosidade muito baixo. A alofana e a imogolita também são conhecidas por causa da alta capacidade de adsorver fosfatos e outros ânions, especialmente em condições ácidas.

Óxidos de ferro e alumínio Esses óxidos são encontrados em muitos solos, mas são especialmente importantes nos altamente intemperizados das regiões tropicais quentes e úmidas, onde predominam *Ultisols* e *Oxisols*. Eles são formados principalmente de átomos de alumínio

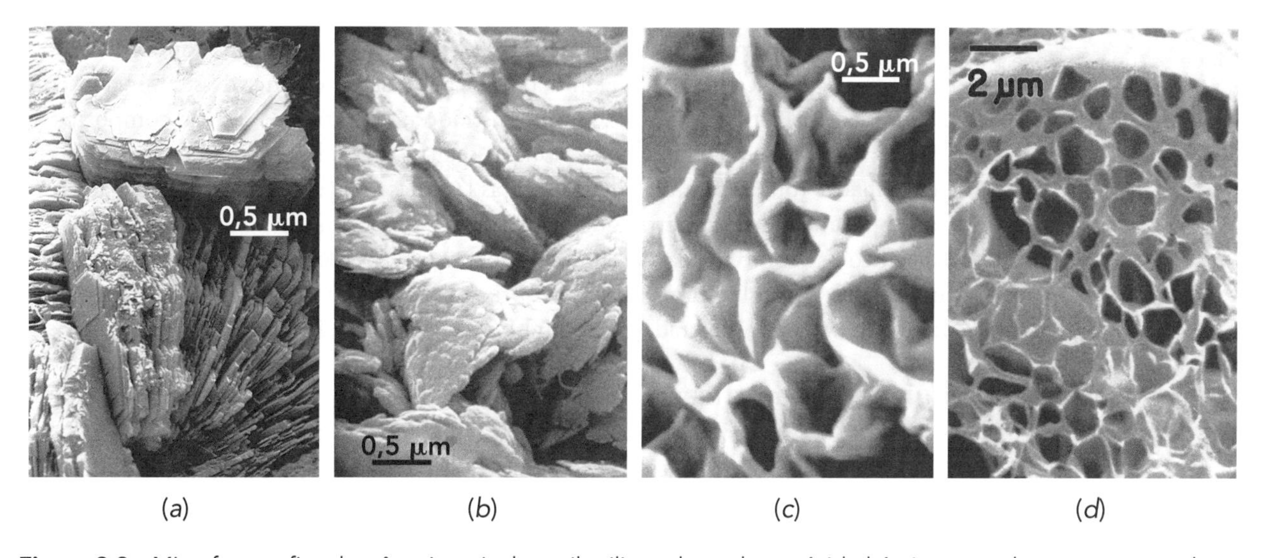

Figura 8.2 Microfotografias de três minerais de argila silicatadas e de um ácido húmico normalmente encontrado em solos. (*a*) Caulinita de Illinois (note a forma hexagonal dos cristais no lado superior direito da imagem). (*b*) Mica de granulação fina de Wisconsin. (*c*) Montemorilonita (mineral do grupo das esmectitas) de Wyoming. (*d*) Ácido fúlvico (ácido húmico) da Georgia. ([a]-[c] Cortesia do Dr. Bruce F. Bohor, Illinois State Geological Survey; [d] Cortesia do Dr. Kim H. Tan, University of Georgia: Fotos usadas com permissão *da* Soil Science Society of America).

ou de ferro coordenados com átomos de oxigênio (estes últimos estão frequentemente associados a átomos de hidrogênio, formando grupos hidroxílicos). Alguns óxidos, como a **gibbsita** (um óxido de Al) e a **goethita** (um óxido de Fe) apresentam estruturas cristalinas bem definidas; outros óxidos não são bem cristalizados, ocorrendo na forma **amorfa** e frequentemente recobrindo as partículas do solo. Os coloides oxídicos apresentam pouca plasticidade e pegajosidade. A carga líquida varia de moderadamente positiva a levemente negativa.

Orgânicos (húmus) Os coloides orgânicos são importantes em quase todos os solos, especialmente nas porções mais superiores dos perfis. Esses coloides não são minerais, nem apresentam estrutura cristalina (Figura 8.3*d*). Em vez disso, consistem em cadeias e anéis de átomos de carbono ligados a átomos de hidrogênio, oxigênio e nitrogênio. As partículas de húmus estão, frequentemente, entre os menores coloides do solo e possuem alta capacidade de adsorver água, mas quase não apresentam plasticidade ou pegajosidade. Devido ao fato de o húmus não ser coesivo, os solos compostos principalmente por essa substância (*Histosols*) possuem baixíssima capacidade de suporte e, por isso, são inaptos para a construção de edifícios ou de estradas. O húmus possui elevadas quantidades de cargas negativas e positivas por unidade de massa, mas a carga líquida é sempre negativa e varia com o pH do solo.

8.2 ORGANIZAÇÃO DAS ESTRUTURAS DAS ARGILAS SILICATADAS

Os solos com predominância de um tipo de minerais de argila silicatada, como a caulinita, comportam-se de forma muito diferente dos outros com predominância de minerais de argila silicatada de outro tipo, como a montmorilonita. Para entender bem essas diferenças, é necessário conhecer as principais organizações das estruturas dos minerais das argilas silicatadas. Começaremos examinando a principal unidade estrutural a partir da qual as camadas dos minerais de argila silicatadas são formadas, considerando depois os arranjos particulares para cada mineral, que são a razão da formação de todas as importantes cargas que existem nas suas superfícies.

Lâminas de tetraedros de silício e de octaedros de alumínio ou magnésio

Modelos tridimensionais rotativos de minerais das argilas silicatadas e suas unidades estruturais: www.soils1.cses.vt.edu/MJE/VR_exports/intro.shtml

Os minerais de argilas silicatadas mais importantes são conhecidos como **filossilicatos** (do grego *phyllon*, folha ou lâmina), por causa da semelhança desses minerais com lâminas ou estruturas planares. Como ilustrado na Figura 8.3, eles são compostos de lâminas de tetraedros e octaedros. Duas a quatro dessas lâminas podem ser unidas e empilhadas (ou "ensanduichadas") com as lâminas adjacentes fortemente ligadas entre si por meio do compartilhamento de alguns dos átomos de oxigênio (Figura 8.3). O tipo específico das combinações de lâminas que formam essas camadas varia de um tipo de argila para outro e controla muito as suas propriedades físicas e químicas. As relações entre *planos*, *lâminas* e *camadas*, mostradas na Figura 8.3, devem ser cuidadosamente estudadas.

Substituições isomórficas

Quando os minerais das argilas ou seus precursores estão se cristalizando, os cátions com tamanho semelhantes podem substituir parte dos átomos Si, Al e Mg nas respectivas lâminas tetraédricas e octaédricas. Veja também, observando a Tabela 8.2, que o raio iônico do alumínio é um pouco maior que o do silício; consequentemente, este cátion consegue se ajustar no centro do tetraedro no lugar do silício sem muita alteração da estrutura básica do cristal. Esse processo, no qual um elemento preenche a posição normalmente ocupada por outro com tamanho similar, é chamado de **substituição isomórfica**. Esse fenômeno é responsável por grande parte da variabilidade dos diferentes tipos de argilas silicatadas.

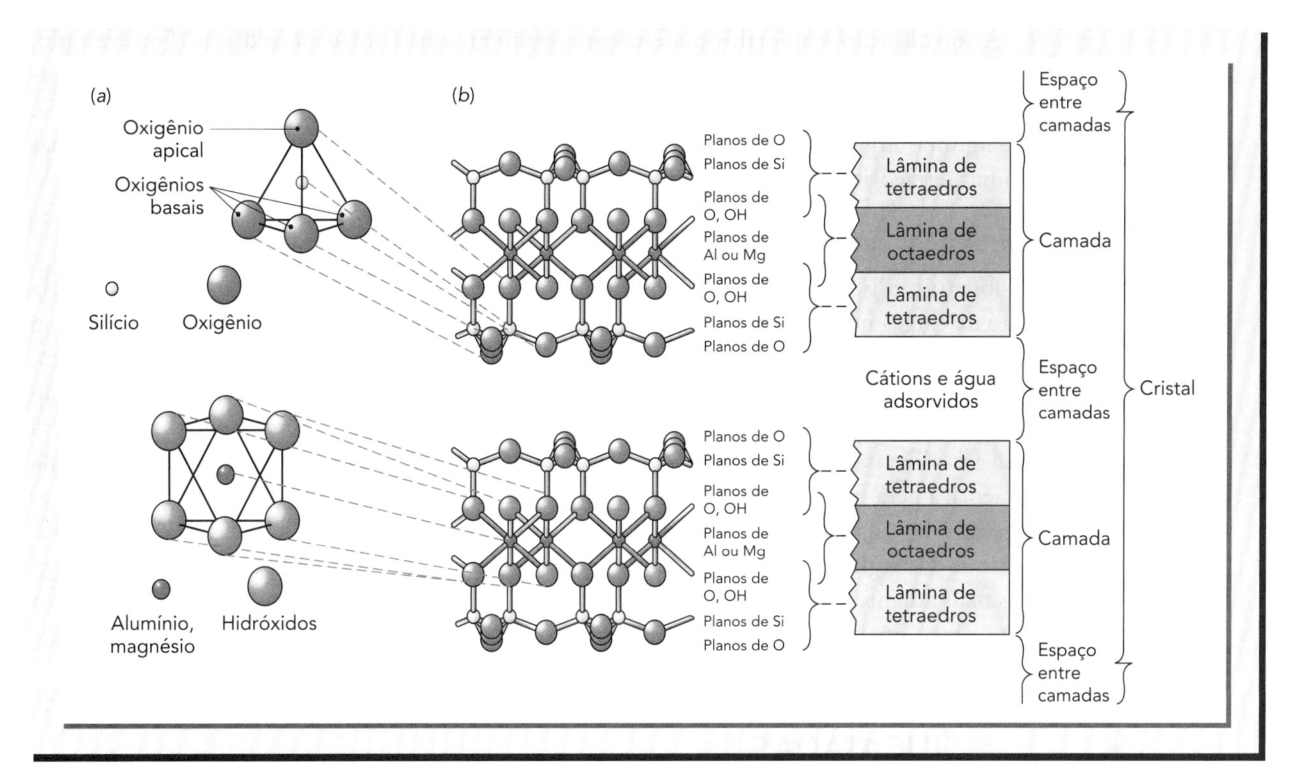

Figura 8.3 Componentes básicos moleculares e estruturais das argilas silicatadas. (*a*) Uma estrutura tetraédrica simples, com quatros lados, composta por um íon de silício rodeado (ou ligado) a quatro átomos de oxigênio; e uma estrutura octaédrica simples, na qual um íon de alumínio (ou de magnésio) está rodeado por seis hidroxilas ou por átomos de oxigênio. (*b*) Nos cristais das argilas, milhares dessas lâminas tetraédricas e octaédricas estão interligadas, formando planos de íons de silício e de alumínio (ou magnésio). Esses planos se alternam com planos de átomos de oxigênio e grupos de hidroxilas. Note que os átomos de oxigênio apicais estão quase sempre unindo as camadas tetraédricas com as octaédricas. Os planos de silício associados com os planos de oxigênio-hidroxilas formam a lâmina tetraédrica. Da mesma forma, um plano de alumínio ou de magnésio associado aos planos de oxigênio-hidroxilas forma a lâmina octaédrica. As diferentes combinações formadas pelas lâminas tetraédricas e octaédricas são chamadas de *camadas*. Em algumas argilas silicatadas, essas camadas são separadas por *espaços entre camadas*, nos quais podem ser encontrados água e cátions adsorvidos. (Modelos de estruturas: cortesia de Darrel G. Shultze, Purdue University, Estados Unidos)

Tabela 8.2 Raio iônico e localização dos elementos encontrados em minerais de argilas silicatadas

Íon	Raio, nm (10^{-9} m)	Encontrado nas
Si^{4+}	0,042	Lâmina tetraédrica (Si^{4+}, Al^{3+}, Fe^{3+})
Al^{3+}	0,051	Lâmina octaédrica (Al^{3+} a Fe^{2+})
Fe^{3+}	0,064	Sítios de troca ou entre camadas (Al^{3+} a Ca^{2+})
Mg^{2+}	0,066	
Zn^{2+}	0,074	
Fe^{2+}	0,076	
Na^{+}	0,095	
Ca^{2+}	0,099	
K^{+}	0,133	
O^{2-}	0,140	Ambas as lâminas (O^{2-}, OH^{-})
OH^{-}	0,155	

A substituição isomórfica pode ocorrer também em lâminas octaédricas. Por exemplo, íons de ferro e zinco possuem tamanhos semelhantes aos dos íons alumínio e magnésio (Tabela 8.2). Dessa forma, tanto o Zn quanto o Fe podem se ajustar no centro da lâmina octaédrica. Em algumas argilas silicatadas, a substituição pode ocorrer, concomitantemente, tanto nas lâminas tetraédricas como nas octaédricas.

Fontes de cargas

A substituição isomórfica é de vital importância, visto que esse processo é a fonte primária tanto de cargas negativas quanto positivas nos minerais das argilas silicatadas. Por exemplo, o íon Mg^{2+} é um pouco maior que o íon Al^{3+}, mas possui uma carga positiva a menos. Logo, se um íon Mg^{2+} substitui um íon Al^{3+} na lâmina octaédrica, as cargas positivas do Mg serão insuficientes para neutralizar as cargas negativas dos oxigênios; assim, a carga líquida será igual a 1− (Figura 8.4, *à direita*). Da mesma forma, cada Al^{3+} que substitui um Si^{4+} na lâmina tetraédrica gera uma carga líquida negativa naquele ponto de substituição, porque as cargas negativas dos quatro oxigênios estão sendo apenas parcialmente neutralizadas. Na maioria dos minerais das argilas silicatadas, as cargas negativas predominam (ver Seção 8.8). Como veremos mais adiante (Seções 8.3 e 8.6), as cargas adicionais temporárias podem ser formadas por grupos funcionais expostos nas bordas das lâminas tetraédricas e octaédricas.

8.3 ORGANIZAÇÃO MINERALÓGICA DAS ARGILAS SILICATADAS

Baseado no número e disposição das lâminas tetraédricas (Si) e octaédricas (Al, Mg, Fe) contidas nas unidades ou camadas cristalinas do mineral, as argilas silicatadas cristalinas podem ser classificadas em dois grupos principais: **argilas 1:1**, nas quais cada camada contém *uma* lâmina de tetraedros e *uma* lâmina de octaedros, e **argilas 2:1** nas quais cada camada tem *uma* lâmina de octaedros ensanduichada entre *duas* lâminas de tetraedros.

Argilas silicatadas do tipo 1:1

Modelo rotacional 3-D interativo do cristal de caulinita: http://virtual-museum.soils.wisc.edu/kaolinite/index.html

Para ilustrar as propriedades das argilas silicatadas do tipo 1:1, iremos focar na caulinita, que é, de longe, a argila mais comum desse grupo existente nos solos. Como está implícito no termo *argila silicatada 1:1*, cada camada de caulinita consiste em uma lâmina tetraédrica de silício e uma lâmina octaédrica de alumínio. Quando essas camadas de lâminas tetraédricas e octaédricas são empilhadas alternadamente umas so-

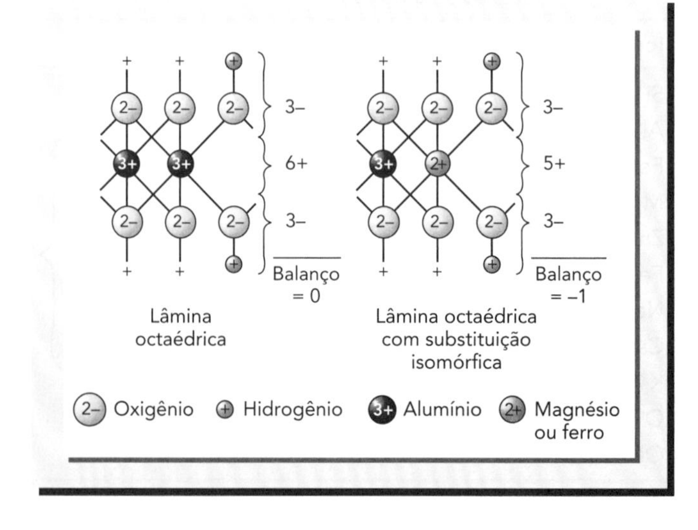

Figura 8.4 Diagramas simplificados das lâminas octaédricas de minerais silicatados mostrando o efeito da substituição isomórfica sobre a carga líquida. Note que, para cada átomo de oxigênio, uma de suas duas cargas é balanceada por uma carga positiva (+) advinda de um H^+ (formando um grupo hidroxila), ou de um átomo de Si da lâmina tetraédrica (não mostrado, mas representado pelo sinal +). Quando a lâmina está formando o cristal mostrado à direita, o íon de magnésio (Mg^{2+}) ocupa uma das posições normalmente ocupadas por um íon de Al^{3+}, deixando assim uma carga líquida 1− sobre a lâmina. Tais cargas líquidas negativas na estrutura do cristal podem ser contrabalançadas por cátions da solução do solo adsorvidos sobre a superfície do cristal.

bre as outras, as hidroxilas da lâmina octaédrica de uma camada ficam adjacentes ao oxigênio basal da lâmina tetraédrica da camada seguinte. Essas camadas adjacentes estão unidas por **ligações de hidrogênio** (Seção 5.1), as quais impedem a expansão entre as camadas quando a argila é umedecida. Deste modo, a água e os cátions geralmente não conseguem penetrar nas camadas estruturais de uma partícula mineral do tipo 1:1. A superfície específica da caulinita é, portanto, restrita a sua face exterior ou à área de superfície externa. Esse fato, aliado à ausência de substituições isomórficas significativas neste mineral, faz com que a caulinita tenha uma relativamente pequena capacidade de adsorver cátions trocáveis (Tabela 8.1). Em contraste com algumas argilas silicatadas do tipo 2:1, as argilas 1:1 (como a caulinita) possuem menor plasticidade, viscosidade, coesão, expansão e contração, bem como retêm menos água do que as outras argilas. Devido a essas propriedades, os solos dominados pelas argilas 1:1 são ideais para o cultivo agrícola e são adequados para o uso como leito de estradas e base de edifícios (Prancha 43). A estrutura não expansível 1:1 também torna a caulinita útil para a fabricação de tijolos e vários tipos de cerâmicas (Quadro 8.1).

Argila caulinita usada no controle de pragas: www.nysaes.cornell.edu/pp/resourceguide/mfs/07kaolin.ph

Argilas silicatadas expansíveis do tipo 2:1

Os quatro grupos gerais de argilas silicatadas do tipo 2:1 são caracterizados por *uma* lâmina octaédrica ensanduichada entre *duas* lâminas tetraédricas. Dois destes grupos, a **esmectita** e a **vermiculita**, incluem minerais expansíveis; os outros dois, as **micas de granulação fina** (**ilita**) e a **clorita**, são relativamente não expansíveis.

Grupo das esmectitas Os cristais tipo flocos das esmectitas (Figura 8.2*c*) possuem alta quantidade de carga, predominantemente negativa, devido sobretudo às substituições isomórficas. Ao contrário da caulinita, a esmectita tem uma estrutura do tipo 2:1 caracterizada por possuir uma lâmina de átomos de oxigênio tanto na parte superior como na parte inferior das suas camadas. Deste modo, as camadas adjacentes estão fracamente interligadas por intermédio de ligações oxigênio-oxigênio e cátions-oxigênio, e o espaçamento entre elas é variável (Figura 8.7). A área de superfície interna exposta entre as camadas excede, de longe, a área de superfície externa desses minerais e contribui para a elevada **superfície específica** total (Tabela 8.1). Os cátions trocáveis e as moléculas de água associadas são atraídos para os espaços entre as camadas; portanto, a capacidade de adsorver cátions é muito alta – cerca de 20 a 40 vezes a da caulinita.

Modelo rotacional 3-D interativo do cristal de esmectita: http://virtual-museum.soils.wisc.edu/soil_smectite/index.html

Os cristais de esmectita do tipo flocos tendem a se empilhar uns sobre os outros, formando pilhas onduladas que contêm milhares de *ultramicroporos* extremamente pequenos (Tabela 4.6). Quando os solos ricos em esmectita são molhados, a adsorção de água nesses ultramicroporos faz com que aconteça uma grande expansão; mas, quando secam, se contraem, fazendo com que os solos reduzam os seu volume (Seção 8.14). A expansão, devido à saturação do solo com água, contribui para os elevados graus de viscosidade, plasticidade e coesão, o que dificulta o cultivo ou a escavação de solos ricos em esmectita. Fendas largas comumente aparecem durante a secagem de solos nos quais a esmectita prevalece (como *Vertisols*, Figura 3.15). O comportamento de expansão e contração torna os solos ricos em esmectita indesejáveis para a maioria das atividades de construção, porém são bem adaptados para uma série de aplicações que exigem alta capacidade de adsorção e de formação de camadas de baixa permeabilidade (ver Seção 8.14). A **montmorilonita** é a mais importante das esmectitas em solos, embora outros tipos também possam ocorrer.

Armazenamento seguro de resíduos nucleares: a técnica sueca que usa a argila bentonita: www.skb.se/templates/SKBPage_8776.aspx

Grupo da vermiculita As **vermiculitas** mais comuns são minerais do tipo 2:1 nos quais predominam as lâminas de alumínio octaédricas. As lâminas tetraédricas da maioria das vermiculitas possuem consideráveis quantidades de silício substituído pelo alumínio, possibilitando uma capacidade de troca catiônica que normalmente excede a de todas as outras argilas silicatadas, incluindo as esmectitas (Tabela 8.1).

QUADRO 8.1

Argila caulinita: usos antigos e modernos

A caulinita, o mineral da argila do tipo 1:1 mais comum, tem sido usado por milhares de anos para fazer ladrilhos, telhas, tijolos e vasos de cerâmica. O processo básico não mudou muito até os dias de hoje. O material de solos argilosos é saturado com água, amassado e moldado, ou manipulado em uma roda de oleiro para obter a forma desejada, e depois endurecido por secagem natural ou queima (Figuras 8.5 e 8.6). A massa de plaquetas de argila aderentes endurece irreversivelmente quando queimada, e a propriedade não expansível da caulinita permite que ela seja aquecida sem se fissurar com contrações. O calor também altera a cor cinza típica do material do solo para "tijolo vermelho", devido à oxidação irreversível e à recristalização do *oxi-hidróxido de ferro*, que frequentemente reveste as partículas da caulinita do solo. Em contraste, a caulinita pura, extraída de jazidas, quando queimada, apresenta uma cor creme-clara. A caulinita não é tão plástica (moldável) como algumas outras argilas; por isso, para a produção de cerâmicas, ela costuma ser misturada com outros tipos de argilas mais plásticas.

Foi no século VII, na China, que jazidas de caulinita pura foram utilizadas pela primeira vez na produção de objetos de uma cerâmica translúcida, leve e forte chamada de porcelana. O termo *caulinita* deriva do nome chinês *kao-lin*, que significa "alto cume", porque o material foi primeiramente extraído da encosta de um morro na província de Kiangsi. Os chineses detinham o monopólio sobre a tecnologia da fabricação da porcelana (daí o termo *china* usado em inglês para pratos de porcelana) até o início de 1700. Colonizadores ingleses, no que hoje é a Geórgia, nos Estados Unidos, descobriram um afloramento de argila caulinítica branca em áreas de solo improdutivo. Os colonizadores começaram então a exportar essa caulinita como o principal ingrediente para a fabricação de porcelanas na Inglaterra, onde a argila caulinítica da Geórgia foi primeiro usada para fabricar os agora famosos objetos de cerâmica.

Figura 8.6 Cerâmica africana e detalhe de prato de porcelana inglesa do início do século XIX (na foto inserida). (Foto: cortesia de R. Weil)

Figura 8.5 Este solo com argila caulinítica está sendo escavado, moldado, seco, empilhado e queimado para a fabricação de tijolos. (Foto: cortesia de R. Weil)

O mercado da caulinita pura e branca expandiu quando os fabricantes começaram a usar a caulinita como revestimento na produção de papel de alta qualidade – mais macios, brancos e apropriados para a impressão. Outros usos industriais incluem pigmentos de tintas, enchimentos na fabricação de plásticos, materiais cerâmicos utilizados para isolantes elétricos e blindagem de calor (como no corpo dos ônibus espaciais). A caulinita, usada em medicamentos do tipo *kaopectin*, reveste a parede do estômago e inativa as bactérias causadoras de diarreia, porque estas são adsorvidas na superfície das partículas de argila. Recentemente, as argilas cauliníticas têm sido usadas em pulverizações, revestindo as folhas de plantas cultivadas como uma proteção não tóxica às pragas de insetos e doenças fúngicas. Infelizmente, a mineração de superfície da caulinita, que está sendo feita na Geórgia, Estados Unidos, para atender a essas necessidades, tem causado danos ambientais e sociais.

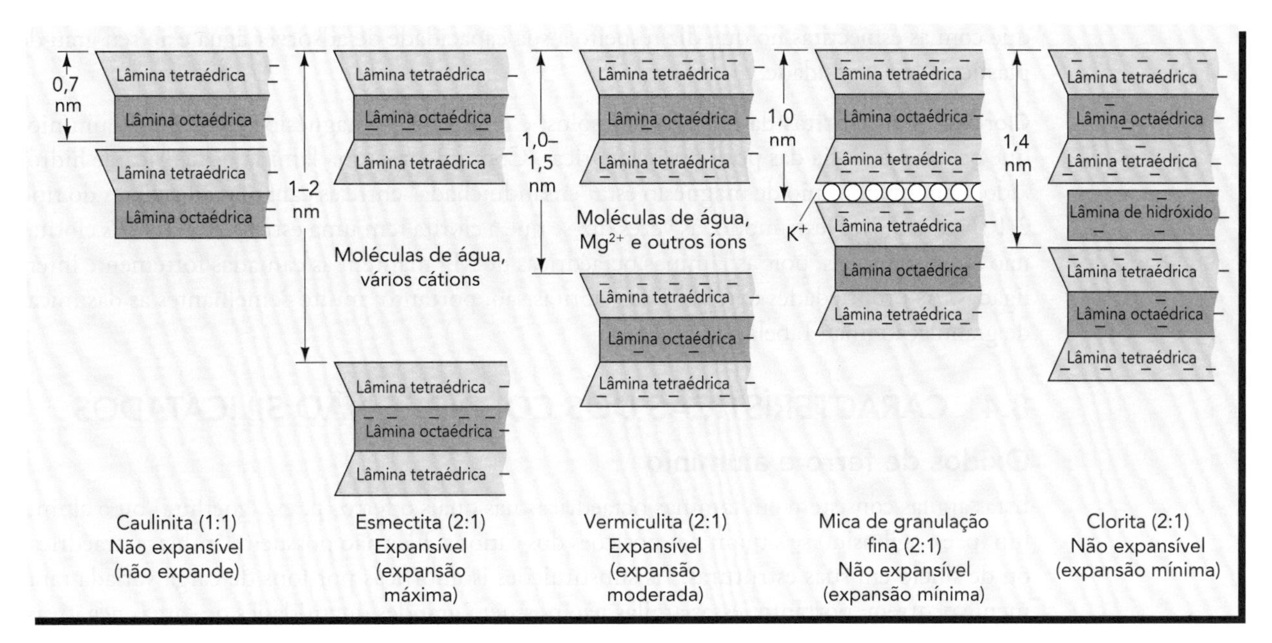

Figura 8.7 Desenhos esquemáticos ilustrando a organização das lâminas tetraédricas e octaédricas em um mineral do tipo 1:1 (*caulinita*) e quatro minerais do tipo 2:1. As lâminas octaédricas em cada uma das argilas do tipo 2:1 podem ser dominadas tanto pelo alumínio (*dioctaedral*) como pelo magnésio (*trioctaedral*). No entanto, na maioria das cloritas, as lâminas trioctaedrais predominam, enquanto as lâminas dioctaedrais são geralmente mais comuns nos outros três tipos de argilas 2:1. Note que a caulinita não é expansível, sendo as suas camadas unidas por ligações de hidrogênio. A expansão máxima dos espaços entre as camadas é encontrada na esmectita, sendo que a vermiculita se expande um pouco menos devido ao poder apenas moderado de ligação dos vários íons de Mg^{2+}. As micas de granulação fina e a clorita não expandem, porque os íons de K^{+} (na mica de granulação fina) ou uma lâmina do tipo octaédrica de hidróxidos de Al, Mg, Fe e assim por diante (na clorita) mantêm as camadas 2:1 fortemente ligadas. Os espaçamentos entre as camadas são mostrados em nanômetros (1 nm = 10^{-9} m).

Os espaços entre as camadas estruturais das vermiculitas geralmente contêm moléculas de água fortemente adsorvidas, íons hidroxi-Al e cátions como o magnésio (Figura 8.7). No entanto, esses constituintes atuam principalmente como pontes para manter as unidades ligadas, em vez de as separar. Por esta razão, as vermiculitas são argilas que têm uma capacidade de expansão limitada, expandindo mais que a caulinita, mas muito menos do que as esmectitas.

Minerais silicatados 2:1 não expansíveis

Os principais minerais 2:1 não expansíveis são as **micas de granulação fina** e as **cloritas**. Discutiremos primeiro as micas das frações granulométricas mais finas (ou argilas).

Grupo das micas A biotita e a muscovita são exemplos de micas não intemperizadas tipicamente encontradas como minerais primários das frações areia e silte. As **micas de granulação fina** e os seus produtos do intemperismo, como **ilita** e **glauconita**, são encontrados na fração argila dos solos. Sua estrutura é tipo 2:1, bastante semelhante à de seus primos minerais primários. A principal fonte de carga das micas de granulação fina é a substituição do Si^{4+} pelo Al^{3+} nas lâminas tetraédricas. Isso resulta em um polo de carga negativa na lâmina tetraédrica e atrai íons de potássio (K^{+}) que possuem o tamanho ideal para se encaixar confortavelmente em "buracos" hexagonais existentes entre os grupos de oxigênio dos tetraedros, fazendo assim com que cheguem muito perto dos polos negativamente carregados. Devido à atração mútua para os íons K^{+}, as camadas adjacentes das micas de granulação fina estão fortemente ligadas entre si (Figura 8.7), tornando não expansível a mica de granulação fina. Devido ao seu carácter **não expansível**, as micas de granulação fina são mais parecidas com a caulinita do que com as esmectitas no que diz respeito à sua capacidade de adsorver água e ao seu grau de plasticidade e vicosidade.

Cloritas Nas **cloritas** da maioria dos solos, é o ferro ou o magnésio (em vez do alumínio) que ocupa a maioria das posições octaédricas. Comumente, uma lâmina octaédrica de hidróxidos com predomínio de magnésio está "ensanduichada" entre as camadas adjacentes do tipo 2:1 (Figura 8.7). Deste modo, às vezes diz-se que a clorita tem uma estrutura 2:1:1. As cloritas não são expansíveis, pois as lâminas octaédricas de Mg mantêm as camadas fortemente interligadas. As propriedades coloidais das cloritas são, portanto, muito semelhantes às das micas de granulação fina (Tabela 8.1).

8.4 CARACTERÍSTICAS DOS COLOIDES NÃO SILICATADOS

Óxidos de ferro e alumínio

Estas argilas consistem em lâminas octaédricas nas quais o ferro (p. ex., goethita) ou o alumínio (p. ex., gibbsita) se situam nas posições dos cátions. Elas não possuem lâminas tetraédricas ou de silício em suas estruturas. As substituições isomórficas por íons de carga variada raramente ocorrem; portanto, essas argilas não possuem grandes quantidades de cargas negativas. A pequena quantidade de carga líquida que essas argilas possuem (positiva e negativa) é oriunda da remoção ou adição de íons de hidrogênio na superfície de grupos óxido-hidroxílicos (Seção 8.6). A presença desses oxigênios ligando os grupos de hidroxilas permite que a superfície dessa argila adsorva e se combine com ânions, como os fosfatos e arseniatos. As argilas oxídicas não são expansíveis e, geralmente, apresentam relativamente pequena viscosidade, plasticidade e adsorção de cátions. Elas podem ser usadas como materiais muito estáveis para fins de construção.

Em muitos solos, os óxidos de ferro e de alumínio estão misturados com as argilas silicatadas. Esses óxidos podem formar revestimentos nas superfícies externas dessas argilas ou se depositar na forma de "ilhas" no espaço entre as camadas das argilas do tipo 2:1, como as vermiculitas e esmectitas. Em ambos os casos, a presença de óxidos de ferro e alumínio pode substancialmente alterar o comportamento coloidal das argilas silicatadas a eles associadas, mascarando as suas cargas e interferindo na expansão e na contração, bem como fornecendo superfícies que retêm ânions.

A alofona e a imogolita são minerais das argilas que comumente estão associados com materiais de origem vulcânica, mas também podem se formar a partir de rochas ígneas e são encontrados em alguns *Spodosols*. Aparentemente, as cinzas vulcânicas liberam quantidades significativas de $Si(OH)_x$ e $Al(OH)_x$, materiais que se precipitam como gels em um período relativamente curto de tempo. Esses minerais são geralmente de natureza pouco cristalina, e a imogolita é um produto com um estado mais avançado de intemperismo do que a alofana. Ambos os tipos de minerais têm uma elevada capacidade de reter ânions, assim como de se ligar ao húmus, protegendo-o da decomposição.

Húmus

Tudo sobre substâncias húmicas: www.ar.wroc.pl/~weber/humic.htm#start

O húmus é uma substância orgânica não cristalina, constituída de grandes moléculas orgânicas cuja composição química varia consideravelmente, mas em geral contém de 40 a 60% C, 30 a 50% O, 3 a 7% H e 1 a 5% N. O peso molecular dos ácidos húmicos, um tipo comum de húmus coloidal, varia de 10.000 a 100.000 g/mol. A identificação da estrutura real dos coloides de húmus é muito difícil. A estrutura típica proposta para os ácidos húmicos é mostrada na Figura 8.8. Nota-se que ela contém uma série complexa de cadeias de carbono e estruturas em anéis, com inúmeros grupos funcionais quimicamente ativos por toda parte. A Figura 8.9 fornece um diagrama simplificado

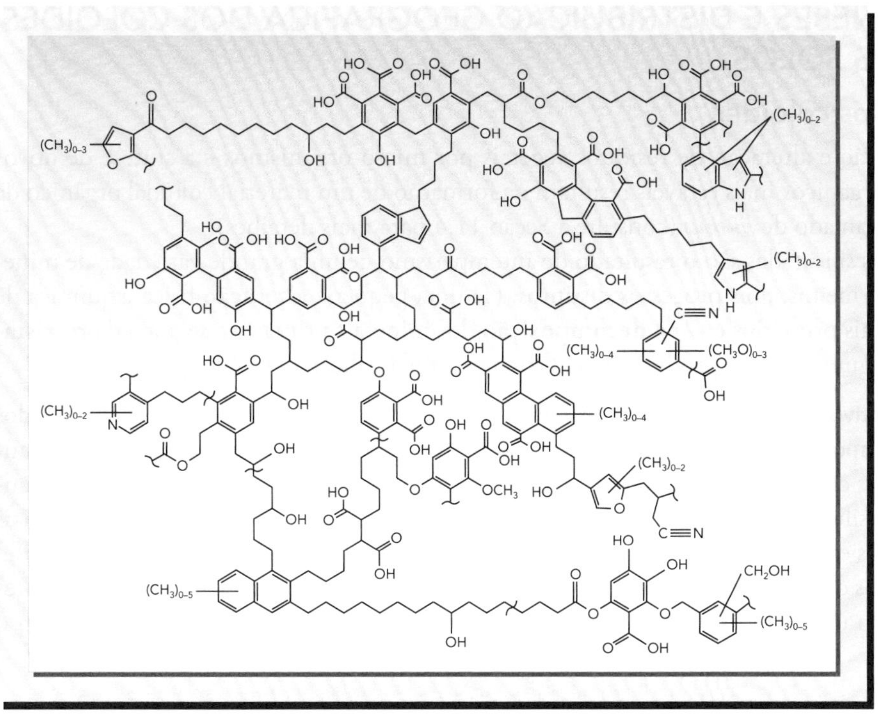

Figura 8.8 Uma representação da provável estrutura de um ácido húmico, que é um componente primário do húmus coloidal dos solos. Uma inspeção cuidadosa revelará a presença de muitos dos grupos ativos de hidroxilas (OH) ilustrados na Figura 8.9, assim como certos grupos de nitrogênio e grupos contendo enxofre. (Adaptado de Schulten e Schnitzer [1993], com a permissão da Springer-Verlag Publishers)

para ilustrar os três tipos principais de grupos hidroxílicos (-OH) que provavelmente são os responsáveis pela alta quantidade de cargas associadas a esses coloides. Cargas negativas ou positivas sobre os coloides de húmus e desenvolvidas pelos íons H^+ podem ser perdidas ou adquiridas por estes grupos. Portanto, tanto os cátions como os ânions podem ser atraídos e adsorvidos pelos coloides de húmus. Uma grande carga *líquida* negativa está sempre associada com o húmus, e os seus sítios de carga negativa sempre superam os positivos (Tabela 8.1).

Devido à sua grande área de superfície e à presença de muitos grupos hidrofílicos (que atraem água), o húmus pode absorver grandes quantidades de água por unidade de massa. No entanto, por também conter sítios hidrofóbicos, ele pode adsorver fortemente uma grande variedade de substâncias hidrofóbicas e compostos orgânicos apolares (Seção 8.12). Por causa de sua extraordinária influência sobre as propriedades e o comportamento do solo, investigaremos mais profundamente a natureza e a função do húmus no solo no Capítulo 11.

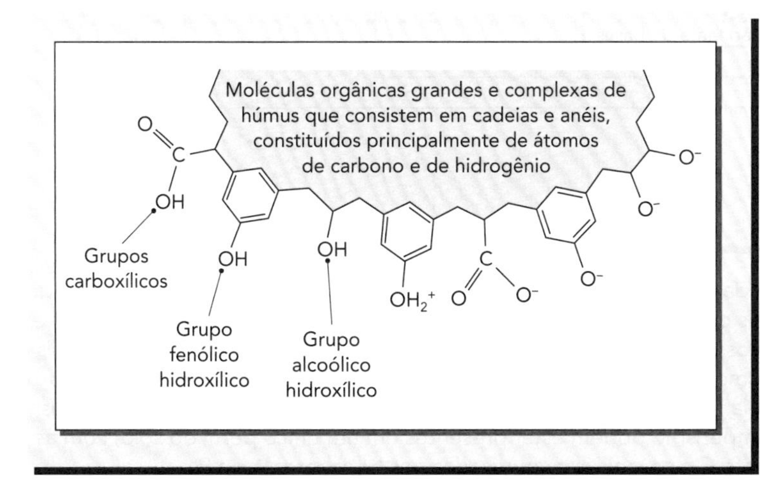

Figura 8.9 Diagrama simplificado mostrando os principais grupos químicos responsáveis pela elevada quantidade de carga negativa nos coloides do húmus. Todos os três grupos em destaque incluem hidroxilas (–OH) que podem perder seu íon de hidrogênio por dissociação e, assim, se tornarem negativamente carregadas. Note que os grupos **fenólicos, carboxílicos** e **alcoólicos**, no lado direito do diagrama, são mostrados em seu estado dissociado, enquanto aqueles do lado esquerdo ainda estão com os seus íons de hidrogênio associados. Note também que a associação com um segundo íon de hidrogênio faz com que sejam liberados sítios que exibem cargas positivas. (Diagrama: cortesia de R. Weil)

8.5 GÊNESES E DISTRIBUIÇÃO GEOGRÁFICA DOS COLOIDES DOS SOLOS

Gênese dos coloides

A desagregação e alteração de resíduos vegetais por micro-organismos e a síntese de novos compostos orgânicos mais estáveis resultam na formação de um material coloidal orgânico de cor escura chamado de *húmus* (consulte a Seção 11.4 para mais detalhes).

As argilas silicatadas são o resultado do intemperismo de uma grande variedade de minerais por, pelo menos, dois processos distintos: (1) uma pequena **alteração** física e química de certos minerais primários e (2) a **decomposição** dos minerais primários, seguida da **recristalização** de alguns dos seus produtos para formar as argilas silicatadas.

Estágios relativos do intemperismo As condições específicas que propiciam a formação dos tipos mais importantes de argila são mostradas na Figura 8.10. Note que as micas de granulação fina e as cloritas ricas em magnésio são representantes dos primeiros estágios de intemperismo dos silicatos, e a caulinita e, por fim, os óxidos de ferro e alumínio, os estágios mais avançados. As esmectitas (p. ex., montmorilonita) representam estágios intermediários. Diferentes estágios de intemperismo podem ocorrer nas zonas globais climáticas ou nos horizontes dentro de um único perfil. Como ressaltado na Seção 2.1, o silício tende a se perder com o

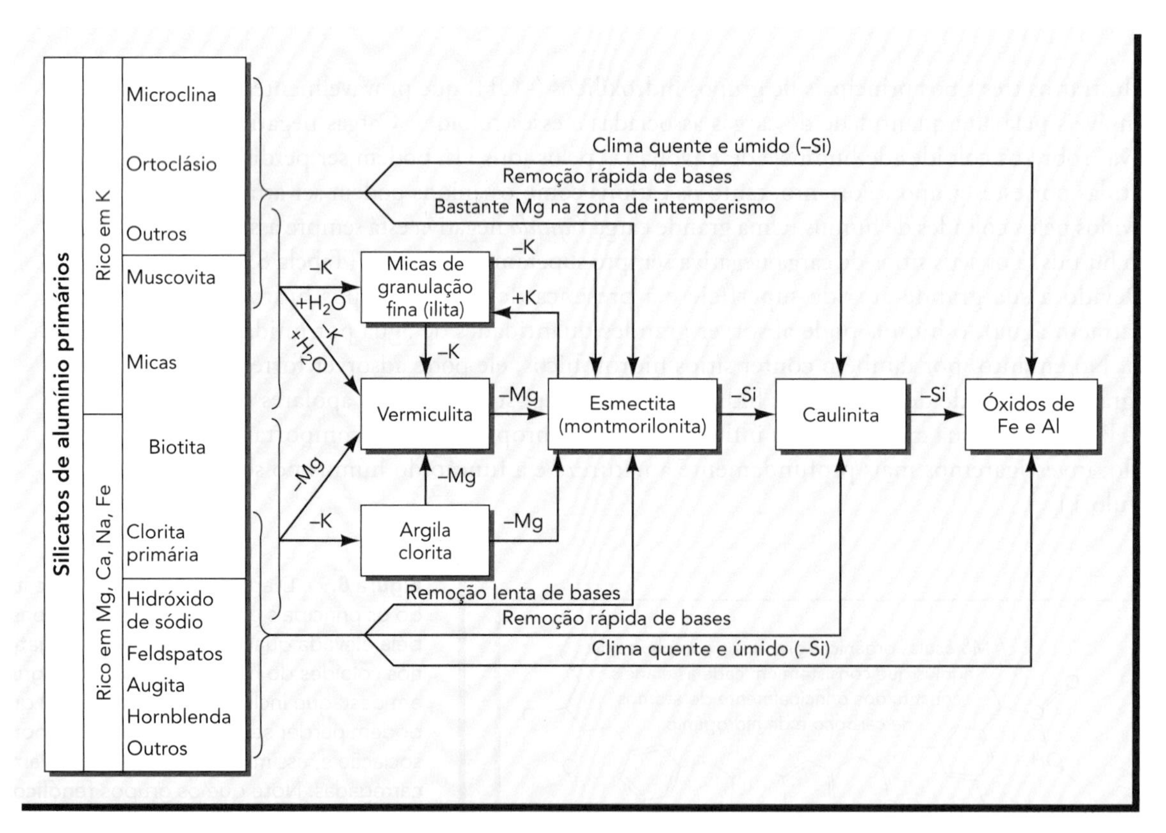

Figura 8.10 Condições gerais para a formação das várias argilas silicatadas e óxidos de ferro e alumínio. As micas de granulação fina, clorita e vermiculita são formadas por uma ação intempérica menos intensa de minerais alumino-silicatados primários, enquanto a caulinita e os óxidos de ferro e alumínio são produtos de um intemperismo muito mais intenso. Condições de intensidade de intemperismo intermediárias levam à formação da esmectita. Em cada caso, a gênese das argilas silicatadas é acompanhada pela remoção, em solução, de elementos como K, Na, Ca e Mg. Vários dos minerais das argilas dessa sequência de intemperismo podem estar presentes em um único perfil do solo, com as argilas menos intemperizadas situadas no horizonte C e as mais intemperizadas nos horizontes A ou B.

avanço do intemperismo, fazendo com que a relação Si:Al seja menor nos horizontes do solo que estão mais intemperizados.

Camadas mistas e interestratificadas Em um determinado solo, é comum encontrarmos misturados intimamente vários minerais silicatados das argilas. De fato, as propriedades e as composições de alguns coloides minerais são intermediárias às dos minerais bem definidos descritos na Seção 8.3. Por exemplo, uma **camada mista** ou um mineral da argila **interestratificada**, em que algumas camadas são mais parecidas com a mica e outras com a vermiculita, podem ser chamados de *mica interestratificada com vermiculita.*

Distribuição das argilas de acordo com a geografia e ordens dos solos

A argila de qualquer tipo de solo é geralmente constituída de uma mistura de diferentes minerais coloidais. Em um determinado solo, essa mistura pode variar de um horizonte para outro, porque o tipo de argila que se forma não depende apenas de influências climáticas e condições do perfil, mas também da natureza do material de origem. A situação pode ser ainda mais complexa devido à presença, no material de origem, de argilas que foram formadas em um ciclo anterior e, talvez totalmente diferente, de regime climático atual. No entanto, algumas generalizações são possíveis.

Os *Ultisols* e *Oxisols* bem-drenados e altamente intemperizados dos trópicos e subtrópicos quentes e úmidos tendem a ser dominados pela caulinita misturada com óxidos de ferro e alumínio. As argilas dos grupos da esmectita, vermiculita e micas de granulação fina são mais comuns em *Alfisols*, *Mollisols* e *Vertisols*, onde o intemperismo é menos intenso. Quando o material de origem é rico em micas, micas de granulação fina como a ilita podem se formar. Os materiais de origem ricos em cátions metálicos (particularmente de magnésio) ou que estão sujeitos à drenagem restrita – que desestimula a lixiviação desses cátions – levam à formação de esmectitas.

8.6 FONTE DAS CARGAS DOS COLOIDES DOS SOLOS

Há duas fontes principais de cargas dos coloides dos solos: (1) hidroxilas e outros grupos funcionais nas superfícies das partículas coloidais que liberam ou recebem íons H^+, podendo assim liberar cargas negativas ou positivas; e (2) o desequilíbrio de cargas em algumas estruturas dos cristais de argila, provocado pelas substituições isomórficas de um cátion por outro de tamanho similar, mas com cargas diferentes.

Todos os coloides, quer sejam orgânicos ou inorgânicos, exibem as cargas em suas superfícies que estão associadas a grupos hidroxílicos (OH^-); tais cargas são fortemente **dependentes do pH**. A maioria das cargas associadas ao húmus, às argilas do tipo 1:1, aos óxidos de ferro e de alumínio e às alofanas são deste tipo (examine as Figuras 8.9 e 8.11 para ver exemplos dessas cargas no húmus e na caulinita). No entanto, no caso das argilas do tipo 2:1, essas cargas de superfície são complementadas por um número muito maior de outras cargas provenientes de substituições isomórficas de um cátion por outro nas lâminas octaédricas e/ou tetraédricas. Uma vez que estas cargas não são dependentes do pH, são denominadas **cargas permanentes** ou **constantes**. Um exemplo de como essas mudanças acontecem é ilustrado na Figura 8.4. As substituições isomórficas também podem ser uma fonte de cargas positivas se o cátion substituto tiver uma carga maior do que o íon que está substituindo. A carga líquida dos coloides é o balanço (ou equilíbrio) entre as cargas negativas e positivas. No entanto, em todas as argilas silicatadas do tipo 2:1, a **carga líquida** é negativa, uma vez que essas substituições isomórficas, que formam a cargas negativas, superam em muito aquelas das cargas positivas (Figura 8.12).

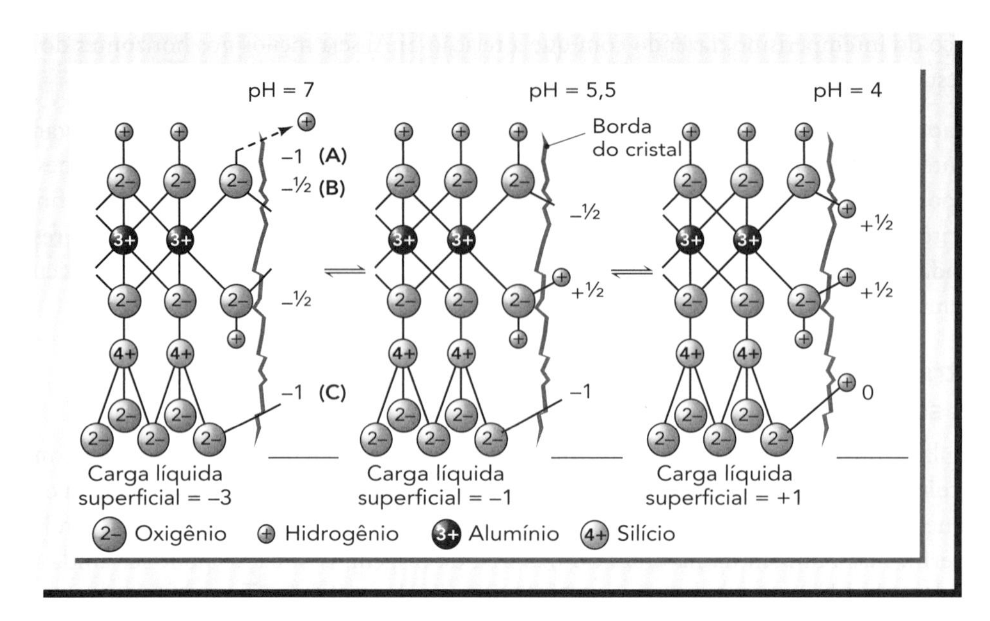

Figura 8.11 Modo como as cargas dependentes do pH se formam em um bordo quebrado de um cristal de caulinita. Três fontes de carga líquida superficial negativa, em condições de pH elevado, são ilustradas (*à esquerda*). (A) Uma carga (−1) a partir do oxigênio dos octaedros que perdeu o seu íon H^+ por dissociação (o H se dissociou do grupo hidroxila da superfície em direção à solução do solo). Note que tal dissociação pode gerar cargas negativas em qualquer superfície planar com hidroxilas e não apenas em um bordo quebrado. (B) Metade (−½) de uma carga de cada um dos oxigênios octaédricos que normalmente estaria compartilhando seus elétrons com o alumínio. (C) Uma carga (−1) a partir de um átomo de oxigênio tetraédrico que normalmente estaria equilibrado pela ligação com um íon de silício, se não estivesse em um bordo quebrado. Os diagramas do centro e da direita mostram o efeito da acidificação (diminuição do pH), que aumenta a atividade de íons H^+ na solução do solo. No menor pH mostrado (*à direita*), todos os oxigênios do bordo têm um íon H^+ associado, dando origem a uma carga líquida positiva sobre o cristal. Esses mecanismos de geração de carga são semelhantes aos ilustrado para o húmus na Figura 8.9.

As características das cargas de certos coloides dos solos são apresentadas na Tabela 8.3. Observe a alta porcentagem de cargas negativas constantes em algumas argilas do tipo 2:1 (p. ex., esmectitas e vermiculitas). O húmus, a caulinita, a alofana e os óxidos de Fe e Al possuem, principalmante, cargas negativas variáveis dependente do pH e apresentam modestas quantidades de cargas positivas em valores de pH baixo. As cargas negativas e positivas desses coloides são de vital importância para o comportamento dos solos na natureza, especialmente com relação à adsorção de íons de carga oposta dissolvidos na solução do solo. Este assunto será retomado a seguir.

8.7 ADSORÇÃO DE CÁTIONS E ÂNIONS

No solo, as superfícies com cargas negativas e positivas existentes sobre os coloides atraem e mantêm uma complexa multidão de cátions e ânions. A Tabela 8.4 relaciona alguns cátions e ânions mais importantes. A adsorção desses íons pelos coloides do solo afeta grandemente as suas disponibilidades biológicas e mobilidades, influenciando tanto a fertilidade do solo quanto a qualidade ambiental. É importante observar que a solução do solo e as superfícies coloidais da maioria dos solos são dominadas principalmente por apenas alguns tipos de cátions e ânions, sendo outros tipos encontrados em quantidades menores ou apenas em situações especiais, como nos solos contaminados. Na Figura 8.1, os íons adsorvidos foram ilustrados de forma simplificada, mostrando cátions (positivos) ligados a superfícies de carga

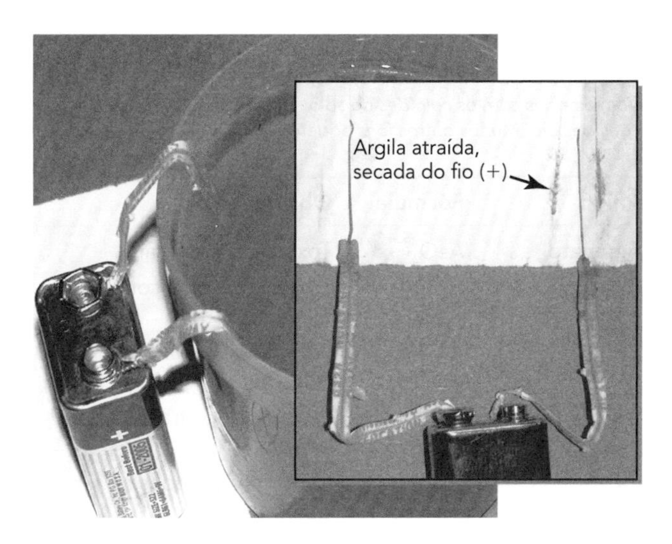

Figura 8.12 Uma demonstração simples da natureza das cargas negativas da argila. Os fios conectados aos terminais negativos (–) e positivos (+) de uma bateria de 9 volts são mergulhados por alguns minutos em uma suspensão aquosa de um solo argiloso. Depois, eles são secados com um pedaço de papel (*no detalhe*), mostrando que o fio do terminal positivo (+) atraiu a argila, enquanto o fio do negativo (–) não a atraiu. (Adaptado de Weil [2009])

negativa de um coloide do solo. Na verdade, tanto os cátions como os ânions são geralmente atraídos para locais diferentes do mesmo coloide. Nos solos de uma região de clima temperado, os ânions são comumente adsorvidos em quantidades muito menores do que os cátions, porque esses solos contêm mais comumente argilas silicatadas do tipo 2:1, nas quais predominam cargas negativas. Nos trópicos, onde os solos são mais intemperizados, ácidos e ricos em argilas do tipo 1:1 e óxidos de Fe e Al, as quantidades de cargas negativas existentes sobre os coloides não é tão alta, e as cargas positivas são mais abundantes; portanto, a adsorção de ânions é mais acentuada nesses solos.

Complexos de esferas externa e interna

Lembrando que as moléculas de água da solução do solo envolvem (hidratam) os cátions e ânions, podemos visualizar um **complexo de esfera externa**, onde as moléculas de água formam ligações entre o íon adsorvido e a superfície coloidal eletricamente carregada (Figura 8.13). Às vezes, várias camadas de moléculas de água estão incluídas. Desta maneira, o íon, por si só, não consegue se aproximar o suficiente da superfície coloidal para formar uma ligação com uma determinada carga local. Por isso, o íon é fracamente retido somente por uma atração eletrostática, sendo que a carga dos íons hidratados oscilantes equilibra, de um modo

Tabela 8.3 Características das cargas de coloides mais comuns sob condições de pH7

	Carga negativa			
Tipo de coloide	Total $cmol_c/kg$	Constante, %	Dependente do pH, %	Cargas positivas dependentes do pH, $cmol_c/kg$
Orgânicos	200	10	90	0
Esmectita	100	95	5	0
Vermiculita	150	95	5	0
Micas de granulação fina	30	80	20	0
Clorita	30	80	20	0
Caulinita	8	5	95	2
Gibbsita (Al)	4	0	100	3
Goethita (Fe)	4	0	100	3
Alofana	30	10	90	15

Tabela 8.4 Alguns cátions e ânions mais comumente adsorvidos aos coloides do solo e importantes para a nutrição das plantas e a qualidade ambiental

Os íons listados formam complexos de esferas internas e/ou externas com os coloides do solo. Íons marcados com um asterisco (*) são os que predominam na maioria das soluções de solo. Muitos outros íons podem ser importantes em determinadas situações.

Cátion	Fórmula	Observações	Ânion	Fórmula	Observações
Alumínio	Al^{3+} etc.[a]	Tóxico para muitas plantas	Arsenato	AsO_4^{3-}	Tóxico para animais
Amônia	NH_4^+	Nutriente das plantas	Bicarbonato	HCO_3^-	Tóxico em solos com pH elevado
Cádmio	Cd^{2+}	Poluente tóxico	Borato	$B(OH)_4^-$	Nutriente das plantas, pode ser tóxico
Cálcio*	Ca^{2+}	Nutriente das plantas	Carbonato*	CO_3^{2-}	Forma ácidos fracos
Césio	Cs^+	Contaminante radioativo	Cloreto*	Cl^-	Nutrientes das plantas, tóxico em grandes quantidades
Chumbo	Pb^{2+}	Tóxico das plantas, animais	Cromato	CrO_4^{2-}	Poluente tóxico
Cobre	Cu^{2+}	Nutriente das plantas, poluente tóxico	Fluoreto	Fl^-	Tóxico, natural e poluente
Estrôncio	Sr^{2+}	Contaminante radioativo	Fosfato	HPO_4^{2-}	Nutriente das plantas, poluente nas águas
Ferro	Fe^{2+}	Nutriente das plantas	Hidroxila*	OH^-	Fator de alcalinidade
Hidrogênio*	H^+	Causa acidez	Molibdato	MoO_4^{2-}	Nutriente das plantas, pode ser tóxico
Magnésio*	Mg^{2+}	Nutriente das plantas	Nitrato*	NO_3^-	Nutriente das plantas, poluente nas águas
Manganês	Mn^{2+}	Nutriente das plantas	Selenato	SeO_4^{2-}	Nutriente dos animais e poluente tóxico
Níquel	Ni^{2+}	Nutriente das plantas, poluente tóxico	Selenito	SeO_3^{2-}	Nutriente dos animais e poluente tóxico
Potássio*	K^+	Nutriente das plantas	Silicato*	SiO_4^{4-}	Produto de intemperismo de minerais, usado pelas plantas
Sódio*	Na^+	Utilizado por animais e algumas plantas, pode danificar o solo	Sulfato*	SO_4^{2-}	Nutriente das plantas
Zinco	Zn^{2+}	Nutriente das plantas, poluente tóxico	Sulfito	S^{2-}	Em solos anaeróbicos, forma ácidos no estado de oxidação

[a] Os importantes cátions de alumínio incluem Al^{3+}, $AlOH^{2+}$ e $Al(OH)_2^+$.

geral, o excesso de carga de sinal contrário da superfície coloidal. Portanto, os íons situados em um complexo de esfera externa podem ser facilmente substituídos por outros íons de carga semelhante.

A adsorção via formação de um **complexo de esfera interna**, ao contrário, *não* requer a participação de moléculas de água. Portanto, uma ou mais ligações diretas são formadas entre o íon adsorvido e os átomos da superfície coloidal. Um exemplo já discutido é o caso dos íons K^+ que se encaixam perfeitamente nos espaços entre tetraedros de silício em um cristal de mica. Da mesma forma, um forte complexo de esfera interna pode ser formado por reações de Cu^{2+} ou Ni^{2+} com os átomos de oxigênio dos tetraedros de silício. Outro exemplo importante, desta vez envolvendo um ânion, ocorre quando um íon de $H_2PO_4^+$ está diretamente ligado por elétrons compartilhados com o alumínio dos octaedros da estrutura do coloide (Figura

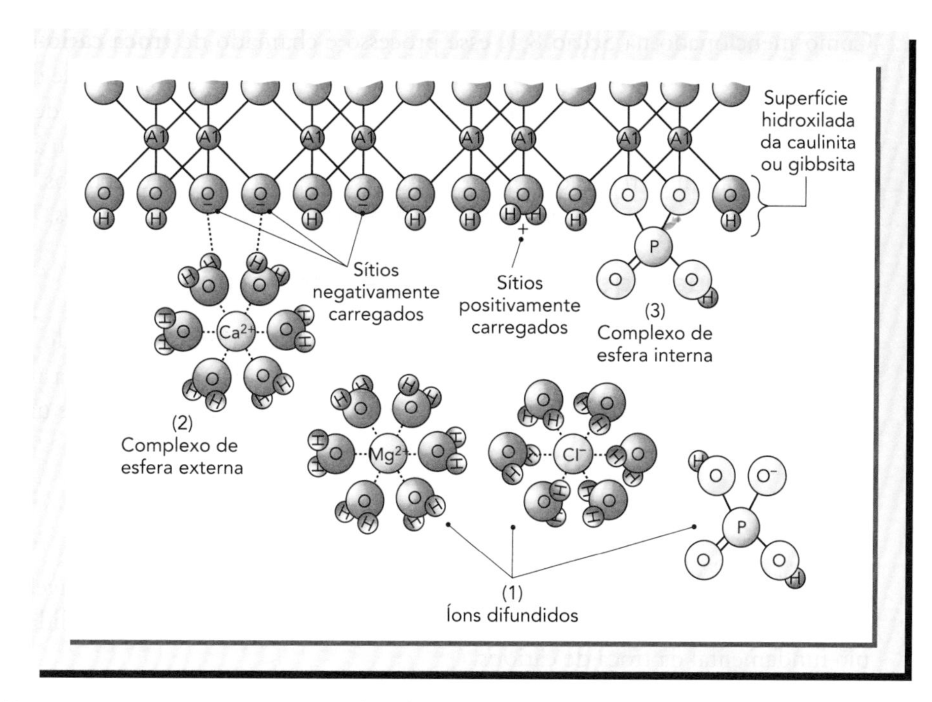

Figura 8.13 Uma representação esquemática da adsorção de íons em torno de um coloide pela formação de complexos de esfera externa e interna. *(1)* As moléculas de água envolvem cátions e ânions (como o Mg^{2+}, Cl^-, e HPO_4^- mostrados) dissolvidos na solução do solo. *(2)* Em um **complexo de esfera externa** (como mostrado para o íon adsorvido Ca^{2+}), as moléculas de água formam a ligação entre o cátion adsorvido e a superfície negativamente carregada do coloide. *(3)* No caso de um **complexo de esfera interna** (como indicado para o ânion adsorvido $H_2PO_4^-$), nenhuma molécula de água intervém, e o cátion ou o ânion pode se ligar diretamente com o átomo do metal (neste caso, o alumínio) da estrutura do coloide. (Diagrama: cortesia de R. Weil)

8.13). Os outros íons não podem substituir com facilidade um íon ligado em um complexo de esfera interna, porque este tipo de adsorção requer ligações relativamente fortes, que são dependentes da natureza compatível de íons específicos e sítios específicos do coloide.

A Figura 8.13 ilustra apenas dois exemplos de complexos de adsorção em um tipo de coloide. Em outros coloides, superfícies carregadas de lâminas tetraédricas de silício formam complexos de esfera interna e externa por meio de mecanismos semelhantes aos mostrados nessa figura. Cargas permanentes provenientes das substituições isomórficas na estrutura interior de um coloide (não mostrado na Figura 8.13) também podem causar adsorção de complexos de esfera externa.

8.8 REAÇÕES DA TROCA DE CÁTIONS

Animação explicando a troca de cátions: http://hintze-online.com/sos/1997/Articles/Art5/animat2.dcr

Vamos considerar o caso de um complexo de esfera externa entre um coloide com carga negativa em sua superfície e um cátion hidratado (como o íon Ca^{2+} ilustrado na Figura 8.13). Tal complexo de esfera externa está apenas fracamente unido por atração eletrostática, e os íons adsorvidos permanecem próximos da superfície coloidal e em constante movimento. Há momentos (microssegundos) em que o cátion adsorvido encontra-se um pouco mais longe da superfície coloidal do que a distância média que costuma ficar. Esse momento permite que um segundo cátion hidratado da solução do solo (p. ex., o íon Mg^{2+} ilustrado na Figura 8.13) se desloque para uma posição um pouco mais perto do sítio negativo do coloide. Quando isso ocorre, o segundo íon substitui o primeiro, liberando-o para passar do estado anteriormente adsorvido para se difundir na solução do solo. É desta forma que ocorre a troca de cátions entre o estado adsorvido e difundido.

Como mencionado na Seção 8.1, esse processo é chamado de **troca catiônica**. Mas se um ânion hidratado semelhante substitui outro ânion hidratado em um coloide de carga positiva, o processo é denominado **troca aniônica**. Os íons ligados por complexos de esfera externa e que podem ser substituídos por reações de troca são chamados de cátions ou ânions **trocáveis**. Como um conjunto, todos os coloides de um solo, inorgânicos e orgânicos, capazes de reter íons trocáveis são chamados de **complexo de troca** de cátions ou de ânions.

Princípios que regem as reações de troca catiônica

Reversibilidade Podemos ilustrar o processo de troca catiônica utilizando uma simples reação em que um íon de hidrogênio (talvez gerado pela decomposição da matéria orgânica – Seção 9.1) desloca um íon de sódio que estava adsorvido na superfície de um coloide:

$$\boxed{\text{Coloide}}\ Na^+ + \underset{\text{(solução do solo)}}{H^+} \rightleftharpoons \boxed{\text{Coloide}}\ H^+ + \underset{\text{(solução do solo)}}{Na^+} \qquad (8.1)$$

A reação ocorre rapidamente e, como indicado pelas setas duplas, é reversível. Ela irá se direcionar para a esquerda se o sódio for adicionado ao sistema. Essa reversibilidade é um princípio fundamental da troca de cátions.

Equivalência de cargas Outro princípio básico das reações de troca catiônica é aquele que afirma que a troca é quimicamente equivalente, isto é, ela ocorre baseada no princípio *carga por carga*. Portanto, embora um íon de H^+ possa ser trocado por *um* de Na^+ (como na reação antes mostrada), para substituir o íon divalente Ca^{2+} seriam necessários *dois* íons H^+. Considerando a reação inversa, um íon Ca^{2+} iria deslocar dois íons H^+. Em outras palavras, duas cargas de uma espécie catiônica substituem duas cargas de outra:

$$\boxed{\text{Coloide}}\ Ca^{2+} + \underset{\text{(solução do solo)}}{2H^+} \rightleftharpoons \boxed{\text{Coloide}}\ \begin{matrix} H^+ \\ H^+ \end{matrix} + \underset{\text{(solução do solo)}}{Ca^{2+}} \qquad (8.2)$$

Note que, baseado neste princípio, seriam necessários três íons de sódio (3 Na^+) para subsitutir um único íon de alumínio (1 Al^{3+}) e assim por diante.

Lei da relação Considere uma reação de troca entre dois cátions semelhantes, por exemplo Ca^{2+} e Mg^{2+}. Se houver um grande número de íons de Ca^{2+} adsorvido em um coloide e alguns Mg^{2+} forem adicionados à solução do solo, os íons Mg^{2+} adicionados começarão a deslocar o Ca^{2+} do coloide. Isso trará mais Ca^{2+} para a solução do solo, e esses íons de Ca^{2+}, por sua vez, deslocarão alguns dos Mg^{2+} do coloide. A *lei da relação* nos diz que, em equilíbrio, a proporção de Ca^{2+} e Mg^{2+} no coloide será a mesma que a proporção de Ca^{2+} e Mg^{2+} na solução, e ambas serão a mesma que a relação do sistema global. Para ilustrar esse conceito, vamos supor que 20 íons Ca^{2+} sejam inicialmente adsorvidos em um coloide do solo e cinco íons de Mg^{2+} sejam adicionados ao sistema:

$$\boxed{\text{Coloide}}\ 20\,Ca^{2+} + \underset{\text{(solução do solo)}}{5Mg^{2+}} \rightleftharpoons \boxed{\text{Coloide}}\ \begin{matrix} 16Ca^{2+} \\ 4Mg^{2+} \end{matrix} + \underset{\text{(solução do solo)}}{1Mg^{2+} + 4Ca^{2+}} \qquad \text{Relação: 4 Ca: 1 Mg} \qquad (8.3)$$

Tutorial detalhado sobre a CTC, M. J. Eick, Virginia Tech: www.soils1.cses.vt.edu/MJE/shockwave/cec_demo/version1.1/cec.shtml

Se os dois íons de troca não possuem a mesma carga (p. ex., o K^+ trocando com o Mg^{2+}), a reação torna-se um pouco mais complicada, e uma versão modificada da lei da relação seria aplicável.

Até este ponto, nossa discussão sobre as reações de troca presumiu que todas as espécies (elementos) iônicas trocam de lugar e participam da reação de troca exatamente da mesma forma. Contudo, se quisermos entender como as reações de troca realmente ocorrem na natureza, essa hipótese deve ser modificada para levar em conta três fatores adicionais.

Efeitos dos ânions sobre a ação das massas As leis que regem a **ação das massas** nos dizem que uma reação de troca será mais provável de acontecer em direção *à direita*, se o íon liberado for impedido de reagir no sentido inverso. Isso pode acontecer quando o cátion liberado para o lado direito da reação *precipita*, *volatiliza* ou se *associa fortemente* a um ânion. Para ilustrar esse conceito, considere o deslocamento de íons H^+ de um coloide ácido por íons Ca^{2+} adicionados à solução do solo na forma de carbonato de cálcio:

$$\boxed{\text{Coloide}}\begin{matrix}H^+\\H^+\end{matrix} + \underset{\text{(adicionado)}}{CaCO_3} \rightleftharpoons \boxed{\text{Coloide}}\,Ca^{2+} + \underset{\text{água}}{H_2O} + \underset{\text{(gás)}}{CO_2\uparrow} \quad (8.4)$$

Quando o $CaCO_3$ é adicionado, um íon de hidrogênio é deslocado para fora do coloide e se combina com um átomo de oxigênio do $CaCO_3$ para formar água. Além disso, o CO_2 produzido é um gás que pode se volatilizar e deixar o sistema. A remoção desses produtos intensifica a reação para a direita. Esse princípio explica porque o $CaCO_3$ (na forma de calcário) é eficaz para neutralizar um solo ácido, enquanto o cloreto de cálcio não o é (Seção 9.8).

Seletividade do cátion Até agora, temos considerado que ambas as espécies de cátions que participam da reação de troca possuem igual afinidade pelo coloide e, portanto, têm uma chance igual de deslocar um ao outro. Na realidade, alguns cátions se ligam com mais força do que outros e por isso são menos suscetíveis de serem deslocados do coloide. Em geral, quanto maior a carga e menor o *raio hidratado* do cátion, mais fortemente ele será adsorvido ao coloide. A ordem da força de retenção por adsorção dos cátions mais comuns é:

$$Al^{3+} > Sr^{2+} > Ca^{2+} > Mg^{2+} > Cs^+ > K^+ = NH_4^+ > Na^+ > Li^+$$

Os cátions mais fracamante retidos oscilam a uma distância maior da superfície do coloide e, portanto, são os mais propensos a serem deslocados para a solução do solo e descerem arrastados devido à lixiviação. Portanto, esta série explica por que em regiões úmidas os coloides do solo são dominados por Al^{3+} (e outros íons de alumínio) e, nas regiões mais secas, por Ca^{2+}, mesmo que o intemperismo dos minerais existentes nos materiais de origem forneça uma grande quantidade de K^+, Mg^{2+} e Na^+ (Seção 8.10). A determinação da força de adsorção do íon H^+ é dificultada porque os coloides minerais saturados por hidrogênio se desmembram para formar coloides saturados por alumínio.

As forças relativas de adsorção podem ser alteradas em determinados coloides, cuja propriedade favorece a adsorção de cátions específicos. Um exemplo importante dessa "preferência" coloidal para cátions específicos é a elevada afinidade das micas de granulação fina e da vermiculita pelos íons K^+ (e pelos íons NH_4^+ e Cs^+, de tamanho similar) (Seção 8.3), atraindo esses íons para os espaços intertetraedrais expostos nas bordas dos seus cristais. A influência de diferentes coloides na adsorção de cátions específicos afeta a disponibilidade de cátions para a lixiviação ou sua recaptação pelas plantas. Alguns metais como o cobre, mercúrio e chumbo possuem uma grande afinidade seletiva para os sítios de troca do húmus e de coloides dos óxidos de ferro, o que faz com que a maioria dos solos seja bastante eficiente na remoção desses potenciais poluentes da água que percolam nos seus perfis.

Os cátions complementares Nos solos, os coloides encontram-se rodeados por diferentes espécies de cátions adsorvidos. A probabilidade de um cátion adsorvido ser deslocado de um coloide é fortemente influenciada pela forma como seus cátions vizinhos estão adsorvidos à superfície coloidal. Por exemplo, considere um íon Mg^{2+} adsorvido. É mais provável que um íon difundido na solução do solo substitua um dos seus íons vizinhos em vez do íon Mg^{2+}, se esses íons vizinhos (às vezes chamados de **íons complementares**) tiverem uma ligação fraca. Se a ligação for forte, a chance dos íons Mg^{2+} serem deslocados é maior. Na Seção 8.10, vamos abordar a influência dos íons complementares na disponibilidade de cátions nutrientes para serem absorvidos pelas plantas.

8.9 CAPACIDADE DE TROCA DE CÁTIONS

As seções anteriores trataram das reações de troca sob o ponto de vista qualitativo. Passaremos agora a analisar o ponto de vista quantitativo da **capacidade de troca de cátions (CTC)**. A CTC é expressa como o número de centimoles de carga positiva ($cmol_c$) que pode ser adsorvido por unidade de massa. Um solo em particular pode ter uma CTC de 15 $cmol_c$/kg, indicando, por exemplo, que 1 kg de solo pode conter 15 $cmol_c$ de íons H^+ e pode trocar esse número de cargas de íons H^+ pelo mesmo número de cargas de qualquer outro cátion. Essa forma de expressão enfatiza que as reações de troca ocorrem baseadas em carga por carga (e não íon por íon). O conceito de um centimol de carga e seu uso em cálculos da CTC são revisados no Quadro 8.2.

Métodos de determinação da CTC

A CTC é uma importante propriedade química do solo usada no *Soil Taxonomy* (por exemplo, na definição dos horizontes diagnósticos óxico, mólico e kândico – Seção 3.2) para classificar os solos e avaliar a sua fertilidade e comportamento ambiental.

Diferentes métodos podem ser usados para determinar a CTC, que podem redundar em resultados diferentes para um mesmo solo. Vários procedimentos comumente usados para determinar a CTC fazem uso de uma solução tampão para manter determinados níveis de pH (geralmente pH 7,0, utilizando amônia como cátion saturante, ou pH 8,2, utilizando bário como o cátion saturante). Se o pH do solo natural é menor que o pH da solução tampão, então estes métodos quantificam não só os sítios de troca catiônica ativos no pH do solo em particular, mas também os sítios de troca dependentes do pH (Seção 8.6) que liberariam cargas negativas em condições de pH 7,0 ou 8,2.

Como alternativa, o método para determinar a CTC pode usar soluções não tamponadas para permitir que as trocas se realizem em condições do verdadeiro pH do solo. Os métodos que utilizam soluções tampão (NH_4^+ a pH 7,0 ou Ba^{2+} a pH 8,2) medem um *potencial* ou um *máximo* de capacidade de troca de cátions de um solo. O método não tamponado mede apenas a **capacidade de troca catiônica efetiva** (CTCE), aquela na qual o solo, nas condições do pH em que foi amostrado, pode manter cátions trocáveis. Como os diferentes métodos podem resultar em valores significativamente diferentes de CTC, é importante conhecer o método a ser utilizado quando se comparam solos levando em consideração suas CTCs. Isso é especialmente importante se o pH do solo for muito mais baixo que o pH da solução tampão usada nas determinações de laboratório.

Capacidades de troca de cátions dos solos

A capacidade de troca de cátions (CTC) de uma amostra de solo é condicionada pela quantidade relativa dos seus diferentes coloides e pela CTC de cada um desses coloides. A Figura 8.14 ilustra os valores mais comuns de CTC entre os diferentes tipos de solos e outros materiais orgânicos e inorgânicos que têm CTC. Note que os solos arenosos, que geralmente possuem pouco material coloidal, possuem CTC baixa em comparação com os de textura franco-siltosa e franco-argilosa. Note também os elevados valores de CTC associados com o húmus, em comparação com aqueles exibidos pelas argilas, especialmente a caulinita e os óxidos de Al e Fe. A CTC do húmus geralmente desempenha um importante papel, às vezes dominante, nas reações de troca de cátions nos horizontes A. Se as quantidades dos diferentes

QUADRO 8.2

Expressão química da troca de cátions

Um mol de qualquer átomo, molécula ou carga é definido como $6{,}02 \times 10^{23}$ (número de Avogadro) de átomos, moléculas ou cargas. Assim, $6{,}02 \times 10^{23}$ cargas negativas associadas ao complexo coloidal do solo atrairia 1 mol de carga positiva dos cátions adsorvidos, como Ca^{2+}, Mg^{2+} e H^+. Portanto, o número de moles da carga positiva, fornecido pelos cátions adsorvidos em qualquer solo, nos dá uma medida da capacidade de troca de cátions (CTC) desse solo.

A CTC de solos comumente varia de 0,03 a 0,5 moles de carga positiva (mol_c) por quilograma (ou 3 a 50 $cmol_c$ / kg).

Usando o conceito do mol, é fácil relacionar os moles de carga com a massa de íons ou compostos envolvidos nas trocas de cátions ou ânions. Considere, por exemplo, a troca que ocorre quando íons de sódio estão adsorvidos em um solo alcalino de uma região árida e quando são substituídos por íons de hidrogênio:

$$\boxed{\text{Coloide}}\ Na^+ + H^+ \rightleftharpoons \boxed{\text{Coloide}}\ H^+ + Na^+$$

Se 1 $cmol_c$ de íons Na^+ adsorvidos por quilograma de solo forem substituídos por íons H^+ nessa reação, quantos gramas de íons Na^+ poderiam ser substituídos?

Uma vez que o íon Na^+ possui uma única carga, a massa de Na^+ necessária para fornecer 1 mol de carga (1 mol_c) é o peso atômico do sódio, ou 23 g (ver tabela periódica no Apêndice B). A massa com 1 centimol de carga ($cmol_c$) é 1/100 desse montante; assim, a massa de 1 $cmol_c$ de Na^+ substituído é de 0,23 g Na^+/ kg solo. As 0,23 g de Na^+ seriam substituídas por apenas 0,01 g de H, que é a massa de 1 $cmol_c$ desse elemento muito mais leve.

Outro exemplo é a substituição de íons H^+ quando a cal hidratada [$Ca(OH)_2$] é adicionada a um solo ácido. Desta vez, presumimos que 2 $cmol_c$ H^+/kg solo é substituído por $Ca(OH)_2$, que reage com o solo ácido da seguinte forma:

$$\boxed{\text{Coloide}}\begin{matrix}H^+\\H^+\end{matrix} + Ca(OH)_2 \rightleftharpoons \boxed{\text{Coloide}}\ Ca^{2+} + 2H_2O$$

Uma vez que o íon Ca^{2+} em cada molécula de $Ca(OH)_2$ tem duas cargas positivas, a massa de $Ca(OH)_2$ necessária para substituir 1 mol de carga do íon H^+ é apenas metade do peso molecular deste composto, ou 74/2 = 37 g. A proporção comparável para 1 *centimol* é 37/100, ou 0,37 gramas. Seriam necessárias duas vezes essa quantidade, ou 0,74 g de $Ca(OH)_2$, para substituir os 2 $cmol_c$ de H substituídos na reação mostrada acima.

Em cada exemplo anterior, o número de cargas fornecidas pelo íon substituto é equivalente ao número de cargas do íon que será substituído. Assim, 1 mol de cargas negativas atrai 1 mol de cargas positivas mesmo que as cargas sejam de íons H^+, K^+, Na^+, NH_4^+, Ca^{2+}, Mg^{2+}, Al^{3+} ou qualquer outro cátion. Entretanto, tenha em mente que são apenas necessários a metade dos pesos atômicos de cátions divalentes, como Ca^{2+} ou Mg^{2+}, e apenas um terço do peso atômico de Al^{3+} trivalente, para fornecer 1 mol de carga. Esse princípio de equivalência química aplica-se tanto para a troca de ânions quanto para a de cátions.

coloides do solo forem conhecidas, será possível estimar a CTC de um solo usando os valores de CTC ilustrados na Figura 8.14 (ver Quadro 8.3).

pH e capacidade de troca de cátions

Nas seções anteriores, foi salientado que a capacidade de troca catiônica da maioria dos solos aumenta de acordo com o pH. Em valores de pH baixos, os cátions trocáveis são retidos somente pelas cargas permanentes das argilas do tipo 2:1 (Seção 8.8) e por uma pequena porção das cargas dependentes do pH dos coloides orgânicos, alofanas e algumas argilas

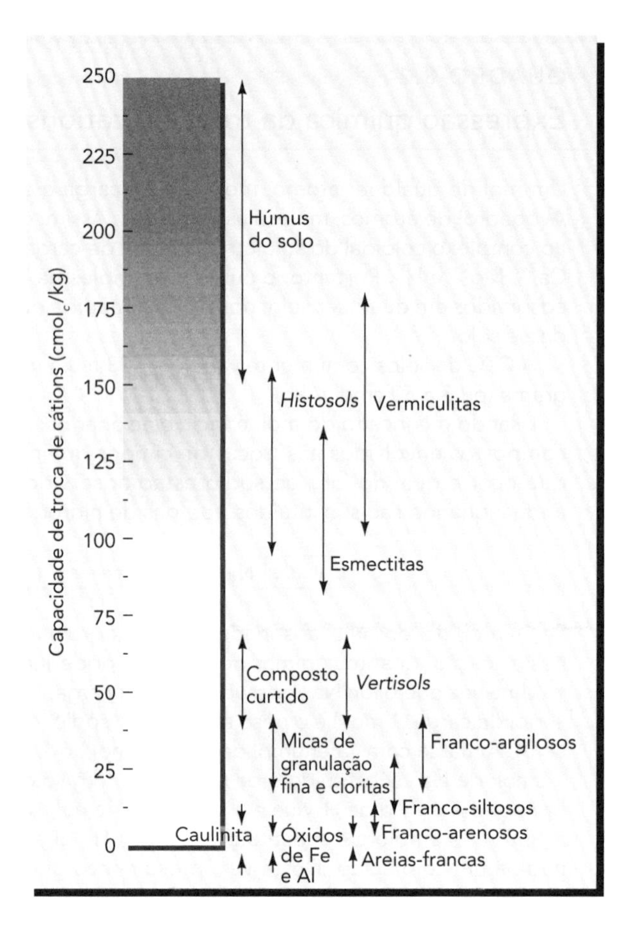

Figura 8.14 Intervalos de valores da capacidade de troca de cátions (em condições de pH 7) que são típicas de vários solos e materiais do solo. A elevada CTC do húmus indica por que este coloide desempenha um papel tão importante na maioria dos solos, especialmente naqueles ricos em caulinita e em óxidos de Fe e Al e em outras argilas que têm CTC muito baixa. (Diagrama: cortesia de R. Weil)

do tipo 1:1. Com o aumento do pH, as cargas negativas de algumas argilas silicatadas do tipo 1:1, da alofana, do húmus e até mesmo dos óxidos Al e Fe se tornam mais numerosas, aumentando assim a capacidade de troca de cátions (Figura 8.15).

QUADRO 8.3

Como estimar a CTC com base em outras propriedades do solo

Consome-se bastante tempo na obtenção de dados sobre a capacidade de troca catiônica e eles nem sempre estão disponíveis. Felizmente, para contornar essa dificuldade, a CTC pode ser estimada se outros dados usados para a taxonomia do solo estiverem disponíveis, como pH, teor de argila e de matéria orgânica (MO).

Suponha que você saiba que um *Mollisol* cultivado no Estado de Iowa, Estados Unidos, contenha 20% de argila e 4% de matéria orgânica (MO) e seu pH = 7,0. As argilas dominantes neste *Mollisol* são provavelmente do tipo 2:1, como a vermiculita e a esmectita. A CTC média das argilas desses tipos de argila pode ser estimada como sendo aproximadamente igual a 100 cmol$_c$/kg (Tabelas 8.1 e 8.3). Em condições de pH 7,0, a CTC da MO é cerca de 200 cmol$_c$/kg (Tabela 8.3). Como 1 kg desse solo tem 0,20 kg (20%) de argila e 0,04 kg (4%) de MO, podemos calcular a CTC associada com cada uma destas fontes:

A partir da argila deste *Mollisol*:	0,2 kg × 100 cmol$_c$/kg = 20 cmol$_c$
A partir da MO deste *Mollisol*:	0,04 kg × 200 cmol$_c$/kg = 8 cmol$_c$
A CTC total deste *Mollisol*:	20 + 8 = 28 cmol$_c$/kg solo

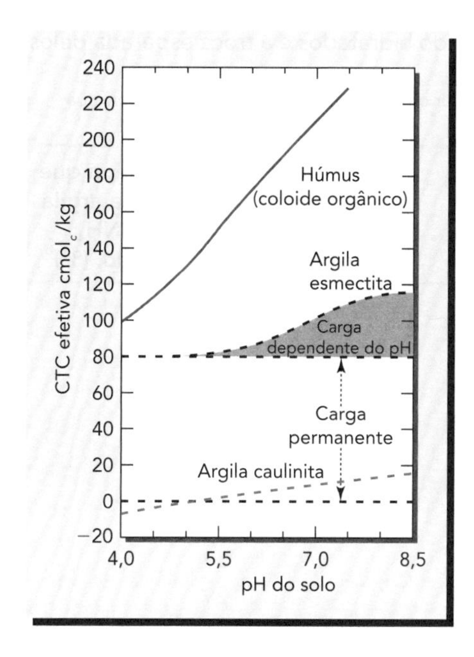

Figura 8.15 Influência do pH sobre a capacidade de troca de cátions representativa de dois minerais de argila e do húmus. Em condições de pH abaixo de 6,0, as cargas da esmectita são bastante constantes, e isso se deve principalmente às substituições isomórficas que são consideradas como fornecedoras de cargas permanentes. Acima de pH 6,0, a carga da esmectita aumenta um pouco com o pH (área sombreada) por causa da ionização do hidrogênio dos grupos de hidroxilas expostos nas bordas dos cristais. Em contraste, as cargas da caulinita e do húmus são todas variáveis, aumentando com a elevação do pH. O húmus possui um número muito maior de cargas do que a caulinita. A caulinita, em condições de pH baixo, possui uma CTC líquida negativa, porque o número de cargas positivas supera o das negativas.

8.10 CÁTIONS TROCÁVEIS DOS SOLOS

Os cátions trocáveis que estão especificamente associados aos coloides do solo diferem de uma região climática para outra: o Ca^{2+}, o Al^{3+}, os íons complexos de hidróxidos de alumínio e o H^+ são mais proeminentes em regiões úmidas; já o Ca^{2+}, o Mg^{2+} e o Na^+, em áreas de baixa pluviosidade (Tabela 8.5). Os cátions que dominam o complexo de troca têm uma influência marcante nas propriedades do solo.

Em um determiando solo, a proporção da capacidade de troca catiônica que corresponde a um cátion específico é denominada **percentagem de saturação** por esse cátion. Desta maneira, se 50% da CTC corresponde a íons Ca^{2+}, diz-se que o complexo de troca tem uma **percentagem de saturação por cálcio** de 50%.

Essa terminologia é especialmente útil para identificar as proporções relativas das fontes de acidez e alcalinidade na solução do solo. Portanto, o percentual de saturação pelos íons Al^{3+} e H^+ fornece uma indicação das condições ácidas, enquanto o aumento nas percentagens de **saturação de cátions não ácidos** (por vezes referido como **percentagem de saturação por bases**[2]) indica a tendência para a neutralidade e alcalinidade. Essas relações serão discutidas no Capítulo 9.

Saturação por cátions e disponibilidade de nutrientes

Os cátions trocáveis geralmente estão disponíveis tanto para as plantas superiores como para os micro-organismos. É por processos de troca de cátions que os íons de hidrogênio das radicelas e dos micro-organismos são substituídos por cátions nutrientes do complexo de troca. Os cátions nutrientes são forçados a se deslocarem para a solução do solo, onde podem ser assimilados pelas superfícies de adsorção de raízes e de organismos do solo ou serem removidos pela água de drenagem. As reações de troca catiônica, que afetam a mobilidade de poluentes orgânicos e inorgânicos em solos, será discutida na Seção 8.12. Nesta seção, estamos nos concentrando nos aspectos relacionados à nutrição das plantas.

[2] Tecnicamente falando, os cátions não ácidos, como Ca^{2+}, Mg^{2+}, K^+ e Na^+, não são bases. Quando adsorvidos por coloides do solo no lugar de íons H^+, no entanto, eles reduzem a acidez e aumentam o pH do solo. Por essa razão, são tradicionalmente referidos como *bases*, e a proporção da CTC que ocupam é muitas vezes referida como *percentagem de saturação por bases*.

Tabela 8.5 Alguns íons trocáveis, seus tamanhos quando hidratados e a troca esperada pelos íons NH_4^+

Entre íons com uma determinada carga, quanto maior o raio iônico hidratado, mais fácil será sua substituição.

Elemento	Íon	Raio iônico hidratado, (nm)[a]	Provável substituição do íon que inicialmente saturava uma argila caulinítica se $cmol_c$ do NH_4^+ adicionado = CTC do solo, (%)[b]
Lítio	Li^+	1,00	80
Sódio	Na^+	0,79	67
Amônia	NH_4^+	0,54	50
Potássio	K^+	0,53	49
Rubídio	Rb^+	0,51	48
Césio	Cs^+	0,50	47
Magnésio	Mg^{2+}	1,08	31
Cálcio	Ca^{2+}	0,96	29
Estrôncio	Sr^{2+}	0,96	29
Bário	Ba^{2+}	0,88	26

[a] Não deve ser confundido com raios não hidratados (Tabela 8.2); raios hidratados são de Evangelou e Phillips (2005).

[b] Com base em dados empíricos de várias fontes e presumindo nenhuma afinidade especial da caulinita com qualquer um dos íons listados.

A percentagem de saturação por cátions nutrientes essenciais, como cálcio e potássio, influencia na absorção desses elementos pelas plantas em crescimento. Por exemplo, se a porcentagem de saturação por cálcio de um solo estiver alta, o deslocamento deste cátion será relativamente fácil e rápido. Outro exemplo: 6 $cmol_c$/kg de cálcio trocável em um solo cuja capacidade de troca é de 8 $cmol_c$/kg (75% de saturação por cálcio), provavelmente significaria disponibilidade imediata, mas 6 $cmol_c$/kg, quando a capacidade de troca total de um do solo é de 30 $cmol_c$/kg (20 % de saturação por cálcio), conduziria a uma menor disponibilidade. Assim, para as plantas que necessitam de muito cálcio (como a alfafa), a saturação por cálcio em pelo menos parte do solo deve ser de aproximadamente 80 a 85%.

Influência dos cátions complementares

Um segundo fator que influencia a absorção de um cátion pelas plantas é o efeito dos íons complementares nos coloides. Como foi discutido na Seção 8.8, a ordem da força da adsorção de cátions para a maioria dos coloides é a seguinte:

$$Al^{3+} > Sr^{2+} > Ca^{2+} > Mg^{2+} > Cs^+ > K^+ = NH_4^+ > Na^+ > Li^+$$

Considere, por exemplo, um íon de ligação relativamente fraca, o K^+. Se os íons complementares em torno de um íon de K^+ forem mantidos fortemente ligados (i.e., se eles oscilarem muito próximo da superfície do coloide), é pouco provável que um íon H^+ de uma raiz "encontre" um íon complementar, mas, ao contrário, é muito provável que ele "entre" e substitua um íon K^+ (Figura 8.16).

A absorção de um cátion pelas plantas também pode ser reduzida pela absorção excessiva de outro cátion. Por exemplo, a absorção de potássio pelas plantas em alguns solos é limitada pelos altos níveis de cálcio. Da mesma forma, sabe-se que os níveis elevados de potássio podem limitar a absorção de magnésio, mesmo quando quantidades significativas de magnésio estão presentes no solo.

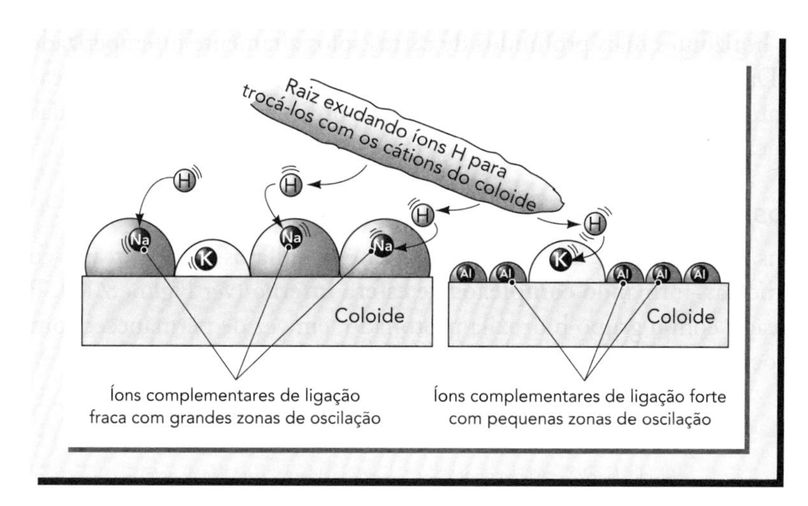

Figura 8.16 Efeito de íons complementares sobre a disponibilidade de um determinado cátion trocável nutriente. As meias esferas representam as zonas em que o íon oscila, sendo que os íons de ligação fraca se movimentam dentro das zonas de oscilação maiores. Para simplificar, as moléculas de água que hidratam cada íon não são mostradas. *À esquerda*: é mais provável que os íons H^+ da raiz encontrem e sejam trocados com os íons de Na^+ de ligação fraca do que com os íons K^+ de ligações fortes. *À direita*: a probabilidade de os íons H^+ da raiz encontrarem e serem trocados por um íon K^+ é aumentada pela inacessibilidade do íon vizinho (Al^{3+}) de ligação forte. O íon K^+ do coloide da direita é comparativamente mais vulnerável para ser substituído (e enviado para a solução do solo), estando, portanto, mais disponível para ser absorvido pelas plantas ou lixiviado do que o íon K^+ situado no coloide da esquerda. (Diagrama: cortesia de R. Weil)

8.11 TROCA DE ÂNIONS

Os ânions estão ligados aos coloides do solo por duas vias principais. Primeiro, eles são retidos por mecanismos de adsorção aniônica semelhantes aos responsáveis pela adsorção de cátion. Em segundo lugar, podem reagir com a superfície dos óxidos ou hidróxidos, formando os **complexos de esferas internas** definitivos. Em primeiro lugar, vamos abordar a adsorção aniônica.

Os princípios básicos da **troca aniônica** são semelhantes aos da troca catiônica, exceto pelo fato de que as cargas dos coloides são positivas e a troca ocorre entre íons de carga negativa. As cargas positivas associadas com as superfícies da caulinita, óxidos de ferro e de alumínio e alofana atraem ânions como SO_4^{2-} e NO_3^-. Um exemplo simples de reação de troca aniônica é o seguinte:

$$\underset{\text{(sólido do solo carregado positivamente)}}{\boxed{\text{Coloide}}\ NO_3^-} + \underset{\text{(solução do solo)}}{Cl^-} \rightleftharpoons \underset{\text{(sólido do solo carregado positivamente)}}{\boxed{\text{Coloide}}\ Cl^-} + \underset{\text{(solução do solo)}}{NO_3^-} \quad (8.5)$$

Assim como na troca de cátions, quantidades **equivalentes** de NO_3^- e Cl^- são trocadas e a reação pode ser revertida, de forma que os nutrientes das plantas podem desta forma ser liberados e absorvidos pelas plantas.

Em contraste com a capacidade de troca catiônica, a capacidade de troca aniônica dos solos em geral *diminui* com o aumento do pH. Em alguns solos tropicais muito ácidos, que são ricos em caulinita e óxidos de ferro e alumínio, a capacidade de troca aniônica pode exceder a capacidade de troca catiônica.

A troca aniônica é muito importante na obtenção de ânions disponíveis para o crescimento da planta e, ao mesmo tempo, retarda a lixiviação desses ânions de alguns solos. Por exemplo, a troca de ânions restringe a perda de sulfatos de horizontes subsuperficiais de solos do sul dos Estados Unidos. Até mesmo a lixiviação de nitratos pode ser retardada por troca aniônica nos horizontes mais profundos de certos solos altamente intemperizados dos trópicos úmidos. Da mesma forma, o movimento descendente nas águas subterrâneas de algumas cargas poluentes orgânicas encontradas em resíduos orgânicos podem ser retardados por essas reações de troca de ânions e/ou cátions.

Complexos de esfera interna

Alguns ânions, como fosfato, arseniatos, molibdatos e sulfatos, podem reagir com as superfícies das partículas, formando **complexos de esfera interna** (ver Figura 8.13). Por exemplo, o íon pode reagir com o grupo hidroxila protonado, em vez de permanecer como um ânion facilmente trocável:

$$\underset{\text{(sólido do solo)}}{\rangle Al{-}OH_2^+} + \underset{\text{(solução do solo)}}{H_2PO_4^-} \longrightarrow \underset{\text{(sólido do solo)}}{\rangle Al{-}H_2PO_4} + \underset{\text{(solução do solo)}}{H_2O} \tag{8.6}$$

Esta reação efetivamente reduz a carga líquida positiva do coloide do solo. Além disso, o $H_2PO_4^-$ está fortemente ligado e não permanece prontamente disponível para ser absorvido pelas plantas.

A adsorção de ânions e as reações de troca regulam a mobilidade e disponibilidade de muitos íons importantes. Juntamente com a troca de cátions, eles determinam a capacidade dos solos de manterem os nutrientes de uma forma que, além de ser acessível para as plantas, pode retardar também o movimento de poluentes no ambiente.

Intemperismo e níveis CTC/CTA

A variação dos valores da CTC de minerais de argila, apresentada na Figura 8.17, mostra que as argilas formadas sob condições de intemperismo pouco intenso (p. ex., esmectitas, vermiculitas) possuem valores de CTC muito mais elevados do que aquelas desenvolvidas sob intemperismo mais intenso. Em contraste, os níveis de CTA tendem a ser muito maiores em argilas desenvolvidas sob condições de intenso intemperismo (p. ex., caulinita) do que naquelas formadas sob intemperismo menos intenso. Essas generalizações são úteis para se obter uma primeira aproximação dos níveis de CTC e CTA em solos de diferentes regiões climáticas. No entanto, elas devem ser usadas com cautela, pois em alguns solos o tipo de argila presente pode refletir condições intempéricas pretéritas em vez das presentes.

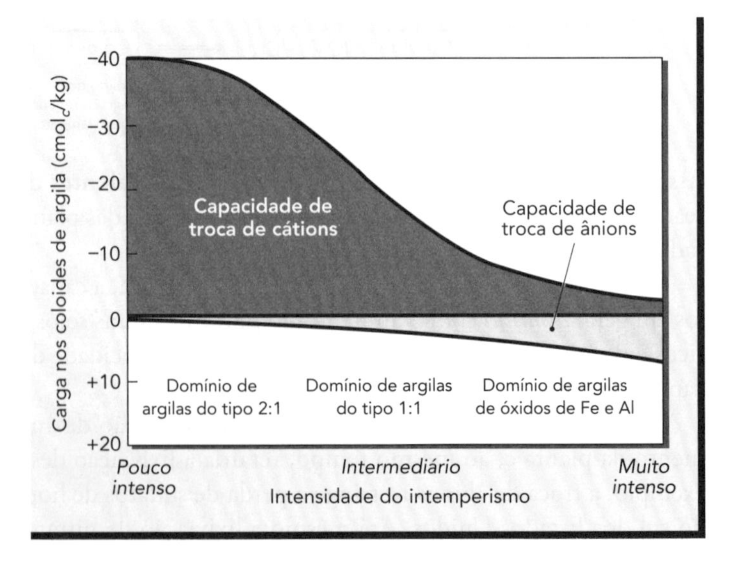

Figura 8.17 Efeito da intensidade do intemperismo sobre as cargas de minerais de argila e, por sua vez, em sua capacidade de troca de cátions (CTC) e de ânions (CTA). Observe que os valores elevados de CTC e os muito baixos de CTA estão associados a intemperismo menos intenso, o que levou à formação de argilas do tipo 2:1 – como as micas de granulação fina, vermiculitas e esmectitas. O intemperismo muito intenso destrói as argilas do tipo 2:1 e leva à formação de caulinita e, depois, aos óxidos de Fe e Al. Estes têm valores de CTC muito mais baixo e de CTA consideravelmente maior. Tais mudanças no tipo de argila são responsáveis pelas curvas mostradas no gráfico.

8.12 SORÇÃO DE COMPOSTOS ORGÂNICOS

Os coloides do solo ajudam a controlar o movimento de pesticidas e outros compostos orgânicos para as águas subterrâneas. A retenção desses produtos químicos pelos coloides do solo pode impedir a sua movimentação para baixo no solo ou pode retardar esse movimento até que os compostos sejam decompostos pelos micróbios do solo.

Ao aceitar ou liberar prótons (íons H^+), grupos como $-OH$, $-NH_2$ e $-COOH$, da estrutura química de alguns compostos orgânicos, fornecem cargas positivas ou negativas que aumentam as reações de troca de ânions ou cátions. Outros compostos orgânicos participam dos complexos de esfera interna e de reações de adsorção, de forma idêntica aos íons inorgânicos que antes descrevemos. No entanto, os compostos orgânicos são mais comumente **absorvidos** no interior dos coloides orgânicos do solo através de um processo denominado **particionamento**. Os coloides orgânicos do solo tendem a agir como um solvente para os produtos químicos orgânicos, particionando suas concentrações entre aqueles que estão adsorvidos aos coloides e aqueles dissolvidos na solução do solo.

Já que a participação exata da adsorção, complexação ou processos de particionamento não é exatamente conhecida, usamos o termo geral **sorção** para descrever a retenção desses compostos orgânicos pelos solos. Compostos orgânicos não iônicos são **hidrofóbicos**, o que significa que são repelidos pela água. Em um solo úmido, as partículas de argila estão revestidas por uma camada de água e, portanto, não podem efetivamente sorver compostos orgânicos hidrofóbicos. No entanto, é possível substituir alguns dos cátions metálicos hidratados (p. ex., Ca^{2+}) destas argilas por grandes cátions orgânicos, dando origem às **argilas organofílicas** que *podem* efetivamente reter compostos orgânicos hidrofóbicos. Estudiosos do solo preocupados com problemas ambientais tiram vantagem desse fenômeno, injetando compostos quaternários de amônio em solos argilosos contaminados, para criar argilas organofílicas que podem fazer cessar o movimento de contaminantes orgânicos e, assim, proteger as águas subterrâneas (consultar também a Seção 15.4).

Coeficientes de distribuição

A tendência de um contaminante orgânico ser lixiviado para as águas subterrâneas é determinada pela solubilidade do composto e pela relação entre a quantidade de compostos químicos sorvidos pelo solo e os restantes que estão dissolvidos. Essa relação é conhecida como o **coeficiente de distribuição do solo**, K_d:

$$K_d = \frac{\text{mg substância química sorvida / kg solo}}{\text{mg substância química / L solução}} \quad (8.7)$$

O índice K_d, portanto, é caracteristicametne expresso em unidades de L/kg. Pesquisadores descobriram que o K_d para um determinado composto pode variar muito, dependendo do tipo de solo em que ele é distribuído. A variação está relacionada principalmente à quantidade de matéria orgânica (carbono orgânico) nos solos. Portanto, a maioria dos cientistas prefere usar uma proporção semelhante, que se concentra sorvida pela matéria orgânica. Essa relação é chamada de coeficiente de distribuição do carbono orgânico, K_{co}:

$$K_{co} = \frac{\text{mg substância química sorvida/kg carbono orgânico}}{\text{mg substância química/L solução}} = \frac{K_d}{\text{g C org./g solo}} \quad (8.8)$$

O índice K_{co} pode ser calculado dividindo-se o K_d pela quantidade de C orgânico (g/g) do solo. Portanto, os valores de K_{co} são geralmente cerca de 100 vezes maiores do que os valores de K_d. Os valores mais elevados de K_d ou K_{co} indicam que o produto químico está fortemente sorvido pelo solo e, portanto, menos suscetível à lixiviação e movimentação para as águas subterrâneas. Por outro lado, se o objetivo do manejo é lavar a substância química de um solo, ele será mais facilmente alcançado para produtos químicos com coeficientes mais baixos. As Equações 8.7 e 8.8 ressaltam a importância do poder sorvente do complexo coloidal do solo e, especialmente, a do húmus no manejo de substâncias orgânicas adicionadas ao solo.

8.13 LIGAÇÃO DE BIOMOLÉCULAS EM ARGILAS E HÚMUS

A grande superfície específica e os sítios de carga das argilas e do húmus dos solos atraem e retêm vários tipos de moléculas orgânicas. Essas moléculas incluem substâncias biologicamente ativas como o DNA (material do código genético), enzimas, antibióticos, toxinas, hormônios e até mesmo vírus. Os dados da Figura 8.18 mostram que a adsorção de biomoléculas ocorre rapidamente (em questão de minutos) e que a quantidade adsorvida está relacionada com o tipo de mineral das argilas. As ligações entre as biomoléculas e os coloides são muitas vezes tão fortes que as biomoléculas não conseguem ser facilmente removidas por processos de lavagem ou de troca. Na maioria dos casos, as biomoléculas retidas pelas argilas não entram nos espaços entre as suas camadas, mas são retidas nas superfícies planares exteriores e nas bordas dos cristais de argila.

A retenção de biomoléculas aos coloides do solo tem importantes implicações ambientais por duas razões. Em primeiro lugar, essa retenção normalmente protege as biomoléculas de ataques enzimáticos, o que significa que as moléculas permanecerão no solo por muito mais tempo do que aquele que os estudos indicam para as biomoléculas não retidas. Em segundo lugar, tem sido demonstrado que muitas biomoléculas mantêm a sua atividade biológica no estado retido. As toxinas permanecem tóxicas para os organismos suscetíveis; as enzimas continuam a catalisar as reações; os vírus podem lisar (romper e abrir) células ou transferir informações genéticas para as células hospedeiras; e filamentos de DNA mantêm a capacidade de transformar o código genético das células vivas, mesmo quando ligadas às superfícies coloidais e protegidas da degradação. A presença desse DNA não é detectável pelos testes químicos usuais, uma vez que não está em uma célula viva e, portanto, não representa seus genes.

Quando os organismos geneticamente modificados (OGM) são introduzidos no ambiente do solo, os genes crípticos (ocultos) que acabamos de descrever podem representar um potencial não detectável de transferência de informação genética para organismos para os quais

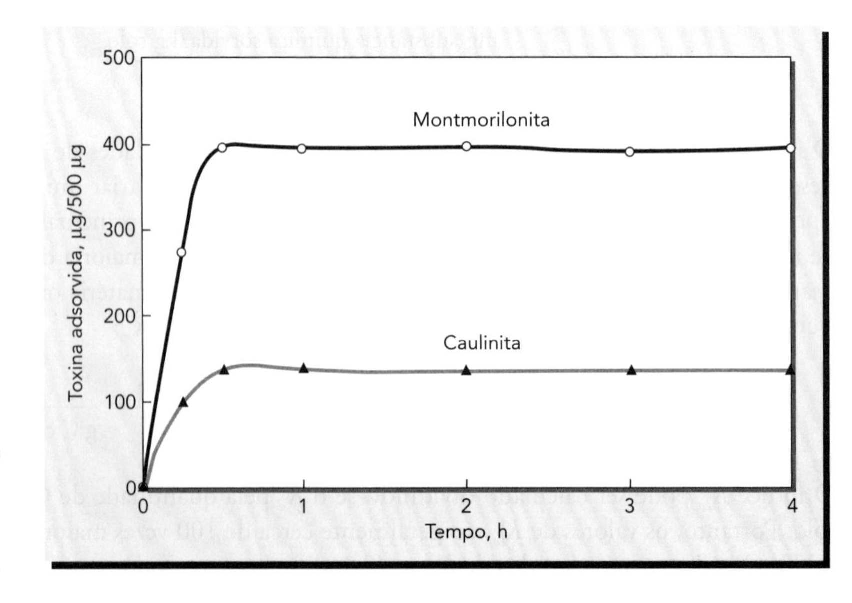

Figura 8.18 Adsorção de uma toxina denominada Bt, uma proteína inseticida que é produzida pela bactéria *Bacillus thuringiensis* do solo e que é utilizada para proteger algumas plantas cultivadas. Os minerais das argilas de alta atividade, como a montmorilonita (uma argila do tipo 2:1 do grupo da esmectita), adsorvem e se ligam a quantidades muito maiores destas biomoléculas do que as argilas de baixa atividade, como a caulinita (um mineral do tipo 1:1). Em ambos os casos, a reação de adsorção foi concluída em 30 minutos ou menos. Como apenas 500 µg de qualquer argila foi utilizado no experimento, aparentemente as argilas adsorveram uma quantidade de toxina equivalente a 30 a 80% de sua massa. (Redesenhado de Stotzky [2000])

não se planejou. Uma preocupação semelhante existe em relação às plantas geneticamente modificadas para produzir compostos de medicamentos de uso humano ("fitoterápicos") ou toxinas inseticidas. Por exemplo, milhões de hectares são plantados a cada ano com plantas de milho e algodão que possuem um gene bacteriano que codifica a produção da toxina inseticida Bt (Figura 8.18). A toxina Bt é liberada no solo pela excreção da raiz e decomposição de resíduos vegetais contendo a toxina. Pouco sabemos sobre o efeito que as toxinas podem ter na ecologia do solo caso ocorra um acúmulo dessas toxinas retidas pelos coloides, mas ainda em um estado ativo.

Os antibióticos constituem outra classe importante de compostos orgânicos que podem ser sorvidos pelos coloides do solo. Esses produtos químicos naturais únicos são compostos tidos como insubstituíveis salvadores de vidas. No entanto, cerca de 80% dos antibióticos produzidos *não* são usados para curar doenças (de animais ou de seres humanos), mas são utilizados na pecuária em alimentos para estimular o crescimento mais rápido do gado, porcos e galinhas. Como se pode esperar, o esterco de animais produzido na maioria das grandes fazendas industrializadas está carregado de antibióticos que passaram pelo sistema digestivo dos animais. Quando esses estercos são aplicados às terras agrícolas, os antibióticos tornam-se sorvidos nos coloides do solo e podem acumular-se com aplicações repetitivas do esterco. Aparentemente, a sorção é muito forte. Por exemplo, os valores de K_d, tão altos quanto 2.300 L kg^{-1}, foram relatados para o antibiótico tetraciclina em alguns solos. As pesquisas mostram cada vez mais que, apesar da forte sorção para os coloides do solo reduzirem de certa maneira sua eficácia, os antibióticos retidos no solo ainda possuem atividades contra as bactérias. Essa descoberta levanta preocupações sobre se as enormes quantidades de antibióticos expostos no ambiente poderão selecionar cepas resistentes de "superbactérias" (incluindo patógenos humanos), que então deixariam de ser controlados por estes medicamentos que antes salvavam vidas. É evidente que os coloides do solo e a ciência do solo têm um importante papel a desempenhar no que diz respeito à saúde ambiental.

8.14 IMPLICAÇÕES FÍSICAS DAS ARGILAS EXPANSÍVEIS

Perigos para a engenharia civil

Coloides do solo diferem muito em suas propriedades físicas, incluindo plasticidade, coesão, expansão, contração, dispersão e floculação. Essas propriedades influenciam grandemente a utilidade de solos para finalidades agrícolas e para obras de engenharia civil. Como discutido nas Seções 4.9 e 8.3, a tendência de certas argilas de aumentar de volume quando saturadas com água é uma grande preocupação para a construção de estradas e fundações. As piores argilas para esses fins são as esmectitas, as quais formam camadas onduladas ou domínios de argilas microscópicas contendo ultramicroporos extremamente pequenos. Esses ultramicroporos atraem e mantêm grandes quantidades de água (Figura 8.19), sendo responsáveis em grande parte pela expansão e plasticidade dessas argilas. As argilas esmectíticas relativamente puras, que são extraídas de jazidas (muitas vezes vendida com o nome de "bentonita"), especialmente quando saturadas com íons Na^+, podem ter um potencial muito maior para a expansão e plasticidade do que as argilas impuras dos solos.

A Figura 8.20 apresenta um exemplo de medidas especiais necessárias para a construção segura de casas em solos dominados por argilas esmectíticas. O custo de construção de casas em solos com essas argilas pode ser o dobro do que em solos dominados por argilas que não expandem e nos quais o projeto de construção convencional pode ser usado com segurança. Se medidas preventivas do projeto não são tomadas durante a construção de casas sobre argilas esmectíticas, futuramente os proprietários pagarão um preço muito elevado. É provável que a fundação do edifício se mova com a contração e a expansão do solo, desalinhando portas e janelas e, finalmente, rompendo fundações, paredes e tubulações.

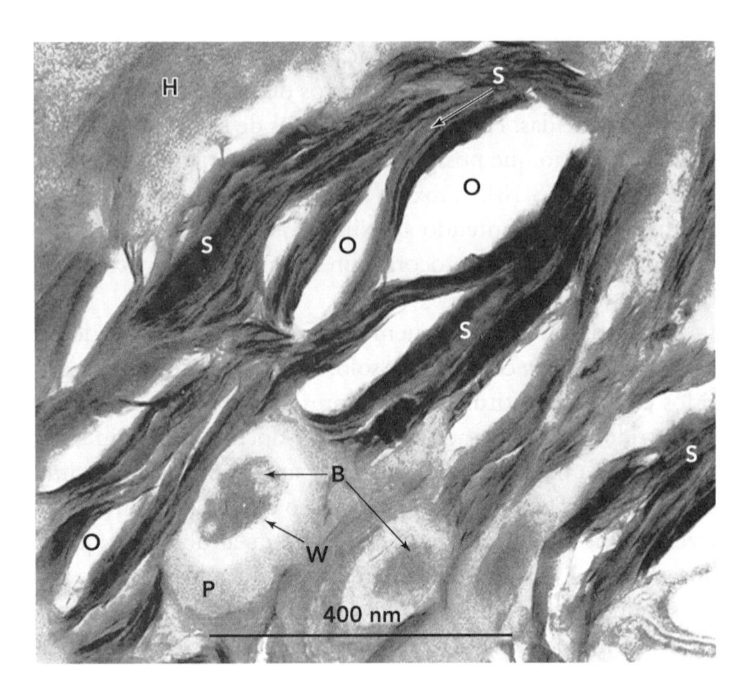

Figura 8.19 Micrografia eletrônica de transmissão mostrando a argila esmectita (S), juntamente com húmus (H), células bacterianas (B), paredes celulares (W) e polissacarídeos (P). As camadas paralelas de cristais da argila esmectita (S) formam uma estrutura ondulada (áreas escuras) de domínio aberto em que ultramicroporos (O) são visíveis como áreas brancas. A presença de água nesses ultramicroporos dos domínios de argila é responsável pela maior parte da expansão da argila esmectita após sua saturação com água. É menos provável, ao contrário do que antes se pensava, que a água provoque a expansão quando penetra no espaço entre as camadas das unidades estruturais dos cristais da argila esmectita. Note que toda a imagem tem cerca de 1 mícron de diâmetro. (Imagem: cortesia de M. Thompson, T. Pepper e A. Carmo, Iowa State University)

As mesmas propriedades de expansão que fazem os solos com esmectitas serem tão problemáticos para as atividades de construção os tornam atraentes para determinadas aplicações ambientais (Quadro 8.4) e bem adequados para estabelecer represas e lagoas ou a construção de terras úmidas. Esse é apenas um exemplo do importante papel que coloides do solo desempenham na determinação da utilidade dos nossos solos.

8.15 CONCLUSÃO

As complexas estruturas, a grande superfície específica (interna e externa) e a enorme quantidade de cargas associadas aos coloides do solo se combinam para fazerem com que essas pequeníssimas partículas do solo sejam a sede das atividades química e física dos solos. Em relação à atividade física dos coloides, a sua adsorção de água, expansão, retração e coesão são discutidos em detalhe nos Capítulos 4, 5 e 6. Aqui focamos na atividade química dos coloides, que em grande parte resulta nos sítios de cargas que estão ao longo ou perto das superfícies dos coloides. Esses sítios de carga atraem íons de carga oposta e moléculas que estão na solução do solo. Os sítios com cargas negativas atraem íons positivos (cátions), como Ca^{2+}, Cu^{2+}, K^+ ou Al^{3+}, e os sítios positivos atraem íons negativos (ânions), como Cl^-, SO_4^{2-}, NO_3^- ou HPO_4^{2-}.

Embora tanto as cargas positivas como as negativas ocorram nos coloides, na maioria dos solos as negativas superam em muito as positivas. A maior parte dos elementos que foram dissolvidos das rochas pelo intemperismo ou adicionados aos solos na forma de calcário ou adubos finalmente terminará nos oceanos; contudo, para as plantas terrestres e animais, felizmente a atração dos coloides do solo faz com que essa viagem seja bem lenta. A atração exercida pelo coloides é o principal mecanismo pelo qual os solos estocam os nutrientes necessários para manter as florestas, culturas e, em última análise, as civilizações. Esse papel é especialmente crítico para as florestas quando o armazenamento de nutrientes na biomassa vegetal é interrompido por incêndios ou derrubadas para extração de madeira. A atração exercida pelos coloides também permite que os solos atuem como eficazes filtros, armazéns e trocadores de íons, protegendo as águas subterrâneas e as cadeias alimentares da exposição excessiva a muitos poluentes.

Figura 8.20 As diferentes tendências de expansão de dois tipos de argila são ilustradas no canto inferior esquerdo. Todos os quatro cilindros, inicialmente, continham materiais de solos argilosos secos e peneirados: os dois do lado esquerdo, com horizonte B de um solo rico em caulinita; os dois do lado direito, com um de um solo rico em montemorilonita. Uma quantidade igual de água foi adicionada aos dois cilindros do centro. O solo caulinítico assentou um pouco e não foi capaz de absorver toda a água. O solo com montmorilonita expandiu cerca de 25% em volume e absorveu quase toda a água adicionada. As fotos da direita e acima mostram uma aplicação prática dos conhecimentos sobre as propriedades da argila. Nos solos contendo grandes quantidades de esmectita (p. ex., o *Vertisol* da Califórnia aqui mostrado), os canteiros de obras são muito problemáticos. Para que as casas sejam bem construídas (foto superior), elas têm que ser sustentadas por estacas profundas, reforçadas por concreto (foto inferior, *à direita*), cuja base repousa sobre substratos não expansíveis. Foram necessários 15 a 25 estacas como essa para a construção de cada casa, o que duplicou o custo da construção. (Fotos: cortesia de R. Weil)

Quando os íons são atraídos para um coloide, eles podem se situar em dois tipos gerais de relacionamento com a superfície do coloide. Se os íons se ligam diretamente aos átomos da estrutura coloidal, sem a intervenção das moléculas de água, a retenção é denominada *complexo de esfera interna*. Esse tipo de reação é muito específico e, depois de adotado, não é facilmente revertido. Em contraste, os íons que mantêm em torno deles uma camada de hidratação com as moléculas de água são geralmente atraídos por superfícies coloidais com excesso de carga oposta. No entanto, as forças atrativas são transmitidas através de uma cadeia de moléculas de água polares e, portanto, enfraquecidas, o que faz com que a interação seja menos específica e mais facilmente revertida.

Este último tipo de adsorção é denominado *complexo de esfera externa*. Os íons adsorvidos e suas camadas de moléculas de água oscilam ou se movem dentro de uma zona de atração. O tamanho da zona de oscilação depende da força de atração entre os íons em particular e do tipo de carga do sítio. Os íons em tal estado dinâmico de adsorção são chamados de *íons*

QUADRO 8.4

Usos ambientais das argilas expansíveis[a]

As propriedades físicas e químicas das argilas expansíveis tornam-nas extremamente úteis em certas aplicações relacionadas à engenharia ambiental. Um uso comum das argilas que expandem – especialmente a de uma mistura de argilas esmectitas extraídas em jazidas de mineração, chamadas de bentonitas – funciona como uma camada selante quando colocada no fundo e nas margens de represas, lagoas de resíduos e compartimentos de aterro (Seção 15.10). Quando molhadas, essas argilas se expandem e formam uma barreira bastante impermeável à penetração da água, bem como dos contaminantes orgânicos e inorgânicos contidos na água. Desta maneira, os contaminantes são retidos na estrutura de contenção e impedem a poluição das águas subterrâneas.

Uma utilização mais exótica das argilas expansíveis foi proposta na Suécia para a deposição final de resíduos tóxicos altamente radioativos de centrais nucleares desse país. O plano é colocar os resíduos em depósitos grandes (cerca de 5 m × 1 m) constituídos de contêineres de cobre e enterrá-los em câmaras subterrâneas profundas escavadas em rocha sólida. Como uma defesa final contra o vazamento de material altamente tóxico para as águas subterrâneas, os contêineres são cercados por uma espessa camada tampão de argila bentonítica. A argila é embalada a seco em volta do contêiner e dessa maneira espera-se que durante o primeiro século de armazenamento ela absorva a água até a saturação, expandindo-se gradativamente até se tornar uma massa pegajosa maleável que irá preencher as cavidades ou fissuras da rocha. Este tampão de argila possui três funções de proteção: (1) amortecer os contêineres contra pequenos movimentos (10 cm) na formação rochosa, (2) formar uma camada selante de permeabilidade extremamente baixa para manter longe dos contêineres as substâncias corrosivas da água subterrânea e (3) atuar como um filtro eletrostático altamente eficiente para absorver e aprisionar radionuclídeos catiônicos que podem vazar dos contêineres a qualquer hora em um futuro distante.

Figura 8.21 Uso de argila expansível como selante de poços de monitoramento ambiental. (Diagrama e fotos: cortesia do R. Weil)

A Figura 8.21 mostra de que forma a bentonita é usada como um plugue ou selante para evitar vazamentos ao redor de um poço ambiental de monitoramento de águas subterrâneas. Para a maioria das profundidades dos poços, a diferença entre o diâmetro do orifício e o tubo do poço é preenchido com areia para suportar o tubo e permitir o movimento vertical das águas subterrâneas que serão coletadas. Como alternativa, cerca de 30 cm abaixo da superfície do solo, o espaço em torno do revestimento do poço é preenchido com bentonita granulada seca ao ar (na fotografia, substância branca que está sendo derramada de um balde). Como a bentonita absorve água, ela expande significativamente, assumindo uma consistência parecida com a da borracha, formando assim uma vedação impermeável que se encaixa entre o tubo do poço e a parede do solo no buraco. Esse selo impede que contaminantes da superfície do solo vazem para a parte externa do revestimento do poço. No caso de águas subterrâneas contaminadas com compostos orgânicos voláteis (como a gasolina), a bentonita também impede que os vapores escapem antes de serem adequadamente coletados.

Cada vez mais, cientistas ambientais estão usando argilas expansíveis para a remoção de substâncias orgânicas da água por meio do processo de particionamento. Por exemplo, onde houve um derramamento de produtos químicos orgânicos tóxicos, uma trincheira profunda pode ser escavada através da encosta e preenchida com uma pasta de argila expansível e água para interceptar uma pluma de água poluída. A natureza expansível das esmectitas impede o escape rápido da água contaminada, enquanto os coloides de superfícies quimicamente muito reativos sorvem os contaminantes, purificando a água subterrânea, quando ela por aí passa lentamente. O Capítulo 15 apresenta aspectos mais detalhados para essas "paredes de lama" e outras tecnologias de solos para fins de despoluição do ambiente.

[a] Para informações mais detalhadas do uso ambiental das argilas expansíveis, consultar Reid e Ulery (1998). Para mais detalhes sobre o uso da bentonita no repositório nuclear da Suíça, veja Swedish Nuclear Power Inspectorate (2005) e S.K.B. (2006).

Tabela 8.6 Propriedades de troca de cátions típicas de solos de superfície franco-argilosa não modificado em diferentes regiões climáticas

Note que os solos com texturas mais grosseiras têm menos argila e matéria orgânica e, portanto, menos cátions trocáveis e valores de CTC menores.

Propriedade	Região quente e úmida (*Ultisols*)[a]	Região fria e úmida (*Alfisols*)	Região semiárida (*Ustolls*)	Região árida (*Natrargids*)[b]
H^+ e Al^{3+} trocáveis, $cmol_c/kg$ (% da CTC)	7,5 (75%)	5 (28%)	0 (0%)	0 (0%)
Ca^{2+} trocável, $cmol_c/kg$ (% da CTC)	2,0 (20%)	9 (50%)	17 (65%)	13 (50%)
Mg^{2+} trocável, $cmol_c/kg$ (% da CTC)	0,4 (4%)	3 (17%)	6 (23%)	5 (19%)
K^+ trocável, $cmol_c/kg$ (% da CTC)	0,1 (1%)	1 (5%)	2 (8%)	3 (12%)
Na^+ trocável, $cmol_c/kg$ (% da CTC)	Tr	0,02 (0,1%)	1 (4%)	5 (19%)
Capacidade de troca de cátions (CTC),[c] $cmol_c/kg$	10	18	26	26
pH provável	4,5–5,0	5,0–5,5	7,0–8,0	8–10
Cátions não ácidos (% de CTC)[d]	25%	68%	100%	100%

[a] Ver Capítulo 3 para uma explicação sobre os nomes dos grupos de solo.

[b] *Natrargids* e *Aridisols* com horizontes nátricos. são solos sódicos, com valores altos de sódio trocável, como explicado na Seção 10.5.

[c] A soma de todos os cátions trocáveis medidos no pH do solo. É chamada de CTC efetiva ou CTCe (ver Seção 8.9).

[d] Referida tradicionalmente como saturação por "bases".

trocáveis, porque se desprendem do coloide sempre que outros íons da solução se movem para mais perto e tomam o seu lugar, neutralizando as cargas do coloide.

A substituição de um íon por outro no complexo de esfera externa é chamada de *troca iônica*. Exceto em certos horizontes subsuperficiais muito intemperizados, a troca de cátions é muito maior do que a de ânions. As reações de troca catiônica e aniônica são reversíveis e equilibradas carga por carga (em vez de íon por íon). A extensão da reação é influenciada pela ação de massas, pela carga relativa, pelo tamanho dos íons hidratados, bem como pela natureza do coloide e dos outros íons complementares já adsorvidos no coloide. As raízes das plantas podem trocar H^+ por cátions nutrientes ou íons OH^- por ânions nutrientes.

Os coloides dos solos podem ser tanto orgânicos (húmus) como minerais (argilas). Na maioria das camadas mais superficiais dos solos, metade ou mais das cargas são fornecidas por coloides orgânicos, enquanto, na maioria dos horizontes subsuperficiais, as argilas fornecem a maioria das cargas. O número total de cargas coloidais negativas por unidade de massa é chamado de *capacidade de troca de cátions* (CTC). A CTC de diferentes coloides varia de cerca de 1 a mais de 200 $cmol_c/kg$, e a de solos minerais comumente varia de cerca de 1 a 50 $cmol_c/kg$. A CTC de um solo, bem como sua capacidade de adsorver fortemenrete alguns íons em particular (como K^+ ou HPO_4^{2-}), depende tanto da quantidade de húmus como da quantidade e do tipo de argila presentes no solo. As argilas de baixa atividade (óxidos de ferro e alumínio e argilas silicatadas do tipo 1:1, como a caulinita) tendem a predominar nos solos altamente intemperizados de regiões quentes e úmidas. As argilas de alta atividade (silicatos expansíveis do tipo 2:1, como as esmectitas e vermiculitas, e silicatos não expansiveis do tipo 2:1, como mica de granulação fina e clorita) tendem a dominar os solos das regiões mais frias ou secas, onde o intemperismo é menos intenso. A maioria das cargas do húmus e das argilas de baixa atividade é dependente do pH (torna-se mais negativa com o aumento do pH), enquanto nas argilas de alta atividade a maioria das cargas é permanente.

As diferentes capacidades dos coloides do solo em adsorver íons e moléculas é a chave para o manejo dos solos, tanto para a produção vegetal como para a compreensão de como a CTC pode regular o movimento dos nutrientes e das toxinas no meio ambiente. Entre as propriedades importantes influenciadas pelos coloides estão a acidez ou a alcalinidade do solo – assunto do próximo capítulo.

QUESTÕES PARA ESTUDO

1. Descreva o *complexo coloidal do solo*, indicando os seus componentes. Explique como ele consegue servir como um "banco" de nutrientes das plantas.
2. Como você explica a diferença da área superficial associada a uma partícula de argila caulinítica, quando comparada com a de uma montmorilonita (uma esmectita)?
3. Contraste as diferenças entre a estrutura cristalina de *caulinita, esmectita, mica de granulação fina, vermiculitas* e *cloritas*.
4. Existem dois processos básicos de intemperismo de minerais primários pelos quais as argilas silicatadas são formadas. Qual deles seria provavelmente responsável pela formação de (1) mica de granulação fina e (2) caulinita a partir da mica muscovita? Explique sua resposta.
5. Se você quiser encontrar um solo rico em caulinita, onde você iria? O mesmo para (1) esmectita e (2) vermiculita?
6. Qual dos minerais de argila silicatada seria *mais* e *menos* desejado se alguém estivesse interessado (1) em uma fundação apropriada para um edifício, (2) na capacidade de troca catiônica alta, (3) em uma fonte adequada de potássio e (4) em um solo sobre o qual torrões duros iriam se formar após a sua aração?
7. Qual dos seguintes solos você consideraria ser *mais* e *menos* pegajoso e plástico quando molhado: (1) um solo com significativa saturação por sódio em uma área semiárida, (2) um solo rico em cálcio trocável em uma área de clima temperado subúmido ou (3) um solo ácido e muito intemperizado dos trópicos? Explique sua resposta.
8. Um solo contém 4% de húmus, 10% de montmorilonita, 10% de vermiculita e 10% de óxidos Fe e Al. Qual é a sua capacidade aproximada de troca de cátions?
9. Calcule o número de gramas de íons Al^{3+} necessário para substituir 10 $cmol_c$ de íons Ca^{2+} do complexo de troca de 1 kg de solo.
10. Um solo foi analisado e o resultado mostra que contém cátions trocáveis nestas quantidades: Ca^{2+} = 9 $cmol_c$, Mg^{2+} = 3 $cmol_c$, K^+ = 1 $cmol_c$ e Al^{3+} = 3 $cmol_c$. (a) Qual é a CTC deste solo? (b) Qual é a saturação por alumínio do solo?
11. Uma amostra de 100 g de solo foi analisada, e o resultado revelou que ele contém cátions trocáveis nestas quantidades: Ca^{2+} = 90 mg, Mg^{2+} = 35 mg, K^+ = 28 mg e Al^{3+} = 60 mg. (a) Qual é a CTC deste solo? (b) Qual é a saturação por alumínio do solo?
12. Uma amostra de 100 g de solo foi misturada com uma solução forte de $BaCl_2$ tamponada a pH 8,2. A suspensão de solo foi, então, filtrada; o filtrado foi descartado, e o solo foi completamente lixiviado com água destilada para remover qualquer Ba^{2+} não trocável. Em seguida, a amostra foi agitada com uma solução forte de $MgCl_2$ e novamente filtrada. O último filtrado contém 10.520 mg de Mg^{2+} e 258 mg de Ba^{2+}. Qual é a CTC do solo?
13. Explique a importância de K_d e K_{oc} na avaliação do potencial e poluição das águas de drenagem. Qual dessas expressões é provável que seja mais consistente na caracterização dos compostos orgânicos em questão, independentemente do tipo de solo envolvido? Explique sua resposta.
14. Um acidente em uma usina nuclear contaminou o solo com estrôncio-90 (Sr^{2+}), um perigoso radionuclídeo. Funcionários da saúde ordenaram que as forragens que cresceram na área fossem cortadas, embaladas e destruídas. No entanto, existe a preocupação de que as plantas forrageiras regeneradas captem o estrôncio do solo e que as vacas que comem essa forragem contaminada excretem o estrôncio em seu leite. Você é o único pedólogo membro de uma equipe de avaliação de risco que consiste principalmente em ilustres médicos e estatísticos. Escreva uma breve nota aos seus colegas, explicando como as propriedades do solo na área, especialmente aqueles relacionados à troca de cátions, poderia afetar o risco de contaminação da produção de leite.
15. Explique por que há uma preocupação ambiental sobre a adsorção pelos coloides do solo de substâncias normalmente benéficas, como antibióticos e inseticidas naturais.

REFERÊNCIAS

Dixon, J. B., and D. J. Schulze. 2002. *Soil Mineralogy with Environmental Applications.* (Madison, WI: Soil Science Society of America).

Evangelou, V. P., and R. E. Phillips. 2005. "Cation exchange in soils," pp. 343–410, in A. Tabatabai and D. Sparks (eds.), *Chemical Processes in Soils.* SSSA book series No. 8. (Madison, WI: Soil Science Society of America).

Meunier, A. 2005. *Clays.* (Berlin: Springer-Verlag).

Reid, D. A., and A. L. Ulery. 1998. "Environmental applications of smectites," in J. Dixon, D. Schultze, W. Bleam, and J. Amonette (eds.), *Environmental Soil Mineralogy.* (Madison, WI: Soil Science Society of America).

Schulten, H. R., and M. Schnitzer. 1993. "A state of the art structural concept for humic substances," *Naturwissenschaften* **80:**29–30.

S.K.B. 2006. *Final Repository—Properties of the Buffer.* Svensk Kärnbränslehantering AB (Swedish Nuclear Fuel and Waste Management Company). Disponível em: www.skb.se/templates/SKBPage____8762.aspx (publicado em 06 fev 2006; acesso em 03 jan 2009).

Stotzky, G. 2000. "Persistence and biological activity in soil of insecticidal proteins from *Bacillus thuringiensis* and of bacterial DNA bound on clays and humic acids," *J. Environ. Quality,* **29:**691–705.

Swedish Nuclear Power Inspectorate. 2005. Engineered barrier system:long-term stability of buffer and backfill. Report from a workshop in Lund, Sweden, November 15–17, 2004, synthesis and extended abstracts, Swedish Nuclear Power Inspectorate. *SKI Research Report,* 48, 120.

Weil, R. R. 2009. *Laboratory Manual for Introductory Soils,* 8th ed. (Dubuque, IA: Kendall/Hunt).

9 Acidez, Alcalinidade, Aridez e Salinidade do Solo

Uma comunidade de solos ácidos (R. Weil)

O que eles fizeram com a chuva?

— Letra de Música, por *Malvina Reynolds*

O grau de acidez ou de alcalinidade do solo, representado pelo seu pH, é uma *importante variável* que afeta uma ampla gama de propriedades químicas e biológicas do solo. Essa variável química influencia bastante a disponibilidade de muitos elementos que devem ser absorvidos pelas raízes, sejam eles nutrientes ou toxinas. Além disso, a atividade de micro-organismos também é afetada. O conjunto de plantas e até de espécies de bactérias que dominam uma paisagem, em condições naturais, são com frequência reflexos do pH do solo. Para quem quer cultivar lavouras ou plantas ornamentais, o pH do solo é o principal fator que determina quais espécies terão um bom desenvolvimento e mostrarão toda sua potencialidade de produção em um dado local.

O pH do solo afeta a *mobilidade* de muitos poluentes encontrados no solo, influenciando nas suas taxas de decomposição bioquímica, solubilidades e adsorções pelos coloides. Por isso, o pH é um fator decisivo para prever a possibilidade de um dado poluente contaminar a água subterrânea, a água superficial e a cadeia alimentar. Também há certas situações nas quais tanta acidez excessiva é gerada que leva os próprios ácidos a se tornarem um significativo poluente ambiental. Por exemplo, os solos com certos tipos de terras degradadas dão origem a uma água de drenagem extremamente ácida que pode causar a morte expressiva de peixes quando atinge um lago ou curso d'água.

Em condições naturais, a acidificação atinge sua expressão máxima em regiões onde as altas precipitações atmosféricas proporcionam tanto a *produção de íons* H^+ como a *lixiviação de cátions não ácidos*. Além disso, a solubilidade do alumínio – um elemento tóxico – está, em muitos solos, intrinsecamente relacionada à acidificação.

Em contraste, nas regiões mais secas, a lixiviação é muito menos extensiva, produzindo menores quantidades de íons H^+ e permitindo ao solo reter os cátions não ácidos, Ca^{2+}, Mg^{2+}, Na^+ e K^+. Muitos solos de regiões secas também acumulam níveis prejudiciais de sais solúveis (solos salinos), íons de sódio trocável (solos sódicos), ou ambos. As condições químicas associadas à alcalinidade, salinidade e sodicidade dos solos dessas áreas podem levar a graves problemas para suas condições físicas e sua fertilidade.

Há mais de 2.100 anos, os exércitos romanos espalharam sal (cloreto de sódio) nas terras de seus inimigos derrotados na cidade-estado de Cartago, com o objetivo de garantir que eles nunca mais tivessem condições de lutar contra os romanos de novo. Neste capítulo, aprenderemos por que o sódio e os sais são tão prejudiciais aos solos, e como devem ser manejados quando estão presentes em excesso. Na verdade, ainda que seja apenas um dos muitos problemas específicos dos solos alcalinos, aprenderemos que o acúmulo de sais talvez seja, em longo prazo, o problema mais controverso, no que diz respeito ao uso sustentável de terras áridas.

9.1 PROCESSOS QUE CAUSAM ACIDEZ E ALCALINIDADE DOS SOLOS

A acidez e a alcalinidade são o resultado do balanço entre íons de hidrogênio H^+ e de hidroxila (OH^-), que são quantificados, na maioria das vezes, usando-se a escala de pH (Quadro 9.1 e Figura 9.2). Os dois principais processos que promovem a acidificação do solo são: (1) a produção de íons H^+ e (2) a lixiviação de cátions não ácidos* pela percolação da água. Visto

QUADRO 9.1

pH, acidez e alcalinidade do solo

A classificação ácida neutra e alcalina de um solo é determinada pela concentração relativa de íons H^+ e OH^-. A água pura apresenta esses íons em iguais concentrações:

$$H_2O \rightleftharpoons H^+ + OH^-$$

O equilíbrio dessa reação acontece bem mais para a esquerda; apenas aproximadamente uma entre 10 milhões de moléculas de água está dissociada em íons H^+ e OH^-. O produto das concentrações de íons H^+ e íons OH^- é uma constante (K_w) que a 25°C é conhecida como igual a 1×10^{-14}:

$$[H^+] \times [OH^-] = K_w = 10^{-14}$$

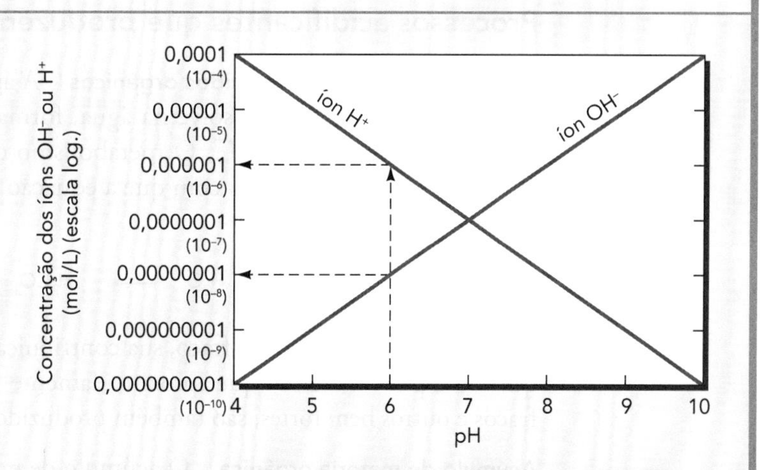

Figura 9.1 Relação entre pH, pOH e as concentrações de íons hidrogênio e íons hidroxilas em uma solução aquosa.

Visto que na água pura a concentração de íons H^+ deve ser igual à daquela de íons OH^-, essa equação mostra que a concentração de cada uma em separado é 10^{-7} ($10^{-7} \times 10^{-7} = 10^{-14}$). Isso mostra também a relação inversa entre as concentrações desses dois íons (Fig. 9.1). Quando uma delas aumenta, a outra tem que decrescer proporcionalmente. Então, se tivermos que aumentar a concentração de íons H^+ em 10 vezes (de 10^{-7} para 10^{-6}), a de OH^- terá que ser diminuída também 10 vezes (de 10^{-7} a 10^{-8}), porque o produto dessas duas concentrações deve se manter igual a 10^{-14}.

Os cientistas simplificaram a maneira de expressar essas concentrações muito baixas de íons H^+ e OH^- usando o *logaritmo negativo da concentração de íons H^+*, denominada *pH*. Então, se a concentração de H^+ em um meio ácido for 10^{-5}, o pH será 5; se for 10^{-9} em um meio alcalino, o pH será 9.

* N. de T.: No Brasil, o termo "cátions não ácidos" é pouco usado, preferindo-se "cátions básicos".

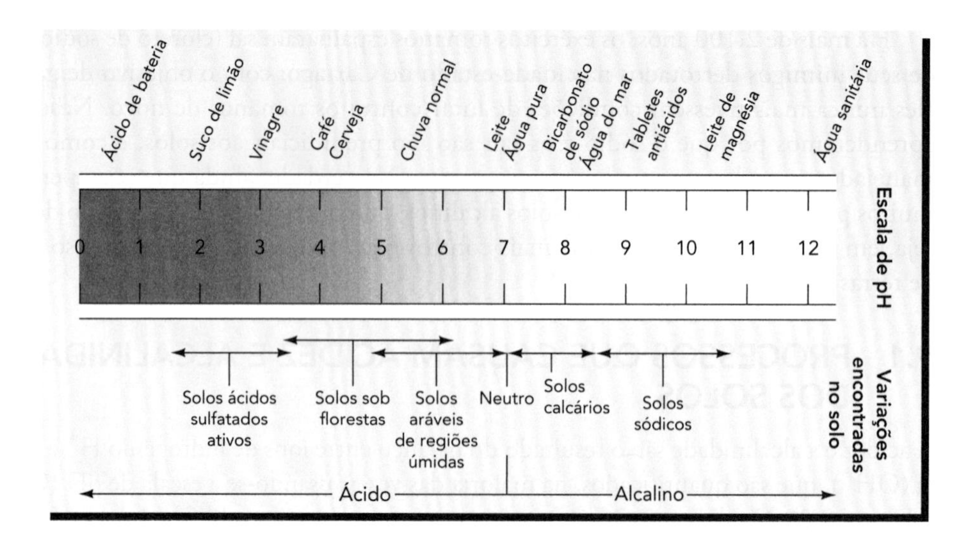

Figura 9.2 Alguns valores de pH de substâncias conhecidas (acima), comparados com amplitudes de pH típicos para vários solos (abaixo).

que os dois processos são acentuados pela grande quantidade de água que entra no solo, não nos surpreende o fato de que a acidez do solo esteja direta e intimamente relacionada à quantidade de precipitação pluvial anual.

Processos acidificantes que produzem íons de hidrogênio

Ácido carbônico e outros ácidos orgânicos A água da chuva traz acidez aos solos, porque, quando o CO_2 do ar se dissolve na água, forma o ácido carbônico que, em sequência, se dissocia para liberar íons H^+. O metabolismo das raízes e dos micro-organismos no solo adiciona mais CO_2, fazendo com que a equação abaixo tenda para a direita, desenvolvendo mais acidez:

$$CO_2 + H_2O \longrightarrow H_2CO_3 \rightleftharpoons HCO_3^- + H^+ \tag{9.1}$$

Como o H_2CO_3 é um ácido fraco, sua contribuição para a acidez do solo é importante apenas quando o pH é maior do que aproximadamente 5,0. Muitos outros ácidos orgânicos, alguns fracos e outros bem fortes, são também produzidos por atividades biológicas do solo.

Acúmulo de matéria orgânica O acúmulo de matéria orgânica tende a acidificar o solo por duas razões. Primeira: a matéria orgânica forma complexos solúveis com cátions não ácidos (que são nutrientes, como Ca^{+2} e Mg^{+2}), facilitando sua perda por lixiviação. Segunda: a matéria orgânica contém numerosos grupos funcionais ácidos dos quais os íons H^+ podem se dissociar (consulte a Figura 8.9).

Oxidação do nitrogênio (nitrificação) As reações de oxidação geralmente liberam íons H^+ como um de seus produtos. As reações de redução, por outro lado, tendem a consumir íons H^+ e aumentar o pH do solo. Os íons amônio (NH_4^+) provenientes da matéria orgânica ou de muitos adubos minerais estão sujeitos a processos de oxidação que convertem o N para formar o nitrato (NO_3^-). A reação com o oxigênio, denominada nitrificação, libera dois íons H^+ para cada íon NH_4^+ oxidado. Em razão de o NO_3 produzido ser um ânion de **ácido forte** (ácido nítrico, HNO_3), ele não se recombina com o íon H^+ para fazer a reação tender para a esquerda:

$$NH_4^+ + 2O_2 \rightleftharpoons H_2O + H^+ + \underbrace{H^+ + NO_3^-}_{\text{Ácido nítrico dissociado}} \tag{9.2}$$

Oxidação do enxofre Certos compostos de plantas, como as proteínas, e alguns minerais, como a pirita, contêm enxofre quimicamente reduzido (Seção 7.4). Quando esse enxofre é oxidado, a reação produz ácido sulfúrico (H_2SO_4). Este ácido forte é responsável por grandes quantidades de acidez em certos solos que contêm enxofre reduzido e, por isso, estão expostos a condições que favorecem o aumento do nível de oxigênio, devido à drenagem artificial ou escavação (Seção 9.5):

$$\underset{\text{Pirita}}{FeS_2 + 3\tfrac{1}{2}O_2 + H_2O} \rightleftharpoons \underset{\text{Sulfato ferroso}}{FeSO_4} + \underbrace{2H^+ + SO_4^{2-}}_{\text{Ácido sulfúrico dissociado}} \qquad (9.3)$$

Absorção de cátions pelas plantas Para cada carga positiva absorvida na forma de um cátion, a raiz pode manter o balanço de cargas necessário, tanto absorvendo uma carga negativa, na forma de um ânion, ou exsudando uma carga positiva, na forma de um cátion diferente. Quando as raízes absorvem alguns cátions (p. ex., K^+, NH_4^+, Ca^{2+}) muito mais do que certos ânions (p. ex., NO_3^-, SO_4^{2-}), elas exsudam íons H^+ na solução do solo para manterem o balanço de cargas. Essa exsudação da H^+ acidifica a solução do solo.

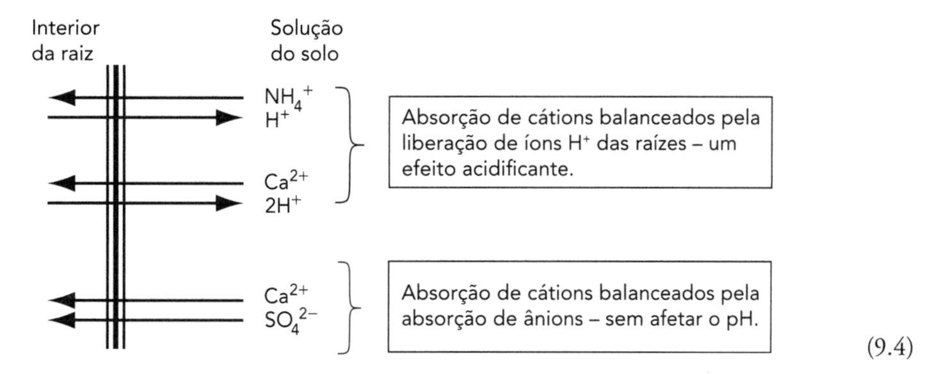

(9.4)

Processos alcalinizantes que consomem íons hidrogênio ou produzem íons hidroxila

O grau de acidificação que realmente ocorre em um dado solo é determinado pelo balanço entre aqueles processos que produzem íons H^+ e outros que *consomem* H^+ ou produzem OH^- (Tabela 9.1). Em regiões secas, onde a água é escassa e a produção de materiais orgânicos é baixa, os solos tornam-se alcalinos (p. ex., seu pH se eleva para valores acima de 7) porque mais íons H^+ estão sendo consumidos do que gerados (consulte o lado direito da Tabela 9.1, e não há chuva suficiente para lixiviar os cátions não ácidos liberados com o intemperismo dos minerais.

Intemperização de cátions não ácidos dos minerais A intemperização dos minerais (Seção 2.1) é um processo consumidor de íons H^+ demorado e muito importante que se contrapõe à acidificação. Um exemplo é a liberação do cálcio através do intemperismo de um mineral silicatado:

$$\text{Silicato-Ca} + 2H^+ \longrightarrow H_4SiO_4 + Ca^{2+} \qquad (9.5)$$

Alguns dos cátions não ácidos (Ca^{2+}, Mg^{2+}, K^+ e Na^+), liberados pelo intemperismo, tornam-se cátions trocáveis nos coloides do solo. Os íons de hidrogênio, adicionados à solução do solo através de ácidos que vêm com as chuvas (e outras fontes já mencionadas), podem repor esses cátions em sítios de troca do húmus e argilas. Dessa forma, os cátions não ácidos deslocados ficarão sujeitos a perdas por lixiviação, acompanhados dos ânions dos áci-

Tabela 9.1 Principais processos que produzem ou consomem íons hidrogênio (h^+) no sistema solo

A produção de íons H^+ aumenta a acidez do solo, enquanto o consumo de íons H^+ retarda a acidificação e conduz à alcalinidade. O nível do pH do solo reflete o balanço a longo prazo entre esses dois processos.

Processos acidificantes (produzindo íons H^+)	Processos alcalinizantes (consumindo íons H^+)
Formação de ácido carbônico a partir de CO_2	Entrada de bicarbonatos e carbonatos
Dissociação ácida, tal como: $RCOOH \rightarrow RCOO^- + H^+$	Protonação de ânions, tais como: $RCOO^- + H^+ \rightarrow RCOOH$
Oxidação de compostos de N, S e Fe	Redução de compostos de N, S e Fe
Deposição atmosférica de H_2SO_4 e HNO_3	Deposição atmosférica de Ca e Mg
Cátions absorvidos pelas plantas	Absorção de ânions pelas plantas
Acumulação de matéria orgânica ácida (p. ex.: ácido fúlvico)	Adsorção específica (complexos de esfera mais interna) de ânions (especialmente SO_4^{2-})
Precipitação de cátions, tais como: $Al^{3+} + 3H_2O \rightarrow 3H^+ + Al(OH)_3^0$; $SiO_2 + 2Al(OH)_3 + Ca^{2+} \rightarrow CaAl_2SiO_6 + 2H_2O + 2H^+$	Cátios de minerais que estão se intemperizando. Tais como: $3H^+ + Al(OH)_3^0 \rightarrow Al^{3+} + 3H_2O$; $CaAl_2SiO_6 + 2H_2O + 2H^+ \rightarrow SiO_2 + 2Al(OH)_3 + Ca^2+$
Deprotonação de cargas dependentes de pH	Protonação de cargas dependentes de pH

dos adicionados (Figura 9.3). Aos poucos, o solo vai se tornando mais ácido se a lixiviação do Ca^{2+}, Mg^{2+}, K^+ e Na^+ continuar acontecendo mais rápido do que a liberação desses cátions oriundos da intemperização dos minerais. Assim, a formação de solos ácidos é favorecida por altas precipitações pluviais, por materiais de origem pobres em Ca, Mg, K e Na e por intensa atividade biológica, a qual beneficia a formação de H_2CO_3.

Acúmulo de cátions não ácidos Em regiões áridas onde a precipitação é menor do que a evapotranspiração (Seção 6.3), os cátions liberados pelo intemperismo dos minerais se acumulam, porque não há chuva suficiente para lixiviá-los por completo. Os cátions adsorvidos no complexo de troca e os em solução são, principalmente, Ca^{2+}, Mg^{2+}, K^+ e Na^+. Uma vez que esses cátions não são hidrolisáveis, eles não reagem com a água para formar íons H^+, como

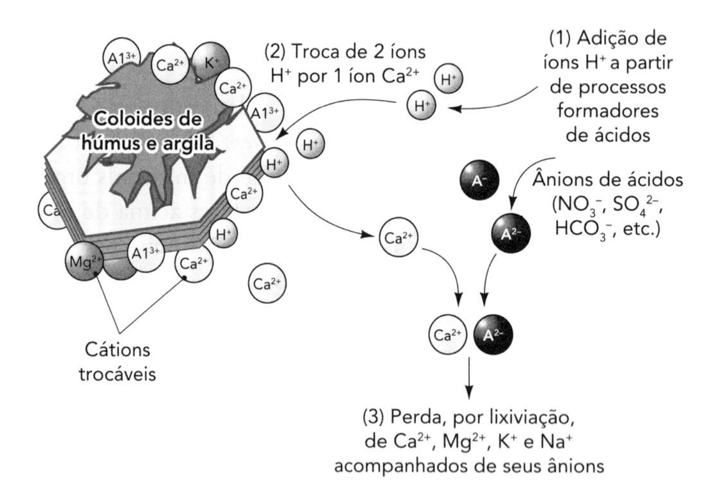

Figura 9.3 Os solos tornam-se ácidos por duas razões principais. Primeira: os íons H^+ adicionados à solução do solo substituem os cátions não ácidos Ca^{2+}, Mg^{2+}, K^+ e Na^+, retidos nos sítios de troca dos coloides de húmus e argilas. Segunda: a percolação da água da chuva carrega os cátions não ácidos liberados com a água de drenagem juntamente com os ânions acompanhantes (coânions). Como resultado, o complexo de troca (e, portanto, também a solução do solo) torna-se cada vez mais dominado por cátions ácidos (H^+ e Al^{3+}). Deste modo, com uma maior precipitação anual, a lixiviação dos cátions é mais intensa e, assim, o solo torna-se fortemente ácido. Em regiões áridas com pouca ou nenhuma lixiviação, os íons H^+ produzidos causam pequena acidificação, mesmo a longo prazo, porque o Ca^{2+}, Mg^{2+}, K^+ e Na^+ não são lixiviados, mas permanecem no solo, onde podem novamente substituir os cátions ácidos e assim evitar uma queda no nível do pH. (Diagrama: cortesia de R. Weil)

os cátions ácidos (Al^{3+} ou Fe^{3+}). Entretanto, eles normalmente também não produzem íons OH^-. Ao contrário, seu efeito na água é neutro,[1] e os solos dominados por eles têm um pH não maior do que 7, a menos que certos *ânions* estejam presentes na solução do solo.

Produção de ânions formadores de bases Os ânions básicos e geradores de hidroxilas (OH^-) são principalmente os **carbonatos** ($\mathbf{CO_3^{2-}}$) e **bicarbonatos** ($\mathbf{HCO_3^-}$). Esses ânions originam-se da dissolução de minerais como a calcita ($CaCO_3$) ou da dissociação do ácido carbônico (H_2CO_3).

$$\underset{\text{Calcita (um sólido)}}{CaCO_3} \rightleftharpoons \underset{\text{Dissolvido na água}}{Ca^{2+}} + \underset{\text{Dissolvido na água}}{CO_3^{2-}} \tag{9.6}$$

$$\underset{\text{Carbonato}}{CO_3^{2-}} + H_2O \rightleftharpoons HCO_3^- + OH^- \tag{9.7}$$

$$\underset{\text{Bicarbonato}}{HCO_3^-} + H_2O \rightleftharpoons H_2CO_3 + OH^- \tag{9.8}$$

$$\underset{\text{Ácido carbônico}}{H_2CO_3} \rightleftharpoons H_2O + \underset{\text{(gás)}}{CO_2} \uparrow \tag{9.9}$$

Nesta série de reações interligadas de equilíbrio, o carbonato e o bicarbonato agem como bases, porque reagem com a água para formarem íons hidroxilas, aumentado, assim, o pH. A importância dessas reações no **tamponamento dos solos**, ou resistência às mudanças de pH, está descrita na Seção 9.4.

Dióxido de carbono e carbonatos A direção das setas nas Reações 9.6 a 9.9 determina se os íons são consumidos (provenientes da esquerda) ou produzidos (provenientes da direita). Por um lado, essa liberação de íons OH^- é controlada principalmente pela precipitação ou dissolução da calcita e, por outro lado, pela produção (respiração) ou perda (volatilização para a atmosfera) do dióxido de carbono. Por essa razão, a respiração biológica no solo contribui para abaixar o pH, direcionando as Reações 9.6 a 9.9 para a esquerda.

O carbonato de cálcio ($CaCO_3$) sólido se precipita quando a solução do solo torna-se saturada em relação aos íons Ca^{2+}. Essa precipitação remove o Ca da solução, direcionando, outra vez, a série das reações para a esquerda (abaixamento de pH). Por causa da limitada solubilidade do $CaCO_3$, o pH da solução não pode se elevar acima de 8,4 quando o CO_2 em solução está em equilíbrio com o CO_2 da atmosfera. O pH no qual o $CaCO_3$ se precipita no solo está, em geral, entre 7,0 a 8,0, dependendo de quanto da concentração de CO_2 tiver sido acrescentada pela atividade biológica. Esse fato sugere que, se *outros* minerais carbonatados mais solúveis do que o $CaCO_3$ (p. ex., $NaCO_3$) estivessem presentes, eles poderiam direcionar as Reações 9.6 a 9.9 de novo para a direita, produzindo mais íons hidroxila e, assim, um pH mais elevado (Seção 9.14). De fato, horizontes de solos **calcários** (ricos em calcita) têm pH variando de 7,0

[1] Os cátions Ca^{2+}, Mg^{2+}, K^+, Na^+ e NH_4^+ têm sido tradicionalmente chamados, por conveniência, de *básicos* ou *cátions que formam bases*. Contudo, esta terminologia não é uma forma exata de distingui-los do *cátion ácido* H^+ e dos cátions que o formam (como o Al^{+3} e o Fe^{3+}). Da mesma forma, o termo *saturação não ácida* deveria ser usado, preferencialmente, à *saturação por bases*, para referir-se à percentagem da capacidade de troca preenchida por cátions não ácidos (na maioria das vezes, Ca^{2+}, Mg^{2+}, K^+ e Na^+; consulte a Seção 9.3).

a 8,4 (tolerados por muitas plantas), enquanto nos horizontes **sódicos** (ricos em carbonato de sódio) o pH pode variar de 8,5 até 10,5 (nível tóxico para muitas plantas). É muito bom para as plantas o fato de o íon Ca^{2+}, e não o íon Na^{+}, ser o dominante na maioria dos solos.

Excesso de ânions absorvidos pelas raízes Quando a quantidade absorvida por uma planta de um ânion como o NO_3^- for maior do que os cátions a ele associados, as raízes exsudarão o ânion bicarbonato (HCO_3^-) para manter o balanço de cargas:

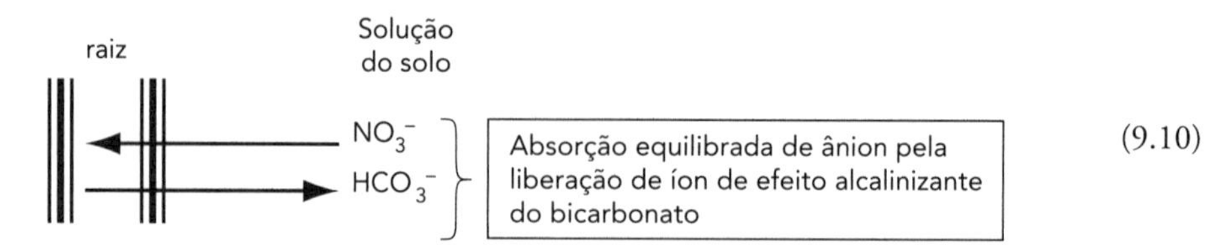

(9.10)

A concentração aumentada de íons bicarbonato resultante contribui para *reverter* a direção da dissociação do ácido carbônico (Equação 9.1), *consumindo*, desse modo, íons H^+ e aumentando o pH da solução do solo. Outro processo que consome íons H^+ e envolve o nitrogênio é a redução do nitrato a gás sob condições anaeróbicas (Seções 7.3 e 12.1).

Papel da precipitação pluvial na acidificação

Vimos que a acidificação do solo resulta de dois processos básicos que agem em conjunto: (1) a *produção de íons H^+* e (2) a *remoção de cátions não ácidos (ou básicos)*. Uma abundância de água de chuva desempenha importante papel nos dois processos, explicando por que há uma estreita relação entre a quantidade de precipitação anual e o nível de acidez do solo. Primeiro, a chuva, a neve e o nevoeiro contêm uma variedade de ácidos que fornece íons H^+ para o solo que recebe a precipitação. Em décadas recentes, a queima de carvão e de produtos derivados de petróleo tem aumentado significativamente a quantidade dos ácidos fortes H_2SO_4 e HNO_3 presentes na precipitação (Seção 9.5). Segundo, com uma maior e significativa precipitação, mais água percola através do perfil do solo e, por isso, mais cátions não ácidos são lixiviados. A lixiviação de cátions não ácidos permite a entrada de H^+ que vai predominar nos sítios de capacidade de troca dos coloides, fazendo com que o solo se torne cada vez mais ácido.

9.2 PAPEL DO ALUMÍNIO NA ACIDEZ DO SOLO

Embora os baixos valores de pH sejam definidos como uma alta concentração de íons H^+, o **alumínio** também desempenha um papel importante na acidez do solo. O alumínio é um dos principais constituintes de muitos minerais do solo (aluminossilicatos e óxidos de alumínio), incluindo as argilas. Quando os íons H^+ são adsorvidos na superfície das argilas, em geral não permanecem como cátions trocáveis por muito tempo; em vez disso, atacam a estrutura dos minerais, liberando nesse processo íons Al^{3+}, que então permanecem adsorvidos nos sítios de troca de cátions dos coloides. Esses íons Al^{3+} trocáveis, por sua vez, estão em equilíbrio com os Al^{3+} dissolvidos na solução do solo.

Os íons Al^{3+} trocáveis e solúveis desempenham dois papéis fundamentais na história da acidez no solo. Primeiro, o alumínio é *altamente tóxico* para muitos organismos e, por isso, é responsável por muitos dos impactos prejudiciais da acidez do solo nas plantas e nos organismos aquáticos. Esse papel será estudado na Seção 9.7.

Segundo, os íons Al^{3+} têm uma forte tendência para se hidrolisarem, separando as moléculas da água em íons H^+ e OH^- (íons Fe^{3+} o fazem da mesma forma em condições de pH muito baixo). O alumínio combina com o íon OH^-, liberando H^+ para abaixar o pH da solução do solo. Por essa razão, o Al^{3+}, junto com o H^+, são considerados **cátions ácidos**. Um único íon Al^{3+} pode então liberar até três íons H^+ quando a série de reações reversíveis seguintes tendem para a direita, segundo a apresentação, em etapas, da seguinte sequência de reações:

$$Al^{3+} \underset{H_2O \quad H^+}{\overset{H_2O \quad H^+}{\rightleftharpoons}} AlOH^{2+} \underset{H_2O \quad H^+}{\overset{H_2O \quad H^+}{\rightleftharpoons}} Al(OH)_2^+ \underset{H_2O \quad H^+}{\overset{H_2O \quad H^+}{\rightleftharpoons}} \underset{\text{Gibbsita ou amorfos (sólido)}}{Al(OH)_3^0} \quad (9.11)$$

$pK_a = 5,0$ $\quad pK_a = 5,1$ $\quad pK_a = 6,7$

A maior parte dos íons de hidroxialumínio $[Al(OH)_x^{y+}]$, os quais são formados quando o pH aumenta, é fortemente adsorvida nas superfícies das argilas ou é complexada pela matéria orgânica. Com frequência, os íons hidroxialumínio se juntam, formando grandes polímeros com muitas cargas positivas. Quando firmemente ligados aos sítios com carga negativa dos coloides, esses polímeros não são trocáveis e, por isso, ocultam boa parte da capacidade potencial de troca de cátions dos coloides.

9.3 COMPARTIMENTOS DA ACIDEZ DO SOLO

Principais compartimentos da acidez do solo

Pesquisas indicam que existem três principais compartimentos da acidez que são comuns no solo: (1) **acidez ativa**, devido aos íons H^+ na solução do solo; (2) **acidez substituível (trocável) por uma solução salina**, compreendendo o alumínio e o hidrogênio que são *facilmente trocáveis* por outros cátions através de uma simples solução salina não tamponada, como o KCl; e (3) **acidez residual**, que pode ser neutralizada por calcário ou outro material alcalino, mas não pode ser detectada pelo método da substituição pelos cátions de uma solução salina. Esses tipos de acidez, somados, perfazem a **acidez total** do solo. Além deles, há um quarto compartimento (embora muito menos comum, mas às vezes muito importante) chamado de **acidez potencial**, pois pode surgir a partir da oxidação de compostos do enxofre em certos solos ácidos sulfatos (Seção 9.7).

Fundamentos da química ácido-base: www.shodor.org/unchem/basic/ab/index.html

Acidez ativa O compartimento da acidez ativa é definido pela atividade do íon H^+ na solução do solo. Esse compartilhamento é muito pequeno, se comparado ao da acidez trocável e potencial. Mas mesmo assim, a acidez ativa é extremamente importante, porque é a que determina a solubilidade de muitas substâncias, além de abastecer o ambiente da solução do solo ao qual as plantas e os micro-organismos estão expostos.

Acidez trocável (substituível por uma solução salina) A acidez que pode ser substituída por um sal está principalmente associada com os íons de alumínio e de hidrogênio trocáveis, que estão presentes em grande quantidade em vários solos muito ácidos. Esses íons podem ser liberados para a solução do solo devido à sua capacidade de troca com uma solução salina não tamponada, como o KCl. Depois de liberado na solução do solo, o alumínio se hidrolisa para formar mais íons H^+, como exposto na Seção 9.3. Em solos muito ácidos, o equivalente químico da acidez substituível por uma solução salina é comumente milhares de vezes maior do que o da acidez ativa presente na solução do solo. Mesmo em solos moderadamente ácidos, a quantidade de calcário necessária para neutralizar esse tipo de acidez é comumente 100 vezes maior de que aquela necessária para neutralizar a solução do solo (acidez ativa). A um dado valor de pH, a acidez trocável é geralmente mais alta na esmectita, intermediária na vermiculita e mais baixa na caulinita.

Acidez residual A acidez trocável (substituível por uma solução salina) e a acidez ativa compreendem apenas uma fração da acidez total do solo. A remanescente **acidez residual** está em geral associada com os íons hidrogênio e alumínio (incluindo os íons de hidroxialumínio) que estão retidos na matéria orgânica e em argilas sob formas não trocáveis (ver Figura 9.4). Quando o pH aumenta, os íons hidrogênio ligados aos radicais hidroxílicos se dissociam, e os íons alumínio retidos no complexo de troca são liberados e precipitados como amorfos do tipo $Al(OH)_3^0$. Essas mudanças liberam sítios negativos de troca e aumentam a capacidade de troca de cátions.

A acidez residual é muito maior do que a acidez ativa ou a acidez trocável. Ela pode ser 1.000 vezes maior do que a solução do solo ou a acidez ativa, em solos arenosos, e 50.000 vezes ou até 100.000 vezes maior em um solo argiloso com alto teor de matéria orgânica. A quantidade de rocha calcária moída recomendada, para corrigir pelo menos parcialmente a acidez potencial nos 15 cm mais superficiais do solo, comumente é de 5 a 10 toneladas (Mg) por hectare (2,25 a 4,5 toneladas por acre).

Acidez total Para a maioria dos solos (com exceção dos potencialmente ácido sulfatados), a acidez total que deve ser neutralizada para aumentar o pH a um desejado valor pode ser definida como:

$$\text{Acidez total} = \text{acidez ativa} + \text{acidez trocável} + \text{acidez residual} \qquad (9.12)$$

Podemos concluir que o pH da solução do solo é apenas a ponta do *iceberg* na determinação da quantidade de calcário necessária para suplantar o efeito danoso da acidez do solo.

pH do solo e associações de cátions

Cátions retidos e trocáveis A Figura 9.4 ilustra a relação entre o pH do solo e as duas formas prevalecentes de hidrogênio e alumínio: (1) aquela firmemente presa (*retida*) às cargas dependentes de pH e (2) aquela associada com cargas negativas nos coloides (*trocável*). As formas retidas contribuem para o tamanho do compartimento da acidez residual, mas os íons trocáveis têm apenas um efeito imediato no pH do solo. Como veremos na Seção 9.8, ambas as formas estão muito relacionadas à determinação da quantidade de calcário ou enxofre necessários para a mudança de pH do solo.

CTC efetiva e o pH Observa-se que, nos dois solos ilustrados na Figura 9.4, a CTC efetiva aumenta com a elevação do nível do pH. Essa mudança na CTC efetiva resulta de dois fatores principais: (1) retenção e liberação de íons H^+ dos sítios de carga dependentes do pH (como mostrado na Seção 8.6) e (2) as reações de hidrólise das espécies de alumínio (como explicado na Seção 9.2). A alteração na CTC efetiva seria bem maior para solos orgânicos (Figura 9.4, *abaixo*), assim como para solos minerais muito intemperizados nos quais predominam argilas compostas de óxidos de ferro e de alumínio. Contudo, as mudanças na CTC efetiva decorrentes de variações do pH, mesmo na camada mais superficial de solos onde predominam argilas 2:1 (e que possuem principalmente cargas permanentes), acontecem, porque quantidades substanciais de cargas variáveis são naturalmente fornecidas pela matéria orgânica e pelos bordos intemperizados dos minerais das argilas.

Porcentagens de saturação por cátions

A proporção da CTC ocupada por um dado íon é denominada sua **porcentagem de saturação**. Considere um solo com a CTC de 20 $cmol_c$/kg retendo estas quantidades (em $cmol_c$/kg): 10 de Ca^{2+}, 3 de Mg^{2+}, 1 de K^+, 1 de Na^+, 1 de H^+ e 4 de Al^{3+}. Esse solo, com 10 $cmol_c$ de Ca^{2+}/kg e uma CTC de 20 $cmol_c$/kg é dito estar 50% saturado por cálcio. Da mesma forma, a saturação por alumínio desse solo é de 20% (4/20 = 0,20 ou 20%). Juntos, os 4 $cmol_c$/kg de

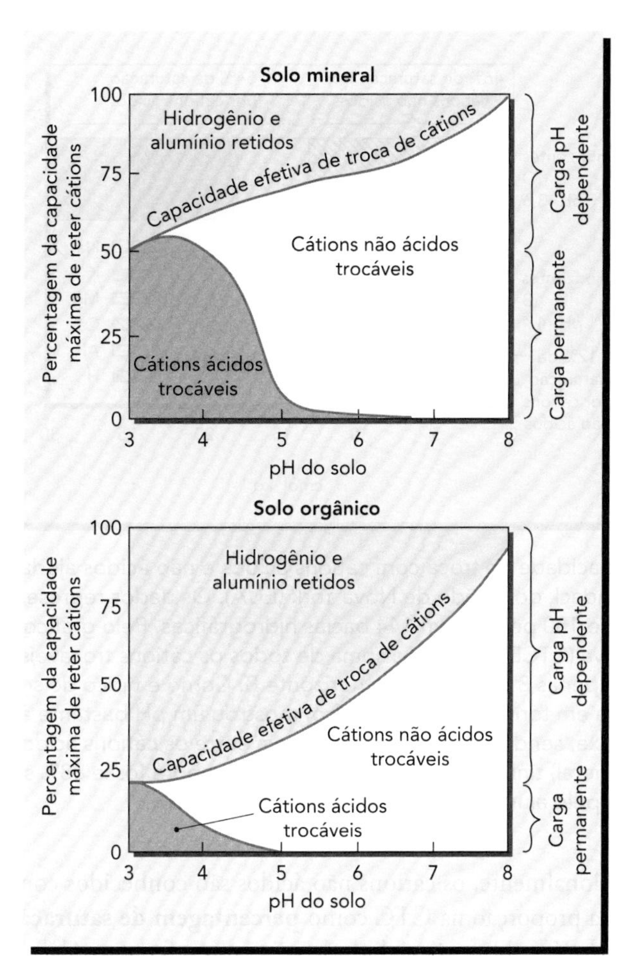

Figura 9.4 Relação geral entre o pH do solo e os cátions adsorvidos na forma trocável ou os mais firmemente ligados aos coloides, em dois solos representativos. Considere que qualquer solo em particular mostraria uma distribuição um pouco diferente. *Acima*: um solo mineral, com mineralogia mista e um nível de matéria orgânica moderado, mostra um decréscimo também moderado da capacidade de troca efetiva de cátions quando o pH diminui, sugerindo a existência tanto de *cargas dependentes do pH* como de *cargas permanentes* (consulte a Seção 8.6 para obter uma explicação sobre os termos relacionados às cargas), cada um desses conjuntos de cargas podendo ser responsável por aproximadamente metade da CTC máxima. Nesses valores de pH acima de 5,5, a concentração de cátions ácidos trocáveis (alumínio e H^+) é muito baixa para ser mostrada no diagrama, e a CTC efetiva está 100% saturada com cátions não ácidos trocáveis (Ca^{2+}, Mg^{2+}, K^+ e Na^+, os também chamados cátions básicos). Quando o pH desce de 7,0 para aproximadamente 5,5, a CTC efetiva é reduzida, porque os íons H^+ e os íons $Al(OH)_x^{y+}$ [que podem incluir $AlOH^{2+}$, $Al(OH)_2^+$,etc.] estão firmemente ligados a alguns sítios de cargas dependentes do pH. Quando o pH desce mais ainda, de 5,5 a 4,0, os íons alumínio (especialmente Al^{3+}), acompanhados de alguns íons H^+, vão ocupando cada vez mais os sítios de troca remanescentes. Os íons H^+ trocáveis ocupam a maior porção do complexo de troca apenas em níveis de pH abaixo de 4,0. *Abaixo*: a CTC de um solo orgânico é dominada por cargas dependentes (variáveis) de pH, tendo apenas uma pequena quantidade de cargas permanentes. Em consequência, quando o pH diminui, a CTC efetiva da matéria orgânica do solo diminui bem mais do que a CTC efetiva dos minerais do solo. No solo orgânico, em níveis de pH baixo, os íons H^+ trocáveis são mais proeminentes do que os de alumínio, o oposto acontecendo no solo mineral. (Diagrama: cortesia R. Weil)

Al^{3+} trocável mais 1 $cmol_c/kg$ do íon H^+ trocável conferem a ele uma **saturação ácida*** de 25% [(4 + 1)/20 = 0,25]. Igualmente, o termo **saturação por cátions não ácidos** pode ser usado para referir-se à proporção de Ca^{2+}, Mg^{2+}, K^+, Na^+, etc., existentes na CTC. Por isso, o solo do nosso exemplo tem uma saturação não ácida de 75% [(10 + 3 + 1 + 1)/20 = 0,75].

* N. de T.: No Brasil, esta saturação por cátions ácidos é comumente referida como saturação por alumínio, ou valor m.

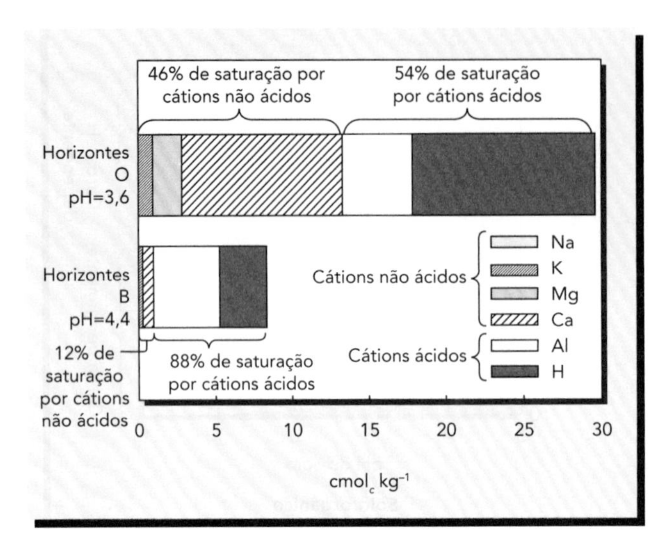

Figura 9.5 A saturação da capacidade de troca com cátions ácidos e não ácidos ajuda a caracterizar a acidificação dos solos nas montanhas Adirondack do Estado de Nova York (EUA). Os dados representam as médias para os horizontes O e B relativos a mais de 150 pedons em 144 bacias hidrográficas. Pelo gráfico, podemos ver que a capacidade de troca de cátions efetiva (CTCE), ou seja, a soma de todos os cátions trocáveis, foi quase 30 $cmol_c\ kg^{-1}$ no horizonte O, confrontado com apenas 8 $cmol_c\ kg^{-1}$ no horizonte B. Como é típico de solos de clima temperado e florestados, o horizonte O (que era em torno de 90% orgânico) mostrou um pH bastante ácido, mas com saturação por cátions ácidos relativamente baixa, sendo que o H^+ predominava entre os cátions ácidos. Em contraste, o horizonte B (que era em torno de 90% mineral) tinha um pH mais moderado, embora fosse 88% saturado por cátions ácidos, a maioria dos quais representada pelo alumínio. (Modificado de Sullivan et al. [2006])

Tradicionalmente, os cátions não ácidos são conhecidos como **cátions "bases"** (ou "**básicos**"), e sua proporção na CTC como **percentagem de saturação por "bases"**. Cátions como Ca^{2+}, Mg^{2+}, K^+ e Na^+ não se hidrolisam como o fazem o Al^{3+} e o Fe^{3+} e, por isso, são cátions que não formam ácidos. Entretanto, eles também *não* são bases e não necessariamente formam bases no sentido químico da palavra.[2] Por causa dessa ambiguidade, é mais correto falar de *saturação por cátions ácidos* quando descrevemos os graus de acidez no complexo de capacidade de troca de cátions (Figura 9.5). As relações entre esses termos podem ser resumidas como segue:

$$\text{Percentagem de saturação por cátions ácidos} = \frac{\text{cmol}_c \text{ de } Al^{3+} + H^+ \text{ trocáveis}}{\text{cmol}_c \text{ da CTC}} \quad (9.13)$$

$$\begin{array}{c}\text{Percentagem de}\\ \text{saturação por}\\ \text{cátions não ácidos}\end{array} = \begin{array}{c}\text{Percentagem}\\ \text{de saturação}\\ \text{por "bases"}\end{array} = \frac{\text{cmol}_c \text{ de } Ca^{2+} + Mg^{2+} + K^+ + Na^+ \text{ trocáveis}}{\text{cmol}_c \text{ da CTC}}$$
$$= 100 - \begin{array}{c}\text{Percentagem de saturação}\\ \text{por cátions ácidos}\end{array} \quad (9.14)$$

O pH e a saturação por cátions ácidos (e não ácidos)

A percentagem de saturação por um determinado cátion (p. ex., Al^{3+}, Ca^{2+}) ou uma classe de cátions (p. ex., cátions ácidos ou não ácidos) está, com frequência, mais diretamente relacionada com a natureza da solução do solo do que com a quantidade absoluta desses cátions presentes. Em geral, quando a percentagem de cátions ácidos aumenta, o pH da solução do solo diminui. Contudo, vários fatores podem modificar essa relação.

[2] Uma base é uma substância que combina com o íon H^+, enquanto um ácido é uma substância que libera íons H^+. Os ânions OH^- e HCO_3^- são bases fortes porque reagem com H^+ para formarem ácidos fracos, H_2O e H_2CO_3, respectivamente.

Efeito do tipo de coloide Em solos com um mesmo nível percentual de saturação por cátions ácidos, a matéria orgânica e os tipos de minerais das argilas presentes influenciam o seu pH; isso ocorre devido a diferenças na capacidade dos vários coloides em fornecer íons H^+ à solução do solo. Por exemplo, a dissociação do íon H^+ adsorvido pela esmectita é muito maior do que a do adsorvido nas argilas dos óxidos de Fe e Al. Como consequência, nos solos com mesma percentagem de saturação por cátions ácidos e nos quais predomina a esmectita, o pH é muito mais baixo do que naqueles em que predominam os óxidos.

Efeito do método de medir a CTC Uma inadequada ambiguidade no conceito de percentagem de saturação por cátions faz com que a real percentagem calculada dependa da seguinte especificação: a CTC usada no cálculo como denominador é a efetiva (que varia com o pH) ou é a CTC potencial máxima (que é uma constante para determinado solo). Os diferentes métodos de medição da CTC estão representados na Seção 8.9.

Quando o conceito da saturação por cátions foi primeiramente desenvolvido, a percentagem da saturação por cátions não ácidos (então chamada de "saturação por bases") era calculada dividindo-se o teor desses cátions trocáveis pela capacidade *potencial* de troca de cátions, que é medida a valores de pH elevados (7 ou 8,2). Desta forma, se um solo mineral representativo, como mostrado na Figura 9.4, tiver uma CTC potencial de 20 $cmol_c$/kg a pH 6,0, terá um teor de cátions não ácidos trocáveis de 15 $cmol_c$/kg e a percentagem de saturação por cátions não ácidos seria calculada como 15 $cmol_c$/20 $cmol_c \times 100 = 75\%$.

Um segundo método relaciona o nível de cátions trocáveis com a CTC *efetiva* no pH do solo. A Figura 9.4 mostra a CTC efetiva de um solo representativo a pH 6 que corresponderia a aproximadamente 15 $cmol_c$/kg. Neste nível de pH, praticamente todos os sítios trocáveis estão ocupados por cátions não ácidos (15 $cmol_c$/kg). Usando a CTC efetiva como base, poderemos deduzir que a saturação por cátions não ácidos é de 15 $cmol_c$/15 $cmol_c \times 100 = 100\%$. Então esse solo, em condições de pH 6, poderá estar 75% ou 100% saturado por cátions não ácidos, dependendo do que tenhamos usado para o nosso cálculo: se a CTC potencial ou a CTC efetiva.

Usos das percentagens de saturação por cátions Qual percentagem de saturação por cátions não ácidos (ou por bases) é a correta? Depende do objetivo em causa. A primeira percentagem (75% da CTC potencial) indica que uma acidificação significativa ocorreu, e este valor é usado na classificação de solos (p. ex., por definição, os *Ultisols* devem ter uma saturação por cátions não ácida, ou "por bases", menor que 35%). A segunda percentagem (100% de CTC efetiva) é mais relevante para fins de fertilidade do solo e disponibilidade de nutrientes. Ela indica que a proporção do total de cátions trocáveis em condições de um determinado pH do solo está representada pelos cátions não ácidos. Por exemplo, quando a CTC efetiva de um solo mineral está saturada com menos de 80% por cátions não ácidos (i. e., mais de 20% saturado por cátions ácidos), a toxicidade de alumínio provavelmente deve estar sendo um problema nesse solo mineral.

9.4 TAMPONAMENTO DO pH EM SOLOS[3]

Os solos tendem a resistir a mudanças no pH da sua fase líquida tanto quando um ácido ou quando uma base são adicionados. Essa resistência para mudanças é chamada de **tamponamento** e pode ser demonstrada comparando-se a *curva de titulação* da água pura com a de vários solos (Figura 9.6).

[3] Para um estudo detalhado dos principais princípios químicos subjacentes a este processo, além de alguns tópicos relacionados, consulte Bloom et al. (2005).

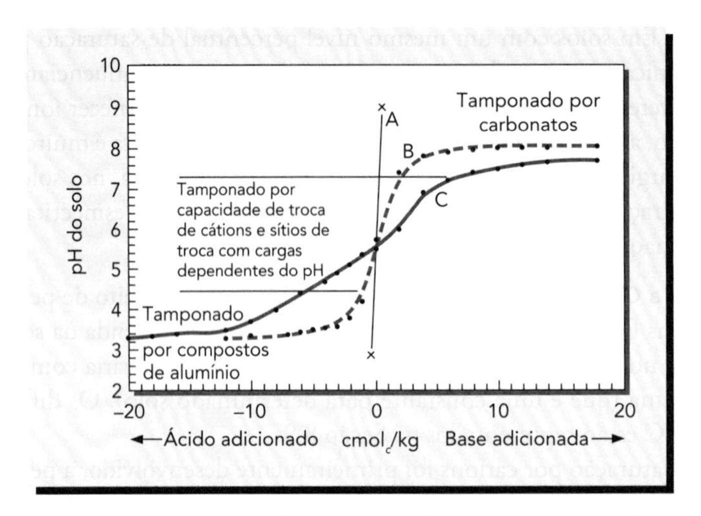

Figura 9.6 O tamponamento, ou resistência, de solos contra mudanças no pH quando um ácido (H_2SO_4) ou base ($CaCO_3$) é adicionado. Um solo bem-tamponado (*C*) e um solo moderadamente tamponado (*B*) são comparados com água não tamponada (*A*). Muitos solos são fortemente tamponados em condições de baixo pH devido à **hidrólise e à precipitação de compostos de alumínio** e em condições de altos valores de pH devido à precipitação e dissolução de **carbonato de cálcio**. Muito do tamponamento a níveis intermediários de pH (pH 4,5 a 7,5) é devido à **capacidade de troca** e à **protonação ou desprotonação** (ganho ou perda de íons H^+) em sítios de troca com carga dependente do pH nas argilas ou húmus coloidais. O solo bem tamponado (*C*) teria uma maior quantidade de matéria orgânica e/ou argilas com muitas cargas negativas do que o solo moderadamente tamponado (*B*). (Curvas baseadas em dados de Magdoff e Bartlett [1985] e Lumbanraja e Evangelou [1991])

Curvas de titulação

Uma curva de titulação é obtida pelo monitoramento do pH de uma solução quando um ácido ou base é adicionado em incrementos relativamente pequenos. As curvas de titulação apresentadas na Figura 9.6 indicam que os solos são mais fortemente tamponados quando compostos de alumínio (baixo pH) e carbonatos (alto pH) estão controlando as reações tampão. Os solos são menos bem tamponados em níveis de pH intermediários onde a dissociação dos íons H^+ e a troca de cátions são os principais mecanismos de tamponamento. Contudo, existe uma considerável variabilidade nas curvas de titulação para vários solos. Isto pode ocorrer devido às diferenças entre os solos, devido às quantidades e tipos de coloides predominantes, bem como aos teores de complexos do tipo hidroxialumínio ligados a eles e que podem absorver íons OH^- à medida que o pH aumenta.

Mecanismos de tamponamento

Compare as mudanças de pH em "água" e em um "tampão", adicionando ácidos ou bases: http://michele.usc.edu/java/acidbase/acidbase.html

Para solos com níveis de pH intermediários (5 a 7), o tamponamento pode ser explicado em termos do equilíbrio existente entre os três principais compartimentos da acidez do solo: ativa, trocável (substituível por uma solução salina) e residual (Figura 9.7). Se a quantidade de bases (p. ex., calcário) que for aplicada é apenas para neutralizar os íons H^+ da solução do solos, esses serão logo reabastecidos à medida que as reações tenderem para a direita, minimizando, dessa forma, a mudança do pH da solução do solo (Figura 9.7). Da mesma forma, se a concentração de íons H^+ da solução do solo é aumentada (p. ex., pela decomposição das matérias orgânicas ou aplicação de adubos), as reações da Figura 9.7 tenderão para a esquerda, consumindo H^+ e, novamente, minimizando mudanças do pH da solução do solo. Por causa da participação da acidez residual e trocável, podemos ver que solos com teores mais elevados de argila e de matéria orgânica são os mais propensos a serem melhor tamponados nessa faixa de pH.

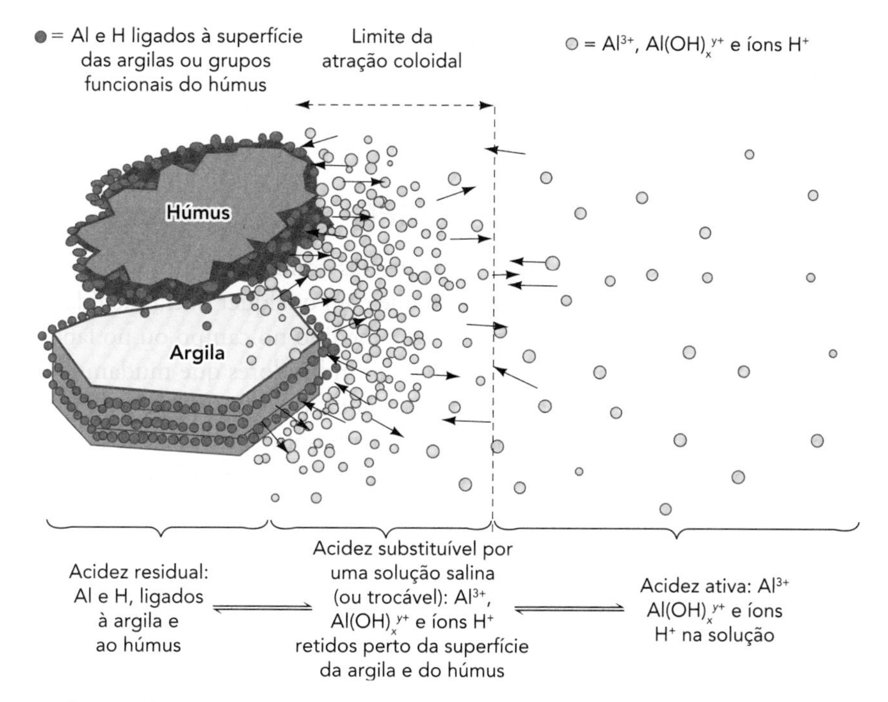

Figura 9.7 Relações de equilíbrio entre a acidez residual, a substituível por uma solução salina (acidez trocável) e a acidez da solução (ativa) em um solo com coloides orgânicos e minerais. Observe que os íons adsorvidos (trocáveis) e residuais (ligados) são muito mais numerosos do que aqueles dissolvidos na solução do solo, mesmo quando apenas uma pequena porção dos íons associados com os coloides é mostrada. A maior parte do alumínio ligado está na forma de íons $Al(OH)_x^{y+}$ que estão firmemente retidos na superfície das argilas ou complexados com o húmus; poucos dos íons $Al(OH)_x^{y+}$ são trocáveis. Lembre-se de que os íons alumínio, por hidrólise, também fornecem íons H^+ para a solução do solo. É claro que a neutralização apenas dos íons hidrogênio e alumínio da solução do solo teria pequenas consequências. Isto porque eles seriam rapidamente substituídos pelos íons associados com os coloides. Portanto, o solo apresenta uma alta capacidade de tamponamento. (Diagrama: cortesia de R. Weil)

Através de toda a faixa de pH, reações que consomem ou produzem íons H^+ fornecem mecanismos para tamponar a solução do solo e evitar mudanças rápidas no seu pH. Os mecanismos específicos de tamponamento incluem: (1) reações de troca de cátions; (2) a hidrólise do alumínio (Equação 9.11) a níveis de pH muito baixos; (3) reações com a matéria orgânica em níveis de pH moderados; (4) a dissociação de íons H^+ de cargas dependentes de pH com certas argilas; (5) a precipitação e a dissolução de minerais carbonados. Esta última é a mais importante em elevados níveis de pH, podendo ser ilustrada pela seguinte reação:

$$CaCO_3 + H_2O + H^+ \rightleftharpoons Ca^{2+} + H_2CO_3 + OH^- \quad (9.15)$$

Importância da capacidade de tamponamento do solo

O tamponamento dos solos é importante por duas razões fundamentais. Primeira, ele contribui para garantir certa estabilidade no pH do solo, impedindo fortes flutuações que poderiam ser prejudiciais às plantas, aos micro-organismos do solo e aos ecossistemas aquáticos. Por exemplo, os solos bem-tamponados resistem aos efeitos da acidificação provocada pelas chuvas ácidas, evitando assim a acidificação tanto do solo quanto da água de drenagem. Segunda, o tamponamento influencia a quantidade de corretivos do solo, como calcários e enxofre, necessários para obter uma desejada mudança de pH no solo.

Os solos variam muito na sua capacidade de tamponamento. Em igualdade de condições, quanto mais alta for a CTC de um solo, maior será sua capacidade de tamponamento. Essa relação existe porque, em um solo com alta CTC, mais acidez trocável e de reserva tem que ser neutralizada ou aumentada para proporcionar uma dada mudança do pH do solo. Então, um solo de textura areia-franca que contém 6% de matéria orgânica e 20% de argila tipo 2:1 seria mais fortemente tamponado do que um solo franco-arenoso com 2% de matéria orgânica e 10% de caulinita (Figura 9.8).

9.5 pH DO SOLO NO CAMPO

Vários métodos podem ser usados para medir o pH: http://soils.usda.gov/technical/technotes/note8. html

É possível inferir mais a respeito das condições químicas e biológicas em um solo através do seu valor de pH do que com qualquer outra medida individual. O pH do solo pode ser fácil e rapidamente medido no campo ou no laboratório. Simples *kits* de campo usam corantes orgânicos indicadores que mudam de cor à medida que o pH aumenta ou diminui. Poucas gotas da solução indicadora de pH são colocadas em contato com o material de solo, geralmente sobre um placa de porcelana branca (ver cor na Prancha 91), onde a cor do corante indicador é comparada a uma carta de cores que indicam o pH (com variação de 0,2 a 0,5 unidades de pH).

O método mais exato que determina a acidez ativa do solo usa um eletrodo de pH. Assim, um eletrodo de *vidro* sensível ao pH e um eletrodo de referência padrão (ou uma sonda que combine ambos os eletrodos em um) são inseridos em uma suspensão solo:água. Um medidor especial (chamado de *peagâmetro*) é usado para medir o potencial elétrico em milivolts e os converte em leitura de pH. Há que se considerar que algumas sondas metálicas que *não* possuem eletrodo de vidro *não conseguem* medir o pH como anunciado e podem obter leituras não confiáveis!

Muitos laboratórios de análise de solo (ver Seção 13.10) nos Estados Unidos medem o pH de uma suspensão de solo em água. Essa determinação é chamada de pH em água (ou $pH_{água}$). Outros laboratórios (principalmente na Europa e na Ásia) usam uma suspensão da amostra de solo em uma solução salina de $CaCl_2$ a 0,02 *M* (pH_{CaCl}) ou 1,0 *M* KCl (pH_{KCl}). Para solos mais comuns, pouco salino, as leituras de pH_{CaCl} e pH_{KCl} são aproximadamente 0,5 a 1,0 unidade mais baixa do que para o pH em água. Dessa forma, se subamostras de um solo forem mandadas a três laboratórios, eles poderão informar que o pH era 6,5, 6,0 ou 5,5 (se os laboratórios tiverem usados métodos para pH em água, pH em $CaCl_2$ e pH em KCl, res-

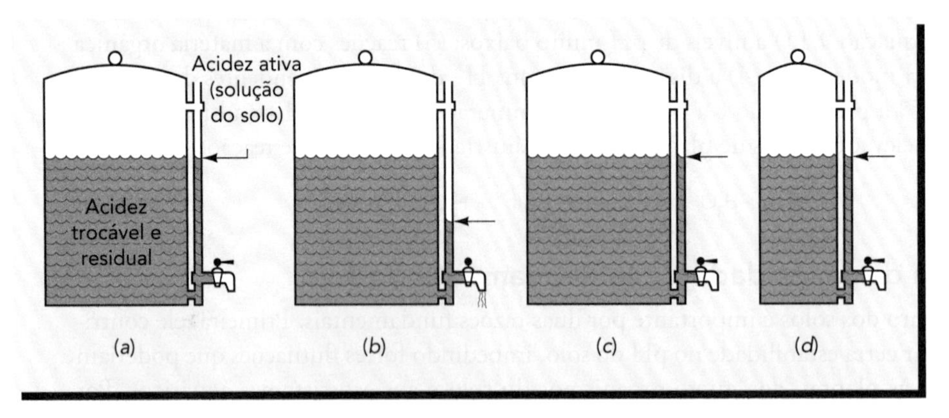

Figura 9.8 A capacidade de tamponamento do solo pode ser explicada fazendo-se uma analogia com a cafeteira. (*a*) A acidez ativa, em pequena quantidade, está representada pelo café contido no tubo indicador do lado de fora do recipiente. (*b*) Quando os íons H^+ são retirados, essa acidez ativa cai rapidamente. (*c*) A acidez ativa é logo restabelecida perto do nível original, pelo deslocamento da acidez de troca e residual; por meio desse processo, a acidez ativa resiste à mudança. (*d*) Um segundo solo com muito menos acidez de troca e residual teria uma capacidade de tamponamento mais baixa. Nele, muito menos café teria que ser adicionado para suspender o nível do indicador na última cafeteira. Sendo assim, muito menos material calcário também teria que ser adicionado ao solo com pequena capacidade de tamponamento a fim de se alcançar algum acréscimo no pH do solo.

pectivamente). Esses três valores de pH indicam não somente o mesmo nível de acidez, como também um pH adequado para muitas culturas. Portanto, para interpretar os resultados de pH do solo ou comparar informações de diferentes laboratórios, é essencial conhecer o método usado. Neste livro-texto (como em muitas publicações americanas), informamos os valores de pH em água, a menos que se especifique outro método diferente.

Variabilidade no campo

Variabilidade espacial O pH do solo pode variar bastante a distâncias muito pequenas (milimétricas, ou até menos). Por exemplo, as raízes das plantas podem aumentar ou abaixar o pH imediatamente ao seu redor, fazendo com que o pH fique um pouco diferente daquele da massa de solo distante a poucos milímetros (Figura 9.9 e Prancha 93). Assim, as raízes podem experimentar um ambiente químico muito diferente do que aquele indicado pelas análises de laboratório das amostras de solo como um todo.

Concentrações de adubos ou cinzas de queimadas de florestas podem causar variações consideráveis de pH dentro de um espaço de poucos centímetros até alguns metros. Outros fatores, como erosão ou drenagem, podem causar consideráveis e frequentes variações de pH a distâncias mais longas (centenas de metros), variando acima de duas ou mais unidades de pH em poucos hectares. Um cuidadoso planejamento de amostragem pode minimizar erros devido a essas variabilidades (ver Seção 13.10).

Profundidade do solo Diferentes horizontes, ou mesmo partes de horizontes do mesmo solo, podem mostrar uma substancial diferença de pH. Em muitos exemplos, o pH nos horizontes mais superficiais é mais baixo do que nos horizontes mais profundos (Figura 9.5), mas existem muitos padrões de variabilidade. Processos acidificantes geralmente se iniciam próximo da superfície do solo e, pouco a pouco, avançam em profundidade no seu perfil.

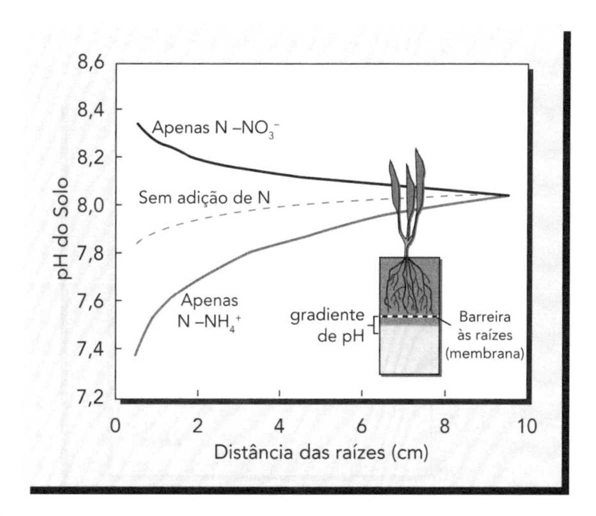

Figura 9.9 pH do solo onde foram posicionadas, a diferentes distâncias, as raízes de trigo que receberam amônio (NH_4^+) ou nitrato (NO_3^-) ou nenhum adubo nitrogenado. A absorção dos cátions NH_4^+ provoca a liberação pelas raízes de cargas positivas equivalentes, na forma de cátions H^+, que baixam o pH (Equação 9.4). Quando o ânion NO_3^- é absorvido, as raízes liberam o ânion bicarbonato (HCO_3^-), que aumenta o pH (ver Equação 9.10). O solo usado era um franco-arenoso e calcítico da ordem *Aridisols*, com pH = 8,1. Neste experimento, o abaixamento do pH, próximo às raízes que usavam NH_4^+, notadamente aumentou a absorção de fósforo pelas plantas, devido ao aumento da solubilidade dos minerais que contêm fosfato de cálcio. Em solos mais ácidos, a redução de pH pode aumentar a toxicidade de alumínio. Uma membrana formando uma barreira permitiu a passagem da solução do solo, mas impediu o crescimento da raiz dentro do solo, mais abaixo, onde o pH foi medido. As plantas foram irrigadas a partir da base por capilaridade. (Adaptado de Zhang et al. [2004] com permissão de Soil Science Society of America)

Por outro lado, a aplicação, pelo homem, de materiais calcários aumenta o pH, principalmente nos horizontes mais superficiais nos quais o corretivo é incorporado. Uma acidez pronunciada pode ocorrer nos horizontes subsuperficiais abaixo da profundidade de incorporação do calcário, mas ainda dentro do alcance das raízes de muitas plantas. Os solos não cultivados – incluindo as culturas manejadas com práticas de não aração (plantio direto), pastagens não aradas, prados e áreas florestadas – com frequência mostram notáveis variações verticais no pH do solos, com a maior parte das mudanças em pH ocorrendo nos poucos centímetros mais superficiais (ver Figura 9.10).

Por todas essas razões, aconselha-se obter amostras de solos em várias camadas sucessivas (a profundidades diferentes dentro da zona radicular) e determinar o nível de pH para cada uma delas. Sem isso, sérios problemas de acidez deixarão de ser detectados.

9.6 INFLUÊNCIAS DO HOMEM NA ACIDIFICAÇÃO DO SOLO

Em certas situações, os processos naturais de acidificação do solo são grandemente (e, com frequência, de forma inadvertida) acelerados pela atividade humana. Consideraremos três principais tipos de influência humana na acidificação do solo: (1) adubações nitrogenadas, (2) precipitação ácida e (3) exposição de solos potencialmente ácido sulfatados.

Adubações nitrogenadas

Adubos minerais Os adubos com base amoniacal são amplamente utilizados, como o sulfato de amônio ($[NH_4)_2SO_4]$ e a ureia ($[CO(NH_2)_2]$ são oxidados no solo por micro-organismos que produzem ácidos inorgânicos fortes pelas reações como as que se seguem:

$$(NH_4)_2SO_4 + 4O_2 \rightleftharpoons 2HNO_3 + H_2SO_4 + 2H_2O \tag{9.16}$$

Contudo, uma vez que os íons H^+ são consumidos pelo bicarbonato que é liberado quando as plantas absorvem ânions (Equação 9.10), a acidificação do solo resulta principalmente daque-

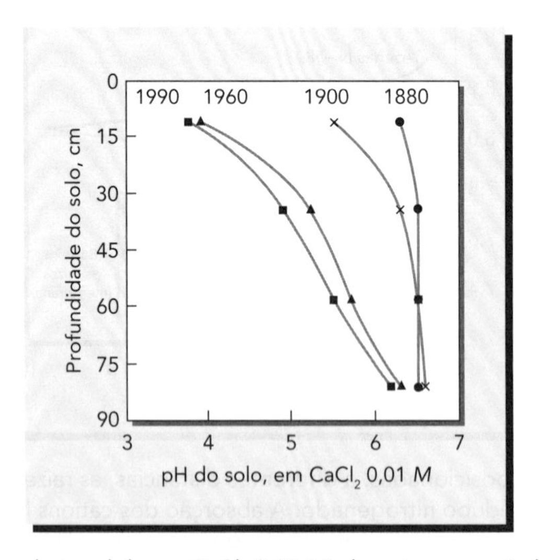

Figura 9.10 A mudança do pH do solo (medida em $CaCl_2$ 0,01 *M*) durante um período de 110 anos, no qual um campo antes agricultado foi revertido para vegetação natural (terminando por se transformar em floresta adulta de carvalhos). O solo de textura fina (franco-argiloso a argiloso) era um *Alfisol*, em Rothamstead, na Inglaterra, e que durante esse período não foi arado, adubado ou calcariado. Observe que nos primeiros 20 anos a acidificação foi mais acentuada próxima da superfície do solo. Nos anos posteriores, a acidez continuou aumentando bastante no horizonte superficial. Por volta de 1960, esse horizonte já tinha atingido uma faixa de pH na qual um forte tamponamento, provavelmente por compostos de alumínio, retardou a acidificação. (Adaptado de dados de Blake et al. [1999], usados com permissão da Blackwell Science, Ltda.)

la porção de nitrogênio aplicado que, em verdade, não é utilizada pela planta. A dose excessiva de adubação nitrogenada, que vem sendo usada desde os anos 1970 (Seções 12.1 e 13.2), tem garantido que essa causa da acidificação do solo não seja ignorada (Figura 9.11).

Materiais orgânicos formadores de ácidos Materiais orgânicos como serrapilheira, lodo de esgoto ou esterco de animais podem diminuir o pH do solo, devido à oxidação do nitrogênio amoniacal liberado ou aos ácidos orgânicos e inorgânicos formados durante a decomposição. Portanto, em regiões úmidas, uma programação regular de adições de matéria orgânica poderia incluir adições regulares de calcário para contrabalançar essa acidificação. Tem se observado que alguns compostos e resíduos de plantas contêm grandes quantidades de cálcio e outros cátions não ácidos e que certos lodos de esgoto são elaborados com grandes quantidades de calcário para controlar patógenos e odores. A aplicação de tais materiais orgânicos, em vez de acidificar o solo, podem resultar em aumento do pH.

Deposição de ácidos da atmosfera

Origens da precipitação ácida Atividades industriais, como as de combustão do carvão e derivados do petróleo na geração de energia, bem como a queima de combustíveis nos motores de veículos, emitem enormes quantidades de gases que contêm nitrogênio e enxofre para a atmosfera (Figura 9.12). Esses gases na atmosfera reagem para formar HNO_3 e H_2SO_4. Depois, retornam para a Terra na forma de **chuva ácida** (e também neve, nevoeiro e deposições secas). Uma chuva normal em equilíbrio com o dióxido de carbono da atmosfera tem um pH de aproximadamente 5,5. O pH da chuva ácida está comumente entre 4,0 e 4,5, mas pode chegar até 2,0.

Mapas animados que mostram a tendência da deposição ácida: http://nadp.sws.uiuc.edu/amaps2/

Efeitos da chuva ácida A chuva ácida causa danos custosos aos edifícios e à pintura dos carros, mas a principal razão ambiental concernente às chuvas ácidas são seus efeitos sobre: (1) os organismos aquáticos e (2) as florestas. Desde os anos 1970, cientistas têm registrado a morte de peixes em milhares de cursos d'água e lagos. Recentemente, estudos têm alertado para o fato de que certos ecossistemas florestais também estão sofrendo os efeitos da chuva ácida. Além disso, os cientistas aprenderam que o vigor de lagos e florestas não é direta e comumente afetado pelas chuvas, mas sim pela interação da chuva ácida com o solo das respectivas bacias hidrográficas (Figura 9.12).

Acidificação do solo Os ácidos fortes que estão chegando ao solo mobilizam o alumínio contido nos seus minerais, o que desloca Ca^{2+} e outros cátions não ácidos do complexo de

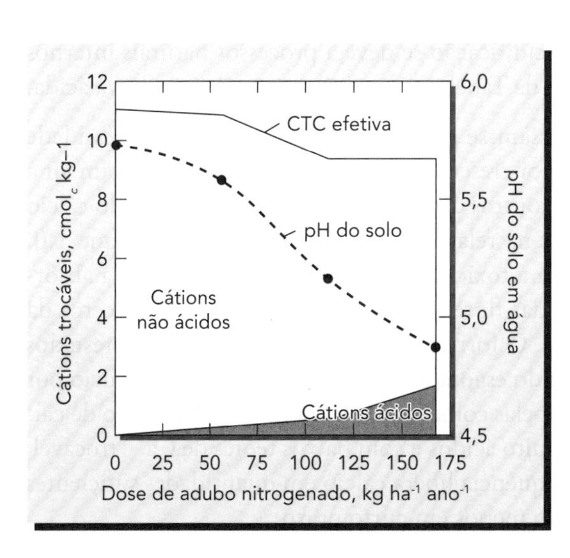

Figura 9.11 O pH do solo pode ser significativamente abaixado pela adubação com nitrogênio na forma amoniacal. Excessos de íons H^+ originam-se durante a conversão que as bactérias fazem do NH_4^+ para o NO_3^-. A acidificação é especialmente pronunciada se mais NO_3^- é produzido do que as plantas podem absorver, e também se a maior parte dos cátions absorvidos pelas plantas é removida pelas colheitas. Como resultado desse declínio do pH, a capacidade efetiva de troca de cátions (CTC) do solo também diminui (consulte também a Seção 8.9). No caso ilustrado, um *Mollisol* do Estado de Wisconsin, Estados Unidos, foi adubado com nitrogênio (ureia ou nitrato de amônio) por 30 anos com as doses indicadas. O cultivo foi efetuado na forma convencional, com o uso do arado, nas culturas de milho, soja e fumo; e os resíduos da superfície do solo foram removidos. (Adaptado de dados de Barak et. Al. [1997])

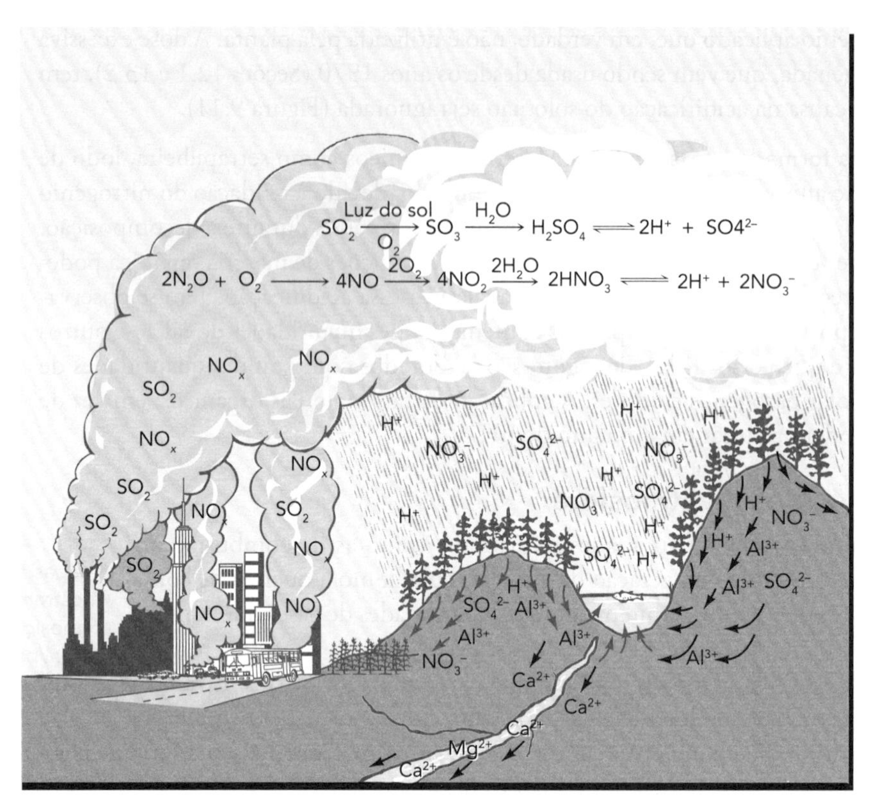

Figura 9.12 Diagrama simplificado mostrando a formação da chuva ácida em áreas urbanas e seu impacto em bacias hidrográficas distantes. A queima de combustíveis fósseis nas indústrias geradoras de eletricidade e em veículos explica boa parte das emissões de nitrogênio e enxofre. Aproximadamente 60% da acidez é devida a gases sulfurosos, e 40% é devida a gases nitrosos. Esses gases são transportados a centenas de quilômetros de distância pelo vento e são oxidados para formar o ácido sulfúrico e nítrico das nuvens, os quais retornam à Terra na forma de precipitações pluviais e deposições secas. Os cátions H^+ e os ânions NO_3^- e SO_4^{2-} acidificam o solo, fazendo com que o seu alumínio se mobilize e acelerando as perdas de cálcio e magnésio. O alumínio mobilizado percola através do manto do solo, alcançando, por fim, lagos e cursos d'água. O principal efeito ecológico no que diz respeito às bacias hidrográficas assim expostas são: (1) possível declínio do vigor das florestas e (2) declínio, ou mesmo morte, dos ecossistemas aquáticos.

troca. A presença de ânions ácidos fortes (SO_4^{2-} e NO_3^-) facilita a lixiviação do íon Ca^{2+} deslocado (como explicado na Figura 9.3). Depois, os íons Al^{3+} e H^+, em vez de Ca^{2+}, passam a predominar no complexo de troca, bem como na solução do solo e na água de drenagem. Entretanto, não é fácil identificar o quanto da acidificação se deve a processos naturais internos do ecossistema solo (consulte o lado esquerdo da Tabela 9.1) e o quanto se deve à chuva ácida.

Efeito nas florestas Alguns cientistas interessam-se por árvores que têm grande necessidade de cálcio para sintetizar a sua madeira e que, por crescerem em solos acidificados, possam vir a sofrer com a falta do fornecimento desse e de outros cátions nutrientes. A lixiviação do cálcio e a mobilização do alumínio podem resultar na relação Ca/Al (mol_c/mol_c) menor que 1,0, considerada por muitos como um limiar para a toxicidade de alumínio, a redução da absorção de cálcio e a sobrevivência da vegetação das florestas. As evidências científicas acerca da deficiência de cálcio nas florestas são menores. O fornecimento de cálcio em solos florestados na região sudeste dos Estados Unidos está sendo esgotado à medida que a perda de cálcio por lixiviação em relação à absorção pela árvore e pelas colheitas excede a taxa de deposição de cálcio. Contudo, parece que, mesmo em solos muito ácidos e com baixos teores de Ca^{2+} trocável, o intemperismo dos minerais do solo com frequência libera cálcio em quantidades suficientes para o crescimento adequado das árvores, pelo menos em curto prazo.

Efeitos nos ecossistemas aquáticos A água advinda dos solos ácidos, contendo elevado teor de alumínio e, com frequência, sulfatos e nitratos, por fim deságua nos cursos d'água e lagos. As águas desses corpos d'água tornam-se pobres em cálcio, ficam com menor poder tampão e com teores mais altos de alumínio. O alumínio é diretamente tóxico para os peixes, pois destrói os tecidos de suas guelras. Quando o pH da água de um lago cai para valores próximos de 6,0, organismos da cadeia alimentar sensíveis a ácidos morrem, e o desempenho reprodutivo de peixes como a truta e o salmão declina. Com a posterior queda do pH da água para níveis em torno de 5,0, praticamente todos os peixes morrem, mesmo que a água acidificada esteja limpa e cristalina (devido, em parte, à influência do alumínio floculante); assim, o lago ou rio é considerado "morto", exceto para algumas poucas algas, musgos e outros organismos que toleram ácidos.

É mais provável que os prejuízos ecológicos da chuva ácida ocorram onde as precipitações são mais ácidas e os solos mais suscetíveis à acidificação. As áreas do globo terrestre mais sensíveis aos efeitos maléficos da chuva ácida são aquelas em que o solo tem baixa CTC e alta percentagem de saturação por cátions ácidos. Os ecossistemas do Brasil e da parte leste da China estão entre aqueles que, no futuro, seriam mais provavelmente prejudicados – os do norte da Europa e nordeste da América do Norte já sofreram bem mais no passado.

Visão geral dos prejuízos causados pelas chuvas ácidas ao meio ambiente: http://www.epa.gov/acidrain/effects/index.html

As restrições aos padrões de qualidade do ar dos países industrializados deveriam continuar a reduzir as entradas de ácidos nos ecossistemas mais sensíveis, com a finalidade de restaurar, no solo dessas áreas (e, portanto, também nos seus lagos), o balanço químico adequado.

Exposição de materiais potencialmente ácido sulfatados[4]

Acidez potencial do enxofre reduzido Se a drenagem, as escavações ou outras movimentações conduzem o oxigênio até os solos normalmente anaeróbicos que possuem enxofre, a oxidação desse elemento pode produzir altos teores de acidez. O adjetivo **sulfídico** é usado para descrever materiais com enxofre suficientemente reduzido para baixar o pH, de forma acentuada, dois meses depois de o solo ter sido aerado. O termo **potencialmente ácido** refere-se à acidez que poderia ser produzida por essas reações.

Drenagem de certas terras úmidas costeiras Devido à redução microbiana de sulfatos originados da água do mar, certos sedimentos costeiros contêm uma quantidade significativa de pirita (FeS_2), monossulfetos de ferro (FeS) e enxofre elementar (S). As áreas costeiras de terras úmidas do sudeste dos Estados Unidos, sudeste da Ásia, costas da Austrália e leste da África frequentemente contêm solos formados por esses sedimentos. Contanto que as condições de encharcamento prevaleçam, os **solos *potencialmente* ácido sulfatados** retêm enxofre e ferro nas suas formas reduzidas. Entretanto, se esses solos são drenados para a agricultura, reflorestamento ou outra ação de recuperação, o ar entra pelos poros do solo, e tanto o enxofre (S^0, S^- ou S^{2-}) quanto o ferro (Fe^{2-}) são oxidados, transformando os solos potencialmente ácido sulfatados em **solos ácido sulfatados *ativos***. Dessa forma, tais solos justificam seu nome devido à imensa produção de ácido sulfúrico, resultando em solos com valores de pH abaixo de 3,5 e, em alguns casos, até 2,0. As principais reações envolvidas são:

[4] Muitos dos solos ricos em sulfitos são argilosos (e, nos Estados Unidos, são chamados de *cat clays*). Fanning et al. (2002) descrevem algumas das propriedades desses solos e discutem problemas ambientais que procedem de seu uso inadequado. Para ler um relatório sobre os problemas decorrentes da oxidação do enxofre por micro-organismos acidófilos descobertos vivendo em condições de pH 0,5 em águas ácidas de drenagem de minas, consulte Edwards et al. (2000).

$$Fe^{II}S^{-I}_2 + 3\tfrac{1}{2}O_2 + H_2O \rightleftharpoons Fe^{II}S^{VI}O_4 + H_2S^{VI}O_4$$

Pirita — Sulfato ferroso — Ácido sulfúrico

$$Fe^{II}SO_4 + \tfrac{1}{4}O_2 + 1\tfrac{1}{2}H_2O \rightleftharpoons Fe^{III}OOH + H_2SO_4 \quad (9.17)$$

Sulfato ferroso — Oxi-hidróxidos de ferro — Ácido sulfúrico

$$S^0 + 1\tfrac{1}{2}O_2 + H_2O \longrightarrow H_2SO_4 \quad (9.18)$$

S elementar — Ácido sulfúrico

Os compostos de sulfeto de ferro nos solos potencialmente ácido sulfatados conferem a eles uma cor escura (Pranchas 47 e 109). Esta cor leva algumas vezes, com maus resultados, ao uso destes solos por aqueles que procuram um solo superficial rico em matéria orgânica para obras de paisagismo. O pH dos solos potencialmente ácido sulfatados está na faixa neutra (tipicamente perto de 7,0), enquanto ainda estão reduzidos, mas caem abruptamente dentro de dias ou semanas, depois que o solo é exposto ao ar. Quando existem dúvidas sobre a melhor forma de determinar a acidez, o pH desses solos poderá ser monitorado por várias semanas, por meio de uma amostra incubada em condição úmida, bem-aerada e quente. Observe a Prancha 64 para ver um exemplo do uso inapropriado, embora inadvertido, para uma obra de engenharia, de uma argila potencialmente ácido sulfatada.

Escavação de materiais que contêm pirita Os sedimentos dragados no aprofundamento de canais estreitos para servirem à navegação marítima e aos portos costeiros também podem conter altas concentrações de compostos de enxofre reduzido (Prancha 109). Além disso, muitos saprolitos e rochas sedimentares (incluindo os folhelhos que possuem carvão) também contêm enxofre reduzido. Quando esses materiais, antes enterrados profundamente, são expostos ao ar e à água, também resultam na produção de grandes quantidades de ácido sulfúrico.

Pesquisas sobre drenagem ácida de minas com pH<0: www.pnas.org/cgi/content/full/96/7/3455

Quando a água percola através desses materiais em estado de oxidação, eles tornam-se extremamente ácidos e formam uma mistura tóxica conhecida como **drenagem ácida de mina (DAM)**. Essa água ácida de drenagem das minas tem um pH na faixa de 0,5 a 2,0, mas valores de pH *abaixo de zero* têm sido verificados. Quando essa água de drenagem atinge um curso d'água (como na Prancha 108), os sulfatos de ferro nela dissolvidos continuam produzindo ácido pelos processos de oxidação e hidrólise. Dessa forma, as comunidades aquáticas podem ser dizimadas pelo choque de pH e também pela mobilização de ferro e alumínio. Problemas semelhantes ocorrem quando cortes de estradas e escavações para edificações expõem camadas enterradas que contêm sulfetos.

Tutorial do Internacional Soil Reference and Info Center sobre solos ácidos sulfatados: www.isric.org/isric/webdocs/tutorial/WHStart.htm

Prevenção: a melhor solução Normalmente, o melhor caminho para resolver esse desafio ambiental é, em primeiro lugar, *impedir* a oxidação do S – o que significa deixar intactos os solos de terras úmidas que têm sulfetos. Nos casos de mineração ou outras escavações, qualquer material exposto que contenha sulfetos tem que ser identificado e, por fim, reenterrado profundamente para evitar sua oxidação. Se alguma drenagem ácida for inevitável (como em minerações abandonadas), um tratamento eficaz será o de direcionar a água ácida para uma terra úmida, natural ou construída para essa finalidade (Seção 7.7). As condições anaeróbicas da terra úmida reduzirão novamente o ferro e o enxofre, produzindo sulfetos que se precipitam simultaneamente, aumentando o pH da água e reduzindo o seu conteúdo de ferro.

9.7 EFEITOS BIOLÓGICOS DO pH DO SOLO

O pH da solução do solo é um fator ambiental decisivo para o crescimento de todos os organismos que vivem no solo, incluindo plantas, animais e micro-organismos.

Toxicidade de alumínio[5]

A toxicidade de alumínio se sobressai como o mais comum e severo problema associado a solos muito ácidos. Não apenas as plantas são afetadas: muitas bactérias, como as que são responsáveis pelas transformações no ciclo do nitrogênio, são também adversamente afetadas pelos altos níveis de Al^{3+} e $AlOH^{2+}$ que se deslocam para a solução do solo em condições de baixos valores do seu pH. A toxicidade de alumínio raramente se torna problemática quando o pH do solo está acima ou próximo de 5,2 (ou acima de pH em $CaCl_2$ 4,8), porque acima desse nível de pH existe pouco alumínio na solução do solo ou no compartimento trocável. Porém, há um aumento exponencial na concentração de Al^{3+} na solução do solo quando o pH cai de 5 para 4. Outras espécies tóxicas de Al, como $AlOH^{2+}$ e $Al(OH)_2^{+}$, também têm sua solubilidade aumentada quando o pH está abaixo de 5. Dentro de comparáveis níveis de pH, na maior parte dos solos orgânicos (ou em horizontes orgânicos de solos minerais) a toxicidade de alumínio é muito menos problemática, porque nesses solos existe muito menos alumínio total – e também porque os íons de alumínio fortemente atraídos e ligados aos radicais carboxílicos ($R\text{-}COO^-$) e fenólicos ($R\text{-}CO^-$) nos sítios de troca de matéria orgânica fazem com que exista muito menos Al^{3+} em solução.

Efeitos nas plantas Quando o alumínio (que não é um nutriente da planta) penetra na raiz, a maior parte dele ali permanece e pouco se desloca para a parte aérea. Por isso, análises de tecidos foliares nem sempre são uma boa técnica para diagnosticar a toxicidade de alumínio. O alumínio danifica as membranas das células das raízes e restringe a expansão das suas paredes; por isso, elas não crescem adequadamente (Figura 9.13, *à esquerda*). O alumínio também interfere no metabolismo dos compostos que contêm fósforo, essenciais para a transferência de energia (ATP) e do código genético (DNA).

Nas plantas, o sintoma de toxicidade do alumínio mais comum é o aparecimento de um sistema radicular atrofiado, com raízes pequenas e grossas, cujas ramificações apresentam pouco crescimento lateral. As extremidades das raízes principais e secundárias quase sempre tornam-se pardacentas. Em algumas plantas, as folhas podem apresentar manchas cloróticas

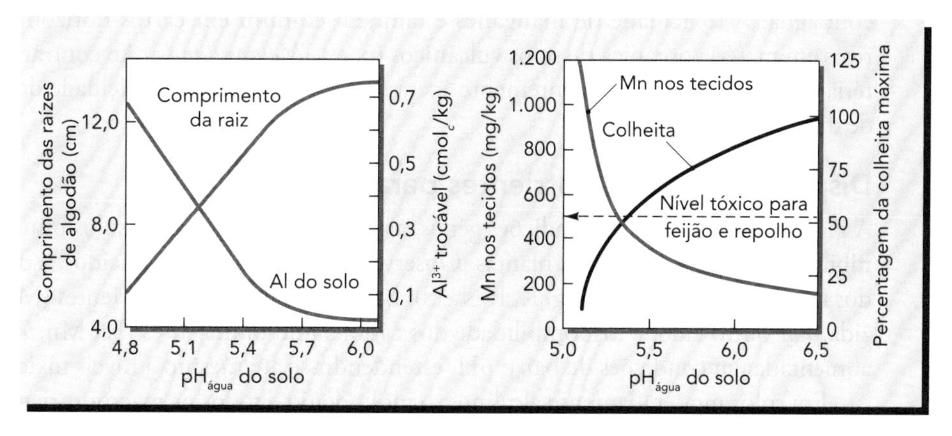

Figura 9.13 Respostas das plantas à toxicidade de alumínio (*à esquerda*) e manganês (*à direita*) em solo com pH baixo. *À esqueda*: quando o $pH_{água}$ do solo cai abaixo de 5,2, o alumínio trocável aumenta e o comprimento das raízes de algodão é severamente restringido em um *Ultisol*. *À direita*: o crescimento de brotos (médias em feijões e repolho) declina, e o teor de Mn das folhas aumenta em níveis baixos de pH em solos ricos em manganês do leste da África (dados médios para um *Andisol* e um *Alfisol*). (À *esquerda*: adaptado de Adams e Lund [1966]; à *direita*: dados adaptados de Weil [2000])

[5] Para uma revisão sobre a toxicidade do alumínio e o desenvolvimento das plantas tolerantes ao alumínio, consulte de La Fuente-Martinez e Herrera-Estrella (2000).

(amareladas). Por causa das restrições causadas ao sistema radicular, as plantas que sofrem de toxicidade por alumínio quase sempre mostram sintomas de estresse devido à seca e à deficiência de fósforo (crescimento atrofiado, folhagem verde-escura e caules arroxeados).

Dentro e entre várias espécies de plantas existe uma grande variabilidade genética, no que diz respeito à sensibilidade à toxicidade de alumínio. Geralmente, as espécies de plantas originárias de áreas onde predominam solos ácidos (como muitas regiões úmidas) tendem a ser menos sensíveis do que as que se originam de áreas com solos neutros ou alcalinos (como a região mediterrânea). Felizmente, melhoristas de plantas têm sido capazes de encontrar genes que conferem tolerância ao alumínio em algumas espécies que são caracteristicamente sensíveis a essa toxicidade.

Toxicidade de manganês para as plantas

Embora não seja tão comentada como a de alumínio, a **toxicidade de manganês** é um problema bastante sério para as plantas que estão em solos ácidos provenientes de materiais de origem e ricos neste elemento. Ao contrário do Al, o Mn – embora se torne tóxico apenas quando absorvido em quantidades excessivas – é um nutriente essencial para os vegetais (Seção 12.8). Como o alumínio, o manganês torna-se cada vez mais solúvel quando o pH diminui, mas, no caso particular do Mn, a toxicidade é mais comum em condições de $pH_{água}$ tão altas quanto 5,6 (aproximadamente 0,5 de unidade mais alta que para o alumínio).

Várias espécies de plantas e genótipos dentro dessas espécies variam bastante com respeito a sua suscetibilidade à toxicidade de manganês. Os sintomas de toxicidade de Mn podem incluir enrugamento e enrolamento das folhas, além de manchas cloróticas nos tecidos internervais. De maneira geral, e ao contrário do Al, o teor de Mn contido no tecido foliar relaciona-se com os sintomas de toxicidade de Mn, que se inicia na faixa de 200 mg/kg nas plantas sensíveis e acima de 5.000 mg/kg nas plantas tolerantes. A Figura 9.13 (*à direita*) ilustra um caso no qual os baixos valores de pH induzem à absorção de Mn pelas plantas a níveis tóxicos.

Uma vez que a forma reduzida [Mn(II)] é muito mais solúvel do que a oxidada [Mn(IV)], a toxicidade é bastante aumentada em condições de baixos teores de oxigênio associados com uma combinação de demanda de oxigênio, matéria orgânica em decomposição e saturação com água. A toxicidade de manganês é também comum em certos horizontes superficiais ricos em matéria orgânica de solos vulcânicos (p. ex., *Melanudands*). Ao contrário do Al, a matéria orgânica do solo frequentemente acentua a solubilidade e a toxicidade do Mn, ao invés de diminuí-las (Tabela 9.2).

Disponibilidade de nutrientes para as plantas

A Figura 9.14 ilustra, em condições gerais, as relações entre o pH de solos minerais e a disponibilidade dos nutrientes das plantas. Observe que, em solos muito ácidos, a disponibilidade dos macronutrientes (Ca, Mg, K, P, N e S), bem como dos micronutrientes (Mo e B), é reduzida. Por outro lado, a disponibilidade dos cátions micronutrientes (Fe, Mn, Zn, Cu e Co) é aumentada em condições de baixo pH, estendendo-se até mesmo a níveis tóxicos.

Em solos moderadamente alcalinos, o molibdênio e todos os macronutrientes (com exceção do fósforo) são bastante disponíveis, mas os níveis de disponibilidade de Fe, Mn, Zn, Cu e Co são tão baixos que o crescimento das plantas é reduzido. Por outro lado, nos solos moderadamente alcalinos, a disponibilidade de fósforo e boro tende a ser reduzida, frequentemente atingindo níveis deficitários.

De maneira geral, a Figura 9.14 indica que a amplitude de pH de 5,5 a 7,0 pode proporcionar um nível mais satisfatório de nutrientes para as plantas. Contudo, essa generalização pode não ser válida para todas as combinações de solo e planta. Por exemplo, certas deficiências de Mn são comuns em algumas plantas quando *Ultisols* arenosos são corrigidos a valores de pH de apenas 6,5 a 7,0.

Tabela 9.2 Propriedades do solo associadas com acidez e sobrevivência de mudas de bordos

O Al foi mais abundante no horizonte B com baixo teor de matéria orgânica, e o Mn mais abundante no horizonte com altos teores de matéria orgânica. A relação Ca/Al era <1,0 apenas no horizonte B, enquanto a relação Ca/Mn <30, em todos os horizontes, estava associada com a mortalidade da árvore.

	Cátions trocáveis, mg/kg			Relação, mol_c/mol_c		
Mudas sobreviventes	**Mn**	**Ca**	**Al**	**Ca/Al**	**Ca/Mn**	**$pH_{água}$ do solo**
			Horizontes O			
Não	188	2.738	53	23,1	20	4,02
Sim	89	6.371	38	74,1	98	4,45
			Horizontes B			
Não	15	305	279	0,5	28	4,62
Sim	8	1.061	202	2,3	180	4,90

(Dados de Demchik et. al. [1999]). As relações Ca/Al e Ca/Mn foram calculadas para mostrar as unidades apresentadas. Os dados correspondem às médias de 18 pontos nas florestas dominadas por sub-bosques de bordos sacarinos (*Acer sacharum*).

Efeitos nos micro-organismos

Os fungos são particularmente versáteis e prosperam de forma satisfatória em condições de ampla variação de pH. A atividade fúngica tende a predominar em solos de baixo pH, pois as bactérias são fortes competidoras e tendem a dominar a atividade microbiana em valores intermediários e mais altos de pH (Figura 9.15). Contudo, uma determinada espécie de micro-organismo requer um pH adequado que pode conflitar essas generalizações. O manejo do pH do solo pode ajudar não apenas no controle de certas doenças de planta que se originam no solo como também em alguns processos de decomposição (Capítulos 10 e 11).

Condições adequadas de pH para o crescimento das plantas

As plantas variam consideravelmente em termos de tolerância às condições ácidas/ou alcalinas (Figura 9.16). Em razão de as florestas existirem principalmente em regiões úmidas, onde predominam solos ácidos, as espécies relacionadas a seguir, entre outras, são ineficazes em absorver o ferro de que necessitam se cultivadas em condições de pH mais elevado: rododendros, azaleias, uva-do-monte, alguns carvalhos e a maior parte dos pinheiros. Como o elevado pH do solo e a alta saturação por cálcio reduzem a disponibilidade do ferro, essas plantas apresentarão **clorose** (amarelecimento das folhas) e outros sintomas indicativos da deficiência de ferro em solos sob essas condições (ver Pranchas 86, 88 e 107). As árvores das florestas também diferem em relação à sua tolerância à acidez do solo, sendo que o olmeiro, o choupo, a acácia e a árvore tropical leguminosa *Leucaena* são conhecidos por serem os menos tolerantes. Muitas plantas cultivadas (exceto aquelas como a batata-doce, a mandioca e outras que se originaram dos trópicos úmidos) crescem bem em solos que são apenas levemente ácidos ou estão próximos da neutralidade.

pH do solo e moléculas orgânicas

O pH do solo influencia a qualidade do ambiente de muitas maneiras, mas discutiremos apenas um exemplo aqui – a influência do pH na mobilidade de moléculas orgânicas iônicas nos solos. Certos compostos iônicos têm estrutura molecular em que, em solos de baixo pH, os íons H^+ (prótons) em excesso na solução são atraídos e se ligam a esses compostos químicos, criando assim sítios de carga positiva nas moléculas – esse processo é chamado de **protonação**. O herbicida Atrazina é um exemplo de produto químico cuja mobilidade é largamente influenciada pelo pH do solo. Em um ambiente de baixo pH, suas moléculas positivamente

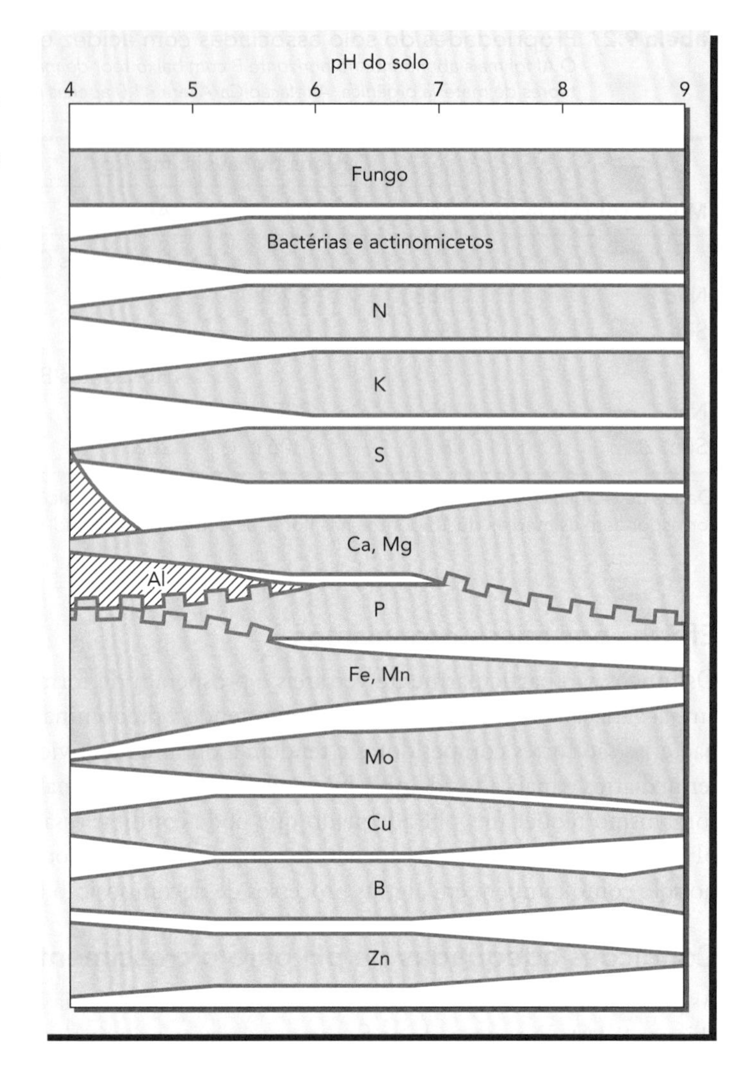

Figura 9.14 Relações entre pH e disponibilidade de nutrientes em solos minerais. A relação com a atividade de certos micro-organismos também é informada. A largura das faixas indica a atividade microbiana relativa ou a disponibilidade de nutriente. As linhas dentadas entre as faixas para o P e as para o Ca, Al e Fe representam o efeito desses metais em restringir a disponibilidade do P. Quando as correlações são consideradas como um todo, a faixa dos valores de pH de aproximadamente 5,5 a 7,0 é a que parece ser a melhor para proporcionar a disponibilidade dos nutrientes das plantas. Em resumo, se o pH do solo estiver adequado e ajustado para o fósforo, os outros nutrientes, se presentes em quantidades adequadas, estarão satisfatoriamente disponíveis na maior parte dos casos.

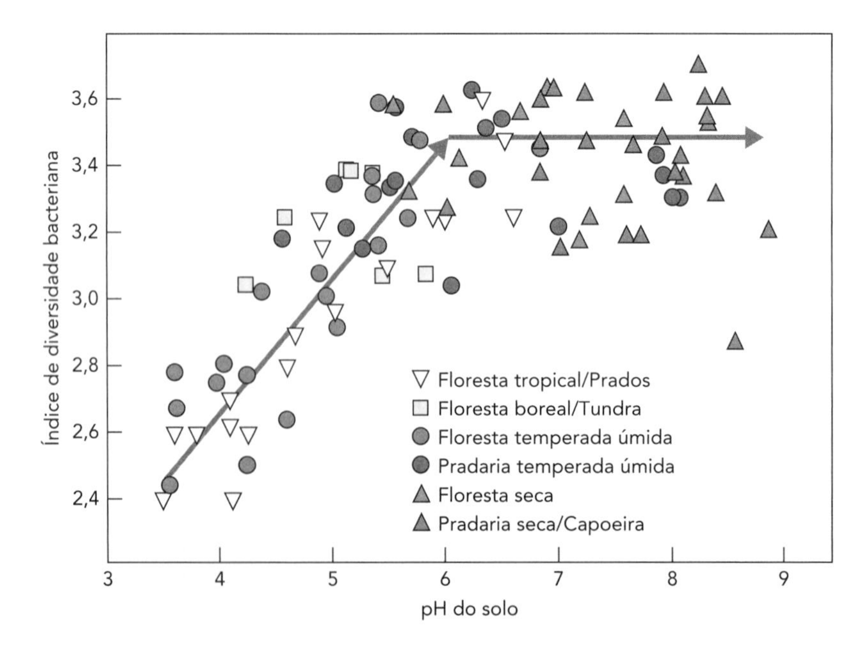

Figura 9.15 A diversidade de bactérias é bastante influenciada pelo pH do solo. Em 98 ecossistemas diferentes nas Américas do Norte e do Sul, o método DNA ribossômico de impressão genética foi usado para estimar a diversidade da comunidade bacteriana. O índice de diversidade foi bem alto em solos com pH acima de 6,0, mas foi muito reduzido em condições de maior acidez do solo. A diversidade fúngica não foi estudada neste experimento, mas pode-se esperar que apresente uma tendência oposta. (Modificado de Fierer e Jackson [2006])

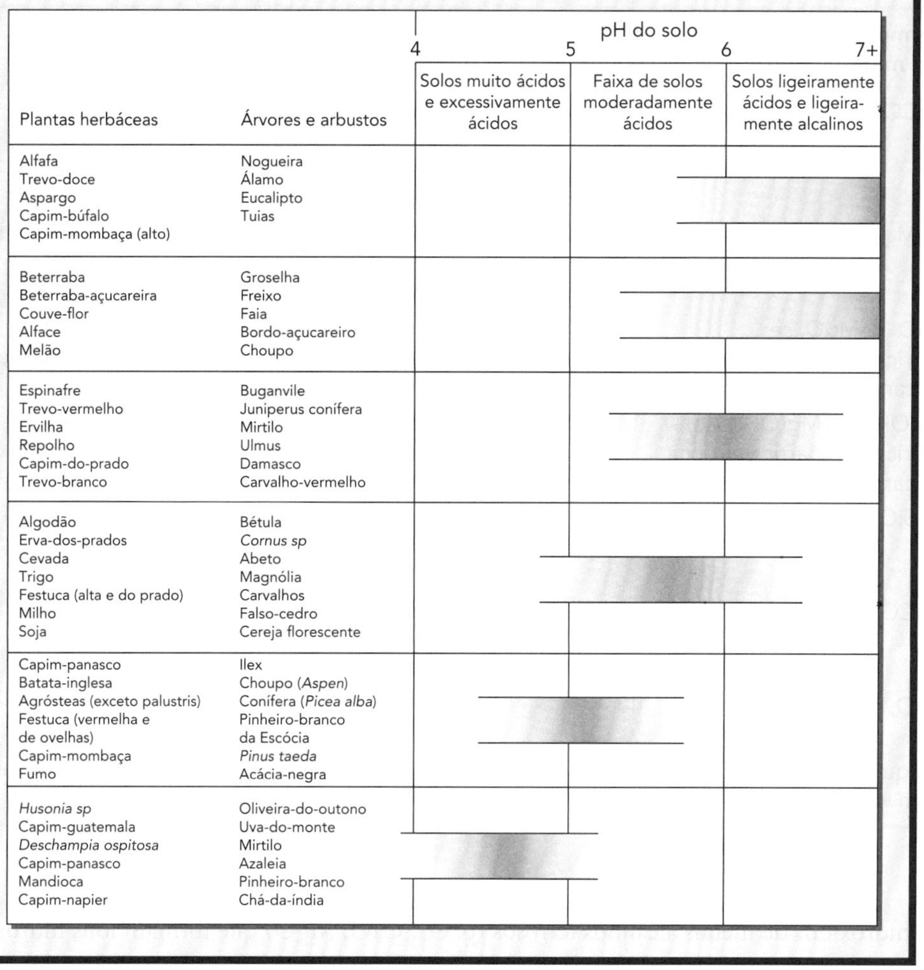

		pH do solo 4 – 5	5 – 6	6 – 7+
Plantas herbáceas	Árvores e arbustos	Solos muito ácidos e excessivamente ácidos	Faixa de solos moderadamente ácidos	Solos ligeiramente ácidos e ligeiramente alcalinos
Alfafa Trevo-doce Aspargo Capim-búfalo Capim-mombaça (alto)	Nogueira Álamo Eucalipto Tuias			
Beterraba Beterraba-açucareira Couve-flor Alface Melão	Groselha Freixo Faia Bordo-açucareiro Choupo			
Espinafre Trevo-vermelho Ervilha Repolho Capim-do-prado Trevo-branco	Buganvile Juniperus conífera Mirtilo Ulmus Damasco Carvalho-vermelho			
Algodão Erva-dos-prados Cevada Trigo Festuca (alta e do prado) Milho Soja	Bétula *Cornus sp* Abeto Magnólia Carvalhos Falso-cedro Cereja florescente			
Capim-panasco Batata-inglesa Agrósteas (exceto palustris) Festuca (vermelha e de ovelhas) Capim-mombaça Fumo	Ilex Choupo (*Aspen*) Conífera (*Picea alba*) Pinheiro-branco da Escócia *Pinus taeda* Acácia-negra			
Husonia sp Capim-guatemala *Deschampia ospitosa* Capim-panasco Mandioca Capim-napier	Oliveira-do-outono Uva-do-monte Mirtilo Azaleia Pinheiro-branco Chá-da-índia			

Figura 9.16 Ótima amplitude de pH em solos minerais para o crescimento de plantas selecionadas.

carregadas são adsorvidas nos coloides do solo negativamente carregado, onde são retidas até que sejam decompostas pelos organismos do solo. Entretanto, em valores de pH acima de 5,7, a adsorção é bastante reduzida e o herbicida aumenta a tendência de se mover em profundidade no solo. Naturalmente, a adsorção em solos ácidos também reduz a disponibilidade da Atrazina às raízes das ervas daninhas, diminuindo, assim, a sua eficácia como herbicida.

9.8 ELEVANDO O pH DO SOLO PELA CALAGEM

Calcários agrícolas

A *calagem* é uma prática agrícola comum em regiões úmidas (como o leste dos Estados Unidos) onde o pH do solo, em condições naturais, é muito ácido para o bom crescimento da maioria das culturas. Para se elevar o pH, o solo é geralmente corrigido com materiais alcalinos provenientes de bases oriundas de ácidos fracos, como o carbono (CO_3^{2-}), o hidróxido (OH^-) e os silicatos (SiO_3^{2-}). Essas bases conjugadas são ânions capazes de consumir (reagindo com) o íon H^+ para formar ácidos fracos (como a água). Por exemplo:

$$CO_3^{2-} + 2H^+ \longrightarrow CO_2 + H_2O \tag{9.19}$$

Mais frequentemente, essas bases são fornecidas em formas que contêm cálcio ou magnésio ($CaCO_3$, etc.) e são chamadas de **calcários agrícolas**. Alguns materiais calcários contêm óxi-

Tabela 9.3 Corretivos de solos mais comuns: sua composição e uso

Nome comum do material calcário	Fórmula química (do material puro)	% $CaCO_3$ equivalente	Comentário sobre a fabricação e o uso
Calcário calcítico	$CaCO_3$	100	Rocha natural moída até o pó fino. Baixa solubilidade; pode ser armazenado a céu aberto sem cobertura, não cáustico, reage devagar
Calcário dolomítico	$CaMg(CO_3)_2$	95-108	Rocha natural moída até o pó fino, reação um pouco mais vagarosa do que a do cálcario calcítico. Fornece Mg às plantas
Calcário calcinado (óxido de cal)	CaO (+ MgO, se fabricado a partir de rocha calcária dolomítica)	178	Cáustico, reação rápida, pode queimar a folhagem, custo alto. Feito por calcinação de calcário. Protege da umidade
Cal hidratada (hidróxido de cal)	$Ca(OH)_2$ (+ $Mg(OH)_2$, se fabricado a partir de rocha calcária dolomítica)	134	Cáustico, reação rápida, pode queimar a folhagem, custo alto. Elaborado misturando-se o CaO cáustico com água
Escórias básicas	$CaSiO_3$	70	Subproduto da indústria siderúrgica. Deve ser finamente moído. Contém também 1-7% de P
Margas	$CaCO_3$	40-70	Usualmente minerado de camadas costeiras rasas e moído antes de ser usado. Pode ser misturado com solo ou turfa
Cinzas de madeira	CaO, MgO, K_2O, K(OH), etc.	40	Cáustico, bastante solúvel em água, deve ser protegido da água durante armazenamento
Subprodutos diversos contendo calcário	Frequentemente $CaCO_3$, com várias impurezas	20-100	Composição variável; teste para as impurezas tóxicas

dos ou hidróxidos de metais alcalinos terrosos (p. ex., CaO, MgO) que formam íons hidróxidos na água:

$$CaO + H_2O \longrightarrow Ca(OH)_2 \longrightarrow Ca^{2+} + 2OH^- \quad (9.20)$$

Ao contrário dos adubos minerais, que são usados para fornecer nutrientes em quantidades relativamente pequenas para a nutrição das plantas, *os materiais calcários são usados para alterar uma parte substancial da química de uma zona radicular*. Portanto, os calcários devem ser adicionados em quantidade suficiente para reagirem quimicamente com um grande volume de solo. Por isso, é importante que o calcário seja encontrado em abundância e a um custo reduzido, a fim de que possa ser usado para calcarear o solo – mais frequentemente na forma de rocha calcária moída ou produtos dela derivados (Tabela 9.3).

Os calcários dolomíticos podem ser usados se os níveis de magnésio forem baixos. Em alguns solos altamente intemperizados, pequenas quantidades de calcário podem melhorar o crescimento das plantas, mais por causa da elevação da nutrição em cálcio ou magnésio do que pela mudança do pH.

Como o material calcário reage para elevar o pH do solo

Reações químicas Muitos cálcarios – sejam eles óxidos, hidróxidos ou carbonatos –, quando aplicados a um solo ácido, reagem com o dióxido de carbono e com a água para produzir bicarbonato. A pressão parcial do dióxido de carbono no solo, comumente centenas de vezes maior do que aquela do ar atmosférico, é alta o suficiente para direcionar tais reações para a direita. Por exemplo:

$$\underset{\text{Rocha calcária dolomítica}}{CaMg(CO_3)_2} + 2H_2O + 2CO_2 \rightleftharpoons Ca + \underset{\text{Bicarbonato}}{2HCO_3^-} + Mg + \underset{\text{Bicarbonato}}{2HCO_3^-} \quad (9.21)$$

O Ca e o Mg do bicarbonato são muito mais solúveis do que o do carbonato, por isso o bicarbonato formado é bem mais reativo com a acidez trocável e residual do solo. O Ca^{2+} e o Mg^{2+} deslocam H^+ e Al^{3+} do complexo coloidal:

$$\boxed{\text{Argila ou húmus}}\begin{matrix} H^+ \\ Al^{3+} \end{matrix} + 2Ca^{2+} + \underset{\text{Bicarbonato}}{4HCO_3^-} \rightleftharpoons \boxed{\text{Argila ou húmus}}\begin{matrix} Ca^{2+} \\ Ca^{2+} \end{matrix} + \underset{\text{(sólido)}}{Al(OH)_3} + H_2O + 4CO_2\uparrow \quad (9.22)$$

A insolubilidade do $Al(OH)_3$, a fraca dissociação da água e a liberação do gás CO_2 para a atmosfera, em conjunto, dirigem essa reação para a direita. Além disso, a adsorção dos íons cálcio e magnésio diminui a percentagem de saturação ácida do complexo coloidal e, correspondentemente, o pH da solução do solo aumenta.

Acidez do solo e recomendação de cálcario no Estado de Ontário, Estados Unidos: www.omafra.gov/on.ca/english/crops/pub811/2limeph.htm#changes

A quantidade de calcário necessária para melhorar as condições de acidez do solo é determinada por diversos fatores que incluem: (1) a mudança necessária do pH ou da saturação por alumínio trocável; (2) a capacidade-tampão do solo; (3) a quantidade ou profundidade do solo a ser neutralizada; (4) a composição química do material calcário que será usado; e (5) o grau de moagem do calcário. A quantidade de calcário necessária para solos de diferentes texturas (e, portanto, passível de ter diferentes capacidades-tampão) estão estimadas na Figura 9.17. Por causa da maior capacidade de tamponamento, a necessidade de calcário de um solo franco-argiloso é bem maior do que um franco-arenoso com o mesmo valor de pH (ver Seção 9.4). Dentro da amplitude de pH de 4,5 a 7,0, o grau de mudança causado pela adição da base ao solo ácido é determinado pela capacidade-tampão do solo em particular (Quadro 9.2).

Métodos da solução tampão* para determinar a necessidade de calcário Um método de análise de laboratório rápido e de baixo custo para estimar a necessidade de calcário consiste em equilibrar a amostra de solo com uma solução salina especial, que tenha um valor de pH inicial conhecido e seja tamponada para resistir à mudança de pH. O detalhe mais importante a ser lembrado é que *a solução tamponada a um determinado pH indica quanto de acidez do solo foi capaz de alterar o pH da solução tampão, mas não representa uma medida direta do pH do solo.*

Alumínio trocável Usar a calagem para eliminar o alumínio trocável, em vez de usá-la para obter certo pH do solo, tem sido considerado apropriado para solos altamente intemperizados, como os *Ultisols* e *Oxisols*. Desse modo, a quantidade necessária de calcário pode ser calculada usando-se valores da CTC efetiva e o da percentagem de saturação por Al^{3+}. Por exemplo, se um solo tem a CTC de 10 $cmol_c/kg$ e está com 50% de saturação por Al, então 5 $cmol_c/kg$ de íons Al^{3+} deverão ser deslocados (e a sua acidez, decorrente da hidrólise do Al, neutralizada). Isso exigirá 5 $cmol_c/kg$ de $CaCO_3$:

$$5\,cmol_c/kg \times (100\,g/mol\,CaCO_3) \times (1\,mol\,CaCO_3/2\,mol_c) \times (0.01\,mol_c/cmol_c)$$
$$= 2{,}5\,g\;CaCO_3/kg\;solo$$

Esta quantidade é equivalente a 5.000 kg/ha (2,5g/kg $\times$ 2 $\times$ 10^6 kg/ha). A prática sugere que, para garantir uma completa reação no campo, a quantidade de calcário, assim calculada, deve ser multiplicada por um fator de 1,5 ou 2,0, a fim de se obter a verdadeira quantidade de calcário a ser aplicada.

* N. do T.: No Brasil, este método recebe a denominação de Método do pH SMP. A sigla que identifica o método se refere aos seus criadores: Shoemaker, Mac lean e Pratt (SMP).

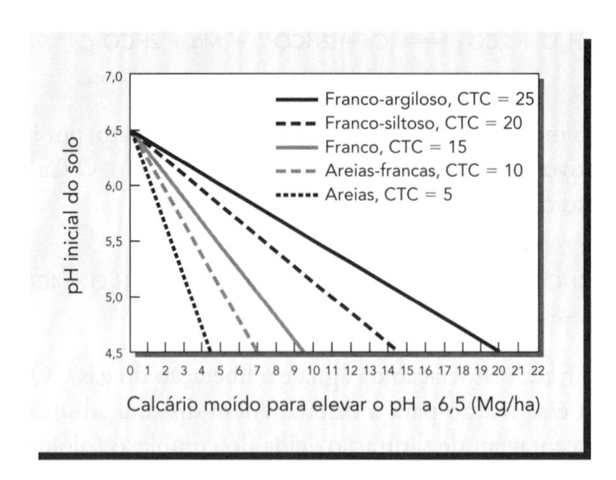

Figura 9.17 Efeito do tipo de classe textural do solo na quantidade de calcário necessária para aumentar o pH do solo, de seu nível inicial para pH 6,5. Observe a grande quantidade de calcário necessária para os solos de textura argilosa que estão fortemente tamponados pelos seus elevados teores de argila, matéria orgânica, etc. O gráfico é mais aplicável para solos de regiões frias úmidas, onde predominam as argilas do tipo 2:1. Em regiões quentes, onde os teores de matéria orgânica são menores e as argilas têm menos CTC, o pH a ser atingido provavelmente poderia estar mais perto de 5,8, e a quantidade de calcário necessária seria de metade a um terço daquela aqui indicada. Em todos os casos, não é recomendável aplicar mais do que 7 a 9 Mg/ha (3 a 4 ton/acre) de calcário de uma só vez. Se houver necessidade, aplicações parceladas devem ser feitas com dois ou três anos de intervalo, até alcançar o pH desejado.

Como o calcário é aplicado

Tutorial prático explicando a prática agrícola da calagem: http://hubcap.clemson.edu/~blpprt/acidity.html

Frequência Os calcários reagem vagarosamente com a acidez do solo, elevando o pH, de forma gradual, ao nível desejado durante um período de poucas semanas (no caso dos calcários hidratados) a alguns anos (para os calcários dolomíticos finamente moídos). Como o Ca e o Mg são removidos do solo pelas plantas ou por lixiviação, eles são repostos por cátions ácidos, fazendo com que o pH do solo diminua aos poucos. Em regiões úmidas, os processos que causam a acidificação continuam implacavelmente, e a aplicação do calcário a solos aráveis não é uma tarefa única, mas deve ser repetida a cada 3 a 5 anos para manter o nível do pH desejado.

Por causa de seu efeito gradual, o calcário deve ser aplicado aproximadamente de 6 a 12 meses antes do plantio da lavoura que necessita de pH mais elevado e também de cálcio. Então, em um sistema de rotação com milho, trigo e dois anos de alfafa, o calcário pode ser aplicado após a colheita do milho para favorecer o crescimento da cultura da alfafa que segue a do milho. Contudo, visto que muitos calcários são aplicados a granel usando-se pesados caminhões (Figura 9.18), as aplicações sobre a palhada ou o feno cortado, em vez do tráfego diretamente sobre o solo que foi arado, minimizará sua compactação.

A calagem será mais benéfica às plantas sensíveis à acidez se a maior parte do ambiente explorado pelas raízes for alterada. Entretanto, na maior parte dos casos, é econômico e fisicamente possível misturar o calcário apenas nos 15 a 20 cm superficiais do solo. Os íons Ca^{2+} e Mg^{2+} fornecidos pelo calcário repõem cátions ácidos no complexo de troca e não se translocam prontamente para baixo no perfil do solo. Dessa forma, para solos com elevada CTC, o efeito a curto prazo do calcário será limitado principalmente às camadas do solo onde esse calcário foi incorporado.

Supercalagem Uma consideração de caráter prático é o perigo da **supercalagem** – a aplicação de quantidades muito elevadas de calcário de forma que os valores resultantes do pH sejam mais altos do que aquele desejado para um crescimento adequado das plantas. A supercalagem não é muito comum em solos de textura argilosa e alta capacidade-tampão, mas pode facilmente ocorrer em solos de textura arenosa, com baixos teores de matéria orgânica.

QUADRO 9.2

Cálculo da necessidade de calcário com base na determinação do pH em uma solução tampão

Seu cliente quer cultivar aspargo, uma cultura de alto valor comercial, em uma área de 2 ha. O solo é franco-arenoso, atualmente com valor de pH 5,0. O aspargo é uma cultura exigente em cálcio que necessita de pH elevado (6,8) para uma melhor produção (Figura 9.16). Uma vez que a textura do solo é franco-arenosa, vamos admitir que sua curva tampão seja semelhante àquela do solo moderadamente tamponado, *B*, na Figura 9.6. Na prática, a análise de solo em laboratório, usando esse método para calcular a necessidade de calcário, teria curvas de tamponamento idênticas para o principal tipo de solo existente na área de interesse.

1. Extrapolando da curva B na Figura 9.6, estimamos que serão necessários, aproximadamente, 2,5 $cmol_c$ de calcário/kg de solo para alterar o pH de 5,0 para 6,8. (Traçar uma linha horizontal do 5,0 no eixo *Y* da Figura 9.6 para a curva B, daí traçar uma linha vertical desta intersecção para baixo até o eixo *X*. Repetir esse procedimento começando no 6,8 no eixo *Y*. Então use a escala do eixo *X* para comparar a distância entre o ponto onde as duas linhas verticais interceptam o eixo *X*.)
2. Cada molécula de $CaCO_3$ neutraliza 2 íons H^+: $Ca\,CO_3 + 2H^+ \rightarrow\rightarrow Ca^{2+} + CO_2 + H_2O$
3. A massa de 2,5 $cmol_c$ de $CaCO_3$ puro pode ser calculada usando o peso molecular do $CaCO_3$ = 100g/mol:

$$(2{,}5\ cmol_c\ CaCO_3/kg\ solo) \times (100g/mol\ CaCO_3) \times (1\ mol\ CaCO_3/2mol_c) \times (0{,}01\ mol_c/cmol_c)$$
$$= 1{,}25\ g\ CaCO_3/kg\ solo$$

4. Usando o fator de conversão 2×10^6 kg/ha do solo da camada mais superficial (consulte a nota de rodapé 4, no Capítulo 4), calculamos a quantidade de $CaCO_3$ puro necessária por hectare:

$$(1{,}25\ g\ CaCO_3/kg\ de\ solo) \times (2 \times 10^6 kg\ de\ solo/ha) = 2.500.000\ g\ CaCO_3/ha$$
$$2.500.000\ g\ CaCO_3/ha \times (1\ kg\ CaCO_3/1.000\ g\ CaCO_3) = 2.500\ kg\ CaCO_3/ha$$
$$2.500\ kg\ CaCO_3/ha = 2{,}5\ Mg/ha\ (ou\ em\ torno\ de\ 1{,}1\ ton/acre)$$

5. Visto que nosso calcário tem um equivalente em $CaCO_3$ de 90%, 100 kg dele seria o equivalente a 90 kg de $CaCO_3$ puro. Como consequência, devemos ajustar a quantidade de nosso calcário necessário pelo fator 100/90:

$$2{,}5\ Mg\ CaCO_3\ puro \times 100/90 = 2{,}8\ Mg\ calcário/ha$$

6. Finalmente, porque nem todo $CaCO_3$ do calcário reagirá completamente com o solo, a quantidade calculada com dados da curva tampão do laboratório é comumente aumentada pelo fator 2:

$$(2{,}8\ Mg\ calcário/ha) \times 2 = 5{,}6\ Mg\ calcário/ha$$

(Usando o Apêndice B, esse valor pode ser convertido para aproximadamente 2,5 ton/acre.)

Observe que esse resultado se assemelha muito à quantidade de calcário indicada no gráfico da Figura 9.17 para esse mesmo grau de mudança de pH em solo franco-arenoso.

Os efeitos detrimentais do excesso de calagem incluem deficiências de ferro, manganês, cobre e zinco; redução da disponibilidade do fósforo; e restrição da absorção de boro da solução do solo pelas plantas. Comumente, e sem consequências danosas, adiciona-se um pouco mais de calcário do que necessário, mas pode ser difícil contrabalancear o resultado da aplicação em grandes quantidades. Portanto, os materiais calcários devem ser adicionados moderadamente aos solos pouco tamponados. Para alguns *Ultisols* e *Oxisols*, a supercalagem pode ocorrer se o pH for elevado até mesmo a valores de 6,0.

Calagem em florestas A aplicação de calcário em bacias hidrográficas florestadas é raramente praticável, exceto em solos muito ácidos e arenosos nos quais pequenas aplicações desse material já podem melhorar o efeito maléfico da acidez do solo e fornecer cálcio suficiente às árvores.

Figura 9.18 O espalhamento de calcário por caminhões especialmente equipados é o método mais empregado para aplicar rocha calcária moída. A foto mostra um dia ventoso, e a dispersão, provocada pelo vento, ilustra a natureza da moagem muito fina do calcário agrícola que está sendo aplicado. Para evitar problemas com caminhões pesados que acabam compactando os solos macios, recentemente arados, é sempre preferível aplicar o calcário nos terrenos congelados, cobertos por capins ou sob sistema de plantio na palha. (Foto: cortesia de R. Weil)

Solos não arados Em alguns sistemas solo-planta, como os cultivos em sistema de plantio direto, pomares e gramados, é difícil misturar e incorporar calcário ao solo. Felizmente, os resíduos (*mulch*) não revolvidos desses sistemas são propícios para a atividade das minhocas, que podem ajudar a movimentação do calcário para as partes inferiores do perfil (Prancha 81).

9.9 CAMINHOS ALTERNATIVOS PARA MINORAR OS EFEITOS MALÉFICOS DA ACIDEZ

Quando o principal problema da acidez está nos horizontes mais superficiais e onde certas quantidades de calcário podem ser prontamente colocadas, o procedimento tradicional da calagem, como já descrito, é eficaz e econômico. Entretanto, onde a acidez dos horizontes subsuperficiais for um problema, ou onde o agricultor não tem acesso direto aos calcários, algumas outras alternativas podem ser apropriadas para suplantar o efeito nocivo da acidez, além da calagem tradicional. Particularmente merecedores de atenção são o uso do gesso e de matérias orgânicas para reduzir a toxicidade de alumínio, bem como o uso de espécies de plantas ou genótipos que toleram condições ácidas.

Aplicação do gesso

O gesso ($CaSO_4 \cdot 2H_2O$) é um material bastante disponível, encontrado em depósitos naturais ou como subprodutos industriais. O gesso pode melhorar o solo, neutralizando ou diminuindo a toxicidade do alumínio, embora não eleve o pH do solo. A verdade é que o gesso tem dado resultados mais eficazes do que o calcário na redução do alumínio trocável nos horizontes subsuperficiais e, por isso, vem sendo considerado um agente importante para o crescimento das raízes e rendimento das colheitas (Figura 9.19).

O gesso tem um resultado melhor porque seu cálcio, quando aplicado na superfície, movimenta-se para baixo no perfil do solo, mais rapidamente do que o calcário. Quando o calcário se dissolve, sua reação aumenta o pH, elevando também as cargas dependentes do pH dos coloides do solo, que, por sua vez, retêm os íons Ca^{2+}, impedindo-os de descerem no perfil do solo através da lixiviação. Além disso, o ânion liberado pelo calcário é o CO_3^{2-} ou o OH^-, e ambos são intensamente alterados pela reação do calcário (formando água ou gás dióxido de carbono); dessa forma, o calcário faz com que os cátions Ca^{2+} não sejam seguidos dos ânions excedentes, que poderiam acompanhá-los (como coíons) no processo de lixiviação. Em contrapartida, o gesso, como um sal neutro, não eleva o pH do solo e, portanto, não aumenta a CTC. Além disso, o ânion SO_4^{2-} liberado pela dissociação do gesso permanece disponível para acompanhar o cátion Ca^{2+} durante o processo de lixiviação.

Usando a matéria orgânica

As práticas da aplicação de resíduos orgânicos, como a produção de uma cultura de cobertura (Seção 13.2) e cobertura morta (*mulching*) ou retorno dos resíduos da cultura, aumentam a matéria orgânica do solo. Sendo assim, elas podem amenizar os efeitos da acidez ao menos de três maneiras:

1. A matéria orgânica humificada pode firmemente se ligar aos íons alumínio, impedindo-os de alcançar concentrações tóxicas na solução do solo.
2. Os ácidos orgânicos de baixo peso molecular, produzidos pela decomposição microbiana ou exsudação das raízes, podem formar complexos solúveis com os íons alumínio, os quais não são tóxicos às plantas e aos micro-organismos.
3. Muitos corretivos orgânicos contêm apreciável quantidade de cálcio retido em complexos orgânicos que prontamente se lixivia no perfil do solo. Portanto, se tais materiais, como os resíduos de leguminosas e esterco de animais, estiverem com altos níveis de Ca, eles poderão combater, de forma eficaz, a toxicidade de alumínio e os níveis de pH e Ca, não somente na camada mais superficial do solo onde são incorporados, mas também a profundidades maiores nos horizontes subsuperficiais (ver Figura 9.19).

O reforço dessas reações da matéria orgânica pode ser mais prático do que a calagem convencional, no caso de fazendeiros com poucos recursos ou para aqueles situados em áreas distantes dos depósitos de calcário. O plantio de **adubo verde** (vegetação especificamente cultivada com a finalidade de adicionar matéria orgânica ao solo) e coberturas mortas (*mulches*) podem proporcionar a matéria orgânica necessária para estimular aquelas interações e, portanto, reduzir o nível do íon Al^{3+} na solução do solo. Culturas sensíveis ao alumínio podem então ser cultivadas, sucedendo os plantios de adubo verde. Um cuidado com o uso dos materiais orgânicos, a fim de minimizar a acidez do solo, é que a quantidade dos materiais destinados a esses fins pode exceder a quantidade recomendada pelas práticas de manejo de nutrientes – que são planejadas para impedir a poluição das águas devido à excessiva lixiviação, além de perdas de nitrogênio e fósforo por causa das enxurradas (Seção 13.3).

Seleção de plantas adaptadas

Com frequência, é mais sensato resolver problemas de acidez do solo melhorando geneticamente a planta para que ela consiga tolerar as condições da acidez, em vez de alterar o pH do solo. A escolha da espécie de planta deve considerar a sua adaptação ao pH do solo, tanto para revegetar uma área de fragmentos rochosos ácidos de uma antiga mina de carvão, como para ajardinar quintais de áreas de condomínios com solos desérticos alcalinos.

Os melhoristas de plantas e biotecnólogos têm desenvolvido cultivares que são bastante tolerantes a condições muito ácidas. Essas variedades são especialmente valorizadas em algumas áreas dos trópicos onde até mesmo as modestas aplicações de calcário são economicamente impraticáveis. Esses avanços realçam a importância do trabalho em conjunto entre os pesquisadores de plantas (fitotecnistas) e os do solo (pedólogos) cuja finalidade é aumentar a produção vegetal em solos degradados e ácidos.

9.10 DIMINUINDO O pH DO SOLO

Em regiões áridas como o oeste norte-americano, com frequência é necessário reduzir o pH dos solos altamente alcalinos. Além disso, algumas plantas adaptadas a solos ácidos não conseguem tolerar valores de pH próximos ao do neutro. Por exemplo, rododendros e azaleias, muito cultivados em jardins em todo o mundo, crescem melhor em solos que têm pH de 5,0 ou menor. Para estabelecer tais plantas, algumas vezes é desejável elevar a acidez do solo a valo-

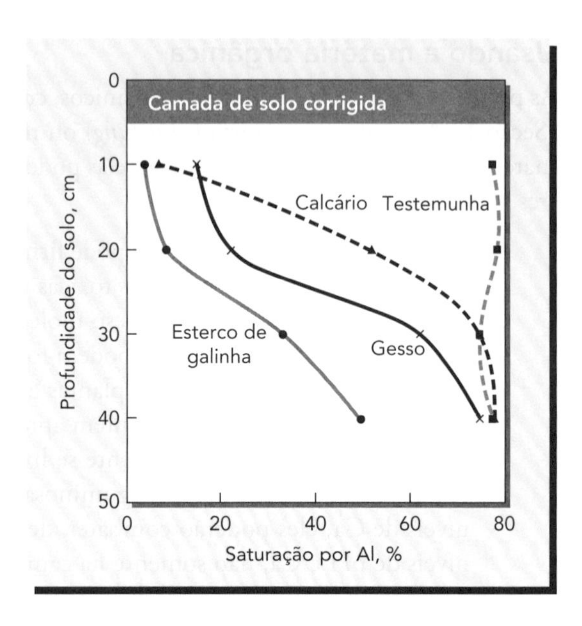

Figura 9.19 A percentagem de saturação por alumínio nos horizontes subsuperficiais de um *Ultisol* do Estado do Havaí, Estados Unidos, de textura argilosa, depois da camada superficial do solo ser tratada com esterco de galinha, calcário ou gesso. O solo foi lentamente lixiviado com 380 mm de água. O calcário elevou o pH e, portanto, conseguiu reduzir, de forma eficaz, a saturação por Al, embora apenas na camada mais superficial até 10 a 20 cm. O gesso fez com que o efeito do calcário fosse estendido até profundidades maiores. O gesso não elevou o pH ou aumentou a CTC, mas, por ser mais solúvel que o calcário, forneceu ânions SO_4^{2-} para acompanhar o cátion Ca^{2+}, quando foram lixiviados em solução. A maior e mais profunda redução na saturação por Al resultou da aplicação de esterco de galinha. Outro adubo orgânico rico em cálcio, o lodo de esgoto deu resultado similar (não mostrado). O esterco provavelmente formou complexos orgânicos solúveis com íons Ca^{2+} que, então, movimentaram-se perfil abaixo, onde o Ca foi trocado pelo Al para formar complexos orgânicos de Al não tóxicos. [Adaptado de: Hue e Licudine (1999), usado com autorização da American Society of Agronomy]

res que correspondem à leve acidez – o que pode ser feito adicionando-se materiais orgânicos e inorgânicos que formam ácidos.

Quando os resíduos orgânicos se decompõem, ácidos orgânicos e inorgânicos são formados. Estes podem reduzir o pH do solo se o material orgânico tiver baixo conteúdo de cálcio e outros cátions não ácidos. O bolor de folhas de árvores coníferas, acículas de pinheiros, cascas ricas em tanino, serragem de pinheiros e turfa de musgo são materiais orgânicos bastante adequados para serem adicionados ao redor de plantas ornamentais (mas consulte o Capítulo 11, a respeito de considerações sobre o nitrogênio desses materiais). Entretanto, alguns estercos das fazendas (particularmente esterco de galinha) e as folhas em decomposição de algumas árvores eficientes em absorver Ca, como a faia e o bordo, podem ser alcalinas e aumentar o pH.

Produtos químicos inorgânicos

Quando a adição de matéria orgânica ácida não é praticável, produtos inorgânicos como o sulfato de alumínio (alúmen) ou o sulfato ferroso ($Fe^{II}SO_4$) podem ser usados. Este último fornece ferro disponível (íons Fe^{2+}) para a planta e, ao sofrer hidrólise, eleva a acidez por reações similares às Equações 9.17 e 9.18.

O sulfato ferroso, portanto, tem dupla função para as plantas exigentes em ferro, pois fornece esse elemento de forma direta e reduz o pH do solo – um processo que pode causar a liberação do ferro fixado que está presente no solo (Pranchas 86 e 88). No caso de plantas ornamentais, o sulfato ferroso deve ser colocado sobre o solo, ao redor dela, para evitar distúrbios no sistema radicular. O contato com o sulfato ferroso (mas não com o alúmen) pode causar descolorações escuras das folhas ou desfolhamento devido à formação de sulfetos de ferro.

Outro produto usado com frequência para aumentar a acidez do solo é o enxofre elementar (Quadro 9.3). Como esse elemento passa por uma oxidação microbiana no solo (Seção 12.2), 2 moles de acidez (na forma de ácido sulfúrico) são produzidos para cada mol de S oxidado:

$$2S + 3O_2 + 2H_2O \longrightarrow 2H_2SO_4 \quad (9.23)$$

Sob condições favoráveis, o enxofre é 4 a 5 vezes mais efetivo, quilo por quilo, no desenvolvimento da acidez do que o sulfato ferroso. Embora o sulfato ferroso produza uma resposta mais rápida da planta, o enxofre é menos caro e, por isso, de mais fácil acesso, além de ser usado com frequência para outros fins. A quantidade de sulfato ferroso ou enxofre a ser aplicada depende, sobretudo, da capacidade-tampão do solo e de seu nível original de pH. A

Figura 9.6 propõe que, para cada unidade de pH desejado para ser diminuído, um solo bem tamponado (p. ex., um solo franco-argilo-siltoso, com 4% de matéria orgânica) necessitará de aproximadamente 4 $cmol_c$ de enxofre por quilograma de solo, ou seja, em torno de 1.200 kg S/ha (desde que 1 $cmol_c$ de S = 0,32/2 = 0,16 g, os 2 mol_c/mol de acidez com base nos 2 mol de íon H^+ produzidos para cada mol de S oxidado).

9.11 CARACTERÍSTICAS E PROBLEMAS DOS SOLOS DE REGIÕES SECAS

Os solos de regiões secas, com água limitada, alto pH e naturalmente rico em carbonatos, têm muitas particularidades e problemas que geralmente não são encontrados nos solos ácidos da maioria das regiões úmidas. Começaremos focalizando a natureza dos solos alcalinos que *não* têm níveis excessivos de sais ou sódio, conforme abordado nas Seções 9.14 e 9.15.

Heterogeneidade, vegetação e hidrologia de solos não cultivados

Muitas paisagens semiáridas, quando vistas das estradas, parecem ser densamente cobertas de vegetação. Entretanto, se alguém caminhar dentro dessa paisagem, verificará de imediato que há bastante espaço entre as plantas, além de muita superfície sem vegetação (Figura 2.18). Tal irregularidade na vegetação natural é característica de ambientes nos quais a água é escassa demais para que possa manter uma cobertura vegetal total (Seção 6.4). Menos evidente para o observador casual é que o solo sob as plantas é bastante diferente do que aquele desnudo, e que essa diferença é, ao mesmo tempo, a causa e o efeito da distribuição dispersa das plantas.

Ilhas de fertilidade Ao estudarem as terras áridas, os pesquisadores do solo descobriram que as plantas, em geral, colaboram, de várias maneiras, para a qualidade dos solos que as sustentam. As plantas adicionam serrapilheira, hospedam macro e micro-organismos e captam partículas trazidas pelo vento. Portanto, os solos sob reboleiras de vegetação tornam-se mais ricos em matéria orgânica, silte e argila, com teores mais elevados de nitrogênio e outros nutrientes.

O aumento de material orgânico, advindo da serrapilheira, produz uma melhor agregação do solo; afinal, durante muitas gerações, as raízes das plantas vêm desenvolvendo uma rede de bioporos abertos à superfície, e o dossel das plantas acaba protegendo parcialmente a estrutura da superfície do solo quando chove (Seção 14.5). Todos esses efeitos conduzem a um notável aumento da infiltração de água nas reboleiras vegetadas (Figura 9.21).

Com o tempo, toda essa *realimentação positiva* desenvolve um nível de produtividade do solo diferente nas características reboleiras vegetadas, que acabam por ter condições de solo mais favoráveis do que os espaços descobertos não vegetados. As chamadas "ilhas de fertilidade" são características de muitas terras cujos solos são áridos. A vegetação também pode estimular o surgimento das "ilhas de fertilidade", porque protege o solo de ventos erosivos do deserto.

Outra característica especial que influencia a hidrologia dos solos de regiões áridas em seu estado natural é o encrostamento biológico que quase sempre aparece como uma fina cobertura, de cor escura, às vezes irregular, na superfície do solo. Essa frágil estrutura viva será estudada na Seção 10.14.

Camadas ricas em cálcio

Os solos localizados em áreas de baixa precipitação costumam acumular carbonatos que formam um *horizonte cálcico* a alguma profundidade no perfil do solo (Prancha 13). Os materiais de solos calcários (com carbonato de cálcio livre) podem ser identificados no campo pela efervescência produzida, caso uma gota de ácido (HCl 10% ou vinagre forte) seja aplicada. A alta concentração de carbonato nesses horizontes cálcicos pode inibir o crescimento das raízes em algumas plantas. Em locais erodidos ou em regiões de baixíssima precipitação (< 250 mm/ano), a concentração de carbonato pode ser encontrada

Tutorial ilustrado sobre carbonatos em solos: http://edafologia.ugr.es/carbonat/indexw.htm

QUADRO 9.3

O mistério do pH do solo: custoso e embaraçoso

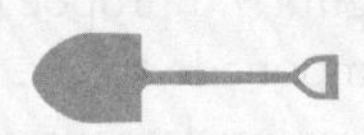

Alguns locais de um extenso gramado apresentavam um aspecto nada atraente. Como essas áreas estavam se expandindo, indicava que algo muito errado estava acontecendo – essa constatação se deu a apenas uma semana da inauguração de um jardim público imenso e muito bem planejado no coração da cidade de Washington, DC (EUA). Depois de ter plantado muitas árvores, arbustos e flores raras e exóticas, o horticultor responsável temeu o pior – o solo deve ser tóxico, precisa ser todo removido, e a jardinagem refeita. Uma parte do jardim foi construída sobre os porões de um museu. Abaixo da superfície ondulada da prazerosa topografia, um metro de espessura de "solo superficial" cobria um emaranhado de canalizações, conduítes e fios sobre a cobertura do museu. Se fosse necessário remover o solo, isso deveria ser feito manualmente, de forma vagarosa e dispendiosa. O horticultor suspeitou que algum fator tóxico do solo estava matando a grama, e isso logo começaria a prejudicar também outras plantas. As especificações do paisagista que projetou o jardim eram as seguintes: "solo natural friável, com 2% de matéria orgânica, classe textural franca, pH 5,5 a 7,0". O empreiteiro que na licitação ofereceu um valor mais baixo para fazer o "solo superficial" usou sedimentos dragados de um rio próximo afetado por marés, modificando-os com calcário e areia suficientes para reunir as condições de pH e textura necessárias. O engenheiro consultor enviou amostras desse material ao laboratório de análises de solo, que afirmou que os materiais estavam dentro das especificações requeridas.

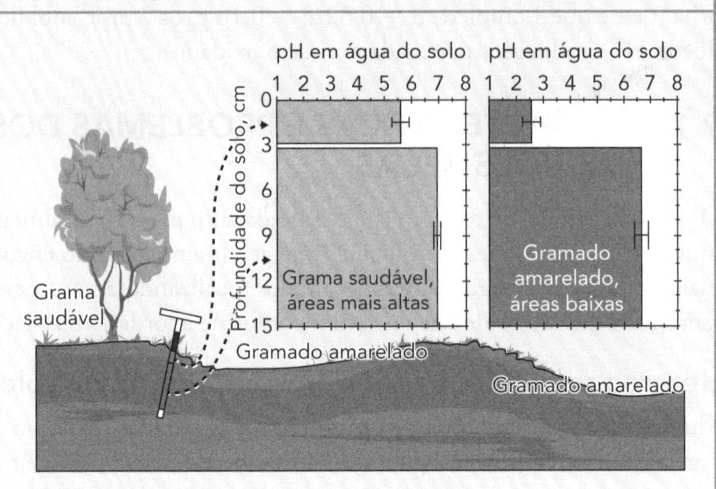

Figura 9.20 Gramado amarelado e acidez do solo em um jardim de terraço. (Cortesia de R. Weil)

No fim do mês de abril, quando se aproximava a grande inauguração, a grama começou a se tornar parda e morria em pequenas manchas. Embora os arbustos, árvores e flores cultivados nos canteiros estivessem ainda com boa aparência, as manchas mortas de gramado aumentavam com o passar dos dias. Os especialistas em gramados foram consultados, mas não acharam pragas ou doenças que explicassem claramente a morte que ocorria nas manchas. Depois, em junho, e já desesperado, o jardineiro andava nervosamente de um lado para outro enquanto diversos pedólogos trabalhavam febrilmente para coletar amostras de solo.

Os pedólogos, com experiência em levantamentos de solos, tradaram em profundidade, procurando, sem sucesso, pelos sinais indicadores de matérias ácidos sulfatadas (Seção 9.6) que suspeitavam que pudessem solubilizar alumínio tóxico e metais pesados dos sedimentos do rio. Outros, observando que o gramado era o que parecia sofrer primeiro, retiraram amostras mais superficiais, em vez de em profundidade (ver Quadro 1.2), obtendo um conjunto de amostras de solo retiradas dos 3 cm mais superficiais. Como o gramado foi mais prejudicado em locais mais baixos, eles coletaram pares de amostras de diversas áreas onde a grama estava morta e de áreas adjacentes onde estava relativamente saudável. De volta ao laboratório, eles misturaram cada amostra de solo em água e mediram o pH. Os resultados estavam completamente normais, até quando mediram o pH das amostras da camada mais superficial, de 3 cm. Daí não podiam acreditar no que viam – todas as amostras da área morta de grama deram leituras de pH entre 2 e 3 (gráfico na Figura 9.20). Olhando com mais detalhes, eles observaram pequenas pontuações amarelas que cheiravam a enxofre. Então as peças do quebra-cabeça começaram a se encaixar no devido lugar.

(continua)

QUADRO 9.3 (*CONTINUAÇÃO*)

O mistério do pH do solo: custoso e embaraçoso

No verão anterior, logo após a grama ter sido plantada, o horticultor retirou amostras de 0 a 20 cm de profundidade do solo "normal" (como normalmente se faz) e o analisou, encontrando valores de pH 7,2, consideravelmente acima do pH entre 6,0 e 6,5 recomendado para a grama do tipo festuca. Por isso, ele tinha aplicado em torno de 1.000 kg/ha de enxofre (S) em pó, como recomendado, para abaixar o pH em cerca de 1 unidade. Ele retirou outro conjunto de amostras de solo a 20 cm de profundidade, aproximadamente dois meses mais tarde, e o pH estava ainda em torno de 7,0. Então repetiu a aplicação de S. O gramado parecia saudável durante a época mais fria, um inverno chuvoso, quando o paisagista instalou as valiosas árvores e arbustos. O que o horticultor não considerou foi o tempo e a temperatura que seriam necessários para os micro-organismos do solo oxidarem o S e acidificarem o solo. A segunda aplicação de S havia sido uma solução equivocada em relação à demora normal da diminuição do pH, fazendo com que a quantidade de S disponível para ser oxidada dobrasse. O enxofre em pó é hidrófobo e flutua; desta forma, a chuva facilmente carregava muito dele das áreas mais altas para as partes mais baixas, assim dobrando ou triplicando a já segunda aplicação e aumentando cinco ou seis vezes a concentração de S recomendada naquelas áreas. O tempo quente e úmido da primavera estimulava a ação das bactérias que oxidam o S, fazendo com que extrema acidez fosse rapidamente produzida na fina camada superficial do solo onde o S estava localizado e muitas das raízes do gramado proliferavam. Felizmente, o remédio seria simples e barato: remover o gramado acompanhado de aproximadamente 5 cm de solo e começar a instalar uma grama nova. Isto é o que foi feito, e todos, na abertura da cerimônia de inauguração, ficaram impressionados com a beleza do gramado e do jardim.

Quais lições foram aprendidas? (1) Muitos processos do solo são de natureza biológica – eles respondem às condições ambientais com o tempo. (2) A retirada de amostras de solo somente em profundidade pode "diluir" evidências de condições extremas próximas da superfície do solo. Portanto, tenha sempre certeza de que é necessário amostrar separadamente os poucos centímetros mais superficiais de solos não revolvidos pelo arado, especialmente se corretivos foram neles aplicados.

na superfície do solo ou perto dela (Prancha 99). Nesses casos, sérias deficiências de micronutrientes e fósforo podem ser induzidas nas plantas que não estejam adaptadas às condições calcárias (veja a seguir).

Em outros solos alcalinos, uma ou mais camadas de horizontes subsuperficiais podem estar bastante cimentadas, com horizontes parecidos com concreto, como as camadas petrocálcicas ou duripãs (Figura 3.14). Muitos solos alcalinos também contêm camadas ricas em sulfato de cálcio (gesso), um mineral muito mais solúvel do que o carbonato de cálcio. A profundidade

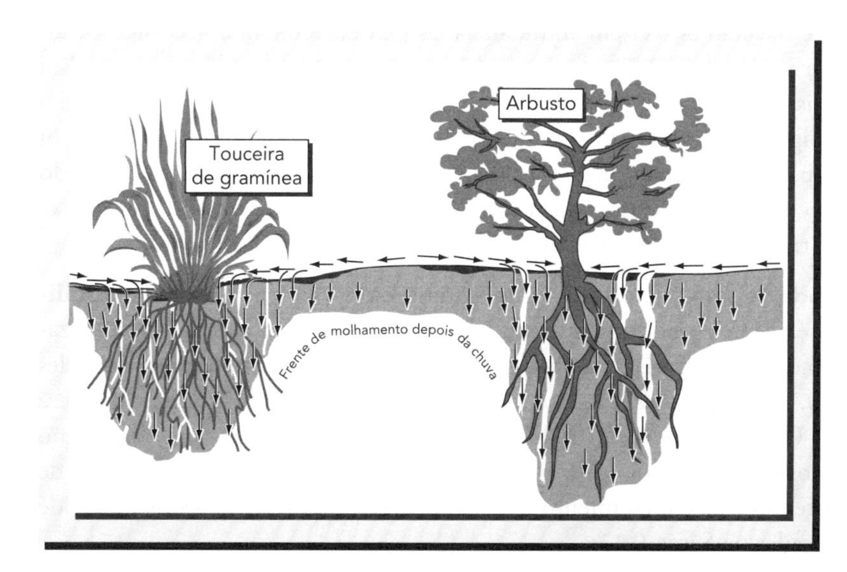

Figura 9.21 Taxas diferenciadas de enxurrada e infiltração podem provocar o aparecimento de "ilhas" de maior disponibilidade de água para o solo em terras áridas e semiáridas. As leves depressões e outras características inicialmente concentram água de chuva em pequenas áreas. Depois que as plantas estabelecem um bolsão de umidade relativamente alta, elas contribuem para ampliar a heterogeneidade do solo por causa de sua serrapilheira e, além disso, as raízes aumentam a infiltração da água ao seu redor. (Diagrama: cortesia R. Weil)

de horizontes cálcicos e de horizontes com gesso é largamente determinada pela idade do solo e pela quantidade de precipitação disponível para lixiviar esses minerais para baixo no perfil.

Propriedades coloidais

Capacidade de troca de cátions A capacidade de troca de cátions (CTC) de solos alcalinos é comumente mais alta do que a dos solos ácidos com texturas comparáveis. Esse fato pode ser confirmado de duas formas. Primeiro, as argilas do tipo 2:1, mais comuns em solos alcalinos, possuem altas capacidades de carga permanentes. Segundo, o alto pH de solos alcalinos estimula, nos coloides do solo, especialmente no húmus, altos níveis de carga dependentes de pH (Seção 8.9).

Dispersão das argilas As argilas dos solos alcalinos são particularmente sujeitas à defloculação ou dispersão, porque (1) os revestimentos de ferro e alumínio, que agem como fortes agentes floculantes e cimentantes em solos ácidos, são bastante escassos em solos alcalinos; (2) os tipos dominantes de argilas em solos alcalinos são especialmente suscetíveis à dispersão; e (3) os íons monovalentes (Na^+ e K^+) que, embora sejam facilmente lixiviados dos solos ácidos (Seção 8.10), são bastante imóveis (não lixiviáveis) nos solos de regiões secas. Portanto, a dispersão de coloides do solo leva a grandes reduções de macroporosidade, aeração e percolação da água e ao selamento da superfície do solo (Seções 9.14 e 9.15)

Deficiência de nutrientes

Como a disponibilidade de muitos dos elementos nutrientes é bastante influenciada pelo pH do solo, espera-se que os solos alcalinos mostrem alguns problemas especiais com respeito à solubilidade dos nutrientes das plantas e de outros elementos. Além disso, ao contrário das regiões úmidas, a mínima lixiviação permite a muitos minerais lixiviáveis e relativamente solúveis permanecerem no solo, em alguns casos contribuindo para os altos níveis de alguns elementos do sistema solo-planta-animais.

Os micronutrientes zinco, cobre, ferro e manganês estão prontamente disponíveis em solos ácidos, mas são muito menos solúveis a níveis de pH acima de 7. Portanto, nos solos alcalinos, o crescimento das plantas costuma ser limitado por deficiência desses elementos (Pranchas 97 a 99). Além disso, os baixos teores de matéria orgânica, na maior parte dos solos de regiões secas, reduzem a disponibilidade desses metais.

A deficiência de boro é comum em solos com pH muito alto, tanto nos arenosos (por causa do baixo teor de boro) como nos argilosos (porque o boro é firmemente retido pelas argilas). Além disso, se o cálcio estiver em abundância, as plantas tendem a necessitar de altos níveis de boro. Por isso, a deficiência de boro é bastante comum em solos alcalinos. Em contraste ao boro, a disponibilidade de molibdênio se torna alta sob condições de alcalinidade – tão alta que em algumas áreas a toxicidade de molibdênio passa a ser um problema. Em animais ruminantes (p. ex., vacas e ovelhas) que pastam sobre solos com pH alto e elevado teor de molibdênio, a combinação de uma dieta com alta solubilidade do molibdênio e baixa solubilidade do cobre traz distúrbios conhecidos como **molibdenose**.

Alcalinidade: pH elevado do solo Parece haver uma grande confusão entre os termos **alcalino** e **alcalinidade**, que ocorre principalmente quando se quer descrever os solos caracterizados pelo nível elevado de sais solúveis ou sódio. Os solos alcalinos são simplesmente aqueles com pH acima de 7,0. A *alcalinidade* refere-se à concentração de íons OH^-, como a *acidez* refere-se aos íons H^+. Os solos *alcalinos* não devem ser confundidos com *álcalis.* Este termo é obsoleto; hoje usamos **sódico** ou solo **salino-sódico** para nos referir ao solo com níveis de sódio tão altos que prejudicam o crescimento das plantas (ver Seção 9.14). Essas fontes de alcalinidade foram tratadas na Seção 9.1.

9.12 FORMAÇÃO DE SOLOS AFETADOS POR SAIS[6]

Os solos afetados por sais abrangem aproximadamente 320 milhões de hectares de terras em todo o mundo, sendo as áreas mais extensas encontradas na Austrália, África, América Latina, sudoeste dos Estados Unidos e Oriente Próximo e Médio. Eles ocorrem principalmente em áreas com a relação precipitação/evaporação de 0,75 ou menos, assim como em áreas baixas e planas, com lençol freático elevado e que estão sujeitas a receber escoamentos de áreas mais elevadas (Prancha 104). Perto de 50 milhões de hectares de culturas e pastagens são hoje afetados pela salinidade e, em algumas regiões, as áreas de terras assim afetadas estão crescendo em torno de 10% ao ano.

Extensão e causas da salinidade em solos no mundo todo: www.fao.org/AG/AGL/agll/spush/topic2.htm

Em muitos casos, os sais solúveis são originados do intemperismo de minerais primários das rochas e materiais de origem. Os sais podem ser transportados para um solo salino em formação, solubilizados na água que se desloca de áreas mais elevadas para as mais baixas, ou de zonas mais úmidas para as mais secas. Por fim, a água tem que evaporar; contudo, os sais dissolvidos são deixados como resíduo evaporativo, acumulando-se no solo. Isso acontece tanto em paisagens irrigadas como em não irrigadas.

Muitos solos afetados por sais se formam por causa das alterações no balanço hídrico local, geralmente causado por atividades humanas, quando as quantidades de água que entram no sistema carregam mais sais que as águas de drenagem que saem. Frequentemente, essas ações são o resultado do aumento da evaporação, de inundações e da elevação do lençol freático. Vale a pena relembrar a frase contraditória: *sais, de modo geral, tornam-se um problema quando a água é fornecida em excesso ao solo, e não quando está escassa.*

Acumulação de sais em solos não irrigados

Nos Estados Unidos, em torno de um terço dos solos de regiões áridas e semiáridas são influenciados por terem algum grau de salinidade. Cloretos e sulfatos de cálcio, magnésio, sódio e potássio acumulam-se naturalmente na superfície do solo, porque a precipitação pluvial é insuficiente para lavá-los dos horizontes mais superficiais. Em áreas costeiras, a maresia (Prancha 105) e a inundação com água do mar podem ser importantes fontes localizadas de sais no solo, mesmo em regiões úmidas.

Outras importantes fontes localizadas são os depósitos fósseis de sais, sedimentados durante épocas geológicas pretéritas. Esses sais fósseis podem se dissolver em águas subterrâneas e se movimentar horizontalmente sobre camadas geológicas impermeáveis e, finalmente, aflorar à superfície do solo nas partes mais baixas das paisagens. Essas áreas baixas, onde as águas subterrâneas salinas afloram, são denominadas **afloramentos salinos**.

As áreas com afloramentos salinos ocorrem naturalmente em alguns locais, mas sua formação é com frequência muito acentuada quando o balanço da água em uma paisagem semiárida é alterado pela transformação dessas terras em áreas agrícolas (Figura 9.22). A substituição da vegetação nativa perene, de raízes profundas, por culturas anuais reduzem bastante a evapotranspiração anual, especialmente se os sistemas de cultivo incluírem períodos de pousio – durante os quais o solo não é vegetado. A diminuição da evapotranspiração permite que maior quantidade de chuva percole através do solo, fazendo, portanto, com que o lençol freático se eleve, aumentando assim o fluxo de água subterrânea para partes mais baixas do relevo. Em regiões secas, os solos e substratos podem conter quantidades substanciais de sais solúveis que podem ser recolhidos pela água de percolação. O lençol freático pode elevar-se até chegar perto de 1 m, ou menos, da superfície do solo. A ascensão capilar contribuirá então para um contínuo fluxo de água contendo sais, de modo a repor à superfície a água perdida pela eva-

[6] Para uma discussão sobre estes solos, que são também denominados *solos halomórficos*, consulte Abrol et al. (1988) e Szabolcs (1989).

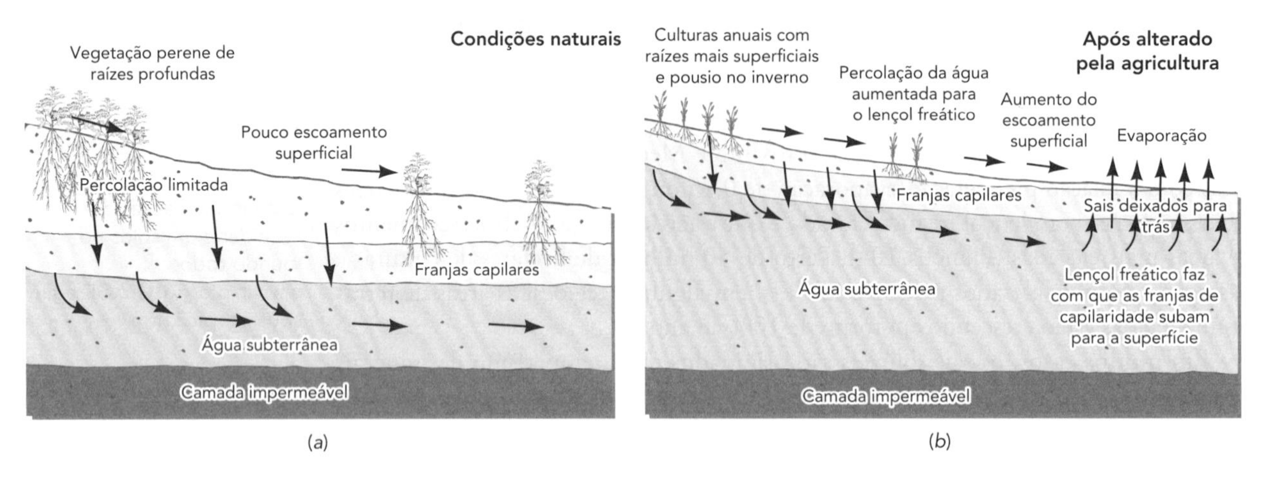

Figura 9.22 Formação de afloramentos salinos em áreas semiáridas, onde os substratos ricos em sais estão sobre uma camada impermeável. (*a*) Sob vegetação perene com raízes profundas, a transpiração é intensa e o lençol freático é mantido baixo. (*b*) Depois da conversão para a agricultura, as culturas anuais com raízes mais superficiais absorvem menos água, especialmente se o pousio for praticado, permitindo que mais água percole através do substrato impregnado de sal. Consequentemente, na posição mais baixa do relevo, durante os períodos mais úmidos, o lençol freático se eleva até perto da superfície do solo. Isso permite à água subterrânea, rica em sais, subir por fluxo de capilaridade à superfície, da qual se evapora, fazendo com que aconteça um aumento do acúmulo de sais. Considere que no diagrama a escala vertical está exagerada. (Diagrama: cortesia de R. Weil)

poração e deixar para trás os sais, que logo se acumularão a níveis que inibirão o crescimento das plantas. Ano após ano, a zona de evaporação se deslocará encosta acima, e a área de terra desnuda da área salinizada se tornará maior e mais salina. Milhões de hectares de terras na América do Norte, Austrália e outras regiões semiáridas estão sendo degradadas dessa forma.

Salinidade e alcalinidade induzidas pela irrigação

A irrigação não apenas altera o balanço hídrico, trazendo mais água, mas também traz mais sais. Mesmo que a água doce, desviada de um rio ou bombeada do aquífero subterrâneo, seja da melhor qualidade, ela contém alguns sais dissolvidos (Seção 9.16). A quantidade de sal trazida com a água pode parecer desprezível, mas sua quantidade aplicada ao longo do tempo é significativa. Como dissemos, a água pura é perdida pela evaporação, mas os sais permanecem e se acumulam na superfície do solo. O efeito é acentuado em regiões áridas por duas razões: (1) a água disponível dos rios ou as subterrâneas têm um conteúdo relativamente alto de sais, porque atravessam os solos de regiões secas que contêm grandes quantidades de minerais facilmente intemperizáveis; e (2) o clima seco provoca uma demanda evaporativa relativamente alta; portanto, grandes quantidades de água são necessárias para a irrigação. Em uma região árida, os fazendeiros podem precisar aplicar 90 cm de água para o crescimento de uma cultura anual. Mesmo se a água for de boa qualidade, é provável que os baixos teores de sais adicionarão mais do que 6 Mg/ha (3 ton/acre) de sais todo ano no terreno (Seção 9.18).

Uma miragem australiana de pastagens verdes evaporando água: www.csmonitorcom/1996/0508/050896.intl.intl.6.html

Se a água de irrigação transportar uma significativa proporção de íons Na^+, comparado com os íons de Ca^{2+} e Mg^{2+}, e, em especial, se o íon HCO_3^- estiver presente, o íon sódio pode vir a saturar a maior parte dos sítios de troca dos coloides, criando um solo **sódico** improdutivo (Seção 9.15).

Durante as três últimas décadas, os países de baixa renda localizados em regiões áridas vêm expandindo bastante suas áreas de terras irrigadas, a fim de incrementar a produção de alimentos para atender o seu rápido crescimento populacional. No início, a expansão da irrigação estimulou um aumento fenomenal na produção de cultivos alimentares. Mas, infelizmente, muitos projetos de irrigação falharam, porque não dispuseram de uma drenagem adequada. Como resultado, o processo de **salinização** acelerou, e os sais se acumularam em níveis que já estão afetando adversamente a produção das culturas. Em algumas dessas áreas, os solos sódicos já estão se formando.

No sudeste do Iraque, durante o período bíblico, uma área irrigada com água dos rios Tigre e Eufrates era tão produtiva que a região, como um todo, era chamada de *Crescente Fértil*. Infelizmente, a salinização aconteceu quando essas sociedades deixaram de manter os canais de drenagem. Os sais acumularam-se em proporções tais que as produções das culturas declinaram, e a área teve que ser abandonada.

Hoje, as sociedades em todo o mundo estão repetindo os erros do passado. Alguns observadores acreditam que a cada ano as áreas de terras, antes irrigadas e degradadas pela salinização severa, estão se tornando maiores do que as áreas das novas terras que vêm sendo irrigadas. Sem dúvida, o mundo precisa dar séria atenção, e em grande escala, aos problemas associados com os solos que são afetados por sais.

9.13 MEDINDO A SALINIDADE E A SODICIDADE[7]

Os solos com características salinas afetam negativamente as plantas por causa da concentração total de sais (*salinidade*) na solução do solo e por causa da concentração de íons específicos, em especial o sódio (*sodicidade*).

Salinidade

Sólidos totais dissolvidos Em teoria, o caminho mais simples para determinar a quantidade total de sais dissolvidos em uma amostra de água é aquecer a solução em um recipiente até que toda a água seja evaporada e permaneça apenas um resíduo seco. O resíduo pode então ser pesado, e os **sólidos totais dissolvidos** (STD) podem ser expressos em miligramas de resíduo sólido por litro de água (mg/L) no líquido usado para a irrigação. Os valores STD normalmente variam aproximadamente entre 5 e 1.000 mg/L, enquanto, na solução extraída da amostra da solução do solo, o STD pode variar entre aproximadamente 500 e 12.000 mg/L.

Condutividade elétrica A água pura é um condutor pobre de eletricidade, mas a sua condutividade elétrica aumenta à medida que os sais são nela dissolvidos. Então a **condutividade elétrica** (CE) da solução do solo nos dá uma medida indireta do conteúdo de sal. A CE pode ser medida tanto nas amostras de solo (Figura 9.23) ou no solo, *in situ*. Ela é expressa em termos de deciSiemens por metro (dS/m).[8]

Teste da pasta saturada para solos de campos de golfe afetados por sais: http://gcsaa.org/gcm/2003/sept03/PDFs/09Clarify.pdf

Mapeando a CE *in situ* Os avanços na construção de aparelhos permitem agora medidas rápidas e contínuas no campo da condutividade em grandes porções de solo, o qual, por sua vez, está diretamente relacionado com a sua salinidade. Um método de campo rápido emprega a **indução eletromagnética** (IE) da corrente elétrica no corpo do solo, sendo que seu nível está relacionado com a condutividade elétrica (CE) e com a salinidade do solo. Uma pequena bobina transmissora localizada em uma extremidade do instrumento IE gera um campo magnético no interior do solo, que induz pequenas correntes elétricas no seu interior, cujos valores estão relacionados com as suas condutividades. Essas pequenas correntes geram seu próprio campo magnético secundário, os quais podem ser medidos por uma pequena célula receptora na extremidade oposta do instrumento de IE. O instru-

U.S. Soil Salinity Laboratory, "News and Events": www.ars.usda.gov/pwa/?riverside/gebjsl

[7] Para obter informações sobre esses métodos, consulte Rhoades et al. (1999) ou o *site* U.S. Salinity Laboratory (www.ars.usda.gov/main/site_main.htm?modecode=53102000).

[8] Antigamente, a condutividade elétrica (CE) era expressa em millimhos por centímetro (mmho/cm), pois 1S = 1mho, 1 dS/m = 1 mmho/cm.

Figura 9.23 Medindo a condutividade elétrica (CE) de uma amostra de solo de um campo de capim-mombaça para determinar o nível de salinidade. A amostra é misturada com água pura até fazer uma pasta saturada. Para que se possa medir a condutividade, a pasta é depois transferida para um frasco especial, contendo eletrodo circular e achatado de cada lado (*foto inserida*). Esse frasco é inserido dentro de um suporte que conecta os eletrodos a um condutivímetro. Observe a leitura de 7,78 dS/m no condutivímetro. Esse nível de CE_p indica um solo altamente salino que inibiria o crescimento de muitas culturas. (Fotos: cortesia de R. Weil)

mento de IE então pode medir a CE do terreno a consideráveis profundidades do perfil do solo sem penetrar mecanicamente no solo. Um modelo portátil de tais sensores IE de condutividade é mostrado na Figura 9.24. O mesmo tipo de instrumento pode ser montado em veículos motores e ser usado para mapear rapidamente o nível de salinidade do solo através de terreno.

Aperfeiçoamentos em sensores móveis de salinidade têm permitido a produção de mapas detalhados das variações de salinidade dentro de um dado terreno. A informação desses mapas pode ser usada em técnicas de **agricultura de precisão** (Seção 13.10), que são capazes de aplicar medidas corretivas, planejadas de acordo com os graus de salinidade de todas as pequenas partes de uma extensa área a ser cultivada.

Sodicidade

Duas expressões são comumente usadas para caracterizar a sodicidade do solo. A **percentagem de saturação por sódio trocável** (PST) identifica o grau no qual o complexo de troca está saturado por sódio:

$$\text{PST} = \frac{\text{Sódio trocável, cmol}_c\text{/kg}}{\text{Capacidade de troca de cátions, cmol}_c\text{/kg}} \times 100 \qquad (9.24)$$

Os valores de PST maiores do que 15 estão associados com propriedades físicas do solo severamente deterioradas e valores de pH de 8,5 ou maior.

A **relação de adsorção de sódio** (RAS) é a segunda propriedade, de medição mais fácil e, por isso, vem sendo mais amplamente usada do que a PST. A RAS fornece informação sobre as concentrações relativas de Na^+, Ca^{2+} e Mg^{2+} na solução do solo. É calculada como segue:

Figura 9.24 Um sensor de indução eletromagnética (IE) portátil está sendo usado para estimar a condutividade elétrica no perfil do solo. Quando colocado na superfície do solo, na posição horizontal *(abaixo, à esquerda)*, este instrumento capta a condutividade elétrica do solo até aproximadamente 1 m de profundidade. Quando colocado na posição vertical *(como na foto inserida acima)*, a profundidade efetiva é de aproximadamente 2 m. Esse tipo de sensor IE (modelo EM-38, feita pela Geonics, Ltd, Ontario, Canadá) pode ser instalado em um veículo especial para, assim, obter um mapa da salinidade do solo. (Foto: cortesia de R. Weil)

$$RAS = \frac{[Na^+]}{(0{,}5[Ca^{2+}] + 0{,}5[Mg^{2+}])^{1/2}} \qquad (9.25)$$

onde $[Na^+]$, $[Ca^{2+}]$ e $[Mg^{2+}]$ são concentrações (em mmol de carga por litro) dos íons sódio, cálcio e magnésio na solução do solo. Um valor de RAS igual a 13 para a solução extraída da pasta saturada do solo equivale aproximadamente a um valor 15 do PST. A RAS do extrato de solo leva em consideração que o efeito adverso do sódio é moderado pela presença de íons cálcio e magnésio. A RAS também é usada para caracterizar a água de irrigação aplicada ao solo (Seção 9.17).

Altas quantidades de outros íons monovalentes, como o potássio (K^+), também podem proporcionar a degradação da estrutura do solo, embora menos do que o sódio. Por isso, alguns pesquisadores do solo acham possível que a RAS deva ser modificada para incluir a soma de $(Na^+) + (K^+)$ no numerador da Equação 9.25. O K^+ em excesso pode se originar dos minerais do solo ou da água de irrigação, como frequentemente acontece com o Na^+, mas também pode vir de uma superaplicação dos fertilizantes potássicos ou de estercos gerados de animais alimentados com dietas ricas em K, como as rações ricas em alfafa, usadas em muitas fazendas de gado leiteiro.

9.14 CLASSES DE SOLOS COM CARACTERÍSTICAS SALINAS

Com base nos valores de CE, PST (ou RAS) e pH, os solos com características salinas são classificados como **salinos**, **salino-sódicos** e **sódicos** (Figura 9.25). Os solos que não têm características salinas acentuadas são classificados como **normais**.

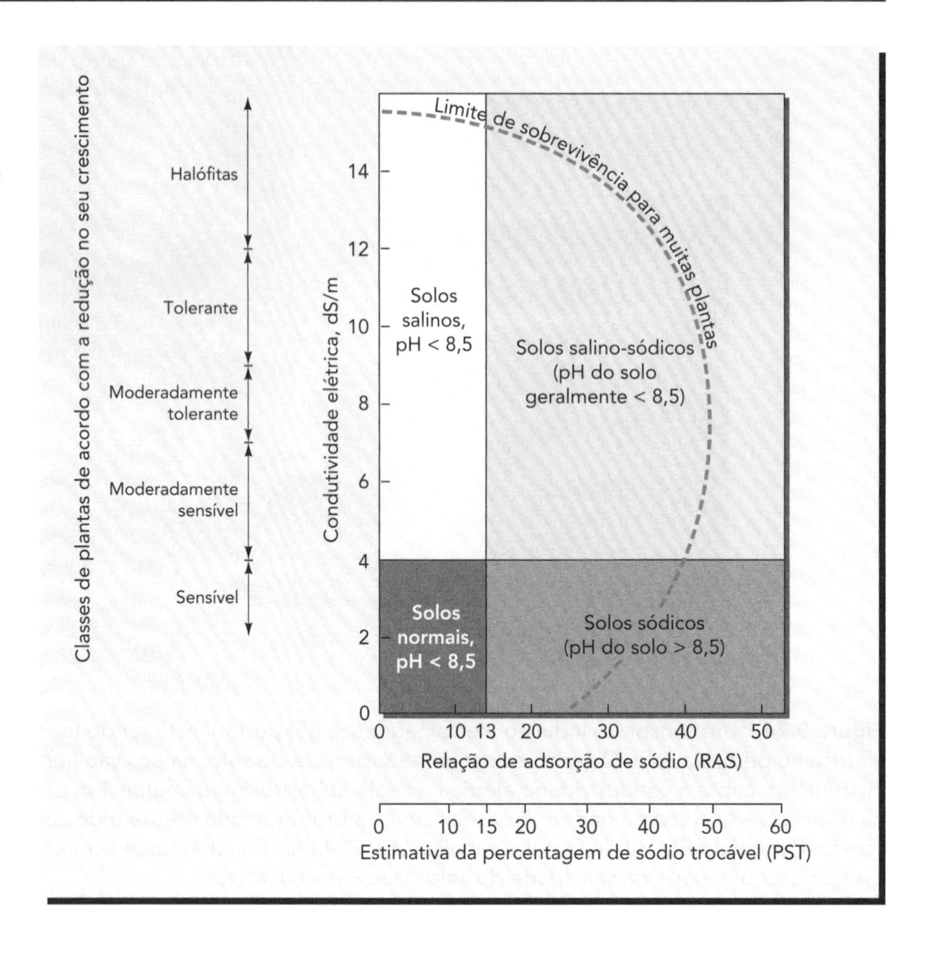

Figura 9.25 Diagrama ilustrando a classificação dos solos normais, salinos e salino-sódicos em relação ao pH, condutividade elétrica (CE), relação de adsorção de sódio (RAS) e percentagem de sódio trocável (PST). Ilustra também as variações de diferentes graus de sensibilidade das plantas à salinidade.

Solos salinos

Os processos que resultam na acumulação de sais neutros solúveis são conhecidos como **salinização**. A concentração desses sais suficiente para interferir bastante no crescimento das plantas (ver Seção 9.16) é geralmente definida como aquela que produz uma condutividade elétrica, no extrato de saturação (CE), maior do que 4 dS/m. No entanto, muitas plantas sensíveis são supostamente afetadas quando a CE tem valores apenas próximos a 2 dS/m.

Os **solos salinos** contêm salinidade suficiente para dar valores de CE maiores do que 4 dS/m, mas têm PST menor do que 15 (ou RAS menor do que 13) no extrato saturado. Portanto, no complexo de troca dos solos salinos, predominam cálcio e magnésio, e não sódio. O pH de solos salinos, de modo geral, tem valores abaixo de 8,5. Em razão de os sais solúveis ajudarem a impedir a dispersão dos coloides do solo, o desenvolvimento das plantas em solos salinos, de certa forma, não é restringido pela pouca infiltração, estabilidade de agregados ou aeração. Em muitos casos, a evaporação da água cria uma crosta branca de sais na superfície do solo (Prancha 104) – o que explica a denominação **álcali branco**, que antigamente era usada para designar solos salinos.

Solos salino-sódicos

Os solos que têm níveis detrimentais de sais solúveis neutros (CE maior do que 4 dS/m) *e* uma alta proporção de íons sódio (PST maior do que 15, ou RAS maior do que 13) são classificados como **solos salino-sódicos** (Figura 9.25). As plantas que crescem nesses solos podem ser muito afetadas tanto por excesso de sais como por excessivos níveis de sódio.

Os solos salino-sódicos apresentam condições físicas intermediárias entre os solos salinos e os solos sódicos. A alta concentração de sais neutros minora as influências dispersantes do sódio, porque o excesso de cátions se movimenta junto com as partículas coloidais carregadas negativamente, reduzindo desse modo a tendência das partículas de se repelirem ou se dispersarem.

Infelizmente, essa situação está sujeita a uma mudança um tanto rápida se os sais solúveis forem liberados e lixiviados do solo, especialmente se os valores de RAS das águas lixiviadas forem altos. Em tal caso, a salinidade cairá, mas a percentagem de sódio trocável aumentará, e os solos salino-sódicos se transformarão em solos sódicos.

Solos sódicos

Os solos sódicos são talvez os mais problemáticos dos solos com características salinas (Seção 9.15). Seus níveis de sais solúveis neutros são baixos (CE menor do que 4,0 dS/m), mas têm relativamente altos níveis de sódio no complexo de troca (valores de PST e RAS são acima de 15 e 13, respectivamente). Alguns solos sódicos da ordem *Alfisols* (*Natrustalfs*) têm um horizonte A pouco espesso que cobre uma camada argilosa com estrutura colunar; é um perfil característico, sempre associado com altos níveis de sódio (Figura 9.26). Os valores do pH de solos sódicos excede 8,5, chegando a 10, ou mais, em alguns casos.

Os níveis de pH extremamente altos podem causar a dispersão e/ou a dissolução da matéria orgânica do solo. O húmus disperso ou dissolvido se move em direção à superfície com os fluxos de água capilar e, quando a água evapora, pode fazer com que a superfície do solo se torne preta. O nome **álcali preto** já foi usado para descrever esses solos. As plantas que crescem em solos sódicos são quase sempre limitadas por toxicidades específicas de íons Na^+, OH^- e HCO_3^-. Entretanto, a principal razão do pouco crescimento das plantas – até o ponto de completa improdutividade – é que poucas são as espécies que toleram as más condições físicas do solo e a baixa permeabilidade à água e ao ar características dos solos sódicos.

9.15 DEGRADAÇÃO FÍSICA DOS SOLOS DEVIDO ÀS CONDIÇÕES QUÍMICAS SÓDICAS

Os elevados níveis de sódio e os baixos níveis de sais nos solos sódicos (e, em menor grau, em alguns solos "normais") podem causar séria degradação da estrutura do solo e a perda da macroporosidade, de modo que o movimento da água e do ar para penetrar e atravessar o solo é severamente restringido. Essa degradação estrutural tem sido medida em termos da rapidez

Figura 9.26 Aspecto da porção superior do perfil de um solo sódico (um *Natrustalf*) de uma região semiárida, situada no oeste do Canadá. Observe o horizonte A pouco espesso (o canivete tem cerca de 12 cm de comprimento) sobre a estrutura com agregados colunares no horizonte nátrico (Btn). Os topos brancos arredondados das colunas são compostos de solo disperso por causa da alta saturação por sódio. A argila dispersa dá ao solo uma consistência quase elástica quando molhado. (Foto: cortesia da Agriculture Canada, Canadian Soils Information System [CANSIS])

do movimento da água – a condutividade hidráulica saturada (K_{sat}) do solo (Seção 5.5). A K_{sat} pode ser tão baixa que a taxa de infiltração é reduzida a quase zero, induzindo a água a formar poças, em vez de ser absorvida pelo solo. O solo é, portanto, dito *enlameado*, uma condição característica de solos sódicos. Fisicamente, a condição enlameada de um solo sódico é muito parecida com aquelas dos solos de arroz inundado, nos quais o agricultor mecanicamente destrói a estrutura do solo a fim de torná-la apta para manter a cultura do arroz inundada com água.

Fragmentação, expansão e dispersão

Em muitos solos, a baixa permeabilidade relacionada às condições sódicas, deve-se a três causas básicas. Primeira, o sódio trocável aumenta a tendência dos agregados e flóculos de se fragmentarem, *desmanchando-se*. Quando em contato com a água, as partículas de argila e silte (liberadas quando os agregados se desmancham) obstruem poros do solo à medida que penetram no seu perfil. Segunda, quando as argilas do tipo expansível (p. ex., montmorilonita) tornam-se altamente saturadas por Na^+, seu grau de expansão aumenta. Quando essas argilas se expandem, os poros maiores, responsáveis pela drenagem da água do solo, são comprimidos e fechados. Terceira, e talvez a mais importante, as condições sódicas levam à dispersão do solo.

Duas causas da dispersão do solo

A dispersão é provocada por duas condições químicas. Uma é a alta proporção de íons Na^+ no complexo de troca. A segunda é a baixa concentração de eletrólitos (íons de sais) na água do solo.

Altos teores de sódio Os íons Na^+ trocáveis causam a dispersão por duas razões. Primeira: por causa de sua carga única e maior tamanho quando hidratado, eles são pouco atraídos pelos coloides do solo e, por isso, se deslocam para formar uma multidão de íons fracamente retidos na forma de um complexo de esfera externa ao redor dos coloides (ver Seção 8.7). Segunda: comparado com um amontoado de cátions divalentes (que têm duas cargas positivas cada), são necessários duas vezes mais íons monovalentes (cada um com apenas uma carga positiva) para contrabalançar as cargas positivas necessárias para neutralizar as cargas negativas da superfície das argilas (Figura 9.27).

Baixa concentração de sais Uma baixa concentração iônica no conjunto da solução do solo aumenta simultaneamente o gradiente, fazendo com que os cátions se difundam em direção oposta à superfície das argilas enquanto decresce o gradiente, o que faz com que os ânions se difundam em direção às argilas. O resultado é uma camada iônica espessa ou uma multidão de cátions adsorvidos. A adição de qualquer sal solúvel aumentaria a concentração iônica da solução do solo e estimularia um efeito oposto – resultando em uma camada iônica comprimida que permitiria às partículas de argila se aproximarem entre si o suficiente para formarem flocos. Dessa forma, os efeitos prejudiciais do sódio são bem maiores quando as concentrações de sais são as mais baixas.

Vale a pena relembrar que *a baixa concentração de sais (ou íons) e os íons fracamente atraídos (p. ex., sódio) estimulam a dispersão do solo e o seu enlameamento, enquanto as altas concentrações de sais e as atrações iônicas fortes (p. ex., cálcio) promovem a floculação da argila e a permeabilidade do solo.*

9.16 CRESCIMENTO DE PLANTAS EM SOLOS AFETADOS POR SAIS

Como os sais afetam as plantas

As plantas respondem de diversas maneiras aos vários tipos de solos afetados por sais. Além dos problemas de deficiência de nutrientes associados aos altos valores de pH (Seções 9.7 e 9.11), os altos níveis de sais solúveis afetam as plantas por meio de dois mecanismos básicos: **efeitos osmóticos** e **efeito de íons específicos**.

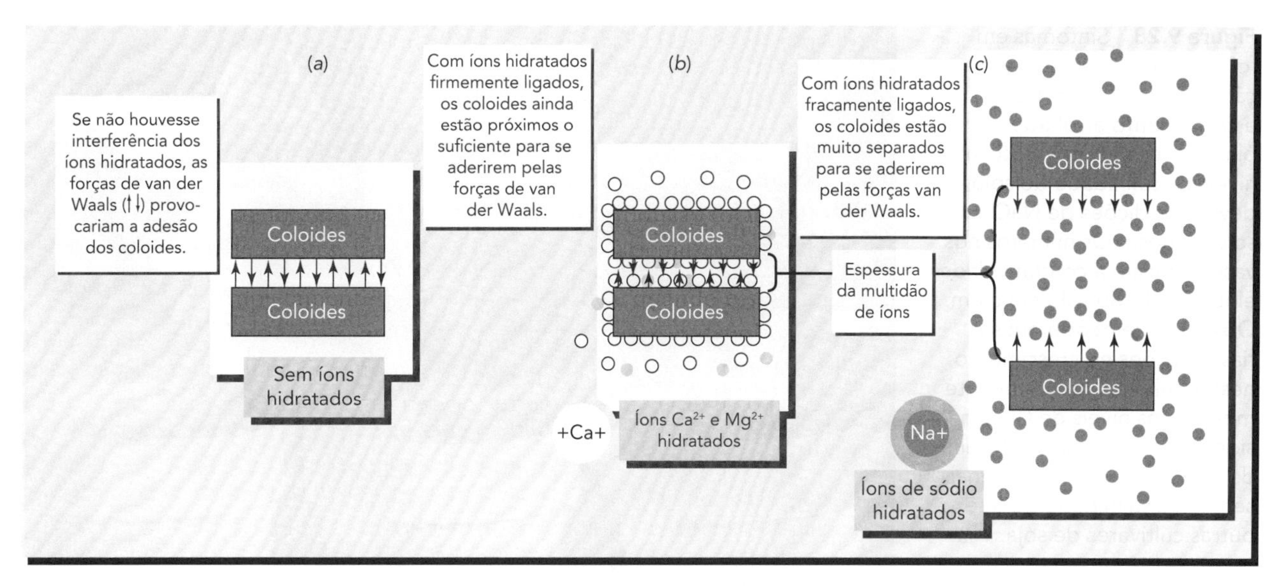

Figura 9.27 Diagramas conceituais mostrando como os tipos de cátions presentes no complexo de troca influenciam a dispersão da argila. Se os coloides pudessem se aproximar (*a*), eles se ligariam (por coesão) de acordo com a teoria das forças de curto alcance, de van der Waals. No solo, os coloides estão rodeados por multidões de íons trocáveis hidratados que evitam a aproximação dos coloides. Se os coloides são atraídos fortemente por íons cálcio e magnésio (*b*), os íons hidratados ainda não permitem que os coloides fiquem muito separados; então as forças de coesão ainda exercem algum efeito. Entretanto, se os íons são de sódio (*c*), o conjunto mais disseminado de íons mantém os coloides muito separados para que as forças coesivas possam atuar. Os íons de sódio fazem com que o conjunto de íons se espalhe por duas razões: (1) a grande camada hidratada que os envolve faz com que sejam apenas fracamente adsorvidos pelos coloides e (2) existe o dobro de íons monovalentes Na^+ em relação aos íons divalentes (Ca^{2+}ou Mg^{2+}) atraídos por um dado coloide. (Diagrama: cortesia de R. Weil)

Os sais solúveis abaixam o potencial osmótico da água do solo (Seção 5.3), tornando-a mais difícil de ser removida do solo pelas raízes. As plantas já estabelecidas gastam mais energia acumulando solutos orgânicos e inorgânicos para baixar o potencial osmótico *dentro* de suas células e assim contrabalancear o baixo potencial osmótico da solução do solo ao redor das células. As plantas são mais suscetíveis aos prejuízos dos sais nos estágios iniciais de seu crescimento. A salinidade pode atrasar ou mesmo impedir a germinação das sementes (Figura 9.28). Mudas novas podem morrer por causa das condições salinas em que plantas mais velhas, da mesma espécie, poderiam tolerar. Se as células de plantas novas encontrarem a solução do solo com altos teores de sais, elas poderão perder água, por osmose, para a solução do solo mais concentrada. Por isso, as células podem entrar em colapso.

O tipo de sal pode fazer uma grande diferença nas respostas das plantas à salinidade. Certos íons, incluindo Na^+, Cl^-, $H_3BO_4^-$ e HCO_3^-, são bastante tóxicos a algumas plantas. Além dos efeitos tóxicos específicos, os altos níveis de Na^+ podem causar desequilíbrios na absorção e utilização de outros cátions, como o K^+ e o Ca^{2+}. Em solos sódicos, a deterioração das propriedades físicas podem danificar as plantas de pelo menos duas maneiras: (1) o oxigênio torna-se deficiente devido à degradação da estrutura do solo e à consequente limitação do movimento de ar; e (2) as interações com a água são deficientes devido principalmente à percolação e à taxa de infiltração muito baixas.

Em resposta à excessiva salinidade do solo, muitas plantas tornam-se severamente atrofiadas e exibem folhas pequenas de cor verde-escuro-azuladas com superfícies opacas. Os altos níveis de sódio ou cloretos produzem nítidos crestamentos ou necroses nas margens das folhas (Figura 9.28, *na inserção*). Esses sintomas aparecem primeiro e de forma devastadora nas folhas adultas, porque estas ficaram mais tempo transpirando água e acumulando sais.

Figura 9.28 Sintomas em folhas mais velhas (*na inserção*): germinação reduzida e crescimento atrofiado de plantas de soja com crescentes níveis de salinidade do solo devido a adições de NaCl em solo arenoso. Os números nos vasos indicam a condutividade elétrica (CE) do solo em ds/m. Observe que ocorreram sérias reduções no crescimento nestas cultivares sensíveis, até mesmo nos níveis de CE considerados normais. A cultivar de soja usada (Jackson) é mais sensível à salinidade do que outras cultivares de soja. (Fotos: cortesia de R. Weil)

Tolerância seletiva de plantas superiores a solos salinos e sódicos

O crescimento satisfatório de plantas em solos salinos depende de um número de fatores interrelacionados, entre eles: a constituição fisiológica da planta, seu estágio de crescimento e os hábitos de suas raízes. Por exemplo, as plantas de alfafa mais velhas são mais tolerantes a solos afetados por sais do que as jovens, e as leguminosas, cujas raízes são profundas possuem maior resistência a tais solos do que aquelas com raízes superficiais.

Identificando as culturas de alto valor econômico que se desenvolverão em solos afetados por sais: www.ars.usda.gov/is/AR/archive/aug04/salt0804.htm

Sensibilidade das plantas Embora seja difícil predizer, com precisão, o grau de tolerância das espécies de plantas aos solos salinos, vários testes conseguiram classificá-las em quatro grupos gerais em relação à tolerância a sais (Tabela 9.4).

Entre as plantas que podem crescer em solos salinos estão: (1) *halófitas* silvestres (plantas que se adaptam ao sal) e (2) espécies desenvolvidas por melhoristas para serem tolerantes aos sais. Várias halófitas silvestres são muito tolerantes aos sais, e as plantas que têm estas qualidades poderiam ser melhoradas para serem consumidas pelo homem ou por animais. Elas são úteis não apenas para a restauração de terras degradadas sob condições salinas, como também para uma possível produção de biocombustíveis.

Melhoramentos genéticos Os melhoristas de plantas obtiveram um grande avanço com a descoberta de um só gene que capacita as halófitas a sequestrarem altas quantidades de Na^+ em seus vacúolos (grande estrutura de armazenamento cercada de membrana no interior das células individuais), de forma a tolerá-las. Algumas pesquisas estão em andamento, com o objetivo de desenvolver técnicas da engenharia genética que possibilitem a transferência desse gene para as plantas economicamente importantes – ajudando, assim, na produção de cultivos que passem a tolerar solos salinos e também estimulando o uso de águas salobras para irrigação. Entretanto, os avanços quanto à tolerância das plantas não devem ser vistos, propriamente, como substitutos do controle da salinidade, como abordado na Seção 9.18.

Problemas salinos não relacionados com climas áridos

Sais de degelo Durante os meses de inverno, repetidas aplicações de sais são feitas sobre estradas e calçadas, para mantê-las livres da neve e do gelo. No entanto, essa providência pode resultar em altos níveis de salinidade, de modo que acaba afetando as plantas e os

Tabela 9.4 Tolerância relativa das plantas aos sais

Valores de CE efetivo aproximados, que resultam na redução de 10% no crescimento das espécies de plantas mais sensíveis (listadas nas colunas abaixo).

Tolerante, 12 dS/m	Moderadamente tolerante, 8 dS/m	Moderadamente sensível, 4 dS/m	Sensível, 2 dS/m
Alecrim	Abobrinha	Abóbora	Abacaxi
Algodoeiro	Acácia-meleira	Abobrinha	Albízia
Beterraba-açucareira	Açafrão	Aipo	Alseto
Buganvília	Álamo	Alface	Ameixa (*prune*)
Buxus sp.	Alfena	Alfafa	Amendoeira
Cânhamo	Aspargo	Amendoim	Amieiros
Canola	Aveia	Arroz (inundado)	Amoreira
Carvalho (vermelho e branco)	Azevem-perene	Batata-doce	Árvore de *dogwood*
Capim-bermuda	Beterraba	Bordo-vermelho	Azaleia
Capim mombaça, alto	Bétula	Buxo	Batata
Capim mombaça, crested	Brócolis	Cana-de-açúcar	Bétula
Capim mombaça, fairway	Capim-cevadilha	Capim-de-johnson	Bordo (açucareiro e vermelho)
Capim panasco	Capim mombaça do oeste	Couve-flor	Cebola
Centeio (grãos)	Carvalho (vermelho e branco)	Erva-dos-prados	Cenoura
Centeio selvagem, altai	Cedro-vermelho	Ervilha	Damasco
Centeio selvagem, russo	Cereja-negra	Ervilhaca	Faia
Cereja de Natal	Cevada, forragem	Falsa-acácia	Feijoeiro
Cevada (grãos)	Cornichão	Fava	Framboesa
Cevadilha	Couve	Milho	Hibisco
Domica sp.	Feijão alado	Nabo	*Holly* chinês
Guaiúle	Feijão-caupi	Nogueira-americana	Jasmim-estrelado
Grama de nutal	Festuca-dos-prados	Rabanete	Laranja
Grama salada	Figueira	Repolho	Lariço
Jojoba	Freixo branco	Soja (var. sens.)	Limão
Kalargrass	Hortência	Tomate	Macieira
Kochia sp.	Madressilva	Trevo	Morango
Oleandro	Olmeiro	Trevos (várias espécies)	Olmeiro-americano
Oliveira	Panasco	Tuia	Pera
Raphiolepis sp.	Romãzeira	Uva	Pêssego
Rosa-rugosa	Soja (var. tol.)	*Vibumum*	Pinheiro (vermelho e branco)
Sacaton alcalino	Sorgo	Zimbreiro	Rosas
Salgueiro	Sorgo-do-sudão		Tília
Tamareira	Trigo		Toranja
Tamargueira	Zimbreiro		Tomate

organismos do solo existentes ao longo das rodovias ou calçadas. Em regiões úmidas, essa contaminação por sais é em geral temporária, porque as abundantes precipitações lixiviam os sais depois de algumas semanas ou meses. Para evitar determinados problemas químicos e físicos associados com os sais de sódio, muitas prefeituras têm feito o degelo trocando o NaCl pelo KCl. A areia também pode ser usada como alternativa, porque proporciona uma melhor tração aos veículos, atraindo mais o gelo e a neve e reduzindo assim a necessidade de usar os sais de degelo.

Plantas em vasos A salinidade também pode ser um problema sério para as plantas de vasos cultivados em estufas, particularmente as plantas perenes que permanecem no mesmo vaso por longos períodos. Os agricultores que trabalham com casas de vegetação, produzindo plantas em vasos, devem monitorar cuidadosamente a qualidade da água usada na irrigação. Sais dissolvidos na água, bem como aqueles aplicados na forma de adubos, podem se acumular se não forem lixiviados de vez em quando com o excesso de água. Como muitas casas de vegetação localizam-se nos centros urbanos, onde a água é clorada, é importante manter essa água em um recipiente aberto, ao menos de um dia para o outro, para permitir que uma parte do cloro dissolvido evapore e reduza a sobrecarga de íons clorados presentes na água que será adicionada ao solo dos vasos.

9.17 CONSIDERAÇÕES SOBRE A QUALIDADE DA ÁGUA PARA IRRIGAÇÃO[9]

Tanto em um campo de cultivo isolado como em uma extensa bacia hidrográfica, o entendimento do **balanço de sais** é um pré-requisito básico para um manejo adequado dos solos com características salinas. Para se obter o balanceamento dos sais, deve-se comparar a quantidade que chega com a que é removida. Atingir essas condições é um desafio fundamental para a sustentabilidade, a longo prazo, da agricultura irrigada. Em áreas irrigadas, isso significa principalmente conseguir manejar a qualidade e a quantidade da água trazida pela irrigação e da removida pela drenagem do solo.

Qualidade da água de irrigação

A Tabela 9.5 apresenta alguns padrões a respeito da qualidade da água de irrigação. Se o teor de sais na água de irrigação for alto, será difícil atingir o balanço de sais. Entretanto, mesmo a água salobra pode ser usada com sucesso se o solo for suficientemente bem drenado para permitir um cuidadoso manejo dos sais que entram e saem. Quando a água de irrigação tem baixos teores de sais, mas RAS alto, a formação de solos sódicos será provavelmente acelerada. Além disso, a água de irrigação com altos teores de carbonatos e bicarbonatos pode reduzir a concentração de Ca^{2+} e Mg^{2+} na solução do solo, precipitando esses íons como carbonatos insolúveis. Isso faz com que surjam altas proporções de Na^{+} na solução do solo, além de aumentar seu RAS e levar o solo em direção à classe sódica.

Salinidade da água de drenagem Uma vez que uma parte da água adicionada deve ser drenada para evitar o acúmulo de sais, a qualidade e a disposição da *água perdida pela irrigação* deve ser cuidadosamente monitorada e controlada para minimizar o potencial de dano às águas a jusante e aos seus usuários. Em qualquer sistema de irrigação, a água de drenagem que deixa o campo de cultivo terá uma concentração de sais consideravelmente maior do que a água de irrigação aplicada no mesmo campo (a Figura 9.29 explica a razão disso). Um grande desafio para a sustentabilidade da agricultura irrigada é saber o que fazer com a crescente água salina da drenagem.

Diferentes projetos de irrigação escolhem diferentes abordagens, mas raramente o problema é resolvido sem algum dano ambiental à água disposta a jusante. Talvez a abordagem mais eficiente seja coletar a água de drenagem, guardá-la de forma que não tivesse contato com a dos canais com água de melhor qualidade e reusá-la para irrigar culturas mais tolerantes, em campos situados a jusante. Esse tipo de abordagem pode fazer com que essa água seja usada em culturas apropriadas, tanto aquela de boa qualidade, dos canais, como a de baixa

[9] Para uma visão geral dos problemas da qualidade da água que a agricultura irrigada na Califórnia enfrenta, consulte Letey (2000).

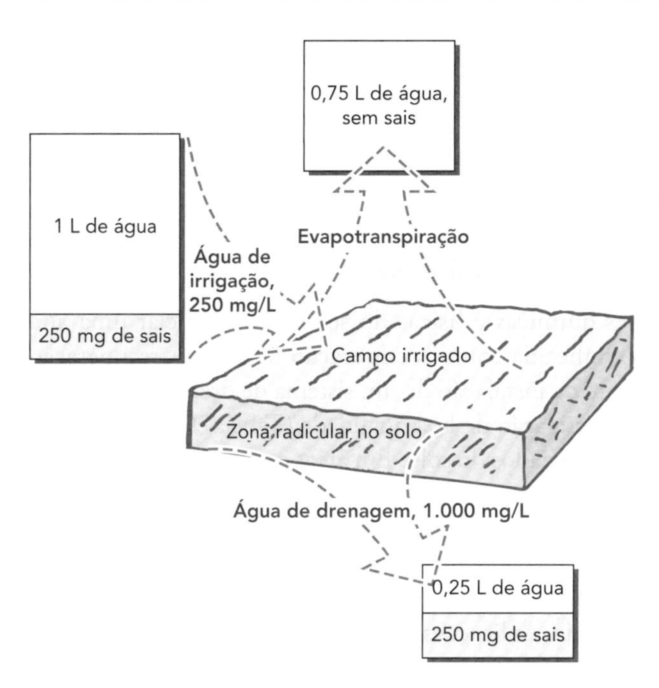

Figura 9.29 A evapotranspiração e o balanço de sais, em conjunto, garantem que a água de drenagem dos campos irrigados seja mais salgada do que a água de irrigação aplicada. Neste exemplo, a água de irrigação contém 250 mg de sais por litro. Cerca de 75 % desta água aplicada é perdida para a atmosfera pela evapotranspiração. Em torno de 25% da água aplicada é usada para a drenagem, que é necessária para manter o balanço de sais (evita o acúmulo de sais) no campo. Estes sais adicionados são lixiviados com a água de drenagem, que, por isso, contém a mesma quantidade inicial de sais, mas compreende apenas 25% da água que foi aplicada. A concentração de sais na água de drenagem é, portanto, tão grande (1.000 mg/L) quanto a da água de irrigação. A disposição e/ou reuso das águas de drenagem altamente salinas é um desafio a qualquer projeto de irrigação. (Diagrama: cortesia de R. Weil)

qualidade, a da drenagem. Em geral, as culturas tolerantes aos sais são de menor valor do que aquelas mais sensíveis (p. ex., a produção de 1 ha de algodão tolerante a sais vale muito menos do que o mesmo hectare produzindo tomate sensível a sais); portanto, a reciclagem da água de drenagem ainda economiza água e dinheiro. Com frequência, alguma água livre de sais deve ser misturada com a água de drenagem reciclada para fazer com que sua salinidade decresça a níveis baixos e para que os sais possam ser tolerados até os níveis permitidos para culturas tolerantes a eles (Figura 9.30). Após diversos ciclos de reuso, a água de drenagem deve ser dispensada, porque ela se tornará salina demais para irrigar até mesmo as espécies muito tolerantes a sais.

Elementos tóxicos na água de drenagem Se tanto a água de irrigação como o solo de campos irrigados contiverem quantidades significativas de certos elementos-traço tóxicos, estes também se concentrarão de forma crescente na água de drenagem. Entre os elementos que são motivo de preocupação estão: molibdênio (Mo), arsênico (As), boro (B) e selênio (Se). O molibdênio e o selênio são nutrientes necessários para animais e seres humanos, mas em quantidades muito pequenas. No entanto, esses quatro elementos podem ser tóxicos ao gado,

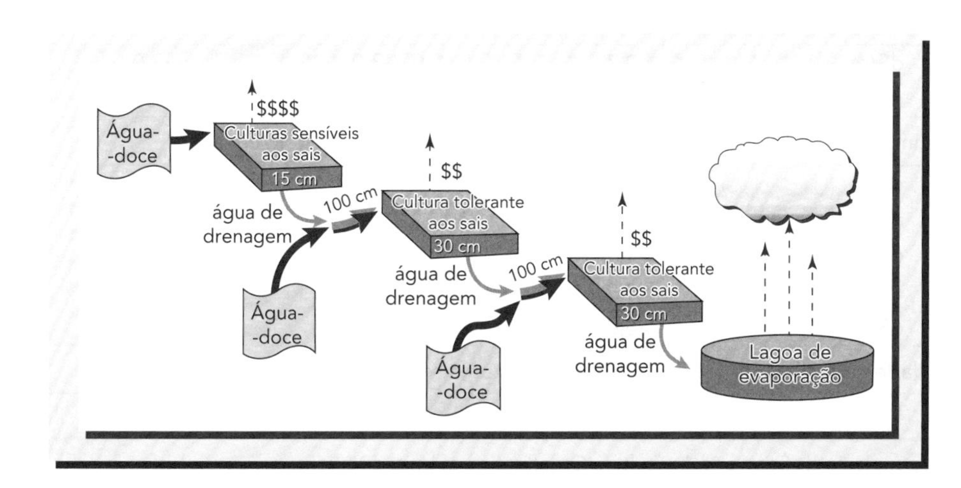

Figura 9.30 Esquema generalizado para reciclagem das águas de irrigação e drenagem por meio de sua mistura com a água-doce (baixo conteúdo de sais) que irriga as culturas tolerantes aos sais. (Adaptado de Letey et al. [2003])

à vida selvagem ou às pessoas, se estiverem concentrados na água ou nos alimentos. Em alguns locais do oeste dos Estados Unidos, tais elementos-traço, como o selênio, têm se acumulado em níveis tóxicos nas terras úmidas a jusante ou nas lagoas de evaporação. As plantas que crescem nessas áreas afetadas podem acumular esses elementos em um nível tal que se tornarão perigosos para o gado e/ou para a vida silvestre.

9.18 RECUPERAÇÃO DE SOLOS SALINOS

Estresses causados pela salinidade e como atenuá-los: www.plantstress.com/Articles/salinity_m/salinity_m.htm

A restauração de propriedades químicas e físicas do solo para propiciar uma alta produtividade das culturas é conhecida como **recuperação** do solo. A recuperação de solos salinos depende bastante da instalação de um sistema de drenagem eficiente e da disponibilidade de água de irrigação de boa qualidade (Tabela 9.5), de modo a fazer com que os sais possam ser lixiviados do solo. Em áreas onde a água de irrigação não está disponível, como em infiltrações salinas localizadas nas grandes planícies do norte dos Estados Unidos, a lixiviação de sais não é viável. Nessas áreas, a vegetação de raízes profundas é usada para rebaixar o lençol freático e reduzir o movimento ascendente de sais.

Se a drenagem natural dos solos for inadequada para captar toda a água lixiviada, uma rede de drenagem artificial deve ser instalada. Aplicações intermitentes de excesso de água de irrigação podem ser necessárias para reduzir o conteúdo de sais, de forma eficaz, a um nível desejado.

Necessidade de lixiviação

A quantidade de água necessária para remover o excesso de sais dos solos salinos, chamada de **necessidade de lixiviação** (*NL*), é determinada pelas características da lavoura a ser cultivada, da água de irrigação e do solo. Uma aproximação da *NL* é dada pelas condições relativas da uniformidade salina obtida pela razão da salinidade da água de irrigação (expressa como CE_{ai}) e pelo máximo aceitável de salinidade da solução do solo para a planta a ser cultivada (expressa como CE_{ai}, o CE da água de drenagem):

Tabela 9.5 Alguns padrões de qualidade da água para irrigação

Observe que, com respeito aos efeitos sobre a estrutura física dos solos, os valores mais elevados de salinidade total (CE_a) na água de irrigação compensam, de certo modo, o risco de aumento da adsorção de sódio (RAS). Além disso, observe que, enquanto a água com baixos teores de sais (CE_a baixo) evita problemas de restrição quanto à disponibilidade de água para as plantas, ela pode piorar as propriedades físicas do solo, em especial se a RAS for alta.

		Graus de restrição ao uso		
Propriedades da água	Unidades	Nenhuma	Leve a moderada	Severa
Salinidade (afeta a disponibilidade de água para as plantas)				
CE_a	dS/m	<0,7	0,7-3,0	>3,0
STD	mg/L	<450	450-2.000	>2.000
Estrutura física e infiltração de água (Avaliação usando, conjuntamente, CE_a e RAS)				
RAS = 0-3 e CE_a =	dS/m	>0,7	0,7–0,2	<0,2
RAS = 3-6 e CE_a =	dS/m	>1,2	1,2–0,3	<0,3
RAS = 6-12 e CE_a =	dS/m	>1,9	1,9–0,5	<0,5
RAS = 12-20 e CE_a=	dS/m	>2,9	2,9–1,3	<1,3
RAS = 20-40 e CE_a =	dS/m	>5,0	5,0–2,9	<2,9
Toxicidade específica do íon boro (B) (afeta culturas sensíveis)				
	mg/L	<0,7	0,7–3,0	>3,0

Adaptado de Abrol et al. (1988), com permissão da Food and Agriculture Organization of United Nations.

$$NL = \frac{CE_{ai}}{CE_{ad}} \qquad (9.26)$$

O *NL* indica o excesso de água adicionada, em relação àquela quantidade necessária para umedecer inteiramente o solo e atender às necessidades da evapotranspiração da cultura. Observe que, se a CE_{ai} está alta e a cultura escolhida é sensível aos sais (fazendo com que a CE_{ad} seja baixa), o *NL* resultará em uma lixiviação bastante acentuada. Como mencionado na Seção 9.17, a água de drenagem que lixiviou através do solo pode ser um grande problema. É essencial que a água de drenagem, carregada de sais, seja removida do perfil do solo; mas em geral também é desejável o uso de técnicas de manejo que minimizem o *NL* e a quantidade de água de drenagem que necessita ser descartada.

Manejo da salinidade do solo

O manejo de solos irrigados deve procurar, de forma simultânea, minimizar a água de drenagem e proteger a zona das raízes (normalmente o metro mais superficial do solo) dos danos advindos da acumulação de sais. Essas duas ações são, obviamente, conflitivas. O irrigador pode tentar encontrar a melhor solução de adequação entre os dois propósitos e usar certas técnicas de manejo que permitam às plantas tolerarem a presença de altos níveis de sais no perfil do solo. Uma alternativa é plantar as espécies tolerantes aos sais ou escolher as variedades mais tolerantes dentro de uma espécie.

Calendário de irrigação O calendário de irrigação é extremamente importante em solos salinos, particularmente no início da estação de crescimento das plantas. As sementes em estado de germinação e as plântulas são muito sensíveis aos sais. Portanto, a irrigação deveria preceder ao plantio ou imediatamente segui-lo, para fazer com que os sais se movam para baixo, evitando contato com as raízes das plântulas. O irrigador pode usar água de boa qualidade para manter a zona das raízes com salinidade baixa, durante os primeiros estágios de crescimento, e, depois, mudar para água de baixa qualidade, quando as plantas que estão amadurecendo se tornem mais tolerantes aos sais.

Localização de sais na zona das raízes As práticas de preparo do solo e plantio podem interferir na localização e no acúmulo de sais nos solos de regiões áridas. As práticas de manejo que mantêm resíduos na superfície (p. ex., cobertura morta [*mulch*], cultivo conservacionista), reduzindo a evaporação da superfície do solo, devem também reduzir o movimento ascendente dos sais solúveis. Do mesmo modo, técnicas específicas para aplicar a água de irrigação, que propõem direcionar a concentração de sais para longe das raízes das plantas jovens, podem permitir o acúmulo de altos níveis de sais sem danificar as culturas. Aplicando-se água em sulcos alternados e com plantios assimétricos apenas no lado do sulco que vai ser molhado pode-se proporcionar uma significativa proteção às plantas jovens (Figura 9.31).

Algumas limitações das técnicas relacionadas à necessidade de lixiviação

As técnicas relacionadas à necessidade de lixiviação (*NL*) para manejar solos irrigados representam apenas um tipo de abordagem e possuem vários pontos fracos. Primeiro: o aumento da lixiviação pode ser necessário em alguns casos, para reduzir o excesso de elementos específicos, como o boro. Segundo: a *NL*, por si só, não considera a elevação do lençol freático, que, provavelmente, é o resultado do aumento da lixiviação e pode levar ao encharcamento e consequente aumento da salinização do solo. Terceiro: a irrigação que usa apenas o procedimento da *NL* comumente aplica água em excesso, porque o campo todo é irrigado para evitar os danos da salinização em suas manchas salinas. Quarto: o método da *NL* não considera os sais que podem advir de depósitos salinos fósseis, já existentes no solo ou substrato. Quinto: admite-se que a

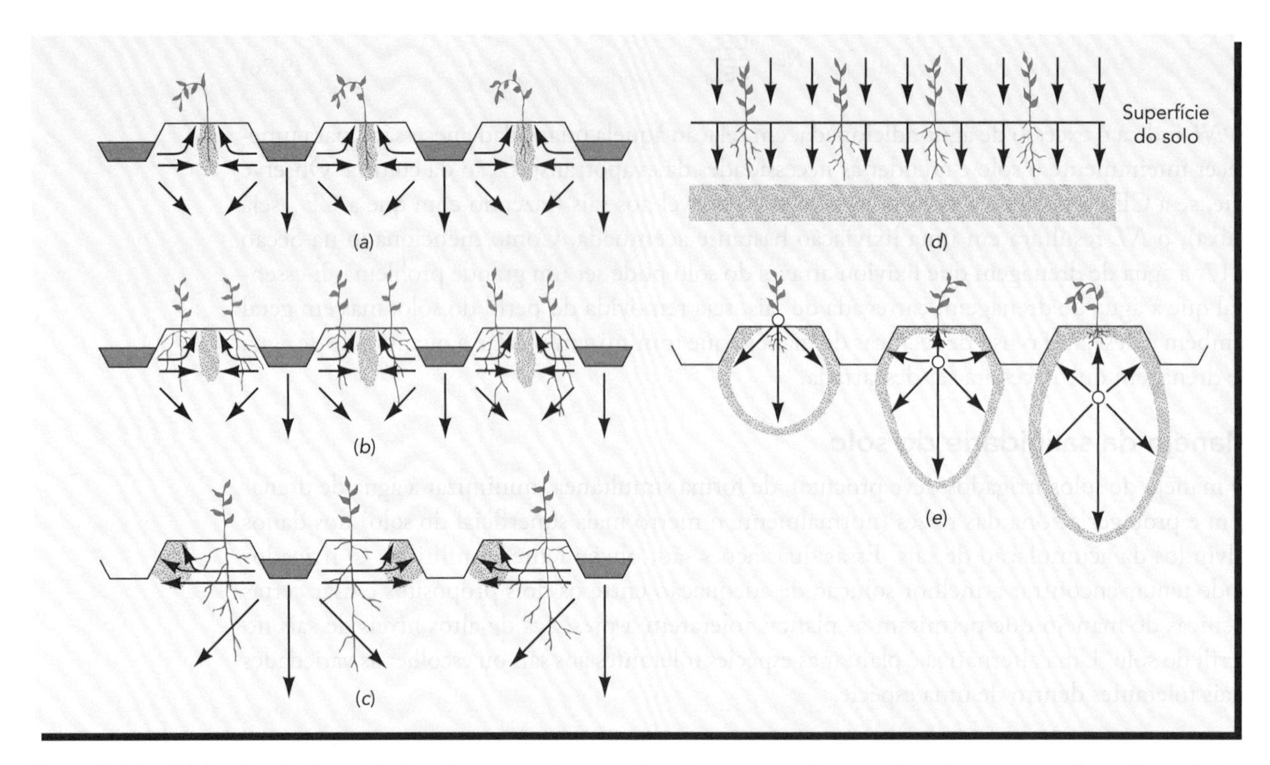

Figura 9.31 Efeito da técnica de irrigação no movimento de sais e no crescimento das plantas em solos salinos. *(a)* Com a água de irrigação aplicada nos dois lados dos sulcos, os sais movimentam-se para o centro do camalhão, prejudicando as plantas novas. *(b)* Colocar as plantas nos cantos do camalhão, em vez do centro, ajuda-as a evitar a maior concentração de sais. *(c)* A aplicação da água em sulcos alternados e a localização das plantas ao lado do sulco (mais perto da água) ajudam as plantas a evitarem a concentração máxima de sais. *(d)* Aspersão da água de irrigação ou inundação uniforme movimenta temporariamente os sais para baixo da zona das raízes, mas eles retornarão depois, quando a superfície do solo secar e a água se movimentar para cima pelo fluxo capilar. *(e)* A irrigação por gotejamento, em taxas baixas de aplicação, fornece um fluxo contínuo próximo da planta, criando uma zona de baixa salinidade do solo com os sais se concentrando na frente de molhamento. A localização dos gotejadores determina, em grande parte, se os sais estarão se movimentando para fora ou para dentro da zona das raízes. (Diagrama: cortesia de Wesley M. Jarrell)

CE da água de drenagem é conhecida, mas na verdade ela pode ser bem desconhecida, visto que pode levar anos, ou até décadas, para que a água aplicada na irrigação alcance os principais fluxos onde pode ser facilmente amostrada. Em outras palavras, a água de drenagem amostrada hoje pode representar as condições de lixiviação de vários meses ou anos atrás.

Uma abordagem alternativa seria a de monitorar rigorosamente a salinidade do perfil do solo pela repetição das mensurações em todo campo, usando os métodos do sensor de CE apresentados na Seção 9.13. Esse caminho mais complexo, combinado com a técnica de manejo em locais específicos, parece ser promissor para, no futuro, manejar e recuperar os solos afetados por sais que estão sendo irrigados.

9.19 RECUPERAÇÃO DE SOLOS SALINO-SÓDICOS E SÓDICOS

Os solos salino-sódicos têm algumas propriedades indesejáveis tanto dos salinos como dos sódicos. Se esforços forem feitos com o objetivo de lixiviar os sais solúveis dos solos salino-sódicos, como foi descrito para os solos salinos, o nível de Na^+ trocável, bem como o pH, provavelmente aumentariam e o solo adquiriria as características indesejáveis dos solos sódicos. Consequentemente, tanto para os solos sódicos como salino-sódicos, toda atenção deve ser dada para reduzir o nível de íons Na^+ trocáveis e, em seguida, o problema do excesso de sais solúveis.

Gesso

A remoção dos íons Na^+ do complexo de troca é mais facilmente efetivada com a substituição deles pelos íons Ca^{2+} ou H^+. Fornecer Ca^{2+} na forma de gesso ($CaSO_4 \cdot 2H_2O$) é a forma mais prática para possibilitar essa troca. Quando o gesso é adicionado, o sódio deslocado forma o sal solúvel Na_2SO_4, que pode ser facilmente lixiviado do solo.

De maneira geral, várias toneladas de gesso por hectare são necessárias para que a recuperação da área seja completa. O solo precisa ser mantido umedecido para apressar a reação e o gesso deve ser completamente misturado à superfície quando o solo for preparado – e não simplesmente revirado com o arado. O tratamento deve ser depois suplementado por uma lixiviação completa do solo com água de irrigação para lavar a maior parte do sulfato de sódio. O gesso é barato, amplamente disponível, tanto na forma natural como na de um subproduto industrial, e é facilmente manuseável.

O enxofre elementar e o ácido sulfúrico podem ser usados para recuperar solos sódicos, especialmente onde o bicarbonato de sódio é abundante. O enxofre produz ácido sulfúrico, que não apenas substitui o bicarbonato de sódio pelo menos danoso e mais lixiviável sulfato de sódio, mas também diminui o pH. O enxofre e o ácido sulfúrico têm comprovado ser bastante efetivos na recuperação dos solos sódicos, especialmente se grandes quantidades de $CaCO_3$ estiverem presentes. Entretanto, na prática, o gesso é muito mais usado do que os materiais formadores de ácidos.

Condições físicas

O efeito do gesso e do enxofre nas condições físicas de solos sódicos é talvez mais impressionante do que os efeitos químicos. Os solos sódicos são quase impermeáveis à água, porque os coloides do solo estão bastante dispersos e o solo é essencialmente desprovido de agregados estáveis. Quando os íons Na^+ trocáveis são deslocados por Ca^{2+} ou H^+, surgem agregados e a infiltração de água melhora. Algumas pesquisas indicam que o uso de polímeros sintéticos estabilizadores da agregação pode ser útil, pelo menos temporariamente, para aumentar a capacidade de infiltração da água dos solos sódicos tratados com gesso.

Vegetação de raízes profundas Os efeitos regenerativos do gesso ou do enxofre são bastante acelerados quando as plantas estão crescendo no solo. As culturas que têm algum grau de tolerância a solos salinos e sódicos, como a de beterraba-açucareira, algodão, cevada, sorgo, trevo-de-alexandria, trevo comum ou centeio, podem crescer desde o início dos trabalhos de recuperação desses solos. Suas raízes ajudam a abrir canais através dos quais o gesso pode mover-se para baixo, incorporando-se ao solo. As culturas de raízes profundas, como a de alfafa, são especialmente eficientes para melhorar a condutividade da água de solos sódicos tratados com gesso.

Injeção de ar Em virtude da reduzida difusão do ar por causa da dispersão, os solos irrigados podem fornecer menos oxigênio do que a quantidade considerada adequada para as raízes, porque a água de irrigação – especialmente se aplicada pelo sistema de gotejamento – contém muito menos oxigênio dissolvido do que a água de chuva. Uma opção para melhorar a aeração da zona da raiz em solos de textura argilosa e irrigados é adicionar ar mecanicamente. Isso pode ser facilmente executado injetando-se ar dentro das mangueiras de irrigação e de gotejamento e pode ser viável para culturas de alto valor comercial e vasos ornamentais (Figura 9.32).

Depois do solo afetado por sais ter sido recuperado, etapas cuidadosas de manejo devem ser observadas para se ter certeza de que o solo permanecerá produtivo. Por exemplo, é essencial que sejam feitas inspeções periódicas e mensurações de CE e RAS e elementos-traço na água de irrigação. Portanto, o número e o calendário de irrigação devem ser regulados para manter o balanço de sais que entram e saem do solo. Do mesmo modo, a manutenção de uma boa drenagem interna é essencial para a remoção do excesso de sais.

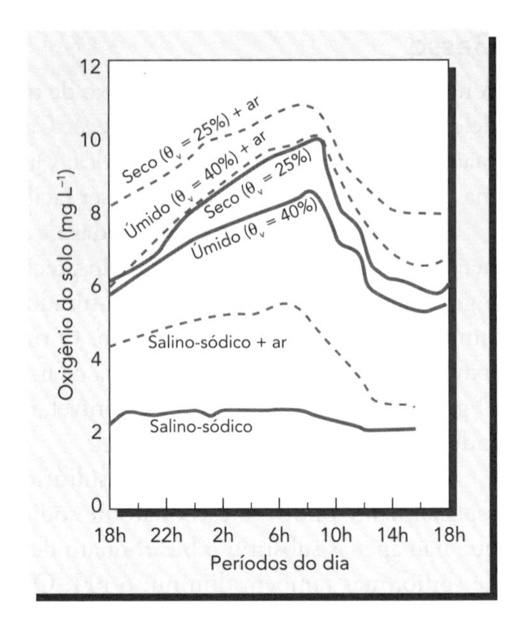

Figura 9.32 Conteúdo de oxigênio de solos normais e salino-sódicos, quando submetidos à adição de ar na água fornecida por gotejadores de irrigação enterrados. As plantas de tomate adultas foram cultivadas em grandes vasos preenchidos com materiais de solos argilosos (de um *Vertisol*) e mantidos úmidos (θ_v = 40% de água, perto da capacidade de campo) ou secos (θ_v = 25% água). Nos solos normais, a adição de ar (linha tracejada) em solos úmidos alcançou o mesmo nível de O_2 do solo seco. As condições salino-sódicas foram criadas aplicando-se NaCl em quantidade suficiente para aumentar a CE para 8,8 dS/m. Sob essas condições, a dispersão do solo impediu a movimentação do ar, causando baixo nível de O_2, mesmo quando o ar foi adicionado. Observe que em todos os tratamentos o nível de O_2 caiu durante o dia, período em que as raízes das plantas estavam em maior atividade respiratória e absorvendo mais água e nutrientes. O ar foi adicionado dentro das linhas de gotejo por um tubo de entrada do tipo venturi, e o conteúdo de O_2 foi medido por minissensores de fibra ótica localizados a 15 cm de profundidade da superfície do solo. (Diagrama baseado em dados de Bhattarai et al. [2006])

Alguns passos também devem ser tomados para monitorar as características químicas do solo mais adequadas, como pH, CE e RAS, assim como o nível de certos elementos como boro, cloro, molibdênio e selênio, que poderiam se elevar a níveis tóxicos. O manejo das culturas e da fertilidade do solo, para colheitas a níveis compensadores, é essencial para a manutenção da qualidade como um todo dos solos afetados por sais. Os resíduos das culturas (colmos sobre o solo e as raízes) ajudarão a manter o nível de matéria orgânica e boas condições físicas do solo.

9.20 CONCLUSÃO

Nenhuma outra característica é mais importante do que o pH no condicionamento do ambiente químico das plantas superiores e dos micro-organismos do solo. Poucas são as reações que acontecem no solo ou nos organismos que nele habitam que não são sensíveis ao seu pH. Essa sensibilidade deve ser levada em consideração em qualquer sistema de manejo de solo.

A acidificação é um processo natural na formação do solo, que é acentuado em regiões úmidas onde os processos que produzem íons H^+ são mais intensos do que aqueles que os consomem. Os processos naturais de acidificação são bastante condicionados pela produção de ácidos orgânicos (incluindo o ácido carbônico) e pela lixiviação de cátions não ácidos (Ca^{2+}, Mg^{2+}, K^+ e Na^+), os quais são deslocados do complexo de troca pelos íons H^+ provenientes desses ácidos. Emissões de usinas termoelétricas e de veículos, bem como as adições de nitrogênio nos sistemas agrícolas, são os principais meios pelos quais, durante as décadas mais recentes, as atividades humanas têm acelerado a acidificação.

Além do hidrogênio, o alumínio é outro cátion ácido de importância. Sua reação de hidrólise produz íons H^+, e sua toxicidade compreende um dos mais prejudiciais efeitos da acidez do solo. A acidez total de um solo é a soma de três compartimentos do solo: o da acidez ativa, trocável (deslocável por uma solução salina neutra não tamponada) e residual. As mudanças no pH da solução do solo são tamponadas devido à presença desses dois últimos compartimentos. Em certos solos anaeróbicos e em alguns sedimentos, a presença de enxofre reduzido faz com que exista a possibilidade de uma enorme produção de ácido, caso o material seja exposto ao ar pela drenagem ou escavação.

Nas regiões áridas e semiáridas, predominam os solos com características alcalinas com valores de pH acima da neutralidade ao longo de todo o seu perfil. Esses solos frequentemente apresentam horizontes cálcicos (ricos em carbonato de cálcio) ou gípsicos (ricos em gesso) a alguma profundidade. Eles cobrem vastas áreas e sustentam – apesar da escassez de água – importantes ecossistemas de desertos e campos. Os solos de regiões secas interagem com a vegetação dispersa que influencia a hidrologia e a fertilidade de paisagens que são caracterizadas por pequenas "ilhas de fertilidade". Muitos desses solos são muito bem dotados de nutrientes de plantas e, se irrigados, podem estar entre os mais produtivos do mundo. Quase inevitavelmente a irrigação de solos alcalinos de regiões áridas leva à acumulação de sais, os quais têm que ser manejados com cuidado.

O pH alto e as condições de altos teores de cálcio dos solos alcalinos levam com frequência a deficiências de certos micronutrientes essenciais (especialmente ferro e zinco) e macronutrientes (principalmente fósforo). Em contraste, o boro, o molibdênio e o selênio podem tanto estar disponíveis de imediato, como se acumular nas plantas em níveis que podem ser prejudiciais a animais que delas se alimentam.

O pH do solo é, em grande medida, controlado pelo húmus, argilas e cátions trocáveis associados a estas frações. Em regiões úmidas, a manutenção dos níveis satisfatórios de fertilidade do solo depende consideravelmente do uso criterioso de calcário para compensar as perdas de cálcio e magnésio do solo. O gesso e a matéria orgânica (aplicada ou cultivada) representam outras ferramentas que podem ser usadas para diminuir a acidez do solo no lugar da, ou em adição à, calagem. Por outro lado, às vezes é mais prudente usar plantas tolerantes à acidez, em vez de tentar mudar a química do solo.

Saber como o pH é controlado; como influencia o fornecimento e a disponibilidade de nutrientes essenciais às plantas, bem como de elementos tóxicos; como ele afeta as plantas superiores e os seres humanos; e como ele pode ser melhorado é essencial para a conservação e o manejo sustentável do solo no mundo inteiro.

Os pesquisadores agruparam os solos com características salinas em três classes fundamentadas de acordo com seu conteúdo total de sais (indicado pela condutividade elétrica, CE) e a proporção de sódio entre os cátions (indicado ou por razão de adsorção de sódio, RAS, ou por percentagem de sódio trocável, PST). As condições físicas de solos salinos e salino-sódicos são satisfatórias para o crescimento de plantas, mas os coloides em solos sódicos estão bastante dispersos, fazendo com que o solo permaneça enlameado e pouco aerado e a taxa de infiltração de água seja extremamente baixa.

Se os irrigadores de regiões áridas aplicam água apenas em quantidade suficiente para satisfazer a necessidade de evapotranspiração das plantas, a quantidade de sais no solo aumentará muito até que a terra se torne demasiadamente salinizada para o crescimento das plantas cultivadas. Entretanto, da mesma forma que, nas regiões úmidas, os agricultores devem periodicamente usar calcário para restabelecer o balanço favorável entre o consumo de íons H^+ e a produção, nas regiões áridas, o irrigador precisa periodicamente usar a lixiviação para restabelecer o balanço entre a entrada e a saída de sais.

Tanto a lixiviação como a drenagem são componentes essenciais para qualquer esquema de irrigação bem-sucedido. Entretanto, a lixiviação de sais não é assunto simples e inevitavelmente conduz a problemas adicionais tanto no campo que está sendo lixiviado como em locais a jusante. Na melhor das hipóteses, na agricultura irrigada há de haver uma solução que considere comprometimento entre o manejo da salinidade e alguns de seus inevitáveis malefícios.

A fim de tornar os solos salinos e salino-sódicos permeáveis o suficiente para que a lixiviação possa acontecer, o excesso de íons sódio trocáveis deverá ser primeiramente removido do complexo de troca. Isso deve ser realizado deslocando-se os íons de sódio com os de Ca^{2+} ou H^+.

O mundo, cada vez mais, depende da agricultura irrigada em regiões secas para a produção de alimentos para a sua crescente população. Infelizmente, a agricultura irrigada está em um estado de desarmonia inerente à natureza ecológica das regiões áridas. Estamos vendo que esse tipo de agricultura está cheio de dificuldades; portanto, se quisermos evitar futuras tragédias humanas e ambientais, o cuidado com o manejo da agricultura irrigada terá de ser constante.

QUESTÕES PARA ESTUDO

1. O índice de pH informa a concentração de íons H^+ na solução do solo. O que esse índice pode indicar acerca da concentração de íons OH^-? Explique sua resposta.
2. Descreva o papel do alumínio e seus íons associados na acidez do solo. Identifique as espécies iônicas envolvidas e o efeito dessas espécies na CTC dos solos.
3. Se você pudesse, de alguma forma, extrair a solução do solo dos 16 cm mais superficiais de 1 ha de um solo úmido e ácido (pH = 5), quantos quilos de $CaCO_3$ puro seriam necessários para neutralizar a solução do solo (levando seu pH até 7,0)? Sob condições de campo, até 6 Mg de calcário devem ser necessários para elevar o pH dessa camada de solo até pH 7,0. Como você explica a diferença nas quantidades de $CaCO_3$ requeridas?
4. Qual é o significado de *tamponamento*? Por que ele é tão importante para o solo, e quais são os mecanismos por meio dos quais ele ocorre?
5. O que é chuva ácida e por que ela parece ter grande impacto nas florestas, mais do que na agricultura comercial?
6. Calcule a quantidade de $CaCO_3$ puro que poderia teoricamente neutralizar íons H^+ equivalentes a um ano de chuva ácida se um campo de 1 ha recebesse 500 mm de chuva por ano e o pH médio da chuva fosse 4,0.
7. Discuta o papel do pH do solo para a avaliação da disponibilidade de nutrientes específicos e toxicidade, bem como a composição de espécies da vegetação natural em uma determinada área.
8. Quanto de calcário, com um equivalente de $CaCO_3$ de 90%, você precisaria aplicar para eliminar o alumínio trocável em um *Ultisol* com CTC = 8 $cmol_c$/kg e uma saturação por alumínio de 60%?
9. Baseado no pH tampão de sua amostra de solo, um laboratório recomenda aplicar 2 Mg de $CaCO_3$ equivalente ao seu campo e também arar a 18 cm de profundidade, para alcançar o pH 6,5 recomendado. Você realmente planeja usar o calcário para preparar um grande gramado e cultivá-lo, mas em apenas até 12 cm de profundidade. O calcário adquirido tem um equivalente de carbonato = 85%. Quanto desse calcário você precisaria para 2,5 ha?
10. Um empreiteiro, atendendo ao pedido de um paisagista, comprou um carregamento (para ser levado em um caminhão de 10 toneladas) de um material de solo superficial, escavado de uma terra preta, aparentemente fértil e retirada de uma área de terra úmida costeira. Antes do empreiteiro aceitar esse frete, amostras do solo foram enviadas a um laboratório para certificar se estavam dentro do padrão (textura franco-siltosa, pH 6 a 6,5) para o solo superficial que seria usado em uma obra de paisagismo. Depois que o laboratório relatou que a textura e o pH estavam dentro das faixas especificadas, o material do solo superficial foi colocado em uma dispendiosa obra de paisagismo com belas plantas cultivadas. Infelizmente, dentro de alguns meses, todas as plantas começaram a morrer. As espécies replantadas também morreram. O solo superficial foi novamente analisado. Era realmente de textura franco-siltosa, mas o pH era de 3,5. Explique por que essa diferença de pH ocorreu e sugira soluções de manejo adequadas.
11. Seu vizinho aplicou grandes quantidades de calcário no seu próprio gramado, provocando efeitos indesejáveis nas azaleias que estavam em canteiros adjacentes. A que você atribui esse malefício? Como você ajudaria seu vizinho a remediá-lo?
12. Os efeitos indesejáveis da acidez nos horizontes subsuperficiais podem ser melhorados adicionando-se gesso ($CaSO_4 \cdot 2H_2O$) à superfície do solo. Quais são os mecanismos responsáveis por esse efeito do gesso? Quais são as fontes básicas da alcalinidade nos solos? Explique sua resposta.
13. Quais são as fontes primárias da alcalinidade nos solos? Explique sua resposta.
14. Compare a disponibilidade, em solos ácidos e alcalinos, dos seguintes elementos essenciais: (1) ferro, (2) nitrogênio, (3) molibdênio e (4) fósforo.
15. Um solo de uma região semiárida, quando foi pela primeira vez preparado para cultivos, tinha um pH de 8,0. Após vários anos de irrigação, a produtividade da cultura começou a diminuir, os agregados começaram a se desfazer, e o pH subiu para 10,0. Qual é a provável explicação para essa situação?
16. Que tipos de tratamentos físicos e químicos você sugeriria para fazer com que o solo descrito na Questão 15 voltasse ao seu estado original de produtividade?
17. Quais são as vantagens de se usar o gesso ($CaSO_4 \cdot 2H_2O$) na recuperação de um solo sódico?

REFERÊNCIAS

Abrol, I. P., J. S. P. Yadov, and F. I. Massoud. 1988. "Salt-affected soils and their management," *FAO Soils Bulletin* **39.** Rome: Food and Agriculture Organization of the United Nations. Texto na íntegra disponível em www.fao.org/docrep/x5871e/x5871e00.htm.

Adams, F., and Z. F. Lund. 1966. "Effect of chemical activity of soil solution aluminum on cotton root penetration of acid subsoils," *Soil Sci.*, **101:**193–198.

Barak, P., B. O. Jobe, A. R. Krueger, L. A. Peterson, and D. A. Laird. 1997. "Effects of long-term soil acidification due to nitrogen fertilizer inputs in Wisconsin," *Plant Soil*, **197:**61–69.

Bhattarai, S. P., L. Pendergast, and D. J. Midmore. 2006. "Root aeration improves yield and water use efficiency of tomato in heavy clay and saline soils," *Scientia Horticulturae*, 108: 278–288.

Blake, L., W. T. Goulding, C. J. B. Mott, and A. E. Johnston. 1999. "Changes in soil chemistry accompanying acidification over more than 100 years under woodland and grass at Rothamsted Experiment Station, UK," *European J. Soil Sci.*, **50:**401–412.

Bloom, P. R., U. L. Skyllberg, and M. E. Sumner. 2005. "Soil acidity," pp. 411–459, in A. Tabatabai and D. Sparks (eds.), *Chemical Processes in Soils*. SSSA Book Series No. 8. (Madison, Wl: Soil Science Society of America).

de la Fuente-Martinez, J. M., and L. Herrera-Estralla. 2000. "Advances in the understanding of aluminum toxicity and the development of aluminum-tolerant transgenic plants," *Advances in Agronomy*, **66:**103–120.

Demchik, M. C., W. E. Sharpe, T. Yangkey, B. R. Swistock, and S. Bubalo. 1999. "The relationship of soil Ca/Al ratio to seedling sugar maple population, root characteristics, mycorrhizal infection rate, and growth and survival," pp. 201–210, in W. E. Sharpe and J. R. Drohan (eds.), *The Effects of Acidic Deposition on Pennsylvania's Forests.* Proceedings of the Sept. 14–16, 1998, PA Acidic Deposition Conference. (University Park, Environmental Resources Research Institute, Pennsylvania State University).

Edwards, K. J., P. L. Bond, T. M. Gihring, and J. F. Banfield. 2000. "An archaeal iron-oxidizing extreme acidophile important in acid mine drainage," *Science*, **287:** 1796–1799.

Fanning, D. S., M. Rabenhorst, S. N. Burch, K. R. Islam, and S. A. Tangen. 2002. "Sulfides and sulfates," pp. 229–260, in J. B. Dixon and D. G. Schultz (eds.), *Soil Mineralogy with Environmental Applications*. SSSA Book Series No. 7. (Madison, WI: Soil Science Society of America).

Fierer, N., and R. B. Jackson. 2006. "The diversity and biogeography of soil bacterial communities," *Proceedings of the National Academy of Science* **103:**626–631.

Hue, N. V., and D. L. Licudine. 1999. "Amelioration of subsoil acidity through surface applications of organic manures," *J. Environ. Qual.*, **28:**623–632.

Letey, J. 2000. "Soil salinity poses challenges for sustainable agriculture and wildlife," *Calif. Agric.*, **54**(2):43–48.

Letey, J., D. E. Birkle, W. A. Jury, and I. Kan. 2003. "Model describes sustainable long-term recycling of saline agricultural drainage water," *Calif. Agric.*, **57:**24–27.

Likens, G. E., C. T. Driscoll, and D. C. Buso. 1996. "Long-term effects of acid rain: Response and recovery of a forest ecosystem," *Science*, **272:**244–246.

Lumbanraja, J., and V. P. Evangelou. 1991. "Acidification and liming influence on surface charge behavior of Kentucky subsoils," *Soil Sci. Soc. Amer. J.*, **54:**26–34.

Magdoff, F. R., and R. J. Barlett. 1985. "Soil pH buffering revisited," *Soil Sci. Soc. Amer. J.*, **49:**145–148.

Rhoades, J. D., F. Chanduvi, and S. Lesch. 1999. *Soil Salinity Assessment Methods and Interpretation of Electrical Conductivity Measurements.* FAO Irrigation and Drainage Paper No. 57. (Rome: Food and Agriculture Organization of the United Nations).

Sullivan, T. J., I. J. Fernandez, A. T. Herlihy, C. T. Driscoll, T. C. McDonnell, N. A. Nowicki, K. U. Snyder, and J. W. Sutherland. 2006. "Acid–base characteristics of soils in the Adirondack Mountains, New York," *Soil Sci. Soc. Amer. J.*, **70:**141–152.

Szabolcs, I. 1989. *Salt-Affected Soils.* (Boca Raton, FL: CRC Press). Weil, R. R. 2000. "Soil and plant influences on crop response to two African phosphate rocks," *Agron. J.*, **92:**1167–1175.

Zhang, F., S. Kang, J. Zhang, R. Zhang, and F. Li. 2004. "Nitrogen fertilization on uptake of soil inorganic phosphorus fractions in the wheat root zone," *Soil Sci. Soc. Amer. J.*, **68:**1890–1895.

10 Organismos e Ecologia do Solo[1]

Cabeça de um nematoide predador de bactérias (Sven Boström, Swedish Museum of Natural History)

Silenciosamente, sob as incansáveis mandíbulas químicas dos fungos, os resíduos caídos no chão das florestas rapidamente desaparecem...

—A. Forsyth e K. Miyata, *Tropical Nature*

Um solo, da mesma forma que uma floresta ou um estuário, é um ecossistema no qual milhares de criaturas diferentes interagem e contribuem para que os ciclos globais tornem a vida possível. Este capítulo irá apresentar alguns atores das histórias que se passam no solo que está sob os nossos pés. Esse elenco é constituído por uma variedade de criaturas que representam o papel de ferozes seres competindo entre si para abocanhar cada folha, raiz, pelota fecal e corpo morto que chega ao solo. Predadores de todos os tipos estão sempre à espreita na escuridão, alguns com terríveis mandíbulas para agarrar as suas incautas vítimas, outros, cujos corpos são gelatinosos, simplesmente engolfam e digerem suas desafortunadas presas.

A heterogeneidade de substratos e condições ambientais encontrada em cada punhado de solo desencadeia o aparecimento de uma diversidade de organismos tão adaptados à vida no solo que superam a nossa imaginação. A vitalidade, o equilíbrio e a diversidade compartilhada entre esses organismos fazem com que as funções de um solo de boa qualidade sejam exequíveis. A maior parte do trabalho dessa comunidade do solo é realizada por criaturas em cujas "mandíbulas" habitam enzimas químicas que corroem as substâncias orgânicas deixadas no solo por seus coabitantes.

Estudaremos como esses organismos, tanto da flora como da fauna, interagem uns com os outros: do que se alimentam, como afetam o solo e como são por ele afetados. Um dos aspectos desse tema se relaciona ao modo como essa comunidade de organismos assimila os materiais vegetais e animais, de modo a produzir o húmus, reciclar os nutrientes e o carbono mineral, bem como auxiliar o desenvolvimento das plantas. Outro aspecto se refere ao modo como as pessoas, ao manejarem o solo, acabam beneficiando a proliferação de uma diversificada e saudável comunidade de organismos do solo.

[1] Para algumas histórias sobre como a vida abaixo da superfície do solo afeta todos os ecossistemas do planeta Terra, consulte Baskin (2005); para conhecer, mais detalhadamente, os atores dessas histórias, consulte Nardi (2003); para ler sobre a ecologia do solo, com ênfase na meso e microfauna, consulte Coleman et al. (2004); para revisões de literatura sobre microbiologia do solo, consulte Sylvia et al. (2005), Tate (2001) ou Paul (2006).

Essa comunidade faz com que os nutrientes se tornem disponíveis às plantas superiores, protejam as suas raízes contra pragas e doenças e ajudem a resguardar o ambiente global contra algumas ações inconsequentes da espécie humana.

10.1 A DIVERSIDADE DE ORGANISMOS DO SOLO

O programa biodiversidade do solo, Escócia: http://soilbio.nerc.ac.uk

Os organismos do solo são as criaturas que passam toda a sua vida, ou parte dela, no ambiente do solo, ou edáfico (Prancha 50). Cada punhado de solo pode conter bilhões de organismos, representados por quase todos as espécies dos seres vivos. Uma classificação simplificada e genérica dos organismos do solo é mostrada na Tabela 10.1. Neste livro, vamos destacar as atividades desses organismos, em vez dos seus nomes; consequentemente, consideraremos apenas suas categorias taxonômicas mais simples e gerais.

Os termos **fauna** e **flora** são usados para distinguir o grupo dos animais (incluindo os protistas monocelulares) do das plantas, respectivamente. O vocábulo "flora", de forma geral, também é usado para designar, além de todos os vegetais que verdadeiramente são plantas

Tabela 10.1 Importantes grupos de micro-organismos do solo por tamanho de classe

Grupos gerais (largura do corpo, em mm)	Principais grupos taxonômicos	Exemplos
Macrofauna (>2 mm)		
Todos heterótrofos, na maioria herbívoros e detritívoros	Vertebrados	Geômis, camundongos, toupeiras
	Artrópodes	Formigas, besouros (e suas larvas), centopeias, larvas de moscas, milípedes, aranhas, cupins, tatuzinhos
	Anelídeos	Vermes
	Moluscos	Caracóis, lesmas
Macroflora		
Autótrofos, na sua maioria	Plantas vasculares	Comedores de raízes
	Briófitas	Musgos
Mesofauna (0,1-2 mm)		
Todos heterótrofos, detritívoros, na sua maioria	Artrópodes	Ácaros, colêmbolas
Todos heterótrofos, predadores, na sua maioria	Anelídeos	Vermes enquitreias
	Artrópodes	Ácaros, proturas
Microfauna (<0,1 mm)		
Detritívoros, predadores, fungíveros, bacterívoros	Nematoides	Nematoides
	Rotíferos	Rotíferos
	Protozoários	Amebas, ciliados, flagelados
	Tardígrados	Besouros aquáticos, *Macrobiotus* sp.
Microflora (<0,1 mm)		
Autótrofos, na sua maioria	Plantas vasculares	Pelos radiculares
	Algas	Diatomáceas verdes, verde-amareladas
Heterótrofos, na sua maioria	Fungos	Leveduras, oídios, mofos, ferrugens, cogumelos
Heterótrofos e autótrofos	Bactérias	Aeróbicas, anaeróbicas
	Cianobactérias	Algas verde-azuladas, autótrofos
	Actinomicetos	
		Muitos tipos de actinomicetos, heterótrofos
	Arqueias	Metanotróficos, *Thermoplasma* sp., halófilos

(inclusive as algas unicelulares), os micro-organismos não animais. Com base nas semelhanças do material genético, os biólogos classificam todos os organismos viventes em três domínios principais: ***Eukarya*** (que inclui todas as plantas, animais, e fungos), ***Bacteria*** e ***Archaea***. Os organismos também podem ser agrupados de acordo com o que eles "comem". Alguns se alimentam de plantas vivas (**herbívoros**); outros, dos detritos de plantas mortas (**detritívoros**). Há os que consomem animais (**predadores**); os que devoram fungos (**fungívoros**) ou bactérias (**bacterívoros**); e aqueles que vivem à custa de outros organismos, mas sem os consumirem (**parasitas**). Os **heterótrofos** dependem de compostos orgânicos dos quais retiram o carbono e a energia de que necessitam; já os **autótrofos** obtêm seu carbono, principalmente, a partir de dióxido de carbono, e a sua energia advém da fotossíntese ou da oxidação de vários elementos.

Tamanho dos organismos

Mais sobre a biodiversidade do solo em sites da FAO: www.fao.org/ag/AGL/agll/soilbiod/soilbtxt.stm

Os animais (*fauna*) do solo variam em tamanho desde a **macrofauna** (como toupeiras, cães-da-pradaria, minhocas e centopeias), passando pela **mesofauna** (como pequenos colêmbolos e ácaros) e indo até a **microfauna** (como nematoides e protozoários unicelulares). As plantas (*flora*) incluem as algas microscópicas e as diatomáceas, bem como as raízes das plantas superiores. Outros micro-organismos (pequenos demais para serem vistos sem o auxílio de um microscópio), como os fungos e as bactérias, tendem a predominar no solo, no que diz respeito ao seu número, massa e capacidade metabólica.

Diversidade e isolamento

Um solo caracteristicamente saudável pode conter várias espécies de animais vertebrados (ratos, geômis, cobras, etc.); uma meia dúzia de espécies de minhocas; de 20 a 30 espécies de ácaros; entre 50 e 100 espécies de insetos (colêmbolas, besouros, formigas, etc.); dezenas de espécies de nematoides; centenas de espécies de fungos; e talvez milhares de espécies de bactérias e actinomicetos. Essa enorme diversidade de espécies só é possível por causa da variedade quase ilimitada de alimentos e dos diferentes *habitats* encontrados nos solos. Uma pequena porção de solo pode ter pouca e muita aeração; alta e baixa acidez; temperaturas frias e quentes; condições úmidas e secas; bem como concentrações localizadas de nutrientes dissolvidos, substratos orgânicos e organismos concorrentes. As populações dos organismos do solo tendem a se concentrar em zonas cujas condições lhes são favoráveis, em vez de se distribuírem uniformemente no solo. Os agregados do solo (Seção 4.5) podem ser considerados unidades fundamentais para o *habitat* de meso e micro-organismos, proporcionando uma gama complexa, em microescala, de abrigos, fontes de alimentos, gradientes ambientais e isolamento genético.

Tipos de diversidade

Videoclipes da Iowa State University: www.agron.iastate.edu/%7Eloynachan/mov/

Os pesquisadores do solo utilizam o conceito de diversidade biológica como um indicador de qualidade do solo. A alta **diversidade de espécies** indica que os organismos atualmente presentes são bem distribuídos entre um grande número de espécies. A maioria dos ecologistas acredita que tal complexidade e diversidade de espécies geralmente estão acompanhadas de um alto grau de **diversidade funcional**, ou seja, da capacidade de utilizarem uma ampla variedade de substratos e de realizarem uma grande variedade de processos.

Dinâmica dos ecossistemas

Comunidades biológicas dos solos áridos: www.blm.gov/nstc/soil/communities/index.html

Na maior parte dos ecossistemas saudáveis do solo, existem diversas – e, em alguns casos, inúmeras – espécies capazes de realizar cada um dos milhares e diferentes processos enzimáticos ou físicos que acontecem todos os dias. Essa **redundância funcional** – diversos organismos realizando cada tarefa – leva tanto à **estabilidade** como à **resiliên-**

cia do ecossistema. A *estabilidade* define a capacidade dos solos de continuar desempenhando, mesmo face a grandes variações em condições ambientais e insumos, certas funções, como a ciclagem de nutrientes, a assimilação de resíduos orgânicos, e a manutenção dos seus agregados. A *resiliência* descreve a capacidade do solo em "recuperar" a sua saúde funcional, mesmo depois de seus processos normais terem sido interrompidos por uma perturbação inadequada.

Em condições de alto grau de diversidade, nenhum organismo em particular tende a se tornar completamente dominante. De acordo com esse princípio, a carência de uma dada espécie não deverá afetar o sistema solo como um todo. No entanto, para alguns processos do solo, como a oxidação da amônia (ver Seção 12.7), a oxidação do metano (ver Seção 11.9) ou a formação dos macroporos de aeração (ver Seção 4.8), a principal responsabilidade pode recair sobre apenas uma ou duas espécies. A atividade e a abundância dessas **espécies-chave** (p. ex., certas bactérias nitrificantes ou minhocas escavadoras) merecem uma atenção especial, pois a presença de suas populações pode indicar que o ecossistema do solo, como um todo, é saudável.

Recursos genéticos

A diversidade de organismos em um solo é um fator importante, devido a algumas razões que vão além daquelas relacionadas à preservação das funções ecológicas; afinal, os solos também dão uma significativa contribuição à **biodiversidade global**. Muitos cientistas acreditam que há mais espécies vivendo abaixo da superfície da Terra do que acima dela. Portanto, o solo pode ser considerado o principal celeiro das inovações genéticas que a natureza vem escrevendo em códigos de DNA ao longo de centenas de milhões de anos. Os seres humanos sempre encontraram maneiras de utilizar alguns materiais genéticos dos organismos do solo (a cerveja, o iogurte e os antibióticos são exemplos). No entanto, com os recentes progressos da engenharia biológica, os quais permitem a transferência de material genético de um tipo de organismo para outro, o banco de DNA do solo assumiu uma importância prática muito maior para o bem-estar humano. Os genes de organismos do solo podem agora ser usados para produzir plantas e animais de qualidade superior para uso do homem.

10.2 ORGANISMOS EM AÇÃO[2]

As atividades da flora e da fauna do solo estão intimamente relacionadas ao que os ecólogos chamam de *cadeia alimentar* ou, mais precisamente, *rede alimentar*. Algumas dessas relações são mostradas na Figura 10.1, que ilustra a participação dos vários organismos do solo na degradação dos resíduos das plantas superiores. Já que um organismo ingere o outro, dizemos que os seus nutrientes e a sua energia passam de um **nível trófico** inferior para outro, superior. O primeiro nível trófico é o dos **produtores primários**. O segundo é constituído dos **consumidores primários**, que se alimentam dos produtores. O terceiro nível trófico é o dos **predadores**, que se alimentam dos consumidores primários; o quarto nível seria o de predadores que comem outros predadores, e assim por diante.

Viagem virtual ao solo. Clique em cada um dos números apresentados: www.fieldmuseum.org/undergroundadventure/flash/VirtualTour.swf

Fonte de energia e de carbono

Os organismos do solo podem ser classificados como **autotróficos** ou **heterotróficos,** de acordo com a fonte da qual eles obtêm o *carbono* necessário para a elaboração dos componentes de suas células (Tabela 10.2). Os organismos heterotróficos do solo obtêm seu carbono a partir da decomposição da matéria orgânica e de materiais produzidos anteriormente por outros organismos. Quase todos os heterótrofos também obtêm sua *energia* a partir da oxidação

[2] Para um sucinto e bem-ilustrado resumo das comunidades do solo e da dinâmica ecológica, consulte Tugel e Lewandowski (2000). Para uma descrição ilustrada da comunidade de organismos do solo, com conselhos para o manejo de terras de hortas e jardins de fácil leitura, a cores e com algum senso de humor, consulte Lowenfels e Lewis (2006).

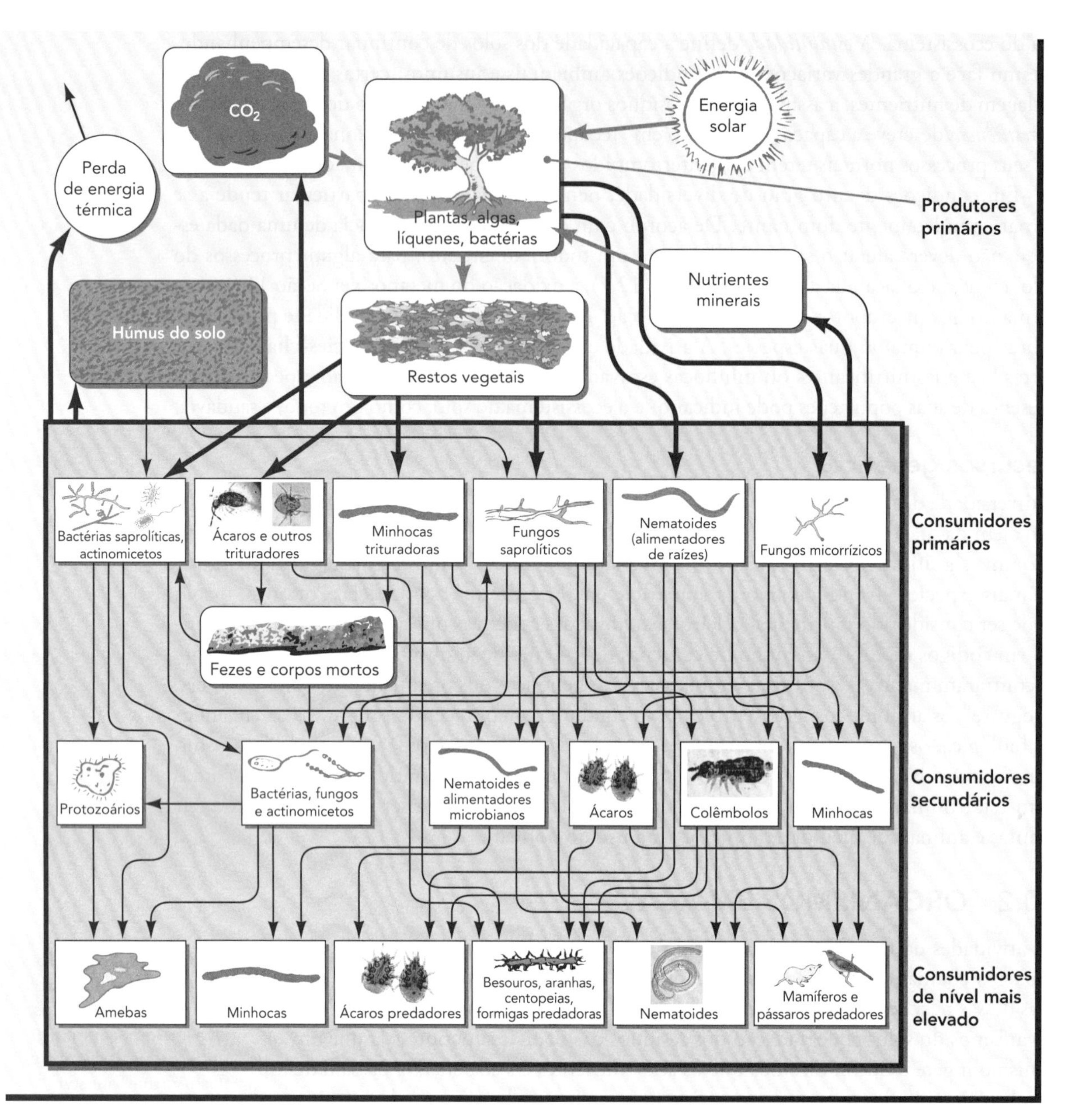

Figura 10.1 Diagrama generalizado da cadeia alimentar do solo que participa da degradação dos tecidos vegetais, da formação do húmus e do ciclo do carbono e dos nutrientes. O grande compartimento sombreado representa a comunidade dos organismos do solo. Os retângulos representam vários grupos de organismos; as setas indicam a transferência de carbono de um grupo para outro, à medida que os predadores se alimentam das presas. As setas grossas, que penetram na parte superior do compartimento sombreado, indicam o consumo primário de carbono proveniente do tecido dos produtores – plantas superiores, algas e cianobactérias. Os retângulos com as arestas arredondadas representam as entradas e as saídas da rede alimentar do solo. Embora todos os grupos mostrados desempenhem importantes papéis no processo, cerca de 80 a 90% do total da atividade metabólica da cadeia alimentar pode ser atribuída aos fungos e às bactérias (incluindo os actinomicetos). Como consequência desse metabolismo, o húmus do solo é sintetizado, e o dióxido de carbono, a energia térmica e os nutrientes minerais são liberados para o ambiente do solo. (Diagrama: cortesia de R. Weil)

do carbono dos compostos orgânicos. Eles são responsáveis pela decomposição orgânica. Esses organismos, que incluem a fauna, os fungos, os actinomicetos e, ainda, outras bactérias, são muito mais numerosos nos solos do que os autótrofos.

Tabela 10.2 Organismos do solo agrupados segundo suas fontes de energia metabólica e suas fontes de carbono para sínteses bioquímicas

	Fonte de energia	
Fonte de carbono	**Oxidação bioquímica**	**Radiação solar**
Carbono orgânico combinado	**Quimio-heterótrofos:** todos os animais, plantas, actinomicetos e a maior parte de outras bactérias Exemplos: Minhocas, *Aspergillus* sp., *Azotobacter* sp., *Pseudomonas* sp.	**Foto-heterotróficos:** algumas algas
Dióxido de carbono	**Quimioautotróficos:** muitas arqueias e bactérias Exemplos: Oxidantes da amônia – *Nitrosomonas* sp *Oxidantes do enxofre – Thiobacillus denitrificans*	**Fotoautotróficos:** brotos, algas e cianobactérias Exemplos: *Chorella* sp. *Nostoc* sp.

Os autótrofos obtêm seu carbono não a partir do C já fixado em materiais orgânicos, mas de outros compostos, que vão desde o simples gás dióxido de carbono (CO_2) até os minerais carbonatados. Os autótrofos podem ainda ser subdivididos com base no modo como obtêm energia. Alguns utilizam a energia solar (fotoautótrofos), enquanto outros usam a energia liberada pela oxidação de elementos inorgânicos, como nitrogênio, enxofre e ferro (quimioautotróficos).

Assim como na maioria dos ecossistemas acima da superfície terrestre, as plantas (e certos micróbios fotossintetizantes) desempenham o papel principal como **produtores primários**. Os organismos produtores sintetizam as moléculas orgânicas e os tecidos vivos, usando a energia do sol para combinar o carbono do CO_2 atmosférico com a água. Esses materiais orgânicos contêm carbono e energia química que outros organismos podem, direta ou indiretamente, utilizar, depois de terem sido repassados através dos intermediários. Portanto, os produtores constituem a base de toda a cadeia alimentar.

Consumidores primários

Assim que alguns resíduos, como uma folha, uma haste ou um pedaço de casca de árvore, caem ao chão, eles se tornam sujeitos ao ataque coordenado pela microflora e também pela macro e mesofauna (Figura 10.1). Os animais (incluídos ácaros, insetos colêmbolos, isópodes terrestres e minhocas) mascam ou perfuram os tecidos de suas presas, abrindo-as para um ataque mais rápido da microflora. Os animais e a microflora que usam a energia que está armazenada nos resíduos vegetais são chamados de *consumidores primários*.

Certos organismos do solo que comem plantas vivas são chamados de **herbívoros**. Exemplos são os nematoides parasitas, larvas de insetos e roedores que consomem as raízes das plantas, bem como cupins, formigas, larvas de besouro e roedores que devoram partes aéreas dos vegetais. Por atacarem plantas vivas que podem ser úteis aos seres humanos, muitos desses herbívoros do solo são considerados pragas. Por outro lado, certos herbívoros que vivem no solo, como as larvas de cigarras, geralmente trazem mais benefícios do que malefícios para as plantas superiores (Prancha 83).

No entanto, para a grande maioria dos organismos terrestres, a principal fonte de alimento são os restos de tecidos mortos deixados pelas plantas na superfície do solo e no interior dos seus poros. Esses restos são chamados de **detritos**, e os animais que se alimentam diretamente deles são chamados de **detritívoros**. Tanto os herbívoros como os detritívoros que se

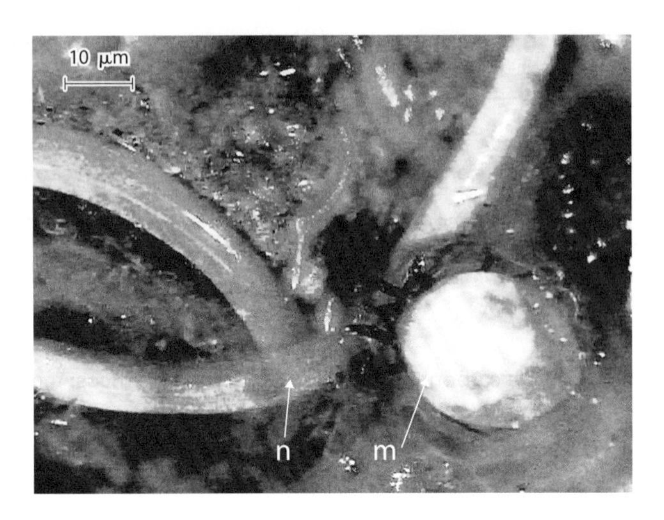

Figura 10.2 Um ácaro predador (o astigmatídeo-*m*) alimentando-se de sua presa, um verme microscópico (o nematoide-*n*). Predações desse tipo mantêm as populações de vários grupos de organismos em equilíbrio e liberam os nutrientes previamente retidos nos corpos das presas. (Foto: cortesia de Marie Newman, North Carolina State University)

alimentam dos tecidos de produtores primários são considerados consumidores primários. No entanto, muitos dos animais que mastigam os detritos de plantas em realidade se alimentam principalmente dos micro-organismos que vivem nos detritos, e não diretamente dos tecidos vegetais mortos. Tais animais, chamados de *trituradores*, não são realmente os consumidores primários (segundo nível trófico), mas pertencem a um nível trófico superior, porque se alimentam de detritos de outros animais (pelotas fecais, corpos mortos) (ver "Consumidores secundários", a seguir).

Resumindo, a maior parte da real decomposição das plantas mortas e de restos de animais é realizada pela microflora dos **saprófitos** (alimentam-se de tecidos mortos), constituídas tanto de fungos como de bactérias. Com a ajuda dos animais que fisicamente trituram e mastigam os restos de plantas (veja a seguir), os saprófitos decompõem todos os tipos de compostos das plantas e de animais mortos, desde açúcares simples até materiais lenhosos (Figura 10.1). Eles se alimentam de detritos, animais mortos (cadáveres) e fezes de animais e podem formar grandes colônias de células microbianas sobre o material em decomposição. Essas colônias microbianas, por sua vez, pouco depois fornecem nutrientes para numerosos organismos do solo: os consumidores secundários.

Consumidores secundários

Uma apresentação virtual introdutória aos ácaros: www.sel.barc.usda.gov/acari/index.html

Os *consumidores secundários* incluem a microflora (como bactérias e fungos), bem como os **carnívoros**, que consomem outros animais. Exemplos de carnívoros incluem as centopeias e os ácaros, que atacam pequenos insetos ou nematoides (Figura 10.2), aranhas, nematoides predadores e caracóis. Os **alimentadores microbívoros** (organismos que usam a microflora como fonte de alimentos) incluem certos colêmbolos, ácaros, cupins, alguns nematoides (veja a foto da figura de abertura do capítulo) e protozoários.

Enquanto as ações da microflora são principalmente bioquímicas, as da fauna são tanto físicas quanto químicas. A mesofauna e macrofauna mastigam os resíduos vegetais em pedaços pequenos e os movem de um lugar para outro na superfície do solo, e até mesmo dentro dele.

As ações desses animais aumentam a atividade da microflora de várias maneiras. Primeiro, o ato de mastigar fragmenta os resíduos, cortando os resistentes revestimentos cerosos de muitas folhas para expor o conteúdo das células (de mais fácil decomposição) para a digestão microbiana. Em segundo lugar, depois de bem mastigados, os tecidos vegetais são misturados com os micro-organismos presentes no trato digestivo dos animais, onde as condições são ideais para a ação microbiana. Terceiro, ao se movimentarem, os animais carregam com eles micro-organismos, que acabam se dispersando e encontrando novas fontes de alimentos para serem decompostas.

Consumidores terciários

No nível seguinte da cadeia alimentar, os consumidores secundários ainda são presas de outros carnívoros e são chamados de *consumidores terciários*. Por exemplo, as formigas consomem centopeias, aranhas, ácaros e escorpiões, os quais podem predar consumidores primários ou secundários. Muitas espécies de aves se especializam em comer animais do solo, como besouros e minhocas. Os mamíferos, como as toupeiras, podem ser predadores eficazes da macrofauna. Se a presa for um nematoide ou uma minhoca, a predação terá um importante papel nas funções ecológicas, incluindo a liberação de nutrientes retidos em células vivas.

A microflora está intimamente envolvida em cada nível de decomposição. Além de seu ataque direto sobre tecidos vegetais (como consumidores primários), ela está ativa dentro do trato digestivo de animais de muitos solos, ajudando-os a digerir materiais orgânicos mais resistentes. A microflora também ataca o material orgânico, finamente dividido, das fezes de animais e decompõe os corpos de animais mortos. Por essa razão designada ela é decompositora final.

Engenheiros de ecossistemas[3]

Certos organismos fazem grandes alterações ao seu ambiente físico, as quais influenciam os *habitats* de muitos outros organismos do ecossistema. Esses organismos são por vezes referidos como *engenheiros do ecossistema*. Por exemplo, algumas dessas espécies "engenheiras" são os micro-organismos, que criam uma crosta superficial impermeável, a qual faz com que a água se concentre nas áreas de solos dos desertos onde o abastecimento de água é escasso. Outros animais são escavadores e criam oportunidades e desafios para outros organismos, cavando orifícios que alteram bastante o movimento do ar e da água nos solos. Cupins, formigas, minhocas e roedores são exemplos. Essas escavações não influenciam apenas uma maior entrada de água e de ar para o solo, mas também fornecem passagens nas quais as raízes das plantas podem facilmente continuar seu crescimento, penetrando em camadas densas de horizontes subsuperficiais dos solos.

Alguns dos besouros da família *Scarabaeidae* aumentam consideravelmente a ciclagem de nutrientes ao enterrarem o esterco dos animais nos horizontes superiores do solo. Muitos desses **besouros "rola-bosta"** retiram, de uma grande quantidade de fezes de animais mamíferos, uma certa porção que lhes permite formar uma bola e, em seguida, rolá-la para um novo local (Figura 10.3). O besouro "rola-bosta" fêmea, então, deposita seus ovos na bola de esterco e a enterra no solo. A movimentação e o enterro da bola de esterco protegem os nutrientes contra a sua fácil perda por escoamento superficial ou por volatilização. Portanto, esses besouros desempenham um importante papel na ciclagem e na conservação de nutrientes em muitos ecossistemas de pastagem.

10.3 ABUNDÂNCIA, BIOMASSA E ATIVIDADE METABÓLICA DE ORGANISMOS

A quantidade de organismos do solo é influenciada principalmente pela quantidade e qualidade dos alimentos disponíveis. Essa quantidade é afetada por fatores físicos (p. ex., umidade e temperatura), fatores bióticos (p. ex., predação e competição) e características químicas do solo (p. ex., acidez, nutrientes dissolvidos e salinidade). Em um deserto, as espécies que habitam o solo certamente serão diferentes daquelas de uma floresta úmida, que, por sua vez, serão muito diferentes das existentes em um campo cultivado. Os solos ácidos são povoados

[3] Para uma discussão sobre o conceito de engenheiros de ecossistemas, consulte Jouquet et al. (2006) e Lavelle et al. (1997).

Figura 10.3 Dois besouros "rola-bosta", um acima e outro abaixo, rolam uma bola, que eles elaboraram a partir de esterco de bisão, sobre uma superfície recoberta de folhas e galhos secos, para depois a enterrarem no solo (alguns grãos de areia grossa se aderem à superfície da bola). O enterro do esterco impede a reprodução de moscas carnívoras e outras pestes de mamíferos que o esterco pode produzir. Diferentes espécies de besouro "rola-bosta" evoluíram e se especializaram no enterro de estercos de diferentes espécies de animais. (Foto: cortesia de R. Weil)

por espécies diferentes daquelas existentes em solos alcalinos. Da mesma forma, a diversidade e a abundância de espécies em uma floresta tropical são diferentes das de uma de clima temperado frio.

Apesar dessas variações, algumas generalizações podem ser feitas. Por exemplo, as áreas florestais normalmente suportam uma fauna do solo mais diversificada e dominada pela microflora fúngica do que as pradarias, embora a massa total da fauna por hectare e o nível de atividade da fauna sejam, geralmente, mais elevados nas pradarias. Os campos cultivados têm, geralmente, menos biomassa e número menor de organismos do solo do que as áreas virgens, especialmente em relação à fauna, em parte porque a agricultura destrói muito do *habitat* do solo.

A **biomassa total do solo**, que é a sua fração viva, está geralmente relacionada com a sua quantidade de matéria orgânica. Com base no peso seco, essa porção viva do solo geralmente compreende de 1 a 5% da sua matéria orgânica total. Além disso, os pesquisadores muitas vezes relatam que as relações entre a matéria orgânica do solo, os detritos de biomassa microbiana e a biomassa da fauna são de aproximadamente 1.000:100:10:1.

Comparações da atividade de organismos

A importância de grupos específicos de organismos do solo pode ser identificada (1) pelo número de indivíduos no solo (2) pelo seu peso (biomassa) por unidade de volume ou área do solo e (3) por sua atividade metabólica (geralmente medida como a quantidade de dióxido de carbono desprendido na respiração). As concentrações de atividade microbiana (focos) ocorrem nas imediações das raízes das plantas vivas, nos seus detritos em decomposição, no material orgânico que reveste os orifícios de minhocas, em pelotas fecais da fauna do solo e em outros ambientes mais favoráveis para os organismos do solo.

A mesofauna detritívora (principalmente ácaros e colêmbolos) transloca e digere parcialmente os resíduos orgânicos e deixa no solo seus excrementos para a degradação microfloral (consulte a Prancha 80 e observe o centro da imagem, à esquerda, onde os ácaros se alimentam dos tecidos internos e macios das raízes, deixando um amontoado de pelotas fecais). Muitos animais, quando estão se movimentando no solo, reorganizam as partículas para formar bioporos, afetando, assim, favoravelmente, a condição física do solo (também ilustrada na Prancha 80). Outros animais, especialmente certas larvas de insetos, alimentam-se diretamente das raízes das plantas (Prancha 83), podendo causar danos consideráveis.

Como seria de se esperar, os micro-organismos são os mais numerosos e têm a maior biomassa. Juntamente com as minhocas (ou cupins, no caso de alguns solos tropicais), a microflora domina a atividade biológica na maioria dos solos. Estima-se que cerca de 80% do metabolismo total do solo decorre da microflora, embora, como já mencionado, sua atividade seja reforçada pelas ações da fauna do solo. Apesar de sua relativamente pequena biomassa total, algumas microfaunas, como a dos nematoides e protozoários, desempenham importantes papéis na ciclagem de nutrientes, por serem predadoras de bactérias e fungos. Por essas razões, neste capítulo, será dada maior atenção à microflora e à microfauna, juntamente com as minhocas, os cupins e alguns outros animais.

10.4 MINHOCAS

Algumas informações sobre minhocas: www.sarep.ucdavis.edu/worms/

As **minhocas** são provavelmente os mais importantes macroanimais na maioria dos solos. Junto com seus primos muito menores, os **vermes enquitreias** (*Enchytraedus* sp.), elas são *hermafroditas* ovíparas (organismos que apresentam caracteres dos sexos masculino e feminino) que comem detritos, matéria orgânica do solo e micro-organismos encontrados nesses materiais (Figura 10.4). Elas não comem as plantas vivas ou suas raízes e por isso não agem como pragas para as culturas (dessa forma, não devem ser confundidas com as larvas de insetos comedores de raízes com nomes comuns, como "lagarta-de-cereais" ou "brocas").

As 7.000 ou mais espécies de minhocas relatadas em todo o mundo podem ser agrupadas de acordo com seus hábitos escavadores e *habitat* correspondentes. As minhocas **epigeicas,** relativamente pequenas, vivem na camada de serrapilheira ou no horizonte mineral superficial próximo da superfície. Os vermes epigeicos, entre os quais está a minhoca comum, *Eisenia foetida* encontrada nos resíduos em processo de compostagem, aceleram a decomposição dos resíduos vegetais, mas não os incorporam ao solo mineral. As minhocas **endogeicas**, como as *Allolobophora caliginosa* ("minhoca vermelha"), vivem principalmente nos primeiros 10 a 30 cm do solo mineral, onde fazem orifícios rasos, na sua maior parte, horizontais. Finalmente, as minhocas relativamente grandes, **anécicas**, fazem orifícios verticais e relativamente permanentes, os quais podem atingir vários metros de profundidade. Esses vermes emergem em tempo chuvoso ou à noite, para captar fragmentos de detritos vegetais de lixo que arrastam para suas tocas, muitas vezes cobrindo a sua entrada com um **monturo de rejeitos** de folhas (Figura 10.4*d*). A tão conhecida

Figura 10.4 As espécies de minhocas anécicas, como estas da espécie *Lumbricus terrestris* (*a*), emergem à superfície para se alimentarem de detritos orgânicos (*c*), excretarem suas pelotas fecais (*a*, vide *setas*) e se reproduzirem (*b*). Elas incorporam uma grande quantidade de detritos vegetais no solo e recolhem restos de plantas, formando monturos de rejeitos para cobrir a entrada de suas tocas (*d*, marcas da escala a cada 10 cm). As minhocas são talvez os mais significativos macro-organismos em solos úmidos de regiões temperadas, especialmente em relação à forma como interferem nos restos vegetais e nas condições físicas dos solos. (Fotos *a* e *d*: cortesia de R. Weil; fotos *b* e *c*: cortesia de Steve Groff)

"minhoca noturna" (*Lumbricus terrestris*) foi introduzida acidentalmente da Europa para a América do Norte (talvez na terra presente ao redor das raízes das mudas de árvores frutíferas trazidas pelos colonos) e é agora a mais comum das minhocas anécicas em ambos os continentes (Quadro 10.1).

Influência sobre a fertilidade do solo, produtividade e qualidade ambiental

Galerias As minhocas, literalmente, comem à medida que perfuram o solo, criando extensos sistemas de galerias (ou canais). As galerias de minhocas, tanto vazias como preenchidas com seus excrementos, oferecem importantes vias pelas quais as raízes das plantas podem penetrar as camadas de um solo adensado (Prancha 81). Por sua extensa atividade física – particularmente importante em solos não arados (incluindo pastagens e lavouras sob sistemas de plantio direto) –, as minhocas receberam o título de "cultivadoras da natureza". Além disso, seu impacto sobre a infiltração de água pode ser bastante expressivo (Figura 10.5)

O rugido que atrai as minhocas – "pescando" a ecologia do solo: http://sciencenow.sciencemag.org/cgi/content/full/2008/1015/1

Depois de passar através do intestino da minhoca, o material do solo ingerido é expelido como glóbulos moldados, chamados de **pelotas fecais** (Figura 10.4*a*). Durante a passagem pelo intestino desses anelídeos, os materiais orgânicos são completamente desfeitos e misturados com as partículas minerais do solo. O fato de as minhocas expelirem pelotas fecais relativamente grandes geralmente aumenta a estabilidade

QUADRO 10.1

Amigos dos horticultores, nem sempre são tão amigáveis[a]

As minhocas são lendárias pelas muitas maneiras como melhoram a produtividade de hortas, pastagens e plantações. No entanto, em outros contextos ecológicos, esses "preparadores naturais do solo" podem ser bastante prejudiciais. Em especial, esses imigrantes ativos estão começando a causar estragos em alguns ecossistemas florestais da América do Norte. Desde cerca de 10.000 anos atrás, depois das geleiras do Pleistoceno terem eliminado as minhocas nativas, as comunidades solo-planta nessas florestas boreais vêm evoluindo sem a presença de populações substanciais de minhocas. Desse modo, sem a ação da minhoca para misturar o solo, essas florestas desenvolveram uma espessa e estratificada serrapilheira, geralmente composta de vários e distintos horizontes. Essa camada solta e espessa de resíduos é um *habitat* essencial para determinadas centopeias nativas, além de ser um local de nidificação de aves e salamandras. As plantas nativas da América do Norte, como o lírio-de-maio-canadense, o lírio-do-bosque e as árvores de anêmonas, dependem também de uma espessa camada de serrapilheira.

Recentemente, os pesquisadores observaram que a serrapilheira da floresta praticamente desapareceu de certos povoamentos florestais boreais. Eles acreditam conhecer a causa: a invasão da *Lumbricus terrestris* e outras minhocas exóticas grandes e similares às do tipo anécica. Esse tipo de minhoca é prejudicial para esse ecossistema florestal, pelas mesmas ações que a tornam tão benéficas para as hortas e as pastagens: a incorporação dos restos vegetais na camada mais superficial do solo e a produção de tocas verticais profundas. Essas atividades destroem rapidamente a serrapilheira da floresta e aceleram demasiadamente a ciclagem que, em condições normais, conservaria mais os nutrientes.

Alguns dos piores impactos estão sendo sentidos no Estado de Minnesota, Estados Unidos, onde as minhocas europeias (incluindo a *Lumbricus rubellus*, *L. terrestris* e a *Aporrectodea* sp.) invadiram as florestas boreais pontilhadas de lagos. Uma estratégia para abrandar a invasão desses engenheiros do solo não desejados poderia ser a de cercar a floresta com zonas de amortecimento com *habitat* adequado para as minhocas. Pesquisadores acreditam que o aumento da população dessas minhocas, em grande parte, resultou da sua utilização como iscas de pesca. Daí, a mensagem fundamental: leve as iscas de minhocas para casa e despeje-as em sua pilha de compostagem, e não sobre as margens do seu lago de pesca favorito!

[a] Para ler mais sobre as minhocas invasoras, consulte Hendrix e Bohlen (2002) e Minnesota Worm Watch, no *link*: www.nrri.umn.edu/worms.

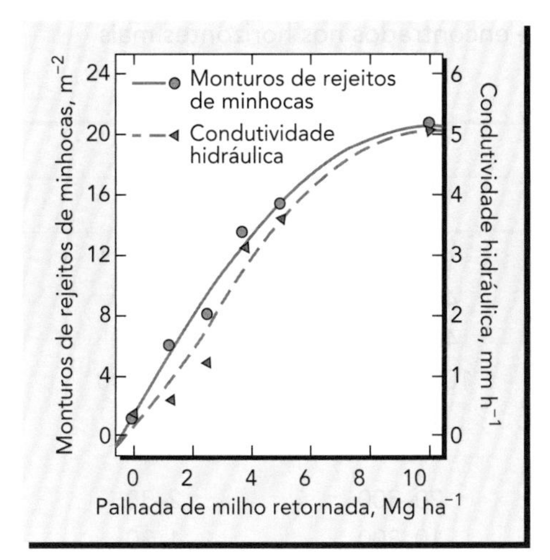

Figura 10.5 Influência do retorno, ao solo, dos resíduos das culturas em relação à atividade de minhocas e à condutividade hidráulica do solo. A quantidade total de resíduos produzidos pela cultura de milho foi de cerca de 10 Mg ha^{-1}. As menores taxas de retorno dos resíduos representam as situações em que alguma ou toda a palha de milho é coletada e removida para a produção do biocombustível etanol. O gráfico mostra o efeito, em apenas 1 ano de retornos diferenciais de palha, sobre o número de minhocas presentes e a condutividade hidráulica do solo (taxa de infiltração de água). As curvas situam-se muito próximas, provavelmente porque as reduções do retorno de resíduos podem afetar negativamente a atividade de minhocas, que, ao cavarem as galerias, diminuem a infiltração das águas pluviais. Os dados levam a duas conclusões: (1) existe uma estreita e positiva relação entre a atividade de minhocas e a taxa de infiltração do solo e, (2) se mais de um terço da palhada do milho for removido, um malefício significativo poderá afetar a qualidade do solo, a qual é necessária para sustentar a futura produção de culturas e, consequentemente, a de biocombustíveis. Infelizmente, muitos modelos de projetos para a produção potencial de biocombustíveis não levam em consideração essa relação. Os dados referem-se à média de três solos de textura média-argilosa, cultivados por longo tempo sob o sistema de plantio direto, em Ohio (EUA). (Gráfico elaborado a partir de dados de Blanco – Canqui et al. [2007])

dos agregados do solo (Tabela 10.3). Essas pelotas são depositadas na superfície ou dentro do perfil do solo, dependendo da espécie de minhoca; sua quantidade pode ser utilizada como uma evidência para avaliar o grau de atividade desses anelídeos no solo.

Passeio da família Groff, para observar as minhocas no campo de plantio direto: www.newfarm.org/depts/notill/features/worms.shtml

As atividades das minhocas também podem melhorar a fertilidade do solo e a produtividade dos cultivos, uma vez que alteram as condições químicas do solo, especialmente nas suas camadas mais superiores, de 15 a 35 cm. Comparado ao solo como um todo, as pelotas fecais têm quantidades significativamente mais elevadas de bactérias, de matéria orgânica e dos nutrientes disponíveis às plantas (Tabela 10.3). As raízes crescem para baixo, em direção às tocas das minhocas, onde também encontram ricas fontes de nutrientes nas pelotas e nos materiais que revestem as suas galerias. Quando as minhocas morrem e se decompõem, os nutrientes presentes em seus corpos são prontamente liberados e disponibilizados às plantas. Além disso, a incorporação física, pelo solo, de resíduos de superfície reduz a perda de nutrientes, especialmente de nitrogênio, devido à erosão e à volatilização.

Tabela 10.3 Características de pelotas fecais de minhocas e de solos em seis locais da Nigéria

Característica	Pelotas fecais de minhocas	Solos
Argila e silte, %	38,8	22,2
Densidade do solo, Mg/m^3	1,11	1,28
Estabilidade dos agregados[a]	849	65
Capacidade de troca de cátions, cmol/kg	13,8	3,5
Ca^{2+} trocável, cmol/kg	8,9	2,0
K^+ trocável, cmol/kg	0,6	0,2
P solúvel, ppm	17,8	6,1
N total, %	0,33	0,12

[a] Número de gotas de chuva necessário para destruir os agregados do solo.
Dados de Vleeschauwer e Lal (1981).

Tabela 10.4 Biomassa e dados relativos à fauna e à flora normalmente encontrados nos horizontes mais superficiais do solo

Microflora e minhocas são seres dominantes na maioria dos solos.

	Quantidade[a]		Biomassa[b]	
Organismos	**Por m^2**	**Por grama**	**kg/ha**	**g/m^2**
Microflora				
Bactérias e *arqueias*[c]	10^{14}–10^{15}	10^{9}–10^{10}	400–5000	40–500
Actinomicetos	10^{12}–10^{13}	10^{7}–10^{8}	400–5000	40–500
Fungos	10^{6}–10^{8} m	10–10^{3} m	1000–15,000	100–1500
Algas	10^{9}–10^{10}	10^{4}–10^{5}	10–500	1–50
Fauna				
Protozoários	10^{7}–10^{11}	10^{2}–10^{6}	20–300	2–30
Nematoides	10^{5}–10^{7}	1–10^{2}	10–300	1–30
Ácaros	10^{3}–10^{6}	1–10	2–500	0,2–5
Colêmbolas	10^{3}–10^{6}	1–10	2–500	0,2–5
Minhocas	10–10^{3}		100–4000	10–400
Outra fauna	10^{2}–10^{4}		10–100	1–10

[a] Os indivíduos fungos são de difícil identificação, por isso o comprimento de suas hifas é o critério usado para medi-los.

[b] Valores de biomassa com base no peso vivo. O peso seco equivale a 20-25% desses valores.

[c] Valores estimados para a quantidade de bactérias *Archaea*, baseados em Torsvik et al. (2002); outros dados são de diversas fontes.

Efeitos prejudiciais das minhocas

Exposição de solo à superfície Nem todos os efeitos da exposição de material do solo colocado à superfície pelas minhocas são benéficos. Por exemplo, no processo de construção dos monturos de seus rejeitos, a *Lumbricus terrestris* pode deixar até cerca de 60% da superfície do solo desnuda desses rejeitos (Figura 10.4*d*). Em outras situações, os próprios montículos de rejeitos podem ser considerados um incômodo – por exemplo, em campos de golfe, sobre os seus gramados recém-aparados. Mesmo a ação de construção de galerias pode não ser sempre bem-vinda, como acontece em florestas com espessas camadas de serrapilheira (Quadro 10.1). Outro aspecto preocupante é que a água de percolação se desloca rapidamente para baixo, no sentido vertical das tocas das minhocas, podendo assim levar poluentes em potencial para as águas subterrâneas (Figura 6.22).

Fatores que afetam a atividade das minhocas

As minhocas preferem os solos frescos, úmidos e bem-aerados, os quais são bem supridos com materiais orgânicos decomponíveis, de preferência fornecidos como cobertura morta do solo. Em regiões de clima temperado, elas são mais ativas na primavera e no outono, muitas vezes enrolando-se em forma de uma bola (estivando-se) para se protegerem dos períodos secos e quentes do verão. Elas não vivem em condições anaeróbicas, nem prosperaram em areias grossas. Algumas espécies são razoavelmente tolerantes a pH baixo, mas a maioria das minhocas prospera melhor onde o solo não é muito ácido (pH 5,5 a 8,5) e onde haja uma fonte abundante de cálcio (que é um componente importante da mucilagem que excretam). Em alguns *Spodosols* sob florestas, as minhocas equitreias são muito mais tolerantes às condições ácidas e mais ativas do que as minhocas de outras espécies. É importante ressaltar que a maioria das minhocas é muito sensível ao excesso de salinidade.

Outros fatores que diminuem as populações de minhocas incluem os predadores (toupeiras, ratos e certos ácaros e centopeias), os solos muito arenosos (em parte devido ao efeito abrasivo de grãos cortantes de areia), o contato direto com adubos amoniacais, a aplicação de inseticidas (especialmente certos carbamatos) e o preparo do solo. Este último fator é, muitas vezes, o impedimento principal para a sobrevivência das populações de minhocas em solos agrícolas.

10.5 FORMIGAS E CUPINS

Alguns comentários já foram feitos (Seção 10.2) sobre o papel da variedade de alimentos na cadeia de artrópodes (animais com um exoesqueleto rígido) da mesofauna, em especial os ácaros (aracnídeos de oito patas, que respondem por cerca de 30.000 espécies que habitam o solo) e os colêmbolos (insetos sem asas da ordem *Collembola,* dos quais 6.500 espécies do solo são conhecidas). Vamos agora voltar nossa atenção para as formigas e os cupins, dois grupos de insetos considerados importantes engenheiros dos ecossistemas.

Os verdadeiros reis da selva (vídeo): www.nhm.ac.uk/nature-online/life/Insects-spiders/insects-in-science/ants-and-termites/index.html

Formigas

Cerca de 9.000 espécies de formigas que habitam o solo já foram identificadas. Elas são mais diversificadas nos trópicos úmidos, mas talvez tenham maior importância funcional nas pradarias semiáridas temperadas. As formigas desempenham papéis importantes nas florestas, desde as dos trópicos até as das taigas. Algumas espécies de formigas comportam-se como detritívoras, como herbívoras e, outras ainda, como predadoras. A atividade das formigas na construção dos seus ninhos pode melhorar a aeração, aumentar a infiltração da água e modificar o pH do solo. Os ninhos e as populações microbianas neles contidas também estimulam o ciclo de nitrogênio do solo.

Como distinguir as formigas dos cupins: http://drdons.net/whatr.htm

Cupins

Os cupins (ou térmitas) são, às vezes, chamados de *formigas brancas*, embora sejam bastante diferentes das verdadeiras formigas (é possível distinguir uma formiga por sua "cintura" estreita, entre o abdômen e o tórax). Há cerca de 2.000 espécies de cupins, muitos dos quais usam a celulose, sob a forma de fibra vegetal, como seu principal alimento. No entanto, a maioria dos cupins não consegue digerir a celulose diretamente. Isso porque eles dependem de uma relação mutualística com os protozoários e as bactérias que vivem em seus intestinos. Em condições anaeróbicas, o metabolismo que acontece nos intestinos dos cupins é responsável por uma substancial fração da produção global do metano (CH_4), um importante gás do efeito estufa (Seção 11.9).

A maior parte das espécies de cupins ingere troncos em decomposição ou folhas de árvores caídas, mas algumas atacam a madeira de árvores vivas. Esses grupos tornaram-se conhecidos pelo hábito infame de invadir (e, consequentemente, destruir) as casas de madeira, na qual fazem seus ninhos. A espécie mais prejudicial que se alimenta de madeira é a do altamente invasivo cupim-de-formosa (*Coptotermes formosanus*), que infesta estruturas de madeira nas zonas tropicais e subtropicais de todo o mundo. A maioria dos cupins que invade as árvores e as casas constrói galerias de proteção feitas de solo compactado e de suas próprias fezes, o que lhe permite voltar para o solo para o seu abastecimento diário de água. Para atestar se existe alguma infestação, os dedetizadores costumam procurar por túneis de barro (construídos por esses cupins), os quais se elevam pelas paredes das fundações das casas.

Os cupins são animais de natureza sociável que vivem em labirintos muito complexos, nos quais constroem seus ninhos, corredores e câmaras – tanto abaixo como acima da superfície do solo. Os cupinzeiros, construídos a partir de partículas de solo cimentadas com fezes e saliva, são característicos de muitas paisagens da África, América Latina, Austrália e Ásia (Figura 10.6). Esses montes podem ser considerados "cupins-cidade", devido à presença de uma rede de passagens subterrâneas e passarelas cobertas acima do solo, as quais normalmente estão distribuídas entre 20 e 30 m ao redor dos seus cupinzeiros. Várias espécies, como os *Macrotermes* spp. da África, usam resíduos vegetais para "cultivar" fungos em seus cupinzeiros, os quais servem como fonte de alimento.

Para construírem seus montes, os cupins transportam o material que retiram das camadas mais profundas do solo, levando-o para a superfície; desta forma, conseguem misturar o solo e incorporar a ele os resíduos de plantas que usam como alimento. Esses insetos podem remover, anualmente, até 4.000 kg/ha de folhas e material lenhoso, escavando uma grande área ao redor de cada cupinzeiro, o que pode ser considerado como uma parcela substancial dos resíduos produzidos pelas plantas de muitos ecossistemas tropicais. Eles também podem mover, anualmente, de 300 a 1.200 kg/ha de solo em sua atividade de construção dos montes. Essas atividades têm impactos significativos na formação do solo, bem como sobre a sua fertilidade e produtividade.

10.6 MICROANIMAIS DO SOLO

Do ponto de vista dos animais microscópicos, os solos se constituem em moradias essencialmente aquáticas, pelo menos de forma intermitente. Por essa razão, a microfauna do solo está intimamente relacionada à microfauna encontrada em lagos e cursos d'água. Os dois grupos que exercem a maior influência sobre os processos do solo são os nematoides e os protozoários.

Nematoides

Links para filmes que mostram o nematoide *C. elegans* em ação: www.bio.unc.edu/faculty/goldstein/lab/movies.html

Os **nematoides** são encontrados em quase todos os solos, muitas vezes em número e diversidade surpreendente; das 100.000 espécies possivelmente existentes, cerca de 20.000 já foram identificadas. Esses vermes não segmentados são criaturas altamente móveis, com seção transversal de cerca de 4 a 100 μm e com até vários milímetros de comprimento. Eles serpenteiam seu caminho através do labirinto de poros do solo, às vezes nadando em poros cheios de água (como seus parentes aquáticos), mas, mais frequentemente, empurrando as superfícies de partículas úmidas parcialmente cheias de poros com ar. Quando o solo fica muito seco, os nematoides sobrevivem enrolando-se, para permanecer em um estado de repouso, ou **criptobiótico**, no qual eles parecem ser quase refratários às condições ambientais, utilizando apenas quantidades de oxigênio não detectáveis para a sua respiração.

Figura 10.6 Cupins do sul da África. À *esquerda*: em um campo cultivado, vê-se um monte construído por cupins, com material de solo rigidamente cimentado com sua saliva. *À direita*: exemplares de cupins operários (listrados) arrastam pedaços cortados de folhas para seu ninho subterrâneo, à medida que os cupins-soldados (de cabeças e mandíbulas grandes) ficam de guarda. (Fotos: cortesia de R. Weil)

O nematoide *Caenorhabdtis elegans* em ação: http://video.google.com/videoplay? docid-201 9570087567872766&q =soil

A maioria dos nematoides se alimenta de fungos, bactérias e algas ou são predadores de outros nematoides, protozoários ou larvas de insetos. Os diferentes grupos tróficos de nematoides podem muitas vezes ser distinguidos pelo tipo de suas partes bucais. A Figura 10.7 ilustra um predador e um parasita das plantas. Os nematoides, quando estão se alimentando, podem interferir significativamente no crescimento e na atividade das populações bacterianas e fúngicas. Uma vez que as células bacterianas contêm mais nitrogênio do que os nematoides podem usar, muitas vezes a sua atividade pode estimular a reciclagem do nitrogênio disponível para as plantas, o que representa de 30 a 40% do nitrogênio liberado em alguns ecossistemas. Certos nematoides predadores que atacam eficientemente larvas de insetos encontrados no solo são comercializados como agentes de controle biológico, uma alternativa ambientalmente mais benéfica do que a utilização de pesticidas tóxicos. Desse modo, eles podem controlar, de forma eficaz, embora a longo prazo, as pragas que habitam o solo, como a larva do besouro ou as que destroem os gramados de residências (p. ex., larvas de besouros-japoneses).

Alguns nematoides, particularmente aqueles do gênero *Heterodera*, podem infestar as raízes de praticamente todas as espécies de plantas, cujas células são perfuradas pelo afiado aparelho bucal dos nematoides. As infestações que vão além de certo limite provocam um grave atrofiamento da planta.

Até há pouco tempo, os principais métodos de controle de nematoides parasitas de plantas eram com base em longas rotações com culturas não hospedeiras (muitas vezes são necessários cinco anos para que as populações de nematoides parasitas decresçam o suficiente para não causarem danos aos cultivos), na utilização de variedades de plantas geneticamente resistentes e também na fumigação do solo com produtos químicos altamente tóxicos (**nematicidas**). O uso de nematicidas no solo, como o brometo de metila, foi drasticamente restringido por causa de seus efeitos indesejáveis ao ambiente. Os métodos mais novos e menos perigosos, em

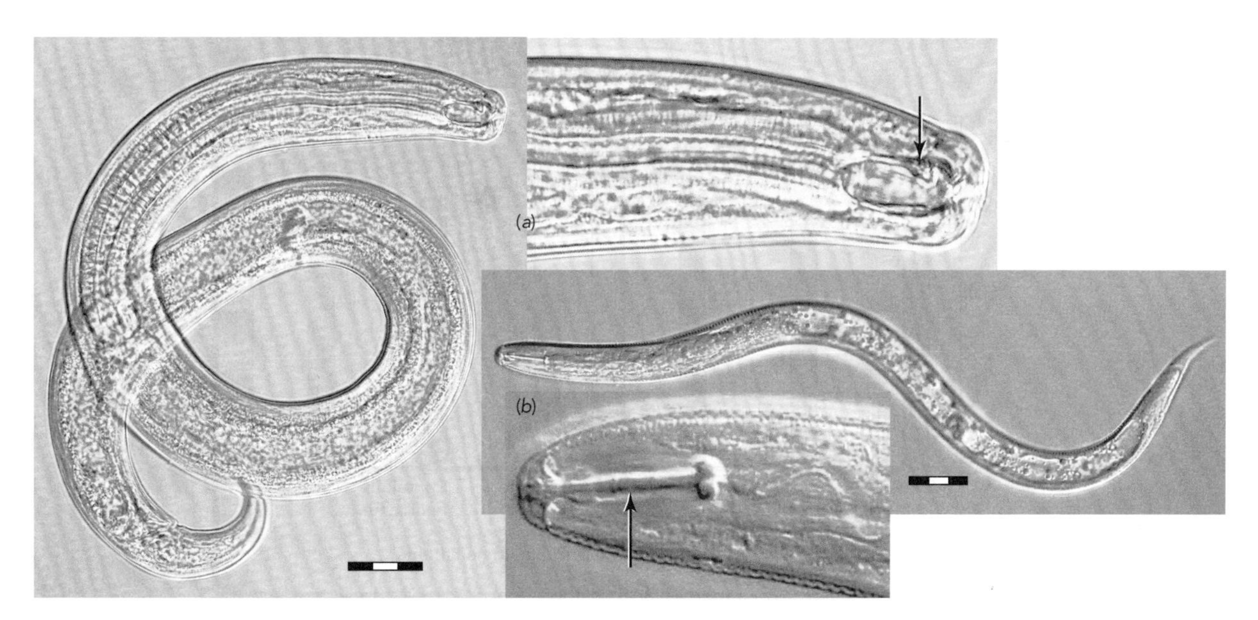

Figura 10.7 Dois nematoides do solo: (*a*) um predador e (*b*) um parasita de raiz de planta (nematoide do cisto da soja). As partes da cabeça e da boca de um nematoide, muitas vezes, revelam o seu papel trófico, como ilustram as fotos ampliadas inseridas. Os predadores (como estes, da família *Mononchidae*) costumam ter dentes rígidos (*a*, indicados pela seta) e uma grande boca usada para capturar e engolir suas presas. Os nematoides que se alimentam das raízes das plantas ou hifas de fungos possuem uma boca retráctil (b, indicada pela seta), que perfura a célula-alvo de cujo conteúdo líquido se alimenta. Detalhes da boca de um nematoide comedor de bactérias podem ser vistos na foto de abertura deste capítulo. As barras da escala estão marcadas em unidades equivalentes a 10 μm. (Fotos: cortesia de Lisa Stocking Gruver, da University of Maryland)

relação ao controle de nematoides, incluem o uso de cascas de árvores decíduas para plantas cultivadas em vasos, bem como o plantio intercalar (ou em rotação) de culturas suscetíveis com as resistentes calêndulas, que produzem exsudatos radiculares com propriedades nematicidas (Figura 10.8).

Protozoários

Galeria de imagens de protozoários: www.pirx.com/droplet/gallery.html

Os protozoários são criaturas unicelulares móveis que capturam e engolfam seu alimento. Eles são os mais variados e numerosos seres da microfauna do solo, englobando cerca de 50.000 espécies. A maioria deles é consideravelmente maior do que as bactérias (Figura 10.9), com um diâmetro variando de 4 a 250 μm. Entre os protozoários do solo, estão as amebas (que se movem por meio da extensão e contração de seus pseudópodos), os ciliados (cuja movimentação se dá pelo agito de estruturas semelhantes a pelos) e os flagelados (que se movem agitando um longo apêndice chamado de *flagelo*). Eles nadam nos poros preenchidos com água e nos filmes de água em torno das partículas do solo e podem também passar por resistentes fases de repouso (formando *cistos*) quando o solo seca ou o alimento se torna escasso.

A maioria dos protozoários habitantes do solo são predadores de bactérias, os quais exercem, nos solos, uma influência significativa na atividade das populações dessa microflora. Os protozoários geralmente prosperam melhor em solos úmidos e bem-drenados e são mais numerosos nos horizontes superficiais. Eles também são mais ativos na área imediatamente ao redor das raízes das plantas. Sua principal influência sobre a decomposição da matéria orgânica e a liberação de nutrientes se dá por meio de seus efeitos sobre as populações bacterianas. Os protozoários podem penetrar em poros do solo com aberturas tão pequenas quanto 10 μm. Ainda assim, muitas vezes, os agregados do solo têm poros ainda menores, nos quais as células bacterianas podem se refugiar para se protegerem da predação. Essa proteção contra a predação de protozoários é

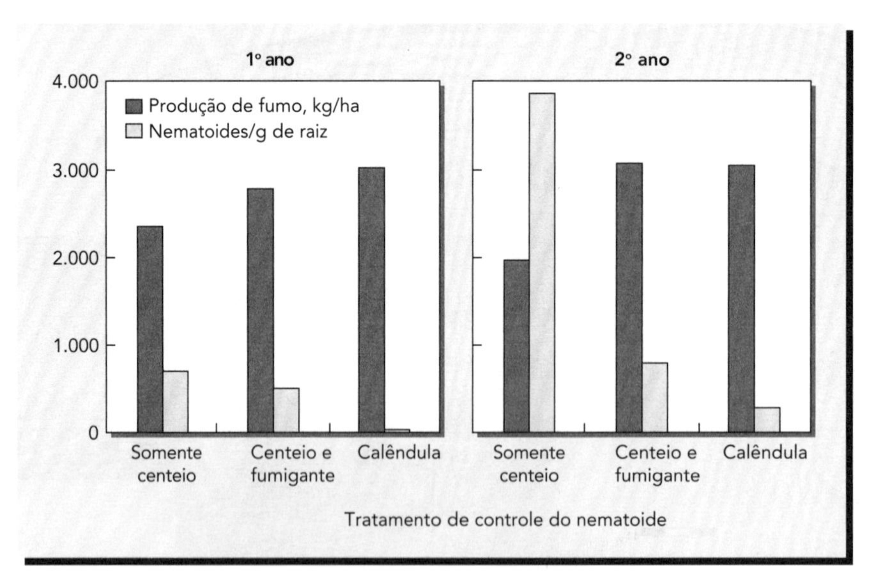

Figura 10.8 Calêndulas são usadas para controlar nematoides que parasitam plantas. Uma planta hospedeira suscetível (fumo) foi cultivada nos verões de dois anos seguidos (1° e 2° anos), em um solo arenoso na província de Ontário, Canadá. O centeio foi cultivado como cultura de cobertura nos dois invernos, no talhão não tratado (somente centeio) e também no fumigado (centeio e fumigação). As parcelas fumigadas foram tratadas no 1° e no 2° ano com um produto químico fumigante tóxico. As parcelas restantes (calêndulas) foram cultivadas com as calêndulas (*Tagetes patula* var. *"Creole"*) somente no verão do ano anterior ao do primeiro plantio da espécie suscetível. O plantio das calêndulas, efetuado durante um dos anos, controlou os nematoides nos dois anos seguintes. (Gráfico baseado em dados de Reynolds et al. [2000]; usado com permissão da American Society of Agronomy)

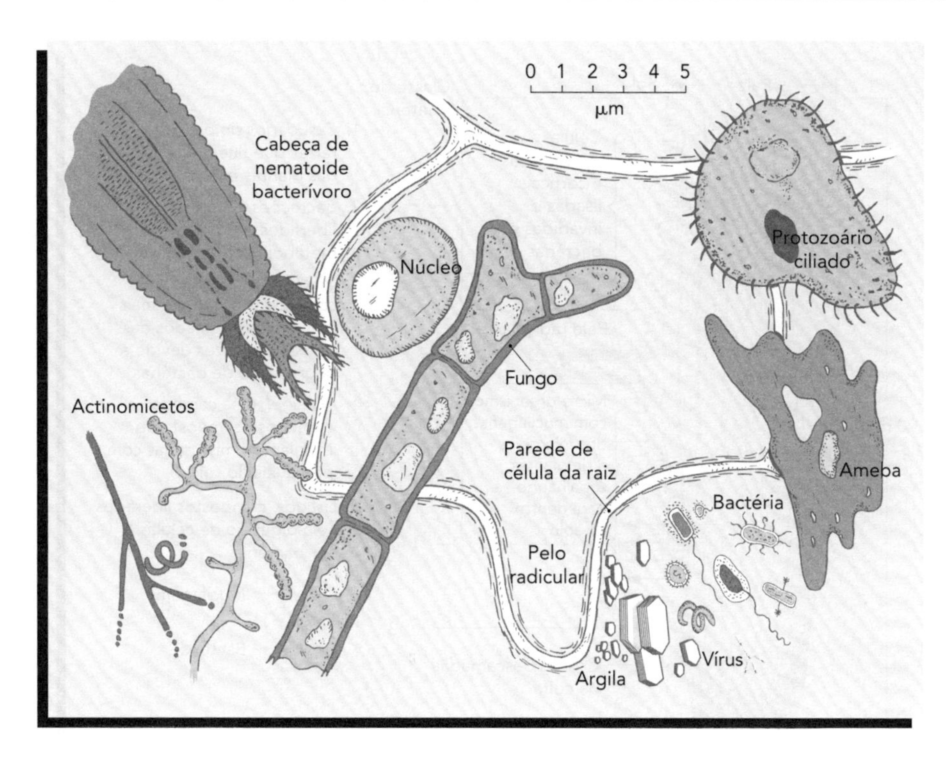

Figura 10.9 Descrição dos grupos representativos de micro-organismos do solo, mostrando suas dimensões relativas aproximadas. A grande estrutura branca, delineada em segundo plano, ao centro, é uma célula da raiz de uma planta. (Desenho: cortesia de R. Weil)

uma característica do ambiente do solo que ajuda a explicar a existência de uma maior diversidade de bactérias nos solos do que nos *habitats* aquáticos, onde tais esconderijos não existem.

10.7 PLANTAS: EM ESPECIAL, SUAS RAÍZES

As plantas superiores armazenam a energia do sol e são as produtoras primárias da matéria orgânica (Figura 10.1). Suas raízes crescem e morrem no solo e, neste livro, são classificadas como organismos do solo. Elas ocupam normalmente cerca de 1% do volume do solo e podem ser responsáveis por um quarto a um terço da respiração que acontece nele. Normalmente, as raízes competem por oxigênio, mas também fornecem a maior parte do carbono e da energia necessários para a comunidade da fauna e da microflora do solo.

Morfologia das raízes

Dependendo do seu tamanho, as raízes podem ser consideradas meso ou micro-organismos. As raízes alimentadoras variam em diâmetro de 100 a 400 μm, enquanto os pelos radiculares têm diâmetros de apenas 10 a 50 μm – tamanho similar ao dos filamentos dos fungos microscópicos (Figura 10.9). Os pelos radiculares são protuberâncias alongadas de células individuais da camada externa (epiderme) (Figura 10.10). Uma função dos cabelos da raiz é ancorá-la à medida que ela força o seu caminho através do solo. Outra função é a de aumentar o tamanho da superfície radicular e, consequentemente, sua habilidade para absorver a água disponível e os nutrientes da solução do solo.

As raízes crescem através da formação e da expansão de novas células no ponto de crescimento (meristema), que está localizado logo atrás da coifa. A ponta da raiz em si está protegida por uma capa protetora de células descartáveis que descamam à medida que a raiz cresce no solo. A morfologia das raízes é afetada tanto pelo tipo da planta como pelas condições do solo. Por exemplo, as raízes finas podem proliferar em áreas localizadas com elevadas concentrações de nutrientes. A formação dos pelos radiculares é estimulada pelo contato com as partículas do solo e o baixo fornecimento de nutrientes. Quando a água do solo é escassa, as plantas normalmente

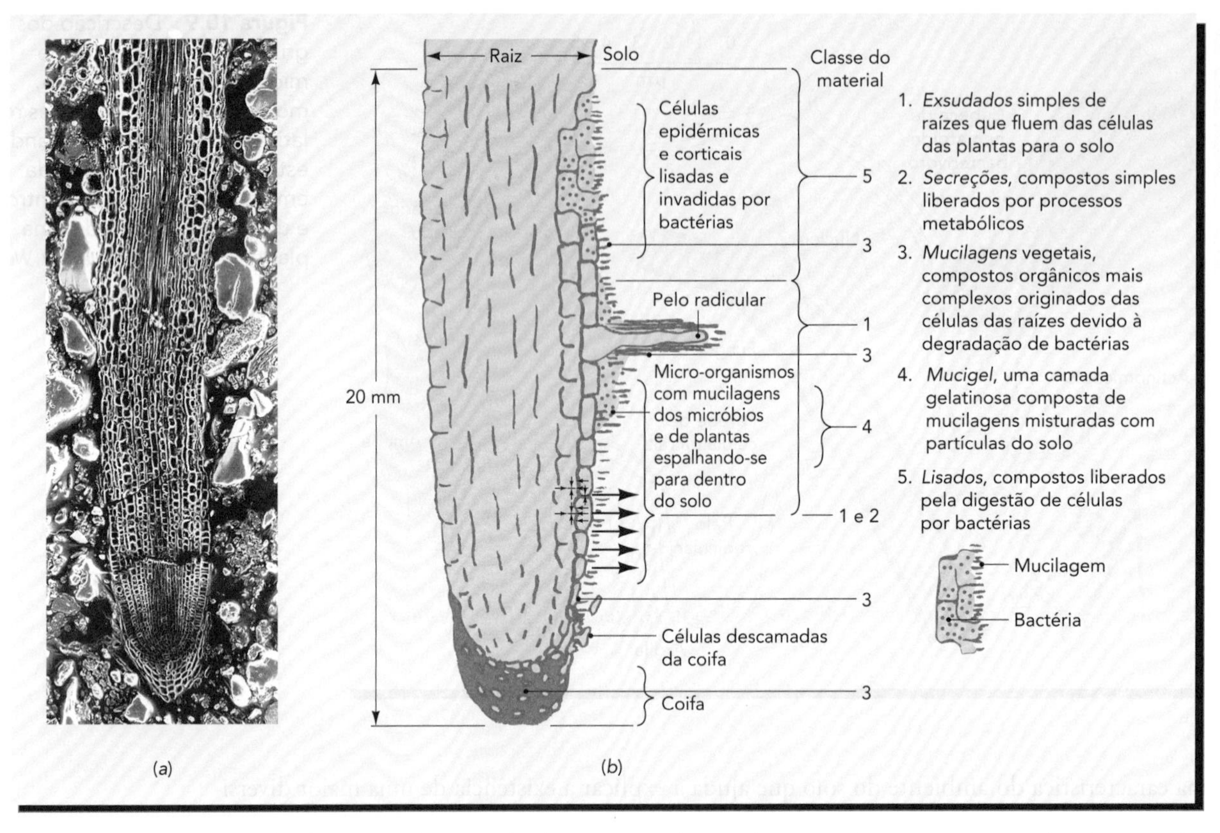

Figura 10.10 (*a*) Fotografia da extremidade (coifa) de uma raiz, ilustrando como elas penetram o solo, destacando as células radiculares através das quais os nutrientes e a água se movem para dentro e para cima da planta. (*b*) Diagrama de uma raiz mostrando as origens dos materiais orgânicos da rizosfera. ([*a*] Fonte: Chino [1976], usado com permissão da Japanese Society of Soil Science and Plant Nutrition, Tóquio; [*b*] adaptado de Rovira et al. [1979], usado com permissão da Academic Press, Londres)

aplicam mais energia no crescimento da raiz do que no crescimento da parte aérea, diminuindo, assim, a razão entre a parte aérea e a raiz (aumentando, portanto, a absorção de água e minimizando sua perda pela transpiração). Muitas raízes tornam-se grossas e atarracadas em resposta à alta densidade do solo ou às altas concentrações de alumínio na solução do solo (Capítulos 4 e 9).

Efeitos no solo

As raízes vivas modificam fisicamente o solo de muitas maneiras. Elas seguem caminhos de menor resistência, crescendo entre os agregados e em fendas e canais existentes no solo. Depois de atingir um poro, a raiz cresce e se expande, exercendo forças laterais que o ampliam. Ao remover a umidade do solo, as raízes estabilizam as ligações organominerais e estimulam seu fendilhamento e sua contração, os quais, por sua vez, aumentam a estabilidade dos seus agregados. As raízes exsudam muitos compostos orgânicos que atraem e apoiam uma miríade de micro-organismos, os quais ajudam a estabilizar ainda mais os agregados do solo e a enriquecer a porção próxima às raízes. Além disso, quando as raízes morrem e se decompõem, elas fornecem materiais para a síntese do húmus, não só nos poucos centímetros superiores do solo, mas também nas suas partes mais profundas. Se as condições do solo permitirem, as plantas herbáceas anuais (como a maioria das culturas) lançam suas raízes até 1 a 2 m de profundidade. As plantas perenes, em especial as espécies lenhosas, podem lançar suas raízes a mais de 5 m de profundidade, se as camadas que restringem seu crescimento não forem encontradas. Geralmente, o enraizamento é mais profundo em climas quentes e secos e mais superficial nos ambientes boreais e tropicais úmidos (Figura 5.29).

A importância dos resíduos das raízes para a manutenção da matéria orgânica do solo é muitas vezes desconsiderada. Em pradarias, cerca de 50 a 60% da produção primária líquida (biomassa total das plantas) estão geralmente sob a forma de raízes. Além disso, nas pradarias, os incêndios podem remover a maioria da biomassa superficial, de modo que o sistema de raízes profundas e densas é a principal fonte de matéria orgânica adicionada a esses solos. Em cultivos perenes e nas florestas naturais, 40 a 70% da produção total de biomassa podem estar na forma de raízes de árvores. Em solos arados, a massa de raízes remanescentes no solo, após a colheita da cultura, geralmente é de 15 a 40% da parte aérea da cultura.

Rizosfera e rizodeposição

A zona de solo significativamente influenciada pelas raízes vivas é denominada **rizosfera** e geralmente estende-se até cerca de 2 mm ao redor da superfície da raiz. As características químicas e biológicas dessa zona podem ser bastante diferentes das do solo como um todo. A acidez pode ser 10 vezes superior (ou inferior) na rizosfera do que no restante do solo (Figura 9.9). As raízes afetam muito o fornecimento de nutrientes dessa zona, tanto pela retirada dos nutrientes dissolvidos, como por sua solubilização a partir dos minerais no solo. Por meio desses e de outros meios, as raízes influem também na nutrição mineral dos micro-organismos do solo, os quais, em contrapartida, afetam de forma idêntica a disponibilidade de nutrientes às raízes das plantas.

Quantidades significativas de compostos orgânicos são liberadas na superfície das raízes jovens (Figura 10.10). Primeiramente, os compostos orgânicos de baixo peso molecular são exsudados pelas células das raízes, incluindo ácidos orgânicos, açúcares, aminoácidos e compostos fenólicos. Alguns desses exsudatos, especialmente os fenólicos, regulam o crescimento de outras plantas e micro-organismos do solo em um fenômeno chamado de **alelopatia** (Seção 11.5). Segundo, o elevado peso molecular das mucilagens secretadas pelas células da coifa e as epidérmicas perto das zonas apicais forma uma substância que é chamada de **mucigel**, quando misturada com as células microbianas e partículas de argila. Essa substância parece ter várias funções benéficas: lubrifica a raiz quando esta se movimenta através do solo, melhora o contato da raiz com o solo e proporciona um ambiente ideal para o crescimento dos micro-organismos rizosféricos. Em terceiro lugar, as células da coifa e da epiderme da raiz descamam continuamente à medida que a raiz cresce, enriquecendo, assim, a rizosfera com uma grande variedade de conteúdo da célula.

Quando considerados em conjunto, essas formas de **rizodeposição** em plantas jovens são responsáveis por 2 a 30% da produção total de matéria seca. Em raízes de muitas culturas anuais, foram observadas rizodeposições equivalentes a 5 a 40% das substâncias orgânicas translocadas às partes aéreas das plantas. A rizodeposição diminui com a idade da planta, mas aumenta com os estresses do solo, como a compactação e o baixo fornecimento de nutrientes. Por causa da rizodeposição de substratos contendo carbono e de fatores específicos de crescimento (como vitaminas e aminoácidos), a quantidade de micro-organismos na rizosfera é normalmente 2 a 10 vezes maior que a do solo como um todo. Os processos que acabamos de descrever explicam por que as raízes das plantas estão entre os organismos mais importantes do ecossistema solo.

Algas do solo

As algas, é claro, não têm raízes, mas, assim como as plantas vasculares, são formadas por células eucarióticas, que são aquelas cujo núcleo está envolto por uma membrana (os organismos anteriormente chamados de *algas azuis* são procariontes e, portanto, serão aqui considerados bactérias). Além disso, assim como as plantas superiores, as algas estão equipadas com clorofila, o que lhes permite realizar a fotossíntese. Como seres fotoautótrofos, as algas precisam de luz e, portanto, são encontradas principalmente muito perto da superfície do solo. Algumas espécies podem também funcionar na escuridão como heterótrofos. Algumas espécies são fotoheterótrofas, pois utilizam a luz

Séries de imagens de algas, incluindo aquelas que podem ser encontradas no solo: http://vis-pc.plantbio.ohiou.edu/algaeimage/imageindex.htm

solar para obter energia, mas não são capazes de sintetizar todas as moléculas orgânicas de que necessitam (ver Tabela 10.2).

A maioria das algas do solo tem tamanho de 2 a 20 μm. Muitas espécies de algas são móveis e nadam na água do solo que preenche os poros, algumas por meio de flagelos (com apêndices do tipo "caudas"). A maioria cresce melhor sob as superfícies úmidas, mas algumas também são muito importantes em ambientes desérticos quentes ou frios. Algumas algas (bem como certas cianobactérias) formam líquenes em associações simbióticas com fungos. Estes são importantes para colonizar rochas nuas e outros ambientes com baixos teores de matéria orgânica. Nos desertos, nas partes não vegetadas do solo, as algas comumente contribuem para a formação de **crostas microbióticas** (Seção 10.13). Além de produzirem uma quantidade substancial de matéria orgânica em alguns solos férteis, certas algas excretam polissacarídeos que têm efeitos muito favoráveis na agregação do solo (Seção 4.5).

10.8 FUNGOS DO SOLO[4]

Fotografias de micélios de fungos: http://ic.ucsc.edu/~wxcheng/wewu/soilfungi.htm

Os pesquisadores que analisam o DNA e os ácidos graxos extraídos de solos estimam que há pelo menos 1 milhão de *espécies* de fungos no solo que ainda não foram descobertos. Por causa da morfologia extensa e filamentosa de muitos fungos, é difícil definir o *número* total de suas espécies. Por exemplo, um grupo de pesquisadores, usando técnicas de análise molecular, calculou que todos os filamentos (pertencentes a *um único organismo* fúngico) que permeavam o solo e as raízes das árvores de uma floresta de 20 hectares pesavam mais de 10.000 kg e tinham mais de 1.500 anos de idade! Em vez de medirem as quantidades, os pesquisadores usaram a biomassa ou o comprimento das hifas, expresso por m^2, como a medida mais significativa da presença de fungos. A biomassa fúngica total varia normalmente de 1.000 a 15.000 kg/ha na camada mais superficial dos primeiros 15 cm do solo (Tabela 10.4). Os fungos dominam muitos solos, e a sua biomassa é superior até à das bactérias.

Sequência de imagens mostrando transformações nos fungos: www.youtube.com/watch?v=UvTvaxVySIE&feature=PlayList&p=3DAF63BCB14E7C02&index=1

Os fungos são eucariotas que possuem uma membrana nuclear e paredes celulares. Eles são heterótrofos aeróbicos, embora alguns possam tolerar concentrações bastante baixas de oxigênio e, também, altos níveis de dióxido de carbono, encontrados em solos úmidos ou compactados. Objetivamente falando, os fungos não são microscópicos de forma geral, uma vez que alguns desses organismos, como cogumelos, formam estruturas macroscópicas que podem ser facilmente vistas a olho nu.

Tanto os *mofos* como os *cogumelos* são considerados fungos filamentosos, porque eles se caracterizam por possuírem um formato filiforme, constituído por ramificações de células encadeadas. Os filamentos microscópicos individuais, chamados de **hifas** (Figura 10.15), muitas vezes são retorcidos para formar **micélios** visíveis, assim como as fibras que são tecidas para formar cordas. O micélio fúngico, muitas vezes, aparece como fios finos, brancos ou coloridos que atravessam o resíduo vegetal em decomposição (Figura 10.11). Os fungos filamentosos se reproduzem por meio de esporos, muitas vezes formados em corpos de frutificação, que podem ser microscópicos (p. ex., mofos) ou macroscópicos.

Procurando resíduos de mofos, por Adele Conover, Smithsonian: www.smithsonianmag.com/issues/2001/march/phenom_mar01.php

Os mofos dominam, com certa frequência, a microflora dos horizontes superficiais de solos ácidos, onde as bactérias (incluindo os actinomicetos) oferecem apenas pouca concorrência. Quatro dos gêneros mais comuns encontrados em solos são *Penicillium, Mucor, Fusarium* e *Aspergillus.*

[4] Para um manual bem documentado e interessante sobre os fungos e o seu uso na manutenção da produtividade das florestas e fazendas (assim como o papel dos fungos para a saúde ambiental e humana), consulte Stamets (2005).

Figura 10.11 Um micélio fúngico, composto de hifas microscópicas (em forma de feixes) que estão crescendo do solo em direção às folhas e aos restos lenhosos da serrapilheira da floresta. A capacidade dos fungos de, a partir do solo, cobrirem as folhas, dessa maneira, ajuda a explicar por que eles dominam os processos de decomposição da serrapilheira, enquanto as bactérias são mais proeminentes na decomposição de material orgânico incorporado ao solo. Escala marcada em cm. (Foto: cortesia de R. Weil)

Os fungos do tipo cogumelo estão associados com a vegetação de florestas e de gramíneas, onde a umidade e os resíduos orgânicos são abundantes. Embora os cogumelos de muitas espécies sejam extremamente venenosos para os seres humanos, alguns são comestíveis e outros já foram até domesticados. O corpo de frutificação na superfície da maioria dos cogumelos é apenas uma pequena parte do organismo total. Uma extensa rede de hifas permeia o solo subjacente ou os resíduos orgânicos. Embora os cogumelos não sejam tão largamente distribuídos como os mofos, eles são muito importantes, especialmente para a decomposição de tecidos lenhosos, e também porque algumas espécies formam uma relação simbiótica com as raízes das plantas (consulte "Micorrizas", a seguir).

Atividades dos fungos

Os fungos são decompositores da matéria orgânica do solo mais versáteis e persistentes do que qualquer outro grupo de organismos. Eles desempenham um importante papel nos processos de formação do húmus, porque são muito eficientes na utilização dos materiais orgânicos que metabolizam. Para os fungos, até 50% das substâncias decompostas podem se transformar no tecido fúngico, em comparação com cerca de 20% para as bactérias. A *fertilidade* do solo depende muito da ciclagem de nutrientes por fungos, já que eles continuam a decompor materiais orgânicos complexos e em condições que restringem a ação de muitas bactérias (incluindo os actinomicetos). As condições físicas do solo propícias ao plantio também recebem interferência benéfica dos fungos através da estabilização dos agregados estruturais efetuada pelas hifas (Figura 4.9). A ciclagem de alguns nutrientes e a atividade ecológica dos fungos do solo podem ser facilmente visíveis no caso dos "anéis de fadas" ("*fairy rings*"), algumas vezes visíveis nos gramados no início da primavera (Figura 10.12).

Alguns fungos produzem compostos que matam outros fungos ou bactérias, proporcionando, assim, uma vantagem competitiva sobre os seus micro-organismos rivais no solo. Certas espécies funcionam até como armadilhas de nematoides (Figura 10.13). Muitos fungos têm se revelado altamente benéficos para a humanidade (Seções 10.9 e 10.13).

Infelizmente, nem todos os compostos produzidos pelos fungos do solo beneficiam os seres humanos ou as plantas superiores. Alguns fungos produzem compostos químicos (**micotoxinas**) que são altamente tóxicos para plantas ou animais (incluindo os humanos). Um exemplo importante deste último é a altamente cancerígena aflatoxina, produzida pelo fungo

Figura 10.12 Um "anel de fada" ("*fairy ring*"), decorrente do crescimento de fungos, e seus corpos de frutificação (cogumelos). À medida que os fungos do anel de fadas (mais comumente *Marasmius* spp.) metabolizam as aparas e os resíduos de grama acumulados, eles liberam o excesso de nitrogênio, que estimula o crescimento e o verde exuberante da grama. Mais tarde, as bactérias decompõem os fungos envelhecidos e mortos, produzindo uma segunda liberação do nitrogênio. O fungo produz uma substância química (julga-se ser cianeto de hidrogênio) que é tóxica para ele. Por isso, cada geração fúngica deve crescer em solo ainda não colonizado, produzindo um anel cada vez maior de fungos e deteriorações, indicadas pelo aumento do diâmetro do anel de grama verde escura. No centro do anel, a grama, muitas vezes, permanece atrofiada, com cor parda e estresses hídricos, provavelmente porque os fungos fazem com que as camadas superiores do solo se tornem um pouco hidrofóbicas. (Fotos: cortesia de R. Weil)

Aspergillus flavus, o qual cresce em sementes, como as do milho ou amendoim, especialmente quando expostas à umidade. Outros fungos produzem compostos que lhes permitem invadir os tecidos de plantas superiores (Seção 10.12), causando doenças de plantas, como murchas graves (p. ex., *Verticillium*) e podridão de raiz (p. ex., *Rhizoctonia*).

Por outro lado, vários trabalhos de pesquisa estão agora tentando desenvolver o potencial de certos fungos (como os do gênero *Beauveria*) como agentes de controle biológico, contra alguns insetos e ácaros que prejudicam as plantas superiores. Estes exemplos apenas apontam para o impacto do complexo conjunto de atividades de fungos no solo.

Micorrizas[5]

Visão geral das simbioses micorrízicas: http://cropsoil.psu.edu/sylvia/mycorrhiza.htm

Uma das atividades ecológicas e economicamente mais importantes dos fungos do solo é a associação mutuamente benéfica (**simbiose**) entre certos fungos e as raízes das plantas superiores. Essa associação é chamada de **micorriza**, um termo que significa "raiz fúngica." Em ecossistemas naturais, muitas plantas dependem bastante das relações micorrízicas, tanto que não conseguem sobreviver sem elas. Para a maioria das espécies vegetais, incluindo a maioria das plantas economicamente importantes, as micorrizas são a regra e não a exceção.

Os fungos micorrízicos, em termos de sobrevivência, tiram uma enorme vantagem da parceria que mantêm com as plantas. Em vez de terem que competir com todos os outros organismos heterotróficos do solo pela matéria orgânica em decomposição, os fungos micorrízicos obtêm os açúcares diretamente a partir das células das raízes das plantas. Isso representa um custo de energia para a planta, que pode perder entre 5 e 30% da sua produção total de fotoassimilados para seu fungo micorrízico simbiótico.

Mas, em contrapartida, as plantas recebem desses fungos alguns benefícios extremamente valiosos. As hifas fúngicas crescem, adentrando-se no solo cerca de 5 a 15 cm para além da raiz

[5] Para um excelente livro sobre as associações micorrízicas e seus efeitos ecológicos, consulte Smith e Read (1997).

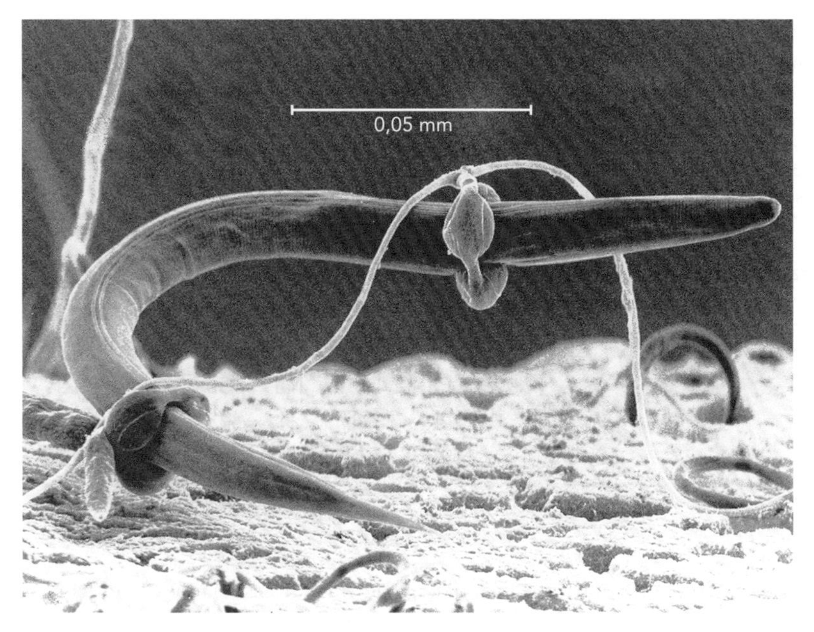

Figura 10.13 Várias espécies de fungos são predadoras de nematoides do solo – muitas vezes, esses nematoides parasitam as plantas superiores. Algumas espécies de fungos que matam nematoides se aderem a eles para digeri-los lentamente. Outras, como este *Arthrobotrys anchonia*, dispõem suas hifas na forma de anéis, à espera de um nematoide que nade através dessas estruturas que parecem laços. O laço é então apertado, e o nematoide é aprisionado. O nematoide mostrado na foto está sendo esmagado por dois desses laços fúngicos; laços adicionais também podem ser vistos como estruturas ainda não abraçadas. (Foto: cortesia de George L. Barron, University of Guelph)

infectada, chegando mais perto dos menores poros do que os pelos radiculares da planta poderiam fazê-lo. Essa extensão do sistema radicular das plantas aumenta a sua eficiência, proporcionando, aproximadamente, 10 vezes mais superfície de absorção do que o sistema radicular de uma planta não infectada.

Ecologia das micorrizas: www.anbg.gov.au/fungi/mycorrhiza.html

As micorrizas aumentam muito a capacidade das plantas em assimilar fósforo e outros nutrientes que são relativamente imóveis e estão presentes em baixas concentrações na solução do solo. A absorção de água pode também ser melhorada pelas micorrizas, tornando as plantas mais resistentes à seca e aos estresses provocados pela salinidade (p. ex., Tabela 10.5). Em solos contaminados com altos níveis de metais, as micorrizas protegem as plantas da absorção excessiva dessas toxinas potenciais (Seção 15.7). Há evidências de que as micorrizas também protegem as plantas de certas doenças presentes no solo e dos nematoides parasitas, através da produção de antibióticos, alterando a epiderme da raiz, bem como competindo com fungos patogênicos em locais infectados. Por todas essas razões, o uso de micorrizas pode ser uma ferramenta poderosa em projetos de recuperação de terras, bem como em alguns casos na agricultura.

Dois tipos de associações micorrízicas são de considerável importância prática: a **ectomicorriza** e a **endomicorriza**. O grupo das ectomicorrizas inclui centenas de diferentes espécies de fungos associados principalmente com árvores (de climas temperados ou de regiões semiáridas) e arbustos, como pinheiro, bétula-tsuga, faia, carvalho, abeto e cipreste. Esses fungos, estimulados por exsudatos, cobrem a superfície das raízes. Suas hifas penetram nas raízes e se desenvolvem no espaço livre em torno das células do córtex, mas *não penetram* nas suas paredes celulares (daí o prefixo *ecto*, significando exterior). As ectomicorrizas fazem com que o sistema radicular infectado consista principalmente em radículas brancas visíveis com um formato de Y característico (Figura 10.14).

Os membros mais importantes do grupo das endomicorrizas são as **micorrizas arbusculares** (MA). As hifas fúngicas das MA, ao se formarem, penetram realmente nas paredes das células corticais da raiz e, uma vez dentro da célula da planta, formam pequenas estruturas altamente ramificadas conhecidas como **arbúsculos**. Essas estruturas servem para transferir os nutrientes minerais dos fungos para as plantas hospedeiras e dos açúcares da planta para os fungos. Outras estruturas, chamadas de **vesículas**, geralmente também são formadas e servem como órgãos de armazenagem para a micorriza (ver Figura 10.14 e Prancha 54).

Tabela 10.5 Efeito da inoculação de mudas com micorrizas arbusculares (MA) na colonização radicular, na produção de frutos e no conteúdo de nutrientes para tomateiros irrigados com água salina e não salina

Quantidades muito pequenas de inóculo foram adicionadas ao substrato das bandejas semeadeiras. A inoculação com micorrizas aumentou todos os parâmetros, mas os maiores benefícios das MA foram obtidos sob condições salinas: plantas inoculadas com MA nessas condições produziram 5,3 kg de frutos m^{-2}, uma diferença estatisticamente não diferente para as plantas sem inoculação que cresceram sob condições não salinas e produziram 5,8 kg de frutos m^{-2}.

Salinidade (CE) da água usada para o tratamento irrigado	Colonização das raízes pelas MA	Produção de frutos	Conteúdo de nutriente nos rebentos					
	Aumento devido à inoculação com MA, %							
			P	K	Na	Cu	Fe	Zn
Não salina (CE = 0,5)	166	29	44	33	21	93	33	51
Salina (CE = 2,4)	293	60	192	138	7	193	165	120

Dados selecionados de Al-Karaki (2006).

A maioria das plantas nativas e de culturas agrícolas pode formar associações com as MA e, na sua ausência, não crescem bem se o solo não for adubado. Dois importantes grupos de plantas que *não* formam micorrizas são os das famílias das *Brassicaceae* (mostardas, rabanete, repolho) e das *Chenopodiaceae* (beterraba e espinafre). Os fungos do tipo MA, sob o ponto de vista agrícola, são mais importantes onde os solos são pobres em nutrientes – particularmente o fósforo (Prancha 53).

As pesquisas têm demonstrado a importância das hifas micorrízicas para a estrutura do solo, uma vez que elas estabilizam os agregados. Além disso, os fungos das MA formam interconexões entre as hifas de plantas vizinhas, o que indica que podem transferir os nutrientes de uma planta para outra, por vezes resultando em complexas relações simbióticas.

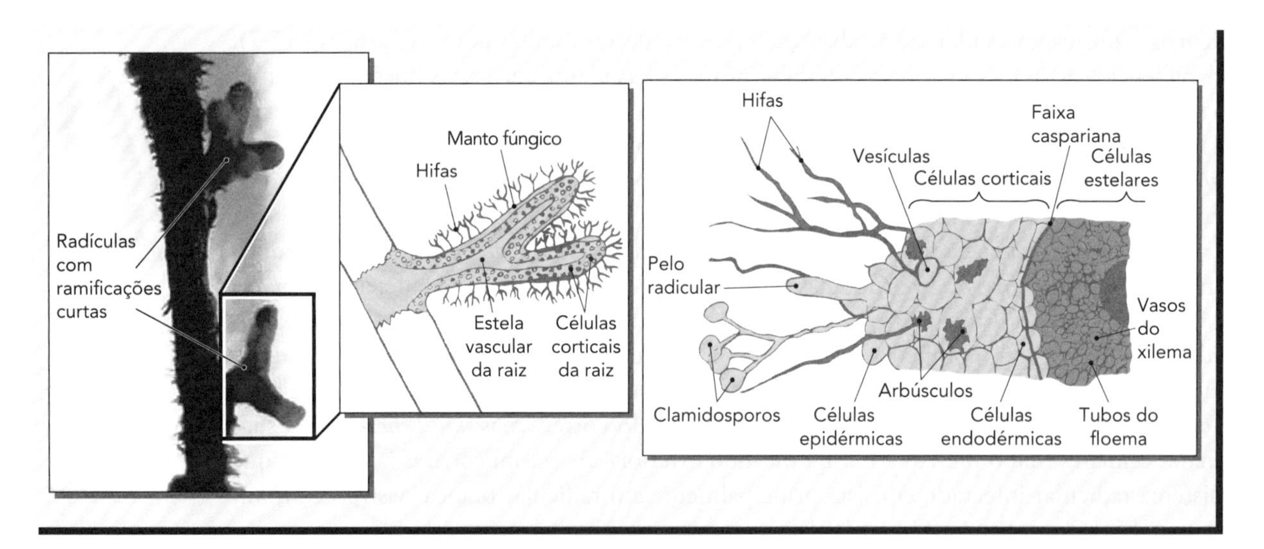

Figura 10.14 Diagrama ilustrando as associações de uma planta de ectomicorriza e micorriza arbuscular (MA) com a raiz. À *esquerda*: a associação com uma ectomicorriza faz com que surjam radículas curtas e ramificadas que estão cobertas com um manto de fungos, cujas hifas se estendem tanto para o solo como por entre as células da planta, mas não penetram nas suas células. *À direita:* em contraste, os fungos MA penetram não apenas entre as células, mas também no interior de algumas delas. Dentro dessas células, eles formam estruturas conhecidas como *arbúsculos* e *vesículas* – as primeiras transferem nutrientes para a planta; as últimas, estocam esses nutrientes. Em ambos os tipos de associação, a planta hospedeira fornece açúcares e outros alimentos para os fungos e recebe, em troca, nutrientes minerais essenciais que os fungos absorvem do solo. (Adaptado de Menge [1981]; foto: cortesia de R. Weil)

Devido à distribuição dos fungos micorrízicos nativos, quase sempre naturalmen sente nos solos, a adição de inóculo micorrízico raramente faz diferença em solos que, em condições normais, estão biologicamente ativos. No entanto, como as alterações físicas do solo (como as provocadas pela aração) podem destruir as redes de hifas, essas perturbações físicas tendem a diminuir a eficácia das micorrizas nativas. Também é aconselhável evitar o uso muito frequente de espécies não hospedeiras, longos períodos com solo desnudo e fortes adubações com fósforo. Além disso, a acumulação de micorrizas eficazes é favorecida pelo cultivo, o mais contínuo possível com espécies de plantas hospedeiras diversas e com a manutenção do solo úmido, sob uma cobertura protetora.

Obras de paisagismo usando micorrizas: www.fungi.com/mycogrow/amaranthus.html

Pode haver a necessidade de inocular os solos com fungos micorrízicos, onde as populações nativas são muito baixas ou as condições para a infecção são muito adversas. Alguns exemplos incluem solos que foram sujeitos à fumigação de amplo espectro; a extremo aquecimento, secagem ou salinização; a perturbações drásticas, como a transposição de material dos horizontes subsuperficiais para a superfície; ou a longos períodos sem cobertura vegetal (a exemplo das provocadas pela estocagem das camadas mais superficiais do solo durante as atividades de mineração ou de construções civis, como mostrado na Prancha 44). Nesses solos desnudados, para que uma saudável vegetação seja restaurada com sucesso, muitas vezes é necessário que seja feita uma inoculação com fungos micorrízicos eficazes.

Micorrizas para a silvicultura: www.forestpests.org/nursery/mycorrhizae.html

10.9 PROCARIONTES DO SOLO: BACTÉRIAS E ARQUEIAS

Todos os organismos descritos na seção anterior – de mamíferos até fungos – pertencem ao domínio dos eucariontes. Os organismos pertencentes aos dois outros domínios da vida, as bactérias e as arqueias, são procariontes cujas células não possuem um núcleo rodeado por uma membrana. No entanto, apesar da sua aparência semelhante no microscópio, as arqueias são evolutivamente bastante distintas das bactérias; a análise genética sugere que as arqueias estão tão relacionadas com as plantas ou as pessoas como as bactérias também o estão! Até muito recentemente, as arqueias eram consideradas criaturas raras e primitivas que vivem apenas nos ambientes mais extremos e incomuns da Terra – águas saturadas por sais (ver Prancha 56), solos extremamente ácidos ou alcalinos, camadas de água profundas e congeladas, água fervente, sedimentos anaeróbicos, etc. No entanto, técnicas de identificação molecular sugerem agora que as arqueias também são comuns em ambientes mais "normais" e, provavelmente, representam cerca de 10% da biomassa microbiana em solos típicos de terras bem-drenadas.

O domínio das *Archaea:* www.ucmp.berkeley.edu/archaea/archaea.html

Outra descoberta recente, advinda do uso de técnicas moleculares de identificação, é que, embora antes não tivéssemos ideia do quão pouco sabíamos sobre os organismos do solo, agora o sabemos! Tradicionalmente, os cientistas têm enumerado e identificado os micro-organismos do solo por intermédio de culturas que usam vários tipos de agarose ("ágar–ágar"). Contudo, sabemos hoje que as milhares de espécies assim identificadas representam menos de 0,1% das espécies presentes na maioria dos solos: a maior parte dos procariontes simplesmente não pode ser cultivada em laboratório. Embora a concepção mais comum de uma "espécie" seja difícil de ser aplicada em micro-organismos unicelulares que se reproduzem assexuadamente, os "tipos" de organismos são agora estimados por "equivalentes de genoma", baseados em informações do DNA. Nesta seção, vamos considerar as arqueias, juntamente com as bactérias, chamando-as de procariontes, quando o texto se aplicar a membros desses dois domínios.

Populações de procariontes em solos

Os procariontes variam em tamanho de 0,5 a 5 μm, um diâmetro consideravelmente menor do que o das hifas de fungos (Figura 10.15). Os menores se aproximam do tamanho das partículas de argila média (Figura 10.9). Os procariontes são encontrados sob várias formas: quase esféricas (cocos), bastonetes (bacilos) ou espirais (espirilos). No solo, parecem predominar em

Figura 10.15 Hifas fúngicas associadas com bactérias muito menores em forma de bastonete. (Micrografia eletrônica de varredura: cortesia de R. Campbell, da University of Bristol, usada com permissão da American Phytopathological Society)

forma de bastonete. Muitos procariontes são móveis e nadam sobre as películas de água do solo, por meio de cílios ou flagelos do tipo chicote. Outros colonizam bastante as superfícies ricas em nutrientes das raízes das plantas.

As quantidades de procariontes são extremamente variáveis, mas sempre altas – de alguns bilhões a mais de 1 trilhão em cada grama de solo. Uma biomassa (entre 400 e 5.000 kg de peso vivo por hectare) é comumente encontrada nos 15 cm superiores de solos férteis (Tabela 10.3).

Os procariontes têm a capacidade de se difundirem por quase todos os ambientes do solo, em virtude do seu pequeno tamanho, de sua capacidade de formarem fases de repouso extremamente resistentes, que sobrevêm à dispersão pelo vento, pelos sedimentos e pelas correntes oceânicas, e em decorrência da digestão de animais. A diversidade de procariontes em um punhado de solo pode ser comparável à diversidade de insetos, aves e mamíferos da bacia Amazônica! Eles se reproduzem de forma extremamente rápida (tempos de geração de algumas horas no laboratório para alguns dias em solo favorável), o que lhes permite aumentar velozmente as suas populações, em resposta às mudanças favoráveis do ambiente do solo e da disponibilidade de alimentos.

Fonte de energia

Micro-organismos que crescem sob condições extremas no Oak Ridge National Lab: www.ornl.gov/info/ornlreview/rev32_3/amazing.htm

Os procariontes do solo podem ser autotróficos ou heterotróficos (Seção 10.2). A maioria das bactérias do solo é heterotrófica: tanto a sua energia como as suas emissões de carbono provêm da matéria orgânica. As bactérias heterotróficas, juntamente com os fungos, respondem pela degradação geral da matéria orgânica no solo. As bactérias predominam com frequência em substratos facilmente decompostos, como resíduos de plantas e de origem animal com elevados teores de açúcares ou de proteínas. Em áreas onde o abastecimento de oxigênio está esgotado, como nas terras úmidas, quase toda a decomposição é mediada por procariontes. Certos produtos gasosos do metabolismo anaeróbico, como o metano e o óxido nitroso, têm efeitos importantes sobre o ambiente global (Seções 11.9 e 12.1).

Importância dos procariontes

Os procariontes participam de forma intensa em praticamente todas as reações orgânicas que caracterizam um solo saudável. Os pesquisadores estão trabalhando para aproveitar e até mesmo melhorar os procariontes em relação à gama de capacidades enzimáticas, para ajudar a remediação de solos contaminados por derramamento de petróleo, pesticidas e várias outras toxinas orgânicas (Seção 15.6). As arqueias constituem o grupo mais importante no metabolismo de compostos de hidrocarbonetos, como os produtos de petróleo.

No solo, os procariontes se situam em uma posição quase de monopólio na oxidação ou na redução de certos elementos químicos (Seções 7.4 e 7.6). Alguns dos autotróficos obtêm sua energia a partir de tais oxidações inorgânicas, enquanto as bactérias anaeróbicas e facultativas reduzem uma série de outras substâncias, como o gás oxigênio. Muitas dessas oxidações bioquímicas e reações de redução têm implicações significativas para a qualidade ambiental, bem como para a nutrição das plantas. Por exemplo, através da oxidação do nitrogênio (nitrificação), algumas bactérias específicas oxidam o nitrogênio relativamente estável da amônia para formar o nitrato, uma forma muito mais móvel do nitrogênio. Da mesma forma, certas arqueias oxidam o enxofre, fazendo com que ele se torne disponível para as plantas, na forma de íons sulfato, mas também o fazem para o potencialmente prejudicial ácido sulfúrico (Seção 9.6). A oxidação dos procariontes e a redução de íons inorgânicos, como os do ferro e manganês, não só influenciam a disponibilidade desses elementos para outros organismos, mas também as cores do solo (Seção 4.1). Um processo vital, no qual as bactérias têm um papel importante, é a fixação de nitrogênio, a combinação bioquímica do nitrogênio atmosférico com o hidrogênio, que forma os compostos nitrogenados utilizáveis pelas plantas (Seção 12.1).

A coluna de Winogradsky – vida perpétua em um tubo: www.biology.ed.ac.uk/research/groups/jdeacon/microbes/winograd.htm

Cianobactérias

As **cianobactérias**, que já foram classificadas como algas azuis, contêm clorofila, o que lhes permite realizar a fotossíntese, assim como o fazem as plantas. Elas são especialmente numerosas em arrozais e solos de terras úmidas e podem fixar quantidades apreciáveis de nitrogênio atmosférico, quando essas terras são inundadas (Seção 12.1). Esses organismos também apresentam uma considerável tolerância a ambientes salinos e são importantes na formação de crostas microbióticas em solos desérticos (Seção 10.13).

Actinomicetos do solo

Os **actinomicetos** são bactérias filamentosas e, muitas vezes, profusamente ramificadas (Figura 10.16), além de se parecerem um pouco com os minúsculos fungos. Eles geralmente são heterótrofos, aeróbicos e vivem na matéria orgânica do solo em decomposição ou em compostos fornecidos pelas plantas, com as quais certas espécies formam relações parasitárias ou simbióticas. Os actinomicetos podem decompor, para formas mais simples, compostos resistentes, como celulose, quitina e fosfolípidos. Eles geralmente se tornam dominantes nos últimos estágios da decomposição, quando os substratos facilmente metabolizados já foram utilizados. Portanto, têm grande importância nas fases finais (cura) da compostagem (Seção 11.10).

Atributos especiais Os actinomicetos se desenvolvem melhor em solo úmido, quente e bem-aerado. No entanto, eles toleram um baixo potencial osmótico e são ativos, mesmo durante períodos de seca dos solos das regiões áridas afetados por sais. Geralmente são bastante sensíveis às condições de solo ácido e se desenvolvem melhor em valores de pH entre 6,0 e 7,5. Algumas espécies de actinomicetos toleram temperaturas relativamente elevadas. O cheiro de terra dos solos ricos em matéria orgânica e de terrenos recém-arados se deve, principalmente, aos actinomicetos que produzem *geosminas* voláteis, derivadas de terpenos. Em ecossistemas florestais, a maior parte do fornecimento de nitrogênio depende dos actinomicetos que fixam o gás nitrogênio atmosférico, convertendo-o em amônia, forma na qual este elemento está disponível para as plantas (Tabela 12.3). Muitas espécies de actinomicetos, especialmente as do gênero *Streptomyces*, produzem compostos que matam outros micro-organismos – esses "antibióticos" tornaram-se extremamente importantes para a medicina humana (Quadro 10.2).

Penicilina e outros antibióticos: www.biology.ed.ac.uk/research/groups/jdeacon/microbes/penicill.htm

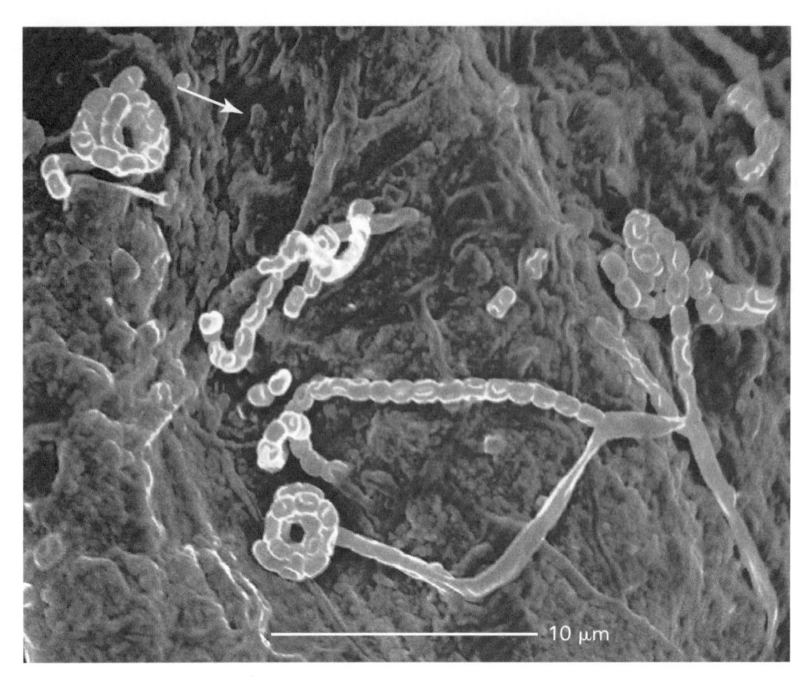

Figura 10.16 Filamentos de um actinomiceto (um tipo de bactéria filamentosa), crescendo sobre a superfície de um bioporo do solo (um antigo canal de raiz). Os filamentos (alguns em forma de espirais, envolvendo os esporos), pelos quais esses organismos se reproduzem, têm cerca de 0,8 μm de diâmetro. Alguns dos filamentos dos actinomicetos estão incorporados na mucilagem do poro do solo (p. ex., o indicado pela seta). A imagem é de 1,5 m de profundidade de um solo argiloso (um *Alfisol* mal-estruturado) de um campo de trigo, no leste de Nova Gales do Sul, Austrália. Quase todas as raízes de trigo observadas neste horizonte subsuperficial denso estão situadas em bioporos perfurados pelas raízes da cultura anterior de alfafa. As superfícies do bioporo geralmente são lisas, revestidas com argila iluviada e antigos resíduos das raízes de alfafa. Embora os fungos comumente ocupem canais radiculares antigos, poucos foram encontrados neste solo, talvez por causa das secreções de antibióticos e quitinase dos actinomicetos. Esta imagem de actinomicetos é bastante singular, porque a microfotografia eletrônica de varredura (MEV) foi feita diretamente a partir do material coletado no campo (e depois congelado em nitrogênio líquido), e não a partir de culturas de laboratório. (Imagem MEV: cortesia de Margaret McCully, CSIRO Plant Industry, Canberra, Austrália)

10.10 CONDIÇÕES PARA O CRESCIMENTO DE MICRO-ORGANISMOS DO SOLO

Requisitos da matéria orgânica

Na maioria dos solos, quase o tempo todo, vários micro-organismos protagonizam uma competição acirrada por alimento. Portanto, a adição de uma substância orgânica rica em energia (incluindo os compostos excretados pelas raízes das plantas) pode fazer com que ocorra o aumento imediato não apenas do crescimento dos micro-organismos como também de suas atividades (Seção 11.2). Além disso, certas bactérias e fungos são estimulados por aminoácidos específicos e outros fatores de crescimento encontrados na rizosfera ou produzidos por outros organismos. As bactérias tendem a reagir mais rapidamente a adições de compostos simples, como amido e açúcares, enquanto os fungos e os actinomicetos se sobrepõem às bactérias, se os materiais orgânicos adicionados forem ricos em celulose e outros compostos mais resistentes. E mais, quando os materiais orgânicos estão sobre a superfície do solo (como na serrapilheira das matas ou na palhada de culturas, nos sistemas de plantio direto), os fungos tendem a dominar a decomposição microbiana. As bactérias frequentemente têm um papel maior se os substratos forem incorporados ao solo, seja pela ação de minhocas, pelo crescimento das raízes ou pelo preparo do solo para plantio.

QUADRO 10.2

Será que a era pós-antibiótica está despontando no horizonte?

Certas bactérias e fungos do solo evoluíram para ter a capacidade de produzir compostos antibióticos que servissem como uma vantagem competitiva na luta pela sobrevivência no solo. Por outro lado, a maioria dos micróbios esporuladores que vivem ao redor desses agentes da guerra química também evoluíram, adquirindo imunidades a muitos tipos de antibióticos. Em meados do século XX, com o advento dos antibióticos, tidos como "remédios milagrosos", esses mesmos compostos foram aproveitados para serem usados nos seres humanos, combatendo as doenças infecciosas bacterianas, que até aquela época eram a causa mais comum de óbitos. O primeiro composto antibiótico descoberto (e que terminou por ser usado na medicina humana, a penicilina) foi produzido por um fungo do solo (*Penicillium* sp.) que, em 1928, por acaso, contaminou algumas placas de Petri de um laboratório. Em 1943, a estreptomicina foi descoberta, liderando a primeira de muitas drogas antibióticas sintetizadas por bactérias do solo que pertencem ao gênero *Streptomyces*. É provável que você hoje só esteja vivo e lendo este livro, porque quando adoeceu com uma infecção bacteriana (talvez pneumonia ou uma ferida suja), um antibiótico produzido por um actinomiceto do solo (cloranfenicol, eritromicina, tetraciclina e vancomicina, entre outros) estava disponível para salvar sua vida.

Infelizmente, a eficácia dessas drogas está sendo rapidamente perdida pela propagação mundial das cepas resistentes de bactérias patogênicas. Por exemplo, os enterococos e os estafilococos, que causam doenças potencialmente fatais aos humanos, já desenvolveram resistência a praticamente todos os antibióticos disponíveis no arsenal farmacêutico. O que está causando essa resistência que ameaça a humanidade a voltar aos velhos tempos da era pré-antibiótica? Grande parte da resposta é que a superexposição generalizada às várias drogas antibióticas fizeram com que acontecesse uma extensiva seleção, provocando uma resistência nas populações dos patógenos. Os antibióticos agora permeiam o ambiente: cerca de 18 milhões de quilos são usados anualmente nos Estados Unidos. Parte do problema deriva de uso excessivo e incorreto de medicamentos humanos por médicos, pacientes, hospitais e consumidores. Mas a principal fonte de antibióticos lançados no meio ambiente é a enorme quantidade desses compostos utilizados para fins não médicos. De fato, nos Estados Unidos, cerca de 87% dos medicamentos antimicrobianos produzidos (cerca de 15 milhões kg/ano) são destinados a usos não humanos: a maior parte em aditivos promotores do crescimento usados na alimentação de porcos, aves domésticas e bovinos de corte em lotes de confinamento.

Muito do antibiótico ingerido pelo gado passa inalterado através do seu trato digestivo e acumula-se no estrume, que, por fim, é espalhado sobre os campos agrícolas. Uma vez no solo, esses compostos ainda continuam a ter suas propriedades antibióticas, mesmo quando adsorvidos por longos períodos de tempo nas superfícies das argilas. As culturas que se desenvolvem em solos tratados com tais estercos podem absorver pequenas quantidades de antibióticos, daí a possibilidade de os antibióticos adicionados à ração animal causarem reações alérgicas às pessoas, bem como a seleção de organismos resistentes no trato digestivo humano. Em qualquer caso, a presença contínua de grandes quantidades de antibióticos em instalações de animais confinados e em solos adubados com os estercos quase certamente aumenta o processo evolutivo de resistência aos antibióticos nas bactérias, incluindo as que são agentes patogênicos ao homem. Embora, desde meados dos anos 1980, este problema tenha sido reconhecido pelos pesquisadores, as decisões políticas nos países industrializados têm sido lentas, no que diz respeito à percepção da necessidade de eliminar o uso descuidado dessas substâncias que salvam vidas.

Umidade, oxigênio e temperatura

A atividade microbiana é muito sensível a mudanças nos níveis de umidade do solo. Em um solo muito seco, os micróbios são quase inativos, mas ganham vida quando a água é adicionada. O equilíbrio ótimo entre a umidade e as exigências de oxigênio para os micro-organismos aeróbicos parece ser alcançado quando cerca de 60% do espaço poroso do solo está preenchido com água, e cerca de 40%, com ar. Um conteúdo muito alto de água irá limitar a disponibilidade de oxigênio. Como pode ser observado no apodrecimento dos mourões das cercas de madeira, a zona de maior atividade microbiana em regiões de solos úmidos normalmente ocorre a apenas alguns centímetros abaixo da superfície do solo, onde o suprimento de oxigênio é alto e o solo não permanece muito seco.

Apesar de a maioria dos micro-organismos serem *aeróbicos* e usar O_2 como receptor de elétrons em seu metabolismo, algumas bactérias são *anaeróbicas* e usam substâncias que não o O_2 (p. ex., NO_3^-, SO_4^{2-} ou outros receptores de elétrons). As bactérias *facultativas* podem usar as formas de metabolismo tanto aeróbica como anaeróbica. Todos os três tipos de metabolismo antes citados geralmente são realizados simultaneamente, mas em diferentes *habitats* dentro de um mesmo solo.

A atividade microbiana também responde sensivelmente à temperatura do solo (Seção 7.8) e é maior quando as temperaturas estão, em geral, entre 20 e 40 °C. O intervalo de temperatura mais quente desse intervalo tende a favorecer os actinomicetos. Essas temperaturas maiores, próximas de 40 °C, raramente matam as bactérias e geralmente só suprimem temporariamente as suas atividades. Por outro lado, com a exceção de certas espécies **criofílicas**, a maioria dos micro-organismos cessa a atividade metabólica abaixo de cerca de 5 °C, uma temperatura considerada o *zero biológico* (Seção 7.9).

Cátions trocáveis e pH

O pH e os níveis de cálcio trocável ajudam a determinar quais organismos específicos prosperam em um determinado solo. As bactérias, apesar de crescerem em qualquer condição química encontrada no solo, possuem algumas espécies que prosperam em condições de altas concentrações de cálcio e pH quase neutro; geralmente essas condições resultam nas populações bacterianas de maior quantidade e diversidade (Figura 9.15). Por outro lado, as condições de pH baixo permitem que os fungos se tornem dominantes. O efeito do pH e do cálcio ajuda a explicar por que os fungos tendem a dominar em solos sob florestas, enquanto a biomassa bacteriana geralmente excede a biomassa fúngica nos solos das pradarias subúmidas e semiáridas. Certos metais, como o cobre, que é especificamente tóxico para bactérias e fungos, também permanecem biologicamente mais disponíveis em níveis baixos de pH.

10.11 EFEITOS BENÉFICOS DOS ORGANISMOS DO SOLO NAS COMUNIDADES VEGETAIS

A fauna e a flora do solo são indispensáveis à produtividade vegetal e ao funcionamento ecológico dos solos. Entre seus muitos efeitos benéficos, apenas o mais importante será enfatizado neste capítulo.

Decomposição da matéria orgânica

Talvez a contribuição mais significativa para as plantas superiores da fauna e da flora do solo seja a decomposição de folhas mortas, raízes e outros tecidos vegetais. Os organismos do solo também assimilam os resíduos de animais (incluindo os dos esgotos domésticos) e outros materiais orgânicos adicionados ao solo. Os micróbios sintetizam novas substâncias, que são o subproduto do seu metabolismo; algumas delas ajudam a estabilizar a estrutura do solo, e outras contribuem para a formação do húmus. As bactérias, as arqueias e alguns fungos podem assimilar N, P e S a partir dos materiais orgânicos que digerem. A quantidade de nutrientes que excede as suas necessidades pode ser excretada na solução do solo sob a forma inorgânica, tanto por eles mesmos como pela microflora de nematoides e protozoários que deles se alimenta. Desse modo, a cadeia alimentar do solo converte as formas orgânicas de nitrogênio, fósforo e enxofre para formas minerais que podem ser novamente absorvidas pelas plantas superiores.

Destruição de compostos tóxicos

Muitos compostos orgânicos tóxicos às plantas e aos animais acabam sendo incorporados ao solo. Algumas dessas toxinas são produzidas por organismos do solo, na forma de subprodutos metabólicos, outras são aplicadas propositadamente por seres humanos como produtos agroquímicos para matar as pragas, e outras ainda são depositadas no solo por causa da contaminação ambiental não intencional. Se esses compostos fossem acumulados sem se alterarem, causariam um enorme dano ecológico. Felizmente, a maioria das toxinas produzidas biologicamente não permanece por muito tempo no solo, pois os seus ecossistemas incluem organismos que não apenas são imunes a essas toxinas, como também podem produzir enzimas que lhes permitam utilizá-las como alimento.

Algumas toxinas são compostos **xenobióticos** (artificiais) estranhos aos sistemas biológicos podem resistir ao ataque que normalmente acontece das enzimas microbianas (Seção 15.5). A atividade desintoxicante dos procariontes e fungos é maior na camada mais superficial do solo, onde se concentra a maior parte dos micro-organismos em resposta à maior disponibilidade de matéria orgânica e oxigênio. No entanto, algumas desintoxicações anaeróbicas ocorrem nas camadas mais profundas do solo e também em águas subterrâneas.

Transformações inorgânicas

Os nitratos, sulfatos e, em menor grau, íons de fosfato estão presentes nos solos principalmente devido às transformações inorgânicas, como a oxidação de sulfeto a sulfato ou nitrato a amônio, provocadas por micro-organismos. Da mesma forma, as disponibilidades de outros elementos essenciais, como ferro e manganês, em grande parte, são determinadas pela ação microbiana. Em solos bem-drenados, esses elementos são oxidados por organismos autotróficos, ao seu maior estado de valência, nos quais as formas são completamente insolúveis. Isso mantém a maior parte do ferro e do manganês em um estado de baixa solubilidade e em formas não tóxicas, mesmo sob condições bastante ácidas. Se essa oxidação não ocorresse, o crescimento da planta estaria comprometido, devido às quantidades tóxicas destes elementos em solução. A oxidação microbiana também controla o potencial de toxicidade em solos contaminados com selênio ou cromo.

Fixação do nitrogênio

A fixação do nitrogênio gasoso elementar (que não pode ser utilizado diretamente pelos vegetais superiores) em compostos utilizáveis pelas plantas é um dos processos microbianos mais importantes que ocorrem nos solos (Seção 12.1). Os actinomicetos do gênero *Frankia* fixam grandes quantidades de nitrogênio nos ecossistemas florestais; já as cianobactérias são importantes nos arrozais inundados, pântanos e desertos; e as bactérias do tipo rizóbio formam o grupo mais importante para a captura de nitrogênio gasoso em solos agrícolas (Tabela 12.2). Sem dúvida, a maior quantidade de nitrogênio fixado é feita por intermédio desses organismos e ocorre em nódulos radiculares ou em outros tipos de associações simbióticas com as plantas.

Rizobactérias

Como ressaltado na Seção 10.7, a zona localizada imediatamente ao redor das raízes das plantas (o solo da rizosfera e a própria superfície das raízes, ou **rizoplano**) abriga uma densa população de micro-organismos. As bactérias especialmente adaptadas para a vida nesta zona são denominadas **rizobactérias**, muitas das quais são benéficas para as plantas superiores (as chamadas **rizobactérias promotoras do crescimento**). Na natureza, as superfícies radiculares estão quase completamente incrustadas com células bacterianas; por isso, pouca interação entre o solo e a raiz pode acontecer sem a intervenção de alguma influência microbiana. O mundo das rizobactérias é ainda pouco conhecido, mas as pesquisas estão começando a descobrir formas úteis de se tirar vantagem das interações que podem ser benéficas às plantas superiores. Certas rizobactérias, além das que evitam as doenças das plantas (Seção 10.12), ajudam o crescimento dos vegetais de outras maneiras, como aumentando a absorção de nutrientes ou estimulando a produção de hormônios (Tabela 10.6).

Tabela 10.6 As plantas de arroz respondem à inoculação com as rizobactérias que promovem o seu crescimento

As bactérias nodulantes do tipo rizóbio ou bradirizóbio foram adicionadas e colonizaram a rizosfera do arroz, produzindo o hormônio do crescimento IAA, o que fez com que as raízes de arroz se tornassem mais eficientes na absorção de nutrientes.

	Absorção de nutrientes pelas plantas de arroz, mg/vaso					
Tratamento	**Produção de grãos, g/vaso**	**N**	**P**	**K**	**Fe**	**IAA[a] na rizosfera, mg/L**
Controle, sem inoculação	36,7	488	111	902	18,9	1,0
Inoculação com rizobactéria	44,3	612	134	1020	23,6	2,1
Diferença, %	+21	+25	+21	+13	+25	+110

[a] indol-3-ácido acético, um hormônio de crescimento vegetal

Dados calculados de Biswas et al. (2000).

10.12 ORGANISMOS DO SOLO E DANOS ÀS PLANTAS SUPERIORES

Embora a maioria das atividades dos organismos do solo sejam vitais para a saúde de seu ecossistema e para uma produção vegetal com fins lucrativos, alguns organismos do solo afetam as plantas de maneiras tão maléficas que não podem ser negligenciadas. Por exemplo, os organismos do solo podem, com sucesso, competir com as plantas por nutrientes solúveis (especialmente nitrogênio), bem como por oxigênio, em solos mal-aerados. Nesta seção, damos destaque aos organismos do solo que atuam como herbívoros, parasitas ou patógenos.

Pragas e parasitas das plantas

Brássicas forrageiras para o controle de nematoides: www.abc.net.au/gardening/stories/s124457.htm

A fauna herbívora do solo é, por definição, prejudicial às plantas superiores. Alguns roedores podem danificar severamente árvores jovens e lavouras. Em alguns climas, os caracóis e as lesmas são pragas temidas, especialmente os que se alimentam de hortaliças. Contudo, sem dúvida, os maiores danos às plantas provocados pela fauna do solo são causados pelos hábitos alimentares de nematoides e larvas de insetos. Para evitar ou diminuir tais infestações, grandes quantidades de produtos químicos, do tipo inseticida e nematicida, são usados na agricultura, muitas vezes com resultados ecologicamente não intencionais (Seção 10.13).

Embora as podridões e murchas bacterianas sejam comuns, os fungos habitantes do solo são responsáveis pela maioria das doenças das plantas. Os fungos do gênero *Pythium*, *Fusarium*, *Phytophthora* e *Rhizoctonia* destacam-se como aqueles habitantes do solo que funcionam como agentes de doenças de plantas, descritas pelos seguintes sintomas: *tombamento*, *apodrecimento da raiz*, *ferrugem* e *murcha da folha*. Depois de o solo ter sido infestado por esses fungos, ele pode assim permanecer por um longo período de tempo.

Algumas bactérias que vivem na rizosfera ou no rizoplano inibem o crescimento e as funções das raízes por meio de várias interações químicas não invasivas. Essas **rizobactérias deletérias** não parasíticas podem causar murchamento foliar, descoloração, nanismo, deficiência de nutrientes e até mesmo a morte das plantas afetadas; porém, muitas vezes, os efeitos são sutis e difíceis de serem detectados. Suas infecções podem contribuir para o declínio das colheitas durante a monocultura de espécies perenes, agravando os problemas de replantio de novas árvores em pomares antigos. Por outro lado, em sistemas de manejo que favoreçam as rizobactérias deletérias associadas com certas ervas daninhas, os pesquisadores esperam ser capazes de reduzir a germinação de sementes de plantas daninhas e o crescimento das mudas e, assim, diminuir o uso de pulverizações com herbicidas em lavouras e pastagens.

Controle de doenças de plantas através do manejo do solo[6]

A prevenção é a melhor defesa contra as doenças causadas pelos organismos do solo. Os rigorosos sistemas de quarentena podem restringir a transferência de fitopatógenos de uma região para outra. A rotação de culturas pode ser muito importante no controle de uma doença quando plantas não suscetíveis são cultivadas durante vários anos, alternados com as culturas suscetíveis. A aração pode ajudar ao enterrar os resíduos de plantas nos quais os esporos dos fungos poderiam hibernar. Portanto, os problemas das doenças são frequentemente diminuídos em sistemas de plantio direto em que a superfície do solo permanece com resíduos secos de plantas que mantêm uma comunidade diversificada no solo. A cobertura protetora do solo também impede que os salpicos das gotas de chuva ou da irrigação atinjam as folhas, o que vem a ser uma das principais causas de propagação de doenças e infecções em plantas. Os resíduos da adubação verde de determinadas culturas inibem quimicamente as doenças de determinadas plantas. O manejo dirigido às propriedades físicas e químicas do solo também pode ser útil no controle das doenças.

Fertilidade do solo A regulagem do pH do solo é eficaz no controle de algumas doenças. Por exemplo, mantendo-se o pH baixo (<5,2), é possível controlar tanto o actinomiceto causador da *sarna da batata* como as doenças fúngicas dos gramados, conhecidas como "*spring dead spot*". Elevando-se o pH do solo para próximo de 7,0, pode-se controlar a doença da *hérnia das crucíferas* (família dos repolhos), porque os esporos fúngicos germinam de forma precária se sempre estiverem sob condições neutras a alcalinas.

As plantas saudáveis e vigorosas geralmente podem resistir melhor às doenças ou superá-las mais do que as plantas mais fracas, uma vez que o fornecimento de uma nutrição equilibrada é um passo importante no controle das doenças. Elevados níveis de adubação de nitrogênio tendem a aumentar a suscetibilidade das plantas às doenças fúngicas; níveis elevados de amônia (em comparação com o nitrato) podem aumentar as murchas causadas pelo fungo *Fusarium*. No entanto, os adubos potássicos frequentemente reduzem a gravidade das doenças fúngicas, da mesma forma que os níveis relativamente elevados de cálcio e de manganês. Afinal, os desequilíbrios nutricionais e as deficiências de micronutrientes podem fazer com que as plantas se tornem muito suscetíveis aos ataques de doenças.

Toxinas orgânicas Certas práticas antifúngicas orgânicas e naturais podem ser usadas no solo como uma alternativa aos compostos sintéticos, do tipo fumigantes. Um exemplo é a rotação da couve-flor com brócolis, que foi comprovada ser eficiente em campos infestados com os fungos causadores de doenças e até no controle da murcha-de-verticílio, uma grave doença da couve-flor. Para isso, após a colheita dos brócolis, os resíduos de suas folhas são deixados no campo. Depois de incorporados ao solo, eles se decompõem e liberam compostos voláteis especificamente tóxicos ao fungo *Verticillium dahliae*, proporcionando um nível satisfatório de controle de doenças na cultura seguinte da couve-flor, similar ao obtido com os fumigantes sintéticos.

Propriedades físicas do solo As doenças do sistema radicular provocadas por fungos são frequentemente agravadas pela compactação do solo, porque ela diminui o crescimento das raízes, induzindo-as a excretar substâncias que atraem os patógenos, além de provocar condições úmidas e mal-aeradas. Solos frios e saturados com água favorecem algumas podridões de sementes e de doenças de mudas como a *morte das plântulas*. A boa drenagem e o sistema de plantio em sulcos podem ajudar a controlar essas doenças. A temperatura do solo pode ser utilizada para controlar um número significativo de agentes patogênicos. A **solarização**, que é o uso de luz solar para aquecer o solo sob cobertura plástica transparente, é uma maneira prá-

[6] Para uma visão geral sobre o controle de doenças por meio do manejo do ecossistema do solo, consulte Stone et al. (2004); para um artigo científico sobre as doenças e manejo de pragas por meio do uso de adubos e corretivos orgânicos, consulte Litterick e Harrier (2004).

tica de esterilizar parcialmente os poucos centímetros superiores do solo em algumas situações de campo. A esterilização por intermédio do vapor ou de produtos químicos é outro método prático de tratamento de substratos de estufa. No entanto, deve-se lembrar de que a esterilização mata tanto os agentes patogênicos como os micro-organismos benéficos, por exemplo, os fungos micorrízicos, podendo assim trazer mais malefícios do que benefícios.

Solos supressivos às doenças

A pesquisa tem documentado a existência de **solos supressivos às doenças**, nos quais uma enfermidade não se desenvolve mesmo quando tanto o *patógeno virulento e o hospedeiro suscetível estão presentes*. A evidência sugere que os organismos patogênicos são inibidos pelo **antagonismo** de bactérias e fungos benéficos. Dois grandes tipos de supressão às doenças são reconhecidos: geral e específica.

Rizobactérias, aliadas no biocontrole de doenças do solo: www.ars.usda.gov/is/AR/archive/oct98/rhizo1098.htm

A **supressão geral de doenças** é causada por níveis elevados de atividade microbiana global no solo, especialmente em momentos críticos para o desenvolvimento de uma enfermidade, como quando o fungo patogênico está gerando propágulos ou se preparando para penetrar nas células da planta. A presença de certos organismos específicos, é menos importante do que o nível total de suas atividades. Supõe-se que os mecanismos responsáveis por essa supressão geral incluam: (1) a competição pelas fontes de carbono (energia) pelos micro-organismos benéficos da rizosfera; (2) a competição por nutrientes minerais (como nitrogênio e ferro); (3) a colonização e decomposição de propágulos dos patógenos (p. ex., esporos); (4) a produção de antibióticos por populações de vários actinomicetos e fungos (Seção 10.10); e (5) a carência de locais adequados para infecção nas raízes devido à colonização das suas superfícies por bactérias benéficas ou infecção anterior por fungos micorrízicos também benéficos. Em sistemas naturais, a espessa camada de serrapilheira muitas vezes fornece um ambiente de atividade microbiana tão elevado que faz com que a maioria dos patógenos não possa competir com outros micro-organismos. Em sistemas agrícolas, essa supressão geral pode muitas vezes ser incentivada por meio da adição de grandes quantidades de matéria orgânica decomponível a partir de compostos, estercos e resíduos de culturas de cobertura e do desenvolvimento de uma "camada de detritos" por meio de sistemas de plantio direto na palha ou coberturas mortas (*mulch*) protetoras.

A **supressão específica** é atribuída às ações de uma única espécie ou de um grupo restrito de micro-organismos que inibem ou matam um determinado patógeno. A eficaz presença do organismo supressor específico pode resultar dos mesmos tipos de manejo de matéria orgânica já comentados ou a partir da introdução de um inóculo contendo uma elevada quantidade do organismo em questão.

Em alguns casos, a supressividade específica da doença se desenvolveu por intermédio da monocultura estabelecida a longo prazo, fazendo com que a acumulação do agente patogênico, durante os primeiros anos, fosse, por fim, obscurecida por um subsequente acúmulo de organismos específicos antagonistas para o agente patogênico (Figura 10.17). Os organismos específicos, conhecidos por serem antagônicos aos patógenos, incluem fungos *Trichoderma viride* e certas bactérias *Pseudomonas* fluorescentes, que produzem antibióticos específicos contra patógenos ou compostos que se ligam tão fortemente ao ferro que os esporos de patógenos não conseguem obter quantidades suficientes desse nutriente para poderem germinar. Apesar da existência de produtos comerciais que contêm micro-organismos benéficos, uma supressão bem-sucedida geralmente pode ser limitada pelas condições adequadas do solo e não pela carência de um organismo em particular.

Os horticultores foram capazes de controlar as doenças com a ajuda dos *Fusarium* em plantas cultivadas em vasos, substituindo as tradicionais misturas para vasos por um substrato feito principalmente a partir de certos **compostos** bem-curtidos. Aparentemente, um grande número de organismos benéficos antagonistas coloniza o material orgânico durante as

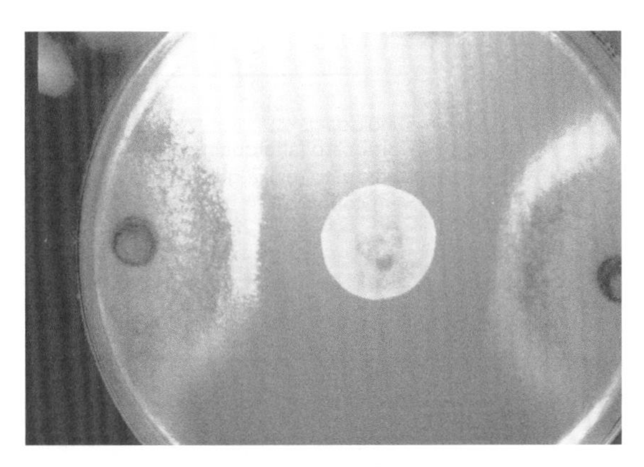

Figura 10.17 O princípio biológico que faz um solo ser supressivo a doenças. À *esquerda:* uma colônia de certas bactérias *Pseudomonas* (centro da placa de Petri) produz a toxina antibiótica ao *Gaeumannomyces graminis* (o fungo patogênico que causa a doença do mal-do-pé do trigo), evitando que as colônias do patógeno cresçam até o centro da placa. À *direita:* parcelas experimentais, no leste do Estado de Wisconsin, Estados Unidos, que estiveram sob monocultura tritícola durante os 15 anos do estudo, desenvolveram grandes populações de organismos antagônicos ao patógeno do mal-do-pé. No 15° ano do estudo, todo o campo foi inoculado com *G. graminis*, com propósitos experimentais, mas a doença se desenvolveu (observe os talhões prematuramente florescidos, mais claros) somente onde o solo foi fumigado antes da inoculação. Essa fumigação matou a maior parte dos organismos antagônicos, fazendo com que o fungo patogênico pudesse agir livremente para infestar as plantas de trigo. (Fotos de R. J. Cook; cortesia da American Phytopathological Society)

fases finais de compostagem (Seção 11.10), e o substrato de sua matéria orgânica estabilizada estimula a atividade de organismos nativos benéficos, sem fazer o mesmo com os agentes patogênicos. Sucessos semelhantes na prática de supressão de doença têm sido constatados com o uso de materiais de compostagem aplicados em gramados, em substituição às turfas (que são relativamente inertes e não estimulam a supressão de doenças) usadas para adubação em cobertura dos gramados dos *greens* dos campos de golfe (Figura 10.18).

O papel da ecologia do solo de proteger as plantas das doenças não se limita a infecções subterrâneas. As rizobactérias benéficas têm um modo interessante de ação chamado de **resistência sistêmica induzida**, que ajuda as plantas a evitar a infecção por doenças ou pragas de insetos, tanto acima como abaixo da superfície do solo. O processo se inicia quando um sistema radicular da planta é colonizado por rizobactérias benéficas que causam o acúmulo de uma substância química sinalizadora. O sinal químico é translocado até as brotações, onde ele induz as células das folhas a montarem uma defesa química contra um patógeno específico, antes mesmo de o patógeno chegar no local. Quando o agente patogênico (talvez alguns esporos de fungos) chega à folha, seu processo de infecção é paralisado um pouco antes de se iniciar. Até agora, em muitos casos de cultivos anuais estudados, o organismo causador da resistência indutora tem sido a bactéria do gênero *Pseudomonas* ou a do *Serratia*. Esse mecanismo tem se mostrado eficaz na redução dos danos causados por numerosos agentes patogênicos fúngicos bacterianos e virais, bem como das pragas de insetos herbívoros.

Esses exemplos apenas sugerem o potencial que existe para o controle de doenças e pragas por meio do manejo ecológico, em vez das aplicações de produtos químicos tóxicos.

10.13 RELAÇÕES ECOLÓGICAS ENTRE OS ORGANISMOS DO SOLO

Associações mutualísticas

Já mencionamos uma série de associações mutuamente benéficas entre as raízes de plantas e outros organismos do solo (p.ex., as micorrizas e os nódulos fixadores de nitrogênio) e entre vários micro-organismos (p.ex., líquenes). Outros padrões de tais associações são abundantes em solos.

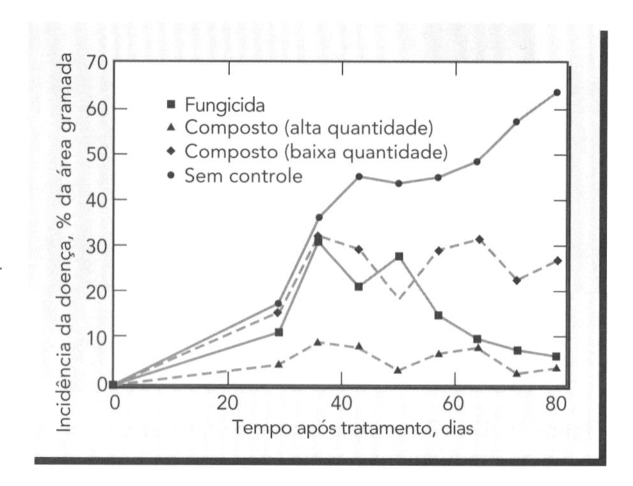

Figura 10.18 Adubação de cobertura com composto pode ser um método prático e não tóxico de supressão de doenças próprias da grama dos *greens* dos campos de golfe. A doença, causada pelo fungo *Sclerotinia homoeocarpa*, foi controlada tão bem, ou melhor, pela grande quantidade de composto (4.900 kg/ha em cobertura a cada três semanas) aplicado, como o foi pelo fungicida sintético (Chlorthalonil, pulverizado a cada duas semanas). Até mesmo a taxa mais baixa (1.200 kg/ha) de composto proporcionou algum controle da doença. Todas as parcelas de grama foram inoculadas com o organismo causador da doença. Os pesquisadores deduziram que adubação de cobertura com o composto proporcionou um tipo de supressão geral da doença, uma vez que encontraram pouca diferença entre os compostos elaborados de diversos materiais. São mostradas médias de dados de dois anos. (Baseado em dados de Boulter et al. [2002])

Por exemplo, as algas fotossintéticas habitam o interior das células de determinados protozoários. Vários tipos de associações, entre essas algas e os fungos que crescem nos solos ou rochas, são recicladores muito importantes de nutrientes e produtores de biomassa nos ecossistemas do deserto. A seguir, faremos uma breve consideração sobre a natureza de tais associações.

Crostas microbióticas[7]

Crostas biológicas do solo: www.soilcrust.org/

Em ecossistemas áridos e semiáridos, relativamente não perturbados e onde a cobertura vegetal é bastante irregular, encontram-se crostas irregulares de cor escura cobrindo o solo nas áreas entre reboleiras de gramíneas e arbustos (Figura 10.19). Essa crosta não se parece em nada com as crostas físico-químicas associadas com solos degradados, cuja superfície é endurecida, selada e lisa (ver Seção 4.6). Pelo contrário, a **crosta microbiótica** de terras áridas consiste em associações mutualistas que geralmente incluem as algas ou as cianobactérias, juntamente com fungos, musgos, bactérias e/ou hepáticas. A presença de uma crosta microbiótica intacta é considerada o sinal de um ecossistema saudável.

Ecologia do deserto – poeiras e crostas biológicas (reportagem audiovisual): www.npr.org/templates/story/story.php?storyId=5415315

As crostas microbióticas fornecem uma boa proteção contra a erosão provocada pelo vento e pela água, além de melhorarem a produtividade de um ecossistema árido. São estas as razões: (1) ajudam a conservar e reciclar os nutrientes; (2) aumentam a oferta de nitrogênio através das atividades fixadoras de nitrogênio das cianobactérias; (3) em alguns casos, fazem com que o fornecimento de água melhore, aumentando a infiltração e reduzindo a evaporação; e (4) contribuem para a produção de matéria orgânica por meio da fotossíntese da crosta, que pode ser contínua durante as condições ambientais que inibem a fotossíntese das plantas superiores do ecossistema. As cianobactérias filamentosas dão uma boa contribuição particularmente importante para essas funções, uma vez que não só continuam com a fotossíntese mas também adicionam de 2 a 40 kg/ha de nitrogênio por ano, formando revestimentos de polissacarídeos pegajosos ou estruturas que captam as poeiras ricas em nutrientes, além de aglutinar as partículas de solo. Infelizmente, as crostas podem ser facilmente destruídas pelo pisoteio, tráfego de veículos fora das estradas ou enterro por material de solo trazido pelo vento, e seu restabelecimento é muito lento.

[7] Outros nomes usados para se referirem a essas crostas microbióticas incluem *crostas biológicas, criptogramas, crostas criptobióticas, crostas microflorais* e *crostas microfíticas*. Todas se referem aos mesmos organismos. Consulte Belnap (2003) para ler uma breve descrição e algumas citações de referência suplementares sobre a ecologia microbiana de crostas. Para uma revisão técnica dos conhecimentos científicos e as opções de manejo, consulte Belnap et al. (2001).

Figura 10.19 Os pequenos pináculos de uma crosta microbiótica no Arches National Monument, no Estado de Utah (EUA), se assemelham aos pináculos maiores que ocorrem em uma paisagem árida. Essas crostas são formadas por algas, cianobactérias, fungos e outros organismos que vivem juntos em um relacionamento mutualístico. Acima, à esquerda, uma microfotografia (tirada com a ajuda de um microscópio eletrônico de varredura) de filamentos de uma cianobactéria que funciona como a base de muitas crostas. No deserto, as crostas macrobióticas, caracteristicamente, cobrem a superfície do solo nas porções não vegetadas entre touceiras de arbustos e capins. As crostas melhoram a produtividade do deserto, mas podem ser facilmente destruídas pelas rodas de veículos, pés humanos e patas de animais. (Foto maior: cortesia de Ben Waterman; foto inserida: cortesia de Jayne Belnap [U.S. Geologic Service, Moab, Utah] e John Gardner [Brigham Young University, Provo, Utah])

Efeitos das práticas de manejo nos organismos do solo

As alterações ambientais afetam tanto o número como os tipos de organismos do solo. A destruição dos ecossistemas das florestas ou pradarias para a agricultura muda drasticamente o ambiente do solo. As monoculturas ou mesmo as rotações de culturas mais comuns reduzem significativamente o número de espécies de plantas, oferecendo assim um leque muito mais restrito de materiais vegetais e ambientes de rizosferas do que a natureza pode oferecer nas florestas ou pradarias.

Estudos de caso e práticas para melhorar o manejo biológico do solo: www.fao.org/landandwater/agll/soilbiod/cases.stm

Não obstante o fato de as práticas agrícolas terem efeitos diversos em diferentes organismos, algumas generalizações podem ser feitas (Tabela 10.7).

As operações de preparo do solo, como aração e gradagem, são perturbações particularmente drásticas para o ecossistema do solo, pois rompem as redes de hifas de fungos e as tocas de minhocas bem como aceleram a perda de matéria orgânica. Por conseguinte, o preparo reduzido tende a aumentar o papel dos fungos à custa das bactérias e, geralmente, aumenta o número total de organismos à medida que a matéria orgânica se acumula. A adição de esterco animal ou composto estimula uma ainda maior atividade dos micróbios da fauna (especialmente das minhocas).

A influência dos pesticidas sobre a ecologia do solo é bastante variável (ver Seção 15.4). Os fumigantes do solo e nematicidas podem reduzir drasticamente os números de organismos, especialmente os da fauna, pelo menos temporariamente. Por outro lado, a aplicação de um determinado pesticida geralmente estimula a população de um micro-organismo específico, quer seja porque o organismo pode usar o pesticida como alimento ou, mais provavelmente, porque os predadores desse organismo morreram. Um produto químico que afeta um grupo de organismos provavelmente afetará também outros grupos não alvo e, frequentemente, irá interferir na produtividade e no funcionamento do ecossistema do solo como um todo. É bom lembrar que as interrelações entre os organismos do solo são intrincadas, e os efeitos de qualquer perturbação do sistema são difíceis de serem previstas.

Tabela 10.7 Práticas de manejo do solo e a diversidade e abundância dos seus organismos

Note que as práticas que tendem a reforçar a atividade biológica nos solos são também aquelas que estão associadas com os esforços para manter os sistemas agrícolas mais sustentáveis.

Diminui a biodiversidade e as populações	Aumenta a biodiversidade e as populações
Fumigantes	Uso balanceado de adubos
Nematicidas	Calagem de solos ácidos
Alguns inseticidas	Irrigação adequada
Compactação	Melhorias na drenagem e aeração
Erosão do solo	Estercos animais e compostos
Dejetos industriais e metais pesados	Lodo de esgoto doméstico (tratado)
Aração e gradagem	Cultivo mínimo ou plantio direto
Monoculturas	Rotação de culturas
Culturas anuais	Pastagem de gramíneas com leguminosas
Pousio desnudo	Pousio com culturas de cobertura (viva ou morta)
Queima ou remoção dos resíduos	Retorno dos resíduos à superfície do solo
Coberturas plásticas	Coberturas orgânicas

Relações entre as comunidades acima e abaixo do solo[8]

Estrutura e funções da biota do solo e paisagens antropogênicas, Baltimore Ecosystem Study: www.beslter.org/frame4-page_3a_02.html

As comunidades de plantas e animais que vemos na superfície influenciam muito e são bastante influenciadas pelas comunidades subterrâneas, as quais raramente vemos. As conexões e interações entre elas ocorrem de forma tanto direta como indireta. Os efeitos diretos incluem os danos causados às plantas devido à ação dos fungos patogênicos do solo, dos nematoides que se alimentam de raízes e similares. Os efeitos diretos incluem também as influências positivas na rizosfera, provocadas por bactérias benéficas e micorrizas – incluindo aquelas que causam a resistência sistêmica induzida que acabamos de descrever. Os efeitos indiretos incluem as atividades alimentares complexas que ocorrem dentro da cadeia alimentar do solo, que, por fim, liberam os nutrientes dos quais as plantas necessitam. Nesses e em muitos outros aspectos, a cadeia alimentar do solo altera não apenas os tipos mas a produtividade das plantas no mundo acima do solo e, assim, também afeta o abastecimento de alimentos e o *habitat* dos animais que vivem acima do solo.

A energia que move a cadeia alimentar do solo vem da fotossíntese que acontece acima dele, através do carbono orgânico produzido pelos restos vegetais, pela rizodeposição e pelas excreções de herbívoros. Portanto, a quantidade e as atividades dos organismos subterrâneos são altamente responsáveis pela quantidade de tais insumos, especialmente a dos restos vegetais. No entanto, deve ser destacado também que o *tipo* e a *qualidade* dos restos produzidos pelas plantas da comunidade acima do solo (Seção 11.3) têm um enorme impacto sobre as abundâncias das várias criaturas que vivem dentro do solo (Tabela 10.8).

Não é de se admirar que os ecologistas estejam começando a reconhecer que os ecossistemas terrestres só poderão ser bem compreendidos quando o mundo sob a superfície do solo receber a devida atenção. Por exemplo, os biólogos conservacionistas precisam descobrir, com urgência, o que faz com que algumas plantas exóticas muito invasivas destruam as comunidades de plantas nativas. O fato é que pelo menos parte da resposta pode ser encontrada abaixo do solo, na comunidade de organismos que colonizam a rizosfera.

[8] Para um artigo introdutório sobre como a ecologia do solo influencia a ecologia da planta, consulte Wolfe e Klironomos (2005). Para uma pesquisa confiável sobre as interações acima e abaixo do solo, consulte Wardle (2002).

Tabela 10.8 O tipo de serrapilheira da floresta influencia a abundância de certos grupos da fauna

As folhas caídas de duas espécies florestais foram colocadas em pequenos sacos com malhas de náilon (100 g de matéria seca por saco) e enterrados na camada superficial do solo de uma floresta temperada da Nova Zelândia. Depois de 279 dias, os resíduos mais ricos em nutrientes continham um maior número de grupos da fauna, exceto em relação aos nematoides predadores. As atividades destes e de outros organismos do solo, por sua vez, passaram a influenciar os tipos e a produtividade das plantas da comunidade florestal acima do solo.

	Nutrientes com restos vegetais (%)		Número de organismos/saco com resíduos			
Fonte do resíduo (espécie da planta)	N	P	Nematoides que se alimentam de micróbios	Nematoides predadores	Tardíferos	Coleópteros
Metrosideno umbellata	0,35	0,03	6.600	210	35	4
Aristotelia serrata	2,94	0,24	12.800	73	670	364

Calculado a partir de dados selecionados de Wardle et al. (2006).

10.14 CONCLUSÃO

O solo é um ecossistema complexo com uma comunidade altamente diversificada de organismos, os quais são vitais para o funcionamento do ciclo da vida na Terra. Esses organismos incorporam no solo os resíduos de plantas e animais e os digerem, fazendo com que o dióxido de carbono retorne para a atmosfera, onde pode ser reciclado através das plantas superiores. Simultaneamente, eles fornecem húmus, um constituinte orgânico de grande importância para conferir boas condições físicas e químicas ao solo. Quando estão digerindo os substratos orgânicos, os organismos liberam nutrientes essenciais às plantas em formas inorgânicas, que podem ser absorvidas pelas suas raízes ou, então, serem lixiviadas do solo. Eles também medeiam as reações redox que influenciam as cores do solo, ciclagem de nutrientes e a produção de gases que contribuem para o aquecimento global.

Os animais, principalmente as minhocas, formigas e cupins, incorporam de maneira mecânica os resíduos do solo e deixam canais abertos através dos quais a água e o ar podem fluir. Como tal, eles atuam como engenheiros do ecossistema do solo, alterando o seu ambiente para todos os seus habitantes e criando nichos nos quais outros organismos podem viver. Os micro-organismos, como os fungos, arqueias e bactérias, são os responsáveis pela decomposição da maior parte da matéria orgânica, embora as suas atividades sejam muito influenciadas pela fauna do solo. Alguns micro-organismos formam associações simbióticas com as plantas superiores, desempenhando papéis especiais na nutrição vegetal e na ciclagem de nutrientes. A competição entre os micro-organismos pelos nutrientes minerais do solo e entre estes organismos e as plantas superiores pode dar lugar a deficiências de nutrientes para as plantas. A satisfação das necessidades dos micróbios é um fator que pode determinar o sucesso da maioria dos sistemas de manejo dos solos. Portanto, um nível geral e elevado de atividade microbiana, alimentado por entradas orgânicas, pode ajudar a suprimir os patógenos das plantas. Vários fungos e bactérias específicas produzem compostos antibióticos que os ajudam na competição com patógenos das plantas, bem como na elaboração de medicamentos para salvar vidas humanas. O conhecimento científico está apenas começando a arranhar a superfície das complexas comunidades que proliferam sob nossos pés.

A comunidade do solo necessita de energia e nutrientes para que possa funcionar de forma eficaz. Para obtê-los, os organismos do solo decompõem a matéria orgânica, auxiliam a produção de húmus e produzem compostos que são úteis para as plantas superiores. A matéria orgânica, os seus efeitos sobre o comportamento do solo e sua decomposição serão os temas do próximo capítulo.

QUESTÕES PARA ESTUDO

1. O que é *redundância funcional* e como ela ajuda os ecossistemas dos solos a continuarem a funcionar diante dos choques ambientais, como incêndios, derrubadas com corte raso, ou estabelecimento de lavouras?
2. Dê um exemplo de um organismo que desempenha cada uma destas funções: *produtor primário, consumidor primário, secundário e terciário.*
3. Descreva algumas das maneiras pelas quais a mesofauna participa de papéis importantes no metabolismo do solo, mesmo quando a sua biomassa e a atividade respiratória são apenas uma pequena fração de todas as atividades que acontecem no solo.
4. Quais são os quatro principais tipos de metabolismo realizados por organismos do solo em relação às suas fontes de energia e de carbono?
5. Que papel desempenha o O_2 no metabolismo aeróbico? Que elementos tomam o seu lugar quando sob condições anaeróbicas?
6. Diz-se que as *micorrizas* participam de uma associação simbiótica. Quais são os dois parceiros nessa simbiose, e quais são os benefícios recebidos por cada um deles?
7. De que forma o solo pode ser melhorado como resultado da atividade de minhocas? Elas podem provocar alguns efeitos prejudiciais também?
8. O que é a *rizosfera*, e de que modo o solo da rizosfera difere do restante dos solos?
9. Explique e compare os efeitos da aração e da aplicação de estercos sobre a abundância e a diversidade dos organismos do solo.
10. O que é *resistência sistêmica induzida* e como ela funciona?
11. O que é um solo supressor de doenças? Explique a diferença entre as formas gerais e específicas de supressão.
12. Discorra sobre o valor e as limitações do uso de inoculantes específicos para (a) micorrizas e (b) a supressão de doenças. Para cada tipo de inoculação, descreva uma situação em que as possibilidades seriam adequadas para melhorar o crescimento das plantas.
13. Quais são os papéis principais da cadeia alimentar desempenhados pelos nematoides, e como podemos, com a ajuda de um microscópio, distinguir entre os nematoides que desempenham esses papéis?
14. De que forma os actinomicetos se assemelham aos outros grupos de bactérias e em que sentido eles são especiais?
15. Usando métodos adequados de extração e de contagem, você determina que existem 58 nematoides em uma amostra de 1 g de solo. Quantos nematoides ocorrem em uma área de 1,0 m^2 desse solo? E em um hectare? Suponha que as amostras vieram dos primeiros 10 cm de um solo com uma densidade de 1,3 Mg/m^3.
16. Explique o que se entende por um *engenheiro do ecossistema*, usando dois exemplos relacionados ao solo.

REFERÊNCIAS

Al-Karaki, G. N. 2006. "Nursery inoculation of tomato with arbuscular mycorrhizal fungi and subsequent performance under irrigation with saline water," *Scientia Horticulturae*, **109:**1–7.

Baskin, Y. 2005. *Under Ground: How Creatures of Mud and Dirt Shape Our World* (Washington, D.C.: Island Press), 237 pp.

Belnap, J. 2003. "The world at your feet: Desert biological soil crusts," *Frontiers of Ecology and the Environment*, **1:**181–189.

Belnap, J., J. H. Kaltenecker, R. Rosentreter, J. Williams, S. Leonard, and D. Eldridge. 2001. "Biological soil crusts: Ecology and management." Technical Reference 1730-2. United States Department of the Interior, Bureau of Land Management, Denver, CO. Disponível em: www.soilcrust.org/ crust.pdf.

Biswas, J. C., J. K. Ladha, and F. B. Dazzo. 2000. "Rhizobia inoculation improves nutrient uptake and growth of lowland rice," *Soil Sci. Soc. Amer. J.*, **64:**1644–1650.

Blanco-Canqui, H., R. Lal, W. M. Post, R. C. Izaurralde, and M. J. Shipitalo. 2007. "Soil hydraulic properties influenced by corn stover removal from no-till corn in Ohio," *Soil Tillage Res.*, **92:**144–155.

Boulter, J. I., G. J. Boland, and J. T. Trevors. 2002. "Evaluation of composts for suppression of dollar spot (*Sclerotinia homoeocarpa*) of turfgrass," *Plant Dis.*, **86:**405–410.

Chino, M. 1976. "Electron microprobe analysis of zinc and other elements within and around rice root growth in flooded soils," *Soil Sci. and Plant Nut. J.*, **22:**449.

Coleman, D. C., D. A. J. Crossley, and P. F. Hendrix. 2004. *Fundamentals of Soil Ecology* (London: Elsevier Academic Press). 386 pp. de Vleeschauwer, D., and R. Lal. 1981. "Properties of worm casts under secondary tropical forest regrowth," *Soil Sci.*, **132:**175–181.

Hendrix, P. F., and P. J. Bohlen. 2002. "Exotic earthworm invasions in North America: Ecological and policy implications," *BioScience*, **52:**801–811.

Jouquet, P., J. Dauber, J. Lagerlöfe, P. Lavelle, and M. Lepage. 2006. "Soil invertebrates as ecosystem engineers: Intended and accidental effects on soil and feedback loops," *Appl. Soil Ecol.*, **32:**153–164.

Lavelle, P., D. Bignell, M. Lepage, V. Wolters, P. Roger, P. Ineson, O. W. Heal, and S. Dhillion. 1997. "Soil function in a changing world: The role of invertebrate ecosystem engineers," *European Journal of Soil Biology*, **33:**159–193.

Litterick, A. M., and L. Harrier. 2004. "The role of uncomposted materials, composts, manures, and compost extracts in reducing pest and disease incidence and severity in sustainable temperate agricultural and horticultural crop production: A review," *Critical Reviews in Plant Sciences*, **23:**453–479.

Lowenfels, J., and W. Lewis. 2006. *Teaming With Microbes: A Gardener's Guide to the Soil Food Web.* (Portland, OR, Timber Press). 196 p.

Menge, J. A. 1981. "Mycorrhizae agriculture technologies," in *Background Papers for Innovative Biological Technologies for Lesser Developed Countries*, Paper No. 9., Office of Technology Assessment Workshop, Nov. 24–25, 1980. (Washington, D.C.: U.S. Government Printing Office), pp. 383–424.

Nardi, J. B. 2003. *The World Beneath Our Feet: A Guide to Life in the Soil* (New York: Oxford University Press).

Paul, E. A. (ed.). 2006. *Soil Microbiology, Ecology and Biochemistry.* (San Diego: Academic Press).

Reynolds, L. B., J. W. Potter, and B. R. Ball-Coelho. 2000. "Crop rotation with *Tagetes* sp. is an alternative to chemical fumigation for control of rootlesion nematodes," *Agronomy J.*, **92:**957–966.

Rovira, A. D., R. C. Foster, and J. K. Martin. 1979. "Origin, nature and nomenclature of the organic materials in the rhizosphere," in J. L. Harley and R. S. Russell (eds.), *The Soil–Root Interface* (New York: Academic Press). Smith, S. E., and D. J. Read. 1997. *Mycorrhizal Symbiosis*, 2nd ed. (San Diego: Academic Press).

Stamets, P. 2005. *Mycelium Running: How Mushrooms Can Help Save the World.* (Berkeley, California: Ten Speed Press), 339 p.

Stone, A. G., S. J. Scheuerell, and H. M. Darby. 2004. "Suppression of soil-borne fungal diseases in field agricultural systems: Organic matter management, cover cropping, and cultural practices," in F. Magdoff and R. R. Weil (eds.), *Soil Organic Matter in Sustainable Agriculture* (Boca Raton, FL: CRC Press).

Sylvia, D. M., J. J. Fuhrmann, P. G. Hartel, and D. A. Zuberer. 2005. *Principles and Applications of Soil Microbiology* (Upper Saddle River, NJ: Prentice Hall).

Tate, R. L., III. 2001. *Soil Microbiology*, 2nd ed. (New York: John Wiley).

Torsvik, V., L. Ovreas, and T. F. Thingstad. 2002. "Prokaryotic diversity—Magnitude, dynamics, and controlling factors," *Science*, **296:**1064–1066.

Tugel, A., A. Lewandowski, and D. Happe-Vonarb, (eds.) 2000. Soil biology primer. Revised Ed. Soil and Water Conservation Society, Ankeny, Iowa. Disponível em: soils.usda.gov/sqi/concepts/soil_biology/ biology.html (acesso em 12 janeiro 2009).

Wardle, D. A. 2002. *Communities and Ecosystems: Linking the Aboveground and Belowground Components* (Princeton, NJ: Princeton University Press).

Wardle, D. A., G. W. Yeates, G. M. Barker, and K. I. Bonner. 2006. "The influence of plant litter diversity on decomposer abundance and diversity," *Soil Biol. Biochem.*, **38:**1052–1062.

Wolfe, B. E., and J. N. Klironomos. 2005. "Breaking new ground: Soil communities and exotic plant invasion," *BioScience*, **55:**477–487.

11 Matéria Orgânica do Solo

Entrego-me à terra,
para crescer da relva que eu amo.
Se me quiser de novo,
procure-me sob a sola de suas botas.
— Walt Whitman, *Song of Myself*

Os ciclos do carbono no prado de uma montanha (R. Weil)

Em muitos solos, a percentagem de matéria orgânica é pequena,[1] mas sua ação nas funções do solo é enorme. Esse componente do solo, que está em constante mudança, exerce significativa influência em muitas de suas propriedades físicas, químicas e biológicas, especialmente nos seus horizontes mais superficiais. A matéria orgânica do solo é responsável por grande parte da capacidade de troca de cátions (abordada no Capítulo 8) e da capacidade de retenção de água (Capítulo 5). Alguns componentes da matéria orgânica do solo são, em grande parte, responsáveis pela formação e estabilização dos agregados do solo (Capítulo 4). Essa matéria orgânica também contém grandes quantidades de nutrientes para as plantas e funciona como uma fonte de liberação lenta desses nutrientes, especialmente de nitrogênio (Capítulo 12). Além disso, a matéria orgânica do solo é fonte de energia e de substâncias que ajudam a constituir os corpos da maioria dos micro-organismos, cujas atividades gerais foram abordadas no Capítulo 10. Certos compostos orgânicos, além de estimularem o crescimento das plantas (por meio dos efeitos que acabamos de mencionar), interferem diretamente no seu desenvolvimento. Por todas essas razões, a quantidade e a qualidade da matéria orgânica do solo são fundamentais para determinar a **qualidade do solo** (Capítulo 1).

A matéria orgânica do solo é uma complexa e variada mistura de substâncias orgânicas, as quais contêm, por definição, o elemento **carbono**, que, em média, compreende cerca de metade da massa das substâncias orgânicas do solo. Por conter de duas a três vezes mais carbono do que aquele encontrado em toda a vegetação mundial, a matéria orgânica dos solos desempenha um importante papel no balanço global do carbono, que vem sendo considerado como o principal fator responsável pelo aquecimento global, ou **efeito estufa**.

Primeiramente, vamos examinar o papel da matéria orgânica do solo no **ciclo global do carbono** e no processo de **decomposição** de resíduos orgâ-

[1] Para uma explicação sobre a natureza química da matéria orgânica, consulte Clapp et al. (2005). Para uma ampla revisão sobre a natureza, função e manejo da matéria orgânica em solos agrícolas, consulte Magdoff e Weil (2004).

nicos. Em seguida, iremos abordar os ganhos e as perdas do carbono do solo em relação a ecossistemas específicos. E, por fim, estudaremos os processos e as consequências envolvidas no manejo da matéria orgânica do solo.

11.1 O CICLO GLOBAL DO CARBONO

O elemento *carbono* é a base de toda a vida. Da celulose à clorofila, os compostos que fazem parte dos tecidos vivos são feitos de átomos de carbono dispostos em cadeias ou anéis, que estão associados a muitos outros elementos. O ciclo do carbono na Terra corresponde à história da vida neste planeta. Por isso, a interrupção desse ciclo seria desastrosa para todos os organismos vivos (Quadro 11.1).

QUADRO 11.1

Ciclo do carbono – experimentando de perto

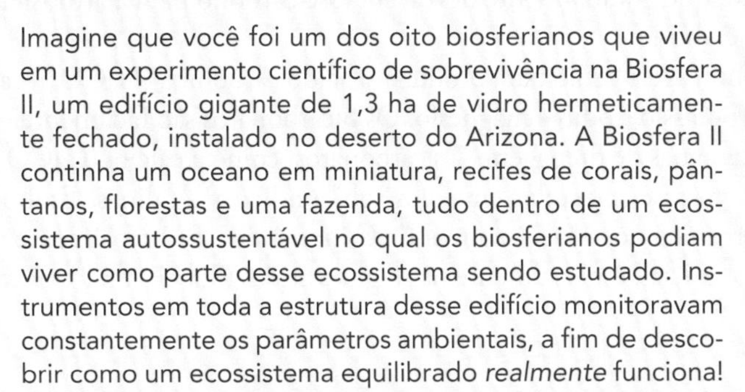

Imagine que você foi um dos oito biosferianos que viveu em um experimento científico de sobrevivência na Biosfera II, um edifício gigante de 1,3 ha de vidro hermeticamente fechado, instalado no deserto do Arizona. A Biosfera II continha um oceano em miniatura, recifes de corais, pântanos, florestas e uma fazenda, tudo dentro de um ecossistema autossustentável no qual os biosferianos podiam viver como parte desse ecossistema sendo estudado. Instrumentos em toda a estrutura desse edifício monitoravam constantemente os parâmetros ambientais, a fim de descobrir como um ecossistema equilibrado *realmente* funciona!

Figura 11.1 A estrutura da Biosfera II (*topo*) e quatro biosferianos trabalhando (*embaixo*). (Foto de C. Allen Morgan, *acima*, e Pascale Maslin, *abaixo*. Reproduzido com permissão de © 1995 de Decisions Investments Corp.)

Mas não demorou muito para os problemas aparecerem. Primeiro, os biosferianos descobriram que cultivar toda a comida de que precisavam não era uma tarefa fácil (Figura 11.1) e, assim, dependentes de suas parcas colheitas, começaram a perder peso. Além disso, começaram a sentir falta de ar, uma vez que o nível de oxigênio do ar foi caindo, de seu teor normal de 21% para níveis tão baixos quanto 14,2%. Consequentemente, o teor de dióxido de carbono do ar passou a aumentar. No entanto, não era de se esperar que todas as plantas verdes usassem o dióxido de carbono e *reabastecessem* o suprimento de oxigênio? A composição do sangue dos biosferianos passou a assemelhar-se a de um urso em hibernação (período em que tanto o oxigênio como o alimento são limitados)! Devido a esses fatos, os engenheiros desistiram do projeto de "total autossustentação" e tiveram que remover o dióxido de carbono do ar e injetar oxigênio.

Em que eles falharam? Descobriu-se que o ecossistema não havia produzido o resultado esperado devido ao tipo de solo transportado para a fazenda da Biosfera – rico em matéria orgânica. Esse solo, elaborado a partir da mistura de um sedimento lacustre (1,8% C), um composto (22% C) e turfa (40% C), foi empilhado uniformemente até cerca de 1 m de profundidade. Esse substrato continha, artificialmente, cerca de 2,5% C orgânico em todas as profundidades, muito mais do que o 0,5%, ou menos, de C esperado para um solo típico do deserto. Se os projetistas tivessem lido este livro, teriam compreendido que a turfa é estável em uma terra úmida boreal (fria e anaeróbica), mas, em condições aeróbicas, os micro-organismos do solo, metabolizando a matéria orgânica, rapidamente esgotam o oxigênio e liberam dióxido de carbono – como se estivessem em uma horta quente e úmida e aerada por um arado (Seção 11.2). Essa história nos alerta sobre a importância do solo na ciclagem do carbono dentro da biosfera real! (Para mais informações sobre a Biosfera II, acesse www.biospheres.com, Torbert e Johnson [2001] e Walford [2002]).

Trajetórias do carbono

Os processos básicos envolvidos no ciclo global do carbono são mostrados na Figura 11.2. Sabe-se que as plantas absorvem dióxido de carbono da atmosfera. Então, por meio do processo de fotossíntese, a energia da luz solar é captada para formar as ligações entre os átomos de carbono, formando moléculas orgânicas (como as descritas na Seção 11.2). Algumas dessas moléculas orgânicas são usadas como fonte de energia (através da respiração) pelas próprias plantas (especialmente pelas raízes) – com o carbono retornando à atmosfera na forma de dióxido de carbono. Os demais materiais orgânicos são armazenados temporariamente como constituintes da vegetação viva, a maior parte dos quais é adicionada ao solo como resíduo vegetal (incluindo o de culturas) ou restos de raízes (Seção 10.7). Algumas partes das plantas podem ser ingeridas pelos animais (incluindo o homem). Nesse caso, cerca de metade do carbono ingerido é exalada para a atmosfera como dióxido de carbono, e a outra metade é, por fim, devolvida ao solo na forma de dejetos ou tecidos orgânicos. Uma vez depositados sobre ou no solo, esses tecidos vegetais ou animais são metabolizados (digeridos) pelos organismos do solo, que gradualmente devolvem esse carbono para a atmosfera, na forma de dióxido de carbono.

Imagens de satélite que mostram o C movendo-se da atmosfera para a biosfera: www.gsfc.nasa.gov/topstory/20010327colors_of_life.html

O dióxido de carbono também reage no solo para produzir o ácido carbônico (H_2CO_3), carbonatos e bicarbonatos de cálcio, potássio, sódio e magnésio. Os bicarbonatos são facilmente solúveis e podem ser removidos pelas águas de drenagem. Os carbonatos, como a calcita ($CaCO_3$), são muito menos solúveis e tendem a se acumular em solos sob condições alcalinas. Embora este capítulo se concentre no C orgânico no solo, o seu teor de C inorgânico, principalmente na forma de carbonatos, pode ser substancial, especialmente nas regiões áridas (Tabela 11.1). Geral-

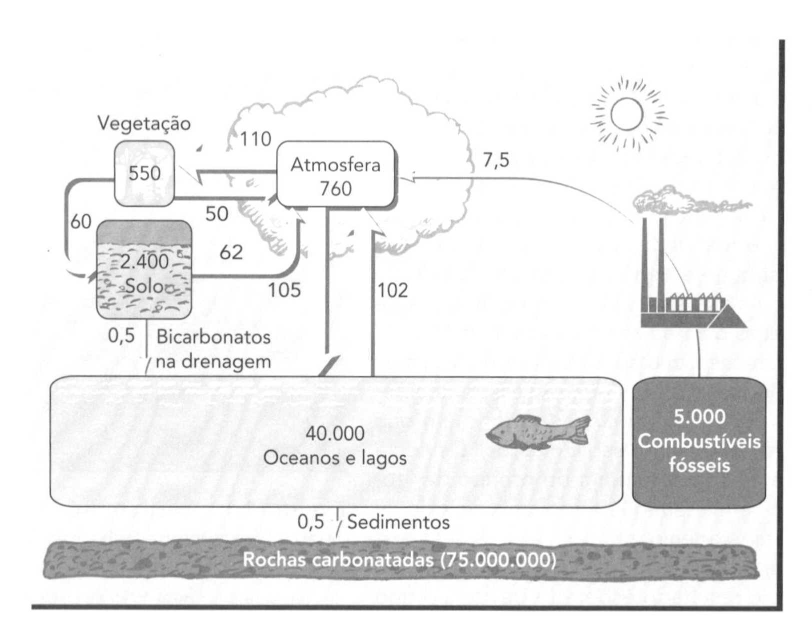

Figura 11.2 Uma representação simplificada do ciclo global do carbono, enfatizando aqueles reservatórios que interagem com a atmosfera. Os números nos retângulos indicam petagramas (Pg = 10^{15} g) de carbono armazenados nos maiores reservatórios. Os números próximos às setas mostram a quantidade de carbono que anualmente (Pg/ano) passa por vários processos entre os reservatórios. Note que o solo contém quase duas vezes mais carbono que a vegetação e a atmosfera combinadas. Desequilíbrios causados por atividades humanas podem ser vistos no fluxo de carbono para a atmosfera pela queima de combustíveis fósseis (7,5) e pelo fato de que mais carbono está saindo (62+0,5) do que entrando (60) no solo. Esses desequilíbrios são apenas parcialmente compensados pelo aumento da absorção de carbono pelos oceanos. O resultado final é que um total de 221,5 Pg/ano entra na atmosfera, enquanto apenas 215 Pg/ano de carbono são removidos. Dessa forma, é fácil perceber por que os níveis de dióxido de carbono na atmosfera estão aumentando. (Dados do IPCC [2007]; estimativas de carbono do solo de Batjes [1996])

mente, como acontece com o C na matéria orgânica do solo, a maior parte do C do bicarbonato e também algum C do carbonato dos solos é devolvido à atmosfera na forma de CO_2.

O metabolismo microbiano e a interação com argilas no solo produzem alguns materiais orgânicos tão estáveis que décadas, ou mesmo séculos, podem passar antes que o carbono deles seja devolvido à atmosfera como dióxido de carbono. Essa resistência à degradação da matéria orgânica permite que ela se acumule nos solos.

Fontes de carbono

Em termos globais, em qualquer época, aproximadamente 2.400 petagramas (Pg ou 10^{15} g) de carbono são armazenados nos perfis, na forma de matéria orgânica do solo (excluindo a serrapilheira da superfície). Cerca de um terço encontra-se em profundidades abaixo de 1 m (e, portanto, não mostrado na Tabela 11.1). Um adicional de 940 Pg está armazenado como carbonatos do solo, que podem liberar CO_2 sob a ação do intemperismo. No total, cerca de duas vezes mais carbono é armazenada no solo do mundo do que na soma de sua vegetação e atmosfera (Figura 11.2). É claro que esse carbono não está distribuído igualmente entre todos os tipos de solos (Tabela 11.1). Cerca de 45% do carbono orgânico total está contido em solos de apenas três ordens: *Histosols*, *Inceptisols* e *Gelisols*. Os *Histosols* (e a subordem *Histels* dos *Gelisols*) têm expressão limitada, mas contêm grandes quantidades de matéria orgânica por unidade de área. Os *Inceptisols* (e *Gelisols* não *histic*) contêm apenas concentrações moderadas de carbono, mas cobrem vastas áreas do globo. As razões para as quantidades variáveis de carbono orgânico em diferentes solos serão vistas em detalhe na Seção 11.8.

Tabela 11.1 Massa de carbono orgânico e inorgânico nos solos do mundo

Valores para 1 m da parte superior do solo, representando 75 a 90% do carbono da maior parte dos perfis dos solos. O carbono inorgânico está presente, principalmente, na forma de carbonatos de cálcio em solos de regiões mais secas. O conjunto de todos os solos das terras úmidas contém 468 Pg de C orgânico, o que significa perto de 30,3% do total do C orgânico dos solos do mundo.

		Carbono no globo[a] nos primeiros 100 cm superficiais			
		Orgânico	Inorgânico	Total	
Ordem do solo	Área global, 10^3 km^2		Pg		Total, %
Entisols	21.137	90	263	353	14,2
Inceptisols	12.863	190	34	224	9,0
Histosols	1.526	179	0	180	7,2
Andisols	912	20	0	20	0,8
Gelisols	11.260	316	7	323	12,9
Vertisols	3.160	42	21	64	2,6
Aridisols	15.699	59	456	515	20,6
Mollisols	9.005	121	116	237	9,5
Spodosols	3.353	64	0	64	2,6
Alfisols	12.620	158	43	201	8,0
Ultisols	11.052	137	0	137	5,5
Oxisols	9.810	126	0	126	5,1
Terras diversas	18.398	24	0	24	1,0
Total	130.795	1.526	940	2.468	100,0

[a]A matéria orgânica pode ser aproximadamente estimada como 2,0 vezes este valor, apesar de o número a ser multiplicado, e tradicionalmente usado, ser 1,72. O nitrogênio orgânico também pode ser estimado, para a maior parte dos solos, com base nos valores de carbono, dividindo-os por 12 (Seção 11.3).

Pg= petagramas= 10^{15} g.

Dados selecionados de Eswaran et al. (2000).

Em um agroecossistema estável, a liberação de carbono na forma de dióxido de carbono por oxidação da matéria orgânica do solo (principalmente pela respiração microbiana) é equilibrada pela entrada de carbono na forma de resíduos de plantas (e, em grau muito menor, de resíduos de origem animal). No entanto, como abordado na Seção 11.8, algumas modificações em determinados sistemas, como desmatamento, drenagem artificial e certos tipos de cultivos e incêndios, resultam em uma maior perda líquida de carbono do sistema solo.

Previsões, dados e análises de emissões de C: www.eia.doe.gov/environment.html

A Figura 11.2 mostra que, de modo global, a emissão de carbono do solo para a atmosfera é, aproximadamente, de 62 Pg/ano, enquanto apenas cerca de 60 Pg/ano entra no solo a partir da atmosfera na forma de resíduos vegetais. Esse desequilíbrio, próximo de 2 Pg/ano, juntamente com cerca de 7,5 Pg/ano de carbono liberado pela queima de combustíveis fósseis (no qual o carbono foi sequestrado da atmosfera milhões de anos atrás), é apenas parcialmente compensado pelo aumento da absorção de dióxido de carbono atmosférico pelo oceano. A queima de combustíveis fósseis e as práticas de uso do solo que o degradam têm aumentado a concentração de dióxido de carbono na atmosfera a um ritmo acelerado – de 290 para 390 ppm somente no século passado. As consequências dos desequilíbrios do dióxido de carbono e de outras emissões de gases do efeito estufa serão tratadas na Seção 11.9, após considerarmos os processos envolvidos no ciclo do carbono.

11.2 O PROCESSO DE DECOMPOSIÇÃO NOS SOLOS

Composição do resíduo de plantas

Os resíduos vegetais são os principais materiais que estão se decompondo nos solos e, por isso, são as principais fontes de matéria orgânica. Os tecidos vegetais verdes contêm 60 a 90% de água em peso (Figura 11.3). Se os tecidos da planta são secados para remover toda a água, a *matéria seca* remanescente consiste em sua maior parte (pelo menos 90 a 95%) de carbono, oxigênio e hidrogênio. Durante a fotossíntese, as plantas obtêm esses elementos a partir do dióxido de carbono e da água. Se a matéria seca é queimada (oxidada), eles voltam a se transformar em dióxido de carbono e água. Obviamente, alguma cinza e fumaça também serão formadas com a queima, representando os 5 a 10% restantes da matéria seca. Nas cinzas e na fumaça podem ser encontrados muitos nutrientes originalmente absorvidos pelas plantas do solo. Esses nutrientes presentes nas cinzas serão considerados em mais detalhe no Capítulo 12.

Diversidade genética associada com a degradação da quitina no solo: http://soilbio.nerc.ac.uk/Download/newsletter5.PDF

Os compostos orgânicos dos tecidos vegetais podem ser agrupados em algumas grandes categorias (Figura 11.3). Carboidratos, que variam em complexidade desde açúcares simples até amidos e celulose, são geralmente os mais abundantes compostos vegetais orgânicos. As **ligninas** e os **polifenóis** são notoriamente resistentes à decomposição. Certas partes da planta, especialmente sementes e revestimentos de folhas, contêm quantidades significativas de gorduras, ceras e óleos, os quais são mais complexos que os carboidratos, mas menos complexos do que as ligninas. As **proteínas**, por sua vez, contêm cerca de 16% de nitrogênio e se decompõem facilmente. Os compostos orgânicos podem ser listados, em termos de facilidade de decomposição, da seguinte forma:

1. Açúcares, amidos e proteínas simples — Decomposição rápida
2. Proteínas brutas
3. Hemicelulose
4. Celulose
5. Gorduras e ceras
6. Ligninas e compostos fenólicos — Decomposição muito lenta

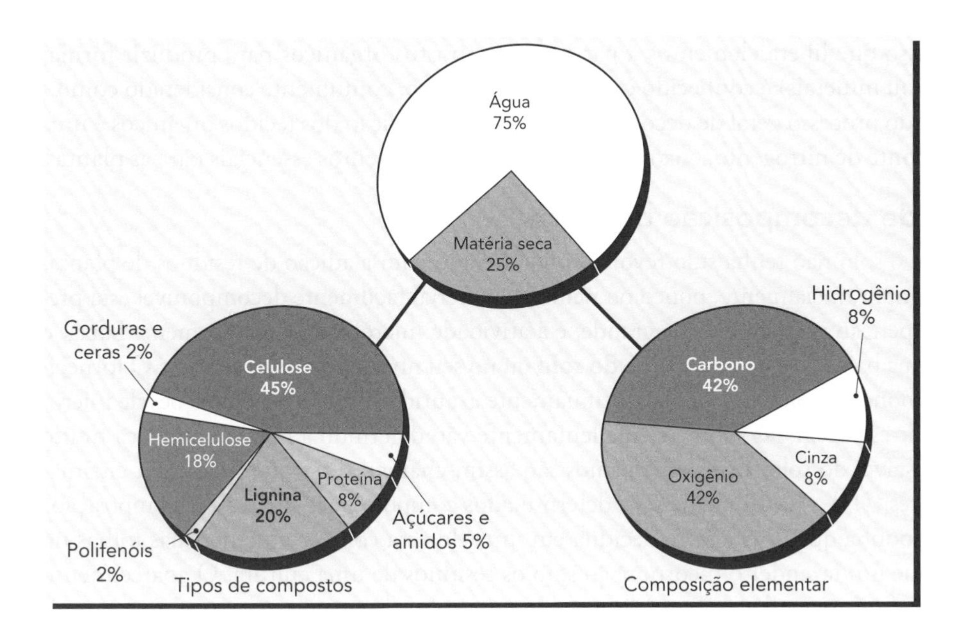

Figura 11.3 Composição típica de material verde representativo de plantas. Os principais tipos de compostos orgânicos são indicados à esquerda e a composição elementar, à direita. Considera-se que a cinza inclui todos os elementos constitutivos que não o carbono, o oxigênio e o hidrogênio (nitrogênio, cálcio, enxofre, etc.).

Decomposição de compostos orgânicos em solos aeróbicos

A **decomposição** provoca a quebra de grandes moléculas orgânicas em componentes menores e mais simples. Quando um tecido orgânico é adicionado a um solo bem aerado, podem ocorrer três reações microbiológicas aeróbicas básicas: (1) oxidação enzimática de compostos de carbono para produzir dióxido de carbono, água, energia e biomassa de decompositores; (2) liberação e/ou imobilização de nutrientes, como nitrogênio, fósforo e enxofre, por uma série de reações específicas que são relativamente únicas para cada elemento; (3) formação de compostos muito resistentes à ação microbiana, tanto pela modificação de compostos do tecido original como por intermédio da síntese microbiana.

Decomposição: um processo de oxidação Em um solo bem aerado, todos os compostos orgânicos encontrados em resíduos de plantas estão sujeitos à oxidação:

$$\underset{\text{Carbono e compostos contendo hidrogênio}}{R - (C, 4H)} + 2O_2 \xrightarrow[\text{enzimática}]{\text{Oxidação}} CO_2\uparrow + 2H_2O + \text{energia } (478 \text{ kJ mol}^{-1} \text{ C}) \tag{11.1}$$

Muitas etapas intermediárias estão envolvidas nessa reação, a qual é acompanhada por importantes passos colaterais que, por sua vez, envolvem outros elementos além do carbono e do hidrogênio. Mesmo assim, essa reação básica é responsável por boa parte da decomposição da matéria orgânica no solo, bem como pelo consumo de oxigênio e liberação de CO_2.

A celulose e o amido possuem longas cadeias (polímeros) de moléculas de açúcar, as quais são quebradas em cadeias curtas (por organismos bastante especializados) em seguida, em moléculas individuais de açúcar (glicose), as quais podem ser metabolizadas (como na Equação 11.1) por muitos organismos diferentes.

Quando as proteínas vegetais se decompõem, elas produzem não somente dióxido de carbono e água, mas também aminoácidos. Desse modo, esses compostos de nitrogênio e enxofre se degradam ainda mais, produzindo substâncias simples, como íons inorgânicos de amônio (NH_4^+), nitrato (NO_3^-) e sulfato (SO_4^{2-}), que estão em formas disponíveis para a nutrição das plantas. As moléculas de lignina são muito grandes e complexas, com centenas de subunidades fenólicas interligadas em forma de anéis, as quais apenas poucos micro-organismos podem quebrar. Depois que essas subunidades da lignina são separadas, muitos tipos de micro-organismos participam de suas decomposições.

O processo que libera elementos a partir de compostos orgânicos para produzir formas inorgânicas (ou minerais) é conhecido como **mineralização**, comumente considerado como a última etapa do processo geral de decomposição. A decomposição dos tecidos orgânicos é uma importante fonte de nitrogênio, enxofre, fósforo e outros elementos essenciais para as plantas.

Exemplo de decomposição orgânica

Suponha que o solo não tenha sido revolvido ou alterado com a adição de resíduos de plantas por algum tempo. Inicialmente, pouco ou nenhum material facilmente decomponível está presente. A competição por alimentos é grande, e a atividade microbiana é relativamente baixa, o que se reflete na baixa taxa de **respiração do solo** ou no seu nível de emissão de CO_2. O fornecimento de carbono do solo vem sendo continuamente exaurido. Pequenas populações de micro-organismos **k-estrategistas** sobrevivem e lentamente vão digerindo a matéria orgânica muito resistente e estável do solo. Esses organismos são assim chamados porque produzem enzimas com constantes (*k*) de alta afinidade para determinados compostos resistentes à decomposição.

Agora suponha que uma árvore decídua em uma floresta comece a perder suas folhas no outono ou que um fazendeiro incorpore ao solo os resíduos de uma cultura. O aparecimento de compostos facilmente decomponíveis e geralmente solúveis em água, como açúcares, amidos e aminoácidos, estimulam um aumento quase imediato da atividade metabólica entre os micro-organismos do solo. Logo, os k-estrategistas de ação mais lenta são ultrapassados pela rápida multiplicação de populações de organismos *oportunistas* ou *colonizadores* que foram despertados de seu estado dormente devido à presença de novos alimentos. Esses organismos são conhecidos como **r-estrategistas**, assim chamados por sua rápida taxa (r) de crescimento e reprodução, a qual lhes permite tirar proveito de uma súbita afluência de alimentos. A evolução da população microbiana e do dióxido de carbono, proveniente da respiração microbiana, aumenta exponencialmente em resposta à nova fonte de alimento (parte superior da Figura 11.4). Dessa forma, logo a atividade microbiana atinge seu auge, a energia é rapidamente liberada, e o dióxido de carbono se forma em grandes quantidades. À medida que os organismos se multiplicam, a **biomassa microbiana** aumenta e também sintetiza novos compostos orgânicos fora de suas células. Neste ponto, a biomassa microbiana pode ser responsável por até um sexto da matéria orgânica presente no solo, e a atividade microbiana intensa pode até estimular a quebra de alguma matéria orgânica mais resistente, em um fenômeno ativador conhecido como **efeito *priming***.

Com toda essa frenética atividade microbiana, os compostos facilmente decomponíveis são exauridos. Enquanto os especializados k-estrategistas continuam seu lento trabalho degradando celulose e lignina, os r-estrategistas começam a morrer de fome. Com as populações microbianas se reduzindo, as células mortas são facilmente digeríveis, tornando-se assim uma fonte de alimento para os sobreviventes, que continuam a liberar dióxido de carbono e água. A decomposição das células microbianas mortas também está associada com a **mineralização** ou a geração de produtos inorgânicos simples, como os nitratos e os sulfatos. Com a contínua redução das fontes de alimentos, a atividade microbiana continua a diminuir, e os restrategistas entram de novo em comparativa quiescência. Um pouco do material residual original persiste, principalmente na forma de pequenas partículas que se tornam **fisicamente protegidas** contra a deterioração – por terem se alojado no interior dos microporos do solo demasiadamente pequenos para permitir o acesso à maioria dos organismos. Parte do carbono restante está **quimicamente protegida** pela sua conversão em **húmus do solo**, que é uma mistura heterogênea de cor escura e predominantemente coloidal de lignina modificada com novos compostos orgânicos. O húmus é altamente resistente à decomposição e pode estar ainda bastante protegido por ligações, muito estáveis, com as partículas de argila. Assim, uma pequena porcentagem do carbono adicionado como resíduo foi retido, aumentando um pouco o estoque de matéria orgânica estável do solo. Em um ecossistema estável, esse aumento irá

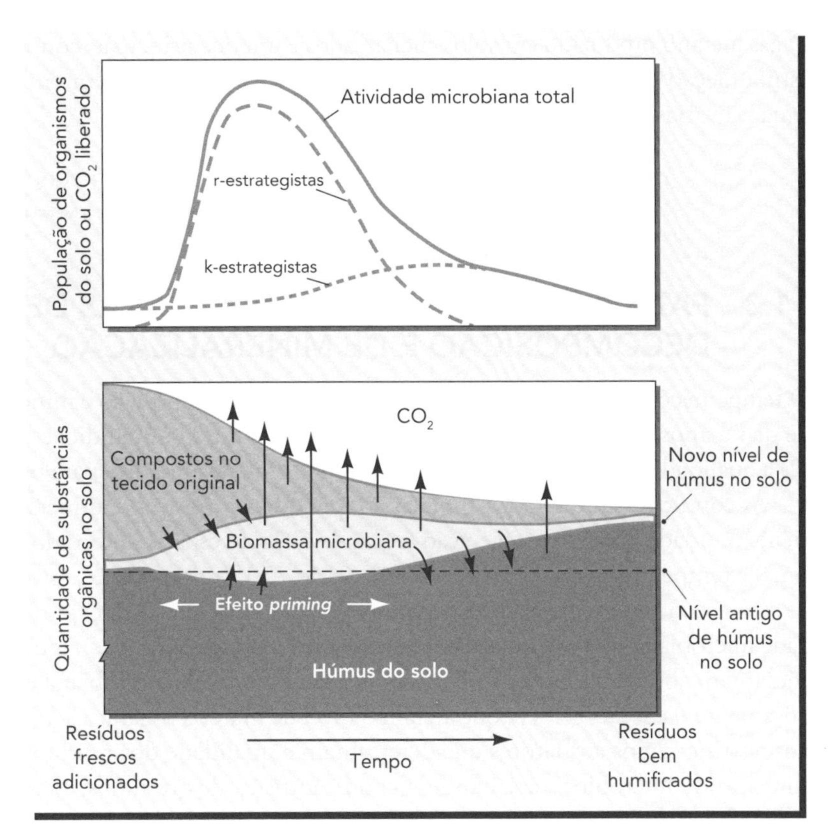

Figura 11.4 Esquema das mudanças gerais que ocorrem quando resíduos vegetais frescos são adicionados a um solo. As setas indicam a transferência de carbono entre os compartimentos. O gráfico superior mostra o crescimento relativo ou a atividade dos micro-organismos r-estrategistas (oportunistas), k-estrategistas (mais especializados) e a soma desses dois grupos. O tempo necessário para o processo vai depender da natureza dos resíduos e do solo. A maior parte do carbono liberado durante a rápida decomposição inicial dos resíduos é convertida em dióxido de carbono, mas pequenas quantidades de carbono são convertidas em biomassa microbiana (bem como em produtos da síntese) e, finalmente, em húmus do solo. O pico da atividade microbiana parece ativar a decomposição do húmus original, um fenômeno conhecido como efeito *priming*. No entanto, o nível de húmus permanece aumentado até o final do processo. Onde a vegetação, o meio ambiente e o manejo permanecem estáveis por um longo tempo, o teor de húmus do solo vai chegar a um nível de equilíbrio, no qual o carbono adicionado à reserva de húmus (por meio da decomposição de resíduos vegetais) é equilibrado pelo carbono perdido com a decomposição do húmus existente no solo.

provavelmente ser compensado durante cada ciclo anual por uma lenta e contínua decomposição pelos k-estrategistas, resultando em uma pequena mudança líquida na matéria orgânica do solo de um ano para outro.

Decomposição em solos anaeróbicos

Sem a presença de oxigênio suficiente, os organismos aeróbicos não podem atuar, de forma que os organismos anaeróbicos facultativos se tornam dominantes no solo. Em condições de baixos níveis de oxigênio ou anaerobiose, a decomposição ocorre muito mais lentamente do que quando o oxigênio é abundante. Assim, os solos saturados com água e deficientes em oxigênio tendem a acumular grandes quantidades de matéria orgânica apenas parcialmente decomposta.

Os produtos da decomposição anaeróbica incluem uma grande variedade de compostos orgânicos parcialmente oxidados. A decomposição anaeróbica libera relativamente pouca energia para os organismos nela envolvidos e, portanto, os produtos finais (alcoóis e gás metano) ainda contêm muita energia. Alguns dos produtos da decomposição anaeróbica são motivos de preocupação, porque produzem mau cheiro ou inibem o crescimento das plantas.

O gás metano produzido em solos encharcados é um dos principais contribuintes para o efeito estufa (Seção 11.9). A seguinte reação é típica das que acontecem em solos saturados com água via várias **bactérias metanogênicas** e ***archaea***:

$$\underset{\text{Propionato}}{4C_2H_5COOH} + 2H_2O \xrightarrow{\text{bactérias}} \underset{\text{Acetato}}{4CH_3COOH} + \underset{\text{Dióxido de carbono}}{CO_2\uparrow} + \underset{\text{Metano}}{3CH_4\uparrow} \qquad (11.2)$$

11.3 FATORES QUE CONTROLAM AS TAXAS DE DECOMPOSIÇÃO E DE MINERALIZAÇÃO

O tempo necessário para completar os processos de decomposição e mineralização pode variar de dias a anos, dependendo de dois fatores principais: (1) as condições ambientais do solo e (2) a qualidade dos resíduos adicionados como fonte de alimento para os organismos do solo.

As condições ambientais propícias à rápida decomposição e mineralização incluem suficiente umidade do solo, boa aeração (cerca de 60% do espaço poroso do solo preenchido com água) e temperaturas quentes (25 a 35°C, Seção 7.8). Ironicamente, estresses, como episódios de seca severa, realmente aceleram a mineralização total, devido à explosão dramática da atividade microbiana que ocorre cada vez que o solo reumidece (p. ex., Figura 12.5). Essas condições foram abordadas na Seção 10.9 em relação à atividade microbiana e iremos considerá-las novamente na Seção 11.8, já que afetam o nível de matéria orgânica acumulada no solo. Aqui, nos restringiremos aos fatores que determinam a qualidade dos resíduos como uma fonte de alimento de micróbios, ressaltando a condição física dos resíduos, suas relações C/N e seus conteúdos de lignina e polifenóis.

Fatores físicos que influenciam a qualidade do resíduo

A posição dos resíduos no interior do solo é um fator físico que tem muita influência nas suas taxas de decomposição. Os resíduos de plantas sobre a superfície, como na serrapilheira de uma floresta ou em uma cobertura morta, normalmente resultam em uma taxa de decomposição mais lenta e mais variável do que a do local onde resíduos similares são incorporados no solo por deposição radicular, ação da fauna ou por aração. Os resíduos que ficam na superfície estão sujeitos à secagem, bem como a extremos de temperaturas. Estão, também, fisicamente fora do alcance de muitos organismos, salvo a macrofauna – minhocas e micélios de fungos (Figura 10.11). Comparados aos resíduos da superfície, aqueles que são incorporados estão em íntimo contato com a umidade do solo e os organismos, decompondo-se muito rapidamente e podendo, mais facilmente, perder nutrientes por lixiviação.

O tamanho das partículas dos resíduos é outro importante fator físico, pois quanto menor forem as partículas, mais rapidamente elas serão decompostas. Com a fragmentação dos resíduos, uma maior área superficial e o conteúdo de mais células são expostos à decomposição. Além disso, alguns materiais orgânicos apresentam hidrofobia (repelência à água), que desacelera o processo de umedecimento, dificultando, assim, o ataque pelas enzimas microbianas solúveis em água.

Relação carbono/nitrogênio nos materiais orgânicos e nos solos

O teor de carbono de uma típica matéria seca de plantas é cerca de 42% (Figura 11.3). O conteúdo de nitrogênio de resíduos de plantas é bem menor e muito variável (de <1 a $>6\%$). A relação C/N em resíduos de plantas varia entre 10:1 e 30:1 em folhas verdes jovens de leguminosas para valores tão altos quanto 600:1 para alguns tipos de serragem (Tabela 11.2). Geralmente, à medida que as plantas amadurecem, a proporção de proteínas presente em seus tecidos diminui, enquanto a proporção de lignina e celulose e a relação C/N aumentam. Essas

Tabela 11.2 Valores de carbono e nitrogênio e relação C/N característicos de alguns materiais orgânicos

Material orgânico	% C	% N	C/N
Serragem de abeto	50	0,05	600
Jornal	39	0,3	120
Palha de trigo	38	0,5	80
Palha de milho	40	0,7	57
Serrapilheira de folhas de bordo	48	1,4	34
Esterco curtido de estábulo	41	2,1	20
Grama fertilizada cortada	42	2,2	20
Resíduo de brócolis	35	1,9	18
Feno novo de alfafa	40	3,0	13
Restos de ervilhaca	40	3,5	11
Lodo de esgoto tratado	31	4,5	7
Micro-organismos do solo			
Bactérias	50	10,0	5
Fungos	50	5,0	10
Matéria orgânica do solo			
Média de horizontes O sob floresta	50	1,3	45
Média de horizontes A sob floresta	50	2,8	20
Horizonte Ap de um *Mollisol*	56	4,9	11
Média do horizonte B	46	5,1	9

diferenças em composição têm grande efeito na taxa de decomposição, quando resíduos de plantas são adicionados ao solo. Entre os micro-organismos, as bactérias são geralmente mais ricas em proteínas do que os fungos, os quais, em consequência, têm relação C/N mais baixa (5:1 *versus* 10:1).

A relação C/N na matéria orgânica de uma camada arável (cultivada) superficial (Ap) comumente varia entre 8:1 e 15:1, a mediana estando em torno de 12:1. A relação é geralmente mais baixa nos horizontes subsuperficiais do que nos mais superficiais. Em uma dada região climática, pequenas variações ocorrem na relação C/N para solos manejados de forma similar. Por exemplo, nos solos das pradarias de clima semiárido (*Mollisols* e *Alfisols* tropicais), ricos em cálcio, a relação C/N é relativamente baixa. Em regiões úmidas, muitos horizontes A, mais severamente lixiviados e ácidos, a relação C/N varia entre 30:1 e 50:1. Quando tais solos são cultivados e os seus valores de pH e os conteúdos de cálcio se elevam, provocam um aumento da decomposição, o que tende a reduzir a relação C/N para próximo de 12:1.

Os micro-organismos do solo, assim como outros micróbios, necessitam de um equilíbrio de nutrientes para construir as suas células e obter energia. Os organismos do solo precisam de carbono para elaborarem compostos orgânicos essenciais à obtenção dessa energia. No entanto, eles devem também obter nitrogênio suficiente para sintetizar os componentes celulares contendo nitrogênio, como aminoácidos, enzimas e DNA. Em média, os micro-organismos do solo devem incorporar em suas células cerca de oito partes de carbono para uma parte de nitrogênio. Em razão de somente cerca de um terço do carbono metabolizado por micróbios ser incorporado em suas células (o restante é respirado e perdido como CO_2), os micróbios precisam encontrar cerca de 1 g de N para cada 24 g de C de seu "alimento".

Essa necessidade resulta em duas consequências práticas extremamente importantes. Primeira, se a relação C/N do material orgânico adicionado ao solo exceder 25:1, os micro-organismos do solo terão que procurar mais nitrogênio na solução do solo. Assim, a incorporação de resíduos com alta relação C/N reduzirá o teor de nitrogênio solúvel, causando deficiência de nitrogênio à planta. Segunda, a decomposição da matéria orgânica pode ser retardada se o nitrogênio necessário à manutenção do crescimento microbiano não estiver suficientemente presente no material em decomposição nem na solução do solo.

Exemplos da liberação de nitrogênio inorgânico durante o processo de decomposição

O significado prático da relação C/N torna-se evidente se compararmos as mudanças que ocorrem no solo quando os resíduos de alta ou baixa relação C/N são a ele adicionados (Figura 11.5). Considere um solo com um nível moderado de nitrogênio solúvel (principalmente na forma de nitrato). A atividade microbiana neste solo é baixa, como evidenciado pela baixa produção de CO_2. Se nenhum nitrogênio for perdido ou absorvido pelas plantas, o nível de nitrato aumentará muito lentamente, à medida que a matéria orgânica do solo for se decompondo.

Agora considere o que acontece quando uma grande quantidade de material orgânico, prontamente decomponível, é adicionada a esse solo. Se o material tem uma relação C/N maior que 25, as mudanças ocorrerão de acordo com o padrão mostrado na Figura 11.5*a*. Nesse exemplo, a relação C/N inicial dos resíduos é cerca de 60, própria de muitos tipos de serrapilheira, e, assim que os resíduos entram em contato com o solo, a comunidade microbiana responde ao novo alimento oferecido (Seção 11.2). Os r-estrategistas heterotróficos tornam-se ativos, multiplicam-se rapidamente e produzem CO_2 em grandes quantidades. Em razão da demanda microbiana de N, pouco ou nenhum nitrogênio mineral (NH_4^+ ou NO_3^-) fica disponível para as plantas superiores durante esse **período de depressão do nitrato**. Como os micróbios usam o suprimento de carbono facilmente oxidável, o número de células

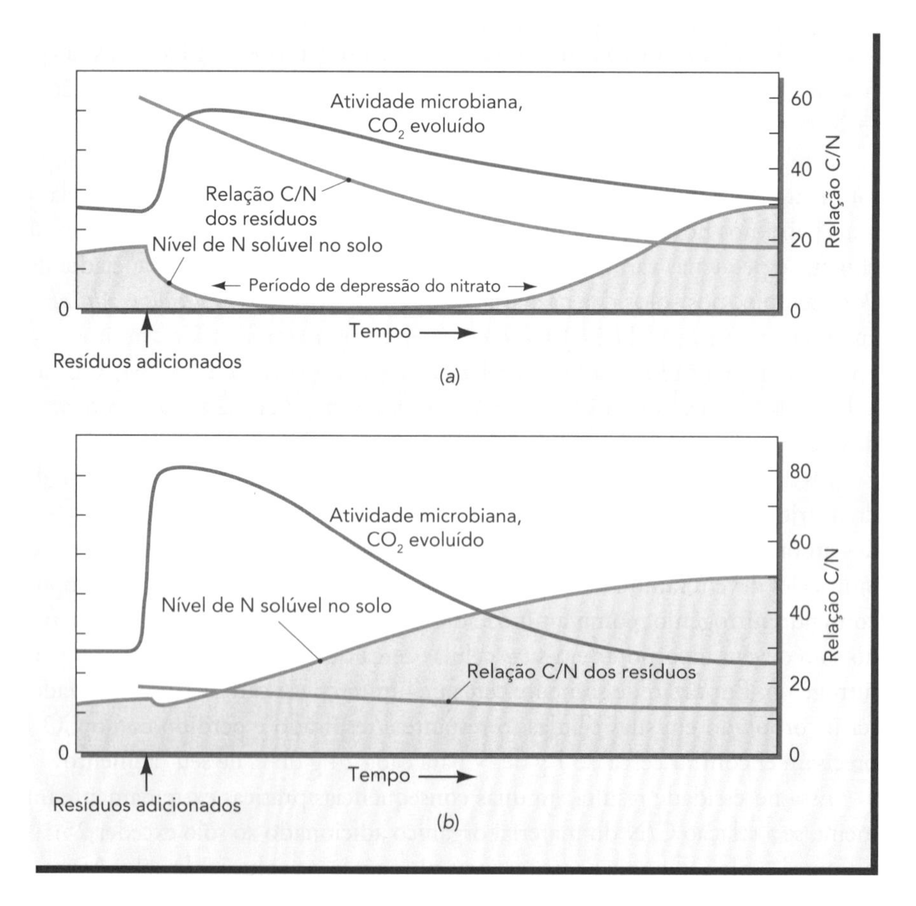

Figura 11.5 Mudanças na atividade microbiana, no nível de nitrogênio solúvel e na relação C/N residual, após a adição de materiais orgânicos com relação C/N alta (*a*) ou baixa (*b*). Onde a relação C/N dos resíduos adicionados é acima de 25, os micróbios que digerem os resíduos devem completar o nitrogênio contido nos resíduos com nitrogênio solúvel do solo. Durante o período resultante da carência do nitrato, uma maior competição entre plantas e micro-organismos seria suficientemente severa para causar deficiência de nitrogênio nas plantas. Note que, em ambos os casos, o N solúvel no solo, em última análise, aumenta em relação ao seu nível original, uma vez que o processo de decomposição é acelerado. As tendências são indicadas para solos sem o crescimento das plantas – se elas estivessem presentes, iriam continuamente remover uma parte do nitrogênio solúvel, assim que ele fosse liberado.

e a formação de dióxido de carbono caem, e a competição pelo nitrogênio também decresce. À medida que a decomposição se processa, a relação C/N do material vegetal remanescente diminui; isso porque o carbono está sendo liberado (pela respiração) e o nitrogênio está sendo conservado (por incorporação nas células microbianas). Geralmente, quando a relação C/N cai abaixo de cerca de 20, o nitrato aparece novamente em grandes quantidades e a condição original irá retornar, exceto se o solo for rico tanto em nitrogênio quanto em húmus.

O período de depressão do nitrato pode durar alguns dias, semanas ou vários meses. Para evitar a produção de mudas raquíticas, cloróticas e deficientes em nitrogênio, o plantio deve ser adiado até depois do período de depressão do nitrato ou, então, outras fontes de nitrogênio podem ser aplicadas para satisfazer as necessidades nutricionais tanto dos micro-organismos como das plantas.

Com materiais orgânicos de baixa relação C/N (Figura 11.5*b*), quantidades mais do que suficientes de nitrogênio estarão presentes para atender às necessidades dos organismos decompositores. Portanto, logo após começar a decomposição, parte do N de compostos orgânicos é liberada à solução do solo, aumentando o nível de nitrogênio solúvel disponível para absorção pelas plantas. Geralmente, os materiais ricos em nitrogênio se decompõem com muita rapidez, resultando em um período de intenso aumento da atividade microbiana, mas sem carência de nitrato.

Influência da ecologia do solo

Na natureza, o processo de mineralização do nitrogênio abrange toda a cadeia alimentar (ver Seção 10.2) e não somente os fungos e as bactérias saprófitas. Por exemplo, quando as bactérias e os fungos crescem rapidamente na presença de alimento, a grande biomassa de células desses micro-organismos contém muito do nitrogênio que originalmente estava contido nos resíduos. Esse nitrogênio é imobilizado em uma forma não disponível às plantas. No entanto, quando certos nematoides, protozoários e minhocas se alimentam de bactérias e fungos, os animais irão ingerir mais nitrogênio do que podem utilizar. Então eles excretam para a solução do solo o NH_4^+ que está disponível para ser absorvido pelas plantas. Dessa forma, a atividade alimentar dos animais do solo pode aumentar a taxa de mineralização do nitrogênio em 100%. Um sistema de manejo do solo que favoreça uma complexa cadeia alimentar (Seção 10.13), com muitos níveis tróficos, pode ser considerado como intensificador da ciclagem e uso eficiente do nitrogênio (e de outros nutrientes).

Influência do conteúdo de lignina e polifenóis na matéria orgânica

O conteúdo de lignina de restos de plantas varia de menos de 2% a mais de 50%. Os materiais com alto conteúdo de lignina se decompõem muito lentamente. Além disso, os resíduos de plantas, com 5 a 10% de polifenóis na matéria seca, podem também inibir a decomposição.

Complexidades da decomposição e liberação de nutrientes na madeira oriunda de florestas do noroeste dos Estados Unidos: http://oregonstate.edu/dept/ncs/newsarch/2005/Aug05/decay.htm

Os resíduos ricos em fenóis e/ou lignina são considerados como de *baixa qualidade* para os organismos do solo que atuam nos ciclos do carbono e dos nutrientes, porque eles suportam apenas baixos níveis de atividade da biomassa microbiana. A produção de tais resíduos de plantas por certas florestas pode ajudar a explicar o acúmulo de níveis extremamente elevados de nitrogênio e carbono humificados nos solos sob florestas boreais adultas.

O conteúdo de lignina e de fenóis também influencia a decomposição e a liberação de nitrogênio de **adubos verdes**, que são resíduos de plantas utilizados para enriquecer os solos agrícolas. A Figura 11.6 ilustra os efeitos combinados da relação C/N e do conteúdo de lignina ou de fenóis no equilíbrio entre a imobilização e a mineralização de nitrogênio durante a decomposição dos resíduos vegetais.

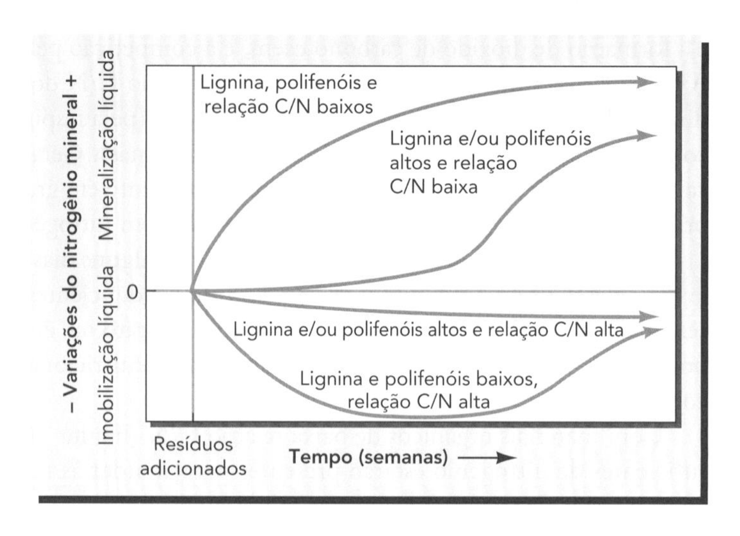

Figura 11.6 Padrões temporais de mineralização ou imobilização do nitrogênio com resíduos orgânicos que diferem em qualidade com base na sua relação C/N e no conteúdo de lignina e polifenóis. As quantidades de lignina superiores a 20%, as de polifenóis superiores a 3% e a relação C/N maior que 30 seriam todas consideradas altas, de acordo com este diagrama. A combinação dessas propriedades pode ser usada para caracterizar uma serrapilheira ou palhada de baixa qualidade; ou seja, um substrato que tem um potencial limitado para a decomposição microbiana e a mineralização de nutrientes para as plantas. (Diagrama: cortesia de R. Weil)

11.4 NATUREZA E GÊNESE DA MATÉRIA ORGÂNICA DO SOLO E DO HÚMUS

Tudo sobre o húmus – um ponto de vista da Polônia: www.ar.wroc.pl/~weber/humic.htm

Usamos o termo **matéria orgânica do solo (MOS)** para identificar todos os seus componentes orgânicos, ou seja: (1) a **biomassa** viva (tecidos intactos de plantas, animais e micro-organismos), (2) as raízes mortas e outros resíduos, tanto de vegetais como da serrapilheira, que são reconhecíveis (na prática, as partículas retidas por uma peneira de 2 mm de abertura de malha são, muitas vezes, excluídas) e (3) uma mistura (em grande parte amorfa e coloidal) de substâncias orgânicas complexas já não identificáveis como tecidos. Apenas a terceira categoria de material orgânico é propriamente nomeada **húmus do solo** (Figura 11.7). Uma vez que o elemento carbono (C) desempenha um importante papel na estrutura química de todas as substâncias orgânicas, não é de se estranhar que o termo **carbono orgânico do solo (COS)** seja usado com frequência para se referir ao C que compõe a matéria orgânica do solo. Uma vez que a MOS comumente contém cerca de 50% do peso em carbono (50% C), estima-se a MOS como sendo duas vezes a quantidade de carbono orgânico (MOS = 2 × COS).

Transformações microbianas

Com o prosseguimento da decomposição de resíduos vegetais, os micróbios polimerizam (ligam) alguns dos compostos novos e mais simples uns com os outros e com os complexos produtos residuais que, por sua vez, se ligam a longas e complexas cadeias que resistem à

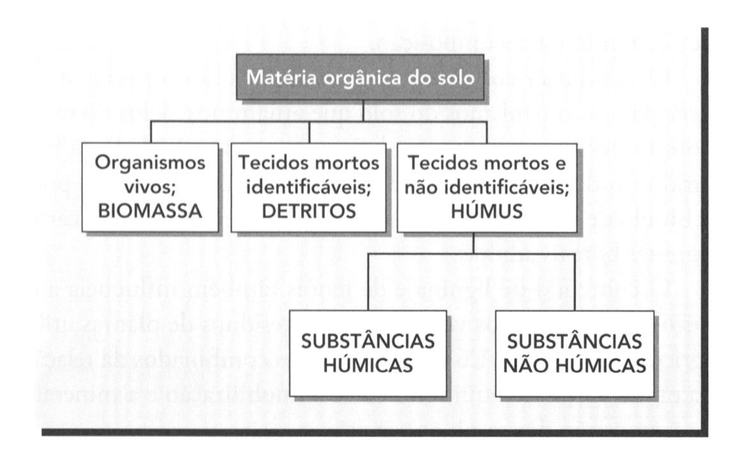

Figura 11.7 Classificação dos componentes da matéria orgânica que podem ser separados por critérios químicos e físicos. Apesar de os resíduos na superfície (serrapilheira e/ou palhada) não serem universalmente considerados como parte da matéria orgânica do solo, eles aqui são incluídos por serem os principais componentes dos horizontes O dos perfis de solo.

decomposição. Esses compostos de alto peso molecular interagem com outros de nitrogênio contendo aminas, dando, assim, origem a um significativo componente do húmus resistente. A presença dos coloides argilosos estimula a polimerização complexa. Esses componentes poliméricos, resistentes, mal definidos e complexos são chamados de **substâncias húmicas**. O termo **substâncias não húmicas** refere-se ao grupo de biomoléculas identificáveis que são produzidas, principalmente, pela ação microbiana e são, geralmente, menos resistentes à degradação.

Um ano após os resíduos de plantas serem adicionados ao solo, muito do carbono já retornou à atmosfera na forma de CO_2; contudo, um quinto a um terço dele, provavelmente, permanece no húmus do solo, ou sob a forma de biomassa viva (~5%) ou como frações húmicas (~20%) e não húmicas (~5%) (Figura 11.8). A proporção remanescente, formada a partir de resíduos de raízes, tende a ser um pouco maior que a incorporada pela serrapilheira.

Substâncias húmicas

A matéria orgânica do solo contém de 60 a 80% de substâncias húmicas, compostas de enormes moléculas, com características estruturais variáveis de anéis aromáticos. As substâncias húmicas geralmente são amorfas, de cor escura e com peso molecular variando de 2.000 a 300.000 g/mol. Devido à sua complexidade, seu material orgânico é muito resistente ao ataque microbiano. Os coloides de húmus têm uma elevada capacidade para retenção de água e cátions. As suas moléculas altamente complexas absorvem quase todos os comprimentos de onda da luz visível, dando à substância a sua cor escura característica (ver o horizonte A húmico nas Pranchas 2 e 8). Dependendo do tipo de ambiente, a meia-vida (tempo gasto para que metade da quantidade da substância seja destruída) das substâncias húmicas pode variar de décadas até séculos.

Substâncias não húmicas

Cerca de 20 a 30% do húmus dos solos consiste em substâncias não húmicas, as quais são geralmente menos complexas e menos resistentes ao ataque microbiano do que os grupos húmicos. Ao contrário das substâncias húmicas, elas são compostas de biomoléculas específicas, com propriedades físicas e químicas definidas. Algumas dessas substâncias não húmicas são compostos oriundos de plantas que foram modificados pela atividade microbiana, enquanto outras são produtos sintetizados por micro-organismos do solo. Um importante exemplo é a chamada *glomalina*, um grupo de compostos de proteínas/açúcares produzido por fungos micorrízicos (ver Seção 10.8).

Alguns compostos simples (como ácidos orgânicos de baixo peso molecular e alguns materiais proteicos) fazem parte do grupo de compostos não húmicos. Embora nenhum desses materiais simples esteja presente em grande quantidade, eles podem influenciar a disponibilidade de nutrientes (como nitrogênio e ferro) para as plantas, bem como afetar diretamente o crescimento delas.

Modelos em 3-D de biomoléculas – compare a complexa proteína do DNA com a molécula da água: www.umass.edu/microbio/chime

Estabilidade do húmus

Estudos usando isótopos radioativos têm mostrado que parte do carbono orgânico incorporado ao húmus há milhares de anos ainda permanece no solo, comprovando que o material húmico pode ser extremamente resistente ao ataque microbiano. Essa resistência à oxidação é importante para manter o nível de matéria orgânica do solo e também para a proteção do nitrogênio a ela associado contra a rápida mineralização e eventual perda. Apesar disso, sem a adição anual de quantidades suficientes de resíduos de plantas, a oxidação microbiana inevitavelmente reduzirá os níveis de matéria orgânica do solo.

Interações argila-húmus A interação com os minerais das argilas fornece outros meios de estabilização da matéria orgânica do solo e do nitrogênio que ela contém. A matéria orgânica que se situa no interior dos ultramicroporos (<1 μm), formados por partículas de argila, é fisicamente inacessível aos micro-organismos decompositores (Figura 8.18). Embora a extensão desse fenômeno e dos seus mecanismos ainda não seja totalmente compreendida, a interação argila-húmus, sem dúvida, contribui para o elevado conteúdo de matéria orgânica característica dos solos argilosos (Seção 11.8).

11.5 INFLUÊNCIAS DA MATÉRIA ORGÂNICA NOS SOLOS E NO CRESCIMENTO DAS PLANTAS

Antigamente, dizia-se que as plantas, em geral, cresciam melhor em solos ricos em matéria orgânica. Essa percepção levou as pessoas a acharem que as plantas, em boa parte, se nutriam ao absorverem o húmus do solo. Sabemos agora que as plantas superiores adquirem seu carbono a partir do dióxido de carbono e que muito de seus nutrientes vêm de íons inorgânicos dissolvidos na solução do solo. Na verdade, as plantas podem completar seu ciclo de vida, crescendo totalmente sem húmus ou mesmo sem solo (como em cultivos sem solo, chamados de **hidropônicos**, um sistema de produção que usa apenas uma solução nutritiva aerada). Isso não quer dizer que a matéria orgânica do solo seja menos importante para as plantas do que era suposto, mas que os seus benefícios revertem-se para elas mesmas, indiretamente, por meio de muitas influências da matéria orgânica nas propriedades do solo. Tais influências serão abordadas mais adiante nesta seção, depois de considerarmos os dois tipos de efeitos diretos da matéria orgânica nas plantas.

Influência direta do húmus nas plantas

O fato de alguns compostos orgânicos serem absorvidos pelas plantas superiores está bem comprovado. Por exemplo, as plantas podem absorver uma variada proporção de nitrogênio e de fósforo, necessária às suas exigências de compostos orgânicos solúveis. Além disso, vários compostos estimuladores do crescimento, como vitaminas, aminoácidos, auxinas e giberelinas, são formados à medida que a matéria orgânica se decompõe. Essas substâncias podem, por vezes, estimular o crescimento tanto das plantas superiores como dos micro-organismos.

Pequenas quantidades de substâncias húmicas na solução do solo podem melhorar certos aspectos relacionados ao crescimento das plantas. Alguns pesquisadores já sugeriram que tais substâncias podem agir em funções específicas das plantas, como nos hormônios reguladores do crescimento. No entanto, não existem evidências que comprovem tal mecanismo. Outros

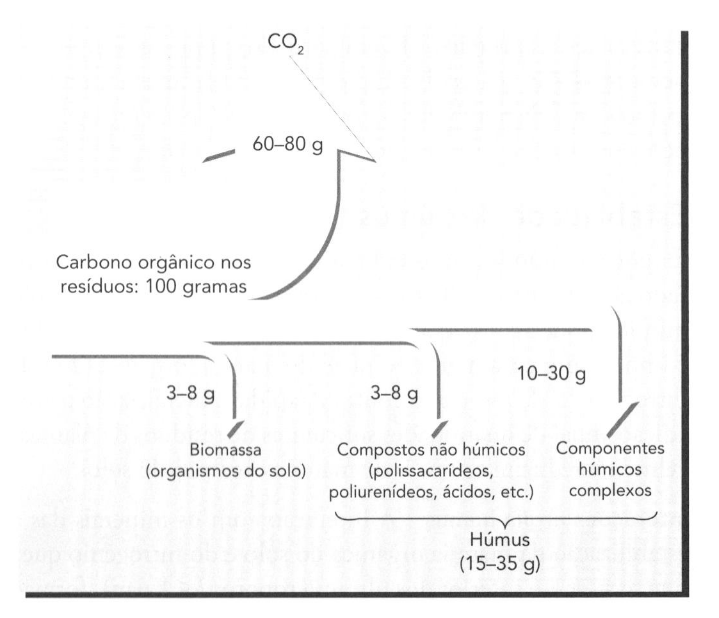

Figura 11.8 Disposição de 100 g de carbono orgânico nos resíduos um ano depois de terem sido incorporados ao solo. Mais de 2/3 do carbono foi oxidado a CO_2, e menos de 1/3 permanece no sistema do solo – algum carbono permane nas células dos organismos do solo, mas grande parte se mantém como componente do húmus. A quantidade convertida em CO_2 é geralmente maior para os resíduos na superfície do que para os resíduos subterrâneos (raízes).

sugerem que as substâncias húmicas estimulam o crescimento das plantas, melhorando a disponibilidade de micronutrientes, especialmente ferro e zinco. Os produtos comerciais à base de humatos têm sido comercializados com a alegação de que, em pequenas quantidades, eles aumentam o crescimento das plantas, mas os testes científicos de muitos desses produtos não foram capazes de mostrar qualquer benefício advindo do seu uso. Isso, provavelmente, porque quantidades eficazes das substâncias húmicas estão naturalmente presentes na maioria dos solos.

Efeitos aleloquímicos[2]

A **alelopatia** é o processo pelo qual uma planta libera no solo uma substância química que afeta o crescimento de outras plantas. A planta pode fazer isso diretamente, pela exudação de **aleloquímicos**, ou por meio de compostos que podem ser lixiviados para fora da folhagem da planta pela interceptação da água de chuva. Em outros casos, o metabolismo microbiano de tecidos de plantas mortas (resíduos) forma os aleloquímicos (Figura 11.9).

Uma revisão sobre alelopatia: www.colostate.edu/Depts/Entomology/courses/en570/papers_2002/mccollum.htm

Os aleloquímicos presentes no solo são aparentemente responsáveis por muitos dos efeitos observados quando várias plantas crescem em associação com outras. Certas ervas invasoras (p. ex., *Johnsongrass* [*Sorghum halepense*] e *foxtail* [*Setaria* sp.]), por produzirem tais produtos químicos, causam danos à cultura, muito além da proporção do número e tamanho das plantas invasoras. Certos resíduos culturais na superfície do solo podem inibir a germinação e o crescimento das plantas da cultura sucessora (p. ex., os resíduos de trigo, muitas vezes, inibem o crescimento das plantas de sorgo).

Outras interações alelopáticas influenciam a sucessão de espécies em ecossistemas naturais. A alelopatia pode ser parcialmente responsável pela invasão de certas espécies de plantas exóticas que rapidamente dominam um novo ecossistema no qual foram recentemente introduzidas. Os aleloquímicos das plantas invasoras podem ser mais eficazes no novo ecossistema do que em seu território de origem, onde espécies de plantas vizinhas tiveram tempo para desenvolver tolerância a elas.

Interações alelopáticas são normalmente muito específicas, envolvendo apenas algumas espécies (ou mesmo variedades), tanto em relação às que produzem quanto às que recebem os produtos finais alelopáticos. Enquanto variam em composição química, a maioria dos aleloquímicos são compostos fenólicos relativamente simples ou ácidos orgânicos que podem fazer parte das substâncias não húmicas encontradas nos solos. Uma vez que a maior parte desses compostos pode ser rapidamente destruída por micro-organismos do solo ou facilmente lixiviados para fora da zona radicular, os efeitos são muitas vezes relativamente de curta duração, depois que a planta-fonte é removida.

A árvore nogueira – efeitos alelopáticos e plantas tolerantes: www.ext.vt.edu/pubs/nursery/430-021/430-021.html

Figura 11.9 Efeitos alelopáticos positivos e negativos do feijão-de-asa (*Psophcarpus tetragonolubus*) em grão de amaranto (*Amaranthus* sp.). No vaso à esquerda (T4), o amaranto está crescendo em solo-testemunha (sem associação com o feijão-de-asa). No vaso do centro (T20), o amaranto está crescendo no solo utilizado anteriormente para o cultivo do feijão-de-asa (efeito positivo). No vaso à direita (T28), o amaranto está crescendo em solo-testemunha, mas a planta foi regada por três vezes com um extrato aquoso de tecido do feijão-de-asa (efeito negativo). O peso seco médio das plantas de amaranto para cada tratamento é mostrado. Todos os vasos foram regados com uma solução nutritiva completa. (Fonte: Weil e Belmont [1987])

[2] Para uma abrangente revisão sobre alelopatia, consulte Inderjit et al. (1999). Para informações sobre a influência de espécies de plantas invasoras, consulte Hierro e Callaway (2003).

Influência da matéria orgânica nas propriedades do solo e indiretamente nas plantas

A matéria orgânica, mesmo quando em pequena quantidade, afeta de forma tão significativa os atributos e os processos do solo que ela é mencionada em todos os capítulos deste livro! A Figura 11.10 resume alguns dos efeitos mais importantes da matéria orgânica nas propriedades do solo e nas interações dele com o ambiente. Muitas vezes, um efeito leva a outro, de modo que a adição de matéria orgânica aos solos resulta em uma complexa cadeia de múltiplos benefícios. Por exemplo, adicionando-se cobertura morta (*mulch*) à superfície do solo, a atividade de minhocas é favorecida, levando à formação de bioporos que, por sua vez, aumentam a infiltração de água e diminuem a sua perda por escoamento – resultado que, finalmente, leva a uma menor poluição de cursos d'água e lagos (veja o canto superior esquerdo da Figura 11.10). Estude detalhadamente a Figura 11.10 e tente acompanhar alguns dos outros mecanismos de influência sobre o solo e o meio ambiente.

Influência nas propriedades físicas do solo O húmus tende a dar, aos horizontes superficiais, cores que variam entre marrom-escuro e preto. Os agregados granulares e estáveis são formados por influência de substâncias não húmicas produzidas por bactérias e fungos (Seção 4.5). As frações húmicas ajudam a reduzir a plasticidade, coesão e aderência de solos argilosos, tornando-os mais fáceis de serem manejados. A retenção de água pelo solo também é melhorada, pois a matéria orgânica aumenta não apenas a taxa de infiltração da água, como também a sua capacidade de retenção. Como vemos, a matéria orgânica tem um efeito muito importante em relação à capacidade de retenção de água dos solos muito arenosos. Essa capacidade, muitas vezes, pode ser melhorada pela adição de resíduos orgânicos estáveis (Figura 11.11).

Influência nas propriedades químicas do solo O húmus geralmente é responsável por 50 a 90% da capacidade de adsorção de cátions no horizonte mais superficial de solos minerais. Da mesma forma que os coloides de argila, ele retem os cátions que são nutrientes (potássio, cálcio, magnésio, etc.) na forma facilmente trocável, podendo, assim, serem usados pelas plantas e de maneira que não sejam facilmente lixiviados para fora do perfil pela percolação da água. Por intermédio de sua capacidade de troca catiônica e dos grupamentos funcionais ácido-base, a matéria orgânica também contribui, em grande parte, para o poder tampão do pH no solo (Seção 9.4). Além disso, o nitrogênio, o fósforo, o enxofre e os micronutrientes são armazenados como constituintes da matéria orgânica do solo, da qual podem ser lentamente liberados pela sua mineralização.

Os ácidos húmicos também atacam os minerais do solo e aceleram seu intemperismo, liberando, assim, nutrientes na forma de cátions trocáveis. Os ácidos orgânicos, polissacarídeos e ácidos fúlvicos podem atacar tais cátions, como Fe^{3+}, Cu^{2+}, Zn^{2+} e Mn^{2+}, situados nas bordas da estrutura dos minerais e nos **quelatos**, ou ligá-los a complexos organominerais estáveis. Alguns desses metais permanecem como nutrientes mais disponíveis para as plantas, porque são mantidos na forma de quelatos solúveis (Capítulo 12). Em solos muito ácidos, a matéria orgânica alivia a toxicidade do íon alumínio através de ligações desse cátion em complexos não tóxicos (Seções 9.2 e 9.9).

Efeitos biológicos A matéria orgânica do solo – especialmente a fração detrítica – fornece a maioria dos alimentos para a comunidade de organismos heterotróficos do solo, descritos no Capítulo 10. Na Seção 11.3, foi mostrado que a qualidade do resíduo vegetal e da matéria orgânica do solo afeta significativamente as taxas de decomposição e, portanto, a quantidade de matéria orgânica acumulada nos solos. O tipo e a diversidade dos resíduos orgânicos mortos de um solo podem influenciar o tipo e a diversidade de organismos que compõem a comunidade de seres presentes no solo, afetando, assim, indiretamente, plantas e animais.

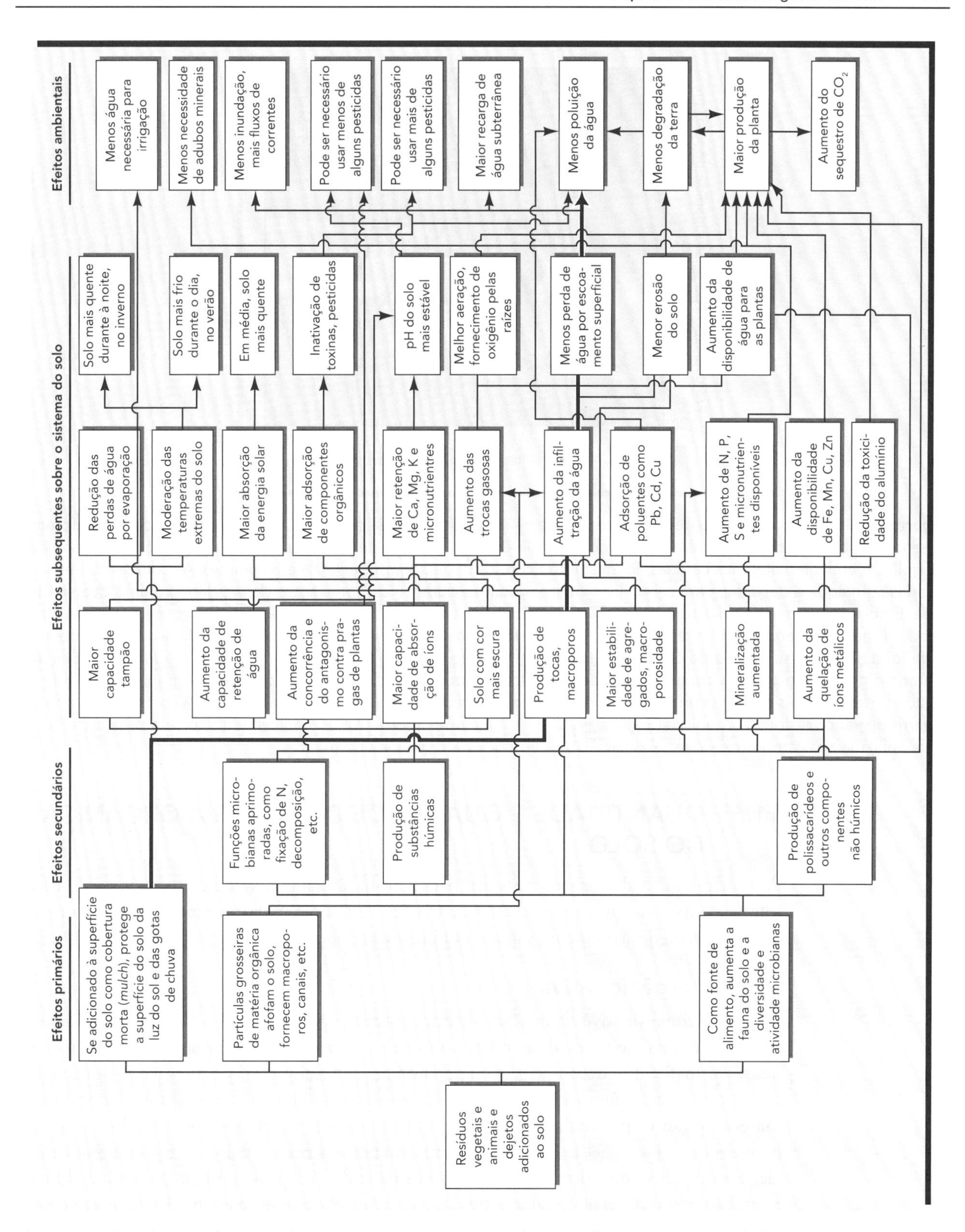

Figura 11.10 Algumas formas pelas quais a matéria orgânica do solo influencia as propriedades do solo, a produtividade das plantas e a qualidade ambiental. Muitos dos efeitos são indiretos; as setas indicam as relações causa-efeito. Pode-se facilmente ver que a influência da matéria orgânica do solo está longe de ser relativa e é diretamente proporcional às suas quantidades relativamente pequenas, presentes em muitos solos. Muitas dessas influências são abordadas neste e em outros capítulos deste livro. A linha mais grossa mostra a sequência de efeitos abordados no texto desta seção. (Diagrama: cortesia de R. Weil)

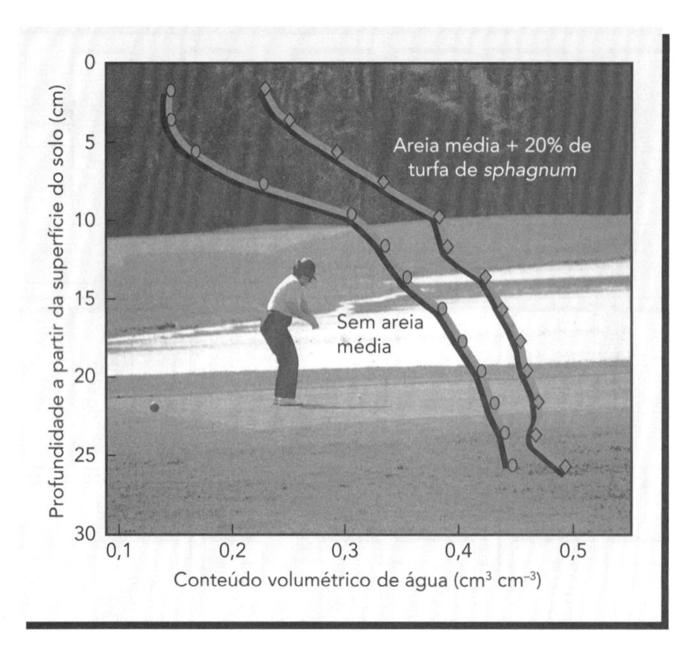

Figura 11.11 Efeito da adição de matéria orgânica na retenção de água do solo. Colunas de 30 cm de altura foram preenchidas com areia de tamanho médio, do tipo que é usado na zona de enraizamento das gramíneas dos campos de golfe. A areia, em algumas colunas, foi misturada com turfa de *sphagnum* (20% em volume). As colunas foram saturadas com água e deixadas para serem livremente drenadas durante 24 horas antes da umidade volumétrica ser medida. Embora ambas as colunas tenham permanecido com perto de 100% de saturação com água, em sua parte mais inferior (onde o potencial hídrico estava próximo de zero – consulte a Seção 5.3), a quantidade de água retida pela turfa foi o dobro na superfície do perfil. A melhoria da retenção de água é o principal motivo pelo qual as adições de matéria orgânica são práticas comuns nos substratos dos campos de golfe. No entanto, o uso de grandes quantidades de turfa extraídas de terras úmidas não pode ser considerado ambientalmente sustentável. A compostagem feita a partir de vários resíduos orgânicos (Seções 10.12 e 11.10) é uma alternativa ecologicamente correta para substituir a turfa aplicada aos campos de golfe. (Redesenhado a partir de dados de Bigelow et al. [2004])

11.6 QUANTIDADE E QUALIDADE DA MATÉRIA ORGÂNICA DO SOLO

Provavelmente, a abordagem mais útil para a avaliação da qualidade da matéria orgânica do solo seja o reconhecimento das diferentes frações ou dos **compartimentos** de carbono orgânico, que variam de acordo com sua suscetibilidade ao metabolismo microbiano (Figura 11.12).

Matéria orgânica ativa

O **compartimento ativo** da matéria orgânica consiste nas frações lábeis (facilmente decomponíveis) com uma meia-vida de somente poucos dias ou anos (o tempo que leva para metade da massa do material se decompor). A matéria orgânica no compartimento ativo inclui frações, como a matéria orgânica viva da biomassa; pequenos fragmentos de detritos, denominados **matéria orgânica particulada** (**MOP**); e muitos dos polissacarídeos e outras substâncias não húmicas descritas na Seção 11.4. Esse compartimento fornece a maior parte dos alimentos de fácil acesso para os organismos do solo e grande parte do nitrogênio prontamente mineralizável. É também responsável pela maior parte dos efeitos benéficos sobre a estabilidade dos agregados, que levam a uma melhor infiltração de água, à resistência à erosão e à facilidade de preparo do solo. O compartimento ativo pode ser aumentado com facilidade pela adição de resíduos de origem animal e também de vegetais frescos; no entanto, é também muito facilmente perdido quando tais adições são reduzidas ou se o preparo do solo para plantios é intensificado. É um compartimento que raramente abrange mais de 10 a 20% da matéria orgânica total do solo.

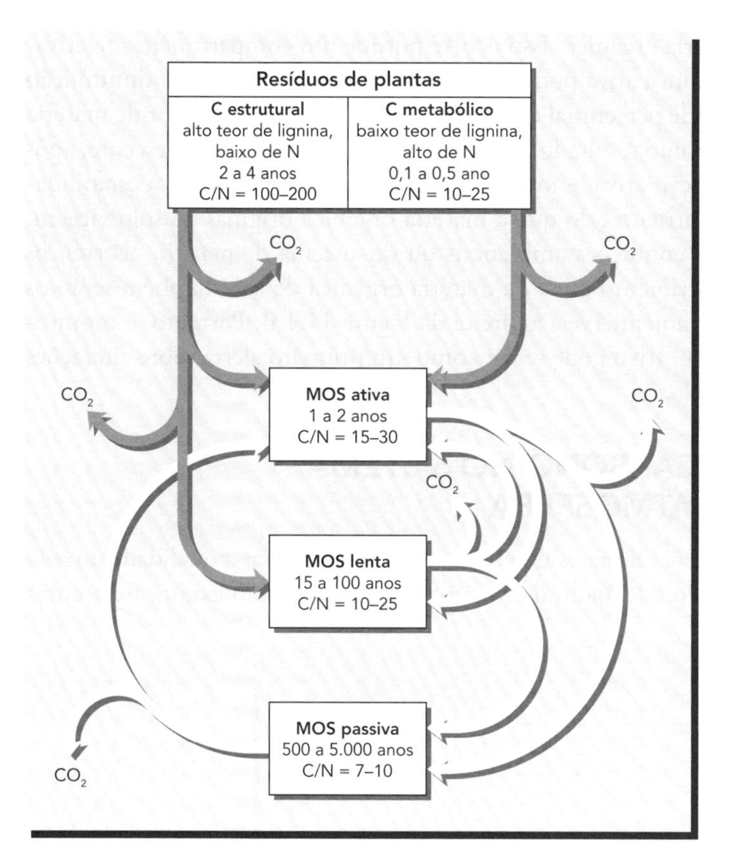

Figura 11.12 Modelo conceitual que reconhece vários compartimentos da matéria orgânica do solo (MOS), diferindo em sua suscetibilidade à decomposição microbiana. Modelos que incorporam os compartimentos ativo, lento e passivo da matéria orgânica do solo têm se mostrado muito úteis para explicar e predizer as mudanças reais nos teores de matéria orgânica e nas propriedades a ela associadas. Nota-se que a ação microbiana pode transferir carbono orgânico de um compartimento para outro. Por exemplo, quando as substâncias não húmicas e outros componentes da fração ativa são rapidamente quebrados, alguns subprodutos complexos e resistentes podem ser formados, os quais são adicionados aos compartimentos lentos e passivos. Note que todas essas alterações metabólicas resultam em alguma perda de carbono do solo na forma de CO_2. (Adaptado de Paustian et al. [1992])

Matéria orgânica passiva e lenta

O **compartimento passivo** da matéria orgânica do solo consiste em materiais muito estáveis, permanecendo no solo por centenas ou milhares de anos. Esse compartimento, que inclui a maioria dos materiais fisicamente protegidos por complexos do tipo argila-húmus, contém de 60 a 90% da matéria orgânica de muitos solos, e sua quantidade aumenta ou diminui lentamente. O compartimento passivo está fortemente associado às propriedades coloidais do húmus e é responsável por grande parte da capacidade de retenção de cátions e de água no solo pela matéria orgânica.

O **compartimento lento** da matéria orgânica do solo não só possui propriedades intermediárias entre o ativo e o passivo, como também, provavelmente, inclui as frações de partículas orgânicas de mesmo tamanho, as quais são ricas em lignina e outros componentes lentamente decomponíveis e quimicamente resistentes. A meia-vida desses materiais é normalmente medida em décadas. O compartimento lento é uma importante fonte de nitrogênio e outros nutrientes passíveis de serem mineralizados para as plantas e fornece grande parte da fonte de alimento-base para o metabolismo dos micro-organismos k-estrategistas do solo (Seção 11.2).

Mudanças nos compartimentos ativo e passivo com o manejo do solo

Estudiosos do solo têm observado de forma consistente que os solos produtivos, manejados com práticas conservacionistas, contêm quantidades relativamente altas das frações da matéria orgânica associada com o compartimento ativo, que inclui a matéria orgânica particulada, a biomassa microbiana e os açúcares oxidáveis.

As práticas de manejo do solo que provocam somente mudanças muito pequenas na matéria orgânica total do solo muitas vezes causam alterações bastante pronunciadas na estabilidade de agregados, na taxa de mineralização do nitrogênio ou em outras propriedades do solo que são influenciadas pela matéria orgânica. Isso ocorre porque um compartimento relativamente pequeno da matéria orgânica ativa pode vir a ter um grande aumento ou diminuição percentual, sem alterar um grande percentual de um compartimento muito maior de matéria orgânica total (Figura 11.13). Como resultado, a matéria orgânica do solo remanescente, após alguns anos de perda de sua fração ativa, é muito menos eficaz para promover a estabilidade estrutural e a ciclagem de nutrientes do que a matéria orgânica original no solo virgem. Se uma mudança favorável das condições ambientais ou do sistema de manejo ocorrer, os resíduos das plantas e o compartimento ativo da matéria orgânica do solo também serão os primeiros a responderem positivamente (veja à direita da Figura 11.13). Portanto, o monitoramento do compartimento do C ativo pode servir como um primeiro alerta sobre alterações significativas da qualidade do solo.

11.7 BALANÇO DO CARBONO NO SISTEMA SOLO-PLANTA-ATMOSFERA

Se o objetivo for reduzir as emissões de gases do efeito estufa ou melhorar a qualidade do solo e da produção vegetal, o manejo adequado da matéria orgânica do solo exigirá uma com-

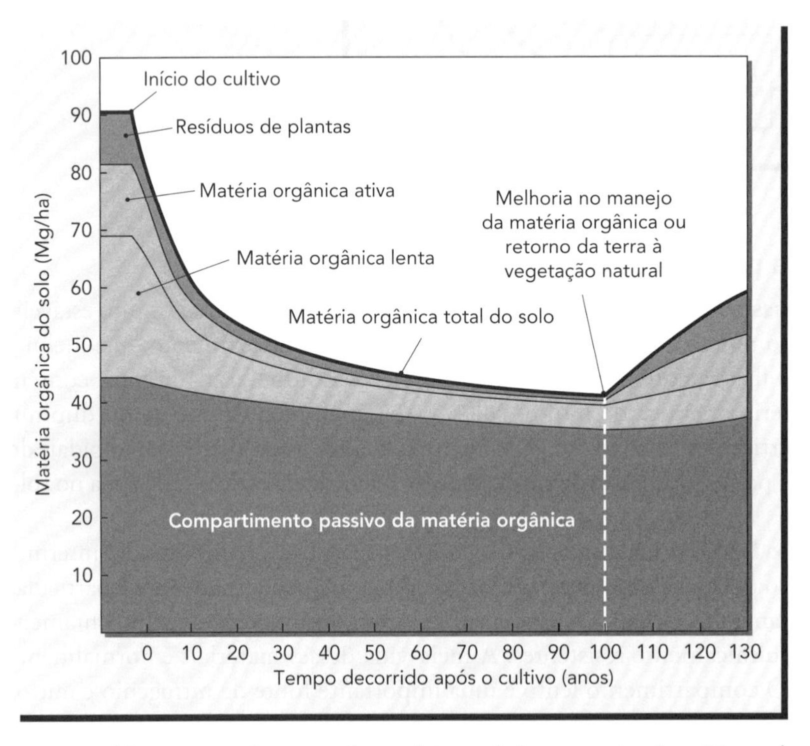

Figura 11.13 Mudanças em vários compartimentos da matéria orgânica nos primeiros 25 cm de um solo representativo de uma terra virgem e após ter sido cultivado. Inicialmente, sob vegetação natural, esse solo continha cerca de 91 Mg/ha de matéria orgânica total. O compartimento passivo resistente totalizava cerca de 44 Mg/ha, ou cerca de metade da matéria orgânica total. O compartimento ativo (rapidamente decomponível) correspondia a cerca de 14 Mg ou a cerca de 16% da matéria orgânica total do solo. Após 40 anos de cultivo, o compartimento passivo havia declinado em aproximadamente 11% para perto de 39 Mg/ha, enquanto o compartimento ativo havia perdido mais de 90% de sua massa, declinando para somente 1,4 Mg/ha. Note que grande parte da perda do material orgânico foi devido à mudança no manejo do solo e veio à custa do compartimento ativo. Este também foi o compartimento que mais rapidamente aumentou quando uma melhor prática de manejo da matéria orgânica foi adotada após 100 anos. A suscetibilidade do compartimento ativo à mudança rápida explica por que as mudanças, mesmo relativamente pequenas, na matéria orgânica total do solo podem produzir transformações significativas e importantes nas propriedades do solo, como a estabilidade de agregados e a mineralização do nitrogênio. (Diagrama: cortesia de R. Weil)

preensão sobre o funcionamento da ciclagem e do balanço de carbono. As considerações mencionadas no Quadro 11.2 podem se aplicar a vários exemplos específicos, como uma floresta decídua, uma terra úmida ou um campo de trigo.

A taxa na qual a matéria orgânica do solo aumenta ou diminui é determinada pelo equilíbrio entre *ganhos* e *perdas* de carbono. Os ganhos vêm principalmente de resíduos de plantas cultivadas no local e de materiais orgânicos aplicados. As perdas ocorrem devido principalmente à respiração (perdas de CO_2), às remoções de plantas e à erosão (Tabela 11.3).

Ecossistemas agrícolas

A fim de deter ou reverter a perda líquida de carbono mostrada na Figura 11.14, algumas práticas de manejo teriam de ser adotadas para *aumentar as adições* de carbono ao solo ou *diminuir suas perdas*. Uma vez que, no exemplo citado, todos os resíduos de cultivo e também de esterco animal já estejam sendo incorporados ao solo, o aumento do seu teor de carbono poderia, na prática, ser obtido pelo aumento do crescimento de plantas (i.e., aumentando a produtividade dos cultivos ou cobrindo o solo durante o inverno com cultivos especiais).

Práticas específicas para reduzir as perdas de carbono incluem um melhor controle da erosão do solo e o uso de cultivos conservacionistas. Usar um sistema de produção de plantio direto na palha deixaria os resíduos das culturas como cobertura morta na superfície do solo, onde poderiam se decompor muito mais lentamente. A eliminação da aração também pode reduzir, pela respiração, as perdas anuais dos 2,5% originais para talvez 1,5%. A combinação dessas mudanças no manejo converteria o sistema de nosso exemplo, no qual a matéria orgânica está em declínio nos horizontes mais superficiais, para um no qual ela está aumentando.

Ecossistemas naturais

Florestas Se a fertilidade do solo não for muito baixa, a produção de biomassa anual total de uma floresta comercial provavelmente será semelhante à do milharal da Figura 11.14. Mas, ao

QUADRO 11.2

Balanço de carbono – um exemplo de agroecossistema

Os principais estoques de carbono e os fluxos anuais em um ecossistema terrestre são ilustrados na Figura 11.14, em que se usa o exemplo hipotético de um milharal em uma região de clima quente e temperado. Durante o período de crescimento, as plantas de milho produzem (pela fotossíntese) 17.500 kg/ha de matéria seca que contêm 7.500 kg/ha de carbono (C), o qual é igualmente distribuído (em frações de 2.500 kg/ha) entre as raízes, grãos e resíduos da colheita sobre a superfície. Neste exemplo, os grãos colhidos servem para alimentar o gado, que oxida e libera, na forma de CO_2, cerca de 50% desse C (1.250 kg/ha), assimila uma pequena porção como ganho de peso e elimina o restante (1.100 kg/ha) na forma de esterco. A palha de milho e os restos de raízes são deixados no campo e, junto com o esterco do gado, são incorporados ao solo pela aração ou pelas minhocas.

Os micro-organismos do solo decompõem os resíduos das culturas (incluindo as raízes) e o estrume, liberando CO_2 de cerca de 75% do C do esterco, 67% do C da raiz e 85% do C dos resíduos deixados na superfície. O C restante desses compartimentos é incorporado ao solo como húmus. Assim, durante o período de um ano, cerca de 1.475 kg/ha do C entra no compartimento húmus (825 kg de raízes, além de 375 de palhada, mais 275 do esterco). Esses valores estão, em geral, de acordo com a Figura 11.8, mas podem variar amplamente de acordo com as diferentes condições de solo e de ecossistemas.

No início do ano, os primeiros 30 centímetros do solo, no nosso exemplo, continham 65.000 kg/ha de C orgânico no seu húmus. Tal solo, sob culturas anuais, normalmente perde por ano cerca de 2,5% do seu C orgânico devido à respiração do solo. No nosso exemplo, essa perda chega a ser de aproximadamente 1.625 kg/ha de C. Perdas menores de C orgânico do solo ocorrem pela erosão do solo (160 kg/ha), pela lixiviação (10 kg/ha) e pela formação de carbonos e bicarbonatos (10 kg/ha).

(continua)

QUADRO 11.2 *(CONTINUAÇÃO)*

Balanço de carbono – um exemplo de agro ecossistema

Comparando-se as perdas totais (1.805 kg/ha) com os ganhos totais (1.475 kg/ha) para o estoque de húmus, vemos que o solo que nos serve de exemplo sofreu uma perda líquida anual de 330 kg/ha de C, ou 0,5% do C armazenado no húmus do solo. Se essa taxa de perda continuasse, certamente resultaria na degradação da qualidade do solo e, portanto, na diminuição de sua produtividade.

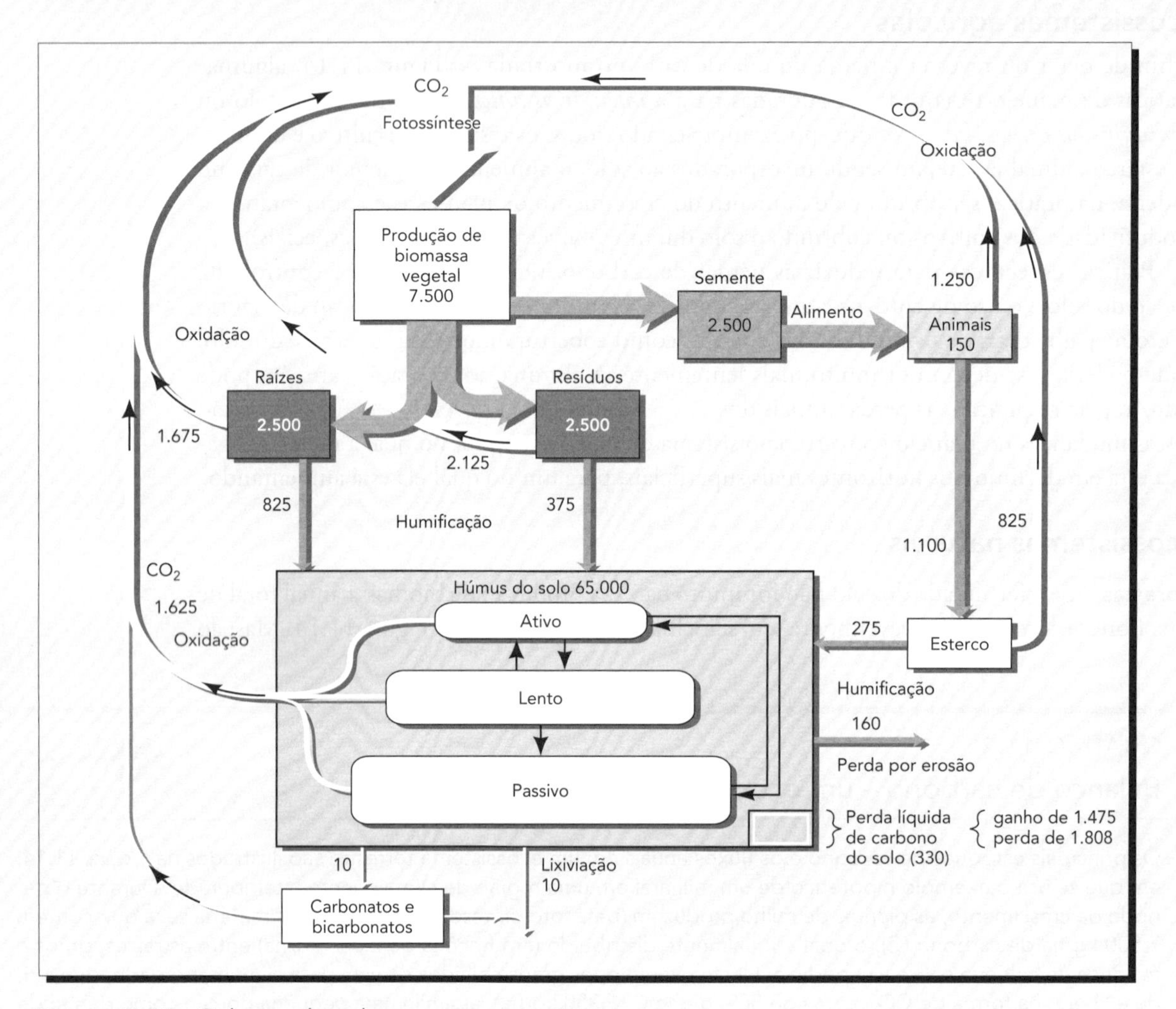

Figura 11.14 Ciclagem de carbono no agroecossistema.

contrário do milharal, a biomassa total será muito maior na floresta, uma vez que as árvores não são colhidas todos os anos. Apesar de algumas folhas e galhos caírem sobre a superfície do solo, grande parte da produção anual da biomassa permanece armazenada nas árvores.

A taxa de oxidação do húmus da floresta intacta seria consideravelmente menor do que a do húmus em um campo cultivado, porque os restos caídos da vegetação não seriam incorporados ao solo através de sua aração, e essa ausência de perturbação física resultaria em uma respiração mais lenta do solo. A serrapilheira de certas espécies de árvores também pode ser rica em compostos fenólicos e lignina, fatores que reduzem muito a decomposição e perda de C (Figura 11.6). Em solos florestais, a decomposição da serrapilheira produz grandes quanti-

Tabela 11.3 Fatores que afetam o balanço entre ganhos e perdas do material orgânico no solo

Fatores que promovem ganhos	Fatores que promovem perdas
Adubos verdes ou cultivos de cobertura	Erosão
Cultivo conservacionista	Cultivo intensivo
Retorno de resíduos de plantas	Remoção de toda a planta
Sombreamento e temperaturas baixas	Altas temperaturas e exposição ao sol
Pastoreio controlado	Superpastoreio
Alto teor de umidade do solo	Baixo teor de umidade no solo
Coberturas mortas superficiais	Fogo
Aplicação de estercos e compostos	Somente aplicação de materiais não orgânicos
Níveis apropriados de nitrogênio	Excesso de nitrogênio na forma mineral
Alta produtividade das plantas	Baixa produtividade das plantas
Alta relação raiz-parte aérea	Baixa relação raiz-parte aérea

dades de carbono orgânico dissolvido (COD); consequentemente, 5 a 40% das perdas totais de C podem ocorrer por lixiviação, uma proporção muito maior do que de todos os solos, menos aqueles cultivados e pesadamente fertilizados com estercos. Contudo, as perdas de matéria orgânica através da erosão do solo seriam muito menores nos ambientes florestais. Todos esses fatores somados permitem ganhos líquidos anuais em matéria orgânica do solo em uma floresta jovem, além da manutenção de elevados níveis de matéria orgânica do solo em florestas maduras.

Pradarias Tendências semelhantes ocorrem em formações vegetais herbáceas naturais de climas temperados (pradarias), embora a produção de biomassa total seja bem menor, dependendo principalmente da precipitação anual. Entre os princípios ilustrados no Quadro 11.2, o papel dominante que a biomassa das raízes das plantas desempenha na manutenção dos níveis de matéria orgânica do solo é aplicável à maioria dos ecossistemas. Em uma pradaria, a contribuição das raízes de plantas é relativamente mais importante do que em uma floresta. Portanto, nessas condições, uma maior proporção da biomassa total produzida tende a se acumular como matéria orgânica do solo, e este C orgânico é distribuído mais uniformemente em profundidade. Os incêndios que queimam material vegetal seco na superfície do solo são geralmente considerados como redutores das entradas de matéria orgânica no solo, mas estudos têm mostrado que, no caso das pradarias perenes, o crescimento das raízes estimulado pelos incêndios pode contribuir com a mesma quantidade de carbono que foi perdida no próprio incêndio.

Terras úmidas As terras úmidas, onde predominam tanto a vegetação herbácea como a arbórea, estão entre os ecossistemas que apresentam os mais elevados níveis de produtividade primária. Contudo, a decomposição microbiana é severamente retardada pela falta de oxigênio nas condições anaeróbicas de solos permanentemente saturados com água. Além disso, determinados produtos de decomposição anaeróbica (alcoóis, ácidos orgânicos, etc.) atuam como verdadeiros conservantes e até mesmo como inibidores de organismos anaeróbicos. Como resultado, o carbono orgânico rapidamente se acumula (300 a 3.000 kg/ha por ano) e, em alguns casos, pode continuar a fazê-lo por milhares de anos (Seções 7.7 e 11.9). Esse nível prodigioso de sequestro de carbono pode ser reduzido ou mesmo revertido por algumas práticas, como a drenagem, a abertura de canais; ou a mineração de turfa, que aumentam o teor de oxigênio do solo. Convertendo esses ambientes úmidos ao uso agrícola (com exceção, talvez, de alguns tipos de produção de arroz irrigado), as perdas aumentam significativamente, e os ganhos de carbono diminuem. O efeito do fogo, prescrito no carbono de solos pantanosos, ainda está sendo estudado.

11.8 FATORES E PRÁTICAS QUE INFLUENCIAM OS NÍVEIS DE MATÉRIA ORGÂNICA DO SOLO

Como indicado na Seção 11.7, o nível de acúmulo da matéria orgânica no solo é determinado pelo balanço de ganhos e perdas do carbono orgânico.

Influência do clima

Temperatura Os processos de produção de matéria orgânica (pelo crescimento das plantas) e destruição (pela decomposição microbiana) atuam de formas diferentes devido ao aumento da temperatura. Sob baixas temperaturas, a taxa de crescimento das plantas ultrapassa a taxa de decomposição, e a matéria orgânica se acumula. O oposto também é verdadeiro, uma vez que a temperatura média anual é superior à faixa de 25 a 35 °C. No interior de zonas com umidade e tipos de vegetação idênticos, os teores de carbono orgânico do solo são médios e os de nitrogênio aumentam de 2 a 3 vezes para cada decréscimo de 10 °C da temperatura média anual. Esse efeito da temperatura pode ser facilmente constatado (observando-se os teores de carbono orgânico dos horizontes mais superficiais dos solos bem-drenados) quando nos deslocamos do sul (Louisiana) para o norte dos Estados Unidos (Minnesota), onde estão localizadas as pradarias das grandes planícies do meio-oeste norte-americano. Mudanças semelhantes no carbono orgânico do solo são evidentes quando nos deslocamos das grandes planícies mais quentes para as áreas montanhosas mais frias das Montanhosas Rochosas dos Estados Unidos.

Umidade O carbono orgânico e o nitrogênio do solo aumentam à medida que a umidade também aumenta. Essa relação é comprovada pelos horizontes A mais espessos e mais escuros, os quais podem ser vistos quando se viaja por toda a região das Grandes Planícies norte-americanas – das zonas mais secas, no Oeste (Colorado), para o Leste, mais úmido (Illinois). A explicação está principalmente na vegetação mais esparsa das regiões mais secas. Os menores níveis de matéria orgânica do solo e a maior dificuldade em manter esses níveis estão presentes onde a temperatura média anual é alta e a precipitação pluvial é baixa. A compreensão dessas relações é extremamente importante para contornar os problemas relativos ao manejo sustentável dos recursos naturais. Os níveis de matéria orgânica são influenciados não apenas pela temperatura e precipitação, mas também pela vegetação, drenagem, textura, aspecto das encostas e manejo do solo.

Influência de vegetação natural

A maior produtividade de plantas que crescem em um ambiente bem úmido leva a maiores adições ao reservatório da matéria orgânica no solo. As pradarias, em geral, dominam as áreas subúmidas e semiáridas dos Estados Unidos, enquanto as árvores predominam nas regiões úmidas. Em zonas climáticas onde a vegetação natural inclui tanto florestas como pradarias, a matéria orgânica total é mais alta nos solos desenvolvidos sob pradarias do que sob florestas (Figura 11.15). Isso porque, nas pradarias, a proporção relativamente alta de resíduos de plantas é composta de material radicular, o qual se decompõe mais lentamente e contribui de forma mais eficiente para a formação de húmus do que a serrapilheira da floresta.

Efeitos da textura e da drenagem

A textura e a drenagem são, frequentemente, as responsáveis pelas diferenças encontradas na matéria orgânica do solo dentro de uma mesma paisagem. Em condições aeróbicas, os solos com alto teor de argila e silte são mais ricos em matéria orgânica do que os solos arenosos que estão próximos (Figura 11.16). Os solos mais argilosos acumulam mais matéria orgânica por várias razões: (1) produzem mais biomassa vegetal, (2) perdem menos matéria orgânica por serem menos aerados e, (3) neles, o material orgânico permanece mais protegido da decomposição por estar ligado a complexos humoargilosos (Seção 11.4) ou sequestrado no interior dos agregados do solo. Contudo, uma determinada quantidade e tipo de argila podem vir a ter

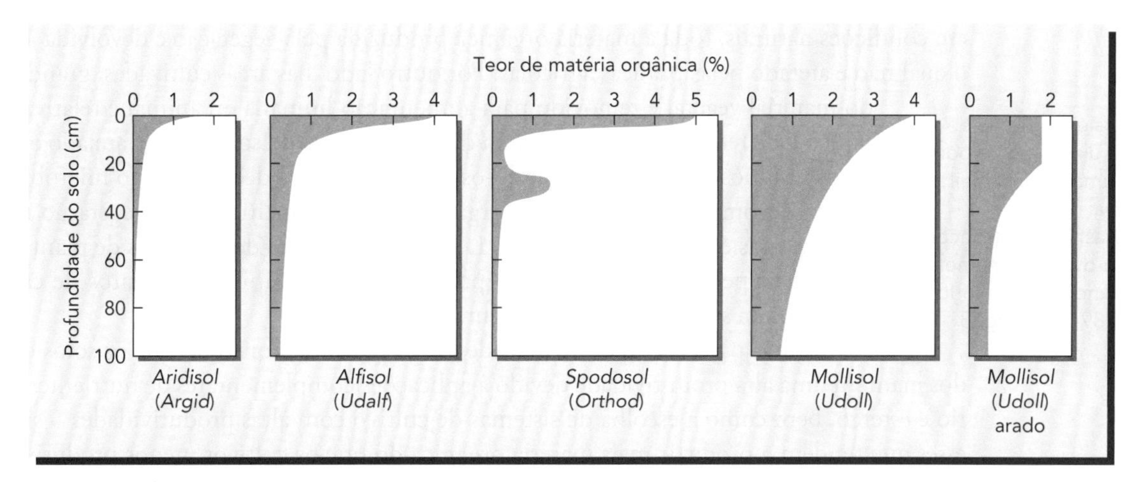

Figura 11.15 Distribuição vertical de carbono orgânico em solos bem-drenados de quatro ordens distintas. Note o alto teor e a distribuição em profundidade do carbono orgânico no solo formado sob pradaria (*Mollisols*), quando comparado com o *Alfisol* e o *Spodosol*, formados sob florestas. Também note a protuberância do carbono orgânico no horizonte B do *Spodosol*, devido à iluviação de húmus no horizonte espódico (ver Capítulo 3). O *Aridisol* tem muito pouco carbono orgânico no perfil, como é típico dos solos de regiões áridas.

uma capacidade limitada para estabilizar a matéria orgânica na forma de complexos organominerais. Depois que essa capacidade é saturada, mais adições de matéria orgânica provavelmente pouco contribuirão para o acúmulo do húmus, porque o material orgânico estará em uma forma mais acessível à decomposição microbiana.

Efeitos da drenagem Em solos maldrenados, o elevado conteúdo de umidade estimula a produção de matéria seca vegetal, e a relativamente baixa aeração inibe a decomposição da matéria orgânica. Portanto, os solos maldrenados geralmente acumulam níveis mais elevados de matéria orgânica e de nitrogênio do que solos similares, porém mais bem-aerados (Figura 11.17).

Influência do manejo agrícola e da aração

Exceto em terras de desertos áridos irrigadas, o solo cultivado contém níveis muito mais baixos de matéria orgânica do que em áreas idênticas sob vegetação natural. Isso ocorre porque,

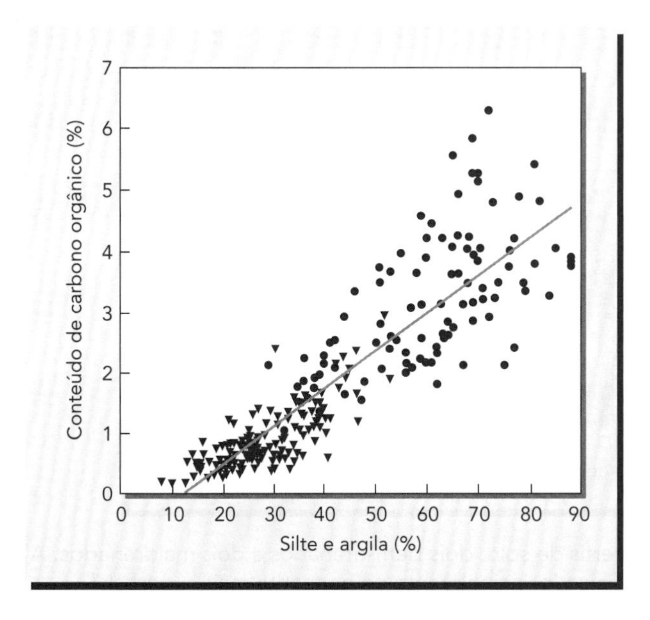

Figura 11.16 Solos ricos em silte e argila tendem a possuir teores mais elevados de carbono orgânico. Os dados mostrados são de solos superficiais de 279 campos de milho em regiões subúmidas de Malauí (▼) e Honduras (•). Todos os solos eram de moderadamente a bem-drenados e foram arados. A variabilidade (dispersão dos pontos dos dados) entre os solos com mesmo teor de silte e argila ocorre, provavelmente, devido a diferenças (1) no tipo de minerais de argila presentes (argilas silicatadas do tipo 2:1 tendem a estabilizar mais o carbono orgânico) (2) na altitude do local (locais de alta altitude e, portanto, de clima mais frio, são propícios ao acúmulo maior de carbono orgânico) e (3) na data de início do cultivo (longo tempo de cultivo leva a menores níveis de carbono orgânico). (Dados: cortesia de R. Weil e M. A. Stine, University of Maryland, e S. K. Mughogho, University of Malawi)

em condições naturais, toda a matéria orgânica produzida pela vegetação é devolvida ao solo, o qual não é afetado pelas práticas agrícolas. Por outro lado, nas áreas cultivadas, grande parte do material vegetal é removido para alimentação humana ou animal e relativamente pouco dele retorna ao terreno. Além disso, o preparo do solo o torna arejado e fraciona os resíduos orgânicos, tornando-os mais acessíveis à decomposição microbiana. A rápida decomposição da matéria orgânica após a substituição da vegetação natural por lavouras é ilustrada na Figura 11.13. A substituição dos sistemas de plantio convencionais pelos de plantio direto pode resultar em rápidos aumentos de carbono próximos da superfície do solo (Figura 11.18).

Cultivos em sistema de plantio direto – o carbono como uma nova colheita lucrativa: www.washingtonpost.com/ac2/wp-dyn?pagename=article&node=contentId=A55389-2002Aug23

Muitas parcelas experimentais de longo prazo demonstram que os solos cultivados mantêm uma alta produtividade devido a aplicações complementares de nutrientes, calcário e esterco, bem como à escolha de sistemas de cultivo com altas produtividades – sistemas esses que tendem a produzir mais matéria orgânica do que os cultivos menos produtivos. Os sistemas baseados em práticas agrícolas, que refletem um alto nível tecnológico, proporcionam não somente grandes e lucrativas colheitas, mas também grandes quantidades de raízes e partes aéreas de plantas que são devolvidas so solo.

O desafio do manejo da matéria orgânica do solo

Apesar de contraditórios, os objetivos de se usar e conservar o solo devem ser simultaneamente acatados. A *decomposição* da MOS é necessária como fonte não só de nutrientes para o crescimento das plantas, como também de compostos orgânicos que promovam a diversidade biológica, o controle de doenças das plantas, a estabilidade de agregados do solo e a quelação de metais. Por outro lado, o *acúmulo* de MOS, a longo prazo, é necessário não somente para essas funções, mas também para o sequestro de C, o aumento da retenção de água, a adsorção de cátions trocáveis, a imobilização de pesticidas e a desintoxicação por metais pesados.

Recomendações gerais para o manejo da matéria orgânica

Um suprimento constante de resíduos vegetais (partes aéreas e subterrâneas), esterco animal, compostos e outros materiais devem ser continuamente acumulados no solo para mantê-lo com um nível adequado de matéria orgânica, especialmente no seu compartimento ativo. É quase sempre preferível manter o solo vegetado do que em pousio e desnudo. Mesmo que algumas partes das plantas sejam removidas pelas colheitas, as que crescem com maior vigor fornecerão mais resíduos (sua principal fonte de matéria

Os fazendeiros podem ganhar dinheiro com o sequestro de C? (Texas A & M. University): www.oznet.ksu.edu/ctec/CASMGSnewsletter/Jan04–3.htm

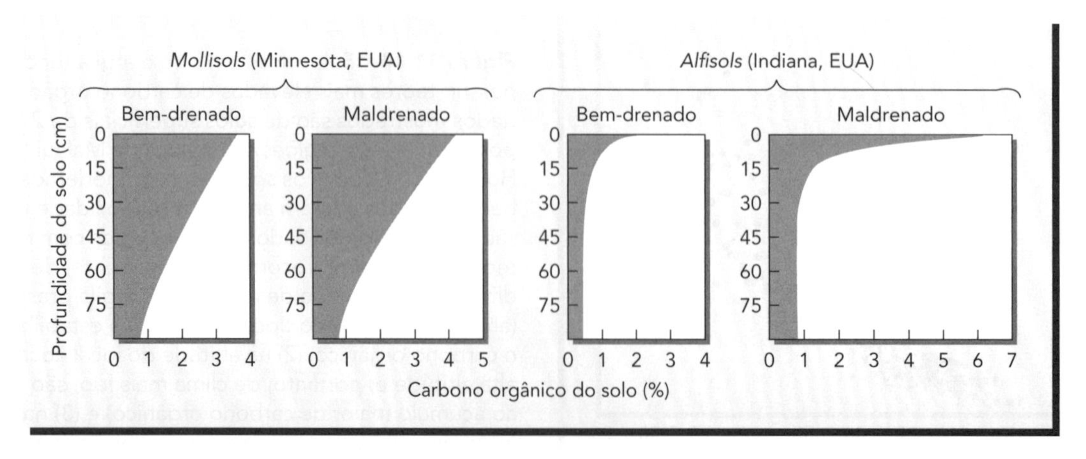

Figura 11.17 Distribuição do carbono orgânico em quatro perfis de solo: dois bem-drenados e dois maldrenados. A má drenagem do solo resulta em altos teores de carbono orgânico, principalmente no horizonte mais superficial.

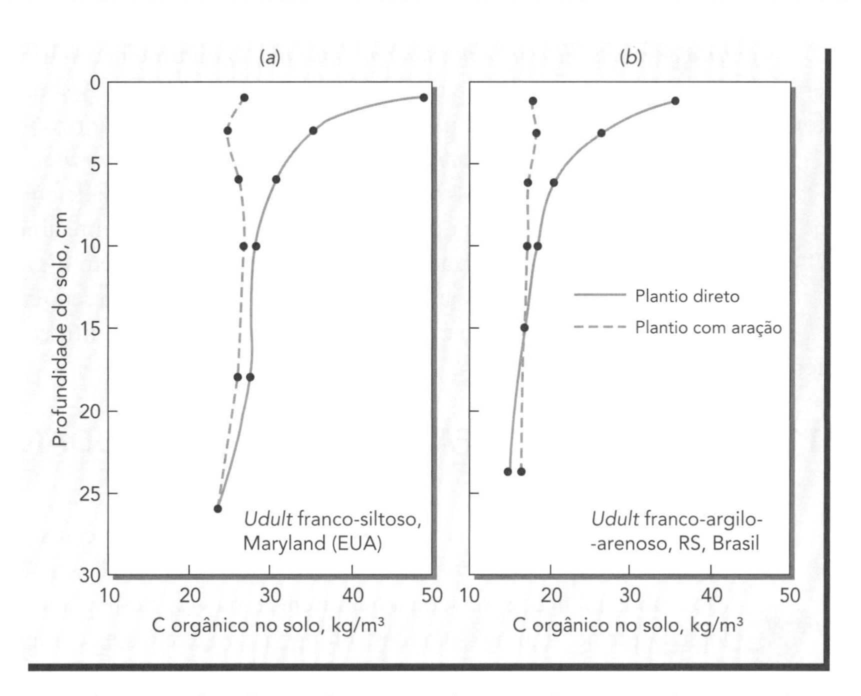

Figura 11.18 Menos revolvimento do solo significa mais carbono orgânico. Nos dois exemplos, o sistema de plantio direto foi utilizado nas parcelas experimentais por 8 a 10 anos – período em que os dados foram coletados. Nas parcelas aradas, o solo foi anualmente revolvido antes do plantio até cerca de 20 cm de profundidade. Os solos de Maryland, Estados Unidos (*a*) e do Brasil (*b*) eram *Ultisols* bem-drenados, e o clima era temperado (em Maryland) a subtropical (no Brasil). Em Maryland, o milho foi cultivado todos os anos, após o cultivo de centeio. No Brasil, a aveia foi plantada em rotação com o milho, intercalados com cobertura de leguminosas para adubo verde. Em ambos os casos, o plantio direto aumentou o acúmulo de C orgânico, mas apenas na parte superior (5 a 10 cm) do solo. (Dados de Weil et al. [1988] e Bayer et al. [2000])

orgânica) tanto dentro do solo, como sobre ele. Aplicações moderadas de calcário e nutrientes podem ser necessárias para ajudar as plantas a crescerem livres das restrições impostas pela toxicidade ou pela deficiência de alguns elementos químicos. Onde as condições climáticas permitirem, as culturas de cobertura geralmente terão um grande potencial para revestir e proteger o material orgânico adicionado ao solo.

Não existe uma quantidade "ideal" da matéria orgânica do solo. Em geral, na prática, não é conveniente manter os teores de matéria orgânica do solo maiores do que os impostos pelos mecanismos que controlam as inter-relações solo-planta-clima. Por exemplo, 1,5% de matéria orgânica pode ser um excelente nível para um solo arenoso em um clima quente, mas representaria uma condição deficitária para um solo de textura mais argilosa em uma região com clima frio. Seria temerário tentar obter um nível tão elevado de matéria orgânica em um solo bem-drenado (localizado em terras quentes e semiáridas como os solos franco-siltosos do Texas, no sudoeste dos Estados Unidos), como é desejável para um solo semelhante situado em condições de clima mais frio do Canadá.

Uma quantidade adequada de nitrogênio é necessária para manter um nível adequado de matéria orgânica por causa não apenas da relação entre o nitrogênio e o carbono do húmus, como também pelo efeito positivo do nitrogênio na produtividade das plantas. Dessa forma, a inclusão de plantas leguminosas e o uso sensato de adubos minerais nitrogenados são duas práticas que permitem o aumento da produtividade. Ao mesmo tempo, medidas para minimizar a perda de nitrogênio por lixiviação, erosão ou volatilização devem ser adotadas (Capítulo 12).

A prática de aração deve ser eliminada ou limitada ao mínimo necessário para o controle das ervas daninhas e a manutenção de uma adequada aeração do solo. Assim, quanto mais o solo for revolvido, mais rapidamente a matéria orgânica se perderá dos horizontes mais superficiais.

Estocando carbono no solo: como e por quê? www.agiweb.org/geotimes/jan02/feature_carbon.html

A vegetação perene, especialmente a de ecossistemas naturais, deve ser incentivada e mantida sempre que possível. O aumento da produtividade em terras já cultivadas deve ser incentivado para permitir que as terras, atualmente ainda sob ecossistemas naturais, possam ser deixadas relativamente intactas. Além disso, não devem haver hesitações em se abandonar certas terras cultivadas para o seu retorno à condição de vegetação natural. O fato é que imensas áreas, em vários continentes, nunca deveriam ter sido desmatadas e cultivadas.

11.9 O EFEITO ESTUFA: OS SOLOS E AS MUDANÇAS CLIMÁTICAS[3]

Pesquisas sobre o aumento do CO_2 no ar livre: http://public.ornl.gov/face/index.html

Os solos são o principal componente do sistema de autorregulação que a Terra criou (e esperamos que assim continue sempre sendo), pois são eles que propiciam a condição ambiental necessária para a manutenção da vida neste planeta. Os processos biológicos que ocorrem no solo têm, a longo prazo, efeitos na composição da atmosfera da Terra, a qual, por sua vez, influencia todos os seres vivos, incluindo aqueles que vivem no próprio solo.

Mudanças climáticas globais

Painel intergovernamental sobre as mudanças climáticas: www.ipcc.ch

Existe hoje uma grande preocupação com o aumento dos níveis de certas substâncias gasosas na atmosfera terrestre. Tais substâncias, conhecidas como **gases de efeito estufa**, fazem com que nosso planeta seja muito mais quente do que deveria ser. De forma idêntica aos tetos e paredes de vidro de uma estufa, esses gases permitem que as radiações solares com curto comprimento de onda entrem na estufa, mas interceptem a maior parte da radiação de longo comprimento de onda que sai. Esse efeito, responsável pelo chamado **efeito estufa** da atmosfera, é um dos principais condicionantes da temperatura global e, portanto, do clima da Terra. Os gases produzidos por processos biológicos, como aqueles que ocorrem no solo, são responsáveis, aproximadamente, por metade do aumento do efeito estufa. Dos cinco principais gases do efeito estufa (dióxido de carbono, metano, óxido nitroso, ozônio e CFC), apenas os clorofluorcarbonetos (CFCs) são exclusivamente de origem industrial.

As mudanças climáticas irão afetar a agricultura – ponto de vista da Austrália: www.greenhouse.gov.au/impacts/agriculture.html

A previsão de mudanças na temperatura global é uma tarefa complicada, devido a vários fatores, como presença de nuvens e poeiras vulcânicas, que podem interagir com os destinos dos gases do efeito estufa. No entanto, é preciso considerar que a temperatura média global aumentou em 0,5 a 1,0 °C durante o século passado, e é provável que aumente 1 a 2 °C a mais neste século. Certamente, grandes alterações no clima da Terra vão acontecer, incluindo mudanças na distribuição das chuvas e na duração das estações, interferindo no crescimento das plantas, no aumento do nível do mar e em uma maior frequência e gravidade das tempestades. Como previsto por alguns modelos climáticos, só o aumento do nível do mar poderia ameaçar as residências de centenas de milhões de pessoas que vivem em áreas costeiras, principalmente na Ásia e na América do Norte. Com a ajuda de programas nacionais e tratados internacionais, vários investimentos financeiros estão sendo feitos para reduzir as contribuições antropogênicas (causadas pelo homem) às mudanças climáticas. A Ciência

[3] Para uma análise do potencial de manejo do solo para mitigar as mudanças climáticas, consulte Paustian e Babcock (2004).

do Solo pode contribuir muito para que consigamos lidar com o aquecimento global e o aumento dos níveis de gases do efeito estufa.

Dióxido de carbono

Em 2009, a atmosfera continha cerca de 395 ppm de CO_2, em contraste com cerca de 280 ppm existentes antes da Revolução Industrial. Os níveis estão aumentando, em média, 0,5% ao ano. Embora a queima de combustíveis fósseis seja um dos principais responsáveis pelo aumento dos níveis atmosféricos do CO_2, boa parte desse aumento provém das perdas da matéria orgânica dos solos do mundo. Pesquisas (Figura 11.19) indicam que o balanço entre o solo e a atmosfera funciona nestes dois sentidos: mudanças nos níveis de gases benéficos ou maléficos às plantas influenciam o grau no qual o carbono acumula a matéria orgânica do solo.

Registros fotográficos sobre as mudanças climáticas globais. Veja *links* citados nas *"References"*: www.worldviewofglobalwarming.org/

Já discutimos sobre as muitas opções a partir das quais os agricultores podem aumentar os níveis de matéria orgânica do solo (Seção 11.8), alterando o equilíbrio entre ganhos e perdas. As chances de *sequestro* de carbono são maiores para os solos degradados, os quais atualmente contêm apenas uma pequena parcela dos níveis de matéria orgânica que originalmente possuíam em suas condições naturais. O reflorestamento de áreas desmatadas é uma dessas opções. Outras incluem a mudança de lavouras sob sistemas de plantio convencional para plantio direto, que comumente sequestra de 0,2 a 0,5 Mg ha^{-1} ano^{-1} de carbono durante as primeiras décadas. A conversão de terras cultivadas para vegetação perene e a restauração das terras úmidas podem sequestrar percentagens muito mais elevadas de carbono.

Mudanças climáticas globais e produção agrícola: www.fao.org/docrep/W5183E/W5183E00.htm

Por meio de mudanças no manejo do solo que induzam um lento aumento da sua matéria orgânica para níveis próximos aos existentes antes do cultivo, seria possível contribuir significativamente para os esforços da sociedade em conter o aumento do CO_2 atmosférico e, ao mesmo tempo, melhorar a qualidade do solo e a produtividade das plantas cultivadas. Algumas estimativas sugerem que, durante um período de 50 anos, um melhor manejo das terras agrícolas poderia reduzir em 15% a emissão de CO_2 dos Estados Unidos. No entanto, deve-se observar que, de acordo com os fatores discutidos na Seção 11.8, os solos têm apenas uma capacidade finita de assimilação de carbono na matéria orgânica estável do solo. Desse modo, o sequestro de carbono em solos só poderá contribuir como um ganho de tempo até que outros tipos de ações (mudança para fontes de energia renováveis, aumento da eficiência dos combustíveis, etc.) forem amplamente adotados de modo a reduzirem as emissões de carbono para níveis que não prejudiquem a estabilidade do clima.

Calcule os gases do efeito estufa que você produz: www.b-e-f.org/offsets/calculator

A produção de biocombustíveis O uso de *biocombustíveis* como substitutos da gasolina e do diesel vem atraindo muita atenção e investimentos financeiros de toda parte. Um desses combustíveis, o biodiesel, é composto de óleo combustível, que geralmente é extraído de um mesmo grão (p. ex. soja, colza, girassol), usado para extrair óleo de cozinha. Maior interesse ainda há em torno da produção de etanol, e não a partir de grãos, como tem sido feito há décadas (em processos conhecidos por seu balanço energético negativo), mas a partir de resíduos de celulose, como a palhada de milho (talos e folhas) e de painço, cujo cultivo pode ser mais barato e abundante do que o de grãos. Existem, ainda, muitas controvérsias sobre se tais combustíveis vão realmente produzir mais energia do que é consumida com o combustível fóssil utilizado para plantar e processar a safra. No entanto, um aspecto *menos* controverso refere-se à grande importância de se deixar resíduos suficientes de culturas no solo a fim de que seus níveis de matéria orgânica continuem consistentes, para uma contínua e elevada qualidade e produtividade dos recursos do solo. As pesquisas sugerem que os níveis de matéria orgânica, a estabilidade de agregados e outros atributos do solo são fatores fundamentais para a produtividade sustentável, mas podem rapidamente se degradar se toda, ou mesmo metade da palha de milho, for removida para

Preocupações relacionadas a solos que produzem biocombustíveis: www.culturechange.org/cms/index.php?option=com_content&task=view&id=107&Itemid=1

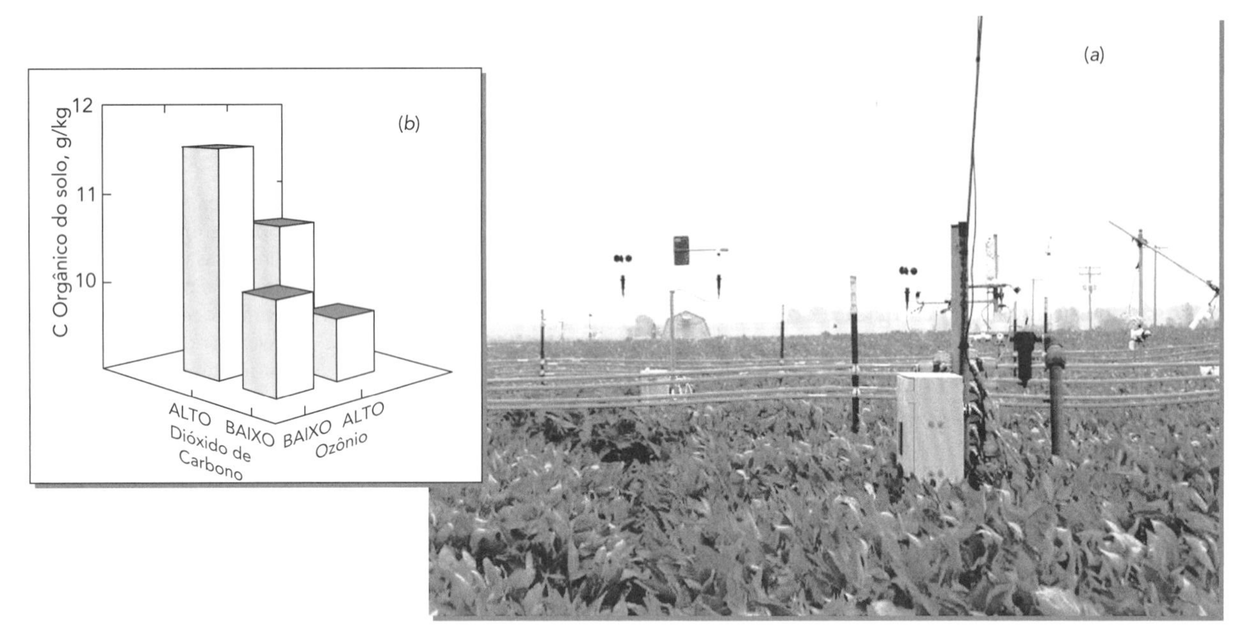

Figura 11.19 A mudança da composição da atmosfera afeta o ciclo do carbono. (*a*) Parcela experimental dentro de uma FACE* (enriquecimento de carbono através do ar livre) experimental circular em um *Mollisol* da University of Illinois (EUA). A soja foi submetida a um ar alterado para simular a composição atmosférica esperada daqui a 50 anos. Tubos horizontais e fiações verticais abastecem com concentrações de dióxido de carbono e/ou de ozônio, que são monitorados continuamente por vários sensores controlados por computador. O aumento de CO_2 atmosférico de um nível baixo (350 mg/L, o do atual ambiente natural) para alto (500 mg/L, nível esperado em torno do ano de 2050) aumentou a fotossíntese e o crescimento das plantas, aumentando também a quantidade de carbono fixado e disponível para ser translocado para as raízes e, eventualmente, para o solo. (*b*) Dados de outro experimento que estudou o enriquecimento de carbono e de ozônio em *Ultisols* em Maryland (EUA) mostram aumento mensurável de carbono orgânico no solo após cinco anos de soja e trigo cultivados com ar enriquecido com CO_2. Houve influência na relação raiz/parte aérea, na rizodeposição de compostos de carbono e nas quantidades de resíduos depositados sobre o solo. O ozônio, um poluente que, quando ao nível do solo, afeta negativamente as plantas, diminui a fotossíntese e, portanto, seu impacto sobre o solo é oposto ao do CO_2. Os dados sugerem que o efeito completo do CO_2 é sentido somente quando o ozônio permanece em níveis baixos. (Dados de Weil et al. [2000]; foto: cortesia de R. Weil)

produzir os biocombustíveis (Tabela 11.4). Infelizmente, a importância de se "compartilhar" os resíduos da planta com o solo tem sido negligenciada por muitos engenheiros que lidam com fontes de energia e também pelos assessores que orientam os políticos sobre as estratégias de produção de biocombustíveis. Alguns desses profissionais têm aconselhado a não apenas recolher todos os resíduos da superfície para fazer os biocombustíveis, mas também que as colheitas sejam geneticamente modificadas para reduzir a proporção de raízes em favor da parte aérea das plantas, exatamente ao contrário do que um manejo sustentável do solo requer!

Avaliações de ambientalistas sobre os impactos das mudanças climáticas na costa do Golfo do México, nos Estados Unidos: www.ucsusa.org/gulf/

Solos de terras úmidas Embora as terras com solos permanente ou frequentemente saturados (ou mesmo cobertos) com água cubram apenas cerca de 2% da superfície emersa da Terra, os *Histosols* (e *Histels* – com permafrost e horizontes superficiais orgânicos) são importantes no ciclo global do carbono, porque detêm cerca de 20% do carbono dos solos do mundo. A drenagem dos solos dessas terras úmidas (necessárias, por exemplo, para a produção de hortaliças de alto valor comercial) acelera a oxidação da matéria orgânica, que, com o tempo, destrói o próprio solo. A drenagem de *Histosols* e a mineração de turfas podem contribuir

* N. de T.: A abreviação FACE, significando "enriquecimento de carbono no ar livre", provém da expressão inglesa "*free air carbon enrichment*".

Tabela 11.4 Deterioração do carbono orgânico e de propriedades da estrutura do solo nos primeiros 5 a 10 cm de três solos do Estado de Ohio (EUA) – depois de um ano com remoção da palhada de milho para a produção de biocombustíveis[a]

Séries de solo, grande grupo	Histórico de plantios	Palhada retornada, Mg/ha[b]	C orgânico do solo, g/kg	Densidade do solo, Mg/m^3	Tensão de resistência dos agregados do solo, kPa	Agregados estáveis em água < 4,75 mm de diâmetro, %
Rayne franco--siltosa (*Hapludults*)	Milho, plantio direto, contínuo durante 33 anos	5	29	1,46	140	18
		0	19	1,50	50	13
Hoytville franco--argilosa (*Epiaqualfs*)	Milho/soja, 8 anos de cultivo mínimo	5	26	1,31	380	20
		0	22	1,49	120	8
Celina franco--siltosa (*Hapludalfs*)	Milho/soja, 15 anos de plantio direto	5	28	1,25	225	36
		0	21	1,42	80	13

[a] Dados selecionados de Blanco-Canqui et al. (2006).

[b] 5 Mg/ha de palhada de milho representavam práticas normais de retorno de resíduos das partes aéreas das plantas, depois da colheita dos grãos de milho. O retorno de 0 Mg/ha representava remoção completa da palhada para produção de biocombustível.

muito para o aumento do CO_2 atmosférico. Por outro lado, a formação de *Histosols* pode ter um efeito compensador para as mudanças climáticas que, com o aumento global da temperatura, fará com que as calotas de gelos se derretam, o nível do mar suba e sua água se expanda. Se o nível do mar inundar as áreas costeiras, mais *Histosols* se formarão em pântanos de maré. Consequentemente, o acúmulo de matéria orgânica nesses novos *Histosols* representaria um significativo sequestro de CO_2, o que poderia ajudar a compensar a tendência de aquecimento global (da mesma forma como aconteceria com o aumento da absorção de CO_2 por um maior volume das águas dos oceanos). No entanto, essas previsões se complicam devido ao envolvimento de outro gás do efeito estufa, o metano, que é emitido por alguns *Histosols* e outros solos de terras úmidas.

Metano O gás metano (CH_4) está presente na atmosfera em quantidades muito menores do que o CO_2. No entanto, a contribuição do metano para o efeito estufa é quase o dobro em comparação ao CO_2, pois cada molécula de CH_4 é cerca de 25 vezes mais eficiente que o CO_2 na retenção da radiação emitida. Os níveis de CH_4 estão aumentando em cerca de 0,6% ao ano, e os solos podem tanto adicionar como remover CH_4 da atmosfera.

Os processos biológicos do solo são responsáveis por grande parte do metano liberado para a atmosfera. Quando os solos são fortemente anaeróbicos, como acontece na maioria das terras úmidas e nos arrozais irrigados por inundação, as bactérias produzem CH_4, em vez de CO_2, quando decompõem a matéria orgânica (Seções 7.4 e 11.2). Entre os fatores que influenciam a quantidade de CH_4 liberada para a atmosfera a partir dos solos saturados com água estão: (1) a manutenção de um potencial redox (E_h) próximo a valores de 0 mV, (2) a disponibilidade de carbono facilmente oxidável e (3) a natureza e o manejo das plantas que crescem sobre esses solos (70 a 80% do CH_4 liberado dos solos alagados escapa para a atmosfera através das hastes ocas de plantas das terras úmidas). A drenagem periódica de arrozais impede o desenvolvimento de condições extremamente anaeróbicas e, portanto, pode diminuir substancialmente as emissões de CH_4. Portanto, as práticas de manejo devem ser seriamente consideradas, uma vez que as plantações de arroz em sistema de irrigação por inundação estão sendo consideradas responsáveis por até 25% da produção global de CH_4.

Os pântanos costeiros (como os marismas existentes ao longo da costa da Louisiana, Estados Unidos) tendem a emitir muito menos metano do que os pântanos de água doce; por isso, o balanço dos gases do efeito estufa que entram e saem de marismas, provavelmente, são mais favoráveis no abrandamento do aquecimento global. Os redutores de sulfato produzem muito mais energia usando, de forma alternativa, os compostos de sulfatos como receptores de elétrons, do que a que os metanógenos podem gerar por meio da redução do dióxido de carbono para metano. Portanto, os altos níveis de sulfato na água do mar permitem que os procariontes redutores de sulfato suplantem os metanógenos na competição por substratos de carbono disponíveis em marismas de água salgada. A grande quantidade de sulfato, quando reduzida, tende também a *regular* o potencial redox, impedindo que caia para valores tão baixos que favoreçam a produção de metano (ver Seção 7.3).

Os solos de terras úmidas não são os únicos que contribuem com o CH_4 para a atmosfera. Quantidades significativas de metano são produzidas não só pela decomposição anaeróbica de celulose nos intestinos dos cupins que vivem em solos bem aerados (ver Seção 10.5), como também de restos vegetais enterrados a grandes profundidades em aterros de lixo (ver Seção 15.10).

Em solos bem-aerados, certas **bactérias metanotróficas** produzem a enzima *metano monoxigenase*, o que lhes permite obter a sua energia oxidando o metano para produzir o metanol. Essa reação, que é em grande parte realizada no solo, reduz a carga de gás do efeito estufa em cerca de 1 bilhão Mg de metano por ano. Infelizmente, as entradas a longo prazo de nitrogênio inorgânico em lavouras, pastagens e florestas podem reduzir muito a capacidade do solo em oxidar o metano (Figura 11.20). As evidências sugerem que a rápida disponibilidade de amônio de fertilizantes estimule as bactérias amônia-oxidantes, em detrimento das metano-oxidantes. Experimentos de longa duração indicam que o nitrogênio, fornecido na forma orgânica (como esterco), aumenta a capacidade de oxidação do metano do solo.

O óxido nitroso (N_2O) é outro gás de efeito estufa produzido por micro-organismos em solos maldrenados, mas, em razão de não estar diretamente envolvido no ciclo do carbono, será tratado no próximo capítulo, quando o ciclo do nitrogênio for abordado.

Em razão de o solo poder agir tanto como um importante emissor ou sequestrador de dióxido de carbono, metano e óxido nitroso, é evidente que, juntamente com as etapas para modificar as emissões industriais, o manejo do solo tem um papel importante a desempenhar no controle dos níveis atmosféricos de gases do efeito estufa.

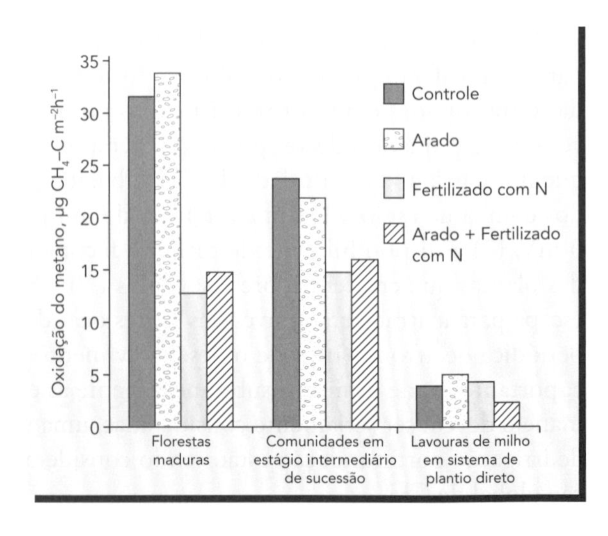

Figura 11.20 O nitrogênio mineral reduz a capacidade dos solos em oxidar metano e, portanto, em remover da atmosfera esse gás de efeito estufa. Os solos sob florestas exibiram as maiores taxas de oxidação de metano e também maior comprometimento devido à adição de N. A perturbação física (aração) teve pouco impacto. O nitrogênio foi aplicado como uma solução de nitrato de amônio (100 kg N ha^{-1}). O estudo foi feito em solos arenosos (*Typic Hapludalfs*) no sul de Michigan, Estados Unidos. (Modificado de Suwanwaree e Robertson [2005])

11.10 COMPOSTOS E COMPOSTAGEM

A compostagem é uma forma de produzir, fora do solo, materiais orgânicos similares ao húmus por meio de processos de decomposição aeróbica. O produto final, o **composto**, é popularmente usado como cobertura protetora do solo, como um ingrediente para mistura de substratos para vasos, condicionador orgânico do solo e como fertilizante de ação lenta. Os compostos de alta qualidade podem ser feitos à temperatura ambiente, por um processo de lenta decomposição, ou mais rapidamente, por um processo chamado de **vermicompostagem**, que consiste em adicionar minhocas que se nutrem com restos de plantas epígeas a fim de ajudar na transformação do material. No entanto, vamos nos concentrar no método mais comumente empregado para a compostagem, no qual acontece intensa atividade de decomposição no interior de grandes e bem arejadas leiras. Esse processo é denominado **compostagem termofílica**, porque nela uma grande massa de material empilhado está em rápida decomposição e, combinada com o isolamento das leiras, resulta em uma considerável liberação de calor.

Instruções para a fabricação do composto: www.klickitatcounty.org/SolidWaste/default.asp?fCategoryIDSelected=965105457

Processos de compostagem Os compostos termofílicos normalmente são processados em três estágios. (1) Durante uma breve fase inicial, **mesofílica**, açúcares e outras fontes de alimento microbiano prontamente disponíveis são rapidamente metabolizados, causando o aumento da temperatura na pilha do composto, o que gradualmente a aumenta para mais de 40 °C. (2) A fase *termofílica* ocorre a seguir, por algumas semanas ou meses, durante os quais a temperatura sobe para 50 a 75 °C, à medida que o oxigênio vai sendo utilizado na decomposição da celulose e de outros materiais mais resistentes por organismos termofílicos. Nesta fase, é essencial que os materiais sejam frequentemente misturados para manter o abastecimento de oxigênio e garantir o aquecimento uniforme de todos os resíduos orgânicos. Os materiais facilmente decomponíveis são metabolizados para formar compostos humificados durante essa fase. (3) Um segundo estágio mesofílico (ou *estágio de cura*) atua por várias semanas ou meses, durante os quais a temperatura decresce para níveis próximos ao do ambiente, e o material é recolonizado por organismos mesófilos, incluindo certos micro-organismos benéficos que produzem estimulantes de crescimento ou compostos antagônicos às plantas e aos fungos patogênicos (ver Seção 10.13).

Compostagem com controle microbiano – o método de Luebke: www.ibiblio.org/steved/Luebke/Luebke-compost2.html

Natureza do composto produzido Em uma pilha de compostagem, à medida que as matérias-primas orgânicas são humificadas, o conteúdo de substâncias não húmicas e de ácidos húmicos aumenta muito. Durante o processo de compostagem, a relação C/N dos materiais orgânicos nas leiras diminui até que seja alcançada uma estabilização na faixa de 10:1 a 20:1.

Embora 50 a 75% do carbono, no material inicial, sejam normalmente perdidos durante a compostagem, os nutrientes minerais são, em sua maioria, conservados. Portanto, o conteúdo mineral (referido como teor de *cinzas*) aumenta com o tempo, tornando o composto curado mais concentrado em nutrientes do que a combinação inicial de matérias-primas utilizadas. O composto devidamente preparado e curado deve estar livre de sementes viáveis de ervas daninhas e organismos patogênicos, porque estes são geralmente destruídos durante a fase termofílica. No entanto, contaminantes inorgânicos, como os metais pesados, *não* são destruídos pela compostagem. O manejo adequado do composto é essencial para que o produto final esteja pronto para uso como substratos ou condicionadores do solo (Quadro 11.3).

Efeitos da compostagem Embora o trabalho da compostagem possa ser mais trabalhoso e dispendioso do que a aplicação direta ao solo de materiais orgânicos não decompostos, o processo oferece várias vantagens importantes. (1) A compostagem oferece um meio seguro de armazenar materiais orgânicos com um mínimo de liberação de odor, até a época mais conveniente para aplicá-los aos solos. (2) É mais fácil lidar com o composto do que com suas matérias-primas, em razão de o volume ser 30 a 60% menor, além de uma maior uniformidade do material resultante. (3) Para resíduos com

Fazer ou não fazer composto? www.organicaginfo.org/upload/Compost.MarkMeasures.pdf

QUADRO 11.3

Manejo de uma pilha de compostagem

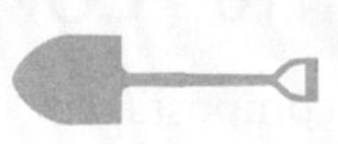

Materiais para uso Os materiais próprios para a compostagem doméstica incluem folhas de árvores (melhor se picadas), grama cortada, ervas daninhas (melhor antes de produzirem semente), restos de comida, aparas de madeira, lixo de calhas, acículas de pinheiros, feno apodrecido, palhadas e até o pó do aspirador. As compostagens feitas em larga escala (comerciais) muitas vezes usam materiais como lixo municipal, lodo de esgoto tratado, lascas de madeira, estrume animal, além de folhas e resíduos advindos do processamento de alimentos.

Materiais a evitar Alguns materiais que devem ser evitados incluem pedaços de carne (exala odores, atrai roedores), fezes de gatos (contêm micróbios nocivos a crianças e mulheres grávidas), serragem proveniente de madeira compensada e/ou tratada sob pressão (contém metais pesados e arsênico), plásticos e vidro (não são biodegradáveis e tornam-se inapropriados ou perigosos no produto final).

Equilíbrio de nutrientes Apesar de os materiais altamente carbonáceos poderem ser satisfatoriamente compostados se forem mantidos úmidos e revolvidos frequentemente, melhores resultados poderão ser obtidos com os materiais de alta relação C/N (p. ex., folhas secas, palha ou papel) se forem misturados com os de baixa relação C/N (p. ex., grama recém-aparada, fenos de leguminosas, farinha de sangue, lodo de esgoto ou esterco animal), de modo a alcançar uma relação C/N total entre 20 e 30. Adubos minerais nitrogenados também podem ser adicionados para diminuir a relação C/N.

Outros materiais comumente adicionados para melhorar o conteúdo e o equilíbrio dos nutrientes incluem adubos minerais mistos (N, P e K), cinzas de madeira (K, Ca e Mg), farinha de ossos ou rochas fosfatadas moídas (P e Ca) e algas (K, Mg, Ca e micronutrientes). Alguns desses materiais contêm uma quantidade de sais solúveis tais que exigem a lixiviação do composto curado antes de ser usado para fertilizar plantas sensíveis à salinidade.

(a)

(b)

Figura 11.21 (*a*) Um método eficiente, adequado e de fácil manuseio de compostagem caseira é o das três caixas nas quais os materiais são transportados com um garfo, de uma caixa para outra. Os tubos perfurados de plástico branco melhoraram a aeração. O escaninho mais à esquerda contém materiais relativamente frescos, enquanto o outro, à direita, contém compostos curados. (*b*) Uma máquina especial revolve leiras de compostagem em larga escala (direção do movimento é para a esquerda da foto), para misturar o material e manter o sistema bem arejado em uma instalação na Carolina do Norte, Estados Unidos, onde os restos de alimentos dos refeitórios da universidade são transformados em composto para ser utilizado no paisagismo. (Fotos: cortesia de R. Weil)

(continua)

QUADRO 11.3 *(CONTINUAÇÃO)*

Manejo de uma pilha de compostagem

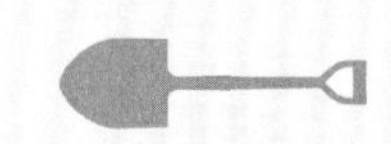

Métodos de compostagem Proporcione boa aeração na pilha de compostagem, mas, ao construí-la, faça-a grande o bastante para conter uma massa que consiga gerar calor e evitar o ressecamento excessivo. Pilhas de compostos caseiras devem ter, pelo menos, 1 m quadrado de base por 1 m de altura. No mercado, existem recipientes próprios de compostagem que giram para revolver os compostos mais facilmente. A compostagem em larga escala é geralmente realizada em leiras com cerca de 2 a 3 m de largura, 1 a 2 m de altura e muitos metros de comprimento (Figura 11.21). Em climas secos, o composto pode ser feito em covas escavadas no solo com cerca de 1 m de profundidade para proteger o material contra a secagem. Os vários materiais a serem compostados podem ser misturados entre si ou alocados em finas camadas. Muitas vezes, um pouco de solo de uma horta ou de composto curado é adicionado para garantir que a abundância de organismos decompositores esteja imediatamente disponível. Ativadores de composto, contendo inóculo microbiano ou extratos de plantas medicinais, estão disponíveis no mercado, mas, apesar de poderem acelerar o aquecimento inicial da pilha, testes científicos raramente mostram qualquer outra vantagem no uso desses preparados.

Controle do oxigênio e da umidade Os baixos níveis de oxigênio, geralmente devido ao revolvimento inadequado, combinados com o excesso de umidade, podem produzir odores fétidos – como acontece com uma decomposição anaeróbica. O monitoramento da temperatura e dos níveis de oxigênio da pilha pode ajudar a evitar essa situação. Para provocar uma boa aeração, é melhor adicionar alguns resíduos mais volumosos (como lascas de madeira, para evitar a compactação excessiva) e, ou revolver a pilha, ou proporcionar uma corrente de ar através dela (Figura 11.21). O revolvimento, se feito, deve ser durante a fase termofílica, sempre que a temperatura começar a baixar. O conteúdo de água do composto deve ser mantido entre 50 e 70%. Um composto adequadamente úmido, quando espremido entre as mãos, deve ser sentido como úmido, mas não como molhado. Deve-se revolver a pilha quando o tempo estiver mais seco, pois isso pode ajudar a reduzir o excesso de umidade; e, no caso de uma pilha muito seca, deve ser feito em um dia chuvoso, para ajudar a umedecê-la.

uma alta relação C/N inicial, a compostagem adequada garante que qualquer período de degradação do nitrato ocorra na pilha do composto, e não no solo, evitando, assim, a deficiência de nitrogênio que poderia ser induzida nas plantas. (4) A **compostagem** e os materiais com baixa relação C/N (como esterco de gado e lodo de esgoto), junto a materiais com alta relação C/N (como serragem, madeira, folhas secas de árvores ou resíduos sólidos urbanos), fornecem carbono suficiente aos micróbios para que imobilizem o excesso de nitrogênio e minimizem qualquer risco de lixiviação de nitratos de materiais de baixa relação C/N. (5) As temperaturas elevadas, durante a fase termofílica, em pilhas de compostos bem manejadas, matam as sementes de plantas daninhas e os organismos patogênicos depois de alguns poucos dias. Em condições menos ideais, as temperaturas em algumas partes da pilha não podem exceder 40 ou 50°C; então semanas ou meses podem ser necessários para que os mesmos resultados sejam obtidos. (6) A maioria dos compostos tóxicos que podem estar contidos em resíduos orgânicos (pesticidas, produtos químicos naturais fitotóxicos, etc.) estarão destruídos quando o composto estiver curado e pronto para uso. A compostagem é usada como um método de remediação biológica de solos e resíduos contaminados (Seção 15.5). (7) Alguns compostos podem suprimir, de forma eficaz, os micro-organismos do solo prejudiciais às plantas, incentivando os antagonismos microbianos (Seção 10.12). Resultados bem-sucedidos quanto à eliminação de doenças têm ocorrido quando um composto bem curado é usado como um componente principal de mistura de terra para vasos em casas de vegetação. (8) Como o adubo é feito de materiais residuais orgânicos nos quais, recentemente, foi utilizado CO_2 no seu processo de crescimento (fotossíntese das plantas), o composto é considerado carbono-neutro, tornando-se em uma escolha muito mais ambientalmente sustentável do que a turfa para os substratos de vasos.

A proposta "Don't Bag It" para economizar espaço em aterros sanitários: http://aggie-horticulture.tamu.edu/earthknd/compost/compost.html

Desvantagens do composto O composto geralmente tem baixo conteúdo de nutrientes, os quais se encontram em um estado de baixa disponibilidade. Ele também tem proporções de P relativamente altas em relação ao N e às necessidades das plantas. Por esse motivo, tentar usar o composto como a principal fonte de nutrientes para as plantas pode facilmente resultar na aplicação de níveis potencialmente poluidores de fósforo (Capítulo 13). Além disso, uma vez que as substâncias orgânicas mais lábeis são decompostas durante o processo de compostagem, os compostos normalmente oferecem menos benefícios à agregação do solo do que os resíduos frescos a partir dos quais eles foram elaborados.

11.11 CONCLUSÃO

A matéria orgânica do solo é um componente complexo, dinâmico e geralmente benéfico, que exerce grande influência não apenas no comportamento do solo, mas também nas propriedades e funções do ecossistema. Em razão da enorme quantidade de carbono armazenada na matéria orgânica do solo e da natureza dinâmica desse seu componente, o manejo do solo pode ser uma importante ferramenta para mitigar o efeito estufa global.

A decomposição dos resíduos orgânicos, a liberação de nutrientes e a formação de húmus são controladas tanto por fatores ambientais como pela qualidade dos materiais orgânicos. Elevados teores de lignina e de polifenóis, juntamente com uma alta relação C/N, tornam o processo de decomposição marcadamente lento, causando o acúmulo de matéria orgânica e a redução da disponibilidade de nutrientes.

A matéria orgânica do solo compreende três principais compartimentos de compostos orgânicos. O *compartimento ativo* inclui compostos relativamente fáceis de serem decompostos e desempenha um papel importante na ciclagem de nutrientes, na quelação de micronutrientes, na manutenção da estabilidade estrutural do solo sob cultivos e também como fonte de alimento que sustenta a diversidade e a atividade biológica dos solos. A maior parte da matéria orgânica está no *compartimento passivo*, que contém materiais muito estáveis que resistem à ação microbiana e podem persistir no solo por séculos. Essa fração da MOS proporciona pontos de troca de cátions e capacidade de retenção de água, mas é relativamente inerte sob o ponto de vista biológico. Quando a vegetação natural é substituída por uma lavoura, a queda inicial da matéria orgânica do solo se faz, principalmente, à custa do compartimento ativo. A fração passiva decai lentamente e durante um período de tempo muito longo.

O nível de matéria orgânica do solo é influenciado pelo clima (sendo maior nas regiões frias e úmidas), pela drenagem (sendo maior em solos maldrenados) e pelo tipo de vegetação (sendo geralmente mais elevado onde a biomassa da raiz é maior, como no caso dos solos sob gramíneas).

A manutenção da matéria orgânica do solo, especialmente do compartimento ativo nos solos minerais, é um dos grandes desafios no manejo dos recursos naturais em todas as partes do mundo. Ao incentivar o crescimento vigoroso das lavouras ou outro tipo de vegetação, resíduos abundantes (que contêm carbono e nitrogênio) podem ser devolvidos ao solo tanto diretamente como por meio dos alimentos que os animais consomem. Além disso, a taxa de decomposição de matéria orgânica do solo pode ser minimizada com a restrição de revolvimento do solo, controle da erosão e manutenção da maior parte dos resíduos vegetais sobre ou próximo da superfície do solo.

Dependendo da finalidade, é vantajoso manejar a decomposição da matéria orgânica fora do solo, em um processo conhecido como *compostagem*. Ela transforma os restos vegetais em um produto similar ao húmus, que pode ser usado como condicionador do solo ou como um componente de substratos para vasos.

A decomposição e a mineralização da matéria orgânica do solo é um dos principais processos que regem a ciclagem de nutrientes dos solos, assunto do próximo capítulo.

QUESTÕES PARA ESTUDO

1. Compare a quantidade de carbono existente na vegetação da Terra com a dos solos e a da atmosfera.
2. Se quiser aplicar um material orgânico que proporcione uma cobertura (*mulch*) de longa duração na superfície do solo, você deve escolher um material orgânico com quais características químicas e físicas?
3. Descreva como a adição de determinados tipos de materiais orgânicos ao solo pode causar um período de depressão de nitrato. Quais são as implicações desse fenômeno para o crescimento das plantas?
4. Além das substâncias húmicas, que outras categorias de materiais orgânicos são encontradas no solo?
5. Alguns pesquisadores incluem o resíduo vegetal (resíduos sobre a superfície) em sua definição de matéria orgânica do solo, enquanto outros não. Escreva dois breves parágrafos: um justificando a inclusão da serrapilheira como matéria orgânica do solo e outro que justifique sua exclusão.
6. Quais propriedades do solo são mais influenciadas pela matéria orgânica das frações ativas e passivas, respectivamente?
7. Neste livro e em outros, os termos *carbono orgânico do solo* e *matéria orgânica do solo* são usados com, praticamente, o mesmo significado. Como esses termos estão conceitual e quantitativamente relacionados? Por que o termo *carbono orgânico* é geralmente mais apropriado para quantificações em trabalhos científicos?
8. Explique, em termos do equilíbrio entre ganhos e perdas, por que os solos cultivados geralmente contêm níveis muito mais baixos de carbono orgânico do que os solos semelhantes sob vegetação natural.
9. De que modo os solos estão envolvidos no aumento do efeito estufa que está aquecendo a Terra? Quais são algumas das práticas de manejo do solo que poderiam ser alteradas para reduzir os efeitos negativos e aumentar os efeitos benéficos do solo sobre o efeito estufa?
10. Explique por que o composto é ambientalmente mais sustentável do que a turfa no uso como um substrato para vasos e como um condicionador para os solos dos campos de golfe.

REFERÊNCIAS

Batjes, N. H. 1996. "Total carbon and nitrogen in the soils of the world," *European J. Soil Sci.,* **47**:151–163.

Bayer, C., J. Mielniczuk, T. Amado, L. Martin-Neto, and S. Fernandes. 2000. "Organic matter storage in a sandy clay loam Acrisol affected by tillage and cropping system in southern Brazil," *Soil and Tillage Research,* **54**:101–109.

Bigelow, C. A., D. C. Bowman, and D. K. Cassel. 2004. "Physical properties of sand amended with inorganic materials or sphagnum peat moss." *USGA Turfgrass and Environmental Research Online,* **3**(6):1–14. Disponível em: http://usgatero.msu.edu/v03/n06.pdf (publicado em 15 março 2004; acesso em 20 julho 2006).

Blanco-Canqui, H., R. Lal, W. M. Post, R. C. Izaurralde, and L. B. Owens. 2006. "Rapid changes in soil carbon and structural properties due to stover removal from no-till corn plots," *Soil Sci.,* **171**: 468–482.

Clapp, C. E., M. H. B. Hayes, A. J. Simpson, and W. L. Kingery. 2005. "Chemistry of soil organic matter," pp. 1–150, in M. A. Tabatabai and D. L. Sparks (eds.), *Chemical Processes in Soils.* SSSA Book Series No. 8 (Madison, Wl: Soil Science Society of America).

Eswaran, H., P. F. Reich, J. Kimble, F. H. Beinroth, E. Padmanabhan, and P. Moncharoen. 2000. "Global carbon stocks," pp. 15–26, in R. Lal et al. (eds), *Global Climate Change and Pedogenic Carbonates* (Boca Raton, FL: Lewis Publishers).

Hierro, J. L., and R. M. Callaway. 2003. "Allelopathy and exotic plant invasion," *Plant Soil,* **256**:29–39.

Inderjit, K. M., M. Dakshini, and C. L. Foy (eds.). 1999. *Principles and Practices in Plant Ecology: Allelochemical Interactions* (Boca Raton, FL: CRC Press).

IPCC. 2007. Climate change 2007: The physical science basis. Summary for policymakers. [Online]. Available from the Intergovernmental Panel on Climate Change, United Nations. Disponível em: www.ipcc.ch/SPM2feb07.pdf (publicado em 2 fevereiro 2007; acesso em 3 fevereiro 2007).

Magdoff, F., and R. R. Weil (eds.). 2004. *Soil Organic Matter in Sustainable Agriculture* (Boca Raton, FL: CRC Press).

Paustian, K., and B. Babcock. 2004. *Climate Change and Greenhouse Gas Mitigation: Challenges and Opportunities,* Task Force Report 141. (Ames, IA: Council on Agricultural Science and Technology).

Paustian, K., W. J. Parton, and J. Persson. 1992. "Modeling soil organic matter-amended and nitrogen-fertilized long-term plots," *Soil Sci. Soc. Amer. J.,* **56**:476–488.

Suwanwaree, P., and G. P. Robertson. 2005. "Methane oxidation in forest, successional, and no-till agricultural ecosystems: Effects of nitrogen and soil disturbance," *Soil Sci. Soc. Am. J.,* **69**:1722–1729.

Torbert, H., and H. Johnson. 2001. "Soil of the intensive agriculture biome of Biosphere 2. *J. Soil Water Conservation,* **56**:4–11.

Walford, R. L. 2002. "Biosphere 2 as voyage of discovery: The serendipity from inside," *BioScience,* **52**:259–263.

Weil, R. R., and G. S. Belmont. 1987. "Interactions between winged bean and grain amaranth," *Amaranth Newsletter,* **3**(1):3–6.

Weil, R. R., P. W. Benedetto, L. J. Sikora, and V. A. Bandel. 1988. "Influence of tillage practices on phosphorus distribution and forms in three Ultisols," *Agron. J.,* **80**:503–509.

Weil, R. R., K. R. Islam, and C. L. Mulchi. 2000. "Impact of elevated CO2 and ozone on C cycling processes in soil," p. 47, in *Agronomy Abstracts* (Madison, Wl: American Society of Agronomy).

O esqueleto deste pônei *Chincoteague* está ajudando o fósforo a retornar ao solo (R. Weil)

12 Ciclagem de Nutrientes e Fertilidade do Solo

Não são apenas raízes sob pedras tingidas de sangue, não só os seus pobres ossos abatidos definitivamente trabalham na terra...

— Pablo Neruda, poeta chileno,
ESPAÑA EN CORAZÓN
(ESPANHA EM NOSSOS CORAÇÕES)

Os solos estão no centro dos ciclos biogeoquímicos que transformam, transportam e renovam as fontes dos nutrientes minerais (tão essenciais para o crescimento das plantas terrestres). À medida que cada nutriente passa pelo solo, um determinado átomo pode assumir diferentes formas químicas, cada uma com características e comportamentos específicos que interferem no desenvolvimento do solo e, também, do ecossistema como um todo. Para alguns elementos como o nitrogênio e o enxofre, os ciclos biogeoquímicos são extremamente complexos, pois não implicam apenas em diversas transformações biologicamente intermediadas pelo solo, mas em vários movimentos de gases, partículas sólidas e soluções aquosas. Para o fósforo, a ciclagem inclui também um fascinante conjunto de complexas interações entre os processos químicos e biológicos. Para o cálcio, o magnésio e o potássio, o intemperismo de minerais e as reações de troca catiônica predominam nos seus ciclos. Para os micronutrientes, a mobilidade e a biodisponibilidade são controladas principalmente pelo pH do solo, pelo potencial redox e pelas reações com compostos orgânicos solúveis.

Todos esses ciclos têm importante impacto não somente na fertilidade do solo, mas também no equilíbrio saudável dos ecossistemas aquáticos e na saúde e sobrevivência dos seres humanos. Essa ciclagem de nutrientes explica por que a vegetação (e, indiretamente, os animais) pode continuamente remover os nutrientes de um solo por milênios, sem esgotar suas fontes de elementos essenciais. Sendo assim, a biosfera não se esgota rapidamente em nitrogênio ou magnésio, porque ela usa a mesma fonte de abastecimento por diversas vezes. Quando as atividades humanas acabam por provocar o curto-circuito ou a quebra desses ciclos, os solos se tornam empobrecidos, e as pessoas também. É importante notar também que o mau manejo dos ciclos de nutrientes não provoca consequências desastrosas apenas aos sistemas terrestres. A perda indevida de N e P da fase solo, incluída em seus ciclos, é responsável por alguns dos mais devastadores problemas de poluição da água em todo o planeta.

A escassez de N é o fator nutricional mais limitante e de ocorrência mais abrangente que afeta a produtividade dos ecossistemas terrestres. Além disso, ele também é um elemento superaplicado em alguns agroecossistemas e o mais responsável pela deterioração da qualidade da água. O fósforo é o segundo nutriente mais limitante e, geralmente, é ainda mais escasso do que o N. Este, como também tem uma história de superaplicação na agricultura moderna, tornou-se responsável pela poluição generalizada de muitos sistemas aquáticos.

Neste capítulo discutiremos os processos e princípios que regem os ciclos dos nutrientes no solo. Em seguida, no Capítulo 13, vamos aplicar esse conhecimento às práticas de manejo da fertilidade do solo e da qualidade ambiental.

12.1 NITROGÊNIO NO SISTEMA SOLO[1]

O nitrogênio no crescimento e desenvolvimento das plantas

Taxas de nitrogênio para suprir as necessidades do milho: www.ipm.iastate.edu/ipm/icm/2006/9-18/ntool.html

O nitrogênio (N) é um importante componente de todas as proteínas – incluindo as enzimas, que, por sua vez, controlam praticamente todos os processos biológicos. Outros componentes nitrogenados de importância incluem ácidos nucleicos e clorofila. O nitrogênio é também essencial para que as plantas possam fazer uso de carboidratos.

As plantas deficientes em N tendem a apresentar **clorose** (cor amarelada ou verde-clara nas folhas) e uma aparência atrofiada, com hastes finas e alongadas (Pranchas 87 e 94). As folhas mais velhas são as primeiras a ficarem amareladas. As plantas deficientes em nitrogênio, muitas vezes, têm uma relação caule-raiz baixa e amadurecem mais rapidamente do que as plantas saudáveis.

Estoques globais de nitrogênio – ciclagem fora de controle: www.ehponline.org/members/2004/112-10/focus.html

Quando o N é fornecido em grande quantidade, ocorre crescimento vegetativo excessivo, provocando o tombamento das plantas mais altas (acamamento) e o retardamento da maturação da planta, bem como a possibilidade de elas se tornarem mais suscetíveis a doenças e pragas. Esses problemas são especialmente perceptíveis se outros nutrientes, como o potássio, estiverem sendo fornecidos em teores relativamente baixos.

Formas de nitrogênio absorvidas pelas raízes das plantas As raízes das plantas adquirem o N do solo, principalmente, na forma de íons nitrato (NO_3^-) e amônio (NH_4^+) dissolvidos, sendo que uma mistura relativamente igual desses dois íons propicia melhores resultados para a maioria delas. Como explicado nas Seções 9.1 e 9.5, a absorção de amônio reduz significativamente o pH do solo da rizosfera, enquanto a de nitrato tende a aumentá-lo. Essas mudanças de pH, por sua vez, influenciam a absorção de outros íons, como fosfato e micronutrientes (Seções 12.3 e 12.6). A absorção direta de compostos orgânicos nitrogenados solúveis também ocorre e é de especial importância tanto em campos naturais como em florestas.

Distribuição e ciclagem nos solos

Fontes de nitrogênio e suas transformações: www.ext.colostate.edu/pubs/crops/00550.html

A atmosfera, que é composta de 78% de nitrogênio gasoso (N_2), parece ser um compartimento praticamente ilimitado desse elemento. No entanto, a forte ligação tripla entre os dois átomos da molécula de nitrogênio (N≡N) faz com que este gás seja extremamente inerte e não diretamente utilizável por plantas ou animais. Por isso, pouco nitrogênio poderia ser encontrado em solos e pouca vegetação cresceria em ecossistemas terrestres ao redor do mundo se não fosse pela ação de certos processos naturais (principalmente pela fixação microbiana de nitrogênio e ação dos relâmpagos) que podem quebrar essa ligação tripla e formar **nitrogênio reativo**, que inclui qualquer outra forma desse elemento prontamente disponível aos organismos vivos.

Espécies de nitrogênio no solo: www.sws.uiuc.edu/nitro/nspecies.asp

O ciclo do nitrogênio tem sido objeto de intensa investigação científica, uma vez que compreender as translocações e transformações desse elemento é fundamental para a resolução de muitos problemas ambientais, agrícolas e os relacionados à preservação dos recursos naturais. Os principais compartimentos e formas de nitrogênio

[1] Para uma revisão sobre o nitrogênio na agricultura e o meio ambiente, consulte Schepers e Raun (2008). Para ler sobre o nitrogênio natural e o nitrogênio antropogênico, relativos aos ecossistemas globais, consulte Galloway et al. (2003).

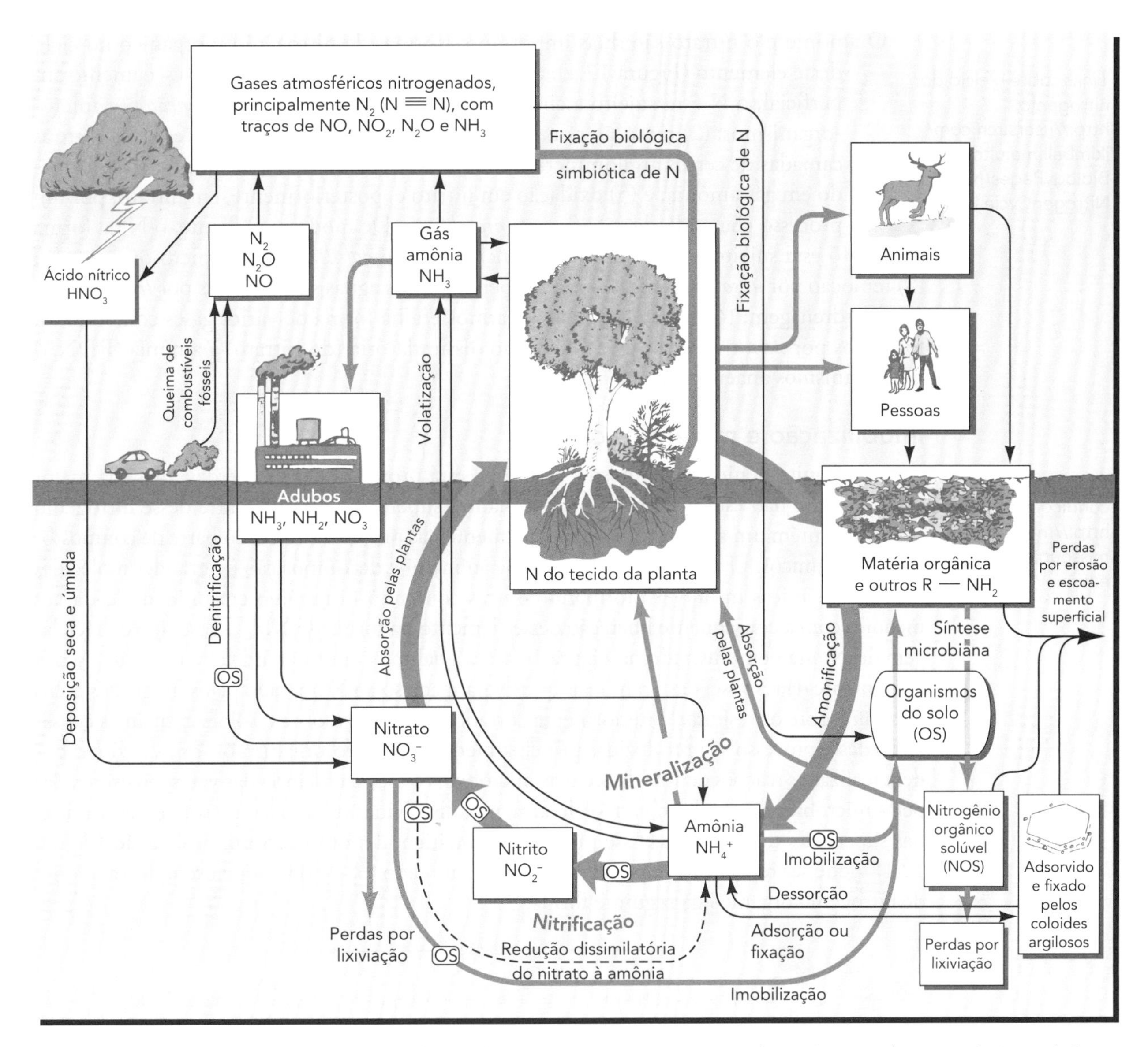

Figura 12.1 Ciclagem de nitrogênio, enfatizando o ciclo primário (setas mais largas), no qual o nitrogênio orgânico é mineralizado, as plantas o absorvem na forma mineral, e, finalmente, o nitrogênio orgânico é devolvido ao solo com os resíduos vegetais. Note os processos pelos quais o nitrogênio do solo é perdido e reposto. Os retângulos representam diferentes formas de nitrogênio; as setas representam os processos pelos quais uma forma é transformada em outra. Os organismos do solo, cujas enzimas são responsáveis pela maioria das reações do ciclo, são representados nos retângulos (rotulados "OS") pelas arestas arredondadas. (Diagrama: cortesia de R. Weil)

e os processos pelos quais eles interagem no ciclo estão ilustrados na Figura 12.1. Esta figura, por merecer estudo cuidadoso, será mencionada com frequência, principalmente quando discutirmos cada uma das principais divisões do ciclo do nitrogênio.

A maior parte do nitrogênio em sistemas terrestres é encontrada na matéria orgânica do solo, que normalmente contém cerca de 5% de N. Entretanto, a distribuição de nitrogênio no perfil do solo tem estreita relação com a sua matéria orgânica (ver Seções 11.3 e 11.10). Exceto onde grandes quantidades de adubos têm sido aplicadas, o nitrogênio inorgânico (i.e., mineral) raramente é responsável por mais de 1 a 2% do N no solo.

Links sobre o ciclo do nitrogênio: http://users.rcn.com/jkimball.ma.ultranet/BiologyPages/N/NitrogenCycle.html

O amônio e o nitrato são duas importantes formas de nitrogênio inorgânico no ciclo deste elemento (Figura 12.1). Além da possível perda por erosão e escoamento superficial, o N está sujeito a cinco destinos principais: (1) *imobilização* por micro-organismos; (2) remoção por *absorção pelas plantas*; (3) *fixação* nos espaços entre as camadas de certos argilominerais do tipo 2:1; (4) *volatilização* após ser transformado em gás amônia; e (5) oxidação em nitrito e, posteriormente, em nitrato, por um processo chamado de *nitrificação microbiana*. De modo semelhante, o N na forma de nitrato está sujeito a cinco destinos principais: (1) *imobilização* por micro-organismos; (2) remoção por *absorção pelas plantas*; (3) perda para as águas subterrâneas por *lixiviação* na água de drenagem; (4) *volatilização* para a atmosfera na forma de vários gases contendo N, formados por *desnitrificação*; ou (5) redução dissimilatória (do nitrato) à amônia (RDNA) por organismos anaeróbicos.

Imobilização e mineralização

Efeitos das diferentes condições de campo: http://muextension.missouri.edu/explore/envqual/wq0260.htm

O nitrogênio de compostos orgânicos está protegido contra perdas, mas sua maior parte não está disponível para as plantas superiores. Grande parte desse nitrogênio contém um grupo amina, principalmente nas proteínas ou como parte de compostos húmicos. O processo de decomposição inclui a decomposição de grandes moléculas orgânicas insolúveis, formando outras contendo nitrogênio em unidades cada vez menores com a consequente liberação desse elemento na forma de NH_4^+. Esse tipo de reciclagem do N está bem ilustrado na Figura 10.12, a qual mostra um grande círculo verde-escuro proveniente da resposta das gramíneas que tiveram acesso ao N liberado pelos fungos, os quais cresciam sobre os resíduos anteriormente cortados e deixados sobre o solo. As enzimas causadoras desse processo são produzidas principalmente por micro-organismos. Essas enzimas podem realizar as reações dentro das células microbianas, mas na maioria das vezes são excretadas pelos micróbios e trabalham extra-celularmente, dissolvidas na solução do solo ou adsorvidas nas superfícies dos coloides. Esse processo enzimático, denominado **mineralização** (Figura 12.1), pode ser representado por um composto aminado ($R—NH_2$), que exemplifica a fonte de nitrogênio orgânico da seguinte forma:

$$\xrightarrow{\text{Mineralização}}$$

$$R—NH_2 \underset{-2H_2O}{\overset{+2H_2O}{\rightleftharpoons}} OH^- + R—OH + NH_4^+ \underset{-O_2}{\overset{+O_2}{\rightleftharpoons}} 4H^+ + \text{energia} + NO_2^- \underset{-\frac{1}{2}O_2}{\overset{+\frac{1}{2}O_2}{\rightleftharpoons}} \text{energia} + NO_3^- \quad (12.1)$$

$$\xleftarrow{\text{Imobilização}}$$

Normalmente, apenas cerca de 1,5 a 3,5% do nitrogênio orgânico de um solo é anualmente mineralizado (Quadro 12.1). Mesmo assim, essa taxa de mineralização fornece nitrogênio mineral suficiente para o crescimento normal da vegetação natural na maioria dos solos, com exceção daqueles com baixos teores de matéria orgânica, como os solos dos desertos e de terras arenosas. Além disso, *estudos com isótopos traçadores* em solos agrícolas, que foram fertilizados com adubos nitrogenados sintéticos, mostram que a mineralização do nitrogênio do solo fornece a maior parte do nitrogênio absorvido pelas culturas.

O oposto da mineralização é a **imobilização**, que é a conversão de íons de nitrogênio inorgânico (NO_3^- e NH_4^+) em formas orgânicas (ver Equação 12.1 e Figura 12.1). A imobilização pode ocorrer tanto por processos biológicos como não biológicos (abióticos). Este último provavelmente envolve reações químicas rápidas em solos com matéria orgânica de alta relação C/N e pode ser muito importante em solos sob florestas. A imobilização biológica ocorre quando os micro-organismos decompositores de resíduos orgânicos exigem mais N do que podem obter a partir dos resíduos que estão metabolizando. Então os micro-organismos exaurem os íons NO_3^- e NH_4^+ da solução do solo para incorporá-los como componentes ce-

QUADRO 12.1

Cálculo da mineralização do nitrogênio

Se o clima, o teor de matéria orgânica, as práticas de manejo e a textura de um solo são conhecidos, é possível fazer uma estimativa aproximada da quantidade provável de N mineralizado a cada ano. Para isso, fazemos pressuposições como as seguintes:

- A concentração de matéria orgânica do solo (MOS) (percentagem) pode variar de, aproximadamente, zero a mais de 75% (em um *Histosol*) (Seção 3.9). Os valores entre 0,5 e 5% são os mais comuns. ☛ Presuma um valor de 2,5% (2,5 kg MOS/100 kg de solo) para o nosso exemplo.
- A maior parte do N utilizado pelas plantas provavelmente vem dos horizontes mais superiores do solo. Se ele tem 15 cm de espessura, 2×10^6 kg/ha é uma razoável estimativa do seu peso por hectare. Consulte a Seção 4.7 para calcular o peso desse horizonte se a densidade de um solo for conhecida. ☛ Presuma 2×10^6 kg/ha de solo até 15 cm de profundidade, em nosso exemplo.
- Suponha que a concentração de nitrogênio na MOS (Seção 11.3) seja de cerca de 5 kg N/100 kg MOS.
- A percentagem de MOS que provavelmente será mineralizada em um ano em um dado solo depende da textura, do clima e de práticas de manejo. Os valores aproximados de 2% são apropriados para um solo de textura argilosa, enquanto os valores de cerca de 3,5% são adequados para um solo de textura arenosa. Os valores ligeiramente mais elevados ocorrem em climas quentes; os ligeiramente mais baixos ocorrem em locais de clima frio. ☛ Presuma um valor de 2,5 kg MOS mineralizado/100 kg MOS para o nosso exemplo.

A quantidade de nitrogênio que provavelmente será liberada pela mineralização durante a época de crescimento pode ser calculada utilizando-se os valores da amostra presumidos acima:

$$\frac{\text{kg de N mineralizado}}{\text{15 cm de espessura em 1 ha}} = \left(\frac{\text{2,5 kg de MOS}}{\text{100 kg de solo}}\right)\left(\frac{2 \times 10^6 \text{ kg de solo}}{\text{15 cm de espessura em 1 ha}}\right)\left(\frac{\text{5 kg de N}}{\text{100 kg de MOS}}\right)\left(\frac{\text{2,5 kg de MOS mineralizada}}{\text{100 kg de MOS}}\right)$$

$$\frac{\text{kg de N mineralizado}}{\text{ha}} = \left(\frac{2{,}5}{100}\right)\left(\frac{2 \times 10^6}{1}\right)\left(\frac{5}{100}\right)\left(\frac{2{,}5}{100}\right) = 62{,}5 \text{ kg N/ha} \quad (12.2)$$

A maior parte da mineralização do N ocorre durante a estação de crescimento, quando o solo está relativamente úmido e quente. Acredita-se que as camadas mais profundas do solo contribuem fazendo com que o total de N mineralizado na zona radicular desse solo durante a época de seu crescimento suba até mais de 120 kg N/ha.

Esses cálculos estimam o N mineralizado anualmente a partir da matéria orgânica original do solo. Estrume animal, resíduos de leguminosas ou outras melhorias em solos orgânicos ricos em nitrogênio poderiam fazer com que a mineralização da matéria orgânica original do solo fosse muito mais rápida, aumentando, assim, substancialmente, a quantidade de N mineral disponível.

lulares proteicos, deixando a solução do solo praticamente desprovida de N mineral (ver também a Seção 11.3). Quando os organismos morrem, certa quantidade do nitrogênio orgânico contido em suas células pode ser convertida em formas que compõem o complexo do húmus, e outra parte pode sofrer mineralização, liberando os íons NO_3^- e NH_4^+. A mineralização e a imobilização ocorrem simultaneamente no solo; se o efeito *líquido* é um aumento ou uma diminuição no N mineral disponível depende, principalmente, da relação C/N dos resíduos orgânicos que estão se decompondo (Seção 11.3).

Nitrogênio orgânico solúvel (NOS)[2]

Os compostos de nitrogênio orgânico solúvel (NOS) podem ser absorvidos pelas plantas e se perderem por lixiviação tanto nos sistemas naturais como nos ecossistemas agrícolas. Eles representam cerca de 0,3 a 1,5% do nitrogênio orgânico total dos solos, um compartimento de

[2] Para uma revisão de literatura sobre a natureza e a importância das análises do nitrogênio orgânico solúvel, consulte van Kessel et al. (2009). Para MOS em ecossistemas naturais, consulte Neff et al. (2003).

tamanho semelhante ao do nitrogênio mineral (NH_4^+ e NO_3^-). Na verdade, onde os adubos orgânicos foram aplicados a solos de pastagens permanentes ou lavouras que têm sido cultivadas por muitos anos, os conteúdos de NOS são muitas vezes consideravelmente mais elevados que os de nitrogênio mineral. A absorção microbiana, tanto do NOS como do N mineral, ocorre simultaneamente nos solos, dando origem, em alguns, a uma competição direta entre plantas e micróbios por ambas as formas de nitrogênio.

O nitrogênio orgânico solúvel também é um componente significativo do N perdido por lixiviação. Por exemplo, o NOS pode abranger praticamente todo o N lixiviado de algumas florestas virgens e aproximadamente 30 a 60% daquele lixiviado de fazendas de gados leiteiros e lotes de confinamento de bovino de corte. De fato, nos Estados Unidos, o NOS compreende cerca de 25% do N que o rio Mississippi leva para o Golfo do México. Assim, a MOS provavelmente contribui para os problemas ambientais a jusante e deve ser estudado, juntamente com o N-nitrato, para que se possa compreender e solucionar os problemas de poluição pelo nitrogênio.

Os constituintes químicos do NOS ainda não foram totalmente identificados. No entanto, sabemos que alguns desses compostos são hidrofílicos, e outros são hidrofóbicos. Isso sugere que alguns podem ser capazes de interagir com coloides inorgânicos, mas outros reagiriam, sobretudo, com a matéria orgânica do solo.

A absorção do NOS pelas plantas Em ecossistemas com nitrogênio limitado, como aqueles em solos fortemente ácidos e inférteis (incluindo alguns solos orgânicos), o NOS pode ser a principal fonte de N para as plantas. Isso ajuda a explicar o fato de o crescimento das plantas, especialmente de algumas espécies florestais, ser consideravelmente maior do que se poderia esperar com base na oferta limitada de nitrogênio inorgânico disponível em qualquer época. O NOS pode ser absorvido tanto diretamente pelas raízes das plantas, como por meio de associações micorrízicas.

Fixação de amônio por minerais de argila

Da mesma forma que outros íons carregados positivamente, os íons de amônia são atraídos para as superfícies negativamente carregadas das argilas e húmus, onde são retidos na forma trocável, disponível para absorção pelas plantas, mas parcialmente protegidos da lixiviação. No entanto, por causa do tamanho próprio do íon amônio (e também do de potássio), ele pode ficar aprisionado dentro de cavidades da estrutura cristalina de vários minerais das argilas do tipo 2:1, especialmente nas vermiculitas (Figuras 8.7 e 12.32). Os íons de amônio e de potássio *fixados* na parte rígida de uma estrutura cristalina são mantidos em uma forma não trocável, a partir da qual só poderão ser liberados muito lentamente.

Em solos com alto teor de argilas do tipo 2:1, o NH_4^+ fixado entre as camadas dos seus minerais normalmente é responsável por 5 a 10% do nitrogênio total das camadas mais superficiais do solo e até 20 a 40% do nitrogênio dos horizontes subsuperficiais. Por outro lado, em solos altamente intemperizados, a fixação de amônio é menor porque poucas argilas do tipo 2:1 estão presentes. Em alguns solos sob florestas, cerca de metade do nitrogênio dos horizontes O e A é imobilizada por fixação de amônio ou reações químicas com húmus. Enquanto a fixação de amônio pode ser considerada uma vantagem, pois fornece um meio de conservação do nitrogênio, a taxa de liberação da amônia fixada é lenta demais para ser de valor prático no atendimento às necessidades das plantas anuais de rápido crescimento.

Volatilização da amônia

O gás amônia (NH_3) pode ser produzido a partir da decomposição de materiais orgânicos e de adubos, como amônia anidra e ureia. O gás amônia está em equilíbrio com os íons amônia dissolvidos, de acordo com a seguinte reação reversível:

$$\underset{\text{Íons dissolvidos}}{NH_4^+ + OH^-} \rightleftharpoons \underset{\text{Gás}}{H_2O + NH_3\uparrow} \qquad (12.3)$$

Da Reação 12.3, podemos tirar duas conclusões. Primeiramente, a volatilização da amônia será mais pronunciada em níveis de pH elevado (i.e., íons OH^- conduzem a reação para a direita); em segundo lugar, os adubos que produzem o gás amônia direcionam a reação para a esquerda, elevando o pH da solução na qual estão dissolvidas.

Os coloides do solo (tanto as argilas como o húmus) adsorvem o gás amônia; por isso, as perdas deste composto são maiores em solos com pouca quantidade desses coloides ou onde a amônia não está em estreito contato com o solo. Por essas razões, as perdas de amônia podem ser muito grandes nos solos arenosos, alcalinos ou calcários, principalmente quando os materiais produtores de amônia permanecem perto da superfície do solo e quando o solo está secando. Altas temperaturas, como muitas vezes ocorrem na superfície do solo, também favorecem a volatilização da amônia (Figura 12.2).

A incorporação de esterco e de adubos minerais nos primeiros centímetros do solo pode reduzir as perdas de amônia entre 25 e 75% em relação às que ocorrem quando os materiais são deixados na superfície do solo. Em campos naturais e em pastagens artificias, a incorporação de resíduos animais devido à ação de minhocas e besouros rola-bosta é fundamental para a manutenção de um balanço favorável de nitrogênio e também para fazer com que esses ecossistemas tenham uma alta capacidade de suporte dos animais que neles pastam (Seção 10.2).

As terras úmidas (incluindo as de plantações de arroz inundado) podem perder muita amônia, especialmente em dias quentes, quando as algas fotossintetizantes usam todo o CO_2 dissolvido, eliminando assim o ácido carbônico da água superficial e elevando muito o nível de pH.

Pelo mecanismo inverso ao da perda de amônio que acabamos de descrever, ambos, solos e plantas, podem absorver amônia da atmosfera. Assim, o sistema solo-planta pode ajudar a limpar a amônia do ar, enquanto utiliza o nitrogênio para o crescimento das plantas e dos micro-organismos do solo.

Nitrificação

Os íons de amônio do solo podem ser enzimaticamente oxidados por certas bactérias, produzindo nitritos e depois nitratos. Essas bactérias do solo são classificadas como **autótrofas**, por-

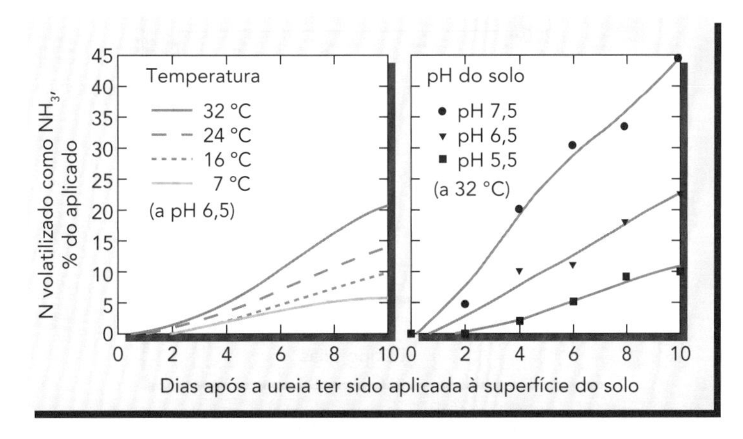

Figura 12.2 A volatilização da amônia é muito afetada pela temperatura e pelo pH. Neste experimento, o adubo ureia (NH_2–CO–NH_2) foi aplicado na superfície de um solo franco-argiloso. A ureia absorveu a umidade do ar ou do solo e então hidrolisou-se para formar a amônia. A perda do gás amônia é especialmente rápida quando o pH é superior a 7 e a temperatura ultrapassa 16 °C. A perda de amônia pode ser ainda mais rápida nas fezes de animais (esterco) do que na ureia. Os produtos geradores de amônia não devem ser deixados em solos com superfícies quentes e com alto pH por mais de um dia. (Adaptado de Glibert et al. [2006], utilizando dados de Franzen [2004])

que obtêm sua energia da oxidação dos íons amônio, em vez da matéria orgânica. O processo denominado **nitrificação** consiste em duas etapas sequenciais principais. O primeiro passo resulta na conversão de amônia a nitrito por um grupo específico de bactérias autotróficas (***Nitrosomonas***). O nitrito assim formado é então imediatamente utilizado por um segundo grupo de autótrofos, ***Nitrobacter***. Portanto, quando o NH_4^+ é liberado no solo, geralmente é logo convertido em NO_3^- (Figura 12.3). A oxidação enzimática libera energia para essas bactérias, de acordo com as seguintes reações:

$$\underset{\text{Amônia}}{NH_4^+} + 1\,{}^1\!/\!_2\,O_2 \xrightarrow[\text{bactérias}]{\textit{Nitrosomas}} \underset{\text{Nitrito}}{NO_2^-} + 2H^+ + H_2O + 275\text{ kJ energia} \qquad (12.4)$$

$$\underset{\text{Nitrito}}{NO_2^-} + {}^1\!/\!_2 O_2 \xrightarrow[\text{bactérias}]{\textit{Nitrobacter}} \underset{\text{Nitrato}}{NO_3^-} + 76\text{ kJ energia} \qquad (12.5)$$

Desde que as condições sejam favoráveis para ambas as reações, a segunda segue a primeira perto o suficiente para evitar o acúmulo de muito nitrito. Isso é muito bom porque, mesmo em concentrações de apenas alguns mg/kg, o nitrito é bastante tóxico para a maioria das plantas. Quando os suprimentos de oxigênio são marginais, as bactérias nitrificantes também podem produzir um pouco de NO e N_2O, que são potentes gases do efeito estufa.

Independentemente da fonte de amônio, a nitrificação aumentará de forma significativa a acidez do solo através da produção de íons H^+, como mostrado na reação química da Equação 12.4. Consulte também a Seção 9.6.

A nitrificação pode ser "revertida" por vários processos bacterianos. O mais conhecido deles é a **desnitrificação**, um processo anaeróbico pelo qual as bactérias heterotróficas reduzem o nitrato a gases como NO, N_2O e N_2 (veja a seguir). A **redução dissimilatória de nitrato a amônio (RDNA)** é outro processo microbiano anaeróbico que, na verdade, inverte a nitrificação, reduzindo o NO_3^- para NO_2^- e depois para NH_4^+.

Condições de solos que afetam a nitrificação As bactérias nitrificantes são muito mais sensíveis às condições ambientais do que os vários grupos de organismos heterotróficos, respon-

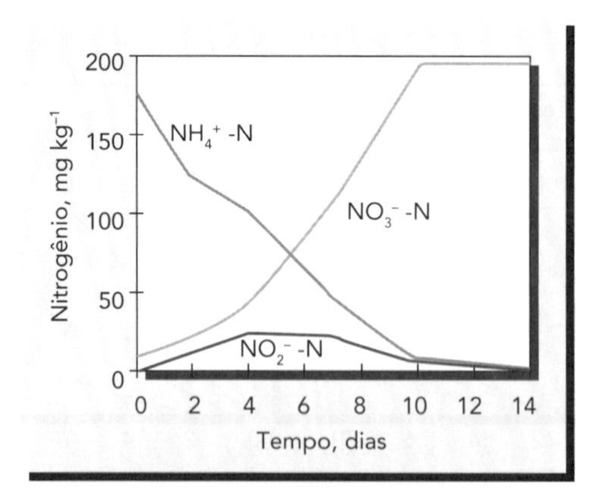

Figura 12.3 Transformação da amônia em nitrito e nitrato por nitrificação. No primeiro dia, o solo franco-siltoso foi adubado com $(NH_4)_2SO_4$ em quantidade suficiente para fornecer 170 mg N/kg de solo. Em seguida, foi submetido a uma incubação, em ambiente quente e bem arejado, por 14 dias. A cada dois dias, amostras de solo foram retiradas e analisadas para várias formas de nitrogênio. Nota-se que o aumento nas concentrações de N-nitrato (N-NO_3^-) coincidiu com o declínio do N-amônio (N-NH_4^+), com exceção da pequena quantidade de N-nitrito (N-NO_2^-) que se acumulou temporariamente entre o segundo e o décimo dias. Esse padrão é consistente com o processo das duas etapas representadas pelas Equações 12.4 e 12.5. Nenhuma planta foi cultivada durante o estudo. (Dados selecionados de Khalil et al. [2004])

sáveis pela liberação de amônio a partir de compostos contendo nitrogênio orgânico (**amonificação**). A nitrificação requer uma fonte de íons amônio e de oxigênio para sintetizar os íons NO_2^- e NO_3^- e, portanto, é favorecida em solos bem-drenados. A umidade ótima para a nitrificação é de cerca de 60% do espaço poroso preenchido com água (Figura 12.4). Como os micro-organismos nitrificadores são autotróficos, suas fontes de carbono são os bicarbonatos e o CO_2. Eles apresentam o melhor desempenho entre 20 e 30 °C e agem muito lentamente se o solo estiver frio (abaixo de 5 °C).

Descobriu-se que alguns produtos químicos têm a capacidade de inibir o processo de nitrificação. Tais compostos, bem como outros que retardam a dissolução da ureia, podem ser misturados com adubos para retardar a formação de nitrato e, assim, reduzir sua perda por lixiviação ou desnitrificação.

A irrigação de um solo inicialmente seco, as primeiras chuvas após um longo período de estiagem, o descongelamento e o aquecimento rápido de solos congelados na primavera e a aeração súbita por cultivo são exemplos de flutuações ambientais que normalmente causam fluxos de mineralização e nitrificação (Figura 12.5). Os padrões de crescimento da vegetação natural e o calendário ideal de plantio para as culturas são muito influenciados por variações sazonais que causam oscilações nos níveis de nitrato.

O problema da lixiviação de nitrato

Contrastando com os cátions de amônio, os ânions de nitrato não são adsorvidos por coloides com cargas negativas que dominam a maioria dos solos. Portanto, os íons nitrato podem ser facilmente lixiviados do solo movendo-se livremente para baixo com a água de drenagem. Sendo assim, as perdas de nitrogênio envolvem três preocupações fundamentais: (1) as perdas que empobrecem o ecossistema; (2) a acidificação dos solos e a colixiviação de cátions, como Ca^{2+}, Mg^{2+} e K^+ (conforme descrito na Seção 9.6); e (3) o movimento de nitratos para as águas subterrâneas, o que causa vários problemas de qualidade da água a jusante. Examinaremos a natureza desses impactos ambientais na Seção 13.2.

Os nitratos e a qualidade da água: www.soil.ncsu.edu/publications/Soilfacts/AG-439-02/

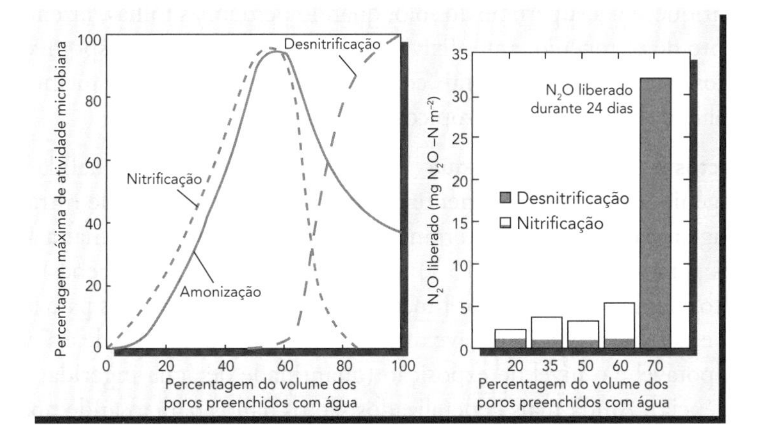

Figura 12.4 *À esquerda*: as taxas de nitrificação, amonificação e desnitrificação estão intimamente relacionadas com a disponibilidade de água e oxigênio, como demonstrado pela percentagem de água preenchendo o espaço poroso do solo. Tanto a nitrificação como a amonificação têm suas taxas máximas próximas a 55 a 60% de água no espaço poroso; no entanto, a amonificação continua ocorrendo em solos muito encharcados para permitir uma nitrificação ativa. Apenas uma pequena sobreposição existe nas condições adequadas para a nitrificação e a desnitrificação. *À direita:* o gás do efeito estufa óxido nitroso (N_2O) é produzido principalmente por desnitrificação, mas é também um subproduto menor da nitrificação. Um experimento que utilizou ^{15}N como traçador mostra a mudança abrupta de um processo para o outro em porosidades preenchidas entre 60 e 70% com água. (Gráfico de barras de Bateman e Baggs [2005])

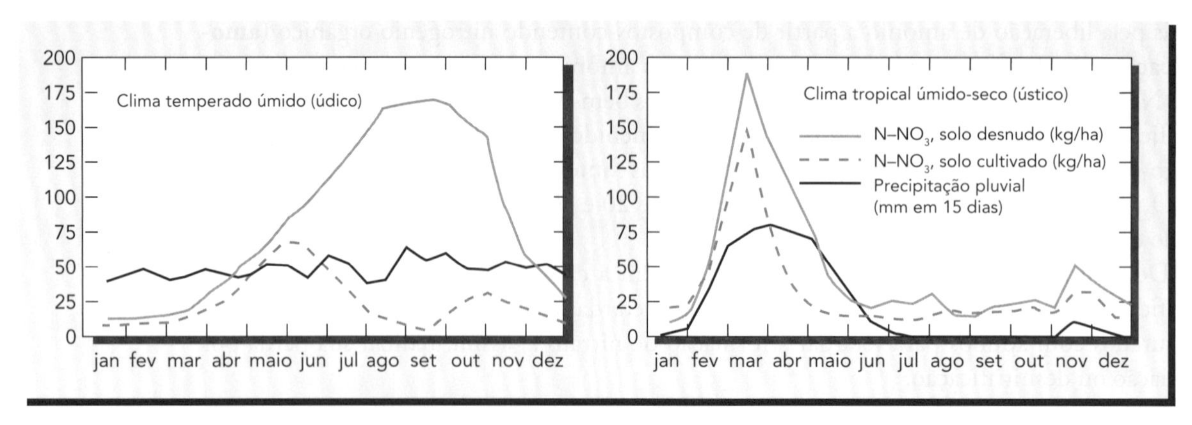

Figura 12.5 Padrões sazonais de concentração de N-nitrato na parte mais superficial de solos representativos com e sem plantas em crescimento. *À esquerda:* em uma região temperada e úmida, com invernos frios e chuvas uniformemente bem distribuídas ao longo do ano, o N-NO_3^- se acumula devido ao aquecimento do solo em maio e junho. Os nitratos são perdidos por lixiviação no outono. *À direita:* em uma região tropical representativa, com quatro meses de chuva seguidos de oito meses de tempo seco e quente, um grande fluxo de N-NO_3^- aparece quando as primeiras chuvas umedecem o solo seco. Esse fluxo de nitrato é causado pela rápida decomposição e mineralização das células dos micro-organismos previamente mortos devido à seca e ao forte calor. Note que o nitrato do solo é menor em ambos os climas quando há a presença de plantas, porque elas removem, por absorção, a maior parte do nitrato formado. (Diagramas: cortesia de R. Weil)

A poluição por nitratos ameaça os anfíbios: www.on.ec.gc.ca/wildlife/factsheets/nitrate-e.html

Grande parte do nitrato mineralizado em certos *Oxisols* e *Ultisols* altamente intemperizados lixiviam para baixo da zona radicular antes que as culturas anuais (como o milho) possam absorvê-lo. Na África, alguns pesquisadores do solo descobriram recentemente que parte desse nitrato lixiviado não é perdido para as águas subterrâneas. Em vez disso, as argilas altamente intemperizadas e ácidas dos horizontes subsuperficiais adsorvem o nitrato em seus sítios de troca aniônica (Seção 8.11). As árvores de sistema radicular profundo, como as sesbânias (*Sesbania* sp.), são capazes de aproveitar esse nitrato do subsolo. Se cultivadas em sistemas de rotação com culturas alimentares anuais, posteriormente as árvores enriquecem a superfície do solo, quando perdem as folhas, fazendo com que esse compartimento de nitrogênio, antes lixiviado, se torne novamente disponível para a produção de alimentos. Práticas **agroflorestais** como essa têm o potencial de melhorar a produção agrícola e a qualidade ambiental dos trópicos úmidos.

Impactos na qualidade da água Os problemas relativos à qualidade da água, causados por nitrogênio, estão principalmente associados ao movimento de nitrato presente nas águas de drenagem para as águas subterrâneas. O nitrato pode contaminar a água potável, provocando riscos para a saúde (Seção 13.2) de pessoas (especialmente bebês), bem como do gado. Os nitratos também podem, por fim, fluir das águas subterrâneas para as superficiais, como rios, lagos e estuários. O fator-chave referente aos riscos para a saúde é a *concentração* de nitrato na água potável e o nível de exposição (quantidade de água ingerida, especialmente com certa frequência). Ainda mais generalizados são os danos para a saúde dos ecossistemas aquáticos, especialmente aqueles com água salgada ou salobra. O fator preponderante para esse tipo de dano é, em geral, a *carga total* (fluxo de massa) de nitrogênio liberada para um ecossistema sensível. A maior parte da carga de N total é, normalmente, liberada como nitrato e N orgânico dissolvido nas águas de drenagem.

Perdas gasosas por desnitrificação

O nitrogênio pode ser perdido para a atmosfera quando os íons nitrato são convertidos para as formas gasosas de nitrogênio por uma série de reações de redução bioquímica largamente disseminada na natureza, denominada **desnitrificação.**[3] Os organismos que realizam esse processo estão presentes em grande número e são, em sua maioria, bactérias anaeróbicas facultativas *heterotróficas*, que obtêm sua energia e carbono a partir da oxidação de compostos orgânicos. Outras bactérias desnitrificantes são as *autotróficas*, como as *Thiobacillus denitrificans*, que obtêm sua energia a partir da oxidação de sulfetos. A série geral das reduções pode ser mostrada desta forma:

$$2NO_3^- \xrightarrow{-2O} 2NO_2^- \xrightarrow{-2O} 2NO\uparrow \xrightarrow{-O} N_2O\uparrow \xrightarrow{-O} N_2\uparrow \qquad (12.6)$$

Íons nitrato (+5) — Íons nitrato (+3) — Gás ácido nítrico (+2) — Gás óxido nitroso (+1) — Gás dinitrogênio (0) ⟵ Estado da valência do nitrogênio

Para essas reações ocorrerem, as fontes de resíduos orgânicos ou de sulfetos devem estar disponíveis a fim de fornecerem energia para atender às exigências dos desnitrificadores. O ar nos microssítios do solo, onde ocorre a desnitrificação, deveria conter não mais de 10% de oxigênio; além disso, preferem-se níveis mais baixos de oxigênio. As temperaturas adequadas para a desnitrificação ocorrem entre 25 e 35 °C, mas o processo irá ocorrer entre 2 e 50 °C. A acidez muito forte (pH < 5,0) inibe a desnitrificação rápida e favorece a formação de N_2O.

Geralmente, quando os níveis de oxigênio são muito baixos, o produto final liberado do processo total de desnitrificação é o gás dinitrogênio (N_2). Deve-se notar, no entanto, que o NO e o N_2O também são comumente liberados durante a desnitrificação em condições de aeração intermitente, que muitas vezes ocorre no campo. A proporção dos três principais produtos gasosos parece ser dependente do pH predominante, da temperatura, do grau de depleção de oxigênio e da concentração de íons nitrato e nitrito disponíveis.

Poluição atmosférica A questão relativa às quantidades produzidas de cada um dos gases que contém nitrogênio não é apenas de interesse acadêmico. O gás dinitrogênio é bastante inerte e ambientalmente inofensivo, mas os óxidos de nitrogênio são gases muito reativos e têm o potencial de causar danos ambientais graves de, pelo menos, quatro maneiras. Primeiro: o NO e o N_2O, liberados na atmosfera por desnitrificação, podem contribuir para a formação de ácido nítrico, um dos principais componentes da chuva ácida. Segundo: os gases de óxido de nitrogênio podem reagir com os poluentes orgânicos voláteis para formarem ozônio ao nível do solo, um poluente atmosférico importante no nevoeiro fotoquímico que assola muitas áreas urbanas. Terceiro: quando se eleva à atmosfera superior, o NO contribui para o efeito estufa (aproximadamente 300 vezes mais que quantidades iguais de CO_2) por meio da absorção da radiação infravermelha que poderia escapar para o espaço (ver Seção11.9). Finalmente, à medida que o N_2O sobe para a estratosfera, ele participa de reações que resultam na destruição do ozônio (O_3) – gás que ajuda a proteger a Terra da cancerígena radiação solar ultravioleta. Se essa camada de proteção for degradada ainda mais, é provável que milhares de mais casos de câncer de pele ocorram anualmente. Embora existam outras importantes fontes de N_2O, como a fumaça do escapamento de veículos, a desnitrificação dos solos vem contribuindo de forma significativa para o problema, especialmente em arrozais irrigados, em terras úmidas e em solos agrícolas muito fertilizados por adubos minerais ou estercos.

O N e os gases do efeito estufa advindos de cultivos: www.oznet.ksu.edu/ctec/CASMGSnewsletter/Jan04-1.htm

Quantidade de nitrogênio perdido por desnitrificação Durante os períodos em que o solo está adequadamente umedecido, a desnitrificação resulta em uma perda lenta, mas relativamente constante, de N em sistemas de florestas intactas. Em contraste, as perdas que acontecem em solos agrícolas são altamente variáveis tanto no tempo como no espaço. A maior parte da perda

[3] O nitrato pode também ser reduzido a nitrito e a gás óxido nitroso por reações químicas não biológicas e, em algumas circunstâncias, por bactérias executoras da nitrificação, embora aquelas reações sejam muito menores em comparação com a desnitrificação biológica. Em um processo bacteriano recentemente descoberto, a oxidação anaeróbica de amônio (**oxanam**) converte amônio e nitrato no gás N_2. Ele ocorre muito nos sedimentos oceânicos e pode ser importante também em solos hidromórficos.

anual de N, muitas vezes, ocorre apenas durante alguns dias do verão, quando chuvas fortes causam, temporariamente, em solos aquecidos, condições de aeração deficiente. As terras orgânicas de baixadas e outros locais suscetíveis às perdas podem perder nitrogênio 10 vezes mais rápido do que a taxa média para um campo de cultivo. Em regiões úmidas bem drenadas, os solos raramente perdem mais de 5 a 15 kg N/ha por ano devido à desnitrificação; mas, em locais onde a drenagem é restringida e grandes quantidades de adubos minerais nitrogenados ou materiais orgânicos ricos em N são aplicados, foram observadas perdas de 30 a 60 kg N/ha/ano (Prancha 94).

Desnitrificação em solos alagados Em solos alagados, como aqueles encontrados em terras úmidas naturais ou em plantações de arroz irrigadas por sistema de inundação, as perdas por desnitrificação podem ser muito altas, especialmente onde os solos estão sujeitos a períodos alternados de umedecimento e secagem. Os nitratos que são produzidos por nitrificação durante os períodos de seca estão sujeitos à desnitrificação quando os solos estão submersos. Mesmo em solos permanentemente submersos, ambas as reações ocorrem ao mesmo tempo: nitrificação, na interface solo-água (onde algum oxigênio está presente), e desnitrificação, nos horizontes subsuperficiais do solo (Figura 12.6). No entanto, as perdas de nitrogênio podem ser radicalmente reduzidas, mesmo quando o solo é mantido inundado, se o adubo for colocado em profundidade na camada do solo que permanece reduzida. Nessa zona, já que não há oxigênio suficiente para permitir que a nitrificação ocorra, o nitrogênio permanece na forma de amônio e não é suscetível a perdas por desnitrificação.

Os pântanos de marés (marismas), que se tornam alternadamente anaeróbicos e aerados com a variação no nível das águas, têm potenciais particularmente elevados para a conversão de nitrogênio para formas gasosas. Muitas vezes, a rápida perda de nitrogênio é considerada uma função benéfica em terras úmidas, nas quais esse processo protege estuários e lagos de efeitos eutrofizantes do nitrogênio em excesso. Na verdade, as águas residuárias com alta concentração de carbono orgânico e nitrogênio podem ser purificadas de forma bastante eficiente, ou seja, fazendo com que elas escoem lentamente ao longo de um sistema especialmente planejado, com solo saturado com água, em um processo conhecido como *tratamento por escoamento superficial de águas residuárias*.

Desnitrificação em águas subterrâneas Muitos estudos têm documentado a importância da desnitrificação que ocorre nos solos maldrenados sob vegetação **ripária** (principalmente as matas ciliares). As águas subterrâneas contaminadas podem perder a maior parte de sua carga de nitrato ao fluirem através da zona ribeirinha em seu caminho para o curso d'água. Acredita-se que a maior parte do nitrato seja perdida por desnitrificação, facilitada por compostos orgânicos liberados pela serrapilheira em decomposição nas florestas e pelas condições anaeróbicas que prevalecem nos solos ribeirinhos saturados com água das matas ciliares.

As terras úmidas artificialmente construídas podem ser utilizadas para reduzir o teor de nitrato das águas superficiais que se movem em direção aos cursos d'água. Quando combinadas com faixas de proteção, tais terras úmidas podem remover metade, ou mais, dos nitratos da água de superfície antes que ela entre no canal do curso d'água.

O que acabamos de explicar é uma série de processos biológicos que levam a perdas de nitrogênio do sistema solo. Passaremos a seguir ao principal processo biológico pelo qual o nitrogênio do solo é reabastecido.

Fixação biológica de nitrogênio

Links sobre a fixação de nitrogênio: http://academic.reed.edu/biology/Nitrogen/Nfix1.html

A **fixação biológica de nitrogênio** converte o gás dinitrogênio inerte da atmosfera (N_2) para nitrogênio reativo, tornando-o disponível para todas as formas de vida por intermédio do ciclo do nitrogênio. O processo é realizado por um número limitado de bactérias, incluindo as várias espécies de *Rhizobium*, actinomicetos e cianobactérias (antigamente chamadas de algas azuis). Em termos globais, enormes quantidades

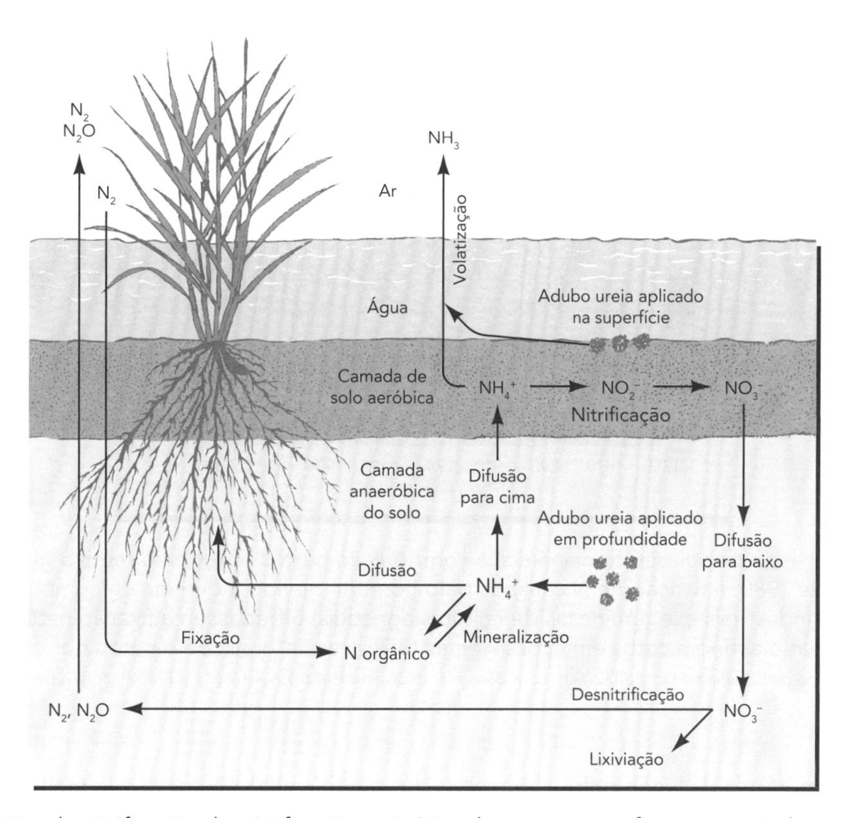

Figura 12.6 Reações de nitrificação-desnitrificação e cinética dos processos afins que controlam a perda de nitrogênio das camadas aeróbicas e anaeróbicas do sistema de um solo inundado. Os nitratos, que se formam na delgada camada aeróbica de solo logo abaixo da interface solo-água, difundem-se na camada de solo anaeróbica (reduzida) abaixo e são desnitrificados para N_2 e N_2O, formas gasosas que são perdidas para a atmosfera. Colocando ureia ou adubos contendo amônio, mais profundamente na camada anaeróbica, a oxidação de amônio a N-nitrato é impedida, o que reduz significativamente a perda de N. (Adaptado de Patrick [1982])

de nitrogênio são biologicamente fixadas a cada ano. Os sistemas terrestres fixam, sozinhos, uma quantidade estimada em 139 milhões Mg. No entanto, a quantidade fixada no processo de fabricação de adubos é agora quase tão grande quanto essa cifra (Figura 12.7).

Independentemente dos organismos envolvidos, a chave para a fixação biológica de nitrogênio é a enzima *nitrogenase*, que catalisa a redução de gás dinitrogênio para transformá-lo em amônia:

$$N_2 + 8H^+ + 6e^- \xrightarrow[\text{(Fe,Mo)}]{\text{(Nitrogenase)}} 2NH_3 + H_2 \tag{12.7}$$

A amônia, por sua vez, é combinada com ácidos orgânicos para formar aminoácidos e, em última instância, proteínas.

A quebra da ligação tripla N≡N no gás N_2 exige uma grande quantidade de energia. Portanto, o processo é bastante reforçado pela associação com as plantas superiores, as que podem fornecer essa energia a partir da fotossíntese. Os organismos fixadores de nitrogênio têm uma exigência relativamente alta para ferro, molibdênio, fósforo e enxofre, porque esses nutrientes são parte da molécula de nitrogenase ou são necessários para sua síntese e uso. A nitrogenase é destruída pelo O_2 livre; assim, os organismos que fixam nitrogênio devem proteger a enzima da exposição ao oxigênio. Quando a fixação do nitrogênio ocorre em nódulos radiculares (ver a seguir), um meio de proteger a enzima do oxigênio livre é a formação de *leguemoglobina,* um composto que faz com que surjam no interior dos nódulos das leguminosas uma coloração vermelha (Prancha 103), idêntico à

Aula sobre a fixação de N: www.soils.umn.edu/academics/classes/soil2125/doc/s9chap2.htm

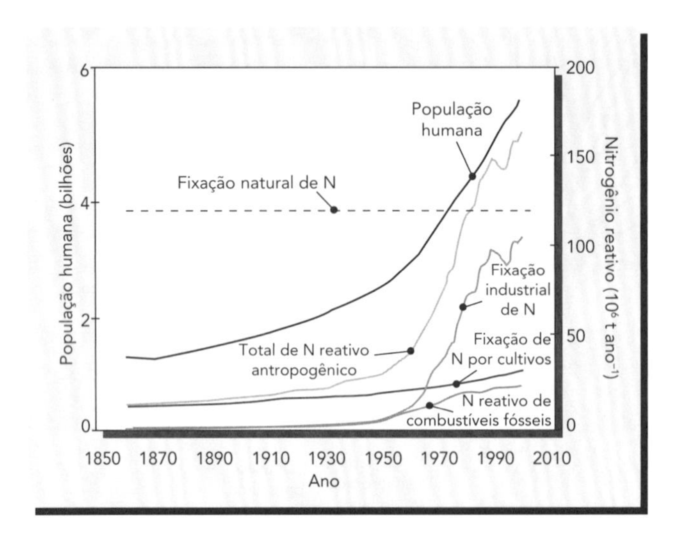

Figura 12.7 Mudanças na população humana e sua contribuição para o nitrogênio reativo global. Nota-se que, no início da década de 1980, a fixação de N causada pelo homem (devido à queima de combustíveis fósseis, produção de adubos industriais e leguminosas de culturas agrícolas) ultrapassou a fixação natural de N (por leguminosas, cianobactérias e actinomicetos em ecossistemas terrestres naturais, bem como por descargas elétricas atmosféricas). (Adaptado de Lambert e Driscoll [2003], com base nos dados de Galloway e Cowling [2002], com a permissão da Hubbard Brook Research Foundation)

molécula de hemoglobina do sangue humano, a qual toma a cor vermelha quando oxigenada. A leguemoglobina se liga ao oxigênio de tal forma que protege a nitrogenase, enquanto disponibiliza o oxigênio para a respiração em outras partes do tecido do nódulo.

A fixação biológica de nitrogênio ocorre por meio de uma série de sistemas microbianos que podem, ou não, estar direta ou indiretamente associados às plantas superiores (Tabela 12.1). Embora os sistemas simbióticos leguminosa-bactérias tenham recebido mais atenção dos pesquisadores, descobertas recentes sugerem que os outros sistemas envolvem muito mais famílias de plantas em todo o mundo e podem rivalizar com os sistemas associados às leguminosas, que funcionam como fornecedoras biológicas de nitrogênio ao solo. Em breve discutiremos cada um desses sistemas.

Fixação simbiótica com leguminosas

Processos que ocorrem nas leguminosas: http://academic.reed.edu/biology/Nitrogen/Nfix1(legumes).html

A **simbiose** (relação mutuamente benéfica) de plantas da família das leguminosas (com as quais convivem as bactérias dos gêneros *Rhizobium* e *Bradyrhizobium*) é uma das principais fontes da fixação biológica de nitrogênio em solos agrícolas. Esses micro-organismos infectam as radicelas e as células corticais das raízes, induzindo, no final, a formação de **nódulos na raiz**, que servem como locais de fixação de nitrogênio (Figura 12.8 e Prancha 103). Nessa associação mutuamente benéfica, as plantas hospedeiras suprem as bactérias com carboidratos como fonte de energia, e as bactérias retribuem, fornecendo às plantas compostos reativos de nitrogênio (Prancha 51).

Organismos envolvidos Um dado número de espécies de *Rhizobium* e *Bradyrhizobium* irá infectar algumas leguminosas, mas não outras. As leguminosas que podem ser inoculadas por uma certa espécie de *Rhizobium* são incluídas no mesmo grupo de inoculação cruzada (ver Tabela 12.2). Em áreas onde uma leguminosa tem sido cultivada há vários anos, a espécie adequada de *Rhizobium* provavelmente está presente no solo. No entanto, se as populações de *Rhizobium* naturais do solo são muito baixas, misturas especiais de inoculantes contendo *Rhizobium* e *Bradyrhizobium,* próprios para a fixação de N, podem ser aplicados, seja pelo recobrimento das sementes das leguminosas ou pela aplicação diretamente ao solo. As cepas

Tabela 12.1 Informações sobre os diferentes sistemas de fixação biológica de nitrogênio

Sistemas de fixação de N	Organismos envolvidos	Plantas envolvidas	Local de fixação
Simbióticos			
Obrigatórios			
Leguminosas	Bactérias *Rhizobia* e *Bradyrhizobia*	Leguminosas	Nódulos radiculares
Não leguminosas (angiospermas)	Actinomicetos (*Frankia*)	Não leguminosas (angiospermas)	Nódulos radiculares
Associativos			
Envolvimento morfológico, interno	Bactéria, cianobactéria	Várias plantas superiores e micro-organismos	Folhas e nódulos radiculares, líquens
Envolvimento não morfológico, externo	Bactéria, cianobactéria	Várias plantas superiores e micro-organismos	Rizosfera (ambiente radicular) Filosfera (ambiente da folha)
Envolvimento não morfológico, interno	Bactérias diazotróficas endofíticas	Gramíneas tropicais, etc.	Células da raiz das plantas
Não simbióticos	Bactéria, cianobactéria	Não envolvidas com plantas	Solo, água independente de plantas

eficazes e competitivas de *Rhizobium*, que estão disponíveis comercialmente, muitas vezes proporcionam aumentos significativos de produção das plantas, mas apenas se forem utilizadas nas culturas adequadas.

As associações de *Rhizobium* com leguminosas geralmente funcionam melhor em solos que não são muito ácidos (embora geralmente as associações *Bradyrhizobium* possam tolerar consideráveis níveis de acidez) e que estão bem supridos com os nutrientes essenciais. No entanto, altos níveis de nitrogênio disponível, seja os do solo ou dos a ele adicionados em forma de adubos, tendem a deprimir a fixação biológica de nitrogênio, porque as plantas fazem investimento pesado na energia exigida para a fixação simbiótica de nitrogênio, mas apenas quando os suprimentos reduzidos de nitrogênio fazem com que isso seja necessário.

A quantidade de N fixado varia muito, de acordo com as diferentes características dos solos e das cepas bacterianas, bem como com as diversas espécies de leguminosas (Tabela 12.3). As leguminosas como a alfafa e a soja podem fixar mais de 150 kg de N por hectare, geralmente todo o N necessário para sua máxima produção. Outras leguminosas, como o feijão, fixam normalmente apenas 30 a 50 kg N por hectare e podem precisar de aplicações complementares de N para alcançarem um ótimo rendimento. A capacidade de fixar N do ar dá

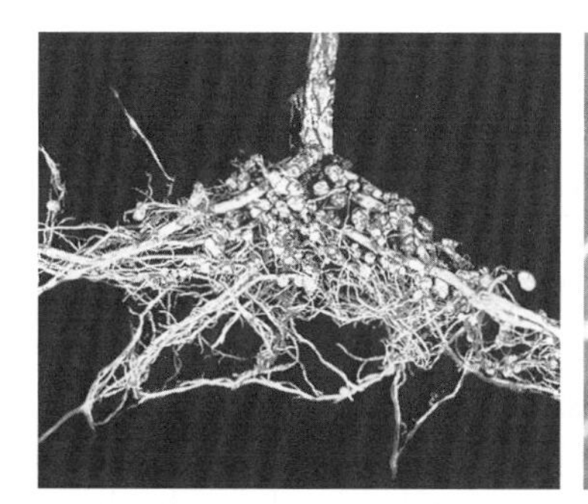

Figura 12.8 Fotos ilustrando nódulos nas raízes de soja. *À esquerda:* os nódulos são vistos nas raízes da planta de soja, e um detalhe (*centro*) mostra alguns dos nódulos associados com as raízes. *À direita*: a micrografia eletrônica de varredura mostra uma célula da planta, dentro do nódulo, cheia das bactérias *Bradyrhizobium japonicum*. (Cortesia: W. J. Brill, University of Wisconsin, EUA)

Tabela 12.2 Bactérias do gênero *Rhizobium* e grupos associados à inoculação cruzada de leguminosas

Bactéria		
Gênero	**Espécies/subgrupos**	**Leguminosa hospedeira**
Rhizobium	*R. leguminosarum* bivar. *viceae*	*Vicia* (ervilhaca), *Pisum* (ervilhas), *Lens* (lentilhas), *Lathyrus* (ervilha doce)
	bivar. trifolii	*Trifolium* spp. (a maioria dos trevos)
	bivar. phaseoli	*Phaseolus* spp. (feijão, feijão-de-corda, etc.)
	R. Meliloti	*Melilotus* (trevo-doce, etc.), *Medicago* (alfafa), *Trigonella* (feno-grego)
	R. loti	*Lotus* (trevos), *Lupinus* (tremoço), *Cicer* (grão de bico), *Anthyllis*, *Leucaena* e muitas árvores tropicais
	R. Fredii	*Glycine* spp. (ex., soja)
Bradyrhizobium	*B. Japonicum*	*Glycine* spp. (ex., soja)
	B. sp.	*Vigna* (feijão-de-corda), *Arachis* (amendoim), *Cajanus* (guandu), *Pueraria* (cudzu), *Crotolaria* (crotolaria) e muitas outras leguminosas tropicais
Azhorhizobium	*A.* sp.	Árvores sesbânia

às leguminosas uma vantagem competitiva sobre as plantas não leguminosas em solos pobres em N. A presença de espécies leguminosas fixadoras de nitrogênio em rotações de culturas, em prados com comunidades de plantas ou em florestas geralmente enriquece o solo com N, especialmente onde ele, de início, tinha baixo teor de N e as leguminosas são fortes fixadoras deste elemento. As leguminosas podem, assim, melhorar o crescimento de outras espécies não fixadoras de N, crescendo em conjunto com elas ou em sequência a elas. Tais efeitos podem ser vistos nas florestas de pinheiros com alfarrobeiras, formando o sub-bosque, ou em campos para produção de feno, onde as gramíneas são misturadas com trevos. O N fixado pelas leguminosas é geralmente disponibilizado a outras plantas, quando as raízes das leguminosas e seus nódulos morrem e esses tecidos ricos em N se decompõem. Contudo, algumas transferências mais diretas para não leguminosas também podem ocorrer por meio de conexões micorrízicas (ver Seção 10.8). Por isso, a presença de leguminosas acelera o reflorestamento natural em paisagens degradadas (ver Prancha 101) e reduz a necessidade de adubos nitrogenados em sistemas de rotação de culturas. O enriquecimento do solo com N pode ser maximizado através da incorporação da biomassa de todas as partes das leguminosas que foram cultivadas para servirem como **adubo verde**, propositadamente para melhorar o solo com suas raízes e resíduos da parte aérea. Por outro lado, se a maioria do N fixado for removido do local pela colheita de toda a parte aérea (p. ex., para a produção de feno) ou das sementes ricas em proteínas (p. ex., soja, amendoim), pouco N sobrará para enriquecer o solo.

Fixação simbiótica em não leguminosas formadoras de nódulos

Sabe-se que cerca de 200 espécies de mais de uma dezena de gêneros de plantas não leguminosas desenvolvem nódulos para adaptarem-se à fixação simbiótica de nitrogênio, incluindo vários importantes grupos de angiospermas. Essas plantas, que estão presentes em certas áreas de florestas e terras úmidas, formam nódulos característicos quando os pelos radiculares de suas raízes são invadidos por actinomicetos do solo do gênero *Frankia*.

As taxas de fixação de nitrogênio por hectare são comparáveis àquelas das associações de leguminosas com *Rhizobium* (Tabela 12.3). Em uma base global, o nitrogênio total fixado dessa

Tabela 12.3 Níveis de nitrogênio fixado por diferentes sistemas

Cultura ou planta	Organismo associado	Fixação típica (kg N/ha/ano)
Simbióticas		
Leguminosas (noduladas)		
Leucena *(Leucaena leucocephala)*	Bactéria *(Rhizobium)*	100–500
Alfarroba *(Robina* sp.*)*		75–200
Alfafa *(Medicago sativa)*		150–250
Ervilhaca *(Vicia vileosa)*		50–150
Feijão *(Phaseolus vulgaris)*		30–50
Feijão-de-corda *(Vigna unguiculata)*	Bactéria *(Bradyrhizobium)*	50–100
Soja *(Glycine max L.)*		50–200
Feijão-guando *(Cajunus)*		150–280
Cudzu *(Pueraria)*		100–140
Não leguminosas (noduladas)		
Amieiros (*Alnus*)	Actinomicetos (*Frankia*)	50–150
Espécies de *Gunnera*	Cianobactérias (*Nostoc*)	10–20
Não leguminosas (não noduladas)		
Grama-batatais *(Paspalum notatum)*	Bactéria (*Azobacter*)	5–30
Azola	Cianobactéria (*Anabena*)	150–300
Cana-de-açúcar	Bactéria (endofítica)	30–80
Não simbióticas	Bactéria (*Azobacter, Clostridium*)	5–20
	Cianobactéria (várias)	10–50

forma pode até ultrapassar aquele fixado por leguminosas cultivadas. Devido à sua capacidade de fixação de nitrogênio, algumas das associações árvore-actinomicetos são capazes de colonizar solos de baixa fertilidade e os recém-formados em terras alteradas ou degradadas que podem ter fertilidade extremamente baixa, bem como outras condições que limitam o crescimento das plantas.

Fixação simbiótica de nitrogênio, sem nódulos

Entre os mais significativos sistemas fixadores não nodulares de nitrogênio destacam-se os que envolvem sistemas de cianobactérias, como as bactérias do complexo *Azolla-Anabaena*, que florescem em determinadas plantações de arroz inundado dos trópicos. As cianobactérias *Anabaena* habitam as cavidades das folhas flutuantes da *Azolla* e fixam quantidades de nitrogênio comparáveis àquelas dos complexos rizóbio-leguminosas (ver Tabela 12.3).

Enquanto a fixação de nitrogênio pela associação leguminosa-rizóbio tem sido estudada e manejada por mais de um século, os pesquisadores estão apenas começando a aprender sobre a fixação de N por bactérias não formadoras de nódulos, as quais vivem dentro de algumas plantas, principalmente as tropicais. Duas importantes gramíneas tropicais (família Poacaea), cana-de-açúcar e arroz, são conhecidas por se beneficiarem muito do N fixado pelas **bactérias diazotróficas endofíticas** *(dentro da planta)*. Essas bactérias vivem dentro ou entre as células da raiz, formando associações que são inibidas pelo uso de altas quantidades de adubos nitrogenados. Essa pode ser uma das razões por que elas são abundantes em alguns solos, mas não em outros. Sua atividade é também, aparentemente, controlada pela genética do vegetal, mesmo dentro de uma espécie particular de planta. Essa fonte de N é tida como capaz de suprir as necessidades nutricionais da cana-de-açúcar no Brasil, fazendo com que essa cultura, quando comparada com a cultivada em muitos outros países, produza altos rendimentos apenas com a aplicação de pouco adubo nitrogenado.

O mais difundido mas menos intenso fenômeno de fixação de nitrogênio é o que ocorre na *rizosfera* de certas gramíneas e outras plantas não leguminosas. Os organismos responsáveis são as bactérias, especialmente aquelas dos gêneros *Azotobacter* e *Spirillum* (ver Tabela 12.3). Os exsudatos das raízes da planta fornecem para esses micro-organismos energia para suas atividades fixadoras de nitrogênio.

Fixação não simbiótica de nitrogênio[4]

Certos micro-organismos de vida livre, presentes no solo e na água, são capazes de fixar nitrogênio sem estarem diretamente associados às plantas superiores. A transformação é referida como *não simbiótica*, ou de *vida livre*.

Vídeo e mais informações sobre *Azotobacter*: www.microbiologybytes.com/video/Azotobacter.html

Fixação por heterotróficos Diferentes grupos de bactérias e cianobactérias são capazes de fixar nitrogênio não simbioticamente. Em solos minerais de terras altas, a fixação principal é provocada por espécies de vários gêneros de bactérias heterotróficas aeróbicas, como *Azotobacter* e *Azospirillum* (em zonas temperadas) e *Beijerinckia* (em solos tropicais). Certas bactérias anaeróbicas do gênero *Clostridium* são ativas na fixação de nitrogênio.

A quantidade de N fixado por esses heterótrofos normalmente é de apenas 5 a 20 kg por hectare por ano, o suficiente para afetar significativamente as florestas naturais e pastagens, mas não para ser de muita importância em sistemas agrícolas.

Fixação por autótrofos Na presença da luz, certas bactérias fotossintéticas e cianobactérias são capazes de fixar, simultaneamente, o dióxido de carbono e o nitrogênio. Imagina-se que a contribuição das cianobactérias possa ser de alguma importância, especialmente para as terras úmidas (incluindo as plantações de arroz irrigadas por inundação). Em alguns casos, as cianobactérias contribuem com uma parte importante das necessidades de nitrogênio do arroz, mas as espécies não simbióticas raramente fixam mais de 20 a 30 kg N/ha/ano. A fixação de nitrogênio por cianobactérias em solos de terras altas também ocorre, mas em níveis muito mais baixos do que os encontrados em condições das terras úmidas.

Deposição de nitrogênio da atmosfera

A atmosfera contém pequenas quantidades dos gases amônia e óxido nitroso liberados a partir de solos, de plantas e da queima de combustíveis fósseis (especialmente os dos veículos motores – ver Seção 9.6), bem como nitratos formados pela ação dos relâmpagos. O termo *deposição de nitrogênio* refere-se à adição, ao solo e à água, desses compostos oriundos da atmosfera (geralmente após a transformação para as formas de NH_4^+ ou NO_3^-) através da chuva, neve, poeira e absorção de gases.

A quantidade de N depositado (ver Figura 12.9) é maior em áreas de alta pluviosidade a jusante de cidades e de áreas com fazendas de exploração animal intensiva. Como a crescente população humana da Terra coloca cada vez mais nitrogênio reativo em circulação, a sua deposição indesejada está se tornando um problema ambiental global crescente.

Embora o N possa estimular o maior crescimento das plantas em sistemas agrícolas, os efeitos sobre as florestas, pradarias e os ecossistemas aquáticos são bastante prejudiciais. Os nitratos, em particular, estão associados à acidificação das chuvas (Seção 9.6), mas, considerando que o amônio logo se nitrifica, ambas as formas levam à acidificação do solo. O nitrogênio adicionado por deposição também tem impactos na oxidação do metano (Figura 11.20). O metano é um importante gás causador do efeito estufa que interfere nas mudanças do clima, e sua remoção da atmosfera pela oxidação no solo ajuda a manter seu equilíbrio global (Seção 11.9). Os solos

---

[4] Para novas abordagens em relação à exploração de fixação não simbiótica de N na agricultura, consulte Kennedy et al. (2004).

florestais têm altas taxas de oxidação do metano, mas também podem ser mais profundamente afetados pela adição de nitrogênio mineral. A capacidade das pastagens e das terras agrícolas em oxidar metano também é significativamente reduzida pela adição de nitrogênio mineral.

12.2 ENXOFRE E O SISTEMA SOLO

Enxofre nas plantas e nos animais

Papel do enxofre: www.soil.ncsu.edu/publications/Soilfacts/AG-439-15-Archived/

O enxofre é um constituinte de certos aminoácidos essenciais, vitaminas, enzimas e óleos aromáticos. Entre as plantas, as famílias das leguminosas, do repolho e da cebola requerem quantidades particularmente grandes de enxofre. As folhagens sadias das plantas contêm de 0,15 a 0,45% de enxofre ou, aproximadamente, um décimo da concentração de nitrogênio. As plantas deficientes em enxofre tendem a tornarem-se esguias e verde-claras ou amareladas (Prancha 92). No entanto, ao contrário do nitrogênio, o enxofre é relativamente imóvel na planta, de modo que a clorose se desenvolve primeiro nas folhas novas em vez de nas folhas velhas, quando as fontes de enxofre estão esgotadas. Também, ao contrário da deficiência de nitrogênio, as plantas deficientes em enxofre tendem a ter baixo teor de açúcar em sua seiva, mas alta concentração de nitrato.

As deficiências de enxofre na agricultura têm-se tornado cada vez mais comuns, devido a três tendências simultâneas: a diminuição do dióxido de enxofre na poluição do ar, a eliminação da maioria das "impurezas" de enxofre nos adubos N-P-K e o aumento das remoções de enxofre por culturas de maior rendimento.

As deficiências de enxofre predominam em solos cujos materiais de origem apresentam baixos teores desse elemento onde intemperismos e lixiviações extremos removem esse elemento ou onde há pouca reposição de enxofre decorrente do ar poluído. Em muitos países tropicais, uma ou mais dessas condições prevalecem em áreas onde as deficiências de enxofre são comuns.

Os solos secos das savanas são particularmente deficientes em enxofre, como resultado da queima anual que converte a maior parte do S dos resíduos vegetais em dióxido de enxofre.

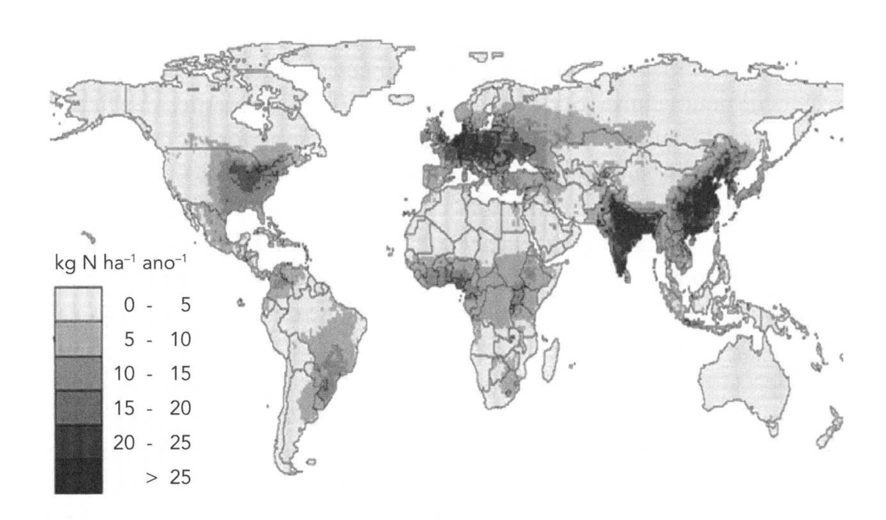

Figura 12.9 Distribuição global da deposição de nitrogênio reativo proveniente da atmosfera nas terras. A deposição de N em excesso pode danificar as florestas e outros ecossistemas naturais. A maior deposição (sombreamento mais escuro) ocorre em regiões onde existe alta precipitação a sotavento de locais onde se localizam lotes de confinamento intensivo de gado, produção de arroz irrigado e/ou centros populacionais industrializados. A amônia liberada do estrume e os óxidos de nitrogênio advindos das plantações de arroz irrigado e da queima de combustíveis fósseis são as principais fontes do N que se precipita com a chuva, neve e poeira. Embora variáveis, as deposições geralmente são mais de amônia do que de nitrato. (Fonte: Eickhout et al. [2006])

Esse gás de enxofre é posteriormente levado pelo vento a centenas de quilômetros de distância para áreas cobertas por florestas tropicais, onde uma parte do dióxido de enxofre é absorvida pelo solo úmido e pela folhagem, e outra é depositada pelas chuvas.

Fontes de enxofre no solo

Sobre o enxofre na natureza, consulte a seção sobre o enxofre em: www.iitap.iastate.edu/gcp/chem/nitro/nitro_lecture.html

As três principais fontes naturais de enxofre que podem tornar-se disponíveis para a absorção das plantas são: (1) *matéria orgânica*, (2) *minerais do solo* e (3) *gases de enxofre na atmosfera*. Nos ecossistemas naturais, onde a maioria do enxofre absorvido pelas plantas acaba sendo devolvido aos mesmos solos, essas três fontes combinadas são geralmente suficientes para abastecer de 5 a 20 kg de S por hectare necessários para o crescimento das plantas. Essas três fontes de enxofre serão consideradas a seguir.

Matéria orgânica[5] Existem três grupos principais de compostos orgânicos de enxofre na matéria orgânica do solo: (1) S altamente reduzido ligado ao carbono em compostos, como sulfetos e tióis, incluindo aminoácidos como cisteína, cistina e metionina; (2) sulfóxidos e sulfonatos em que o enxofre está ligado ao carbono, mas também ao oxigênio (C—S—O); e (3) S altamente oxidado na forma de ésteres sulfatados (C—O—S).

Com o tempo, os micro-organismos do solo transformam esses compostos orgânicos de enxofre em formas solúveis, analogamente à liberação de amônio e nitrato da matéria orgânica, abordada na Seção 12.1. Assim como acontece com o nitrogênio, a maioria do enxofre do horizonte A do solo é orgânico, com apenas 2 a 10% na forma mineralizada (sulfato), mesmo nos *Spodosols* arenosos.

Nas regiões secas, o gesso ($CaSO_4 \cdot 2H_2O$), que fornece enxofre inorgânico, está muitas vezes presente nos horizontes subsuperficiais. Portanto, a proporção de enxofre orgânico provavelmente não é tão alta em solos de regiões áridas e semiáridas como em áreas de solos úmidos. Isso é verdadeiro especialmente para os horizontes subsuperficiais, onde o enxofre orgânico pode ser escasso e onde o gesso é abundante.

Minerais do solo As formas inorgânicas de enxofre incluem os compostos solúveis dos quais as plantas e micróbios dependem. Os dois compostos inorgânicos de enxofre mais comuns são os sulfatos e os sulfetos. Os minerais de sulfato são facilmente solubilizados, e o íon sulfato (SO_4^{2-}) é facilmente assimilado pelas plantas. Os minerais de sulfato são mais comuns em regiões de pouca chuva, onde se acumulam nos horizontes subsuperficiais de alguns *Mollisols* e *Aridisols* (ver Figura 12.10). Eles também podem se acumular como sais neutros nos horizontes superficiais de solos salinos em regiões áridas e semiáridas.

Os sulfetos que são encontrados em alguns solos de regiões úmidas, com drenagem restrita, devem ser oxidados para formar sulfato, a fim de que o enxofre possa ser assimilado pelas plantas. Quando esses solos são drenados, a oxidação pode ocorrer, e grande quantidade de S é disponibilizada. Em alguns casos, a quantidade de enxofre oxidado é tão grande que causa problemas de acidez extrema (veja a seguir).

Outra fonte mineral de enxofre é a fração argila de alguns solos ricos em caulinita e óxidos de Fe e Al. Essas argilas são capazes de adsorver fortemente o sulfato da solução do solo e, em seguida, liberá-lo devagar, por troca aniônica, especialmente em condições de pH baixo. Os *Oxisols* e outros solos altamente intemperizados dos trópicos úmidos e subtrópicos podem conter grandes quantidades de sulfato, especialmente em seus horizontes subsuperficiais (Figura 12.10). Consideráveis quantidades de sulfato também podem estar ligadas aos óxidos de metais nos horizontes espódicos sob certas florestas temperadas.

[5] Para um estudo sobre as formas do enxofre em vários solos, consulte Zhao et al. (2006).

Enxofre atmosférico[6] A atmosfera contém quantidades variáveis de sulfeto de carbonila (COS), sulfeto de hidrogênio (H_2S), dióxido de enxofre (SO_2) e outros gases de enxofre, bem como partículas de poeira contendo esse elemento. Essas formas de enxofre na atmosfera surgem de erupções vulcânicas, vapores do oceano, queimadas e indústrias (como estações de geração de energia elétrica acionadas por queima de carvão com alto teor de enxofre e fundições de metais). Na metade do século passado, a contribuição de fontes industriais dominou a deposição de enxofre em determinados locais.

Na atmosfera, a maioria dos materiais contendo enxofre é geralmente oxidada a sulfatos, formando o ácido sulfúrico. O problema causado pela "chuva ácida", a qual decorre da presença de enxofre (assim como da de nitrogênio) na atmosfera, foi tratado na Seção 9.6 e está ilustrado na Figura 12.11.

Na América do Norte e em partes da Europa, depois de florestas e lagos terem sido seriamente danificados pela chuva ácida nas décadas de 1970 e 1980, os governos estabeleceram alguns programas de regulamentação que reduziram as emissões de enxofre quase pela metade desde o final de 1980 (embora o mesmo não tenha acontecido com as emissões de óxido de nitrogênio). Hoje, no leste da América do Norte, a deposição anual de S é normalmente inferior a 8 a 10 kg S/ha (40 a 50 kg ha^{-1} de sulfato). Por outro lado, as emissões de enxofre estão em alta na China, Índia e em outras regiões de industrialização recente, onde a queima de carvão e petróleo causa a queda de 50 a 75 kg S/ha em um ano. Em outras áreas pouco afetadas por emissões industriais, a deposição é geralmente da ordem de apenas 1 a 5 kg S/ha/ano.

As elevadas deposições de H_2SO_4 normalmente são absorvidas pelo solo, podendo ser também absorvidas através da folhagem das plantas. Em alguns casos, 25 a 35% do enxofre da planta vêm dessa fonte, mesmo se a disponibilidade no solo for adequada. Nos solos deficientes em enxofre, cerca de metade das necessidades da planta pode vir da atmosfera.

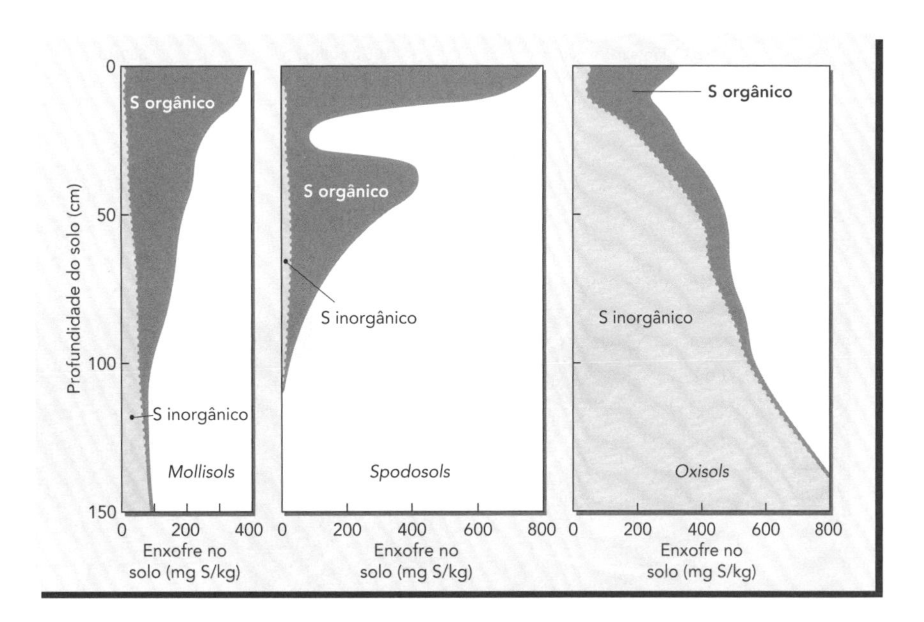

Figura 12.10 Distribuição de enxofre orgânico e inorgânico em perfis representativos de solos das ordens dos *Mollisols*, *Spodosols* e *Oxisols*. Em cada um, as formas orgânicas de enxofre dominam o horizonte superficial. Consideráveis quantidades de enxofre inorgânico, tanto como sulfato adsorvido como minerais de sulfato de cálcio, existem nos horizontes inferiores dos *Mollisols*. Relativamente pouco enxofre inorgânico existe nos *Spodosols*. No entanto, nos trópicos úmidos (*Oxisols*), a maior parte do enxofre dos perfis se encontra presente como sulfato adsorvido às superfícies coloidais nos horizontes subsuperficiais. (Diagrama: cortesia de R. Weil)

[6] Para uma discussão sobre as tendências globais de deposição de enxofre, consulte Stern (2006).

Ciclo dos compostos de enxofre nos solos

Reações do ciclo do enxofre: http://fileQuadro.vt.edu/users/chagedor/biol_4684/Cycles/Scycle.html

As grandes transformações que o enxofre sofre nos solos são mostradas na Figura 12.12. O círculo interno mostra as relações entre as quatro principais formas desse elemento: (1) *sulfetos*, (2) *sulfatos*, (3) *enxofre orgânico* e (4) *enxofre elementar*. A parte superior dessa figura (acima da superfície do solo) mostra as mais importantes fontes de enxofre e como esse elemento é perdido no sistema.

Uma considerável semelhança com o ciclo do nitrogênio é evidente (compare a Figura 12.1 com a 12.12). Em cada caso, a atmosfera é uma importante fonte do elemento em questão. Tanto o N como o S estão contidos em grande parte na matéria orgânica do solo, estão sujeitos à oxidação e à redução microbiana, podem entrar e sair do solo em formas gasosas e, além disso, também estão sujeitos a algum grau de lixiviação na forma aniônica. As atividades microbianas são responsáveis por muitas das transformações que determinam o destino tanto do N como do S.

Mineralização O enxofre se comporta de forma semelhante ao nitrogênio, na maneira como ele é absorvido pelas plantas e pelos micro-organismos e pelo modo como se move em seu ciclo. As formas orgânicas de S devem primeiramente ser mineralizadas por organismos do solo para que esse nutriente possa ser usado pelas plantas. A taxa em que isso ocorre depende dos mesmos fatores ambientais que afetam a mineralização do N, incluindo aeração, umidade, temperatura e pH. Quando as condições são favoráveis para a atividade microbiana geral, ocorre a mineralização do S. Alguns dos compostos orgânicos de mais fácil decomposição no solo são os ésteres sulfatados, a partir dos quais os micro-organismos liberam diretamente os íons sulfato. No entanto, na maior parte da matéria orgânica do solo, o enxofre no estado reduzido está ligado a átomos de carbono, na forma de compostos do tipo proteínas e aminoácidos. Neste último caso, a reação de mineralização pode ser expressa como segue:

$$\underset{\text{Proteínas e outras combinações orgânicas}}{\text{Enxofre orgânico}} \longrightarrow \underset{H_2S \text{ e outros sulfetos são alguns exemplos}}{\text{produtos da decomposição}} \xrightarrow{O_2} \underset{\text{Sulfatos}}{SO_4^{2-} + 2H^+} \quad (12.8)$$

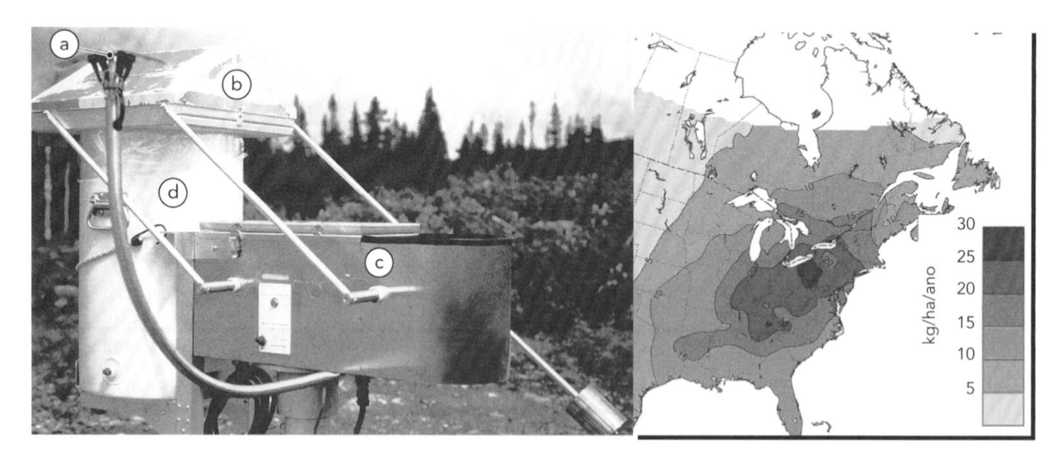

Figura 12.11 Este aparelho coleta tanto a deposição de enxofre úmida quanto a seca. Um sensor (*a*) aciona o pequeno telhado (*b*) que move a tampa da câmara de coleta de deposição seca (*c*) ao primeiro sinal de precipitação pluvial. A câmara de deposição úmida (*d*) é, então, exposta para coletar essa precipitação. Quando a chuva ou neve cessa, o sensor faz com que o teto se mova para trás sobre a câmara de deposição úmida de coleta, para que a deposição seca possa ser novamente coletada. O mapa mostra a distribuição geográfica da deposição média de sulfato da atmosfera, no leste da América do Norte. (Foto: cortesia de R. Weil; mapa adaptado da International Joint Commission [2002])

Em razão de essa liberação do sulfato disponível ser, sobretudo, dependente de processos microbianos, o fornecimento de sulfato disponível no solo varia sazonalmente e, às vezes, diariamente, de acordo com as mudanças das condições ambientais (Figura 12.13).

Imobilização A imobilização microbiana das formas inorgânicas de enxofre ocorre quando materiais orgânicos com baixos conteúdos de S e ricos em C são adicionados ao solo. A relação C/S maior que 400:1 geralmente leva à imobilização do enxofre. Quando a atividade micro-

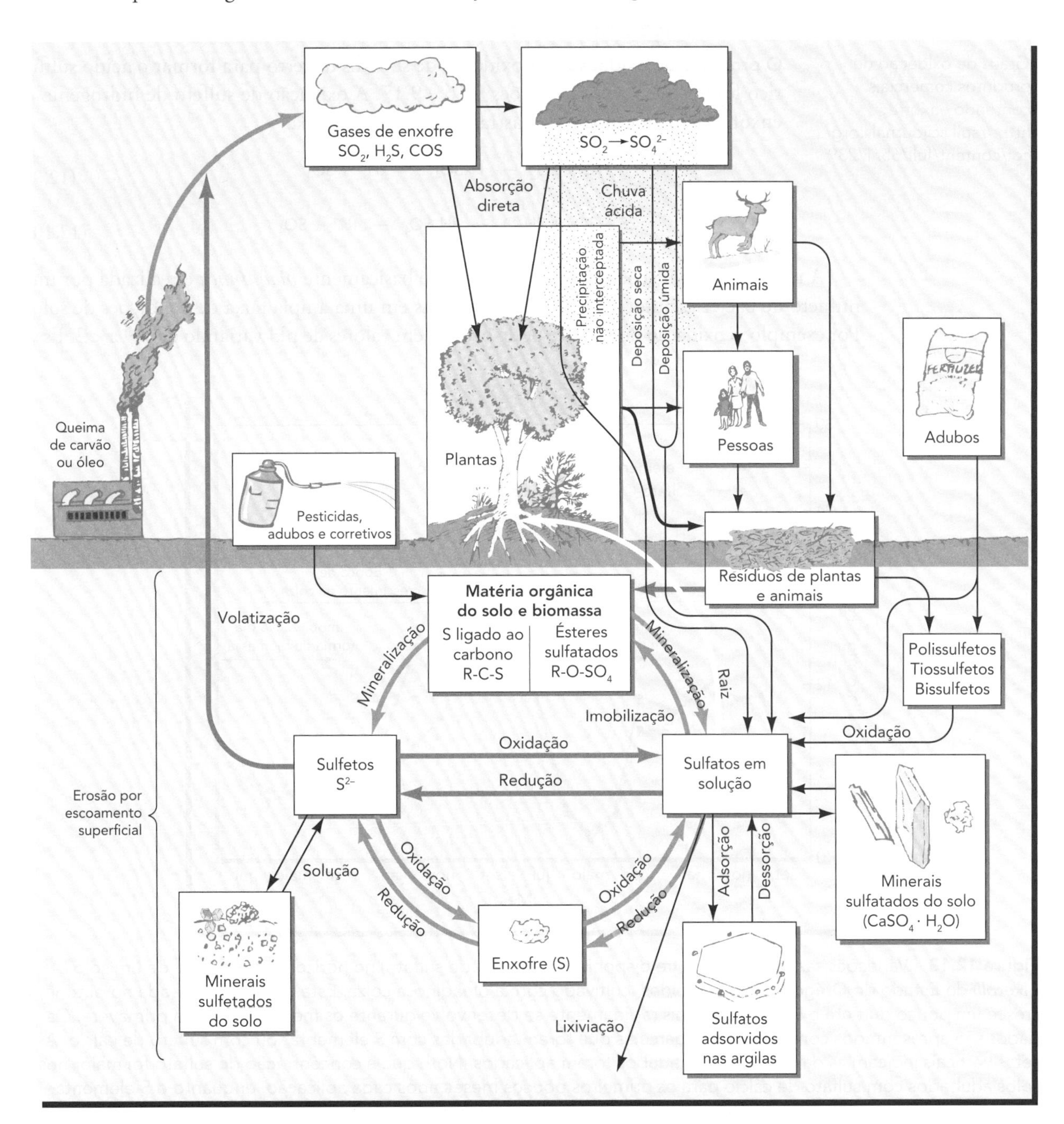

Figura 12.12 O ciclo do enxofre mostrando algumas das transformações que ocorrem quando este elemento passa pelo sistema solo-planta-animal-atmosfera. Nos horizontes superficiais de todos os solos do mundo, exceto poucos tipos das regiões áridas, a maior parte do enxofre está em formas orgânicas. No entanto, nos horizontes mais profundos ou em materiais escavados do solo, várias formas inorgânicas podem dominar. As reações de oxidação e redução que transformam o enxofre de uma forma para outra são, principalmente, mediados por micro-organismos do solo. (Diagrama: cortesia de R. Weil)

biana diminui, o sulfato inorgânico reaparece na solução do solo. A matéria orgânica estável do solo geralmente contém C, N e S, em uma proporção de cerca de 100:8:1.

Em solos de terras úmidas, durante a decomposição microbiana de materiais orgânicos, vários gases contendo enxofre são formados. O sulfeto de hidrogênio (H_2S) é comumente produzido por redução de sulfatos por bactérias anaeróbicas. Embora esses gases possam ser adsorvidos pelos coloides do solo, parte deles escapa para a atmosfera.

Oxidação e redução do enxofre

Graus de oxidação de produtos comerciais contendo enxofre: http://soil.scijournals.org/cgi/content/full/65/1/239

O processo de oxidação A oxidação de sulfetos de ferro para formar o ácido sulfúrico foi ilustrada pelas Equações 9.16 e 9.17. A oxidação de sulfeto de hidrogênio e enxofre elementar pode ser ilustrada da seguinte forma:

$$H_2S + 2O_2 \longrightarrow H_2SO_4 \longrightarrow 2H^+ + SO_4^{2-} \qquad (12.9)$$

$$2S + 3O_2 + 2H_2O \longrightarrow 2H_2SO_4 \longrightarrow 4H^+ + SO_4^{2-} \qquad (12.10)$$

A maioria das oxidações do enxofre no solo é basicamente *bioquímica* e realizada por um número de bactérias autotróficas, que estão ativas em uma ampla faixa de condições de solo. Por exemplo, a oxidação de enxofre pode ocorrer em valores de pH variando de > 9 a < 2. Essa

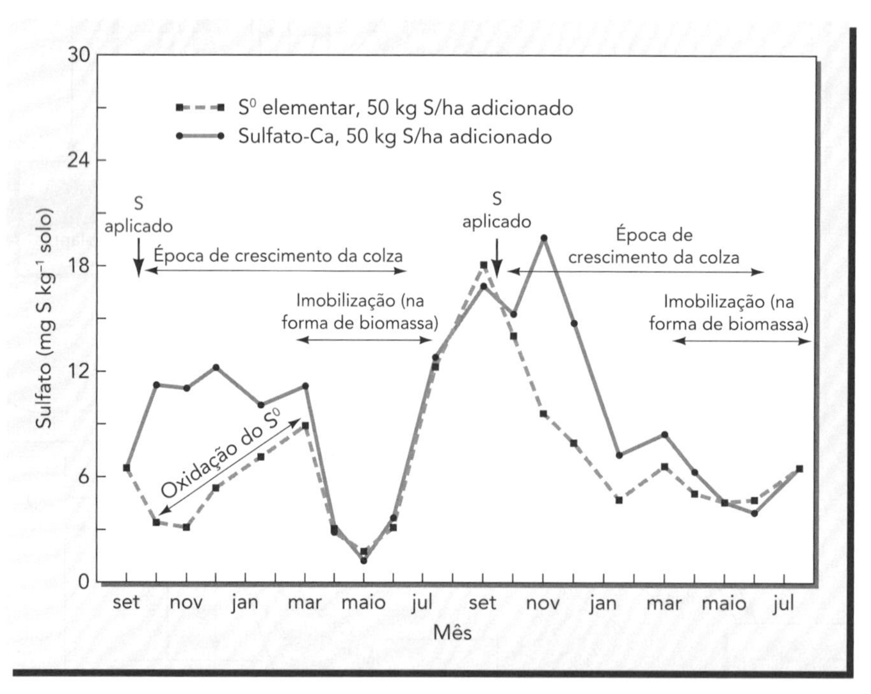

Figura 12.13 Variações sazonais do enxofre disponível (na forma de sulfato) no horizonte superficial de um solo (*Argixeroll*) do Estado do Oregon, Estados Unidos, cultivado com a oleaginosa colza. Esta cultura é semeada no outono, cresce um pouco durante o inverno e depois rapidamente se desenvolve durante os meses frescos da primavera. Os dados são apresentados considerando as parcelas que foram adubadas com S elementar ou com sulfato de cálcio. As setas verticais indicam as datas em que os adubos foram aplicados. Note que a concentração de sulfato foi maior nos solos adubados com sulfato de cálcio para os primeiros poucos meses após cada aplicação, enquanto o S elementar foi lentamente convertido em sulfato por oxidação microbiana. Uma queda nítida na concentração de sulfato ocorreu a cada primavera, à medida que o solo aquecia e por sua vez facilitava tanto a imobilização do sulfato na biomassa microbiana quanto a absorção dele pela cultura da colza. Concentrações de sulfato atingiram um pico no final do verão e início do outono, quando a absorção pela cultura cessou após a sua colheita e a mineralização microbiana continuou rapidamente ocorrendo. O movimento de sulfato dissolvido dos horizontes inferiores até a superfície do solo também pode ter ocorrido durante o tempo quente e seco. (Adaptado de Castellano e Dick [1991])

flexibilidade contrasta com a comparável oxidação do nitrogênio no processo de nitrificação, que exige uma faixa de pH bastante estreita, perto do neutro.

Condições de extrema acidez podem ser produzidas quando os compostos reduzidos de S contidos em solos anaeróbicos se oxidam por terem sidos expostos devido a obras de drenagem ou escavação (Seção 9.6 e Figura 12.14).

Esses ácidos, se não forem controlados, podem ser transportados para cursos d'água próximos. Milhares de quilômetros de córregos e rios têm sido seriamente poluídos dessa forma, por isso a água e pedras nesses cursos d'água muitas vezes exibem cores alaranjadas proveniente dos compostos de ferro que advêm da drenagem ácida (Pranchas 108 e 109).

O processo de redução Da mesma maneira que os íons nitrato, os de sulfato tendem a ser instáveis em ambientes anaeróbicos. Eles são reduzidos a íons sulfeto por algumas bactérias de dois gêneros, *Desulfovibrio* e *Desulfotomaculum*. A seguinte reação mostra a redução do enxofre, associada à oxidação da matéria orgânica:

$$\underset{\text{Álcool orgânico}}{2R{-}CH_2OH} + \underset{\text{Sulfato}}{SO_4^{2-}} \longrightarrow \underset{\text{Ácido orgânico}}{2R{-}COOH} + 2H_2O + \underset{\text{Sulfeto}}{S^{2-}} \qquad (12.11)$$

Em solos anaeróbicos, o íon sulfeto reage imediatamente com as formas solúveis reduzidas de ferro ou manganês para formar sulfetos insolúveis. Estes também irão sofrer hidrólise para formar o sulfeto de hidrogênio gasoso, que causa o cheiro de ovo podre em áreas pantanosas ou alagadiças.

Retenção e trocas de enxofre

Uma vez que muitos compostos de sulfato são bastante solúveis, eles poderiam ser facilmente lixiviados do solo, principalmente em regiões úmidas, se não fosse pela sua adsorção por coloides do solo. Como foi comentado no Capítulo 8, a maioria dos solos tem alguma capacidade de troca aniônica, que está associada às cargas positivas dos óxidos de ferro e alumínio e, até certo ponto, às argilas silicatadas do tipo 1:1. Os íons-sulfato também reagem diretamente com grupos hidroxílicos, expostos nas superfícies dessas argilas. A Figura 12.15 ilustra como a adsorção de sulfato na superfície de alguns óxidos de Fe e Al e de minerais das argilas do tipo 1:1 aumenta em condições de baixos valores de pH.

Muito sulfato pode assim ser retido por tais argilas, que tendem a se acumular nos horizontes subsuperficias dos *Ultisols* e *Oxisols*. Por exemplo, sintomas de deficiência de enxofre ocorrem geralmente no início da estação de crescimento em *Ultisols* arenosos do sudeste dos

Figura 12.14 A construção desta rodovia cortou várias camadas de rochas sedimentares. Uma dessas camadas continha materiais de sulfeto reduzido. Agora exposta ao ar e à água, essa camada está produzindo grandes quantidades de ácido sulfúrico, à medida que os materiais ricos em sulfeto são oxidados. Observe a dificuldade da vegetação em crescer abaixo da zona da qual o ácido está sendo drenado. (Foto cortesia de R. Weil)

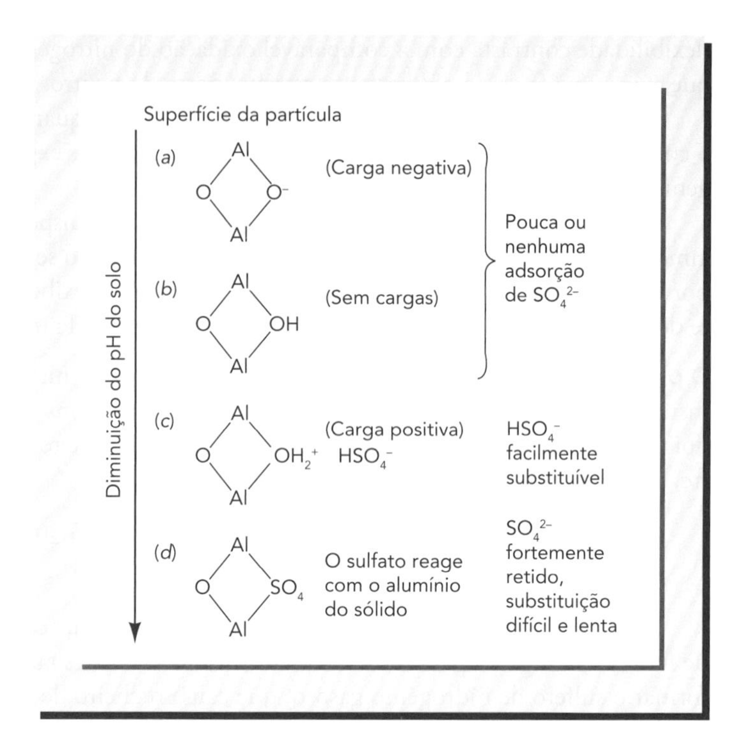

Figura 12.15 Efeito da diminuição do pH do solo sobre a adsorção de sulfatos pelas argilas silicatadas do tipo 1:1 e óxidos de Fe e Al (a reação com a camada superficial de Al está ilustrada). Em níveis de pH elevado (*a*), as partículas estão negativamente carregadas, a capacidade de troca catiônica é elevada, e os cátions não ácidos são adsorvidos. Os sulfatos são repelidos pelas cargas negativas. Com o aumento da acidez (*b*), mais íons H^+ são atraídos para a superfície da partícula, e a carga negativa é satisfeita, mas os íons SO_4^{2-} ainda não foram atraídos. Em valores de pH ainda mais baixos (*c*), íons H^+ adicionais são atraídos para a superfície das partículas, resultando em uma carga positiva que atrai o ânion SO_4^{2-}. Este é facilmente trocado com outros ânions. Em níveis de pH ainda mais baixos, o SO_4^{2-} reage diretamente com o Al e se torna uma parte da estrutura dos cristais das argilas. Tais sulfatos estão fortemente retidos e, se puderem daí ser removidos, só o serão muito lentamente.

Estados Unidos. No entanto, esses sintomas podem desaparecer à medida que as raízes atingem os horizontes mais profundos, onde o sulfato é retido.

Adsorção de sulfato e lixiviação de cátions não ácidos Quando os íons sulfato lixiviam de um solo, eles são geralmente acompanhados por quantidades equivalentes de cátions, incluindo Ca e Mg e outros cátions não ácidos. Em solos com alta capacidade de adsorção de sulfato, a lixiviação de sulfato é pequena, e a perda de cátions acompanhantes também é baixa. Esse fato é de considerável importância em solos sob florestas que recebem precipitações pluviais ácidas.

Enxofre e manutenção da fertilidade do solo

A Figura 12.16 representa os maiores ganhos e perdas de enxofre nos solos. A manutenção de quantidades adequadas de enxofre para a nutrição mineral de plantas está se tornando cada vez mais difícil. Em algumas partes do mundo (especialmente em prados semiáridos), o enxofre já é o nutriente mais limitante, depois do nitrogênio. Os resíduos de culturas e esterco de curral podem ajudar a repor o S removido pelas colheitas, mas essas fontes geralmente podem auxiliar a reciclar apenas os estoques de S que já existem dentro de uma fazenda. Em regiões com baixo teor de enxofre no solo e ar limpo, deve existir uma maior dependência das adições de adubos. Portanto, aplicações regulares de materiais contendo enxofre se tornarão cada vez mais necessárias.

12.3 FÓSFORO[7] E FERTILIDADE DO SOLO[8]

Fósforo e o crescimento vegetal

O fósforo é um componente essencial do **trifosfato de adenosina** (**ATP**, responsável pelo *armazenamento de energia* nas células), do **ácido desoxirribonucleico** (**DNA**, a sede da herança genética), do **ácido ribonucleico** (**RNA**, que controla a síntese das proteínas), dos fosfolipí-

[7] Para uma interessante abordagem histórica sobre esse elemento, consulte Emsley (2002). Para uma extensa revisão técnica sobre os aspectos ambientais, biogeoquímicos e agrícolas do fósforo, consulte Tiessen (1995).

[8] Para uma revisão de literatura sobre a disponibilidade deste elemento para a planta, consulte Sharpley (2000).

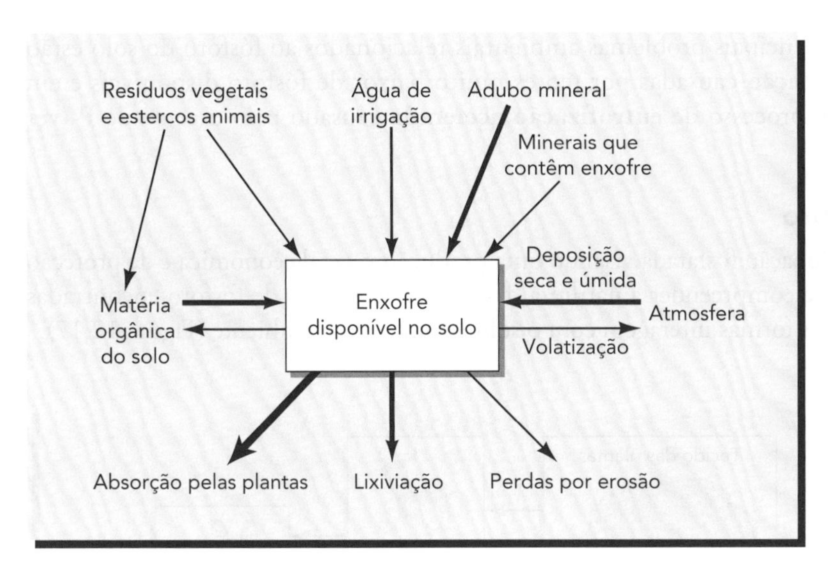

Figura 12.16 Principais ganhos e perdas de enxofre disponível no solo. A espessura das setas indica a quantidade relativa de enxofre envolvido em cada processo, sob condições médias. Considerável variação ocorre no campo.

dios (imprescindíveis para as membranas celulares). Os ossos e os dentes são feitos de apatita, um componente do fosfato de cálcio. Nas plantas sadias, o teor de P do tecido foliar é, em geral, de aproximadamente 0,2 a 0,4% da matéria seca, similar aos níveis de S, mas apenas cerca de 1/10 da concentração de N.

Uma adequada nutrição de fósforo aumenta os processos fundamentais da fotossíntese, da fixação de nitrogênio, da floração, da frutificação (incluindo a produção de sementes) e da maturação. O fósforo é necessário em quantidades particularmente grandes nos tecidos meristemáticos, como os da extremidade da raiz.

Uma planta com deficiência de fósforo é normalmente atrofiada, com hastes finas e esguias, mas sua folhagem, em vez de ser verde-clara, muitas vezes é verde-escura com áreas arroxeadas. As folhas mais velhas são as primeiras a mostrar os sintomas de deficiência. As plantas com deficiência de fósforo muitas vezes parecem perfeitamente normais, com exceção do seu tamanho menor (Pranchas 90, 96 e 102).

O problema do fósforo em fertilidade do solo

O fósforo tem sido um problema para a fertilidade do solo por três razões. *Primeira:* o conteúdo de P total dos solos é relativamente baixo, variando de 200 a 2.000 kg/ha na camada mais superficial de 15 cm. *Segunda:* a maioria dos compostos de fósforo dos solos está indisponível para absorção pelas plantas, porque, muitas vezes, são altamente insolúveis. *Terceira:* quando as fontes solúveis de P são adicionadas aos solos, por meio de adubos minerais e estercos, elas são fixadas (alteradas para compostos muito insolúveis e não disponíveis).

As primeiras pesquisas efetuadas com esse elemento mostraram que as reações de fixação com os minerais do solo permitem que apenas 10 a 15% do P aplicado em adubos minerais e orgânicos sejam absorvidos pelas plantas no ano de aplicação. Consequentemente, os agricultores que podiam arcar com os gastos forneciam de duas a quatro vezes mais fósforo do que a quantidade removida na colheita das culturas. A repetição dessa prática por muitos anos pode saturar a capacidade de fixação de P e elevar o nível de P disponível no solo até o ponto em que pode se transformar em uma fonte de poluição ambiental.

Nas fazendas onde os agricultores não têm dinheiro para comprar adubos minerais, ocorre a subutilização em vez da superdosagem de adubos fosfatados. Em grande parte da África subsaariana, os solos são exauridos em P, ano após ano, de tal forma que, em algumas áreas, o declínio da produção *per capita* de alimentos provavelmente não será revertido até que os problemas de deficiência de fósforo sejam resolvidos.

Assim, os dois principais problemas ambientais relacionados ao fósforo do solo estão em **áreas em degradação** causadas por teores muito baixos de fósforo disponíveis e em lagos e córregos em processo de **eutrofização acelerada** causado pelo excesso de P (ver Capítulo 13).

O ciclo do fósforo

Para o manejo da adubação fosfatada visando uma produção vegetal econômica e de proteção ambiental, temos que compreender a natureza das diferentes formas de fósforo encontradas nos solos e como essas formas interagem com o solo e com o meio ambiente (Figura 12.17).

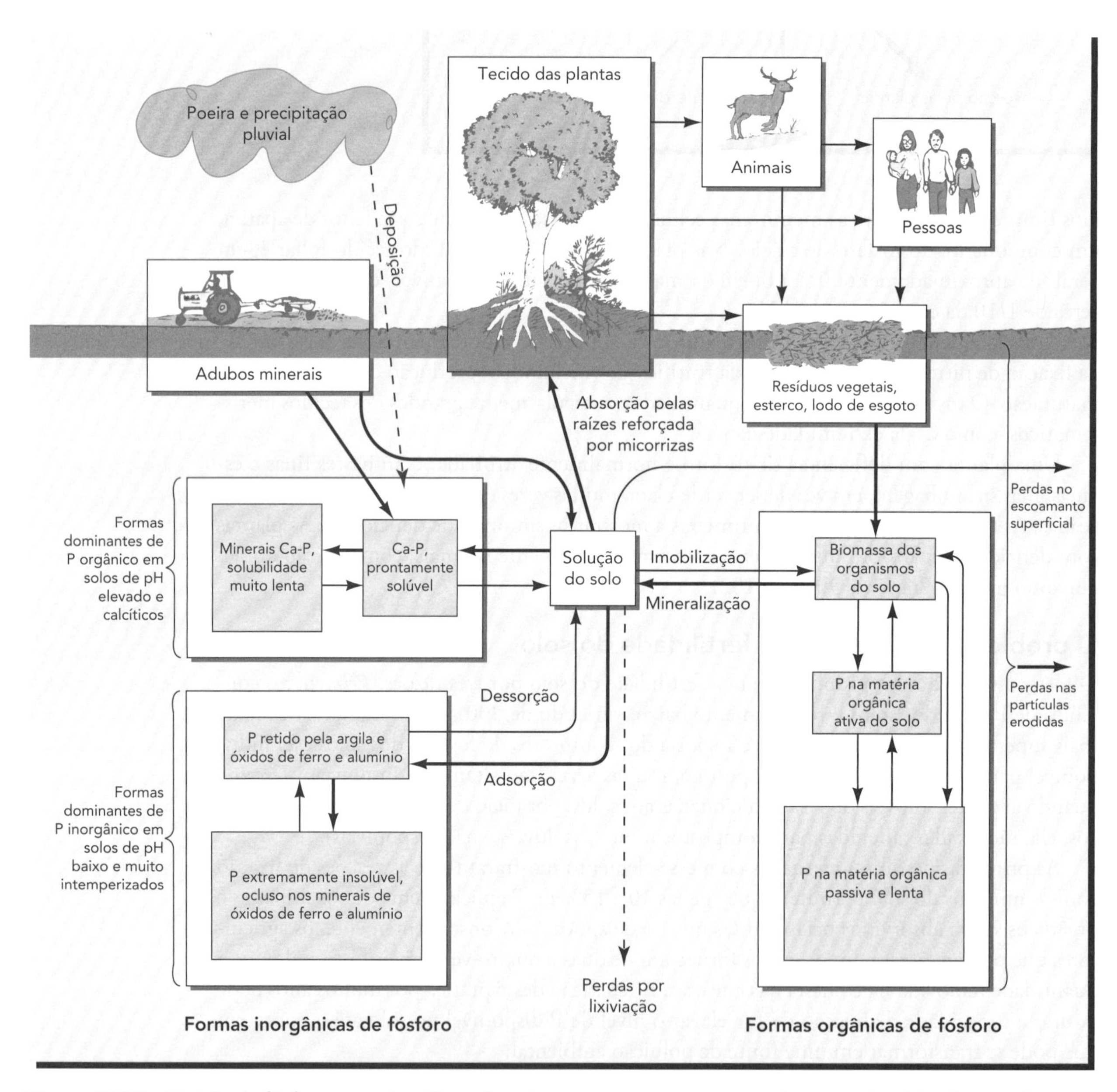

Figura 12.17 O ciclo do fósforo nos solos. Os retângulos representam os compartimentos de várias formas de fósforo no ciclo, enquanto as setas representam translocações e transformações entre os compartimentos. Os três retângulos maiores indicam os principais grupos de compostos que contêm fósforo nos solos. Dentro de cada grupo, as formas menos solúveis e menos disponíveis tendem a predominar. As setas grossas representam as vias principais. (Diagrama: cortesia de R. Weil)

Fósforo na solução do solo Comparada a outros macronutrientes, a concentração de fósforo na solução do solo é muito baixa. Ela geralmente varia de 0,001 mg/L, em solos de baixa fertilidade, aproximadamente 1 mg/L, em solos férteis. As raízes absorvem o fósforo dissolvido na solução do solo, principalmente na forma de íons fosfato (HPO_4^{2-} em solos alcalinos e $H_2PO_4^-$ em solos ácidos). Contudo, alguns compostos de P orgânico solúvel também são absorvidos.

Absorção pelas raízes e micorrizas A absorção dos íons fosfato da solução do solo é limitada pelo seu lento movimento em direção às superfícies radiculares. Isso pode ser superado em parte pela proliferação de raízes para as áreas que contêm íons. Esses íons podem também ser absorvidos pelas raízes por meio da simbiose que muitas plantas possuem com fungos micorrízicos. As hifas micorrízicas microscópicas e filiformes estendem-se por vários centímetros a partir das superfícies radiculares (Prancha 54 e Seção 10.9) e absorvem os íons fosfato assim que eles entram na solução do solo. Em seguida, as hifas transportam esses íons no interior de suas células, onde os mecanismos de retenção do solo não podem interferir. Geralmente, a associação das plantas com micorrizas é mais bem desenvolvida onde as plantas hospedeiras crescem sem perturbações em solos com baixa disponibilidade de fósforo. Porém, os fungos podem se beneficiar no início do crescimento de plantas anuais, mesmo em solos com alta disponibilidade de fósforo, se o solo for mantido com cobertura vegetal de plantas hospedeiras apropriadas para esses fungos (p. ex., Tabela 12.4).

Decomposição de resíduos vegetais Uma vez na planta, uma parte do fósforo é translocada para a parte aérea, onde é incorporada ao tecido vegetal. Conforme as plantas perdem folhas e suas raízes morrem, ou quando esses tecidos são consumidos por pessoas ou animais, o fósforo retorna ao solo na forma de resíduos vegetais, serrapilheira, dejetos de animais e de pessoas. Os micro-organismos que decompõem os resíduos retêm temporariamente parte do P em suas células (P da biomassa microbiana), mas acabam liberando parte deste por intermédio da mineralização (Seção 11.2). Parte do P liberado se associa com frações ativas e passivas da matéria orgânica do solo (Seção 11.6), onde está sujeita a armazenamento e liberação futura. Essas formas orgânicas também são mineralizadas lentamente, liberando íons de fosfato, os quais podem ser absorvidos pelas raízes, repetindo assim o ciclo.

Tabela 12.4 Efeito de uso anterior do solo (pousio × cultivo) na colonização micorrízica, no crescimento das plântulas e no rendimento de grãos de milho em um solo cuja análise mostrou altos valores de fósforo disponível

A cada ano, a contínua ausência (devido ao pousio anterior) de plantas hospedeiras do fungo micorrízico resulta em uma redução da colonização fúngica da raiz do milho, no estádio de três folhas. A carência de micorrizas faz com que a absorção de P e o crescimento no estádio de seis folhas sejam reduzidos, consequentemente provocando uma diminuição da produção de grãos. As práticas que incentivam o crescimento das micorrizas podem colaborar para o rápido desenvolvimento inicial das plantas, com o uso mínimo do adubo de arranque.

	Uso anterior do solo	Colonização micorrízica na raiz do milho no estádio de três folhas, %	Massa seca da parte aérea no estádio de seis folhas, kg/ha	Concentração de P no estádio de seis folhas, %	Absorção de P no estádio de seis folhas, g/ha	Produção de grãos, kg/ha
1º ano	Cultivo	20,2	193	0,284	563	2903
	Pousio	11,0	142	0,228	337	2378
2º ano	Cultivo	46,9	103	0,262	273	7176
	Pousio	12,8	81	0,178	148	6677
3º ano	Cultivo	17,2	261	0,336	882	5495
	Pousio	8,0	158	0,293	469	4980

Dados compilados de Bittman et al. (2006).

Formas químicas nos solos Na maioria dos solos, a quantidade de fósforo disponível para as plantas a partir da solução do solo, em qualquer momento, é muito baixa, raramente excedendo cerca de 0,01 % do fósforo total do solo. A maior parte do fósforo do solo encontra-se em três grupos gerais de composição: *fósforo orgânico*, *fósforo inorgânico ligado ao cálcio* e *fósforo inorgânico ligado ao ferro ou ao alumínio* (Figura 12.17). O fósforo inorgânico ligado ao cálcio predomina na maioria dos solos alcalinos, enquanto as formas ligadas ao ferro e ao alumínio são mais importantes em solos ácidos. Todos os três grupos de compostos contribuem lentamente com fósforo para a solução do solo, mas a maior parte do fósforo de cada grupo é de solubilidade muito baixa e não está facilmente disponível para a absorção pelas plantas.

Ao contrário do que ocorre com o nitrogênio e o enxofre, o fósforo normalmente não se perde do solo na forma gasosa. Isso porque que as suas formas inorgânicas solúveis estão fortemente adsorvidas nas superfícies dos minerais, o que faz com que as perdas de fósforo inorgânico por lixiviação sejam, geralmente, muito pequenas; porém, em solos que recebem altas quantidades de estercos, a lixiviação de P pode ser suficiente para causar eutrofização de cursos d'água situados a jusante.

Ganhos e perdas As principais vias pelas quais o fósforo é perdido do sistema solo são: a remoção pelas plantas (5 a 50 kg ha^{-1} ano^{-1} na biomassa colhida); a erosão, devido ao transporte de partículas do solo (0,1 a 10 kg ha^{-1} ano^{-1}); o fósforo dissolvido na água de enxurrada em superfície (0,01 a 3,0 kg ha^{-1} ano^{-1}); e a lixiviação para águas subterrâneas (0,0001 a 0,4 kg ha^{-1} ano^{-1}). Para cada via, as altas quantias de perda anual de fósforo, citadas na Figura 12.18, provavelmente se aplicam a solos cultivados.

A quantidade de fósforo que entra no solo proveniente da atmosfera (sorvida em partículas de poeira) é muito pequena (0,05 a 0,5 kg ha^{-1} ano^{-1}), mas se aproxima do equilíbrio com as perdas provenientes do solo em florestas não perturbadas e ecossistemas de pastagem. Como já foi dito, em um agroecossistema, a produção agrícola ideal pode exigir, inicialmente, a entrada de P proveniente de adubos que exceda a quantidade removida pela colheita das culturas, porém somente até que a quantidade de P acumulada seja suficiente para reduzir a capacidade de fixação de P do solo. O nível de fertilidade do solo e a gravidade da poluição ambiental são em grande parte determinados pelo equilíbrio, ou desequilíbrio, entre as entradas de P (na forma de adubos e precipitações atmosféricas) e saídas (na forma de produtos vegetais e animais) (Seção 13.1).

Fósforo orgânico nos solos

Tanto as formas orgânicas como inorgânicas de fósforo ocorrem nos solos e são consideradas importantes fontes deste elemento para as plantas. A fração orgânica constitui geralmente 20 a 80% do fósforo total nos horizontes superficiais do solo (Figura 12.19). Os horizontes mais profundos podem reter grandes quantidades de fósforo inorgânico, como fosfatos de cálcio, especialmente em solos de regiões áridas e semiáridas.

Três grandes grupos de compostos orgânicos de fósforo são conhecidos nos solos: (1) fosfatos de inositol ou ésteres fosfatados de um composto semelhantes aos açúcares, o inositol [$C_6H_6(OH)_6$]; (2) ácidos nucleicos; e (3) fosfolipídios. Enquanto outros compostos orgânicos de fósforo estão presentes nos solos, sua identificação e quantidades são pouco conhecidas.

A maior parte do fósforo orgânico do solo ocorre em compostos ainda não identificados, mas o desconhecimento da especificidade desses compostos não exclui sua importância como fornecedores de fósforo por meio da decomposição microbiana.

Nos solos que receberam grandes quantidades de resíduos animais, grande parte do fósforo da sua solução e de seus lixiviados está presente como **fósforo orgânico dissolvido (POD)**. O POD se movimenta mais do que os fosfatos inorgânicos solúveis, provavelmente porque não é facilmente adsorvido por ferro, alumínio, argilas e $CaCO_3$ do solo. Nos horizontes in-

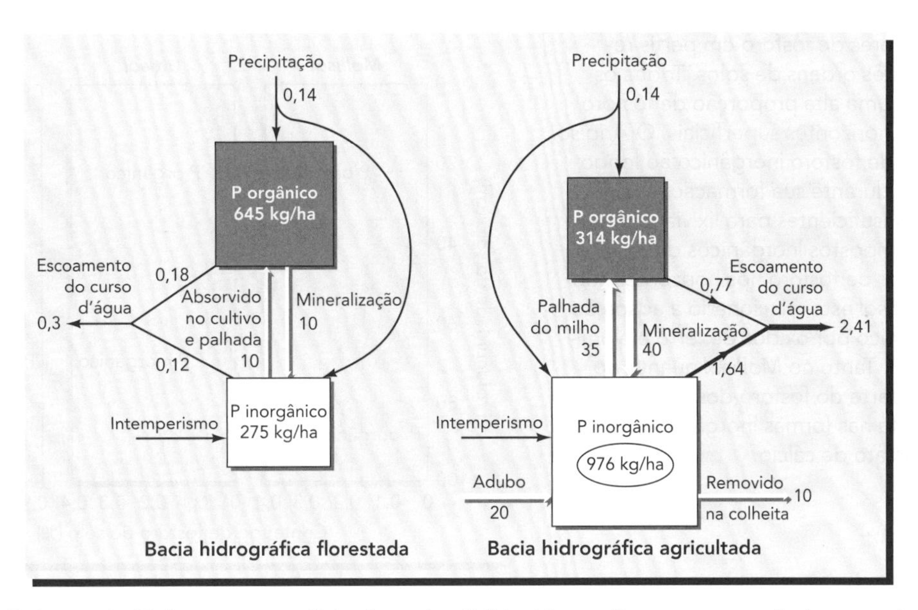

Figura 12.18 Balanço do fósforo na superfície dos solos (*Ultisols*) com florestas ou agricultura em bacias hidrográficas adjacentes. A floresta consistia basicamente em árvores decíduas que permaneceram relativamente intactas por mais de 45 anos. A área agrícola estava sendo usada com culturas por mais de 100 anos. Nela, aproximadamente metade do P orgânico foi convertida em formas inorgânicas ou perdida, desde o início do cultivo. Ao mesmo tempo, quantidades substanciais de P inorgânico foram acumuladas, provenientes da aplicação de adubos minerais. Em comparação com o solo de floresta, a mineralização do fósforo orgânico foi cerca de quatro vezes maior no solo agrícola, e a quantidade de P perdido para os cursos d'água foi cerca de oito vezes maior. O fluxo do P, representado por setas, é apresentado em kg/ha/ano. Embora não apresentados no diagrama, é interessante notar que praticamente todo o P (95%) perdido do solo agrícola estava incluído em material particulado, enquanto nas perdas do solo da floresta o P estava tanto em solução (33%) como no material particulado (67%). (Dados obtidos de Vaithiyanathan e Correll [1992])

feriores desses solos, o POD comumente constitui mais de 50% do fósforo total da solução do solo. Em solos arenosos fortemente adubados com esterco e com lençóis freáticos rasos, o POD pode ser transportado para as águas subterrâneas e, em seguida, para córregos e lagos, contribuindo significativamente para a eutrofização.

Mineralização do fósforo orgânico As formas orgânicas do fósforo podem ser mineralizadas e imobilizadas pelos mesmos processos que liberam nitrogênio e enxofre da matéria orgânica do solo. A imobilização líquida de fósforo inorgânico solúvel geralmente ocorre quando os resíduos adicionados ao solo têm uma relação C/P maior que 300:1, enquanto a mineralização líquida geralmente ocorre quando a relação é inferior a 200:1. A mineralização do fósforo orgânico nos solos está sujeita a muitas das influências que controlam a decomposição geral da matéria orgânica do solo, como temperatura, umidade e cultivo do solo (ver Seção 11.3). Em regiões temperadas, a mineralização de fósforo orgânico dos solos normalmente libera de 5 a 20 kg/ha/ano de P, cuja maior parte é rapidamente absorvida pelas plantas em crescimento. Quando os solos florestais em climas tropicais são cultivados pela primeira vez, a quantidade de fósforo liberado pela mineralização pode exceder a 50 kg/ha/ano, mas, se não for adicionado fósforo a partir de fontes externas, essas elevadas taxas de mineralização declinam rapidamente, devido ao esgotamento da matéria orgânica prontamente decomponível do solo. Os *Histosols* do Estado da Flórida, Estados Unidos, quando drenados para agricultura, liberam cerca de 80 kg/ha/ano de P. Esses solos orgânicos possuem pouca capacidade de reter o fósforo dissolvido; assim, a água proveniente do processo de drenagem contém até 1,5 mg de P/L, contribuindo para a degradação dos sistema pantanoso da região dos Everglades (Flórida, EUA).

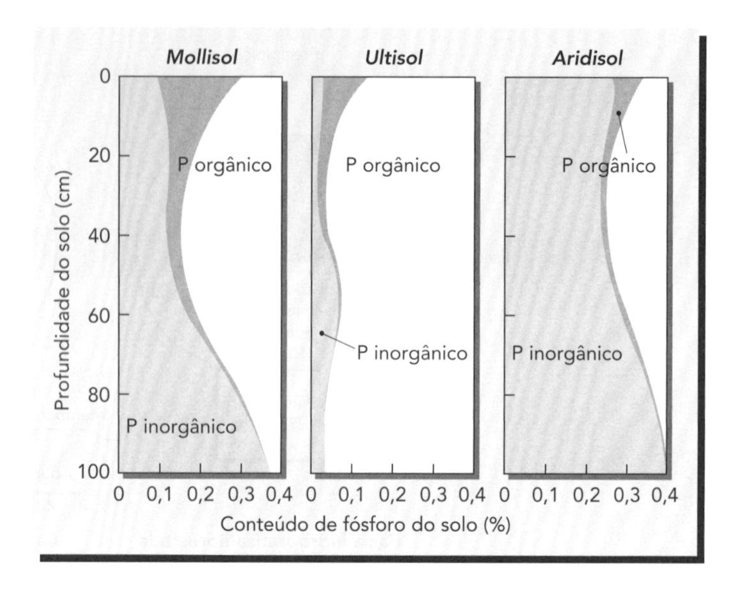

Figura 12.19 Teores de fósforo em perfis representativos de três ordens de solos. Todos os três solos contêm uma alta proporção de fósforo orgânico em seus horizontes superficiais. O *Aridisol* tem elevado teor de fósforo inorgânico ao longo do perfil, porque, durante sua formação, as precipitações foram insuficientes para lixiviar a maior parte dos seus compostos inorgânicos de fósforo. O aumento do teor de fósforo nos horizontes subsuperficiais do *Ultisol* está relacionado à adsorção do fósforo inorgânico por óxidos de ferro e alumínio no horizonte B. Tanto no *Mollisol* quanto no *Aridisol*, a maior parte do fósforo dos horizontes subsuperficiais está nas formas inorgânicas, como compostos de fosfato de cálcio.

Contribuições de fósforo orgânico para as necessidades das plantas Evidências recentes indicam que as frações prontamente decomponíveis ou facilmente solúveis de *fósforo orgânico* do solo são, muitas vezes, o fator mais importante no fornecimento de fósforo às plantas em solos *altamente intemperizados* (como, por exemplo, *Ultisols* e *Oxisols*), embora o teor total de matéria orgânica desses solos possa não ser tão elevado. Em contraste, as *formas inorgânicas* mais solúveis de fósforo apresentam grande papel na disponibilidade de P em *solos menos intemperizados* (p. ex., *Mollisols* e *Vertisols*), embora esses solos geralmente contenham quantidades relativamente altas de matéria orgânica. A adubação verde e os resíduos vegetais deixados na superfície do solo, como cobertura morta, podem melhorar a disponibilidade de fósforo nos dois grupos de solos. Em regiões temperadas, o congelamento e o descongelamento podem romper as células vegetais de plantas em crescimento e de resíduos frescos, liberando rapidamente o P solúvel que pode ser perdido na água de escoamento do inverno, antes que as plantas em crescimento, na primavera, possam utilizá-lo.

Fósforo inorgânico nos solos

Dois fenômenos tendem a controlar a concentração de P inorgânico na solução do solo e o movimento do fósforo: (1) a solubilidade de minerais contendo fósforo e (2) a fixação ou adsorção de íons fosfato na superfície das partículas de solo.

Fixação e retenção Os íons fosfato dissolvidos nos solos minerais estão sujeitos a muitos tipos de reações que tendem a remover os íons da solução do solo e produzir compostos que contenham fósforo, mas de solubilidade muito baixa. Às vezes, refere-se a essas reações coletivamente, em termos gerais, como *fixação* e *retenção de fósforo*. *Retenção de fósforo* é um termo um pouco mais generalizado, que inclui tanto a precipitação como as reações de fixação. A fixação de fósforo pode ser vista como problemática, se impedir a planta de usar pelo menos uma pequena fração do fósforo aplicado como adubo. Por outro lado, a fixação de fósforo pode ser vista como um benefício, pois pode removê-lo de águas residuárias ricas em fósforo, quando aplicadas ao solo (Quadro 12.2).

Compostos inorgânicos de fósforo Os compostos de fosfato de cálcio tornam-se mais solúveis à medida que o pH do solo diminui; por isso, tendem a se dissolver e desaparecer em solos ácidos. Por outro lado, os fosfatos de cálcio são bastante estáveis e altamente insolúveis em pH elevado, e assim tornam-se formas dominantes de fósforo inorgânico presentes em solos neutros a alcalinos.

QUADRO 12.2

Remoção de fósforo em águas residuárias

Algumas reações que fixam o fósforo nos solos são úteis para a remoção desse elemento em resíduos municipais. Após o tratamento primário e secundário do esgoto, que remove os sólidos e oxida a maioria da matéria orgânica, o tratamento terciário em grandes tanques próprios para esse fim (Figura 12.20) causa a precipitação do fósforo através de reações que formam compostos de ferro e alumínio:

$$\underset{\text{Alúmen}}{Al_2SO_4 \cdot 14H_2O} + \underset{\text{Fosfato solúveis}}{2PO_4^{3-}} \rightarrow \underset{\text{P-Al insolúvel}}{2AlPO_4} + 3SO_4^{2-} + 14H_2O \quad (12.12)$$

$$\underset{\text{Cloreto férrico}}{FeCl_3} + \underset{\text{Fosfato solúvel}}{PO_4^{3-}} \rightarrow \underset{\text{P-Fe insolúvel}}{FePO_4} + 3Cl^- \quad (12.13)$$

Os fosfatos de ferro e alumínio insolúveis são decantados, retirados da solução e, posteriormente, misturados com outros sólidos, provenientes das águas de esgoto, para formar o lodo. A água (efluente) com baixo teor de fósforo, após um breve tratamento, é devolvida ao curso d'água. Outras abordagens menos dispendiosas no tratamento terciário incluem a irrigação com as águas residuárias em solos vegetados. Dessa forma, à medida que a água de esgoto flui sobre a superfície ou se infiltra no solo, a absorção pelas plantas, combinada com as reações de sorção do solo, resulta em excelente custo-benefício para a remoção do P das águas de esgotos.

Figura 12.20 Estações de tratamento de esgoto modernas incluem o tratamento terciário para a remoção de fósforo. As reações químicas, no processo de tratamento de esgoto, são semelhantes às que afetam a disponibilidade de fósforo em solos.

Dos compostos de cálcio mais comuns que contêm fósforo, os minerais do grupo da **apatita**, usada como fonte de fósforo, são os menos solúveis e, portanto, são fontes de fósforo pouco disponíveis para as plantas. Nos fosfatos simples – mono e bicálcico – o fósforo está presente nas formas de compostos prontamente disponíveis para serem absorvidas pelas plantas. No solo, esses compostos estão presentes em quantidades muito pequenas, exceto nos recentemente adubados, porque eles podem ser facilmente revertidos para as formas mais insolúveis.

Em contraste com os fosfatos de cálcio, os hidroxifosfatos de ferro e alumínio, **estrenguita** ($FePO_4 \cdot 2H_2O$) e **variscita** ($AlPO_4 \cdot 2H_2O$), têm solubilidade muito baixa em solos ácidos e tornam-se mais solúveis com o aumento do pH do solo. Esses minerais seriam altamente instáveis em solos alcalinos, mas são relevantes em solos ácidos, nos quais são bastante insolúveis e estáveis.

Efeito do tempo na disponibilidade de fosfato Normalmente, quando o fósforo solúvel é adicionado ao solo, uma reação rápida remove o fósforo da solução (*fixa* o fósforo) nas primeiras horas. O fósforo recém-fixado pode ser ligeiramente solubilizado e ter algum valor para as plantas. Porém, com o tempo, a solubilidade do fósforo fixado tende a se reduzir a níveis extremamente baixos.

Solubilidade do fósforo inorgânico

As reações que fixam o fósforo em formas relativamente indisponíveis diferem de solo para solo e estão altamente relacionadas com os seus respectivos pH (Figura 12.21). Em solos ácidos, essas reações envolvem principalmente Al, Fe ou Mn. Em solos alcalinos e calcários, as reações envolvem principalmente a precipitação na forma de minerais de fosfato de cálcio ou a adsorção às impurezas de ferro pela superfície dos carbonatos e das argilas. A adsorção nas bordas dos cristais da caulinita ou nas camadas envoltórias de óxido de ferro desempenha um papel importante em valores de pH moderados.

Precipitação por íons de ferro, alumínio e manganês

Provavelmente, o tipo mais fácil de reação de fixação do fósforo é a simples reação dos íons $H_2PO_4^-$ com os íons dissolvidos de Fe^{3+}, Al^{3+} e Mn^{3+}, formando precipitados insolúveis na forma de hidroxifosfatos (Figura 12.22*a*). Em solos muito ácidos, geralmente há a presença de Al, Fe e Mn solúveis em quantidades suficientes para causar a precipitação química de quase todos os íons $H_2PO_4^-$ dissolvidos por meio de reações, como a seguinte (usando o cátion de alumínio como exemplo):

$$\underset{\text{(solúvel)}}{Al^{3+} + H_2PO_4^- + 2H_2O} \rightleftharpoons \underset{\text{(insolúvel)}}{2H^+ + Al(OH)_2H_2PO_4} \tag{12.14}$$

Hidroxifosfatos recém-precipitados são temporariamente solúveis o suficiente para fornecer algum P às raízes, porque eles têm uma grande área de superfície exposta à solução do solo.

Reação com oxi-hidróxidos e argilas silicatadas

A maior parte da fixação de fósforo em solos ácidos provavelmente ocorre quando os íons $H_2PO_4^-$ reagem ou são adsorvidos às superfícies dos óxidos insolúveis de ferro, alumínio e manganês (como gibbsita [$Al_2O_3 \cdot 3H_2O$] e goethita [$Fe_2O_3 \cdot 3H_2O$]) e às argilas silicatadas do tipo 1:1. Esses oxi-hidróxidos ocorrem na forma de partículas cristalinas e não cristalinas que formam revestimentos entre as superfícies externas e as existentes entre as camadas das partículas de argila. A fixação de fósforo pelas argilas provavelmente ocorre em uma ampla faixa de pH. Grandes quantidades de óxidos de Fe e Al e argilas 1:1, presentes em muitos solos, tornam possível a fixação de grandes quantidades de fósforo por intermédio dessas reações.

Apesar de todos os mecanismos ainda não terem sido identificados, os íons $H_2PO_4^-$ são conhecidos por reagirem com as superfícies dos minerais de ferro e de alumínio de várias

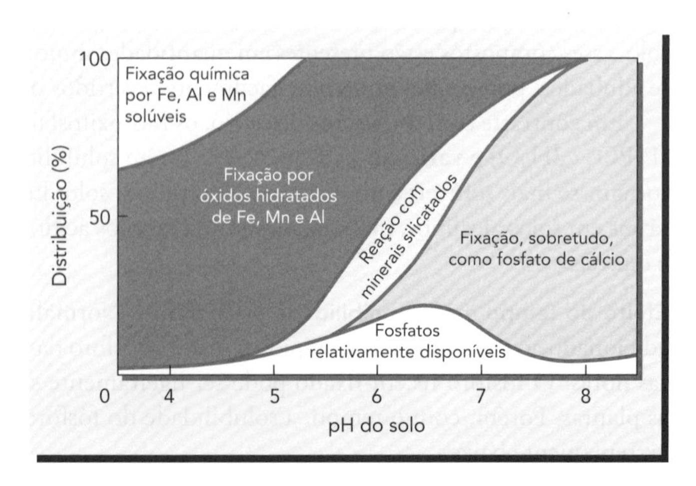

Figura 12.21 Fixação de fosfatos inorgânicos adicionados em vários valores de pH do solo. Condições médias são postuladas, e não se espera que cada solo em particular tenha exatamente esta distribuição. A proporção real de fósforo que permanece na forma disponível dependerá do contato com o solo, do tempo de reação e de outros fatores. Sabe-se que parte do fósforo adicionado pode ser incorporada em uma forma orgânica, na qual o P pode estar temporariamente indisponível.

maneiras, resultando em diferentes graus de fixação de fósforo. Algumas dessas reações são mostradas esquematicamente na Figura 12.22.

No final, à medida que o tempo passa, a precipitação adicional de oxi-hidróxidos de ferro ou de alumínio pode ocultar o fosfato no interior da partícula de óxido. Tal fosfato é denominado *ocluso* e é a forma menos disponível de fósforo na maioria dos solos ácidos.

Reações de precipitação semelhantes às que acabamos de descrever são responsáveis pela rápida redução da disponibilidade de fósforo adicionado ao solo na forma solúvel – $Ca(H_2PO_4)_2 \cdot H_2O$ – dos adubos minerais. Esse tipo de reação também pode ser usado para controlar a solubilidade do fósforo nas águas residuárias (Quadro 12.2).

Efeito da redução do ferro em condições de solo saturado com água

O fósforo ligado a óxidos de ferro pelos mecanismos já mencionados é bastante insolúvel em condições bem-aeradas. No entanto, as condições anaeróbicas prolongadas podem fazer com que o ferro seja reduzido desses complexos, da forma Fe^{3+} para Fe^{2+}; assim, o complexo ferro-fosfato se torna mais solúvel, e o fósforo é liberado para a solução. Embora essas reações possam melhorar a disponibilidade de fósforo para as plantas das terras úmidas e de arrozais irrigados por inundação, elas são de especial relevância para a qualidade da água, porque o fósforo ligado às partículas do solo podem se acumular nos sedimentos de rios e lagos juntamente com a matéria orgânica e outros detritos. Quando os sedimentos se tornam anóxicos, o ambiente reduzido faz com que o fósforo ligado aos oxi-hidróxidos de ferro seja gradualmente liberado. Assim, o fósforo que hoje está sendo erodido dos solos pode agravar os problemas de eutrofização nos próximos anos, mesmo após o controle da erosão e das perdas de fósforo.

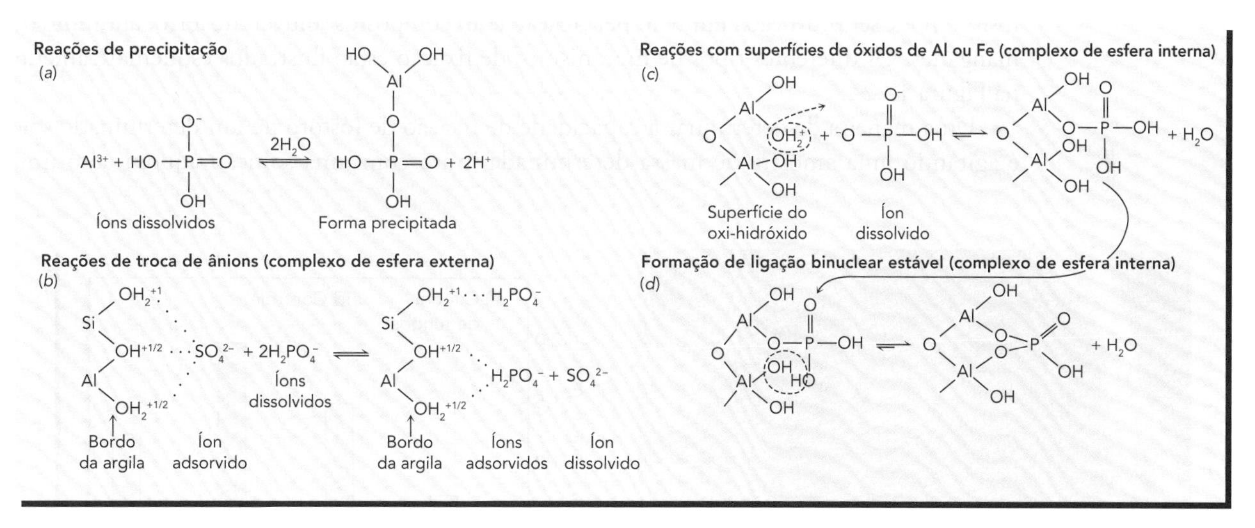

Figura 12.22 Modo como os íons fosfato são removidos da solução do solo e fixados por reações com o ferro e alumínio, em vários oxi-hidróxidos. Os fosfatos de Al, Fe e Mn recém-precipitados (*a*) são relativamente solúveis, embora com o tempo se tornem cada vez mais insolúveis. Em (*b*), o fosfato é reversivelmente adsorvido por troca aniônica. Em (*c*), um íon fosfato substitui um grupo $-OH_2$ ou $-OH$ na estrutura superficial de minerais de oxi-hidróxidos de Al ou Fe. Em (*d*), o fosfato posteriormente penetra na superfície mineral, formando uma ponte binuclear estável. As reações de adsorção (*b, c, d*) são mostradas na ordem daquelas que ligam o fosfato com menor tenacidade (relativamente reversível e um pouco mais disponível para as plantas) em relação àquelas que ligam o fosfato mais fortemente (quase irreversível e menos disponível para as plantas). Ao longo do tempo, é provável que os íons fosfato adicionados ao solo passem a sofrer uma sequência inteira dessas reações, tornando-se cada vez mais indisponíveis. Note que (*b*) ilustra um complexo do tipo esfera externa, enquanto (*c*) e (*d*) são exemplos de complexos de esfera interna (Figura 8.13).

Disponibilidade de fósforo inorgânico em valores de pH alto

A disponibilidade de fósforo em solos alcalinos é determinada principalmente pela solubilidade dos compostos de fosfato de cálcio presentes. Em solos alcalinos (p. ex., pH = 8), o $H_2PO_4^-$ solúvel reage rapidamente com o cálcio para formar uma sequência de produtos com solubilidade decrescente. Por exemplo, o fosfato monocálcico [$Ca(H_2PO_4)_2 \cdot H_2O$] altamente solúvel, adicionado como adubo mineral, reage rapidamente com o carbonato de cálcio no solo, formando, primeiramente, o fosfato bicálcico ($CaHPO_4 \cdot 2H_2O$), que é ligeiramente solúvel e, em seguida, o fosfato tricálcico [$Ca_3(PO_4)_2$], de solubilidade muito baixa.

Apesar de o fosfato tricálcico ter solubilidade muito baixa, ele pode sofrer reações posteriores, formando compostos ainda mais insolúveis, como a hidroxifosfato, oxifosfato e carbonatos de fósforo, bem como compostos de fluorapatita (apatitas). Esses compostos são milhares de vezes menos solúveis do que o fosfato tricálcico recém-formado. As apatitas, extremamente insolúveis em solos neutros ou alcalinos, quando aplicadas como fosfato de rocha moído (que consiste principalmente no mineral apatita), são muito ineficazes como fonte de fósforo para as plantas, a menos que sejam moídas como um material muito fino (para aumentar a superfície de contato) e aplicadas a solos relativamente ácidos.

As bactérias e os fungos podem aumentar a solubilidade dos fosfatos de cálcio e de alumínio, por intermédio da liberação de ácido cítrico e outros ácidos orgânicos que dissolvem fosfatos de cálcio ou formam complexos metálicos que, em solos ácidos, liberam o P dos fosfatos de ferro e de alumínio (Figura 12.23). Esse P liberado é usado, primeiramente, pelos próprios micro-organismos, mas terminam em formas disponíveis para as plantas.

Capacidade de fixação de fósforo dos solos

A capacidade de um solo fixar o fósforo pode ser definida pelo número total de sítios da superfície das partículas de solo que são capazes de reagir com os íons fosfato. A fixação do fósforo pode ser provocada também pela reação com compostos solúveis de ferro, alumínio ou manganês. Os diferentes tipos de mecanismos de fixação estão ilustrados esquematicamente na Figura 12.24.

Uma maneira de determinar a capacidade de fixação de fósforo de um determinado solo é agitando uma amostra de massa determinada junto com uma solução aquosa com uma

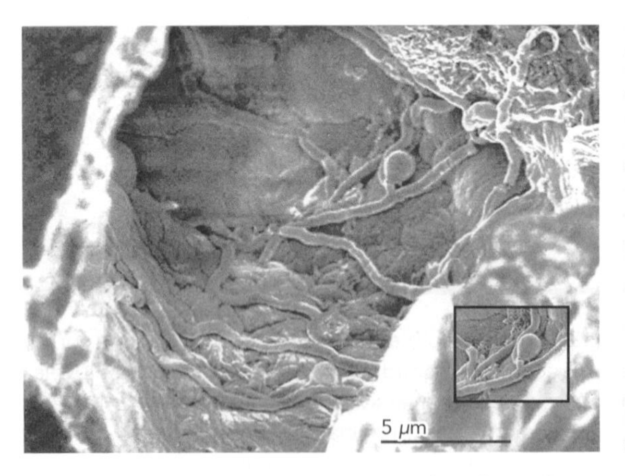

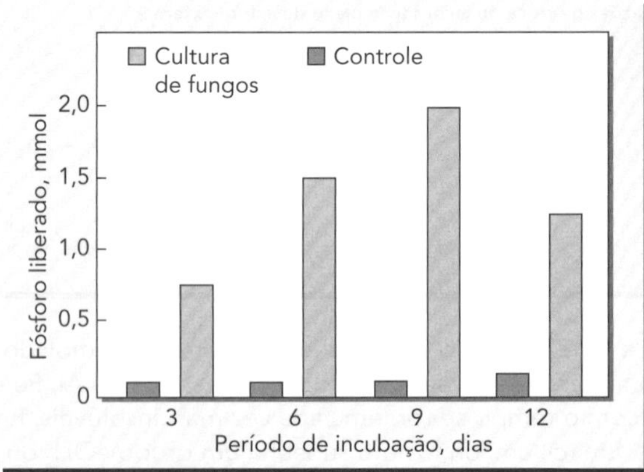

Figura 12.23 Alguns micro-organismos do solo podem aumentar a disponibilidade de fósforo em minerais, como a rocha fosfatada e os fosfatos de alumínio, que normalmente retêm fósforo em formas muito insolúveis. *À esquerda*: a micrografia de um fungo crescendo na superfície de um fosfato de alumínio encontrado nos solos. O fungo é capaz de produzir ácidos orgânicos que ajudam na liberação de algum fósforo solúvel. *À direita*: em outro experimento, o fósforo é liberado da rocha fosfática por uma cultura de um fungo (*Aspergillus niger*) que havia sido isolada de um solo tropical. (Micrografia: cortesia de Dr. Anne Taunton, University of Wisconsin; gráfico: desenhado a partir de dados em Goenadi et al. [2000])

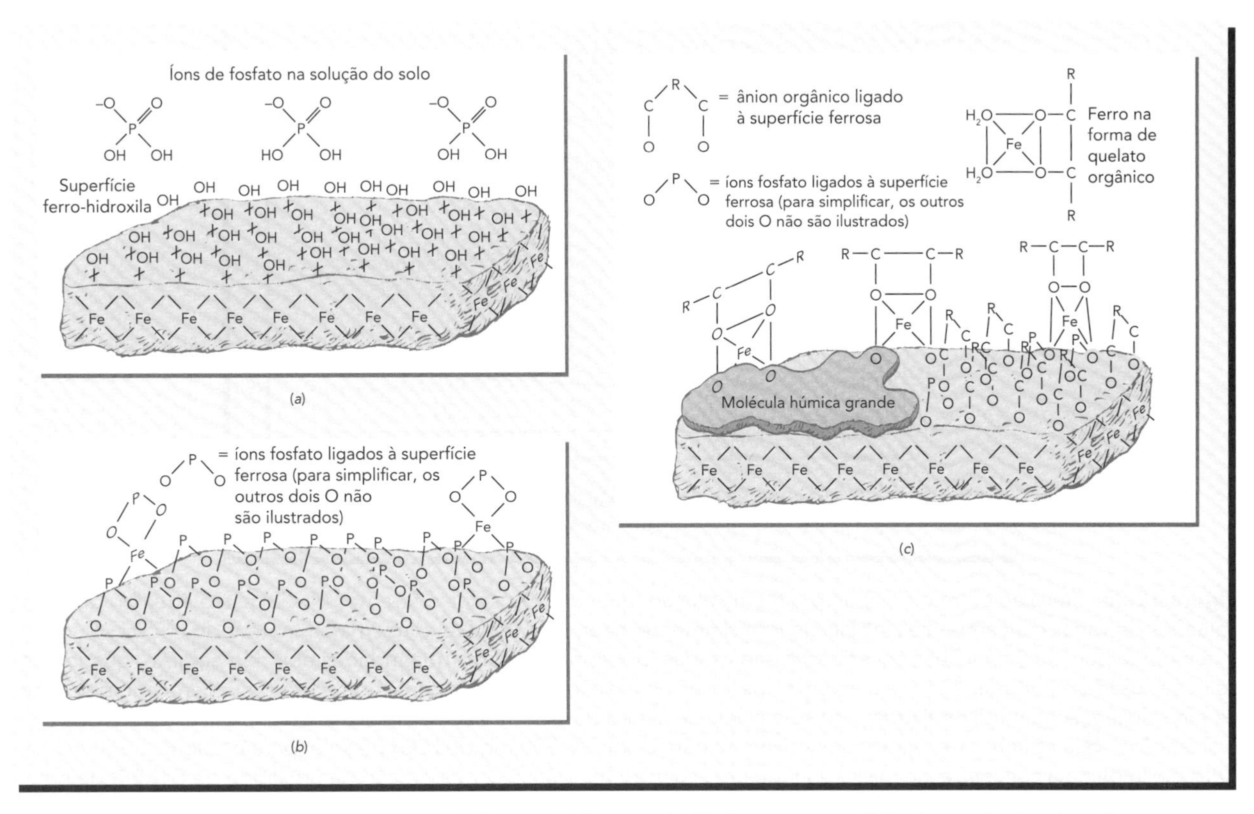

Figura 12.24 Ilustrações esquemáticas dos locais de fixação de fósforo na superfície de partículas do solo mostram o hidróxido de ferro como um agente primário de fixação. Em (*a*), os sítios marcados com o símbolo + indicam as cargas positivas ou os locais de oxi-hidróxidos metálicos; cada um é capaz de fixar um íon fosfato. Em (*b*), os locais de fixação estão todos ocupados por íons fosfato (ou seja, a capacidade de fixação do solo foi satisfeita). A parte (*c*) ilustra como ânions orgânicos, grandes moléculas orgânicas e alguns ânions inorgânicos fortemente fixados podem reduzir os sítios disponíveis para a fixação de fósforo. Tais mecanismos são parcialmente responsáveis pela redução da fixação de fósforo e o aumento na sua disponibilidade quando cobertura morta e outros materiais orgânicos são adicionados ao solo. (Diagrama: cortesia de R. Weil)

concentração de fósforo conhecida. Após 24 horas, aproximadamente, um certo equilíbrio é alcançado, e a concentração do fósforo remanescente na solução (**concentração de equilíbrio do fósforo [CEP]**) pode ser determinada. A diferença entre a concentração de fósforo inicial e final (de *equilíbrio*) da solução representa a quantidade de fósforo fixada pelo solo. Se este procedimento for repetido usando-se uma série de soluções com diferentes concentrações iniciais de fósforo, os resultados poderão ser plotados como uma curva de fixação de fósforo (Figura 12.25), e a capacidade máxima de fixação de fósforo será extrapolada a partir do valor em que a curva se estabilizar.

Dessorção do solo para a água

Se uma parte do fósforo fixado está presente em forma relativamente solúvel e a maioria dos locais de fixação já estiver ocupada com íons fosfato, é provável que ocorra alguma liberação de fósforo para a solução do solo quando este for exposto à água com uma concentração muito baixa de fósforo. Tal liberação de fósforo (frequentemente chamada de *dessorção*) é indicada na Figura 12.25, onde a curva que representa o solo A cruza a linha zero de fixação e torna-se negativa (fixação negativa = liberação). A concentração da solução (eixo *x*) na qual ocorre zero de fixação (fósforo não é liberado nem retido) é chamada de CEP_0 – um parâmetro importante tanto para a fertilidade do solo quanto para a avaliação ambiental, porque indica

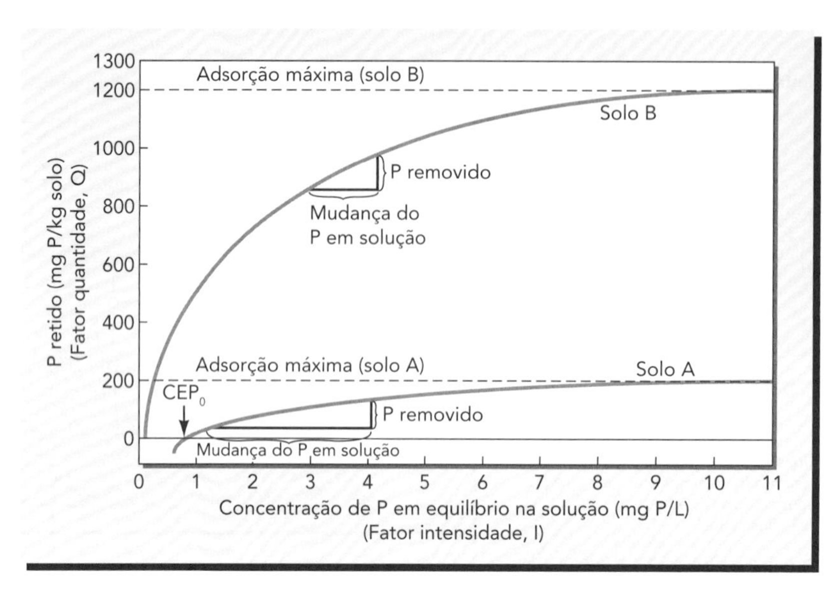

Figura 12.25 Relação entre o P fixado e o P em solução, quando dois solos diferentes (A e B) estão equilibrados com soluções de várias concentrações iniciais de P. Inicialmente, cada solo remove aproximadamente todo o P da solução, e, à medida que mais soluções concentradas são usadas, o solo fixa maiores quantidades de P. No entanto, quando as soluções usadas contêm muito P e a maioria dos locais de fixação estão ocupados, boa parte do P dissolvido permanece em solução. A quantidade fixada pelo solo nivela-se à medida que o máximo da capacidade de fixação de P do solo é alcançado (veja as linhas tracejadas na horizontal: para o solo A, 200 mg de P/kg de solo; para o solo B, 1.200 mg de P/kg de solo). Se a concentração inicial de P de uma solução for igual à concentração de equilíbrio de P (CEP) de um determinado solo, este não irá remover nem liberar o P para a solução (ou seja, fixação de fósforo = 0 e CEP = CEP_0). Se a concentração de P da solução for menor do que o CEP_0, o solo liberará algum P (ou seja, a fixação será negativa). Neste exemplo, o solo B tem uma capacidade de fixação de P muito mais alta e um CEP muito menor que o solo A. Desse modo, podemos afirmar que o solo B é altamente tamponado.

(1) a capacidade de reabastecer a solução do solo, uma vez que o seu P está esgotado para as raízes, e (2) a taxa na qual o solo irá liberar fósforo para as águas de enxurrada e de lixiviação.

Fatores que afetam a magnitude de fixação de fósforo nos solos Os solos que removem da solução mais de 350 mg de P/kg de solo (ou seja, uma capacidade de fixação de fósforo de aproximadamente 700 kg de P/ha) são geralmente considerados solos de alta fixação de fósforo. A alta fixação de fósforo dos solos tende a manter baixas as concentrações de fósforo na solução do solo e em águas de enxurrada.

Quando se compara a fixação de fósforo em solos com valores de pH e mineralogia semelhantes, conclui-se que os solos com maiores teores de argila tendem a apresentar maior fixação e menor facilidade de liberação de fósforo. Geralmente, as argilas que possuem maior capacidade de troca aniônica (devido a cargas de superfície positivas) têm uma maior afinidade com os íons fosfato. Assim, em ordem crescente e de grau de fixação, os componentes do solo responsáveis pela capacidade de fixação de fósforo são:

argilas 2:1 << argilas 1:1 < cristais de carbonatos < óxidos cristalinos de Al, Fe, Mn
< óxidos amorfos de Al, Fe e Mn, alofana

Como regra geral nos solos minerais, a fixação de fosfato é menor (e a disponibilidade para as plantas é maior) quando o pH do solo é mantido na faixa de 6,0 a 7,0 (Figura 12.21).

A baixa taxa de recuperação pelas plantas dos fosfatos adicionados a solos minerais no campo em uma determinada época é parcialmente devida a essa fixação. Uma maior recuperação seria prevista em solos orgânicos e em muitas misturas para cultivos em vasos, nos quais as concentrações de cálcio, ferro e alumínio não são tão elevadas como em solos minerais.

Efeito da matéria orgânica A matéria orgânica tem baixa capacidade de fixar fortemente os íons fosfato. Ao contrário, em solos alterados pela aplicação de matéria orgânica, especialmente com material decomponível, é comum verificar a redução da fixação de fósforo por meio de diversos mecanismos (Figura 12.24). Como resultado, a adição de material orgânico reduz a inclinação da curva de sorção e aumenta o CEP_0 (nível de fósforo em solução). Os princípios do comportamento do fósforo no solo já discutidos sugerem uma série de abordagens para melhorar as deficiências do solo e prevenir as perdas excessivas desse elemento fundamental.

Melhorando a disponibilidade de fósforo em solos com baixos teores de P

Para que haja um desempenho ideal de plantas cultivadas em locais com capacidade de fixação do fósforo bastante insaturada, são necessárias adições deste elemento em quantidades superiores à capacidade de absorção. No entanto, à medida que o fósforo em excesso começa a saturar os sítios de fixação, as taxas de aplicação deverão ser reduzidas, não fornecendo mais do que as plantas absorvem. O adubo fosfatado, aplicado de forma localizada, está menos propenso a sofrer reações de fixação quando comparado com a aplicação do adubo incorporado em todo o solo. Portanto, menos adubo é necessário se este for aplicado em faixas estreitas ou em pequenos orifícios. Em sistemas de cultivo sem revolvimento do solo, a distribuição na superfície produz uma "faixa" horizontal com eficiência.

Quando os adubos com amônio são misturados com os de fósforo e colocados em faixas, a acidez produzida pela oxidação dos íons de amônio (Seção 12.1) e pela absorção em excesso de cátions de amônia (Seção 9.1) mantém o P na forma de compostos mais solúveis e aumenta a absorção de P pelas plantas. Na maioria dos solos, a disponibilidade do fósforo também pode ser otimizada pela calagem adequada ou pela acidificação para uma faixa de pH entre 6 e 7.

Durante a decomposição microbiana da matéria orgânica, o fósforo é liberado lentamente e pode ser absorvido pelas plantas ou micorrizas antes que possa ser fixado pelo solo. Além disso, os compostos orgânicos podem reduzir a capacidade de fixação de P do solo (Figura 12.24). Os resíduos ou podas de algumas plantas que são eficientes na absorção de fósforo (p. ex., o arbusto africano *Tithonia diversifolia*) podem ser colhidos de um local doador e transferidos para um local receptor de baixa fertilidade, onde o fósforo será liberado por estes resíduos, à medida que se decompõe.

As práticas que melhoram a simbiose micorrízica geralmente melhoram a utilização do fósforo do solo. Tais práticas podem incluir boas plantas hospedeiras, redução de práticas de preparo do solo e até a inoculação com fungos apropriados (Seção 10.9).

Diferenças entre espécies de plantas Diferentes espécies aumentam a absorção do fósforo por pelo menos quatro formas. (1) As monocotiledôneas exibem extensões fibrosas no sistema radicular e associações micorrízicas. (2) As leguminosas fixam N, utilizando pouco nitrato e absorvendo mais cátions que ânions, o que acarreta a acidificação da rizosfera com posterior liberação do P oriundo de fosfato de cálcio de baixa solubilidade. (3) Algumas espécies excretam compostos específicos (como o *ácido piscídico* produzido pelo feijão-guandu) que complexam com o Fe, aumentando a disponibilidade de fósforo retido no Fe. (4) As plantas da família *Brassicaceae* (mostarda, rabanete, etc.) compensam suas baixíssimas propriedades micorrízicas excretando os ácidos cítrico e málico, que formam extensos capilares nas raízes e absorvem grandes quantidades de Ca^{2+}. O conhecimento dessas características pode auxiliar na escolha de plantas para a restauração ecológica, bem como no trabalho dos agricultores de baixa renda, que poderão economizar nas despesas com adubos minerais.

Redução de perdas de fósforo na água

As entradas de P (deposição, adubos, alterações orgânicas, resíduos vegetais e ração animal) devem evitar **excesso de acúmulos**, tomando-se cuidados na manutenção de todas essas adições para não exceder a remoção pelas plantas ou acumular o P além dos níveis necessários para o desenvolvimento ideal da planta (Seção 13.1). O uso de práticas conservacionistas no preparo do solo pode minimizar o escoamento superficial e a erosão, *especialmente em áreas com elevados teores de fósforo*. As culturas de cobertura e os resíduos vegetais podem aumentar a infiltração e reduzir o escoamento superficial (Seção 6.2). A aplicação de estercos ou adubos minerais em solos congelados deve ser evitada.

As terras úmidas naturais ou artificiais (Seção 7.7) e as matas ciliares (margens dos rios – Seção 13.2) podem colaborar, retendo o fósforo antes que o escoamento atinja lagos ou córregos. Essas medidas removem parte do P dissolvido, principalmente aquele retido nos sedimentos.

Vários materiais contendo ferro, alumínio ou cálcio reagem com o P dissolvido, formando compostos altamente insolúveis, semelhantes aos descritos no Quadro 12.2. Nas granjas, as aplicações de sulfato de alumínio nas camas dos frangos ou sua distribuição superficial em gramados são práticas que reduzem a perda do fósforo dissolvido de adubos orgânicos como estercos ou compostos ricos em P (Figura 12.26).

12.4 POTÁSSIO EM SOLOS E PLANTAS[9]

A história do potássio difere em muitos aspectos daquela do fósforo, do enxofre e do nitrogênio. Ao contrário desses macronutrientes, o potássio está presente na solução do solo apenas como um cátion com carga positiva K^+. Assim como o fósforo, o potássio não forma gases que poderiam ser perdidos para a atmosfera. Seu comportamento no solo é influenciado principalmente pelas propriedades da troca catiônica (Capítulo 8) e do intemperismo (Capítulo 2), e não por processos microbiológicos. Ao contrário do nitrogênio e do fósforo, o potássio não causa problemas ambientais fora do local quando sai do sistema do solo. Ele não é tóxico nem causa eutrofização em sistemas aquáticos.

Potássio na planta e nutrição animal

O potássio não está incorporado às estruturas de compostos orgânicos de forma eficaz. Em vez disso, ele permanece na forma iônica dissolvida (K^+) nas células ou age como um ativador de enzimas. Esse elemento é conhecido por ativar mais de 80 enzimas diferentes, as quais são responsáveis por processos no metabolismo energético, na síntese de amido, na redução de nitrato, na fotossíntese e no metabolismo dos açúcares em plantas e animais.

Como um componente da solução citoplasmática das plantas, o potássio desempenha um papel muito importante na redução do potencial osmótico das células (Seção 5.3), reduzindo assim a perda de água pelos estômatos das folhas e aumentando a capacidade das células das raízes em absorverem água do solo. O conteúdo em K de um tecido foliar saudável pode encontrar-se na faixa de 1 a 4% para a maioria das plantas, semelhante ao N, mas em quantidades bem maiores do que do P ou S.

O potássio é especialmente importante para ajudar as plantas a se adaptarem a estresses ambientais. Uma boa nutrição em potássio está ligada à boa tolerância à seca e a ataques de insetos (Figura 12.27), bem como à resistência a invernos fortes e a certas doenças fúngicas. O potássio também melhora a qualidade das flores, frutos e verduras, que passam a ter sabor e cor mais apurados, além de hastes mais fortes (reduzindo assim o tombamento). Em muitos desses aspectos, o potássio parece contrariar alguns dos efeitos prejudiciais do excesso de nitrogênio.

[9] Para mais informações sobre esse assunto, consulte Mengel e Kirkby (2001).

certo ponto, pela adubação. Se for necessária uma grande produção de leguminosas forrageiras, o solo terá que ser capaz de fornecer K para os períodos de elevada absorção, exigindo, assim, altos níveis de adubação – mesmo em solos bem-supridos de minerais intemperizáveis.

Frequência de aplicação Embora uma aplicação pesada, mas menos frequente, seja conveniente, aplicações leves e mais frequentes de K podem oferecer vantagens, pela diminuição do consumo desnecessário por algumas plantas, pela diminuição das perdas deste elemento por lixiviação e pela redução da possibilidade de fixação em formas indisponíveis, antes das plantas terem tido a oportunidade de usar o K aplicado.

Poder dos solos em suprir potássio A ideia de que cada quilograma de potássio lixiviado ou removido pelas plantas deve ser devolvido na forma de adubos pode não estar sempre correta. Em muitos solos, as grandes quantidades de formas lentamente disponíveis que estão presentes podem ser utilizadas de modo que apenas uma parte do total removido pela colheita precise ser reposta por adubos.

No entanto, a remoção contínua pelas culturas pode esgotar os compartimentos de K que estão disponíveis nos solos. O problema da manutenção de potássio do solo está esquematizado na Figura 12.33. Nas regiões agrícolas menos desenvolvidas do mundo, o uso de adubos potássicos terá que aumentar por muitos anos para que haja aumento ou manutenção da produtividade.

12.5 CÁLCIO COMO NUTRIENTE ESSENCIAL

O cálcio (Ca) é um macronutriente essencial para todas as plantas e seu *status* nos solos tem grande influência sobre a composição das espécies e a produtividade dos ecossistemas terrestres. Para os animais, o teor de Ca das plantas que eles consomem é importante, porque esse é um componente principal de ossos e dentes e desempenha papel importante em muitos processos fisiológicos. Já foi até mesmo hipotetizado que o *status* do cálcio relativamente mais elevado nos solos da África contribuiu para a existência de herbívoros de grande porte, como elefantes, zebras e girafas nas savanas semiáridas da África, mas não na América do Sul.

Cálcio nas plantas

As monocotiledôneas, em sua maioria, são consideradas plantas *calcífugas* (evitam o cálcio), que crescem bem com 0,15 a 0,5% de Ca nos tecidos da folha. Muitas dicotiledôneas são consideradas *calcícolas* (do latim, "que vivem no calcário") e precisam de 1 a 3% de Ca em suas folhas para o crescimento ideal. As árvores armazenam uma grande quantidade de cálcio em seus tecidos lenhosos; por isso, a absorção líquida de cálcio de muitas árvores está próxima à de nitrogênio.

Funções fisiológicas O cálcio é o principal componente das paredes celulares. Ele também está intimamente envolvido com o alongamento e a divisão celular, com a permeabilidade da membrana e com a ativação de várias enzimas fundamentais. O cálcio é absorvido quase exclusivamente pelas raízes jovens e move-se dentro da planta, principalmente com a água de transpiração, através do xilema, e não do floema.

As deficiências de cálcio são bem raras para a maioria das plantas, exceto em solos muito ácidos. Ela se revela nos pontos de crescimento (meristemas), como brotos, folhas jovens, frutos e pontas de raiz (Figura 12.34). Quando o cálcio é deficiente, os níveis normalmente inofensivos de outros metais podem se tornar tóxicos para as plantas. Esses efeitos tóxicos podem causar, nas árvores mais sensíveis de florestas, perdas de galhos e, por fim, levá-las à morte. Em solos muito ácidos, a deficiência de Ca é, muitas vezes, acompanhada pela toxicidade de Al ou Mn, e seus efeitos nas plantas são difíceis de identificar.

Algumas deficiências de Ca estão relacionadas ao transporte deste elemento no interior dos tecidos das plantas. A podridão das extremidades dos botões em melões e tomates é causada pelo inadequado suprimento de Ca, associado à irregularidade no abastecimento de água, que interrompe o fluxo desse nutriente.

Formas e processos no solo

O cálcio no solo é encontrado principalmente em três compartimentos que reabastecem a solução do solo: (1) minerais contendo cálcio (como a calcita ou o plagioclásio), (2) cálcio complexado com húmus do solo e (3) cálcio retido como cátion trocável nos coloides das argilas e do húmus. A ciclagem de cálcio entre esses e outros compartimentos dos solos e os ganhos e perdas de cálcio por meio de mecanismos, como absorção pelas plantas, deposição atmosférica de poeira e fuligem, calagem e lixiviação, compõem o ciclo do cálcio, conforme ilustrado na Figura 12.35.

Em regiões áridas e semiáridas, o pH elevado e a natureza muito carbonatada da solução do solo diminuem bastante a solubilidade do cálcio contido nos minerais. A deposição de poeira advinda da queima de carvão e da erosão eólica proveniente de solos calcários do deserto pode contribuir substancialmente para o aumento de cálcio no solo, mesmo naqueles situados a milhares de quilômetros a sotavento. Tal deposição de cálcio pode compensar parcialmente a acidificação causada pela deposição de nitrogênio e enxofre. O centro e o sudeste da China são exemplos bem extremos dos efeitos da deposição de Ca advindo da política para manter o ritmo da rápida industrialização.

Perdas por lixiviação

Os fungos podem ajudar as árvores a extraírem o Ca do solo: http://news.bbc.co.uk/1/hi/sci/tech/2040623.stm

A necessidade de repetidas aplicações de calcário em regiões úmidas (Seção 9.8) sugere perdas significativas de cálcio e magnésio do solo. A lixiviação, a remoção pelas culturas e a erosão em solos agrícolas de regiões úmidas combinadas causam perdas de Ca equivalentes a aproximadamente 1 Mg/ha de $CaCO_3$.

Da mesma forma, os métodos de extração de madeira que deixam o solo exposto à erosão e à lixiviação de nutrientes acarretam rápidas perdas de cálcio (e magnésio) dos ecossistemas florestais. Os pesquisadores estão preocupados porque, em alguns solos de regiões úmidas, a liberação do Ca pelo intemperismo de minerais não é capaz de compensar as perdas; além disso, a chuva ácida, combinada com a extração intensiva de madeira, pode fazer com que se esgotem as reservas de Ca das bacias hidrográficas com solos de baixo poder tampão. A acidificação afeta alguns dos processos biogeoquímicos que envolvem o cálcio. Esses proces-

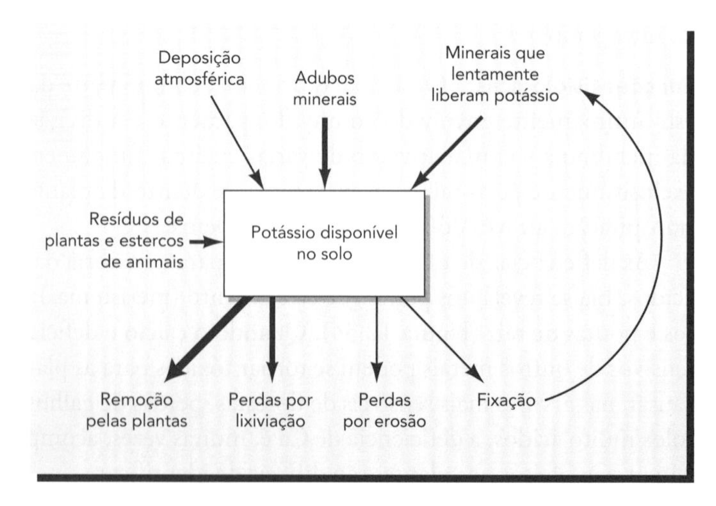

Figura 12.33 Ganhos e perdas de potássio disponível no solo em condições médias de campo. A magnitude aproximada das mudanças é representada pela largura das flechas. Para qualquer caso específico, os montantes de potássio adicionados ou perdidos, sem dúvida, podem variar consideravelmente a partir desta representação. Assim como aconteceu com o nitrogênio e o fósforo, os adubos minerais normalmente comercializados podem ser importantes para atender às necessidades das plantas, em locais onde se pratica uma agricultura intensiva.

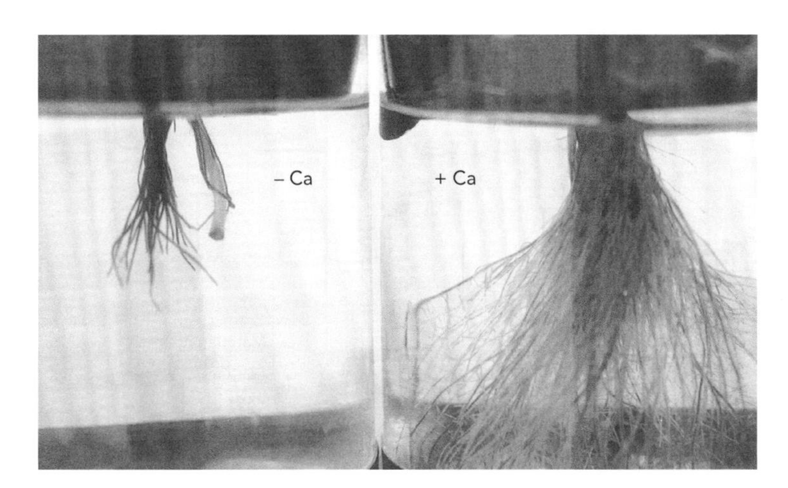

Figura 12.34 *À esquerda:* o crescimento das raízes foi quase completamente inibido devido aos baixos teores de cálcio na solução nutritiva, em comparação com as raízes saudáveis nesta mesma solução, mas com adição de cálcio. *À direita:* se a proporção de cálcio em relação a todos os outros cátions em solução cair abaixo de 5:1, a integridade das membranas da raiz será perdida, fazendo com que outros elementos tornem-se tóxicos para as plantas. (Foto: cortesia de R. Weil)

sos, por sua vez, influenciam a fisiologia da árvore, que provoca um impacto irremediável no funcionamento ecológico das florestas (Tabela 12.6). No entanto, pesquisas nesta área ainda são inconclusivas, e, até agora, as florestas raramente demonstraram uma resposta positiva de crescimento a partir da aplicação de cálcio.

12.6 O MAGNÉSIO COMO UM NUTRIENTE PARA AS PLANTAS

Magnésio nas plantas

As plantas geralmente absorvem o Mg em quantidades semelhantes ou menores que as de Ca (0,15 a 0,75% da matéria seca). Cerca de um quinto do magnésio no tecido vegetal é encontrado nas moléculas de clorofila e, por isso, está intimamente relacionado com a fotossíntese. O magnésio também desempenha papel fundamental na síntese de óleos e proteínas e na ativação de enzimas envolvidas no metabolismo energético.

O sintoma mais comum da deficiência de Mg é a clorose internerval em folhas mais velhas, a qual aparece na forma de coloração verde alternada com amarela, formando mosqueados nas dicotiledôneas (Prancha 89) e listras nas monocotiledôneas. Esses sintomas são comuns em solos muito arenosos de baixa CTC e, por isso, são algumas vezes conhecidos como *afogamento em areia,* pois se assemelham aos sintomas causados por falta de oxigênio

Tabela 12.6 Sequência dos efeitos relacionados ao cálcio a partir da sua deposição ácida nas florestas

Resposta biogeoquímica à deposição ácida	Resposta fisiológica	Efeitos nas funções da floresta
Lixiviação de Ca da membrana foliar	Redução da tolerância de acículas ao frio, em abetos-vermelhos	Perda das acículas, do ano em curso, dos abetos-vermelhos
Redução das proporções Ca:Al e Ca:Mn no solo e na solução do solo	Disfunção em radículas de abetos-vermelhos, bloqueando a absorção de Ca	Redução do crescimento e aumento da suscetibilidade ao estresse em abetos-vermelhos
Redução das proporções Ca:Al e Ca:Mn no solo e na solução do solo	Maior utilização de energia para adquisição de Ca em solos com baixa relação Ca:Al	Diminuição do crescimento e aumento da alocação de fotoassimilados para as raízes
Redução da disponibilidade de nutrientes na forma de cátions em solos marginais	Bordo-açucareiro em solos sujeitos à seca ou em solos pobres em nutrientes são menos resistentes a estresses	Morte apical episódica e danos no crescimento do bordo-açúcareiro

Adaptado de Fenn et al. (2006)

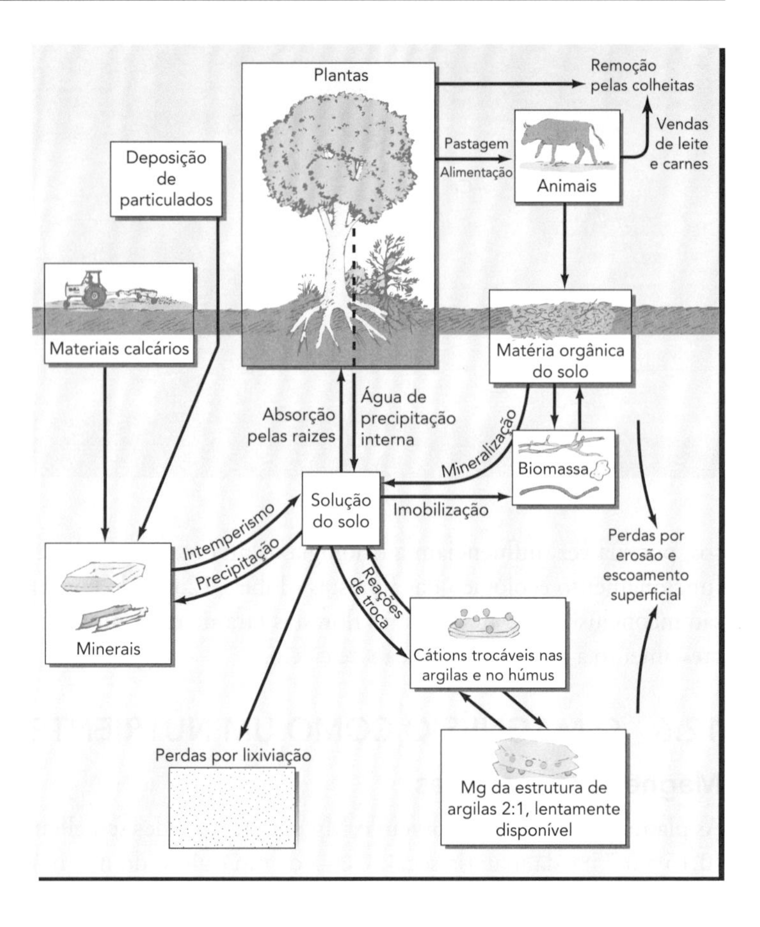

Figura 12.35 Diagrama simplificado do ciclo do cálcio e do magnésio no solo. Os retângulos representam as diversas formas nas quais esses elementos estão presentes, enquanto as setas representam os processos pelos quais eles são transformados ou transportados de um compartimento para outro. (Diagrama: cortesia de R. Weil)

em solos encharcados. Abetos e pinheiros crescendo em solos pobres em Mg trocável apresentaram redução de Mg no tecido das acículas, crescimento enfezado e acículas amareladas, especialmente nas pontas.

As forragens com baixo teor de Mg, em relação ao Ca e a K, podem causar deficiência de Mg em animais criados em pastos, conhecida como *tétano das pastagens*, o que às vezes pode ser fatal. Altos níveis de K podem agravar esse problema, devido à redução na absorção de Mg.

Magnésio no solo

A principal fonte de Mg disponível às plantas, na maioria dos solos, é o compartimento do Mg trocável no complexo argila-húmus (Figura 12.35). Com a remoção pelas plantas e a lixiviação, o compartimento de Mg facilmente trocável é realimentado por Mg intemperizado de minerais (p. ex., dolomita, biotita, hornblenda, serpentina). Em alguns solos, o reabastecimento também ocorre a partir de compartimentos de Mg, lentamente disponível, da estrutura de algumas argilas 2:1 (Seção 8.3). Algumas quantidades variáveis de Mg são disponibilizadas pela decomposição de resíduos vegetais e matéria orgânica do solo. Nas florestas não poluídas, a pesquisa sugere que a deposição atmosférica, em vez do intemperismo das rochas, pode fornecer grande parte do magnésio usado pelas árvores.

Relação cálcio:magnésio[10]

Sendo menos retido (mais facilmente lixiviado) do que o Ca, o Mg trocável comumente satura apenas 5 a 20% da CTC efetiva, em comparação com os 60 a 90% típicos do Ca, em

[10] Para uma revisão objetiva de como as proporções e o equilíbrio de Ca/Mg, em geral, tornaram-se ampla, mas erradamente, divulgados no manejo da fertilidade, consulte Kopittke e Menzies (2007).

solos neutros a moderadamente ácidos (Figura 9.5). Alguns agricultores acreditam que, para o desenvolvimento ideal da planta e o cultivo do solo, é exigida uma relação de Ca:Mg trocável próxima de 6:1 (saturação de 65% de Ca e 10% de Mg da CTC). Esse pensamento pode levar ao desperdício no uso das adubações do solo, devido ao esforço para alcançar a chamada relação ideal de Ca:Mg. Numerosos estudos têm mostrado que as plantas crescem muito bem e satisfazem suas necessidades de Ca e Mg em solos com qualquer relação Ca:Mg que esteja entre 1:1 e 15:1. A agregação do solo e a atividade biológica, em geral, também não são muito afetadas quando o solo se enquadra nessa grande faixa da relação Ca:Mg. No entanto, apesar de as relações Ca:Mg do solo não afetarem a sua qualidade e a das plantas, a relação Ca:Mg no tecido vegetal pode indicar deficiências nutricionais em animais de pasto, sendo necessário usar suplementos de Ca ou Mg na dieta animal.

Os solos formados sobre a rocha serpentinito, que é rica em Mg, mas contém pouco ou nenhum Ca, é uma exceção incomum e marcante das afirmações acima. Tendo uma relação Ca:Mg muito menor do que 1,0, os solos derivados da serpentinita podem apresentar pronunciada deficiência de Ca e toxicidade de Mg para quase todas as espécies vegetais, exceto algumas que evoluíram para se desenvolverem unicamente nesses solos.

12.7 MICRONUTRIENTES NO SISTEMA SOLO-PLANTA

Deficiência *versus* toxicidade

Quando um nutriente está presente em níveis muito baixos, o crescimento das plantas pode ser restringido devido a esse fornecimento insuficiente (*nível de deficiência*). Assim que o nível do nutriente é aumentado, as plantas respondem, absorvendo mais deste nutriente e aumentando o seu crescimento. Quando o nutriente atinge um nível de disponibilidade que é suficiente para atender às necessidades das plantas (*nível de suficiência*), um maior acréscimo deste nível terá pouco efeito no crescimento das plantas, embora sua concentração possa continuar aumentando no tecido vegetal. Em algum nível de disponibilidade, a planta irá absorver muito do nutriente para seu próprio desenvolvimento (*intervalo de toxicidade*), causando, em vez disso, reações fisiológicas adversas (Figura 12.36).

Para os macronutrientes, a faixa de suficiência é muito ampla, e a toxicidade raramente ocorre. No entanto, para os micronutrientes, a faixa entre os níveis deficientes e tóxicos pode ser estreita, tornando bastante real a possibilidade de toxicidade. Por exemplo, nos casos do boro e do molibdênio, toxicidades graves podem resultar da aplicação de apenas 3 a 4 kg/ha do nutriente disponível em um solo inicialmente deficiente em tais elementos. Enquanto o intervalo de suficiência para outros micronutrientes é bastante amplo e as toxicidades não são tão suscetíveis à superadubação, a toxicidade de cobre, zinco e níquel foi observada em solos contaminados por lamas industriais, estrume de porco, em explorações intensivas, resíduos metálicos de fundições e, a longo prazo, por meio da aplicação de sulfato de cobre, usado como fungicida. A toxicidade de manganês é bastante comum em associação com o baixo pH do solo (Seção 9.7). Em algumas florestas, a toxicidade aparece quando há alta proporção de manganês em relação ao magnésio ou ao cálcio e está associada ao declínio e à morte de árvores de espécies sensíveis.

Sintomas de deficiência e toxicidade: http://hort.ufl.edu/teach/orh3254/DefSymptoms.htm

Altos níveis de molibdênio podem ocorrer naturalmente em alguns solos alcalinos e maldrenados. Em alguns casos, as plantas podem absorver quantidades suficientes desse elemento, causando toxicidade, não só para plantas suscetíveis, mas também para as plantas forrageiras destinadas à alimentação do gado. Da mesma forma, o boro pode ocorrer naturalmente em solos alcalinos, em níveis elevados o suficiente para causar a toxicidade das plantas. Embora quantidades um pouco maiores sejam exigidas e toleradas para a maioria de outros micronutrientes, muito cuidado deve ser tomado na aplicação deles, especialmente para a manutenção do equilíbrio entre todos os nutrientes.

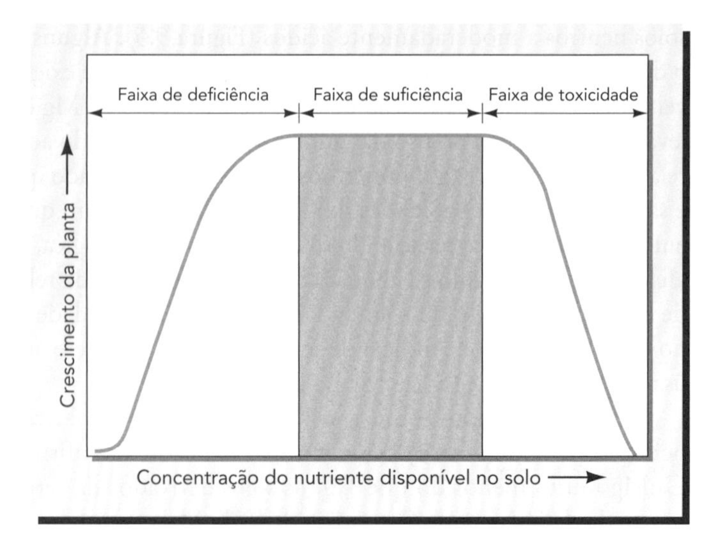

Figura 12.36 Relação entre a quantidade de micronutriente disponível para absorção pelas plantas e o seu crescimento. Dentro da faixa de deficiência, com o aumento da disponibilidade de um nutriente, ocorre aumento do crescimento da planta (e também absorção, a qual não é mostrada aqui). Dentro da faixa de suficiência, as plantas podem obter toda a quantidade que necessitam e, assim, o seu crescimento é pouco afetado por variações contidas nessa faixa. Em níveis elevados de disponibilidade, um limiar é traçado dentro da faixa de toxicidade em que a quantidade do nutriente presente é excessiva e causa reações fisiológicas adversas, as quais levam desde a redução do crescimento até a morte da planta. (Diagrama: cortesia de R. Weil)

Além disso, a água de irrigação, em regiões secas, pode conter boro, molibdênio ou selênio, os quais, dissolvidos em quantidades suficientes, acabam prejudicando culturas sensíveis, mesmo que os níveis originais desses elementos-traço no solo não sejam muito elevados. Portanto, é prudente monitorar o conteúdo desses elementos na água utilizada para irrigação. O selênio não parece ser elemento essencial para as plantas, mas é necessário para os animais e pode ser tóxico para ambos (Capítulo 15).

Funções dos micronutrientes nas plantas[11]

Os micronutrientes são exigidos pelas plantas em níveis de uma ou mais ordens de magnitude, menores do que as dos macronutrientes. Os intervalos entre as concentrações de vários micronutrientes nos tecidos vegetais, considerados deficientes, adequados e tóxicos, são ilustrados na Figura 12.37.

As práticas de produção intensiva de plantas têm aumentado o rendimento das culturas, resultando em maior remoção de micronutrientes dos solos. A tendência do uso de adubos mais concentrados e mais purificados reduziu o uso de sais com impurezas e adubos orgânicos, os quais, antigamente, forneciam grandes quantidades de micronutrientes. A intensificação das pesquisas sobre nutrição e plantas e a melhoria dos métodos de análises de laboratório estão ajudando no diagnóstico de deficiências de micronutrientes que possam ter passado despercebidos anteriormente. Crescentes evidências indicam que os alimentos cultivados em solos com baixos níveis de micronutrientes podem fornecer níveis insuficientes de alguns elementos à dieta humana, mesmo que as plantas cultivadas não demonstrem sinais de deficiência. Por todas essas razões, tem-se aumentado o cuidado com os micronutrientes nos solos.

Funções fisiológicas das plantas

Os micronutrientes desempenham muitos papéis complexos na nutrição das plantas. Enquanto a maioria dos micronutrientes participa do funcionamento de muitos sistemas enzimáticos (Tabela 12.7), há uma variação considerável nas funções específicas de cada um deles nos processos de crescimento microbiano e vegetal. Por exemplo, por meio da catálise de algumas

[11] Para uma excelente revisão de literatura sobre a agricultura mundial, consulte Fageria et al. (2002). Para uma revisão detalhada das suas funções fisiológicas nas plantas, consulte Welch (1995). Para um tratado clássico sobre os aspectos relacionados aos micronutrientes do solo e da planta na agricultura, consulte Mortvedt et al. (1991).

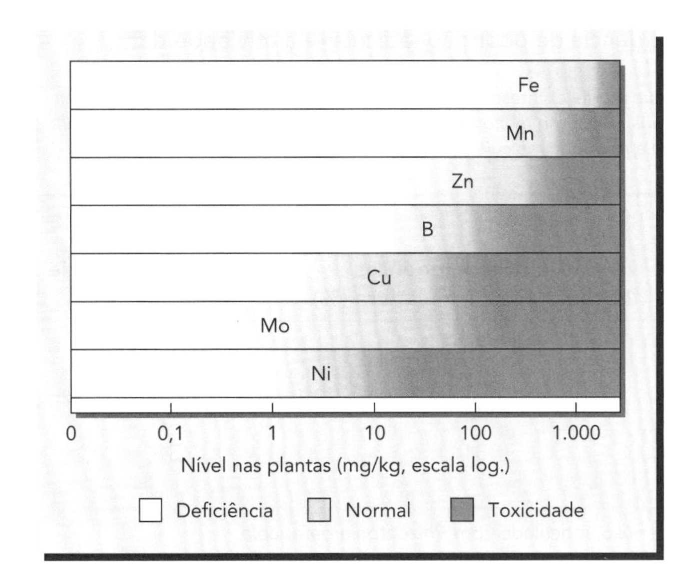

Figura 12.37 Níveis de deficiência, adequados e de toxicidade de sete micronutrientes em plantas. Note que o intervalo é mostrado em uma escala logarítmica e que o limite superior para o manganês é de cerca de 10.000 vezes àquele da faixa mais baixa para o molibdênio e o níquel. Ao utilizar essa figura, tenha em mente que há diferenças marcantes na capacidade de acumular e tolerar diferentes níveis de micronutrientes em diferentes espécies e cultivares de plantas. (Baseado em dados de várias fontes)

enzimas, o manganês desempenha um papel importante nos mecanismos pelos quais as plantas se defendem do ataque de patógenos (Tabela 12.8).

Sintomas de deficiência

A quantidade insuficiente de um nutriente é expressa por sintomas visíveis nas plantas, os quais são usados para diagnosticar as deficiências de micronutrientes. Contudo, a maioria dos micronutrientes são relativamente imóveis na planta (Prancha 88). Ou seja, a planta não consegue transferi-lo eficientemente das folhas mais velhas para as mais novas. Portanto, a concentração do nutriente tende a ser menor e os sintomas

Fotos dos sintomas das deficiências minerais em plantas: www.hbci.com/~wenonah/min-def/list.htm

Tabela 12.7 Funções de vários micronutrientes em plantas superiores

Micronutrientes	Funções nas plantas superiores
Zinco	Presente em várias enzimas, como a desidrogenase, proteinase e peptidase; promove a formação dos hormônios de crescimento e a formação de amido; promove a maturação e a produção de sementes
Ferro	Presente em várias enzimas, como a peroxidase, catalase e citocromo oxidase; encontrado na ferredoxina, que participa de reações de oxidação-redução (p. ex., redução de NO_3^- e SO_4^{2-} e fixação de N); importante na formação da clorofila
Cobre	Presente na enzima lacase e em várias outras oxidativas; importante na fotossíntese e no metabolismo das proteínas e carboidratos e, provavelmente, na fixação de nitrogênio
Manganês	Ativa as enzimas decarboxilase, desidrogenase e oxidase; importante para a fotossíntese, metabolismo do nitrogênio e assimilação do nitrogênio
Níquel	Essencial para a urease, hidrogenases e metilredutase; necessário para o enchimento dos grãos, a viabilidade das sementes, a absorção de ferro e o metabolismo da ureia e da ureíde (evitar níveis tóxicos desses produtos da fixação de nitrogênio em leguminosas)
Boro	Ativa algumas enzimas desidrogenase; facilita a translocação de açúcar e a síntese de ácidos nucleicos e hormônios vegetais; essencial para a divisão e o desenvolvimento celular
Molibdênio	Presente na nitrogenase (fixação de nitrogênio) e enzimas nitrato redutase; essencial para a fixação e a assimilação de nitrogênio
Cobalto	Essencial para a fixação de nitrogênio por bactérias associativas; encontrado na vitamina B_{12}
Cloro	Essencial para a fotossíntese e a ativação de enzimas. Atua na regulação da absorção da água em solos afetados por sais

Tabela 12.8 Efeito dos níveis de manganês sobre a incidência de podridão radicular e a atividade da peroxidase nas raízes do caupi[a]

O manganês catalisa a peroxidase, uma exoenzima que auxilia a síntese de lignina e monofenóis. A lignina age como uma barreira mecânica e química contra a invasão de fungos, enquanto monofenóis são toxinas de fungos que também podem agir em defesa da planta. Adubos com Mn controlam a podridão radicular quase tão bem quanto o produto químico fungicida Carbendazim.

	Conc. no tecido do caupi			
Tratamento	Mn (mg/kg)	N (%)	Incidência de doenças 10 dias após a semeadura (%)	Índice de atividade de peroxidade
Mn, 0 mg/kg de solo	45	3,15	75	16
Mn, 5 mg/kg de solo	78	2,54	47	24
Mn, 10 mg/kg de solo	92	2,85	44	27
Carbendazim, 0,2% nas sementes	45	3,43	31	31

[a]Cultivado em solo de baixa fertilidade, alcalino (pH 8,6), franco-arenoso, inoculado com *Rhizoctonia bataticola*.
Dados selecionados de Kalim et al. (2003).

de deficiência mais acentuados nas folhas mais novas, as quais se desenvolvem depois que o nutriente se tornou escasso. Esse padrão contrasta com a maior parte dos macronutrientes (exceto enxofre), os quais são facilmente translocados pelas plantas e, assim, tornam-se mais deficientes nas folhas mais velhas. As folhas de sorgo deficientes em ferro (Prancha 99) e as de pêssego deficientes em zinco (Prancha 97) ilustram o padrão de fortes sintomas de deficiência nas folhas mais jovens.

No caso da deficiência de zinco nas plantas de milho (Prancha 98), as largas faixas brancas nos dois lados da nervura central são sintomas típicos nas plantas jovens. Contudo, em climas temperados, esses sintomas podem desaparecer à medida que o solo se aquece e o sistema radicular se expande, ocupando um maior volume de solo, à medida que a planta amadurece.

Fontes de micronutrientes

Formas inorgânicas Tanto as deficiências como as toxicidades de micronutrientes podem estar relacionadas com o conteúdo total desses elementos no solo. Contudo, mais frequentemente, esses problemas decorrem das formas químicas nas quais esses elementos aparecem no solo e, em especial, suas solubilidades e disponibilidades para as plantas.

As formas químicas dos micronutrientes são modificadas à medida que o solo vai se formando, e os seus minerais, se intemperizando. Óxidos e, em alguns casos, sulfetos de elementos como ferro, manganês e zinco podem ser formados. Os silicatos secundários, incluindo os minerais das argilas, podem conter elevados teores de ferro e manganês, além de pequenas quantidades de zinco e cobalto. As rochas ultramáficas, especialmente as serpentinitas, são ricas em níquel. Os micronutrientes catiônicos liberados pelo intemperismo estão sujeitos à adsorção coloidal, assim como os íons de cálcio ou alumínio (Seção 8.7). Os ânions do solo, como o borato e o molibdato, podem ser adsorvidos ou sofrer reações semelhantes às dos fosfatos. As formas químicas comumente absorvidas pelas raízes das plantas estão apresentadas na Tabela 1.1.

Formas orgânicas A matéria orgânica é uma importante fonte secundária de alguns microelementos. Vários deles tendem a ser retidos em complexas combinações por coloides orgânicos (húmus). O cobre é fortemente retido pela matéria orgânica, de tal modo que sua disponibilidade pode ser muito baixa em solos orgânicos (*Histosols*). Em perfis não cultivados, há uma concentração maior de micronutrientes próximo da superfície do solo, a maior parte, presumivelmente, retida na fração orgânica. Já foram observadas as correlações entre a matéria orgânica do solo e o conteúdo de cobre, zinco e molibdênio. Embora nem sempre os elementos assim retidos estejam prontamente disponíveis para as plantas, a sua liberação por intermédio da decomposição é, sem dúvida, um importante fator relacionado à fertilidade do sistema agrícola. Por isso, os estercos de animais são uma boa fonte de micronutrientes, a maior parte deles presente sob formas orgânicas.

A ciclagem de micronutrientes, que acontece através do sistema solo-planta-animal, está ilustrada de forma generalizada na Figura 12.38. Embora nem todos os micronutrientes participem de todas as vias mostradas nessa figura, observa-se que os quelatos orgânicos (veja a seguir), os coloides, a matéria orgânica e os minerais do solo contribuem com micronutrientes para a solução do solo e, por sua vez, para o crescimento de plantas.

Condições gerais que conduzem à deficiência/toxicidade

Os *solos fortemente lixiviados, ácidos e muito arenosos* são pobres na maioria dos micronutrientes, pelas mesmas razões que são deficientes em relação à maioria dos macronutrientes – seus

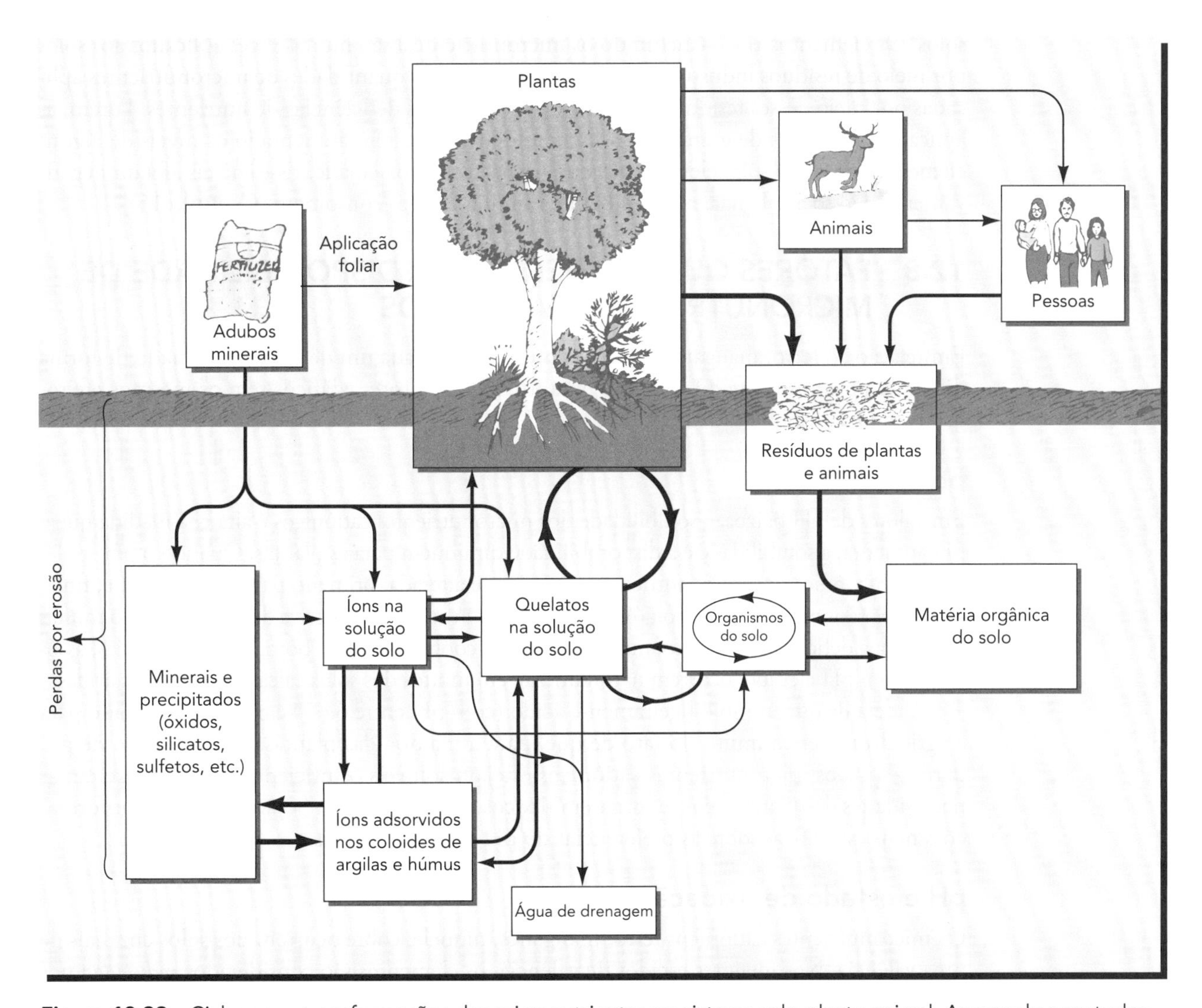

Figura 12.38 Ciclagem e transformações dos micronutrientes no sistema solo-planta-animal. Apesar de nem todos os micronutrientes seguirem as direções mostradas, a maior parte está relacionada aos principais componentes do ciclo. A formação de quelatos orgânicos, os quais detêm a maioria desses elementos em formas solúveis, é uma característica exclusiva deste ciclo. (Diagrama: cortesia de R. Weil)

materiais de origem eram inicialmente pobres nesses elementos, e a lixiviação ácida acabou removendo muito do que estava originalmente presente. No caso do molibdênio, as condições de solo ácido diminuem acentuadamente sua disponibilidade. O conteúdo de micronutrientes de *solos orgânicos* depende da quantidade desses elementos acumulada durante a formação dos solos. A capacidade dos solos orgânicos para reter o cobre acentua as deficiências deste elemento. Os *cultivos intensivos*, que removem grandes quantidades de nutrientes com as colheitas, aceleram o esgotamento das reservas de micronutrientes. Por outro lado, *valores extremos de pH do solo* podem afetar, marcadamente, a disponibilidade deles (ver Figura 9.14).

A *erosão do solo* influencia a disponibilidade de micronutrientes com a remoção da camada mais superficial, na qual a maior parte deles está retida. A erosão também expõe os horizontes subsuperficiais que frequentemente possuem pH mais elevado do que a camada superior do solo, uma condição que leva a deficiências de ferro e zinco. Os topos e as encostas erodidas dos morros são locais em que é comum a ocorrência de deficiências de alguns micronutrientes.

As deficiências e toxicidades de micronutrientes estão frequentemente relacionadas com o nível desses elementos nos *materiais de origem* (substratos) que formaram os solos ou nos minerais das bacias hidrográficas que são transportados e depositados para formarem esses solos. Os elementos-traço (incluindo os micronutrientes) são muitas vezes aplicados aos solos por meio de resíduos industriais e domésticos. Pequenas quantidades de micronutrientes aplicadas por meio desses resíduos podem ajudar a aliviar as deficiências de nutrientes. Porém, as aplicações repetidas de grandes quantidades de resíduos têm aumentado os níveis de alguns elementos-traço no solo, elevando-os até suas faixas de toxicidade. Esses níveis afetam negativamente não só as plantas, mas também os animais que as consomem (Capítulo 15).

12.8 FATORES QUE INFLUENCIAM A DISPONIBILIDADE DE MICRONUTRIENTES CATIÔNICOS

Em relação ao ferro, manganês, zinco, cobre e níquel, cada um deles é influenciado de forma diferente pelo ambiente do solo. No entanto, alguns fatores edáficos têm os mesmos efeitos gerais sobre a disponibilidade de todos eles.

pH do solo

Em valores de pH baixos, a solubilidade dos micronutrientes catiônicos é alta e, à medida que o pH aumenta, a solubilidade e a disponibilidade diminuem para as plantas. Quando o pH se eleva, a forma iônica dos micronutrientes catiônicos é alterada, primeiro para íons hidroxi e, finalmente, para os oxi-hidróxidos ou óxidos insolúveis. A calagem excessiva de um solo ácido muitas vezes leva a deficiências de ferro, manganês, zinco, cobre e, às vezes, boro. Tais deficiências, associadas com pH elevado, ocorrem naturalmente em muitos dos solos calcários de regiões áridas.

A ideia de que um solo ligeiramente ácido (com pH entre 6 e 7) é o mais apropriado para a agricultura deriva muito do fato de que, para a maioria das plantas, essa condição de pH permite que os micronutrientes catiônicos estejam solúveis o suficiente para satisfazerem as necessidades das plantas sem se tornarem tóxicos (Figura 9.14). A Seção 9.7 fornece informações mais específicas sobre as preferências do pH de várias plantas.

pH e estado de oxidação

Os micronutrientes catiônicos ferro, manganês, níquel e cobre ocorrem nos solos em mais de uma valência. Nos menores estados de valência, os elementos são considerados *reduzidos*; nos de maior valência, *oxidados*. As reações de oxidação e redução em relação à drenagem do solo são discutidas nas Seções 7.4 e 7.5. As mudanças de um estado de valência para outro, na maioria dos casos, são provocadas por micro-organismos e matéria orgânica. Em valores comuns de pH dos solos, os estados oxidados de ferro, manganês e cobre são geralmente menos solúveis do que as formas reduzidas.

A interação da acidez do solo e da aeração na determinação da disponibilidade de micronutrientes é de grande importância prática. O ferro, o manganês e o cobre são geralmente mais disponíveis em condições de drenagem limitada ou em solos alagados. Já os solos muito ácidos que são maldrenados podem fornecer quantidades tóxicas de ferro e manganês.

Diagnosticando a deficiência de cobre: www.1.agric.gov.ab.ca/$department/deptdocs.nsf/all/agdex3476?opendocument

As condições de pH elevado, boa drenagem e aeração, muitas vezes, têm efeito oposto. Os solos calcários e bem-oxidados, às vezes, têm pequena *disponibilidade* de ferro, zinco ou manganês, mesmo quando a quantidade *total* desses elementos é grande. Na forma de oxi-hidróxidos, nos quais esses elementos têm valências maiores, eles são muito insolúveis para fornecer os íons necessários para o crescimento das plantas.

Há grandes diferenças na sensibilidade de diferentes variedades de plantas à deficiência de ferro em solos com pH elevado. Elas são, aparentemente, causadas por diferenças na sua capacidade de solubilizar rapidamente o ferro em torno das raízes. As variedades mais tolerantes respondem ao estresse de ferro com uma acidificação, ao redor das raízes, excretando de compostos capazes de reduzir o ferro para uma forma mais solúvel, com consequente aumento da sua disponibilidade.

Matéria orgânica

A matéria orgânica, os resíduos orgânicos e o estrume de animais podem fornecer compostos orgânicos que reagem com os micronutrientes catiônicos, formando complexos insolúveis em água que protegem os nutrientes das interações com partículas minerais, as quais poderiam retê-los em formas mais insolúveis. Outros complexos lentamente fornecem nutrientes disponíveis, à medida que sofrem decomposição microbiana. Os complexos orgânicos que aumentam a disponibilidade de micronutrientes serão considerados a seguir. As reações com a matéria orgânica e o ferro amorfo são os principais fatores que controlam a sorção do Cu; enquanto o Zn é retido principalmente pelo ferro e, provavelmente, por reações de troca catiônica.

Exemplos relativos ao zinco e ao cobre: www.extension.umn.edu/distribution/cropsystems/DC0720.html

A decomposição microbiana dos resíduos vegetais orgânicos e de estercos animais pode resultar na liberação de micronutrientes, pelos mesmos mecanismos que permitem a liberação dos macronutrientes. As deficiências temporárias de micronutrientes, como no caso dos macronutrientes como o nitrogênio, podem ocorrer na época em que os resíduos são adicionados ao solo, devido à assimilação de micronutrientes nos corpos dos micro-organismos ativos.

Os produtos orgânicos, ricos em micronutrientes, têm sido utilizados como fonte de nutrientes em solos deficientes nesses elementos-traço. Por exemplo, compostos de materiais orgânicos como os subprodutos florestais (turfa, esterco animal e resíduos vegetais), enriquecidos com ferro, têm sido considerados eficazes em solos com deficiência de ferro.

Papel das micorrizas

A natureza da simbiose micorrízica e sua importância na nutrição fosfatada foram descritas nas Seções 10.9 e 12.3, mas vale a pena mencionar aqui que as micorrizas também são capazes de aumentar a absorção de micronutrientes pelas plantas (Tabela 10.5). Desta forma, as rotações de culturas e outras práticas que incentivam a diversidade de fungos do tipo micorrizas podem melhorar a nutrição por micronutrientes das plantas.

De forma surpreendente, as micorrizas também parecem proteger as plantas da absorção excessiva de micronutrientes e outros elementos-traço nos quais esses elementos estão presentes em concentrações potencialmente tóxicas. Mudas de árvores como bétula, pinheiros e abetos são capazes de crescer bem em locais contaminados com altos níveis de zinco, cobre, níquel e alumínio, mas somente se suas raízes estiverem revestidas por ectomicorrizas. As micorrizas, aparentemente, ajudam a excluir esses cátions metálicos da raiz principal e a evitar o transporte a longa distância de cátions metálicos dentro da planta.

Compostos orgânicos atuando como quelatos

Agentes quelantes: http://scifun.chem.wise.edu/chemweek/Chelates/Chelates.html

Os micronutrientes catiônicos reagem com certas moléculas orgânicas para formarem complexos organometálicos chamados de **quelatos**. Se esses complexos são solúveis, eles aumentam a disponibilidade dos micronutrientes e os protegem das reações que os precipitam. De modo oposto, a formação de um complexo insolúvel diminuirá a disponibilidade do micronutriente.

Um quelato (do grego *chele*, "garra ou pinça") é um composto orgânico em que dois ou mais átomos são capazes de se ligarem a um mesmo átomo de metal, formando um anel. Essas moléculas orgânicas podem ser sintetizadas pelas raízes e liberadas na rizosfera, podem estar presentes no húmus do solo ou serem adicionadas a ele na forma de compostos sintéticos, para melhorar a disponibilidade de micronutrientes. Na forma complexada, os cátions são protegidos contra reações dos constituintes inorgânicos do solo que poderiam torná-los indisponíveis para absorção pelas plantas. Ferro, zinco, cobre e manganês estão entre os cátions que formam complexos do tipo quelatos. Dois exemplos de estrutura de anel de quelato de ferro são mostrados na Figura 12.39.

Estabilidade dos quelatos

Os quelatos variam em sua estabilidade e, consequentemente, na sua adequação como fontes de micronutrientes. A estabilidade de um quelato é medida pela sua constante de estabilidade, que está relacionada à tenacidade com que um íon metálico está ligado ao quelato.

A constante de estabilidade é útil para predizer qual quelato é melhor para o fornecimento de qual micronutriente. Um determinado quelato metálico deve ser razoavelmente estável dentro do solo se quisermos ter uma vantagem duradoura. Por exemplo, a constante de estabilidade para o EDDHA-Fe^{3+} é de 33,9, mas, para o EDDHA-Zn^{2+}, é de apenas 16,8. Portanto, pode-se prever que, se o EDDHA-Zn for adicionado a um solo, o Zn do quelato seria rápida e quase completamente substituído pelo Fe^{3+} do solo, deixando o Zn na forma não quelatada e sujeita à precipitação.

Estabilidade, quelatização e os efeitos dos quelatos: www.chem.uwimona.edu.jm:1104/courses/chelate.html

Não se deve inferir que apenas os quelatos de ferro são eficazes. Os quelatos de outros micronutrientes, incluindo o manganês, o zinco e o cobre, têm sido utilizados com sucesso para fornecer esses nutrientes. Devido ao seu alto custo, os quelatos sintéticos são usados prin-

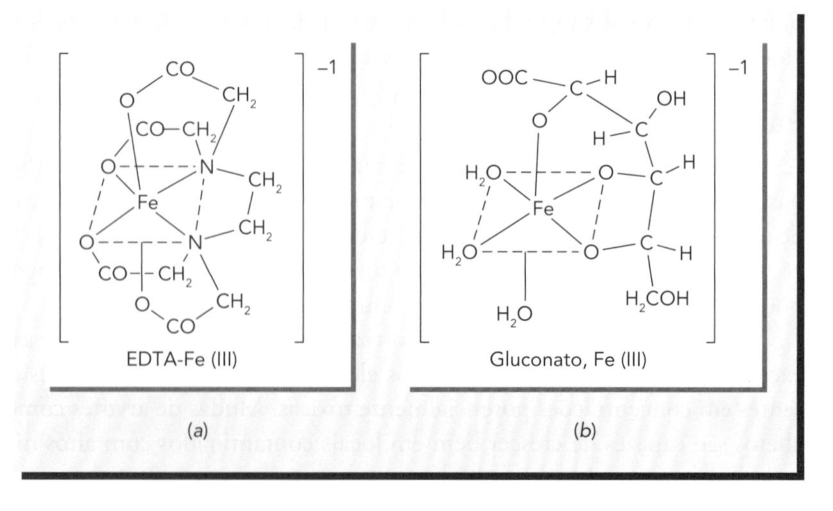

Figura 12.39 Fórmula estrutural para dois quelatos de ferro comuns: etileno-diamino-tetra-acetato de ferro (Fe-EDTA) (*a*) e gluconato de ferro (*b*). Em ambos os quelatos, o ferro é protegido e ainda pode ser utilizado pelas plantas. (Diagramas de Clemens et al. [1990]; reimpresso com permissão da Kluwer Academic Publishers)

cipalmente para corrigir as deficiências de micronutrientes de plantas frutíferas e ornamentais. Alguns dos quelantes utilizados em adubos com micronutrientes, como o gluconato, ocorrem naturalmente e podem fornecer determinados micronutrientes mais economicamente do que os compostos mais caros, como os do tipo aminopolicarboxilatos (p. ex., EDDHA).

Além disso, a seleção de variedades de plantas cujas raízes produzem seus próprios agentes quelantes e as práticas que incentivam a produção de agentes quelantes naturais (provenientes da decomposição da matéria orgânica) podem tirar vantagem do fenômeno de quelatização para a melhoria da fertilidade em micronutrientes dos solos.

12.9 FATORES QUE INFLUENCIAM A DISPONIBILIDADE DOS MICRONUTRIENTES ANIÔNICOS

O cloro, o molibdênio e o boro são, quimicamente, bastante diferentes, por isso poucas generalizações podem ser feitas sobre suas reações no solo.

Cloro

O cloro é absorvido pelas plantas em quantidades maiores do que qualquer micronutriente, com exceção do ferro. A maior parte do cloro em solos está na forma de íons cloreto, que percolam livremente em solos de regiões úmidas. Em regiões semiáridas e áridas, são esperadas concentrações maiores, chegando a quantidades tóxicas de sais nos solos salinos maldrenados.

As condições naturais do solo que reduzem a disponibilidade e a utilização desse elemento não são conhecidas. Adições de cloro proveniente da atmosfera, além dos sais de adubos, como o cloreto de potássio, são suficientes para atender às necessidades da maioria das culturas. Contudo, podem ocorrer efeitos benéficos do cloro no crescimento das plantas. As palmeiras tropicais, adaptadas a solos costeiros com altos teores de cloro provenientes do oceano, às vezes demonstram deficiência desse elemento se forem cultivadas em solos afastados das zonas costeiras, onde há relativamente baixos níveis de cloro. O cloro, além de ajudar a controlar várias doenças fúngicas das plantas, também tem um efeito indireto sobre a nutrição delas, uma vez que tende a suprimir a nitrificação. Isso leva a uma maior relação NH_4^+:NO_3^- na solução do solo e, como o íon NH_4^+ é absorvido pelas plantas, ocorre a diminuição do pH na rizosfera. Essa maior acidez aumenta a disponibilidade e a absorção de manganês, o que pode suprimir outras doenças.

Plantas como o tomate e a batata, que exigem altos níveis de potássio, podem sofrer toxicidade do Cl, fornecido com o potássio por meio de um adubo muito comum, o cloreto de potássio (KCl). Em tais casos, pelo menos parte do K necessário deve ser fornecida na forma de sulfato de potássio, reduzindo assim a exposição inadvertida ao cloro.

Boro

A deficiência de boro é a mais comum entre os micronutrientes. A disponibilidade desse elemento está relacionada ao pH do solo, sendo maior em solos ácidos. Embora esteja mais disponível em condições de pH baixo, ele também é facilmente lixiviado em solos ácidos e arenosos. Portanto, a sua deficiência em solos ácidos e arenosos normalmente ocorre devido à baixa oferta de boro total, e não devido à baixa disponibilidade do elemento. Há que se considerar também que as plantas dicotiledôneas são muito mais exigentes em B do que as monocotiledôneas.

Boro:
www.extension.umn.edu/distribution/cropsystems/DC0723.html

O boro solúvel está presente em solos principalmente na forma de ácido bórico [$B(OH)_3$] ou como $B(OH)_4^-$. Esses compostos podem ser trocados com os grupos OH das extremidades e das superfícies das argilas de baixa atividade e da matéria orgânica. O boro assim adsorvido é fortemente retido, especialmente entre pH 7 e 9, faixa de menor disponibilidade. Isso provavelmente contribui para a ocorrência de deficiência desse micronutriente quando há aumento do pH acima de 7, provocado pela calagem excessiva.

Manejo do boro, de acordo com o tipo de planta: www.borax.com/agriculture/boron1.html

O boro também é um componente da matéria orgânica do solo, que pode ser liberado pela mineralização microbiana. Consequentemente, a matéria orgânica serve como um importante compartimento de boro em muitos solos e exerce um controle considerável sobre a disponibilidade desse nutriente.

A disponibilidade de boro geralmente é prejudicada pelas condições de seca; já as deficiências são comuns em *Aridisols* calcários.

Molibdênio

O pH do solo é o fator mais importante que influencia a absorção e a disponibilidade do molibdênio para as plantas. Em valores de pH baixo, o molibdênio é adsorvido pelas argilas silicatadas e, principalmente, por óxidos de ferro e de alumínio através da *troca e retenção* com íons oxi-hidróxidos na superfície das partículas coloidais. A calagem de solos ácidos normalmente aumenta a disponibilidade de molibdênio. O efeito é tão marcante que, em alguns casos, especialmente na Austrália e na Nova Zelândia, o principal objetivo para a calagem de solos muito ácidos é a de fornecer molibdênio. Em alguns casos, a adição de 30 g de molibdênio por hectare em solos ácidos tem dado mais resultado para o desenvolvimento de leguminosas do que a aplicação de várias toneladas de calcário.

Em valores elevados de pH do solo, a disponibilidade de molibdênio pode ser excessiva. A **molibdenose** é uma doença potencialmente fatal, causada por excesso de molibdênio na dieta do gado em pastagens cultivadas sobre certos solos com pH muito alto.

12.10 CONCLUSÃO

Embora o ciclo de cada elemento inclua transformações específicas e únicas, vários processos gerais contribuem para os aspectos mais abrangentes da fertilidade do solo. A biologia do solo exerce um importante papel na liberação de nutrientes disponíveis para as plantas a partir de compostos orgânicos da matéria orgânica do solo e dos restos vegetais. A biologia do solo é importante por causa das transformações microbianas (tão importantes para os ciclos do nitrogênio e do enxofre) e também devido à formação de agentes quelantos orgânicos (tão importantes para fazer com que os micronutrientes cátions se tornem disponíveis para serem absorvidos pelas plantas). Para alguns nutrientes (p. ex., Ca, Mg, K), os processos químicos de troca catiônica e intemperismo dos minerais controlam bastante as suas disponibilidades, para que possam ser absorvidos pelas plantas e lixiviados. Para outros (p. ex., N, S, Fe, Mn), a oxidação (bio)química e as reações de redução têm papel fundamental. Por fim, o pH do solo afeta a solubilidade de quase todos os nutrientes, mas essa influência é mais predominante sobre o Fe, Mn, Zn e Mo.

Em última instância, para que as plantas e os seres humanos permaneçam saudáveis, não basta apenas um abastecimento adequado dos elementos essenciais, mas é necessário que haja também um bom equilíbrio entre eles. Desequilíbrios e deficiências de nutrientes minerais não só dificultam o crescimento das plantas, mas também afetam negativamente a saúde dos animais e das pessoas que delas se alimentam. As deficiências de micronutrientes estão se tornando cada vez mais comuns na agricultura, e isso é resultado dos maiores níveis de remoção das culturas geneticamente melhoradas, combinados com as adubações calculadas para altas produtividades, à custa da eficiência na aquisição de micronutrientes. Além disso, atualmente as aplicações inadvertidas de micronutrientes realmente vêm diminuindo, por causa da redução do uso de adubos orgânicos que contêm micronutrientes e do maior uso de adubos minerais mais concentrados e com menos contaminantes, sob a forma de micronutrientes. Com base em um adequado enfoque político-econômico, os avanços das técnicas de manejo do solo e melhoramentos de plantas podem ajudar as pessoas que sofrem de graves carências alimentares devido à falta de micronutrientes, principalmente a de ferro e zinco.

Os ciclos biogeoquímicos de nutrientes vegetais revelam muitas interconexões complexas entre os solos e as plantas e entre o sistema solo-planta e o meio ambiente. Entre os nutrientes das plantas, N, P, S e Cu provavelmente são os que trazem os mais graves problemas para o meio ambiente. Os micro-organismos anaeróbicos, assim como o fogo, podem converter o nitrogênio e o enxofre em formas gasosas. Uma vez na atmosfera, alguns desses gases contribuem para a acidificação dos ecossistemas, e alguns (p. ex., o NO_2) contribuem para o aquecimento global. O acúmulo excessivo de N e P no solo, especialmente naqueles sob agricultura associada à intensiva produção animal, é a principal fonte de nutrientes que provoca a eutrofização dos sistemas aquáticos. O cobre, se mal manejado, pode contaminar tanto as terras (onde pode se acumular em níveis tóxicos para muitas plantas) quanto as águas (onde, mesmo em pequenas quantidades, é altamente tóxico para os peixes).

Para qualquer um dos nutrientes, mas especialmente para os macros, existe uma grande necessidade em equilibrar suas saídas com as entradas no solo, para evitar o seu empobrecimento e o declínio dos ecossistemas. Nesse sentido, o nitrogênio apresenta características únicas, uma vez que certos micro-organismos podem fixar o N_2, tão abundante no ar, tranformando-o para as formas $-NH_2$, biologicamente disponíveis. As fábricas de adubos minerais podem fazer o mesmo, mas à custa de combustíveis fósseis. Infelizmente, não há qualquer processo comparável para a reposição do fornecimento dos outros nutrientes, os quais devem ser considerados como recursos não renováveis, a serem cuidadosamente geridos, conservados e reciclados. O fósforo pode ser o nutriente em situação mais crítica de conservação, já que, com as taxas atuais de uso, há previsão de exaustão das reservas conhecidas neste mesmo século XXI.

Os princípios aprendidos neste capítulo serão aplicados no próximo, que explora as práticas de manejo de nutrientes para alcançar a produtividade ideal das plantas e a qualidade do solo, minimizando os custos econômicos e ambientais.

QUESTÕES PARA ESTUDO

1. Um solo franco-arenoso sob um gramado de golfe tem um teor de matéria orgânica de 3% em peso. Calcule a quantidade aproximada de nitrogênio (em kg N/ha) esperada para ser liberada às plantas durante um ano normal. Apresente o resultado do seu trabalho e os pressupostos ou estimativas nas quais se baseou para realizar esse cálculo.
2. O gramado referido na Questão 1 é aparado semanalmente, de maio a outubro, e produz uma média de 200 kg/ha de matéria seca cada vez que é cortado. O material retirado contém em média 2,5% de N (base seca). Quanto de N, na forma de adubos minerais, precisaria ser aplicado para se manter esse padrão de crescimento? Apresente os cálculos que você fez e as pressuposições nas quais se baseou.
3. Quantidades significativas, tanto de enxofre como de nitrogênio, são adicionadas ao solo pela deposição atmosférica. Em que situações esse fenômeno é benéfico e em que circunstâncias ele não é?
4. As análises de um solo revelaram que ele possuía 25 kg de N-nitrato por ha. Cerca de 2.000 kg de palha de trigo foram aplicados a 1 ha dessa terra. A palha continha 0,4% N. Quanto de N foi aplicado com a palha? Explique por que, duas semanas após a palha ter sido aplicada, novas análises de solo revelaram nenhum N-nitrato detectável. Descreva seu raciocínio e os pressupostos em que se baseou para efetuar seus cálculos.
5. Os adubos minerais e estercos com alto teor de N são comumente aplicados aos solos agrícolas. Ainda assim esses solos têm, muitas vezes, teores de N total inferiores aos dos solos vizinhos, sob floresta natural ou vegetação de pradarias. Explique a razão disso.
6. Por que as deficiências de S nas culturas agrícolas são mais difundidas hoje do que há 20 anos?
7. Como as matas ciliares ou terras úmidas podem ajudar a reduzir a contaminação por nitratos em córregos e rios?

8. Em algumas regiões tropicais, os sistemas agroflorestais incluem o cultivo misto de árvores de raízes profundas com culturas de raízes rasas. Quais são as vantagens do manejo do nitrogênio de tais sistemas em relação a sistemas de monocultura que não incluem árvores?
9. Você aprendeu que o nitrogênio, o potássio e o fósforo são todos "fixados" no solo. Compare os processos dessas fixações e os benefícios e limitações que cada um apresenta.
10. Suponha que você adicionou um adubo fosfatado solúvel a um *Oxisol* e a um *Aridisol*. Em cada caso, dentro de poucos meses, a maior parte do fósforo foi alterada para formas insolúveis. Indique, para cada solo, quais são essas formas e os respectivos compostos responsáveis pela sua formação.
11. Como os teores de fósforo em solos cultivados no leste dos Estados Unidos ou no norte da Europa se comparam com o de solos de áreas vizinhas com matas nativas intactas? Qual é a razão para essa diferença?
12. Qual solo pode ter um maior poder tampão para o fósforo e o potássio: um franco-arenoso ou um argiloso? Explique sua resposta.
13. Na primavera, a análise da camada mais superficial de um determinado solo mostrou o seguinte resultado: K na solução do solo = 20 kg/ha; K trocável = 200 kg/ha. Depois de dois cortes de alfafa para fazer feno que continham 250 kg de K/ha, uma segunda análise do solo mostrou: K na solução do solo = 15 kg/ha e K trocável = 150 kg/ha. Explique por que não houve uma redução maior nos níveis de K da solução do solo e do K trocável.
14. Qual é o efeito do pH do solo sobre a disponibilidade de fósforo, molibdênio e ferro, e quais são as formas não disponíveis nos diferentes níveis de pH?
15. O que é *consumo de luxúria* dos nutrientes das plantas, e quais são as suas vantagens e desvantagens?
16. Como o fósforo, que forma compostos inorgânicos relativamente insolúveis nos solos, se transforma em poluentes nos córregos e em outros corpos d'água?
17. Compare os níveis de P orgânico nos horizontes mais superficiais de um solo sob floresta com aqueles de solos próximos que foram cultivados durante 25 anos. Explique a razão das diferenças.
18. Que partes das plantas você examinaria para encontrar sintomas de deficiências de Mn e Mg, respectivamente?
19. Durante o período de um ano, cerca de 250 kg de nitrogênio e somente 30 g de molibdênio foram absorvidos pelas árvores que haviam crescido em 1 ha de terra. A partir desses dados, você poderia concluir que o nitrogênio foi mais essencial para o desenvolvimento das árvores? Explique sua resposta.
20. Uma vez que apenas pequenas quantidades de micronutrientes são necessárias anualmente para um desenvolvimento adequado das plantas, seria recomendável adicionar quantidades maiores desses elementos para satisfazer as necessidades das plantas? Explique sua resposta.
21. A deficiência de ferro é comum em pessegueiros e outras fruteiras plantadas em solos alcalinos irrigados das regiões áridas, mesmo quando esses solos têm teores elevados de ferro. Qual é a causa dessa situação e como você faria para remediar essa dificuldade?
22. De que forma os óxidos de Fe e de Al afetam a disponibilidade de Mo e B nos solos? Explique sua resposta.
23. Dê um exemplo de uma doença de planta causada por um fungo que poderia ser reduzida de forma eficaz pela adubação com um micronutriente.
24. O que são *quelatos*, como eles funcionam e quais são as suas fontes?
25. Dois *Aridisols*, ambos com pH 8, desenvolveram-se do mesmo material de origem, um sob condições de drenagem restringida e o outro, bem-drenado. As plantas que se desenvolveram no solo bem drenado apresentam sintomas de deficiência de ferro, enquanto aquelas dos solos maldrenados não as apresentam. Qual seria a explicação para esse fato?
26. Uma vez que o boro é necessário para a produção de beterrabas de boa qualidade, algumas empresas compram somente beterrabas que foram adubadas com quantidades específicas desse elemento. Infelizmente, uma cultura de aveia plantada após a de beterraba desenvolveu-se muito mal quando comparada com uma cultivada após as beterrabas não adubadas. Elabore uma possível explicação para essa situação.

REFERÊNCIAS

Bateman, E. J., and E. M. Baggs. 2005. "Contributions of nitrification and denitrification to N2O emissions from soils at different water-filled pore space," *Biol. Fertil. Soils*, **41**:379–388.

Bittman, S., C. G. Kowalenko, D. E. Hunt, T. A. Forge, and X. Wu. 2006. "Starter phosphorus and broadcast nutrients on corn with contrasting colonization by mycorrhizae," *Agron. J.*, **98**:394–401.

Castellano, S. D., and R. P. Dick. 1991. "Cropping and sulfur fertilization influence on sulfur transformations in soil," *Soil Sci. Soc. Amer. J.*, **54:**114–121.

Clemens, D. F., B. M. Whitehurst, and G. B. Whitehurst. 1990. "Chelates in agriculture," *Fertilizer Research*, **25**:127–131.

Eickhout, B., A. F. Bouwman, and H. Van Zeijts. 2006. "The role of nitrogen in world food production and environmental sustainability," *Agric. Ecosyst. Environ.*, **116**:4–14.

Emsley, J. 2002. *The 13th Element: The Sordid Tale of Murder, Fire, and Phosphorus*, (New York: John Wiley & Sons).

Fageria, N. K., V. C. Baligar, and R. B. Clark. 2002. "Micronutrients in crop production," *Adv. Agron*, **77:**185–268.

Fenn, M. E., T. G. Huntington, S. B. Mclaughlin, C. Eagar, and R. B. Cook. 2006. "Status of soil acidification in North America," *Journal of Forest Science*, **52**:3–13.

Franzen, D. W. 2004. *Volatilization of Urea Affected by Temperatures and Soil pH.* North Dakota State University Extension Service. www.ag.ndsu.edu/procrop/fer/ureavo05.htm.

Galloway, J. N., and E. B. Cowling. 2002. "Reactive nitrogen and the world: 200 years of change," *Ambio*, **31**:64–71.

Glibert, P., J. Harrison, C. Heil, and S. Seitzinger. 2006. "Escalating worldwide use of urea: A global change contributing to coastal eutrophication," *Biogeochemistry*, **77**:441–463.

Goenadi, D. H., Siswanto, and Y. Sugiarto. 2000. "Bioactivation of poorly soluble phosphate rocks with a phosphorus-solubilizing fungus," *Soil Sci. Soc. Amer. J.*, **64**:927–932.

Guillard, K., and K. L. Kopp. 2004. "Nitrogen fertilizer form and associated nitrate leaching from coolseason lawn turf," *J. Environ. Qual.*, **33**:1822–1827.

International Joint Commission. 2002. *The Canada–United States Air Quality Agreement 2002 Progress Report.* International Joint Commission.

Jasinski, S. M. 2006. *Phosphate Rock*, (Reston, VA: U.S. Department of the Interior, U.S. Geological Survey), pp. 124–125. http://minerals.usgs.gov/minerals/pubs/commodity/phosphate_rock/phospmcs06.pdf.

Kalim, S., Y. P. Luthra, and S. K. Gandhi. 2003. "Cowpea root rot severity and metabolic changes in relation to manganese application," *Journal of Phytopathology*, **151**:92–97.

Kennedy, I. R., A. T. M. A. Choudhury, and M. L. Kecskes. 2004. "Non-symbiotic bacterial diazotrophs in crop-farming systems: Can their potential for plant growth promotion be better exploited?" *Soil Biol. Biochem.*, **36**:1229–1244.

Khalil, K., B. Mary, and P. Renault. 2004. "Nitrous oxide production by nitrification and denitrification in soil aggregates as affected by O2 concentration," *Soil Biol. Biochem.*, **36**:687–699.

Kopittke, P. M., and N. W. Menzies. 2007. "A review of the use of the basic cation saturation ratio and the 'ideal' soil," *Soil Sci. Soc. Amer. J.*, **71**:259–265.

Lambert, K. F., and C. Driscoll. 2003. "Nitrogen pollution: From the sources to the sea," *Science Links Publication*, Vol. 1, No. 2 (Hanover, NH: Hubbard Brook Research Foundation).

Mandzak, J. M., and J. A. Moore. 1994. "The role of nutrition in the health of inland Western forests," *J. Sustainable Forestry*, **2**:191–210.

Marschner, H. 1995. *Mineral Nutrition of Higher Plants*, 2nd ed. (New York: Academic Press).

McLean, E. O. 1978. "Influence of clay content and clay composition on potassium availability, pp. 1–19, in G.S. Sekhon (ed.), *Potassium in Soils and Crops*. (New Delhi, India. Potash Research Institute of India).

Mengel, K., and E. A. Kirkby. 2001. *Principles of Plant Nutrition*, 5th ed. (Dordrecht, The Netherlands: Kluwer Academic Publishers).

Mortvedt, J. J., F. R. Cox, L. M. Shuman, and R. M. Welch (eds.). 1991. *Micronutrients in Agriculture.* SSSA Book Series, No. 4 (Madison, WI: Soil Science Society of America).

Munson, R. D. (ed.). 1985. *Potassium in Agriculture* (Madison, WI: American Society of Agronomy).

Neff, J. C., F. S. Chapin, and P. M. Vitousek. 2003. "Breaks in the cycle: Dissolved organic nitrogen in terrestrial ecosystems," *Frontiers of Ecology and the Environment*, **1**:205–211.

Nowak, C. A., R. B. Downard, Jr., and E. H. White. 1991. "Potassium trends in red pine plantations at Pack Forest, New York," *Soil Sci. Soc. Amer. J.*, **55**:847–850.

Patrick, W. H., Jr. 1982. "Nitrogen transformations in submerged soils," in F. J. Stevenson (ed.), *Nitrogen in Agricultural Soils.* Agronomy Series No. 27 (Madison, WI: Amer. Soc. Agron., Crop Sci. Soc. Amer., Soil Sci. Soc. Amer.).

Santamaria, P. 2006. "Nitrate in vegetables: Toxicity, content, intake and EC regulation," *Journal of the Science of Food and Agriculture*, **86**:10–17.

Schepers, J. S., and W. R. Raun (eds.). 2008. *Nitrogen in Agricultural Systems.* Agronomy Monograph 49 (Madison. WI: American Society of Agronomy).

Sharpley, A. N. 1990. "Reaction of fertilizer potassium in soils of differing mineralogy," *Soli Sci.*, **49**:44–51.

Sharpley, A. 2000. "Phosphorus availability," pp. D-18–D-38, in M. E. Summer (ed.), *Handbook of Soil Science* (New York: CRC Press).

Spencer, J. E. 2000. "Arsenic in groundwater," *Arizona Geology*, **30**(3).

Stern, D. I. 2006. "Reversal of the trend in global anthropogenic sulfur emissions," *Global Environmental Change*, **16**:207–220.

Stevenson, F. J. 1986. *Cycles of Soil Carbon, Nitrogen, Phosphorus, Sulfur, and Micronutrients* (New York: Wiley).

Tabatabai, S. J. 1986. *Sulfur in Agriculture.* Agronomy Series No. 27 (Madison, WI: Amer. Soc. Agron., Crop Sci. Soc. Amer., Soil Sci. Soc. Amer.).

Tiessen, H. (ed.). 1995. *Phosphorus in the Global Environment—Transfers, Cycles and Management* (New York: John Wiley and Sons). www.icsu-scope.org/downloadpubs/scope54/TOC.htm.

Torbert, H. A., K. W. King, and R. D. Harmel. 2005. "Impact of soil amendments on reducing phosphorus losses from runoff in sod," *J. Environ Qual.*, **34**:1415–1421.

Vaithiyanathan, P., and D. L. Correll. 1992. "The Rhode River watershed: Phosphorus distribution and export in forest and agricultural soils," *J. Environ. Qual.*, **21**:280–288.

van Kessel, C., T. Clough, and J.W. van Groenigen. 2009. "Dissolved Organic Nitrogen: An Overlooked Pathway of Nitrogen Loss from Agricultural Systems?" *J. Environ Qual.*, **38**:393–401.

Viets, F. J., Jr. 1965. "The plants' need for and use of nitrogen," in *Soil Nitrogen* (*Agronomy*, No. 10) (Madison, WI: American Society of Agronomy).

Weil, R. R., P. W. Benedetto, L. J. Sikora, and V. A. Bandell. 1988. "Influence of tillage practices on phosphorus distribution and forms in three Ultisols," *Agron. J.*, **80**:503–509.

Welch, R. M. 1995. "Micronutrient nutrition of plants," *Critical Reviews in Plant Science*, **14**(1):49–82.

Wood, B. W., C. C. Reilly, and A. P. Nyczepir. 2004. "Mouse-ear of pecan: A nickel deficiency," *Hortscience*, **39**:1238–1242.

Zhao, F. J., J. Lehmann, D. Solomon, M. A. Fox, and S. P. McGrath. 2006. "Sulphur speciation a*nd turnover in soils: Evidence from sulphur K-edge* xanes spectroscopy and isotope dilution studies," *Soil Biol. Biochem.*, **38**:1000–1007.

Esta cena pastoral contradiz a ausência do manejo de nutrientes (R. Weil)

13 Manejo Prático de Nutrientes

Para cada átomo perdido para o mar, a pradaria absorve outro das rochas que estão se decompondo. A única verdade inegável é que os seus seres devem sugar intensamente, viver rapidamente e morrer incessantemente, para que suas perdas não excedam seus ganhos.

— Aldo Leopold, *A SAND COUNTY ALMANAC* (1949)

Como bons administradores de terras, os que manejam o solo devem ter a responsabilidade de manter os ciclos dos seus nutrientes em equilíbrio. Ao fazê-lo, estarão preservando a capacidade do solo em suprir as necessidades nutricionais das plantas e, indiretamente, as de todos nós. Apesar de os ecossistemas não economicamente explorados não necessitarem da intervenção humana, hoje; poucos deles permanecem intactos. Cada vez com mais frequência, o homem tem usado os ecossistemas para atenderem às suas necessidades. Campos de cultivo, áreas de silvicultura, campos de golfe e jardins são ecossistemas modificados para nos fornecer alimentos, madeira, oportunidades de lazer e satisfação estética. No entanto, pela sua própria natureza, os ecossistemas sob interferência humana necessitam de um adequado manejo.

Nos ecossistemas manejados, os ciclos de nutrientes podem se tornar desequilibrados devido aos seguintes fatores: aumento da quantidade de remoções (p. ex., devido à colheita de cereais e ao corte e remoção de árvores); aumento de perdas do sistema (p. ex., por lixiviação e escoamento superficial); simplificação de espécies (p. ex., monocultura, seja ela de algodão ou de pinheiros); maior exigência em relação ao rápido crescimento das plantas (estejam elas em um solo naturalmente fértil ou não); e o aumento da densidade de animais (especialmente se os alimentos vindos de outras áreas trouxerem nutrientes que perteçam a outro ecossistema). Alguns dos maiores impactos provocados pelo manejo do solo não são sentidos apenas nele, mas também na água, onde o excesso de nutrientes pode causar sérios danos nos ecossistemas aquáticos. Portanto, o gestor de terras deve ser também, necessariamente, um gestor de nutrientes e do meio ambiente.

O manejo de nutrientes é um dos aspectos da abordagem interdisciplinar que orienta sobre o manejo dos solos em termos ambientais globais. Esse tipo de abordagem visa atingir quatro metas que estão interrelacionadas: (1) a produção econômica e de alta qualidade de plantas e animais; (2) o uso e a conservação eficientes dos recursos de nutrientes; (3) a manutenção ou a melhoria da qualidade do solo; e (4) a proteção tanto do solo como do seu ambiente.

Neste capítulo, vamos tratar dos métodos para a melhoria da reciclagem de nutrientes, bem como das fontes de nutrientes adicionais que podem ser aplicados ao sistema solo. Vamos aprender como diagnosticar os distúrbios nutricionais das plantas e como corrigir os problemas de fertilidade do solo. Com base nos princípios enunciados anteriormente, este capítulo contém informações práticas para a produção abundante e de alta qualidade de produtos advindos de plantas, além de orientações sobre a manutenção da qualidade do solo e dos demais componentes do meio ambiente.

13.1 OBJETIVOS DO MANEJO DE NUTRIENTES[1]

Balanço de nutrientes

Estudos de 150 anos sobre os impactos da fertilidade do solo na ecologia dos vegetais: http://news.bbc.co.uk/2/hi/sci/tech/4766081.stm

Manejo do balanceamento de nutrientes das fazendas: www.ew.govt.nz/Environmental-information/Land-and-soil/Managing-Land-and-Soil/Managingfarm-nutrients/

No planejamento do manejo de nutrientes, é muito útil visualizarmos todas as etapas dos fluxos de nutrientes do sistema que está sendo considerado em particular. Tal avaliação pode ser feita com a elaboração de fluxogramas, juntamente com explicações sobre todas as principais entradas e saídas de nutrientes. Exemplos simplificados de tais balanços de nutrientes são mostrados na Figura 13.1.

A resolução dos problemas advindos do desequilíbrio, da escassez e do excesso de nutrientes pode requerer uma análise dos seus fluxos, não apenas em uma única propriedade ou empresa agrícola mas também na escala de uma pequena bacia hidrográfica, de âmbito regional ou até mesmo nacional. Por exemplo, muitos países da África são exportadores líquidos de nutrientes. Ou seja, eles exportam produtos agrícolas e florestais que levam consigo mais nutrientes (como adubos, alimentos ou rações de animais) do que são importados por esses países. Durante os últimos 30 anos, uma

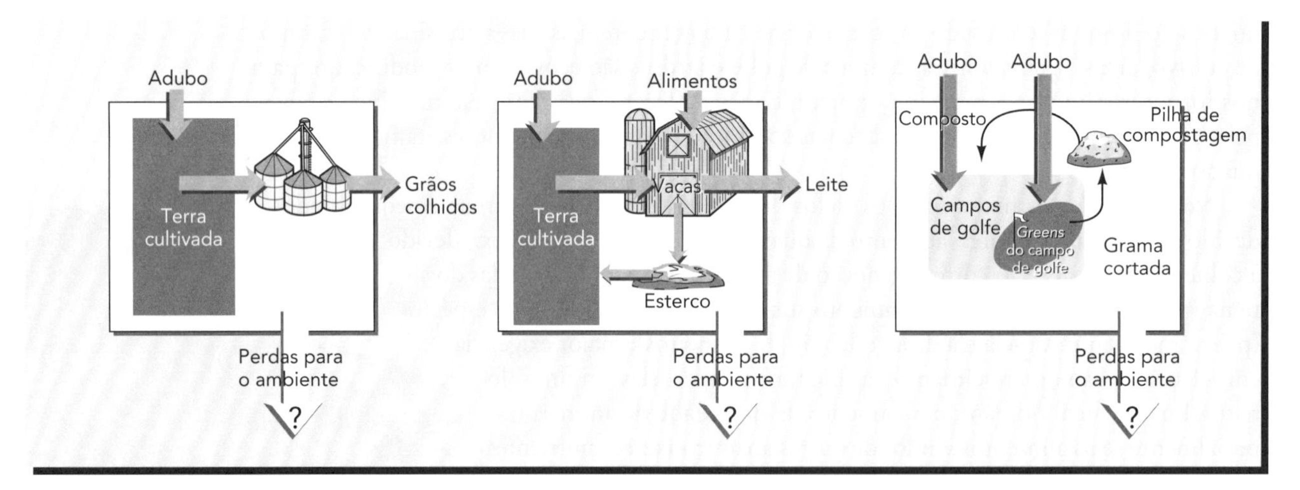

Figura 13.1 Fluxogramas conceituais de nutrientes para uma fazenda de produção e venda de grãos, uma fazenda de gado leiteiro e um campo de golfe. São mostradas apenas as entradas, os principais fluxos de reciclagem e as saídas gerenciadas. Os insumos não gerenciados (como a deposição de nutrientes pela precipitação atmosférica) não são mostrados, mas devem ser levados em consideração no desenvolvimento de um plano completo de manejo de nutrientes. As saídas que são difíceis de serem manejadas, como as perdas de nutrientes para o ambiente por lixiviação e escoamento superficial, são consideradas como variáveis. Tais fluxogramas são um ponto de partida na identificação dos desequilíbrios entre as entradas e saídas que podem levar ao desperdício de recursos, à redução da rentabilidade e a danos ambientais.

[1] Para uma visão geral dos problemas e avanços do manejo nutricional para a agricultura e para a qualidade ambiental, consulte Magdoff et al. (1997). Para um livro-texto padrão sobre o manejo da fertilidade dos solos agrícolas, consulte Havlin et al. (2005).

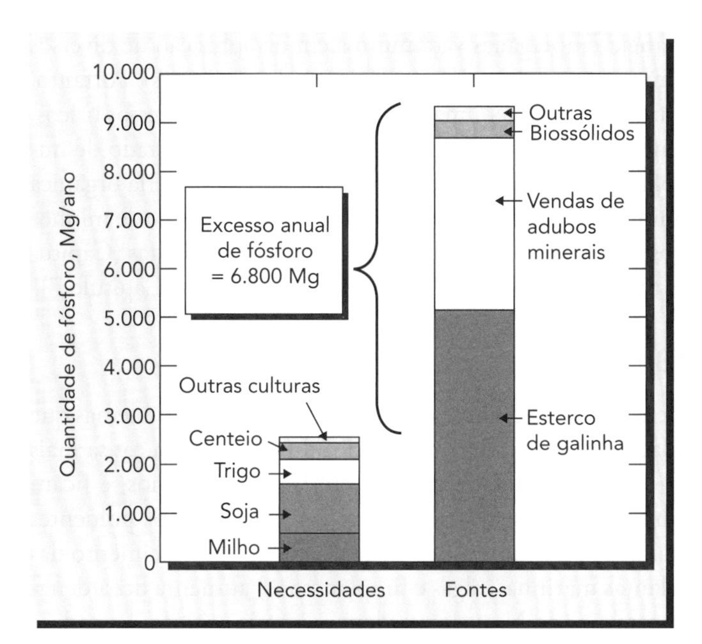

Figura 13.2 Balanço do fósforo para o os solos do Estado de Delaware, Estados Unidos. As necesidades totais previsíveis para as culturas estimadas a partir da proporção de adubos recomendada com base em análises de solo e respostas esperadas das culturas (ver Seção 13.10) foi de cerca de 2.600 Mg de P. Só a produção de esterco gerada pela indústria de aves desse Estado continha cerca de duas vezes mais P do que o necessário para todas as suas culturas. A quantidade total de P aplicada em adubos minerais e estercos (além de alguns outros resíduos contendo P) totalizou mais de 9.400 Mg de P, acumulando um excedente de mais de 6.800 Mg de P. Se o total das fontes de P fosse distribuído em todos os 217.900 ha de terras cultiváveis desse Estado, em cada ano haveria um excedente de 31 kg/ha de P. A maior parte desse excesso de P veio de rações para aves e resultou em um acúmulo de P nos solos e em um aumento das perdas de P por escoamento superficial. (Dados de Beegle et al. [2002])

média de 22 kg/ha de N, 2,5 kg/ha de P e 15 kg/ha de K vem sendo *anualmente* perdida em cerca de 200 milhões de hectares de terras cultivadas na África subsaariana (excluindo a África do Sul). Esse saldo líquido *negativo* de nutrientes parece ser um fator que vem contribuindo para o empobrecimento dos solos africanos, a redução da produtividade agrícola e a estagnação ou o declínio das economias nacionais.

Em contrapartida, em regiões temperadas, os solos cultivados recebem, em média, nutrientes em quantidades maiores do que aqueles retirados pelas colheitas, pelo escoamento superficial e pela erosão. Durante os últimos 30 anos, cerca de 300 milhões de hectares de terras cultivadas em regiões temperadas tiveram um saldo líquido positivo de nutrientes de pelo menos 60 kg/ha de N, 20 kg/ha de P e 30 kg/ha de K. Apesar de algumas deficiências nutricionais ainda ocorrerem em alguns campos de cultivo, a maioria dos solos tem sido contemplada com o acúmulo de nutrientes. Parte dos nutrientes excedentes move-se para cursos d'água, lagos ou para a atmosfera, onde acabam comprometendo o meio ambiente (Seção 13.2).

Em alguns países, alterações na estrutura da produção agrícola levaram a desequilíbrios nutricionais e, concomitantemente, a sérios problemas de poluição da água, ambos em âmbito *regional*. Um bom exemplo disso é a concentração de instalações para a criação de animais em uma região que necessita importar alimentos de outras áreas. Nessas áreas de produção animal intensiva, o esterco produzido contém nutrientes muito acima dos valores que podem ser usados de forma eficiente e ambientalmente segura em campos de cultivo próximos. Um exemplo do desequilíbrio entre as fontes de fósforo e o seu potencial de utilização, que tem sido divulgado pela imprensa, é a indústria avícola concentrada no Estado de Delaware, Estados Unidos (Figura 13.2).

Qualidade e produtividade do solo

Os conceitos sobre a utilização do manejo de nutrientes para aprimorar a qualidade do solo vão muito além do simples fornecimento de nutrientes para o período do ano correspondente ao do crescimento da planta. Eles também devem considerar a capacidade do solo de, a longo prazo, fornecer e reciclar os nutrientes; a qualidade das propriedades físicas do solo, em relação ao seu preparo para o plantio; a preservação da diversidade e das funções biológicas sobre e sob a superfície do solo; bem como a preocupação em evitar a ação tóxica de certos produtos químicos. Da mesma forma, as ferramentas de manejo empregadas vão muito além da aplicação de diversos adubos (embora isso possa ser um importante componente do manejo de nutrientes). Portanto, é preciso considerar que o manejo nutricional requer uma gestão integrada dos processos físicos, químicos e biológicos do solo. Como exemplos de componentes do manejo integrado de nutrientes, destacamos: os efeitos do plantio direto em relação ao o acúmulo de matéria orgânica (Capítulo 11), o aumento da disponibilidade de nutrientes provocado pela atividade de minhocas (Capítulo 10), o papel dos fungos micorrízicos na absorção de fósforo pelas plantas (Capítulo 12) e o impacto do fogo sobre os nutrientes do solo e o abastecimento de água (Capítulo 7).

13.2 QUALIDADE AMBIENTAL

Nutrientes nas águas dos Estados Unidos – por que o excesso de uma coisa tão boa pode ser tão prejudicial? http://pubs.usgs.gov/circ/circ1136

O manejo de nutrientes afeta mais diretamente o ambiente devido aos problemas que N e P provocam na qualidade da água. Juntos, esses dois nutrientes são a causa mais comum do comprometimento da qualidade da água em lagos e estuários, e ficam atrás apenas dos danos causados pelos sedimentos (Capítulo 14) entre os poluentes que mais prejudicam a qualidade da água em rios e cursos d'água. O crescimento das plantas aquáticas (p. ex., plantas marinhas, algas e fitoplânctons) aumenta desordenadamente quando as concentrações de N ou P excedem os níveis críticos, levando a inúmeras alterações indesejáveis nesses ecossistemas aquáticos. Na maioria das águas doces (lagos e cursos d'água), o P é o nutriente limitante que pode desencadear a eutrofização (Quadro 13.1). Já em águas com níveis mais elevados de sais (estuários e zonas costeiras), o N é o nutriente que mais causa a eutrofização (Quadro 13.2). Quando os níveis de N total, dissolvidos são maiores que 2 mg/L, muitas vezes são considerados como estando acima do normal e, portanto, prejudiciais para o ecossistema. Além de estimular a eutrofização, o N – na forma de gás amônia dissolvido (NH_3) – pode ser diretamente tóxico, principalmente para os peixes. O N na forma de nitrato é também motivo de preocupação, uma vez que pode ser encontrado na água potável, usada para o consumo humano (Quadro 13.3).

A poluição por nitratos ameaça os anfíbios: www.on.ec.gc.ca/wildlife/factsheets/nitrate-e.html

O perigo para a saúde é determinado tanto pela *concentração* de nitrato na água potável como pelo grau de exposição desse elemento (ou seja, a quantidade de água ingerida durante um tempo muito longo). O fator-chave responsável pelos danos que a eutrofização causa à qualidade da água é a *carga total* (fluxo de massa) de N fornecida ao ecossistema sensível. A carga total de nitrogênio pode ser composta, em parte, das formas orgânicas e amoniacais de N, o qual sai do solo no escoamento superficial ou no material dele erodido; contudo, o N lixiviado através do perfil do solo na forma de nitrato (junto com o N orgânico solúvel) muitas vezes é o principal poluidor nitrogenado das águas.

A maioria dos países industrializados têm feito grandes progressos em relação à redução da poluição provocada pelos nutrientes que saem das descargas de fábricas e esgotos domésticos (chamadas de **fontes pontuais**, porque são bem definidas). No entanto, muito menos tem sido feito com relação ao controle de nutrientes presentes na água de escoamento superficial provenientes da paisagem como um todo (chamadas de **fontes difusas**, pois são dispersas e de difícil identificação). Por exemplo, as atividades agrícolas são responsáveis por cerca de 40% das cargas de N e P nos 170.000 km^2 da bacia da baía de Chesapeake (costa leste dos Estados Unidos), enquanto as fontes pontuais representam apenas cerca de 20%. Os cursos d'água que drenam florestas e campos de pastagens naturais têm geralmente quantidades muito mais baixas de nutrientes do que os que drenam bacias hidrográficas dominadas por práticas agrícolas e atividades urbanas e industriais.

Plano de manejo de nutrientes

Uma ferramenta importante para a redução da poluição provocada por N e P que saem de fontes difusas é o plano de gestão de manejo de nutrientes – um documento que enfatiza

QUADRO 13.1

Fósforo e eutrofização

A água de cursos d'água e lagos não poluídos é habitada por uma comunidade de organismos bastante diversificada, quase sempre é límpida e sem algas e outras plantas aquáticas crescendo em excesso. Quando o fósforo é adicionado a um lago com limitação desse elemento, isso estimula uma proliferação excepcionalmente elevada de algas (referida como uma *eflorescência de algas*) e, muitas vezes, também uma mudança nas suas espécies dominantes. Essa superfertilização é denominada **eutrofização** (do grego *eutruphos*, que significa "bem-nutrido"). A **eutrofização natural** (o lento acúmulo de nutrientes ao longo dos séculos) faz com que os lagos sejam lentamente preenchidos com plantas mortas, formando depois os *Histosols* (ver Figura 2.15). A entrada excessiva de nutrientes sob a influência do homem, a chamada **eutrofização cultural** (ou **antrópica**), acelera muitíssimo esse processo. Os níveis críticos de fósforo na água, acima dos quais a eutrofização é suscetível de ser desencadeada, são de aproximadamente 0,03 mg/L de fósforo dissolvido e 0,1 mg/L de fósforo total.

Durante a eutrofização, as algas e outras plantas que têm seu crescimento muito estimulado pelo fósforo podem repentinamente cobrir a superfície da água, fazendo com que ela se assemelhe a uma manta espumante de algas entremeadas de plantas flutuantes (Prancha 95). Quando essas plantas aquáticas e as mantas de algas morrem, elas afundam e se decantam no fundo, onde os processos de sua decomposição por micro-organismos consomem o oxigênio dissolvido na água. Esses processos são acelerados pelo aumento da temperatura da água. A diminuição do oxigênio (condições anóxicas) limita severamente o crescimento de muitos organismos aquáticos, especialmente peixes. Esses lagos eutróficos comumente se tornam turvos, o que limita o crescimento da benéfica vegetação aquática submersa e dos organismos bentônicos (que se alimentam no fundo dos corpos d'água), que servem de alimento para a maior parte dos peixes. Em casos extremos, a eutrofização pode levar à mortandade maciça de peixes (Figura 13.3).

As condições eutróficas favorecem o crescimento das cianobactérias (algas azuis) em detrimento do zooplâncton, uma das principais fontes de alimento para os peixes. Por produzirem toxinas e compostos com mau gosto e mau cheiro, essas cianobactérias acabam tornando a água imprópria para consumo animal ou humano. As algas filamentosas podem entupir os filtros das estações de tratamento de água e, consequentemente, aumentar o custo da sua purificação. O denso crescimento tanto das algas como das plantas aquáticas pode tornar a água inútil para a natação e a navegação. Além disso, as águas eutrofizadas geralmente têm um nível reduzido de diversidade biológica (poucas espécies) e menos peixes das espécies mais desejáveis (consulte também o Quadro 13.2, para ler sobre o nitrogênio e a eutrofização). Assim, a eutrofização pode transformar a água clara, oxigenada e de bom sabor em água turva, pobre em oxigênio, com mau odor e gosto ruim (e, possivelmente, tóxica), na qual uma comunidade aquática saudável não poderia sobreviver.

Figura 13.3 Uma mortalidade maciça de peixes pode ocorrer em águas ecologicamente sensíveis. (Foto: cortesia de R. Weil)

QUADRO 13.2

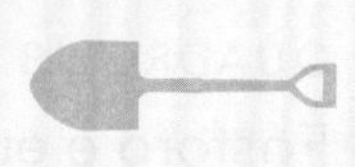

A poluição por nitrogênio provoca uma "zona morta" no Golfo do México

Em condições naturais, baixos níveis de nitrogênio restringem o crescimento de algas aquáticas – especialmente em águas salgadas e salobras, pois inibem a fixação de N nas algas. Mas o aumento da entrada de nitrogênio por vias antrópicas pode eliminar essa restrição. A consequente degradação de estuários e águas costeiras é o mais difundido problema de qualidade das águas provocado pela poluição de nitrogênio. A foz do rio Mississippi, no Golfo do México, é um importante exemplo. Na costa do Estado de Louisiana, Estados Unidos, uma enorme "zona morta" de água, com cerca de 4 a 60 m de profundidade, se inicia na foz do rio Mississippi e se estende para oeste até aproximadamente 500 km na direção do Estado do Texas. Águas doces, ricas em nutrientes carregados por aquele rio, são transportadas sobre a água mais fria e salgada do golfo (e, portanto mais pesada). Os nutrientes (principalmente N, mas também P e Si) estimulam o crescimento extremamante exagerado de algas, as quais morrem e se depositam no fundo (Figura 13.4). Os micro-organismos, durante a decomposição de seus tecidos mortos, esgotam o oxigênio dissolvido na água a níveis incapazes de sustentar a vida animal. Peixes, camarões e outras espécies aquáticas ou migram para fora dessa zona ou morrem. Esse estado de baixo teor de oxigênio na água (menos de 2 a 3 mg de O_2/L) é conhecido como **hipoxia**, e o processo que lhe dá origem é chamado de **eutrofização** (consulte também o Quadro 13.1).

As concentrações de N no rio Mississippi triplicaram nos últimos 30 anos, principalmente devido às atividades antrópicas, em particular aquelas relacionadas à agricultura. As avaliações críticas sugerem que apenas cerca de 11% do N desaguado pelo rio vêm de estações de tratamento de esgoto e outras fontes pontuais, aproximadamente 50% provêm de adubos minerais, e o restante advém principalmente de estercos e do escoamento superficial em terras agrícolas. Grandes esforços são necessários para ajudar os agricultores e silvicultores, entre outros, a tornarem a utilização de N mais eficiente, de modo que esse valioso nutriente deixe de se transformar em um grave poluente.

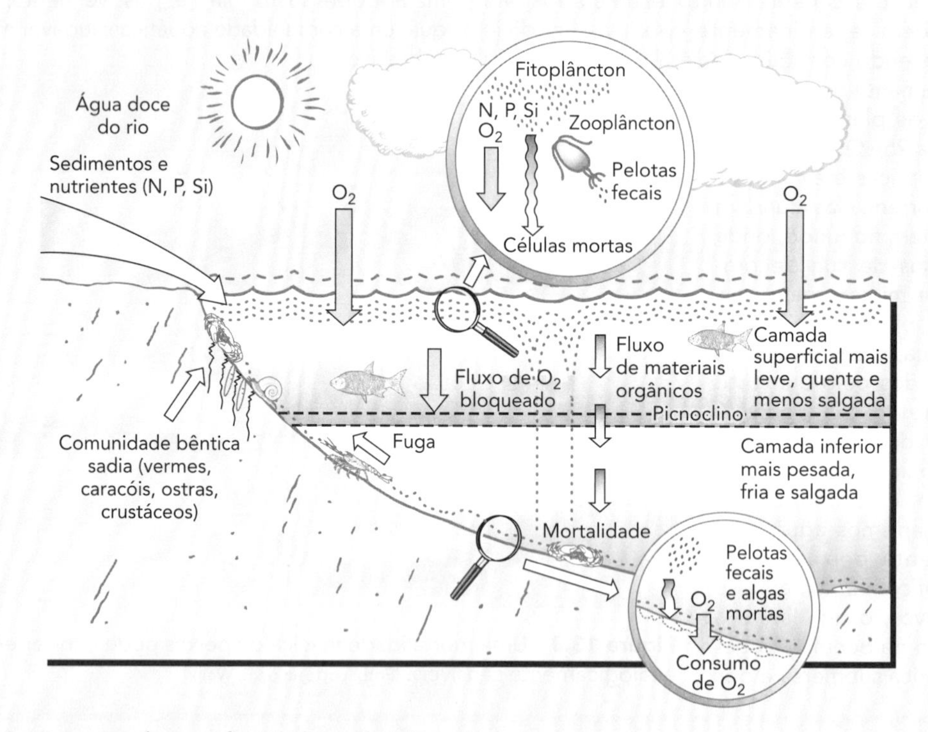

Figura 13.4 Processo de eutrofização levando à hipoxia. (Fonte: CAST ([1999])

QUADRO 13.3

O solo, o nitrato e a sua saúde[a]

O mau manejo de nitrogênio do solo pode resultar em níveis de nitrato tão altos na água potável (geralmente nos lençóis subterrâneos) e nos alimentos (principalmente nos vegetais folhosos) que podem ameaçar gravemente a saúde humana. Apesar de o nitrato em si, depois de ingerido, não ser diretamente tóxico, parte dele é reduzido por enzimas bacterianas para nitrito, o qual é tóxico.

A doença mais conhecida (embora realmente muito rara) causada por nitrito é a **metemoglobinemia**, na qual os nitritos diminuem a capacidade que a hemoglobina no sangue tem de transportar oxigênio para as células do corpo. O sangue inadequadamente oxigenado torna-se azul, em vez de vermelho. Esse fato, e o de que crianças com menos de três meses de idade são muito mais suscetíveis a essa doença do que indivíduos mais velhos, é o motivo pelo qual essa doença é popularmente conhecida como "a síndrome do bebê azul". A maioria das mortes decorrentes dessa doença tem sido causada por alimentos infantis preparados com água cujo teor de nitrato é muito elevado. Com o objetivo de proteger as crianças contra a metemoglobinemia, os governos estabeleceram normas para restringir as concentrações de nitrato na água potável (Figura 13.5). Nos Estados Unidos, esse limite é de 10 mg/L $N-NO_3^-$ (= 45 mg/L de nitrato) e, na União Europeia, é de 50 mg/L de nitrato (= 11 mg/L $N-NO_3^-$).

Uma preocupação maior em relação ao nitrato está relacionada à tendência que esse elemento tem para formar compostos N-nitrosos no estômago, por meio de ligações com certos precursores de produtos orgânicos, como as aminas derivadas de proteínas. Certos compostos N-nitrosos são conhecidos por serem altamente tóxicos, causando câncer em cerca de 40 espécies dos animais já testados; por isso, essa ameaça à saúde dos seres humanos deve ser considerada com muita seriedade. Os nitratos (ou nitritos dele formados) foram igualmente apontados como os responsáveis por certos tipos de diabetes, câncer do estômago, interferência na captação de iodo pela glândula tireoide e alguns defeitos congênitos. Apesar de a documentação de causas e efeitos em doenças crônicas ser sempre incerta, muitos desses efeitos parecem estar associados com as concentrações de nitrato muito inferiores às dos limites na água potável há pouco mencionados.

Por outro lado, várias pesquisas sugerem que a ingestão de nitrato não faz mal e pode realmente fornecer proteção contra infecções bacterianas e algumas formas de doenças cardiovasculares e cânceres de estômago. Portanto, apesar de, por enquanto, ser provavelmente sensato a aplicação do princípio da precaução, devemos concluir que deve ser tomada uma decisão a respeito dos riscos que o nitrato, contido na água potável e nos legumes, provoca à saúde humana.

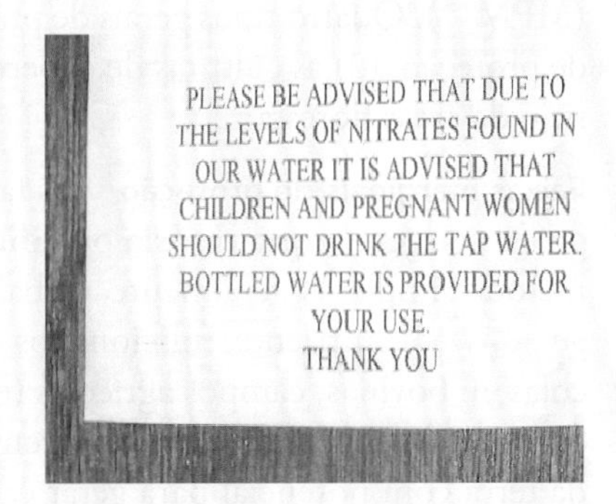

Figura 13.5 Um aviso de alerta na entrada de um hotel.*

[a] Para diferentes perspectivas a respeito dos efeitos do nitrato na saúde humana, consulte Santamaria (2006), L'hirondel e L'hirondel (2002) e Addiscott (2006).

* N. de T.: Tradução dos dizeres do aviso: "Informamos que, devido aos níveis de nitrato encontrados em nossa água, é aconselhável que mulheres grávidas e crianças não bebam água da torneira. Oferecemos água engarrafada para seu uso. Obrigado."

uma estratégia integrada e práticas específicas de como os nutrientes devem ser utilizados na agricultura (Tabela 13.1). Em alguns casos, ele se configura em um documento jurídico que é utilizado para fazer valer as regulamentações governamentais. Um plano de manejo de nutrientes deve ser preparado por um pesquisador do solo especialmente treinado, que o organiza junto com o agricultor considerando tanto as necessidades práticas do agricultor como as questões ambientais envolvidas. O plano tenta equilibrar as entradas de N e P (e outros nutrientes) com as suas saídas desejáveis, isto é, a remoção pela colheita de produtos.

Tabela 13.1 Componentes típicos de um plano de manejo de nutrientes

Este tópico explica muitas das ferramentas utilizadas para planejar a aplicação de nutrientes ao solo, de uma maneira que maximiza a eficiência de seus usos e minimiza os riscos de poluição da água.

- Fotografias aéreas ou mapas do local e um mapa de solos
- Processos (atuais e/ou previstos) de produção de plantas ou de rotação de culturas
- Resultados de análises de solo e taxas de aplicação de nutrientes recomendadas
- Resultados de análises de tecidos de plantas
- Análise de nutrientes de estercos ou outros adubos do solo
- Metas realistas do rendimento das colheitas e uma descrição de como elas foram estabelecidas
- Previsão completa do balanço dos nutrientes N, P e K no sistema de produção
- Balanço de todas as entradas de nutrientes (adubos minerais, esterco animal, lodo de esgoto, água de irrigação, compostagem e deposição atmosférica)
- Planejamento das taxas, métodos e períodos de aplicações de nutrientes
- Identificação de áreas ou de recursos ambientalmente sensíveis, se presentes
- Potencial de risco da poluição da água por N e/ou P, avaliado com base em um *Índice de Lixiviação de N*, um *Índice Local de P* ou outras ferramentas de avaliação aceitáveis

A meta é evitar as saídas indesejáveis (pelo escoamento superficial e pela lixiviação) que excedem o **máximo permitido de cargas diárias (MPCD*)** – a maior quantidade de nutrientes do escoamento e da lixiviação (em g ha^{-1} dia^{-1}) permitida em uma determinada área de terra. Um componente importante de muitos planos de manejo de nutrientes, o *índice local de P*, é explicado na Seção 13.11. Nos Estados Unidos, as práticas oficialmente sancionadas para implementar essas estratégias são conhecidas como **melhores práticas de manejo (MPM**)**. Quatro tipos gerais de práticas serão agora brevemente consideradas: (1) as faixas de proteção, (2) as culturas de cobertura, (3) o preparo conservacionista do solo e (4) o manejo de áreas florestais.

Faixas marginais de proteção As faixas de proteção com vegetação densa, situadas ao longo da margem (**zona ripária** ou **ciliar**) de um curso d'água ou lago, se configuram em um método simples e, geralmente, de baixo custo que protege a água contra os efeitos poluentes gerados por nutrientes adicionados ao solo. Terras adubadas e cultivadas, explorações avícolas ou bovinas, campos agrícolas (onde foram aplicados resíduos orgânicos), operações de colheita florestal e aquelas decorrentes do desenvolvimento urbano são exemplos de usos da terra com potencial para gerar cargas de sedimentos ou nutrientes. A vegetação situada nas faixas de proteção pode ser constituída por espécies naturais ou plantadas, incluindo gramíneas, arbustos, árvores (Prancha 60) ou por uma combinação desses tipos de vegetação (Figura 13.6).

A água que escoa na superfície de uma terra rica em nutrientes passa através da faixa de proteção vegetativa ciliar antes de chegar ao curso d'água. As árvores (e suas camadas de serrapilheira) ou gramíneas (e sua camada de palha) reduzem a velocidade da água, de modo que a maior parte dos sedimentos aos quais os nutrientes estão ligados acabam por se decantar. Além disso, os nutrientes dissolvidos são absorvidos pelo solo, imobilizados por micro-organismos ou, ainda, absorvidos pelas plantas presentes na faixa de proteção. Cortes ocasionais de gramíneas ou desbastes de povoamentos arbóreos podem ajudar a manter as altas taxas de absorção de nutrientes. A diminuição na velocidade do fluxo da água também aumenta o tempo de retenção – o período durante o qual a ação microbiana pode trabalhar para decompor produtos químicos, como pesticidas, antes de chegarem ao curso d'água. Sob algumas circunstâncias, as faixas de proteção situadas ao longo dos cursos d'água estimulam a desnitrificação, a qual

* N. de T.: Nos Estados Unidos, usa-se a sigla MDL, referente à expressão "*maximum allowable daily loadings*".

** N. de T.: Nos Estados Unidos, usa-se a sigla BMPs, referente à expressão "*best management practices*".

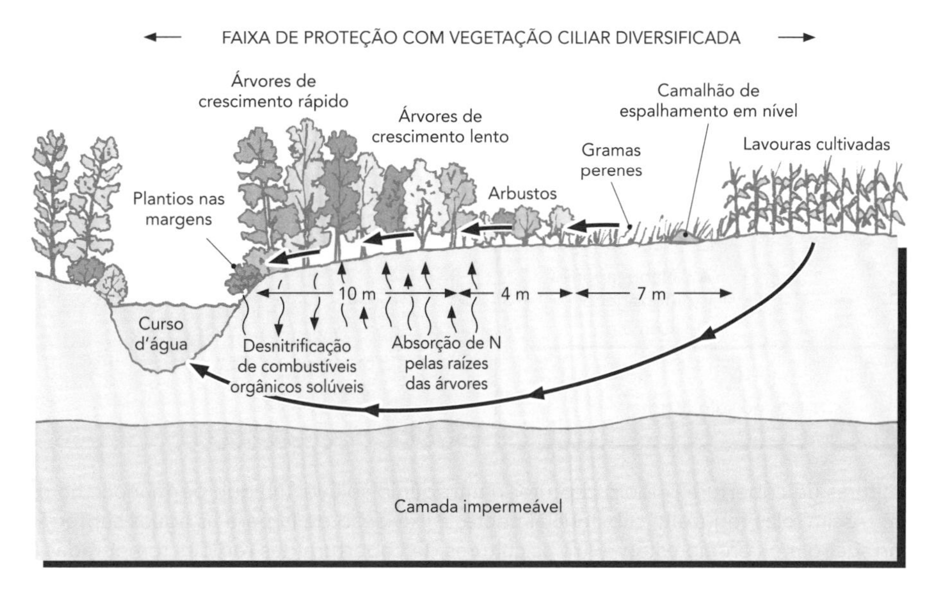

Figura 13.6 Plano geral para uma faixa de proteção marginal com espécies múltiplas, projetado para proteger o curso d'água do escoamento superficial de nutrientes e sedimentos que advêm de lavouras. Esse plano também proporciona benefícios ao *habitat* da vida selvagem. Um camalhão coberto de grama espalha uniformemente a água de escoamento para evitar sulcos de erosão. As gramíneas perenes filtram os sedimentos e absorvem os nutrientes dissolvidos. As raízes profundas de árvores removem alguns nutrientes das águas subterrâneas pouco profundas. O carbono solúvel da serrapilheira das árvores percola, proporcionando uma fonte de energia para bactérias anaeróbicas desnitrificantes, as quais podem remover o nitrogênio adicional de águas freáticas mais superficiais. A vegetação arbórea também fornece o *habitat* dos animais selvagens, sombreia os cursos d'água e, com os restos lenhosos dentro dos cursos d'água, provê o *habitat* para os peixes. A faixa de proteção, com uma largura de 10 a 20 m, é geralmente suficiente para se obter a maioria dos benefícios ambientais. (Diagrama: cortesia de R. Weil)

remove o nitrato da água subterrânea que flui abaixo das faixas (embora as emissões de óxido nitroso para a atmosfera possam ser uma consequência indesejável de tal redução do nitrato; consulte a Figura 12.1).

Culturas de cobertura

Uma *cultura de cobertura* é aquela cultivada para fornecer cobertura vegetal para o solo e, em vez de ser colhida, é cortada para ser deixada na superfície na forma de cobertura morta protetora ou para ser incorporada ao solo como *adubo verde*. Inúmeros benefícios podem ser obtidos em comparação com o solo deixado descoberto no período de entressafra. As plantas podem fornecer *habitat* para a vida selvagem e para insetos benéficos, pois protegem o solo das forças erosivas do vento e da chuva, aumentam a matéria orgânica do solo, elevam a taxa de infiltração de água e, se forem leguminosas, poderão ampliar a quantidade de nitrogênio disponível no solo. Além disso, as plantas de cobertura podem reduzir a perda de nutrientes e sedimentos do escoamento superficial.

Bibliografia sobre a cultura de cobertura dinâmica: www.nal.usda.gov/wqic/Bibliographies/dynamic.html#cover

Culturas de cobertura reduzindo as perdas por lixiviação As culturas de cobertura também podem servir como um importante instrumento de manejo de nutrientes colaborando para a redução de suas perdas por lixiviação – principalmente a do nitrogênio (Figura 13.7). Em muitas regiões úmidas temperadas, o maior potencial de lixiviação de nitrato de terras cultiváveis ocorre durante o outono, o inverno e o início da primavera, após a colheita e antes do plantio da safra principal. Durante esse período de vulnerabilidade, uma cultura de cobertura em crescimento ativo irá reduzir a percolação da água e retirar a maior parte do nitrogênio da fração do líquido que percola, incorporando o nitrogênio no tecido vegetal. A fim de se obter esse resultado, uma boa cultura de cobertura deve produzir rapidamente um sistema radicular

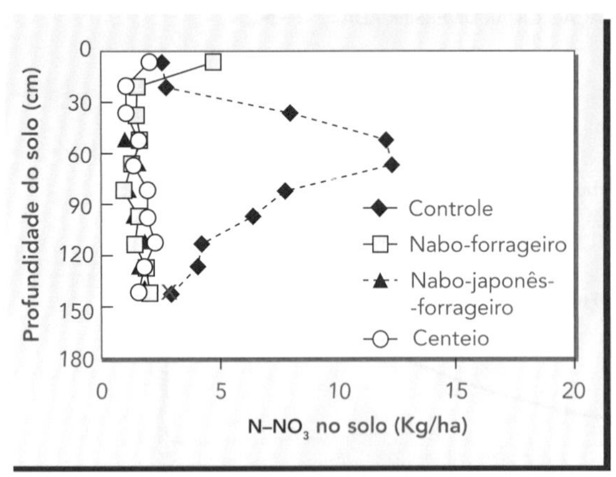

Figura 13.7 As culturas de cobertura podem capturar o nitrogênio solúvel (N) que permanece no perfil do solo após a estação de cultivo. Assim, elas reduzem, substancialmente, a lixiviação de N para as águas subterrâneas durante o inverno. O nabo-forrageiro e o centeio estão entre as culturas de cobertura das regiões temperadas (*foto*) capazes de, no outono, capturar mais de 100 kg/ha de N residual, retirando o N solúvel do perfil do solo até profundidades consideráveis. O gráfico mostra o N na forma de nitrato, expresso em kg/ha de N para cada incremento de 15 cm de profundidade do solo durante o mês de novembro, em um *Ultisol* arenoso. Para efeito de comparação, as parcelas de controle possuíam algumas ervas daninhas, mas não nas da cultura de cobertura. (Dados: Dean e Weil [2009])

extenso, depois que a cultura principal tenha cessado o crescimento. Em grande parte, devido ao fato de a raiz crescer mais rápido no outono, os cereais anuais de inverno (centeio, trigo, aveia) e as brássicas (colza, nabo-forrageiro, mostardas) têm provado serem mais eficientes do que as leguminosas (ervilhaca, trevo, etc.) na absorção das sobras de nitrogênio solúvel.

Culturas de cobertura com leguminosas reduzem a necessidade de adubo nitrogenado

Cálculo de créditos de N para leguminosas: www.extension.umn.edu/distribution/cropsystems/DC3769.html

O sistema de cultura de cobertura com leguminosas pode ser capaz de substituir uma parte ou todo o adubo nitrogenado que normalmente é utilizado para cultivar a cultura principal (Figura 13.8). Cerca de uma semana antes da cultura principal ser plantada, a cobertura vegetal é cortada mecanicamente ou eliminada por meio de uma pulverização de herbicida. A taxa de liberação de N dos resíduos de culturas de cobertura será alterada caso eles sejam deixados na superfície como cobertura morta em sistema de plantio direto (Seção 14.6) ou arados em um sistema de preparo convencional. Ao avaliar a viabilidade do uso de culturas de cobertura para o fornecimento de nitrogênio, devem-se considerar muitos outros benefícios e também os custos e riscos advindos do uso da cultura de cobertura.

Em vez de ser aplicado todo de uma só vez na forma solúvel, o nitrogênio deve ser fornecido, ao longo de um período de um mês ou mais, para a principal cultura da sucessão à medida que os resíduos da cultura de cobertura se decompõem. Na maioria dos casos, apesar da baixa relação C/N dos resíduos de leguminosas, estas se decompõem suficientemente rápido para satisfazer as exigências de nitrogênio da cultura principal. Onde há água suficiente para sustentar tanto a cultura de cobertura como a principal (de verão), os sistemas de culturas de cobertura de leguminosas são adaptáveis para vinhedos, plantações de arroz inundado, culturas de grãos e áreas de hortas comerciais e caseiras. As culturas de cobertura estão sendo consideradas cada vez mais importantes nos sistemas de agricultura orgânica, porque as restrições ambientais a respeito da aplicação de fósforo em excesso (Seção 13.12) estão forçando os agricultores a reduzir sua tradicional dependência pelo nitrogênio e, consequentemente, a adquirir estercos e compostos (que contêm altos níveis de fósforo).

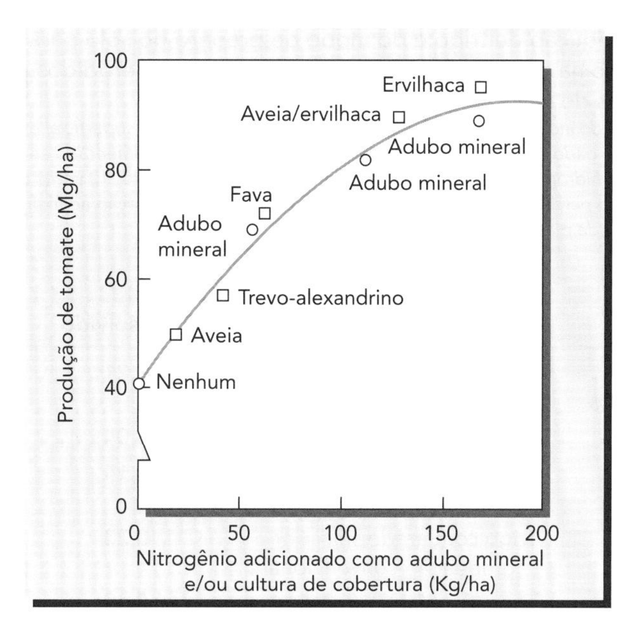

Figura 13.8 Efeitos das culturas de cobertura de inverno e dos adubos minerais no rendimento das principais culturas de tomate cultivado para fins industriais em um solo *Xeralf* do Estado da Califórnia, Estados Unidos. A quantidade de nitrogênio mostrada no eixo x foi aplicada tanto como adubo mineral como na forma de resíduos das culturas de cobertura. Observe que o nitrogênio aparenta ser igualmente eficaz quando liberado de qualquer das fontes. Para a cultura de tomate, a qual exige nitrogênio por um longo período, a ervilhaca sozinha ou misturada com aveia produziu nitrogênio em quantidade suficiente para um bom rendimento da colheita. (Dados resumidos de Stivers et al. [1993]. © Lewis Publishers e reimpressão de CRC Press, Boca Raton, Flórida, Estados Unidos)

Em regiões temperadas, as leguminosas anuais e de inverno, como ervilhaca, trevos e ervilhas, podem ser semeadas no outono após a colheita da cultura principal ou, se a estação de crescimento for curta, podem ser semeadas com a ajuda de um avião, enquanto a cultura principal ainda está no campo. Depois de sobreviver em estado de dormência ao período mais frio do inverno, a cultura de cobertura retoma o crescimento na primavera, e os micro-organismos a ela associados passam a fixar até 3 kg/ha de nitrogênio diariamente durante o período mais quente da primavera. Desse modo, podemos concluir que a quantidade de nitrogênio fornecida é parcialmente determinada pelo período de tempo em que a cultura de cobertura leva para crescer.

Preparo conservacionista do solo

O termo **preparo conservacionista do solo*** se aplica a práticas agrícolas, como o plantio direto, que mantêm pelo menos 30% da superfície do solo coberto por resíduos vegetais. Os efeitos desse tipo de plantio nas propriedades do solo e na prevenção da erosão do solo são discutidos em outra parte deste livro (Seções 6.4 e 14.6). Neste capítulo, enfatizamos apenas os efeitos em relação às perdas de nutrientes.

Os campos cultivados com sistema de plantio direto, quando comparados com os submetidos ao plantio convencional (com aração, que deixa poucos resíduos sobre a superfície do solo), normalmente produzem enxurradas com cargas de sedimentos e nutrientes muito menores (Tabela 13.2). Quando o plantio direto é combinado com uma cultura de cobertura, as reduções são ainda maiores. As quantidades relativamente pequenas de nutrientes perdidas

* N. de T.: Em inglês, *conservation tillage*. O termo *tillage* não tem equivalência exata em português do Brasil e, por isso, vem sendo traduzido como plantio. No glossário deste livro, *tillage* é definido como "manipulação mecânica dos solos para qualquer finalidade; na agricultura, é normalmente restrito à modificação das condições do solo para a produção vegetal".

Tabela 13.2 Influência da produção de trigo e do modo de preparo do solo para plantio sobre as perdas anuais de fósforo na água da enxurrada e nos sedimentos erodidos provenientes dos solos das grandes planíces do sul dos Estados Unidos

O fósforo total perdido inclui o fósforo dissolvido na água de escoamento superficial e o adsorvido às partículas erodidas.[a] Embora a criação de gado nas pastagens naturais tenha provavelmente aumentado as perdas de fósforo, as perdas ocorridas nas bacias hidrográficas com agricultura foram, aproximadamente, 10 vezes maior. Os campos de plantio direto (sem aração) de trigo perderam muito mais fósforo dissolvido (em comparação ao fósforo particulado) do que os campos de trigo sob sistema de plantio convencional.

		kg P/ha/ano		
Localização e solo	**Manejo**	**P dissolvido**	**P particulado**	**P total**
El Reno, Oklahoma. *Paleustolls*, declividade de 3%	Trigo com aração e gradeação convencionais	0,21	3,51	3,72
	Trigo em plantio direto	1,04	0,43	1,42
	Gramínea nativa fortemente pastejada	0,14	0,10	0,24
Woodward, Oklahoma. *Ustochrepts*, declividade 8%	Trigo com arado sulcador e gradeação convencional	0,23	5,44	5,67
	Trigo em plantio direto	0,49	0,70	1,19
	Gramínea nativa, moderadamente pastejada	0,02	0,07	0,09

[a] A cada outono, o trigo foi adubado com até 23 kg/ha de P.
Dados de Smith et al. (1991).

do solo que não é movimentado por práticas como a aração (lavouras em sistemas de plantio direto, pastagens e florestas) decorrem mais daquelas dissolvidas na água, das adsorvidas às partículas dos sedimentos, enquanto o inverso é verdadeiro para as terras aradas. Devido à extensão das perdas de nutrientes ligados aos sedimentos, a perda total de nutrientes no escoamento superficial das terras usadas em sistemas de plantio convencional geralmente é muito maior do que aquelas onde o plantio direto ou outros métodos conservacionistas de cultivo são usados. Por outro lado, a perda de nitratos por lixiviação pode ser um pouco maior com o preparo conservacionista do solo do que com o convencional. Além disso, o esterco animal aplicado à superfície de terras cultivadas com plantio direto pode perder muito fósforo dissolvido se, logo após a sua aplicação, ocorrer uma enxurrada provocada por uma forte chuva.

Perdas de nutrientes devido ao manejo florestal

Manejo florestal para a obtenção de ecossistemas saudáveis: www.utextension.utk.edu/publications/pbfiles/pb1574.pdf

As florestas que não sofrem a intervenção do homem acabam perdendo nutrientes, principalmente, por três vias: (1) lixiviação e escoamento superficial de íons e compostos orgânicos dissolvidos, (2) erosão de serrapilheira contendo nutrientes e partículas minerais e (3) volatilização de certos nutrientes, especialmente durante os incêndios. No entanto, o intemperismo dos minerais e das rochas de solo, combinado com a deposição atmosférica, pode manter o suprimento da maioria dos elementos disponíveis para as plantas. Geralmente, a perda de nitrogênio dos ecossistemas florestais varia de cerca de 1 a 5 kg/ha por ano, enquanto as entradas de nitrogênio atmosférico (não incluindo a fixação biológica de nitrogênio) são geralmente de duas a três vezes maiores. As perdas anuais de fósforo de solos florestais são normalmente muito baixas (<0,1 kg/ha) e são equilibradas pelas entradas desse elemento originárias da atmosfera ou da lenta liberação dos minerais que estão se intemperizando.

O manejo de florestas para a produção de produtos de madeiras comercializáveis tende a aumentar as perdas em decorrência das três vias que acabamos de mencionar; mas, além dessas, adiciona-se uma quarta via muito importante, que é a remoção de nutrientes originários de produtos florestais (árvores inteiras, toras ou palha de pinheiro). As práticas de manejo florestal que alteram fisicamente o solo (e, portanto, aumentam as perdas de nutrientes, principalmente pela erosão) incluem a construção de estradas para a extração de madeira, o arraste (deslizamento) de troncos pelo chão e o preparo do local, logo após o corte, para o plantio de novas árvores (ver Seção 14.9).

Perturbação A perturbação do solo da floresta não apenas o deixa mais vulnerável à erosão mas também altera o equilíbrio dos seus nutrientes de várias outras maneiras. Se cuidadosamente planejadas, com métodos que minimizem a alteração do solo e acelerem a sua revegetação, a colheita e a regeneração das árvores podem manter as perdas de nutrientes em níveis baixos. Duas práticas devem ser normalmente evitadas, pois podem ser particularmente prejudiciais para o ciclo de nutrientes da floresta. Primeira: a eliminação prolongada da vegetação indesejável, devido ao repetido uso de herbicidas, é desaconselhável, pois atrasa o repovoamento do solo com raízes ativas. Segunda: o empilhamento de tocos e resíduos (galhos de árvores e copas deixados sobre o solo após a colheita das toras) pode ser prejudicial, mesmo com a prática de limpeza do terreno com o objetivo de facilitar o replantio. Na maioria das florestas, esses resíduos, por terem uma alta relação C/N (Seção 12.3) e lenta decomposição, promovem a imobilização de nitrogênio mineralizado e reduzem as suas perdas do chão da floresta. Os incêndios podem aumentar a perda de fósforo, principalmente por meio dos sedimentos erodidos (Figura 13.9). A erosão tende a transportar, predominantemente, as frações argila e a matéria orgânica do solo (ambas relativamente ricas em fósforo), deixando para trás as mais grosseiras, com menos fósforo.

Perdas de nutrientes Devido ao aumento da decomposição da serrapilheira e à redução da absorção de nutrientes pelas plantas, muitas bacias hidrográficas cujas árvores são periodicamente cortadas transportam níveis elevados de nitrogênio e outros nutrientes por muitos anos após a colheita da madeira (Figura 13.10). As concentrações de nitrogênio são normalmente (mas não sempre) pequenas demais (<2 mg N/L) para chegarem a ameaçar a qualidade da água dos rios, córregos e lagos. No entanto, essas perdas de nutrientes, combinadas com a remoção de nutrientes das árvores colhidas, geram preocupações em relação ao esgotamento do solo e à produtividade local, especialmente em locais que desde o início do plantio são pobres em nutrientes.

Adubação A aplicação de adubos nas florestas está se tornando uma prática cada vez mais comum. Como era de se esperar, os aumentos do nível máximo dos nutrientes exportados das terras podem muitas vezes ser detectados quando as bacias hidrográficas florestadas são submetidas a adubações. Embora os efeitos da adubação de florestas na qualidade da água ainda

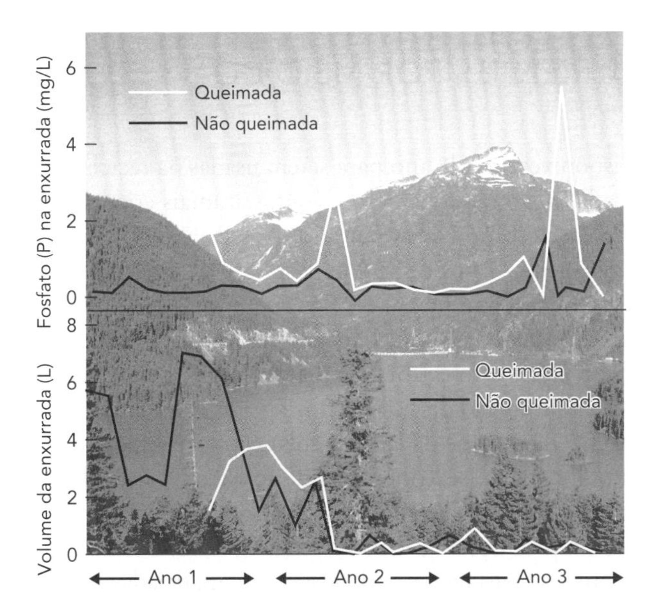

Figura 13.9 Incêndios florestais de difícil controle e seu efeito nos nutrientes presentes nas águas do escoamento superficial das montanhas de Sierra Nevada, ao redor do lago Tahoe (EUA). Nos últimos anos, a famosa limpidez das águas do lago Tahoe vem sendo afetada, e as pesquisas sugerem que o escoamento superficial de fósforo (assim como o de N) das encostas da montanha seja, em parte, responsável pela eutrofização do lago. Note que, embora um incêndio incontrolável tenha tido pouco efeito sobre o volume de enxurrada gerado, o escoamento superficial das áreas que foram queimadas continha, acidentalmente, muito mais fósforo reativo ($P-PO_4$), até mesmo vários anos após o incêndio. (Adaptado de Miller et al. [2006]; foto: cortesia de R. Weil)

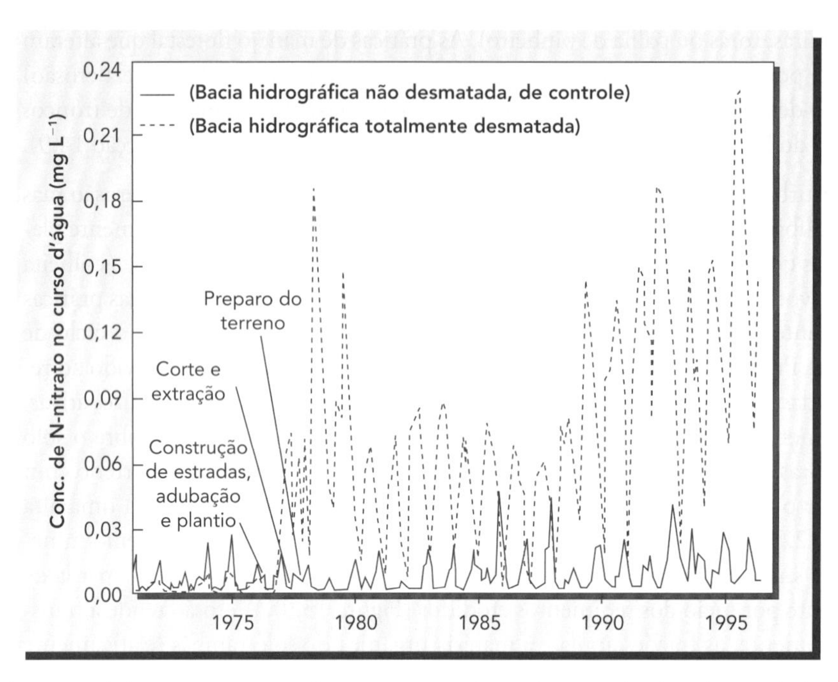

Figura 13.10 Média mensal de concentrações de N-nitrato na água dos rios de duas bacias hidrográficas com florestas comerciais no Estado da Carolina do Norte, Estados Unidos. Os dados são apresentados para um período de calibração (de 1971 a 1976), em que ambas as bacias foram manejadas de forma idêntica; um período de tratamentos diferenciados (entre 1976 e 1977), quando as árvores de uma das bacias hidrográficas foram cortadas e replantadas; e um período pós-colheita (1978 a 1996), quando ambas as bacias hidrográficas foram deixadas intactas. A concentração de N-nitrato aumentou na bacia desmatada e continuou a ser a mais elevada, mesmo 20 anos após o replantio das árvores, sugerindo que os processos de reciclagem de nutrientes tenham sido interrompidos de forma radical. No entanto, quando as concentrações foram multiplicadas pelo volume de vazão (não mostrado) para que fossem calculadas as perdas maciças de N-nitrato, as diferenças de teores de N-nitrato entre as bacias hidrográficas foram relativamente pequenas; as perdas de N-nitrato registradas na bacia variaram de 0,25 a 1,27 kg ha^{-1} ano^{-1} de N a mais do que na bacia hidrográfica controle durante os primeiros cinco anos após a derrubada. Essas diferenças podem ser comparadas a 4,5 kg de N ha^{-1} ano^{-1} recebidas através da deposição atmosférica. (Adaptado de Swank et al. [2001])

não enfoquem aqueles associados com o uso de adubos minerais na agricultura, os silvicultores fariam bem em estudar as lições aprendidas com o uso de adubos nas lavouras e, assim, evitar os erros cometidos no manejo de nutrientes que estão causando transtornos à agricultura.

13.3 RECICLAGEM DE NUTRIENTES POR MEIO DO ESTERCO ANIMAL

Grandes quantidades de esterco estão disponíveis a cada ano para serem usadas na reciclagem dos elementos essenciais do solo. Para cada quilograma de peso vivo dos animais criados nas fazendas, cerca 4 kg de peso seco de esterco são produzidos por ano. Nos Estados Unidos, a população de animais criados nas fazendas produz cerca de 350 milhões Mg de esterco sólido por ano, cerca de 10 vezes mais do que a população humana.

Durante séculos, o uso de esterco nas propriedades rurais tem sido sinônimo de uma agricultura bem-sucedida e estável. Nesse contexto, o esterco fornece matéria orgânica e nutrientes de plantas ao solo e está associado com a produção de culturas forrageiras (que conservam o solo) usadas para alimentar animais. Cerca de metade da energia solar captada pelas plantas cultivadas para a alimentação animal, em última análise, é incorporada ao estrume animal que retorna ao solo e pode ser um importante fator da melhoria da sua qualidade.

Em uma fazenda na qual os animais e a produção agrícola estão integrados, o manuseio do esterco não é muito problemático. O uso de pastagens cuidadosamente manejadas para o gado pode ser maximizado para que os próprios animais espalhem boa parte do esterco que produzem enquanto pastam. A quantidade total de nutrientes no esterco produzido em uma fazenda, provavelmente, será somente um pouco menor do que a necessária para cultivar as suas lavouras; dessa forma, podem ser necessárias apenas pequenas quantidades de adubos minerais para compensar a diferença.

Operações de confinamento intensivo para alimentar animais

Infelizmente, na maioria dos países industrializados, as grandes operações de alimentação de animais confinados ("CAFOs"*) têm alterado as concepções a respeito da utilidade do esterco animal: de uma *oportunidade para a reciclagem de nutrientes* (da forma mais eficiente possível) para uma *necessidade de eliminação de resíduos* (com custo e danos ambientais os menores possíveis – Quadro 13.4 e Figura 13.11). Devido a práticas inadequadas de disposição e manejo de esterco, os lençóis das águas subterrâneas sob tais "CAFOs", como os lotes de confinamentos de bovinos de corte, são frequentemente contaminados com nitratos e patógenos; desse modo, a água de poços localizados nas proximidades pode se tornar imprópria para ingestão (Tabela 13.3).

Esterco de aves e suínos Nas indústrias de aves e suínos, existe uma concentração de nutrientes até maior. Quase todas as aves e a maioria dos suínos produzidos nos Estados Unidos são criados em grandes "fazendas-fábricas", concentradas perto de fábricas de processamento de carne. Não apenas tais "CAFOs" importam nutrientes na forma de grãos para rações mas também na forma de suplementos alimentares minerais ricos em fosfatos de cálcio, para compensar o fato de seus animais não ruminantes terem dificuldade de digerir o *ácido fítico* a forma de fósforo encontrada na maioria das sementes. Portanto, o esterco produzido por aves e suínos contém mais nitrogênio e muito mais fósforo do que os campos agrícolas das redondezas podem utilizar. Como resultado, as bacias hidrográficas com grandes "CAFOs" tendem a ter níveis muito altos de N e P, tanto nos solos como na água de drenagem das suas terras.

Algumas medidas paliativas Embora provavelmente inexistam soluções a longo prazo para os sistemas agrícolas desequilibrados, os responsáveis pelo bem-estar público podem operar tomando atitudes como as seguintes: (1) desencorajar aplicações adicionais de esterco aos campos já saturados com nutrientes (em vez disso, facilitar o transporte dos estercos para áreas com solos que apresentam baixos teores de P); (2) incentivar o uso de novas variedades de milho, os quais contêm menos ácido fítico e mais P inorgânico, o que permitiria uma melhor assimilação do P por animais não ruminantes e a diminuição da necessidade de se comprar suplementos alimentares com fósforo (reduzindo, assim, a quantidade de P excretado), (3) promover a compostagem do esterco para reduzir o volume de material e a solubilidade dos nutrientes nele contidos; (4) eliminar a superalimentação com suplementos de P para todos os tipos de pecuária, a fim de reduzir a concentração de P no esterco; (5) combinar ferro ou compostos de alumínio com o esterco para reduzir a solubilidade do fósforo neles presente (Seção 12.3).

Composição nutricional dos estercos

Geralmente, cerca de 75% do N, 80% do P e 90% do K ingeridos pelos animais passa pelo sistema digestivo e termina nos excrementos. Por essa razão, os estercos são valiosas fontes tanto dos macro como dos micronutrientes. Para um determinado tipo de animal, a água e o teor de nutrientes de uma determinada porção de esterco vai depender da qualidade nutricional dos alimentos ingeridos por esses animais, de como o esterco foi tratado e das condições nas quais ele foi armazenado. A variabilidade no conteúdo de nutrientes do esterco de um tipo de animal para outro (p. ex., esterco de

O *manure-matching service*, do Estado de Maryland (EUA), contribui para dar um melhor destino ao esterco: www.mda.state.md.us/resource_conservation/financial_assistance/manure_management/index.php

* N. de T.: A sigla "CAFOs" advém da expressão inglesa *concentrated animal-feeding operations*.

QUADRO 13.4

Problemas com o esterco: efeitos da não integração dos animais na agricultura

Para termos uma ideia da magnitude do problema do descarte do esterco, considere um lote de confinamento de bovinos de corte com 100.000 cabeças. Podemos estimar que esses bois confinados produzem 200.000 Mg de esterco (na forma de matéria seca) por ano:

$$\frac{4 \text{ Mg esterco}}{\text{Mg peso vivo}} \times \frac{0{,}5 \text{ Mg peso vivo}}{\text{animal}} \times 100.000 \text{ animais} \approx 200.000 \text{ Mg esterco}$$

Se esse esterco contém 2% de N e a silagem do milho (planta inteira) cultivado para alimentar o gado remove cerca de 240 kg/ha de N, podemos estimar também que o esterco deve ser aplicado à taxa de 12 Mg/ha (~ 6 tons/acre):

$$\frac{1 \text{ Mg esterco}}{0{,}02 \text{ Mg N}} \times \frac{240 \text{ kg N}}{\text{ha}} \times \frac{1 \text{ mg}}{1.000 \text{ kg}} = \frac{12 \text{ Mg esterco}}{\text{ha}}$$

No caso pouco provável de o solo não ter sido previamente adubado, alguns adubos nitrogenados podem ser necessários para a silagem de milho no primeiro ou no segundo ano, a fim de complementar o N liberado a partir dessa quantidade de esterco, mas logo o N liberado a partir das aplicações dos anos anteriores poderia fazer com que essa complementação fosse desnecessária. Dessa forma, seriam necessários cerca de 17.000 ha de terras para que todo esse esterco fosse utilizado:

$$\frac{1 \text{ ha}}{12 \text{ Mg esterco}} \times 200.000 \text{ Mg esterco} \approx 17.000 \text{ ha}$$

Se o milho estiver sendo cultivado em rotação com a soja (uma leguminosa que não precisa de adubação nitrogenada), então a quantidade total de terras agrícolas necessárias para a utilização de todo o esterco deverá dobrar para 34.000 ha, ou 340 km^2. Para ir até todas essas terras cultiváveis, algumas cargas de estercos teriam que ser transportadas por 20 km ou mais a partir do lote de confinamento! Finalmente, se o fósforo do solo já estiver nos níveis adequados (ou acima), devido a adubações anteriores (como é geralmente o caso das áreas ao redor desses lotes), o esterco deve ser aplicado a uma taxa muito menor, calculada para atender às necessidades de P (e não de N) das culturas. Isso faria com que uma superfície de terras ainda maior fosse necessária para descartar todo o esterco.

Na prática, para economizar custos de transporte e tempo, o esterco é frequentemente aplicado nas áreas mais próximas dos lotes de confinamento, a taxas maiores do que o necessário. No entanto, as aplicações nessas taxas mais elevadas provavelmente resultará na poluição das águas superficiais e subterrâneas por fósforo e nitrogênio, podendo causar, também, danos por salinidade às culturas e aos solos.

Figure 13.11 Lote de confinamento de gado de corte, no Colorado, Estados Unidos, onde 100 mil bovinos são alimentados com grãos produzidos em fazendas situadas em locais muito distantes do lote. (Foto: cortesia de R. Weil)

Tabela 13.3 O solo e as características locais afetam os nitratos em poços de cinco Estados do meio-oeste norte-americano

Locais com solos arenosos próximos de terras cultivadas, de currais e com poços rasos tiveram os maiores níveis de N-nitrato.

Características	Textura do solo		Proximidade das terras cultivadas		Proximidade dos currais ou dos lotes de animais confinados		Profundidade do poço		Poços rasos próximos de curral ou lote de confinamento
	Arenoso	Argiloso	<6 m	Fora da visão	<6 m	Fora da visão	Profundo >30 m	Raso <15 m	
N° de poços	2412	6415	1684	3098	704	7520	5106	3467	158
Porcentagem com níveis de N-nitrato > 10 mg/L	7,2	3,1	6,4	1,8	12,2	2,8	1,1	9,7	25,3

Dados de Richards et al. (1996).

aves em comparação com esterco de cavalo) é ainda maior. Portanto, é preciso ser cauteloso com as afirmações de caráter geral sobre o valor e o uso de esterco na agricultura.

A urina (exceto a das aves, que produzem ácido úrico sólido, em vez de urina) e as fezes são valiosos componentes do esterco animal. Em média, cerca da *metade do N*, *um quinto do P* e *três quintos do K* são encontrados na urina. A conservação eficaz de nutrientes requer que o manuseio e o armanezamento do esterco minimize a perda dessa sua valiosa porção líquida.

Os dados da Tabela 13.4 mostram que, com base no peso seco, os estercos animais contêm 2 a 5% N, 0,5 a 2% P e 1 a 3% de K. Esses valores estão entre a metade e um décimo da quantidade encontrada nos adubos minerais comercializados.

Além disso, quando expelido pelo animal, o teor de água é de 30 a 50% para as aves e de 70 a 85% para o gado (Tabela 13.4). Se o esterco fresco for tratado como um sólido e espalhado diretamente sobre o terreno (Figura 13.12, *à direita*), o alto teor de água será inconveniente, porque agregará despesas ao seu transporte. Se o esterco for manuseado e curtido na forma líquida (ou suspensão) e, como tal, for aplicado ao solo, mais água ainda estará envolvida no seu manuaseio e transporte (Figura 13.12, *à esquerda*). Toda essa água dilui o teor de nutrientes do esterco. Quando eles são, dessa forma, distribuídos no campo, a quantidade de nutrientes é diminuida para valores muito inferiores aos citados para os estercos secos (Tabela 13.4). O alto teor de água e o baixo teor de nutrientes fazem com que seja difícil justificar economicamente o transporte de estercos para campos de cultivos mais distantes, onde o resultado pode ser melhor. No entanto, o valor dos micronutrientes contidos no esterco (Tabela 13.4), mesmo não contando com os benefícios dos demais nutrientes e de sua matéria orgânica (Seção 11.5), pode ser ainda maior do que a de seu conteúdo de N-P-K, e este valor deve ser incluído em qualquer avaliação econômica de transporte de esterco.

No futuro, melhores tecnologias no tratamento dos estercos (como a digestão anaeróbica) poderão fornecer energia a partir deles. Isso, junto com mais sistemas de produção animal integrados à agricultura, poderá ajudar a corrigir os graves desequilíbrios nutricionais provenientes da produção de esterco na agricultura industrializada.

Problemas provocados pelo uso de esterco nos solos fendilháveis de fazendas de gado leiteiro: www.pmac.net/AM/big_stink.html

Manipulação do esterco de suínos: www.epa.gov/agriculture/ag101/porkmanure.html

13.4 SUBPRODUTOS INDUSTRIAIS E URBANOS

Além dos estercos de propriedades agrícolas, quatro outros principais tipos de resíduos orgânicos são importantes para fins de aplicação ao solo: (1) o lixo urbano, (2) os efluentes e lodos de esgotos (Seções 16.5 e 15.7), (3) os resíduos do processamento de alimentos e (4) os resíduos

Tabela 13.4 Fontes orgânicas de nutrientes comumente utilizadas: conteúdo aproximado de nutrientes e outras características

Junto com as leguminosas fixadoras de nitrogênio, cultivadas em rotação ou na forma de uma cultura de cobertura, materiais como estes (com exceção do lodo de esgoto e dos resíduos sólidos urbanos) fornecem a principal base para o abastecimento de nutrientes na agricultura orgânica. O conteúdo de nutrientes indicado para os estercos corresponde a animais bem alimentados nos sistemas de produção em confinamento. O esterco de sistemas de criação ao ar livre, onde os animais não recebem suplementos alimentares, podem ter teores consideravelmente mais baixos, tanto de nitrogênio como de fósforo.

		Percentagem do peso seco						g/Mg do peso seco						
Material	Água[a], %	N total	P	K	Ca	Mg	S	Fe	Mn	Zn	Cu	B	Mo	
Lodo de esgoto ativado	<10	6	1,5	0,5	–	–	–	–	–	450	–	–	–	A forma mais comum é a *Milorganite*, N disponível por 2 a 6 meses.
Borra de café[d]	60	1,6	0,01	0,04	0,08	0,01	0,11	330	50	15	40	–	–	Pode acidificar o solo.
Torta de algodão	<15	7	1,5	1,5	–	–	–	–	–	–	–	–	–	Acidifica o solo. Comumente usado na ração animal.
Esterco de vaca leiteira[b]	75	2,4	0,7	2,1	1,4	0,8	0,3	1.800	165	165	30	20	–	Pode conter altos teores de C da palha.
Sangue seco	<10	13	1	1	–	–	–	–	–	–	–	–	–	Subproduto do matadouro, N é rapidamente disponibilizado.
Farinha de peixe seco	<15	10	3	3	–	–	–	–	–	–	–	–	–	Incorporar ou compostar por causa de maus odores. Pode alimentar o gado.
Esterco de bovinos em confinamento[c]	80	1,9	0,7	2,0	1,3	0,7	0,5	5.000	40	8	2	14	1	Pode conter solo e sais solúveis.
Folhas de árvores decíduas[f]	20	1,0	0,1	0,4	1,6	0,2	0,1	1.500	550	80	10	38	–	Pb elevado para algumas árvores de ruas.
Esterco de cavalo[c]	63	1,4	0,4	1,0	1,6	0,6	0,3	–	200	125	25	–	–	Pode conter palha com alto teor de C.
Composto de resíduos sólidos urbanos[e]	40	1,2	0,3	0,4	3,1	0,3	0,2	14.000	500	650	280	60	7	Pode ter alta relação C/N e conter metais pesados, plásticos e vidros.
Esterco de aves (frangos)[b]	35	4,4	2,1	2,6	2,3	1,0	0,6	1.000	413	480	172	40	0,7	Pode conter alto teor de sais solúveis, arsênico, amônia e C da palha.
Lodo de esgoto	80	4,5	2,0	0,3	1,5[g]	0,2	0,2	16.000[g]	200	700	500	100	15	Pode conter altos teores de sais solúveis e metais pesados tóxicos.
Esterco de ovinos[c]	68	3,5	0,6	1,0	0,5	0,2	0,2	–	150	175	30	30	–	
Feno de leguminosas estragado	40	2,5	0,2	1,8	0,2	0,2	0,2	100	100	50	10	1.500	3	Pode conter sementes de ervas daninhas
Esterco de suínos[c]	72	2,1	0,8	1,2	1,6	0,3	0,3	1.100	182	390	150	75	0,6	Pode conter níveis elevados de Cu.
Resíduos de madeira	–	–	0,2	0,2	0,2	1,1	0,2	2.000	8.000	500	50	30	–	Alta relação C/N; devem ser completadas por outros nitrogenados.
Adubação verde de centeio imaturo	85	2,5	0,2	2,1	0,1	0,05	0,04	100	50	40	5	5	0,05	O teor de nutrientes diminui na fase de crescimento avançado.

[a] Teor de água de materiais frescos. Processamento e métodos de armazenamento podem alterar o conteúdo da água para menos de 5% (calor seco) ou mais de 93% (chorume).

[b] Composição do esterco de frangos de corte e de vacas leiteiras, estimados a partir da média de aproximadamente 800 e 400 amostras analisadas pela *University* of *Maryland*, Estados Unidos, programa de análise de esterco, 1985-1990.

[c] Composição de estercos de suínos, ovinos e equinos, calculada a partir da North Carolina Cooperative Extension Service Soil Fact Sheets, organizado por Zublena et al. (1993).

[d] Borra de café, dados de Krogmann et al. (2003).

[e] Composição do composto de resíduos sólidos urbanos, com base em valores médios, para os produtos de 10 instalações de compostagem nos Estados Unidos, como relatado por He et al. (1995). Enxofre na forma de S-sulfato.

[f] Dados de folhas de árvores decíduas de Heckman e Kluchinski (1996).

[g] O conteúdo de Ca e Fe do lodo pode variar até 10 vezes, dependendo dos processos de tratamento de esgoto utilizado.

Dados provenientes de muitas fontes.

Figura 13.12 Espalhamento de esterco de gado leiteiro na forma de uma lama liquefeita, depois de ter sido retirado de uma lagoa de armazenamento (*à esquerda*), e na forma sólida, após o armazenamento em uma pilha (*à direita*). Tais métodos de espalhar esterco são meios eficazes de reciclagem de nutrientes, embora trabalhosos e demorados. Por isso, muitas cargas de esterco têm que ser transportadas para adubar cada campo de cultivo. O esterco não deve ser aplicado quando o solo está congelado, pois deve ser incorporado o mais rapidamente possível após ser espalhado. A calibração dos implementos espalhadores é importante para evitar a superaplicação não intencional de nutrientes. (Fotos: cortesia de R. Weil)

da indústria madeireira. Devido ao conteúdo incerto dos produtos químicos tóxicos, esses e outros resíduos industriais podem ou não ser aceitáveis para aplicação no solo.

A preocupação da sociedade com a qualidade ambiental tem forçado os produtores de resíduos a buscar formas não poluentes, mas ainda economicamente viáveis, de descarte desses materiais. Embora antes vistos como meros resíduos de produtos para despejo nos rios e no mar, esses materiais têm sido considerados, cada vez mais, fontes de nutrientes e matéria orgânica que podem ser usados para aumentar a produtividade do solo na agricultura, silvicultura, paisagismo e na recuperação de áreas degradadas.

Resíduos do lixo e do processamento de alimentos

O lixo urbano tem sido usado durante séculos para melhorar a fertilidade do solo nos países asiáticos. Nos países industrializados, a maioria dos resíduos urbanos sólidos (RUS) são incinerados ou depositados em aterros (Seção 15.10), mas a crescente preocupação com a qualidade do ar, bem como a escassez de espaço nos aterros sanitários, está aumentando o nível de interesse dos governantes na aplicação desses resíduos no solo, como um meio de descartá-los. Cerca de 50 a 60% do RUS são compostos de materiais decomponíveis (papel, restos de comida, resíduos de jardim, folhas de árvores de rua, etc.). Depois que o vidro inorgânico, metais e outros materiais desse tipo são removidos, os resíduos urbanos sólidos podem ser **compostados** (Seção 11.10), às vezes em conjunto com outros materiais ricos em nutrientes, como o lodo de esgoto ou o esterco animal, para produzir compostos de resíduos urbanos sólidos, que depois são aplicados ao solo. Devido ao seu teor muito baixo de nutrientes (Tabela 13.4), o composto de resíduos urbanos sólidos é uma forma dispendiosa de aplicação dos nutrientes. No entanto, as opções alternativas de eliminação são muitas vezes ainda mais caras. Toda a produção anual de material orgânico e resíduo urbano sólido dos Estados Unidos – cerca de 80 milhões de metros cúbicos – poderia ser reciclada como adubo para o solo, usando-se menos de 10% das terras agrícolas do país. Um número crescente de operações de compostagem de todos os tamanhos está sendo executado por comunidades, pequenas empresas ou até mesmo individualmente.

A aplicação no solo de resíduos advindos do processamento de alimentos está sendo feita em algumas localidades, mas essa prática é focada quase inteiramente na redução da poluição, e não na melhoria do solo. Os resíduos líquidos são geralmente aplicados por meio da irrigação por aspersão em campos com gramíneas perenes.

Resíduos de madeira

Serragem, cavacos de madeira e cascas picadas da indústria madeireira por muito tempo têm sido fontes de materiais melhoradores do solo e de coberturas mortas, especialmente usadas por paisagistas e horticultores domésticos. Contudo, esses materiais se decompõem muito lentamente por causa de sua alta relação C/N e dos altos teores de lignina. Eles podem ser considerados um material que pode compor uma boa cobertura vegetal, mas não consegue fornecer nutrientes para as plantas com facilidade. Na verdade, a serragem incorporada aos solos para melhorar suas propriedades físicas pode fazer com que as plantas apresentem uma deficiência de nitrogênio, a menos que uma fonte adicional desse nutriente seja aplicada (ver Seção 11.3).

Subprodutos do tratamento de efluentes

Os sistemas de tratamento de esgotos foram evoluindo ao longo do século passado para ajudar a sociedade a evitar a poluição dos rios e oceanos com patógenos e também diminuir a demanda de oxigênio proveniente do acúmulo de resíduos orgânicos e nutrientes eutrofizantes nos cursos d'água. A quantidade de material *retirado* das águas residuárias durante o processo de tratamento tem aumentado bastante. Esse material sólido, conhecido como **lodo de esgoto**, deve também ser descartado de forma segura. Os sistemas mais eficientes de tratamento de águas residuárias são projetados para remover os nutrientes (principalmente P, mas também, e cada vez mais, N) dos **efluentes** de esgotos (água tratada que é devolvida para os cursos d'água). O solo tem sido considerado, cada vez mais, como: (1) um sistema de assimilação, reciclagem ou descarte do lodo sólido e (2) um meio para efetuar a eliminação final dos nutrientes e da matéria orgânica do efluente líquido.

Algumas cidades trabalham com propriedades agrícolas nas quais o esgoto é aplicado ao mesmo solo em que são produzidas culturas (geralmente, grãos para rações e forragens para animais), as quais compensam uma parte da despesa com o descarte de efluentes. A irrigação de florestas é um método eficaz e de baixo custo para a limpeza final de efluentes e tem a vantagem de proporcionar um maior crescimento das árvores (Figura 13.13). Neste caso, a taxa de produção de madeira é muito maior, como resultado tanto da adição de água como de nutrientes que com ela são levados ao solo. Esse método de tratamento avançado de águas residuárias é usado por diversas cidades em todo o mundo.

Em um sistema de irrigação de efluentes cuidadosamente planejado e manejado, a combinação de (1) nutrientes absorvidos pelas plantas, (2) constituintes orgânicos e inorgânicos adsorvidos por coloides do solo e (3) compostos orgânicos degradados por micro-organismos do solo resulta na purificação das águas residuais. A percolação da água purificada, por fim, reabastece o suprimento da água subterrânea.

O lodo de esgoto tem sido aplicado nos solos há décadas, e seu uso provavelmente aumentará no futuro. O termo **biossólido** pode ser aplicado a um lodo de esgoto tratado para atender a certos padrões de aplicação ao solo (baixos níveis de patógenos e contaminantes). O produto com o rótulo de *Milorganite*, que é um lodo ativado (oxigenado), é vendido pela Milwaukee Sewage Commision (EUA) e tem sido amplamente utilizado como adubo de liberação lenta na América do Norte desde 1927 – especialmente em campos de golfe. Inúmeras outras cidades comercializam produtos de compostagem de lodo de esgoto para paisagismo, entre outros usos. No entanto, a grande massa de lodo de esgoto utilizada no solo vem sendo aplicada na forma de lama líquida ou de uma torta parcialmente seca.

Biossólidos para a fertilização de terras agrícolas (University of Nebraska): http://lancaster.unl.edu/enviro/biosolids/overview.htm

Composição do lodo de esgoto A composição do lodo varia de uma estação de tratamento de esgoto para outra, dependendo do tipo de tratamento que ele tenha recebido bem como da quantidade e da forma como foi tratado. Os valores representativos de nutrientes para as plantas são dados na Tabela 13.4. Os níveis de metais que são micronutrientes de plantas (zinco, cobre, ferro, manganês e níquel),

Figura 13.13 O tratamento final de efluentes de esgotos e a recarga das águas subterrâneas estão sendo realizados por processos que acontecem naturalmente no solo e nas plantas dessa floresta irrigada com efluentes, em *Ultisols* perto de Atlanta, Estado da Geórgia (EUA). Os fluxos de nutrientes, a qualidade das águas subterrâneas e o crescimento das árvores estão sendo cuidadosamente monitorados. Parte do grande aumento da produção de madeira é usada como fonte de energia para os trabalhos da estação de tratamento de esgoto. (Foto: cortesia de R. Weil)

assim como outros metais pesados (cádmio, cromo, chumbo, etc.), são em grande parte determinados pela proporção na qual os resíduos industriais foram misturados com os domésticos. Nos Estados Unidos, os níveis de metais presentes nos esgotos estão muito menores do que eram no passado, por causa dos programas de redução que exigem que as indústrias adquiram instalações apropriadas para a remoção dos poluentes *antes* de seus lodos serem enviados para as estações municipais de tratamento. No entanto, a vigilância deve ser mantida para evitar a aplicação de lodos contaminados, os quais não podem ser seguramente aplicados às terras.

Em comparação com os adubos minerais, os lodos são geralmente pobres em nutrientes, especialmente potássio (o qual é solúvel e se concentra principalmente no efluente). Os níveis representativos de N, P e K são de 4, 2 e 0,3%, respectivamente (Tabela 13.4). Se o tratamento do esgoto precipitar o fósforo, devido a reações com os compostos de ferro ou alumínio, esse elemento estará provavelmente pouco disponível às plantas.

Reciclagem integrada de resíduos

Na maioria dos países industrializados, a reciclagem generalizada de resíduos orgânicos, exceto esterco animal, é um fenômeno relativamente recente. No entanto, em áreas densamente povoadas da Ásia e particularmente na China e no Japão, essa reciclagem tem sido praticada há muito tempo (Figura 13.14). Nesses países, os "resíduos" orgânicos têm sido, por muito tempo, tradicionalmente utilizados para a produção de biogás, como alimento para peixes e como fonte de calor, produzido a partir das pilhas de compostagem. Dessa forma, os nutrientes vegetais e a matéria orgânica são reciclados e devolvidos ao solo. Apesar do uso crescente de adubos minerais na China, esse país ainda continua respeitando o uso de materiais que outros povos consideram dejetos indesejáveis, os quais abastecem os complexos sistemas de reciclagem que continuam a fornecer cerca de 50% dos nutrientes utilizados na agricultura chinesa. Os países ocidentais que almejam alcançar um futuro mais sustentável têm muito a aprender com as tradicionais práticas chinesas.

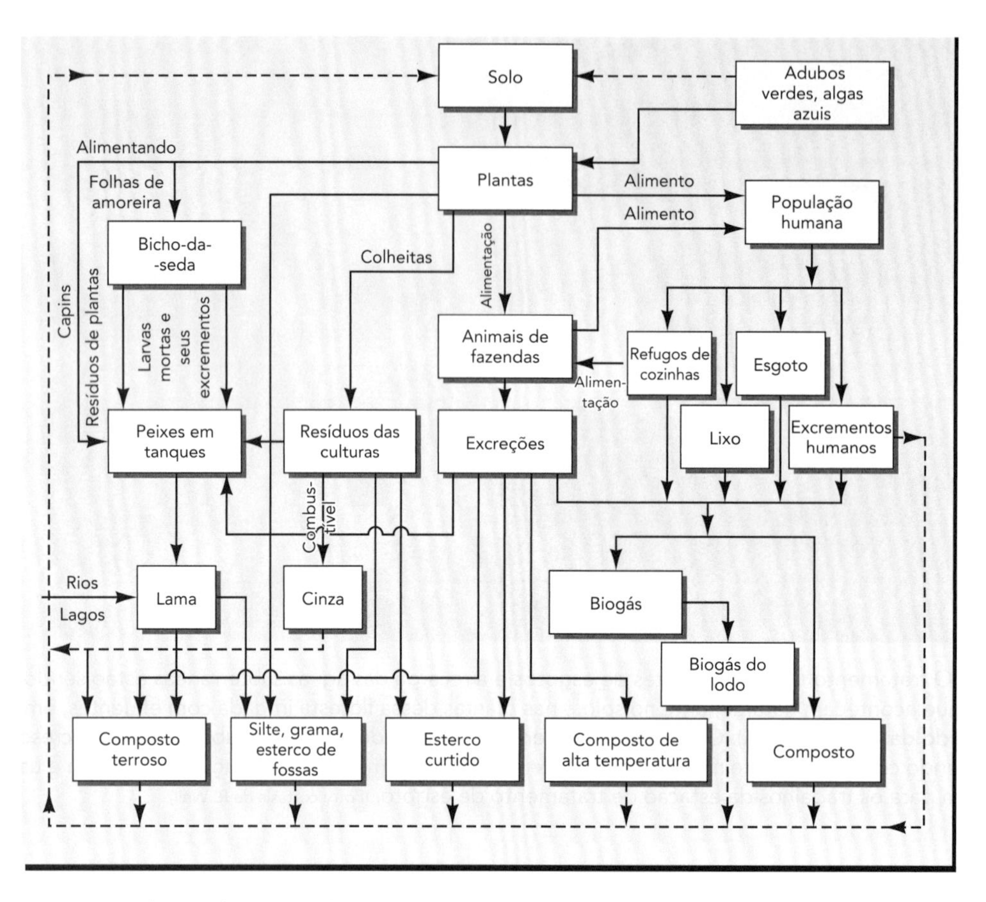

Figura 13.14 Esquema da reciclagem tradicional de resíduos orgânicos e elementos nutrientes na China. Observe a forma como o solo está incluído nos processos de reciclagem. (Conceitos de FAO [1977] e Yang [2006])

13.5 UTILIZAÇÃO PRÁTICA DAS FONTES ORGÂNICAS DE NUTRIENTES[2]

Princípios da agricultura orgânica:
www.ifoam.org/about_ifoam/principles/index.html

Agricultura orgânica Nesta seção usamos o termo "orgânico" para descrever os condicionadores do solo que são orgânicos, no sentido químico; contudo, qualquer composto que contenha carbono é considerado orgânico. O termo "orgânico", quando usado para descrever um tipo de sistema agrícola, se refere à forma como os diversos componentes de uma fazenda estão integrados, organicamente, como um todo, à semelhança de um organismo vivo. Princípios e práticas utilizados na **agricultura orgânica** (ver *link* na margem lateral) foram codificados por programas de certificação, incluindo um que é administrado pelo Departamento de Agricultura dos Estados Unidos (USDA). Nem todos os produtos utilizados na agricultura orgânica para alterar o solo são orgânicos, e nem todos os produtos químico-orgânicos são aprovados para uso na agricultura orgânica. Por exemplo, o fosfato de rocha inorgânico é aprovado para uso; o lodo de esgoto (um material em grande parte orgânico) não é permitido de forma alguma, e o esterco bruto de animais (não compostado ou curtido) tem sua utilização limitada. Em geral, a agricultura orgânica permite apenas o uso de produtos de "ocorrência natural" e é mais restritiva ao uso de materiais orgânicos do que a agricultura convencional. Algumas das práticas agrícolas abordadas nesta seção podem não ser aprovadas para a agricultura orgânica.

[2] Para informações práticas sobre a gestão da fertilidade do solo, especificamente para a agricultura orgânica, consulte Heckman et al. (2009).

Taxas de aplicação baseada em nutrientes Na Seção 11.5, ressaltamos os vários efeitos benéficos sobre as propriedades físicas e químicas do solo que podem resultar da aplicação de materiais orgânicos decomponíveis, como esterco ou lodo. Aqui, vamos nos concentrar nos princípios do manejo ecologicamente adequado dos nutrientes desses materiais orgânicos. O primeiro passo (exigido por leis dos Estados Unidos, no caso do lodo de esgoto) é obter uma amostra representativa para ser analisada, a fim de que se possa saber com que tipo de material se está trabalhando.

A taxa de aplicação é geralmente regulada pela quantidade de N ou P que o material orgânico irá disponibilizar às plantas. A quantidade de nitrogênio, normalmente, serve como primeiro critério, pois esse elemento é exigido em maior quantidade pela maioria das plantas, e, devido ao seu excesso, alguns problemas de poluição podem aparecer. A relação de P para N, na maioria das fontes orgânicas, é maior do que a do tecido vegetal. Consequentemente, se os materiais orgânicos fornecerem N suficiente para atender as necessidades das plantas, eles provavelmente fornecerão mais P do que a planta pode usar, e o acúmulo de P no solo a longo prazo deverá ser levado em conta. Para solos já com elevados níveis de P, a taxa de aplicação para uma melhoria orgânica pode ser limitada pelo P fornecido, e não pelo conteúdo de N. Os metais pesados, potencialmente tóxicos em alguns materiais, podem também limitar a taxa de aplicação (Seção 15.7).

Uma pequena fração do N no esterco ou no lodo pode ser solúvel (amônia ou nitrato) e imediatamente disponível, mas a maior parte do N deve ser liberado pela mineralização microbiana de compostos orgânicos. A Tabela 13.5 indica a previsão de taxas de mineralização de N para vários materiais orgânicos. Os materiais parcialmente decompostos durante o tratamento e a manipulação (p. ex., por digestão ou compostagem) liberam uma menor percentagem de seu nitrogênio. Por exemplo, a Figura 13.15 compara a taxa de nitrato de N liberado da cama de frango fresca com a compostada.

Se um campo de cultivo é tratado anualmente com material orgânico, a taxa de aplicação necessária se tornará cada vez menor, porque, após o primeiro ano, a quantidade de N liberado do material aplicado nos anos anteriores deverá ser subtraída do total a ser aplicado novamente (ver Quadro 13.5). Essa prática é particularmente verdadeira para compostos nos quais a disponibilidade inicial do N é bastante baixa. Em vez de fazer aplicações progressivamente menores, outra estratégia prática é utilizar uma aplicação moderada a cada ano, mas

Tabela 13.5 Liberação de nitrogênio mineral a partir de vários materiais orgânicos aplicados aos solos, como uma percentagem do nitrogênio orgânico originalmente presente[a]

Por exemplo, se 10 Mg de cama de frango inicialmente contêm 300 kg de N em formas orgânicas, 50%, ou 150 kg, de N seriam mineralizados no primeiro ano. Outros 15% (0,15 × 300), ou 45 kg, de N seriam liberados no segundo ano.

Fonte orgânica de nitrogênio	Ano 1	Ano 2	Ano 3	Ano 4
Cama de frango	50	15	8	3
Esterco de vacas leiteiras (sólido fresco)	25	18	9	4
Esterco líquido de lagoa de suínos	45	12	6	2
Esterco de gado confinado	35	15	6	2
Esterco de gado confinado, compostado	20	8	4	1
Lodo de esgoto aerobicamente digerido e estabilizado com calcário	40	12	5	2
Lodo de esgoto digerido anaerobicamente	20	8	4	1
Lodo de esgoto compostado	10	5	3	2
Lodo de esgoto ativado e desestabilizado	45	15	4	2

[a] Estes valores são aproximados e talvez precisem ser aumentados para climas quentes ou solos arenosos e diminuídos para os climas frios ou secos ou para solos argilosos pesados.

Fontes dos dados: Eghball et al. (2002) e Brady e Weil (1996).

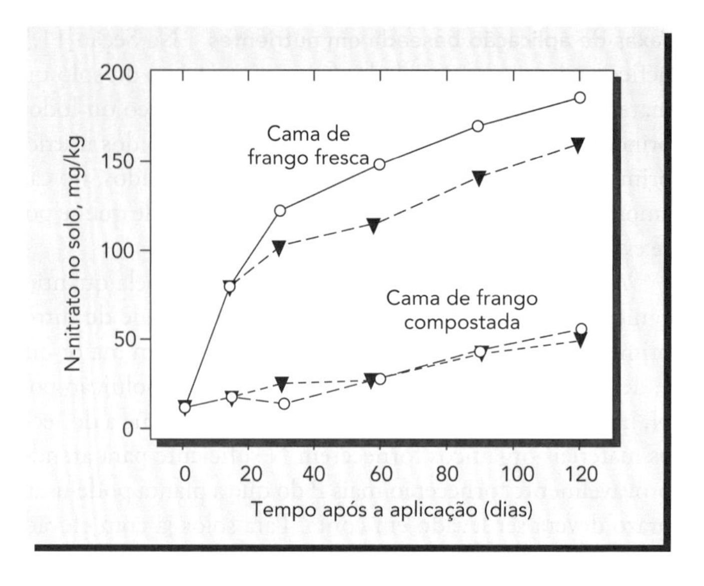

Figura 13.15 Acúmulo de N-nitrato em um solo franco-siltoso (*Hapludalfs*), incubado com cama de frango fresca ou compostada de duas fontes. Cada uma das camas foi misturada com o solo em quantidades suficientes para fornecer 0,23 g de N total por quilo de solo seco (aproximadamente o equivalente a 300 kg N/ha). A mistura solo-cama de frango foi incubada a 25 °C por 120 dias em ambiente de câmaras controladas. (Modificado de Preusch et al. [2002])

complementada com outras fontes de N nos primeiros anos, até que a liberação de N, a partir de aplicações anteriores e atuais, possa atender a todas as exigência dos cultivos.

13.6 ADUBOS MINERAIS COMERCIAIS

O uso de adubos minerais nas propriedades agrícolas do mundo inteiro aumentou radicalmente desde meados do século XX (Figura 13.16) e foi responsável por uma porção significativa do aumento (igualmente radical) da produção de alimentos durante esse mesmo período. A necessidade de complementar a fertilidade dos solos florestais com adubos também está aumentando, à medida que a demanda por produtos florestais se amplia e o uso competitivo da terra faz com que as menos férteis sejam usadas para a silvicultura. A adubação de novos plantios florestais e dos já existentes é cada vez mais praticada no Japão, noroeste e sudeste dos Estados Unidos, países escandinavos e a Austrália, sendo o adubo distribuído por helicóptero.

Uso regional de adubos

As estatísticas de utilização de adubos dentro de uma região podem indicar se os adubos estão contribuindo para a melhoria da qualidade do solo ou para a degradação ambiental. Por exemplo, na Europa e na Ásia Oriental, onde a umidade é abundante e os cultivos estão se intensificando, é comum que as taxas de aplicação de nutrientes via adubos sejam aproximadamente o triplo da média mundial. Na Holanda, as adições de nitrogênio contido em adubos minerais e estercos somam mais do que quatro vezes a quantidade com que esse elemento é retirado do solo pelas colheitas. Em contraste, os solos na África subsaariana estão literalmente sendo minados, ou seja, a quantidade de nutrientes sendo removidos pelas culturas é muito menor do que a adicionada aos solos. A taxa de uso de adubos nessa região é de cerca de apenas 10% da média mundial. Temos, portanto, de ser o mais específico possível em relação às características locais para avaliar o papel dos adubos em atender as metas humanitárias e ambientais.

Propriedades e usos dos adubos inorgânicos

A maioria dos adubos minerais são sais inorgânicos contendo elementos nutrientes prontamente disponíveis para as plantas. Alguns são fabricados, mas outros, como o fósforo e o potássio, são encontrados em depósitos geológicos naturais. Sob pressões e temperaturas muito elevadas, o nitrogênio atmosférico é fixado com o hidrogênio do gás natural para produzir o

QUADRO 13.5

Cálculo da quantidade de fontes orgânicas de nutrientes necessária para o fornecimento de nitrogênio à cultura

Se o nível de fósforo indicado pela análise do solo já não estiver acima da faixa adequada, será a taxa de liberação de nitrogênio disponível que normalmente determinará a quantidade ideal de esterco, lodos ou outra fonte orgânica de nutrientes que deve ser aplicada. A quantidade de nitrogênio que pode, anualmente, ser disponibilizada deve atender, mas não exceder, a quantidade de nitrogênio que as plantas utilizam para um desenvolvimento ideal. Aqui, nosso exemplo é um campo de cultivo que produz milho durante dois anos consecutivos. O objetivo é produzir 7.000 kg/ha de grãos em cada ano. Esse rendimento normalmente requer a aplicação de 120 kg/ha de nitrogênio disponível (cerca de 58 kg de grãos para cada quilo de N aplicado). Estamos esperando obter esse N a partir de um lodo de esgoto estabilizado com calcário e contendo 4,5% de N total e 0,2% de N mineralizado (na forma de amônia e nitrato).

Primeiro ano:
Cálculo da quantidade de lodo a ser aplicado por hectare:

% de N orgânico no lodo = (N total) – (N mineralizado) = (4,5%)–(0,2%) = 4,3%.
N orgânico contido em 1 Mg de lodo = 0,043 × 1.000 kg = 43 kg de N.
N mineralizado em 1 Mg de lodo = 0,002 × 1.000 kg = 2 kg de N.
Taxa de mineralização para o lodo estabilizado com calcário no primeiro ano (Tabela 13.5) = 40% de N orgânico.
N disponível e mineralizado a partir de 1 Mg de lodo no primeiro ano = 0,40 × 43 kg N = 17,2 kg de N.
N total disponível a partir de 1 Mg de lodo = N mineral + N mineralizado = 2,0 + 17,2 = 19,2 kg de N.
Quantidade de lodo (seco) necessário = (120 kg de N)/([19,2 kg N disponível]/Mg de lodo seco]) = 6,25 Mg de lodo seco.
Ajuste do teor de umidade de lodo (p. ex., supondo que o lodo tenha 25% de sólidos e 75% de água).
Quantidade de lodo úmido a aplicar: 6,25 Mg de lodo seco/(0,25 Mg de lodo seco/Mg lodo úmido)
= 6,25/0,25 = 25 Mg de lodo úmido.

Segundo ano:
Cálculo da quantidade de N mineralizado do lodo aplicado no primeiro ano:

Taxa de mineralização do segundo ano (Tabela 13.5) = 12% de N orgânico originalmente aplicado.
N mineralizado no segundo ano, proveniente do lodo = 0,12 × 43 kg N/Mg × 6,25 Mg de lodo seco
= 2,25 kg de N do lodo no segundo ano.

Cálculo da quantidade de lodo a ser aplicado no segundo ano:
N do lodo necessário para ser aplicado no segundo ano = (N necessário ao milho) – (N liberado do lodo e aplicado no primeiro ano)
= 120 kg – 32,25 kg = 87,75 kg de N necessário/ha.
Quantidade de lodo (seco) necessário por ha = 87,75 kg N/ (19,2 kg disponível N/ Mg de lodo seco)
= 87,75/ 19,2 = 4,57 Mg de lodo seco/ha.
Ajuste para teor de umidade do lodo (p. ex., supondo um lodo com 25% de sólidos e 75% de água).
Mg de lodo úmido a aplicar: 4,57 Mg de lodo seco/(0,25 Mg de lodo seco/Mg lodo úmido) = 4,57/ 0,25 = 18,3 Mg de lodo úmido.

Note que as 10,82 Mg de lodo seco (6,25 + 4,57) também forneceram quantidades de P equivalentes a 216 kg P/ha (supondo um teor de P igual a 2%; ver Tabela 13.4), quantia esta que excede em muito a exigência das culturas e que, em breve, levará ao acúmulo excessivo de P no solo.

gás de amônia, NH_3. Este é o ponto de partida para a fabricação da maioria dos adubos nitrogenados, incluindo ureia, nitrato de amônio, sulfato de amônio, nitrato de sódio e misturas líquidas conhecidas como "soluções nitrogenadas". O processo industrial da fixação de nitrogênio tem alterado amplamente a reciclagem do nitrogênio na Terra (Seção 12.1).

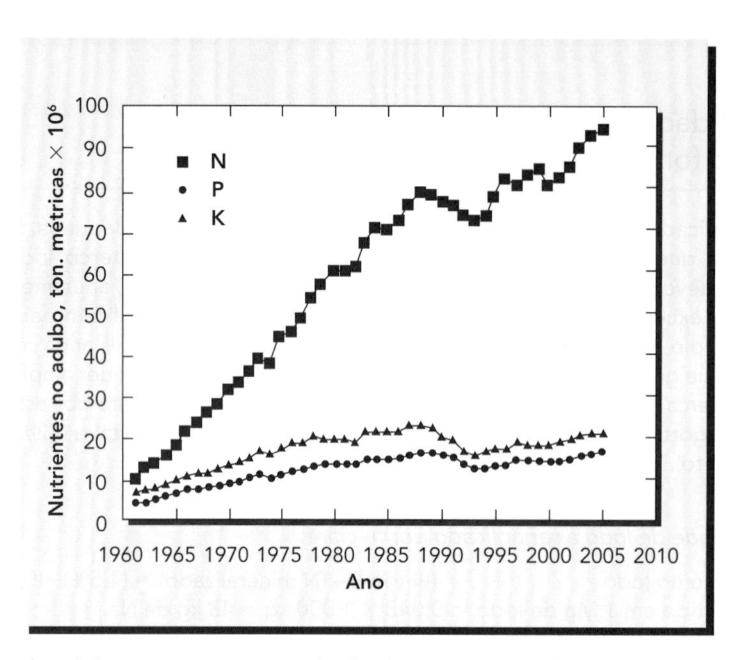

Figura 13.16 Utilização de adubos minerais no mundo desde 1960, tomando-se como base os elementos nutrientes principais. O uso de nitrogênio (N) aumentou muito mais rápido do que o de fósforo (P) e potássio (K). A diminuição mundial do uso de adubos, que se deu no início de 1990, deveu-se principalmente à drástica redução do seu uso na Rússia e na Ucrânia após o colapso da União Soviética. Na maioria dos países industrializados, o uso de adubos se estabilizou ou diminuiu, mas continua a aumentar na China, na Índia e em grande parte dos países em desenvolvimento. Nesses últimos países, a remoção de nutrientes das colheitas das culturas ainda pode ser maior do que os valores devolvidos ao solo. (Dados selecionados de FAO [2006])

Na maioria dos casos, os adubos inorgânicos são utilizados para suprir as plantas com os macronutrientes nitrogênio, fósforo e/ou potássio – muitas vezes chamados de *adubos de elementos primários* (macronutrientes primários). Também são fabricados certos adubos que fornecem enxofre, magnésio e micronutrientes. A composição dos adubos comerciais inorgânicos (Tabela 13.6) é muito mais precisa e definida do que o caso dos materiais orgânicos anteriormente abordados.

A partir dos dados da Tabela 13.6, podemos observar que um determinado nutriente (p. ex., nitrogênio) pode ser fornecido através de muitas *fontes* diferentes ou de adubos compostos. As decisões, como qual adubo utilizar, devem levar em conta não só os nutrientes que eles contêm mas também uma série de outras características das fontes individuais. A Tabela 13.6 fornece informações sobre algumas dessas características dos adubos minerais, como perigo de salinidade, capacidade acidificante, tendência a volatilizar, solubilidade e o conteúdo de outros nutrientes que não o principal. Das fontes de nitrogênio, a amônia anidra, a solução de nitrogênio e a ureia são os mais amplamente utilizados. O fosfato diamônio (DAP) e o cloreto de potássio (KCl) fornecem a maior parte do fósforo e do potássio utilizados.

Fórmulas dos adubos

Em cada rótulo dos adubos consta a sua **fórmula**, por meio de um código de três números, como 10-5-10 ou 6-24-24. Esses números representam percentagens que indicam o teor *total* de nitrogênio (na forma de N), o conteúdo de fosfato *disponível* (na forma de P_2O_5) e o teor de potássio *solúvel* (na forma de K_2O). Entretanto, as plantas não absorvem o fósforo e o potássio nessas formas químicas, tampouco qualquer adubo contém, realmente, P_2O_5 ou K_2O.

As expressões do tipo óxido de fósforo (P_2O_5) e de potássio (K_2O) são relíquias dos dias em que os geoquímicos relatavam o conteúdo das rochas e minerais em termos de óxidos

Tabela 13.6 Adubos minerais mais usados: seu conteúdo de nutrientes e outras características

Adubo	Percentagem (por peso) N	P	K	S	Perigo de salinidade	Formação de ácidos[b]	Outros nutrientes e algumas observações
					Principais fontes de nitrogênio		
Amônia anidra (NH_3)	82				Baixo	–148	Equipamentos pressurizados exigidos; gás tóxico; deve ser injetada no solo
Ureia [$CO(NH_2)_2$]	45				Moderado	–84	Solúvel; hidrolisa para formas amoniacais. Volatiliza se deixada na superfície do solo
Nitrato de amônio (NH_4NO_3)	33				Alto	–59	Absorve a umidade do ar; pode ser deixado na superfície do solo. Pode explodir se misturado a pó orgânico ou S
Ureia recoberta com enxofre	30–40			13–16	Baixo	–110	Taxa de liberação lenta e variável
UF (ureia formaldeído)	30–40				Muito baixo	–68	Lentamente solúvel; mais rapidamente em temperaturas quentes
Solução de UAN	30				Moderado	–52	Mais comumente usado como N líquido
Ureia isobutilaldeído (IBDU)	30				Muito baixo	–	Lentamente solúvel
Sulfato de amônio [$(NH_4)_2SO_4$]	21			24	Alto	–110	Diminui o pH do solo rapidamente; muito fácil de ser manuseado
Nitrato de sódio ($NaNO_3$)	16				Muito alto	+29	Endurece, dispersa a estrutura do solo
Nitrato de potássio (KNO_3)	13		36	0,2	Muito alto	+26	Resposta muito rápida da planta
					Principais fontes de fósforo		
Fosfato monoamônico ($NH_4H_2PO_4$)	11	21–23		1–2	Baixo	–65	Melhor como adubo de arranque
Fosfato diamônio [$(NH_4)_2HPO_4$]	18–21	20–23		0–1	Moderado	–70	Melhor como adubo de arranque
Superfosfato triplo		19–22		1–3	Baixo	0	15% de Ca
Fosfato de rocha [$Ca_3(PO_4)_2 \cdot CaX$]		8–18[a]			Muito baixo	Variável	Disponibilidade baixa a muito baixa É melhor como pó finamente moído em solos ácidos. 30% de Ca. Contém traços de Cd, F, etc.
Superfosfato simples		7–9		11	Baixo	0	Não queima, pode ser colocado com a semente. 20% de Ca
Farinha de ossos	1–3[a]	10[a]	0,4		Muito baixo	–	Baixa disponibilidade de N, P como o fosfato de rocha. 20% de Ca
Fosfato coloidal		8[a]			Muito baixo	–	P disponível como fosfato de rocha. 20% de Ca

(continua)

Tabela 13.6 Adubos minerais mais usados: seu conteúdo de nutrientes e outras características *(Continuação)*

	Percentagem (por peso)						
Adubo	**N**	**P**	**K**	**S**	**Perigo de salinidade**	**Formação de ácidos**[b]	**Outros nutrientes e algumas observações**
					Principais fontes de potássio		
Cloreto de potássio (KCl)			50		Alto	0	47% de Cl – pode reduzir algumas doenças
Sulfato de potássio (K_2SO_4)			42	17	Moderado	0	Usado quando o Cl não é desejável
Cinzas de madeira		0,5–1	1–4		Moderado a alto	+40	Cerca de metade do poder do calcário; cáustico. 10 a 20% de Ca, 2 a 5% de Mg, 0,2% de Fe, 0,8% de Mn
Glauconita		0,6	6		Muito baixo	0	Disponibilidade muito baixa
Pó de granito			4		Muito baixo	0	Disponibilidade muito lenta
					Principais fontes de outros nutrientes		
Escória de desfosforação		1–7			Baixo	+70	10% de Fe, 2% de Mn, baixa disponibilidade; melhor em solos ácidos; 3 a 30% de Ca e 3% de Mg
Gesso ($CaSO_4 \cdot 2H_2O$)				19	Baixo	0	Estabiliza a estrutura do solo; sem efeito no pH; Ca e S prontamente disponíveis. 23% de Ca
Calcário calcítico ($CaCO_3$)					Muito baixo	+95	Baixa disponibilidade; eleva o pH, 36% de Ca
Calcário dolomítico [$CaMg(CO_3)_2$]					Muito baixo	+95	Disponibilidade muito baixa; eleva o pH. ~24% de Ca, ~12% de Mg
Sais de epsom ($MgSO_4 \cdot 7H_2O$)				13	Moderado	0	Sem efeito no pH; solúvel em água, 2% de Ca, 10% de Mg.
Enxofre elementar, flores (S)				95	–	–300	Irrita os olhos; muito acidificante; ação lenta; requer oxidação microbiana
Solubor					Moderado	–	Muito solúvel; compatível com pulverizações foliares 20,5% de B
Bórax ($Na_2B_4O_7 \cdot 10H_2O$)					Moderado	–	Muito solúvel 11% de B, 9% de Na
Quelatos do tipo EDTA					–	–	Ver rótulo. Geralmente 13% de Cu ou 10% de Fe ou 12% de Mn ou 12% de Zn
Sulfatos de Cu, Fe, Mn ou Zn				13–20			25% de Cu, 19% de Fe, 27% de Mn ou 35% de Zn; muito solúvel

[a]Conteúdos altamente variáveis.

[b]Um número negativo indica que a acidez é produzida; um número positivo indica que a alcalinidade é produzida; kg $CaCO_3$/100 kg de material necessário para neutralizar a acidez.

formados em laboratório pelo aquecimento de outras substâncias. Infelizmente, essas expressões encontraram em seus caminhos as leis que regem a venda de adubos e, embora algum progresso esteja sendo feito, há uma considerável resistência para alterar essas leis. Nos trabalhos científicos e, neste livro, sempre que possível, usamos os simples conteúdos elementares (de P e K). O Quadro 13.6 explica como expressar, na forma de óxidos, as formas elementares. As comparações entre os custos dos diferentes adubos minerais, igualmente adequados a uma determinada finalidade, devem ser baseadas no preço por quilograma de nutrientes e não pelo do adubo.

Destino dos nutrientes dos adubos

Um equívoco comum relativo aos adubos sugere que os adubos minerais aplicados ao solo alimentam a planta diretamente e que, portanto, nas áreas onde os adubos minerais são usados, os ciclos biológicos de nutrientes (como os apresentados na Figura 12.1, para o nitrogênio) são de pouca importância. A realidade é que, mesmo quando a aplicação de adubos eleva muito a absorção de nutrientes e o crescimento da planta, o adubo estimula o aumento da ciclagem dos nutrientes, e os íons nutrientes absorvidos pela planta vêm em grande parte de vários reservatórios existentes no solo, e não diretamente dos adubos. Por exemplo, algumas das adições de N podem ser destinadas para satisfazer as necessidades dos micro-organismos, impedindo-os de competir com as plantas por outros reservatórios de N. Esse conhecimento foi obtido através de uma análise cuidadosa de dezenas de estudos nutricionais que usaram adubos com nutrientes isotopicamente marcados. Os resultados de tais estudos estão resumidos na Tabela 13.7, que mostra um pouco mais da absorção de N do adubo do que normalmente é relatado. Geralmente, como as taxas de adubos são elevadas, a eficiência do uso de nutrientes neles contidos diminui, deixando para trás, no solo, uma proporção crescente dos nutrientes adicionados.

O conceito do fator limitante

Dois químicos alemães (Justus von Liebig e Carl Sprengel) são responsáveis por publicar, pela primeira vez em meados de 1800, "a lei do mínimo", segundo a qual a *produção de plantas não pode ser maior do que o nível permitido pelo fator de crescimento presente na quantidade menor, em relação à quantidade ideal para esse fator*. Esse fator de crescimento, seja ele de temperatura, nitrogênio ou suprimento de água, vai limitar a quantidade de crescimento que pode ocorrer e, por isso, é chamado de **fator limitante** (Figura 13.18).

Se um fator não é o limitante, quando aumentado, ele pouco ou nada fará para melhorar o crescimento das plantas. Na verdade, elevando-se a quantidade de um fator não limitante, podemos até reduzir o crescimento vegetal, levando o sistema a ficar ainda mais desequilibrado. Por exemplo, se uma planta é limitada pela falta de fósforo, a adição de mais nitrogênio só pode agravar a deficiência de fósforo.

Por outro lado, a aplicação de fósforo disponível (o primeiro nutriente limitante neste exemplo) pode permitir que a planta responda positivamente a uma adição posterior de nitrogênio. Assim, o aumento do crescimento obtido pela aplicação dos dois nutrientes, juntos, muitas vezes é bem maior do que a soma dos aumentos de crescimento obtidos através da aplicação de cada um dos dois nutrientes individualmente, sugerindo, assim, uma *interação* ou uma *sinergia* entre os dois.

13.7 MÉTODOS DE APLICAÇÃO DE ADUBOS

Existem três maneiras gerais para aplicação dos adubos (Figura 13.19): (1) *aplicação a lanço*, (2) *aplicação localizada* e (3) *aplicação foliar*. Cada método tem algumas vantagens e desvantagens e pode ser particularmente adequado para diferentes situações. Muitas vezes, uma combinação dos três métodos é preferível.

Em muitos casos, o adubo é espalhado uniformemente sobre todo o campo de cultivo ou área que deve ser adubada. Esse método é chamado de **aplicação a lanço**. Muitas vezes, o adubo aplicado a lanço é misturado na camada arável por meio da aração ou gradagem, mas, em algumas situações, é deixado na superfície do solo para que seja levado para a zona radicular por meio da percolação pela água da chuva ou da irrigação. O método a lanço é mais apropriado quando uma grande quantidade de adubo está sendo aplicada com o objetivo de melhorar o nível de fertilidade do solo por muito tempo. A aplicação a lanço é a maneira mais econômica para espalhar grandes quantidades de adubos em grandes áreas.

QUADRO 13.6

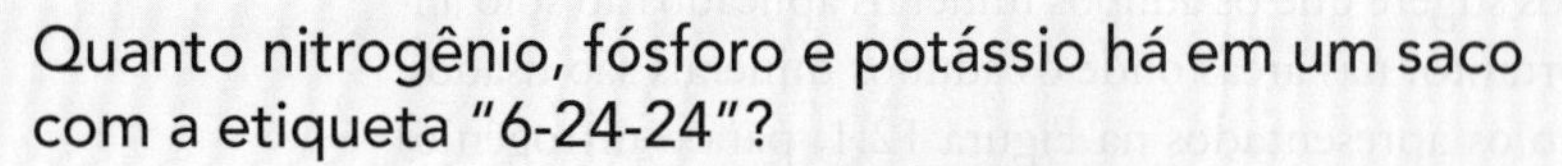

Quanto nitrogênio, fósforo e potássio há em um saco com a etiqueta "6-24-24"?

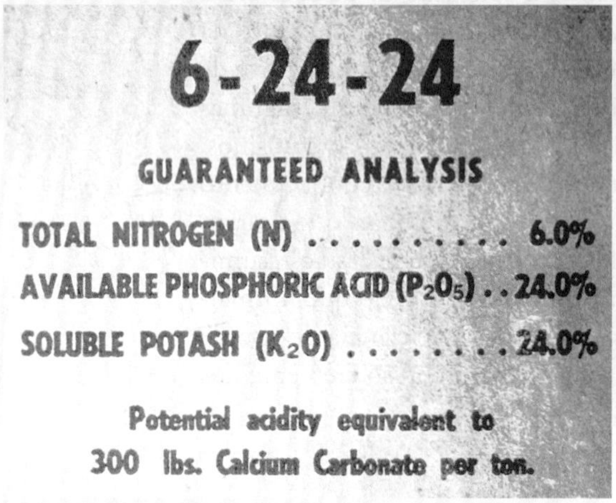

6-24-24

GUARANTEED ANALYSIS

TOTAL NITROGEN (N) 6.0%

AVAILABLE PHOSPHORIC ACID (P_2O_5) .. 24.0%

SOLUBLE POTASH (K_2O) 24.0%

Potential acidity equivalent to

300 lbs. Calcium Carbonate per ton.

Figura 13.17 Uma típica etiqueta de adubo mineral comercializado.* Note que o cálculo deve ser feito para determinar a percentagem dos elementos nutrientes P e K no adubo, desde que os conteúdos sejam expressos como se os nutrientes estivessem na forma de P_2O_5 e K_2O. Observe também que, depois de interagir com a planta e com o solo, esse material poderia causar um aumento na acidez do solo, a qual poderia ser neutralizada através de 300 unidades de $CaCO_3$ para cada 2.000 unidades (1 tonelada = 2.000 libras) desse adubo.

A rotulagem convencional dos produtos de adubos mostra a percentagem total de N, P_2O_5 solúvel em citrato e K_2O solúvel em água. Assim, um saco de adubo (Figura 13.17) rotulado como 6-24-24 (6% N, 24% P_2O_5, 24%K_2O) na verdade contém 6% de N total, 10,5% de P solúvel em citrato e 19,9% de K solúvel em água (ver cálculos abaixo).

Para determinar a quantidade de adubo necessária para suprir a quantidade recomendada do nutriente, primeiro converta a percentagem de P_2O_5 e K_2O para percentagem de P e K, calculando a proporção de P_2O_5 que é P e a proporção de K_2O que é K. Os seguintes cálculos podem ser usados:

Considerando os pesos moleculares de P, K e O, que são 31, 39 e 16 g/mol, respectivamente:

Peso molecular do P_2O_5 = 2(31) + 5(16) = 142 g/mol

$$\text{Peso molecular do } P_2O_5 = \frac{2P}{P_2O_5} = \frac{2(31)}{2(31) + 5(16)} = 0{,}44$$

Para converter $P_2O_5 \rightarrow P$, multiplique a percentagem de P_2O_5 por 0,44:

Peso molecular do K_2O = 2 (39) + 16 = 94

$$\text{Proporção do K no } K_2O = \frac{2K}{K_2O} = \frac{2(39)}{2(39) + (16)} = 0{,}83$$

Para converter $K_2O \rightarrow K$, multiplique a percentagem de K_2O por 0,83:

Portanto, se o saco mostrado na Figura 13.17 contiver 25 kg do adubo 6-24-24, ele irá fornecer 1,5 kg de N (0,06 × 25), 2,6 kg de P (0,24 x 0,44 x 25) e 5 kg de K (0,24 x 0,83 x 25).

* N. de T.: No saco de adubo com a etiqueta 6-24-24, os dizeres podem ser traduzidos como: Análise de garantia; nitrogênio total (N) = 6,0%; ácido fosfórico disponível (P_2O_5)= 24,0%; potássio solúvel (K_2O)= 24,0%; potencial de acidificação equivalente a 300 libras de carbonato de cálcio por tonelada.

Para o fósforo, o zinco, o manganês e outros nutrientes que tendem a ser fortemente retidos pelo solo, as aplicações a lanço são geralmente muito menos eficientes do que a aplicação localizada. Muitas vezes, 2 a 3 kg de adubo devem ser aplicados para alcançar a mesma resposta que é obtida a partir de 1 kg colocado em uma área localizada. Uma aplicação pesada e de uma só vez de adubo fosfatado e potássico, a lanço e depois enterrado ao solo, é uma boa prática para o estabelecimento de cultivos perenes, como gramados, pastagens e pomares. Nas áreas onde a irrigação por aspersão é praticada, os adubos líquidos podem ser aplicados na água de irrigação, uma prática algumas vezes chamada de **fertirrigação**.

Embora seja comum acreditar-se que os nutrientes devem ser bem misturados em toda a zona da raiz, pesquisas constaram claramente que uma planta pode facilmente absorver com facilidade um nutriente por completo a partir de uma fonte concentrada, localizada em apenas uma pequena fração do seu sistema radicular. Na verdade, uma pequena parte do sistema

Tabela 13.7 Fonte de nitrogênio em plantas de milho cultivadas na Carolina do Norte, Estados Unidos, em um solo argilo-arenoso (*Ultic Hapludalf*) adubado com três doses de nitrogênio na forma de nitrato de amônio

A fonte do nitrogênio na planta de milho foi determinada utilizando o adubo marcado com o isótopo ^{15}N. O uso moderado de adubos aumentou a absorção de N que já está no sistema solo, bem como o N proveniente do adubo.

Adubo nitrogenado aplicado, kg/ha	Produção de grãos de milho, Mg/ha	N total nas plantas de milho, kg/ha	N no milho proveniente do adubo, kg/ha	N no milho proveniente do solo, kg/ha	N no milho proveniente do adubo expresso como percentagem do N total do milho	N no milho proveniente do adubo expresso como percentagem do N aplicado
50	3,9	85	28	60	33	56
100	4,6	146	55	91	38	55
200	5,5	157	86	71	55	43

Calculado de Reddy e Reddy (1993).

radicular de uma planta pode crescer e proliferar em uma faixa com adubos concentrados, uma vez que o nível de salinidade causado pelo adubo seria fatal para uma semente germinar ou uma planta madura crescer, principalmente se uma grande parte do seu sistema radicular estiver diretamente exposto aos sais dos adubos. Essa constatação permitiu o desenvolvimento de técnicas para a aplicação localizada de adubos.

Há pelo menos duas razões para o adubo ser muitas vezes melhor utilizado pelas plantas se for colocado de forma localizada e concentrado em vez de misturado com o solo de toda a zona radicular. Em primeiro lugar, a aplicação localizada reduz a quantidade de contato entre as partículas do solo e os nutrientes dos adubos, minimizando, assim, a possibilidade de ocorrerem efeitos indesejáveis de fixação. Em segundo lugar, na zona fertilizada, a concentração do nutriente na solução do solo na superfície da raiz será muito elevada, resultando em uma absorção bastante reforçada pelas raízes.

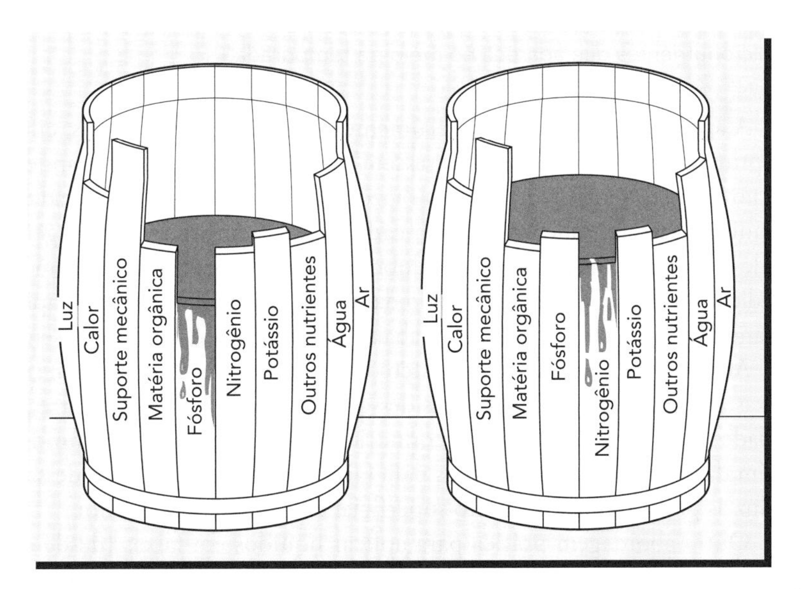

Figura 13.18 Uma ilustração da lei do mínimo e do conceito de fator limitante. O crescimento da planta é restrito pelo elemento essencial (ou outro fator) que é o mais limitante. O nível da água que está no barril representa o nível da produção vegetal. *À esquerda*: o fósforo é representado como sendo o fator mais limitante. Mesmo que os outros elementos estivessem presentes em quantidades mais do que adequadas, o crescimento das plantas não poderia ser maior do que o permitido, devido ao nível de fósforo disponível. *À direita*: quando o fósforo é adicionado, o nível de produção da planta é elevado até que outro fator torne-se o mais limitante – neste caso, o nitrogênio.

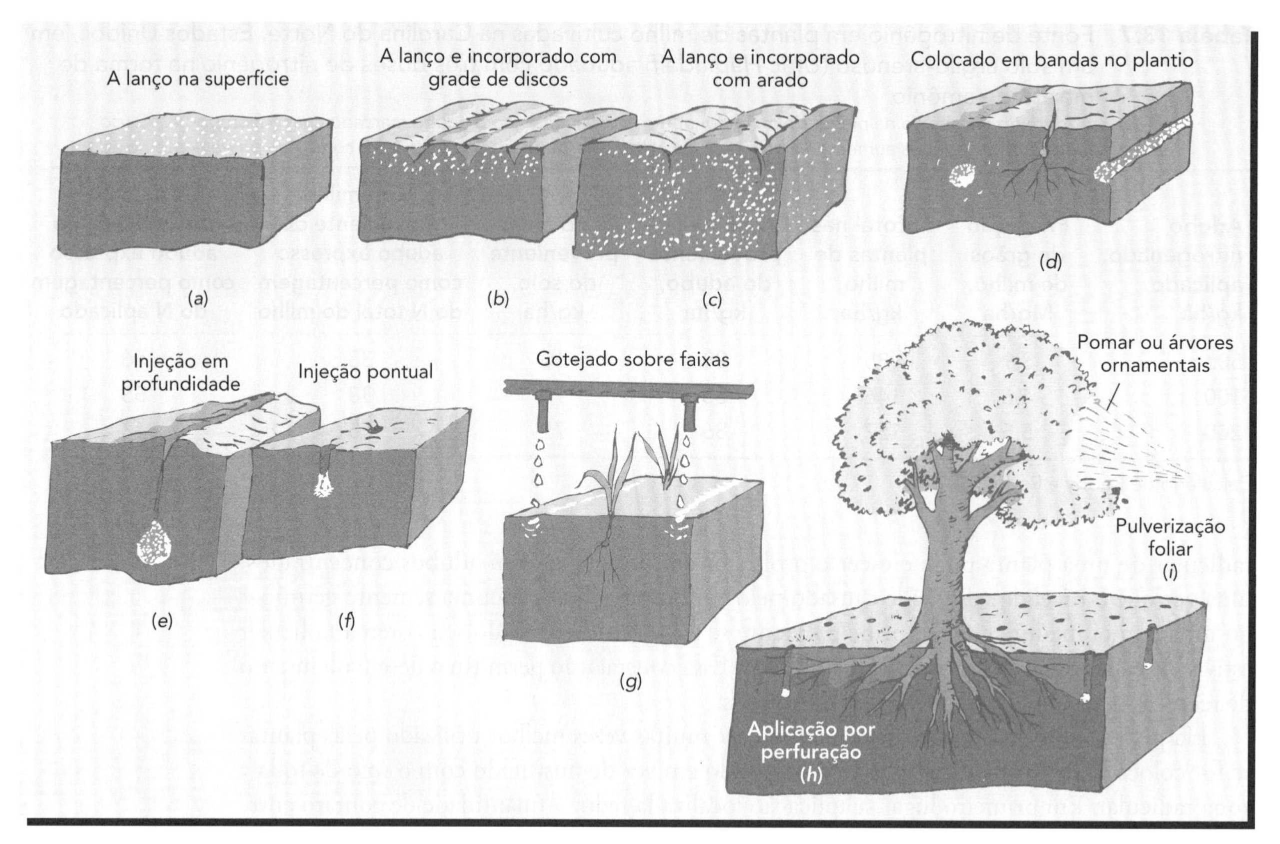

Figura 13.19 Os adubos podem ser aplicados por vários métodos diferentes, dependendo da situação. Os métodos de (*a*) a (*c*) representam adubos aplicados a lanço, incorporados ou não ao solo. Os métodos de (*d*) a (*h*) são variações da aplicação localizada. O método (*i*) é a aplicação foliar e tem vantagens especiais, mas também limitações. Comumente, dois ou três desses métodos podem ser usados seguidamente. Por exemplo, um campo de cultivo pode ser preparado com (*c*) antes do plantio; (*d*) pode ser usado durante as operações de plantio; (*g*) pode ser usado como uma ***adubação lateral em cobertura*** no início da estação de crescimento e, finalmente, (*i*) pode ser usado para corrigir uma deficiência de micronutrientes que aparece no meio da temporada.

A aplicação localizada é especialmente eficaz para mudas jovens, em solos frescos no início da primavera, e para plantas que crescem rapidamente, com uma grande demanda por nutrientes no início da temporada. Por essas razões, quando a cultura é plantada, o **adubo de arranque** é muitas vezes aplicado em faixas a cada lado da semente. Como a germinação das sementes pode ser prejudicada pelos sais do adubo e em razão desses sais tenderem a se mover para cima (à medida que a água vai se evaporando da superfície do solo), a melhor aplicação para o adubo de arranque é aproximadamente 5 cm abaixo e 5 cm ao lado da linha de sementes (Figura 13.19*d*).

Adubos líquidos e lamas de estercos e de lodo de esgoto também podem ser aplicados em faixas, em vez de a lanço. As faixas desses líquidos são colocadas entre 10 e 30 cm de profundidade no solo por um processo conhecido como **injeção em profundidade** (Figura 13.19*e*). Além das vantagens mencionadas para faixas de adubos, a injeção dessas suspensões orgânicas reduz as perdas por escoamento superficial e os problemas de odor.

Outra abordagem prática para aplicar líquidos em faixas (desde que não lamacentos) é de fazer **gotejar** um estreito fluxo de adubo líquido ao lado da linha de culturas. O uso de um fluxo, em vez de uma fina pulverização, transforma a aplicação a lanço para a de faixas e resulta em bastante líquido em uma zona estreita para fazer com que o solo fique encharcado com o adubo. Esse tipo de aplicação reduz muito as perdas por volatilização do nitrogênio.

A aplicação localizada de adubos, em vez de feita na forma de faixas, pode ser executada por meio de um sistema chamado de **injeção pontual**. Com esse sistema, pequenas porções de adubo líquido podem ser aplicadas individualmente, ao lado de cada planta, sem perturbar significativamente tanto a raiz da planta como a cobertura vegetal da superfície deixada pelo preparo conservacionista do solo. O sistema de injeção pontual é uma versão moderna da antiga vara semeadora (ou chuço) dos agricultores camponeses que semeavam as plantas e, posteriormente, aplicavam parte do adubo no solo ao lado de cada planta, tudo com um mínimo de perturbação da cobertura morta da superfície.

A utilização de sistemas de **irrigação por gotejamento** (Seção 6.9) facilitou enormemente a aplicação localizada de nutrientes na água de irrigação. Uma vez que a fertirrigação por gotejamento é aplicada em intervalos frequentes, as plantas podem ser alimentadas "a colheradas", e a eficiência de utilização de nutrientes se torna bastante elevada.

As árvores de pomares e plantios ornamentais são mais bem tratadas se o adubo for aplicado individualmente, em torno de cada uma delas, na área de projeção da copa, mas começando aproximadamente a 1 m do tronco (Figura 13.19*h*). O adubo é melhor aplicado pelo método chamado de *perfuração*. Em torno de cada árvore, numerosos pequenos furos são escavados na faixa equivalente à metade mais exterior da zona de propagação dos ramos, penetrando até a parte superior do horizonte subsuperficial, onde o adubo é aplicado. Os adubos na forma de grânulos grandes especiais estão disponíveis para esta finalidade. Esse método de aplicação coloca os nutrientes dentro da zona radicular da árvore e evita o desenvolvimento indesejável de gramas ou outras coberturas que podem estar crescendo ao redor das árvores. Se a cultura de cobertura ou o gramado ao redor das árvores necessitar de adubação, ela poderá ser aplicada separadamente, mais tarde, na mesma perfuração ou a lanço.

As plantas são capazes de absorver os nutrientes através de suas folhas, mas em quantidades limitadas. Contudo, em determinadas circunstâncias, a melhor maneira de proceder à adubação com um nutriente é via *aplicação foliar* – uma solução diluída de nutrientes pulverizada diretamente sobre as folhas da planta (Figura 13.19*i*). Adubos do tipo NPK diluídos, micronutrientes e pequenas quantidades de ureia podem ser aplicados na pulverização sobre as folhas, embora alguns cuidados devam ser tomados para evitar concentrações significativas de Cl^- ou NO_3^-, que podem ser tóxicas para algumas plantas. Para as culturas hortícolas, a adubação foliar pode, por conveniência, ser adaptada a outras operações de campo, aplicando o adubo junto com os pesticidas que estão sendo pulverizados.

Em uma única aplicação, a quantidade de nutrientes que pode ser pulverizada nas folhas é bastante limitada. Portanto, poucas aplicações na forma de pulverizações podem fornecer toda a exigência de um micronutriente durante a estação de crescimento; contudo, apenas uma pequena parte das necessidades de macronutrientes pode ser fornecida desta maneira.

13.8 CALENDÁRIO DA APLICAÇÃO DE ADUBOS

Aplicação com base na necessidade da planta

Para os nutrientes móveis, como o nitrogênio (e até certo grau, o potássio), a regra geral é fazer aplicações tão próximas quanto possível ao período em que as plantas estão absorvendo o nutriente mais rapidamente. Para as culturas anuais de verão de crescimento rápido, como o milho, isso significa fazer apenas uma pequena aplicação de arranque no momento do plantio, para depois aplicar, em cobertura, a maior parte do nitrogênio necessário, normalmente apenas um pouco antes de as plantas entrarem na fase de rápido acúmulo de nutrientes – geralmente cerca de quatro a seis semanas após o plantio. Para as plantas de estação fria, como o trigo de inverno ou certos tipos de grama de campos esportivos, a maior parte do nitrogênio deve ser aplicado na primavera, quando há um maior crescimento vegetativo. Para as árvores, o melhor momento é quando as folhas novas estão se formando. Para as fontes orgânicas, de liberação mais lenta, deve-se levar em consideração que é necessário algum tempo para que a mineralização dos nutrientes possa acontecer antes do período de máxima absorção pelas plantas.

Períodos ambientalmente sensíveis

Em climas temperados com regimes de umidade **Údico** e **Xérico**, a maioria dos processos de lixiviação ocorre no inverno e no início da primavera, quando a precipitação é elevada e a evapotranspiração é baixa. Durante esse período, os nitratos que sobraram após as plantas cessarem de absorvê-los permanecem em um estado de lixiviação potencial. A esse respeito, deve-se notar que, para as culturas de grãos, a taxa de absorção de nutrientes começa a declinar durante o estágio de enchimento de grãos e praticamente cessa muito antes da cultura estar pronta para ser colhida. No caso dos adubos nitrogenados minerais, para evitar as sobras de nitratos, é essencial limitar a quantidade aplicada àquela que as plantas deverão extrair do solo. No entanto, no caso das fontes orgânicas de liberação lenta, se aplicadas no final da primavera ou no início do verão, é provável que a mineralização continue a liberar nitratos após a cultura ter amadurecido e deixado de absorvê-los. Uma vez que a liberação de nitrato é inevitável, as culturas de cobertura não leguminosas devem ser plantadas no outono, para absorver o excesso de nitrato que está sendo liberado (Figura 13.20).

Em condições de alta pluviosidade e em solos permeáveis, a dose de adubo deve ser dividida em duas ou mais aplicações, para evitar as perdas por lixiviação antes que a cultura de um sistema radicular profundo se estabeleça. Em climas frios, um novo período ambientalmente sensível ocorre durante o início da primavera quando o derretimento da neve sobre os solos congelados (ou saturados com água) resulta em enxurradas. Esse escoamento superficial pode poluir rios e cursos d'água com nutrientes solúveis de estercos ou de adubos minerais que estão próximos ou sobre a superfície do solo.

A aplicação de adubos de ureia em florestas já estabelecidas geralmente é realizada quando as chuvas ajudam a infiltrar os nutrientes no solo e a minimizar as perdas por volatilização. Além disso, a adubação nitrogenada de florestas deve ocorrer um pouco antes do início da estação de crescimento (início da primavera ou no inverno, em regiões de clima quente) para que as raízes das árvores possam aproveitar toda a temporada de crescimento para utilizar o nitrogênio. O pulso de nitrato que flui da bacia hidrográfica pode ser reduzido se uma faixa de 10 a 15 m não adubados for mantida ao longo de todos os cursos d'água (Seção 13.2).

Às vezes, simplesmente não é possível aplicar adubos na época ideal do ano. Por exemplo, apesar de uma cultura poder responder a uma adubação em cobertura perto do final do seu ciclo de crescimento, essa aplicação vai ser problemática se as plantas estiverem muito altas para que máquinas passem por cima delas sem danificá-las. Contudo, usando um avião, permite-se uma maior flexibilidade em relação ao calendário da adubação. As aplicações no início da primavera podem ser limitadas para que a compactação de solos úmidos seja evitada. Os custos econômicos ou as demandas de outras atividades também podem resultar em ajustes do momento da aplicação de nutrientes.

13.9 FERRAMENTAS E MÉTODOS DE DIAGNÓSTICO

Três ferramentas básicas estão disponíveis para diagnosticar os problemas de fertilidade do solo: (1) *observações de campo*, (2) *análise do tecido vegetal* e (3) *análise do solo* (testes de solo). Para uma aplicação eficaz de nutrientes bem como para diagnosticar os problemas que possam surgir no campo, todas as três abordagens devem ser integradas. Não há substituto para a observação e o *registro* cuidadosos das evidências circunstanciais e dos sintomas de deficiências nutricionais que podem ser observados no campo. Observações e interpretações apuradas exigem habilidade e experiência, assim como uma mente aberta do profissional responsável pelos diagnósticos. É comum que um suposto problema de fertilidade do solo tenha, em verdade, sido causado por sua compactação, condições climáticas, danos devido a pragas ou até mesmo erro humano. A tarefa do diagnosticador é usar todas as ferramentas disponíveis para

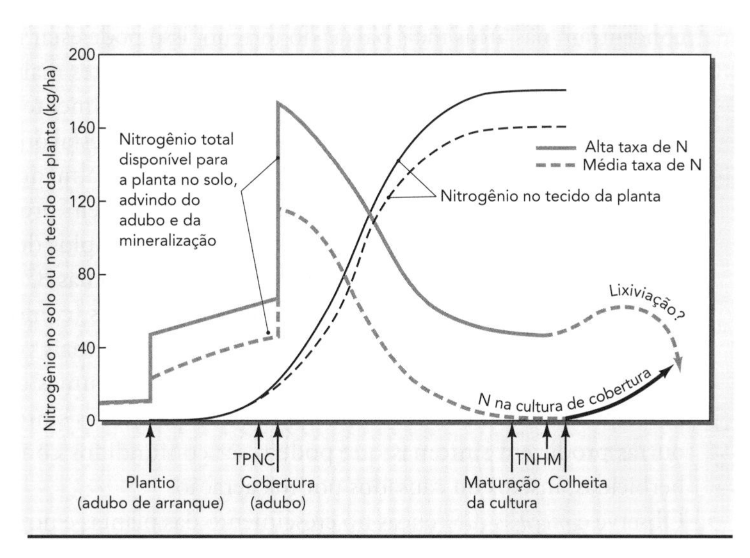

Figura 13.20 Dois sistemas de adubação nitrogenada usados para a produção de milho. O sistema mais comumente utilizado no passado (linhas contínuas) usa aplicações muito altas de N e cultivos contínuos de milho. Pelo menos 150 kg N/ha são aplicados – parte como adubo de arranque no período de plantio, e o restante como cobertura, um pouco antes da fase de crescimento mais rápido. Infelizmente, quando a cultura entra em maturação e é colhida, muito nitrogênio solúvel permanece no solo, provavelmente na forma de nitrato. A questão é que o excesso de N está sujeito à lixiviação durante os meses de outono e inverno. Os sistemas mais ecológicos usam a rotação de culturas que inclui leguminosas ou uma redução da taxa de adubação nitrogenada se o milho é cultivado de forma contínua (linhas tracejadas). Um teste de pré-aplicação de nitrato em cobertura no solo (TPNC) é usado para determinar as quantidades de nitrogênio que devem ser aplicadas. No final da estação, um teste de nitrato na haste do milho (TNHM) é usado para avaliar o estado do nitrogênio na planta; além disso, uma cultura de cobertura de inverno é plantada para absorver as sobras de nitrato. O retorno econômico é praticamente o mesmo, mas a quantidade de nitrogênio remanescente no solo no momento da colheita das culturas é minimizada, bem como a contaminação por nitrato.

que consiga identificar o fator que está limitando o crescimento das plantas e, em seguida, traçar um plano de ação para atenuar essa limitação.

Sintomas de plantas e observações de campo

Guia de diagnósticos de campo para o arroz cultivado nos trópicos: www.knowledgebank.irri.org/ricedoctor/

O trabalho do tipo investigador, necessário para as atividades de campo, pode vir a ser um dos mais emocionantes e desafiadores aspectos do manejo de nutrientes. Para ser um bom diagnosticador dos problemas de fertilidade do solo, é necessário seguir algumas diretrizes, como:

1. Desenvolva uma forma organizada para *anotar* suas observações. Essas informações o ajudarão a interpretar, de forma apurada, os resultados obtidos das análises feitas no solo e na planta.
2. Converse com a pessoa que possui ou administra a terra. Pergunte quando o problema foi observado pela primeira vez e se alguma mudança recente ocorreu. Obtenha registros do crescimento da planta ou da produtividade da cultura nos anos anteriores e averígue a história das práticas de manejo aplicadas no local durante o maior número de anos possível. É sempre muito útil fazer um esboço do mapa do local e da distribuição dos sintomas, mostrando características que você observou e como os sintomas estão espacialmente distribuídos.
3. Procure por *padrões espaciais* – verifique como o problema parece estar distribuído na paisagem, como um todo, e nas plantas, individualmente. Os padrões lineares através de um campo podem indicar um problema relacionado ao plantio, às redes de drenagem ou à aplicação incorreta de calcário ou adubo. Se as plantas maldesenvolvidas se

concentram nas áreas mais baixas do terreno, isso pode estar relacionado com os efeitos da aeração do solo. Já o baixo crescimento nas partes mais elevadas de um campo de cultivo podem refletir os efeitos da erosão e, possivelmente também, a exposição de material dos horizontes subsuperficiais com um pH desfavorável.

4. Examine com atenção as folhas das plantas, individualmente, para identificar qualquer sintoma foliar. As deficiências nutricionais podem produzir sintomas característicos nas folhas e em outras partes da planta. Exemplos de tais sintomas são mostrados em diversas figuras no Capítulo 12 e nas Pranchas 87 a 107. Determine se os sintomas são mais pronunciados nas folhas mais novas (como é o caso da deficiência da maioria dos cátions micronutrientes) ou nas folhas mais velhas (como é o caso das deficiências de nitrogênio, potássio e magnésio). Algumas deficiências nutricionais são bem identificadas, de forma confiável, a partir dos sintomas foliares, enquanto outras produzem sintomas que podem ser confundidos com danos provocados por herbicidas, insetos ou causados por má aeração.
5. Observe e *meça* as diferenças no crescimento das plantas e no rendimento das culturas que podem refletir diferentes níveis de fertilidade do solo, mesmo que nenhum sintoma nas folhas seja aparente. Verifique o crescimento *tanto* das partes aéreas *como* das que estão abaixo do solo. Pergunte-se: as micorrizas estão associadas com as raízes das árvores? As leguminosas estão bem noduladas? O crescimento da raiz está, de alguma forma, sendo limitado?

Análises dos tecidos das plantas

Concentração de nutrientes A concentração de elementos essenciais no tecido vegetal está relacionada com o crescimento da planta ou a produção da cultura, como mostrado na Figura 13.21. A faixa de concentração de nutrientes nos tecidos na qual o fornecimento de um elemento é suficiente para o bom crescimento das plantas é chamada de **faixa de suficiência**. Na extremidade superior dessa faixa de suficiência, as plantas podem estar realizando um consumo de luxo, já que a absorção adicional de nutrientes não produz um crescimento adicional às plantas (ver Figura 12.31). Em concentrações acima da faixa de suficiência, o crescimento das plantas pode diminuir, visto que os elementos nutrientes atingem taxas que são tóxicas para as células vegetais ou interferem com o uso de outros nutrientes. Se as concentrações no tecido estão na **faixa crítica**, o suprimento é apenas marginal, e o crescimento deverá diminuir se o nutriente se tornar menos disponível, mesmo que os sintomas foliares visíveis não sejam aparentes ("fome oculta"). As plantas com concentrações de certo nutriente nos seus tecidos abaixo da faixa de suficiência são suscetíveis a responder às adições desse nutriente se nenhum outro fator for mais limitante. A faixa de suficiência e a faixa crítica têm sido bem caracterizadas para muitas plantas, especialmente para os cultivos agronômicos principais. No entanto, pouco se sabe sobre as árvores usadas em silvicultura e paisagismo.[3] As faixas de suficiência para várias plantas e de acordo com os 11 elementos essenciais estão listadas na Tabela 13.8.

Manual para análise de plantas de culturas extensivas e hortícolas (University of Georgia, Estados Unidos: http://aesl.ces.uga.edu/publications/plant/plant.html

Análises de tecidos vegetais na agricultura asiática: www.fftc.agnet.org/library/ac/1994f/html#eb536t4

Análises de tecidos A análise de tecidos pode ser uma poderosa ferramenta para identificar os problemas nutricionais existentes nas plantas, se forem tomadas várias precauções simples. Primeira: é fundamental que a parte correta da planta seja amostrada. Segunda: a parte da planta deve ser amostrada em um estádio específico de crescimento, porque as concentrações da maioria dos nutrientes diminuem consideravelmente à medida que a planta amadurece. Terceira: reconhecer que a concentração de um nutriente pode ser afetada pela concentração de outro e que, às vezes, a proporção de um para outro (p. ex., Mg/K N/S ou Fe/Mn) pode ser a indicação mais confiável para avaliar o

[3] Informações detalhadas sobre a análise de tecido de um grande número de espécies de plantas pode ser encontrado em Reuter e Robinson (1986).

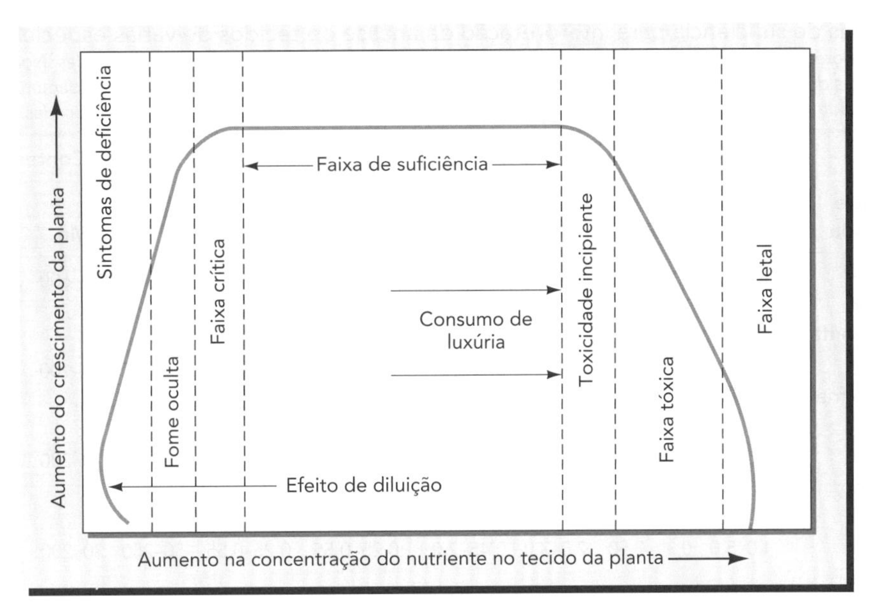

Figura 13.21 Relações entre o crescimento ou o rendimento da colheita da planta e a concentração dos elementos essenciais nos seus tecidos. Para a maior parte dos nutrientes, existe uma gama de níveis relativamente grande de valores associada com plantas normais e sadias (o intervalo de suficiência). Além desses níveis, o crescimento das plantas é afetado tanto por quantidades muito menores ou muito maiores do nutriente. A faixa crítica (FC) é normalmente usada para diagnosticar a deficiência do nutriente. As concentrações de nutriente abaixo do intervalo da FC provavelmente reduzirão o crescimento da planta, mesmo se os sintomas de deficiência não sejam visíveis. Esse nível moderado de deficiência é algumas vezes denominado *fome oculta*. A estranha inflexão na porção inferior esquerda da curva é resultado do chamado *efeito de diluição*, que é frequentemente observado quando uma pequena dose do nutriente é fornecida a plantas com crescimento extremamente atrofiado. Nesse caso, a resposta ao efeito no crescimento pode ser tão grande que, mesmo que uma porção maior do elemento seja absorvida, ele é diluído em uma quantidade muito maior da massa da planta.

estado nutricional da planta (Figura 13.22). De fato, vários sistemas matemáticos, elaborados para avaliar as relações ou o equilíbrio entre as quantidades de nutrientes, provaram ser úteis em relação a determinadas espécies de planta.[4] Devido às incertezas e complexidades na interpretação dos dados de concentração do tecido, é aconselhável amostrar as plantas situadas nas melhores e piores áreas de um campo ou de um estande. As diferenças entre as amostras podem fornecer pistas valiosas sobre a natureza do problema nutricional.

13.10 ANÁLISE DE SOLO

Uma vez que a quantidade *total* de um elemento presente no solo não diz muito sobre a sua capacidade de fornecê-lo às plantas (Seção 1.15), foram desenvolvidas *análises parciais do solo* mais significativas. As chamadas *análises de solo para fins de fertilidade* são as análises laboratoriais parciais de rotina, cuja finalidade é orientar as práticas de manejo de nutrientes.

Amostragem de solo

A amostragem é amplamente reconhecida como um dos elos mais fracos do processo de análise de solo. Cerca de uma colher de chá do material do solo é normalmente usada para representar milhões de quilos de solo no campo. Uma vez que os solos são altamente variáveis tanto no sentido horizontal como vertical é essencial seguir cuidadosamente as instruções de amostragem recomendadas pelo laboratório de análise de solo.

Amostragem de campos de golfe para análise de solo: http://mulch.cropsoil.uga.edu/turf/Sampling/sampling.html

[4] O melhor sistema desenvolvido para identificar as relações existentes entre muitos nutrientes é conhecido como Sistema Integrado de Diagnóstico de Recomendação (*DRIS: Diagnostic Recommendation Integrated System*). Para detalhes sobre esse sistema, consulte Walworth e Sumner (1987).

Tabela 13.8 Faixas de suficiência para interpretação da análise de tecidos de várias espécies de plantas

Os valores se aplicam apenas a determinadas partes da planta e à fase de crescimento indicadas. Normalmente, 6 a 20 plantas devem ser amostradas. Antes de serem submetidas à análise, as folhas devem ser rapidamente lavadas em água destilada para que qualquer tipo de solo ou poeira seja removido e, em seguida, devem ser secadas.

	Conteúdo, %						Conteúdo, $\mu g/g$				
Espécies de plantas e parte a ser amostrada	**N**	**P**	**K**	**Ca**	**Mg**	**S**	**Fe**	**Mn**	**Zn**	**B**	**Cu**
Pinheiros (*Pinus* spp.) Acículas do ano em curso, perto das pontas	1,2–1,4	0,10–0,18	0,3–0,5	0,13–0,16	0,05–0,09	0,08–0,12	20–100	50–600	20–50	3–9	2–6
Gramas de campo esportivo, estação fria Aparas	3,0–5,0	0,3–0,4	2–4	0,3–0,8	0,2–0,4	0,25–0,8	40–500	20–100	20–50	5–20	6–30
Milho (*Zea mays*) Folha da espiga, no pendoamento	2,5–3,5	0,20–0,50	1,5–3,0	0,2–1,0	0,16–0,40	0,16–0,50	25–300	20–200	20–70	6–40	6–40
Soja (*Glycine max*) Folhas maduras mais jovens, na floração	4,0–5,0	0,31–0,50	2,0–3,0	0,45–2,0	0,25–0,55	0,25–0,55	50–250	30–200	25–50	25–60	8–20
Macieira (*Malus* spp.) Folha na base de brotação não frutificada	1,8–2,4	0,15–0,30	1,2–2,0	1,0–1,5	0,25–0,50	0,13–0,30	50–250	35–100	20–50	20–50	5–20
Arroz (*Oryza sativa*) Folha madura mais jovem, no perfilhamento	2,8–3,6	0,14–0,27	1,5–3,0	0,16–0,40	0,12–0,22	0,17–0,25	90–200	40–800	20–160	5–25	6–25
Alfafa (*Medicago sativa*) Terço superior da planta na primeira flor	3,0–4,5	0,25–0,50	2,5–3,8	1,0–2,5	0,3–0,8	0,3–0,5	50–250	25–100	25–70	6–20	30–80

Dados provenientes de diversas fontes.

Devido à grande variabilidade existente nos níveis de nutrientes de um local para outro, é sempre aconselhável dividir um determinado campo de cultivo ou parcela desse campo em tantas áreas distintas quanto possível, retirando amostras de solo de cada uma delas para determinar as suas necessidades de nutrientes. Por exemplo, suponha que um campo de 20 ha tem um ponto baixo de 2 ha no centro e 5 ha em uma extremidade que antes era usada como uma pastagem permanente. Essas duas áreas devem ser amostradas e mais tarde manejadas separadamente do restante do campo. Da mesma forma, nas áreas em torno de uma casa os canteiros de flores devem ser amostrados separadamente do gramado, os pontos baixos da parte das áreas mais elevadas e assim por diante. Por outro lado, áreas nas quais existem solos incomuns e que são muito pequenas ou irregulares para poderem ser *manejadas separadamente* devem ser evitadas, e *não* incluídas na amostra composta que representará todo o campo de cultivo.

Amostra composta Normalmente, uma sonda é usada para remover um núcleo fino e cilíndrico de solo, pelo menos em 12 a 15 pontos, espalhados aleatoriamente dentro da área do campo agrícola que a amostra irá representadar (Figura 13.23). Essas 12 a 15 subamostras são depois bem misturadas em um balde de plástico, e cerca de 0,5 L do material do solo é colocado em um recipiente rotulado e enviado para o laboratório. Se o solo estiver úmido, ele deve ser seco ao ar, sem ser exposto ao sol ou ao calor, antes de ser embalado para as suas análises de rotina. O aquecimento da amostra pode fazer com que surjam resultados erronemente elevados de certos nutrientes.

Profundidade da amostragem A profundidade da amostragem padrão para um solo arado é a da camada arada, com cerca de 15 a 20 cm, mas várias outras profundidades também são

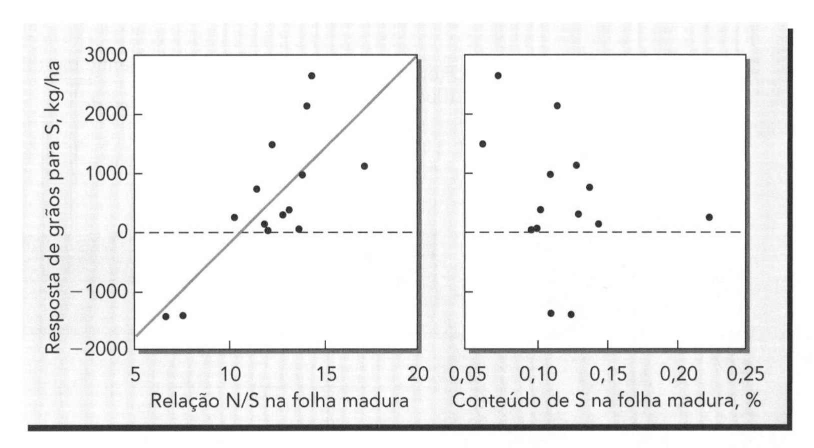

Figura 13.22 Aumento da produção do milho em relação ao teor de enxofre nas folhas; *à direita:* relação com o teor de enxofre das folhas; *à esquerda*: relação com a razão N/S das folhas. A relação entre dois elementos que se interagem muitas vezes é um guia melhor para determinar o estado nutricional da planta do que a identificação do teor do tecido de cada elemento sozinho. Isso porque o nitrogênio e o enxofre são necessários para sintetizar as proteínas vegetais. À medida que a relação N/S do milho foi aumentando (em relação ao não adubado), aumentou também a resposta positiva à aplicação de enxofre (na forma de gesso). Não foi observada uma clara relação entre a resposta à aplicação de enxofre e o conteúdo de S da folha, por si só, embora a maior parte do milho possuísse níveis de S abaixo da faixa de suficiência indicados na Tabela 13.8. Os dados são resultados de experimentos feitos em 14 pequenas propriedades no Malauí. As deficiências de enxofre são comuns nos solos da região central africana. (Dados de Weil e Mughogho [2000])

utilizadas (Figura 13.23). A profundidade de amostragem pode alterar muito os resultados obtidos na análise de laboratório, porque em muitos solos não arados os nutrientes estão estratificados em camadas contrastantes.

Época do ano Variações sazonais são frequentemente observadas nos resultados de análises de solo para uma determinada área. Por exemplo, em regiões temperadas, o nível de potássio é geralmente mais alto no início da primavera (após o congelamento e descongelamento pode haver a liberação de alguns íons de K fixados nas camadas interlaminares das argilas) e menor no final do verão (depois de as plantas terem removido grande parte do suprimento prontamente disponível). Se comparações anuais tiverem que ser feitas, o tempo de amostragem é especialmente importante. Uma boa prática é amostrar cada área a cada ano ou dois (sempre na mesma época do ano), de modo que os níveis da análise de solo possam ser rastreados ao longo dos anos para determinar se os níveis de nutrientes estão sendo mantidos, aumentados ou esgotados.

Calendário para testes especiais de nitrogênio A época do ano é especialmente importante para determinar a quantidade de nitrogênio mineralizado na zona radicular. Em épocas relativamente secas, em regiões frias (p. ex., as Grandes Planíces dos Estados Unidos), o teste de *nitrato residual* costuma ser feito em amostras retiradas a 60 cm de profundidade e em alguma época entre o outono e a primavera, antes do plantio. Em regiões úmidas, onde a lixiviação de nitrato é mais pronunciada, um teste especial foi desenvolvido para determinar se um solo irá mineralizar o nitrogênio suficiente para a cultura do milho (e algumas outras). As amostras para este *teste de pré-aplicação de nitrato em cobertura* (TPNC*) são retiradas dos 30 cm superiores quando o milho tem cerca de 30 cm de altura, bem a tempo de determinar o quanto de nitrogênio deve ser aplicado quando a cultura entra no seu período de mais rápida absorção de nitrogênio. Nesse caso, o solo deve ser amostrado durante o curto período de tempo em que,

* N. de T.: A sigla TPNC, usada no Brasil, equivale à *PSNT*, usada nos Estados Unidos, que vem da expressão *presidedress soil nitrate test.*

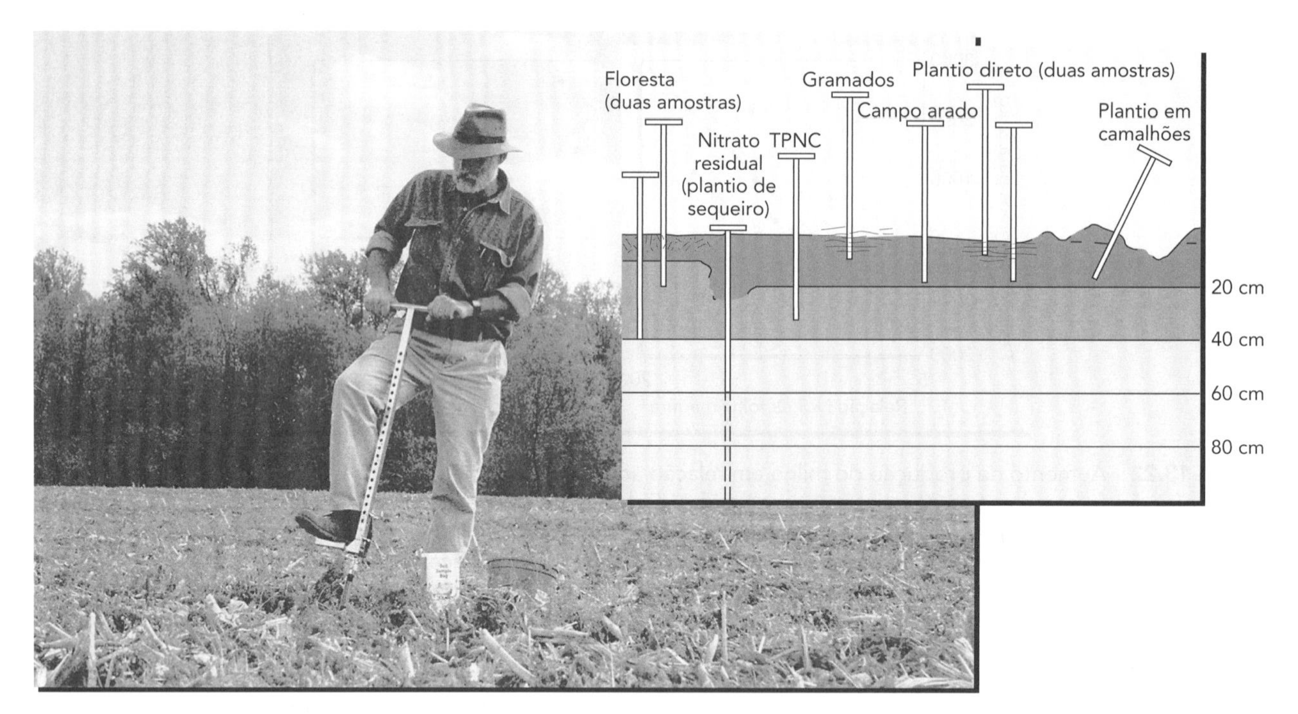

Figura 13.23 A amostragem do solo no campo é frequentemente a etapa mais exposta a erros no processo de análise do solo, porque as suas propriedades variam muito de um local para outro, mesmo em um campo aparentemente uniforme. As áreas que obviamante são incomuns (locais encharcados,erodidos ou onde esterco foi amontoado, etc.) devem ser evitadas. *No diagrama*: a profundidade mais apropriada para ser amostrada depende da natureza do solo e do propósito da sua análise; algumas profundidades, de acordo com diferentes situações, são sugeridas. (Foto: cortesia de R. Weil)

na primavera, o pico de mineralização é atingido, mas a absorção pelas plantas ainda não começou a esgotar o nitrato então produzido (ver Figura 13.20).

Zonas de manejo em locais específicos O procedimento padrão que acabamos de descrever, de retirar muitas amostras de solo para depois misturá-las para compor uma pequena e única amostra que representará a "média" do solo em um grande campo de cultivo, deve ser entendido pelo que essa amostra representa. As recomendações de adubação com base nas condições *médias* do solo da área provavelmente serão ou mais altas ou mais baixas para quase qualquer ponto específico desse campo. Usando *sistemas de informação geográfica* (GIS), com tecnologia computadorizada, as taxas de adubos podem ser muito mais precisamente adaptadas para incluir as variações do solo dentro de um campo. No entanto, os benefícios de se fazer isso nem sempre cobrem as despesas. Os custos incluem o trabalho no campo e as taxas de coleta e processamento de um grande número de amostras de solo coletadas em um padrão de grade dentro do campo. Uma vez que cada amostra é georreferenciada em relação à sua localização específica (usando um posicionamento baseado em *sistemas globais de satélites* [GPS]), o *software* do computador pode gerar mapas que mostram as zonas de manejo com as propriedades do solo e as necessidades de adubos bem definidas. Dessa forma, equipamentos especiais para a aplicação de adubos, controlados por computador, podem ser ajustados "em movimento" para aplicar automaticamente adubos em quantidades maiores ou menores, conforme indicado pelo mapa de zonas específicas de manejo (Figura 13.24).

Por exemplo, as áreas que foram mapeadas (com base nos resultados de análise de solo) indicando baixa disponibilidade de fósforo podem ser programadas para receber taxas de aplicação de adubo fosfatado maiores do que a média, enquanto as áreas mapeadas como ricas em fósforo podem não receber adubo fosfatado algum. Da mesma forma, áreas para taxas reduzidas de aplicação de adubos nitrogenados podem ser mapeadas para os locias de solos

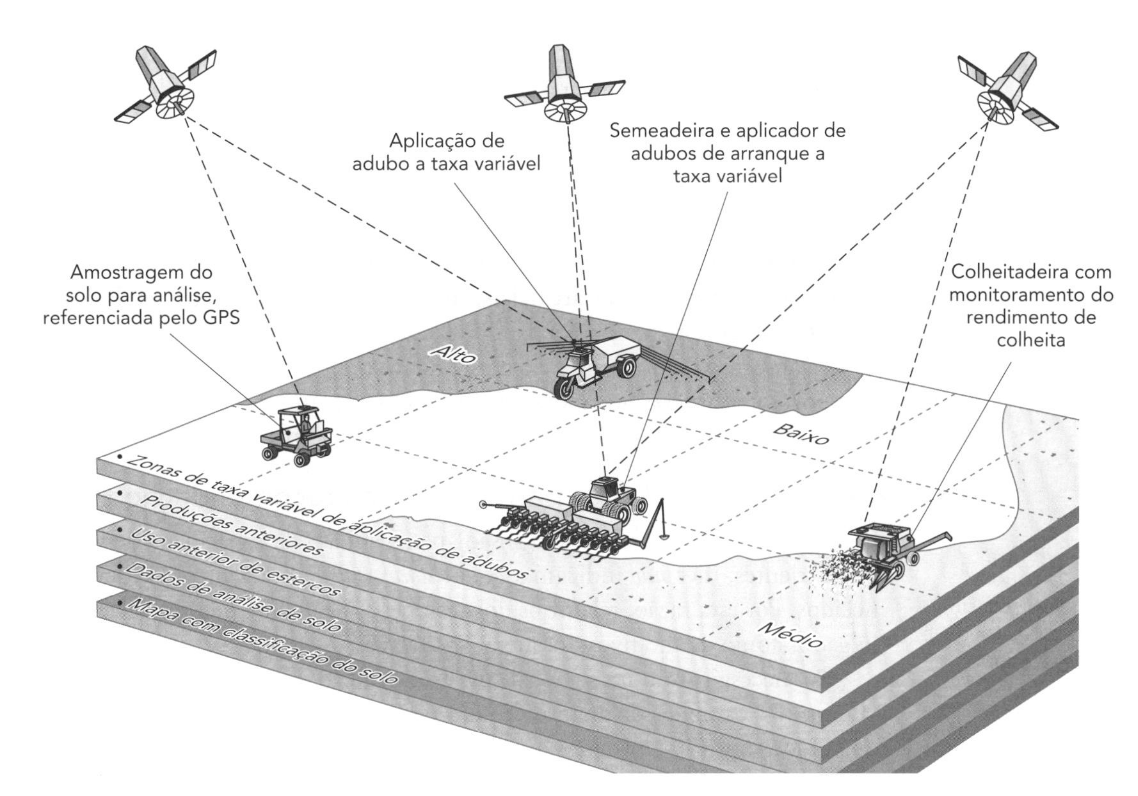

Figura 13.24 Alta tecnologia utilizada para facilitar os sistemas de manejo de nutrientes em locais específicos. O sistema de posicionamento global (GPS) pode plotar as localizações de muitas amostragens de solo e do rendimento de colheitas em uma base de células dentro de um campo. Uma amostra de solo (composta de 20 subamostras) é retirada de cada célula (cerca de 1 ha) e analisada. Com os resultados da análise do solo e outros dados obtidos dessas células, os computadores podem ajudar a criar mapas, como o mostrado aqui para um campo de 18 ha. O mapa do topo combina dados de outros mapas (dispostos em camadas) para definir "zonas de taxa de aplicação de adubos". Sistemas integrados satélite/computador podem ser usados para controlar aplicadores de adubos em taxas variáveis, que aplicam apenas as quantidades de nutrientes que as análises de solo (e manejos anteriores) indicam como necessárias. Na época da colheita, conexões similares via satélite/computadores tornam possível o monitoramento do rendimento das culturas em função da mesma grade de células à medida que a máquina colheitadeira percorre o campo. Os dados de rendimento das colheitas são usados para criar mapas de produtividade, que podem então ser usados para refinar ainda mais o sistema de manejo de nutrientes. (Modificado de PPI [1996])

arenosos com alto potencial de lixiviação, mas baixo potencial de rendimento das colheitas. Dessa forma, os mapas de taxas de aplicação são programados em um computador colocado a bordo da máquina que aplica o adubo.

Os sistemas de manejo para locais específicos também podem ser adaptados para controlar insetos e ervas daninhas e modificar as taxas e as profundidades de semeadura das plantas, permitindo que a agricultura de precisão maneje o solo tomando-se como base locais específicos, ao invés de todo o campo de cultivo.

Análise química das amostras

As mais comuns e confiáveis análises de solo são aquelas referentes a pH do solo, potássio, fósforo e magnésio. Os micronutrientes são por vezes extraídos utilizando-se agentes quelantes, especialmente para solos calcários das regiões mais áridas. Não obstante o fato de o nitrato e o sulfato presente no solo no momento da amostragem poderem ser medidos, as previsões acerca da disponibilidade de nitrogênio e enxofre para os cultivos são consideravelmente mais difíceis, devido aos muitos fatores biológicos envolvidos em seus ciclos (ver Seções 12.1 e 12.2).

Amostragem para zonas de manejo em locais específicos (Manitoba, Canadá): www.gov.mb.ca/agriculture/soilwater/soilfert/fbd01s02.html

Como os métodos utilizados por diferentes laboratórios são mais apropriados para diferentes tipos de solos, é aconselhável enviar a amostra para um laboratório situado na mesma região de origem do solo. Tal laboratório deverá estar apto para utilizar procedimentos apropriados para os solos da região em questão e deve ter acesso aos dados de correlação entre os resultados analíticos e as respostas das plantas advindos de solos semelhantes.

Métodos de análise concebidos para serem usados nos solos ou substratos para uso em vasos que contêm principalmante materiais de solos geralmente não dão resultados significativos quando usados em substratos artificiais, sem solos, baseados em turfas. Procedimentos especiais de extração devem ser usados para estes últimos, e os resultados devem ser correlacionados com a absorção de nutrientes e o crescimento das plantas cultivadas em meios semelhantes. É importante fornecer ao laboratório de análise de solo informações completas sobre a natureza do seu solo, seu histórico de manejo e seus futuros planos de uso.

Interpretando os resultados para fazer uma recomendação

Problemas com o "equilíbrio de cátions" (University of Wisconsin, Madison, Estados Unidos): www.soils.wisc.edu/extension/FAPM/approvedppt2004/Kelling1.pdf

Os valores da análise de solo em si são apenas *índices* da capacidade de fornecimento de nutrientes. Eles *não* indicam a *quantidade real* de nutrientes que deverão ser fornecidos. Por esta razão, relatórios dos resultados de análise de solo devem ser melhor julgados como qualitativos do que quantitativos.

São necessários muitos anos de experimentação de campo em muitos locais para determinar os níveis da análise de solo que indicam uma capacidade baixa, média ou alta de suprir os nutrientes que foram analisados. Tais categorias são usadas para prever a probabilidade de obter uma resposta rentável a partir de uma aplicação do resultado da análise de um nutriente (Figura 13.25). Uma vez que as reais unidades de medição (ppm, mg/L ou lb/acre) têm pouco significado real para o usuário final, os resultados da análise de solo estão cada vez mais sendo relatados como índices de valores em uma escala relativa (muitas vezes com o intervalo de 75-100 considerado como ideal). O relatório mostrado na Figura 13.26 usa ambas as categorias de interpretação e uma escala de um índice relativo.

Méritos da análise de solo

Quando as precauções já descritas são observadas, a análise do solo é uma ferramenta inestimável na elaboração das recomendações de adubação. Essa análise é mais útil quando correlacionada com os resultados de experimentos de adubação efetuados no campo. As modificações das recomendações adicionando mais adubo para alcançar o equilíbrio "ideal" de nutrientes no solo são muitas vezes um desperdício de dinheiro e outros recursos. Em vez disso, as análises de solo, corretamente usadas em conjunto com experimentos de calibração, podem indicar qual quantidade de adubos e/ou corretivos deve ser adicionada para permitir que o solo forneça nutrientes suficientes para o ótimo crescimento da planta.

A confiabilidade na previsão de como as plantas responderão às alterações feitas no solo varia de acordo com a análise em particular, pois os testes para alguns parâmetros são muito mais confiáveis do que outros, devido à consistência e à amplitude dos dados de correlação de campo. Em geral, os testes para pH (necessidade de calagem ou de acidificação) de P, K, Mg, B e Zn são bastante confiáveis. Alguns laboratórios de análise de solo oferecem testes adicionais para determinar outros atributos, como micronutrientes (Cu, Mn, Fe, Mo, etc.), frações húmicas (fúlvicas, húmicas, etc.), saturação por cátions não ácidos ("bases") e até mesmo várias populações microbianas (fungos, bactérias, nematoides não parasitas, etc.). No entanto, a base para fazer essas recomendações de práticas para o manejo da fertilidade do solo com base somente em parâmetros de análise de solo como é atualmente feito, na melhor das hipóteses, é muito precária.

Geralmente, a análise de solo tem sido mais utilizada em sistemas agrícolas, enquanto a análise foliar mostrou-se bem útil na silvicultura. O uso limitado de análises de solo em flo-

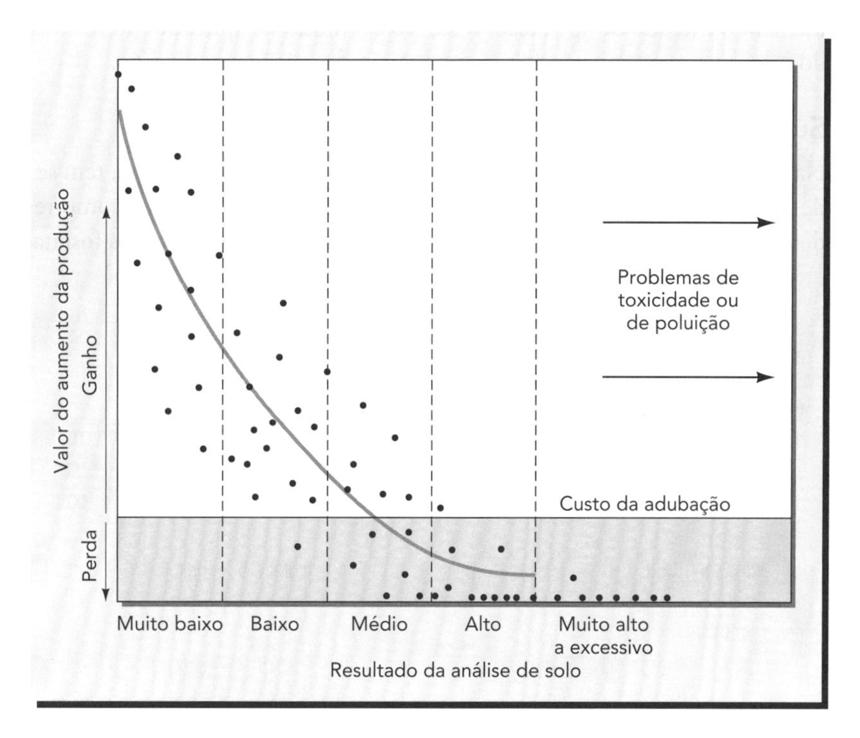

Figura 13.25 Relação entre os resultados da análise de solo para um nutriente e o rendimento extra obtido com a adubação com esse nutriente. Cada dado representa a diferença no rendimento das plantas em relação ao solo adubado e o não adubado. Devido a muitos fatores que afetam o rendimento das colheitas e porque as análises de solo podem apenas prever aproximadamente a disponibilidade de nutrientes, a relação não é precisa, mas os pontos relativos aos dados estão dispersos sobre uma linha que indica uma tendência. Se o ponto está acima da linha que se refere ao custo dos adubos, o rendimento extra valeu mais do que o custo do adubo e, assim, houve lucro. Para uma análise de solo nas categorias baixa e muito baixa, uma resposta rentável para o uso de adubos seria muito provável. Para um resultado de análise de solo indicando um nível médio, uma resposta rentável seria uma proposição de 50:50. Para análises de solo com resultados indicando níveis altos, uma resposta rentável seria pouco provável.

restas é, em parte, devido ao fato de as árvores, com seus extensos sistemas radiculares perenes, integrarem a biodisponibilidade dos nutrientes ao longo de todo o perfil. Esse fato, combinado com a estratificação caracteristicamente complexa de nutrientes nos solos florestais, cria uma grande incerteza a respeito de como obter uma amostra representativa do solo para análise. Além disso, por causa do longo período de tempo ocupado por uma floresta plantada, as informações disponíveis sobre a correlação da análise de solo com os rendimentos de madeira são muito menores do que as disponíveis para as culturas agronômicas.

13.11 ABORDAGENS DE ÍNDICE LOCAL PARA O MANEJO DE FÓSFORO

Como as preocupações sobre as fontes não pontuais (difusas) de poluição da água têm aumentado, as pesquisas têm descoberto que o movimento de fósforo do solo para a água é uma das principais causas da degradação dos ecossistemas aquáticos, especialmente nos lagos (Seção 13.2).

O movimento do fósforo, a partir do solo para a água, é determinado pelo seu *transporte*, sua *fonte* e seus *parâmetros de manejo*. Os parâmetros de transporte incluem os mecanismos que governam como a chuva, o derretimento de neve ou a água de irrigação provocam o escoamento superficial da água e dos sedimentos com fósforo por toda a paisagem. Os parâmetros da fonte incluem a quantidade e as formas de fósforo no e sobre o solo. Os parâmetros de manejo incluem o método de aplicação, o tempo e o modo de aplicação do fósforo e as movimentações do solo – como as que são feitas por ocasião da aração e gradeação.

Superenriquecimento dos solos

Na Seção 12.3, discutimos como o fósforo, tão escasso na natureza, tem se acumulado ao longo de décadas a níveis bastante elevados em muitos solos agrícolas, como resultado de duas tendências históricas: a aplicação em excesso e a longo prazo de adubos fosfatados e a concentração

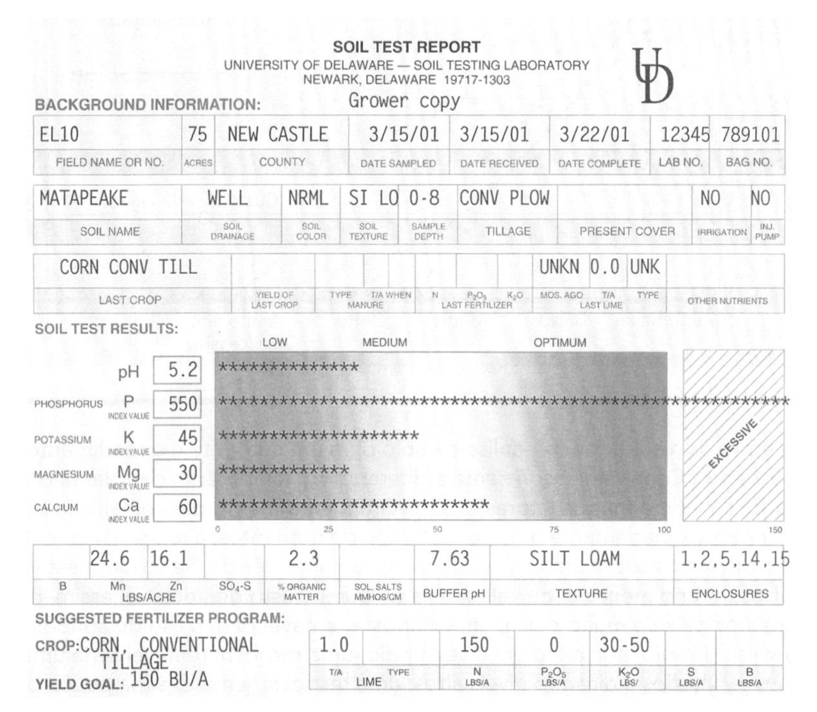

SOIL TEST REPORT
UNIVERSITY OF DELAWARE — SOIL TESTING LABORATORY
NEWARK, DELAWARE 19717-1303

BACKGROUND INFORMATION: Grower copy

FIELD NAME OR NO.	ACRES	COUNTY	DATE SAMPLED	DATE RECEIVED	DATE COMPLETE	LAB NO.	BAG NO.
EL10	75	NEW CASTLE	3/15/01	3/15/01	3/22/01	12345	789101

SOIL NAME	SOIL DRAINAGE	SOIL COLOR	SOIL TEXTURE	SAMPLE DEPTH	TILLAGE	PRESENT COVER	IRRIGATION	INJ. PUMP
MATAPEAKE	WELL	NRML	SI LO	0-8	CONV PLOW		NO	NO

LAST CROP	YIELD OF LAST CROP	MANURE TYPE	MANURE T/A WHEN	LAST FERTILIZER N	LAST FERTILIZER P_2O_5	LAST FERTILIZER K_2O	LAST LIME MOS. AGO	LAST LIME T/A	LAST LIME TYPE	OTHER NUTRIENTS
CORN CONV TILL							UNKN	0.0	UNK	

SOIL TEST RESULTS:

			LOW / MEDIUM / OPTIMUM / EXCESSIVE (0 – 25 – 50 – 75 – 100 – 150)
	pH	5.2	***************
PHOSPHORUS	P INDEX VALUE	550	***
POTASSIUM	K INDEX VALUE	45	**********************
MAGNESIUM	Mg INDEX VALUE	30	**************
CALCIUM	Ca INDEX VALUE	60	******************************

B	Mn (LBS/ACRE)	Zn (LBS/ACRE)	SO_4-S	% ORGANIC MATTER	SOL. SALTS MMHOS/CM	BUFFER pH	TEXTURE	ENCLOSURES
	24.6	16.1		2.3		7.63	SILT LOAM	1,2,5,14,15

SUGGESTED FERTILIZER PROGRAM:
CROP: CORN, CONVENTIONAL TILLAGE
YIELD GOAL: 150 BU/A

LIME T/A	LIME TYPE	N LBS/A	P_2O_5 LBS/A	K_2O LBS/	S LBS/A	B LBS/A
1.0		150	0	30-50		

Figura 13.26* Um típico relatório de análise de solo com índices de valores que indicam as categorias como baixa, média e ótima ou alta. O relatório inclui a natureza e o histórico do campo, os níveis de certos nutrientes determinados pelas análises de solo, outras propriedades do solo que foram medidas em laboratório e as recomendações para as quantidades e tipos de adubos e corretivos do solo que devem ser aplicados a uma determinada cultura. Para o campo amostrado, as seguintes interpretações podem ser feitas: o pH está baixo e deve ser aumentado para perto de 6,0; algum calcário dolomítico deve ser adicionado ao solo para aumentar o Mg, cuja disponibilidade está entre baixa e média; é provável que a adição de quantidades moderadas de K possam resultar em uma resposta econômica; o nível de P é muito alto, de modo que as adições P de qualquer tipo devem ser evitadas, fazendo também com que algumas medidas devam ser tomadas para evitar o transporte de P para os cursos d'água. Como o Estado de Delaware, Estados Unidos, está em uma região úmida, onde o N solúvel pode lixiviar durante o inverno, a aplicação de N é recomendada com base não somente na meta de rendimento como também nas propriedades do solo que afetam a mineralização, mas não com base em uma análise para N. Em uma região árida ou semiárida, um laboratório de análise de solo provavelmente também analisará e relatará o nitrato e a condutividade elétrica do solo. As análises de enxofre e boro não fazem parte do pacote de análises padrão em Delaware, mas poderão ser incluídas se solicitadas. (Relatório: cortesia de K. L. Gartley, University of Delaware, Estados Unidos).

* N. de T.: A cópia do relatório dos resultados de análise de solo refere-se a uma amostra coletada no município de New Castle, Estado de Delaware, Estados Unidos. Os dizeres indicam que a amostra foi coletada em 15/03/2001, recebida em 15/03/2001, e as ánalises foram completadas em 22/03/2001. O solo amostrado era da série *Matapeake*, bem-drenado, com textura franco-siltosa, amostrado na profundidade de 0-8 polegadas. O último cultivo foi o de milho, sob plantio convencional. São apresentados dados de pH (5,2, baixo) e índices com valores relativos para fósforo (550, muito elevado), potássio (45, médio), magnésio (30, médio a baixo) e cálcio (60, médio a alto). Também são relatados os resultados das análises de Mn e Zn (24,6 e 16,1 lb/acre, respectivamante), da matéria orgânica (2,3%) e do pH SMP (7,63). São feitas sugestões para o programa de adubação para milho (preparo convencional do solo), visando à produtividade de 150 bushels/acre: 1 tonelada de calcário, 150 lbs de N, 0 de P_2O_5 e 30 a 50 lbs de K (todos "por acre").

das atividades pecuárias, que resultou nas subsequentes e elevadas aplicações de esterco animal nos solos das proximidades das instalações pecuárias (Seção 13.2). Devido a essas tendências, alguns campos agrícolas se tornaram tão ricos em fósforo que a chuva ou a água de irrigação, depois de atingir e interagir com o solo, carrega consigo fósforo suficiente para interferir na ecologia das águas receptoras. Por isso, é imperativo identificar os locais cujo potencial para provocar a poluição por fósforo é muito alto. Desse modo, se adequadamente manejados, os impactos ambientais poderão ser reduzidos. Muitas décadas podem ser necessárias para que haja a redução dos níveis de P no solo até que eles retornem para a faixa ideal (Figura 13.27).

Transportes de fósforo das terras para a água

Uma revisão da Seção 12.3, que fala sobre o ciclo do fósforo, nos lembra de que esse elemento pode se mover das terras para as águas por três vias principais: (1) incorporado às partículas do solo erodido (a principal via de perda de P dos solos cultivados), (2) dissolvido na água de escoamento superficial (a principal via para as pastagens, matas e lavouras cultivadas sob sistema de plantio direto) e (3) dissolvido ou incorporado às partículas coloidais em suspensão na água que percola através do perfil e na dos aquíferos subterrâneos que alimentam os cursos d'água ou lagos a jusante (uma parte significativa do caminho em solos muito arenosos ou maldrenados, com lençol freático próximo à superfície e, possivelmente, em solos muito adubados que possuem muitos macroporos contínuos).

Nível de análises de solo para fósforo também como indicador de perdas potenciais

Conforme descrito na Seção 13.10, a análise de solo foi projetada para determinar a capacidade de um solo em fornecer nutrientes às raízes das plantas. No entanto, os testes de rotina

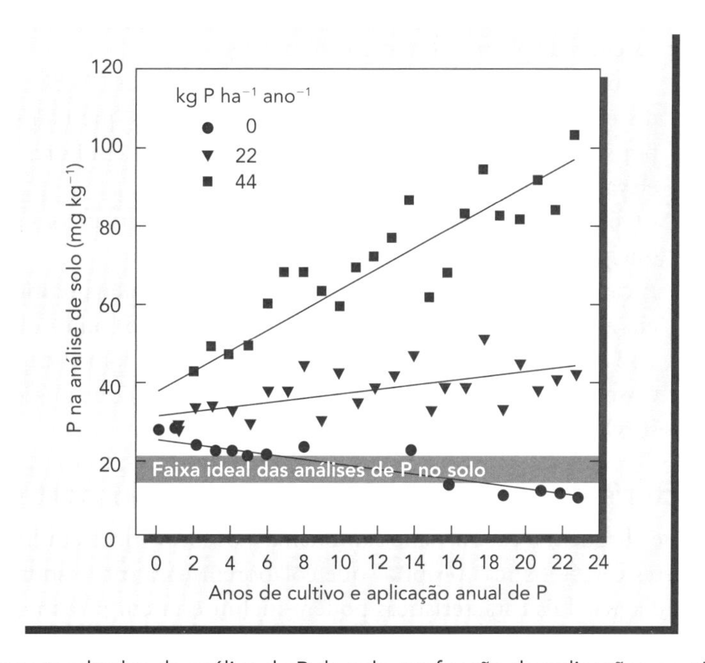

Figura 13.27 Mudanças nos resultados da análise de P do solo em função de aplicações anuais de 0,22 ou 44 kg P ha^{-1} em uma cultura em rotação de milho e soja, em um *Mollisol* do Estado de Iowa, Estados Unidos. Os dados deste e de outros locais do estudo demonstram que a aplicação de 12 a 20 kg P ha^{-1} ano^{-1} é suficiente para equilibrar o P removido nas colheitas das culturas e manter os resultados da análise de P do solo em uma faixa ideal para muitos sistemas de cultivo. As análises de solo foram realizadas utilizando-se o método Bray-1, para os quais os níveis ideais são de 16 a 22 mg de P extraído por quilo de solo. (Dados obtidos de Dodd e Mallarino [2005], com a permissão da Soil Science Society of America)

para fósforo no solo sendo usados têm mostrado também outra indicação útil (embora não perfeita): a do quão prontamente o fósforo poderá ser dessorvido de um solo e, em seguida, se dissolver na água da enxurrada. A relação entre o nível de fósforo detectado pela análise de amostras do solo retiradas nos dois primeiros centímetros mais superficiais do solo e o fósforo da água de enxurrada não é linear (Figura 13.28). Em vez disso, essa relação apresenta um efeito de limite que demonstra que pouco fósforo será perdido para o escoamento superficial se os solos estiverem próximos ou abaixo do nível ideal para o fósforo. Por outro lado, a quantidade liberada do solo para a água de escoamento aumenta exponencialmente à medida que os níveis de fósforo obtidos na análise do solo são muito mais elevados que esses níveis considerados como ideais para os cultivos. Portanto, como sugerido na Figura 13.28, parece que os solos podem ser mantidos em níveis de fósforo suficientes para um adequado crescimento da planta, sem que aconteçam perdas indesejáveis desse elemento na água de enxurrada. Assim como o nitrogênio, significativos danos ambientais estão associados aos excessos, ou seja, à aplicação de quantidades maiores de nutrientes do que as realmente necessárias. O nível mais rentável dos teores de fósforo para a agricultura também pode ser o ambientalmente mais saudável, além de colaborar para conservar os finitos estoques mundiais desse elemento essencial.

Fósforo na água de drenagem Na maior parte dos solos e na maioria das circunstâncias, as quantidades significativas de fósforo não se perdem na água de drenagem. Tais águas geralmente são muito pobres em fósforo, porque se infiltram sob a forma de percolação a partir da superfície, atravesssando os horizontes subsuperficiais, o que faz com que o $H_2PO_4^-$ dissolvido seja fortemente sorvido por complexação de esfera interna na superfície dos minerais que contêm Fe, Al, Mn e Ca (Seções 8.7 e 12.3). No entanto, sob certas circunstâncias, esse mecanismo não é tão eficaz na remoção do fósforo da água de drenagem. Essas circunstâncias incluem os seguintes casos:

1. A água de percolação está fluindo através dos macroporos e tem pouco contato com a superfície das partículas do solo (Seção 6.8). Isso pode ocorrer a longo prazo nos sistemas de plantio direto ou em pastagens.
2. O fósforo dissolvido não está nas formas minerais ($H_2PO_4^-$ ou HPO_4^{2-}), mas, em vez disso, faz parte de moléculas orgânicas solúveis que não são fortemente adsorvidas por superfícies minerais. Essa situação é comum em florestas ou solos que receberam elevadas quantidades de adubos.
3. O fósforo está sorvido sobre a superfície de partículas coloidais dispersas tão pequenas que permanecem suspensas na água de percolação.
4. A capacidade do solo em fixar fósforo é tão pequena (como em areias, em *Histosols* e em alguns solos encharcados com ferro reduzido) ou o solo já está tão saturado com esse elemento (como em solos sobrecarregados com P depois de muitos anos de excesso de esterco e aplicações de adubos minerais) que quase nenhum fósforo pode ser sorvido (Figura 13.28).

Características locais que influenciam o transporte de fósforo

Para que cheguem a causar danos ambientais, os locais ricos em fósforo devem também possuir certas características próprias que colaborem para o transporte de fósforo aos sensíveis corpos d'água. Tais características podem incluir estarem próximo de um curso d'água, não possuírem uma faixa de proteção com vegetação, serem constituídos de solos erodíveis ou serem marcados por altas taxas de escoamento, causadas pela baixa permeabilidade e pela presença de encostas declivosas. O controle de erosão do solo pelo sistema de plantio direto, coberturas mortas e outras práticas discutidas no Capítulo 14 podem reduzir, e muito, o transporte de sedimentos associados ao fósforo, mas terá pouco efeito ou poderá até aumentar a perda de fósforo dissolvido na água do escoamento ou da drenagem. Na verdade, quando os

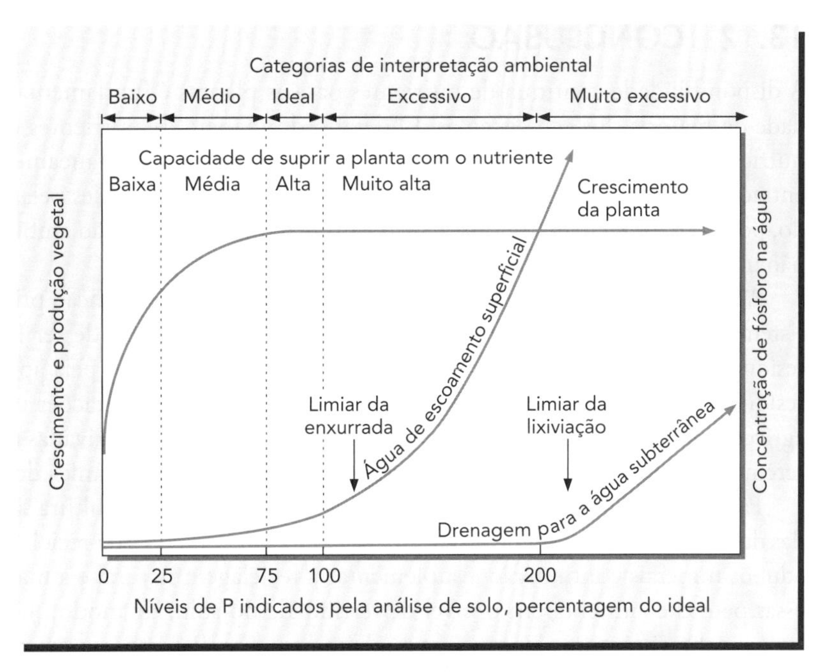

Figura 13.28 Relação generalizada entre os níveis de fósforo disponíveis nos solos para as plantas (análise de P no solo), as perdas ambientais do P dissolvido no escoamento superficial e as águas de drenagem subterrânea. A relação generalizada entre as tradicionais categorias de interpretação de fornecimento de nutrientes das plantas e as categorias de interpretação ambiental também são indicadas na parte superior do gráfico. O diagrama sugere que, felizmente, os níveis de P no solo podem ser elevados a um nível favorável tanto ao desenvolvimento ideal das plantas como à proteção ambiental. Se as perdas de P pela erosão do solo são controladas (embora não seja mostrada, esta é uma grande dúvida), quantidades significativas de P dissolvido só seriam perdidas se os solos contivessem teores de P superiores aos necessários para o crescimento ideal das plantas. As perdas de P por lixiviação na água de drenagem seriam significativas apenas em níveis muito elevados de P do solo, uma vez que elas aumentam rapidamente apenas depois que a capacidade de adsorção do P do solo é substancialmente saturada. Observe os níveis limiares (setas verticais) para as perdas de P. Os eixos verticais não estão em escala. (Figura baseada em dados e conceitos discutidos em Sharpley [1997], Beegle et al. [2000] e Higgs et al. [2000])

campos de plantio direto são adubados, o fósforo tende a se acumular na parte superior de 1 a 2 cm no solo, onde ele é mais suscetível à dessorção na água da enxurrada. A influência benéfica das faixas de proteção na remoção do fósforo no escoamento superficial, tanto dissolvido quanto contido em sedimentos, foi abordada na Seção 13.2.

Índice local de fósforo[5]

Normalmente, a maioria do fósforo que entra em um rio ou lago provém de apenas uma pequena fração da área de uma bacia hidrográfica. O manejo ambiental eficaz requer a identificação dos locais de elevado risco. Como acabamos de discorrer, esses locais podem vir a ser de alto risco (onde grande quantidade de materiais contendo fósforo é aplicada e/ou apresenta níveis de fósforo, no resultado das análises de solo para esse elemento, excessivamente elevados) e, também, responsáveis pelo grande deslocamento desse elemento. Os pesquisadores têm tentado incorporar dados relativos às fontes de fósforo, transporte e características de manejo de um local com base no índice de risco de poluição por esse elemento, comumente referido como o *índice local de fósforo*. Esse índice foi desenvolvido para identificar os locais onde o risco de movimentação de fósforo pode ser relativamente maior do que o de outros locais.

[5] Consulte, por exemplo, USDA (2007).

13.12 CONCLUSÃO

A disponibilidade contínua de nutrientes para as plantas é fundamental para a sustentabilidade da maioria dos ecossistemas. O desafio do manejo de nutrientes é triplo: (1) fornecer nutrientes adequados para as plantas do ecossistema; (2) simultaneamente assegurar que as entradas de nutrientes estejam em equilíbrio com a utilização deles pelas plantas (conservando, portanto, os recursos de nutrientes) e (3) evitar a contaminação ambiental com nutrientes não utilizados.

A reciclagem dos nutrientes das plantas deve receber uma atenção prioritária em qualquer sistema de manejo ecologicamente saudável. Em parte, isso pode ser feito pelo retorno de resíduos vegetais ao solo. Esses resíduos podem ser completados pela aplicação criteriosa dos resíduos orgânicos que são produzidos em abundância por operações industriais, urbanas e agrícolas em todo o mundo. O uso de plantas de cobertura, cultivadas especificamente para serem devolvidas ao solo, é um meio adicional de reciclagem orgânica de nutrientes.

Para os locais de onde os produtos da agricultura ou da silvicultura são removidos, as perdas de nutrientes comumente excedem os ganhos provenientes da reciclagem. Nesses casos, os adubos minerais continuarão a suplementar a reciclagem natural e a manejada para reporem essas perdas e aumentarem o nível de fertilidade do solo, de modo que a humanidade não apenas sobreviva neste planeta, mas também prospere. Por isso, em extensas áreas do mundo, o uso de adubos terá que ser elevado acima dos níveis atuais, a fim de remediar os solos degradados, permitir a produção rentável de alimentos e fibras e evitar a degradação dos solos e dos ecossistemas.

O uso de adubos, tanto orgânicos quanto minerais, não deve ser feito de forma habitual ou simplesmente para os chamados "fins de garantia". Em vez disso, a análise de solo e outras ferramentas de diagnóstico devem ser utilizadas para determinar a real necessidade de se adicionar certos nutrientes ao solo. No manejo do nitrogênio e do fósforo, cada vez mais atenção terá que ser dada ao potencial de transporte desses nutrientes que saem dos solos e são transportados para os cursos d'água, onde podem se tornar poluentes. Se os solos são pobres em nutrientes disponíveis, os adubos, por sua vez, dão um retorno de vários dólares (relativos ao aumento do rendimento das colheitas) para cada dólar investido. No entanto, onde a capacidade do solo em fornecer nutrientes já é satisfatória, a adição de adubos tende a ser prejudicial tanto para o resultado econômico final quanto para o meio ambiente.

QUESTÕES PARA ESTUDO

1. A água subterrânea sob um campo de cultivo muito adubado está com altos teores de nitratos, mas, no momento em que atinge o curso d'água fronteiriço ao campo, a concentração diminuiu a níveis aceitáveis de nitrato. Quais são as possíveis explicações para essa redução do nitrato?
2. Para minimizar a lixiviação de nitrato, você quer plantar uma cultura de cobertura no outono, após a colheita de sua safra de milho. Quais são as características do local que devem ser consideradas na hora de escolher a cultura de cobertura apropriada para resolver essa situação?
3 Quais práticas de manejo feitas em locais florestais podem levar a perdas significativas de nitrogênio, e como essas perdas podem ser evitadas?
4. Quais são os efeitos dos incêndios florestais sobre a disponibilidade de nutrientes e as perdas destes nos cursos d'água?
5. Compare a conservação dos recursos naturais e as questões de qualidade ambiental relacionadas a cada um dos três chamados elementos de adubos, N, P e K.
6. O técnico agrícola que administra um campo de golfe quer adubar uma área gramada com nitro-

gênio e fósforo nas doses de 60 kg/ha de N e 20 kg/ha de P. Ele estocou dois tipos de adubos: ureia (rotulada 45-0-0) e fosfato diamônio (rotulado 18-46-0). Quanto de cada um ele deverá misturar para adubar uma área de 10 ha de gramado?

7. Quanto de fósforo (P) existe em um saco de adubo pesando 25 kg, rotulado "20-20-10"?
8. Compare as vantagens e desvantagens das fontes orgânicas e minerais de nutrientes.
9. Uma agricultora que produz produtos orgânicos certificados planeja plantar uma cultura que exige a aplicação de 120 kg/ha de N disponível para as plantas e 20 kg/ha de P. Ela tem uma fonte de composto que contém 1,5% de N total (com 10% desse elemento disponível no primeiro ano) e 1,1% de P total (com 80% disponível no primeiro ano). (a) Supondo que seu solo tem um nível baixo de P, quanto de composto ela deveria aplicar para fornecer o N e o P necessários? (b) Se o seu solo já tem um teor ideal de P, como ela poderia fornecer a quantidade necessária tanto de N como de P, *sem* causar um acúmulo maior de P?
10. Discuta o conceito de *fator limitante* e indique a sua importância no auxílio ou na restrição em relação ao crescimento das plantas.
11. Por que os problemas de reciclagem de nutrientes dos sistemas agrícolas são mais importantes do que aqueles existentes em áreas de florestas?
12. Discuta como a tecnologia baseada em GIS e manejo específico de locais para aplicação de nutrientes podem melhorar a rentabilidade e reduzir a degradação ambiental.
13. Discuta o valor e as limitações das análises de solo como indicadores das taxas de nutrientes exigidas pelas plantas, bem como dos riscos de esses nutrientes poluírem a água.
14. Quando o uso das análises de tecidos vegetais pode ter mais vantagens sobre a análise do solo em relação à correção dos desequilíbrios nutricionais?

REFERÊNCIAS

Aber, J., et al. 2000. "Applying ecological principles to management of the U.S. National Forests," *Issues in Ecology*, **6**. Disponível em: http://esa.org/science_resources/issues/FileEnglish/Issue6.pdf (confirmado em 12 setembro 2006) (Washington, DC: Ecological Society of America).

Addiscott, T. M. 2006. "Is it nitrate that threatens life or the scare about nitrate?" *Journal of the Science of Food and Agriculture*, **86**:2005–2009.

Beegle, D. B., O. T. Carton, and J. S. Bailey. 2000. "Nutrient management planning: Justification, theory, practice," *J. Environ. Quality*, **29**:72–79.

Beegle, D. B., L. E. Lanyon, and J. T. Sims. 2002. "Nutrient balances," pp. 171–193, in P. M. Haygarth and S. C. Jarvis (eds.), *Agriculture, Hydrology and Water Quality*. (Wallingford, UK: CAB International).

Brady, N. C., and R. R. Weil. 1996. *The Nature and Properties of Soils*, 11th ed. (Upper Saddle River, NJ: Prentice Hall).

CAST. 1999. *Gulf of Mexico hypoxia: Land and sea interactions.* Task Force Report 134 (Ames, IA: Council for Agricultural Science and Technology).

Dean, J. E., and R. R. Weil. 2009. "Brassica cover crops for nitrogen retention in the Mid-Atlantic coastal plain," *J. Environ. Qual.* **38**:520–528.

Dodd, J. R., and A. P. Mallarino. 2005. "Soil-test phosphorus and crop grain yield responses to longterm phosphorus fertilization for corn-soybean rotations," *Soil Sci. Soc. Am. J.*, **69**:1118–1128.

Eghball, B., B. J. Wienbold, J. E. Gilley, and R. A. Eigenberg. 2002. "Mineralization of manure nutrients," *J. Soil Water Conserv.*, **57**:470–473.

FAO. 2006. *FAOSTAT*. Food and Agriculture Organization of the United Nations. Disponível em: http://faostat.fao.org (acesso em 20 agosto 2006).

FAO. 1977. *China: Recycling of Organic Wastes in Agriculture.* F. A. O. Soils Bulletin **40** (Rome: U.N. Food and Agriculture Organization).

Havlin, J. L., J. D. Beaton, S. L. Tisdale, and W. L. Nelson. 2005. *Soil Fertility and Fertilizers—An Introduction to Nutrient Management*, 7th ed. (Upper Saddle River, NJ: Prentice Hall).

He, Xin-Tao, T. Logan, and S. Traina. 1995. "Physical and chemical characteristics of selected U.S. municipal solid waste composts," *J. Environ. Qual.*, **24**:543–552.

Heckman, J. R., and D. Kluchinski. 1996. "Chemical composition of municipal leaf waste and handcollected urban leaf litter," *J. Environ. Qual.*, **25**:355–362.

Heckman, J. R., R. R. Weil, and F. Magdoff. 2009. "Practical steps to soil fertility for organic agriculture," Chapter 7, in C. A. Francis, ed., *Ecology in Organic Farming Systems* (Madison, WI: American Society of Agronomy/Crop Science Society of America, and Soil Science Society of America).

Higgs, B., A. E. Johnston, J. L. Salter, and C. J. Dawson. 2000. "Some aspects of achieving sustainable phosphorus use in agriculture," *J. Environ. Qual.*, **29**:80–87.

Krogmann, U., B. F. Rogers, L. S. Boyles, W. J. Bamka, and J. R. Heckman. 2003. "Guidelines for land application of non-traditional organic wastes (food processing by-products and municipal yard wastes) on farmlands in New Jersey," *Bulletin e281*. Rutgers Cooperative Extension, New Jersey Agricultural Experiment Station, Rutgers, The State University of New Jersey. (publicado em junho 2003; acesso em 08 fevereiro 2009).

L'hirondel, J., and J.-L. L'hirondel. 2002. *Nitrate and Man: Toxic, Harmless or Beneficial?* (Wallingford, UK: CABI).

Magdoff, F., L. Lanyon, and B. Liebhardt. 1997. "Nutrient cycling, transformations, and flows: Implications for a more sustainable agriculture," *Advances in Agronomy*, **60**:2–73.

Miller, W. W., D. W. Johnson, T. M. Loupe, J. S. Sedinger, E. M. Carroll, J. D. Murphy, R. F. Walker, and D.Glass. 2006. "Nutrients flow from runoff at burned forest site in Lake Tahoe basin," *Calif. Agric.*, **60**:65–71.

Potash and Phosphate Institute. 1996. "Site-specific nutrient management systems for the 1990's." Pamphlet. (Norcross, GA.: Potash and Phosphate Institute and Foundation for Agronomic Research).

Preusch, P. L., P. R. Adler, L. J. Sikora, and T. J. Tworkoski. 2002. "Nitrogen and phosphorus availability in composted and uncomposted poultry litter," *J. Environ. Qual.,* **31**:2051–2057.

Reddy, G. B., and K. R. Reddy. 1993. "Fate of nitrogen-15 enriched ammonium nitrate applied to corn," *Soil Sci. Soc. Amer. J.*, **57**:111–115.

Reuter, D. J., and J. B. Robinson. 1986. *Plant Analysis: An Interpretation Manual* (Melbourne, Australia: Inkata Press).

Richards, R. P. et al. 1996. "Well water, well vulnerability, and agricultural contamination in the midwestern United States," *J. Environ. Qual.*, **25**:389–402.

Santamaria, P. 2006. "Nitrate in vegetables: Toxicity, content, intake and EC regulation," *Journal of the Science of Food and Agriculture,* **86**:10–17.

Sharpley, A. N. 1997. "Rainfall frequency and nitrogen and phosphorus runoff from soil amended with poultry litter," *J. Environ. Qual.*, **26**:1127–1132.

Smith, S. J., A. N. Sharpley, J. W. Naney, W. A. Berg, and O. R. Jones. 1991. "Water quality impacts associated with wheat culture in the Southern Plains," *J. Environ. Qual.,* **20**:244–249.

Stivers, L. J., C. Shennen, E. Jackson, K. Groody, and C. J. Griffin. 1993. "Winter cover cropping in vegetable production systems in California," in M. G. Paoletti, et al. (eds.), *Soil Biota, Nutrient Cycling and Farming Systems* (Boca Raton, FL: Lewis Press).

Swank, W. T., J. M. Vose, and K. J. Elliot. 2001. "Longterm hydrologic and water quality responses following commercial clear cutting of mixed hardwoods on a southern Appalachian catchment," *Forest Ecology and Management,* **143**:163–178.

USDA Natural Resources Conservation Service. 2006. *The P Index: A Phosphorus Assessment Tool.* Disponível em: www.nrcs .usda.gov/TECHNICAL/ECS/nutrient/pindex.html (confirmado em julho 2007).

Walworth, J. L., and M. E. Sumner. 1987. "The diagnosis and recommendation integrated system (DRIS)," *Advances in Soil Science*, **6**:149–187.

Weil, R. R., and S. K. Mughogho. 2000. "Sulfur nutrition of maize in four regions of Malawi," *Agron. J*, **92**:649–656.

Yang, H. S. 2006. "Resource management, soil fertility and sustainable crop production: Experiences of China," *Agric. Ecosyst. Environ.*, **116**:27–33.

Zublena, J. P., J. C. Barker, and T. A. Carter. 1993. "Poultry manure as a fertilizer source," *Soil Facts* (Raleigh, NC: North Carolina Cooperative Extension Service, North Carolina State University).

A erosão eólica degrada o solo do deserto e a sua vegetação (R. Weil)

14 Erosão do Solo e seu Controle

Inesperadamente, a terra marrom começa a ser retalhada pelo vento...

— T.S. Eliot, *THE WASTE LAND*

Dentre os fenômenos que, em âmbito mundial, afetam os solos, nenhum é mais destrutivo do que a erosão causada pela água e pelo vento. Desde a pré-história, os povos que, de alguma maneira, provocaram a erosão do solo vêm sofrendo com a consequência do empobrecimento e da fome. Várias civilizações do passado desapareceram quando os solos sobre os quais viviam e de onde retiravam seus alimentos, que antes eram profundos e produtivos, foram arrastados pela erosão, restando apenas camadas rochosas e delgadas como relíquias do passado. É difícil imaginar que inúmeras comunidades agrícolas um dia se desenvolveram nas colinas localizadas em algumas partes da Índia, da Grécia, do Líbano e da Síria – áreas hoje praticamente estéreis.

Desde 1960, os agricultores tiveram que mais do que dobrar a produção mundial de alimentos para atender a um número sem precedentes e cada vez maior de pessoas na Terra. Como o número de habitantes por unidade de área de terra cresce de forma constante, aqueles que beiram à pobreza não veem outra opção a não ser desmatar e queimar as íngremes encostas florestadas ou arar os campos naturais para cultivar suas lavouras. As demandas decorrentes do crescimento populacional também levaram ao excessivo pastoreio de campos naturais e à excessiva exploração dos recursos naturais madeireiros. Todas essas atividades têm se transformado em uma espiral de deterioração ecológica, degradação da terra e aumento significativo da pobreza. As lavouras e as pastagens degradadas deixam pouco ou nenhum resíduo vegetal para proteger o solo, conduzindo-o, assim, ao estado de erosão que, por sua vez, força as pessoas (cada vez mais necessitadas de alimentos) a desmatar, limpar e cultivar mais terras – ao mesmo tempo degradando-as. Acrescente-se a essa situação a erosão intensa e concentrada presente nos canteiros de obras civis e nas atividades decorrentes da mineração, assim como as pressões da globalização que exigem a expansão das áreas de cultivo por meio do desmatamento de terras marginais. Dessa forma, torna-se claro que a erosão do solo é mais ameaçadora hoje em dia do que em qualquer outro momento da história.

A deteriorização, não apenas das propriedades agrícolas mas também das florestas, dos campos de pastagens naturais e das áreas urbanas, mostra apenas uma fração da triste história da erosão. Carregadas pela água ou pelo vento, as partículas do solo das áreas erodidas são, posteriormente, depositadas em outros locais, em torno de áreas de baixa altitude na paisagem, próximas ou distantes das terras erodidas – até mesmo em outros continentes. A consideráveis distâncias, a jusante ou a sotavento, os sedimentos e as poeiras causam, respectivamente, grandes impactos na poluição da água e do ar, gerando também elevados prejuízos econômicos e grandes custos para a sociedade.

O combate à erosão do solo é assunto que diz respeito a todos. Felizmente, muito se tem aprendido sobre os mecanismos da erosão, e algumas técnicas têm sido desenvolvidas para controlar, de forma efetiva e com baixo custo, as perdas de solo na maioria das situações. Este capítulo lhe dará acesso a alguns conceitos e ferramentas necessários para que você possa fazer a sua parte na resolução desse tão premente problema mundial.

14.1 SIGNIFICADOS DA EROSÃO DOS SOLOS E DA DEGRADAÇÃO DAS TERRAS[1]

A degradação das terras

Erosão e enxurrada – um vídeo do Estado da Pensilvânia, Estados Unidos: www.greentreks.org/watershedstv/smil/ws_wk180.ram

Durante a segunda metade do século passado, o uso das terras pelo homem, paralelamente a outras atividades, degradou cerca de 5 bilhões de hectares (cerca de 43%) de terras do globo. As áreas degradadas podem sofrer as consequências da destruição de comunidades de vegetação nativa, da diminuição da produtividade agrícola, da diminuição da produção animal e da redução do nível de diversidade do ecossistema natural, com ou sem degradação do solo e de seus atributos. Em cerca de 2 bilhões de hectares das terras degradadas do mundo, a degradação do solo, em particular, é uma parte muito importante do problema. Em alguns casos, esse tipo de degradação ocorre, principalmente, devido à deterioração das propriedades físicas, seja pela compactação ou formação de crostas de superfície (Seções 4.7 e 4.6), ou pela deterioração das propriedades químicas devido à acidificação (Seção 9.6), ou ao acúmulo de sais (Seção 9.12). Entretanto, a maior parte da degradação do solo (~85%) provém da ação da erosão – causada pela ação destrutiva do vento e da água.

Os dois principais componentes da degradação das terras – a deterioração do solo e os danos às comunidades vegetais – interagem de forma a criar uma espiral que representa a sequência acelerada dos danos causados aos ecossistemas e o aumento da miséria humana (Figura 14.1). Melhorar a qualidade do solo, assim como aperfeiçoar as técnicas de manejo da vegetação, devem ser ações concomitantes se a intenção for proteger o potencial produtivo da terra – ou até mesmo restaurá-lo, movendo-se essa espiral para cima, ao invés de para baixo. Essas são realidades possíveis de serem alcançadas.

Erosão geológica *versus* erosão acelerada

Erosão geológica A erosão geológica é um processo que transforma o solo em **sedimentos**. A erosão que ocorre naturalmente, sem a influência das atividades humanas, é denominada **erosão geológica**. É um processo de nivelamento natural que, inexoravelmente, desgasta e danifica as encostas das montanhas e, através da deposição subsequente dos sedimentos erodidos, preenche vales, lagos e baías. Na maioria dos ambientes, um novo solo é formado a partir da rocha subjacente ou do seu regolito, de uma forma um pouco mais rápida do que a perda do solo anterior. O fato de o solo ser constituído por perfis já é uma comprovação do acúmulo do solo e da eficácia dos recursos naturais vegetais para proteger a superfície da terra da erosão.

[1] Para relatos históricos sobre a degradação dos recursos de terra e água, consulte Hillel (1991) e Montgomery (2007).

Figura 14.1 A espiral descendente de degradação da terra é resultado das interações negativas entre o solo e a vegetação. À medida que a vegetação natural é alterada, o solo permanece exposto ao vento e às gotas de chuva, levando à erosão e perda de solo junto com seus materiais orgânicos e nutrientes. Nesse estado, o solo só consegue suportar culturas que não se desenvolvem bem ou outras vegetações que o deixam com uma menor superfície protetora e menos raízes se desenvolvendo do que anteriormente. Depois disso, a perda do solo se agrava de tal forma que sua profundidade e capacidade de reter a água são muito reduzidas, e a vegetação, que mal consegue sobreviver, faz com que o solo se torne extremamente degradado. Assim, incapaz de fornecer nutrientes e água necessários para sustentar o crescimento saudável da vegetação natural ou de culturas agrícolas, o local continua a erodir, poluindo rios com sedimentos e tornando as pessoas, principalmente as que dependem da terra para sobreviver, mais empobrecidas. (Diagrama: cortesia de R. Weil)

A erosão geológica provocada pela água tende a ser maior em regiões semiáridas, onde a quantidade de chuva é suficiente para danificar, mas não o bastante para sustentar as vegetações densas e protetoras. Em tais condições, as áreas cobertas por depósitos profundos de sedimentos podem ter taxas excepcionalmente altas de erosão.

Cargas de sedimentos Chuvas, geologia e outros fatores (incluindo as atividades humanas) influenciam as cargas dos sedimentos que são transportados pelos grandes rios do mundo. Apesar de os rios como o Mississippi (nos Estados Unidos) e o Amarelo (na China) serem enlameados ou barrentos, as atuais cargas de sedimentos são muito maiores do que as de antes dos impactos antrópicos em suas bacias hidrográficas. Para se ter uma ideia da enorme quantidade de solo transportada para o mar por esses rios, considere-se a carga de sedimentos do Mississippi (apenas um quinto maior do que a do Amarelo ou do Ganges). Se essas 300 milhões de toneladas de sedimentos fossem transportadas por caminhões, de forma contínua, para o Golfo do México, durante todo o ano, seria necessária uma frota de mais de 80 mil caminhões grandes, alinhados ao longo do percurso (ida e volta) de Wisconsin a Nova Orleans (1.600 km), com uma carga de 20 ton despejadas a cada 2 segundos no Golfo.

Erosão antrópica acelerada Muitos dos visitantes que contemplam o Grand Canyon (Estados Unidos) ficam maravilhados com o profundo vale formado ao longo de milênios pela erosão geológica, mas poucos percebem que a humanidade se tornou a força preponderante na formação do relevo da paisagem, movimentando atualmente, por ano, o dobro de todo o processo global da erosão geológica. Dois terços dessa erosão *não intencional* (ou *involuntária*) estão principalmente associados às atividades agrícolas (Figura 14.2).

Erosão do solo nas terras agrícolas dos Estados Unidos: www.epa.gov/agriculture/ag101/cropsoil.html#envconcerns

A **erosão acelerada** ocorre quando o solo ou a vegetação natural são alterados pelo superpastoreio, pela derrubada de florestas para uso agrícola (Figura 14.3), pela aração de encostas ou por terraplanagens para a construção de estradas e edifícios. A erosão acelerada é geralmen-

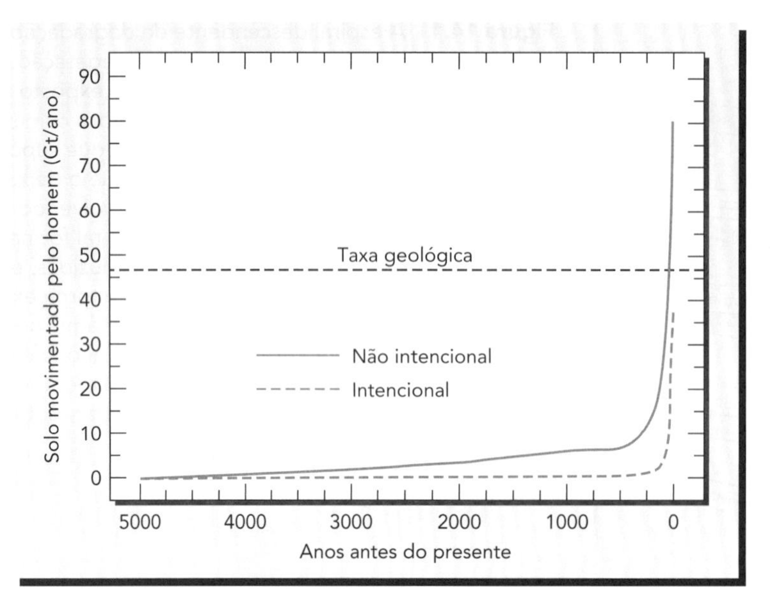

Figura 14.2 Estimativas da quantidade total de solo movimentado anualmente pelos seres humanos. Essa movimentação intencional se deve, principalmente, a atividades de construção e escavação. Já a movimentação não intencional se deve, principalmente, à perda de solo provocada pelas atividades agrícolas que demandam desmatamento, preparo do solo, superpastoreio e também por longos períodos sem cobertura vegetal. Atualmente, os seres humanos movimentam mais materiais do solo do que todos os processos naturais combinados. Isso não significa que as cargas de sedimentos dos principais rios tenham aumentado de forma drástica; a questão é que o arraste dos solos, dentro de uma paisagem, não conduz esses sedimentos necessariamente para os rios. (Para comparações entre as quantidades de solo movimentadas pelas atividades agrícolas por processos, consulte Wilkinson e McElroy [2007]. Gráfico adaptado de Hooke [2000])

te de 10 a 1.000 vezes tão destrutiva quanto a erosão geológica, particularmente nas terras muito declivosas situadas em regiões de alta pluviosidade. Nos Estados Unidos, a taxa média de erosão nas terras de cultivo é de aproximadamente 12 Mg/ha – 7 Mg devido à ação da água e 5 Mg pela ação do vento. Os solos cultivados na África e na Ásia vêm sendo erodidos a uma taxa 10 vezes maior. Em comparação, a erosão nas florestas e pradarias não alteradas geralmente ocorre com taxas muito menores que 0,1 Mg/ha.

Nos Estados Unidos, cerca de 4 bilhões de Mg de solo são anualmente movimentados pela erosão. Em locais cultivados onde a maior parte dos alimentos do país é produzida, mais da metade desse movimento de solo é causada pela água, e cerca de 60%, pelo vento. Grande parte do restante desse movimento provém de grandes áreas de pastagens das regiões semiáridas bem como de estradas para colheita, empilhamento e transporte de toras de madeira em florestas, da movimentação de solos para abertura de estradas e o estabelecimento de cons-

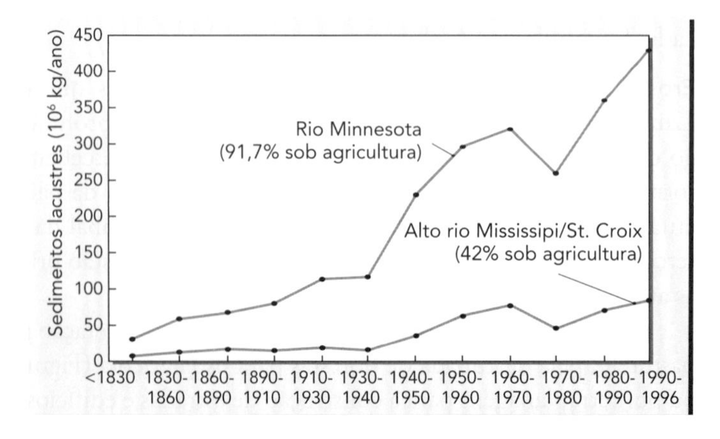

Figura 14.3 Taxas de deposição de sedimentos no Lago Pepin (divisa entre os Estados de Minnesota e Wisconsin, Estados Unidos) e deposição das bacias hidrográficas do Rio Minnesota (92% cultivadas) e do alto curso dos rios Mississippi e St. Croix (42% cultivadas). Nenhuma das bacias depositava quantidades apreciáveis de sedimentos antes de 1830, pois, até então, pouca terra tinha sido desmatada e cultivada. Mas, depois que a agricultura se expandiu, as taxas de deposição aumentaram, especialmente as das bacias hidrográficas em Minnesota, onde predominou a agricultura intensiva de cultivos anuais. (Adaptado de Kelley e Nater [2000])

truções civis. Muito embora tenham havido significativos progressos na redução da erosão, o atual e elevado nível de perdas chega a ser insustentável.

Sob a influência da erosão acelerada, o solo é comumente arrastado pelas enxurradas ou conduzido a grandes distâncias pelo vento, em um processo bem mais rápido do que aquele que o intemperismo ou a deposição de sedimentos naquele local poderia formar um novo solo. Como consequência, a espessura do solo adequada para as raízes das plantas é frequentemente reduzida. Em casos graves, os terrenos ondulados podem ser rasgados por profundas voçorocas, fazendo com que locais antes cobertos com florestas sejam desnudados até a rocha. A erosão acelerada, muitas vezes, torna os solos de uma paisagem mais heterogêneos. Um exemplo pode ser observado nas marcantes diferenças das cores da superfície do terreno quando os solos do topo dos morros são truncados, expondo, assim, o material do horizonte B ou C à sua superfície do terreno, enquanto os solos mais baixos na paisagem são enterrados sob sedimentos enriquecidos de matéria orgânica (Figura 14.4 e Pranchas 36 e 65).

14.2 EFEITOS INTRÍNSECOS E EXTRÍNSECOS DA EROSÃO ACELERADA DO SOLO

A erosão tanto danifica o local em que ela ocorre como produz efeitos indesejáveis fora dele, no meio ambiente como um todo. Apesar dos custos associados a esses danos não serem visíveis, eles são reais e aumentam com o tempo. Por isso, os proprietários de terras e a sociedade como um todo devem arcar com essa despesa.

Tipos de danos intrínsecos

A perda de solo é o dano mais óbvio da erosão. Na realidade, o dano causado é maior do que a quantidade de solo perdida poderia sugerir, pois o solo erodido é, quase sempre, mais valioso do que o deixado para trás. Enquanto os seus horizontes superficiais se perdem, os subsuperficiais, menos férteis, permanecem intocados. A camada superficial remanescente também é prejudicada, pois a erosão remove, seletivamente, a matéria orgânica e as partículas minerais finas, deixando para trás principalmente as frações mais grosseiras e menos ativas.

Figura 14.4 A erosão e a deposição ocorrem, simultaneamente, ao longo de uma paisagem. *À esquerda*: no topo, o solo foi desgastado pela erosão durante quase 300 anos de cultivo. A superfície do solo exposto nesse topo consiste principalmente de materiais de cores claras do horizonte C. *À direita*: a erosão em um campo de trigo em uma encosta declivosa (vista no segundo plano da foto) depositou uma espessa camada de sedimentos (em primeiro plano), enterrando as plantas que cresciam no sopé da encosta. (Fotos: *à esquerda*, cortesia de R. Weil, *à direita*, da USDA Natural Resources Conservation Service)

A degradação da estrutura do solo muitas vezes deixa uma crosta densa em sua superfície (Seção 4.6) que, por sua vez, reduz a infiltração de água e aumenta o escoamento superficial. As sementes e mudas recém-plantadas podem ser levadas morro abaixo pelas enxurradas, as árvores podem ser arrancadas, e pequenas plantas podem ser enterradas pelos sedimentos. No caso da erosão eólica, frutas e folhagens podem ser danificadas pelo efeito de jatos de areia do solo que está sendo erodido. Finalmente, voçorocas formadas na terra desgastada podem minar pavimentos e construções, causando situações de risco e reparos de alto custo.

Tipos de danos extrínsecos

Danos ao ecossistema da bacia hidrográfica do Big Darby Creek (Estados Unidos): www.nature.org/wherewework/northamerica/states/ohio/bigdarby/habitat/

A erosão arrasta os sedimentos e os nutrientes das terras, criando os dois problemas mais comuns decorrentes da poluição da água em nossos rios e lagos. Os nutrientes alteram a qualidade da água através do processo de eutrofização, causado por excesso de nitrogênio e fósforo, como foi abordado na Seção 13.2. Além de nutrientes, os sedimentos e a água da enxurrada podem também carregar metais tóxicos e compostos orgânicos, como pesticidas. O sedimento em si é um poluente da água, o qual causa uma grande variedade de impactos ambientais.

Danos advindos dos sedimentos Os sedimentos depositados nas terras podem enterrar culturas anuais e outras vegetações rasteiras (Figura 14.4). Eles preenchem valas de drenagem e estradas, além de criar condições perigosas de tráfego devido à lama que se deposita sobre elas.

Os sedimentos arrastados para os rios tornam suas águas turvas (Prancha 110). A alta **turvação** impede a penetração de luz solar na água e, portanto, reduz a fotossíntese e a sobrevivência da *vegetação aquática submersa* (VAS). O fim da VAS, por sua vez, degrada o *habitat* de peixes e altera a cadeia alimentar aquática. A água barrenta também causa problemas às brânquias dos peixes. Os sedimentos depositados no fundo das correntes podem ter um efeito desastroso em muitos peixes de água doce, pois enterra os seixos e rochas entre os quais eles normalmente depositam seus ovos para reprodução. O acúmulo de sedimentos no fundo dessas correntes pode elevar o nível do rio, tornando as inundações mais frequentes e mais graves. Por exemplo, para controlar as enchentes no Rio Mississippi, os diques ao longo desse rio têm que ser constantemente ampliados.

Estima-se que 1,5 bilhão de Mg de sedimentos são depositados, a cada ano, somente nos reservatórios dos Estados Unidos. Da mesma forma, o assoreamento de canais para acesso a portos os torna intransitáveis. A sua intransitabilidade, bem como os custos de dragagem, filtragem e de atividades de construção necessários para corrigir essas situações, geram prejuízos de bilhões de dólares a cada ano.

Areias e poeiras eólicas A erosão eólica também tem seus efeitos extrínsecos. A areia pode soterrar estradas e preencher canais de drenagem, causando uma dispendiosa manutenção. O impacto das partículas sobre o solo e das levantadas pelos ventos pode danificar os frutos e a folhagem de culturas em áreas vizinhas bem como a pintura de veículos e edifícios a muitos quilômetros do local da erosão. As partículas de argila mais finas levadas pelo vento causam os danos maiores, mais extensos e dispendiosos. Diversas partículas, especialmente aquelas sob a forma dos chamados materiais particulados (MP), com diâmetros entre 2,5 e 10 micra **(MP_{10})**, são levantadas pela erosão eólica em terras agrícolas, pastagens, em locais de construção e em estradas não pavimentadas. Ainda mais prejudiciais são as partículas menores que 2,5 micrômetros **($MP_{2,5}$)**, as quais se originam, principalmente, da exaustão de veículos e da fumaça de incêndios e instalações industriais. Os prejuízos causados por tais partículas, mesmo em áreas muito distantes, incluem os custos relacionados à recuperação da paisagem e aos danos causados à saúde.

Perigos para a saúde oriundos do MP_{10} e do $MP_{2,5}$ Enquanto as partículas do tamanho de silte são geralmente retidas nos pelos do nariz ou nas mucosas da traqueia e dos brônquios, as partículas menores de argila passam muitas vezes por essas defesas do organismo e se alojam nos alvéolos dos pulmões. As partículas, por si só, causam a inflamação dos pulmões, mas também podem carregar substâncias tóxicas muito prejudiciais a eles. Por exemplo, as partículas de argila, quando no ar, adsorvem vapor d'água e, junto com a água, pode haver ácido sulfúrico ou nítrico, encontrado na atmosfera. Patógenos humanos também podem se aderir às partículas de poeira e com elas serem transportados, espalhando doenças. A poeira levada pelos ventos é um problema global que vem despertando grande preocupação, já que, por exemplo, a erosão eólica advinda do deserto do Saara, na África, e do deserto de Gobi, na China, têm sido relacionada a algumas doenças respiratórias que acontecem na América do Norte.

Manutenção da produtividade do solo Embora os processos de erosão extrema possam reduzir a produtividade do solo a quase zero, na maioria dos casos o efeito é sutil demais para ser notado ao longo de um ano para outro. Onde os agricultores conseguem detectar tais efeitos, há a possibilidade de se reduzir a perda de nutrientes com o aumento do uso de adubos. As perdas de matéria orgânica e também da capacidade de retenção de água são muito mais difíceis de serem corrigidas. A longo prazo, a erosão acelerada do solo que excede a sua taxa de formação leva ao declínio da sua produtividade. Nos Estados Unidos, o rendimento das culturas em solos severamente desgastados é de 20 a 40% menor do que em solos semelhantes mas com apenas leves processos erosivos.

Em última análise, a taxa de declínio da produtividade do solo ou o custo dos níveis de manutenção dos rendimentos agrícolas são determinados pelas propriedades do solo, como a *profundidade da camada de restrição ao desenvolvimento das raízes* e a *permeabilidade dos horizontes subsuperficiais*. Nos solos profundos, bem-drenados e bem-manejados, a produtividade não é muito reduzida, mesmo que ele esteja sofrendo alguma erosão. Em contraste, a erosão em um solo pouco profundo, de baixa permeabilidade, pode trazer um rápido declínio em sua produtividade.

14.3 MECÂNICA DA EROSÃO HÍDRICA

A erosão causada pela água é, fundamentalmente, um processo que acontece em três etapas (Figura 14.5): (1) *desagregação* de partículas da massa do solo; (2) *transporte* das partículas desagregadas morro abaixo por salpicamento, arrastamento, rolamento e flutuação; e (3) *deposição* das partículas transportadas em algum lugar de altitude inferior.

Filme mostrando o impacto da gota da chuva: www.public.asu.edu/~mschmeec/rainsplash.html

Em solos com superfícies comparativamente lisas, o impacto das gotas de chuva causa a maior parte da sua desagregação. Onde a água se concentra em sulcos, os efeitos do seu escoamento turbulento também podem desagregar as partículas do solo. Em algumas situações, o congelamento e o descongelamento também contribuem para a desagregação do solo.

Influência das gotas da chuva

Algum dia, a história mostrará que um dos avanços científicos mais significativos do século XX foi a constatação de que a maior parte da erosão se inicia com o impacto das gotas de chuva, e não com o fluxo da água corrente. Antes dessa descoberta, durante séculos, os esforços de conservação do solo visavam ao controle do fluxo de água (aquele mais visível), em vez da proteção da superfície do solo ao impacto das gotas da chuva.

À medida que cai, a gota de chuva vai se acelerando, até atingir a *velocidade terminal* – aquela em que o atrito entre a gota e o ar equilibra a força da gravidade. As gotas de chuva maiores caem mais rápido. Nessa alta velocidade, elas colidem com o solo com força explosiva (Figura 14.5).

O impacto da gota de chuva desagrega o solo, destrói sua granulação e provoca uma movimentação significativa de solo. Tão grande é a força exercida pelas gotas de chuva que, além de desestabilizarem os agregados do solo, podem até despedaçá-los.

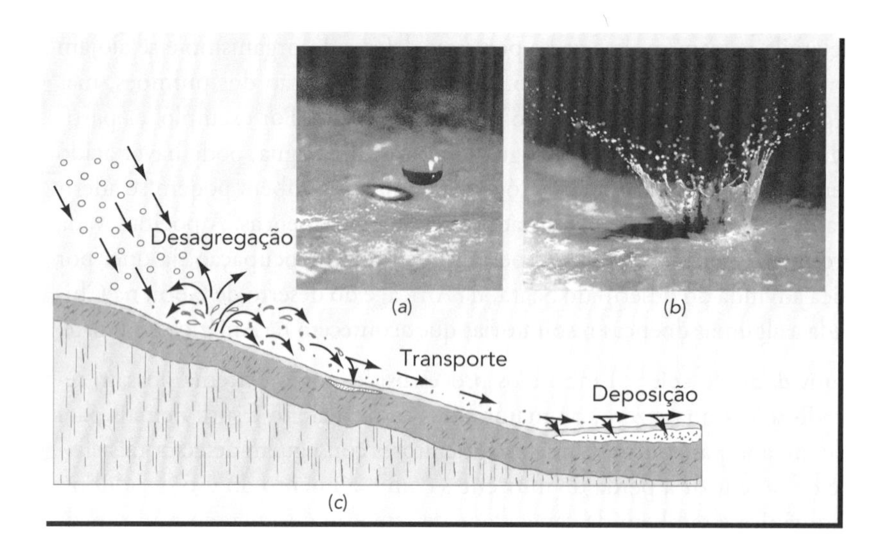

Figura 14.5 As três etapas do processo de erosão hídrica do solo começam com o impacto das gotas de chuva sobre o solo úmido. (*a*) Uma gota de chuva se acelera em direção à superfície do solo. (*b*) Salpico resultante da queda quando a gota atinge um solo molhado e desnudo. O impacto das gotas destrói os agregados do solo, favorecendo a erosão entre os sulcos e a laminar. Além disso, uma quantidade considerável de solo pode ser movimentada pelo próprio salpico dessas gotas. A gota de chuva desagrega as partículas do solo, que são depois transportadas e, finalmente, depositadas em locais abaixo da vertente (*c*).

Transporte de solo

Efeitos do salpico da gota de chuva Quando a gota atinge a superfície do solo molhado, ela desagrega as suas partículas e as lançam em todas as direções (Figura 14.5). Se o terreno for inclinado ou se o vento estiver soprando, esse salpico poderá arrastar as partículas em uma só direção, fazendo com que haja uma considerável movimentação horizontal de solo.

Papel da água corrente Se a taxa de precipitação exceder a capacidade de infiltração do solo, a água irá se acumular na superfície e começará a escorrer em direção ao maior declive da encosta. As partículas de solo salpicadas pelo impacto das gotas de chuva irão, então, se depositar na água que está escorrendo, a qual as arrastará encosta abaixo. Enquanto a água está fluindo normalmente e na forma de fina camada (fluxo laminar), o seu poder de desagregar o solo é pequeno. No entanto, na maioria dos casos, a água da enxurrada forma sulcos sobre as pequenas irregularidades da superfície do solo, os quais provocam o aumento da velocidade e da turbulência. Desse modo, o fluxo canalizado nesses sulcos carrega com ele o solo salpicado pelas gotas de chuva, e a força de seu volume começa a arrancar as partículas, cortando a superfície do solo. Este é um processo acelerado, pois, depois de um sulco ter sido mais profundamente escavado, ele vai se enchendo de um volume cada vez maior de águas turbulentas. O poder da água de escoamento é tão conhecido, para escavar e transportar o solo, que as pessoas, em geral, atribuem a esse poder todos os danos causados pelas chuvas fortes.

Tipos de erosão hídrica

Três tipos de erosão hídrica são conhecidos: (1) *laminar*, (2) *em sulcos* e (3) *em voçorocas* (Figura 14.6). Na **erosão laminar**, o solo é removido mais ou menos de modo uniforme, exceto quando, com frequência, minúsculas colunas de solo permanecem sob as pedras que interceptam as gotas de chuva (ver Figura 14.6*a*). No entanto, à medida que o fluxo laminar se torna concentrado em pequenos canais (denominados **sulcos**), a **erosão em sulcos** se torna dominante. Os sulcos são especialmente comuns em terra desnuda – seja ela recém-plantada ou em pousio (Figura 14.6*b*). Eles são canais pequenos o bastante para provocar perdas de solo

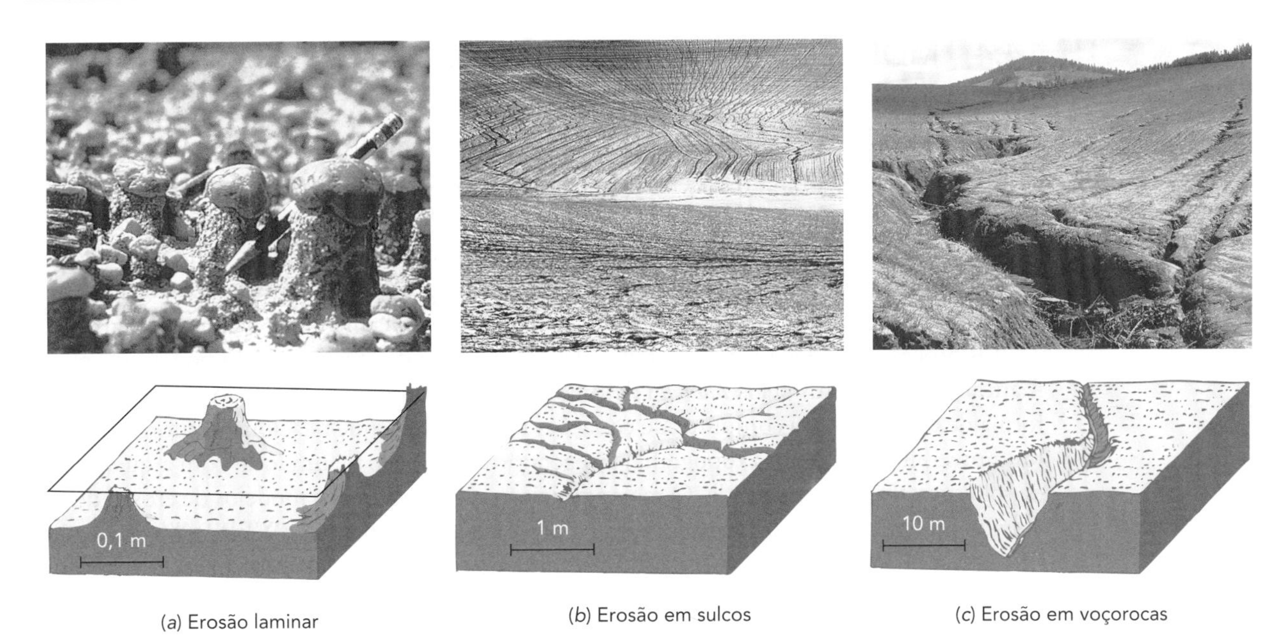

Figura 14.6 Três tipos principais de erosão do solo. A erosão laminar é relativamente uniforme em toda a superfície do solo. Nota-se que as pedras e pedregulhos distribuídos sobre o solo protegem-no contra o impacto da queda da gota da chuva (o lápis dá a noção de escala). A erosão em sulcos se inicia quando a água se concentra em pequenos canais (sulcos), à medida que arrasta o solo. Cultivos consecutivos podem eliminar esses sulcos, mas não são capazes de substituir o solo perdido. As voçorocas criam canais profundos que não podem ser eliminados pelo cultivo. Apesar de a voçoroca transmitir a impressão de ser o mais catastrófico dos três tipos de erosão, muito mais solo é perdido pela erosão laminar e em sulcos, de forma menos explícita. (Desenhos da FAO [1987]; fotos: cortesia do USDA Natural Resources Conservation Service)

e danos às culturas, mesmo quando cobertos pelos cultivos. Quando a erosão laminar ocorre principalmente entre sulcos irregularmente espaçados, ela é chamada de **erosão entressulcos**.

Quando o volume da enxurrada é ainda mais concentrado, a água em processo de escoamento corta profundamente o solo, transformando os pequenos sulcos em canais maiores, denominados **voçorocas** (Figura 14.6*c*). É a isso que chamamos de **erosão em voçorocas**. Nas terras cultivadas, as voçorocas se tornam obstáculos para tratores e não podem ser removidas pelas práticas culturais comuns. Os três tipos podem ser graves, mas a laminar e a erosão em sulcos, embora menos perceptíveis do que a erosão em voçorocas, são as responsáveis pela maior parte do solo movido.

Deposição de solo erodido

A erosão pode transportar as partículas do solo em um percurso de 1.000 km ou mais. Elas podem ser conduzidas das colinas para os córregos, descendo depois para os grandes rios barrentos que desaguam nos oceanos. Por outro lado, o solo erodido pode ser transportado a apenas 1 ou 2 m, antes de se depositar em uma pequena depressão ou no sopé de uma encosta (como ilustrado na Figura 14.4). A quantidade de solo transportada pelo fluxo d'água e dividida pelo montante inicialmente erodido é chamada de **taxa de deposição**. Do solo erodido, até 60% dele pode atingir o curso d'água (taxa de transporte = 0,60) de bacias hidrográficas onde as encostas dos vales são muito íngremes. Mas somente 1% pode chegar até as planícies costeiras que são apenas levemente inclinadas. Normalmente, a taxa de deposição é maior para as pequenas bacias hidrográficas do que para as grandes, porque estas oferecem muitas mais oportunidades para que a deposição ocorra antes que o fluxo alcance um curso d'água mais importante. Estima-se que cerca de 5 a 10% de todo o solo erodido na América do Norte seja levado para o mar. O restante é depositado em açudes, leitos de rios, planícies aluviais ou terras relativamente planas situadas nas cabeceiras dos rios.

Solos erodidos das margens de um rio do Estado da Pensilvânia, Estados Unidos, são transportados para a Baía de Chesapeake: www.bayjournal.com/article.cfm?article=699

14.4 MODELOS PARA PREDIÇÃO DA EXTENSÃO DA EROSÃO HÍDRICA[2]

O modelo WEPP explicado e disponível para *download*: http://topsoil.nserl.purdue.edu/nserlweb/weppmain/wepp.html

Os administradores de terras e as autoridades de políticas ambientais têm necessidade de calcular, preventivamente, a extensão da erosão do solo, para que possam planejar a melhor forma de gerir esse recurso (ou seja, o solo), avaliar as consequências das práticas alternativas de cultivo, determinar as conformidades às normas ambientais, desenvolver métodos de controle de sedimentos para projetos de construções civis e estimar o número de anos que serão necessários para o assoreamento de açudes e canais.

Os processos de desagregação, transporte e deposição da erosão do solo podem ser matematicamente previstos pelos *modelos* de predição da erosão do solo. Eles são apresentados na forma de equações – ou conjuntos de equações interligadas – que relacionam informações sobre a precipitação, o solo, a topografia, a vegetação e o manejo de um local com a quantidade de solo suscetível de ser perdida. O mais ambicioso e sofisticado dos modelos de erosão desenvolvido até agora é um complexo programa de computador chamado WEPP (Water Erosion Prediction Project), que depende da compreensão dos especialistas em relação aos mecanismos fundamentais envolvidos em cada um dos processos que erodem o solo.

A equação universal de perda de solo (EUPS ou USLE*)

Ao contrário dos modelos fundamentados nos processos da WEPP, a maioria das previsões de erosão do solo continua a se basear em modelos muito mais simples – considerando o fato de que a erosão do solo se relaciona estatisticamente a uma série de fatores facilmente observáveis. Os pesquisadores podem estabelecer tais modelos *empíricos* se souberem que certos fatores estão associados com a erosão do solo, mesmo que não entendam alguns *detalhes* do processo. O cerne desses modelos está na percepção dos resultados provocados pela perda de solo devido à interação da chuva com o solo. Após décadas de pesquisa em erosão, têm-se claramente identificados os principais fatores que afetam essa interação. Esses fatores são quantificados na **equação universal de perda de solo (EUPS** ou **USLE)**:

$$A = R \times K \times LS \times C \times P \tag{14.1}$$

A, que é a perda de solo anual prevista, é o produto de:

R= erosividade da chuva	} Fator relacionado à chuva
K = erodibilidade do solo L= comprimento da encosta S= gradiente ou inclinação da encosta	} Fatores relacionados ao solo
C = cobertura e manejo P = práticas conservacionistas	} Fatores relacionados ao uso da terra

Usados em conjunto, esses fatores determinam não apenas a quantidade de água que penetra no solo e a que escorre superficialmente como também a quantidade de solo transpor-

[2] Para um estudo da EUPS (em inglês: USLE) original, consulte Wischmeier e Smith (1978) e, para a EUPSR (RUSLE), consulte Renard et al. (1997). Neste nosso texto, usamos as unidades do SI, cientificamente aceitáveis, para os fatores R e K em nosso estudo sobre essas equações de erosão. No entanto, uma vez que essas equações de perda de solo foram publicadas nos Estados Unidos para auxiliar os proprietários de terras e o público em geral, a maioria dos mapas, tabelas e programas de computador disponíveis para o fornecimento dos valores R e fatores K estão em unidades inglesas, em vez de em unidades do SI. Ao usar as unidades inglesas para os fatores R e K, a perda de solo A é expressa em tons (2.000 lb) por hectare, que podem ser facilmente convertidos em Mg/ha, multiplicando-se por 2,24. Para mais detalhes sobre a conversão das unidades inglesas usuais para unidades SI, consulte Foster et al. (1981).

* N. de T.: A sigla USLE advém da expressão inglesa *Universal Soil Loss Equation.*

tada e quando e onde ela é depositada. Observe que, como todos os fatores são multiplicados, *se qualquer elemento fosse considerado zero, a quantidade resultante da erosão (A) também seria reduzida a zero.*

Ao contrário do programa WEPP, a EUPS (ou USLE) foi projetada para prever apenas a quantidade média anual de perda de solo por erosão laminar e em sulcos, para um determinado local. Por isso, ela não pode prever a erosão de um ano ou de uma tempestade específicos, nem pode prever a extensão das voçorocas ou a quantidade de sedimentos transportada para os rios. Pode, no entanto, mostrar como diferentes combinações de solo e de manejo da terra, quando inter-relacionados, influenciam a erosão do solo. Além disso, esses fatores devem ser levados em consideração na hora de se decidir as estratégias mais eficazes para a conservação do solo.

A EUPS (USLE) tem sido amplamente utilizada desde os anos 1970. Mais recentemente, foi atualizada e informatizada para criar uma ferramenta de previsão de erosão, a qual é chamada de **equação universal de perda de solo revista (EUPSR ou RUSLE)**. A EUPSR usa os mesmos fatores básicos da EUPS, embora alguns sejam mais bem definidos e suas inter-relações aperfeiçoem a precisão da perda de solo prevista. A EUPSR é um programa informatizado que está sendo constantemente aperfeiçoado com base na experiência adquirida depois que começou a ser usado.

A RUSLE-2 – faça o *download* e pratique: http://fargo.nserl.purdue.edu/rusle2_dataweb/RUSLE2_Index.htm

14.5 FATORES QUE AFETAM A EROSÃO EM SULCOS E ENTRESSULCOS

Fator erosividade da chuva, *R*

O fator **erosividade**, *R*, representa a força motriz da erosão laminar e em sulcos. Ele leva em consideração o total da precipitação pluvial e, mais importante ainda, a intensidade e a distribuição sazonal da chuva. Os valores referentes aos índices de precipitação de diversos locais nos Estados Unidos são apresentados na Figura 14.7. As práticas de conservação com base em previsões da EUPS ou EUPSR, que usam os fatores médios da erosividade *R* (obtidos em um período de longo prazo), podem não ser suficientes para minimizar os danos da erosão provocados pelas chuvas, os quais, embora relativamente raros, são bastante prejudiciais.

Fator erodibilidade do solo, *K*

O fator de **erodibilidade** do solo, *K* (Tabela 14.1), indica a suscetibilidade intrínseca de um solo à erosão. O valor *K*, atribuído a um determinado tipo de solo, indica a quantidade de solo perdida por unidade de energia erosiva da chuva, pressupondo uma parcela-padrão de pesquisa (22 m de comprimento, 9% de declividade), na qual o solo é mantido continuamente descoberto.

As duas características do solo mais significativas e estreitamente relacionadas que influenciam a erodibilidade são (1) *capacidade de infiltração* e (2) *estabilidade estrutural.* Uma elevada taxa de infiltração significa que menos água estará disponível para escoamento superficial, que diminuirá as chances de a água ser empoçada (tornando-a mais suscetível ao impacto das gotas de chuva). Os agregados do solo estáveis resistem à ação da chuva e, assim, impedem que o solo seja atingido, mesmo que ocorra escoamento. Certos solos argilosos tropicais, ricos em hidróxidos de ferro e alumínio, possuem agregados muito estáveis, que resistem à ação de chuvas torrenciais. Os impactos das gotas de chuvas, de magnitude semelhante, em argilas do tipo expansível seriam desastrosos.

Fator topográfico, *LS*

O fator topográfico, *LS*, reflete a influência do comprimento e da declividade da encosta na erosão do solo. É expresso como uma razão, sem unidades métricas, mostrando a perda de solo da área em questão, no numerador, e aquela decorrente de uma parcela padrão (9%

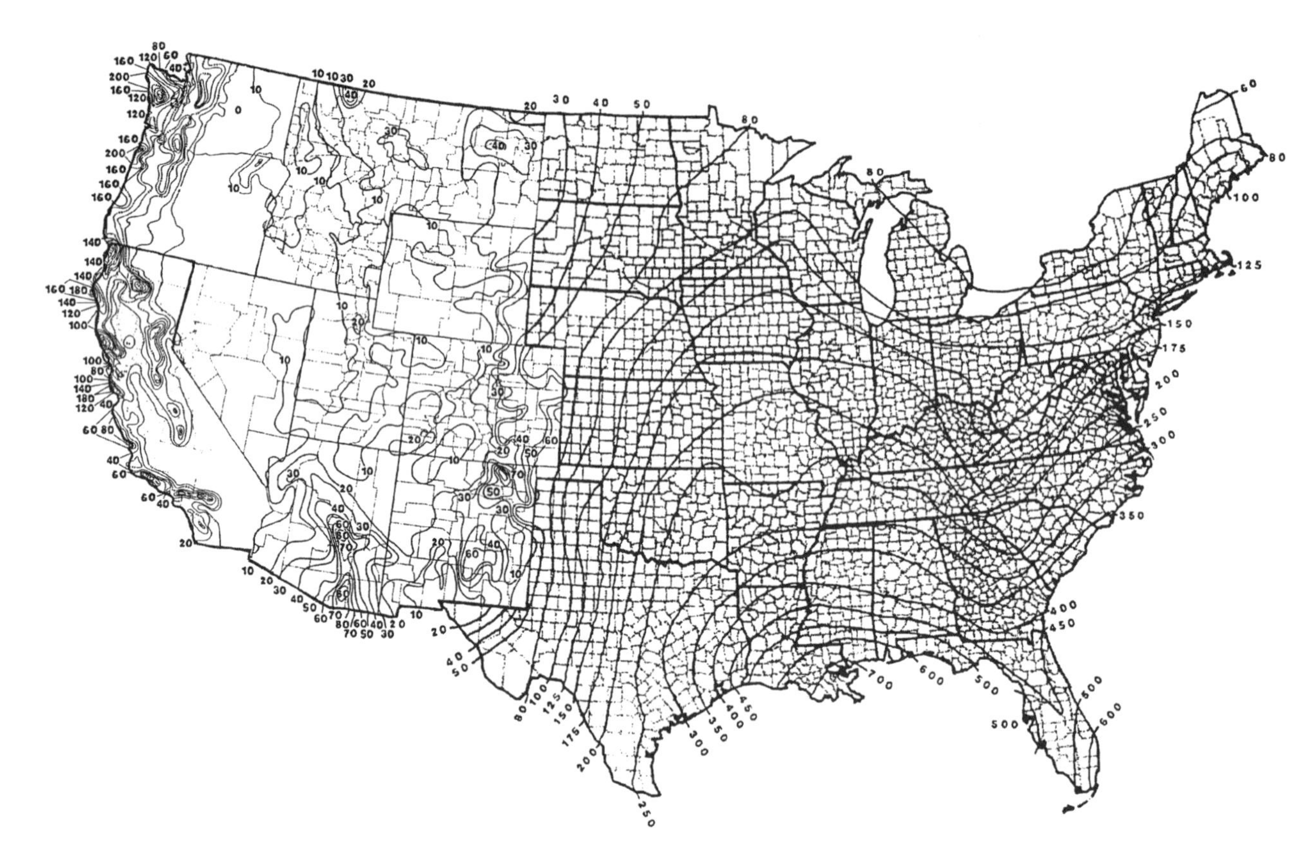

Figura 14.7 Distribuição geográfica dos valores de *R*, indicando a erosividade devido às chuvas, na parte continental dos Estados Unidos. Observe os valores muito altos no sudeste, com clima subtropical úmido, precipitação anual alta e onde intensas tempestades são comuns. Quantidades similares de precipitação anual ao longo da costa de Oregon e Washington, no noroeste, resultam em valores *R* muito mais baixos, porque a chuva tem baixa intensidade na maior parte do tempo. Os padrões na parte ocidental são complexos, principalmente devido à presença das cadeias de montanhas. Os valores no mapa estão em unidades de 100 (ft ton/pol)/(acre/ano). Para converter para as unidades de SI (MJ/mm)/(ha/h/ano), multiplique por 17,02. (Adaptado de USDA [1995])

Tabela 14.1 Valores de *K* calculados (em unidades do SI) para solos de diferentes localidades

Solo	Localidade	Componente[a] *K*
Udalf (série *Dunkirk* franco-siltosa)	Geneva, NY, EUA	0,091
Udalf (série *Keene* franco-siltosa)	Zanesville, OH, EUA	0,063
Udoll (série *Marshall* franco-siltosa)	Clarinda, IA, EUA	0,044
Aqualf (série *Mexico* franco-siltosa)	McCredie, MO, EUA	0,034
Udult (série *Cecil* franco-arenosa)	Watkinsville, GA, EUA	0,030
Alfisols	Indonésia	0,018
Oxisols	Costa do Marfim	0,013
Ultisols	Havaí, EUA	0,012
Ultisols	Nigéria	0,005
Oxisols	Porto Rico	0,001

[a] Para converter os valores de *K* expressos em (Mg · ha · h)/(ha · MJ · mm) para unidades inglesas (ton · acre · h)/(100 acres · ton-pés · pol.), multiplique os valores desta tabela por 7,6. Fonte: Wischmeier and Smith (1978) e Cassel and Lal (1992).

de declividade, 22 m de comprimento), no denominador. Quanto mais longa for a encosta, maior será a probabilidade da água da enxurrada nela se concentrar.

A Figura 14.8 ilustra os aumentos que ocorrem nos fatores *LS* quando tanto o comprimento da encosta como a sua declividade aumentam, em locais com taxas baixas, moderadas e elevadas de erosão em sulcos e entressulcos. A maioria dos locais com culturas anuais têm taxas moderadas de erosão em sulcos e entressulcos. Em locais onde essa taxa é baixa, como nas pastagens, grande parte do movimento do solo ocorre entre os sulcos. Nesses locais, a declividade (%) tem uma influência relativamente maior na erosão, enquanto o comprimento da encosta tem uma influência relativamente menor. O oposto é verdadeiro para as áreas de construção civil recém-escavadas e outros locais muito perturbados, que têm alta taxa de erosão nos sulcos e também entre eles. Onde a erosão em sulcos predomina, o comprimento da encosta tem uma influência maior.

Fator cobertura e manejo do solo, *C*

A erosão e o escoamento são marcadamente afetados por diferentes tipos de cobertura vegetal e sistemas de cultivo. As florestas primárias e os capinzais densos fornecem a melhor proteção ao solo e são praticamente iguais em sua eficácia. As culturas forrageiras perenes (leguminosas e gramíneas) são os próximos em eficácia de proteção, devido à sua relativa densidade de cobertura durante todo o ano. As culturas anuais, como milho, soja, algodão ou batata, oferecem proteção relativamente pequena, pois há pouca cobertura durante a fase inicial de crescimento e, assim, deixam o solo suscetível à erosão – a menos que os resíduos das colheitas anteriores estejam cobrindo a superfície do solo.

As **culturas de cobertura** consistem em plantas que são semelhantes às culturas forrageiras antes mencionadas. Elas podem fornecer proteção ao solo durante a época do ano situada

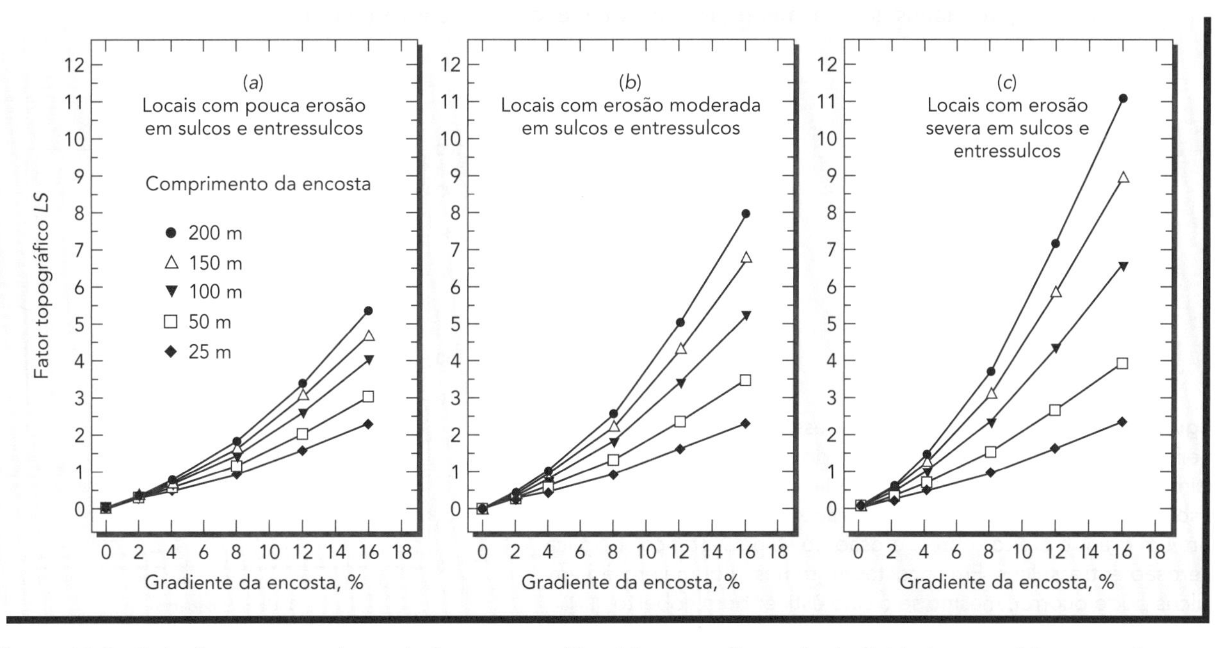

Figura 14.8 Relação entre os valores do fator topográfico *LS* e o gradiente de declividade para vários comprimentos de vertente em três tipos de terras: (*a*) terras com índices baixos de erosão em sulcos e entressulcos, como os campos de pastagens naturais; (*b*) terras com taxas moderadas de erosão em sulcos e entressulcos, como a maioria das lavouras de cultivos anuais; e (*c*) terras com altos índices de erosão em sulcos e entressulcos, como os canteiros de obras civis recém-executadas e as áreas recém-semeadas. Os valores de *LS* indicados a partir destes gráficos podem ser usados na Equação Universal de Perda de Solo. (Gráficos baseados em dados de Renard et al. [1997])

entre as safras das culturas anuais. Para as plantações perenes, como os pomares e as vinhas, que têm um espaçamento maior, as culturas de cobertura podem proteger permanentemente o solo entre as fileiras de árvores e videiras. A cobertura morta (*mulching*) de resíduos vegetais ou outros materiais nele aplicados também é eficaz na proteção dos solos. Mesmo os pequenos aumentos na cobertura de superfície resultam em grandes reduções da erosão do solo, particularmente a que ocorre entressulcos (Figura 14.9).

A regulamentação das práticas de manejo, que mantêm uma densa cobertura vegetal em pastagens extensivas e a inclusão de culturas de forrageiras densas em rotação com culturas anuais em terras aráveis, irão colaborar para o controle tanto da erosão como do escoamento superficial. Da mesma forma, o uso de sistemas de preparo conservacionista do solo, que deixam a maior parte dos resíduos vegetais na superfície, diminui, e muito, os riscos de erosão.

O fator *C* nas equações EUPS (USLE) ou EUPSR (RUSLE) é a taxa da perda de solo, nas condições em questão, em relação ao que seria perdido com o solo continuamente descoberto. Esse fator *C* se aproxima de 1,0 onde há pouca cobertura do solo (p. ex., um solo exposto, na primavera, em um canteiro de obras). Ele será baixo (p. ex., <0,10) onde grandes quantidades de resíduos vegetais cobrem o solo ou em áreas de vegetação perene e densa. Exemplos de valores de *C* são apresentados na Tabela 14.2.

Fator práticas de apoio, *P*[3]

Em alguns locais com declives acentuados, o controle de erosão feito com o uso adequado de uma cobertura vegetal, de resíduos e de práticas corretas de plantio deve ser incrementado pela construção de estruturas físicas ou outras medidas destinadas a orientar e diminuir o fluxo da enxurrada. Essas **práticas de apoio** (ou práticas complementares) determinam o valor do fator *P* na USLE. O fator *P* é a proporção de perda de solo com uma prática de apoio em relação à perda correspondente sem essa prática. Se não há práticas de apoio, o fator *P* é de 1,0. Essas práticas incluem plantios em curvas de mesmo nível, sistemas de terraceamento e canais vegetados de escoamento de água, que tenderão a reduzir o fator *P*.

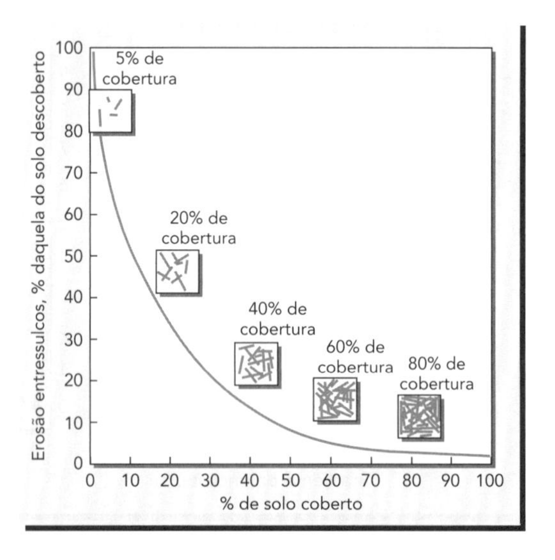

Figura 14.9 Redução da erosão entressulcos obtida pelo aumento da percentagem de cobertura do solo. Os diagramas acima do gráfico ilustram 5, 20, 40, 60 e 80% de cobertura sobre o solo. Note-se que até mesmo uma ligeira cobertura de palha tem um grande efeito sobre a erosão do solo. O gráfico se aplica à erosão entressulcos. Em encostas íngremes, alguma erosão em sulcos pode ocorrer, mesmo se o solo estiver bem coberto. (Relações gerais baseadas em resultados de diversos estudos)

[3] Muitas das práticas de controle de erosão ou técnicas de manejo discutidas em relação aos fatores *C* e *P*, e em seções posteriores deste capítulo, são consideradas as **melhores práticas de manejo** (consulte também a Seção 13.2), nos termos das disposições da lei Clean Water Act, dos Estados Unidos. Essa lei as define como "métodos e práticas operacionais adequados para reduzir ou eliminar a poluição da água advinda das atividades de uso da terra".

Tabela 14.2 Exemplos de valores *C* para o cálculo do fator de cobertura e manejo da vegetação

Os valores de C indicam a proporção de solo erodido de um sistema vegetado específico em relação ao esperado se o solo estivesse descoberto.

Vegetação	Práticas/condições	Valor de *C*
Faixa de gramíneas e arbustos baixos (<1 m)	Copas cobrindo 75%, superfície não coberta por restos vegetais	0,17
	Copas cobrindo 75%, superfície 60% coberta por restos vegetais em decomposição	0,032
Capoeiras de arbustos com cerca de 2 m de altura	Copas cobrindo 25%, sem restos vegetais	0,40
	Copas cobrindo 75%, sem restos vegetais	0,28
Árvores sem sub-bosque, cerca de 4 m de queda das gotas das copas	Copas cobrindo 75%, sem restos vegetais	0,36
	Copas cobrindo 75%, 40% de restos vegetais de folhas	0,09
Florestas com sub-bosque	Copas cobrindo 90%, 100% de restos vegetais	0,001
Pastagens permanentes	Capins densos	0,003
Rotação milho-soja	Aração de outono, plantio convencional, resíduos removidos	0,53
	Preparo conservacionista – plantio direto escarificado, 2.500 kg/ha de resíduos na superfície após o plantio	0,22
	Plantio direto, 5.000 kg/ha de resíduos na superfície após o plantio	0,06
Rotação milho-aveia-feno-feno	Aração convencional na primavera antes do plantio	0,05
	Plantio direto	0,03

Valores típicos para o meio-oeste dos Estados Unidos. Baseado em Wischmeier e Smith (1978) e Schwab et al. (1996).

Plantios em curvas de nível As fileiras de plantas diminuem o fluxo de água da enxurrada quando elas seguem as linhas de acordo com o nível do terreno (mas as linhas podem *facilitar* o aparecimento de canais ou pequenos sulcos e barrancos se forem marcadas e construídas em um sistema de encosta abaixo). Ainda mais eficaz é o plantio em terraços construídos com materiais do solo ao longo dos contornos. No entanto, os seus canais devem ser projetados para escoar para fora do terreno, com segurança, uma forte enxurrada que pode vir a acontecer (Figura 14.10).

Em encostas muito longas, sujeitas à erosão laminar e em sulcos, os campos devem ser dispostos em faixas estreitas transversais à sua maior inclinação, alternando as culturas que requerem maior movimentação do solo, como milho e batatas, com feno e pequenos grãos.

Figura 14.10 A altura dos terraços deve ser cuidadosamente definida; além disso, eles têm que ser suficientemente altos para reter a água de fortes tempestades. Na foto, a retenção da água na superfície está rapidamente se transformando em uma enxurrada. (Foto: cortesia de R. Weil)

Dessa forma, a água não pode atingir uma velocidade muito grande nas estreitas faixas de terra cultivada, e as culturas de pequenos grãos ou de forrageiras para feno são capazes de reduzir as taxas de escoamento. Tal formato é chamado de **cultivo em faixas** e é a base para o controle da erosão em muitas áreas agrícolas colinosas (Prancha 72). Esse arranjo pode ser entendido como uma prática para a redução efetiva do comprimento da encosta.

Quando as faixas de cultivo são locadas preferível e definitivamente em linhas de contorno, o sistema é chamado de **cultivo em faixas em contorno**. A largura dessas faixas vai depender principalmente do grau de inclinação, da permeabilidade e da erodibilidade do solo. Larguras de 30 a 125 m são comuns. Esse sistema de cultivo em faixas é muitas vezes complementado com canais divergentes e escoadouros colocados entre os campos de cultivo. Os capins plantados nas áreas embaciadas podem formar os **canais de escoamento gramados**, que são capazes de transportar a água para fora dos terrenos cultivados, com segurança, sem a formação de voçorocas (Prancha 72).

Terraços A construção de vários tipos de terraços reduz o comprimento efetivo e o declive de uma encosta. Os **terraços em patamares** são usados onde o escoamento da água deve ser completamente controlado, como em plantações de arroz inundado. Onde os agricultores utilizam máquinas grandes e precisam cultivar toda a área de um campo, os **terraços de base larga** são os mais comuns. Os terraços de base larga desperdiçam pouca ou nenhuma terra e são bastante eficazes, se tiverem manutenção adequada. A água coletada atrás da bacia de captação de cada terraço flui lateral e suavemente (em vez de vertente abaixo) do campo para o canal do terraço, que tem uma queda de apenas cerca de 50 cm a cada 100 m (0,5%). O terraço geralmente direciona a água da enxurrada para um canal escoadouro gramado, através do qual ela se move encosta abaixo para um córrego ou rio das adjacências.

Exemplos de valores de *P* para aração em nível e para cultivos em faixas, em diferentes gradientes de declividade, são apresentados na Tabela 14.3. Os cinco fatores da EUPS (*R*, *K*, *LS*, *C* e *P*) podem sugerir diferentes abordagens para as práticas de controle da erosão do solo. Um exemplo dos cálculos é apresentado no Quadro 14.1, que ilustra como a EUPS pode ajudar a avaliar as opções de controle da erosão.

14.6 PREPARO CONSERVACIONISTA DO SOLO

Durante séculos, as práticas agrícolas convencionais, em todo o mundo, preconizaram um intenso preparo do solo, que o deixa desnudo e, portanto, desprotegido contra os efeitos da erosão. Durante a última metade do século passado, dois avanços tecnológicos têm permitido que muitos agricultores evitem esse problema, manejando seus solos de forma a reduzir sua movimentação pela aração ou mesmo cultivando-os sem aração, por meio do plantio direto. Primeiro surgiram os herbicidas, que conseguem eliminar as ervas daninhas quimicamente, em vez de mecanicamente. Em segundo lugar, os agricultores e fabricantes de equipamentos desenvolveram máquinas que podem semear os campos, mesmo com o solo coberto por resíduos vegetais. Esses avanços anularam duas das principais razões que faziam com que os agricultores usassem arados e grades para lavrar seus solos. Depois disso, o interesse dos agricultores no cultivo mínimo aumentou, uma vez que foi demonstrado que esses sistemas produziam colheitas com produtividades iguais ou mesmo superiores em muitas regiões, economizando tempo, energia, dinheiro e solo. Esse fato consagrou a expressão **preparo conservacionista do solo**.

Os prós, os contras e os métodos do preparo conservacionista do solo: www.ncsu.edu/sustainable/tillage/tillage.html

Sistemas conservacionistas de preparo do solo para plantio

Embora, hoje em dia, estejam em uso inúmeros sistemas de preparo conservacionista do solo para plantio, todos têm algo em comum: deixam uma quantidade significativa de resíduos or-

Tabela 14.3 Fatores *P* para plantios em nível e para culturas em faixas, em diferentes declividades e de acordo com subfatores para a construção de terraços segundo diferentes intervalos entre eles

O produto dos fatores para culturas em contorno com as faixas e o subfator para terraços fornece o valor P para os campos de cultivos terraceados.

				Subfator do terraço	
Declive, %	Contorno, fator *P*	Plantio em faixas, fator *P*	Intervalo dos terraços, m	Pontas fechadas	Pontas abertas
1–2	0,60	0,30	33	0,5	0,7
3–8	0,50	0,25	33–44	0,6	0,8
9–12	0,60	0,30	43–54	0,7	0,8
13–16	0,70	0,35	55–68	0,8	0,9
17–20	0,80	0,40	69–90	0,9	0,9
21–25	0,90	0,45	90	1,0	1,0

Fatores de Wischmeier e Smith para cultivo em contorno e em faixas (1978); subfator terraço, de Foster e Highfill (1983).

gânicos na superfície do solo após ele ter sido semeado. Considere-se que o preparo convencional inclui, em primeiro lugar, a aração com arado de aiveca (Figura 14.11, *à esquerda*), para que as ervas daninhas e os resíduos sejam completamente enterrados, seguido de uma a três passadas com a grade, para que os torrões de grande porte sejam quebrados e, logo depois, a cultura seja plantada. Posteriormente, vários tratos culturais ou cultivos são feitos entre as fileiras de cultura, para a eliminação das ervas daninhas. Assim cada passagem com um implemento agrícola desnuda o solo bem como enfraquece os agregados da estrutura que ajuda o solo a resistir à erosão hídrica.

Buscando métodos conservacionistas de preparo do solo em fazendas que usam cultivos orgânicos: http://attra.ncat.org/attra-pub/organicmatters/conservationtillage.html

Os sistemas de cultivos conservacionistas variam desde aqueles que simplesmente reduzem o excesso de movimentação do solo até os que praticam o plantio direto, sem aração ou gradeação, antes de fazer a semeadura por meio de uma plantadeira que secciona o solo por entre os resíduos (ou "palhada"), a uma profundidade de vários centímetros (Figura 14.12,

QUADRO 14.1

Cálculo das perdas previstas de solo pelo uso da EUPS (ou USLE)

Os princípios envolvidos na EUPS (USLE) e EUPSR (ou RUSLE) podem ser verificados pelos cálculos obtidos por meio da EUPS e seus fatores associados. Note-se que os fatores da EUPS estão relacionados uns com os outros de forma multiplicativa. Portanto, se qualquer um dos fatores for considerado como perto de zero, a quantidade de perda de solo *A* será também próxima de zero.

Suponha, por exemplo, um local do Estado de Iowa, Estados Unidos, em um solo da série *Marshall* franco-siltosa, com uma declividade média de 6% e um comprimento médio de vertente de 100 m. Suponha ainda que a terra esteja desnuda e em pousio.

A Figura 14.7 mostra que o fator *R*, para este local, é cerca de 150 em unidades inglesas, ou (150 × 17) 2.550 no SI. O fator *K* para o solo *Marshall* franco-siltoso do centro de Iowa é 0,044 (Tabela 14.2), e o fator topográfico *LS* (obtido na Figura 14.8) é de 1,7 (locais com muitos sulcos em solo desnudo). O fator *C* é de 1,0, uma vez que não há cobertura ou outras práticas de manejo para controle da erosão. Se supormos que o plantio é feito no sentido de maior declive ("encosta abaixo"), o valor de P será também 1,0. Assim, a perda de solo prevista pode ser calculada pela EUPS (*A*= *RKLSCP*):

$$A = (2550)(0{,}044)(1{,}7)(1{,}0)(1{,}0)$$
$$= 191 \text{ Mg/ha ou } 85{,}2 \text{ tons/acre}$$

na inserção). O arado de aiveca convencional foi projetado para deixar o campo de cultivo "limpo", ou seja, livre de resíduos na superfície. Por outro lado, os sistemas de preparo conservacionista do solo, como a **escarificação** (Figura 14.11, à *direita*), movimentam o solo, mas incorporam apenas parte desses resíduos, deixando mais de 30% do solo coberto. A **cobertura morta vegetativa**, cujas propriedades de conservação da água foram destacadas na Seção 6.4, é outro exemplo de cultivo conservacionista. Já o **plantio em camalhões** é um sistema conservacionista no qual as culturas são plantadas no topo de camalhões permanentes, construídos com uma altura de 15 a 20 cm. Nesse sistema, cerca de 30% de cobertura do solo é mantida, mesmo que os topos desses camalhões sejam ligeiramente movimentados durante o plantio e, em seguida, reconstruídos por cultivos rasos, para o controle das ervas daninhas.

Com os sistemas de **plantio direto**, podemos esperar que 50 a 100% da superfície possa permanecer coberta. Nas regiões úmidas, os sistemas de plantio direto, contínuos e bem-manejados incluem culturas de cobertura durante o inverno, além de rotações com culturas que produzem muitos resíduos. Tais sistemas mantêm o solo coberto o tempo inteiro e formam camadas superficiais orgânicas, semelhantes àquelas encontradas em solos sob florestas.

Plantio direto sem herbicidas (Rodale Research Institute): www.newfarm.org/depts/NFfield_trials/1103/notillroller.shtml

Vídeo sobre plantio direto para um desenvolvimento rural sustentável: http://info.worldbank.org/etools/bspan/PresentationView.asp?PID=5665&EID=5339

Os sistemas conservacionistas de preparo do solo geralmente proporcionam rendimentos iguais ou superiores àqueles observados nos sistemas de preparo convencional, desde que o solo não seja maldrenado e localizado em uma região fria. No entanto, durante o período de transição entre a adoção do plantio convencional e o plantio direto, as colheitas podem diminuir ligeiramente durante alguns anos, por motivos relacionados com os efeitos descritos nas próximas subseções.

Os sistemas de plantio direto propagaram-se, sobretudo, em quase todas as regiões dos Estados Unidos e agora são utilizados em praticamente metade de todas as áreas em que se adotam sistemas conservacionistas de preparo do solo. Em algumas propriedades rurais no leste dos Estados Unidos, o sistema de plantio direto tem sido utilizado de forma contínua desde aproximadamente os anos 1970 (ou seja, os campos de cultivo já estão há mais de 40 anos sem qualquer aração). Um dos exemplos mais significativos de expansão do plantio direto tem sido observado na Argentina e no sul do Brasil. Milhares de pequenos agricultores de soja e milho têm se adaptado com sucesso aos sistemas de plantio direto, utilizando tratores de pequeno porte ou implementos de tração animal.

Figura 14.11 Aspecto da aração tradicional (com revolvimento dos solos) e do preparo conservacionista do solo. *À esquerda*: no plantio convencional, um arado de aiveca inverte o horizonte superior do solo, enterrando todos os resíduos de plantas e fazendo com que a superfície do solo fique desnuda. *À direita*: o arado escarificador (um tipo de implemento agrícola para os cultivos conservacionistas) movimenta o solo, mas deixa uma boa parte dos resíduos de culturas na sua superfície. (Fotos: cortesia de R. Weil)

Efeitos do preparo conservacionista no solo

Preparo conservacionista do solo na Zâmbia: www.fao.org/ag/ags/agse/agse_s/3ero/namibia1/til_nam.htm

Desde a época em que os sistemas de preparo do solo conservacionista foram iniciados, centenas de testes de campo têm demonstrado que os seus métodos de preparo do solo diminuem a erosão em relação aos métodos de preparo convencionais. O escoamento superficial diminui, embora as diferenças não sejam tão grandes quanto as verificadas em relação à erosão do solo (Figura 14.13). Essas diferenças estão refletidas nos valores muito mais baixos do fator *C* atribuídos aos sistemas de cultivo conservacionista (Tabela 14.2).

O fator relativo ao controle de erosão de um solo cuja superfície está revestida com cobertura morta protetora não alterada foi discutido na seção anterior. O preparo conservacionista do solo também reduz significativamente a perda de nutrientes dissolvidos na água da enxurrada ou aderidos aos sedimentos.

Quando o manejo do solo é convertido do cultivo com aração para o preparo conservacionista (especialmente o do plantio direto), muitos atributos do solo são afetados de forma muito favorável. As alterações são mais pronunciadas nos poucos centímetros superiores do solo. Geralmente, as mudanças são maiores para os sistemas que usam as culturas de cobertura e produzem grandes quantidades de resíduos vegetais (especialmente milho e pequenos grãos, em regiões úmidas), mantendo uma boa cobertura de resíduos e provocando pouco ou nenhum revolvimento do solo. Muitas dessas mudanças são ilustradas em outros capítulos deste livro.

A abundância, a atividade e a diversidade dos organismos do solo tendem a ser maiores em sistemas conservacionistas de preparo do solo caracterizados por altos níveis de resíduos

Figura 14.12 Nos sistemas de plantio direto, uma cultura é plantada diretamente nos resíduos de uma cultura de cobertura ou de um cultivo comercial anterior, fazendo com que apenas uma estreita faixa de solo seja movimentada. Esses sistemas de plantio direto deixam praticamente todos os resíduos na superfície do solo, cobrindo-a totalmente e, assim, eliminando quase todas as perdas por erosão. Nesta foto, o milho foi plantado em uma área cuja cultura de cobertura foi morta com o uso de um herbicida (produto químico que mata ervas daninhas) para formar uma palhada. A foto inserida mostra detalhes da plantadeira sendo utilizada para o plantio direto (a direção do movimento é para a direita). Os sulcadores abrem um sulco no solo sob os resíduos; nesses sulcos, a semente é colocada a uma profundidade definida pela roda que a regula. O bom posicionamento da semente no contato com o solo é assegurado pela outra roda que fecha os sulcos. (Fotos: cortesia de R. Weil)

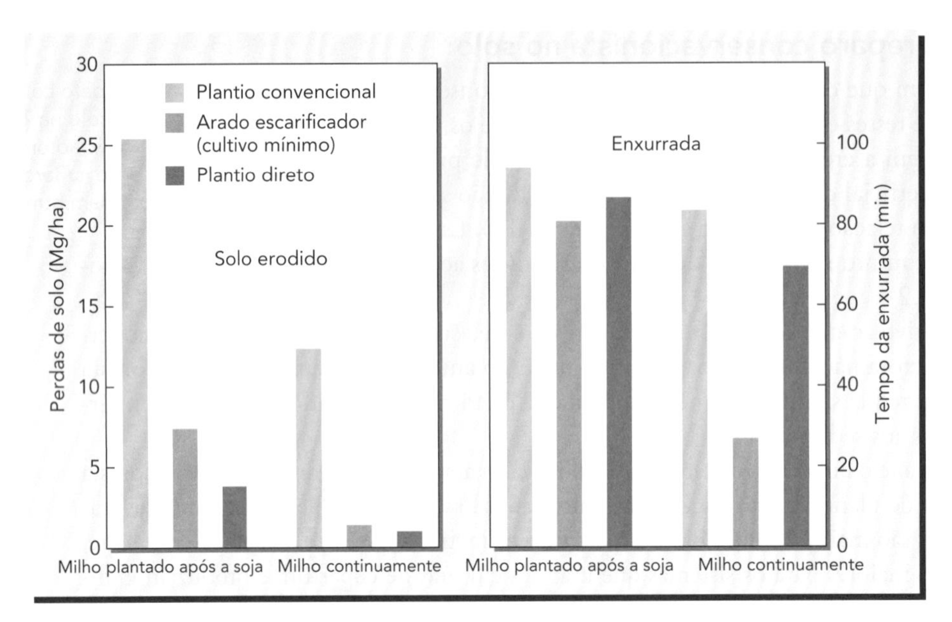

Figura 14.13 O efeito dos sistemas de cultivo sobre a erosão e escoamento superficial do solo em parcelas com lavoura de milho e milho seguido de soja, no Estado de Illinois, Estados Unidos. A perda de solo por erosão foi consideravelmente reduzida pelas práticas conservacionistas de preparo do solo. O período de escoamento foi reduzido com o uso do arado escarificador no sistema em que o cultivo foi o do milho. O solo era um *Typic Argiudoll* (série *Catlin*, franco-siltosa), em declive de 5%, plantado no sentido do maior declive, e o experimento foi feito no início da primavera. (Dados de Oschwald e Siemens [1976])

na superfície e poucas alterações físicas (ver Seção 10.14). As minhocas e os fungos, ambos importantes para a estrutura do solo, são especialmente favorecidos. No entanto, os resíduos orgânicos deixados na superfície nos sistemas de plantio direto têm decomposição mais lenta do que aqueles incorporados pelo cultivo convencional. No plantio direto, os resíduos estão em contato menos direto com as partículas do solo, permanecendo como uma barreira de proteção à superfície por um longo período de tempo.

14.7 BARREIRAS FORMADAS POR PLANTAS

As linhas estreitas de vegetação permanente (geralmente capins ou arbustos), plantadas seguindo as linhas de contorno, podem ser usadas para retardar o escoamento, reter sedimentos e, com o tempo, formar terraços "naturais" ou "vivos" (Figura 14.14). Em algumas situações, as gramíneas tropicais (p. ex., o conhecido capim-vetiver, que possui um bom enraizamento e é tolerante à seca) têm mostrado ser uma alternativa acessível à construção de terraços.

As gramíneas de raízes profundas, juntamente com caules densos e eretos, tendem a filtrar as partículas do solo provenientes da enxurrada lamacenta. Esse sedimento se acumula logo acima da barreira de capins e, com o tempo, forma um terraço que pode alcançar mais de 1 m acima da superfície do solo, logo abaixo das plantas. As barreiras estreitas de gramíneas podem ser eficazes na redução do escoamento e da erosão dos solos em muitas regiões, incluindo o meio-oeste dos Estados Unidos (Figura 14.15).

14.8 CONTROLE DA EROSÃO EM VOÇOROCAS E DE MOVIMENTOS DE MASSA

As voçorocas raramente se formam em solos saudáveis, protegidos por florestas ou por vegetação densa, mas são comuns em desertos, campos naturais e florestas abertas, nos quais o

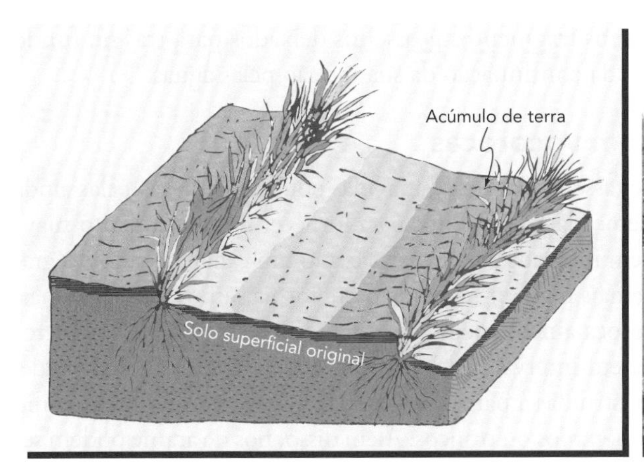

Figura 14.14 Uso de barreiras vegetativas para montar terraços naturais. *Foto*: uma gramínea tropical (vetiver) foi plantada de forma a contornar um campo de mandioca, através do plantio de estacas enraizadas desta gramínea no solo. O capim é plantado em uma fileira perpendicular à direção de maior declive. Depois de aproximadamente um ano, as soqueiras já estavam implantadas, suas raízes bem-desenvolvidas, e o crescimento da parte aérea passou a funcionar como uma barreira para reter as partículas do solo, permitindo também a passagem de um pouco de água através dela. *Diagrama*: observe o acúmulo de terra sobre as soqueiras, o qual forma uma espécie de camalhão. (Foto: cedida pelo Centro Internacional de Agricultura Tropical em Cali, Colômbia)

solo está apenas parcialmente coberto. As voçorocas também se formam rapidamente em solos expostos por arações e gradagens, quando sulcos pequenos se coalescem, de forma a fazer com que a água se concentre e arraste a terra encosta abaixo (Figura 14.16, *à esquerda*). A concentração de água decorrente da construção de estradas e trilhas malprojetadas pode causar voçorocas, até mesmo em florestas densas. Em muitos casos, as voçorocas, mesmo depois de abandonadas, vão continuar a crescer e, após alguns anos, devastarão a paisagem (Figura 14.16, *à direita*). Por

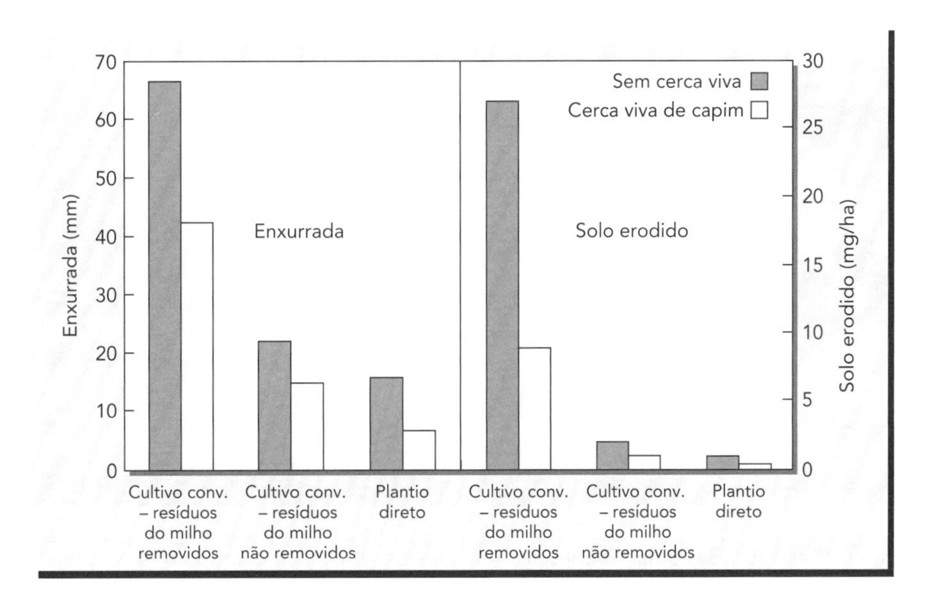

Figura 14.15 Estreitas cercas vivas de capins podem funcionar como ferramentas eficazes para reduzir as perdas de solo pela enxurrada. Cercas do capim *Switchgrass* (*Panicum virgatum*), com 0,72 m de largura, foram estabelecidas ao longo da encosta, a cada 16 m, em um campo cultivado continuamente com milho que, em seguida, recebeu um total de 120 mm de chuva aplicada por um simulador. O solo era um *Typic Hapludoll* do Estado de Iowa, Estados Unidos, com um declive médio de 12%. Os resíduos de milho deixados na superfície do solo bem como os sistemas de plantio direto também diminuíram drasticamente as perdas de solo. (Dados estimados a partir de uma figura de Gilley et al. [2000])

outro lado, em alguns solos pedregosos, os fragmentos grosseiros deixados para trás no fundo do canal da voçoroca podem protegê-lo da continuação da sua incisão pelas águas.

A recuperação de terrenos com voçorocas

Se as voçorocas forem de pequeno porte (assemelhando-se a ravinas pouco profundas), elas ainda poderão ser afeiçoadas, preenchidas e semeadas com capins para fornecer um escoamento suave da água e, posteriormente, permanecerem intocadas, para servir como um canal escoadouro gramado. Quando a voçoroca está ativa demais para ser reparada desta forma, um tratamento mais extensivo pode ser necessário. Se a voçoroca ainda é pequena, uma série de barragens com cerca de 0,5 m de altura pode ser construída em intervalos de 4 a 9 m, dependendo da declividade. Essas pequenas barragens podem ser construídas a partir de materiais disponíveis no local, como grandes rochas, fardos de feno apodrecido, ramos ou troncos. Além disso, fios de arame podem ser utilizados para estabilizar essas estruturas. Barragens, grandes ou pequenas, devem ser construídas com as características ilustradas na Figura 14.17. Depois de um tempo, os sedimentos podem se acumular o suficiente por trás das barragens, formando uma série de terraços em degraus, e o seu canal pode ser preenchido e coberto com grama permanente.

Para as voçorocas muito grandes, pode ser necessário primeiro desviar a água do escoamento superficial na cabeceira do canal e depois instalar barragens permanentes de terra, concreto ou pedra, dentro do próprio canal. Depois disso, os sedimentos depositados acima das barragens irão lentamente preencher a voçoroca. Represas semipermanentes, calhas e canais enrocados e alinhados também são utilizados em locais de construção civil, mas são geralmente muito caros para o uso em terras agrícolas.

Movimentos de massa em encostas instáveis

Liquefação de solos saturados com água: www.ce.washington.edu/~liquefaction/html/what/what1.html

Os deslizamentos de grandes massas de solos instáveis (**movimentos de massa**) são bastante diferentes da erosão da superfície do solo, que é o tema principal deste capítulo. Os movimentos de massa podem ser um problema em encostas muito íngremes (geralmente com mais de 60% de declividade). Embora esse tipo de perda de solo por

Figura 14.16 Devastações causadas pelas voçorocas. *À esquerda:* voçoroca agindo em um solo altamente erodível, no oeste do Estado do Tennessee, Estados Unidos. As pequenas raízes das plantas de trigo não conseguem impedir a ação erosiva do fluxo concentrado de água. *À direita:* o legado da erosão acelerada induzida pela negligência humana. O preparo para cultivo dos solos de encostas íngremes, durante o Império Romano, iniciou um processo de erosão acelerada que, por fim, transformou as valas de drenagem em voçorocas irregulares, que continuam, a cada forte chuva, a rasgar esta paisagem italiana. Para uma noção de escala, observe as oliveiras e as casas em terrenos gramados, situadas nas encostas menos declivosas das colinas não erodidas. (Fotos: cortesia do USDA National Resources Conservation Service [*à esquerda*] e de R. Weil [*à direita*])

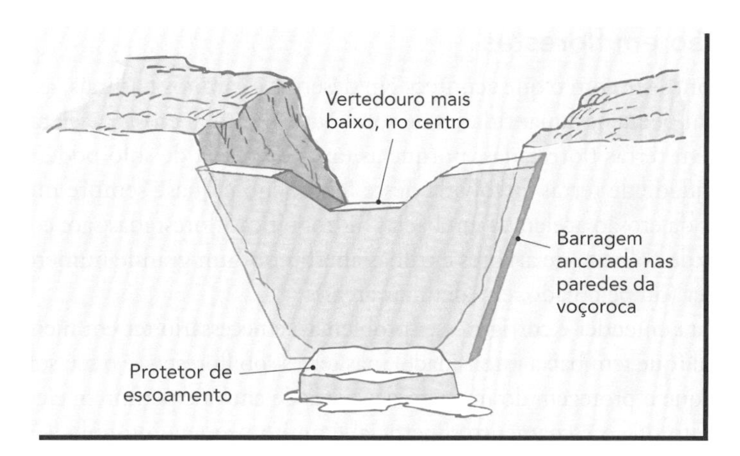

Figura 14.17 Desenho esquemático de uma pequena barragem feita para evitar a erosão por voçoroca. Se tais barragens forem feitas a partir de rochas, concreto, feixes de gravetos ou de outros materiais, elas devem ter o aspecto mostrado na ilustração. A estrutura deve ser escavada nas paredes do canal da voçoroca, para impedir que a água passe pelos lados. O centro da barragem deve ser mais baixo, para que a água transborde nesse local e não carregue o solo das paredes dos barrancos. Uma estrutura resistente à erosão, feita a partir de concreto, pedras grandes, gravetos enfeixados ou de material similar, deve ser instalada abaixo do centro da barragem, para evitar o transbordamento devido a cortes subterrâneos ou fluxos por baixo da estrutura. Em contraste com o efeito esperado de uma barragem bem projetada e construída para o controle de voçoroca, o despejo de rochas, de restos vegetais ou de veículos velhos nos barrancos pode tornar a situação pior, e não melhor. (Diagrama: cortesia de R. Weil)

vezes ocorra em pastagens íngremes, ele é mais comum em terras não agrícolas. As perdas de quantidades significativas de solo podem assumir diversas formas. O **rastejo** (*creeping* – Prancha 46) é a deformação lenta (sem cisalhamento) do perfil do solo quando as suas camadas superiores se movem, muito lentamente, morro abaixo. Os **deslizamentos de terra** ocorrem com o cisalhamento súbito e o movimento da massa de solo, geralmente em condições muito molhadas (Pranchas 41 e 42). Os **fluxos de lama** incluem a liquefação parcial e o deslizamento de solo saturado com água, devido à perda de coesão entre as suas partículas.

Os movimentos de massa são, por vezes, provocados por atividades humanas que minam a estabilidade natural do solo ou fazem com que ele se torne saturado com água, como resultado de fluxos concentrados. O apodrecimento de estruturas naturais fixadoras do solo, como raízes de grandes árvores após a derrubada de uma floresta ou a escavação de um talude no sopé de uma encosta íngreme são exemplos mais comuns.

14.9 CONTROLE DA EROSÃO ACELERADA EM CAMPOS NATURAIS E FLORESTAS

Problemas em campos naturais

Muitos campos de clima semiárido perdem grandes quantidades de solo, mesmo sob condições naturais, mas a erosão acelerada pode levar a perdas ainda maiores se houver interferência humana e mau manejo. O superpastoreio, que leva à deterioração da cobertura vegetal nas pastagens naturais, é um excelente exemplo. Uma cobertura de gramíneas normalmente protege o solo melhor do que um conjunto de arbustos dispersos, que usualmente as substitui em consequência de um manejo inadequado da pastagem. Além disso, o gado que fica em torno de bebedouros e depósitos de sal, se mal distribuídos, pode desnudar completamente o solo. As trilhas formadas por animais bem como as estradas secundárias para veículos podem canalizar a água das enxurradas e formar voçorocas que degradam a paisagem. Por causa da prevalência de condições secas, a erosão eólica (a ser abordada nas Seções 14.11 e 14.12) também desempenha um papel importante na deterioração de solos dos campos naturais.

Erosão em florestas

Em contraste com o que acontece em desertos e campos naturais, as áreas sob florestas intactas perdem pequenas quantidades de solo. No entanto, a erosão acelerada pode ser um problema sério em terras florestadas, porque as taxas de perda de solo podem ser bastante elevadas e a quantidade de terras envolvida neste fenômeno é quase sempre muito grande. As principais causas da erosão acelerada em bacias hidrográficas florestadas são: construção de estradas, operações de colheita de árvores e trilhas abertas por um grande número de pessoas em atividades de lazer (ou pelo gado, em algumas áreas).

Para entender e corrigir esses problemas, é necessário ter em mente que o segredo da erosão natural (que tem baixa intensidade), nas terras sob florestas, é o seu solo intacto, com os horizontes O que o protegem do impacto das gotas de chuva e permitem elevadas taxas de infiltração, a tal ponto que o escoamento superficial é muito pequeno ou nulo. Contrariamente à percepção comum, é o chão da floresta, e não a copa das árvores ou as suas raízes, que protege o seu solo da erosão (Figura 14.18, *à esquerda*). Na verdade, a água da chuva que despenca das folhas das altas árvores muitas vezes forma grandes gotas que atingem a velocidade terminal e impactam o solo com mais energia do que a chuva diretamente o faz – em relação até mesmo à mais intensa das tempestades. Se o solo da floresta foi alterado e o solo mineral exposto, pode haver uma grave erosão provocada pelos salpicos (ver Figura 14.18, *à direita*). A erosão em voçorocas pode também ocorrer sob o dossel da floresta, se houver concentração de água devido às estradas malplanejadas.

Forest Service WEPP, interfaces para estradas, florestas, etc.: http://forest.moscowfsl.wsu.edu/fswepp/

As principais causas de solo erodido em áreas de produção de madeira são os *carreadores de florestas* (construídos para fornecer acesso à área para os caminhões), as *trilhas de arraste* (os caminhos ao longo dos quais as toras são arrastadas) e as *áreas de empilhamento* (locais onde as toras coletadas são dimensionadas e colocadas nos caminhões). O simples corte das árvores ocasiona apenas uma pequena erosão (exceto quando as suas raízes são necessárias para evitar o movimento de massa do solo). Estratégias para controle da erosão devem incluir considerações sobre: (1) a intensidade das operações de colheita das árvores, (2) os métodos utilizados para remover as suas toras, (3) o calendário dessas colheitas e (4) o planejamento e gestão do uso das estradas e trilhas. As operações para a regeneração de árvores que favorecem a movimentação do solo (como o seu preparo para eliminar a competição

Figura 14.18 A cobertura morta das folhas (serrapilheira), no solo sob florestas, ao contrário das raízes ou das copas, provê a maior parte da proteção contra a erosão em um ecossistema florestal. *À esquerda*: na figura, observa-se o solo de uma intacta floresta caducifólia de clima temperado (como pode ser visto por meio de um toco podre). O dossel sem folhas pouco contribuirá para interceptar a chuva durante os meses de inverno. Durante o verão, a água da chuva que escorre da folhagem das árvores altas pode afetar o solo da floresta com tanta energia quanto uma tempestade pluvial. *À direita*: graves erosões ocorreram sob a copa das árvores em uma área madeireira, onde o chão protetor da floresta foi destruído devido ao tráfego de pedestres. As raízes das árvores expostas indicam a perda de cerca de 25 cm do perfil do solo. (Fotos: cortesia de R. Weil)

Figura 14.19 Duas importantes práticas florestais projetadas para minimizar os danos da erosão pela derrubada de árvores. *À esquerda*: uma visão aérea do corte raso e dos blocos não colhidos de pinheiros, no Estado do Alabama, Estados Unidos. As trilhas estreitas de arraste podem ser vistas dirigindo-se até uma área de teste localizada no alto da colina, de onde elas se espalham encosta abaixo, em direção aos córregos. Essa situação contrasta com a prática mais comum e mais fácil de arrastar toras para baixo, onde as trilhas de arraste convergem para um ponto baixo, favorecendo a concentração de água de escoamento em fluxos que podem produzir voçorocas. Também são visíveis várias faixas largas de cor escura, que são locais onde as árvores foram deixadas ao longo dos córregos para protegerem e manterem a qualidade da água. *À direita*: uma calha aberta em uma estrada madeireira bem planejada no Estado de Montana, Estados Unidos. (Fotos: cortesia de R. Weil)

das ervas daninhas ou proporcionar um melhor contato das sementes com o solo) também devem ser limitadas aos locais com baixa suscetibilidade à erosão.

O método menos dispendioso e mais comumente usado para o arraste de toras é aquele que utiliza tratores de roda chamados de *skidders* (ver Capítulo 4, Figura 4.19). Esse método geralmente altera o solo da floresta, expondo o solo mineral em talvez 30 a 50% da área colhida. Por outro lado, os métodos mais dispendiosos, que usam cabos para levantar uma extremidade da tora do chão, podem expor o solo mineral em apenas 15 a 25% da área. Ocasionalmente, em locais muito vulneráveis, as toras são levadas para as áreas de empilhamento por intermédio de balões ou helicópteros; essas práticas são de custo elevado, mas resultam em somente 4 a 8% de exposição do solo mineral.

Projeto e manejo de estradas As estradas por onde circulam com frequência caminhões com toras de madeira podem perder até 100 Mg/ha de solo devido à erosão da sua superfície bem como das paredes das valas de drenagem ou do solo exposto nos cortes das estradas construídas em encostas. As estradas também coletam e canalizam grandes volumes de água, o que pode causar o aparecimento de graves voçorocas. Dessa forma, elas devem ser bem localizadas para evitar esse problema. A colocação de cascalho sobre as estradas, apesar de dispendiosa, e o plantio de vegetação perene nos cortes nelas efetuados (os quais ficam expostos) podem eliminar até 99% da perda de solo. Uma medida muito menos dispendiosa é implantar canais (como as valas rasas ou as **calhas de água**, como mostrado na Figura 14.19, *à direita*) que cruzem as estradas, a cada 25-100 m, para evitar o acúmulo excessivo de água e espalhá-la, com segurança, para fora da estrada, em áreas protegidas por vegetação natural. Terminado o corte das árvores, as estradas da área devem ser gramadas e fechadas ao tráfego.

Projeto de trilhas de arraste As trilhas de arraste de toras que conduzem a água da enxurrada encosta abaixo na direção de uma área de empilhamento facilitam a formação de voçorocas. As repetidas viagens, nas quais inúmeras toras são arrastadas ao longo das trilhas (mesmo que secundárias), também aumentam muito a quantidade de solo mineral exposto às forças da erosão. Ambas as práticas devem ser evitadas, e as áreas de empilhamento devem estar localizadas no ponto mais alto, na parte mais plana e nas áreas disponíveis mais bem drenadas (Figura 14.19, *à esquerda*).

Faixas de proteção ao longo de córregos Quando a madeira das florestas é colhida, amplas faixas de proteção, com largura de cerca de 1,5 vez a altura das árvores mais altas, devem ser deixadas intocadas ao longo de todos os cursos d'água (Figura 14.19, *à esquerda*). Como abordado na Seção 16.2, as faixas de proteção com densa vegetação têm uma elevada capacidade de remoção de sedimentos e nutrientes da água do escoamento superficial. Essas faixas de florestas também protegem os cursos d'água dos excessos de detritos madeireiros. Além disso, árvores na lateral dos córregos e rios os sombreiam, protegendo as suas águas do aquecimento indesejável que resultaria da exposição direta das águas à luz solar.

14.10 EROSÃO E CONTROLE DE SEDIMENTOS EM ÁREAS DE CONSTRUÇÃO CIVIL

Embora os locais onde existam obras de construção civil ocupem pequenas áreas na maioria das bacias hidrográficas, eles podem ser uma importante fonte de sedimentos erodidos, porque a erosão potencial por hectare de terra drasticamente alterada é geralmente cem vezes maior do que a que ocorre em terras agrícolas. Elevadas cargas de sedimentos são características de rios que drenam as bacias hidrográficas nas quais a terra está deixando de ser usada para fins agrícolas e florestais, dando lugar às edificações (Prancha 110). Historicamente, uma vez que a urbanização de uma bacia hidrográfica se completa (quando todas as terras já estão pavimentadas ou cobertas por gramados bem-cuidados), as taxas de sedimentação retornam a níveis mais baixos (ou inferiores) do que aqueles observados antes das transformações decorrentes da urbanização.

Para evitar a grave poluição devido aos sedimentos oriundos dos canteiros de obras, governos dos Estados Unidos (p. ex., por meio de leis estaduais e do Federal Clean Water Act de 1992) e de muitos outros países exigem que os construtores elaborem planos detalhados de controle de erosão ou sedimentação, antes de iniciar os projetos de construção. Os objetivos do controle de erosão em construções civis são: (1) evitar danos no local, como os que se originam de escavações para fundações ou de trabalhos de terraplanagem, e também a perda da camada de solo mais superficial, necessária para o paisagismo final; e (2) reter sedimentos erodidos no local, de modo a evitar todos os danos ambientais (e responsabilidades) que resultariam da deposição de sedimentos em terras vizinhas, estradas, reservatórios e cursos d'água.

Princípios de controle de erosão em áreas de construção civil

Existem cinco etapas básicas úteis para elaborar projetos de construções para alcançar as metas antes mencionadas:

Planejando o controle da erosão e da sedimentação em locais de construção civil: www.civil.ryerson.ca/stormwater/menu_5/index.htm

1. Quando possível, agendar as principais atividades de escavação em períodos do ano de baixa precipitação pluvial.
2. Dividir o projeto em muitas etapas, tantas quantas forem possíveis, de modo que apenas em algumas pequenas áreas a vegetação natural venha a ser removida de uma só vez para ser terraplanada.
3. Cobrir os solos trabalhados, da forma mais completa possível, utilizando vegetação ou outros materiais.
4. Controlar o fluxo de escoamento superficial para que a água seja removida para fora da área, com segurança e sem formação de sulcos destrutivos.
5. Deter os sedimentos antes de canalizar a água da enxurrada para fora do local.

As três últimas etapas necessitam de mais considerações. Elas são mais bem implementadas quando práticas específicas são integradas em um plano global de controle de erosão para o local em questão.

Coberturas para solos revolvidos

Depois que uma parte da área é terraplanada, qualquer área inclinada não diretamente envolvida na construção deve ser semeada com uma espécie de grama que seja adaptada ao solo e às condições climáticas e tenha um rápido crescimento (a Prancha 43 mostra a erosão em um talude não protegido de uma estrada).

As áreas semeadas devem ser revestidas com **cobertura protetora** (*mulch*) ou com **mantas antierosivas** especialmente fabricadas para esta finalidade (Figura 14.20). As mantas antierosivas são feitas de diversos materiais biodegradáveis ou não biodegradáveis e proporcionam cobertura instantânea do solo, impedindo que as sementes sejam levadas pelas águas.

A tecnologia comumente utilizada para proteger áreas de encostas íngremes e de difícil acesso, como as de taludes de estrada, é a **hidrossemeadura**, com a qual uma mistura de sementes, adubos, calcário (se necessário), cobertura morta e polímeros pegajosos é pulverizada. Uma boa gestão de locais com obras civis inclui a remoção e estocagem do material do horizonte A antes que a área seja terraplanada (Prancha 44). Esse material do solo é geralmente de alta fertilidade e é uma fonte potencial de sedimentos e poluição por nutrientes. As pilhas desse material devem, portanto, ser objeto da hidrossemeadura, para que haja uma cobertura de grama que proteja o solo contra a erosão até que seja utilizado para as obras de paisagismo em torno das estruturas definitivas.

Controlando o escoamento superficial

O material do horizonte subsuperficial revolvido e recém-exposto é altamente suscetível à ação erosiva da água que está escoando no canteiro de obras. As voçorocas que se formam podem ravinar o trabalho de terraplanagem, minar pavimentos e fundações e produzir enormes cargas de sedimentos. O fluxo de água de escoamento superficial deve ser controlado por um cuidadoso planejamento de terraplanagem, terraceamento e construção de canais. A maioria das construções requer um canal escoadouro no seu perímetro para captar e escoar as enxurradas antes que as suas águas escoem, canalizando-as para uma bacia de retenção.

Os lados e o fundo dos canais devem ser revestidos com uma "armadura" protetora para suportar a força de corte da água corrente. Onde águas em alta velocidade são previstas, o solo deve ser protegido com uma **proteção rígida**, como um **enrocamento rochoso** (grandes pedras angulares, como as mostradas na Figura 14.21), **gabiões** (contâineres retangulares, de telas de arame, preenchidos com calhas) ou blocos de concreto interligados. O solo é primei-

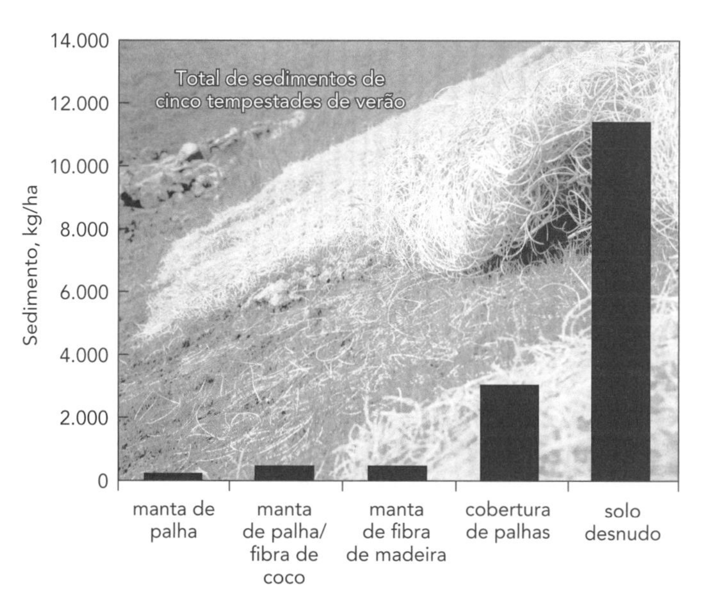

Figura 14.20 Quantidades totais de sedimentos geradas ao longo de cinco tempestades de verão nos solos de canteiros de construção civil que foram deixados desnudos, cobertos com palha ou com vários tipos de mantas antierosivas. O material de solo argiloso atendeu às especificações do State Department of Transportation para os solos superficiais. Ele foi esparramado, adubado e semeado com uma mistura de sementes de gramíneas. As parcelas experimentais tinham uma declividade de 35% e 9,75 m de comprimento. Logo após a semeadura, os solos foram cobertos por diversos materiais antierosivos. A melhor biomassa e cobertura vegetativa foi obtida no primeiro ano nas parcelas cobertas com palha. O melhor controle de sedimentos, em um curto espaço de tempo, foi obtido com as mantas antierosivas, como a de fibras de madeira mostrada na foto ao fundo. (Gráfico elaborado a partir de dados encontrados em Benik et al. [2003]; foto: cortesia de R. Weil)

ramente coberto com uma manta **geotêxtil** de filtragem (um material resistente e não tramado) para evitar a mistura do solo com as pedras.

Em canais menores e em encostas mais suaves, onde a água escoa com velocidade relativamente baixa, **proteções flexíveis** podem ser usadas, como leivas de grama ou mantas antierosivas. Geralmente, o enrocamento leve é mais barato e esteticamente mais atraente do que a proteção pesada e rígida. Novas abordagens de controle da erosão, muitas vezes, requerem vegetação reforçada (p. ex., árvores ou gramíneas plantadas em aberturas entre os blocos de concreto ou plantadas sobre mantas antierosivas resistentes à decomposição).

O termo **bioengenharia** descreve as técnicas que utilizam a vegetação (espécies nativas e não invasivas são as preferidas) e materiais naturais biodegradáveis para proteger canais sujeitos à elevada velocidade da água. Alguns exemplos incluem o uso de **cobertura de galhos** para estabilizar encostas íngremes. Nessa técnica, galhos de árvores são fortemente amarrados, deitados e fincados com longas estacas de madeira e, depois, parcialmente cobertos com terra. As chamadas **estacas vivas** (Figura 14.22) são outro exemplo de um método da bioengenharia comumente utilizado para estabilizar o solo ao longo dos canais hidráulicos sujeitos a fluxos de água com alta velocidade. Em ambos os casos, o solo já está provido de alguma proteção física imediata contra o escoamento da água, e, por fim, as estacas em dormência conseguem se enraizar, possibilitando, assim, proteção vegetativa profunda e enraizamento permanente.

Retendo os sedimentos

Para pequenas áreas de solos trabalhados, várias formas de barreiras de sedimentos podem ser usadas a fim de filtrar a enxurrada, antes que ela seja liberada. Os tipos de barreiras de sedimentos mais comuns são feitos com fardos de palha e cercas construídas com mantas de tecidos filtradores. Se instalados corretamente, podem diminuir, de maneira eficaz, o fluxo de água até um ponto em que grande parte dos sedimentos é depositada a montante da barreira, enquanto a água relativamente limpa passa através dela.

Em canteiros de obras civis de grande porte, um sistema de encostas e canais protegidos leva a água da enxurrada para uma ou mais bacias de retenção e sedimentação, localizadas na menor cota da área. Quando a água que escoa encontra a da lagoa, parada ela deposita grande parte da carga de seus sedimentos, permitindo que a água relativamente pura se escoe pela parte de cima,

Figura 14.21 O fluxo da enxurrada, proveniente de grandes áreas com solo descoberto, deve ser cuidadosamente controlado, evitando poluir locais vizinhos. Na foto, um canal, cuidadosamente projetado, está com o fundo gramado e as laterais revestidas com pedras grandes (enrocamento rochoso). Desse modo, ele consegue evitar a erosão em sulcos profundos e em voçorocas, reduz a perda de solo e canaliza a água através do perímetro do canteiro de obras. (Foto: cortesia de R. Weil)

à medida que é conduzida ao lago seguinte ou para outro local. As terras úmidas (Seção 7.7) são muitas vezes artificialmente construídas para ajudar a purificar as águas que transbordam das lagoas de sedimentação, antes de elas serem liberadas para um curso d'água natural.

14.11 EROSÃO EÓLICA: IMPORTÂNCIA E FATORES QUE A AFETAM

As perdas de solo – Earth Policy Institute: www.earth-policy.org/Books/Seg/PB2ch05_ss3.htm

O problema da erosão do solo pelo vento é quase tão grande quanto ao da erosão pela água. A erosão eólica é maior nas regiões áridas e semiáridas, mas também ocorre em certos solos de regiões úmidas. Quando o vento sopra forte na superfície de um solo seco, ele desprende e carrega suas partículas para diferentes distâncias. Enquanto as grandes partículas de areia rolam e saltam em toda a superfície da terra, as de silte e de argila, mais finas, podem ser recolhidas e levadas pelo vento a grandes alturas e para enormes distâncias – essas poeiras atmosféricas podem até mesmo atravessar oceanos, indo de um continente para outro.

A erosão eólica provoca danos generalizados, não só para a vegetação e os solos dos locais erodidos como para qualquer coisa que possa ser danificada pela ação abrasiva das partículas carregadas pelo vento; além disso, esse tipo de erosão também prejudica as áreas além do local erodido, onde o solo se deposita sobre o planeta Terra (Figura 14.23). Nas regiões semiáridas dos Estados situados nas Grandes Planícies dos Estados Unidos, a erosão eólica é superior à erosão hídrica das terras agrícolas, com uma média de 4 Mg/ha/ano no Estado de Nebraska a 29 Mg/ha/ano no Novo México. Nesses locais, a má gestão dos campos superpastoreados e das terras aradas tem aumentado bastante a suscetibilidade dos solos à ação do vento. Os resultados mais deploráveis têm acontecido nos anos mais secos.

Mesmo em regiões úmidas, certos solos sofrem uma significativa erosão eólica quando sua camada superficial está seca e a velocidade do vento é elevada. O movimento de dunas de areia ao longo da costa do Atlântico e da costa oriental do lago Michigan, nos Estados Unidos, é um exemplo do resultado desse tipo de erosão. A erosão eólica também prejudica o cultivo

Figura 14.22 Um exemplo de aplicação da bioengenharia ao longo do leito de um rio alterado durante a construção de um aeroporto, no Estado de Illinois, Estados Unidos. Estacas vivas de salgueiro foram fincadas para conter as margens erodíveis e reduzir o poder de destruição da água durante a cheia (*à direita*). Depois de algum tempo, raízes e brotos se desenvolveram a partir das estacas de salgueiro (*à esquerda*), permitindo o crescimento de árvores que permanentemente estabilizam o talude e melhoram o *habitat* da vida selvagem. (Fotos: cortesia de R. Weil)

em solos arenosos ou turfosos, quando estão secos. Os danos intrínsecos e extrínsecos à área causados pela erosão eólica foram abordados na Seção 14.2.

A força erosiva do vento tende a ser muito maior em determinadas regiões e certas épocas do ano do que em outras. Por exemplo, a região semiárida das Grandes Planícies dos Estados Unidos está sujeita a ventos com força erosiva de 5 a 10 vezes maior do que aquela com ventos regulares do leste úmido. Nas Grandes Planícies, os ventos são mais fortes no inverno. Em outras regiões, esses ventos ocorrem com mais frequência durante os verões quentes.

Mecânica da erosão eólica

Filme mostrando a saltação em ação: http://plantandsoil.unl.edu/croptechnology2005/soil_sci/animationOut.cgi?anim_name=saltation-modd.swf

Tal qual a erosão hídrica, a eólica compreende três processos: (1) *desagregação*, (2) *transporte* e (3) *deposição*. O ar em movimento, em si, faz com que aconteça alguma desagregação de pequenos grãos de solo a partir de pequenos agregados ou de torrões dos quais fazem parte. No entanto, depois que o ar em movimento está carregado de partículas do solo, o seu poder abrasivo é muito maior. O impacto desses grãos, que se movem rapidamente, desaloja outras partículas dos torrões e agregados. As partículas, agora deslocadas, estão prontas, dependendo do seu tamanho, para um dos três modos de transporte produzidos pelo vento.

A primeira e mais importante etapa de transporte de partículas é a da **saltação**, movimento do solo provocado por uma série de saltos curtos que ocorrem ao longo da sua superfície (Figura 14.24). Essas partículas permanecem perto do chão, raramente se elevando a mais de 30 cm. Dependendo das condições, esse processo pode ser responsável por 50 a 90% do movimento total do solo.

A saltação também provoca o **rastejo do solo** (*creeping*), rolamento e deslizamento das partículas maiores ao longo da superfície. As partículas que estão saltando colidem com os agregados do solo, acelerando assim o seu movimento ao longo da superfície. O rastejo do solo é responsável pelo movimento de partículas cujo tamanho é de, aproximadamente, 1,0 mm de diâmetro e pode ser responsável por 5 a 25% do movimento total.

Figura 14.23 A erosão eólica em ação. *À esquerda*: grande parte da erosão eólica se origina de tempestades de poeira como estas, movendo-se pelas Altas Planícies do Estado do Texas (EUA). A nuvem negra, em forma de redemoinho, é composta de partículas finas do solo erodido por ventos fortes, os quais varrem as terras dos campos de pastagens e de cultivos. Aparentemente, grande parte da terra não foi bem coberta, como o campo de trigo que aparece em primeiro plano. *À direita*: o solo erodido pelo vento, durante uma única tempestade de poeira, acumulou terra em uma profundidade de aproximadamente 1 m ao longo de uma cerca, no Estado de Idaho (EUA). O solo e as plantas que já existiam no local estão cobertos por sedimentos que são completamente improdutivos, porque a estrutura do solo foi destruída. Além disso, esses depósitos estão sujeitos a mais movimento quando o vento mudar de direção e os arrastar ainda mais. (Fotos: cortesia do Dr. Chen Weinan, USDA Agricultural Research Service, Warm Springs, Texas [*à esquerda*] e de R. Weil [*à direita*])

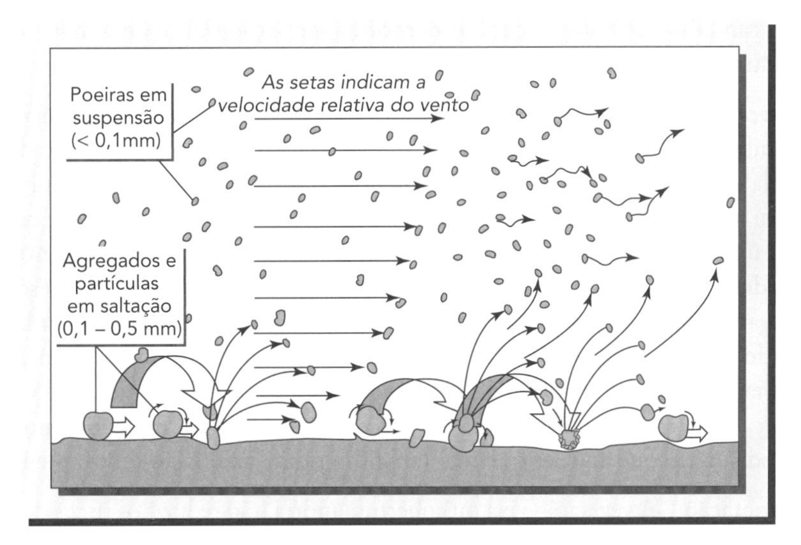

Figura 14.24 Forma como as partículas se movem durante a erosão eólica. Conforme indicado pelas setas em linha reta, o vento está soprando da esquerda para a direita e é um pouco abrandado por fricções e obstruções próximas à superfície do solo. As partículas finas, captadas a partir da superfície do solo, são levadas para a atmosfera, onde permanecerão suspensas até que a velocidade do vento se reduza. As partículas de tamanho médio ou agregados, sendo muito grandes para serem transportadas em suspensão, são devolvidos para a superfície do solo. Quando estes colidem com os maiores agregados do solo, eles se rompem e liberam partículas de diversos tamanhos. As partículas menores se movem em suspensão no ar, e as partículas de tamanho médio continuam a saltar ao longo da superfície do solo. Esse processo de movimento de partículas, provocado por partículas médias que saltam ao longo da superfície, é denominado *saltação*. (Diagrama: cortesia de R. Weil)

O método mais impressionante de transporte de partículas do solo se dá pelo movimento em **suspensão**, através do qual as partículas de poeira e de areia fina são movidas para cima e paralelamente à superfície do solo. Embora algumas delas sejam levadas a uma altura não superior a alguns metros, a ação turbulenta dos ventos resulta no transporte de partículas mais finas, na atmosfera, a poucos quilômetros acima do solo, mas a muitas centenas de quilômetros no sentido horizontal. Essas partículas voltam para a terra apenas quando o vento diminui e/ou quando a precipitação pluvial as direciona para baixo.

Fatores que afetam a erosão eólica

Os solos úmidos não se desagregam, em decorrência da adesão entre a água e as partículas do solo. Contudo, os ventos secos geralmente diminuem o teor de umidade abaixo do ponto de murcha antes de a erosão eólica ocorrer. Outros fatores que influenciam a erosão eólica são: (1) velocidade e turbulência do vento, (2) condições da superfície do solo, (3) características do solo e (4) natureza e posição das faixas de vegetação.

Vídeo sobre os turbilhões de poeiras em Marte: http://cc.jpl.nasa.gov/mer/050505-DustDevil.qtl

Velocidade do vento A taxa de movimento do vento, quando sob a forma de rajadas com velocidade acima da média, irá influenciar a erosão. O *limiar da velocidade* – velocidade a partir da qual o vento irá iniciar a movimentação do solo – é geralmente cerca de 25 km/h (7 m/s). Com mais velocidade, o movimento do solo será proporcional ao cubo da velocidade do vento. Assim, quando a velocidade do vento estiver acima de 30 km/h, a quantidade de solo transportado aumentará consideravelmente. Embora o próprio vento tenha alguma influência direta no processo de transporte das menores partículas, é o impacto delas, ao se chocarem contra o solo, que provavelmente seja o fator mais importante.

Rugosidade da superfície A erosão eólica é menos grave onde a superfície do solo é rugosa. Essa rugosidade pode ser obtida por métodos de plantio adequados, que criam grandes torrões ou camalhões. O uso de cobertura morta (ver Seção 6.4) é uma maneira ainda mais eficaz de reduzir as perdas de solo provocadas pelo vento.

Propriedades do solo A erosão eólica é influenciada não apenas pela umidade do solo mas também: (1) pela estabilidade mecânica dos torrões, dos agregados e das crostas do solo, (2) pela densidade do solo e (3) pelo tamanho das frações erodíveis do solo. Alguns torrões resistem à ação abrasiva das partículas transportadas pelo vento. Se uma crosta biológica natural ou uma crosta física resultante de uma chuva anterior estiverem presentes no solo, ele também poderá ser capaz de suportar melhor o poder erosivo do vento. A presença de argila, matéria orgânica e outros agentes cimentantes também é importante para ajudar os torrões e os agregados contra a ação eólica. Esta é uma razão pela qual os solos arenosos, que têm teores baixos de tais agentes, são tão facilmente erodidos pelo vento. As partículas do solo ou agregados com cerca de 0,1 mm de diâmetro – em razão de participarem do fenômeno de saltação – são mais erodíveis do que aqueles que têm tamanho muito maior ou muito menor.

Vegetação A vegetação viva ou cobertura morta irão reduzir os riscos de erosão eólica, especialmente se estiverem em linhas perpendiculares à direção predominante do vento. Isso efetivamente retardará o movimento do vento próximo à superfície do solo. Além disso, as raízes das plantas ajudam a reter o solo e a torná-lo menos suscetível aos danos provocados pelo vento.

14.12 PREVENINDO E CONTROLANDO A EROSÃO EÓLICA

A equação de erosão eólica (WEQ) tem sido usada desde o final dos anos 1960 para prever, em termos quantitativos, as consequências da erosão (E):

$$E = f(I \times C \times K \times L \times V) \tag{14.2}$$

O WEQ considera que esses fatores interagem entre si. Consequentemente, esse cálculo não é tão simples como o da EUPS (USLE) para a erosão hídrica. O **fator de erodibilidade do solo** (I) refere-se às propriedades do solo e ao grau de inclinação do local em questão. O **fator rugosidade do solo** (K) leva em consideração os torrões da superfície do solo, a cobertura vegetal (V) e a presença de camalhões na superfície do solo. O **fator climático** (C) considera a velocidade do vento, a temperatura do solo e a precipitação (que ajuda a controlar a umidade do solo). O **fator largura do campo** (L) leva em conta a largura de um campo considerada de acordo com a direção do vento. Exceto para um campo circular, sua largura muda quando a direção do vento também muda e, neste caso, a direção do vento predominante é geralmente utilizada para o cálculo. A **cobertura vegetal** (V) diz respeito não só à taxa de cobertura do solo com resíduos, mas também ao tipo de cobertura – se é viva ou morta, ainda de pé ou se está no chão.

Modelo para prever a erosão eólica: www.weru.ksu.edu/weps/wepshome.html

Um modelo computadorizado foi desenvolvido e revisado para uma previsão mais complexa e mais precisa. Ele é conhecido como **equação revisada de erosão eólica (RWEQ)**. É um modelo empírico, resultado de muitos anos de pesquisa, com o objetivo de caracterizar a relação entre as condições observáveis e a gravidade da erosão eólica. O RWEQ (assim como a EUPSR, ou RUSLE) calcula os danos da erosão em intervalos de 15 dias durante todo o ano. Para cada intervalo de tempo, com base na informação relativa às operações de manejo e condições meteorológicas, a RWEQ faz ajustes em relação aos resíduos, à erodibilidade do solo e aos parâmetros de rugosidade. Por exemplo, ela presume que os resíduos se decompõem ao longo do tempo, que as operações de cultivo diminuem os resíduos e que as chuvas desmancham os torrões, reduzindo a rugosidade do solo.

Os pesquisadores e engenheiros civis em todo o mundo estão cooperando no desenvolvimento de um modelo muito mais complexo, baseado em processos conhecidos como **Sistema de Predição de Erosão Eólica (WEPS)**. De forma semelhante ao programa de computador da erosão hídrica, a WEPP simula todos os processos básicos de interação do vento com o solo. Os pesquisadores estão aprimorando continuamente o modelo e testam as suas previsões em relação aos dados observados no mundo real.

Controle da erosão eólica

Umidade do solo Os fatores da equação da erosão eólica fornecem elementos para a escolha dos métodos de redução da erosão eólica. Por exemplo, como a umidade do solo aumenta a coesão entre as partículas, a velocidade do vento necessária para removê-las do solo deve aumentar bastante com o aumento do teor de água do solo. Portanto, se a água para irrigação estiver disponível, será possível umedecer a superfície do solo quando ventos fortes forem previstos (Figura 14.25). Infelizmente, a erosão eólica ocorre onde a possibilidade de irrigação é quase nula. A cobertura vegetal do solo também diminui o arraste das suas partículas, especialmente se as raízes das plantas estiverem bem fixadas. Em áreas secas, onde a agricultura com pousio de verão é praticada, os ventos quentes e secos na superfície do solo descampado tornam essas áreas especialmente suscetíveis à erosão eólica.

Preparo do solo Certas práticas de preparo conservacionista do solo, descritas na Seção 14.6, eram usadas para controle de erosão eólica muito antes de se tornaram populares também para o controle da erosão hídrica. A manutenção da rugosidade da superfície com alguma cobertura vegetal pode ser obtida através das práticas apropriadas de preparo do solo. No entanto, a vegetação deve ser bem fixada no solo para impedir que seja arrastada pelos ventos. O uso de restos de cultivos provou ser eficaz para este fim (ver Seção 6.4).

O preparo do solo para os plantios pode reduzir bastante a erosão eólica, se for feito quando houver quantidade de água suficiente para formar grandes torrões. A movimentação, pela aração e gradeação, em um solo seco, pode produzir uma camada superficial delgada e pulverulenta, que agrava o problema da erosão. O preparo do solo, o posicionamento de culturas em faixas e o posicionamento alternado das faixas em terrenos de pousio devem ser feitas em posição perpendicular à direção dos ventos.

Barreiras As barreiras de proteção (Figura 14.25) são eficazes não apenas para reduzir a velocidade do vento para curtas distâncias como também para a captura do solo à deriva. Vários dispositivos são usados para controlar a erosão dos solos cultivados que são muito arenosos e orgânicos, mesmo em regiões úmidas. Por exemplo, quebra-ventos, gramíneas e arbustos resistentes ao vento são especialmente eficazes. Os quebra-ventos de cercas e telas de tecidos, embora menos eficientes que os renques de árvores, como o salgueiro, muitas vezes são preferidos, porque podem ser deslocados de um lugar para outro quando as práticas de cultivo adotadas variarem. O centeio, quando plantado em faixas estreitas em todo o campo, é bastante usado em solos orgânicos e arenosos. As linhas estreitas de gramíneas perenes, como as de capim-agropiro (*Thinopyrum ponticum*), estão sendo avaliadas para uma combinação de controle de erosão eólica com a captura de neves do inverno em áreas semiáridas e frias.

14.13 PRÁTICAS PARA A CONSERVAÇÃO DOS SOLOS

Classificação da capacidade de uso da terra

Um sistema de classificação da capacidade de uso dos solos desenvolvido pelo Departamento de Agricultura dos Estados Unidos (USDA), há meio século, ainda é útil para a identificação dos usos da terra mais adequados bem como das práticas de manejo que minimizam a erosão do solo, especialmente a hídrica. As oito **classes de capacidade de uso das terras** indicam o *grau* de limitação imposta ao seu uso (Figura 14.26), sendo a Classe I aquela com menos limitações e a Classe VIII a que tem mais limitações de usos. Cada classe de capacidade de uso da terra pode ter quatro subclasses, que indicam o *tipo* de limitação encontrado: riscos de

Figura 14.25 O controle de erosão eólica em uma área produtiva de *Histosols* (*Saprists*) no centro do Estado de Michigan, Estados Unidos. Antes de ser desmatada e drenada, esta área era uma várzea parcialmente florestada. Quando sua camada mais superficial seca, os *Histosols* cultivados se tornam muito leves, soltos e suscetíveis à erosão eólica. As fileiras de árvores (principalmente salgueiros) foram plantadas perpendicularmente aos ventos dominantes para retardar a sua velocidade e proteger da erosão os valiosos solos orgânicos. Outro meio eficaz de se reduzir a erosão eólica é molhar a superfície do solo, como pode ser visto no campo de cor mais escura no fundo (irrigação por elevação do lençol freático) e nos círculos escuros (em primeiro plano, *à esquerda*), onde o solo foi irrigado por aspersão. Note que a foto foi tirada no início da primavera, antes que a maioria das culturas fosse plantada e antes de as árvores recuperarem completamente as folhas. (Foto cedida pelo USDA Nature Resources Conservation Service)

erosão (e); encharcamento, drenagem ou inundação (a); limitação na rizosfera, como acidez, densidade e profundidade (s); e limitações climáticas, como uma estação do ano cujo período é curto demais para o crescimento das plantas (c). As subclasses de erosão (e) são as mais comuns e serão o foco de nossa atenção. Por exemplo, as terras da Classe II e são pouco suscetíveis à erosão, enquanto as da Classe VIII e são extremamente suscetíveis. A Figura 14.26 (*à direita*) mostra a intensidade do uso do solo permitida para cada classe de capacidade quando se pretende evitar as perdas por erosão (ou os problemas associados com as outras subclasses). As terras agrupadas nas classes I e II são consideradas *terras agrícolas de primeira qualidade*.

Controle da erosão do solo

Diário de viagem de W. C. Lowdermilk, em 1939, relatando a erosão do solo na Europa, norte da África e Oriente Médio: www.soilandhealth.org/01aglibrary/010119lowdermilk.usda/cls.html

Nos Estados Unidos, a erosão do solo se acelerou quando os primeiros colonizadores europeus derrubaram as árvores para cultivar as terras declivosas da parte úmida do leste deste país. Na época, a erosão do solo foi um fator preponderante para o declínio da produtividade dessas terras, que levou ao seu abandono pela população e à migração para o oeste, em busca de novas terras cultiváveis.

Foi somente depois da grande depressão mundial e das secas generalizadas do início dos anos 1930 (as quais acentuaram a pobreza rural e forçaram a migração de milhões de pessoas) que o governo começou a prestar atenção na rápida degradação dos solos. Em 1930, o Dr. H. H. Bennett e seus colaboradores identificaram os danos decorrentes dessa degradação e obtiveram o apoio do governo para dar início ao processo de controle da erosão. Desde então, a erosão nos Estados Unidos e em outros lugares vem reduzindo consideravelmente.

Durante os anos 1940 e 1950, ocorreram algumas práticas, como a assistência de agências governamentais e a instalação (depois de muita persuasão) de faixas em contorno, terraços e

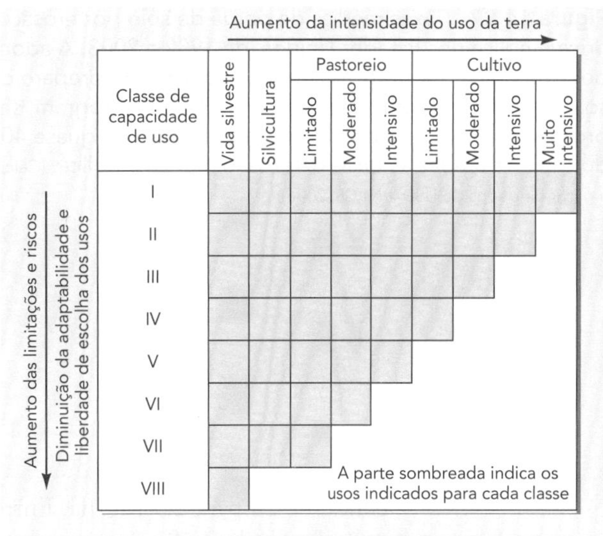

Figura 14.26 *À esquerda*: Uma paisagem no município de San Mateo, Estado da Califórnia (EUA), ilustrando seis das oito classes de capacidade de uso da terra. *À direita*: um gráfico que indica a intensidade de uso da terra adequada para cada classe de capacidade, sem incorrer em problemas graves de degradação do solo. Observe as limitações crescentes em relação ao uso seguro da terra quando se muda da Classe I para a Classe VIII. (Foto do USDA/NRSC; gráfico adaptado de Hockensmith e Steel, 1949)

quebra-ventos. Apesar desses primeiros avanços, houve um retrocesso quando os antigos terraços e quebra-ventos foram desmanchados para a adoção de outras práticas (como as adotadas na fase "*fence row to fence row*"*), forçada pelas políticas para o desenvolvimento da agricultura dos Estados Unidos nos anos 1970. Mas, desde 1982, grandes progressos vêm sendo alcançados no que diz respeito à redução da erosão do solo (Figura 14.27), os quais, em grande parte, são o resultado de dois fatores: (1) a expansão do preparo conservacionista do solo (Seção 14.6) e (2) a implementação de mudanças no uso da terra como parte do Conservation Reserve Program. Os progressos precisam continuar nessas duas frentes.

No entanto, cerca de um terço das terras agrícolas cultivadas nos Estados Unidos continua a perder mais de 11 Mg/ha/ano – a perda máxima para que não haja grandes quedas de produtividade na maioria dos solos. Após cerca de 80 anos de esforços no trabalho de conservação do solo, a erosão é ainda o maior problema em aproximadamente metade da área cultivada dos Estados Unidos; já na maior parte do mundo, ela tem se agravado cada vez mais.

Conservation Reserve Program

Desde 1982, perto de 60% da redução da erosão do solo nos Estados Unidos advêm dos programas de governo, os quais têm dado incentivos financeiros aos agricultores para que mudem a forma de manejar a terra: de lavouras intensivas para florestas ou capinzais. A implantação de árvores ou capins nessas áreas, antes agricultadas, reduziu as perdas de solo decorrentes da erosão laminar e em sulcos, em média de 19,3 para 1,3 Mg/ha; já a decorrente da erosão

* N. de T.: A fase da agricultura dos Estados Unidos denominada "*fence row to fence row*" refere-se a uma época em que os agricultores, para poderem sobreviver, tinham que obter, de imediato, uma produção máxima por unidade de área. Nenhuma faixa de cultivo protetor era usada para conter a enxurrada, a erosão e a deposição de sedimentos. Além disso, não se plantavam árvores para servirem de quebra-ventos. Eles apenas aravam e cultivavam qualquer área de terra que possuíam. Até mesmo alguns terraços e canais divergentes muito antigos foram arados com o objetivo único de aumentar a produção. Essa foi uma época em que o preço das terras e dos combustíveis estava se elevando, e cada dólar recebido pelo cultivo dos solos era fundamental para a manutenção dos seus empreendimentos.

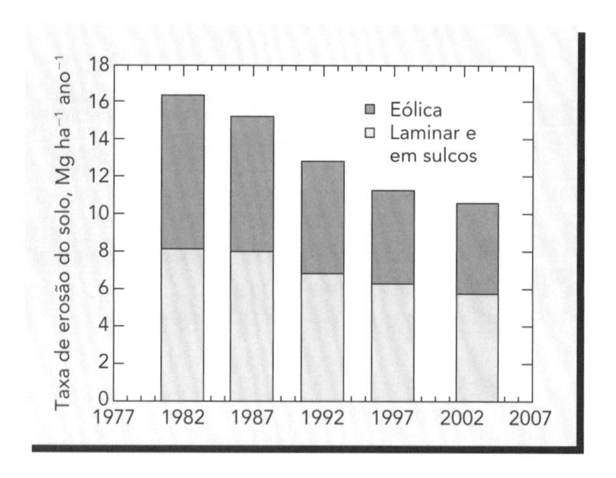

Figura 14.27 Taxas médias de perda de solo por erosão hídrica e eólica nos Estados Unidos, de 1982 a 2003. A adoção, pelo agricultor, de práticas conservacionistas de preparo do solo, juntamente com o Conservation Reserve Program, são, provavelmente, os responsáveis pela redução de quase 40% do total de ambas as taxas de erosão hídrica e eólica. (Cálculos a partir de dados do USDA/NRCS [2006])

eólica, de 24 para 2,9 Mg/ha. Entre 1982 e 2006, o uso de 14 milhões de hectares de terras agrícolas foi diversificado para usos não agrícolas através do **Conservation Reserve Program (CRP***). O CRP tem como alvo as **terras altamente erodíveis** bem como outras áreas ambientalmente frágeis.

O CRP é um acordo governamental através do qual os contribuintes dos Estados Unidos pagam para o agricultor renunciar a uma parte das terras de sua fazenda, de modo que, em vez de lavouras, nela passem a plantar árvores ou capins (um valor mais alto é pago para as árvores). Os contratos (arrendamentos) gerados por esse acordo têm validade de 10 a 15 anos, tempo no qual a terra não pode ser lavrada. Os benefícios para a nação incluem uma forte redução da perda de solo e da poluição por sedimentos bem como um aumento considerável da população de aves selvagens e animais nos *habitats* recém-restaurados. Onde as faixas de terra ao longo dos córregos (matas ciliares protetoras) foram incorporadas no CRP, os benefícios sobre a qualidade da água também foram significativos.

Práticas de conservação para a melhoria da qualidade do solo

Em sentido amplo, as práticas de manejo conservacionista não só melhoram (de diversas formas) a qualidade do solo, como também o protegem contra a erosão. As propriedades que indicam o nível de qualidade do solo, especialmente aquelas associadas à sua matéria orgânica, podem ser reforçadas por várias outras medidas de conservação. Entre elas destacam-se: o cultivo mínimo, a maximização da cobertura vegetal da superfície do solo, o uso de diversos tipos de plantas, a manutenção do solo coberto com capins em pelo menos parte do ano, as adições de materiais orgânicos (sempre que possível) e a manutenção equilibrada da fertilidade do solo. A melhoria da qualidade do solo, por sua vez, aumenta a sua capacidade de manter as plantas, de resistir à erosão, de evitar a contaminação ambiental e de conservar a água. Portanto, a gestão de medidas de conservação pode acelerar a espiral ascendente de melhoria do solo e das condições ambientais referidas na Seção 14.1.

Adaptação da conservação do solo às necessidades de agricultores com poucos recursos

Da mesma forma que aconteceu nas últimas décadas, as perdas de solo por erosão continuam sendo muito elevadas. Esforços continuados devem ser feitos para proteger o solo e evitar sua perda. Nos Estados Unidos, cerca de 30 milhões de hectares de terras agrícolas altamente erodíveis continuam a perder, em média, mais de 15 Mg/ha de solo a cada ano devido à

* N. de T.: Pode ser traduzido como Programa de Conservação de Reservas Naturais.

ação da erosão hídrica e uma quantidade igual devido à erosão eólica. Apesar dos progressos notáveis, os sistemas de preparo conservacionista do solo ainda *não* foram adotados em mais da metade das terras cultiváveis daquele país. E ninguém sabe o que acontecerá com as terras do programa CRP quando o arrendamento terminar. Com a recente demanda por culturas para a fabricação dos biocombustíveis e com o aumento dos preços dos grãos, os agricultores certamente serão tentados a fazer com que as terras submetidas ao programa CRP voltem à produção agrícola – arriscando perder todos os benefícios desse programa. A batalha para fazer com que a erosão permaneça sob controle apenas começou, não só nos Estados Unidos mas em todo o mundo.

Na maior parte do mundo, a terra disponível é tão pouca que muitos agricultores devem obrigatoriamente usar *todas* as áreas com capacidade de produzir alimentos (independentemente da classe de capacidade de uso da terra), simplesmente para evitar a fome e o empobrecimento. Esses agricultores muitas vezes percebem que cultivar as terras erodíveis significa comprometer o futuro do seu sustento e o de seus filhos, mas não veem qualquer escolha. Portanto, é urgente que se encontre alternativas de empregos para essas pessoas em setores não agrícolas ou que sejam adotados sistemas agrícolas sustentáveis para que possam trabalhar nessas terras muito propensas à erosão.

Felizmente, alguns agricultores (através da adaptação em um longo período de práticas tradicionais) e pesquisadores (através da inovação e das pesquisas) desenvolveram sistemas de cultivo que *podem* produzir alimentos, gerar lucros e, ao mesmo tempo, conservar os solos mais erodíveis. Os exemplos incluem os sistemas de plantio direto já discutidos na Seção 14.6. O tradicional sistema do Kandy Home Gardens, das montanhas úmidas do Sri Lanka oferece outro exemplo em que uma floresta tropical com árvores frutíferas e coqueiros de grande porte combinada com um sub-bosque de parreiras de pimenta, arbustos de café e plantas de especiarias produz colheitas valiosas, também mantendo o solo sob a proteção vegetativa perene. Na América Central, os agricultores aprenderam a plantar o feijão-mucuna e outras leguminosas cultivadas em parreiras, que podem ser cortadas com facão para deixar o solo protegido, conservar a água e inibir o crescimento de ervas daninhas em terras agrícolas íngremes. Na Ásia, as terras íngremes são cuidadosamente trabalhadas em terraços, na forma de patamares que permitem a produção de alimentos (inclusive arroz inundado) em terrenos muito íngremes, sem causar erosões significativas.

Quando os governos pressionam, pagam ou forçam os agricultores a tomarem medidas de conservação do solo em suas terras, os resultados dificilmente serão de longa duração. Normalmente, os agricultores acabam abandonando as práticas indesejadas logo que essa pressão cessa. Por outro lado, se pesquisadores e conservacionistas trabalharem *com* os agricultores, para ajudá-los a desenvolver e adaptar sistemas de conservação e fazê-los sentir os benefícios, tanto para eles como para suas terras, então haverá um eficaz e duradouro progresso na conservação dos solos. Experiências com sistemas de preparo conservacionista do solo nos Estados Unidos, com os sistemas de cobertura de solo na América Central e com as barreiras vegetativas em contorno na Ásia têm mostrado que os agricultores podem ajudar a desenvolver práticas que sejam boas para as suas terras e, ao mesmo tempo lucrativas criando-se, assim, um cenário em que todos são beneficiados.

Mapas interativos, representando as condições adversas do solo e do clima, incluindo os riscos de erosão: www.sciencemag.org/cgi/content/full/304/5677/1616/DC1#map

14.14 CONCLUSÃO

A erosão acelerada do solo é um dos problemas ambientais e sociais mais sérios que a humanidade enfrenta hoje. A erosão degrada os solos, tornando-os menos capazes de produzir as plantas das quais os animais e as pessoas dependem. Igualmente importante é o fato de que a erosão provoca grandes danos a jusante nos reservatórios, lagos, canais, portos e no abastecimento público de água. A erosão eólica também causa as poeiras evasivas que podem ser muito prejudiciais para a saúde humana.

Quase 4 bilhões de Mg do solo são erodidos a cada ano apenas nos Estados Unidos. Metade dessa erosão ocorre em terras de culturas, e o restante, em áreas de florestas recém-cortadas e também pastagens e canteiros de obras civis. Cerca de um terço da área cultivada dos Estados Unidos ainda está sujeito a níveis de erosão que excedem aqueles admitidos como toleráveis.

Em áreas úmidas, a água leva consigo a maior parte dos sedimentos da erosão laminar e em sulcos. As voçorocas formadas pela ação de tempestades pouco frequentes, mas violentas, são responsáveis por grande parte das erosões em áreas mais secas. O vento é o agente principal da erosão em muitos lugares com climas mais secos, especialmente onde o solo, na estação do ano em que sopram ventos fortes, está descoberto e com pouca umidade.

Proteger o solo contra a devastação pelo vento ou pela água é, sem dúvida, a maneira mais eficaz de limitar a erosão. Em terras agrícolas e florestas, tal proteção é devida principalmente à cobertura das plantas e de seus resíduos. Os preparos conservacionistas do solo mantêm a cobertura vegetal em pelo menos 30% da sua superfície, e a adoção crescente dessas práticas tem contribuído para a redução significativa da erosão ao longo das últimas duas décadas. As práticas de rotação de culturas que incluem culturas perenes e anuais, juntamente com práticas como a aração em nível, cultivo em faixas e o terraceamento, também ajudam a combater a erosão em solos agrícolas.

Em áreas de silvicultura, a erosão está mais associada à extração da madeira e à construção de estradas florestais. No futuro, para garantir a produtividade florestal e a atual qualidade da água, os silvicultores devem se tornar mais cuidadosos em suas práticas de colheita e investir mais na construção de estradas adequadas.

As áreas usadas como canteiro de obras para a construção de estradas, de edifícios e outros projetos da engenharia civil deixam desprotegidas muitas áreas de solos, aumentando e agravando o problema da erosão. O controle de sedimentos em construções requer o desmatamento cuidadoso, por etapas, juntamente com o uso de coberturas vegetal e artificial do solo bem como a instalação de diversas barreiras e lagoas de retenção de sedimentos. A implementação dessas medidas pode ser onerosa, mas, quando os sedimentos não são controlados, resultam em custos elevados demais para a sociedade, a ponto de não se admitir que sejam ignorados. Depois das construções terem sido concluídas, as taxas de erosão em áreas urbanas são normalmente tão baixas quanto aquelas em áreas sob vegetação nativa intocada.

The River: videorreportagem: http://archive.org/details/RiverThe1937

Os sistemas de controle de erosão devem ser desenvolvidos em colaboração com aqueles que usam a terra e especialmente com aqueles que são pobres e para quem as necessidades imediatas ofuscam as preocupações com o futuro. Como colocado de forma sucinta no *The River*, um documentário clássico dos anos 1930 produzido durante o renascimento da consciência americana sobre a erosão do solo, "a terra empobrecida faz a pessoa pobre, e a pessoa pobre faz a terra empobrecer".

QUESTÕES PARA ESTUDO

1. Explique a diferença entre a *erosão geológica* e a *erosão acelerada*. A diferença entre esses dois tipos de erosão é maior em regiões úmidas ou áridas?
2. Quando ocorre a erosão pelo vento ou pela água, quais são três tipos importantes de danos às terras cujos solos são erodidos? Quais são cinco tipos de danos importantes que a erosão causa a locais afastados das áreas erodidas?
3. O que é um valor de T comum, e o que se entende por esse termo? Explique por que a certos solos é atribuído um valor T maior do que a outros.
4. Descreva as três principais etapas no processo de erosão hídrica.
5. Muitas pessoas acham que a quantidade de solo erodido nas terras de uma bacia hidrográfica (A na equação universal de perda de solo) é a mesma

que a quantidade de sedimentos levados pelo fluxo que drena da bacia hidrográfica. Qual fator, que faz essa suposição ser incorreta, está faltando? Você acha que isso significa que a EUPS (USLE) deveria ter outro nome?

6. Por que a precipitação total anual em uma área *não* é um indicador muito bom para determinar a quantidade de erosão que ocorrerá em um determinado tipo de solo descoberto?
7. Compare as propriedades que você espera de um solo tanto com um valor K elevado como um valor K baixo.
8. Qual é a quantidade de solo que poderá ser erodida em um solo da série *Keene*, franco-siltosa, na zona central do Estado de Ohio (EUA), com uma declividade de 12%, comprimento de rampa de 100 m, quando está sob um pasto denso permanente e sem nenhuma prática conservacionista complementar aplicada à terra? Utilize as informações disponíveis neste capítulo para calcular sua resposta.
9. Que tipo de sistema de preparo do solo conservacionista deixa uma maior quantidade de solo coberto por resíduos de cultura ou de plantios? Quais são as vantagens e as desvantagens desse sistema?
10. Por que as faixas estreitas de capins, plantados em contorno, são às vezes chamadas de "terraços vivos"?
11. Na maioria das florestas, quais componentes do ecossistema fornecem a principal proteção contra a erosão hídrica: as *copas das árvores*, as suas *raízes* ou a *serrapilheira*?
12. Certas propriedades dos solos os tornam suscetíveis à erosão hídrica e eólica. Liste quatro propriedades que caracterizam os solos altamente suscetíveis à erosão eólica. Indique duas dessas propriedades que também devem caracterizar os solos altamente suscetíveis à erosão hídrica e duas que não devem.
13. Quais são os dois fatores da equação de predição da erosão eólica (WEQ) que podem ser afetados pelo cultivo? Explique sua resposta.
14. Descreva um solo enquadrado na Classe de capacidade de uso de terra II a em comparação com um da Classe IV e.
15. Por que é importante uma estreita relação entre a terra no CRP (Conservation Reserve Program) e aquela considerada terras altamente erodíveis?

REFERÊNCIAS

Benik, S. R., B. N. Wilson, D. D. Biesboer, B. Hansen, and D. Stenlund. 2003. "Evaluation of erosion control products using natural rainfall events," *J. Soil Water Conserv.*, **58**:98–104.

Cassel, D. K., and R. Lal. 1992. "Soil physical properties of the tropics: Common beliefs and management constraints," in R. Lal and P. A. Sanchez (eds.), *Myths and Science of Soils of the Tropics.* SSA Special Publication no. 29 (Madison, WI: Soil Science Society of Amer.), pp. 61–89.

Daily, G. C., T. Söderqvist, S. Aniyar, K. Arrow, P. Dasgupta, P. R. Ehrlich, C. Folke, A. Jansson, B-O. Jansson, N. Kautsky, S. Levin, J. Lubchenco, K-G. Mäler, D. Simpson, D. Starrett, D. Tilman, and B. Walker. 2000. "The value of nature and the nature of value," *Science,* **289**:395–396.

FAO. 1987. *Protect and Produce* (Rome: U.N. Food and Agriculture Organization).

FAO. 2001. "The economics of conservation agriculture,"

FAO Y2781/E. Food and Agriculture Organization of the United Nations, Rome 73 pp. www.fao.org/docrep/004/Y2781E/y2781e00.htm#toc.

Foster, G. R., D. K. McCool, K. G. Renard, and W. C. Moldenhauer. 1981. "Conversion of the universal soil loss equation to SI metric units," *J. Soil Water Cons.,* **36**:355–359.

Foster, G. R., and R. E. Highfill. 1983. "Effect of terraces on soil loss: USLEP factor values for terraces," *J. Soil Water Cons.,* **38**:48–51.

Gilley, J. E., B. Eghball, L. A. Kramer, and T. B. Moorman. 2000. "Narrow grass hedge effects on runoff and soil loss," *J. Soil Water Cons.,* **55**:190–196.

Hillel, D. 1991. *Out of the Earth: Civilization and the Life of the Soil* (New York: The Free Press).

Hockensmith, R. D., and J. G. Steele. 1949. "Recent trends in the use of the land-capability classification," *Soil Sci. Soc. Amer. Proc.,* **14**:383–388.

Hooke, R. L. 2000. "On the history of humans as geomorphic agents," *Geology,* **28**:843–846.

Hudson, N. 1995. *Soil Conservation,* 3rd ed. (Ames, IA: Iowa State University Press).

Kelley, D. W., and E. A. Nater. 2000. "Historical sediment flux from three watersheds into Lake Pepin, Minnesota, USA," *J. Environ. Qual.,* **29**:561–568.

Montgomery, D. R. 2007. *Dirt: The Erosion of Civilizations.* (Berkeley, CA: University of California Press).

Oschwald, W. R., and J. C. Siemens. 1976. "Conservation tillage: A perspective," *Agronomy Facts SM-30* (Urbana, IL: University of Illinois).

Renard, K. G., G. Foster, D. Yoder, and D. McCool. 1994. "RUSLE revisited: Status, questions, answers and the future," *J. Soil Water Cons.,* **49**:213–220.

Renard K. G., G. R. Foster, G. A. Weesies, D. K. McCool, and D. C. Yoder. 1997. *Predicting Soil Erosion by Water: A Guide to Conservation Planning with the Revised Universal Soil Loss Equation (RUSLE).* Agricultural Handbook no. 703 (Washington, DC: USDA).

Schwab, G. O., D. D. Fangmeirer, and W. J. Elliot. 1996. *Soil and Water Management Systems*, 4th ed. (New York: Wiley).

Stout, J. E., and J. A. Lee. 2003. "Indirect evidence of wind erosion trends on the southern high plains of North America," *Journal of Arid Environments*, **55**:43–61.

USDA. 1995. Agricultural Handbook no. 703 (Washington, DC: U.S. Department of Agriculture).

U.S. Department of Agriculture, Natural Resources Conservation Service. 2007. *Annual national resources inventory for 2003: Soil erosion.* Disponível em: www.nrcs.usda.gov/technical/NRI/2003/nri03eros-mrb.html (publicado em fevereiro 2007; acesso em 13 feveriro 2009).

Wilkinson, B. H., and B. J. McElroy. 2007. "The impact of humans on continental erosion and sedimentation," *Geological Society of America Bulletin*, **119**:140–150.

Wischmeier, W. J., and D. D. Smith. 1978. *Predicting Rainfall Erosion Loss—A Guide to Conservation Planning.* Agricultural Handbook no. 537 (Washington, DC: USDA).

Perto de uma refinaria de petróleo abandonada, um solo poluído está aguardando por remediação (R. Weil)

15 Solos e Poluição Química

Negro e ameaçador
este estado de espírito está,
a menos que uma boa orientação
possa remover a causa...

— W. Shakespeare, *ROMEU E JULIETA*

O solo, de forma proposital ou não, é o principal recipiente de uma série de resíduos, substâncias químicas e produtos usados pela sociedade moderna, muitos dos quais nós, por conveniência, "jogamos fora". Todos os anos, milhões de toneladas de resíduos industriais, agrícolas e domésticos acabam sendo depositados nos solos do mundo inteiro. E uma vez ali, tais resíduos se tornam parte dos ciclos biológicos que afetam todas as formas de vida.

Nos capítulos anteriores, destacamos a enorme capacidade inerente aos solos de funcionar como receptáculos de substâncias químicas orgânicas e inorgânicas. Todos os anos, toneladas de resíduos orgânicos são decompostos pela microbiota do solo (Capítulo 11), assim como quantidades expressivas de poluentes inorgânicos são fortemente sorvidos ou fixados pelos minerais do solo (Capítulo 12). No entanto, aprendemos também que a capacidade do solo de sorver tais poluentes tem seus próprios limites e que, quando ultrapassados, comprometem a qualidade ambiental (Capítulos 8 e 13).

Vimos, ainda, como os processos de formação do solo afetam a produção e o sequestro de gases do efeito estufa – como o monóxido de carbono, o metano e o óxido nitroso (Capítulos 11 e 12). Outros gases contendo nitrogênio e enxofre são depositados nas terras sob a forma de chuvas ácidas (Seção 9.6). Além disso, os projetos de irrigação malplanejados em solos de regiões áridas resultam no acúmulo excessivo de sais no solo (Capítulo 9).

Também vimos como a aplicação de adubos minerais e esterco na agricultura pode resultar em excesso de nutrientes no solo, causando a contaminação de corpos d'água – tanto subterrâneos como superficiais – com nitratos (Seção 12.1) e fosfatos (Seção 12.3). A eutrofização de lagos, estuários e rios de leito vagaroso é uma das evidências do excesso dos nutrientes N e P nos solos. Enormes "fábricas de animais", como as granjas avícolas e os lotes de confinamento de gado, são responsáveis pela produção de montanhas de esterco animal, o qual necessita ser depositado de forma a não apresentar risco de contaminação a humanos e a outros animais, devido a patógenos e poluentes presentes nesses resíduos (Seção 13.4).

Neste capítulo, vamos abordar os poluentes químicos que contaminam e degradam os solos, incluindo alguns cujos danos podem afetar também a qualidade das águas, do ar e dos seres vivos. Essa breve revisão acerca da poluição dos solos pretende ser uma introdução à natureza dos principais poluentes, seu comportamento nos solos e as alternativas disponíveis para o monitoramento, a descontaminação ou a inativação dessas substâncias.

15.1 COMPOSTOS TÓXICOS QUÍMICO-ORGÂNICOS

Informações sobre métodos de limpeza de solos contaminados em locais onde há indústrias abandonadas: www.epa.gov/brownfields/

As sociedades industrializadas têm sintetizado milhares de compostos orgânicos (aqueles que, por definição, possuem carbono como constituinte principal) para diversos usos, como a fabricação de plásticos e derivados, fluidos lubrificantes, líquidos refrigerantes, combustíveis e solventes, pesticidas e conservantes. Alguns deles são extremamente tóxicos aos seres humanos e a outras formas de vida. Devido a pulverizações propositais, vazamentos e derrames acidentais, entre outras causas, os produtos orgânicos sintéticos podem ser encontrados praticamente em qualquer um dos compartimentos ambientais: solo, água, plantas e até em nosso próprio corpo.

Danos ambientais causados por substâncias químico-orgânicas

Reduzindo o impacto ambiental provocado pelos perigosos resíduos de uso doméstico: www.klickitatcounty.org/SolidWaste/default.asp?fCategoryIDSelected=-1671944469

Esses compostos orgânicos, artificialmente sintetizados, são denominados **xenobióticos** (do grego *xeno,* "estranho") por serem normalmente desconhecidos aos seres vivos. Como não são de origem natural, a maioria dos xenobióticos é resistente à degradação biológica, além de ser tóxica aos organismos vivos. Alguns são relativamente inertes e inofensivos, enquanto outros podem apresentar enormes danos biológicos, até mesmo em baixas concentrações. Aqueles que acabam se acumulando no solo podem inibir ou matar seus micro-organismos e assim afetar o equilíbrio da comunidade de seres que nele vivem (Capítulo 10). Outros poluentes podem ser transportados do solo para a atmosfera, para corpos d'água ou para a vegetação, onde são capazes – por inalação ou ingestão – de entrar em contato com os mais diversos organismos vivos, incluindo o homem. Assim, é imprescindível controlarmos o descarte das substâncias orgânicas, bem como conhecermos seu percurso e suas consequências depois de serem incorporadas aos solos.

Os compostos químico-orgânicos podem ser agentes de contaminação do solo quando são incorporados a ele (ou acidentalmente vazam) através de dejetos industriais ou urbanos. Os materiais descartados incluem componentes da fabricação de máquinas, pequenos ou grandes vazamentos de combustíveis ou lubrificantes, explosivos de uso militar e pulverizações de produtos químicos aplicados para o controle de pragas em ecossistemas terrestres. Os pesticidas são, provavelmente, os poluentes orgânicos de uso mais disseminado nos solos. Nos Estados Unidos, eles são usados em cerca de 150 milhões de hectares, dos quais três quartos são de terras agricultadas. A contaminação dos solos devido a outros poluentes orgânicos é geralmente mais localizada do que a provocada pelo uso sistemático de pesticidas.

A natureza do problema dos pesticidas

Práticas do controle de pragas na agricultura dos Estados Unidos, 1990-1997: www.ers.usda.gov/publications/sb969/sb969d.pdf

Os pesticidas são produtos químicos produzidos para eliminar pragas (isto é, qualquer organismo que o usuário desses produtos perceba que não é bem-vindo). Existem, em média, 600 produtos com aproximadamente 50.000 diferentes formulações desenvolvidas para esse fim e que são extensivamente utilizados em todas as partes do mundo. Cerca de 600.000 Mg de pesticidas químico-orgânicos são anualmente aplicadas nos Estados Unidos, enquanto no resto do mundo essa quantidade é três vezes maior. Apesar de, desde os anos 1980, a soma total de pesticidas consumidos no mundo permanecer constante ou mesmo decrescer, as formulações hoje em uso são consideravelmente mais potentes, de modo que quantidades menores vêm sendo aplicadas por unidade de área.

Benefícios dos pesticidas Os pesticidas têm fornecido uma série de vantagens à nossa sociedade. Eles ajudam a controlar os mosquitos e outros vetores de doenças humanas, como a febre amarela e a malária. Eles promovem também a proteção de plantações e de rebanhos contra o ataque de insetos e doenças. Sem o controle da qualidade de sementes pelo uso dos chamados *herbicidas*, as práticas conservacionistas de preparo de solo (especialmente as de plantio direto na palha) seriam muito mais difíceis de serem adotadas; por isso, muito do progresso obtido através de práticas de controle de erosão do solo provavelmente não existiriam sem o uso dos herbicidas.

Problemas originados por pesticidas Apesar dos benefícios à sociedade serem indiscutíveis, o uso dos pesticidas apresenta também seus custos (Tabela 15.1), sendo que os danos em longo prazo ainda não são conhecidos – especialmente aqueles à saúde humana – e podem ser maiores do que prevemos. A disseminação de aplicações de pesticidas em grandes quantidades em solos agriculturáveis e em áreas urbanas pode provocar a contaminação de águas superficiais e subterrâneas. Em vista disso, quando a necessidade de usá-los é constatada, eles devem ser escolhidos pelas propriedades físico-químicas que confiram baixa toxicidade ao ser humano e a animais, bem como baixa mobilidade ou persistência nos solos (Seção 15.3). Ainda assim, a aplicação dos pesticidas frequentemente provoca efeitos de grande alcance nas comunidades microbiológicas do solo e na fauna em geral. Na realidade, embora nem sempre evidentes, os prejuízos podem se sobrepor aos benefícios. Exemplos disso são os inseticidas que acabam combatendo, além do organismo-alvo, os inimigos naturais da própria praga que se deseja controlar (às vezes induzindo o aumento de novas e importantes pragas a partir de espécies antes controladas por inimigos naturais) e os fungicidas que matam tanto os fungos causadores de doenças quanto os fungos micorrízicos benéficos aos vegetais (Seção 10.9). Diante disso, não deve ser uma surpresa o fato de que, apesar do atual uso generalizado de pesticidas nos Estados Unidos, aproximadamente a mesma proporção da produção agrícola ainda é perdida para insetos, doenças e ervas daninhas, assim como acontecia antes do uso dos pesticidas orgânicos sintéticos.

Tabela 15.1 Estimativas dos custos ambientais e sociais decorrentes do uso de pesticidas nos Estados Unidos

Tipo de impacto[a]	Custo, milhões US$/ano
Impactos na saúde pública	1400
Morte e contaminação de animais domésticos	55
Perda de inimigos naturais	1000
Custo da resistência aos pesticidas	2500
Perdas de abelhas melíferas e de polinização	550
Perda de colheitas agrícolas	1700
Perda de pescados	42
Contaminação de lençóis freáticos e custos da purificação da água	3200
Custos das regulamentações governamentais para prevenir danos	350
Total	10800

[a] A morte de cerca de 60 milhões de pássaros selvagens pode representar um custo adicional significativo para caçadores e observadores de pássaros.

Dados obtidos por Pimental et al. (1992) e ajustados de acordo com a inflação para dólares americanos de 2009.

Alternativas ao uso de pesticidas Os pesticidas não devem ser vistos como uma panaceia, ou mesmo como indispensáveis à agricultura. Alguns produtores rurais, principalmente os que praticam **agricultura orgânica**, produzem colheitas lucrativas e de alta qualidade sem o uso de pesticidas sintéticos. O termo *agricultura orgânica* tem pouca relação com a definição química de *orgânico* – o que simplesmente indica que sua composição contém carbono como constituinte majoritário. Portanto, o termo se refere aos sistemas agrícolas que têm como base filosófica o princípio do não uso de produtos químicos sintéticos, ao mesmo tempo enfatizando a importância da matéria orgânica do solo e das interações biológicas para o manejo de agroecossistemas. Para o controle dos efeitos de pragas em qualquer tipo de comunidade vegetal (agrícola, florestal ou ornamental), os pesticidas deveriam ser adotados como *último* recurso, ao invés de aplicados *a priori.* Antes de se recorrer ao uso de inseticidas e de herbicidas, todo esforço deveria ser feito na tentativa de minimizar seus efeitos residuais em insetos e ervas invasoras, através de práticas de diversificação das espécies cultivadas, garantia de *habitat* para insetos benéficos, incorporação de materiais orgânicos aos solos, consorciação de culturas para reduzir a competição entre as sementes e a seleção de cultivares resistentes. Muitas vezes, em razão de os pesticidas serem considerados produtos que muito contribuem para a produção de alimentos, as medidas acima citadas como alternativas para a redução do seu uso são pouco adotadas.

Controle integrado de pragas (University of California): www.ipm.ucdavis.edu

Danos não visados Não obstante o fato de apenas alguns pesticidas serem intencionalmente aplicados ao solo, a maior parte chega a ele porque não atinge os alvos da aplicação: inseto ou folha de planta. Quando os pesticidas são pulverizados nos campos de cultivo, boa parte dele não atinge diretamente o organismo-alvo. No caso dos pesticidas aplicados via aérea, em florestas, cerca de 25% alcança a folhagem da copa das árvores e pouco menos do que 1% atinge os insetos-alvos. Perto de 30% pode chegar aos solos, enquanto quase a metade do total aplicado pode se perder para a atmosfera ou nas águas de escoamento superficial.

Farmscaping – uma alternativa aos pesticidas (ATTRA): www.attra.org/attra-pub/farmscape.html

Concebidas para matar seres vivos, a maior parte dessas substâncias químicas são potencialmente tóxicas a uma série de outros animais e vegetais que não os organismos-alvo, como os insetos benéficos e certos organismos do solo. Aquelas substâncias químicas que não são logo degradadas podem ser biologicamente acumuladas ao longo da cadeia alimentar. Por exemplo, ao ingerir solo contaminado, as minhocas acabam concentrando os elementos contaminantes em seus tecidos e, ao serem devoradas por pássaros, roedores ou peixes, os pesticidas passam então a se concentrarem em níveis cada vez mais altos e letais ao longo da cadeia alimentar. A quase extinção de algumas espécies de aves de rapina (como a águia norte-americana), durante os anos 1960 e 1970, chamou a atenção da opinião pública acerca das consequências, por vezes ambientalmente devastadoras, que o uso dos pesticidas podia ocasionar. Mais recentemente, estão aparecendo evidências que sugerem que o balanceamento do sistema endócrino humano (hormônios) pode possivelmente ser alterado por pesticidas encontrados no solo, na água, no ar e nos alimentos, mesmo quando em quantidades muito pequenas.

15.2 TIPOS DE CONTAMINANTES ORGÂNICOS

Produtos orgânicos industriais

Os produtos orgânicos de origem industrial que podem contaminar os solos, de forma intencional ou por negligência, incluem derivados de petróleo usados para fabricar combustíveis (como o benzeno e demais hidrocarbonetos aromáticos policíclicos – HAPs, usados como componentes da gasolina), solventes utilizados durante processos de fabricação de bens manufaturados (como os tricloroetilenos – TCE) e explosivos militares (como o trinitrotolueno – TNT). Os compostos do grupo dos policlorados bifenílicos (PCBs) constituem um conjunto de substâncias orgânicas muito utilizadas pelo homem. Os produtos pertencentes a esse grupo podem interromper a reprodução de animais, como as aves, e causar câncer e alterações hormonais em humanos e outros animais. Muitas centenas de variedades de PCBs, líquidas ou resinosas, foram produzidas entre 1930 e 1980 e usadas como lubrificantes especializados, fluidos hidráulicos, isolantes de transformadores elétricos, bem como em certas tintas do tipo epóxi e em muitas outras aplicações industriais e comerciais. Devido à sua extrema resistência à decomposição natural e à sua capacidade de se inserir nas cadeias ecológicas alimentares, ainda hoje encontramos, ao redor do planeta, solos e águas contaminados pelo menos com vestígios de PCBs.

Os locais mais intensamente contaminados por poluentes orgânicos muitas vezes se localizam próximo a parques industriais ou a tanques de combustíveis; contudo, acidentes em ferrovias e rodovias também podem provocar contaminações pontuais críticas. Milhares de postos de gasolina em áreas domiciliares representam, hoje ou no futuro, locais de contaminação do solo e da água subterrânea, devido a vazamentos de gasolina estocada em recipientes, como os velhos e enferrujados tanques de combustível construídos abaixo da superfície (Figura 15.1). No entanto, como já mencionado, os xenobióticos mais amplamente dispersos são, de longe, aqueles que foram concebidos para destruir organismos indesejáveis (i.e., pragas).

Vazamento de tanques de depósitos subterrâneos – o perigo à saúde pública e ao ambiente: www.sierraclub.org/toxics/Leaking_USTs/index.asp

Pesticidas

Os pesticidas são comumente classificados de acordo com o grupo de organismos-alvo que combatem: (1) *inseticidas,* (2) *fungicidas,* (3) *herbicidas,* (4) *raticidas* e (5) *nematicidas.* Na prática, todos eles encontram o solo como seu destino final. Uma vez que os três primeiros são usados em quantidades maiores e, portanto, podem causar significativas contaminações do solo, a eles será dada uma atenção especial. A maioria dos pesticidas tem uma estrutura química com algum tipo de anel aromático; contudo, existe uma considerável variação nessas estruturas.

Inseticidas A maioria desses compostos químicos inseticidas se dividem em três grupos principais. Os *hidrocarbonetos clorados,* como o DDT, foram extensivamente usados até o início dos

Figura 15.1 Vazamento subterrâneo de tanques de gasolina estocados em um posto na Califórnia (EUA). Os tanques velhos foram substituídos por tanques feitos de material mais resistente à corrosão, como a fibra de vidro, e foram enterrados e cobertos com cascalhos. O solo e o aquífero abaixo dos tanques foram descontaminados com o uso de técnicas especiais de remediação que estimulam os micro-organismos do solo e promovem o escape dos químico-orgânicos voláteis, como os vapores de benzeno. Os procedimentos de remediação e de restauração apresentaram custos em torno de US$700.000,00 para um único posto de gasolina. (Foto: cortesia de R. Weil)

anos 1970, quando seu uso passou a ser proibido ou seriamente restrito em muitos países – devido à sua baixa biodegradação e à alta persistência no ambiente, bem como por apresentarem toxicidade às aves e aos peixes. Os pesticidas *organofosfatados* são geralmente biodegradáveis e, por isso, apresentam menor probabilidade de se acumularem nos solos e na água. Contudo, por serem extremamente tóxicos aos humanos, muitos cuidados devem ser tomados durante seu manuseio e aplicações. Os *carbamatos* (que apresentam o ácido carbâmico como constituinte principal) são considerados menos perigosos, porque apresentam rápida biodegradação e baixa toxicidade relativa aos mamíferos. Entretanto, são altamente tóxicos às abelhas e a outros insetos benéficos, bem como às minhocas.

O futuro papel dos pesticidas na agricultura dos Estados Unidos: http://books.nap.edu/books/0309065267/html/index.html

Fungicidas Os fungicidas são usados principalmente para o controle de doenças em cultivos de frutas e hortaliças, bem como para evitar o apodrecimento de sementes. Alguns deles também são aplicados para retardar a decomposição natural de frutas e vegetais que ocorre depois que são colhidos, para tratar madeiras e para proteger as roupas dos mofos. Para tais funções, compostos orgânicos como os tiocarbamatos e triazoxidas têm sido usados com frequência.

Herbicidas A quantidade de herbicidas usada somente nos Estados Unidos excede a soma dos demais pesticidas utilizados. A começar pelo composto 2,4-D (um éster amina do ácido 2,4 diclorofenoxiacético), dezenas de produtos químicos com literalmente centenas de diferentes formulações têm sido disponibilizadas no mercado. Essas substâncias incluem as *triazinas*, usadas principalmente para o controle de qualidade das sementes de milho; *compostos à base de ureia*; alguns *carbamatos*; as relativamente recentes *sulfonilureias,* que são potentes em baixíssimas doses; as *dinitroanilinas* e as *acetanilidas*, que têm demonstrado ter grande mobilidade no ambiente. Um dos herbicidas mais utilizados, o *glifosato* (por exemplo, Roundup®), não pertence a qualquer dos grupos acima mencionados. Diferentemente da maioria dos herbicidas, ele não apresenta seletividade, isto é, acaba matando quase todas as plantas sobre as quais é aplicado, incluindo as espécies cultivadas. Entretanto, descobriu-se a existência de um gene que possui resistência ao efeito do glifosato e, através de práticas da engenharia genética denominadas transgênese esse gene foi incluído na maior parte das plantações que recebem glifosato como herbicida. Tais cultivos modificados pela engenharia genética (ou transgênicos) podem então crescer por meio do conveniente método de controle de ervas invasoras, que frequentemente consiste em uma ou duas aplicações de glifosato, eliminando todas as plantas, exceto a espécie comercialmente cultivada, que possui o gene que lhe confere a resistência.

Como é de se esperar, essa grande variedade na composição química faz com que aconteça uma igual variação de propriedades em cada uma dessas substâncias orgânicas. Grande parte dos herbicidas é biodegradável, e a maioria (mas nem todos) tem toxicidade relativamente baixa para os mamíferos. Contudo, alguns são extremamente tóxicos aos peixes, à fauna do solo e talvez a outras formas de vida. Podem também apresentar efeitos prejudiciais à benéfica vegetação aquática que garante alimento e *habitat* aos peixes e crustáceos.

Nematicidas Embora os nematicidas não sejam tão utilizados quanto herbicidas e inseticidas, alguns deles são conhecidos por contaminarem tanto o solo quanto a água que o drena. Por exemplo, alguns nematicidas à base de carbamatos se dissolvem rapidamente na água, não chegam a ser adsorvidos na superfície das partículas do solo e, consequentemente, alcançam com facilidade as águas subterrâneas através da lixiviação vertical do solo. Outros nematicidas são produtos químicos voláteis que praticamente matam todos os organismos vivos, tanto os maléficos como os benéficos. Felizmente, as pesquisas que buscam descobrir substâncias substitutas não tóxicas promoveram o desenvolvimento de alguns meios não químicos para o manejo de pragas, antes só controladas por meio de substâncias químicas muito tóxicas (p. ex., consulte a Figura 10.8).

15.3 COMPORTAMENTO DOS QUÍMICO-ORGÂNICOS NO SOLO

Ao alcançarem o solo, os compostos químico-orgânicos, como os pesticidas ou os hidrocarbonetos, podem seguir por uma ou mais dentre sete vias (Figura 15.2): (1) podem se volatilizar para a atmosfera sem sofrerem alteração química; (2) podem ser adsorvidos pelo solo; (3) podem se mover solo abaixo, como líquido, na forma de solução, e deixar o solo por processos de lixiviação; (4) podem sofrer reações químicas dentro ou na superfície do solo; (5) podem ser decompostos por micro-organismos; (6) podem ser levados para córregos e rios através do escoamento superficial; e (7) podem ser absorvidos pelas plantas ou pelos animais do solo, atingindo assim a cadeia alimentar. O destino específico desses produtos químicos será determinado, ao menos em parte, pelas suas estruturas químicas, que são extremamente variáveis.

Produtos químicos orgânicos variam em sua capacidade de volatilização e subsequente suscetibilidade ao se perderem para a atmosfera. Alguns fumigantes de solo, como o brometo de metila (atualmente banido para muitos usos), foram selecionados justamente devido à sua alta pressão de vapor, o que permite sua penetração nos poros do solo e seu contato com organismos-alvo. Essa mesma característica promove a rápida perda para a atmosfera após sua aplicação, a menos que o solo esteja coberto. Alguns poucos herbicidas (p. ex., trifluralin) e fungicidas (p. ex., PCNB) são suficientemente voláteis para se perderem por volatilização, após sua aplicação ao solo. As frações mais leves do petróleo bruto (p. ex., gasolina e diesel) e outros solventes podem em grande parte se vaporizar ao serem derramados sobre o solo.

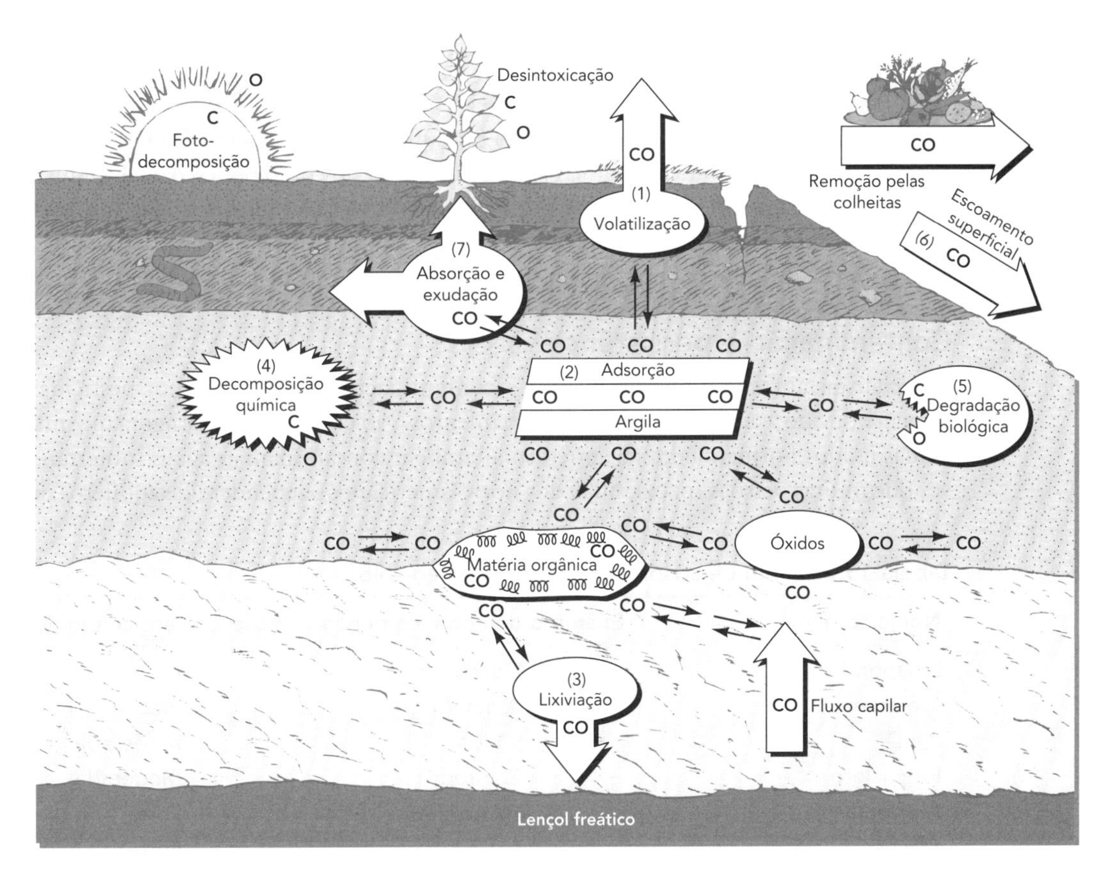

Figura 15.2 Processos que afetam a dissipação dos compostos químico-orgânicos (CO) nos solos. Note que o símbolo CO pode ser separado pela decomposição (tanto pela luz como por reações químicas) e por degradação por micro-organismos, indicando que esses processos alteram ou destroem o produto químico-orgânico. Nos processos de transferência, o CO se mantém intacto. (Fonte: Weber e Miller [1989])

Quando os pesticidas desaparecem do solo, acredita-se ser uma evidência de sua decomposição; no entanto, esta é uma crença bastante questionável. Contudo, alguns dos pesticidas que se perdem para a atmosfera podem retornar aos solos ou às águas superficiais, levados pelas chuvas.

A adsorção de produtos químico-orgânicos pelo solo é condicionada, principalmente, pelas características dos compostos e do solo ao qual são adicionados. A matéria orgânica do solo e as argilas com elevada superfície específica tendem a serem fortes adsorventes de certos tipos de compostos, enquanto os óxidos, que revestem algumas partículas, adsorvem, significativamente, outros tipos. Sob condições idênticas, as moléculas orgânicas de tamanho grande, com muitos pontos de carga, são mais fortemente adsorvidas.

Alguns compostos químico-orgânicos com grupos moleculares positivamente carregados, como os herbicidas *diquat* e *paraquat,* são fortemente adsorvidos pelas argilas silicatadas. A adsorção de alguns pesticidas pelas argilas tende a aumentar em condições de baixo pH, o que induz a adição de íons H^+ a alguns grupos funcionais (p. ex., $—NH_2$), adicionando cargas positivas às moléculas do herbicida.

A tendência de alguns compostos químico-orgânicos se lixiviarem dos solos está intimamente ligada à solubilidade em água e ao potencial de adsorção desses compostos. Alguns deles, como o clorofórmio e o ácido fenil acético, são milhões de vezes mais solúveis em água do que outros, como o DDT e os PCBs, que por sua vez são muito solúveis em óleo, mas não em água. Altos valores de solubilidade em água favorecem as perdas por lixiviação.

Potencial de lixiviação por bacia hidrográfica de 13 cultivos nos Estados Unidos: www.unl.edu/nac/atlas/Map_Html/Clean_Water/National/NRI_%20Pesticide_Leaching_1992/Pesticide_leaching.htm

Moléculas que estão fortemente adsorvidas às partículas sólidas do solo tendem a não descerem através de seu perfil (Tabela 15.2). Da mesma forma, as condições que favorecem a adsorção desfavorecerão a lixiviação. Como a lixiviação é auxiliada pela movimentação da água, os maiores deslocamentos dessas moléculas irão ocorrer em solos arenosos, altamente permeáveis e que também têm baixos teores de matéria orgânica. Se a época de aplicação do produto químico coincidir com os períodos de alta precipitação pluvial, tanto as perdas por lixiviação como por escoamento superficial serão maiores (Tabela 15.3). Com algumas notáveis exceções, herbicidas parecem ser um pouco mais móveis do que a maioria dos fungicidas e inseticidas e, portanto, são mais propensos a encontrar o caminho para os suprimentos de água subterrânea e cursos d'água (Figura 15.3).

Contaminação e persistência

Especialistas antes argumentavam que a contaminação de aquíferos por pesticidas ocorria somente devido a acidentes, como derramamentos. No entanto, sabe-se agora que muitos pesticidas usados normalmente na agricultura também contaminam as águas subterrâneas. Uma vez que muitas pessoas (p. ex., 40% dos norte-americanos) dependem de aquíferos profundos

Tabela 15.2 Grau de adsorção de herbicidas ao solo

Nome comum	Exemplo de nome comercial	Adsorção aos coloides do solo
Dalapon	Downpon	Nula
Cloraben	Amiben	Fraca
2,4-D	Vários	Moderada
Propacloro	Ramrod	Moderada
Antrazina	AAtrex	Forte
Alacor	Lasso	Forte
Glifosato	Roundup	Muito forte
Paraquat	Paraquat	Muito forte

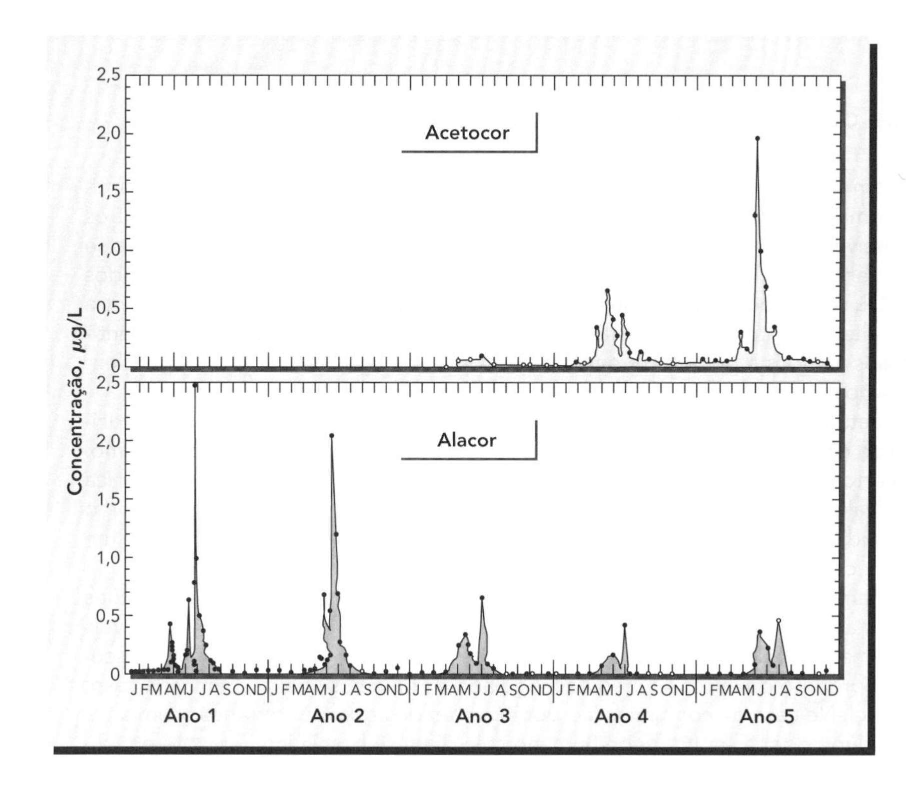

Figura 15.3 Herbicidas aplicados na principal região produtora de milho nos Estados Unidos ilustram a relação direta e dinâmica entre a aplicação de um produto químico nas terras e sua ocorrência em córregos e rios. O Rio Branco, próximo de Hazelton, no Estado de Indiana (EUA), foi monitorado durante 5 anos. Note que as concentrações do herbicida Alacor alcançaram valores máximos em todos os anos no mês de junho, aproximadamente um mês após a maioria dos agricultores da bacia hidrográfica terem aplicado o produto nas lavouras de soja e milho. No terceiro ano de monitoramento, um novo composto chamado Acetocor, substituiu parcialmente o uso do Alacor. Passado um ano, as concentrações de Acetocor aumentaram, enquanto as concentrações de Alacor diminuíram. (Fonte: Gilliom et al. [2006])

para suas necessidades de água potável, a lixiviação de pesticidas pode levantar sérias preocupações com problemas de saúde (Quadro 15.1). Níveis de pesticidas encontrados em suprimentos de água potável têm sido altos o suficiente para ocasionalmente levantarem discussões sobre a saúde pública na Europa e nos Estados Unidos e também em países recentemente industrializados como China e Índia.

Ao entrarem em contato com o solo, alguns pesticidas sofrem modificações químicas sem a influência dos micro-organismos. Por exemplo, alguns compostos de cianeto de ferro se decompõem em algumas horas ou dias, quando expostos à forte luz solar. O DDT, o diquat e as triazinas estão sujeitos à lenta fotodecomposição pela luz solar. Os herbicidas do grupo das triazinas (como a antrazina, por exemplo) e os inseticidas organoclorados (como o malation) são sensíveis à hidrólise e a subsequente degradação. Apesar da complexidade das estruturas moleculares dos pesticidas sugerir diferentes mecanismos possíveis de quebras moleculares, é importante notar que a degradação não biológica (ou abiótica) também pode ocorrer.

Tabela 15.3 Perdas por deflúvio superficial e por lixiviação (através de tubos de drenagen) do herbicida Antrazina de um solo lacustre de textura franco-argilosa (*Alfisol*) em Ontário, Canadá

	Perda por escoamento superficial	Perdas de água pela drenagem	Perdas totais dos dissolvidos		
Ano de estudo	**Perdas de Antrazina, g/ha**			**Proporção do total aplicado, %**	**Precipitação pluvial, maio-junho, mm**
1	18	9	27	1,6	170
2	1	2	3	0,2	30
3	51	61	113	6,6	255
4	13	32	45	2,6	165

Dados resumidos de Gaynor et al. (1995).

QUADRO 15.1

Concentração e toxicidade de contaminantes no ambiente

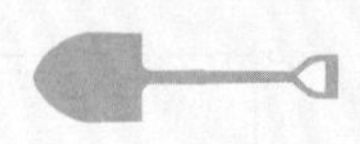

Como a instrumentação analítica vem se tornando cada vez mais sofisticada, contaminantes mesmo em quantidades muito baixas podem hoje ser mais bem detectados do que antigamente. Uma vez que o homem e outros organismos estão expostos aos possíveis danos provocados pela maioria dessas substâncias, principalmente se estiverem presentes em grandes quantidades, os estudos de contaminação e toxicidade devem ser encarados sob o ponto de vista quantitativo. Ou seja, precisamos perguntar "quanto" e não somente "o que" se encontra no ambiente. Diversos compostos altamente tóxicos (no sentido de prejudiciais apesar das baixíssimas quantidades) são produzidos por processos naturais e podem ser encontrados no ar, na água e no solo, independentemente de qualquer atividade antrópica.

A mera presença de uma toxina natural ou de um contaminante sintético pode não ser um problema. A toxicidade depende de dois fatores: (1) da concentração do contaminante e (2) do nível de exposição do organismo. Assim, baixas concentrações de certos produtos, que não causariam efeitos observáveis devido a uma única exposição (p. ex., quantidade equivalente a um copo de água potável), podem causar sérias doenças – como câncer e anomalias congênitas – a indivíduos expostos a essas mesmas concentrações constantemente por um longo período de tempo (p. ex., três copos de água diariamente durante vários anos).

As agências reguladoras governamentais dos Estados Unidos procuram estimar os efeitos de exposições às toxinas por longos períodos e estabelecem padrões para os níveis de "efeitos não observáveis" ou "níveis recomendáveis para a saúde". Algumas espécies (e indivíduos de uma mesma espécie) serão muito mais suscetíveis que outros a um determinado produto químico. As medidas reguladoras devem se balizar, em cada caso, pelo risco ao indivíduo mais suscetível. No caso de contaminação por ingestão de águas subterrâneas com altas quantidades de nitratos, esse indivíduo poderia ser um bebê humano cuja dieta se baseia inteiramente em alimentos preparados com essa água. No caso do DDT, os níveis individuais podem se acumular através de uma ave predatória de peixes, que por sua vez come minhocas, as quais se alimentam de sedimentos lacustres contaminados por DDT. Para o caso de um pesticida absorvido pelas raízes das plantas, o indivíduo em maior risco seria o entusiasmado horticultor que come a maioria de seus legumes e frutas de uma só horta tratada sempre com tais produtos químicos.

É importante ter uma ideia do significado das quantidades muito pequenas utilizadas para expressar as concentrações de contaminantes no ambiente. Por exemplo, concentrações são comumente expressas na ordem de partes por bilhão (ppb). Isso equivale a microgramas por quilo ou μg/kg ou, na água, μg/L. Para visualizar a grandeza do número 1 bilhão, imagine 1 bilhão de bolas de golfe: alinhadas, elas dariam uma volta completa ao redor do planeta. Uma única bola defeituosa em meio a 1 bilhão (1ppb) de bolas parece ser um número extremamente baixo. Por outro lado, 1 ppb pode parecer um número muito grande. Considere uma água contaminada com 1 ppb de cianeto de potássio (KCN), substância muito tóxica, constituída de átomos de carbono, potássio e nitrogênio interligados. Se alguém bebesse uma só gota dessa água, estaria ingerindo quase um trilhão de moléculas de cianeto de potássio:

$$\frac{6{,}023 \times 10^{23}\ \text{moléculas}}{1\ \text{mol}} \times \frac{1\ \text{mol}}{65\ \text{g KCN}} \times \frac{1\ \text{g KCN}}{10^{6}\ \mu\text{g KCN}} \times \frac{1\ \mu\text{g KCN}}{\text{L}} \times \frac{\text{L}}{10^{3}\ \text{cm}^{3}} \times \frac{\text{cm}^{3}}{10\ \text{gotas}} = \frac{9{,}3 \times 10^{11}\ \text{moléculas}}{\text{gota}}$$

No caso do cianeto de potássio, as moléculas dessa gota de água provavelmente não causariam efeito algum que pudesse ser observado. Contudo, para outros tipos de compostos, essas mesmas moléculas podem ser suficientes para provocar mutações no DNA ou iniciar lesões cancerígenas. Existem ainda muitas incertezas acerca de nossa capacidade de avaliar esses riscos.

A degradação bioquímica provocada pela ação dos organismos do solo é a principal via para a remoção dos pesticidas. Alguns grupos polares das moléculas de pesticidas, como —OH, —COO^- e —NH_2, funcionam como pontos de ataque para os organismos.

O DDT e outros hidrocarbonetos clorados, como aldrin, dieldrin e heptacloro, se decompõem muito lentamente, persistindo no solo por 20 anos ou mais. Em contraste, os inseticidas organofosfatados, como o paration, são facilmente biodegradados nos solos, aparentemente por vários organismos. De maneira similar, a maioria dos herbicidas (p. ex., 2,4-D, fenilureias, ácidos alifáticos e carbamatos) são prontamente atacados por uma série de organismos. As exceções são as triazinas, que se degradam de forma lenta, principalmente por vias químicas (abióticas). Os fungicidas orgânicos, em sua maioria, também são suscetíveis à decomposição microbiana, embora as baixas velocidades de alguns desses processos possam ocasionar problemas inconvenientes de persistência de resíduos.

Os pesticidas são normalmente absorvidos pelos vegetais superiores – especialmente aqueles produtos que necessitam entrar no sistema orgânico para exercerem sua esperada função (p. ex., os inseticidas sistêmicos e a maioria dos herbicidas). Dentro das plantas, as substâncias químicas absorvidas podem permanecer intactas ou ser degradadas. Alguns produtos dessa degradação são inofensivos; porém, outros são mais tóxicos para os seres humanos do que na forma original em que foram absorvidos. Portanto, é compreensível que haja uma preocupação, em geral, com os resíduos de pesticidas encontrados nas partes das plantas que as pessoas costumam consumir, sejam elas frutas e folhas frescas ou alimentos industrialmente processados. A forma de uso e a quantidade de pesticidas acumulados nos alimentos são regulamentados por leis. No entanto, ainda existem poucas evidências de que as pequenas quantidades de resíduos, legalmente autorizadas, produzam quaisquer efeitos maléficos na saúde das pessoas. Testes de rotina feitos por agências regulatórias demonstram que cerca de 1 a 2 % das amostras de alimentos testados continham resíduos de pesticidas acima dos níveis não permitidos; mas o fato é que só uma pequena porcentagem dos alimentos comercializados é testada.

A **persistência** de produtos químicos no solo é o resultado de todas as suas interações, movimentações e degradações. Existem diferenças marcantes entre as persistências. Por exemplo, os inseticidas organofosfatados podem durar apenas poucos dias no solo, e o herbicida bastante utilizado 2,4-D persiste somente por duas a quatro semanas. Os PCBs, o DDT e os demais hidrocarbonetos clorados chegam a persistir por 3 a 20 anos, ou mais (Tabela 15.4). Os tempos de persistência de outros pesticidas e de produtos orgânicos industriais situam-se entre os extremos antes mencionados. Já os compostos que resistem à degradação têm um grande potencial para causar danos ambientais.

O uso contínuo de um mesmo pesticida em uma mesma parcela de terra pode fazer com que haja um aumento da taxa de decomposição das moléculas dele pelos micro-organismos. Aparentemente, quando existe uma fonte constante de alimentos, há também um crescimento significativo da população microbiana que produz as enzimas necessárias para a quebra das moléculas daquele pesticida. Essa não só é uma vantagem no que diz respeito à qualidade ambiental, como também é um princípio que norteia a condução das técnicas de limpeza de

Tabela 15.4 Variação comum de persistência de vários compostos orgânicos
O risco de poluição ambiental é maior nos compostos químicos de maior persistência.

Composto químico-orgânico	Persistência nos solos
Inseticidas hidrocarbonetos clorados (p.ex., DDT, clordano, dieldrin)	3–20 anos
PCBs	2–10 anos
Herbicidas do grupo das triazinas (p.ex., antrazina, simazina)	1–2 anos
Herbicida glifosato	6–20 meses
Herbicidas do ácido benzoico (p.ex., amiben, dicamba)	2–12 meses
Herbicidas de ureia (p.ex., monuron, diuron)	2–10 meses
Cloreto de vinila	1–5 meses
Herbicidas fenoxílicos (2,4-D; 2,4,5-T)	1–5 meses
Inseticidas organofosfatados (p.ex., malation, diazinon)	1–12 semanas
Inseticidas carbamatados	1–8 semanas
Herbicidas carbamatados (p.ex., barban, CIPC)	2–8 semanas

ambientes contaminados por compostos orgânicos tóxicos. Por outro lado, a degradação pode ser tão rápida que reduz a eficácia do pesticida.

Vulnerabilidade das águas subterrâneas O grau de vulnerabilidade com que as águas subterrâneas podem ser contaminadas pela lixiviação de pesticidas varia bastante entre uma e outra área. As regiões de alta precipitação pluvial são as mais vulneráveis, bem como os locais com solos arenosos e com sistemas intensivos de plantio que usam pesticidas mais solúveis e menos fortemente adsorvidos pelos coloides do solo. Entretanto, os problemas causados por pesticidas são pontuais, e generalizações regionais podem mascarar as áreas de maior vulnerabilidade. Por exemplo, nas áreas irrigadas de regiões áridas com cultivo intensivo de hortaliças, pode ocorrer considerável lixiviação, tanto de pesticidas como de nitratos. Da mesma forma, a aplicação de certos pesticidas solúveis em água pode resultar na contaminação da água subterrânea – mesmo onde o solo não é de textura arenosa.

15.4 REMEDIAÇÃO DE SOLOS CONTAMINADOS POR SUBSTÂNCIAS QUÍMICO-ORGÂNICAS

Projetos de biorremediação do U.S. Geological Survey: http://water.usgs.gov/wid/html/bioremed.html

Em todo o mundo, é possível encontrar solos contaminados por poluentes orgânicos. As grandes áreas nessa situação podem ser melhor usadas pela modificação do agroecossistema para a redução do uso de pesticidas ou, até mesmo, sua eliminação; ou usando-se produtos menos tóxicos e menos móveis e que se degradem mais rapidamente que os compostos dos pesticidas antes utilizados. Em muitos casos, o ecossistema do solo deve ser capaz de recuperar suas funções e sua diversidade através da **atenuação natural** do contaminante durante um período de tempo razoável. A recuperação natural pode incluir um ou todos os processos químicos, físicos e biológicos ilustrados na Figura 15.2.

Talvez os locais mais problemáticos sejam aqueles onde ocorreu contaminação acidental devido a derrames de materiais orgânicos tóxicos ou as áreas onde, por décadas, foram depositados dejetos industriais e domésticos. Os níveis dessas *contaminações pontuais* geralmente são tão altos que restringem, ou mesmo inibem, o crescimento vegetal. Os poluentes podem se movimentar para as águas subterrâneas, tornando-as inapropriadas para o consumo humano. Além disso, peixes e animais selvagens podem ser dizimados. Por causa de interesses econômicos, os governos vêm gastando bilhões de dólares anualmente para limpar (**remediar**) os solos contaminados. É necessário levarmos em consideração alguns dos métodos em uso e em desenvolvimento industrial para que os solos contaminados sejam remediados. Em geral, os esforços feitos para a remediação dos solos poluídos requerem, por um lado, o compromisso entre a rapidez da ação e a certeza sobre a eficiência dos métodos de limpeza e, por outro, a viabilidade econômica (Figura 15.4).

Métodos físicos e químicos

Tecnologias alternativas para limpeza de locais de reservatórios subterrâneos de armazenamento: www.epa.gov/swerust1/pubs/tums.htm

Os mais antigos, e ainda mais utilizados, métodos de remediação de solos contaminados incluem tratamento físico e/ou químico, tanto no local (*in situ*) como fora do local contaminado (*ex situ*). Este último pode consistir em escavação e remoção do solo para recipientes onde ele pode ser incinerado, processo que volatiliza ou decompõe os poluentes devido às altas temperaturas aplicadas. Os poluentes voláteis à temperatura ambiente podem ser removidos tanto por extração a vácuo ou pela passagem forçada de ar e, os solúveis em água, pela aplicação de água sob pressão para provocar lixiviação. Tais tratamentos são geralmente muito eficazes, porém, dispendiosos, especialmente se a quantidade de solo contaminado a ser removido e tratado for elevada. E, é claro, o solo tratado, consequentemente, se torna quase estéril e, por isso, tem que ser retransportado a seu local de origem ou depositado em um aterro.

Os tratamentos *in situ* são os mais usados, quando existem tecnologias viáveis à sua aplicação. O solo permanece em seu local, evitando os custos da escavação, do transporte, do tra-

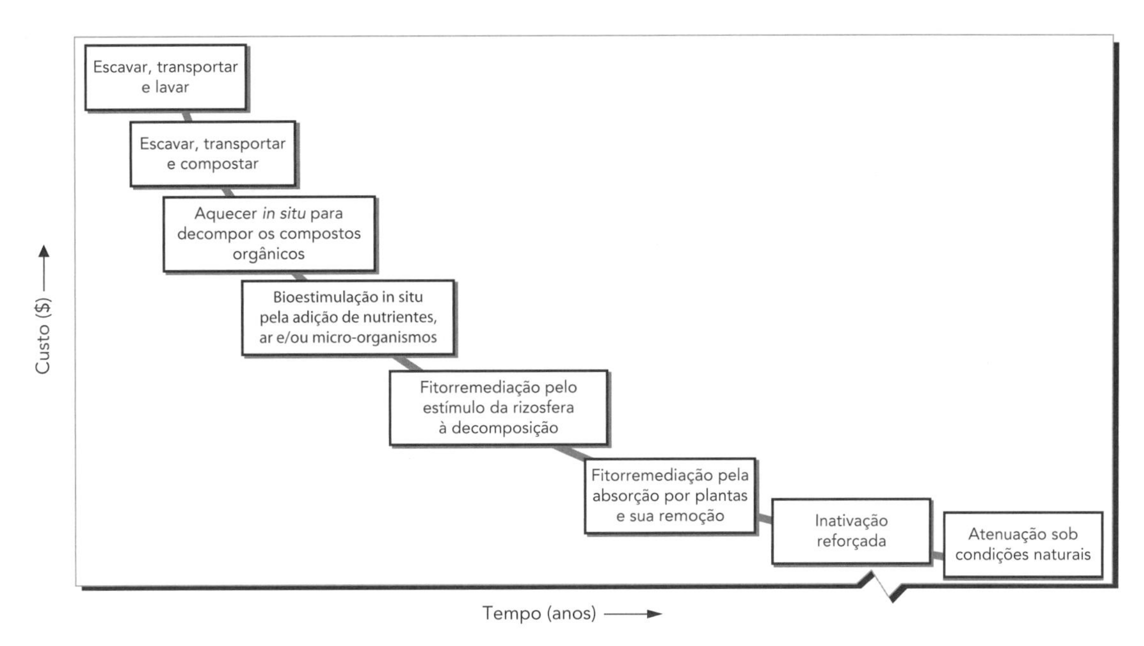

Figura 15.4 Existe uma série de métodos para a remediação (ou limpeza) de solos poluídos. Em um extremo, estão as técnicas agressivas e de alto custo, embora sejam bem rápidas. No outro extremo, estão as tecnologias de resultados não tão agressivas e dispendiosas, mas que demandam um tempo maior para efetuarem a limpeza. (Modificado de Reynolds et al. [1999])

tamento e do descarte final. Além disso, permitem maior flexibilidade para os futuros usos da gleba afetada pela poluição. Nesse caso, os contaminantes ou são removidos do solo (*descontaminação*) ou são sequestrados (*retenção*) da matriz do solo (*estabilização*). A descontaminação *in situ* envolve algumas das mesmas técnicas utilizadas em processos *ex situ*, como a aplicação de água, lixiviação, extração a vácuo e aquecimento. Entretanto, tratamentos com água não são eficazes no caso de poluentes apolares, uma vez que estes são repelidos pela água. Para ajudar na remoção de tais poluentes, pesquisadores e engenheiros têm aplicado substâncias chamadas de *surfactantes,* tanto na superfície do solo como em seu interior. Ao se aprofundarem no solo, os surfactantes dissolvem os contaminantes orgânicos, que então podem ser dali retirados, assim como nos sistemas que usam água de lavagem.

Certos surfactantes também podem ser usados para imobilizar ou estabilizar os contaminantes do solo. Suas partículas são positivamente carregadas, de forma que, através de trocas de cátions, podem substituir e deslocar cátions metálicos adsorvidos na superfície das argilas dos solos. Por exemplo, um grupo de surfactantes que apresenta essa propriedade são os compostos de amônia quaternários (CAQs), de fórmula genérica $(CH_3)_3NR^+$, na qual o radical R pode ser um álcali orgânico ou um grupo aromático. As cargas positivas presentes nos CAQs estimulam a troca de cátions por reações como a descrita abaixo, usando, como exemplo, o deslocamento do cátion trocável monovalente K^+:

$$\underset{\text{Argila não tratada}}{\boxed{\text{Coloide}}}\ K^+ + \underset{\text{CAQ}}{(CH_3)_3NR^+} \longrightarrow \underset{\text{Argila organofílica}}{\boxed{\text{Coloide}}}\ (CH_3)_3NR^+ + K^+ \qquad (15.1)$$

Os produtos que resultam de tal remediação são conhecidos como *argilas organofílicas* e apresentam propriedades diferentes das argilas originárias: elas atraem (em vez de repelir) os compostos orgânicos apolares. Assim, a injeção de CAQ na zona de movimentação do lençol freático estimula a formação de argilas organofílicas, imobilizando os compostos orgânicos solúveis e aprisionando-os até que possam ser degradados (Figura 15.5).

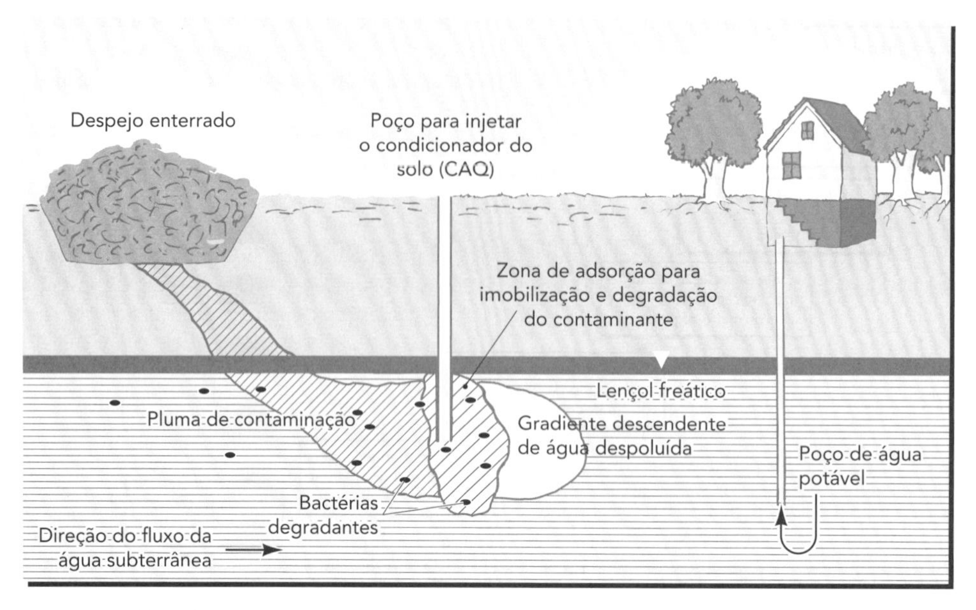

Figura 15.5 Como a combinação entre um composto de amônia quaternário (CAQ), a hexadeciltrimetilamônia e a biorremediação promovida por uma bactéria degradante pode ser usada para imobilizar e remover um contaminante orgânico. O poluente está se movendo de um local contaminado para a água subterrânea. Os CAQs reagem com os coloides minerais e orgânicos do solo para formarem as argilas organofílicas, e os complexos orgânicos adsorvem e estabilizam o contaminante, dando tempo aos micro-organismos para efetuarem a sua degradação. (Adaptado de Xu et al. [1997])

O coeficiente de distribuição, K_d, para a adsorção de diversos compostos orgânicos apolares em argilas não tratadas é muito baixo, porque as argilas são hidrofílicas (têm alta afinidade pela água) e também pelo fato de as películas de água a elas aderentes repelirem os compostos apolares químico-orgânicos hidrofóbicos (Figura 15.6).Os horizontes mais superficiais do solo, com quantidades significantes de húmus, muitas vezes apresentam valores elevados de K_d devido à sorção dos contaminantes orgânicos pelo húmus. É por essa razão que o coeficiente de distribuição do carbono orgânico, K_{co}, geralmente é o melhor meio de medir a tendência de um composto se imobilizar em vários horizontes superficiais do solo (consulte a Seção 8.12 para a explicação dos conceitos de K_d e K_{co}). As camadas mais profundas de solo, especialmente as próximas ao lençol freático, geralmente contêm baixos teores de húmus e, portanto, possuem uma baixa capacidade de retenção de contaminantes orgânicos.

Em contraste, as argilas organofílicas sorvem, de forma eficaz, os contaminantes, deixando pouca quantidade remanescente na solução do solo e reduzindo, portanto, o movimento deles para as águas subterrâneas e, por fim, também para os cursos d'água ou fontes de água potável. Consequentemente, os valores de K_d para os poluentes orgânicos ou substâncias organofílicas são geralmente de 100 a 200 vezes maiores do que os valores para as argilas não tratadas. Desse modo, as argilas organofílicas representam mecanismos promissores para a retenção de poluentes orgânicos no solo até que eles sejam destruídos por processos biológicos ou físico-químicos.

Biorremediação[1]

Para muitos solos altamente contaminados, existe uma alternativa biológica à incineração, à lavagem do solo ou à sua remoção e deposição em aterros: é o que denominamos **biorremediação**. Simplificando, essa tecnologia usa plantas selecionadas e/ou a ação microbiana para transformar os contaminantes orgânicos em inofensivos produtos metabólicos. A análise do DNA microbiano demonstrou que a degradação de contaminantes do solo quase sempre

[1] Para rever as teorias e tecnologias referentes a este tópico, consulte Wise et al. (2000) e Eccles (2007).

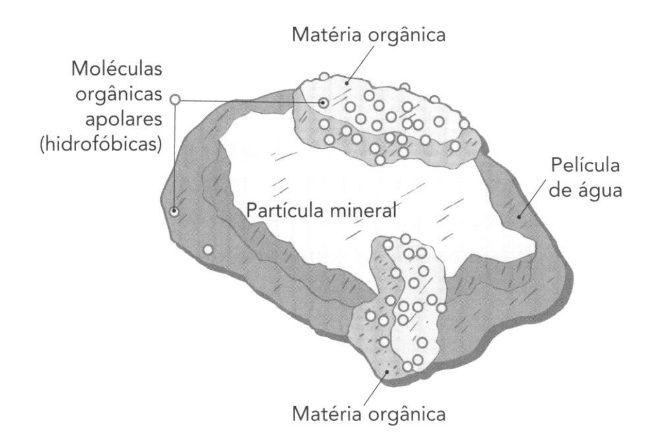

Figura 15.6 Devido aos coloides do solo estarem quase sempre rodeados por, pelo menos, uma delgada camada de água, as moléculas orgânicas hidrofóbicas tendem a ser mais rapidamente adsorvidas pelo húmus do que pelas argilas. As moléculas orgânicas apolares não podem competir com a molécula de água polar por um lugar junto à superfície eletricamente carregada dos minerais. Essa é uma das razões pela qual, para certos grupos de contaminantes orgânicos, a matéria orgânica do solo é mais importante do que o teor de argila na caracterização da tendência dos contaminantes de serem retidos em diferentes solos. (Diagrama: cortesia de R. Weil)

é realizada por uma *associação* de muitos organismos, em vez de ser fruto da ação de uma ou duas espécies de bactérias. Os constituintes do petróleo, incluindo os mais recalcitrantes (como os hidrocarbonetos aromáticos policíclicos), da mesma forma que muitos compostos sintéticos (como o pentaclorofenol [PCF] e o tricloroetileno [TCE]), podem ser degradados primeiro pelas bactérias do reino *Archaea* e depois pelos chamados fungos vermelhos. A biorremediação acontece comumente *in situ*; entretanto, o solo poluído pode ser também escavado e tratado *ex situ*, ou seja, transportado para locais onde seja possível o emprego de técnicas como a compostagem a elevadas temperaturas (Seção 11.10), que destroem os contaminantes orgânicos do solo (Figura 15.7).

Bioaumentação Em alguns casos, os processos de remediação dependem de organismos nativos do solo. Em outros, micro-organismos especificamente selecionados por sua habilidade em remover contaminantes são introduzidos na zona poluída do solo, a fim de *reforçar* a população natural microbiana. Essa medida é denominada **bioaumentação**. Algumas tentativas são bem-sucedidas ao se inocular organismos selecionados que degradam os poluentes mais rapidamente do que a população nativa de micro-organismos do solo. Embora a engenharia genética possa provar a utilidade na fabricação, no futuro, de "superbactérias", a maioria das inoculações tem sido realizadas com o uso de organismos de ocorrência natural. Organismos

Figura 15.7 O vapor de água aquecida se eleva no ar gelado do inverno, enquanto camadas de compostos em aquecimento são misturadas e aeradas por uma máquina especial, para que a decomposição dos compostos orgânicos seja acelerada. O método pode ser utilizado na degradação de poluentes orgânicos existentes em certo material de solo escavado de locais contaminados, misturados com materiais orgânicos compostáveis e dispostos em fileiras. (Foto: cortesia de R. Weil)

isolados de locais expostos à contaminação por longo período de tempo ou desenvolvidos em laboratórios com dieta rica à base dos poluentes em questão tendem a se tornar especializados na metabolização de certos poluentes-alvos.

Por exemplo, identificou-se em certa bactéria o poder de desintoxicar o percloroetano (PCE), um contaminante do lençol freático bastante comum e altamente tóxico, suspeito de ser cancerígeno. Os pesquisadores podem inocular esses organismos para acelerar as etapas da remoção dos quatro grupos clorados do PCE, produzindo etileno como produto final, um gás relativamente inofensivo para o homem:

$$Cl_2C{=}CCl_2 \xrightarrow{8H \;\; 4HCl} \rightarrow \rightarrow \rightarrow H_2C{=}CH_2$$

PCE (Provavelmente cancerígeno) — Etileno (Gás inofensivo)

Compostagem para o processo de limpeza de solos contaminados por munições: www.epa.gov/osw/conserve/rrr/composting/pubs/explos.pdf

Grupo mundial de interesse pela biorremediação (clique em "*BioLinks*"): www.bioremediationgroup.org/AboutUs/Home.htm

Bioestimulação A tecnologia que estimula as populações microbianas naturalmente existentes para a quebra molecular de poluentes é denominada **bioestimulação**. Normalmente, os solos já contêm alguns micro-organismos capazes de degradar um contaminante específico. Entretanto, a velocidade dessa degradação pode ser tão baixa que é pouco eficiente. A taxa de crescimento de tais organismos capazes de utilizarem os contaminantes como fontes de carbono pode ser limitada por uma insuficiência de nutrientes minerais, especialmente N e P (consulte a Seção 11.3 para rever as explicações sobre a relação C/N durante a decomposição da matéria orgânica). Adubos minerais especiais têm sido formulados e usados com sucesso para acelerar de forma significativa o processo de degradação. Um desses adubos é fabricado na França e consiste em uma microemulsão de ureia, estabilizada por fosfato áurico adicionado a um estabilizador de emulsões. Ele atua não somente como fonte de nutrientes, mas também como um surfactante que estimula a interação entre os micro-organismos e os contaminantes orgânicos; foi testado pela primeira vez em um vazamento de óleo da empresa Exxon Valdez, no Estado do Alaska, Estados Unidos (Figura 15.8).

Em alguns casos, a baixa porosidade do solo causa deficiência de oxigênio, o que limita a atividade microbiana. Técnicas que usem biorremediação *in situ* estão sendo desenvolvidas para limpar os solos contaminados deficientes em oxigênio e as águas subterrâneas a eles associadas. Por exemplo, solos contaminados por solventes orgânicos têm sido biorremediados (Figura 15.9) através da injeção de uma mistura de ar (para garantir o oxigênio), metano (para agir como uma fonte de carbono que estimula bactérias específicas) e fósforo (um nutriente necessário para o crescimento bacteriano).

Fitorremediação

Links para muitos *sites* sobre fitorremediação: www.dsa.unipr.it/phytonet/links.htm

As plantas também podem participar da biorremediação, por processos chamados de **fitorremediação**. Durante anos, sistemas baseados no uso de plantas têm sido utilizados na remoção de contaminantes de efluentes urbanos (Seção 13.2). Recentemente, esse conceito estendeu-se aos poluentes industriais e à remoção de poluentes de todos os tipos, orgânicos e inorgânicos, presentes em lençóis freáticos pouco profundos.

A fitorremediação utiliza as plantas de duas diferentes maneiras fundamentais (Figura 15.10). Na primeira, as raízes das plantas absorvem os poluentes do solo. Desse modo, a planta pode tanto acumular grande quantidade de contaminantes em sua biomassa aérea, como metabolizá-los, transformando-os em subprodutos inofensivos. O acúmulo excessivo e não usual de altas concentrações nas plantas é chamado de **hiperacumulação**. Os vegetais hiperacumuladores absorvem e toleram altíssimos níveis de contaminantes, mais comumente metais tóxicos (como zinco ou níquel), mas também substâncias orgânicas como o trinitrotolueno

Figura 15.8 Biorremediação de petróleo bruto em um derramamento da Exxon Valdez na costa do Alaska, Estados Unidos. O óleo que contaminava os solos das praias foi decomposto por bactérias nativas quando um adubo solúvel em óleo, contendo nitrogênio e fósforo, foi pulverizado na praia (dados indicados pelo símbolo "o", no gráfico à esquerda). Os locais de controle, na praia (dados indicados pelo símbolo "+"), não foram assim adubados durante 70 dias. Após esse período, os efeitos da adubação foram tão bons que se optou por aplicar o mesmo tratamento também nos locais de controle. Como os índices do óleo remanescente estão expressos em uma escala logarítmica, cada número inteiro indica mais do que o dobro da concentração de óleo restante. A foto (à *direita*) mostra uma clara diferença entre um local de controle coberto por óleo e as parcelas adubadas da praia. (Dados de Bragg et al. [1994]; reproduzidos com permissão da *Nature* ©, 1994 Macmillan Magazines Limited; foto: cortesia de P. H. Pritchard, U.S. EPA, Gulf Breeze, FL; de Pritchard et al. [1992]; reproduzido com permissão de Kluwer Academic Plubishers)

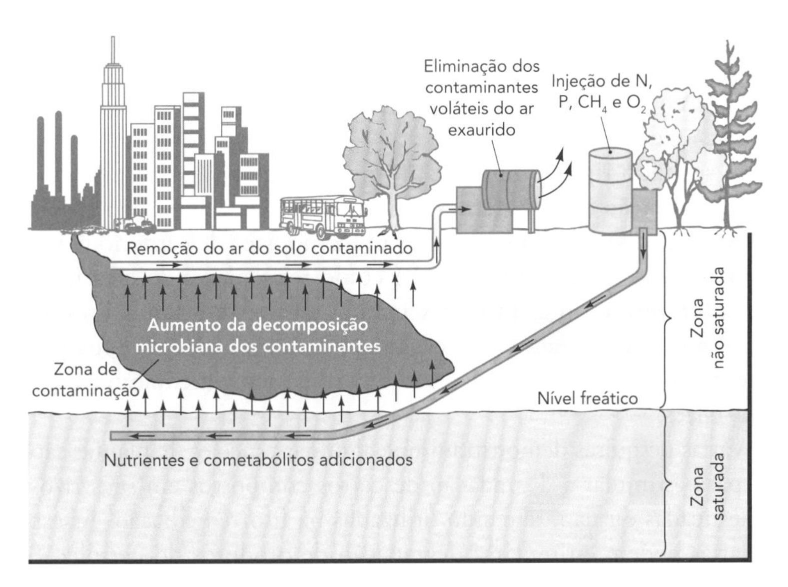

Figura 15.9 Biorremediação *in situ* de solo e lençol freático contaminados por solventes orgânicos voláteis. A ilustração demonstra um típico processo de bioestimulação para remediar o solo. A decomposição dos contaminantes orgânicos é incentivada pela adição de alguns componentes, como nutrientes, oxigênio e cometabólitos, os quais melhoram o ambiente, favorecendo o crescimento das bactérias nativas capazes de metabolizarem os contaminantes. Neste caso, o metano (CH_4) é adicionado periodicamente como um substrato para certas bactérias que o oxidam, as quais se multiplicam rapidamente, consumindo o solvente como sua fonte de carbono quando faltar o CH_4. Os nutrientes são adicionados, e o ar contaminado retido nos poros do solo é removido através de bombas conectadas a canos perfurados inseridos horizontalmente por meio de técnicas de perfuração de poços. Tais esquemas de bioestimulação podem reduzir significantemente o tempo e os custos da limpeza de solos contaminados. (Baseado em Hazen [1995])

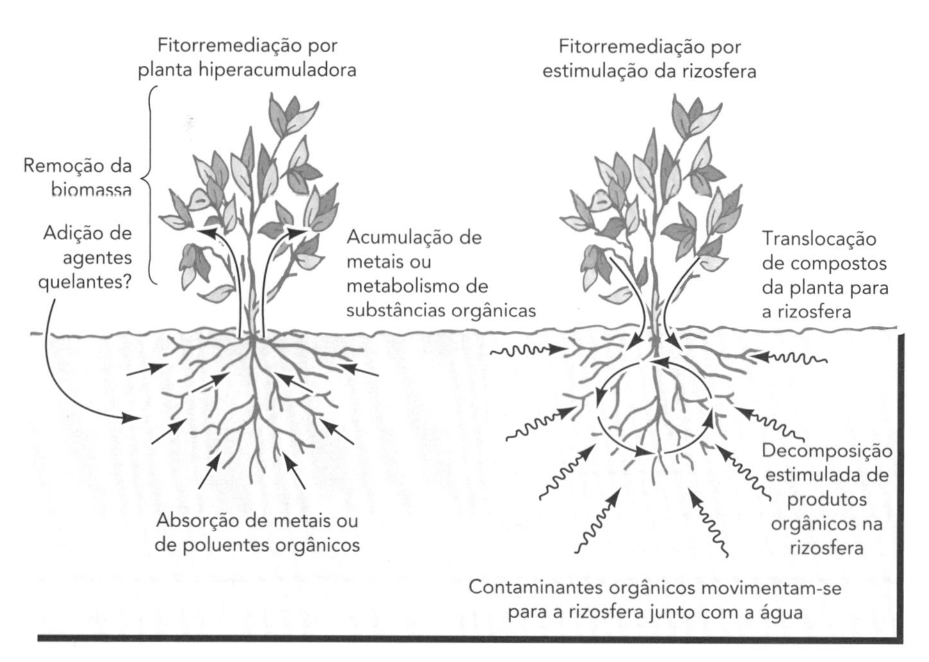

Figura 15.10 Dois tipos de abordagens para a fitorremediação – o uso de plantas para a descontaminação de solos. *À esquerda*: plantas hiperacumulativas absorvem e suportam altíssimas quantidades de concentrações de um contaminante orgânico e inorgânico. No caso de metais como contaminantes, a adição de agentes quelantes pode aumentar a taxa de absorção do metal, mas também pode provocar uma maior saturação, o que induzirá a migração do metal para abaixo da zona das raízes. *À direita:* na fitorremediação por estímulo da rizosfera, a planta não absorve o contaminante. Ao contrário, as raízes excretam substâncias que estimularão a microbiota da rizosfera, acelerando seu metabolismo e, consequentemente, a degradação dos poluentes orgânicos. A transpiração provoca o movimento da água e de contaminantes nela dissolvidos para a zona estimulada da rizosfera, incrementando a efetividade do sistema. (Diagrama: cortesia de R. Weil)

(TNT). A hiperacumulação permite a remoção do contaminante através da colheita de toda a planta ou de partes dela.

O segundo tipo de limpeza promovida pelos vegetais denomina-se **fitorremediação por estimulação da rizosfera**. Neste processo, as plantas não absorvem os contaminantes, mas, em vez disso, suas raízes excretam compostos de carbono para o solo, os quais servem como alimento para os micróbios e como reguladores do crescimento deles (Seção 10.7). Tais compostos estimulam o crescimento das bactérias presentes na rizosfera, que por sua vez degradam o contaminante orgânico. A transpiração da água pela planta incrementa as reações que ocorrem na rizosfera, ao provocar a movimentação da água contaminada do solo até as raízes.

Várias pesquisas demonstram que algumas espécies de plantas são mais aptas do que outras para estimular a degradação de certos compostos em suas rizosferas. Muitas espécies, domesticadas ou não, têm sido utilizadas na fitorremediação. As espécies que ocorrem nas pradarias podem estimular a degradação de produtos do petróleo (incluindo os PAHs), e certas plantas floríferas selvagens encontradas no Kuweit têm capacidade de degradar hidrocarbonetos oriundos de derrames de petróleo. Além disso, os híbridos de álamos de rápido crescimento são capazes de remover compostos como o TNT, assim como alguns pesticidas e nitratos em excesso.

A fitorremediação é particularmente vantajosa em grandes áreas de solo contaminadas com baixas concentrações de poluentes orgânicos, apesar de ela muitas vezes demorar mais tempo para remover grandes quantidades de contaminantes, em comparação com as medidas mais dispendiosas da engenharia.

15.5 CONTAMINAÇÃO COM SUBSTÂNCIAS INORGÂNICAS TÓXICAS[2]

A toxicidade provocada por contaminantes inorgânicos, liberados no meio ambiente todos os anos, é atualmente considerada maior do que a provocada por fontes orgânicas e radioativas combinadas, sendo que boa parte dessas substâncias inorgânicas acaba contaminando os solos. Os maiores contaminantes são mercúrio, cádmio, arsênio, chumbo, níquel, cobre, zinco, cromo, molibdênio, manganês, selênio, boro e flúor. Em maior ou menor grau, todos esses elementos são tóxicos ao homem e a outros animais. Cádmio e arsênico são extremamente venenosos; mercúrio, chumbo, níquel e flúor são moderadamente danosos; enquanto boro, cobre, manganês e zinco são relativamente menos tóxicos aos mamíferos. Embora os elementos metálicos (consulte a tabela periódica no Apêndice B) não sejam, por definição, "metais pesados", por praticidade esse termo é frequentemente aplicado a todos eles.

Existem diversas fontes de contaminantes inorgânicos que podem se acumular nos solos. A queima de combustíveis fósseis, fundições e outras técnicas de processamento liberam toneladas desses elementos para a atmosfera, onde então podem ser carreados por quilômetros e depositados sobre a vegetação e o solo. O chumbo, o níquel e o boro são aditivos da gasolina que podem ser liberados para a atmosfera e conduzidos para o solo pela chuva e pela neve. O arsênico foi usado por muitos anos como conservante de madeiras, assim como inseticida para as culturas de algodão, fumo, frutas, gramados e também como desfolhante ou herbicida. Alguns metais tóxicos têm sido liberados em quantidades crescentes no meio ambiente, enquanto outros (notadamente o chumbo, por conta de mudanças na formulação da gasolina) têm decrescido. Todos são diariamente ingeridos pelo homem, através não só do ar ou da ingestão de alimentos e da água, mas também (sim!) do solo (Quadro 15.2).

Independente de suas fontes, os elementos tóxicos podem atingir o solo, onde acabam se tornando parte da cadeia alimentar: solo→planta→animal→homem (Figura 15.11). Infelizmente, ao se tornarem parte desse ciclo, eles podem se acumular em níveis mais tóxicos – situação especialmente crítica para os animais que se situam no topo da cadeia alimentar (como os peixes, outros animais selvagens e o homem). Os governos devem regular, com bastante rigidez, o despejo de tais elementos tóxicos quando estiverem na forma de dejetos industriais. Devido à globalização do nosso suprimento de alimentos, plantas cultivadas em solos conta-

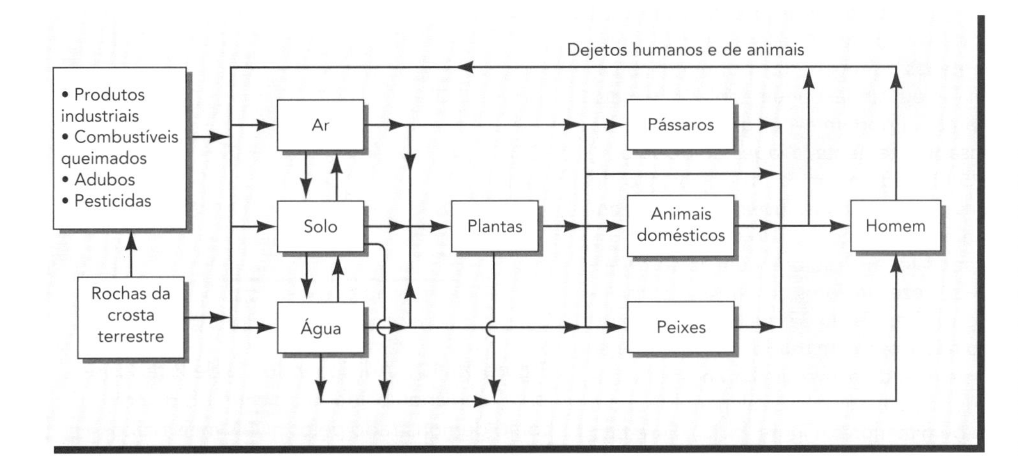

Figura 15.11 Fontes de metais pesados e seus ciclos no ecossistema solo-água-ar-organismos. Note que a quantidade dos metais em tecidos vivos geralmente aumenta da esquerda para a direita, indicando a vulnerabilidade do homem à toxicidade dos metais pesados.

[2] Para uma excelente revisão de todos os aspectos deste tópico, consulte Adriano (2001). Informações adicionais estão disponíveis em Ahmad et al. (2006). As altas contaminações por metais pesados em alimentos cultivados na China são discutidas em Zamiska e Spencer (2007).

QUADRO 15.2

Contaminação e envenenamento por chumbo

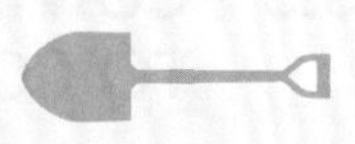

A contaminação por chumbo é uma forma grave e generalizada de poluição do solo. Exposições a longo prazo, mesmo a baixos níveis de chumbo, podem provocar delinquência juvenil e contribuir para a redução da capacidade mental e do rendimento acadêmico. No passado, a grande fonte de exposição originava-se da queima de combustíveis contendo chumbo. A quantidade de chumbo nos solos comumente aumenta à medida que as pessoas se aproximam de estradas e dos grandes centros urbanos. Nos Estados Unidos, os residentes de grandes cidades interioranas geralmente vivem cercados por solos contaminados por chumbo. Uma segunda razão para as altas concentrações de chumbo nos solos de áreas urbanas também se deve aos pigmentos à base desse metal usados em pintura de residências e edifícios antes da década de 1970. Lascas, flocos e poeiras oriundas das operações de lixação de paredes espalham o chumbo ao seu redor e, ao final, muito dele termina por se depositar no solo. Já durante as estações secas, as partículas do solo são mais facilmente desagregadas e espalhadas, formando poeiras que se assentam em pisos, frestas de janelas, folhagens e frutas.

Figura 15.12 Envenenamento por chumbo em crianças pequenas. (Foto: cortesia de R. Weil)

A respiração e a ingestão desses produtos contaminados por poeiras que contêm chumbo são duas importantes vias de exposição humana à contaminação por este metal (Figura 15.11). Entretanto, a via de maior exposição ao chumbo consiste no ato das crianças muito pequenas levarem a mão à boca – o que pode significar "comer terra" (consulte também o Quadro 1.1). Qualquer um que tenha observado crianças engatinhando sabe que suas mãos estão continuamente em suas bocas (Figura 15.12). Além disso, a poeira depositada dentro das casas também pode ser uma via de contaminação constante para elas, da mesma forma que os solos dos parquinhos. Por isso, a lavagem frequente das mãos das crianças pode significar uma expressiva redução da exposição a essa traiçoeira toxina. A U.S. EPA (Agência de Proteção Ambiental dos Estados Unidos, em português) definiu padrões para a limpeza de solos contaminados por chumbo ao redor de residências: 400 partes por milhão (ppm) de chumbo em solos de parquinhos ou, em média, 1.200 ppm para áreas ao redor deles. Os solos com níveis de chumbo acima desses índices precisam ser remediados.

As atuais medidas que visam proteger as crianças da contaminação por chumbo incluem: (1) escavação e remoção do solo, (2) diluição através da mistura com grande quantidade de solo não contaminado ou (3) estabilização do chumbo encontrado em locais fora do alcance das crianças, mas que possa alcançá-las através dos ventos formadores de poeiras. As áreas de solo contaminado podem ser pavimentadas ou recobertas por uma fina camada de solo não contaminado ou, ainda, por um tablado. E mais: gramados bem-cuidados também podem evitar grande parte da formação de poeiras e, consequentemente, a ingestão de solo.

Os íons ortofosfatos (PO_4^{3-}) reagem com o Pb da solução do solo e se precipitam na forma de minerais insolúveis, principalmente como piromorfita, que é rica em chumbo [$Pb_5(PO_4)_3OH,Cl,F$]. Solos altamente contaminados foram tratados com fósforo (em concentrações de 500 a 1.000 vezes maiores do que as recomendações normais de adubação). Depois de 32 meses, solos tratados com fósforo e solos não tratados foram usados como alimento para leitões (que possuem sistema digestivo similar ao dos humanos). Os níveis de chumbo no sangue dos porcos alimentados com o solo tratado com P foram bem menores (Figura 15.13). Esse fato sugere que, apesar de esse tratamento permitir que o chumbo permaneça no solo, ele pode reduzir substancialmente os riscos que provoca às crianças.

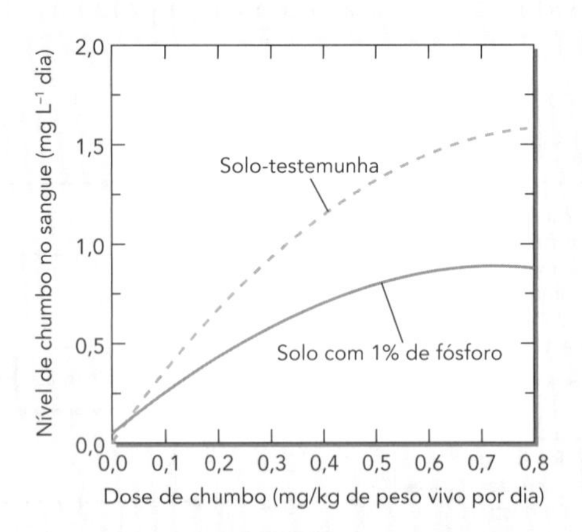

Figura 15.13 Adicionando 1% de P, reduziu-se a biodisponibilidade do chumbo do solo, como demonstrado pelos níveis mais baixos de chumbo no sangue de porcos alimentados com solo. (Adaptado de Ryan et al. [2004])

minados em países com leis ambientais fracas (especialmente aqueles com história de industrialização "suja", como a China) podem ameaçar a segurança dos alimentos consumidos nos países importadores de todo o mundo.

A ingestão direta de solo e de lodo de esgoto é também uma importante via de exposição humana e animal. Sendo assim, os animais não devem pastar forragens que receberam resíduos tratados de esgotos até que a chuva ou a irrigação tenham "lavado" a maior parte do lodo das folhas. Como vimos, as crianças podem comer solo ao brincarem, uma vez que o solo frequentemente se transforma na poeira existente em muitos lares. Por isso, a ingestão direta de solo e de poeira é particularmente danosa em relação à toxicidade por chumbo.

15.6 REAÇÕES DE CONTAMINANTES INORGÂNICOS NOS SOLOS

Metais pesados no lodo de esgoto

Os lodos de esgoto de origem doméstica e industrial, considerados como fontes de nutrientes no Capítulo 13, podem se transformar em importantes fontes de produtos químicos potencialmente tóxicos. Quase metade do lodo de esgoto municipal produzido nos Estados Unidos está sendo aplicado cada vez mais no solo, tanto em terras agricultuáveis como em solo degradado por mineração ou atividade industrial, visando sua recuperação. O lodo industrial geralmente contém quantidades significativas de produtos químico-orgânicos e inorgânicos que podem ocasionar sérios danos ambientais.

Instruções do Estado da Virginia, Estados Unidos para aplicação de lodo de esgoto nas terras: www.ext.vt.edu/pubs/compost/452-303/452-303.html

Lodo de esgoto – um caso de prudência: http://cwmi.css.cornell.edu/sewagesludge.htm

Os agricultores devem sempre se certificar de que os níveis de contaminantes inorgânicos presentes no lodo de esgoto não são altos o suficiente para apresentarem riscos de toxicidade às plantas (uma possibilidade, principalmente no caso do zinco e do cobre) ou ao homem e outros animais que consomem as plantas (fato importante a ser considerado no caso de Cd, Cr e Pb). Para os lodos domésticos com poucas quantidades de metais pesados, as aplicações, a níveis altos o suficiente para suprirem a demanda de nitrogênio das plantas, aparentam ser uma medida segura (Tabela 15.5).

As preocupações acerca da possibilidade de acúmulo de metais pesados em solos (resultante de aplicações de grandes quantias de lodo de esgoto) têm impulsionado as pesquisas sobre

Tabela 15.5 Absorção de metais pelo milho após 19 anos de adubação de um solo (*Typic Hapludolls*) do Estado de Minnesota, Estados Unidos, com lodo de esgoto doméstico estabilizado com calcário

Note que os metais demonstram um comportamento padrão de menor acúmulo nos grãos do que nas folhas e nos caules (palhada). O nível anual de aplicação de lodo foi em torno de 10,5 Mg e foi planejado com base na demanda de N pela cultura do milho. O lodo não contribui para o aumento do teor de metais nas plantas, exceto no caso do zinco (que teve sua concentração aumentada além da faixa normal para a cultura em questão).

	Zn	Cu	Cd	Pb	Ni	Cr
Níveis de metais contidos no lodo aplicado, kg/ha	175	135	1,2	49	4,9	1.045
Tratamento	**Absorção na palhada, mg/kg**					
Adubo mineral	18	8,4	0,16	0,9	0,7	0,9
Lodo de esgoto	46,5	7,0	0,18	0,8	0,6	1,4
	Absorção pelos grãos, mg/ha					
Adubo mineral	20	3,2	0,29	0,4	0,4	0,2
Lodo de esgoto	26	3,2	0,31	0,5	0,3	0,2

Dados resumidos de Dowdy et al. (1994).

o destino dessas substâncias químicas nos solos. Maior atenção tem sido dada ao zinco, cobre, níquel, cádmio e chumbo, elementos que frequentemente estão presentes em níveis significativos nesses lodos. Muitos estudos têm sugerido que, se apenas quantidades moderadas de lodo forem aplicadas e o solo em questão não for muito ácido (pH > 6,5), esses elementos geralmente se ligarão aos constituintes do solo; assim, não serão facilmente lixiviados nem estarão prontamente disponíveis às plantas. Somente para solos moderada a fortemente ácidos, existem vários estudos que demonstram o movimento significativo para baixo da camada em que foi aplicado através do perfil do solo. O controle da acidez do solo e a aplicação adequada de calcário têm sido recomendados como medidas de prevenção à lixiviação de contaminantes para o lençol freático e de minimização da absorção pelas plantas.

Formas encontradas em solos tratados com esgoto Uma pequena porção dos metais pesados contidos nos solos tratados com lodo de esgoto está na *forma solúvel* ou *trocável*, as quais estão disponíveis para serem absorvidas pelas plantas. Outra porção desses metais permanece fortemente retida pela *matéria orgânica* do solo e pelos *materiais orgânicos* do lodo. Altas proporções de cobre e cromo são frequentemente encontradas nessas formas, enquanto o chumbo não é tão fortemente retido. Os elementos organicamente complexados não estão logo disponíveis aos vegetais, apesar da possibilidade de serem liberados depois de certo período de tempo.

Os metais pesados no solo também podem estar associados a *carbonatos* e a *óxidos de ferro, alumínio e manganês*. Tais formas são menos disponíveis dos que as formas lábeis ou orgânicas, especialmente se a acidez do solo for controlada para permanecer a níveis não muito ácidos. As *formas residuais* remanescentes dos metais pesados estão na forma de sulfetos ou compostos insolúveis, menos disponíveis às plantas do que quaisquer outras formas.

A maioria dos metais pesados aplicados ao solo não são prontamente absorvidos pelas plantas e também não são facilmente lixiviáveis. Entretanto, tal imobilidade significa possível acumulação em solos que recebam repetidas aplicações de lodo. Deve-se tomar cuidado para não aplicar quantidades tão grandes de lodo que excedam à capacidade do solo em reagir com um determinado elemento poluente. É com esse intuito que uma série de regulamentações é criada para fixar limites máximos de concentração para cada metal (ver Tabela 15.6).

Tabela 15.6 Limites regulatórios para poluentes inorgânicos (metais pesados) em lodo de esgoto aplicados em terras agrícolas

			Carga de poluente cumulativa permitida, kg/ha		
Elemento	Concentração máxima no lodo (U.S. EPA[a]), mg/kg	Taxas anuais de aplicação do poluente (U.S. EPA[a]), kg/ha/ano	U.S. EPA[a]	Alemanha	Ontário (Canadá)
As	75	2,0	41	–	28
Cd	85	1,9	39	3,2	3,2
Cr	3000	150,0	3000	200	240
Cu	4300	75,0	1500	120	200
Hg	57	0,85	17	2	1,0
Mo	75	–	–	–	8
Ni	420	21	420	100	64
Pb	840	15	300	200	120
Se	100	5,0	100	–	3,2
Zn	7500	140	2800	400	440

[a] U.S. Environmental Protection Agency (Agência de Proteção Ambiental dos Estados Unidos, 1993.)

Outros poluentes inorgânicos

O **arsênico** tem se acumulado em alguns pomares cuja terra recebeu, durante anos, aplicações de pesticidas contendo esse elemento em suas fórmulas. Em sua forma aniônica (p. ex., $H_2AsO_4^-$), o elemento é absorvido (assim como os fosfatos) por hidróxidos de ferro e de alumínio, especialmente em solos ácidos. Apesar de a maioria dos solos possuir capacidade de reter os arsenatos, aplicações de arsênico durante longo tempo podem causar toxicidade às plantas mais sensíveis e às minhocas. Essa toxicidade pode ser reduzida através de aplicações de sulfatos de zinco, ferro e alumínio, os quais aprisionam o arsênio em formas insolúveis.

A presença de arsênico nos solos, águas subterrâneas e em poços d'água é uma preocupação mundial, mas que atinge principalmente países como Bangladesh, Índia, China, Chile e Eslováquia. Em Bangladesh, por exemplo, estima-se que mais de 20 milhões de um total de uma população de 126 milhões provavelmente está bebendo água contaminada com arsênico. Milhares sofrem de câncer de pele causado, entre outros fatores, pela toxicidade natural do arsênico. A água de poços nos Estados Unidos é, geralmente, confiável; entretanto, sabe-se que a quantidade de arsênico em alguns poços excede os níveis máximos de contaminação (NMC), os quais agora estão se tornando mais rígidos.

Arsênico na água potável – regras da United States Environmental Protection Agency (USEPA): www.epa.gov/safewater/arsenic/index.html/

O arsênico é encontrado como constituinte menor em diversos minerais (especialmente nos sulfetos). Durante suas transformações no solo, o elemento pode se encontrar em duas formas principais, como arsenito [AsO_3^{3-}, ou o trivalente As(III)] e como arsenato (AsO_4^{3-}, ou o pentavalente As(V)]. As duas formas são sorvidas por óxidos e hidróxidos de ferro, mas o As(V) é geralmente sorvido com mais força, especialmente em solos ácidos. Consequentemente, os arsenitos [As(III))] são, em geral, mais móveis e se movem com mais facilidade para as águas subterrâneas – fonte de água potável em muitas partes do mundo. Por essa razão, condições do solo que tendem à umidade e à redução são evitadas a fim de minimizar a dissolução e o movimento da maior parte das formas tóxicas de arsênico.

Os pesquisadores estão desenvolvendo métodos para a remediação de águas contaminadas por arsênico. Por exemplo, estão tentando usar óxidos e hidróxidos de ferro como agentes adsorventes de arsênico presente em águas potáveis. Além disso, descobriram que certas plantas são *hiperacumuladoras* de arsênico.

O **chumbo** contamina os solos principalmente através da descarga de gases de veículos e de antigas superfícies cobertas com tintas à base desse elemento (lascas e poeiras de pinturas provenientes de trabalhos com madeira). A maioria do chumbo é fixada no solo, tanto sob a forma de carbonatos e sulfatos de baixa solubilidade como de óxidos de ferro, alumínio e manganês. Consequentemente, o chumbo permanece nessa forma indisponível às plantas, não sendo também lixiviado para águas subterrâneas. Entretanto, pode ainda ser adsorvido pelas crianças que entram em contato com o solo contaminado quando levam à boca as mãos sujas de terra (Quadro 15.2).

O **boro** pode contaminar o solo através das seguintes atividades: irrigação com água na qual esse elemento está presente, aplicações excessivas de adubos minerais ou o uso de escórias de usinas siderúrgicas para a calagem do solo. Esse elemento também pode ser adsorvido pela matéria orgânica e por argilas, mas ainda assim permanece disponível às plantas, exceto em solos com elevado pH. Por ser um elemento relativamente solúvel em solos, as quantidades tóxicas são passíveis de serem lixiviadas, especialmente em solos arenosos e ácidos. A toxicidade por boro nas plantas é comumente um problema localizado e de menor importância do que a sua deficiência nos vegetais.

A toxicidade do **flúor**, de modo geral, também é localizada. A água potável oferecida aos animais, bem como os vapores de flúor oriundos de processos industriais, às vezes contêm quantidades tóxicas dele. Os vapores podem ser inalados diretamente pelos animais ou depositados junto às plantas. Se os fluoretos estiverem adsorvidos às partículas do solo, sua absorção pelas plantas será restrita. Os fluoretos formados nos solos são altamente insolúveis, e a solubilidade é menor se o solo estiver recebendo constantes calagens.

O **mercúrio** é liberado principalmente durante a queima de carvão mineral em usinas termoelétricas. Ao contaminar leitos de lagos e áreas pantanosas, o resultado é a presença de mercúrio em níveis bastante tóxicos para certas espécies de peixes. Suas formas insolúvcis nos solos, normalmente não disponíveis às plantas ou aos animais, são convertidas pelos micro-organismos para a sua principal forma orgânica, o metilmercúrio, a qual é mais solúvel e suscetível de ser absorvida por plantas e animais. O metilmercúrio se concentra em tecidos gordurosos de animais à medida que vai participando da cadeia alimentar, até se acumular em alguns peixes em níveis tais que podem ser tóxicos ao homem. Essas etapas de transformações ilustram como as reações que ocorrem nos solos influenciam as intoxicações dos seres humanos.

O **cromo**, em quantidades-traço, é essencial para a manutenção da vida humana, mas, assim como o arsênico, é um cancerígeno quando absorvido em doses maiores do que as necessárias ao organismo. O cromo é amplamente utilizado em aços, ligas metálicas e pigmentos de tintas. Ele se encontra em dois principais estados oxidados no solo: a forma trivalente [Cr(III]) e hexavalente [Cr(VI)]. Em contraste com a maioria dos metais, seu estado mais oxidado [Cr(VI)] é o mais solúvel, e sua solubilidade aumenta em valores de pH acima de 5,5. Esse comportamento é oposto ao do Cr(III), que forma óxidos e hidróxidos insolúveis acima desse mesmo nível de pH.

Para remediar solos e águas contaminados pelo Cr(VI), é útil provocar a redução do cromo para Cr(III) (consulte também a Seção 7.5). Esse processo de redução é promovido por condições anaeróbicas (em solos alagados, com abundância de material orgânico em decomposição, promovendo uma alta demanda bioquímica de oxigênio, DBO). A matéria orgânica atua como doadora de elétrons e, portanto, permite a redução do Cr(VI) para sua forma trivalente, Cr(III). Se o pH for mantido acima de 5,5, o cromo em seu estado reduzido permanecerá relativamente estável, imóvel e não tóxico.

O **selênio**, que deriva principalmente de alguns materiais de origem dos solos, pode se acumular no próprio solo ou nas plantas em níveis tóxicos, especialmente em regiões áridas.

O selênio é encontrado na natureza em quatro principais formas sólidas e em muitas formas voláteis. As formas específicas com que este elemento se apresenta determinam seu grau de toxicidade muito mais do que a sua quantidade total no solo. As relações entre essas formas podem ser vistas nas reações a seguir, que ilustram a transformação microbiana das formas solúveis e altamente oxidadas dos selenatos para as reduzidas e menos solúveis:

$$\underset{\substack{\text{[Se(VI)]}\\ \text{Selenato}}}{SeO_4^{2-}} \rightleftharpoons \underset{\substack{\text{[Se(IV)]}\\ \text{Selenito}}}{SeO_3^{2-}} \rightleftharpoons \underset{\substack{\text{[Se(0)]}\\ \text{Selênio}\\ \text{elementar}}}{Se} \rightleftharpoons \underset{\substack{\text{[Se(-II)]}\\ \text{Selenido}}}{Se^{2-}} \rightleftharpoons \underset{\substack{\text{[Se(-II) orgânico]}\\ \text{Dimetil}\\ \text{selenido}}}{(CH_3)_2Se} \qquad (15.2)$$

Os selenatos são mais solúveis e se destacam em solos bem-aerados, especialmente se o pH for elevado (acima de 7). Eles aparentam ser responsáveis pela maior parte das toxicidades ambientais por selênio. Os selenitos frequentemente predominam em condições de solos ácidos (pH entre 4,5 e 6,5), em condição de má drenagem, mas permanecem somente sob formas de baixa solubilidade, uma vez que estão fortemente adsorvidos aos óxidos de ferro. No caso de serem adicionados aos solos para reduzir a deficiência do elemento, tais formas não induzirão efeitos tóxicos.

O selênio elementar e as selenidas são bastante insolúveis e se acumulam em sedimentos de várzeas na forma de compostos orgânicos de Se. Algumas plantas, associadas a fungos e bactérias, absorvem tanto as formas orgânicas quanto as inorgânicas de selênio, produzindo compostos voláteis orgânicos – como a dimetil selenida e a dimetil disselenida – que podem ser liberados para a atmosfera; esses são compostos relativamente não tóxicos. Como explicado no Quadro 15.3, essas reações são aproveitadas no intuito de permitir que a **biorremediação** remova os níveis tóxicos de selênio solúvel dos solos e da água.

15.7 PREVENÇÃO E ELIMINAÇÃO DE CONTAMINAÇÃO POR COMPOSTOS QUÍMICO-INORGÂNICOS

Três métodos principais para mitigar a contaminação de solos afetados por compostos químico-inorgânicos são: (1) a eliminação ou a drástica redução da aplicação de toxinas no solo; (2) imobilização da toxina através de práticas de manejo do solo que evitem que esses poluentes contaminem os alimentos ou a água; e, (3) no caso de contaminação grave, remoção da toxina através de remediação química, física ou biológica.

O primeiro método requer ações que reduzam as contaminações atmosféricas não intencionais de gases emanados de indústrias e do escapamento de moto e veículos. Aqueles indivíduos que têm o poder de decisão devem reconhecer o solo como um importante recurso natural que pode ser seriamente danificado se a contaminação por adições de toxinas inorgânicas não for reduzida. Além disso, devem haver imposições judiciais para a redução de tais toxinas encontradas em pesticidas, adubos, águas para irrigação e dejetos sólidos.

O manejo do solo pode ajudar a reduzir a continuidade do ciclo de tais poluentes inorgânicos. Isso é feito principalmente ao se manter os poluentes no solo, em vez de disponibilizá-

QUADRO 15.3

Selênio: sorvido e vaporizado

As águas para irrigação carregam basicamente duas formas solúveis de Se: os selenatos [Se(VI)O_4^{2-}] e os selenitos [Se(IV)O_3^{2-}]. Logo que o selênio penetra no solo, parte dele é rapidamente reduzida para uma forma do Se bastante insolúvel (Se^0), não disponível e não tóxica às plantas. As demais transformações ocorrem conforme essas formas solúveis se locomovem para baixo no solo (Figura 15.14). Condições redutoras favorecem a formação de selenitos, os quais tendem a ser fortemente sorvidos pelos óxidos de ferro. Condições redutoras subsequentes, induzidas pelos micro-organismos, levam à formação não somente de Se elementar [Se^0] mas também de selenitos [Se^{2-}], sendo que estas duas formas são bastante insolúveis. Assim, as condições redutoras facilitam a formação das formas insolúveis, decrescendo, como consequência, a disponibilidade e a toxicidade do Se presente no solo.

À medida que micro-organismos e plantas metabolizam o selênio, este é assimilado em suas formas orgânicas como aminoácidos e proteínas de selênio, as quais também apresentam baixíssima solubilidade. Certas espécies vegetais, como arroz e membros da família das brássicas (em geral associadas a fungos e bactérias do solo), são capazes de metabolizar os grupos metílicos (metilação), transformando-os em compostos orgânicos de Se, e formando, portanto, gases voláteis como o dimetil selenido (DMSe). O DMSe é 700 vezes menos tóxico do que os selenatos e pode ser dispersado para a atmosfera sem causar qualquer dano ambiental. O processo parece ocorrer melhor em solos úmidos, porém, não alagados, com materiais orgânicos suficientes para prover a energia metabólica para essas reações. Para conseguir a continuidade da produção de culturas irrigadas, sem riscos de danos ao ambiente, os pesquisadores da ciência do solo estão trabalhando para o melhor entendimento das duas vias para a desintoxicação do selênio: o processo que transforma o selênio em formas insolúveis e o que o libera para a atmosfera.

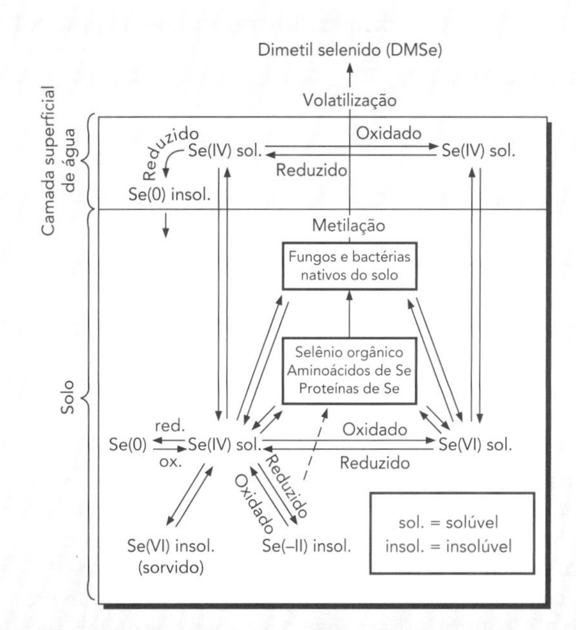

Figura 15.14 Transformação do selênio em solos de terras úmidas.

-los aos vegetais. Desta forma, o solo se torna um sumidouro para essas toxinas quando o ciclo solo-planta-animal (humanos incluídos) se interrompe, ao contrário do que acontece quando as plantas os absorvem. Assim, o solo quebra o ciclo ao imobilizar as toxinas e, portanto, não permite que as toxinas fiquem livres para agirem. Por exemplo, a maioria desses elementos químicos é convertida às formas menos móveis e disponíveis se o pH for mantido próximo da neutralidade ou acima (Figura 15.15). A calagem de solos ácidos reduz a mobilidade do metal; dessa forma, muitas regulamentações requerem que o pH de terras que recebem lodo de esgoto deva ser mantido em valores próximos a 6,5 ou mais.

A drenagem de solos saturados com água deveria ser benéfica porque a oxidação de diversas formas bastante tóxicas são geralmente menos disponíveis à absorção vegetal e menos solúveis. Entretanto, para o cromo, o contrário é verdadeiro. Sua forma oxidada Cr(VI) é móvel e altamente tóxica ao homem.

Aplicações de grande quantidade de fosfatos reduzem a disponibilidade de alguns cátions metálicos (Quadro 15.2). Porém, podem provocar efeito oposto quando se trata de arsênico, o qual se encontra na forma aniônica. Além disso, a lixiviação pode ser efetiva na remoção de excesso de boro, embora a movimentação da toxina do solo para a água possa não apresentar benefícios reais.

Deve-se tomar cuidado na escolha das espécies vegetais que crescerão em solos contaminados. Geralmente, as plantas têm capacidade de translocar maiores quantidades de metal para suas folhas do que para suas sementes ou frutos. O maior risco de contaminação da cadeia alimentar por metais é, portanto, por meio de vegetais folhosos, como espinafre e alface, ou por culturas forrageiras consumidas pelo gado.

Biorremediação de metais por plantas hiperacumuladoras

Certas plantas capazes de se desenvolverem em solos naturalmente ricos em metais pesados acabam acumulando grande quantidade desses metais sem sofrerem os efeitos de sua toxicidade. Foram identificadas algumas plantas capazes de acumular mais do que 20.000 mg/kg de níquel, 40.000 mg/kg de zinco e 1.000 mg/kg de cádmio. Mesmo que tais plantas **hiperacumuladoras** representem sérios riscos se ingeridas por animais ou pessoas, na verdade elas podem se tornar uma nova alternativa para a biorremediação de solos contaminados por metais.

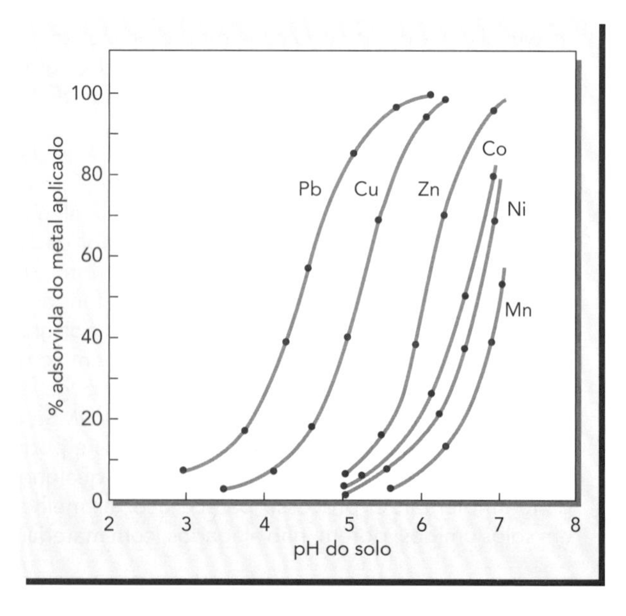

Figura 15.15 O efeito do pH na adsorção de seis metais pesados. Os metais foram adsorvidos por partículas de goethita (um mineral da argila do grupo dos óxidos de ferro) do tamanho de argilas que revestem muitas das partículas dos solos. Quando o pH do solo é mantido próximo a 7 (neutro), espera-se que a sorção dos metais seja diminuída e que a concentração da maioria seja minimizada na solução do solo – especialmente no caso do cobre e do chumbo. (Adaptado de Basta et al. [2005])

Se forem selecionados genótipos dessas espécies suficientemente resistentes, será possível utilizá-los para a remoção de metais de solos contaminados. Por exemplo, diversas plantas pertencentes ao gênero *Thlaspi* têm sido cultivadas em solos afetados por gases de fundições, os quais se encontram tão contaminados que são praticamente estéreis. As plantas do gênero *Thlaspi* desenvolvidas em tais condições acumulam em média 40.000 mg/kg (cerca de 4%) de zinco em seus tecidos e podem ser colhidas, a fim de que boa parte dos metais do solo seja removida. Os tecidos vegetais desta espécie estão tão concentrados que poderiam ser usados como "minério" para novas fundições do metal. Essa e outras tecnologias de biorremediação para metais (como a biorredução do cromo e do selênio, discutida anteriormente) prometem ser promissoras para a limpeza dos solos extremamente contaminados e sem o emprego das dispendiosas escavações destrutivas ou lavagens do solo.

Uma combinação de quelatos com fitorremediação tem sido utilizada para a remoção de chumbo de solos contaminados, um elemento pouco disponível às plantas, porque se encontra fortemente ligado às partículas minerais e orgânicas do solo. Os quelatos solubilizam o chumbo, e plantas, como a mostarda indiana, podem ser cultivadas para removê-lo.

15.8 ATERROS DE RESÍDUOS

Uma visita a um aterro de resíduos convence qualquer um de como as sociedades modernas desperdiçam os alimentos e demais produtos que consomem. A população dos Estados Unidos gera, por ano, em torno de 300 milhões de Mg de dejetos municipais. A maioria (cerca de 70%) desses dejetos são materiais orgânicos, principalmente papel, papelões e restos de gramas e folhas, originárias de podas de jardins. Os demais 30% consistem, principalmente, em materiais não degradáveis, como vidros, metais e plásticos. Atualmente, apesar dos incentivos para a reciclagem, a grande maioria desses materiais é enterrada no solo.

Dois modelos de aterro de resíduos

Embora os aterros sejam projetados conforme as peculiaridades tanto do local como dos dejetos, podem-se distinguir dois tipos básicos de aterros de resíduos: (1) aterros sanitários (de atenuação natural ou não controlados) e (2) aterros controlados. Discutiremos brevemente as principais características de cada um.

Aterros sanitários

Os aterros sanitários são feitos especialmente para receber dejetos urbanos, os quais devem ser tratados de modo que não se tornem um risco à saúde humana. Esse tratamento acontece de forma sanitária, isto é, protegendo os dejetos da presença de animais e da dispersão de suas partículas pelo vento, e, por fim, cobrindo-o com terra – de modo a permitir que sejam vegetados e a área possa, no futuro, ter outros usos. Embora o aterro seja projetado para evitar a infiltração de líquidos, alguma água da chuva pode percolar através dos dejetos e atingir o lençol freático. Processos naturais desse tipo dependem da atenuação do líquido lixiviado – ou chorume –, antes que possa atingir as águas subterrâneas. O solo desempenha um papel central de atenuador natural, por meio de processos físicos de filtragem, adsorção, biodegradação e precipitação química (Tabela 15.7).

Vazamentos em aterros de resíduos (United States Geological Survey): http://pubs.usgs.gov/fs/fs-040-03/

Requisitos do solo A escolha de um local que apresente um solo com características adequadas é essencial para a instalação de um aterro sanitário. Ao menos 1,5 m de material de solo deve existir entre a base do aterro e o nível mais alto do lençol freático. Essa camada deve ser parcialmente permeável. Se muito permeável (solo arenoso, cascalhento ou muito bem estruturado), irá deixar o chorume passar através dele tão rapidamente que a atenuação dos contaminantes será pouco expressiva. O solo deve ter capacidade de troca de cátions suficiente para adsorver NH_4^+, K^+, Na^+, Cd^{2+}, Ni^{2+} e também outros cátions metálicos que os

Tabela 15.7 Alguns contaminantes orgânicos e inorgânicos em chorumes não tratados, procedentes de aterros sanitários municipais

Faixas de concentrações, fontes típicas de contaminantes e alguns mecanismos de atenuação desempenhados pelo solo são mostrados abaixo. Os valores demonstram a grande variação dos chorumes dos aterros.

Substância química	Concentração, μg/L	Fontes mais comuns	Mecanismos de atenuação
		Orgânicos	
Matéria orgânica dissolvida e demanda bioquímica de oxigênio (DBO)	140.000–150.000.000	Restos de poda de jardim, papel e lixo	Degradação biológica
Benzeno	0,2–1.630	Adesivos, desodorantes, limpadores de fogão, solventes, diluidores de tinta e medicamentos	Filtração, biodegradação e metanogênese
Trans 1,2-dicloroetano	1,6–6.500	Adesivos e desengraxantes	Biodegradação e diluição
Tolueno	1–12.300	Colas, faixas e panos de limpeza de tintas, adesivos, tintas, xampu anticaspa e produtos de limpeza de carburador	Biodegradação e diluição
Xileno	0,8–3.500	Aditivos de petróleo e combustíveis, tintas e produtos de limpeza de carburadores	Biodegradação e diluição
		Metais	
Níquel	15–1.300	Baterias elétricas, eletrodos e velas de ignição	Adsorção e precipitação
Cromo	20–1.500	Produtos de limpeza, de pintura, linóleo e baterias elétricas	Precipitação, adsorção e trocas iônicas
Cádmio	0,1–40	Tintas, baterias elétricas e plásticos	Precipitação e adsorção

Variações na concentração de chorumes obtidas de uma revisão de centenas de aterros sanitários construídos desde 1965. (Fonte: Kjeldsen et al. [2002])

dejetos depositados possam liberar. Além disso, o solo deve adsorver e reter os contaminantes orgânicos durante um período de tempo, de modo que permita a degradação microbiana em quantidade expressiva. Por outro lado, se o solo for muito impermeável, os lixiviados serão acumulados, inundando o aterro e escoando lateralmente.

Cobertura diária e final com solo O local de um aterro sanitário deve também fornecer materiais de solo adequado para as coberturas que são feitas diariamente e ao final da deposição dos resíduos. Ao fim de cada dia de trabalho, os dejetos precisam ser cobertos por uma camada de material de solo relativamente impermeável. A cobertura que completa um aterro é muito mais espessa do que as coberturas diárias e consiste em camadas de baixa permeabilidade, de 60 a 100 cm de espessura de material argiloso, projetada para evitar a percolação de água para dentro do aterro. Essa camada impermeável de argila compactada é geralmente recoberta por outra camada de areia grossa e fina, com espessura entre 30 e 45 cm. Essa camada de areia é projetada para permitir a drenagem lateral da água do aterro para uma área coletora. No topo dessa camada arenosa, outra fina camada de solo superficial franco-argiloso é adicionada. Essa cobertura moderadamente permeável é feita para suportar uma vigorosa cobertura vegetal, que irá evitar a erosão e utilizar a água acumulada por evapotranspiração. Todo o sistema é projetado para diminuir a quantidade de água percolada através dos dejetos, evitando que a quantidade de chorume contaminado não altere a capacidade de depuração do solo e nem atinja e contamine o solo entre a base do aterro e o nível freático (Prancha 64).

Aterros controlados

O segundo tipo de aterro de resíduos é muito mais complexo e dispendioso; porém, sua construção e funcionalidade dependem menos do tipo de solo do que do local onde será instalado. O projeto é destinado a conter, bombear e tratar todos os lixiviados (chorumes) do aterro, antes que alcancem as águas subterrâneas – em vez de depender de processos do próprio solo para limpá-los e evitar que os poluentes alcancem o lençol freático. Para que a contenção seja efetiva, uma ou mais forrações impermeáveis são dispostas na base e ao redor do aterro. Geralmente elas são feitas de argilas expansivas (como a bentonita), que se expandem quando úmidas, tornando-se bastante impermeáveis. Plásticos e geomembranas também são usados para revestir o aterro. Essas membranas são cobertas com um tecido maleável e sintético (geotecidos) e, por sua vez, recobertas com uma fina camada de cascalho ou de areia para protegê-la de eventuais perfurações. Um sistema de canos encaixados e bombas é instalado para coletar todo o chorume gerado na base do aterro (Figura 15.16, *à esquerda*). O chorume coletado pode então ser tratado tanto no local do aterro como fora dele. A principal preocupação, relacionada ao solo dessa modalidade de aterro, está na necessidade de existirem fontes sustentáveis de cascalho e areia, de solo para a cobertura diária, de material argiloso para a cobertura final, assim como de material retirado da camada superficial de um solo para preservar a vegetação protetora.

Impacto ambiental dos aterros

Hoje, nos Estados Unidos, as regulamentações exigem que certos dejetos sejam enterrados em aterros sanitários, criteriosamente localizados e planejados. Como consequência, o número de locais destinados a aterros sanitários nesse país foi reduzido de 16.000, em 1970, para

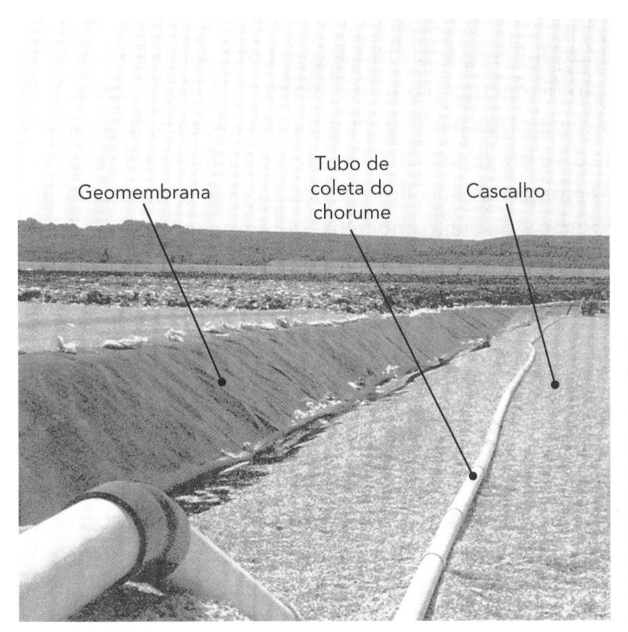

Figura 15.16 Sistemas engenhados para a coleta do lixiviado (chorume) e das emissões de gás em um aterro controlado. *À esquerda*: uma forração efetuada com uma geomembrana preta, parcialmente coberta com uma camada de cascalho branco e por um cano de coleta de chorume, que foram instalados em um novo compartimento do aterro. Os pequenos montes ao fundo são compartimentos já terminados do aterro, recobertos com a última camada de terra e vegetados. O chorume será transportado pelo tubos até as estações de tratamento. *À direita*: canos enterrados coletam os gases gerados pelo aterro (uma mistura, principalmente, de metano e dióxido de carbono), derivados da decomposição anaeróbica de todo um compartimento do aterro. O metano é usado como combustível em turbinas de geração de energia elétrica, a qual é utilizada nas operações de disposição dos dejetos ou vendida à rede elétrica local. (Fotos: cortesia de R. Weil)

pouco menos que 1.700, em 2006. A maioria dos aterros hoje restantes são bem grandes e comportam sistemas de tecnologia avançada. Uma grande preocupação em relação aos aterros é o seu potencial de poluição das águas pela percolação da água da chuva através dos dejetos, dissolvendo e carregando todo o tipo de material orgânico e inorgânico contaminante (Tabela 15.6). Além da grande demanda química de oxigênio, necessária para a degradação dos compostos orgânicos dissolvidos, muitos dos contaminantes do efluente lixiviado (chorume) são altamente tóxicos e, por isso, criam uma série de problemas de poluição ao alcançarem as águas subterrâneas abaixo do aterro.

Além disso, para maximizar a eficiência do uso dos recursos disponíveis e prevenir determinados problemas advindos do manejo de um aterro, alguns componentes orgânicos dos dejetos (em geral papel, restos de poda de jardins e de comida) devem ser compostados, gerando adubos para o solo, em vez de serem aterrados. Primeiro porque, quando esses materiais se decompõem em um aterro sanitário, eles perdem volume, podendo, assim, provocar a subsidência da superfície aterrada. Tal instabilidade física limita bastante a possibilidade de o aterro, após seu fechamento, ser usado para outros fins.

Problemas de gases em apartamentos construídos em um antigo aterro sanitário: www.eti-geochemistry.com/walnut/index.html

Em segundo lugar, a decomposição dos dejetos orgânicos evita a produção de produtos líquidos e gasosos indesejáveis. Em poucas semanas, a decomposição consome o oxigênio disponível no aterro, vindo a dominar os processos metabólicos anaeróbicos que transformam a celulose dos papéis em ácidos butíricos, propiônicos e outros ácidos orgânicos voláteis, bem como em hidrogênio e dióxido de carbono. Após um mês ou pouco mais, a produção de metano pelas bactérias se torna dominante; por isso, durante vários anos (ou mesmo décadas), será gerada uma mistura de gases com cerca de um terço da composição representada por dióxido de carbono, e o restante (dois terços), por metano (conhecido como o *gás do aterro*).

U.S. Environmental Protection Agency division of radiation: www.epa.gov/radiation/

A produção de gás metano pela decomposição anaeróbica de dejetos orgânicos pode causar um sério risco de explosão se o gás metano não for coletado e possivelmente queimado para a geração de energia (consulte a Figura 15.16, *à direita*). Em locais onde o solo é bem permeável, o gás pode se difundir para porões de residências situadas a centenas de metros distante do aterro. Um elevado número de explosões fatais tem ocorrido nos Estados Unidos em decorrência desse processo. A decomposição anaeróbica nos aterros também emite outros gases de efeitos nocivos, porém menos conhecidos.

15.9 O GÁS RADÔNIO DOS SOLOS[3]

Riscos à saúde

O solo é a fonte principal do gás radioativo de **radônio**, inodoro, incolor e insípido, o qual, como já comprovado, é um causador de câncer do pulmão. Embora os aterros que contêm dejetos radioativos sejam fontes do gás radônio em elevadas concentrações, a maior parte das preocupações relativas a essa substância potencialmente tóxica relaciona-se com este gás ocorrendo naturalmente em solos. Portanto, o radônio não é considerado um poluente do solo, já que não foi a ele introduzido por atividades antrópicas. Contudo, esse gás pode se tornar a causa de sérios problemas ambientais quando se move do solo e se acumula dentro de edificações humanas. Mortes provocadas pela respiração de radônio são estimadas em cerca de 20.000 por ano nos Estados Unidos, valor em torno de 10 a 50 vezes maior do que os óbitos causados por consumo de água poluída nesse país. Esse gás pode ser o fator causador maior em 10% dos casos de câncer de pulmão.

[3] Para uma discussão abrangente sobre os perigos do radônio em ambientes fechados e como você pode se proteger dele, consulte U.S. EPA (2005). Para uma revisão do radônio em solos e materiais geológicos com ênfase no mapeamento de áreas onde o radônio apresenta perigos, consulte Appleton (2007).

Um agravante para a saúde é que, dentro dos sistemas de coleta de gás, o radônio pode se transformar em seu isótopo radioativo, o polônio, que é sólido e tende a se aderir às partículas de poeiras. A principal preocupação reside na acumulação do radônio em residências, escolas e escritórios onde as pessoas respiram o ar que circula por porões e andares térreos durante longos períodos.

Acumulação de radônio em edificações

Fatores geológicos O radônio se origina do urânio (^{238}U) encontrado nos minerais, sorvidos aos coloides do solo ou dissolvidos nas águas subterrâneas. Durante bilhões de anos, o urânio passa pelo processo de decaimento radioativo, formando o rádio, o qual por sua vez decai ao longo de milhares de anos, transformando-se em radônio. Tanto o urânio como o rádio são sólidos. Entretanto, o radônio é um gás e pode se difundir através de fendas e poros das rochas ou de seus regolitos, até emergir na atmosfera. Solos e rochas com altos teores de urânio tenderão a produzir grandes quantidades de gás radônio. Os solos formados por algumas rochas altamente metaformizadas e por sedimentos marinhos, calcários siltitos e folhelhos betuminosos tendem a ter o mais alto potencial para a produção desse gás. Contudo, casas perto dessas rochas e de solos formados a partir delas podem diferir notadamente quanto à concentração de radônio (Figura 15.17), conforme variações das propriedades do solo e/ou da construção das casas.

Geologia do radônio e seu risco potencial em ambientes fechados: http://energy.cr.usgs.gov/radon/georadon/4.html

Propriedades do solo Para se tornar perigoso, o radônio deve percorrer da sua fonte – o solo ou a rocha subjacente – para as camadas mais superficiais e, finalmente, atingir uma construção conexa, onde poderá se acumular em concentrações danosas à saúde. O trajeto tem que ser rapidamente percorrido, pois a meia-vida deste elemento é de apenas 3,8 dias. Dentro de várias semanas, o radônio decai completamente, transformando-se em polônio, chumbo e bismuto, sólidos radioativos que duram apenas alguns minutos. Quantidades significativas de radônio poderão atingir ou não as fundações de construções, dependendo de dois fatores principais: (1) a distância da fonte e (2) a permeabilidade do solo do qual o elemento é emanado. Como o radônio é um gás inerte, o solo não reage com ele, mas atua como um canal condutor pelo qual o gás se movimenta.

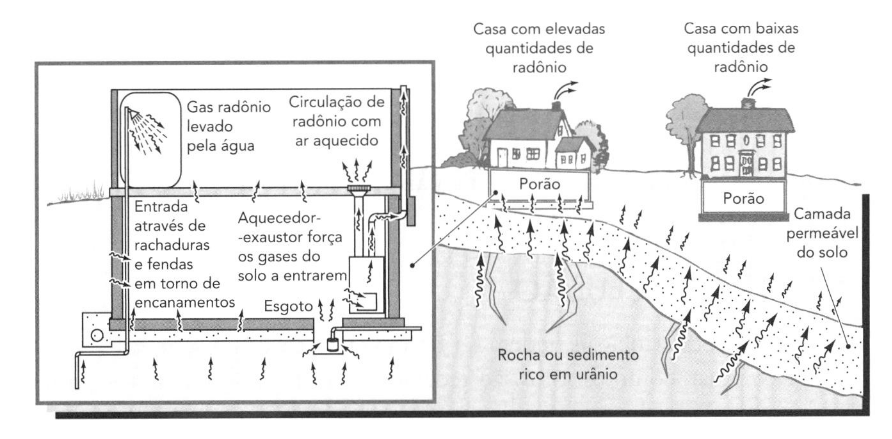

Figura 15.17 O solo abaixo das residências desempenha um importante papel na movimentação do radônio, desde sua fonte (nas rochas e minerais do solo) até o ar do interior das casas. Camadas de solo de textura grosseira, permeáveis e secas, permitem uma difusão mais rápida do gás, ao contrário dos solos de textura mais fina. Se os solos sob as casas forem relativamente impermeáveis, o movimento do gás será tão lento que todo o radônio emitido decairá antes mesmo de atingir suas fundações. Mas, ao chegarem às fundações, o radônio pode entrar através de uma série de aberturas, como rachaduras em blocos, junções entre paredes e pisos de concreto e buracos da tubulação. (Diagramas: cortesia de R. Weil)

Como explicado nas Seções 7.1 e 7.2, os gases se movem no solo por processos de difusão e de fluxo de massa (convecção). A taxa de difusão do radônio no solo depende da porosidade total do solo e do seu grau de aeração. O gás radônio se difunde através dos poros do solo preenchidos por ar, cerca de 10.000 vezes mais rápido do que pelos poros preenchidos com água. Seu movimento é mais rápido em solos arenosos ou cascalhentos que tendem a reter pouca água. Por conseguinte, as maiores concentrações de radônio já detectadas foram no interior de casas cujas fundações estavam assentadas sobre uma delgada camada de solo cascalhento que se assentava diretamente sobre rochas ricas em urânio. No extremo oposto, uma camada espessa, argilosa e úmida proporcionará uma excelente barreira contra a difusão do gás radônio. Correntes de ar convectivas, basicamente estimuladas pela penetração da água da chuva no solo e por mudanças na pressão da atmosfera, também podem exercer importantes papéis no movimento do radônio durante as tempestades.

Testando e remediando o radônio

Testes Uma vez que os altos níveis de ocorrência de radônio não podem ser precisamente preditos, a única forma segura de detectar o seu risco é através de teste qualitativo de sua presença. Geralmente os testes são conduzidos em duas etapas. A primeira consiste no uso de uma vasilha preenchida com carvão ativado, disposta na área de teste e deixada aberta para absorver o radônio durante determinado período de tempo (normalmente 3 dias). Se as medições apontarem valores acima de 4 piCi/L (148 Bq/m^3), a divisão responsável da U.S. EPA (Agência de proteção ambiental dos Estados Unidos) recomenda que os testes prossigam por mais tempo, com o uso de detector mais dispendioso de radiação alfa durante 3 a 12 meses. Se os testes a longo prazo também apontarem níveis acima de 4 piCi/L, devem ser realizadas modificações no projeto da construção para permitir a redução do acúmulo de radônio em seu interior.

Remediação Conforme os níveis de radônio e as condições da construção, as modificações podem ser simples, como calafetação de fendas no chão e em paredes e ao redor de entradas de encanamentos. A remediação de altos teores de radônio talvez necessite de alterações ainda mais drásticas. A ventilação dos cômodos com ar limpo, externo, pode prevenir o acúmulo não saudável do gás radônio nas construções; porém, a ventilação subterrânea é uma solução mais eficiente do ponto de vista de gasto energético. Nessa técnica, tubos perfurados são instalados em uma camada de pedra britada colocada abaixo da fundação, onde o ar é forçado a entrar por intermédio de um ventilador ou maquinário através de fluxos convectivos de uma chaminé especial. Dessa forma, o gás advindo do solo é interceptado e redirecionado para a atmosfera antes de entrar na construção. A instalação de um sistema subterrâneo de ventilação é mais viável economicamente se projetada no início da construção do que se adicionada a prédios já construídos, o que é agora mais comum em muitas áreas de solos com altas concentrações de urânio.

15.10 CONCLUSÃO

Três conclusões principais podem ser tiradas em relação aos solos e à qualidade ambiental. Em primeiro lugar, como os solos são recursos valiosos, devem ser protegidos da contaminação ambiental, especialmente dos danos irreversíveis. Em segundo lugar, devido à sua grande e notável capacidade em absorver, reter e decompor materiais que lhe são adicionados, os solos oferecem mecanismos intrínsecos promissores em relação à disposição e ao reaproveitamento dos contaminantes, que, se descartados de outras formas, podem causar poluição ambiental. Em terceiro lugar, os contaminantes e seus produtos de degradação podem ser tóxicos ao homem e a outros animais, se for ingerido, ou, através da movimentação do solo, para as plantas, a microbiota, o ar e, especialmente, para os suprimentos de água.

Para adquirirmos uma melhor compreensão sobre como os solos devem ser utilizados e mesmo assim protegidos contra a contaminação por dejetos, os estudiosos do solo vêm dedicando boa parte de suas pesquisas aos problemas de contaminação ambiental. Além disso, os pesquisadores têm muito a contribuir para demais grupos de pesquisa que se proponham a desenvolver técnicas de descontaminação ambiental. Algumas das tecnologias mais promissoras situam-se no campo da biorremediação, na qual são adotadas um conjunto de medidas que estimula a atividade dos processos biológicos do solo como agente de sua própria limpeza. O mapeamento e a classificação dos solos (abordados nos Capítulos 2 e 3) são ferramentas essenciais para a escolha de solos que podem ser usados com segurança para depuração ou deposição de materiais perigosos.

QUESTÕES PARA ESTUDO

1. Que práticas agrícolas contribuem para a poluição do solo e da água, e que medidas devem ser tomadas para reduzir ou eliminar essa poluição?
2. Discorra sobre que tipos de reações ocorrem quando pesticidas são adicionados aos solos e indique o que podemos fazer para favorecer ou impedir que tais reações ocorram.
3. Discorra sobre os problemas ambientais associados com o descarte de grandes quantidades de lodo de esgoto em terras agrícolas e indique como esses problemas podem ser minorados.
4. O que é *biorremediação*, e quais as suas vantagens e desvantagens quando comparada com métodos físicos e químicos de manuseio de dejetos orgânicos?
5. Mesmo que grandes quantidades dos chamados metais pesados sejam aplicadas aos solos todo ano, relativamente pequenas quantidades acabam por contaminar os alimentos do homem. Por que isso acontece assim?
6. Compare o planejamento, o manejo e a função do solo dos aterros sanitários modernos com os tipos mais comuns existentes há 30 anos e indique como os efeitos das mudanças afetaram a poluição do solo e da água.
7. O que são *argilas organofílicas,* e como elas podem ser usadas para ajudar a remediar solos poluídos com compostos orgânicos apolares?
8. A matéria orgânica do solo e algumas argilas silicatadas adsorvem quimicamente alguns dos poluentes orgânicos, protegendo-os do ataque dos micro-organismos e da lixiviação do solo. Quais são as implicações (positivas e negativas) advindas dessas propriedades em relação à redução da poluição da água e do solo?
9. Compare as vantagens e as desvantagens dos métodos de remediação *in situ* e *ex situ* de solos poluídos com compostos orgânicos.
10. Quais são os dois tipos de abordagem da *fitorremediação*, e para que tipos de poluentes eles são úteis? Explique sua resposta.
11. Suponha que um solo contaminado por níquel até 15 cm de profundidade contenha 800 mg/de Ni. Algumas plantas foram cultivadas para remover o níquel pelos processos de remediação. As partes aéreas dessas plantas têm em média 1% de Ni (com base em peso seco) e produzem uma colheita de 4.000 kg/ha de matéria seca. Se for possível fazer duas colheitas por ano, quantos anos seriam necessários para reduzir os níveis de Ni no solo para uma meta de 80 mg/kg?
12. Suponha que você tenha se mudado para uma casa localizada na parte mais antiga da cidade. Como você minimizaria a toxicidade de chumbo para proteger o seu bebê?

REFERÊNCIAS

Adriano, D. C. 2001. *Trace Elements in Terrestrial Environments: Biogeochemistry, Bioavailability, and Risks of Metals* (New York: Springer).

Ahmad, I., S. Hayat, and J. Pichtel (eds.). 2006. *Heavy Metal Contamination of Soil: Problems and Remedies* (Enfield, NH: Science Publishers, Inc.).

Appleton, J. D. 2007. "Radon: Sources, health risks, and hazard mapping," *AMBIO: A Journal of the Human Environment,* **36**:85–89.

Basta, N. T., J. A. Ryan, and R. L. Chaney. 2005. "Trace element chemistry in residual-treated soil: Key concepts and metal bioavailability," *J. Environ. Qual.,* **34**:49–63.

Bragg, J. R., R. C. Prince, E. J. Harner, and R. M. Atlas. 1994. "Effectiveness of bioremediation for the *Exxon Valdez* oil spill," *Nature*, **368**:413–418.

Dowdy, R. H., C. E. Clapp, D. R. Linden, W. E. Larson, T. R. Halbach, and R. C. Polta. 1994. "Twenty years of trace metal partitioning on the Rosemount sewage sludge watershed," pp. 149–155, in C. E. Clapp, W. E. Larson, and R. H. Dowdy (eds.), *Sewage Sludge: Land Utilization and the Environment* (Madison, WI: Soil Science Society of America).

Eccles, H. 2007. *Bioremediation* (New York: Taylor & Francis).

Gaynor, J. D., D. C. MacTavish, and W. I. Findlay. 1995. "Atrazine and metolachlor loss in surface and subsurface runoff from three tillage treatments in corn," *J. Environ. Qual.*, **24**:246–256.

Gilliom, R. J., J. E. Barbash, C. G. Crawford, P. A.

Hamilton, J. D. Martin, N. Nakagaki, L. H. Nowell, J. C. Scott, P. E. Stackelberg, G. P. Thelin, and D. M. Wolock. 2006. *The Quality of Our Nation's Waters: Pesticides in the Nation's Streams and Ground Water, 1992–2001*, USGS Circular 1291 (Reston, VA: U.S. Geological Survey). http://pubs.usgs.gov/circ/2005/1291/

Hazen, Terry C. 1995. "Savannah river site—A test bed for cleanup technologies," *Environ. Protection* (April):10–16.

Kabata-Pendias, A., and H. Pendias. 1992. *Trace Elements in Soils and Plants* (Boca Raton, FL: CRC Press).

Kjeldsen, P., M. Barlaz, A. Rooker, A. Baun, A. Ledin, and T. Christensen. 2002. "Present and long-term composition of MSW landfill leachate: A review," *Critical Reviews in Environmental Science and Technology*, **32**:297–336.

Pimental, D., H. Acquay, M. Biltonen, P. Rice, M. Silva, J. Nelson, V. Lipner, S. Giordano, A. Horowitz, and M. D'Amore. 1992. "Environmental and economic costs of pesticide use," *Bioscience*, **42**:750–760.

Pritchard, P. H., J. G. Mueller, J. C. Rogers, F. V. Kremer, and J. A. Glaser. 1992. "Oil spill bioremediation: Experiences, lessons and results from the *Exxon Valdez* oil spill in Alaska," *Biodegradation*, **3**:315–335.

Reynolds, C. M., D. C. Wolf, T. J. Gentry, L. B. Perry, C. S. Pidgeon, B. A. Koenen, H. B. Rogers, and C. A. Beyrouty. 1999. "Plant enhancement of indigenous soil microorganisms: A low cost treatment of contaminated soils," *Polar Record*, **35**(192):33–40.

Ryan, J. A., K. G. Scheckel, W. R. Berti, S. L. Brown, S. W. Casteel, R. L. Chaney, J. Hallfrisch, M. Doolan, P. Grevatt, M. Maddaloni, and D. Mosby. 2004. "Reducing children's risk from lead in soil," *Environ. Sci. Technol.*, **38**:18A–24A.

U.S. EPA. 1993. *Clean Water Act*, sec. 503, vol. 58, no. 32 (Washington, DC: U.S. Environmental Protection Agency).

U.S. EPA. 2005. *A Citizen's Guide to Radon: The Guide to Protecting Yourself and Your Family from Radon.*

U.S. EPA 402-K-02-006, Revised. (Washington, DC: U.S. Environmental Protection Agency). www.epa.gov/radon/pubs/citguide.html#howdoes

Weber, J. B., and C. T. Miller. 1989. "Organic chemical movement over and through soil," in B. L. Sawhney and K. Prown (eds.), *Reactions and Movement of Organic Chemicals in Soils*. SSSA Special Publication no. 22 (Madison, WI: Soil Science Society of America).

Wise, D. L., D. J. Trantolo, E. J. Cichon, H. I. Inyang, and U. Stottmeister (eds.). 2000. *Bioremediation of Contaminated Soils* (New York: Marcel Dekker).

Xu, S., G. Sheng, and S. A. Boyd. 1997. "Use of organoclays in pollution abatement," *Advances in Agronomy*, **59**:25–62.

Zamiska, N., and J. Spencer. 2007. "China faces new worry: Heavy metals in the food," *Wall Street Journal*, July 2, 2007, p. A1.

Apêndice A

Sistemas de Classificação de Solos da Base de Referência Mundial (WRB*), do Canadá e da Austrália

Tabela A.1 Grupos de solos, segundo o WRB (Base de Referência Mundial), para recursos do solo[a]

O sistema de classificação conhecido como Base de Referência Mundial para Recursos do Solo foi elaborado com uma linguagem de fácil compreensão para informar, em nível mundial, acerca dos diferentes tipos de solos. Além disso, serve como um referencial básico para comparação e correlação entre os vários sistemas nacionais de classificação do solo – como o dos Estados Unidos, o U.S. Soil Taxonomy *e o Sistema Canadense de Classificação, abordados neste livro. Os solos dos 32 Grupos Básicos de Referência do WRB são diferenciados, principalmente, de acordo com os processos pedogenéticos que foram fundamentais para a formação das suas feições mais características, exceto quando certos materiais de origem "incomuns" foram responsáveis pela formação de um tipo de solo de extrema importância. Cada Grupo de Referência de Solo pode ser subdividido usando-se uma única lista de prefixos e sufixos qualificadores (não mostrada aqui[b]). Esses qualificadores secundários indicam os processos de formação que afetaram significativamente as principais características do solo, especialmente em relação ao seu uso. Para evitar que a classificação dos solos dependesse da disponibilidade de dados climáticos, as subdivisões não são baseadas em características climáticas específicas (como é o caso da classificação de solos dos Estados Unidos –* U.S. Soil Taxonomy*).*

Grupo de referência do solo[c]	Principais características do solo	Equivalentes aproximados da classificação de solos dos Estados Unidos (*U.S. Soil Taxonomy*)[d]
	Solos orgânicos	
Histosols (HS)	Constituído de materiais orgânicos	A maioria dos *Histosols* e *Histels*
	Solos minerais dominantemente influenciados por atividades humanas	
Anthrosols (AT)	Solos com uso agrícola prolongado e intenso	*Anthrepts* e grandes grupos e subgrupos *Anthropic* e *Plaggic*
Technosols (TC)	Solos contendo muitos artefatos	*Entisols*, como as subordens *propostas* como *Urbents* e *Garbents*
	Solos com limitado volume de enraizamento devido a permafrost ou pedregosidade rasos	
Cryosols (CR)	Solos afetados pelo gelo: *Cryosols*	*Gelisols*
Leptosols (LP)	Solos rasos ou muito cascalhentos	Subgrupos *Lithic* de *Inceptisols* e *Entisols*
	Solos influenciados pela água	
Vertisols (VR)	Alternância de condições secas e úmidas, ricos em argilas expansíveis	*Vertisols*
Fluvisols (FL)	Solos jovens em depósitos aluviais	*Fluvents* e *Fluvaquents*

(continua)

* N. de T.: A sigla WRB corresponde a World Reference Base of Soil Resources que, em português, costuma ser traduzido como Base de Referência Mundial para Recursos do Solo.

Tabela A.1 Grupos de solos, segundo o WRB (Base de Referência Mundial), para recursos do solo[a] (*continuação*)

Grupo de referência do solo[c]	Principais características do solo	Equivalentes aproximados da classificação de solos dos Estados Unidos (*U.S. Soil Taxonomy*)[d]
Solonchaks (SC)	Solos fortemente salinos	Subordem dos *salids* e grande grupos *salic* ou *halic* de outras ordens
Solonetz (SN)	Solos ricos em sódio, com acúmulo de argila em subsuperfície	Grandes grupos *Natric* dos *Alfisols, Aridisols* e *Mollisols*
Gleysols (GL)	Solos afetados por águas subterrâneas	Grandes grupos *Endoaquic* (p. ex., *Endoaqualfs, Endoaquolls, Endoaquults, Endoaquents* e *Endoaquepts*)
Solos nos quais a química de alumínio (Al) desempenha um papel importante na sua formação		
Andosols (AN)	Solos jovens derivados de depósitos de cinzas e tufos vulcânicos	*Andisols*
Podzols (PZ)	Solos ácidos com acúmulo subsuperficial de compostos de ferro, alumínio e/ou orgânicos	*Spodosols*
Plinthosols (PT)	Solos úmidos com uma camada subsuperficial constituída de ferro, argila e quartzo, que se endurece irreversivelmente	Grandes grupos *Plinthic* dos *Aquox, Aqualfs* e *Ultisols*
Nitisols (NT)	Solos profundos, vermelho-escuros, marrons ou amarelos, argilosos e com estrutura com agregados em blocos com faces brilhantes	Alguns Oxisols e Ultisols e Inceptisols da família Parasesquic
Ferralsols (FR)	Solos profundos, fortemente intemperizados com um horizonte subsuperficial quimicamente pobre, mas fisicamente estável	*Oxisols*
Solos com água estagnada		
Planosols (PL)	Solos com um horizonte superficial de coloração pálida, temporariamente saturado com água, e um horizonte subsuperficial pouco permeável	*Albaqualfs* e *Albaquults* e alguns subgrupos *Albaquic* de *Alfisols e Ultisols*
Stagnosols (ST)	Solos com camada superficial temporariamente saturada e com mudança textural abrupta ou moderada	Grandes grupos *Epiaquic*
Solos minerais, típicos de pradarias, com horizontes superficiais ricos em húmus e alta saturação por bases		
Chernozems (CH)	Solos com uma camada superficial espessa e escura, ricos em matéria orgânica, comumente com horizonte subsuperficial calcário	*Calciudolls*
Kastanozems (KS)	Solos com um horizonte superficial espesso, marrom-escuro, ricos em matéria orgânica e com um horizonte subsuperficial rico em calcário ou gesso	Muitos *Calciustolls e Calcixerolls*
Phaeozems (PH)	Solos com um horizonte superficial espesso e escuro, ricos em matéria orgânica e com evidências de remoção de carbonatos	Muitos *Cryolls, Udolls* e *Albolls*

(*continua*)

Tabela A.1 Grupos de solos, segundo o WRB (Base de Referência Mundial), para recursos do solo[a] (*continuação*)

Grupo de referência do solo[c]	Principais características do solo	Equivalentes aproximados da classificação de solos dos Estados Unidos (*U.S. Soil Taxonomy*)[d]
	Solos influenciados por aridez, com acúmulo de substâncias não salinas	
Gypsisols (GY)	Solos com acúmulo de gesso secundário	*Gypsids* e alguns grandes grupos *Gypsic* de outras ordens
Durisols (DU)	Solos com acúmulo de sílica secundária	*Durids* e alguns grandes grupos *Duric* de outras ordens
Calcisols (CL)	Solos com acúmulo de carbonato de cálcio secundário	*Calcids* e grandes grupos Calcic dos *Inceptisols*
	Solos minerais com um horizonte subsuperficial enriquecido de argila	
Albeluvisols (AB)	Solos ácidos com um horizonte de coloração pálida penetrando em um horizonte subsuperficial rico em argila	Alguns *Glossudalfs*
Alisols (AL)	Solos com acúmulo subsuperficial de argila de atividade alta, com baixa saturação por bases	*Ultisols* e *Ultic Alfisols*
Acrisols (AC)	Solos com baixa saturação por bases e acúmulo subsuperficial de argilas de baixa atividade	Grandes grupos *Kandic* de *Alfisols* e *Ultisols*
Luvisols (LV)	Solos com acumulação subsuperficial de argila de atividade alta, com alta saturação por bases	Grandes grupos *Haplo* e *Pale* de *Alfisols*
Lixisols (LX)	Solos com acumulação subsuperficial de argilas de atividade baixa, com alta saturação por bases	Grandes grupos *Kandic* de *Alfisols* com elevada saturação por bases
	Solos relativamente jovens ou com pouco ou nenhum desenvolvimento do perfil	
Umbrisols (UM)	Solos ácidos com um horizonte superficial espesso e escuro, ricos em matéria orgânica	Muitos grandes grupos *umbric* dos *Inceptisols*
Arenosols (AR)	Solos muito arenosos que apresentam pouco ou nenhum desenvolvimento do horizonte B	*Psamments*, subgrupos *grossarenic* de outras ordens
Cambisols (CM)	Solos com horizontes B, apenas fraco a moderadamente desenvolvido	*Cambids* e muitos *Inceptisols*
Regosols (RG)	Solos com fraco desenvolvimento do *solum*, muitas vezes delgados e sobre rocha	*Orthents*, alguns *Psamments* e outros *Entisols*

[a]Baseado em FAO (2006). World reference base for soil resources 2006: A framework for international classification correlation and communication. World Soil Resources Reports 103. Food and Agriculture Organization of the United Nations and United Nations Environmental Program, Rome. 128 pp. e em comunicação pessoal de Bob Engel (USDA/NRCS) e Michéli Erika (Univ. Agric. Sci., Hungria).

[b]Por exemplo, o grupo de referência *Kastanozems* pode ser subdividido utilizando-se os prefixos modificadores *Vertic, Gypsic, Calcic, Luvic, Hyposodic, Chromic, Siltic, Anthric* e *Haplic*.

[c]As abreviaturas (frequentemente usadas como símbolos nos mapas de solos) são mostradas entre parênteses.

[d]Como abordado no Capítulo 3 deste livro.

Tabela A.2 O sistema australiano de classificação de solos e sua correspondência aproximada com o dos Estados Unidos (*U.S. Soil Taxonomy*)

Ordem	Principais características	Ordem e subordens do sistema dos Estados Unidos (*Soil Taxonomy*)
Anthroposols	Solos "construídos pelo homem"	Alguns são *Entisols* (p. ex., os *Urbents* e *Spoilents* propostos)
Calcarosols	Horizonte B calcário, sem acúmulo acentuado de argila	*Aridisols* e *Alfisols* (*Ustalfs*, *Xeralfs*)
Chromosols	Acúmulo acentuado de argila e pH> 5,5 no horizonte B	*Alfisols*, alguns *Aridisols*
Dermosols	Horizonte B bem-estruturado, mas sem acúmulo acentuado de argila	*Mollisols*, *Alfisols*, *Ultisols*
Ferrosols	Horizonte B rico em Fe, mas sem acúmulo acentuado de argila	*Oxisols*, alguns *Alfisols*
Hydrosols	Saturação sazonal prolongada com água	Subgrupos *aquic* de *Alfisols*, *Ultisols* *Inceptisols*, *Salic Aridisols* e alguns *Histosols*
Kandosols	Horizonte B maciço e sem acúmulo acentuado de argila	*Alfisols*, *Ultisols* e *Aridisols* com estrutura maciça no horizonte B
Kurosols	Acúmulo acentuado de argila e pH <5,5 no horizonte B	*Ultisols*, alguns *Alfisols*
Organosols	Materiais orgânicos	*Histosols*
Podosols	Solos ácidos com acúmulo subsuperficial de compostos de Fe, Al e orgânicos	*Spodosols*, alguns *Entisols*
Rudosols	Diferenciação de horizonte negligível (rudimentar)	*Entisols*, *Salic Aridisols*
Sodosols	Acúmulo acentuado de argila no horizonte B, com elevada saturação por sódio	Subgrupos *natric* de *Alfisols* e *Aridisols*
Tenosols	Fraca diferenciação de horizontes	*Inceptisols*, *Aridisols*, *Entisols*
Vertosols	Alta teor de argila (>35%), fendas profundas, *slickensides*	*Vertisols*

Modificado de CSIRO Land and Water (2003): www.clw.csiro.au/aclep/asc_re_on_line/soilhome.htm

Tabela A.3 Resumo, com breves descrições, das classes do sistema de classificação de solos do Canadá

O Sistema Canadense de Classificação de Solos é um dos muitos sistemas nacionais de classificação de solos utilizados em vários países ao redor do mundo. Talvez seja aquele que mais se relacione com o do sistema dos Estados Unidos (U.S. Soil Taxonomy). Ele inclui cinco categorias hierárquicas: ordem, grande grupo, subgrupo, família e série. O sistema foi projetado para ser usado, principalmente, tendo como base os solos do Canadá. Nesta tabela estão descritas as ordens de solo do Sistema Canadense de Classificação de Solos; na Tabela A.4, as ordens e alguns grandes grupos de solo são comparados com o Sistema dos Estados Unidos. Vídeos, com cenas de campo e discussões para cada ordem no Sistema Canadense de Classificação de Solos, estão disponíveis no portal: http://projects.oltubc.com/SOIL/HS.htm.

Brunisolic	Solos suficientemente desenvolvidos para serem excluídos da ordem *Regosolic*, mas sem o grau de desenvolvimento ou tipo de horizonte especificado para outras classes de solos.
Chernozemic	Solos com alta saturação por bases e um horizonte superficial escurecido devido ao acúmulo de matéria orgânica, provocado pela decomposição de plantas de ecossistemas de pradarias ou transição pradaria-floresta.
Cryosolic	Solos formados de materiais minerais ou orgânicos que têm um permafrost no espaço de 1 m da superfície ou, se mais de um terço do pedon tiver sido fortemente crioturbado, dentro de 2 m, como diagnosticado pela presença de horizontes interrompidos, misturados ou descontínuos.
Gleysolic	Solos da ordem *Gleysolic* têm características indicativas de saturação periódica ou prolongada com água (i.e, gleização, mosqueamento) e condições de redução.
Luvisolic	Solos com horizontes eluviais de cor clara, com horizontes B de iluviação no qual se acumularam argilas silicatadas.
Organic	Solos da ordem *Organic* são desenvolvidos de serrapilheira ou turfa bem, ou mal, decomposta.
Podzolic	Solos com um horizonte B no qual o produto de acúmulo dominante é material amorfo constituído, principalmente, de matéria orgânica humificada e combinada, em diferentes graus, com Fe e Al.
Regosolic	Solos pouco desenvolvidos que não possuem horizontes genéticos bem distintos.
Solonetzic	Solos que ocorrem em materiais de origem salinos (muitas vezes ricos em sódio), com horizontes B que, quando secos, são muito duros e, quando molhados, se expandem de forma a se transformarem em uma massa pegajosa de permeabilidade muito baixa. Normalmente, o horizonte B *solonetzic* tem macroestrutura prismática ou colunar que se desfaz em blocos duros, ou extremamente duros, com revestimentos escuros.
Vertisolic	Solos com altos teores de argilas expansíveis, com largas fendas nas épocas secas do ano; apresentam evidências de expansão, como *gilgae* e *slickensides*.

Tabela A.4 Correspondência entre o sistema de classificação dos Estados Unidos (*U.S. Soil Taxonomy*) e o Sistema de Classificação de Solos Canadense

Observe que, como os critérios de limites diferem entre os dois sistemas, certas classes de solos do sistema dos Estados Unidos equivalem a mais de uma ordem do Sistema Canadense. [a]

Ordens de solo do sistema dos EUA	Ordens de solo do sistema canadense	Grandes grupos do sistema canadense	Equivalência nos táxons, da classificação dos EUA em nível categórico mais inferior
Alfisols	*Luvisolic*	*Gray Brown Luvisols*	*Hapludalfs*
		Gray Luvisols	*Haplocryalfs, Eutrocryalfs, Fragudalfs, Glossocryalfs, Palecryalfs* e alguns subgrupos dos *Ustalfs* e *Udalfs*
	Solonetzic	*Solonetz*	*Natrudalfs* e *Natrustalfs*
		Solod	Subgrupos *Glossic* dos *Natraqualfs, Natrudalfs* e *Natrustalfs*
Andisols	Componentes dos *Brunisolic* e *Cryosolic*		
Aridisols	*Solonetzic*		Famílias *frigid* dos *Natrargids*
Entisols	*Regosolic*		Grandes grupos *Cryic* e famílias *frigid* dos *Entisols*, exceto *Aquents*
		Regosol	Grandes grupos *Cryic* e famílias *frigid* dos *Folists, Fluvents, Orthents* e *Psamments*
Gelisols	*Cryosolic*	*Turbic Cryosol*	*Turbels*
		Organic Cryosol	*Histels*
		Stagnic Cryosol	*Orthels*
Histosols	*Organic*	*Fibrisol*	*Cryofibrists* e *Sphagnofibrists*
		Mesisol	*Cryohemists*
		Humisol	*Cryosaprists*
Inceptisols	*Brunisolic*	*Melanic Brunisol*	Alguns *Eutrustepts*
		Eutric Brunisol	Subgrupos dos *Cryepts*, famílias *frigid* e *mesic* dos *Haplustepts*
		Sombric Brunisol	Famílias *frigid* e *mesic* dos *Udepts, Ustept* e *Humic Dystrudepts*
		Dystric Brunisol	Famílias *frigid* de *Dystrudepts* e *Dystrocryepts*
	Gleysolic		Subgrupos *Cryic* e famílias *frigid* dos *Aqualfs, Aquolls, Aquepts, Aquents* e *Aquods*
		Humic Gleysol	*Humaquepts*
		Gleysol	*Cryaquepts* e famílias *frigid* dos *Fragaquepts, Epiaquepts* e *Endoaquepts*

(continua)

Tabela A.4 Correspondência entre o sistema de classificação dos Estados Unidos (*U.S. Soil Taxonomy*) e o Sistema de Classificação de Solos Canadense (*continuação*)

Ordens de solo do sistema dos EUA	Ordens de solo do sistema canadense	Grandes grupos do sistema canadense	Equivalência nos táxons, da classificação dos EUA em nível categórico mais inferior
Mollisols	*Chernozemic*	*Brown*	Subgrupos *Xeric* e *Ustic* dos *Argicryolls* e *Haplocryolls*
		Dark Brown	Subgrupos dos *Argicryolls* e *Haplocryolls*
		Black	Subgrupos *Typic* dos *Argicryolls* e *Haplocryolls*
		Dark Gray	Subgrupos *Alfic* dos *Argicryolls*
	Solonetzic	*Solonetz*	*Natricryolls* e famílias *frigid* dos *Natraquolls* e *Natralbolls*
		Solod	Subgrupos *Glossic* dos *Natricryolls*
Oxisols	Não é relevante no Canadá		
Spodosols	*Podzolic*	*Humic Podzol*	*Humicryods* e *Humic Placocryods*, *Placohumods* e famílias *frigid* de outros *Humods*
		Ferro-Humic Podzol	*Humic Haplocryods*, alguns *Placorthods* e famílias *frigid* de subgrupos *humic* de outros *Orthods*
		Humo-Ferric Podzol	*Haplorthods*, *Placorthods* e famílias *frigid* de outros *Orthods* e *Cryods*, exceto subgrupos *humic*
Ultisols	Não é relevante no Canadá		
Vertisols	*Vertisolic*	*Vertisol*	*Haplocryerts*
		Humic Vertisol	*Humicryerts*

[a]Baseado em informações contidas no Soil Classification Working Group (1998), *The Canadian System of Soil Classification*, 3rd ed. (Ottawa: Agriculture and Agri-Food Canada). Publication No. A53-1646/1997E.

Apêndice B

Unidades do SI, fatores de conversão, tabela periódica dos elementos e nomes das plantas

Unidades básicas de medida do SI

Parâmetro	Unidade básica	Símbolo
Quantidade de substância	mol	mol
Corrente elétrica	ampere	A
Comprimento	metro	m
Intensidade luminosa	candela	cd
Massa	grama (quilograma)	g (kg)
Temperatura	kelvin	K
Tempo	segundo	s

Prefixos usados para indicar a ordem de grandeza

Prefixo	Múltiplo	Abreviação	Fator de multiplicação
exa	10^{18}	E	1.000.000.000.000.000.000
peta	10^{15}	P	1.000.000.000.000.000
tera	10^{12}	T	1.000.000.000.000
giga	10^{9}	G	1.000.000.000
mega	10^{6}	M	1.000.000
quilo	10^{3}	k	1.000
hecto	10^{2}	h	100
deca	10	da	10
deci	10^{-1}	d	0,1
centi	10^{-2}	c	0,01
mili	10^{-3}	m	0,001
micro	10^{-6}	μ	0,000 001
nano	10^{-9}	n	0,000 000 001
pico	10^{-12}	P	0,000 000 000 001
femto	10^{-15}	f	0,000 000 000 000 001
atto	10^{-18}	a	0,000 000 000 000 000 001

Fatores para a conversão de unidades fora do SI para unidades do SI

Unidade fora do SI	Multiplicar por[a]	Para obter unidade SI
	Comprimento	
polegadas, pol	2,54	centímetros, cm (10^{-2} m)
pé, ft	0,304	metro, m
milha	1,609	quilômetro, km (10^3 m)
micron, μ	1,0	micrômetro, μm (10^{-6} m)
unidade angstrom, Å	0,1	nanômetros, nm (10^{-9} m)
	Área	
acre, ac	0,405	hectare, ha (10^4 m^2)
pé quadrado, ft^2	$9{,}29 \times 10^{-2}$	metro quadrado, m^2
polegada quadrada, pol^2	645	milímetro quadrado, mm^2
milha quadrada, mi^2	2,59	quilômetro quadrado, km^2
	Volume	
bushel, bu	35,24	litro, L
pé cúbico, ft^3	$2{,}83 \times 10^{-2}$	metro cúbico, m^3
polegada cúbica, pol^3	$1{,}64 \times 10^{-5}$	metro cúbico, m^3
galão (EUA), gal	3,78	litro, L
quarta, qt	0,946	litro, L
acre-pé, ac-ft	12,33	hectare-centímetros, ha-cm
acre-polegadas, ac-pol	$1{,}03 \times 10^{-2}$	hectare-metros, ha-m
onça (fluida), oz	$2{,}96 \times 10^{-2}$	litro, L
pinta, pt	0,473	litro, L
	Massa	
onça (avdp), oz	28,4	grama, g
libra, lb	0,454	quilograma, kg (10^3 g)
tonelada curta (2.000 lb)	0,907	megagrama, Mg (10^6 g)
tonelada (métrica), t	1000	quilograma, kg
	Radioatividade	
curie, Ci	$3{,}7 \times 10^{10}$	becquerel, Bq
picocurie por grama, pCi/g	37	becquerel por quilograma, Bq/kg
	Taxa e rendimento	
libra por acre, lb/ac	1,121	kg por hectare, kg/ha
libras por 1.000 ft^2	48,8	kg por hectare, kg/ha
bushel por acre (60 lb), bu/ac	67,19	kg por hectare, kg/ha
bushel por acre (56 lb), bu/ac	62,71	kg por hectare, kg/ha
bushel por acre (48 lb), bu/ac	53,75	kg por hectare, kg/ha
galão (EUA) por acre, gal/ac	9,35	litro por hectare, L/ha
tonelada (2.000 lb) por hectare	2,24	megagrama por hectare, Mg/ha
milhas por hora, mph	0,447	metros por segundo, m/s
galão (EUA) por minuto, gpm	0,227	metro cúbico por hora, m^3/h
metros cúbicos por segundo, cfs	101,9	metro cúbico por hora, m^3/h

(continua)

Fatores para a conversão de unidades fora do SI para unidades do SI (*continuação*)

Unidade fora do SI	Multiplicar por[a]	Para obter unidade SI
	Pressão	
atmosfera, atm	0,101	megapascal, MPa (10^6 Pa)
bar	0,1	megapascal, MPa
libra por pé quadrado, lb/ft^2	47,9	Pascal, Pa
libra por polegada quadrada, lb/pol^2	$6{,}9 \times 10^3$	Pascal, Pa
	Temperatura	
graus Fahrenheit (°F −32)	0,556	graus, °C
graus Celsius (°C + 273)	1	Kelvin, K
	Energia	
Unidade térmica britânica, BTU	$1{,}05 \times 10^3$	joule, J
caloria, cal	4,19	joule, J
dina, dyn	10^{-5}	Newton, N
erg	10^{-7}	joule, J
pé-libra, lb-ft	1,36	joule, J
	Concentrações	
percentagem,%	10	grama por kg, g/kg
parte por milhão, ppm	1	miligrama por quilograma, mg/kg
miliequivalentes por 100 gramas	1	centimole por quilograma, cmol/kg

[a]Para converter as unidades do SI para as unidades fora do SI, dividir pelo fator indicado.

Tabela periódica dos elementos com notas sobre relevância para a Ciência do Solo

Baseado em massa atômica do $^{12}C = 12,0$. Os algarismos entre parênteses correspondem aos números de massa dos isótopos mais estáveis dos elementos radioativos.

Grupo IA	Grupo IIA	Grupo IIIB	Grupo IVB	Grupo VB	Grupo VIB	Grupo VIIB	Grupo ←	Grupo VIIIB	Grupo →	Grupo IB	Grupo IIB	Grupo IIIA	Grupo IVA	Grupo VA	Grupo VIA	Grupo VIIA	Grupo VIIIA
1 H 1,01 Hidrogênio																	2 He 4,00 Hélio
3 Li 6,94 Lítio	4 Be 9,01 Berílio											5 B 10,81 Boro	6 C 12,01 Carbono	7 N 14,01 Nitrogênio	8 O 16,00 Oxigênio	9 F 19,00 Flúor	10 Ne 20,18 Neônio
11 Na 22,99 Sódio	12 Mg 24,30 Magnésio											13 Al 26,98 Alumínio	14 Si 28,09 Silício	15 P 30,97 Fósforo	16 S 32,07 Enxofre	17 Cl 35,45 Cloro	18 Ar 39,95 Argônio
19 K 39,10 Potássio	20 Ca 40,08 Cálcio	21 Sc 44,96 Escândio	22 Ti 47,88 Titânio	23 V 50,94 Vanádio	24 Cr 52,00 Cromo	25 Mn 54,94 Manganês	26 Fe 55,85 Ferro	27 Co 58,93 Cobalto	28 Ni 58,69 Níquel	29 Cu 63,55 Cobre	30 Zn 65,38 Zinco	31 Ga 69,72 Gálio	32 Ge 72,59 Germânio	33 As 74,92 Arsênico	34 Se 78,96 Selênio	35 Br 79,90 Bromo	36 Kr 83,80 Criptônio
37 Rb 85,47 Rubídio	38 Sr 87,62 Estrôncio	39 Y 88,91 Ítrio	40 Zr 91,22 Zircônio	41 Nb 92,91 Nióbio	42 Mo 95,94 Molibdênio	43 Tc (98) Tecnécio	44 Ru 101,07 Rutênio	45 Rh 102,91 Ródio	46 Pd 106,42 Paládio	47 Ag 107,87 Prata	48 Cd 112,41 Cádmio	49 In 114,82 Índio	50 Sn 118,71 Estanho	51 Sb 121,75 Antimônio	52 Te 127,60 Telúrio	53 I 126,90 Iodo	54 Xe 131,29 Xenônio
55 Cs 132,91 Césio	56 Ba 137,33 Bário	57 La 138,91 Lantânio	72 Hf 178,49 Háfnio	73 Ta 180,95 Tântalo	74 W 183,85 Tungstênio	75 Re 186,21 Rênio	76 Os 190,2 Ósmio	77 Ir 192,22 Irídio	78 Pt 195,08 Platina	79 Au 196,97 Ouro	80 Hg 200,59 Mercúrio	81 Tl 204,38 Tálio	82 Pb 207,2 Chumbo	83 Bi 208,98 Bismuto	84 Po (209) Polônio	85 At (210) Astatínio	86 Rn (222) Radônio
87 Fr (223) Frâncio	88 Ra (226) Rádio	89 Ac (227) Actínio	104 Rf (261) Rutherfórdio	105 Db (262) Dúbnio	106 Sg (263) Seabórgrio	107 Bh (262) Bóhrio	108 Hs (265) Hássio										

Metais ← → Não metais

58 Ce 140,12 Cério	59 Pr 140,91 Praseodímio	60 Nd 144,24 Neodímio	61 Pm (145) Promécio	62 Sm 150,36 Samário	63 Eu 151,96 Európio	64 Gd 157,25 Gadolínio	65 Tb 158,93 Térbio	66 Dy 162,50 Disprósio	67 Ho 164,93 Hólmio	68 Er 167,26 Érbio	69 Tm 168,93 Túlio	70 Yb 173,04 Itérbio	71 Lu 174,97 Lutécio
90 Th (232) Tório	91 Pa (231) Protactínio	92 U (238) Urânio	93 Np (237) Netúnio	94 Pu (244) Plutônio	95 Am (243) Amerício	96 Cm (247) Cúrio	97 Bk (247) Berquélio	98 Cf (251) Califórnio	99 Es (252) Einstênio	100 Fm (257) Férmio	101 Md (258) Mendelévio	102 No (259) Nobélio	103 Lr (260) Laurêncio

Número atômico — Símbolo — Massa atômica (87 Fr (223) Frâncio)

- (cinza claro) Elementos conhecidos como nutrientes para animais ou plantas. Alguns, em grandes quantidades, podem ser tóxicos.
- (branco) Mesmo em pequenas quantidades, são elementos tóxicos para os organismos; não são conhecidos como nutrientes.
- (cinza escuro) Outros elementos comumente estudados na ciência do solo, em razão dos seus impactos ambientais ou devido ao seu uso como traçadores ou eletrodos. (O Br é usado para rastrear solutos aniônicos, como o nitrato. Os isótopos de Rb e Sr são usados para rastrear K e Ca nas plantas e solos. O Cs e o Ti são usados para rastrear processos geológicos, como a erosão do solo. Os elementos Pt e Ag são utilizados em eletrodos de medição do potencial redox e do pH do solo, respectivamente.)

Estes 22 elementos são necessários como nutrientes minerais para os seres humanos: macronutrientes (cálcio, cloro, enxofre, fósforo, magnésio, potássio e sódio) e micronutrientes (cromo, cobalto, cobre, estanho, flúor, ferro, iodo , manganês, molibdênio, níquel, selênio, silício, vanádio e zinco).

Plantas mencionadas neste livro

Nome comum	Nome específico
abacaxi	*Ananas comosus* (L.) Merrill
abeto-branco	*Picea glauca* (Moench) Voss
abeto-canadense	*Tsuga canadensis* (L.) Carr.
abeto-da-carolina	*Tsuga caroliniana* Engelm.
abeto-da-noruega	*Picea abies* (L.) Karst.
abeto-de-douglas	*Pseudotsuga menziesii* (Mirbel) Franco
abeto-preto	*Picea mariana (Mill.) B.S.P.*
abeto-vermelho	*Picea rubens* Sarg.
abóbora	*Cucumis sativus* L.
abobrinha	*Cucurbita pepo* L.
abobrinha (zuchini)	*Cucurbita pepo* L. var. *melopepo* (L.) Alef.
acácia-álbida	*Faidherbia albida* (Del.) A. Chev. [sin. *Acacia albida*]
acácia (*catclaw*)	*Acacia greggii* Gray
acácia-melífera	*Gleditsia triacanthos* L.
acácia-negra	*Robinia pseudoacacia* L.
açafrão	*Carthamus tinctorius* L.
aipo	*Apium graveolens* L. var. dulce (Mill.) Pers.
álamo	*Populus deltoidies* Bartr. Ex. Marsh
álamo	*Populus tremuloides* Michx.
alecrim	*Rosmarinus officinalis* L.
alface	*Lactuca sativa* L.
alfalfa	*Medicago sativa* L.
alfena	*Ligustrum* spp. L.
algodão	*Gossypium hirsutum* L.
alpiste-dos-prados	*Phalaris arundinacea* L.
ameixa	*Prunus domestica* L.
amendoeira	*Prunus dulcis* (P. Mill.) D.A. Webber
amendoim	*Arachis hypogaea* L.
amieiro	*Alnus* spp. P. Mill.
amieiro-vermelho	*Alnus rubra* Bong.
amoreira	*Morus* spp. L.
amoreira	*Rubus* spp. L.
andrômeda	*Andromeda polifolia* L.
arroz	*Oryza* spp. L.
arroz (inundado)	*Oryza sativa* L.
árvore de *dogwood*	*Cornus* spp. L.
árvore de *dogwood* cinza	*Cornus racemosa* Lam.
aspargo	*Asparagus officinalis* L.
aveia	*Avena sativa* L.
azaleia	*Rhododendron* spp. L.
azevém-perene	*Lolium perenne* L.
bananeira	*Musa acuminata* Colla
batata	*Solanum tuberosum* L.
batata-doce	*Ipomoea batatas* (L.) Lam.
beterraba	*Beta procumbens* L.
beterraba-açucareira	*Beta vulgaris* L.
beterraba-sacarina	*Beta vulgaris* L.
bétula	*Betula* spp. L.
bétula-negra	*Betula lenta* L.
bordo	*Acer* spp. L.
bordo-açucareiro	*Acer saccharum* Marsh.
bordo-vermelho	*Acer rubrum* L.
braquiária	*Panicum hemitomon* J.A. Schultes
brócolis	*Brassica oleracea* L. var. *botrytis* L.
buganvília	*Bougainvillea spp. Comm. ex Juss.*
buxo	*Buxus* spp. L.
cafeeiro	*Coffea* spp. L.
cana-de-açúcar	*Saccharum officinarum* L.
cânhamo	*Hibiscus cannabinus* L.
caniço	*Phragmities australis* (Cav.) Trin. Ex Steud.
canola	*Brassica napus* L.
capim-búfalo	*Buchloe dactyloides* (Nutt.) Engelm.
capim-da-praia	*Spartina* spp. Schreb.
capim-do-prado	*Poa pratensis* L. ssp. *pratensis*
capim-faláris	*Phalaris tuberosa* L. var. *stenoptera* (Hack) A.S. Hitchc.
capim-guatemala	*Tripsacum dactyloides* (L.) L.
capim-melador	*Paspalum dilatatum* Poir
capim-mombaça, alto	*Agropyron elongatum* (Hort) Beauvois
capim-mombaça, *crested*	*Agropyron sibiricum* (Willd.) Beauvois
capim-mombaça-do--oeste	*Pascopyrum smithii* (Rydb.) A. Löve
capim-mombaça, *fairway*	*Agropyron cristatum* (L.) Gaertn.
capim-panasco	*Agrostis alba* L.
capim-panasco	*Agrostis gigantea* Roth

(continua)

Plantas mencionadas neste livro (*continuação*)

Nome comum	Nome específico
capim-panasco	*Agrostis stolonifera* L.
capim-pangola	*Digitaria eriantha* Steud.
carvalho	*Quercus* spp. L.
carvalho-blackjack	*Quercus marilandica* Muenchh.
carvalho-branco-americano	*Quercus alba* L.
carvalho-branco-do-pântano	*Quercus bicolor* Wild.
carvalho-castanheiro	*Quercus prinus* L.
carvalho-de-folhas-de-salgueiro	*Quercus pellos* L.
carvalho-dos-pântanos	*Quercus palustrus Muenchh.*
carvalho-vermelho-americano	*Quercus falcata* Michx.
carvalho-vermelho-do-norte	*Quercus rubra* L.
casuarina	*Casuarina* spp. Rumph. ex L.
caupi	*Vigna unguiculata* (L.) Walp.
ceanothus	*Ceanothus* spp. L.
cebola	*Allium cepa* L.
cenoura	*Daucus carota* L. ssp. *sativus* (Hoffm.) Arcang.
centeio (forragem, grão)	*Secale cereale* L.
centeio-selvagem	*Elymus* spp.
centeio-selvagem, *altai*	*Leymus angustus* (Trin.) Pilger
centeio-selvagem, russo	*Psathyrostachys juncea* (Fisch.) Nevski
cereja-negra	*Prunus serotina* Ehrh.
cerejeira ornamental	*Prunus serrulata* Lindl.
cevada, forragem	*Hordeum vulgare* L.
cevadilha	*Bromus catharticus* Vahl
cevadilha	*Bromus* spp. L.
chá-da-índia	*Camellia sinensis* (L.) O. Kuntze
choupo	*Populus* spp. L.
cipreste	*Taxodium distichum* (L.) L.C. Rich.
citrus	*Citrus* spp. L.
colza (ver também canola)	*Brassica campestris* L. [sin. B. rapa L.]
couve	*Brassica oleracea* L. (grupo Acephala)
couve-flor	*Brassica oleracea* L. (grupo Botrytis)
damasco	*Prunus armeniaca* L.
Dantonia sp.	*Danthonia spicata* (L.) Beauv. Ex Roem. & Schult.
eleagnus	*Elaeagnus* spp. L.
Eragrostis sp.	*Eragrostis curvula* (Schrad.) Nees
erva-dos-prados	*Phleum pratense* L.
ervilha	*Pisum sativa* L.
ervilhaca	*Vicia* spp. L.
ervilhaca-miúda	*Vicia angustifolia* L.
ervilhaca-peluda	*Vicia villosa* Roth
espinafre	*Spinacia oleracea* L.
eucalipto	*Eucalyptus* spp.
eucalipto (jarrah)	*Eucalyptus marginata* Donn ex Sm.
eucalipto-jarrah	*Eucalyptus marginata* Donn ex Sm.
faia europeia	*Fagus grandifolia* Ehrh.
falsa-acácia	*Robinia pseudoacacia* L.
feijão, alado	*Psophocarpus tetragonobus* L. D.C.
feijão-alado	*Psophocarpus tetragonolobus* (L.) DC
feijão, comum	*Phaseolus vulgaris* L.
feijão, fava	*Vicia faba* L.
feijão-guandu	*Cajanus cajan* (L.) Millsp.
festuca	*Festuca* spp. L.
festuca-alta	*Festuca elatior* L.
festuca-de-ovelhas	*Festuca ovina* L.
festuca-do-prado	*Festuca pratensis* Huds.
festuca-rubra	*Festuca rubra* L.
figo	*Ficus carica* L.
filbert	*Corylus* spp. L.
flor-do-natal	*Euphorbia pulcherrima* Willd. ex Klotzsch
framboesa	*Rubus idaeus* L.
freixo	*Fraxinus* spp. L.
freixo-branco	*Fraxinus americana* L.
girassol	*Helianthus annuus* L.
girassol-mexicano	*Tithonia diversifolia* (Hemsl.) Gray
gliricídia	*Gliricidia sepium* (Jacq.) Kunth ex Walp.
grama-batatais	*Paspalum notatum* Flueggé
grama-bermuda	*Cynodon dactylon* (L.) Pers.
grama de Nutall	*Puccinellia nuttalliana* (J.A. Schultes) A.S. Hitchc.

(continua)

Plantas mencionadas neste livro *(continuação)*

Nome comum	Nome específico
grama-de-pomar	*Dactylis glomerata* L.
grama-salada	*Distichlis spicta* L. var. *stricta* (Torr.) Bettle
grevílea	*Grevillea* spp. R. Br. ex Knight
groselha	*Ribes* spp. L.
guaiúle	*Parthenium argentatum* Gray
guatéria	*Gaultheria procumbens* L.
Gunnera	*Gunnera* spp. L.
hibisco	*Hibiscus moscheutos* L.
hibisco	*Hibiscus* spp. L.
hortênsia	*Hydrangea* spp. L.
ilex-americana	*Ilex opaca* Ait.
ilex-burford	*Ilex cornuta* Lindl. & Paxton
jasmim-estrela	*Jasminum multiflorum* (Burm. f.) Andr
johnsongrass	*Sorghum halepense* (L.) Pers.
jojoba	*Simmondsia chinensis* (Link) Schneid.
junípero-conífera	*Juniperus* spp. L.
kallargrass	*Leptochloa fusca* (L.) Kunth [sin. *Diplachne fusca* Beauv.]
Kochia sp.	*Kochia prostrata* (L.) Schrad.
kudzu	*Pueraria montana* (Lour.) Merr. Var. lobata (Wild.)
laranja	*Citrus sinensis* (L.) Osbeck
lariço	*Larix* spp. P. Mill.
lespedeza	*Lespedeza* spp. Michx.
leucena	*Leucaena leucocephala* Benth.
leucena	*Leucaena* spp. Benth.
lilás	*Syringa* spp. L.
limão	*Citrus limon* (L.) Burm. F.
linden	*Tillia* spp. L.
louro-americano	*Kalmia latifolia* L.
macieira	*Malus* spp. P. Mill.
madressilva	*Lonicera* spp. L.
magnólia	*Magnolia* spp. L.
malvão	*Abutilon theophrasti* Medik.
mandioca	*Manihot esculenta* Crantz
margaridão	*Tithonia diversifolia* (Hemsl.) Gray
melancia	*Citrullus lanatus* (Thunb.) Matsumura & Nakai
melão	*Cucumis melo* L.
milho	*Zea mays* L.
mirtilo	*Vaccinium macrocarpon* Ait.
morango	*Fragaria x ananassa* Duch.
myrica	*Myrica* spp. L.
nabo	*Brassica rapa* L. (grupo Rapifera)
nogueira	*Juglans* spp. L.
nogueira-amarga	*Carya cordiformis* (Wangenh.) K. Koch
nogueira-americana	*Carya ovata* (P. Mill.) K. Koch
nogueiras (p. ex., amêndoas, avelãs)	*Prunus dulcis* (P. Mill.) D.A. Webber, *Corylus* spp. L.
oliveira	*Olea europaea* L.
oliveira-de-outono	*Elaeagnus umbellata* Thunb.
oxicoco	*Vaccinium oxycoccos* L.
pecã	*Carya illinoinensis* (Wangenh.) K. Koch
pêra	*Pyrus communis* L.
pêssego	*Prunus persica* (L.) Batsch
pinheiro-branco	*Pinus strobus* L.
pinheiro-loblolly	*Pinus taeda* L.
Pinus ponderosa	*Pinus ponderosa* Dougl. Ex P. & C. Laws.
Pinus radiata	*Pinus radiata* D. Don
Pinus resinosa	*Pinus resinosa* Ait.
Pinus strobus	*Pinus sylvestris* L.
puerária	*Pueraria phaseoloides* (Roxb.) Benth.
rabanete	*Raphanus sativus* L.
repolho	*Brassica oleracea* L.
repolho-de-gambá	*Symplocarpus foetidus* (L.) Salisb. Ex Nutt.
rododendro	*Rhododendron* spp. L.
romã	*Punica granatum* L.
roseira	*Rosa* spp. L.
sacaton alcalino	*Sporobolus airoides* (Torr.) Torr.
salgueiro	*Salix* spp. L.
salgueiro-preto	*Salix nigra* L.
samambaia	*Azolla* spp. L.
samambaia d'água	*Azolla* spp. L.
sebânia	*Sesbania sesban* (L.) Merr.
serracênia	*Sarracenia* spp. L.
sesbânia	*Sesbania sesban* (L.) Merr.
sicômoro	*Plantus occidentalis* L.
soja	*Glycine max* (L.) Merr.
sorgo	*Sorghum bicolor* (L.) Moench

(continua)

Plantas mencionadas neste livro (*continuação*)

Nome comum	Nome específico
sorgo-do-sudão	*Sorghum sudanense* (Piper) Stapf
sumagre	*Rhus* spp. L.
tabaco	*Nicotiana* spp. L.
taboa	*Typa latifolia* L.
tamargueira-rosada	*Tamarix gallica* L.
tangerina	*Citrus reticulata* Blanco
teixo	*Taxus* spp. L.
toranja	*Citrus paradisi* Macfad. (pro sp.) *[maxima sinensis]*
tremoço	*Lupinus* spp. L.
trevo-berseem	*Trifolium alexandrinum* L.
trevo-branco	*Trifolium repens* L.
trevo-carmesim	*Trifolium incarnatum* L.
trevo-cornichão	*Lotus corniculatus* L.
trevo-de-morango	*Trifolium fragiferum* L.
trevo-doce	*Melilotus indica* All
trevo-híbrido	*Trifolium hybridum* L.
trevo-ladino	*Trifolium repens* L.
trevo-vermelho	*Trifolium pratense* L.
trigo	*Triticum aestivum* L.
trigo-sarraceno	*Eriogonum* spp. Michx.
tomate	*Solanum lycopersicum* L.
tuia	*Thuja occidentalis* L.
tulipeiro	*Liriodendron tulipifera* L.
tupelo d'água	*Nyssa aquatica* L.
ulmus	*Ulmus* spp. L.
ulmus-americano	*Ulmus americana* L.
uva	*Vitus* spp. L.
uva-do-monte	*Vaccinium* spp. L.
vetiver	*Vetiveria zizanioides* (L.) Nash ex Small
vibumum	*Viburnum* spp. L.

Apêndice C

Relativo à nota de tradutor inserida no Capítulo 3

Tabela C.1 Correspondência aproximada entre o Sistema Brasileiro de Classificação de Solos (SiBCS), a Base de Referência Mundial para Recursos do Solo (WRB) e a classificação de solos dos Estados Unidos (*U.S. Soil Taxonomy*), para classes de solos em alto nível categórico[a]

SiBCS	WRB	*U.S. Soil Taxonomy*
Neossolos		*Entisols*
(Neossolos *Quartzarênicos)*	*Arenosols*	
(Neossolos *Regolíticos)*	*Regosols*	
(Neossolos *Litólicos)*	*Leptosols*	
(Neossolos *Flúvicos)*	*Fluvisols*	
Vertissolos	*Vertisols*	*Vertisols*
Cambissolos	*Cambisols*	*Inceptisols*
Chernossolos	*Chernozems*	
	Kastanozems	*Mollisols* (apenas os *Ta*[b])
	Phaenozems	
Luvissolos	*Luvisols*	*Alfisols, Aridisols (Argids)*
Argissolos	*Acrisols*	*Ultisols*
	Lixisols	*Oxisols (Kandic)*
	Alisols	
Latossolos	*Ferralsols*	*Oxisols*
Espodossolos	*Podzols*	*Spodosols*
Planossolos	*Planosols*	*Alfisols*
(Planossolos Nátricos)	*Solonetz*	*Natr (ust, ud, alf)*
(Planossolos Háplicos)	*Planosols*	*Albaquults, Albaqualts,* *Plinthaqu (alf, ept, ox, ult)*
Plintossolos	*Plinthosols*	Subgrupos *Plinthic* (várias classes dos *Oxisols, Ultisols, Alfisols, Entisols, Inceptisols*)
Gleissolos	*Gleysols*	*Entisols (aqu, alf, and, ent, ept)*
(Gleissolos Sálicos)	*Solonchaks*	*Aridisols, Entisols (Aqu, Sulfa, Hydra, Salic)*
Organossolos	*Histosols*	*Histosols*
Nitossolos	*Nitisols*	*Ultisols, Oxisols (Kandic), Alfisols*
	Lixisols	
	Alisols	
Não relevantes (ou não classificados) no Brasil	*Cryosols*	*Gelisols*
	Anthrosols	*Andisols*
	Andosols	Vários subgrupos dos *Aridisols*
	Umbrisols	Vários grandes grupos, com prefixo *Dura*, dos *Alfisols, Andisols, Aridisols, Inceptisols*, etc.
	Gypsisols	
	Durisols	Vários subgrupos dos *Vertisols, Molisols, Inceptisols, Alfisols*, etc.
	Calcisols	
	Albeluvisols	Algumas classes com prefixos *Alb* e *Gloss*

[a] Baseado em: Empresa Brasileira de Pesquisa Agropecuária. *Sistema Brasileiro de Classificação de Solos*. 2. ed. Rio de Janeiro: Embrapa Solos, 2006. 306 p.

[b] *Ta* significa argilas com alta atividade.

Glossário[1]

abiótico Elementos básicos não vivos do ambiente, como a chuva, a temperatura, o vento e os minerais.

acamamento Queda de plantas, por quebra ou desenraizamento.

acidez ativa Atividade do íon hidrogênio na fase aquosa de um solo. É medida e expressa como um valor de pH.

acidez potencial* Acidez que, possivelmente, pode ser formada se compostos reduzidos de enxofre, em um solo potencialmente ácido-sulfatado, forem oxidados.

acidez residual Acidez do solo que pode ser neutralizada por calcário ou por outros materiais alcalinos, mas não pode ser substituída por uma solução salina tamponada.

acidez substituível por uma solução salina *Veja:* acidez trocável.

acidez total Toda a acidez existente em um solo. É obtida, aproximadamente, pela soma da acidez trocável com a residual.

acidez trocável** Hidrogênio e alumínio trocáveis que podem ser substituídos a partir de um solo ácido, usando-se uma solução salina não tamponada, como as de KCl ou NaCl.

ácido fúlvico Termo de uso variado, mas que frequentemente se refere à mistura de substâncias orgânicas que permanecem em solução após acidificação de um extrato alcalino diluído do solo.

ácido húmico Fração do húmus do solo de cor escura e de composição variável ou indefinida, que pode ser extraída com solução alcalina diluída e depois precipitada, após ter sido acidificada.

ácidos nucleicos Ácidos orgânicos complexos que são encontrados no núcleo das células de plantas e animais; podem ser combinados com proteínas, como as nucleoproteínas.

actinomicetos Grupo de bactérias que formam finos micélios ramificados, semelhantes, na aparência, a hifas fúngicas. Inclui muitos membros da ordem *Actinomycetales.*

adesão Atração molecular que mantém em contato as superfícies de duas substâncias de estados físicos diferentes (p. ex., água e partículas de areia).

adsorção Atração de íons ou compostos químicos à superfície de um sólido. Os coloides do solo adsorvem grandes quantidades de íons e de água.

adubação de cobertura Aplicação de adubos em um solo, após o estande de uma cultura já ter sido estabelecido.

adubação verde Aplicação e incorporação ao solo de material vegetal, enquanto está verde ou logo após sua maturação, com a finalidade de melhorar sua qualidade.

adubo Qualquer material orgânico ou inorgânico, de origem natural ou sintética, que é adicionado ao solo a fim de fornecer certos elementos essenciais para o crescimento das plantas.

adubo orgânico Subproduto do processamento de substâncias de origem animal ou vegetal cuja quantidade de nutrientes vegetais é suficiente para que ele seja considerado um adubo.

aeração do solo Processo através do qual é efetuada a troca de gases entre o ar do solo e o ar atmosférico. Solos bem-arejados apresentam ar de composição semelhante ao da atmosfera logo acima da superfície. Os solos com arejamento deficiente geralmente apresentam taxa muito elevada de CO_2 e, consequentemente, uma baixa percentagem de oxigênio em relação à atmosfera.

aeróbico (1) Que tem oxigênio molecular como uma parte do seu ambiente. (2) Que se desenvolve somente na presença de oxigênio molecular, como o fazem os organismos aeróbicos. (3) Que ocorre somente na presença de oxigênio molecular, como é o caso de certos processos químicos e bioquímicos, como a decomposição aeróbica.

agregado (solo) Conjunto coerente de partículas primárias do solo com formas definidas, como blocos ou prismas.

agregado estável em água Agregado do solo que permanece estável quando submetido à ação da água artificialmente agitada ou na forma de gotas de chuva, como é feito em análises laboratoriais, usando-se peneiras.

agricultura de precisão Gestão espacialmente variável de um campo ou fazenda, com base em informações específicas sobre as características do solo ou da cultura em subunidades muito pequenas de terra. Essa técnica comumente utiliza equipamentos de taxa variável, sistemas de posicionamento de geotecnologia e controles de computador.

agricultura de sequeiro Prática de produção de culturas em áreas de baixa precipitação pluvial, sem irrigação.

---

[1] Este glossário foi compilado e modificado de diversas fontes, incluindo o *Glossary of Soil Science Terms* (Madison, WI: Soil Science Society of America [1977]); *Resouce Conservation Glossary* (Ankeny, IA: Soil Conservation Society of America [1982]); e *Soil Taxonomy* (Washington, DC: US Department of Agriculture [1999]).

* N. de T.: No Brasil, o termo "acidez potencial", na maioria das publicações, é considerado como sinônimo de *acidez total*, e não como definido acima.

** N. de T.: No Brasil, a "acidez trocável", na maioria das publicações, é expressa como "alumínio trocável".

agricultura orgânica Sistema ou filosofia de agricultura que não permite o uso de produtos químicos sintéticos para a produção vegetal ou animal, mas, em vez disso, dá ênfase ao manejo da matéria orgânica do solo e aos seus processos biológicos. Em muitos países, os produtos são oficialmente certificados como sendo orgânicos se inspeções confirmam que foram cultivados por esses métodos.

agroflorestal Qualquer tipo de exploração das terras por um sistema agrícola diversificado que envolva relações complementares entre árvores e culturas anuais.

agronomia Estudo teórico e prático da produção de plantas cultivadas e manejo do solo. É o estudo do manejo científico das terras.

água capilar Água encontrada nos capilares ou pequenos poros do solo, geralmente com uma tensão de mais de 60 cm de água. *Veja também*: potencial de água no solo.

água disponível A porção da água no solo que pode ser facilmente absorvida pelas raízes das plantas. A quantidade de água armazenada entre a capacidade de campo e o ponto de murcha permanente.

água gravitacional Água que se move através ou para fora do solo, sob o efeito da força gravitacional.

água subterrânea Água da zona de saturação subsuperficial do solo, a qual está livre para se mover para cursos d'água, muitas vezes horizontalmente, sob o efeito da força gravitacional.

alcalinidade do solo Grau ou intensidade de alcalinidade de um solo, expressa por um valor maior que 7,0 na escala de pH.

alelopatia Processo pelo qual uma planta pode afetar outras plantas devido a substâncias químicas biologicamente ativas introduzidas no solo, diretamente por lixiviação ou por exsudação da planta de origem ou como resultado da decomposição de resíduos vegetais. Os efeitos, embora geralmente negativos, também podem ser positivos. É uma interação que envolve dois organismos, na qual um componente é afetado e o outro permanece estável.

aleloquímicos Substâncias químicas orgânicas liberadas por algumas espécies vegetais que afetam o crescimento de outras espécies. *Veja também:* alelopatia.

Alfisols Ordem do sistema americano de classificação de solos (*Soil Survey Staff*, 1999), cujos solos têm tonalidades acinzentadas a marrons nos horizontes superficiais e média a alta disponibilidade de bases em horizontes B de acumulação de argila iluvial. Formam-se principalmente em solos sob vegetação de floresta ou savanas, em climas com pequeno ou grande déficit sazonal de umidade.

algas, floração de Crescimento desenfreado da população de algas nas águas superficiais, como as dos lagos e riachos, muitas vezes resultando em alta turbidez e cores verdes ou vermelhas, e comumente estimulada pelo seu enriquecimento proporcionado pelos nutrientes fósforo e nitrogênio.

alofanas Mineraloide constituído por silicatos de alumínio, cuja estrutura é mal definida por ser constituída de lâminas curtas e cristalinas intercaladas com materiais não cristalinos e amorfos, o que faz com que o mineraloide seja mais facilmente intemperizável. Predomina em materiais com cinzas vulcânicas, junto com suas formas mais intemperizadas.

aluminossilicatos Compostos (como a microclina, $KAlSi_3O_8$) contendo alumínio, silício e oxigênio como componentes principais.

alúvio Termo genérico designativo de todos os materiais detríticos depositados, ou em trânsito, nos cursos d'água – incluindo cascalho, areia, silte e argila, assim como todas as suas variações e misturas. A menos que seja especificado, o alúvio não é consolidado.

aminoácidos Substância orgânica em cuja molécula figuram os grupos básicos amino ($-NH_2$) e carboxílico ($-COOH$). São os componentes das proteínas; alguns também contêm enxofre.

Aminox Processo bioquímico no ciclo do N_2, através do qual certas bactérias ou arqueias anaeróbicas oxidam os íons de amônio, utilizando os íons nitrito como receptores de elétrons; seu principal produto é o gás N_2.

amonificação Processo bioquímico através do qual o nitrogênio amoniacal é liberado de compostos orgânicos que contenham nitrogênio.

anaeróbico (1) A ausência de oxigênio molecular. (2) Crescimento ou desenvolvimento na ausência de oxigênio molecular (p. ex., bactérias anaeróbicas ou reação bioquímica de redução).

análise granulométrica Determinação dos diferentes teores de separados do solo em uma amostra, geralmente por sedimentação, peneiramento, micrometria ou combinações desses métodos.

análise mecânica (termo obsoleto) *Veja*: análise granulométrica; distribuição do tamanho das partículas.

análise termal (análise térmica diferencial) Método para analisar os componentes de uma amostra de solo, com base na taxa diferencial de aquecimento das amostras padrões e desconhecidas quando uma fonte uniforme de calor é aplicada.

Andisols Ordem do sistema americano de classificação de solos (*Soil Survey Staff*, 1999), a qual reúne solos desenvolvidos a partir de cinzas vulcânicas. A fração coloidal é dominada por alofanas e/ou compostos humoalumínicos.

ângulo de repouso Valor limite de inclinação no qual um material inconsolidado e não coesivo se manterá em repouso.

ânion Íon com carga negativa; durante a eletrólise, é atraído para o ânodo positivamente carregado.

anóxico *Veja:* anaeróbico.

antibiótico Substância produzida por uma espécie de organismo que, em baixas concentrações, pode matar ou inibir o crescimento de outros organismos.

Ap Camada superficial do solo alterada pelo cultivo ou pastoreio.

apatita Ocorrência natural do fosfato de cálcio complexo, o qual é a fonte primária da maioria dos adubos fosfatados. Fórmulas como $[3Ca_3(PO_4)_2] \cdot CaF_2$ representam os compostos complexos que formam a apatita.

aplicação a lanço Distribuição de sementes ou adubos na superfície do solo.

aplicação em cobertura Aplicação de adubos no solo após o plantio da cultura, geralmente na superfície do solo. Adubos nitrogenados são os mais comumente usados nesse tipo de aplicação de adubos.

aquiclude Corpo de rocha ou sedimento saturado que não é capaz de percolar quantidades significativas de água sob pressão.

aquífero Camada saturada e permeável de sedimento ou rocha que pode transmitir quantidades significativas de água em condições de pressão normal.

ar do solo Atmosfera do solo; é o componente do solo sob forma gasosa, ou o volume não ocupado por sólidos ou líquidos.

aração Operação ampla de preparo do solo destinada a fragmentá-lo uniformemente, revirando total ou parcialmente a sua camada mais superficial.

arbúsculo Estruturas ramificadas especializadas que são formadas dentro de uma célula cortical de raiz por fungos micorrízicos endotróficos.

Archaea Um dos dois domínios de micro-organismos unicelulares procariontes. Inclui organismos adaptados às condições extremas de salinidade e calor e também aqueles que subsistem em metano. Assemelham-se às bactérias, porém são evolutivamente diferentes delas.

área de recarga Área geográfica na qual um aquífero, antes confinado, é exposto, facilitando a percolação da água superficial, para que ela possa recarregar sua água subterrânea.

areia Partícula de solo com dimensões entre 0,05 e 2,0 mm de diâmetro; uma classe textural do solo.

argila (1) Fração granulométrica do solo $<0,002$ mm de diâmetro equivalente. (2) Classe textural de solo que contém mais de 40% de argila, menos de 45% de areia e menos de 40% de silte.

argipã Camada subsuperficial do solo densa e compacta, de lenta permeabilidade e que possui conteúdo de argila muito maior do que o material sobrejacente, do qual se acha separada por delimitação muito definida. Argipãs são duros e plásticos quando secos e pegajosos quando molhados. *Veja também:* pã.

Aridisols Ordem do sistema americano de classificação de solos (*Soil Survey Staff*, 1999), a qual reúne solos de climas secos. São solos que possuem horizontes pedogenéticos com pouca matéria orgânica e que nunca ficam úmidos por mais de três meses consecutivos. Possuem epipedon ócrico e um ou mais dos seguintes horizontes diagnósticos: argílico, nátrico, câmbico, cálcico, petrocálcico, gípsico, sálico ou duripã.

arqueia Nome comum dos organismos do domínio *Archaea.*

aspecto (de encostas) Orientação ou direção (p. ex., norte ou sul) que as encostas apresentam em relação à posição do sol.

assimilação de nitrogênio Incorporação de nitrogênio nas células de organismos vivos na forma de substâncias orgânicas.

associação de solos Grupo de unidades taxonômicas de solo com definições e designações que ocorrem em conjunto, em padrões característicos e específicos, dentro de uma região geográfica e sob diversos aspectos, comparáveis às associações vegetais.

assoreamento Deposição de sedimentos carregados pela água em canais de cursos d'água, lagos, açudes ou em planícies aluviais, geralmente resultante de uma diminuição da velocidade da água.

autótrofo Organismo capaz de utilizar dióxido de carbono ou carbonatos como única fonte de carbono e energia para a sua vida, por meio dos processos de oxidação de elementos inorgânicos ou compostos, como ferro, enxofre, hidrogênio, amônio e nitritos, ou energia radiante. *Contraste com*: heterótrofo.

bacia hidrográfica Terras e águas compreendidas entre divisores de água, nas quais toda a água aí precipitada escoa por um único exutório.

Bacteria Um dos dois domínios de micro-organismos unicelulares procariontes (desprovidos de envoltório nuclear e de organelas membranosas). Inclui todos os que não são do domínio *Archaea.*

bactéria Nome comum dos organismos do domínio *Bacteria. Veja: Bacteria.*

bar Unidade de pressão igual a 1 milhão de dinas por centímetro quadrado (10^6 dinas/cm^2). Esse valor de pressão é muito próximo ao da pressão atmosférica padrão.

barreira contra o vento Obstáculo de árvores e arbustos vivos, estabelecidos e mantidos para fins de proteção de campos agrícolas contra o vento. *Sinônimo de*: quebra-vento.

bioacumulação Acúmulo, dentro de um organismo, de compostos específicos resultantes de processos biológicos. Termo comumente aplicado a metais pesados, pesticidas ou metabólitos.

bioadição Limpeza de solos contaminados pela adição de micro-organismos exóticos que são especialmente eficientes para uma descontaminação biológica. Uma forma de *biorremediação.*

biodegradável Sujeito a degradações por processos bioquímicos.

bioestimulação Limpeza de solos contaminados por meio da manipulação de nutrientes ou de outros fatores ambientais de solos que aumentam a ocorrência natural da atividade de micro-organismos do solo. Uma forma de *biorremediação.*

biomassa A massa total de matéria viva de um tipo específico de organismo (p. ex., biomassa microbiana) em um determinado ambiente (p. ex., em um metro cúbico de solo).

bioporos Poros do solo, geralmente de diâmetro relativamente grande, criados pelas raízes das plantas, pelas minhocas ou por outros organismos do solo.

biorremediação A descontaminação ou recuperação de solos poluídos ou degradados por meio de agentes de degradação química ou de atividades de organismos do solo.

biossequência Grupo de solos relacionados que diferem um do outro, principalmente por causa de diferenças quanto aos tipos e números de plantas bem como aos organismos responsáveis pelo fator de formação do solo.

biossólidos Lamas de esgotos que satisfazem certos padrões normativos, tornando-as adequadas para aplicação na terra. *Veja:* lodo de esgotos.

cadeia alimentar Comunidade de seres vivos que, em sequência, dependem uns dos outros para se alimentar. Eles estão organizados em níveis tróficos, de acordo com o papel que desempenham na cadeia, como: produtores que formam substâncias orgânicas a partir da luz do sol e material inorgânico; consumidores e predadores que se alimentam dos produtores, organismos mortos, dejetos e uns dos outros.

calcário Rocha sedimentar composta basicamente de calcita ($CaCO_3$). Se houver presença de dolomita ($CaCO_3 \cdot MgCO_3$) em quantidades apreciáveis, passa a denominar-se *calcário dolomítico.*

calcário (agrícola) Óxido de cálcio em termos químicos estritos. Na prática, é o material que contém carbonatos, óxidos e/ou hidróxidos de cálcio e/ou magnésio, empregados para neutralizar a acidez do solo.

calhaus achatados Fragmentos finos e planos de calcário, arenito ou xisto com até 15 cm (6 pol.) de comprimento em sua dimensão maior.

caliche Camada próxima à superfície, mais ou menos cimentada por carbonatos secundários de cálcio ou de magnésio precipitados a partir da solução do solo. Pode ocorrer sob a forma de um macio e delgado horizonte de solo; ou como uma camada endurecida subjacente ao *solum;* ou, ainda, como uma camada superficial exposta por erosão.

camada (mineralogia das argilas) Uma combinação de lâminas tetraédricas e octaédricas que forma as argilas silicatadas.

camada arável Camada de solo que é normalmente movimentada pelo arado; equivalente ao termo *solo superficial.*

camada ativa Parte superior de um *Gelisol* que está sujeita a congelamento e descongelamento e está sobre uma camada permanentemente congelada.

camada superficial (1) Camada do solo que é movimentada durante as operações de preparo do solo para cultivo. (2) Material de solo fértil usado para adubação de taludes de estrada, jardins e gramados.

campo de drenos, tanque séptico Área de solo na qual o efluente de um tanque séptico é canalizado para que ele drene através da subsuperfície do solo, permitindo, assim, a eliminação e a purificação de materiais contaminantes.

campos contaminados Instalações industriais e comerciais abandonadas, ociosas ou subutilizadas, onde a expansão ou reconversão é difícil, devido à contaminação ambiental (real ou considerada como tal).

canal escoadouro gramado Canal largo e raso plantado com grama (geralmente espécies perenes), projetado para conduzir a água do escoamento superficial encosta abaixo sem causar a erosão do solo.

capacidade de campo Percentagem de água remanescente em um solo dois ou três dias após ele ter sido saturado e a drenagem livre tiver cessado.

capacidade de infiltração Característica do solo que define ou descreve a taxa máxima na qual a água pode penetrar no solo sob condições especificadas, incluindo a presença de excesso de água.

capacidade de troca Carga iônica total do complexo de adsorção capaz de adsorver íons. *Veja:* capacidade de troca de ânions; capacidade de troca de cátions.

capacidade de troca catiônica efetiva Quantidade de cátions que um material (geralmente de solo ou coloides do solo) pode manter ao pH do material do solo (em condições naturais); calculada pela soma de Al^{3+}, Ca^{2+}, Mg^{2+}, K^+ e Na^+ trocáveis e expressa em moles ou centimoles de carga por quilo de material. *Veja:* capacidade de troca de cátions.

capacidade de troca de ânions Soma total dos ânions trocáveis que um solo poderá adsorver. Expresso em centimoles de carga por quilograma ($cmol_c/kg$) de solo (ou de outro material adsorvente, como argila).

capacidade de troca de cátions Soma total dos cátions trocáveis que um solo poderá adsorver. Também denominada *capacidade de permuta* ou *capacidade de adsorção de cátions.* Expressa em centimoles de carga por quilograma ($cmol_c/kg$) de solo (ou de outro material adsorvente, como a argila).

capacidade máxima de retenção (de água) Conteúdo médio de água contida em uma amostra deformada de solo, com 1 cm de altura, que está em equilíbrio com um nível freático de água em sua superfície inferior.

capacidade tampão Habilidade de um solo de resistir a mudanças no pH, o que geralmente é determinada pela presença de argila, húmus e outros materiais coloidais.

capacidade térmica Quantidade de energia cinética (calor) necessária para elevar a temperatura de 1 g de uma substância (geralmente em referência ao solo ou componentes do solo).

caráter áquico Saturação contínua ou periódica (com água) e redução, o que é geralmente indicado por feições redoximórficas.

carga constante Carga líquida da superfície de partículas minerais, a magnitude que depende apenas da composição química e estrutural do mineral. A carga surge da substituição isomórfica e não é afetada pelo pH do solo.

carga dependente do pH Parte da carga total das partículas do solo que é afetada e sofre variações de acordo com as mudanças do pH.

carga permanente *Veja:* carga constante.

carga variável *Veja:* carga dependente do pH.

carnívoro Organismo que se alimenta de outros animais.

cascalheira Sedimento, ou material do solo, constituído de grãos soltos de areia grossa e cascalho fino – composto por quartzo, feldspato e fragmentos de rocha. É produzida a partir do intemperismo físico das rochas ou do transporte seletivo de insetos que escavam o solo.

catena Sequência de solos com a mesma idade aproximada, provindos de materiais originários similares que ocorrem sob condições climáticas semelhantes, mas que possuem características diversas, face às variações no relevo e na drenagem. *Veja:* topossequência.

cátion Íon carregado positivamente; durante a eletrólise, é atraído para o catodo carregado negativamente.

cátions ácidos Cátions, principalmente Al^{3+}, Fe^{3+} e H^+, que contribuem para a atividade do íon H^+, tanto diretamente quanto por reações de hidrólise com a água. *Veja:* cátions não ácidos.

cátions básicos (obsoleto) Cátions que formam bases fortes (fortemente dissociadas) pela reação com hidroxila; p. ex., K^+ forma hidróxido de potássio (K^+ + OH). *Veja:* cátions não ácidos.

cátions não ácidos Cátions que não reagem com água por hidrólise para liberar íons H^+ para a solução do solo. Esses cátions não removem íons hidroxila da solução, mas formam bases fortemente dissociada, como o hidróxido de potássio (K^+ + OH). Inicialmente eram chamados de *cátions básicos* ou de *cátions formadores de bases* na literatura da ciência do solo.

caulinita Mineral silicatado de alumínio com estrutura cristalográfica do tipo 1:1, isto é, que consiste em uma lâmina tetraédrica de silício, alternada com uma lâmina octaédrica de alumínio.

cerosidade Fina camada de partículas de argila agregadas e orientadas, que ficam sobrepostas à superfície de um agregado, partícula ou poro do solo. Um filme de argila.

chão da floresta Horizontes O do solo de uma floresta, incluindo a serrapilheira (folhas e galhos caídos) e o húmus não incorporado à camada mais superficial do solo mineral.

chuva ácida Precipitações atmosféricas com valores de pH menores do que 5,6; a acidez é decorrente da presença de certos ácidos inorgânicos, como o sulfúrico e o nítrico, que se formam mediante emissões de nitrogênio e de enxofre na atmosfera.

cianobactérias Bactérias clorofiladas responsáveis pela fotossíntese e fixação do nitrogênio. Inicialmente chamadas de algas azuis.

ciclo do carbono Sequência de transformações pelas quais o dióxido de carbono é fixado nos organismos vivos mediante fotossíntese ou quimiossíntese, liberados pela respiração, por morte e por decomposição dos organismos de fixação, utilizado pelas espécies heterotróficas e, por fim, devolvido ao seu estado original.

ciclo do nitrogênio Sequência de trocas químicas e biológicas sofridas pelo nitrogênio atmosférico em organismos vivos, solo e água e, após a morte desses organismos (animais e plantas), é reciclado por meio de uma parte ou de todo o processo.

ciclo hidrológico Circuito da movimentação da água da atmosfera para a terra e seu retorno à atmosfera, mediante diversos estágios ou processos, como precipitação, interceptação, escoamento, infiltração, percolação, armazenagem, evaporação e transpiração.

cimentado Endurecido e que possui consistência dura e quebradiça, porque as partículas são retidas em conjunto por substâncias cimentantes, como húmus, carbonato de cálcio ou óxidos de silício, de ferro e de alumínio.

cisalhamento Força que acontece à medida que um implemento de preparo do solo age em ângulo reto na direção do seu movimento.

classe de textura do solo Agrupamento de unidades de solo baseadas nas proporções relativas das frações granulométricas do solo (areia, silte e argila). Essas classes texturais são avaliadas para identificar as classes de texturas que um solo pode apresentar: arenosa, arenoargilosa, argilosa, silte-argilosa, silte, argilosa, dentre outras. Existem várias subclasses das classes argilosa, arenosa e siltosa, baseadas no tamanho da partícula dominante da fração areia (p. ex., franco-arenosa fina, franco-arenosa grossa).

classes de estrutura do solo Agrupamento de unidades estruturais de solo ou agregados de tamanho muito pequeno a muito grande.

classes de temperatura do solo Critério utilizado para diferenciar os solos no sistema americano de classificação de solos (*Soil Survey Staff*, 1999), que reúne solos principalmente em nível de família. As classes são baseadas na temperatura anual média do solo e nas diferenças entre as temperaturas médias do verão e do inverno, a uma profundidade de 50 cm.

classificação da capacidade de uso da terra Agrupamento de classes de solo em unidades, subclasses e classes especiais, de acordo com a sua capacidade para uma utilização intensiva e práticas agrícolas necessárias para o uso sustentado. Um sistema deste tipo foi elaborado pelo Serviço de Conservação de Recursos Naturais do Departamento de Agricultura dos Estados Unidos (USDA – NRCS).

classificação de solos Taxonomia ou arranjo sistemático dos solos em grupos ou categorias com base em suas características. *Veja:* taxonomia de solo; ordem; subordem; grandes grupos; subgrupo; família; séries.

clima árido Clima de regiões onde há insuficiência de água para possibilitar a produção de cultivos sem irrigação. Nas regiões frias, a precipitação anual é geralmente inferior a 250 mm. Em regiões tropicais, pode ser tão alta quanto 500 mm. A vegetação natural é constituída de arbustos do deserto.

clima úmido Clima nas regiões onde a umidade é normalmente bem distribuída ao longo do ano, não havendo limitação para a produção vegetal. Em climas frios, a precipitação anual é de, pelo menos, 250 mm; em climas quentes, de 1.500 mm, ou maior. A vegetação natural das áreas não cultivadas é a floresta.

climossequência Grupo de solos relacionados que diferem um dos outros, principalmente devido às diferenças de clima como um fator de formação.

clorita Mineral silicatado do tipo 2:1:1, sendo composto de camadas de lâminas do tipo 2:1, alternadas com lâminas octaédricas nas quais predomina o magnésio.

clorose Condição dos vegetais que está relacionada com falhas no desenvolvimento da clorofila (material de coloração verde), o que acaba permitindo o desenvolvimento de faixas cloróticas nas folhas, com tonalidades variando do verde-claro e amarelo até quase brancas.

cobertura morta (palhada) Restos ou resíduos das colheitas deixados no campo como uma cobertura que será incorporada ao solo durante sua preparação para o cultivo seguinte.

cobertura poeirenta Camada superficial do solo com as seguintes características: solta, poeirenta ou de granulação muito fina – produzida geralmente por cultivo pouco profundo.

cobertura protetora (*mulch*) Qualquer material, como palha, serragem, folhas, lona plástica e solo solto, que está espalhado sobre a superfície do solo para proteger não apenas esse solo como também as raízes das plantas dos efeitos das gotas de chuva, encrostamento do solo, congelamento, evaporação, etc.

co-compostagem Método de compostar no qual dois materiais diferentes, mas de natureza complementar, são misturados para melhorar a decomposição uns dos outros em um sistema de compostagem.

coeficiente de distribuição (K_d) Distribuição de um produto químico entre o solo e a água.

coeficiente higroscópico Quantidade de umidade em um solo seco quando ele está em equilíbrio com a umidade relativa padrão perto de uma atmosfera saturada (cerca de 98%), expresso em termos de percentagem de solo seco em estufa.

coesão Força mantendo um sólido ou líquido unidos devido à atração entre moléculas semelhantes. Diminui com o aumento da temperatura.

coloides do solo (do grego, "cola") Matéria orgânica e inorgânica com tamanho de partícula muito pequeno e uma grande superfície específica por unidade de massa.

colúvio Depósito de fragmentos de rochas e de material de solo acumulado na base de encostas íngremes, como consequência de ação gravitacional.

compartimento (*pool*) Porção de um grande estoque de uma substância, definida pelas suas propriedades cinéticas ou teóricas. Por exemplo, o compartimento passivo da matéria orgânica é definido por sua taxa muito lenta de decomposição pelos micro-organismos. *Compare com:* fração.

complexo de adsorção Grupo de substâncias orgânicas e inorgânicas do solo capazes de adsorver íons e moléculas.

complexo de esfera externa Associação química de ligação relativamente fraca (facilmente reversível) ou atração geral entre um íon e um coloide do solo opostamente carregado, por meio de atração mútua para moléculas intervenientes de água.

complexo de esfera interna Forte associação química (não facilmente reversível) ou ligação direta entre um íon específico e átomos específicos ou grupos de átomos na estrutura de superfície de um coloide do solo.

complexo de solos Unidade de mapeamento empregada em levantamentos detalhados de solos em que duas ou mais unidades com características definidas encontram-se intimamente misturadas sob o aspecto geográfico, o que torna a sua separação face à escala utilizada, indesejável ou impraticável. Trata-se de uma mistura íntima de áreas, com unidades características específicas menores do que as descritas em *associação de solos*.

composto Resíduos orgânicos ou uma mistura de resíduos orgânicos e solo, empilhados e umedecidos, para favorecer a decomposição biológica. Adubos minerais, por vezes, são adicionados. É normalmente manejado para manter as temperaturas termofílicas.

compostos inorgânicos Todos os produtos dos compostos químicos na natureza, exceto compostos de carbono, monóxido de carbono, dióxido de carbono e carbonatos.

compressibilidade do solo Propriedade de um solo referente à sua capacidade de diminuição de volume em massa quando submetido a uma carga.

concentração de fósforo em equilíbrio Concentração de fósforo em uma solução em equilíbrio com um solo, sendo o CPE_0 a concentração de fósforo atingida pela dessorção do fósforo de um solo para a água destilada livre de fósforo.

concentrações redox Zonas com uma aparente acumulação de óxidos de Fe e Mn nos solos.

concreção Concentração localizada de um composto químico, como carbonato de cálcio ou óxido de ferro, sob forma de grãos ou de nódulos com tamanhos, formas, durezas e cores variáveis.

condicionador de solo Qualquer material adicionado ao solo, com vistas à melhoria de suas condições físicas.

condução Transferência de calor por contato físico envolvendo dois ou mais objetos.

condutividade elétrica (CE) Capacidade de uma substância conduzir ou transmitir a corrente elétrica, em solos ou água, medida em siemens/metro (ou, muitas vezes, em dS/m); está relacionada a solutos dissolvidos.

condutividade hidráulica Expressão que define a rapidez com que um líquido, como a água, flui através do solo, como resultado de um determinado potencial de gradiente.

conservação do solo Combinação de todos os métodos de manejo e uso da terra, para salvaguardar o solo contra seu esgotamento ou deterioração provocados por fatores naturais ou ocasionados pelo homem.

consistência (em engenharia civil) Interação entre forças adesivas e coesivas dentro de um solo com vários conteúdos de água, expressa pela capacidade relativa com que o solo pode ser deformado ou sofrer ruptura.

consistência (em pedologia) Combinação das propriedades do material do solo, as quais determinam sua resistência ao esmagamento e sua capacidade de ser moldado ou alterado em forma. Termos como *solto, friável, firme, macio, plástico* e *pegajoso* descrevem a consistência do solo.

consociação do solo Tipo de unidade de mapeamento do solo que é designada com o nome do táxon do solo predominante dentro do delineamento, no qual pelo menos metade dos pedons se enquadra no solo assim designado, sendo que a maioria dos pedons restantes é tão semelhante que não afeta a maioria das interpretações.

consumidor primário Um organismo consumidor de plantas.

consumo de luxo Absorção por uma planta de um nutriente essencial em quantidades que excedem as suas necessidades. Por exemplo, se o potássio é abundante no solo, a alfafa pode consumi-lo mais do que necessita.

convecção Transferência de calor mediante gás ou solução, em função do movimento molecular.

coprólitos de minhocas Agregados do solo arredondados e estáveis em água, que passaram pelo intestino de uma minhoca.

cor Propriedade de um objeto que depende do comprimento de onda da luz que ele reflete ou emite.

correlação de solos Processo destinado a definir, mapear, nomear e classificar tipos de solos em uma área específica de pesquisas, cuja finalidade consiste em assegurar que tais solos recebam definição adequada, sejam mapeados com acurácia e nomeados com uniformidade.

corretivo do solo Qualquer substância diferente dos adubos, como calcário, enxofre, gesso e serragem, usada para alterar as propriedades físicas ou químicas do solo, geralmente para torná-lo mais produtivo.

corte e queimada *Veja:* cultivo itinerante.

criofílica Referente às temperaturas baixas na faixa de 5 a 15°C, intervalo no qual os organismos criofílicos têm melhor crescimento.

crioturbação Movimentação das partículas de um solo pela influência do gelo e degelo. Resulta em horizontes irregulares, quebrados, involuções, fragmentos rochosos orientados e acúmulo de matéria orgânica sobre a superfície de solo congelado.

criptogama *Veja:* crosta (2).

cristal Substância inorgânica homogênea de composição química definida, delimitada pelas superfícies planas que formam ângulos definitivos entre si, dando assim à substância uma forma geométrica regular.

croma (cor) *Veja:* sistema de cores de Munsell.

cronossequência Sequência de solos relacionados que diferem um dos outros em certas propriedades, principalmente as que resultam do tempo considerado como um fator de formação.

crosta (do solo)

(1) física Camada de superfície nos solos, com espessura variável desde alguns milímetros até cerca de 3 cm, mais compactada, dura e quebradiça ao secar do que o material subjacente imediato.

(2) microbiótica Conjunto de algas, cianobactérias, líquens e musgos que geralmente formam uma crosta irregular na superfície do solo, especialmente em regiões áridas. Também conhecida como crostas criptogâmicas, criptobióticas ou biológicas.

crosta desértica Camada dura, contendo carbonato de cálcio, gesso ou outros materiais aglutinantes, expostos na superfície em regiões desérticas.

crotovina Antiga toca de animal em um horizonte de solo que foi preenchida com matéria orgânica ou material de outro horizonte.

cultivo Operação de movimentação do solo destinada a preparar a terra para semeadura, transplante, posterior controle de ervas daninhas ou, ainda, para afofar a terra.

cultivo com cobertura protetora *Veja:* preparo conservacionista.

cultivo em faixas Prática que exige tipos diferentes de cultivo, como plantio em linhas com vegetação, em faixas alternadas ao longo de contornos ou em todas as direções predominantes do vento.

cultivo em faixas em contorno Disposição de cultivos em faixas regulares e estreitas, nas quais as operações de cultivo são efetuadas no sentido dos contornos de mesmos níveis. Em geral, alternam-se as culturas de crescimento denso com as de crescimento ralo.

cultivo itinerante Sistema em que a terra é desmatada, os restos da vegetação são queimados, e o solo é cultivado por dois a três anos; depois, o agricultor deixa a terra em pousio (com vegetação natural crescendo) durante 5 a 15 anos, e, em seguida, esse processo de cultivo é repetido.

cultura de cobertura Cultura de crescimento denso, usada para proteger e melhorar o solo entre dois períodos regulares de produção vegetal ou entre árvores e videiras em pomares e vinhedos.

cutãs Modificação da textura, estrutura ou trama dos constituintes do solo em superfícies naturais devido à concentração de determinados constituintes; p. ex., cerosidade e filmes de argila.

declive Desvio, em uma superfície, a partir da horizontal, medido em coeficiente numérico, percentagem ou graus.

decomposição Degradação química de um composto (p. ex., um composto mineral ou orgânico) em compostos mais simples, muitas vezes realizado com a ajuda de micro-organismos.

déficit de água no solo Quantidade de água disponível removida do solo dentro da faixa correspondente à profundidade das raízes da vegetação, ou quantidade de água necessária para fazer com que o solo permaneça na sua capacidade de campo.

déficit de água no solo Diferença entre PET e ET, a qual representa o intervalo entre a quantidade de água "demandada" pelas condições atmosféricas e o montante de evapotranspiração que o solo pode realmente fornecer. Medida da limitação a partir da qual o abastecimento de água no solo afeta a produtividade da planta.

defloculação (1) Separação dos componentes individuais de partículas compostas por meios químicos e/ou físicos. (2) Fazer com que as partículas da *fase dispersa* de um sistema coloidal se tornem suspensas no *meio de dispersão.*

delineamento Área no mapa de solos correspondente a um polígono individualmente definido que define a área, a forma e a localização de uma unidade de mapeamento inserida em uma paisagem.

delta Depósito aluvial formado por um fluxo d'água ou um rio que descarta sua carga de sedimentos ao entrar em um corpo d'água menos caudaloso.

densidade aparente do solo Massa de solo seco por unidade de volume, incluindo seus espaços de ar. O volume bruto é determinado antes da secagem a 105°C, para peso constante.

densidade de partículas Massa por unidade de volume das partículas de solo. Nos trabalhos técnicos, geralmente é expressa em toneladas por metro cúbico (Mg/m^3) ou gramas por centímetro cúbico (g/cm^3).

depleções redox Zonas de croma baixo (<2), onde os óxidos de Fe e de Mn, e em alguns casos argila, foram retirados do solo.

depósito de derivação Materiais de qualquer tipo que, após terem sido removidos de um local, devido a processos geológicos, depositaram-se em outro lugar. Esses depósitos, quando de origem glacial, incluem materiais movimentados pelas geleiras e cursos d'água e lagos a elas associados.

depósito eólico de material do solo Material de solo acumulado por meio da ação do vento. Nos Estados Unidos, eles são predominantemente constituídos de silte (loess), mas, em grandes áreas, também ocorrem como depósitos de areia.

depósito fluvial Material de origem depositado pelos rios ou córregos.

depósito glacial Rochas fragmentadas que foram transportadas por geleiras e diretamente depositadas pelo gelo derretido. Os fragmentos de rocha podem ou não ser heterogêneos.

depósito lacustre Material depositado na água de lagos e mais tarde exposto por meio de uma redução do nível de água ou pela elevação da terra.

depósitos fluvioglaciais Material movimentado pelas geleiras, posteriormente separado e depositado pelos cursos d'água que fluíam do gelo derretido. Os depósitos são estratificados e poderão ocorrer sob as formas de planícies de inundação, deltas, *kames*, *eskers* e terraços *kame*.

desintegração Fratura de partículas de rochas e de minerais em frações menores, mediante certas forças físicas, como a ação de congelamento.

desnitrificação Redução bioquímica do nitrato ou do nitrito, tanto para a forma de nitrogênio molecular como para óxido de nitrogênio.

dessalinização Remoção de sais de um solo salino, geralmente por lixiviação.

dessorção Remoção de material sorvido nas superfícies.

detritívoro Organismo que sobrevive de detritos.

detritos Restos de animais e plantas mortas.

diagnose foliar Estimativa das deficiências (ou excessos) de nutrientes minerais nos vegetais, com base na composição química de partes selecionadas das plantas, bem como da cor e características de crescimento de suas folhagens.

diatomáceas Algas que têm células com paredes silicosas, as quais persistem como esqueletos após as suas mortes. Quaisquer das algas microscópicas unicelulares ou coloniais que constituem a classe *Bacillariaceae*. Ocorrem com abundância nas águas, quer sejam doces ou salgadas, e seus remanescentes acham-se amplamente distribuídos nos solos.

difusão Transporte de matéria como resultado da movimentação de suas partículas componentes. Mistura de dois gases ou de dois líquidos em contato direto; essa mistura se efetua mediante difusão.

dispersão (1) Dissociação de partículas compostas, como agregados, em componentes de partículas individuais específicas. (2) Distribuição ou colocação em suspensão de partículas finas, como, argila, em um meio de completa dispersão, como água.

dissolução Processos pelos quais as moléculas de um gás sólido ou líquido se dissolvem em um outro líquido, tornando-se assim completas e uniformemente dispersas no volume do líquido.

distribuição do tamanho das partículas Quantidade dos vários separados do solo em uma amostra de solo, geralmente expressa em percentagens de peso.

distribuição do tamanho de poros Volume de vários tamanhos de poros em um solo. Expresso em percentagem do seu volume total (solo mais espaço de poros).

diversidade de espécies Variedade de diferentes espécies biológicas presentes em um ecossistema. Em geral, essa elevada diversidade é marcada por muitas espécies com poucos indivíduos de cada espécie.

diversidade funcional Característica de um ecossistema com capacidade de realizar um grande número de transformações bioquímicas e outras funções.

drenagem do solo Frequência e duração dos períodos quando o solo é livre de saturação com água.

dreno (1) Canais ou valas para drenar o excesso de água, removendo-a pela superfície ou pelo fluxo interno. (2) Perda de água (do solo) por percolação.

"drumlin" (ou **aresta de morena**) Colinas baixas, alongadas e lisas, em forma de charutos de tilito glacial, com seus longos eixos paralelos à direção definida pelo movimento do gelo.

dupla camada iônica Distribuição de cátions na solução do solo resultante da atração simultânea que ocorre em direção às partículas coloidais, em decorrência das suas cargas negativas e da tendência de difusão e força térmica que afastam os cátions das superfícies coloidais. Também descrito como uma dupla camada difusa ou uma dupla camada elétrica difusa.

duripã Horizonte diagnóstico subsuperficial que é cimentado pela sílica, até que fragmentos secos ao ar não se desfaçam na água ou HCl. Pã endurecido.

E_h Em solos, o potencial formado por reações de oxirredução que ocorrem na superfície de um eletrodo de platina medido em relação a um eletrodo de referência (menos o E_h do eletrodo de referência). É uma medida do potencial de oxidação-redução dos componentes eletrorreativos do solo. *Veja também:* P_e.

ecossistema Combinação dinâmica e interativa de todos os organismos vivos e elementos inanimados (matéria e energia) de uma área.

edafologia Ciência que trata da influência dos solos sobre os seres vivos, particularmente plantas, inclusive do uso do solo pelo ser humano com a finalidade de proporcionar o desenvolvimento das plantas.

efeito estufa Calor gerado pelos gases da atmosfera superior, como dióxido de carbono, vapor d'água e metano, semelhante ao calor aprisionado pelos vidros de uma estufa. O aumento na quantidade desses gases na atmosfera provavelmente resultará em aquecimento global, o que pode ter consequências graves para a humanidade.

efeito *priming* Aumento da decomposição do húmus relativamente estável no solo, sob a influência de uma maior atividade biológica resultante da adição de matérias orgânicas frescas ao solo.

eficiência de irrigação Relação entre a água efetivamente consumida por culturas em uma área irrigada e a quantidade de água desviada da fonte para a área.

efluente de esgoto Parte líquida dos esgotos ou águas residuárias. Esse efluente é geralmente tratado para remover não apenas a parte dos compostos orgânicos dissolvidos, como também os nutrientes presentes no esgoto original.

elemento essencial Elemento químico indispensável para o crescimento normal das plantas.

elemento menor (obsoleto). *Veja:* micronutriente.

elemento-traço Elemento presente na crosta terrestre em concentrações inferiores a 1.000 mg/kg. *Micronutriente* é o termo mais usado, quando referido como nutrientes de plantas.

elevação pelo gelo Soerguimento parcial de plantas, edifícios, estradas, moirões, etc., para fora do solo, como resultado do congelamento e degelo da camada arável durante o inverno.

eluviação Remoção de materiais do solo em suspensão (ou em solução) de uma ou de várias camadas de um solo. A perda de material em solução é descrita como "lixiviação". *Veja também:* iluviação e lixiviação.

endoáquico (endossaturação) Condição ou regime de umidade na qual o solo está saturado com água em todas as camadas, desde o limite superior de saturação (lençol freático) até uma profundidade de 200 cm ou mais, a partir da superfície do solo mineral. *Veja também*: epiáquico.

enrocamemento rochoso Fragmentos grosseiros de rochas, pedras ou matacões colocados ao longo das margens de um curso d'água, ou encosta para evitar a erosão.

Entisols Ordem do sistema americano de classificação de solos (*Soil Survey Staff,* 1999) que reúne solos que não têm um horizonte pedogenético diagnóstico de subsuperfície. Podem ser encontrados em praticamente qualquer clima, em superfícies geomórficas muito recentes.

entre camadas (mineralogia) Materiais entre camadas de um dado cristal, incluindo cátions, cátions hidratados, moléculas orgânicas e grupos de folhas entre camadas de hidróxido.

enxurrada Fluxo de água que ocorre quando o solo está saturado com o excesso de água de chuva ou outras fontes de fluxos sobre a terra. Este é um componente importante do ciclo da água, pois parte da precipitação de uma área é descarregada através dos *canais de fluxo*, pelas *águas subterrâneas*. (Em ciência do solo, o *escoamento* normalmente se refere à água perdida pelo fluxo de superfície; em geologia e hidráulica, o *escoamento* inclui normalmente o fluxo de superfície e subsuperfície.)

epiáquico (epissaturação) Condição na qual o solo está saturado com água devido a uma camada de líquido estagnado em uma ou mais faixas dentro de 200 cm da superfície do solo mineral, implicando também na existência de uma ou mais camadas insaturadas dentro de 200 cm abaixo da camada saturada. *Veja também*: endoáquico

epipedon (como adotado pelo sistema americano de classificação de solos – *Soil Survey Staff,* 1999) Horizonte diagnóstico de superfície que inclui a parte superior do solo, escurecida pela matéria orgânica, ou os horizontes eluviais superiores, ou ambos.

epipedon antrópico (como adotado pelo sistema americano de classificação de solos – *Soil Survey Staff,* 1999) Horizonte diagnóstico de superfície do solo mineral que tem os mesmos requisitos do epipedon mólico, mas que tem mais de 250 mg/kg de P_2O_5 solúvel em ácido cítrico a 1%, ou permanece seco por mais de 10 meses (cumulativos) quando não irrigado. O epipedon antrópico geralmente se apresenta em áreas cultivadas durante muito tempo e com adubações contínuas.

epipedon hístico (como adotado pelo sistema americano de classificação de solos – *Soil Survey Staff,* 1999) Horizonte diagnóstico de superfície composto por uma fina camada de material orgânico do solo que está saturado com água em algum período do ano, a menos que esteja artificialmente drenado ou que esteja próximo da superfície de um solo mineral.

epipedon melânico (como adotado pelo sistema americano de classificação de solos – *Soil Survey Staff,* 1999). Horizonte diagnóstico de superfície formado em material de origem vulcânica que contém mais de 6% de carbono orgânico, escuro na cor, e com uma densidade muito baixa e capacidade de adsorção aniônica alta.

epipedon mólico (como adotado pelo sistema americano de classificação de solos – *Soil Survey Staff,* 1999) Horizonte diagnóstico de superfície de um solo mineral de coloração escura e relativamente espesso, contém pelo menos 0,6% de carbono orgânico, não é maciço e nem duro quando seco, tem uma saturação por bases de mais de 50%, tem menos de 250 mg/kg de P_2O_5 solúvel em ácido cítrico a 1% e é predominantemente saturado com cátions bivalentes.

epipedon ócrico (como adotado pelo sistema americano de classificação de solos – *Soil Survey Staff,* 1999) Horizonte diagnóstico de superfície que apresenta cores claras, croma muito alto, baixo teor de carbono orgânico, ou com espessura insuficiente para ser classificado como um epipedon plagen, mólico, úmbrico, antrópico ou hístico, ou aqueles que são maciços e muito duros quando seco.

epipedon plagen (como adotado pelo sistema americano de classificação de solos – *Soil Survey Staff,* 1999). Horizonte diagnóstico de superfície formado pela atividade do homem e que possui mais de 50 cm de espessura. Formado por longas e contínuas incorporações de adubos.

epipedon úmbrico (como adotado pelo sistema americano de classificação de solos – *Soil Survey Staff,* 1999) Horizonte diagnóstico de superfície que atende aos mesmos requisitos do epipedon mólico em relação a cor, espessura, teor de carbono orgânico, consistência, estrutura e conteúdo de P_2O_5, mas que têm uma saturação por bases inferior a 50%.

equação universal de perdas de solos (EUPS ou **USLE)** Equação para prever a perda média anual de solo por unidade de área por ano. $A = RKLSPC$, onde R é o fator de erosividade da chuva (chuvas e escoamento), K é o fator de erodibilidade do solo, L é o comprimento da encosta, S é a inclinação em percentagem, P é o fator de práticas agrícolas e C é o fator de manejo (uso e ocupação da terra).

erosão (1) Desgaste da superfície do terreno por água de escoamento, por vento, gelo e outros agentes geológicos, inclusive certos processos, como o deslizamento gravitacional. (2) Separação e movimentação do solo ou das rochas por água, vento, gelo ou gravidade; a terminologia a seguir é usada para descrever os diversos tipos de erosão por água.

erosão acelerada Erosão muito mais rápida do que a normal, natural e geológica; ocasionada principalmente devido aos resultados das atividades antrópicas ou, em alguns casos, de animais. *Veja também*: sulco.

erosão em sulcos Processo de erosão em que numerosos pequenos canais de apenas alguns centímetros de profundidade vão se formando, com apenas algumas polegadas de profundidade; ocorrem principalmente em solos recém-cultivados. *Veja também*: sulco.

erosão em voçorocas Processo de erosão em que a água se acumula em canais estreitos e, durante curtos períodos, remove o solo dessa área estreita até profundidades consideráveis, que variam de 1 a 2 pés, atingindo por vezes 25 a 33 m (75 a 100 pés).

erosão geológica Desgaste da superfície da terra por água, gelo ou outros agentes naturais sob condições ambientais naturais de clima, vegetação, e assim por diante, sem serem perturbadas pelo homem. Sinônimo de *erosão natural*.

erosão laminar Remoção bastante uniforme da camada mais superficial do solo pela água de escoamento superficial.

erosão por salpicamento Esguicho de pequenas partículas de solo, ocasionado pelo impacto das gotas de chuva em solos muito molhados. As partículas soltas e separadas poderão ou não ser removidas pelo escoamento superficial

escoamento superficial *Veja:* enxurrada.

escorrimento pelo tronco Processo pelo qual a água da chuva ou de irrigação é dirigida do dossel da planta em direção ao caule para molhar o solo, mas de forma desigual quando debaixo do dossel da planta.

esfoliação Desintegração ou desagregação das camadas da superfície de uma rocha, geralmente resultado da expansão e contração que acompanham mudanças de temperatura.

esker Depósitos alinhados de areia e cascalho que se formam, paralelamente à direção do movimento de correntes, no interior de canais anteriormente ocupados por gelo e que se desenvolveram dentro da geleira.

esmectita Grupo de argilas silicatadas 2:1 de estrutura reticular, com substituição isomórfica nas estruturas tetraédricas e octaédricas, o que resulta em uma alta carga negativa devido à alta capacidade de troca de cátions, e permite a expansão. Pertence ao grupo da montemorilonita, beidelita e saponita.

estratificado Organizado, composto por estratos ou camadas.

estrutura colunar dos solos *Veja:* tipos de estrutura do solo.

estrutura cristalina Arranjo ordenado de átomos em um material cristalino.

estrutura do solo Combinação ou organização de partículas primárias do solo em partículas secundárias, unidades ou *peds*. Essas unidades secundárias podem ser (mas geralmente não são) organizadas no perfil de modo a dar um padrão característico distinto. As unidades secundárias são caracterizadas e classificadas pelo tamanho, forma e grau de distinção em classes, tipos e graus, respectivamente.

estrutura em blocos (do solo) Agregados de solo em forma de blocos; comum nos horizontes B dos solos em regiões úmidas.

estrutura granular (do solo) Estrutura do solo cujos grãos individuais são agrupados em agregados esféricos com lados indistintos. Altamente porosos, os grânulos são comumente chamados de *grumos*. Um solo bem-granulado apresenta a melhor estrutura para cultivos de plantas. *Veja:* tipos de estrutura do solo.

estrutura prismática (do solo) Tipo de estrutura do solo com agregados prismáticos que têm um eixo vertical muito maior do que os eixos horizontais.

eucarionte Organismo composto de uma ou mais células que possuem organelas e um núcleo visível.

eutrófico Que possui concentrações de nutrientes para ótimo crescimento vegetal e animal. (Diz-se das algas em corpos d'água enriquecidos com nutrientes.)

eutrofização Enriquecimento de nutrientes em lagos e lagoas, estimulando assim o crescimento de organismos aquáticos, que leva a uma deficiência de oxigênio no corpo d'água.

evapotranspiração Perdas combinadas de água em uma determinada área e durante período específico, mediante evaporação da superfície do solo e transpiração pelos vegetais.

exsudação salina Área de terra na qual a água salina exsuda (mereja) para a superfície, deixando uma alta concentração de sal quando evapora.

extrato da pasta saturada Solução extraída de uma pasta de solo saturado com água; a condutividade elétrica E_c (ou C_e) obtida dá uma ideia do conteúdo de sais de um solo.

extrato saturado Solução extraída de uma pasta de solo saturada com água.

família de solos Categoria do sistema americano de classificação de solos (*Soil Survey Staff*, 1999), intermediária entre os grandes grupos e as séries de solo. As famílias são definidas, em grande parte, com base no grau de importância de suas propriedades físicas e mineralógicas para o crescimento das plantas.

fase de solos Subdivisão de uma série de solo ou outra unidade de classificação, com base em características que afetam a utilização e o manejo do solo, mas não variam suficientemente para diferenciá-la como uma série separada. Entre essas características estão incluídos o grau de inclinação da superfície do solo (declividade), o grau de erosão e a presença de pedras.

fator limitante *Veja:* lei de Liebig.

fauna A vida animal de uma região ou de um ecossistema.

feições redoximórficas Propriedades associadas à umidade, as quais resultam da redução e da oxidação de compostos de ferro e manganês após a saturação e dessaturação do solo com água. *Veja também:* concentrações redox; depleções redox.

ferrihidrita, $Fe_5HO_8 \cdot 4H_2O$ Óxido de ferro cristalino, de tonalidade bruna-avermelhada-escura, que se forma em solos saturados com água.

ferripã Horizonte endurecido no qual os óxidos de ferro são os principais agentes cimentantes.

fertilidade do solo Qualidade de um solo que lhe permite fornecer elementos químicos essenciais em quantidades e proporções para o crescimento de certas plantas.

fertirrigação Aplicação de fertilizantes com as águas de irrigação, normalmente através de sistemas de aspersão.

filosfera Superfície da folha.

fixação (1) Com exceção do nitrogênio elementar, é o processo do solo por meio do qual os elementos químicos essenciais ao crescimento vegetal são convertidos das formas solúveis ou trocáveis para outras menos solúveis ou inassimiláveis; p. ex., fixação do potássio, do amônio e dos fosfatos. (2) Para o nitrogênio elementar: processo pelo qual o nitrogênio, sob a forma de gás, é quimicamente combinado com hidrogênio para formar a amônia.

fixação biológica do nitrogênio Ocorre a temperaturas e pressões normais. Em geral, é ocasionada por certas bactérias, algas e actinomicetos, que poderão estar, ou não, associados com os vegetais superiores.

fixação de nitrogênio Conversão biológica do nitrogênio elementar (N_2) para combinações orgânicas ou formas facilmente utilizadas em processos biológicos.

fixação do amônio Quimiossorção de íons de amônio por frações minerais ou orgânicas do solo, transformando-os em formas que são insolúveis em água e, pelo menos temporariamente, não trocáveis.

flocular Agregar ou aglutinar minúsculas partículas individuais do solo, especialmente a argila fina, em pequenos flocos ou tufos. Oposto de: dispersar ou deflocular.

flora Conjunto dos diversos tipos de vegetais em uma determinada área e em uma época específica.

fluorapatita Membro do grupo de minerais da apatita que contém flúor. É o mineral mais comum das rochas fosfatadas.

fluvioglacial *Veja:* depósitos fluvioglaciais.

fluxo de massa Movimento de nutrientes associado com o fluxo da água em direção às raízes das plantas.

fluxo não saturado Movimento da água em um solo que não está preenchido com sua capacidade plena de água.

fluxo preferencial Circulação de água e seus solutos através de um solo, ao longo de certos caminhos, que são, frequentemente, macroporos.

fonte não pontual Fonte de poluição que não pode ser rastreada até uma única origem ou fonte. Exemplos incluem escoamento de água de áreas urbanas e lixiviação de áreas cultivadas.

fonte pontual Fonte de poluição que pode ser rastreada até sua origem, que normalmente é um tubo de descarga de efluentes. Exemplos: estação de tratamento de águas residuárias ou uma fábrica. *Oposto de:* fonte não pontual.

fotomapa Mapa feito a partir de um mosaico de fotografias aéreas, ao qual foram adicionados legendas e outros dados que identificam os temas utilizados e outras informações cartográficas.

fração Parte de um maior armazenamento de uma substância operacionalmente definida por um método específico de análise ou de separação. P. ex., a fração de ácido fúlvico da matéria orgânica do solo é definida por uma série de procedimentos laboratoriais pela qual ele é solubilizado. *Compare com*: compartimento.

fração de terra fina Parte do solo que passa por uma peneira com abertura de malha de 2 mm. *Compare com:* fragmentos minerais grosseiros.

fração lenta (da matéria orgânica do solo) Parte da matéria orgânica do solo que pode ser metabolizada, mas com grande dificuldade, por micro-organismos no solo e, portanto, tem uma taxa de retorno muito lenta, além de uma meia-vida no solo de alguns anos até algumas décadas. Muitas vezes esta fração é o produto de alguma decomposição anterior.

fragipã Pã ou camada subsuperficial do solo com alta densidade e quebramento moderado a fraco, que tem sua dureza advinda da elevada densidade ou compactação, e não cimentação ou alto conteúdo de argila. Os fragmentos removidos são friáveis, mas o material *in situ* é tão denso que a penetração das raízes e o movimento da água são muito lentos.

fragmentos minerais grosseiros (rocha) Partículas do solo maiores que 2 mm de diâmetro. *Compare com:* fração de terra fina.

franca Nome da classe textural para solos que possuem moderado conteúdo de areia, silte e argila. Os solos de textura franca contêm de 7 a 27% de argila, 28 a 50% de silte e 23 a 52% de areia.

franco Solo com textura e com propriedades intermediárias entre os de textura argilosa (ou fina) e arenosa (ou grosseira). Inclui todas as classes texturais entre a argila e a areia, fazendo parte do nome da classe, como: franco-argilosa, franco-siltosa. *Veja também:* franca; textura de solo.

franja capilar Zona do solo imediatamente acima do plano de pressão hidrostática zero (lençol freático) e que permanece saturada ou quase saturada com água.

frente de molhamento Limite entre o solo saturado com água e o solo seco durante a infiltração de água.

friável Termo da consistência do solo quando úmido. Diz respeito à facilidade de esboroamento do material do solo.

frígido Classe de temperatura do solo com média de temperatura anual inferior a 8°C.

fungo Micro-organismos eucariontes que possuem uma rígida parede celular. Alguns formam longos filamentos nas células, chamados de *hifas*, os quais podem crescer unidos e formar um corpo visível.

gabião Recipiente de arame preenchido com pedras e fechado, para formar estruturas monolíticas para retenção de materiais terrosos.

Gelisols Ordem do sistema americano de classificação de solos (*Soil Survey Staff*, 1999) que reúne solos que tenham camadas congeladas com espessura superior a 1 ou 2 m, se a crioturbação estiver presente. Podem ter um epipedon ócrico, hístico, mólico ou de outro tipo.

gênese do solo Sistemática da origem do solo, com referência especial aos processos responsáveis pelo desenvolvimento do *solum*, que é o verdadeiro solo, a partir do material originário e não consolidado.

geografia do solo Subespecialização da geografia física interessada na distribuição espacial dos tipos de solo.

gibbsita, $Al(OH)_3$ Mineral de tri-hidróxido de alumínio mais comum em solos altamente intemperizados, como os *Oxisols*.

gilgai Microrrelevo originado pela expansão e contração dos solos devido a alterações na umidade. Encontrado em solos que contêm grandes quantidades de argila expansivas que se expandem e contraem bastante quando molhados e secos. Frequentemente formam uma sucessão de microdepressões e microelevações em áreas quase planas ou camalhões paralelos à direção das encostas.

gleização Condição de solo resultante de condições de prolongada saturação com água e redução que se manifesta em cores esverdeadas ou azuladas na matriz do solo ou em mosqueamentos.

glomalina Grupo de moléculas de proteínas e açúcar secretadas por certos fungos, gerando uma superfície pegajosa de hifas que contribuem para a estabilidade dos agregados do solo.

goetita, FeOOH Mineral de óxido de ferro, bruno-amarelado, que é responsável pela cor bruna de muitos solos.

gradagem Operação secundária de preparo mecânico do solo que consiste no destorroamento dos agregados maiores do solo na época de preparo da terra para plantio, facilitando o plantio e o controle de ervas daninhas, bem como incorporando materiais distribuídos na superfície.

grandes grupos Categoria do sistema de classificação americano de solos (*Soil Survey Staff*, 1999) cujas classes caracterizam-se por terem o mesmo tipo e sequência de horizontes, além de regimes de temperatura e umidade semelhantes.

granulação Processo de produção de materiais granulares. Comumente usado para se referir à formação de agregados estruturais granulares do solo, mas também usado para se referir ao processo de transformação de adubos minerais em pó para grânulos.

graus de estrutura do solo Agrupamento ou classificação de estrutura do solo com base na coesão, adesão ou estabilidade entre e intra-agregados dentro do perfil do solo. São reconhecidos quatro graus de estrutura, designados de 0 a 3: *sem estrutura*, *fraca*, *moderada* e *forte*.

gravidade específica Relação entre a densidade de um mineral e a densidade de igual volume de água, em condições normais de temperatura e pressão. O mesmo que densidade relativa.

grumos Agregados relativamente porosos, macios e arredondados com 1 a 5 mm de diâmetro. *Veja também:* tipos de estrutura do solo.

grumosidade Condição física do solo relacionada à sua facilidade de preparo para plantio, bem como aos seus impedimentos quanto à necessidade de rápida emergência das plântulas e da penetração de suas raízes.

grupo funcional Um átomo ou grupo de átomos, ligados a uma molécula maior. Cada grupo funcional (p. ex., —OH, —CH_3, —COOH) tem uma reatividade química característica.

halófita Planta que requer ou tolera um ambiente salino (com alto conteúdo de sais).

hematita, Fe_2O_3 Mineral vermelho, de óxido de ferro, que é responsável pela cor vermelha de muitos solos.

herbicida Produto químico que mata ou inibe o crescimento das plantas. Destina-se ao controle de plantas daninhas.

herbívoro Animal que se alimenta de plantas.

heterótrofo Organismo capaz de gerar energia para processos de vida apenas a partir da decomposição de compostos orgânicos, mas incapaz de usar compostos inorgânicos como fonte única de energia ou de síntese orgânica. *Contraste com*: autótrofo.

hidratação União química entre um íon ou composto com uma ou mais moléculas de água. A reação é estimulada pela atração do íon ou composto por um hidrogênio ou um dos elétrons não compartilhados do oxigênio da água.

hidráulica, condutividade *Veja:* condutividade hidráulica.

hidrólise Reação com a água que divide a sua molécula em íons H^+ e OH^-. Moléculas ou átomos participantes em tais reações são chamados de *hidrolisados*.

hidrônio Hidratação de um íon hidrogênio (H_3O^+), na forma do íon hidrogênio normalmente encontrado em um sistema aquoso.

hidroperíodo Tempo de permanência da água superficial em zonas sazonalmente úmidas.

hidroponia Sistema de produção vegetal que usa soluções nutritivas e nenhum meio sólido para fazer as plantas crescerem.

hidroxiapatita Mineral do grupo das apatitas, rico em grupos hidroxílicos. Um fosfato de cálcio praticamente insolúvel.

hifas Filamentos de células fúngicas. Actinomicetos também produzem filamentos similares, porém mais finos.

hiperacumuladora Planta com alta capacidade para acumular certos elementos do solo, resultando em concentrações muito elevadas desses elementos nos tecidos da planta. Muitas vezes atinge concentrações de metais pesados equivalentes a 1% ou mais de matéria seca dos seus tecidos.

hipertérmico Classe de regime de temperatura de solos cuja média anual é maior que 22°C.

hipoxia Estado de deficiência de oxigênio em um ambiente em que este elemento está em nível tão baixo que pode restringir a respiração biológica (em água, normalmente menos de 2 a 3 mg O_2/L).

histerese Relação entre duas variáveis que se altera, dependendo da sequência ou do ponto de partida. Um exemplo é a relação entre o teor e o potencial de água do solo, para a qual diferentes curvas características de retenção de umidade descrevem a relação quando um solo está ganhando ou perdendo água.

Histosols Ordem do sistema americano de classificação de solos (*Soil Survey Staff*, 1999) que reúne solos formados a partir de materiais ricos em matéria orgânica. Os *Histosols* essencialmente sem argila devem ter pelo menos 20% de matéria orgânica em peso (cerca de 78% em volume). Esse conteúdo mínimo de matéria orgânica deve aumentar para até 30% (85% em volume) em solos que têm, pelo menos, 60% de argila.

horizonte A Horizonte mineral mais superficial de um solo que tem o maior acúmulo de matéria orgânica, máxima atividade biológica e/ou eluviações de materiais, como argilas silicatadas e óxidos de ferro e de alumínio.

horizonte ágrico Horizonte diagnóstico do sistema americano de classificação de solos (*Soil Survey Staff*, 1999) no qual houve acúmulo de argila, silte e húmus, derivados de uma camada sobrejacente cultivada e adubada. Canais de minhocas e argila iluvial, silte e húmus ocupam pelo menos 5% do seu volume.

horizonte álbico Horizonte diagnóstico do sistema americano de classificação de solos (*Soil Survey Staff*, 1999) no qual a argila e os óxidos de ferro livre foram removidos ou no qual os óxidos têm sido segregados a ponto de a cor do horizonte ser determinada basicamente pela coloração da areia e das partículas de silte, em vez do revestimento daquelas partículas.

horizonte argílico Horizonte diagnóstico de subsuperfície do sistema americano de classificação de solos (*Soil Survey Staff*, 1999), caracterizado pelo acúmulo iluvial de argilas silicatadas da camada de retículo iluvial.

horizonte B Horizonte do solo geralmente situado abaixo do horizonte A ou E, caracterizado por uma ou mais das seguintes opções: (1) uma concentração, isoladamente ou em combinação de argilas silicatadas, de sais solúveis, óxidos de ferro e de alumínio e húmus; (2) uma estrutura com agregados prismáticos ou em blocos; e (3) revestimentos de óxidos de ferro e de alumínio que dão uma cor mais acentuada, escurecida ou avermelhada.

horizonte C Horizonte mineral geralmente situado abaixo do *solum*, que é relativamente pouco afetado por pedogênese e atividade biológica e carece de propriedades diagnósticas de um horizonte A ou B. Pode ou não ser idêntico ao material do qual o A e o B se formaram.

horizonte cálcico Horizonte diagnóstico de subsuperfície do sistema de classificação americano de solos (*Soil Survey Staff*, 1999), caracterizado pelo acúmulo de carbonato de cálcio secundário em uma faixa que tem mais de 15 cm de espessura, com equivalência de carbonato de cálcio superior a 15% e com pelo menos 5% a mais em equivalência do que o horizonte C subjacente.

horizonte câmbico Horizonte diagnóstico de subsuperfície do sistema de classificação americano de solos (*Soil Survey Staff*, 1999), caracterizado por ter uma textura franco-arenosa (com areia muito fina) ou mais argilosa; contém alguns minerais primários e caracteriza-se pela alteração ou remoção de material mineral. O horizonte câmbico não é cimentado ou endurecido e tem poucas evidências de iluviação para atender aos requisitos necessários para ser classificado como horizonte argílico ou espódico.

horizonte do solo Camada do solo, aproximadamente paralela à sua superfície, diferindo, em propriedades e características, das camadas adjacentes situadas abaixo ou acima dela. *Veja também:* horizontes diagnósticos.

horizonte E Horizonte caracterizado pela iluviação máxima (lessivagem ou desargilização) de argilas silicatadas e óxidos de ferro e alumínio; habitualmente ocorre acima do horizonte B e abaixo do horizonte A.

horizonte espódico Horizonte diagnóstico de subsuperfície do sistema de classificação americano de solos (*Soil Survey Staff*, 1999), caracterizado pelo acúmulo iluvial de materiais amorfos, compostos de alumínio e carbono orgânico, com ou sem ferro.

horizonte genético Camadas do solo que resultaram de processos que formam o solo (pedogenéticos), ao contrário de sedimentação ou decorrentes de outros processos geológicos.

horizonte gípsico Horizonte diagnóstico de subsuperfície do sistema de classificação americano de solos (*Soil Survey Staff*, 1999), com enriquecimento secundário de sulfato de cálcio secundário, com mais de 15 cm de espessura.

horizonte iluvial Camada ou horizonte do solo na qual materiais de uma camada sobrejacente foram precipitados a partir de uma solução ou depositados de uma suspensão. É a camada de acumulação.

horizonte kândico Horizonte diagnóstico de subsuperfície do sistema americano de classificação de solos (*Soil Survey Staff*, 1999) que tem um aumento significativo de argila em relação aos horizontes suprajacentes, no qual as argilas têm baixa atividade.

horizonte nátrico Horizonte diagnóstico de subsuperfície do sistema americano de classificação de solos (*Soil Survey Staff*, 1999) que satisfaz os requisitos de um horizonte argílico, mas tem estrutura com agregados prismáticos, colunares ou em blocos e um sub-horizonte com saturação por sódio trocável maior que 15%.

horizonte O Horizonte orgânico de solos minerais.

horizonte óxico Horizonte diagnóstico de subsuperfície do sistema americano de classificação de solos (*Soil Survey Staff*, 1999) com pelo menos 30 cm de espessura e caracterizado pela quase *ausência* de minerais primários intemperizáveis ou argilas do tipo 2:1 e pela *presença* de argilas 1:1 e minerais muito insolúveis, como a areia de quartzo, óxidos hidratados de ferro e alumínio, baixa capacidade de troca de cátions e pequena quantidade de bases trocáveis.

horizonte petrocálcico Horizonte diagnóstico de subsuperfície do sistema americano de classificação de solos (*Soil Survey Staff*, 1999), caracterizado por ser carbonático, endurecido e contínuo, cimentado por carbonato de cálcio e, em alguns lugares, com carbonato de magnésio. Quando seco, não pode ser penetrado por pá ou trado; fragmentos secos não são amolecidos pela água; é impenetrável por raízes.

horizonte petrogípsico Horizonte diagnóstico de subsuperfície do sistema americano de classificação de solos (*Soil Survey Staff*, 1999), gípsico, contínuo, maciço, fortemente cimentado por sulfato de cálcio. Pode ser lascado com uma pá quando seco. Fragmentos secos não amolecem em água e são impenetráveis por raízes.

horizonte plácico Horizonte diagnóstico de subsuperfície do sistema americano de classificação de solos (*Soil Survey Staff*, 1999), mineral, de coloração negra a vermelho-escura, normalmente de espessura fina, variando de 1 a 25 mm. Em geral, o horizonte plácico cimentado com ferro é de lenta permeabilidade ou mesmo impenetrável à água e às raízes.

horizonte sálico Horizonte diagnóstico de subsuperfície do sistema americano de classificação de solos (*Soil Survey Staff*, 1999), enriquecido com sais secundários mais solúveis em água fria do que o gesso. A espessura do horizonte sálico é superior a 15 cm.

horizonte sômbrico Horizonte diagnóstico de subsuperfície do sistema americano de classificação de solos (*Soil Survey Staff*, 1999) que contém húmus iluvial, apresenta uma baixa capacidade de troca de cátions e baixa percentagem de saturação por bases. Na sua maioria, se restringe a solos frescos e úmidos de planaltos elevados e regiões montanhosas tropicais e subtropicais.

horizonte sulfúrico Horizonte diagnóstico de subsuperfície do sistema americano de classificação de solos (*Soil Survey Staff*, 1999) presente em solos minerais ou orgânicos que têm um pH menor que 3,5 e mosqueados com cores amareladas (chamado de *mosqueado de jarosita*). É formado pela oxidação de materiais ricos em sulfetos e é muito tóxico para as plantas.

horizontes diagnósticos (Como usado no sistema americano de classificação de solos – *Soil Survey Staff*, 1999) Horizontes com características específicas do solo, que são indicativas de determinadas classes de solos. Horizontes que ocorrem na superfície do solo são chamados de *epipedons*; aqueles situados abaixo dos epipedons são chamados de *horizontes diagnósticos de subsuperfície*.

horticultura Arte e ciência do cultivo de frutas, verduras e plantas ornamentais.

humificação Processos relacionados à decomposição da matéria orgânica, os quais levam à formação do húmus.

humina Fração da matéria orgânica do solo que não é dissolvida por ocasião da sua extração do solo com uma solução alcalina diluída.

húmus Fração mais ou menos estável da matéria orgânica do solo remanescente dos resíduos vegetais e animais decompostos. Em geral, tem cor escura.

húmus de minhoca Composto elaborado por minhocas presentes nos materiais orgânicos empilhados e aerados em camadas pouco espessas, que são assim mantidas para evitar o acúmulo de calor que poderia matar as minhocas. *Veja também:* vermicomposto.

ilita *Veja:* mica de granulação fina.

iluviação Processo de deposição de materiais removidos de um horizonte para outro do solo; geralmente de um superior para um inferior do perfil. *Veja também*: eluviação.

imobilização Conversão de um elemento da forma inorgânica para a orgânica nos tecidos microbianos ou vegetais, tornando o elemento não prontamente assimilável por outros organismos ou vegetais.

imogolita Mineraloide de silicato de alumínio mal-cristalizado, com fórmula aproximada: $SiO_2Al_2O_3 \cdot 2,5H_2O$; ocorre principalmente em solos formados de cinzas vulcânicas.

impermeável Resistente à penetração pelos fluidos e pelas raízes.

Inceptisols Ordem do sistema americano de classificação de solos (*Soil Survey Staff*, 1999) que reúne solos que, normalmente, são úmidos, com horizontes pedogenéticos de materiais originários alterados, mas não em consequência de iluviação. Geralmente, o percurso da formação do solo ainda não é evidente pelas marcas deixadas pelos diversos processos de formação do solo, ou tais marcas são ainda muito fracas para classificá-los em outra ordem.

índice de área foliar Razão entre a área foliar do dossel e a unidade de superfície projetada no solo.

índice de sítio Avaliação quantitativa da produtividade de um solo para o crescimento de uma floresta sob o ambiente atual ou especificado.

infiltração Adentramento da água no solo, de cima para baixo.

inoculação Processo de introdução de culturas de micro-organismos puras ou mistas em meios de culturas naturais ou artificiais.

inseticida Produto químico que mata insetos.

intemperismo Todas as alterações físicas e químicas produzidas nas rochas, à superfície terrestre ou nas suas proximidades, por agentes atmosféricos.

intemperismo físico Fragmentação de rochas e partículas minerais em partículas menores por forças físicas, como a ação do gelo.

intercepção da raiz Absorção de nutrientes por uma raiz, como resultado do seu crescimento em direção à fonte de nutrientes em seu redor.

interestratificação Mistura de camadas de silicatos dentro da unidade estrutural de uma determinada argila silicatada.

intervalo hídrico não limitante Região delimitada pelo teor de água superior e inferior do solo sobre o qual a água, o oxigênio e a resistência mecânica não estão limitando o crescimento das plantas. *Compare com:* água disponível.

inundado Encharcado com água.

íon Átomos ou grupos atômicos eletricamente carregados, em consequência da perda de elétrons (cátions) ou do ganho de elétrons (ânions).

isótopos Cada um de dois ou mais átomos de um mesmo elemento, com diferentes massas atômicas em razão de possuírem diferente número de nêutrons nos núcleos.

joule Unidade de energia do SI, definida como o trabalho de uma força com magnitude de 1 newton, quando o ponto em que a força é aplicada se desloca ao longo de uma distância de 1 metro; 1 joule = 0,239 calorias.

K_{co} Coeficiente de distribuição, K_d, calculado com base no teor de carbono orgânico. $K_{co} = (K_d / fco)$, onde fco é a fração de carbono orgânico.

K_d *Veja:* coeficiente de distribuição (K_d).

K_{sat} Condutividade hidráulica quando todos os poros do solo estão saturados com água. *Veja:* condutividade hidráulica.

k-estrategista Organismo que mantém sua população relativamente estável por ser especialista em metabolizar compostos resistentes que a maioria dos outros organismos não pode utilizar. *Contraste com:* r-strategista. *Veja também:* organismos autóctones.

"kame" (ou terraço "kame") Colina cônica ou vertente com formato cônico. É formada pela deposição de areia ou cascalho, os quais estiveram em contato com o gelo glacial.

lábil Termo descritivo da substância que é submetida à transformação imediata no solo ou que está pronta para assimilação pelas plantas.

laje Rocha relativamente fina ou fragmento mineral de 15 a 38 cm de comprimento, geralmente composto de xisto, folhelho, calcário ou arenito.

lâmina (mineralogia) Arranjo plano com espessura de mais de um átomo, composto por um ou mais níveis de poliedros vinculados a uma coordenação. Uma lâmina é mais espessa do que um plano e mais delgada do que uma camada. Exemplos: lâmina tetraédrica, lâmina octaédrica.

lâmina dioctaedral Estrutura laminar das argilas silicatadas na qual os sítios dos íons metálicos com coordenação do tipo seis estão em sua maior parte preenchidos com átomos trivalentes, como o Al^{3+}.

lâmina octaédrica Estrutura das argilas silicatadas na qual cada uma das lâminas que serve como base consiste em um átomo central de coordenação do tipo seis (p. ex., Al, Mg ou Fe) rodeado por um grupo de seis hidroxilas que, por sua vez, estão ligadas com outros átomos metálicos que as rodeiam, servindo, portanto, como unidades de interligação que mantêm a lâmina unida.

lâmina tetraédrica Lâminas de unidades estruturais horizontalmente vinculadas, em forma de tetraedro, e que servem como um dos componentes estruturais básicos das argilas silicatadas. Cada unidade consiste em um átomo central (p. ex., Si, Al ou Fe) cercado por quatro átomos de oxigênios que, por sua vez, estão vinculados com outros átomos nas proximidades (p. ex., Si, Al ou Fe), assim servindo como ligações para manter o conjunto da estrutura.

laminar Tipo de agregado do solo que é desenvolvido, predominantemente, ao longo dos eixos horizontais; laminado.

laterita Camada subsuperficial rica em ferro encontrada em alguns solos tropicais úmidos muito intemperizados, que, se exposta e submetida à secagem, torna-se muito dura e não amolece quando molhada. Quando a erosão remove as camadas sobrejacentes, a laterita é exposta, e um pavimento completamente endurecido se forma. *Veja também:* plintita.

leguminosa Planta da família *Leguminosae* que produz vagens, uma das mais importantes e amplamente distribuídas plantas. Inclui muitos alimentos valiosos e espécies forrageiras, como ervilhas, feijões, amendoins, trevos, alfafas, ervilhacas e *kudzu*. Quase todas as leguminosas estão associadas com organismos que fixam nitrogênio.

lei de Liebig O crescimento e a reprodução de um organismo são determinados pela substância nutritiva (oxigênio, dióxido de carbono, cálcio, etc.) que está disponível em menor quantidade em relação às suas necessidades orgânicas; o *fator limitante*. Também é atribuída a Sprengel.

leiva da aração Camada superior de um solo arado a uma certa profundidade para plantio; a camada de solo cortada do restante do perfil pelo arado é invertida por uma aiveca ou por um disco de um arado.

lençol freático Parte superior da água subterrânea ou nível abaixo do qual o solo está saturado com água.

lençol freático suspenso Superfície de uma zona do solo localmente saturada com água acima de uma camada estratificada impermeável, geralmente argilosa, e separada do corpo principal de água subterrânea por uma zona não saturada.

leques aluviais Alúvio em forma de leque ou cone depositado em uma corrente quando ela deixa uma ravina ou cânion para entrar em um vale aberto, para onde a água carrega os fragmentos mais lentamente e deposita seus sedimentos.

levantamento de solos Exame, descrição, classificação e mapeamento sistemático dos solos de determinada área. Os levantamentos de solos são classificados de acordo com o tipo e a intensidade do exame do solo no campo.

ligação de hidrogênio Interação de energia relativamante baixa entre átomos de hidrogênio situados entre dois átomos altamente eletronegativos, como nitrogênio ou oxigênio.

lignina Constituinte orgânico complexo das fibras lenhosas de tecidos vegetais que, juntamente com a celulose, une as células, fortalecendo-as. A lignina resiste ao ataque microbiano e, depois de algumas modificações, pode se tornar parte da matéria orgânica do solo.

limite de contração (LC) O teor de água acima do qual haverá uma expansão do volume da massa do solo. Abaixo desse teor, não haverá mais a contração.

limite de liquidez *Veja:* limites de Atterberg.

limites de Atterberg Medidas relativas ao conteúdo de água para materiais do solo que passam por uma peneira de abertura de malha de 2 mm, especificados a seguir:

- **limite de liquidez (LL)** Teor de água correspondente ao limite arbitrário entre os estados líquido e plástico da consistência de um solo.
- **limite de plasticidade (LP)** Teor de água correspondente ao limite arbitrário entre os estados plástico e semissólido.

liquens Organismos simbióticos formados através da associação de uma cianobactéria (alga azul) que desenvolve a colonização de rochas e minerais desnudos. Os fungos fornecem água e nutrientes, e as cianobactérias, o nitrogênio por elas fixado e os carboidratos obtidos pela fotossíntese.

lisímetro Dispositivo destinado à medição de perdas por percolação (lixiviação) e por evapotranspiração de uma coluna de solo, sob condições controladas.

litossequência Grupo de solos relacionados que diferem uns dos outros em certas propriedades básicas, como resultado do material de origem, considerado como um dos fatores de formação do solo.

lixiviação Remoção de materiais do solo em solução por percolação das águas. *Veja também*: eluviação.

lodo de esgoto Sólidos decantados de esgotos combinados com quantidades variáveis de água e materiais nela dissolvidos, que foram removidos do esgoto por peneiramento, sedimentação, precipitação química ou digestão bacteriana. Também chamado de *biossólido*, se obedecidas certas normas de qualidade.

macronutriente Elemento químico essencial para o desenvolvimento das plantas; encontrado em quantidade relativamente grande (normalmente 50 mg/kg da matéria seca). Inclui C, H, O, N, P, K, Ca, Mg e S. (*Macro* refere-se à quantidade, e não à essencialidade do elemento). *Veja também:* micronutriente.

macroporos Maiores poros do solo, geralmente com diâmetro superior a 0,06 mm, nos quais a água é facilmente drenada por gravidade.

manchas alisadas Em um campo, são as pequenas áreas escorregadias quando molhadas, devido ao elevado teor de álcalis ou sódio trocável.

manejo do solo Soma total de todas as operações de preparo para plantio, práticas culturais, adubações, calagem e outros tratamentos conduzidos ou aplicados a um solo, visando a produção vegetal.

mapa de solos Mapa em que é mostrada a distribuição dos tipos de solo ou de outras unidades de mapeamento de solo em relação aos aspectos culturais e físicos da superfície das terras.

marga Carbonato de cálcio macio e não consolidado, normalmente misturado com quantidades variáveis de argila ou outras impurezas.

marisma Região periódica ou continuamente inundada, predominantemente com plantas herbáceas hidrófilas. Subclasses incluem marismas de água doce e de água salgada.

matéria orgânica ativa Porção da matéria orgânica do solo que é facilmente metabolizada por micro-organismos e por ciclos de meia-vida no solo que variam de poucos dias a poucos anos.

matéria orgânica do solo Fração orgânica do solo que inclui resíduos vegetais e animais em diversos estágios de decomposição, células e tecidos dos organismos do solo e substâncias sintetizadas pela população do solo. Em geral, é determinada como o montante de matéria orgânica contida em uma amostra de solo passada através da peneira com abertura de malha de 2 mm.

matéria orgânica particulada Fração microbiologicamente ativa de matéria orgânica do solo, em grande parte constituída por pequenas partículas de tecidos vegetais parcialmente decompostos.

materiais fíbricos *Veja:* materiais orgânicos do solo.

materiais gélicos Materiais de solos minerais ou orgânicos que apresentem evidências de *crioturbação* e/ou gelo, sob a forma de lentes, veios, cunhas e feições afins.

materiais orgânicos do solo (Como usado no sistema americano de classificação de solos. *Soil Survey Staff*, 1999) (1) Saturado com água por períodos prolongados, a menos que seja artificialmente drenado e que tenha, pelo menos, 18% de carbono orgânico (por peso), se a fração mineral contiver mais de 60% de argila; ou que possua, pelo menos, 12% de carbono orgânico, se a fração mineral não incluir argila; ou ainda, entre 12 e 18% de carbono orgânico, se o conteúdo de argila da fração mineral situar-se entre 0 e 60%. (2) Nunca fica saturado com água por período que exceda poucos dias e possui mais de 20% de carbono orgânico. Existem três tipos de materiais orgânicos:

materiais fíbricos Os que contêm quantidades muito elevadas de fibras bem preservadas e de origem botânica rapidamente identificável; com densidade muito baixa.

materiais hêmicos Materiais orgânicos com grau de decomposição intermediário, situando-se entre os fíbricos (menos decompostos) e os hêmicos (mais decompostos).

materiais sápricos Os mais decompostos: de todos os materiais orgânicos do solo, tendo as maiores densidades do solo, menores quantidades de fibras bem-preservadas e as maiores quantidades de material orgânico decomposto.

material amorfo Constituintes não cristalinos dos solos.

material de origem Material mineral ou orgânico não consolidado e submetido a intemperismo químico mais ou menos pronunciado, do qual se desenvolve o *solum* dos solos, por processos pedogenéticos.

material hêmico *Veja:* materiais orgânicos do solo.

material residual Materiais minerais não consolidados e submetidos a intemperismo parcial, acumulados mediante a desintegração das rochas consolidadas *in situ*.

material sáprico *Veja:* materiais orgânicos do solo.

matiz (cor) *Veja:* sistema de cores de Munsell.

mésico Classe de regime térmico de solos com temperatura média anual entre 8 e 15°C. *Veja:* classes de temperatura do solo.

mesofauna Animais de tamanho médio, entre aproximadamente 2 e 0,2 mm de diâmetro.

mesofílicas Relativo a temperaturas moderadas na faixa de 15 a 35°C, intervalo no qual os organismos mesofílicos crescem e no qual ocorre a compostagem.

metais pesados Metais que têm densidade igual ou superior a 5,0 Mg/m. Nos solos, incluem os elementos: Cd, Co, Cr, Cu, Fe, Hg, Mn, Mo, Pb e Zn.

metano, CH_4 Gás inodoro e incolor comumente produzido em condições anaeróbicas. Quando liberado para a atmosfera superior, o metano contribui para o aquecimento global. *Veja também:* efeito estufa.

mica de granulação fina Argila silicatada que possui estrutura reticulada do tipo 2:1, em que grande parte do silício da lâmina tetraédrica foi substituída por alumínio; dispõe de muito potássio no espaço entre as camadas, o que as retém unidas e impede a expansão desses espaços mediante dilatação.

mica hidratada *Veja:* mica de granulação fina.

micas Minerais aluminossilicatados primários nos quais duas lâminas tetraédricas de sílica alternam-se com uma lâmina octaédrica de alumina. Separam-se facilmente em lâminas ou placas finas.

micélio Massa fibrosa de hifas de fungos ou actinomicetos.

mico Prefixo que designa uma associação ou uma relação com um fungo (p. ex., as micotoxinas são toxinas produzidas por fungos).

micorriza Associação, normalmente simbiótica, de fungos com as raízes das plantas com sementes.

micorriza arbuscular Associação comum do tipo endomicorriza produzida pelos fungos ficomicetos, do gênero *Endogone*. Elas são caracterizadas por desenvolverem, dentro das células das raízes, estruturas chamadas de *arbúsculos*. Alguns se desenvolvem também entre as células que funcionam como órgãos de armazenamento, chamadas de *vesículas*. *Veja também:* micorriza endotrófica.

micorriza ectotrófica (ectomicorriza) Associação simbiótica do micélio de fungos e raízes de certas plantas, nas quais as hifas fúngicas formam um manto compacto na superfície das raízes, estendendo-se para o solo ao redor e também na direção das células corticais, mas não as penetrando. Estão associadas principalmente com certas árvores. *Veja também*: micorriza endotrófica.

micorriza endotrófica (endomicorriza) Associação simbiótica do micélio de fungos e raízes de certas plantas, nas quais as hifas fúngicas penetram diretamente nos pelos da raiz, nas outras células epidérmicas e, ocasionalmente, em células corticais. Hifas individuais também se estendem da superfície da raiz em direção ao solo ao redor. *Veja também:* micorriza arbuscular.

microfauna Parte da população animal que consiste em indivíduos demasiadamente pequenos para serem claramente identificados sem auxílio do microscópio. Inclui protozoários e nematoides.

microflora Parte da população vegetal que consiste em indivíduos demasiadamente pequenos para serem claramente identificados sem auxílio do microscópio. Inclui actinomicetos, algas, bactérias e fungos.

micronutriente Elemento químico necessário apenas em quantidades muitíssimo pequenas (<50 mg/kg na planta) para o crescimento vegetal. São exemplos: B, Cl, Cu, Fe, Mn e Zn. (*Micro* refere-se mais ao montante utilizado do que à sua essencialidade.) *Veja também:* macronutriente.

micronutrientes "fritados" Oxissilicatos obtidos pela fusão de silicatos ou fosfatos controlada a altas temperaturas, com um ou mais micronutrientes com características de liberação (relativamente lenta).

microporos Poros do solo relativamente pequenos, geralmente encontrados nos agregados estruturais e de diâmetro inferior a 0,06 mm. *Contraste com*: macroporos.

microrrelevo Diferenças locais de escala reduzida na topografia, inclusive montículos, baixadas e depressões com pouco mais de um metro de diâmetro, com diferenças de elevação inferiores a 2 m. *Veja também: gilgai.*

minerais de baixo grau de cristalinidade Minerais, como alofanas, cuja configuração estrutural consiste em espaços curtos de estrutura cristalina bem-ordenada, intercalada com espaços de materiais amorfos não cristalinos.

mineral (1) Composto inorgânico de composição definida encontrado em rochas. (2) Adjetivo que significa inorgânico.

mineral da argila Ocorrência natural de material inorgânico (em geral cristalino) encontrado nos solos e em outros depósitos terrosos; as partículas apresentam-se com tamanho da argila, isto é, <0,002 mm de diâmetro.

mineral primário Mineral quimicamente não modificado desde a deposição e cristalização da lava derretida.

mineral secundário Mineral resultante da decomposição de mineral primário ou da reprecipitação dos produtos de decomposição de um mineral primário. *Veja também:* mineral primário.

mineralização Conversão de um elemento da forma orgânica para um estado inorgânico, como resultado da decomposição microbiana.

minhocas Animais da família *Lumbricidae* que escavam e vivem no solo. Eles misturam os resíduos vegetais no solo e melhoram a sua aeração.

molibdenose Doença nutricional dos animais ruminantes em que o alto teor de Mo em forrageiras interfere na absorção de cobre.

Mollisols Ordem do sistema americano de classificação de solos (*Soil Survey Staff*, 1999), que reúne solos com horizonte superficial ricos em matéria orgânica de coloração quase preta e com alto teor de bases. Eles possuem epipedons mólicos e saturação por bases superior a 50% em qualquer horizonte câmbico ou argílico. Eles não têm as características do *Vertisols* e não podem ter horizonte óxico ou espódico.

monólito de solo Seção vertical de um perfil de solo removido de seu local de origem e montado para exibição ou estudo.

montemorilonita Mineral aluminossilicatado das argilas, do grupo das esmectitas, com reticulado cristalográfico expansível do tipo 2:1, com duas lâminas tetraédricas de silício que entremeiam uma lâmina octaédrica de alumínio. Considerável expansão poderá ser ocasionada por água que se movimenta entre as lâminas de sílica das camadas contíguas.

mor Material orgânico de floresta sem definição de sua origem, geralmente se apresenta na forma de um emaranhado ou compactado, ou ambos; distinto em relação ao solo mineral, a menos que este último tenha sido escurecido por lavagem da matéria orgânica.

morena Acúmulo de sedimentos com uma expressão topográfica inicial própria, formado dentro de uma região glacial, principalmente pela ação direta do gelo glacial. Exemplos: morena basal, lateral, recessional e terminal.

morfologia (do solo) Constituição do solo, incluindo textura, estrutura, consistência, cores e outras propriedades físicas, químicas e biológicas dos diversos horizontes que compõem o seu perfil.

morfologia do solo Constituição física de um perfil de solo, considerando principalmente suas propriedades estruturais, como sua espessura e arranjo de horizontes, textura, estrutura, consistência e porosidade de cada horizonte.

mosqueados Pontos ou manchas de cor ou tonalidade diferente intercaladas com a cor dominante.

mucigel Material gelatinoso encontrado na superfície das raízes cultivadas em solo não esterilizado.

mull Camada rica em húmus de solos florestais, consistindo em uma mistura de matéria orgânica e mineral. A *mull* funde-se com as camadas minerais superiores sem uma mudança abrupta nas características do solo.

necessidade de calcário Volume de calcário agrícola ou outro produto equivalente, necessário para elevar o pH do solo para um valor desejado em condições de campo especificadas.

necessidade de gesso Quantidade de gesso necessária para reduzir a percentagem de sódio trocável em um solo para um nível aceitável.

necessidade de lixiviação Lixiviação da fração da água de irrigação necessária para impedir a salinidade do solo de superar o nível de tolerância da cultura a ser cultivada.

necrose Morte associada à descoloração e desidratação dos órgãos vegetais, no todo ou em parte, como, por exemplo, das folhas.

nematoides Vermes muito pequenos e não segmentados (a maioria é microscópica). São abundantes nos solos onde executam várias funções importantes. Alguns são parasitas de plantas e, portanto, considerados pragas.

nitrificação Oxidação bioquímica da amônia para nitratos de amônia, em que predominam bactérias autotróficas.

nitrogênio reativo Todas as formas de nitrogênio que estão prontamente disponíveis para a biota (principalmente amônia, amônio e nitrato com quantidades menores de outros compostos, incluindo gases de óxido de nitrogênio), ao contrário do nitrogênio não reativo que existe na maior parte como o gás inerte N_2.

níveis tróficos Níveis, em uma cadeia alimentar, que passam energia e nutrientes de um grupo de organismos para outro.

nódulos da raiz Entumecimentos que crescem nas raízes. Diz-se, frequentemente, que são causados pela interferência de micro-organismos simbióticos.

nódulos de bactérias *Veja:* rizóbio.

nutrientes de plantas *Veja:* elemento essencial.

nutrientes disponíveis Porção de qualquer elemento ou composto do solo que pode ser facilmente absorvido e assimilado pelas plantas em crescimento. ("Disponível" não deve ser confundido com "trocável".)

nutrientes minerais Elementos, na forma inorgânica, usados por plantas ou animais.

oligotrófico Ambientes, como solos ou lagos, que são pobres em nutrientes.

ordem do solo Categoria do mais alto nível de generalização do sistema americano de classificação de solos (*Soil Survey Staff*, 1999). As propriedades selecionadas para distinguir as ordens são definidas de acordo com o grau de desenvolvimento e os tipos de horizontes presentes.

organismos autóctones Micro-organismos que subsistem sobre a matéria orgânica do solo mais resistente e são pouco afetados pela adição de novos materiais orgânicos frescos. *Contraste com:* organismos zimogênicos. *Veja também:* k-estrategista.

organismos facultativos Organismos capazes de terem metabolismo tanto aeróbico como anaeróbico.

organismos termofílicos Organismos que crescem rapidamente na presença de temperaturas acima de 45°C.

organismos zimogênicos Os chamados organismos oportunistas, encontrados no solo em grande número, após a adição de materiais orgânicos prontamente decomponíveis. *Contraste com:* organismos autóctones. *Veja também:* r-estrategistas.

orográfica Influenciado pelas montanhas (do grego, *oros*). Quando uma massa de ar encontra uma encosta, ela começa a se elevar e, à medida que sobe, a massa de ar se resfria e se transforma em *chuva*.

ortstein Camada endurecida no horizonte B dos *Spodosols*, cujo agente cimentante consiste em materiais iluviados do tipo sesquióxidos (principalmente de ferro) e matéria orgânica.

oxidação Perda de elétrons por uma substância; portanto, um ganho na carga de valência positiva e, em alguns casos, a combinação química com gás oxigênio.

Oxisols Ordem do sistema americano de classificação de solos (*Soil Survey Staff*, 1999) que reúne solos com acumulações residuais de argilas de baixa atividade, óxidos livres, caulinita e quartzo. A maioria situa-se em regiões de climas tropicais.

P_e Logaritmo negativo da atividade de elétrons, uma medida da reflectividade do potencial redox. Baixos valores de P_e significam atividade alta e correspondem a um ambiente químico altamente redutor, enquanto valores altos de P_e significam baixas atividades e correspondem a um ambiente químico altamente oxidante. A 25°C, $P_e = E_h/0{,}059$ volts, onde E_h é uma medida similar de potencial redox medida em volts. *Veja também:* E_h.

pã Camada de solo endurecida, na parte inferior do horizonte A ou no horizonte B, causada por cimentação de partículas do solo com matéria orgânica ou outros materiais como sílica, sesquióxidos ou carbonato de cálcio. A dureza não é afetada pelo conteúdo de água, e fragmentos da camada endurecida não se desfazem quando mergulhados em água. *Veja também:* caliche; argipã.

pã induzido Camada subsuperficial do solo com uma maior densidade e baixa porosidade total do que as camadas acima ou abaixo dela, como resultado da pressão aplicada pela aração normal e outras operações de cultivo.

pântano Área de terra que é geralmente úmida ou submersa por uma delgada camada de água doce e que normalmente suporta árvores e arbustos hidrofílicos.

particionamento Distribuição de produtos químicos orgânicos (como poluentes) com uma parte dissolvida na matéria orgânica do solo e outra parte, não dissolvida, na solução do solo.

pãs Horizontes ou camadas de solos altamente compactadas, endurecidas ou com elevado teor de argila. *Veja também:* caliche; argipã; fragipã; duripã.

pascal Unidade do sistema internacional igual a 1 newton por metro quadrado.

pavimento desértico Concentração residual natural de seixos, pedras e outros fragmentos de rocha em uma superfície desértica onde a ação do vento e da água removeu todas as partículas menores.

ped Unidade de estrutura do solo, como um agregado na forma de conjunto de grumos, colunas, prismas, blocos ou grânulos, formado por processos naturais (em contraste com um *torrão*, que é formado artificialmente).

pedologia Ciência que lida com a formação, a morfologia e a classificação dos corpos do solo, considerados como componentes da paisagem.

pedon Menor volume daquilo que pode ser chamado de *um solo*, tendo três dimensões. Estende-se para baixo em direção à profundidade das raízes das plantas ou para o limite inferior dos horizontes genéticos do solo. Sua seção transversal lateral é aproximadamente hexagonal e varia de 1 a 10 m^2 em tamanho, dependendo da variabilidade dos horizontes.

pedosfera Zona conceitual dentro do ecossistema, composto por corpos de solos ou diretamente influenciado por eles. Uma zona ou esfera de atividade, na qual minerais, água, ar e componentes biológicos se reúnem para a formação dos solos. Seu conceito é semelhante àquele da "atmosfera" ou da "biosfera".

pedoturbação Processo biológico e físico de ciclagem do material do solo, homogeneizando-o em graus variados por forças como escavação de animais (pedoturbação faunal) ou congelamento e descongelamento (crioturbação).

peneplano Área anteriormente elevada e escarpada, reduzida, por erosão, a uma superfície com ondulações suaves semelhante à planície.

penetrabilidade Facilidade com que uma sonda poderá ser introduzida no solo. Poderá ser expressa em unidade de distância, velocidade, força ou trabalho, dependendo do tipo de penetrômetro empregado.

penetrômetro Instrumento que consiste em uma haste com uma ponta em forma de cone; é um meio de medir a força necessária para empurrar o bastão a fim de penetrá-lo no solo.

percentagem de saturação Teor de água em uma pasta de solo saturada, expressa como uma percentagem de massa em peso seco.

percentagem de saturação por bases Medida em que o complexo de adsorção de um solo é saturado com cátions trocáveis que não o hidrogênio e o alumínio. É expressa como uma percentagem da capacidade total de troca de cátions. *Veja:* saturação por cátions não ácidos.

percentagem de saturação por sódio Medida na qual o complexo de adsorção de um solo é ocupado por sódio. É expresso como segue:

$$PST = \frac{\text{sódio trocável (cmol}_c\text{/kg solo)}}{\text{capacidade de troca de cátions (cmol}_c\text{/kg solo)}} \times 100$$

percolação da água no solo Movimentação descendente da água através do solo, sobretudo o fluxo descendente em solos saturados ou quase saturados com gradientes hidráulicos da ordem de 1 ou menores.

perfil do solo Seção vertical do solo através de todos os seus horizontes, estendendo-se até o material de origem.

pergelissolo *Veja:* permafrost.

período de depressão do nitrato Período de tempo começando logo após a adição de materiais orgânicos frescos com alto teor de carbono no solo, durante o qual os micro-organismos decompositores removem a maioria dos nitratos solúveis da solução do solo.

permafrost (1) Material permanentemente congelado subjacente ao *solum*. (2) Horizonte de solo perenemente congelado.

permeabilidade do solo Facilidade com que gases, líquidos ou raízes de plantas penetram ou passam por um horizonte ou uma camada de solo.

pH do solo Logaritmo negativo da atividade de íon hidrogênio (concentração) da solução do solo. O grau de acidez ou de alcalinidade de um solo é determinado por meio de um eletrodo ou, também, indiretamente, pela adição de um indicador de pH na solução em análise; a cor do indicador varia conforme o pH da solução. Indicadores comuns são a fenolftaleína, o vermelho de metila e o azul de bromofenol.

planejamento do uso da terra Desenvolvimento de planos para utilização da terra que, por período prolongado, melhor atenderão à prosperidade, com formulação de métodos e processos para atingir tais finalidades.

planície de inundação Terras que contornam um curso d'água formadas por sedimentos trazidos e depositados pelos fluxos de inundações. Às vezes, são chamadas de *várzeas* ou *baixios*.

planície de lavagem glacial (*outwash*) Depósito de materiais de textura grosseira (p. ex., areias e cascalhos) deixados por fluxos de água provenientes do derretimento de geleiras em retração.

plantação consorciada Prática de plantar determinadas espécies de plantas próximas porque uma espécie tem o efeito de melhorar o crescimento da outra, às vezes por meio de efeitos *alelopáticos* positivos.

plantas decíduas Plantas que perdem todas as suas folhas, a cada ano, em determinada época.

plantio convencional Operações combinadas de preparo inicial e final do solo feitas, normalmente, para preparar o solo para a semeadura de uma determinada cultura em uma certa região geográfica. Em geral, é considerado como um preparo do solo não conservacionista.

plantio direto *Veja:* preparo conservacionista.

plantio em cobertura morta *Veja:* preparo conservacionista.

plantio sem aração *Veja:* preparo conservacionista.

plintita Mistura de sesquióxidos de ferro e de alumínio com quartzo e outros diluentes, a qual ocorre sob a forma de aglomerados vermelhos que endurecem irreversivelmente pelo processo de umedecimento e secagem.

poeira aerosólica Material eólico muito fino (cerca de 1 a 10 μm) que pode permanecer suspenso no ar por distâncias de milhares de quilômetros. Mais fina do que a maioria dos materiais do tipo *loess*.

polipedon (Conforme usado no sistema americano de classificação de solos – *Soil Survey Staff*, 1999. Dois ou mais pedons contíguos, todos estando dentro dos limites definidos de uma única série de solo; comumente referido como um *indivíduo solo*.

ponto de carga zero Valor de pH de uma solução em equilíbrio com uma partícula cuja carga líquida, de todas as fontes, é zero.

ponto de murcha (ponto permanente de murcha) Conteúdo de umidade do solo, com base na secagem em estufa, em que os vegetais murcham e não recobram sua turgidez quando recolocados em atmosfera úmida e escura.

ponto de murcha permanente *Veja:* ponto de murcha.

porosidade de aeração Proporção do volume em massa de solo preenchido com o ar a qualquer momento ou sob uma determinada condição, como uma umidade potencial especificada; geralmente equivale aos macroporos.

porosidade do solo Percentagem do volume total dos solos não ocupados por partículas sólidas.

potencial da água no solo (total) Medida da diferença entre o estado de energia livre de água do solo e da água pura. Tecnicamente definido como "a quantidade de trabalho que deve ser feita por uma unidade da água pura para transportar, de modo reversível e isotérmico, uma quantidade infinitesimal de água de um reservatório de água pura, a uma altitude especificada e à pressão atmosférica, para a água do solo (no ponto considerado)". Este potencial *total* consiste em potencial *gravitacional*, *mátrico* e *osmótico*.

potencial de oxidação-redução *Veja:* E_h; P_e.

potencial de submersão Pressão hidrostática positiva que ocorre abaixo do lençol freático.

potencial gravitacional Porção do *potencial* total *de água do solo*, isto é, a diferença da elevação do nível da água de referência e a água do solo. Uma vez que a elevação da água do solo geralmente é escolhida para ser maior do que a água do nível de referência, o potencial gravitacional é geralmente positivo.

potencial hidrostático *Veja:* potencial de submersão.

potencial mátrico Parcela do *potencial* total *de água do solo* resultante das forças de atração entre a água e os sólidos do solo, como representado por meio da adsorção e da capilaridade. Seus valores são sempre negativos.

potencial osmótico Parcela do *potencial* total *de água do solo* resultante da presença de solutos na água. Em geral, é negativo.

potencial redox Potencial elétrico (medido em volts ou milivolts) de um sistema, devido à tendência das substâncias em perder ou ganhar elétrons.

pousio Área de cultivo em estado ocioso a fim de restaurar a produtividade, principalmente por meio do acúmulo de matéria orgânica, água e nutrientes. Precede uma colheita de grãos de cereais nas regiões semiáridas, no período em que a terra é deixada em *pousio* e as ervas daninhas são controladas por produtos químicos ou preparo do solo, e a água pode ser acumulada no perfil. Em regiões úmidas, nas áreas de pousios, pode crescer vegetação natural por um período que varia de poucos meses a muitos anos. O *pousio melhorado* envolve o uso proposital de espécies de plantas capazes de restaurar a produtividade do solo mais rapidamente do que uma sucessão de vegetais naturais.

precipitação efetiva Parte da precipitação total que se torna disponível para o crescimento das plantas ou para a formação do solo.

preparo conservacionista Qualquer sequência de operações de preparo do solo e plantio que reduz a perda de solo ou água em relação ao plantio convencional; geralmente deixa pelo menos 30% da superfície do solo coberto por resíduos, incluindo os seguintes sistemas:

plantio em cobertura morta Plantio ou preparo do solo de modo tal que os resíduos das plantas ou outros materiais são deixados cobrindo a superfície; também chamado de *plantio com* mulch, *plantio sem aração.*

plantio em camalhões Plantação em amontoados enfileirados de terra formada por cultivo durante o período vegetativo anterior.

plantio em faixas Plantação feita em faixas estreitas, deixando o restante do solo superficial sem ser revolvido.

preparo mínimo do solo Mínimo revolvimento do solo, apenas o necessário para a produção vegetal ou para as exigências de plantio nas condições climáticas.

sistema de plantio direto Processo no qual a cultura é plantada diretamente no solo, sem que ele tenha sido arado desde o plantio anteriormente efetuado.

preparo conservacionista do solo Manipulação mecânica dos solos para qualquer finalidade; na agricultura, é normalmente restrito à modificação das condições do solo para a produção vegetal.

preparo mínimo do solo *Veja:* preparo conservacionista.

preparo primário Preparo do solo para plantio que contribui para um maior revolvimento do solo, normalmente com um arado.

preparo secundário Qualquer operação de cultivo após o preparo primário, objetivando preparar satisfatoriamente a área que vai ser semeada para a plantação.

pressão osmótica Pressão exercida em organismos vivos como resultado da diferença de concentrações de sais de ambos os lados de uma parede celular ou membrana. A água se move na direção da área de menor concentração de sal através da membrana para a área de maior concentração de sal e, portanto, exerce uma pressão adicional sobre o lado com maior concentração de sal.

primeiro terraço fluvial Primeiro patamar formado por alúvios. Está situado logo acima da planície de inundação normal de um curso d'água.

procarionte Organismo cujas células não têm um núcleo distinto.

produtividade do solo Capacidade do solo para a produção de uma planta específica ou sequência de plantas, sob um sistema de manejo especificado. A produtividade enfatiza a capacidade do solo para a produção de culturas e deve ser expressa em termos de rendimentos.

produtor primário Organismo (normalmente uma planta fotossintética) que produz o material orgânico, a partir de produtos químicos inorgânicos, energia solar e água.

propriedades ândicas Propriedades dos solos relacionadas à origem vulcânica de materiais, incluindo alto teor de carbono orgânico, baixa densidade, alta retenção de fosfato, ferro e alumínio extraível.

propriedades físicas do solo Características, processos ou reações de um solo causados por forças físicas; podem ser descritos ou expressos em termos físicos ou por meio de equações. Exemplos de propriedades físicas são: densidade aparente, capacidade de contenção de água, condutividade hidráulica, porosidade, distribuição de tamanho de poros e assim por diante.

proteção flexível Utilização, na bioengenharia, de materiais orgânicos e/ou inorgânicos combinados com plantas, para criar uma barreira viva de vegetação de proteção contra a erosão.

proteção rígida Referente ao uso de materiais duros (como calhaus ou blocos de concreto) interligados, usados para evitar a erosão dos solos e das margens de cursos d'água, por meio da redução da força erosiva da correnteza. *Veja:* proteção flexível.

proteína Qualquer integrante do grupo de compostos que contenha nitrogênio, produza aminoácidos mediante hidrólise e que possua elevados pesos moleculares. São partes essenciais da matéria viva, assim como substâncias essenciais à alimentação animal.

protonação Anexação de prótons (íons H^+) para expor grupos OH na superfície das partículas do solo, resultando em uma carga líquida positiva na superfície das partículas.

protozoário Organismos eucariontes unicelulares, como as amebas.

qualidade do solo Capacidade específica de um tipo de solo para uma determinada função dentro dos limites do ecossistema natural ou manejado: sustentar cultivo e produtividade animal; manter ou melhorar a água e a qualidade do ar; servir como base para a habitação e a saúde das pessoas. Às vezes, é considerado em relação a sua capacidade no seu estado natural, sem alterações provocadas pelo homem.

quebra-vento Barreira perpendicular à direção predominante dos ventos, feita com o plantio de árvores, arbustos ou outro tipo de vegetação, com a finalidade de proteger solos, culturas, povoados, etc., da ação do vento e da neve.

quelatos Composto químico em que um íon metálico está firmemente ligado a uma molécula.

r-estrategista Organismos oportunistas com tempos de reprodução curtos, os quais respondem rapidamente à presença de fontes de alimento facilmente metabolizado. *Contraste com:* k-estrategista. *Veja também:* organismos zimogênicos.

raio gama Raio de alta energia (fótons) emitido durante a desintegração radioativa de certos elementos.

rastejo (*creeping*) Movimento lento de massa e material de solo para baixo, em íngremes encostas, principalmente sob a influência da gravidade, mas também facilitado pela saturação com água e por alternativas de congelamento e degelo.

reação do solo (não mais usado em ciência do solo) Grau de acidez ou alcalinidade de um solo, geralmente expresso como um valor de pH ou por termos, de extremamente ácido para valores de pH $<4,5$ até muito fortemente alcalina para valores de pH $>9,0$.

redução Ganho de elétrons e, portanto, perda de carga de valência positiva por uma substância. Em alguns casos, uma perda de oxigênio ou um ganho de hidrogênio também estão envolvidos.

redução dissimilatória de nitrato para amônio (RDNA) Processo bacteriano pelo qual o nitrato de amônio é convertido sob uma ampla gama de níveis de oxigênio e carbono. Compare com a desnitrificação (um tipo diferente de redução de nitratos dissimilatórios), que é estritamente anaeróbica e requer uma fonte de energia.

regolito Manto não consolidado de rochas intemperizadas e material de solo na superfície da terra. Materiais de terra solta acima da rocha sólida. (Aproximadamente equivalente ao *solo* – termo utilizado por muitos engenheiros.)

relação carbono/nitrogênio (C/N) Relação entre o peso de carbono orgânico (C) para o peso de nitrogênio total (N) em um solo ou em um material orgânico.

relação de enriquecimento Concentração de uma substância (p. ex., fósforo) no sedimento erodido dividido pela sua concentração no solo de origem, antes de ter sido erodido.

relação sílica/alumínio Razão entre as moléculas de dióxido de silício (SiO_2) e as moléculas de óxido de alumínio (Al_2O_3) em minerais das argilas do solo.

relação sílica/sesquióxidos Razão entre as moléculas de dióxido de silício (SiO_2) e as moléculas de óxido de alumínio (Al_2O_3) mais óxido férrico (Fe_2O_3) em minerais das argilas do solo.

relevo Diferenças relativas de altitude entre divisores de água das partes mais elevadas e as terras baixas ou vales de uma determinada região.

resiliência Capacidade de um solo (ou outro ecossistema) de retornar ao estado original após uma perturbação.

resistência à compressão Força necessária para esmagar uma massa de solo seco ou, ao contrário, a resistência da massa de solo seco ao esmagamento. Expressa em unidades de força por unidade de área (pressão).

resistência do solo Propriedade transitória do solo que está relacionada à coesão e à aderência de sua fase sólida.

resistência sistêmica induzida Mecanismos de defesa da planta ativados por um sinal químico produzido por uma bactéria da rizosfera. Embora o processo se inicie no solo, ele pode conferir às folhas ou outros tecidos aéreos resistência a doenças.

respiração anaeróbica Processo metabólico no qual os elétrons são transferidos de um composto reduzido (geralmente orgânico) para uma molécula inorgânica receptora, que não a de oxigênio.

riquezas de espécies Número de espécies diferentes presentes em um ecossistema, mas sem relação com a distribuição dos indivíduos entre as espécies.

rizobactéria Bactérias especialmente adaptadas para colonizar a superfície das raízes das plantas e o solo que está imediatamente ao redor das raízes das plantas. Algumas têm efeitos que promovem o crescimento das plantas, enquanto outras têm efeitos deletérios.

rizóbio Bactérias capazes de viver intimamente com plantas superiores, normalmente nos nódulos das raízes de leguminosas, onde recebem sua energia; são capazes de converter nitrogênio atmosférico para formas orgânicas combinadas, daí o termo: *bactérias simbióticas de fixação de nitrogênio* (derivado do nome genérico *Rhizobium*).

rizoplano Interface de solo e superfície da raiz. Usada para descrever o *habitat* dos micro-organismos na superfície da raiz.

rizosfera Porção do solo na vizinhança imediata da raiz do vegetal em que a abundância e a composição da população microbiana são influenciadas pela presença das raízes.

rocha Material que forma a parte principal da crosta sólida da terra, incluindo massas soltas e incoerentes, como areia e cascalho, bem como as massas sólidas de granito e calcário.

rocha ígnea Rocha formada a partir do resfriamento e da solidificação do magma não alterado significativamente desde a sua formação.

rocha metamórfica Rocha que foi grandemente alterada de sua condição anterior por meio da ação combinada de calor e pressão. Por exemplo, o mármore é uma rocha metamórfica a partir de calcário; o gnaisse, a partir de granite; e a ardósia, a partir de xisto.

rocha sedimentar Rocha formada a partir de materiais em suspensão, depositados ou precipitados de uma solução, sendo geralmente mais ou menos consolidada. As principais rochas sedimentares são arenito, xisto, calcário e conglomerados.

rotação de cultura Operação que faz uso de culturas diferentes no cultivo para proteção do solo.

rotação de culturas Sequência planejada de crescimento de culturas na mesma área de terra, em contraste à cultura contínua de uma espécie ou cultivos diferentes em ordem aleatória.

salinidade do solo Quantidade de sais solúveis em um solo, expressa em termos de percentagem, miligramas por quilograma, partes por milhão (ppm) ou outras relações convenientes.

salinização Processo de acúmulo de sais no solo.

saltação Movimento de partículas do solo na água ou no vento, onde elas saltam ou pulam ao longo da superfície do solo ou da base do curso d'água.

sapata, subsolador Equipamento de preparo do solo ao qual estão anexadas fortes lâminas, usadas para quebrar ou afrouxar as camadas compactadas, geralmente nos horizontes subsuperficiais, a uma profundidade abaixo da qual o arado normalmente não atinge. *Veja também:* subsolagem.

saprófito Organismo que vive em matéria orgânica morta.

saprólito Material macio, friável, resistente ao intemperismo e que, mesmo mantendo as propriedades e características da rocha de origem, é poroso e pode ser cavado com uma pá.

saturação ácida Proporção ou percentagem em que os pontos de troca de cátions estão ocupados com cátions ácidos.

saturação por cátions não ácidos Proporção ou percentagem em que os pontos de troca de cátions estão ocupados por cátions não ácidos. Anteriormente denominado *saturação por bases.*

savana Prados com árvores dispersas, individuais ou em grupos. Muitas vezes, é um tipo transitório entre o verdadeiro prado e a floresta.

sedimento Partículas ou agregados derivados de solos, rochas ou materiais biológicos, transportados e depositados.

sedimento eólico Material transportado e depositado pelo vento; consiste principalmente em partículas de silte.

seixos Fragmentos arredondados ou parcialmente arredondados de rochas ou minerais com diâmetro entre 7,5 e 25 cm (3 a 10 pol.).

sementeira Solo preparado para promover a germinação das sementes e o crescimento de mudas.

semiárido Termo aplicado a regiões ou climas onde a umidade é mais abundante do que nas regiões áridas, mas ainda definitivamente limita o crescimento da maioria das plantas cultivadas. A vegetação natural predominante em áreas não cultivadas é representada pelas gramíneas de baixo porte.

separados do solo Um dos grupos de tamanho individuais de partículas minerais do solo: areia, silte e argila.

série de solo Subdivisão de uma família do sistema americano de classificação de solos (*Soil Survey Staff,* 1999). Consiste em solos que apresentam semelhanças em todas as principais características do perfil.

serrapilheira Material superficial, parcialmente formado de camada orgânica decomposta, do solo de floresta.

serviços ecossistêmicos Produtos que os ecossistemas naturais oferecem como suporte para atenderem às necessidades dos seres humanos. Fornecimento de água limpa e ar não poluído são exemplos.

siderófilo Metabolito não profirínico secretado por certos micro-organismos que forma um composto de coordenação altamente estável com ferro.

sílex Forma de sílica criptocristalina, intimamente relacionada com a pederneira, que se quebra em fragmentos angulares.

silte (1) Fração do solo constituída por partículas entre 0,05 e 0,002 mm de diâmetro equivalente. (2) Classe textural do solo.

simbiose Dois organismos diferentes vivendo juntos em associação íntima, sendo a coabitação mutuamente benéfica.

sinergismo (1) Associação não obrigatória e mutuamente benéfica entre organismos. Ambas as populações podem sobreviver em seu ambiente natural por conta própria, embora, quando se formou, a associação oferecesse vantagens mútuas. (2) Ações simultâneas de dois ou mais elementos que têm um efeito total maior quando juntos do que a soma dos seus efeitos individuais.

sistema de cores de Munsell Sistema designativo de cores que especifica a gradação relativa face às suas três variáveis:

croma Pureza relativa ou saturação da cor.

matiz Gradação cromática (arco-íris) da luz que atinge o olho.

valor Grau de luminosidade ou escurecimento da cor.

sistema de informação geográfica (SIG) Método de sobreposição, analisando e integrando estatisticamente grandes volumes de dados espaciais de diferentes tipos. Os dados são referenciados utilizando-se coordenadas geográficas ou planas (UTM) e codificadas de forma a se adequarem ao manuseio pelo computador.

sistema de plantio direto *Veja:* preparo conservacionista.

slickenside Superfícies polidas e estriadas que são produzidas por uma massa de solo que se desliza sobre outra.

solarização Processo de aquecimento de um solo no campo, cobrindo-o com um plástico transparente durante a exposição ao sol. O calor é destinado a esterilizar parcialmente a parte superior do solo (5 a 15 cm) para reduzir populações de pragas e agente patógenos.

solo (1) Corpo natural dinâmico composto de minerais e sólidos orgânicos, gases, líquidos e organismos vivos que podem servir como um meio para o crescimento das plantas. (2) Conjunto de corpos naturais que ocupa partes da superfície da Terra e é capaz de sustentar as plantas. Além disso, suas propriedades resultam dos efeitos integrados do clima e de organismos vivos que agem sobre o material de origem, condicionado pelo relevo em períodos de tempo.

solo ácido Solo com um valor de pH maior que 7,0. Geralmente refere-se à camada mais superficial ou zona de maior enraizamento, mas pode ser usado para caracterizar qualquer horizonte. *Veja também:* reação do solo.

solo ácido-sulfatados Solos que são potencialmente muito ácidos (pH <3,5) por causa da presença de quantidades elevadas de formas reduzidas de enxofre (sulfetos), que podem ser transformadas em ácido sulfúrico quando expostas ao oxigênio devido à drenagem ou à escavação. Um horizonte sulfúrico contendo o mineral jarosita, de cor amarela, está frequentemente presente.

solo alcalino Qualquer solo com pH >7. Geralmente refere-se à camada ou zona de superfície ou raiz, mas pode ser usado para caracterizar qualquer horizonte ou uma amostra dele. *Veja também:* reação do solo.

solo autogranulado Solo cuja camada superficial se torna agregada com o impacto da chuva, o que serve como uma proteção da superfície após a secagem.

solo calcário Solo contendo carbonato de cálcio suficiente (muitas vezes com carbonato de magnésio) para efervescer, visivelmente, quando tratados com ácido clorídrico 0,1 N a frio.

solo colapsível Solos que, quando submetidos a acréscimos de umidade e/ou tensão, sofrem rearranjo brusco da sua estrutura, com consequente redução do seu volume.

solo endurecido Material de solo cimentado em uma massa dura que não amacia quando umedecida. *Veja também:* consistência; pá.

solo enlameado e amassado Camada do solo maciço e denso; artificialmente compactado quando molhado, sem nenhum agregado estrutural. É uma condição normal resultante do preparo de um solo argiloso quando este está molhado.

solo enterrado Solo coberto por um depósito aluvial ou eólico de loess, geralmente a uma profundidade maior que a espessura do *solum*.

solo expansível Solo que sofre significativa alteração de volume após umedecimento e secagem, geralmente por causa do elevado teor de argilas com minerais expansivos.

solo grumoso Solo muito macio, muito friável, poroso, sem qualquer tendência ao endurecimento. *Veja também:* consistência.

solo imaturo Solo com horizontes apenas ligeiramente desenvolvidos, indistintos, por causa do tempo relativamente curto no qual ele foi submetido aos vários processos de formação de solo. Um solo que não atingiu o equilíbrio com o meio ambiente.

solo leve (obsoleto em uso científico) Solo com textura grosseira, fácil de ser arado. *Veja também:* textura grosseira; textura de solo.

solo maduro Solo com horizontes bem-desenvolvidos pelos processos naturais de formação do solo e está, essencialmente, em equilíbrio com o seu ambiente.

solo mineral Solo constituído predominantemente de matéria mineral ou que tem suas propriedades determinadas principalmente por materiais minerais. Geralmente contém menos de 20% de matéria orgânica; no entanto, pode conter uma camada superficial orgânica de até 30 cm de espessura.

solo neutro Solo no qual a camada superficial, pelo menos até a profundidade normal da aração, não tem reação nem ácida nem alcalina. Na prática, isso significa que o solo está com um intervalo de pH entre 6,6 e 7,3. *Veja também:* solo ácido; solo alcalino; pH; reação do solo.

solo orgânico Solo no qual mais da metade da espessura do perfil é composta por materiais orgânicos de solo.

solo pesado (obsoleto em uso científico) Solo com elevado teor de argila e difícil de ser preparado para cultivos.

solo plástico Solo que pode ser moldado ou deformado de forma contínua e permanente, sob diversas formas, por pressão relativamente moderada. *Veja também:* consistência.

solo salino Solo não sódico que contém sais solúveis suficientes para prejudicar a sua produtividade. A condutividade de um extrato saturado é >4 dS/m; a proporção de adsorção de sódio passível de troca é inferior a 13, e o pH é <8,5.

solo salino sódico Solo que contém sódio trocável suficiente para interferir no crescimento da maioria das plantas cultivadas, além de também conter quantidades apreciáveis de sais solúveis. A relação de adsorção de sódio trocável é >13, a condutividade do extrato de saturação é >4 dS/m (a 25°C), e o pH é geralmente 8,5 ou menos no solo saturado com água.

solo seco em estufa Material de solo que tenha sido seco a 105°C até atingir um peso constante.

solo sódico Solo que contém sódio suficiente para interferir no crescimento da maioria das plantas cultivadas e no qual a taxa de adsorção de sódio é 13 ou maior.

solo superficial Parte superior do solo utilizada para o cultivo (ou o seu equivalente em solos não cultivados). Varia, em profundidade, de 7 a 25 cm. É frequentemente designado como a *camada arável*, ou *camada Ap* ou, ainda, *horizonte Ap*.

solo turfoso (1) Um solo contendo 20 a 50% de matéria orgânica. (2) Um solo orgânico no qual a matéria orgânica está bem decomposta.

solo turfoso Solo orgânico, contendo mais de 50% de matéria orgânica decomposta ou ligeiramente decomposta. (Usado nos Estados Unidos para fazer referência à fase de decomposição da matéria orgânica: "peat", para designar os depósitos ligeiramente decompostos ou não decompostos; e "muck", os materiais altamente decompostos). *Veja*: turfa, terra turfosa.

solo virgem Solo em sua condição natural, não modificado pelo homem.

solos hidromórficos Solos que permanecem saturados com água por períodos tão longos que induzem condições de redução e afetam o crescimento das plantas.

solução do solo Fase líquida aquosa do solo e seus solutos, consistindo em íons dissociados das superfícies das partículas de solo e de outros materiais solúveis.

***solum* (pl. *sola*)** Parte superior e mais intemperizada do perfil de solo; os horizontes A, E e B.

sorção Remoção da solução do solo de um íon ou molécula por processo de adsorção e absorção. Esse termo é muitas vezes usado quando o mecanismo de remoção não é conhecido.

Spodosols Ordem do sistema americano de classificação de solos (*Soil Survey Staff*, 1999) que reúne solos com horizonte subsuperficial de acumulações iluviais de matéria orgânica, compostos de alumínio e, frequentemente, de ferro. Esses solos são formados de materiais ácidos, normalmente de textura grosseira, principalmente em climas úmidos, na maioria das vezes frio ou temperado.

subgrupo de solo No sistema de classificação americano de solos (*Soil Survey Staff*, 1999), é a subdivisão dos grandes grupos em subgrupos centrais conceituais que exibem propriedades típicas dos grandes grupos, em subgrupos transicionais que exibem propriedades de mais de um grande grupo e em outros subgrupos para solos de propriedades atípicas que não são características de quaisquer dos grandes grupos.

subordem de solo Categoria do sistema americano de classificação de solos (*Soil Survey Staff*, 1999) que estreita as faixas nos regimes de temperatura e umidade do solo, tipos de horizontes e composição, de acordo com os de maior importância.

subsolagem Ruptura de uma camada subsuperficial do solo, compactada, sem invertê-la, com um instrumento especial (cinzel) que é tracionado através do solo em profundidades geralmente entre 30 e 60 cm e espaçamentos de 1 a 2 m.

subsolo Porção do solo situada abaixo da camada arável.

substâncias fitotóxicas Substâncias químicas que são tóxicas às plantas.

substâncias húmicas Série de substâncias orgânicas complexas de elevado peso molecular e de coloração marrom a preta, as quais compõem de 60 a 80% da matéria orgânica do solo e geralmente são bastante resistentes aos ataques microbianos.

substâncias não húmicas Parte da matéria orgânica do solo composta de matéria orgânica com peso molecular relativamente baixo; na maior parte identificáveis como biomoléculas.

substituição isomórfica Substituição de um átomo por outro de tamanho similar em uma estrutura cristalina, sem interrupção ou alteração da estrutura do mineral.

substrato rochoso Rocha sólida, ou regolito, presente em profundidades que variam de zero (onde expostos pela erosão) a várias centenas de pés.

sulco (de erosão) Pequeno curso d'água intermitente, com lados íngremes; geralmente a poucos centímetros de profundidade, não constituindo, portanto, obstáculo às operações de preparo do solo. Água é aplicada às culturas em fileira por intermédio de valas abertas com implementos de subsolagem.

sulfídrico Adjetivo usado para descrever materiais de solo que contém enxofre, os quais inicialmente têm um pH >4,0 e exibem uma queda de, pelo menos, 0,5 unidade de pH no prazo de 8 semanas de incubação aerada e úmida. Encontrado em solos potencialmente ácido-sulfatados.

superfície específica Área da superfície de partículas sólidas por unidade de massa ou volume de partículas sólidas.

superfície externa Área de superfície exposta na parte superior, inferior e laterais de um cristal de argila.

superfície interna Área de superfície exposta dentro de um cristal de argila entre as camadas cristalinas individuais. *Compare com:* superfície externa.

superfície selada Fina camada de partículas depositada na superfície do solo, a qual reduz a permeabilidade da água na superfície do solo.

tálus Fragmentos de rocha e outros materiais de solo acumulados por gravidade no sopé das escarpas ou declives muito acentuados.

tamanho da partícula Diâmetro efetivo de uma partícula, o qual é medido por sedimentação, peneiração ou métodos micrométricos.

tanque séptico Tanque enterrado utilizado para a deposição de águas residuárias domésticas (esgotos). A matéria orgânica se decompõe no tanque, e o efluente é drenado em direção ao solo circundante.

taxa de adsorção do sódio (TAS)

$$TAS = \frac{[Na^+]}{\sqrt{1/2([Ca2^+] + [Mg2^+])}}$$

onde as concentrações de cálcio são em milimoles de carga por litro ($mmol_c/L$).

taxa de entrega Relação do sedimento gerado de uma bacia de drenagem e a quantidade total de sedimentos movidos dentro da bacia por processos de erosão.

taxonomia de solo Ciência da classificação de solos com leis e princípios que regem a classificação do solo. Também há um sistema específico de classificação de solos desenvolvido pelo Departamento de Agricultura dos Estados Unidos (USDA).

tensão de umidade do solo *Veja:* potencial da água no solo.

tensão superficial Fenômeno elástico resultante das atrações desequilibradas entre as moléculas de líquidos (geralmente água) e gasosas (geralmente ar) na interface líquido–gás.

tensiômetro Dispositivo para medir a pressão negativa (ou tensão) de água no solo *in situ*; consiste em um cápsula cerâmica porosa, permeável, conectada através de um tubo para um manômetro ou vacuômetro.

térmico Classe de temperatura do solo com temperatura média anual entre 15 e 22°C.

termofílico Organismos que crescem no intervalo de temperaturas na faixa de 45 a 90°C, nas quais a compostagem termofílica se efetua.

terra Termo amplo que incorpora o ambiente natural total das áreas da Terra não cobertas por água. Além do solo, seus atributos incluem outras condições físicas, como depósitos minerais e abastecimento de água; localização em relação aos centros de comércio, populações e outras terras; tamanho do trato individual ou explorações; e cobertura de plantas existentes, obras de melhoria e assim por diante.

terra diatomácea Depósito geológico de material fino, acinzentado, composto de materiais silicatados, proveniente principal ou inteiramente dos restos de diatomáceas. Pode ocorrer como um pó ou como um material rígido e poroso.

terra turfosa Material orgânico profundamente decomposto, cujas partes originais vegetais não são reconhecíveis. Contém maior quantidade de material mineral e, geralmente, apresenta cor mais escura do que a turfa. *Veja:* turfa, solo turfoso.

terra úmida Área de terra que tem solos úmidos e vegetação hidrofítica, normalmente inundada em uma parte do ano, formando uma zona de transição entre os sistemas aquáticos e terrestres.

terraço (1) Planície em nível, geralmente estreita, que contorna um rio, lago ou mar. Os rios, por vezes, são delimitados por terraços em diferentes níveis. (2) Elevação, mais ou menos de uma faixa de terra em nível, normalmente construída no sentido de uma curva de nível e projetada para tornar a terra adequada para plantio e evitar a erosão acelerada pela interceptação e desvio da água para canais escoadouros; denominados às vezes *terraço divergente.*

terraço de base larga Terraços construídos em encostas com inclinações suaves, com o objetivo de reduzir a erosão e o escoamento superficial, e que podem ser cultivados em toda a extensão de plantio.

terraço divergente *Veja:* terraço.

terraço em patamares Estruturas de terraplanagem construídas em nível, em encostas com inclinação muito acentuada.

teste de consolidação Ensaio de laboratório no qual uma massa de solo dentro de um anel é comprimida lateralmente, com uma força conhecida, entre duas placas porosas.

teste de percolação Medida da taxa de percolação da água em um perfil do solo, geralmente para determinar a adequação de um solo para ser usado como um campo de dreno de efluentes de um tanque séptico.

teste de Proctor Ensaio de laboratório que indica a máxima densidade global viável para um solo e o teor de água ideal para sua compactação.

teste "perc" *Veja:* teste de percolação.

textura de solo Proporções relativas dos diversos separados de um solo.

textura fina Consiste em ou contém grandes quantidades de frações finas, particularmente de silte e argila (inclui as classes texturais franco-argilosa, franco-argiloarenosa, franco-argilo-siltosa, argiloarenosa, argilo-siltosa).

textura grosseira Classes texturais como areia, areia-franca e franco-arenosa (exceto franco-arenosa muito fina).

textura média Intermediária entre a textura fina e grosseira dos solos; inclui as seguintes classes texturais: franco-arenosa muito fina, franca, franco-arenosa e siltosa.

textura moderadamente fina Constituída essencialmente de partículas (do solo) de tamanho intermediário ou com uma quantidade relativamente pequena de partículas finas ou grossas. Inclui as classes texturais franco-argilosa, franco-arenosa, franco-argiloarenosa e franco-argilo-siltosa. *Veja também:* textura fina.

textura moderadamente grosseira Constituída essencialmente de partículas grosseiras. Na classificação textural de solos, inclui todos as classes franco-arenosas, exceto a franco-arenosa de areia muito fina. *Veja também:* textura grosseira.

till Depósito glacial não estratificado, consistindo em argila, areia, cascalho e pedras, misturados em quaisquer proporções.

tipos de estrutura do solo Classificação da estrutura do solo baseada na forma dos agregados ou *peds* e sua disposição no perfil; inclui formas como: laminar, prismática, colunar, em blocos, blocos subangulares, granular e grumosa.

tixotrofia Propriedade de certos solos argilosos de tornarem-se líquidos quando movimentados ou agitados e, em seguida, voltar ao estado normal quando em repouso. Semelhante à areia ou às argilas movediças.

tolerância de perda de solo (valor T) (1) Perda média máxima anual de solo que permitirá manter contínua a produtividade do solo sem a necessidade de haver manejo de insumos adicionais. (2) Perda máxima de solo por erosão que é compensada pela taxa teórica máxima do desenvolvimento do solo, que manterá um equilíbrio entre ganhos e perdas de solo.

topossequência Sequência de solos relacionados que diferem um do outro, principalmente ao considerarmos a *topografia* como um fator de formação do solo, juntamente com outros fatores que sejam constantes.

torrão Massa compacta e coerente do solo que se forma normalmente por atividades humanas, como aração e escavação, especialmente quando essas operações são executadas em solos muito úmidos ou secos pelas operações normais de cultivo.

trado Ferramenta utilizada para fazer pequenos orifícios com vários metros de profundidade, a fim de se obter amostras de materiais de várias camadas de solo; consiste em um longo T anexado a um cilindro com pontas dentadas torcidas.

tráfego controlado Sistema de agricultura no qual todo o tráfego de rodas se limita aos caminhos fixados, para que a compactação do solo não ocorra fora dos caminhos selecionados.

transicional Solo que possui características distintivas moderadamente bem-desenvolvidas de dois ou mais grandes grupos geneticamente relacionados.

troca de ânions Troca de ânions da solução dos solos para ânions adsorvidos na superfície das partículas de argilas e húmus.

troca de cátions Troca entre um cátion na solução por outro adsorvido na superfície de quaisquer materiais, como argila ou matéria orgânica.

troca de íons Átomos ou grupos de átomos positiva ou negativamente carregados, que estão retidos próximo à superfície de uma partícula sólida por atração de cargas elétricas de sinal contrário e que podem ser substituídos por outros íons eletricamente carregados existentes na solução do solo.

truncado Que perdeu a totalidade ou parte do horizonte – ou horizontes – mais superficial do solo.

tubo de plástico perfurado Tubo, às vezes flexível, com furos ou fendas que permitem a entrada e a saída de ar e da água. Usado para drenagem do solo e de efluentes de tanques sépticos, espalhando-os dentro do solo.

tubos de drenagem Tubos feitos de argila queimada, concreto ou material cerâmico, em comprimentos curtos, geralmente instalados com articulações abertas para recolher e transportar o excesso de água do solo.

tufito (1) Tipo de rocha que consiste em cinzas vulcânicas consolidadas, expulsas por aberturas durante uma erupção vulcânica. (2) Cinza vulcânica geralmente mais ou menos estratificada e em vários estados de consolidação.

tundra Planícies ou ondulações descampadas, características das regiões árticas.

turfa Material de solo não consolidado, constituído em grande parte de material orgânico ligeiramente decomposto e não decomposto; ou apenas matéria orgânica acumulada em condições de umidade excessiva. *Veja também:* materiais orgânicos do solo.

turfeira topotrófica Terra úmida, com acúmulo de turfas, ricas em cálcio e depositadas em águas rasas estagnadas.

Ultisols Ordem do sistema americano de classificação de solos (*Soil Survey Staff*, 1999), que reúne solos com baixos teores de bases e horizontes de subsuperfície de acumulações de argila iluvial. Eles são geralmente úmidos, mas, durante a estação quente do ano, algumas partes se apresentam secas.

umidade potencial *Veja:* potencial da água no solo.

umidade potencial do solo *Veja:* potencial da água no solo.

unidade de mapeamento Grupamento conceitual de um até muitos solos componentes, delineados ou identificados com o mesmo nome em um levantamento de solos, que apresenta áreas de paisagem semelhantes. *Veja também:* delineamento, consociação do solo, complexo de solos.

uso consuntivo Água usada pelas plantas na transpiração e no crescimento, além da perda de vapor de água do solo adjacente ou de neve de precipitação interceptada em qualquer tempo especificado. Normalmente expressa em profundidade equivalente de água livre por unidade de tempo.

uso eficiente da água Parte da matéria seca ou colheita da cultura produzida por unidade de água consumida.

vala de oxidação Canal artificial aberto para a digestão parcial dos resíduos líquidos orgânicos, nos quais eles são distribuídos e aerados com a ajuda de um dispositivo mecânico.

valor (cor) *Veja:* sistema de cores de Munsell.

vermicomposto Composto elaborado por minhocas, a partir de materiais orgânicos empilhados e aerados em camadas pouco espessas, para evitar o acúmulo de calor que poderia matar os vermes. *Veja:* húmus de minhoca.

vermiculita Argila silicatada do tipo 2:1, geralmente formada a partir de mica, que tem uma alta carga líquida negativa, decorrente principalmente de substituição isomórfica intensa de alumínio por silício nas lâminas tetraédricas.

verniz do deserto Recobrimento delgado, escuro e brilhante ou revestimento de óxido de ferro e, em menor quantidade, de óxido de manganês e sílica que se formam nas superfícies de seixos, matacões e afloramentos rochosos em regiões áridas.

Vertisols Ordem do sistema americano de classificação de solos (*Soil Survey Staff*, 1999) que reúne solos argilosos com alto potencial de expansão e contração e que têm amplas e profundas fendas quando secos. A maioria desses solos tem períodos tipicamente úmidos e secos durante todo o ano.

vesículas (1) Poros sem ligação, com paredes lisas. (2) Estruturas esféricas formadas dentro das células corticais da raiz por fungos micorrízicos vesiculares e arbusculares.

xenobiótico Compostos químicos estranhos a um organismo ou sistema biológico. Muitas vezes, refere-se aos compostos resistentes à decomposição.

xerófitas Plantas que crescem em solos ou materiais de solo extremamente secos.

zona ripária Área, acima e abaixo da superfície terrestre, que margeia um rio.

zona vadosa Região aerada do solo, acima de um lençol freático permanente.

Índice

A

B

C

D

F

G

K

L

M

T

IMPRESSÃO:

Santa Maria - RS | Fone: (55) 3220.4500
www.graficapallotti.com.br